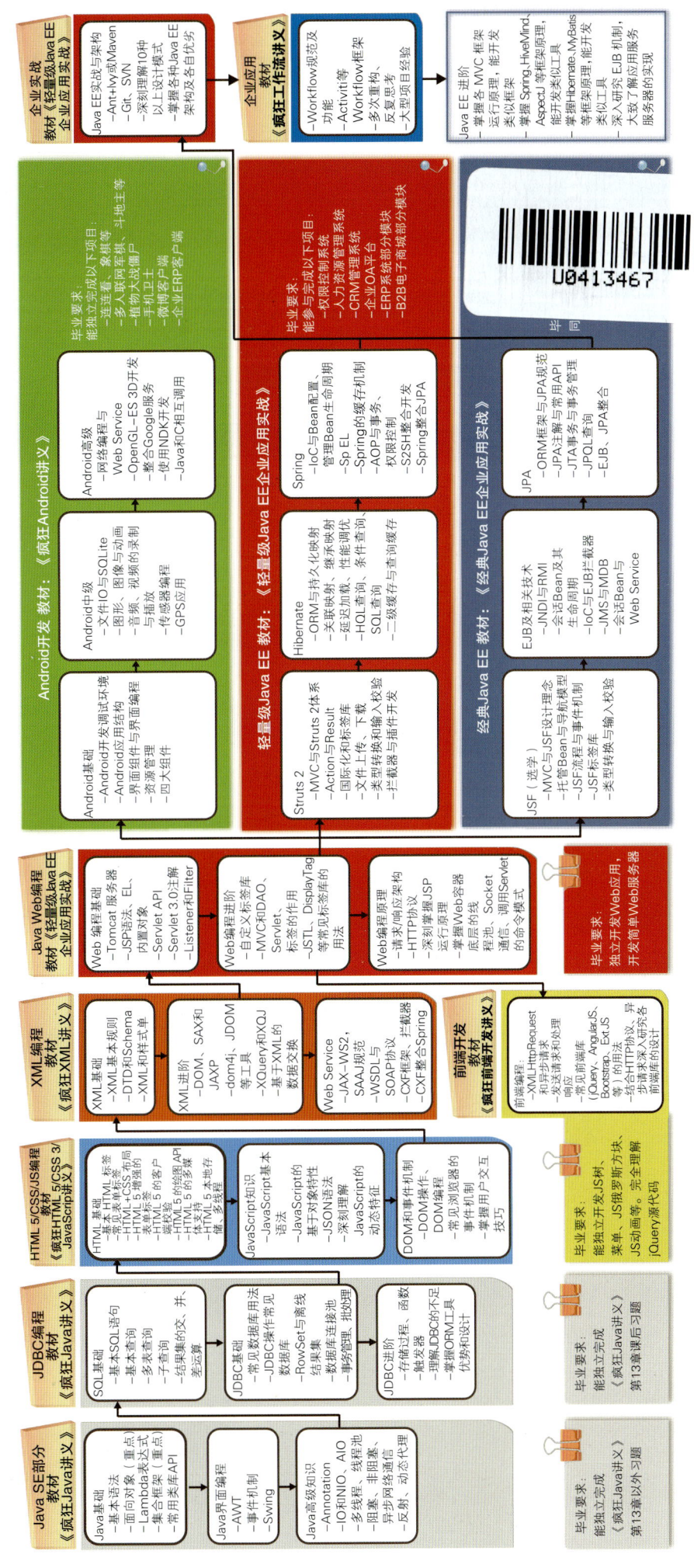

疯狂Java习题效果图

Socket网络斗地主游戏房间

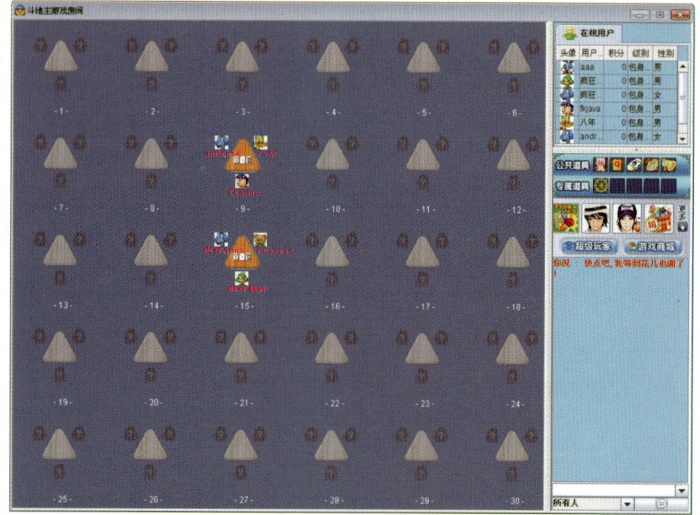

Socket网络斗地主出牌

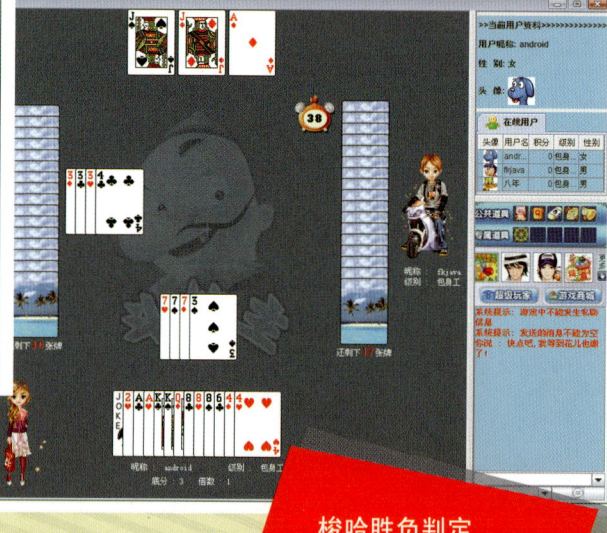

梭哈跟注

梭哈胜负判定

注：彩插图所展示的项目均为李刚老师疯狂Java训练营的学员所作，程序代码下载见前言中说明。

疯狂Java习题效果图

仿MySQL Front工具的
工作界面

Socket网络锄大地的
大厅界面

C-S图书销售管理系统
图书管理界面

Socket网络锄大地的
出牌界面

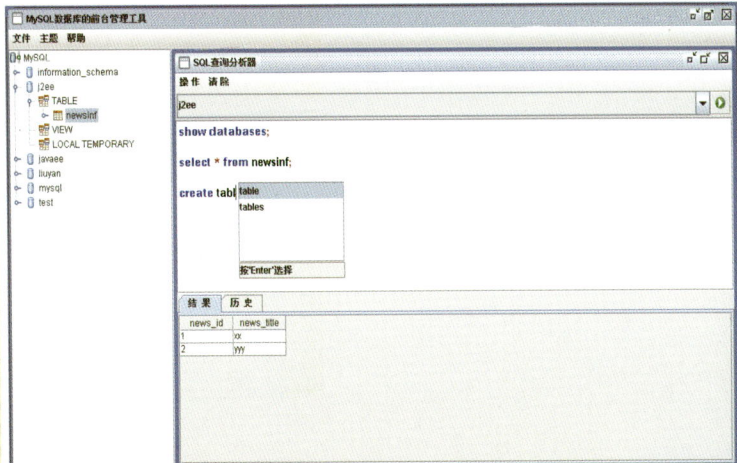
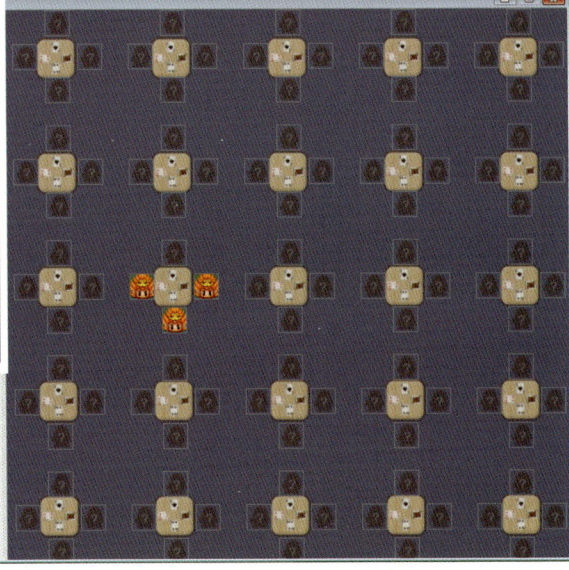
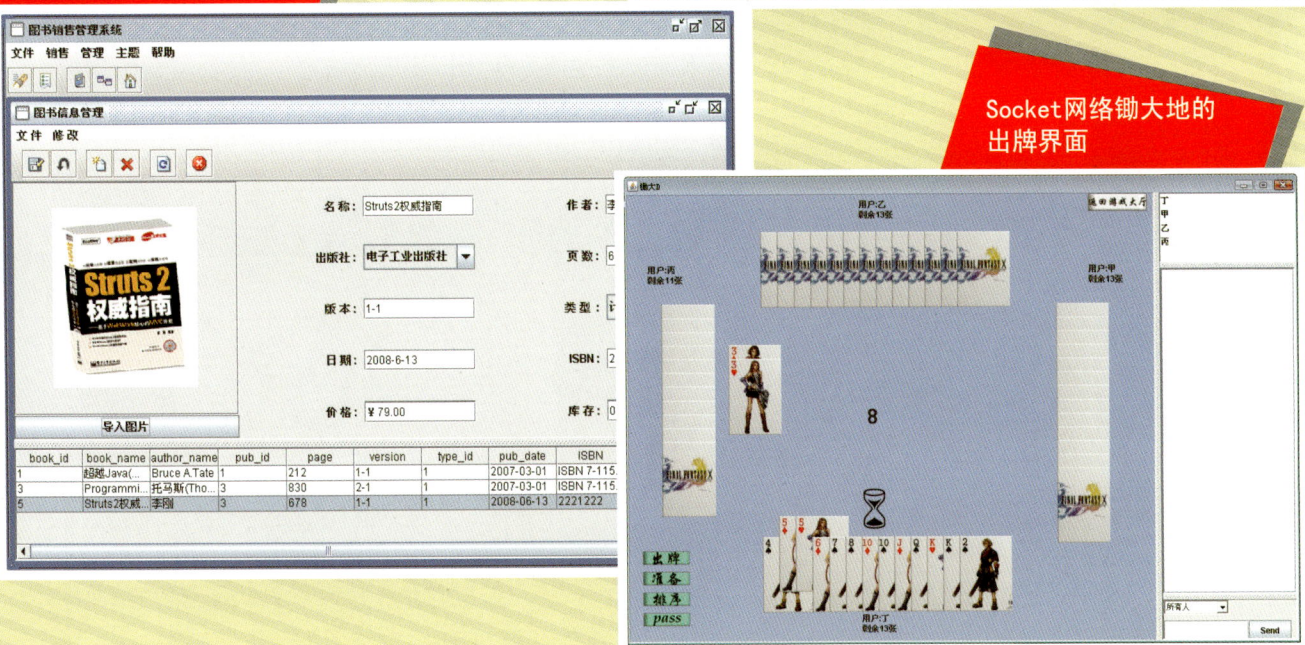

疯狂Java习题效果图

多线程断点下载工具

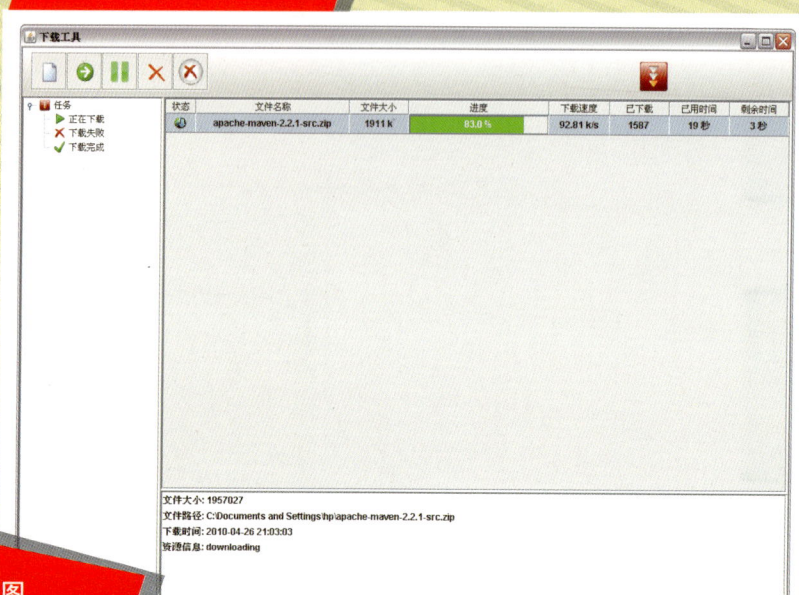

截图工具截图

截图工具浏览截图

疯狂Java习题效果图

仿QQ游戏大厅的Socket网络围棋大厅界面

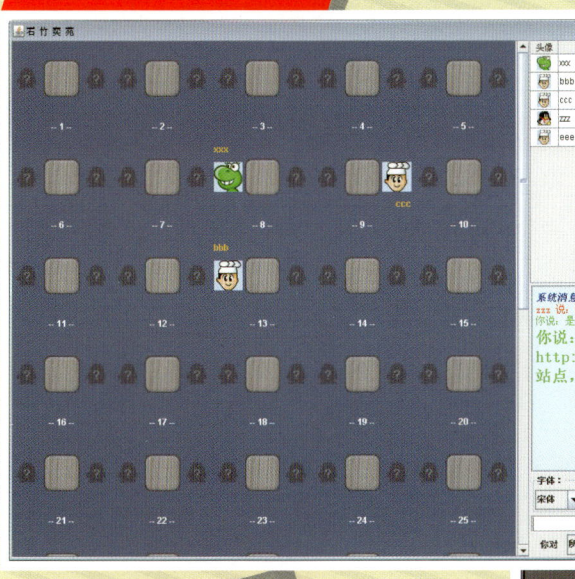

Socket网络弹球游戏的大厅界面

仿QQ游戏大厅的Socket网络围棋对弈界面

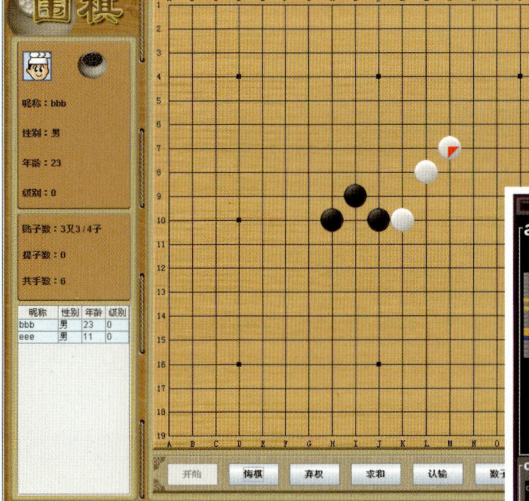

Socket网络弹球游戏的对战界面

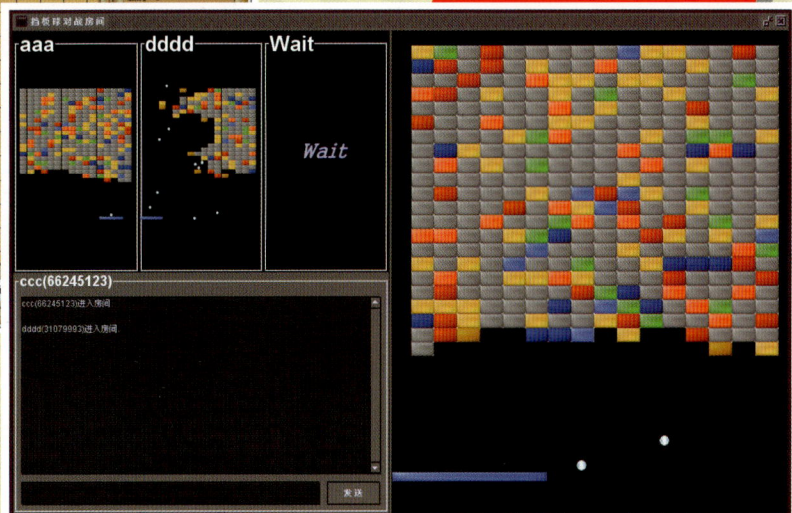

疯狂Java习题效果图

仿EditPlus编辑器

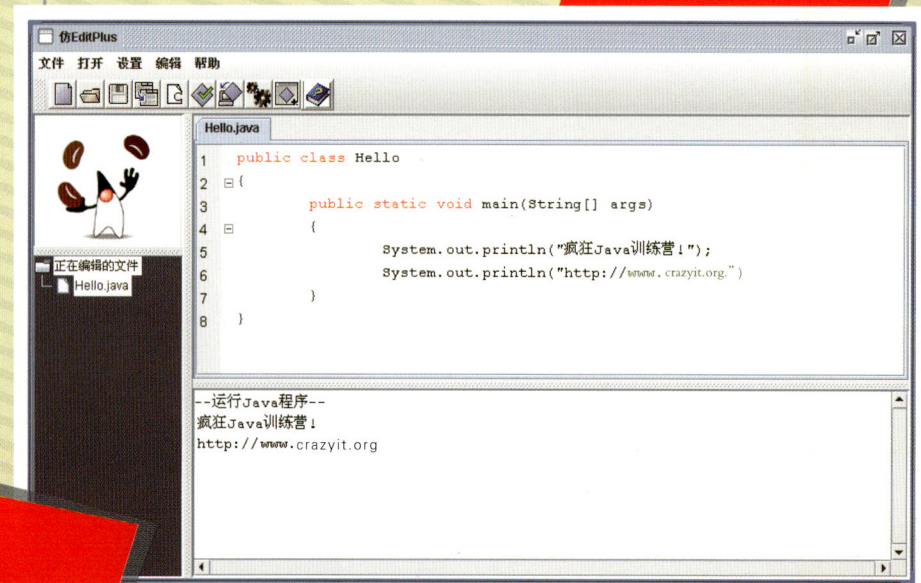

单机五子棋

单机俄罗斯方块

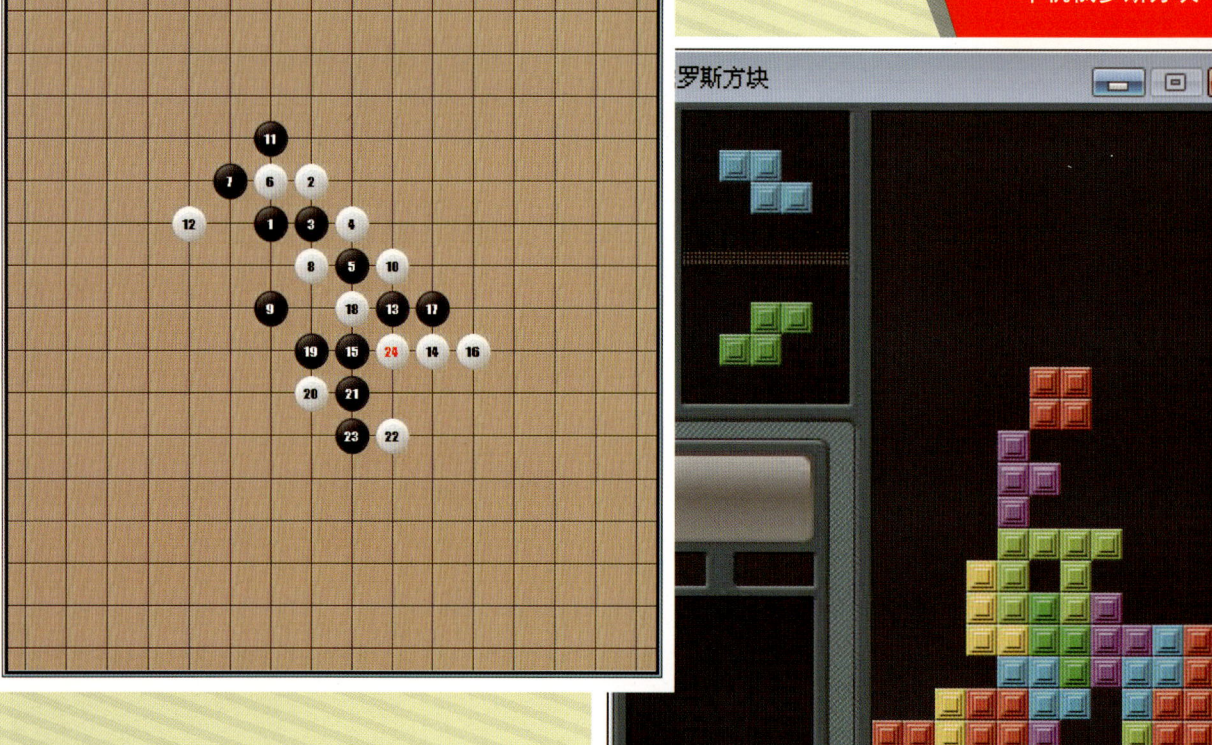

八年沉淀·王者归来

疯狂软件教育专注高级软件编程，以"十年磨一剑"的心态打造全国最强疯狂Java学习体系，包括疯狂Java体系原创图书，疯狂Java学习路线图，这些深厚的知识沉淀已被大量高校、培训机构奉为经典。

经过八年的技术沉淀，疯狂Java创始人李刚携疯狂Java精英讲师团队潜心打造全国技术沉淀雄厚的高端软件教育。疯狂软件教育怀抱"科技强国"的梦想，立志以务实的技术推动中国的软件教育，为推动中国软件行业的发展贡献自己的绵薄之力。

疯狂软件教育网址：www.fkjava.org

优惠券

为感谢广大Java学习者对疯狂Java体系图书的认同，博文视点与疯狂软件教育共同制作价值1000元的优惠券。所有读者凭此优惠券可抵疯狂软件教育1000元学费。

每个学员最多使用一张优惠券，并请在报名缴费前出示该优惠券，本优惠券不能兑换现金。博文视点与疯狂软件教育保留对本优惠券的最终解释权。

疯狂Java体系
疯狂源自梦想 技术成就辉煌

疯狂Java程序员的基本修养

作　者：李刚
定　价：59.00元
出版时间：2013-01
书　号：978-7-121-19232-6

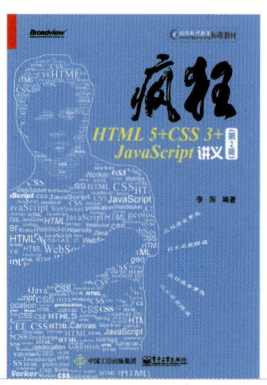

疯狂HTML 5＋CSS 3＋JavaScript讲义（第2版）

作　者：李刚
定　价：89.00元
出版时间：2017-05
书　号：978-7-121-31405-6

轻量级Java EE企业应用实战（第4版）——Struts 2＋Spring 4＋Hibernate整合开发

作　者：李刚
定　价：108.00元（含光盘1张）
出版时间：2014-10
书　号：978-7-121-24253-3

经典Java EE企业应用实战——基于WebLogic/JBoss的JSF＋EJB 3＋JPA整合开发

作　者：李刚
定　价：79.00元（含光盘1张）
出版时间：2010-08
书　号：978-7-121-11534-9

疯狂Java讲义（第4版）

作　者：李刚
定　价：109.00元（含光盘1张）
出版时间：2018-01
书　号：978-7-121-33108-4

疯狂前端开发讲义——jQuery＋AngularJS＋Bootstrap前端开发实战

作　者：李刚
定　价：79.00元
出版时间：2017-10
书　号：978-7-121-32680-6

疯狂XML讲义（第2版）

作　者：李刚
定　价：69.00元（含光盘1张）
出版时间：2011-08
书　号：978-7-121-14049-5

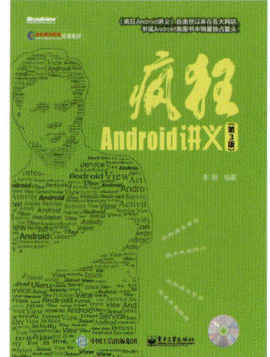

疯狂Android讲义（第3版）

作　者：李刚
定　价：108.00元（含光盘1张）
出版时间：2015-06
书　号：978-7-121-25958-6

新浪微博：weibo.com/crazyjavabooks @疯狂Java体系图书

疯狂Java讲义

第4版

李 刚 编著

电子工业出版社
Publishing House of Electronics Industry
北京·BEIJING

内 容 简 介

本书是《疯狂 Java 讲义》的第 4 版，第 4 版保持了前 3 版系统、全面、讲解浅显、细致的特性，全面新增介绍了 Java 9 的新特性。

本书深入介绍了 Java 编程的相关方面，全书内容覆盖了 Java 的基本语法结构、Java 的面向对象特征、Java 集合框架体系、Java 泛型、异常处理、Java GUI 编程、JDBC 数据库编程、Java 注释、Java 的 IO 流体系、Java 多线程编程、Java 网络通信编程和 Java 反射机制。覆盖了 java.lang、java.util、java.text、java.io 和 java.nio、java.sql、java.awt、javax.swing 包下绝大部分类和接口。本书重点介绍了 Java 9 的模块化系统，还详细介绍了 Java 9 的 jshell 工具、多版本 JAR 包、匿名内部类的菱形语法、增强的 try 语句、私有接口方法，以及 Java 9 新增的各种 API 功能。

与前 3 版类似，本书并不单纯从知识角度来讲解 Java，而是从解决问题的角度来介绍 Java 语言，所以本书中涉及大量实用案例开发：五子棋游戏、梭哈游戏、仿 QQ 的游戏大厅、MySQL 企业管理器、仿 EditPlus 的文本编辑器、多线程断点下载工具、Spring 框架的 IoC 容器……这些案例既能让读者巩固每章的知识，又可以让读者学以致用，激发编程自豪感，进而引爆内心的编程激情。本书光盘里包含书中所有示例的代码和《疯狂 Java 实战演义》的所有项目代码，这些项目可以作为本书课后练习的"非标准答案"，如果读者需要获取关于课后习题的解决方法、编程思路，可以登录 http://www.crazyit.org 站点与笔者及本书庞大的读者群相互交流。

本书为所有打算深入掌握 Java 编程的读者而编写，适合各种层次的 Java 学习者和工作者阅读，也适合作为大学教育、培训机构的 Java 教材。但如果只是想简单涉猎 Java，则本书过于庞大，不适合阅读。

未经许可，不得以任何方式复制或抄袭本书之部分或全部内容。
版权所有，侵权必究。

图书在版编目（CIP）数据

疯狂 Java 讲义 / 李刚编著. —4 版. —北京：电子工业出版社，2018.1
ISBN 978-7-121-33108-4

Ⅰ. ①疯… Ⅱ. ①李… Ⅲ. ①JAVA 语言－程序设计－高等学校－教材 Ⅳ. ①TP312.8

中国版本图书馆 CIP 数据核字（2017）第 288525 号

策划编辑：张月萍
责任编辑：葛　娜
印　　刷：三河市良远印务有限公司
装　　订：三河市良远印务有限公司
出版发行：电子工业出版社
　　　　　北京市海淀区万寿路 173 信箱　　邮编：100036
开　　本：850×1168　1/16　印张：56　字数：1854 千字　彩插：4
版　　次：2008 年 6 月第 1 版
　　　　　2018 年 1 月第 4 版
印　　次：2019 年 4 月第 9 次印刷
印　　数：35000~43000 册　　定价：109.00 元（含 DVD 光盘 1 张）

凡所购买电子工业出版社图书有缺损问题，请向购买书店调换。若书店售缺，请与本社发行部联系，联系及邮购电话：（010）88254888，88258888。

质量投诉请发邮件至 zlts@phei.com.cn，盗版侵权举报请发邮件至 dbqq@phei.com.cn。
本书咨询联系方式：010-51260888-819，faq@phei.com.cn。

如何学习 Java

——谨以此文献给打算以编程为职业、并愿意为之疯狂的人

经常看到有些学生、求职者捧着一本类似 JBuilder 入门、Eclipse 指南之类的图书学习 Java，当他们学会了在这些工具中拖出窗体、安装按钮之后，就觉得自己掌握、甚至精通了 Java；又或是找来一本类似 JSP 动态网站编程之类的图书，学会使用 JSP 脚本编写一些页面后，就自我感觉掌握了 Java 开发。

还有一些学生、求职者听说 J2EE、Spring 或 EJB 很有前途，于是立即跑到书店或图书馆找来一本相关图书。希望立即学会它们，然后进入软件开发业、大显身手。

还有一些学生、求职者非常希望找到一本既速成、又大而全的图书，比如突击 J2EE 开发、一本书精通 J2EE 之类的图书（包括笔者曾出版的《轻量级 J2EE 企业应用实战》一书，据说销量不错)，希望这样一本图书就可以打通自己的"任督二脉"，一跃成为 J2EE 开发高手。

也有些学生、求职者非常喜欢 J2EE 项目实战、项目大全之类的图书，他们的想法很单纯：我按照书上介绍，按图索骥、依葫芦画瓢，应该很快就可学会 J2EE，很快就能成为一个受人羡慕的 J2EE 程序员了。

……

凡此种种，不一而足。但最后的结果往往是失败，因为这种学习没有积累、没有根基，学习过程中困难重重，每天都被一些相同、类似的问题所困扰，起初热情十足，经常上论坛询问，按别人的说法解决问题之后很高兴，既不知道为什么错？也不知道为什么对？只是盲目地抄袭别人的说法。最后的结果有两种：

① 久而久之，热情丧失，最后放弃学习。

② 大部分常见问题都问遍了，最后也可以从事一些重复性开发，但一旦遇到新问题，又将束手无策。

第二种情形在普通程序员中占了极大的比例，笔者多次听到、看到（在网络上）有些程序员抱怨：我做了 2 年多 Java 程序员了，工资还是 3000 多点。偶尔笔者会与他们聊聊工作相关内容，他们会告诉笔者：我也用 Spring 了啊，我也用 EJB 了啊……他们感到非常不平衡，为什么我的工资这么低？其实笔者很想告诉他们：你们太浮躁了！你们确实是用了 Spring、Hibernate 又或是 EJB，但你们未想过为什么要用这些技术？用这些技术有什么好处？如果不用这些技术行不行？

很多时候，我们的程序员把 Java 当成一种脚本，而不是一门面向对象的语言。他们习惯了在 JSP 脚本中使用 Java，但从不去想 JSP 如何运行，Web 服务器里的网络通信、多线层机制，为何一个 JSP 页面能同时向多个请求者提供服务？更不会想如何开发 Web 服务器；他们像代码机器一样编写 Spring Bean 代码，但从不去理解 Spring 容器的作用，更不会想如何开发 Spring 容器。

有时候，笔者的学生在编写五子棋、梭哈等作业感到困难时，会向他们的大学师兄、朋友求救，这些程序员告诉他：不用写了，网上有下载的！听到这样回答，笔者不禁感到哑然：网上还有 Windows 下载呢！网上下载和自己编写是两码事。偶尔，笔者会怀念以前黑色屏幕、绿荧荧字符时代，那时候程序员很单纯：当我们想偷懒时，习惯思维是写一个小工具；现在程序员很聪明：当他们想偷懒时，习惯思维是从网上下一个小工具。但是，谁更幸福？

当笔者的学生把他们完成的小作业放上互联网之后，然后就有许多人称他们为"高手"！这个称呼却让他们万分惭愧；惭愧之余，他们也感到万分欣喜，非常有成就感，这就是编程的快乐。编程的过程，与寻宝的过程完全一样：历经辛苦，终于找到心中的梦想，这是何等的快乐？

如果真的打算将编程当成职业，那就不应该如此浮躁，而是应该扎扎实实先学好 Java 语言，然后按 Java 本身的学习规律，踏踏实实一步一个脚印地学习，把基本功练扎实了才可获得更大的成功。

实际情况是，有多少程序员真正掌握了 Java 的面向对象？真正掌握了 Java 的多线程、网络通信、反射等内容？有多少 Java 程序员真正理解了类初始化时内存运行过程？又有多少程序员理解 Java 对象从创建到消失的全部细节？有几个程序员真正独立地编写过五子棋、梭哈、桌面弹球这种小游戏？又有几个 Java 程序员敢说：我可以开发 Struts？我可以开发 Spring？我可以开发 Tomcat？很多人又会说：这些都是许多人开发出来的！实际情况是：许多开源框架的核心最初完全是由一个人开发的。现在这些优秀程序已经出来了！你，是否深入研究过它们，是否深入掌握了它们？

如果要真正掌握 Java，包括后期的 Java EE 相关技术（例如 Struts、Spring、Hibernate 和 EJB 等），一定要记住笔者的话：绝不要从 IDE（如 JBuilder、Eclipse 和 NetBeans）工具开始学习！IDE 工具的功能很强大，初学者学起来也很容易上手，但也非常危险：因为 IDE 工具已经为我们做了许多事情，而软件开发者要全部了解软件开发的全部步骤。

2011 年 12 月 17 日

光盘说明

一、光盘内容

 本光盘是《疯狂Java讲义（第4版）》一书的配书光盘，书中的代码按章、按节存放，即第3章、第2节所使用的代码放在codes文件夹的03\3.2文件夹下，依此类推。

另：书中每份源代码也给出与光盘源文件的对应关系，方便读者查找。

 本光盘codes目录下有18个文件夹，其内容和含义说明如下：

（1）01~18文件夹名对应于《疯狂Java讲义（第4版）》中的章名，即第3章所使用的代码放在codes文件夹的03文件夹下，依此类推。

附录A所使用的代码放在a01目录下。

（2）本书所有代码都是IDE工具无关的程序，读者既可以在命令行窗口直接编译、运行这些代码，也可以导入Eclipse、NetBeans等IDE工具来运行它们。

（3）本书第12章第11节的TableModelTest.java程序，以及第13章的绝大部分程序都需要连接数据库，所以读者需要先导入*.sql文件中的数据库脚本，并修改mysql.ini文件中的数据库连接信息。连接数据库时所用的驱动程序JAR文件为mysql-connector-java-5.1.44-bin.jar文件。这些需要连接数据库的程序里还提供了一个*.cmd文件，该文件是一个批处理文件，运行该文件可以运行相应的Java程序，例如DatabaseMetaDataTest.java对应的*.cmd文件为runDatabaseMetaDataTest.cmd。

 本光盘根目录下提供了一个"Java设计模式（疯狂Java联盟版）.chm"文件，这是一份关于设计模式的电子教材，由疯狂Java联盟的杨恩雄亲自编写、制作，他同意广大读者阅读、传播这份开源文档。

 本光盘根目录下包含一个"project_codes"文件夹，该文件夹里包含了疯狂Java联盟的杨恩雄编写的《疯狂Java实战演义》一书的光盘内容，该光盘中包含了大量实战性很强的项目，这些项目基本覆盖了《疯狂Java讲义（第4版）》课后习题的要求，读者可以参考相关案例来完成《疯狂Java讲义（第4版）》的课后习题。

 本光盘根目录下包含一个"课件"文件夹，该文件夹里包含了《疯狂Java讲义（第4版）》各章配套的授课PPT教案，各高校教师、学生可在此基础上自由修改、传播，但请保留署名。

 本光盘根目录下包含一个"视频"文件夹，里面包含了25小时左右的基础授课视频。

 本光盘根目录下包含一个"疯狂Java面试题"的PDF文档，该文件是疯狂软件教育中心多位老师根据疯狂学员多年的面试题总结的面试答案，这些面试题是疯狂Java面试题库的基础部分，可作为读者对学习本书的效果检查。

二、运行环境

 本书中的程序在以下环境调试通过：

（1）安装 jdk-9_windows-x64.exe，安装完成后，为了可以编译和运行 Java 程序，应该在 PATH 环境变量中增加%JAVA_HOME%/bin。其中 JAVA_HOME 代表 JDK（不是 JRE）的安装路径。安装上面工具的详细步骤，请参考本书的第 1 章。

（2）安装 MySQL 5.7 或更高版本，按第 13 章所介绍的方式安装。

三、注意事项

（1）书中有大量代码需要连接数据库，读者应修改数据库 URL 以及用户名、密码，让这些代码与读者的运行环境一致。如果项目下有 SQL 脚本，则导入 SQL 脚本即可；如果没有 SQL 脚本，系统将在运行时自动建表，读者只需创建对应的数据库即可。

（2）在使用本光盘中的程序时，请将程序拷贝到硬盘上，并去除文件的只读属性。

四、技术支持

如果您在使用本光盘中遇到不懂的技术问题，则可以登录如下网站与作者联系：
http://www.crazyit.org

推荐语

北京大学信息科学技术学院副教授 刘扬

我在 Java 编程教学中把《疯狂 Java 讲义》列为重要的中文参考资料。它覆盖了"够用"的 Java 语言和技术，作者有实际的编程和教学经验，也尽力把相关问题讲解明白、分析清楚，这在同类书籍中是比较难得的。

前　言

2017 年 9 月 21 日，Oracle 发布了 Java 9 正式版。Java 9 做出了一项巨大的自我革新：模块化系统，这个模块化系统是 Java 7、Java 8 一直想发布，但未能成功的重要更新。通过模块化系统，Java 9 终于卸下"臃肿"，"瘦身"成功，Java 终于能以轻量化的方式运行。这对于 Java 这门异常强大、应用广泛的编程语言而言，具有"焕发新生"的意义。

为了向广大工作者、学习者介绍最新、最前沿的 Java 知识，在 Java 9 正式发布之前，笔者已经深入研究过 Java 9 绝大部分可能新增的功能；当 Java 9 正式发布之后，笔者在第一时间开始了《疯狂 Java 讲义（第 4 版）》的升级：使用 Java 9 改写了全书所有程序，全面介绍了 Java 9 的各种新特性。

本书专门用附录来介绍 Java 9 新增的模块化系统，这是国内第一本系统、全面地介绍 Java 模块化系统的图书。该附录具有疯狂 Java 系列"看得懂、学得会、做得出"的特点，因此也是通俗易懂地介绍 Java 模块化系统的学习文档。

在以"疯狂 Java 体系"图书为教材的疯狂软件教育中心（www.fkjava.org），经常有学生询问：为什么叫疯狂 Java 这个名字？也有一些读者通过网络、邮件来询问这个问题。其实这个问题的答案可以在本书第 1 版的前言中找到。疯狂的本质是一种"享受编程"的状态。在一些不了解编程的人看来：编程的人总面对着电脑，在键盘上敲打，这种生活实在太枯燥了，但实际上是因为他们并未真正了解编程，并未真正走进编程。在外人眼中：程序员不过是在敲打键盘；但在程序员心中：程序员敲出的每个字符，都是程序的一部分。

程序是什么呢？程序是对现实世界的数字化模拟。开发一个程序，实际是创造一个或大或小的"模拟世界"。在这个过程中，程序员享受着"创造"的乐趣，程序员沉醉在他所创造的"模拟世界"里：疯狂地设计、疯狂地编码实现。实现过程不断地遇到问题，然后解决它；不断地发现程序的缺陷，然后重新设计、修复它——这个过程本身就是一种享受。一旦完全沉浸到编程世界里，程序员是"物我两忘"的，眼中看到的、心中想到的，只有他正在创造的"模拟世界"。

在学会享受编程之前，编程学习者都应该采用"案例驱动"的方式，学习者需要明白程序的作用是：解决问题——如果你的程序不能解决你自己的问题，如何期望你的程序去解决别人的问题呢？那你的程序的价值何在？——知道一个知识点能解决什么问题，才去学这个知识点，而不是盲目学习！因此本书强调编程实战，强调以项目激发编程兴趣。

仅仅只是看完这本书，你不会成为高手！在编程领域里，没有所谓的"武林秘笈"，再好的书一定要配合大量练习，否则书里的知识依然属于作者，而读者则仿佛身入宝山而一无所获的笨汉。本书配合了大量高强度的练习，希望读者强迫自己去完成这些项目。这些习题的答案可以参考本书所附光盘中《疯狂 Java 实战演义》的配套代码。如果需要获得编程思路和交流，可以登录 http://www.crazyit.org 与广大读者和笔者交流。

本书前 3 版面市的近 10 年时间里，无数读者已经通过本书步入了 Java 编程世界，而且每一版的销量比上一版都有大幅提升，尤其是第 3 版的印刷量已超过 9 万册，这说明"青山遮不住"，优秀的作品，经过时间的沉淀，往往历久弥新。再次衷心感谢广大读者的支持，你们的认同和支持是笔者坚持创作的最大动力。

《疯狂 Java 讲义（第 3 版）》的优秀，也吸引了中国台湾地区的读者，因此中国台湾地区的出版社成功引进并翻译了繁体版的《疯狂 Java 讲义》，相信繁体版的《疯狂 Java 讲义》能更好地服务于中国台湾地区的 Java 学习者。

广大读者对疯狂 Java 的肯定，读者认同、赞誉既让笔者十分欣慰，也鞭策笔者以更高的热情、更严谨的方式创作图书。时至今日，每次笔者创作或升级图书时，总有一种诚惶诚恐、如履薄冰的感觉，惟恐辜负广大读者的厚爱。

笔者非常欢迎所有热爱编程、愿意推动中国软件业的学习者、工作者对本书提出宝贵的意见，非常乐意与大家交流。中国软件业还处于发展阶段，所有热爱编程、愿意推动中国软件业的人应该联合起来，共同为中国软件行业贡献自己的绵薄之力。

本书有什么特点

本书并不是一本简单的 Java 入门教材，也不是一门"闭门造车"式的 Java 读物。本书来自于笔者十余年的 Java 培训经历，凝结了笔者一万余小时的授课经验，总结了数千名 Java 学员学习过程中的典型错误。

因此，本书具有如下三个特点：

1．案例驱动，引爆编程激情

本书不再是知识点的铺陈，而是致力于将知识点融入实际项目的开发中，所以本书中涉及了大量 Java 案例：仿 QQ 的游戏大厅、MySQL 企业管理器、仿 EditPlus 的文本编辑器、多线程、断点下载工具……希望读者通过编写这些程序找到编程的乐趣。

2．再现李刚老师课堂氛围

本书的内容是笔者十余年授课经历的总结，知识体系取自疯狂 Java 实战的课程体系。

本书力求再现笔者的课堂氛围：以浅显比喻代替乏味的讲解，以疯狂实战代替空洞的理论。

书中包含了大量"注意""学生提问"部分，这些正是数千名 Java 学员所犯错误的汇总。

3．注释详细，轻松上手

为了降低读者阅读的难度，书中代码的注释非常详细，几乎每两行代码就有一行注释。不仅如此，本书甚至还把一些简单理论作为注释穿插到代码中，力求让读者能轻松上手。

本书所有程序中关键代码均以粗体字标出，也是为了帮助读者能迅速找到这些程序的关键点。

本书写给谁看

如果你仅仅想对 Java 有所涉猎，那么本书并不适合你；如果你想全面掌握 Java 语言，并使用 Java 来解决问题、开发项目，或者希望以 Java 编程作为你的职业，那么本书将非常适合你。希望本书能引爆你内心潜在的编程激情，如果本书能让你产生废寝忘食的感觉，那笔者就非常欣慰了。

2017-10-25

目录 CONTENTS

| 第1章 | Java 语言概述与开发环境 | 1 |

1.1 Java 语言的发展简史 ... 2
1.2 Java 程序运行机制 ... 4
   1.2.1 高级语言的运行机制 ... 4
   1.2.2 Java 程序的运行机制和 JVM ... 5
1.3 开发 Java 的准备 ... 6
   1.3.1 下载和安装 Java 9 的 JDK ... 6
   学生提问：不是说 JVM 是运行 Java 程序的虚拟机吗？那 JRE 和 JVM 的关系是怎样的呢？ ... 6
   学生提问：为什么不安装公共 JRE 呢？ ... 8
   1.3.2 设置 PATH 环境变量 ... 9
   学生提问：为什么选择用户变量？用户变量与系统变量有什么区别？ ... 10
1.4 第一个 Java 程序 ... 11
   1.4.1 编辑 Java 源代码 ... 11
   1.4.2 编译 Java 程序 ... 11
   学生提问：当编译 C 程序时，不仅需要指定存放目标文件的位置，也需要指定目标文件的文件名，这里使用 javac 编译 Java 程序时怎么不需要指定目标文件的文件名呢？ ... 12
   1.4.3 运行 Java 程序 ... 12
   1.4.4 根据 CLASSPATH 环境变量定位类 ... 13
1.5 Java 程序的基本规则 ... 14
   1.5.1 Java 程序的组织形式 ... 14
   1.5.2 Java 源文件的命名规则 ... 15
   1.5.3 初学者容易犯的错误 ... 15
1.6 JDK 9 新增的 jshell 工具 ... 17
1.7 Java 9 的 G1 垃圾回收器 ... 18
1.8 何时开始使用 IDE 工具 ... 20
   学生提问：我想学习 Java 编程，到底是学习 Eclipse 好，还是学习 NetBeans 好呢？ ... 21
1.9 本章小结 ... 21
   本章练习 ... 21

| 第2章 | 理解面向对象 | 22 |

2.1 面向对象 ... 23
   2.1.1 结构化程序设计简介 ... 23
   2.1.2 程序的三种基本结构 ... 24
   2.1.3 面向对象程序设计简介 ... 26
   2.1.4 面向对象的基本特征 ... 27
2.2 UML（统一建模语言）介绍 ... 28
   2.2.1 用例图 ... 30
   2.2.2 类图 ... 30
   2.2.3 组件图 ... 32
   2.2.4 部署图 ... 33
   2.2.5 顺序图 ... 33
   2.2.6 活动图 ... 34
   2.2.7 状态机图 ... 35
2.3 Java 的面向对象特征 ... 36
   2.3.1 一切都是对象 ... 36
   2.3.2 类和对象 ... 36
2.4 本章小结 ... 37

| 第3章 | 数据类型和运算符 | 38 |

3.1 注释 ... 39
   3.1.1 单行注释和多行注释 ... 39
   3.1.2 Java 9 增强文档注释 ... 40
   学生提问：API 文档是什么？ ... 40
   学生提问：为什么要学习查看 API 文档的方法？ ... 42
3.2 标识符和关键字 ... 46
   3.2.1 分隔符 ... 46
   3.2.2 Java 9 的标识符规则 ... 48
   3.2.3 Java 关键字 ... 48
3.3 数据类型分类 ... 48
   学生提问：什么是变量？变量有什么用？ ... 49
3.4 基本数据类型 ... 49
   3.4.1 整型 ... 50
   3.4.2 字符型 ... 52
   学生提问：什么是字符集？ ... 52
   3.4.3 浮点型 ... 53
   3.4.4 数值中使用下画线分隔 ... 54
   3.4.5 布尔型 ... 55
3.5 基本类型的类型转换 ... 55
   3.5.1 自动类型转换 ... 56
   3.5.2 强制类型转换 ... 57
   3.5.3 表达式类型的自动提升 ... 58
3.6 直接量 ... 59
   3.6.1 直接量的类型 ... 59
   3.6.2 直接量的赋值 ... 60
3.7 运算符 ... 61
   3.7.1 算术运算符 ... 61
   3.7.2 赋值运算符 ... 63
   3.7.3 位运算符 ... 64
   3.7.4 扩展后的赋值运算符 ... 66
   3.7.5 比较运算符 ... 67
   3.7.6 逻辑运算符 ... 68
   3.7.7 三目运算符 ... 69

| 3.7.8 运算符的结合性和优先级 | 69
| 3.8 本章小结 | 71
| 本章练习 | 71
| 第4章 流程控制与数组 | 72
| 4.1 顺序结构 | 73
| 4.2 分支结构 | 73
| 4.2.1 if 条件语句 | 73
| 4.2.2 Java 7 增强后的 switch 分支语句 | 77
| 4.3 循环结构 | 79
| 4.3.1 while 循环语句 | 79
| 4.3.2 do while 循环语句 | 80
| 4.3.3 for 循环 | 81
| 4.3.4 嵌套循环 | 84
| 4.4 控制循环结构 | 85
| 4.4.1 使用 break 结束循环 | 85
| 4.4.2 使用 continue 忽略本次循环剩下语句 | 86
| 4.4.3 使用 return 结束方法 | 87
| 4.5 数组类型 | 87
| 4.5.1 理解数组：数组也是一种类型 | 87
| [学生提问] int[]是一种类型吗？怎么使用这种类型呢？ | 88
| 4.5.2 定义数组 | 88
| 4.5.3 数组的初始化 | 89
| [学生提问] 能不能只分配内存空间，不赋初始值呢？ | 89
| 4.5.4 使用数组 | 90
| [学生提问] 为什么要我记住这些异常信息？ | 90
| 4.5.5 foreach 循环 | 91
| 4.6 深入数组 | 92
| 4.6.1 内存中的数组 | 92
| [学生提问] 为什么有栈内存和堆内存之分？ | 93
| 4.6.2 基本类型数组的初始化 | 95
| 4.6.3 引用类型数组的初始化 | 96
| 4.6.4 没有多维数组 | 98
| [学生提问] 我是否可以让图 4.13 中灰色覆盖的数组元素再次指向另一个数组？这样不就可以扩展成三维数组，甚至扩展成更多维的数组吗？ | 99
| 4.6.5 Java 8 增强的工具类：Arrays | 100
| 4.6.6 数组的应用举例 | 103
| 4.7 本章小结 | 106
| 本章练习 | 106
| 第5章 面向对象（上） | 107
| 5.1 类和对象 | 108
| 5.1.1 定义类 | 108
| [学生提问] 构造器不是没有返回值吗？为什么不能用 void 声明呢？ | 110
| 5.1.2 对象的产生和使用 | 111
| 5.1.3 对象、引用和指针 | 111
| 5.1.4 对象的 this 引用 | 112
| 5.2 方法详解 | 116
| 5.2.1 方法的所属性 | 116
| 5.2.2 方法的参数传递机制 | 117
| 5.2.3 形参个数可变的方法 | 120
| 5.2.4 递归方法 | 121
| 5.2.5 方法重载 | 123
| [学生提问] 为什么方法的返回值类型不能用于区分重载的方法？ | 123
| 5.3 成员变量和局部变量 | 124
| 5.3.1 成员变量和局部变量是什么 | 124
| 5.3.2 成员变量的初始化和内存中的运行机制 | 127
| 5.3.3 局部变量的初始化和内存中的运行机制 | 129
| 5.3.4 变量的使用规则 | 130
| 5.4 隐藏和封装 | 131
| 5.4.1 理解封装 | 131
| 5.4.2 使用访问控制符 | 131
| 5.4.3 package、import 和 import static | 134
| 5.4.4 Java 的常用包 | 139
| 5.5 深入构造器 | 139
| 5.5.1 使用构造器执行初始化 | 139
| [学生提问] 构造器是创建 Java 对象的途径，是不是说构造器完全负责创建 Java 对象？ | 140
| 5.5.2 构造器重载 | 140
| [学生提问] 为什么要用 this 来调用另一个重载的构造器？我把另一个构造器里的代码复制、粘贴到这个构造器里不就可以了吗？ | 142
| 5.6 类的继承 | 142
| 5.6.1 继承的特点 | 142
| 5.6.2 重写父类的方法 | 143
| 5.6.3 super 限定 | 145
| 5.6.4 调用父类构造器 | 147
| [学生提问] 为什么我创建 Java 对象时从未感觉到 java.lang.Object 类的构造器被调用过？ | 149
| 5.7 多态 | 149
| 5.7.1 多态性 | 149
| 5.7.2 引用变量的强制类型转换 | 151
| 5.7.3 instanceof 运算符 | 152
| 5.8 继承与组合 | 153
| 5.8.1 使用继承的注意点 | 153
| 5.8.2 利用组合实现复用 | 154
| [学生提问] 使用组合关系来实现复用时，需要创建两个 Animal 对象，是不是意味着使用组合关系时系统开销更大？ | 157
| 5.9 初始化块 | 157
| 5.9.1 使用初始化块 | 157
| 5.9.2 初始化块和构造器 | 159
| 5.9.3 静态初始化块 | 160
| 5.10 本章小结 | 162
| 本章练习 | 162

第 6 章 面向对象（下） 164

- 6.1 Java 8 增强的包装类 165
  - **学生提问** Java 为什么要对这些数据进行缓存呢? 168
- 6.2 处理对象 169
  - 6.2.1 打印对象和 toString 方法 169
  - 6.2.2 ==和 equals 方法 171
  - **学生提问** 上面程序中判断 obj 是否为 Person 类的实例时，为何不用 obj instanceof Person 来判断呢? 174
- 6.3 类成员 174
  - 6.3.1 理解类成员 174
  - 6.3.2 单例（Singleton）类 175
- 6.4 final 修饰符 176
  - 6.4.1 final 成员变量 177
  - 6.4.2 final 局部变量 179
  - 6.4.3 final 修饰基本类型变量和引用类型变量的区别 179
  - 6.4.4 可执行"宏替换"的 final 变量 180
  - 6.4.5 final 方法 182
  - 6.4.6 final 类 182
  - 6.4.7 不可变类 183
  - 6.4.8 缓存实例的不可变类 185
- 6.5 抽象类 188
  - 6.5.1 抽象方法和抽象类 188
  - 6.5.2 抽象类的作用 191
- 6.6 Java 9 改进的接口 192
  - 6.6.1 接口的概念 192
  - 6.6.2 Java 9 中接口的定义 193
  - 6.6.3 接口的继承 195
  - 6.6.4 使用接口 196
  - 6.6.5 接口和抽象类 197
  - 6.6.6 面向接口编程 198
- 6.7 内部类 202
  - 6.7.1 非静态内部类 202
  - **学生提问** 非静态内部类对象和外部类对象的关系是怎样的？ 205
  - 6.7.2 静态内部类 206
  - **学生提问** 为什么静态内部类的实例方法也不能访问外部类的实例属性呢? 207
  - **学生提问** 接口里是否能定义内部接口? 208
  - 6.7.3 使用内部类 208
  - **学生提问** 既然内部类是外部类的成员，那么是否可以为外部类定义子类，在子类中再定义一个内部类来重写其父类中的内部类呢? 210
  - 6.7.4 局部内部类 210
  - 6.7.5 Java 8 改进的匿名内部类 211
- 6.8 Java 8 新增的 Lambda 表达式 214
  - 6.8.1 Lambda 表达式入门 214
  - 6.8.2 Lambda 表达式与函数式接口 217
  - 6.8.3 方法引用与构造器引用 218
  - 6.8.4 Lambda 表达式与匿名内部类的联系和区别 221
  - 6.8.5 使用 Lambda 表达式调用 Arrays 的类方法 222
- 6.9 枚举类 223
  - 6.9.1 手动实现枚举类 223
  - 6.9.2 枚举类入门 223
  - 6.9.3 枚举类的成员变量、方法和构造器 225
  - 6.9.4 实现接口的枚举类 227
  - **学生提问** 枚举类不是用 final 修饰了吗？怎么还能派生子类呢? 228
  - 6.9.5 包含抽象方法的枚举类 228
- 6.10 对象与垃圾回收 229
  - 6.10.1 对象在内存中的状态 229
  - 6.10.2 强制垃圾回收 230
  - 6.10.3 finalize 方法 231
  - 6.10.4 对象的软、弱和虚引用 233
- 6.11 修饰符的适用范围 236
- 6.12 Java 9 的多版本 JAR 包 237
  - 6.12.1 jar 命令详解 237
  - 6.12.2 创建可执行的 JAR 包 240
  - 6.12.3 关于 JAR 包的技巧 241
- 6.13 本章小结 242
  - 本章练习 242

第 7 章 Java 基础类库 243

- 7.1 与用户互动 244
  - 7.1.1 运行 Java 程序的参数 244
  - 7.1.2 使用 Scanner 获取键盘输入 245
- 7.2 系统相关 247
  - 7.2.1 System 类 247
  - 7.2.2 Runtime 类与 Java 9 的 ProcessHandle 249
- 7.3 常用类 250
  - 7.3.1 Object 类 250
  - 7.3.2 Java 7 新增的 Objects 类 252
  - 7.3.3 Java 9 改进的 String、StringBuffer 和 StringBuilder 类 253
  - 7.3.4 Math 类 256
  - 7.3.5 Java 7 的 ThreadLocalRandom 与 Random ..258
  - 7.3.6 BigDecimal 类 260
- 7.4 日期、时间类 262
  - 7.4.1 Date 类 262
  - 7.4.2 Calendar 类 263
  - 7.4.3 Java 8 新增的日期、时间包 266
- 7.5 正则表达式 268
  - 7.5.1 创建正则表达式 268
  - 7.5.2 使用正则表达式 271
- 7.6 变量处理和方法处理 274
  - 7.6.1 Java 9 增强的 MethodHandle 274
  - 7.6.2 Java 9 增加的 VarHandle 275

7.7 Java 9 改进的国际化与格式化 276
　　7.7.1 Java 国际化的思路 277
　　7.7.2 Java 支持的国家和语言 277
　　7.7.3 完成程序国际化 278
　　7.7.4 使用 MessageFormat 处理包含占位符的
　　　　　字符串 279
　　7.7.5 使用类文件代替资源文件 280
　　7.7.6 Java 9 新增的日志 API 281
　　7.7.7 使用 NumberFormat 格式化数字 283
　　7.7.8 使用 DateFormat 格式化日期、时间 284
　　7.7.9 使用 SimpleDateFormat 格式化日期 286
7.8 Java 8 新增的日期、时间格式器 286
　　7.8.1 使用 DateTimeFormatter 完成格式化 287
　　7.8.2 使用 DateTimeFormatter 解析字符串 288
7.9 本章小结 289
　　本章练习 289

第 8 章　Java 集合 290

8.1 Java 集合概述 291
8.2 Collection 和 Iterator 接口 292
　　8.2.1 使用 Lambda 表达式遍历集合 294
　　8.2.2 使用 Java 8 增强的 Iterator 遍历集合元素 .. 295
　　8.2.3 使用 Lambda 表达式遍历 Iterator 296
　　8.2.4 使用 foreach 循环遍历集合元素 297
　　8.2.5 使用 Java 8 新增的 Predicate 操作集合 ... 297
　　8.2.6 使用 Java 8 新增的 Stream 操作集合 298
8.3 Set 集合 300
　　8.3.1 HashSet 类 301
　　　　　hashCode()方法对于 HashSet 是不是十
　　　　　分重要? 302
　　8.3.2 LinkedHashSet 类 304
　　8.3.3 TreeSet 类 305
　　8.3.4 EnumSet 类 311
　　8.3.5 各 Set 实现类的性能分析 312
8.4 List 集合 313
　　8.4.1 Java 8 改进的 List 接口和 ListIterator 接口 . 313
　　8.4.2 ArrayList 和 Vector 实现类 316
　　8.4.3 固定长度的 List 317
8.5 Queue 集合 317
　　8.5.1 PriorityQueue 实现类 318
　　8.5.2 Deque 接口与 ArrayDeque 实现类 318
　　8.5.3 LinkedList 实现类 320
　　8.5.4 各种线性表的性能分析 321
8.6 Java 8 增强的 Map 集合 322
　　8.6.1 Java 8 为 Map 新增的方法 324
　　8.6.2 Java 8 改进的 HashMap 和 Hashtable
　　　　　实现类 325
　　8.6.3 LinkedHashMap 实现类 328
　　8.6.4 使用 Properties 读写属性文件 328
　　8.6.5 SortedMap 接口和 TreeMap 实现类 329
　　8.6.6 WeakHashMap 实现类 332
　　8.6.7 IdentityHashMap 实现类 333
　　8.6.8 EnumMap 实现类 333
　　8.6.9 各 Map 实现类的性能分析 334
8.7 HashSet 和 HashMap 的性能选项 334
8.8 操作集合的工具类：Collections 335
　　8.8.1 排序操作 335
　　8.8.2 查找、替换操作 338
　　8.8.3 同步控制 339
　　8.8.4 设置不可变集合 339
　　8.8.5 Java 9 新增的不可变集合 340
8.9 烦琐的接口：Enumeration 341
8.10 本章小结 342
　　本章练习 342

第 9 章　泛型 343

9.1 泛型入门 344
　　9.1.1 编译时不检查类型的异常 344
　　9.1.2 使用泛型 344
　　9.1.3 Java 9 增强的"菱形"语法 345
9.2 深入泛型 347
　　9.2.1 定义泛型接口、类 347
　　9.2.2 从泛型类派生子类 348
　　9.2.3 并不存在泛型类 349
9.3 类型通配符 350
　　9.3.1 使用类型通配符 352
　　9.3.2 设定类型通配符的上限 352
　　9.3.3 设定类型通配符的下限 354
　　9.3.4 设定泛型形参的上限 356
9.4 泛型方法 356
　　9.4.1 定义泛型方法 356
　　9.4.2 泛型方法和类型通配符的区别 359
　　9.4.3 Java 7 的"菱形"语法与泛型构造器 360
　　9.4.4 泛型方法与方法重载 361
　　9.4.5 Java 8 改进的类型推断 362
9.5 擦除和转换 362
9.6 泛型与数组 364
9.7 本章小结 365
　　本章练习 365

第 10 章　异常处理 366

10.1 异常概述 367
10.2 异常处理机制 368
　　10.2.1 使用 try...catch 捕获异常 368
　　10.2.2 异常类的继承体系 370
　　10.2.3 Java 7 新增的多异常捕获 373
　　10.2.4 访问异常信息 373
　　10.2.5 使用 finally 回收资源 374
　　10.2.6 异常处理的嵌套 376
　　10.2.7 Java 9 增强的自动关闭资源的 try 语句 377
10.3 Checked 异常和 Runtime 异常体系 378
　　10.3.1 使用 throws 声明抛出异常 379
　　10.3.2 方法重写时声明抛出异常的限制 380

10.4	使用 throw 抛出异常	380
	10.4.1 抛出异常	380
	10.4.2 自定义异常类	382
	10.4.3 catch 和 throw 同时使用	382
	10.4.4 Java 7 增强的 throw 语句	384
	10.4.5 异常链	385
10.5	Java 的异常跟踪栈	386
10.6	异常处理规则	388
	10.6.1 不要过度使用异常	388
	10.6.2 不要使用过于庞大的 try 块	389
	10.6.3 避免使用 Catch All 语句	390
	10.6.4 不要忽略捕获到的异常	390
10.7	本章小结	390
	本章练习	390

第 11 章 AWT 编程 391

11.1	Java 9 改进的 GUI（图形用户界面）和 AWT	392
11.2	AWT 容器	393
11.3	布局管理器	396
	11.3.1 FlowLayout 布局管理器	396
	11.3.2 BorderLayout 布局管理器	397
	学生提问：BorderLayout 最多只能放置 5 个组件吗？那它也太不实用了吧？	398
	11.3.3 GridLayout 布局管理器	399
	11.3.4 GridBagLayout 布局管理器	400
	11.3.5 CardLayout 布局管理器	402
	11.3.6 绝对定位	404
	11.3.7 BoxLayout 布局管理器	405
	学生提问：图 11.15 和图 11.16 显示的所有按钮都紧挨在一起，如果希望像 FlowLayout、GridLayout 等布局管理器那样指定组件的间距应该怎么办？	406
11.4	AWT 常用组件	407
	11.4.1 基本组件	407
	11.4.2 对话框（Dialog）	409
11.5	事件处理	411
	11.5.1 Java 事件模型的流程	411
	11.5.2 事件和事件监听器	413
	11.5.3 事件适配器	417
	11.5.4 使用内部类实现监听器	418
	11.5.5 使用外部类实现监听器	418
	11.5.6 类本身作为事件监听器类	419
	11.5.7 匿名内部类实现监听器	420
11.6	AWT 菜单	421
	11.6.1 菜单条、菜单和菜单项	421
	11.6.2 右键菜单	423
	学生提问：为什么即使我没有给多行文本域编写右键菜单，但当我在多行文本域上单击右键时也一样会弹出右键菜单？	424
11.7	在 AWT 中绘图	425
	11.7.1 画图的实现原理	425

	11.7.2 使用 Graphics 类	425
11.8	处理位图	430
	11.8.1 Image 抽象类和 BufferedImage 实现类	430
	11.8.2 Java 9 增强的 ImageIO	432
11.9	剪贴板	436
	11.9.1 数据传递的类和接口	436
	11.9.2 传递文本	437
	11.9.3 使用系统剪贴板传递图像	438
	11.9.4 使用本地剪贴板传递对象引用	441
	11.9.5 通过系统剪贴板传递 Java 对象	443
11.10	拖放功能	446
	11.10.1 拖放目标	446
	11.10.2 拖放源	449
11.11	本章小结	451
	本章练习	451

第 12 章 Swing 编程 452

12.1	Swing 概述	453
12.2	Swing 基本组件的用法	454
	12.2.1 Java 的 Swing 组件层次	454
	12.2.2 AWT 组件的 Swing 实现	455
	学生提问：为什么单击 Swing 多行文本域时不是弹出像 AWT 多行文本域中的右键菜单？	461
	12.2.3 为组件设置边框	461
	12.2.4 Swing 组件的双缓冲和键盘驱动	463
	12.2.5 使用 JToolBar 创建工具条	464
	12.2.6 使用 JFileChooser 和 Java 7 增强的 JColorChooser	466
	12.2.7 使用 JOptionPane	473
12.3	Swing 中的特殊容器	478
	12.3.1 使用 JSplitPane	478
	12.3.2 使用 JTabbedPane	480
	12.3.3 使用 JLayeredPane、JDesktopPane 和 JInternalFrame	484
12.4	Swing 简化的拖放功能	491
12.5	Java 7 新增的 Swing 功能	492
	12.5.1 使用 JLayer 装饰组件	492
	12.5.2 创建透明、不规则形状窗口	498
12.6	使用 JProgressBar、ProgressMonitor 和 BoundedRangeModel 创建进度条	500
	12.6.1 创建进度条	500
	12.6.2 创建进度对话框	503
12.7	使用 JSlider 和 BoundedRangeModel 创建滑动条	505
12.8	使用 JSpinner 和 SpinnerModel 创建微调控制器	508
12.9	使用 JList、JComboBox 创建列表框	511
	12.9.1 简单列表框	511
	12.9.2 不强制存储列表项的 ListModel 和 ComboBoxModel	514
	12.9.3 强制存储列表项的 DefaultListModel 和 DefaultComboBoxModel	517

XIII

	学生提问 为什么 JComboBox 提供了添加、删除列表项的方法？而 JList 没有提供添加、删除列表项的方法呢？ 519	
12.9.4	使用 ListCellRenderer 改变列表项外观 519	
12.10	使用 JTree 和 TreeModel 创建树 521	
12.10.1	创建树 522	
12.10.2	拖动、编辑树节点 524	
12.10.3	监听节点事件 528	
12.10.4	使用 DefaultTreeCellRenderer 改变节点外观 530	
12.10.5	扩展 DefaultTreeCellRenderer 改变节点外观 531	
12.10.6	实现 TreeCellRenderer 改变节点外观 534	
12.11	使用 JTable 和 TableModel 创建表格 535	
12.11.1	创建表格 536	
	学生提问 我们指定的表格数据、表格列标题都是 Object 类型的数组，JTable 如何显示这些 Object 对象？ 536	
12.11.2	TableModel 和监听器 541	
12.11.3	TableColumnModel 和监听器 545	
12.11.4	实现排序 548	
12.11.5	绘制单元格内容 551	
12.11.6	编辑单元格内容 554	
12.12	使用 JFormattedTextField 和 JTextPane 创建格式文本 557	
12.12.1	监听 Document 的变化 558	
12.12.2	使用 JPasswordField 560	
12.12.3	使用 JFormattedTextField 560	
12.12.4	使用 JEditorPane 568	
12.12.5	使用 JTextPane 568	
12.13	本章小结 575	
	本章练习 575	

第 13 章 MySQL 数据库与 JDBC 编程 576

13.1 JDBC 基础 577
　13.1.1 JDBC 简介 577
　13.1.2 JDBC 驱动程序 578
13.2 SQL 语法 579
　13.2.1 安装数据库 579
　13.2.2 关系数据库基本概念和 MySQL 基本命令 581
　13.2.3 SQL 语句基础 583
　13.2.4 DDL 语句 584
　13.2.5 数据库约束 588
　13.2.6 索引 595
　13.2.7 视图 596
　13.2.8 DML 语句语法 597
　13.2.9 单表查询 599
　13.2.10 数据库函数 603
　13.2.11 分组和组函数 605
　13.2.12 多表连接查询 607
　13.2.13 子查询 611
　13.2.14 集合运算 612
13.3 JDBC 的典型用法 613
　13.3.1 JDBC 4.2 常用接口和类简介 613
　13.3.2 JDBC 编程步骤 615
　学生提问 前面给出的仅仅是 MySQL 和 Oracle 两种数据库的驱动，我看不出驱动类字符串有什么规律啊。如果我希望使用其他数据库，那怎么找到其他数据库的驱动类呢？ 616
13.4 执行 SQL 语句的方式 618
　13.4.1 使用 Java 8 新增的 executeLargeUpdate 方法执行 DDL 和 DML 语句 618
　13.4.2 使用 execute 方法执行 SQL 语句 620
　13.4.3 使用 PreparedStatement 执行 SQL 语句 621
　13.4.4 使用 CallableStatement 调用存储过程 626
13.5 管理结果集 627
　13.5.1 可滚动、可更新的结果集 627
　13.5.2 处理 Blob 类型数据 629
　13.5.3 使用 ResultSetMetaData 分析结果集 634
13.6 Javar 的 RowSet 636
　13.6.1 Java 7 新增的 RowSetFactory 与 RowSet 637
　13.6.2 离线 RowSet 638
　13.6.3 离线 RowSet 的查询分页 640
13.7 事务处理 641
　13.7.1 事务的概念和 MySQL 事务支持 641
　13.7.2 JDBC 的事务支持 643
　13.7.3 Java 8 增强的批量更新 645
13.8 分析数据库信息 646
　13.8.1 使用 DatabaseMetaData 分析数据库信息 646
　13.8.2 使用系统表分析数据库信息 648
　13.8.3 选择合适的分析方式 649
13.9 使用连接池管理连接 649
　13.9.1 DBCP 数据源 650
　13.9.2 C3P0 数据源 651
13.10 本章小结 651
　本章练习 651

第 14 章 注解（Annotation） 652

14.1 基本注解 653
　14.1.1 限定重写父类方法：@Override 653
　14.1.2 Java 9 增强的@Deprecated 654
　14.1.3 抑制编译器警告：@SuppressWarnings 655
　14.1.4 "堆污染"警告与 Java 9 增强的 @SafeVarargs 655
　14.1.5 Java 8 的函数式接口与 @FunctionalInterface 656
14.2 JDK 的元注解 657
　14.2.1 使用@Retention 657
　14.2.2 使用@Target 658
　14.2.3 使用@Documented 658

		14.2.4	使用@Inherited	659
14.3	自定义注解			660
	14.3.1	定义注解		660
	14.3.2	提取注解信息		661
	14.3.3	使用注解的示例		663
	14.3.4	Java 8 新增的重复注解		667
	14.3.5	Java 8 新增的类型注解		669
14.4	编译时处理注解			670
14.5	本章小结			674
	本章练习			674

第 15 章 输入/输出 675

15.1	File 类		676
	15.1.1	访问文件和目录	676
	15.1.2	文件过滤器	678
15.2	理解 Java 的 IO 流		679
	15.2.1	流的分类	679
	15.2.2	流的概念模型	680
15.3	字节流和字符流		681
	15.3.1	InputStream 和 Reader	681
	15.3.2	OutputStream 和 Writer	683
15.4	输入/输出流体系		685
	15.4.1	处理流的用法	685
	15.4.2	输入/输出流体系	686
	15.4.3	转换流	688
	学生提问：怎么没有把字符流转换成字节流的转换流呢？		688
	15.4.4	推回输入流	689
15.5	重定向标准输入/输出		690
15.6	Java 虚拟机读写其他进程的数据		691
15.7	RandomAccessFile		694
15.8	Java 9 改进的对象序列化		697
	15.8.1	序列化的含义和意义	697
	15.8.2	使用对象流实现序列化	697
	15.8.3	对象引用的序列化	699
	15.8.4	Java 9 增加的过滤功能	703
	15.8.5	自定义序列化	704
	15.8.6	另一种自定义序列化机制	709
	15.8.7	版本	710
15.9	NIO		711
	15.9.1	Java 新 IO 概述	711
	15.9.2	使用 Buffer	712
	15.9.3	使用 Channel	715
	15.9.4	字符集和 Charset	717
	学生提问：二进制序列与字符之间如何对应呢？		718
	15.9.5	文件锁	720
15.10	Java 7 的 NIO.2		721
	15.10.1	Path、Paths 和 Files 核心 API	721
	15.10.2	使用 FileVisitor 遍历文件和目录	723
	15.10.3	使用 WatchService 监控文件变化	724
	15.10.4	访问文件属性	725

15.11	本章小结		726
	本章练习		727

第 16 章 多线程 728

16.1	线程概述		729
	16.1.1	线程和进程	729
	16.1.2	多线程的优势	730
16.2	线程的创建和启动		731
	16.2.1	继承 Thread 类创建线程类	731
	16.2.2	实现 Runnable 接口创建线程类	732
	16.2.3	使用 Callable 和 Future 创建线程	733
	16.2.4	创建线程的三种方式对比	735
16.3	线程的生命周期		735
	16.3.1	新建和就绪状态	735
	16.3.2	运行和阻塞状态	737
	16.3.3	线程死亡	738
16.4	控制线程		739
	16.4.1	join 线程	739
	16.4.2	后台线程	740
	16.4.3	线程睡眠：sleep	741
	16.4.4	改变线程优先级	742
16.5	线程同步		743
	16.5.1	线程安全问题	743
	16.5.2	同步代码块	745
	16.5.3	同步方法	747
	16.5.4	释放同步监视器的锁定	749
	16.5.5	同步锁（Lock）	749
	16.5.6	死锁	751
16.6	线程通信		753
	16.6.1	传统的线程通信	753
	16.6.2	使用 Condition 控制线程通信	756
	16.6.3	使用阻塞队列（BlockingQueue）控制线程通信	758
16.7	线程组和未处理的异常		761
16.8	线程池		764
	16.8.1	Java 8 改进的线程池	764
	16.8.2	Java 8 增强的 ForkJoinPool	766
16.9	线程相关类		769
	16.9.1	ThreadLocal 类	769
	16.9.2	包装线程不安全的集合	771
	16.9.3	线程安全的集合类	771
	16.9.4	Java 9 新增的发布-订阅框架	772
16.10	本章小结		774
	本章练习		775

第 17 章 网络编程 776

17.1	网络编程的基础知识		777
	17.1.1	网络基础知识	777
	17.1.2	IP 地址和端口号	778
17.2	Java 的基本网络支持		779
	17.2.1	使用 InetAddress	779

17.2.2	使用 URLDecoder 和 URLEncoder	780
17.2.3	URL、URLConnection 和 URLPermission	781

17.3 基于 TCP 协议的网络编程 787
    17.3.1 TCP 协议基础 787
    17.3.2 使用 ServerSocket 创建 TCP 服务器端 788
    17.3.3 使用 Socket 进行通信 788
    17.3.4 加入多线程 791
    17.3.5 记录用户信息 793
    17.3.6 半关闭的 Socket 801
    17.3.7 使用 NIO 实现非阻塞 Socket 通信 802
    17.3.8 使用 Java 7 的 AIO 实现非阻塞通信 807

> 学生提问：上面程序中好像没用到④⑤号代码的 get() 方法的返回值，这两个地方不调用 get() 方法行吗？ 810

17.4 基于 UDP 协议的网络编程 814
    17.4.1 UDP 协议基础 814
    17.4.2 使用 DatagramSocket 发送、接收数据 814
    17.4.3 使用 MulticastSocket 实现多点广播 818

17.5 使用代理服务器 828
    17.5.1 直接使用 Proxy 创建连接 829
    17.5.2 使用 ProxySelector 自动选择代理服务器 ... 830

17.6 本章小结 832
本章练习 832

第 18 章 类加载机制与反射 833

18.1 类的加载、连接和初始化 834
    18.1.1 JVM 和类 834
    18.1.2 类的加载 835
    18.1.3 类的连接 836
    18.1.4 类的初始化 836
    18.1.5 类初始化的时机 837

18.2 类加载器 838
    18.2.1 类加载机制 838
    18.2.2 创建并使用自定义的类加载器 840
    18.2.3 URLClassLoader 类 843

18.3 通过反射查看类信息 844
    18.3.1 获得 Class 对象 845
    18.3.2 从 Class 中获取信息 845
    18.3.3 Java 8 新增的方法参数反射 849

18.4 使用反射生成并操作对象 850
    18.4.1 创建对象 850
    18.4.2 调用方法 852
    18.4.3 访问成员变量值 854
    18.4.4 操作数组 855

18.5 使用反射生成 JDK 动态代理 857
    18.5.1 使用 Proxy 和 InvocationHandler 创建动态代理 857
    18.5.2 动态代理和 AOP 859

18.6 反射和泛型 862
    18.6.1 泛型和 Class 类 862
    18.6.2 使用反射来获取泛型信息 864

18.7 本章小结 865
本章练习 866

附录 A Java 9 的模块化系统 867

CHAPTER 1

第 1 章
Java 语言概述与开发环境

本章要点

- Java 语言的发展简史
- 编译型语言和解释型语言
- Java 语言的编译、解释运行机制
- 通过 JVM 实现跨平台
- 安装 JDK
- 设置 PATH 环境变量
- 编写、运行 Java 程序
- Java 程序的组织形式
- Java 程序的命名规则
- 初学者易犯的错误
- 掌握 jshell 工具的用法
- Java 的垃圾回收机制

Java语言历时三十多年，已发展成为人类计算机史上影响深远的编程语言，从某种程度上来看，它甚至超出了编程语言的范畴，成为一种开发平台，一种开发规范。更甚至于：Java已成为一种信仰，Java语言所崇尚的开源、自由等精神，吸引了全世界无数优秀的程序员。事实是，从计算机延生以来，从来没有一门编程语言能吸引这么多的程序员，也没有一门编程语言能衍生出如此之多的开源框架。

Java语言是一门非常纯粹的面向对象编程语言，它吸收了C++语言的各种优点，又摒弃了C++里难以理解的多继承、指针等概念，因此Java语言具有功能强大和简单易用两个特征。Java语言作为静态面向对象编程语言的代表，极好地实现了面向对象理论，允许程序员以优雅的思维方式进行复杂的编程开发。

不仅如此，Java语言相关的Java EE规范里包含了时下最流行的各种软件工程理念，各种先进的设计思想总能在Java EE规范、平台以及相关框架里找到相应实现。从某种程度上来看，学精了Java语言的相关方面，相当于系统地学习了软件开发相关知识，而不是仅仅学完了一门编程语言。

时至今日，大部分银行、电信、证券、电子商务、电子政务等系统或者已经采用Java EE平台构建，或者正在逐渐过渡到采用Java EE平台来构建，Java EE规范是目前最成熟的，也是应用最广的企业级应用开发规范。

1.1 Java语言的发展简史

Java语言的诞生具有一定的戏剧性，它并不是经过精心策划、制作，最后产生的划时代产品，从某个角度来看，Java语言的诞生完全是一种误会。

1990年年末，Sun公司预料嵌入式系统将在未来家用电器领域大显身手。于是Sun公司成立了一个由James Gosling领导的"Green计划"，准备为下一代智能家电（如电视机、微波炉、电话）编写一个通用控制系统。

该团队最初考虑使用C++语言，但是很多成员包括Sun的首席科学家Bill Joy，发现C++和可用的API在某些方面存在很大问题。而且工作小组使用的是嵌入式平台，可用的系统资源极其有限。并且很多成员都发现C++太复杂，以致很多开发者经常错误使用。而且C++缺少垃圾回收系统、可移植性、分布式和多线程等功能。

根据可用的资金，Bill Joy决定开发一种新语言，他提议在C++的基础上，开发一种面向对象的环境。于是，Gosling试图通过修改和扩展C++的功能来满足这个要求，但是后来他放弃了。他决定创造一种全新的语言：Oak。

到了1992年的夏天，Green计划已经完成了新平台的部分功能，包括Green操作系统、Oak的程序设计语言、类库等。同年11月，Green计划被转化成"FirstPerson有限公司"，一个Sun公司的全资子公司。

FirstPerson团队致力于创建一种高度互动的设备。当时代华纳公司发布了一个关于电视机顶盒的征求提议书时，FirstPerson改变了他们的目标，作为对征求提议书的响应，提出了一个机顶盒平台的提议。但有线电视业界觉得FirstPerson的平台给予用户过多的控制权，因此FirstPerson的投标败给了SGI。同时，与3DO公司的另外一笔关于机顶盒的交易也没有成功。此时，可怜的Green项目几乎接近夭折，甚至Green项目组的一半成员也被调到了其他项目组。

正如中国古代的寓言所言：塞翁失马，焉知非福？如果Green项目在机顶盒平台投标成功，也许就不会诞生Java这门伟大的语言了。

1994年夏天，互联网和浏览器的出现不仅给广大互联网的用户带来了福音，也给Oak语言带来了新的生机。Gosling立即意识到，这是一个机会，于是对Oak进行了小规模的改造，到了1994年秋，小组中的Naughton和Jonathan Payne完成了第一个Java语言的网页浏览器：WebRunner。Sun公司实验室主任Bert Sutherland和技术总监Eric Schmidt观看了该浏览器的演示，对该浏览器的效果给予了高度评价。当时Oak这个商标已被别人注册，于是只得将Oak更名为Java。

Sun公司在1995年年初发布了Java语言，Sun公司直接把Java放到互联网上，免费给大家使用。

甚至连源代码也不保密，也放在互联网上向所有人公开。

几个月后，让所有人都大吃一惊的事情发生了：Java 成了互联网上最热门的宝贝。竟然有 10 万多人次访问了 Sun 公司的网页，下载了 Java 语言。然后，互联网上立即就有数不清的 Java 小程序（也就是 Applet），演示着各种小动画、小游戏等。

Java 语言终于扬眉吐气了，成为了一种广为人知的编程语言。

在 Java 语言出现之前，互联网的网页实质上就像是一张纸，不会有任何动态的内容。有了 Java 语言之后，浏览器的功能被扩大了，Java 程序可以直接在浏览器里运行，可以直接与远程服务器交互：用 Java 语言编程，可以在互联网上像传送电子邮件一样方便地传送程序文件！

1995 年，Sun 虽然推出了 Java，但这只是一种语言，如果想开发复杂的应用程序，必须要有一个强大的开发类库。因此，Sun 在 1996 年年初发布了 JDK 1.0。这个版本包括两部分：运行环境（即 JRE）和开发环境（即 JDK）。运行环境包括核心 API、集成 API、用户界面 API、发布技术、Java 虚拟机（JVM）5 个部分；开发环境包括编译 Java 程序的编译器（即 javac 命令）。

接着，Sun 在 1997 年 2 月 18 日发布了 JDK 1.1。JDK 1.1 增加了 JIT（即时编译）编译器。JIT 和传统的编译器不同，传统的编译器是编译一条，运行完后将其扔掉；而 JIT 会将经常用到的指令保存在内存中，当下次调用时就不需要重新编译了，通过这种方式让 JDK 在效率上有了较大提升。

但一直以来，Java 主要的应用就是网页上的 Applet 以及一些移动设备。到了 1996 年年底，Flash 面世了，这是一种更加简单的动画设计软件：使用 Flash 几乎无须任何编程语言知识，就可以做出丰富多彩的动画。随后 Flash 增加了 ActionScript 编程脚本，Flash 逐渐蚕食了 Java 在网页上的应用。

从 1995 年 Java 的诞生到 1998 年年底，Java 语言虽然成为了互联网上广泛使用的编程语言，但它并没有找到一个准确的定位，也没有找到它必须存在的理由：Java 语言可以编写 Applet，而 Flash 一样可以做到，而且更快，开发成本更低。

直到 1998 年 12 月，Sun 发布了 Java 历史上最重要的 JDK 版本：JDK 1.2，伴随 JDK 1.2 一同发布的还有 JSP/Servlet、EJB 等规范，并将 Java 分成了 J2EE、J2SE 和 J2ME 三个版本。

➢ J2ME：主要用于控制移动设备和信息家电等有限存储的设备。
➢ J2SE：整个 Java 技术的核心和基础，它是 J2ME 和 J2EE 编程的基础，也是这本书主要介绍的内容。
➢ J2EE：Java 技术中应用最广泛的部分，J2EE 提供了企业应用开发相关的完整解决方案。

这标志着 Java 已经吹响了向企业、桌面和移动三个领域进军的号角，标志着 Java 已经进入 Java 2 时代，这个时期也是 Java 飞速发展的时期。

在 Java 2 中，Java 发生了很多革命性的变化，而这些革命性的变化一直沿用到现在，对 Java 的发展形成了深远的影响。直到今天还经常看到 J2EE、J2ME 等名称。

不仅如此，JDK 1.2 还把它的 API 分成了三大类。

➢ 核心 API：由 Sun 公司制定的基本的 API，所有的 Java 平台都应该提供。这就是平常所说的 Java 核心类库。
➢ 可选 API：这是 Sun 为 JDK 提供的扩充 API，这些 API 因平台的不同而不同。
➢ 特殊 API：用于满足特殊要求的 API。如用于 JCA 和 JCE 的第三方加密类库。

2002 年 2 月，Sun 发布了 JDK 历史上最为成熟的版本：JDK 1.4。此时由于 Compaq、Fujitsu、SAS、Symbian、IBM 等公司的参与，使 JDK 1.4 成为发展最快的一个 JDK 版本。JDK 1.4 已经可以使用 Java 实现大多数的应用了。

在此期间，Java 语言在企业应用领域大放异彩，涌现出大量基于 Java 语言的开源框架：Struts、WebWork、Hibernate、Spring 等；大量企业应用服务器也开始涌现：WebLogic、WebSphere、JBoss 等，这些都标志着 Java 语言进入了飞速发展时期。

2004 年 10 月，Sun 发布了万众期待的 JDK 1.5，同时，Sun 将 JDK 1.5 改名为 Java SE 5.0，J2EE、J2ME 也相应地改名为 Java EE 和 Java ME。JDK 1.5 增加了诸如泛型、增强的 for 语句、可变数量的形参、注释（Annotations）、自动拆箱和装箱等功能；同时，也发布了新的企业级平台规范，如通过注释等新特性来简化 EJB 的复杂性，并推出了 EJB 3.0 规范。还推出了自己的 MVC 框架规范：JSF，JSF 规范类似于 ASP.NET 的服务器端控件，通过它可以快速地构建复杂的 JSP 界面。

2006 年 12 月，Sun 公司发布了 JDK 1.6（也被称为 Java SE 6）。一直以来，Sun 公司维持着大约 2 年发布一次 JDK 新版本的习惯。

但在 2009 年 4 月 20 日，Oracle 宣布将以每股 9.5 美元的价格收购 Sun，该交易的总价值约为 74 亿美元。而 Oracle 通过收购 Sun 公司获得了两项软件资产：Java 和 Solaris。

于是曾经代表一个时代的公司：Sun 终于被"雨打风吹"去，"江湖"上再也没有了 Sun 的身影。多年以后，在新一辈的程序员心中可能会遗忘曾经的 Sun 公司，但老一辈的程序员们将永久地怀念 Sun 公司的传奇。

Sun 倒下了，不过 Java 的大旗依然猎猎作响。2007 年 11 月，Google 宣布推出一款基于 Linux 平台的开源手机操作系统：Android。Android 的出现顺应了即将出现的移动互联网潮流，而且 Android 系统的用户体验非常好，因此迅速成为手机操作系统的中坚力量。Android 平台使用了 Dalvik 虚拟机来运行 .dex 文件，Dalvik 虚拟机的作用类似于 JVM 虚拟机，只是它并未遵守 JVM 规范而已。Android 使用 Java 语言来开发应用程序，这也给了 Java 语言一个新的机会。在过去的岁月中，Java 语言作为服务器端编程语言，已经取得了极大的成功；而 Android 平台的流行，则让 Java 语言获得了在客户端程序上大展拳脚的机会。

2011 年 7 月 28 日，Oracle 公司终于"如约"发布了 Java SE 7——这次版本升级经过了将近 5 年时间。Java SE 7 也是 Oracle 发布的第一个 Java 版本，引入了二进制整数、支持字符串的 switch 语句、菱形语法、多异常捕捉、自动关闭资源的 try 语句等新特性。

2014 年 3 月 18 日，Oracle 公司发布了 Java SE 8，这次版本升级为 Java 带来了全新的 Lambda 表达式、流式编程等大量新特性，这些新特性使得 Java 变得更加强大。

2017 年 9 月 22 日，Oracle 公司发布了 Java SE 9，这次版本升级强化了 Java 的模块化系统，让庞大的 Java 语言更轻量化，而且采用了更高效、更智能的 G1 垃圾回收器，并在核心类库上进行了大量更新，可以进一步简化编程；但对语法本身更新并不多（毕竟 Java 语言已经足够成熟），本书后面将会详细介绍这些新特性。

1.2 Java 程序运行机制

Java 语言是一种特殊的高级语言，它既具有解释型语言的特征，也具有编译型语言的特征，因为 Java 程序要经过先编译，后解释两个步骤。

▶▶ 1.2.1 高级语言的运行机制

计算机高级语言按程序的执行方式可以分为编译型和解释型两种。

编译型语言是指使用专门的编译器，针对特定平台（操作系统）将某种高级语言源代码一次性"翻译"成可被该平台硬件执行的机器码（包括机器指令和操作数），并包装成该平台所能识别的可执行性程序的格式，这个转换过程称为编译（Compile）。编译生成的可执行性程序可以脱离开发环境，在特定的平台上独立运行。

有些程序编译结束后，还可能需要对其他编译好的目标代码进行链接，即组装两个以上的目标代码模块生成最终的可执行性程序，通过这种方式实现低层次的代码复用。

因为编译型语言是一次性地编译成机器码，所以可以脱离开发环境独立运行，而且通常运行效率较高；但因为编译型语言的程序被编译成特定平台上的机器码，因此编译生成的可执行性程序通常无法移植到其他平台上运行；如果需要移植，则必须将源代码复制到特定平台上，针对特定平台进行修改，至少也需要采用特定平台上的编译器重新编译。

现有的 C、C++、Objective-C、Swift、Kotlin 等高级语言都属于编译型语言。

解释型语言是指使用专门的解释器对源程序逐行解释成特定平台的机器码并立即执行的语言。解释型语言通常不会进行整体性的编译和链接处理,解释型语言相当于把编译型语言中的编译和解释过程混合到一起同时完成。

可以认为:每次执行解释型语言的程序都需要进行一次编译,因此解释型语言的程序运行效率通常较低,而且不能脱离解释器独立运行。但解释型语言有一个优势:跨平台比较容易,只需提供特定平台的解释器即可,每个特定平台上的解释器负责将源程序解释成特定平台的机器指令即可。解释型语言可以方便地实现源程序级的移植,但这是以牺牲程序执行效率为代价的。

现有的 JavaScript、Ruby、Python 等语言都属于解释型语言。

除此之外,还有一种伪编译型语言,如 Visual Basic,它属于半编译型语言,并不是真正的编译型语言。它首先被编译成 P-代码,并将解释引擎封装在可执行性程序内,当运行程序时,P-代码会被解析成真正的二进制代码。表面上看起来,Visual Basic 可以编译生成可执行的 EXE 文件,而且这个 EXE 文件也可以脱离开发环境,在特定平台上运行,非常像编译型语言。实际上,在这个 EXE 文件中,既有程序的启动代码,也有链接解释程序的代码,而这部分代码负责启动 Visual Basic 解释程序,再对 Visual Basic 代码进行解释并执行。

▶▶ 1.2.2 Java 程序的运行机制和 JVM

Java 语言比较特殊,由 Java 语言编写的程序需要经过编译步骤,但这个编译步骤并不会生成特定平台的机器码,而是生成一种与平台无关的字节码(也就是*.class 文件)。当然,这种字节码不是可执行的,必须使用 Java 解释器来解释执行。因此可以认为:Java 语言既是编译型语言,也是解释型语言。或者说,Java 语言既不是纯粹的编译型语言,也不是纯粹的解释型语言。Java 程序的执行过程必须经过先编译、后解释两个步骤,如图 1.1 所示。

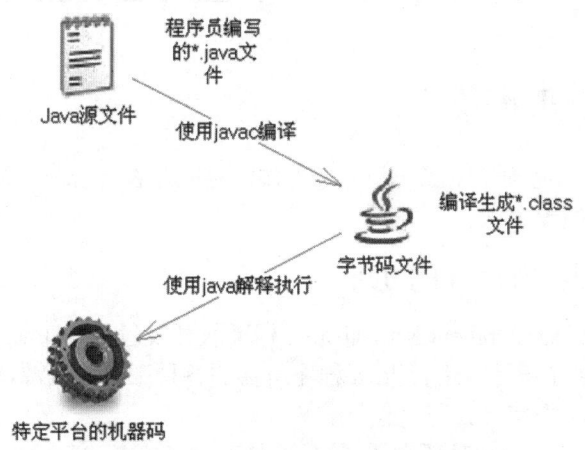

图 1.1　执行 Java 程序的两个步骤

Java 语言里负责解释执行字节码文件的是 Java 虚拟机,即 JVM(Java Virtual Machine)。JVM 是可运行 Java 字节码文件的虚拟计算机。所有平台上的 JVM 向编译器提供相同的编程接口,而编译器只需要面向虚拟机,生成虚拟机能理解的代码,然后由虚拟机来解释执行。在一些虚拟机的实现中,还会将虚拟机代码转换成特定系统的机器码执行,从而提高执行效率。

当使用 Java 编译器编译 Java 程序时,生成的是与平台无关的字节码,这些字节码不面向任何具体平台,只面向 JVM。不同平台上的 JVM 都是不同的,但它们都提供了相同的接口。JVM 是 Java 程序跨平台的关键部分,只要为不同平台实现了相应的虚拟机,编译后的 Java 字节码就可以在该平台上运行。显然,相同的字节码程序需要在不同的平台上运行,这几乎是"不可能的",只有通过中间的转换器才可以实现,JVM 就是这个转换器。

JVM 是一个抽象的计算机,和实际的计算机一样,它具有指令集并使用不同的存储区域。它负责执行指令,还要管理数据、内存和寄存器。

> **提示:**
> JVM 的作用很容易理解，就像有两支不同的笔，但需要把同一个笔帽套在两支不同的笔上，只有为这两支笔分别提供一个转换器，这个转换器向上的接口相同，用于适应同一个笔帽；向下的接口不同，用于适应两支不同的笔。在这个类比中，可以近似地理解两支不同的笔就是不同的操作系统，而同一个笔帽就是 Java 字节码程序，转换器角色则对应 JVM。类似地，也可以认为 JVM 分为向上和向下两个部分，所有平台上的 JVM 向上提供给 Java 字节码程序的接口完全相同，但向下适应不同平台的接口则互不相同。

Oracle 公司制定的 Java 虚拟机规范在技术上规定了 JVM 的统一标准，具体定义了 JVM 的如下细节：

- 指令集
- 寄存器
- 类文件的格式
- 栈
- 垃圾回收堆
- 存储区

Oracle 公司制定这些规范的目的是为了提供统一的标准，最终实现 Java 程序的平台无关性。

> **提示:**
> Oracle 负责制订 JVM 规范，并会随着 JDK 的发布提供一个官方的 JVM 实现，但实际上不少商业公司也会提供商业级的 JVM 实现。比如原来的 Bea JRockit（已被 Oracle 收购）、IBM JVM 等。

1.3 开发 Java 的准备

在开发 Java 程序之前，必须先完成一些准备工作，也就是在计算机上安装并配置 Java 开发环境，开发 Java 程序需要安装和配置 JDK。

1.3.1 下载和安装 Java 9 的 JDK

JDK 的全称是 Java SE Development Kit，即 Java 标准版开发包，是 Oracle 提供的一套用于开发 Java 应用程序的开发包，它提供了编译、运行 Java 程序所需的各种工具和资源，包括 Java 编译器、Java 运行时环境，以及常用的 Java 类库等。

这里又涉及一个概念：Java 运行时环境，它的全称是 Java Runtime Environment，因此也被称为 JRE，它是运行 Java 程序的必需条件。

学生提问：不是说 JVM 是运行 Java 程序的虚拟机吗？那 JRE 和 JVM 的关系是怎样的呢？

答：简单地说，JRE 包含 JVM。JVM 是运行 Java 程序的核心虚拟机，而运行 Java 程序不仅需要核心虚拟机，还需要其他的类加载器、字节码校验器以及大量的基础类库。JRE 除包含 JVM 之外，还包含运行 Java 程序的其他环境支持。

一般而言，如果只是运行 Java 程序，可以只安装 JRE，无须安装 JDK。

> **注意:**
> 如果需要开发 Java 程序,则应该选择安装 JDK;当然,安装了 JDK 之后,就包含了 JRE,也可以运行 Java 程序。但如果只是运行 Java 程序,则需要在计算机上安装 JRE,仅安装 JVM 是不够的。实际上,Oracle 网站上提供的就是 JRE 的下载,并不提供单独 JVM 的下载。

Oracle 把 Java 分为 Java SE、Java EE 和 Java ME 三个部分,而且为 Java SE 和 Java EE 分别提供了 JDK 和 Java EE SDK(Software Development Kit)两个开发包,如果读者只需要学习 Java SE 的编程知识,则可以下载标准的 JDK;如果读者学完 Java SE 之后,还需要继续学习 Java EE 相关内容,也可以选择下载 Java EE SDK,有一个 Java EE SDK 版本里已经包含了最新版的 JDK,安装 Java EE SDK 就包含了 JDK。

本书的内容主要是介绍 Java SE 的知识,因此下载标准的 JDK 即可。下载和安装 JDK 请按如下步骤进行。

① 登录 http://www.oracle.com/technetwork/java/javase/downloads/index.html,即可看到如图 1.2 所示的页面,下载 Java SE Development Kit 的最新版本。本书成书之时,JDK 的最新版本是 JDK 9,本书所有的案例也是基于该版本 JDK 的。

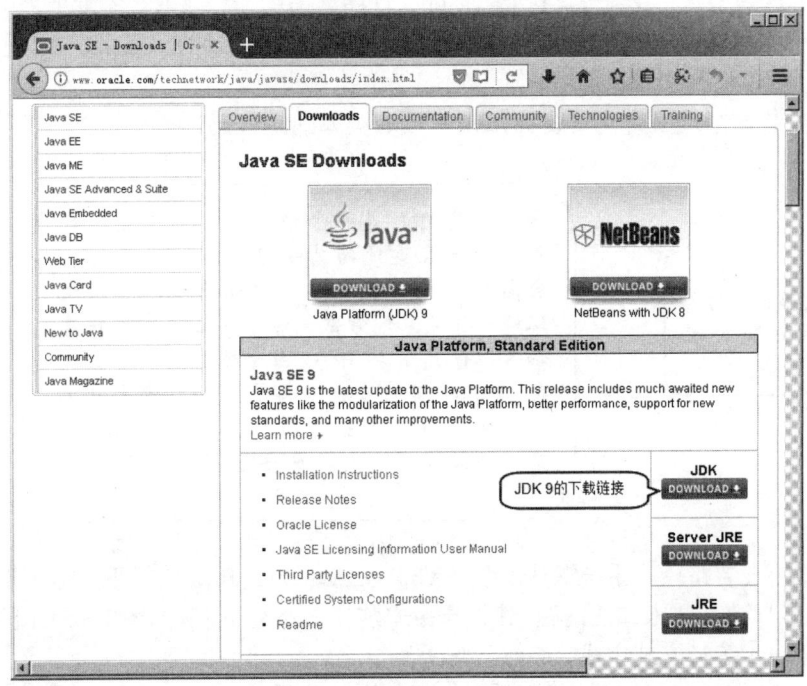

图 1.2 下载 JDK 的页面

② 单击如图 1.2 所示页面中的链接,进入 JDK 9 的下载页面。读者应根据自己的平台选择合适的 JDK 版本:对于 Windows 平台,JDK 9 默认只为 64 位的 Windows 系统提供 JDK;对于 Linux 平台,则下载 Linux 平台的 JDK。

> **提示:**
> 在如图 1.2 所示页面上还可以看到 Server JRE 9 和 JRE 9 两个下载链接,这两个下载链接分别用于下载服务器版 JRE 和普通版 JRE,其中 Server JRE 包含 JVM 监控工具,以及服务器应用常用的工具;而普通版 JRE 则不包含这些内容。

③ 64 位 Windows 系统的 JDK 下载成功后,得到一个 jdk-9_windows-x64_bin.exe 文件,这是一个标准的 EXE 文件,可以通过双击该文件来运行安装程序。对于 Linux 平台上的 JDK 安装文件,只需为

该文件添加可执行的属性，然后执行该安装文件即可。

④ 开始安装后，第一个对话框询问用户是否准备开始安装 JDK，单击"下一步"按钮，进入如图 1.3 所示的组件选择窗口。

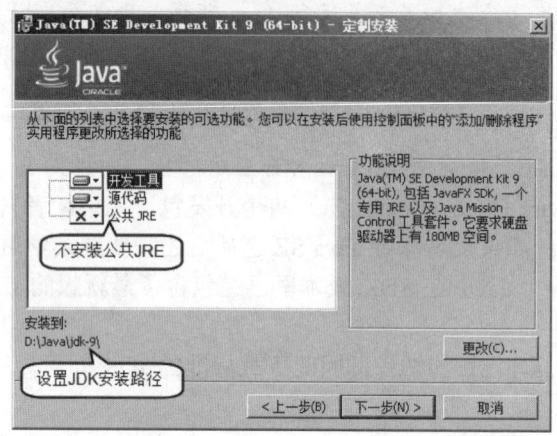

图 1.3　安装 JDK 的必需组件

大部分时候，并不需要安装所有的组件。在图 1.3 中，只需选择安装 JDK 的两个组件即可。

> 开发工具：这是 JDK 的核心，包括编译 Java 程序必需的命令工具。实际上，这个选项里已经包含了运行 Java 程序的 JRE，这个 JRE 会安装在 JDK 安装目录的子目录里，这也是无须安装公共 JRE 的原因。
> 源代码：安装这个选项将会安装 Java 所有核心类库的源代码。

答：公共 JRE 是一个独立的 JRE 系统，会单独安装在系统的其他路径下。公共 JRE 会向 IE 等浏览器和系统中注册 Java 运行时环境。通过这种方式，系统中任何应用程序都可以使用公共 JRE。由于现在在网页上执行 Applet 的机会越来越少，而且完全可以选择使用 JDK 目录下的 JRE 来运行 Java 程序，因此没有太大必要安装公共 JRE。

学生提问：为什么不安装公共 JRE 呢？

⑤ 选择 JDK 的安装路径，系统默认安装在 C:\Program Files\Java 路径下，但不推荐安装在有空格的路径下，这样可能导致一些未知的问题，建议直接安装在根路径下，例如图 1.3 所示的 D:\Java\jdk-9\。单击"下一步"按钮，等待安装完成。

安装完成后，可以在 JDK 安装路径下看到如下的文件路径。

> bin：该路径下存放了 JDK 的各种工具命令，常用的 javac、java 等命令就放在该路径下。
> conf：该路径下存放了 JDK 的相关配置文件。
> include：存放一些平台特定的头文件。
> jmods：该目录下存放了 JDK 的各种模块。
> legal：该目录下包含了 JDK 各模块的授权文档。
> lib：该路径下存放的是 JDK 工具的一些补充 JAR 包。比如 src.zip 文件中保存了 Java 的源代码。
> README 和 COPYRIGHT 等说明性文档。

模块化系统是 JDK 9 的重大更新，随着 Java 语言的功能越来越强大，Java 语言也越来越庞大。很多时候，一个基于 Java 的软件并不会用到 Java 的全部功能，因此该软件也不需要加载全部的 Java 功能，而模块化系统则允许发布 Java 软件系统时根据需要只加载必要的模块。

为此，JDK 专门引入了一种新的 JMOD 格式，它近似于 JAR 格式，但 JMOD 格式更强大，它可以包含本地代码和配置文件。该目录下包含了 JDK 各种模块的 JMOD 文件，比如使用 WinRAR 打开 java.base.jmod 文件，将会看到如图 1.4 所示的文件结构。

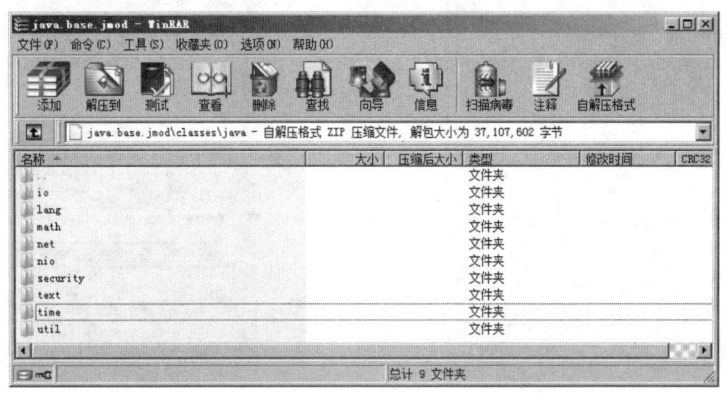

图 1.4　java.base.jmod 模块的文件结构

从图 1.4 可以看出，java.base.jmod 是 JDK 的最基础模块，该模块包含了 Java 的 lang、util、math 等模块，这些都是 Java 最核心的功能，是其他所有模块的基础。

此外，上面提到的 bin 路径是一个非常有用的路径，在这个路径下包含了编译和运行 Java 程序的 javac 和 java 两个命令。除此之外，还包含了 jlink、jar 等大量工具命令。本书的后面章节将会介绍该路径下的常用命令的用法。

▶▶ 1.3.2　设置 PATH 环境变量

前面已经介绍过了，编译和运行 Java 程序必须经过两个步骤。
① 将源文件编译成字节码。
② 解释执行平台无关的字节码程序。

上面这两个步骤分别需要使用 java 和 javac 两个命令。启动 Windows 操作系统的命令行窗口（在"开始"菜单里运行 cmd 命令即可），在命令行窗口里依次输入 java 和 javac 命令，将看到如下输出：

```
'java' 不是内部或外部命令，也不是可运行的程序
或批处理文件。
'javac' 不是内部或外部命令，也不是可运行的程序
或批处理文件。
```

这意味着还不能使用 java 和 javac 两个命令。这是因为：虽然已经在计算机里安装了 JDK，而 JDK 的安装路径下也包含了 java 和 javac 两个命令，但计算机不知道到哪里去找这两个命令。

计算机如何查找命令呢？Windows 操作系统根据 Path 环境变量来查找命令。Path 环境变量的值是一系列路径，Windows 操作系统将在这一系列的路径中依次查找命令，如果能找到这个命令，则该命令是可执行的；否则将出现 "'xxx'不是内部或外部命令，也不是可运行的程序或批处理文件" 的提示。而 Linux 操作系统则根据 PATH 环境变量来查找命令，PATH 环境变量的值也是一系列路径。因为 Windows 操作系统不区分大小写，设置 Path 和 PATH 并没有区别；而 Linux 系统是区分大小写的，设置 Path 和 PATH 是有区别的，因此只需要设置 PATH 环境变量即可。

不管是 Linux 平台还是 Windows 平台，只需把 java 和 javac 两个命令所在的路径添加到 PATH 环境变量中，就可以编译和运行 Java 程序了。

1. 在 Windows 7 等平台上设置环境变量

右击桌面上的"计算机"图标，出现右键菜单；单击"属性"菜单项，系统显示"控制面板\所有控制面板项\系统"窗口，单击该窗口左边栏中的"高级系统设置"链接，出现"系统属性"对话框；单击该对话框中的"高级"Tab 页，出现如图 1.5 所示的对话框。

单击"环境变量"按钮，将看到如图 1.6 所示的"环境变量"对话框，通过该对话框可以修改或添加环境变量。

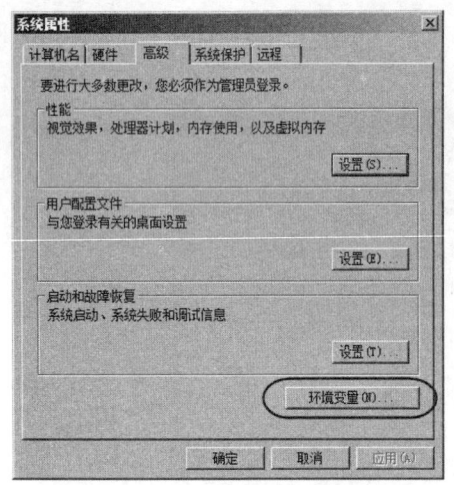
图 1.5 "系统属性"对话框

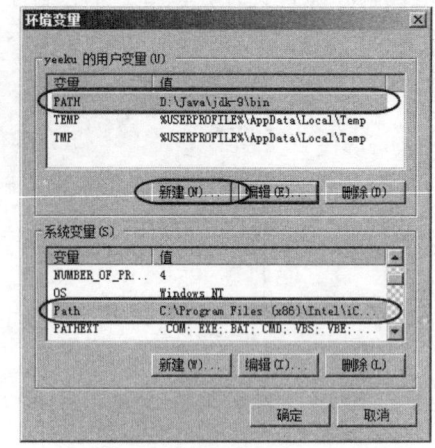
图 1.6 "环境变量"对话框

如图 1.6 所示的对话框上面的"用户变量"部分用于设置当前用户的环境变量，下面的"系统变量"部分用于设置整个系统的环境变量。对于 Windows 系统而言，名为 Path 的系统环境变量已经存在，可以直接修改该环境变量，在该环境变量值后追加 D:\Java\jdk-9\bin（其中 D:\Java\jdk-9\是本书 JDK 的安装路径）。实际上通常建议添加用户变量，单击"新建"按钮，添加名为 PATH 的环境变量，设置 PATH 环境变量的值为 D:\Java\jdk-9\bin。

答：用户变量和系统变量并没有太大的差别，只是用户变量只对当前用户有效，而系统变量对所有用户有效。为了减少自己所做的修改对其他人的影响，故设置用户变量避免影响其他人。对于当前用户而言，设置用户变量和系统变量的效果大致相同，只是系统变量的路径排在用户变量的路径之前。这可能出现一种情况：如果 Path 系统变量的路径里包含了 java 命令，而 PATH 用户变量的路径里也包含了 java 命令，则优先执行 Path 系统变量路径里包含的 java 命令。

学生提问：为什么选择用户变量？用户变量与系统变量有什么区别？

2. 在 Linux 上设置环境变量

启动 Linux 的终端窗口（命令行界面），进入当前用户的 home 路径下，然后在 home 路径下输入如下命令：

```
ls -a
```

该命令将列出当前路径下所有的文件，包括隐藏文件，Linux 平台的环境变量是通过.bash_profile 文件来设置的。使用无格式编辑器打开该文件，在该文件的 PATH 变量后添加：/home/yeeku/Java/jdk-9/bin，其中/home/yeeku/Java/jdk-9/是本书的 JDK 安装路径。修改后的 PATH 变量设置如下：

```
# 设置 PATH 环境变量
PATH=.:$PATH:$HOME/bin:/home/yeeku/Java/jdk-9/bin
```

Linux 平台与 Windows 平台不一样，多个路径之间以冒号（:）作为分隔符，而$PATH 则用于引用原有的 PATH 变量值。

完成了 PATH 变量值的设置后，在.bash_profile 文件最后添加导出 PATH 变量的语句，如下所示：

```
# 导出 PATH 环境变量
export PATH
```

重新登录 Linux 平台，或者执行如下命令：

```
source .bash_profile
```

两种方式都是为了运行该文件，让文件中设置的 PATH 变量值生效。

1.4 第一个 Java 程序

本节将编写编程语言里最"著名"的程序：HelloWorld，以这个程序来开始 Java 学习之旅。

1.4.1 编辑 Java 源代码

编辑 Java 源代码可以使用任何无格式的文本编辑器，在 Windows 操作系统上可使用记事本（NotePad）、EditPlus 等程序，在 Linux 平台上可使用 VI 工具等。

编写 Java 程序不要使用写字板，更不可使用 Word 等文档编辑器。因为写字板、Word 等工具是有格式的编辑器，当使用它们编辑一份文档时，这个文档中会包含一些隐藏的格式化字符，这些隐藏字符会导致程序无法正常编译、运行。

在记事本中新建一个文本文件，并在该文件中输入如下代码。

程序清单：codes\01\1.4\HelloWorld.java

```java
public class HelloWorld
{
    // Java 程序的入口方法，程序将从这里开始执行
    public static void main(String[] args)
    {
        // 向控制台打印一条语句
        System.out.println("Hello World!");
    }
}
```

编辑上面的 Java 文件时，注意程序中粗体字标识的单词，Java 程序严格区分大小写。将上面文本文件保存为 HelloWorld.java，该文件就是 Java 程序的源程序。

编写好 Java 程序的源代码后，接下来就应该编译该 Java 源文件来生成字节码了。

1.4.2 编译 Java 程序

编译 Java 程序需要使用 javac 命令，因为前面已经把 javac 命令所在的路径添加到了系统的 PATH 环境变量中，因此现在可以使用 javac 命令来编译 Java 程序了。

如果直接在命令行窗口里输入 javac，不跟任何选项和参数，系统将会输出大量提示信息，用以提示 javac 命令的用法，读者可以参考该提示信息来使用 javac 命令。

对于初学者而言，先掌握 javac 命令的如下用法：

```
javac -d destdir srcFile
```

在上面命令中，-d destdir 是 javac 命令的选项，用以指定编译生成的字节码文件的存放路径，destdir 只需是本地磁盘上的一个有效路径即可；而 srcFile 是 Java 源文件所在的位置，这个位置既可以是绝对路径，也可以是相对路径。

通常，总是将生成的字节码文件放在当前路径下，当前路径可以用点（.）来表示。在命令行窗口进入 HelloWorld.java 文件所在路径，在该路径下输入如下命令：

```
javac -d . HelloWorld.java
```

运行该命令后，在该路径下生成一个 HelloWorld.class 文件。

学生提问：当编译 C 程序时，不仅需要指定存放目标文件的位置，也需要指定目标文件的文件名，这里使用 javac 编译 Java 程序时怎么不需要指定目标文件的文件名呢？

答：使用 javac 编译文件只需要指定存放目标文件的位置即可，无须指定字节码文件的文件名。因为 javac 编译后生成的字节码文件有默认的文件名：文件名总是以源文件所定义类的类名作为主文件名，以 .class 作为扩展名。这意味着如果一个源文件里定义了多个类，将编译生成多个字节码文件。事实上，指定目标文件存放位置的 -d 选项也是可省略的，如果省略该选项，则意味着将生成的字节码文件放在当前路径下。

如果读者喜欢用 EditPlus 作为无格式编辑器，则可以使用 EditPlus 把 javac 命令集成进来，从而直接在 EditPlus 编辑器中编译 Java 程序，而无须每次启动命令行窗口。

在 EditPlus 中集成 javac 命令按如下步骤进行。

① 选择 EditPlus 的"工具"→"配置用户工具"菜单，弹出如图 1.7 所示的对话框。

② 单击"组名称"按钮来设置工具组的名称，例如输入"编译运行 Java"。单击"添加工具"按钮，并选择"程序"选项，然后输入 javac 命令的用法和参数，输入成功后看到如图 1.8 所示的界面。

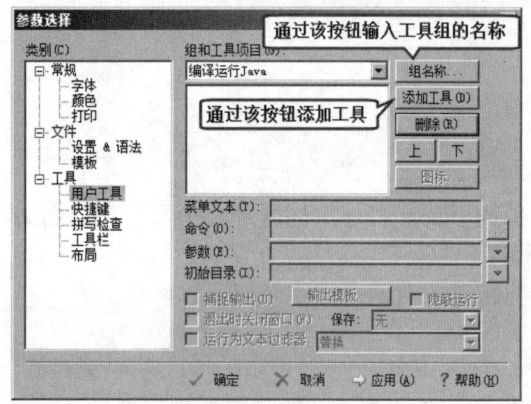
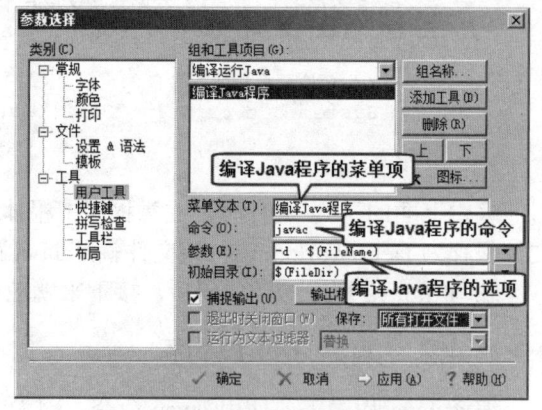

图 1.7　集成用户工具的对话框　　　　　　　图 1.8　集成编译 Java 程序的工具

③ 单击"确定"按钮，返回 EditPlus 主界面。再次选择 EditPlus 的"工具"菜单，将看到该菜单中增加了"编译 Java 程序"菜单项，单击该菜单项即可编译 EditPlus 当前打开的 Java 源程序代码。

▶▶ 1.4.3　运行 Java 程序

运行 Java 程序使用 java 命令，启动命令行窗口，进入 HelloWorld.class 所在的位置，在命令行窗口里直接输入 java 命令，不带任何参数或选项，将看到系统输出大量提示，告诉开发者如何使用 java 命令。

对于初学者而言，当前只要掌握 java 命令的如下用法即可：

```
java Java 类名
```

值得注意的是，java 命令后的参数是 Java 类名，而不是字节码文件的文件名，也不是 Java 源文件名。

通过命令行窗口进入 HelloWorld.class 所在的路径，输入如下命令：

```
java HelloWorld
```

运行上面命令，将看到如下输出：

```
Hello World!
```

这表明 Java 程序运行成功。

如果运行 java helloworld 或者 java helloWorld 等命令，将会看到如图 1.9 所示的错误提示。

因为 Java 是区分大小写的语言，所以 java 命令后的类名必须严格区分大小写。

与编译 Java 程序类似的是，也可以在 EditPlus 里集成运行 Java 程序的工具，集成运行 Java 程序的设置界面如图 1.10 所示。

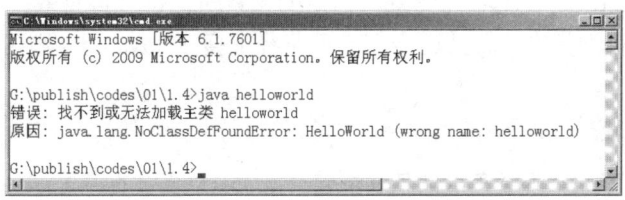

图 1.9 类名大小写不正确的提示

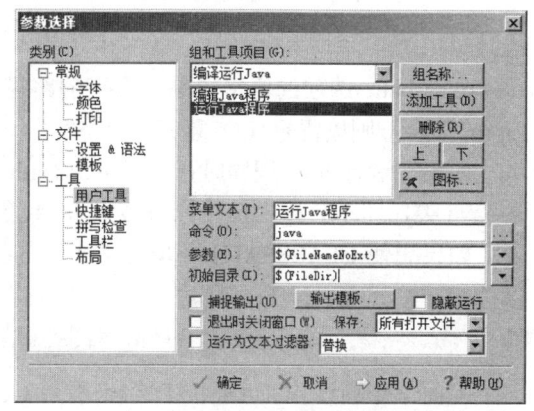

图 1.10 集成运行 Java 程序的设置界面

在如图 1.10 所示的设置中，似乎运行 Java 程序的命令是"java 无扩展名的文件名"，实际上这只是利用了一种巧合：大部分时候，Java 源文件的主文件名（无扩展名的文件名）与类名相同，因此实际上执行的还是"java Java 类名"命令。

完成了如图 1.10 所示的设置后，返回 EditPlus 主界面，在"工具"菜单中将会增加一个"运行 Java 程序"菜单项，单击该菜单项，将可以运行 EditPlus 当前打开的 Java 程序。

▶▶ 1.4.4 根据 CLASSPATH 环境变量定位类

以前学习过 Java 的读者可能对 CLASSPATH 环境变量不陌生，几乎每一本介绍 Java 入门的图书里都会介绍 CLASSPATH 环境变量的设置，但对于 CLASSPATH 环境变量的作用则常常语焉不详。

实际上，如果使用 1.5 以上版本的 JDK，完全可以不用设置 CLASSPATH 环境变量——正如上面编译、运行 Java 程序所见到的，即使不设置 CLASSPATH 环境变量，完全可以正常编译和运行 Java 程序。

那么 CLASSPATH 环境变量的作用是什么呢？当使用"java Java 类名"命令来运行 Java 程序时，JRE 到哪里去搜索 Java 类呢？可能有读者会回答，在当前路径下搜索啊。这个回答很聪明，但 1.4 以前版本的 JDK 都没有设计这个功能，这意味着即使当前路径已经包含了 HelloWorld.class，并在当前路径下执行"java HelloWorld"，系统将一样提示找不到 HelloWorld 类。

如果使用 1.4 以前版本的 JDK，则需要在 CLASSPATH 环境变量中添加点（.），用以告诉 JRE 需要在当前路径下搜索 Java 类。

除此之外，编译和运行 Java 程序还需要 JDK 的 lib 路径下 dt.jar 和 tools.jar 文件中的 Java 类，因此还需要把这两个文件添加到 CLASSPATH 环境变量里。

> 提示：
> JDK 9 的 lib 目录已经不再包含 dt.jar 和 tools.jar 文件。

因此，如果使用 1.4 以前版本的 JDK 来编译和运行 Java 程序，常常需要设置 CLASSPATH 环境变量的值为.;%JAVA_HOME%\lib\dt.jar;%JAVA_HOME%\lib\tools.jar（其中%JAVA_HOME%代表 JDK 的安装目录）。

> 提示：
> 只有使用早期版本的 JDK 时，才需要设置 CLASSPATH 环境变量。

当然，即使使用 JDK 1.5 以上版本的 JDK，也可以设置 CLASSPATH 环境变量（通常用于加载第三方类库），一旦设置了该环境变量，JRE 将会按该环境变量指定的路径来搜索 Java 类。这意味着如果 CLASSPATH 环境变量中不包括点(.)，也就是没有包含当前路径，JRE 不会在当前路径下搜索 Java 类。

如果想在运行 Java 程序时临时指定 JRE 搜索 Java 类的路径，则可以使用-classpath 选项（或用-cp 选项，-cp 是简写，作用完全相同），即按如下格式来运行 java 命令：

```
java -classpath dir1;dir2;dir3...;dirN Java类
```

-classpath 选项的值可以是一系列的路径，多个路径之间在 Windows 平台上以分号（;）隔开，在 Linux 平台上则以冒号（:）隔开。

如果在运行 Java 程序时指定了-classpath 选项的值，JRE 将严格按-classpath 选项所指定的路径来搜索 Java 类，即不会在当前路径下搜索 Java 类，CLASSPATH 环境变量所指定的搜索路径也不再有效。

如果想使 CLASSPATH 环境变量指定的搜索路径有效，而且还会在当前路径下搜索 Java 类，则可以按如下格式来运行 Java 程序：

```
java -classpath %CLASSPATH%;.;dir1;dir2;dir3...;dirN Java类
```

上面命令通过%CLASSPATH%来引用 CLASSPATH 环境变量的值，并在-classpath 选项的值里添加了一个点，强制 JRE 在当前路径下搜索 Java 类。

1.5 Java 程序的基本规则

前面已经编写了 Java 学习之旅的第一个程序，下面对这个简单的 Java 程序进行一些解释，解释 Java 程序必须满足的基本规则。

▶▶ 1.5.1 Java 程序的组织形式

Java 程序是一种纯粹的面向对象的程序设计语言，因此 Java 程序必须以类（class）的形式存在，类（class）是 Java 程序的最小程序单位。Java 程序不允许可执行性语句、方法等成分独立存在，所有的程序部分都必须放在类定义里。

上面的 HelloWorld.java 程序是一个简单的程序，但还不是最简单的 Java 程序，最简单的 Java 程序是只包含一个空类定义的程序。下面将编写一个最简单的 Java 程序。

程序清单：codes\01\1.5\Test.java

```
class Test
{
}
```

这是一个最简单的 Java 程序，这个程序定义了一个 Test 类，这个类里没有任何的类成分，是一个空类，但这个 Java 程序是绝对正确的，如果使用 javac 命令来编译这个程序，就知道这个程序可以通过编译，没有任何问题。

但如果使用 java 命令来运行上面的 Test 类，则会得到如下错误提示：

```
错误: 在类 Test 中找不到 main 方法, 请将 main 方法定义为:
   public static void main(String[] args)
```

上面的错误提示仅仅表明：这个类不能被 java 命令解释执行，并不表示这个类是错误的。实际上，Java 解释器规定：如需某个类能被解释器直接解释执行，则这个类里必须包含 main 方法，而且 main 方法必须使用 public static void 来修饰，且 main 方法的形参必须是字符串数组类型（String[] args 是字符串数组的形式）。也就是说，main 方法的写法几乎是固定的。Java 虚拟机就从这个 main 方法开始解释执行，因此，main 方法是 Java 程序的入口。至于 main 方法为何要采用这么"复杂"的写法，后面章节会有更详细的解释，读者现在只能把这个方法死记下来。

对于那些不包含 main 方法的类，也是有用的类。对于一个大型的 Java 程序而言，往往只需要一个入口，也就是只有一个类包含 main 方法，而其他类都是用于被 main 方法直接或间接调用的。

1.5.2 Java 源文件的命名规则

Java 程序源文件的命名不是随意的，Java 文件的命名必须满足如下规则。
- Java 程序源文件的扩展名必须是.java，不能是其他文件扩展名。
- 在通常情况下，Java 程序源文件的主文件名可以是任意的。但有一种情况例外：如果 Java 程序源代码里定义了一个 public 类，则该源文件的主文件名必须与该 public 类（也就是该类定义使用了 public 关键字修饰）的类名相同。

由于 Java 程序源文件的文件名必须与 public 类的类名相同，因此，一个 Java 源文件里最多只能定义一个 public 类。

> **注意：** 一个 Java 源文件可以包含多个类定义，但最多只能包含一个 public 类定义；如果 Java 源文件里包含 public 类定义，则该源文件的文件名必须与这个 public 类的类名相同。

虽然 Java 源文件里没有包含 public 类定义时，这个源文件的文件名可以是随意的，但推荐让 Java 源文件的主文件名与类名相同，这可以提供更好的可读性。通常有如下建议：
- 一个 Java 源文件只定义一个类，不同的类使用不同的源文件定义。
- 让 Java 源文件的主文件名与该源文件中定义的 public 类同名。

在疯狂软件的教学过程中，发现很多学员经常犯一个错误，他们在保存一个 Java 文件时，常常保存成形如*.java.txt 的文件名，而且这种文件名看起来非常像是*.java。这是 Windows 的默认设置所引起的，Windows 默认会"隐藏已知文件类型的扩展名"。为了避免这个问题，通常推荐关闭 Windows 的"隐藏已知文件类型的扩展名"功能。

为了关闭"隐藏已知文件类型的扩展名"功能，在 Windows 的资源管理器窗口打开"组织"菜单，然后单击"文件夹和搜索选项"菜单项，将弹出"文件夹选项"对话框，单击该对话框里的"查看"Tab 页，看到如图 1.11 所示的对话框。

去掉"隐藏已知文件类型的扩展名"选项之前的钩，则可以让所有文件显示真实的文件名，从而避免 HelloWorld.java.txt 这样的错误。

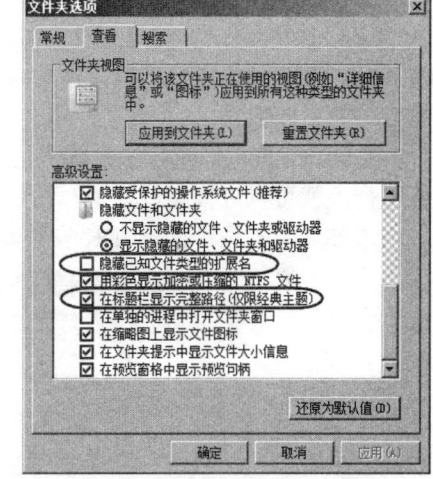

图 1.11 "文件夹选项"对话框

另外，图 1.11 中还显示勾选了"在标题栏显示完整路径（仅限经典主题）"选项，这对于开发中准确定位 Java 源文件也很有帮助。

1.5.3 初学者容易犯的错误

万事开头难,Java 编程的初学者常常会遇到各种各样的问题,对于在学校跟着老师学习的读者而言,可以直接通过询问老师来解决这些问题；但对于自学的读者而言，则需要花更多时间、精力来解决这些问题，而且一旦遇到的问题几天都得不到解决，往往会带给他们很大的挫败感。

下面介绍一些初学者经常出现的错误，希望减少读者在学习中的障碍。

1. CLASSPATH 环境变量的问题

由于历史原因，几乎所有的图书和资料中都介绍必须设置这个环境变量。实际上，正如前面所介绍的，如果使用 1.5 以上版本的 JDK，完全可以不用设置这个环境变量。如果不设置这个环境变量，将可以正常编译和运行 Java 程序。

相反，如果有的读者看过其他 Java 入门书籍，或者参考过网上的各种资料（网络是一个最大的资源库，但网络上的资料又是鱼龙混杂、良莠不齐的。网络上的资料很多都是转载的，只要一个人提出一个错误的说法，这个错误的说法可能被成千上万的人转载，从而看到成千上万的错误说法），可能总是习惯设置 CLASSPATH 环境变量。

设置 CLASSPATH 环境变量没有错，关键是设置错了就比较麻烦了。正如前面所介绍的，如果没有设置 CLASSPATH 环境变量，Java 解释器将会在当前路径下搜索 Java 类，因此在 HelloWorld.class 文件所在的路径运行 java HelloWorld 将没有任何问题；但如果设置了 CLASSPATH 环境变量，Java 解释器将只在 CLASSPATH 环境变量所指定的系列路径中搜索 Java 类，这样就容易出现问题了。

由于很多资料上提到 CLASSPATH 环境变量中应该添加 dt.jar 和 tools.jar 两个文件，因此很多读者会设置 CLASSPATH 环境变量的值为：D:\Java\jdk-9\lib\dt.jar;D:\Java\jdk-9\lib\tools.jar（实际上 JDK 9 已经删除了这两个文件），这将导致 Java 解释器不在当前路径下搜索 Java 类。如果此时在 HelloWorld.class 文件所在的路径运行 java HelloWorld，将出现如下错误提示：

> 错误：找不到或无法加载主类 HelloWorld

上面的错误是一个典型错误：找不到类定义的错误，通常都是由 CLASSPATH 环境变量设置不正确造成的。因此，如果读者要设置 CLASSPATH 环境变量，一定不要忘记在 CLASSPATH 环境变量中增加点（.），强制 Java 解释器在当前路径下搜索 Java 类。

> **提示：**
> 如果指定了 CLASSPATH 环境变量，一定不要忘记在 CLASSPATH 环境变量中增加点（.），点代表当前路径，用以强制 Java 解释器在当前路径下搜索 Java 类。

除此之外，有的读者在设置 CLASSPATH 环境变量时总是仗着自己记忆很好，往往选择手动输入 CLASSPATH 环境变量的值，这非常容易引起错误：偶然的手误，或者多一个空格，或者少一个空格，都有可能引起错误。

实际上，有更好的方法来解决这个错误，完全可以在文件夹的地址栏里看到某个文件或文件夹的完整路径，就可以直接通过复制、粘贴来设置 CLASSPATH 环境变量了。

通过资源管理器打开 JDK 安装路径，将可以看到如图 1.12 所示的界面。

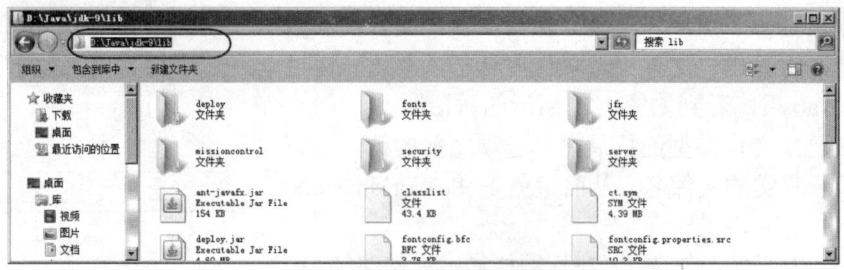

图 1.12 在地址栏中显示完整路径

读者可以通过复制地址栏里的字符串来设置环境变量，而不是采用手动输入，从而减少出错的可能。

2．大小写问题

前面已经提到：Java 语言是严格区分大小写的语言。但由于大部分读者都是 Windows 操作系统的忠实拥护者，因此对大小写问题往往都不够重视（Linux 平台是区分大小写的）。

例如，有的读者编写的 Java 程序里的类是 HelloWorld，但当他运行 Java 程序时，运行的则是 java helloworld 这种形式——这种错误的形式有很多种（对的道路只有一条，但错的道路则有成千上万条）。总之，就是 java 命令后的类名没有严格按 Java 程序中编写的来写，可能引起系统提示如图 1.9 所示的错误。

因此必须提醒读者注意：在 Java 程序里，HelloWorld 和 helloworld 是完全不同的，必须严格注意 Java 程序里的大小写问题。

不仅如此，读者按书中所示的程序编写 Java 程序时，必须严格注意 Java 程序中每个单词的大小写，不要随意编写。例如 class 和 Class 是不同的两个词，class 是正确的，但如果写成 Class，则程序无法编译通过。实际上，Java 程序中的关键字全部是小写的，无须大写任何字母。

3．路径里包含空格的问题

这是一个更容易引起错误的问题。由于 Windows 系统的很多路径都包含了空格，典型的例如 Program Files 文件夹，而且这个文件夹是 JDK 的默认安装路径。

如果 CLASSPATH 环境变量里包含的路径中存在空格，则可能引发错误。因此，推荐大家安装 JDK 以及 Java 相关程序、工具时，不要安装在包含空格的路径下，否则可能引发错误。

4．main 方法的问题

如果需要用 java 命令直接运行一个 Java 类，这个 Java 类必须包含 main 方法，这个 main 方法必须使用 public 和 static 来修饰，必须使用 void 声明该方法的返回值，而且该方法的参数类型只能是一个字符串数组，而不能是其他形式的参数。对于这个 main 方法而言，前面的 public 和 static 修饰符的位置可以互换，但其他部分则是固定的。

定义 main 方法时，不要写成 Main 方法，如果不小心把方法名的首字母写成了大写，编译时不会出现任何问题，但运行该程序时将给出如下错误提示：

```
错误: 在类 Xxx 中找不到 main 方法, 请将 main 方法定义为:
   public static void main(String[] args)
```

这个错误提示找不到 main 方法，因为 Java 虚拟机只会选择从 main 方法开始执行；对于 Main 方法，Java 虚拟机会把该方法当成一个普通方法，而不是程序的入口。

main 方法里可以放置程序员需要执行的可执行性语句，例如 System.out.println("Hello Java!")，这行语句是 Java 里的输出语句，用于向控制台输出"Hello Java!"这个字符串内容，输出结束后还输出一个换行符。

在 Java 程序里执行输出有两种简单的方式：System.out.print(需要输出的内容)和 System.out.println (需要输出的内容)，其中前者在输出结束后不会换行，而后者在输出结束后会换行。后面会有关于这两个方法更详细的解释，此处读者只能把这两个方法先记下来。

1.6　JDK 9 新增的 jshell 工具

JDK 9 工具的一大改进就是提供了 jshell 工具，它是一个 REPL（Read-Eval-Print Loop）工具，该工具是一个交互式的命令行界面，可用于执行 Java 语言的变量声明、语句和表达式，而且可以立即看到执行结果。因此，我们可以使用该工具来快速学习 Java 或测试 Java 的新 API。

对于一个立志学习编程（不仅是 Java）的学习者而言，一定要记住：看再好的书也不能让自己真正掌握编程（即使如《疯狂 Java 讲义》也不能）！书只能负责指导，但最终一定需要读者自己动手。即使是一个有经验的开发者，遇到新功能时也会需要通过代码测试。

在没有 jshell 时，开发者想要测试某个新功能或新 API，通常要先打开 IDE 工具（可能要花 1 分钟），然后新建一个测试项目，再新建一个类，最后才可以开始写代码来测试新功能或新 API。这真要命啊！而 jshell 的出现解决了这个痛点。

开发者直接在 jshell 界面中输入要测试的功能或代码，jshell 会立刻反馈执行结果，非常方便。

启动 jshell 非常简单，只要在命令行窗口输入 jshell 命令，即可进入 jshell 交互模式。

> **提示：** jshell 位于 JDK 安装目录的 bin 路径下，如果读者按前面介绍的方式配置了 PATH 环境变量，那么输入 jshell 命令应该即可进入 jshell 交互模式；如果系统提示找不到 jshell 命令，那么肯定是环境变量配置错误。

进入 jshell 交互模式后，可执行/help 来查看帮助信息，也可执行/exit 退出 jshell，如图 1.13 所示。执行你希望测试的 Java 代码，比如执行 System.out.println("Hello World!")，此处不要求以分号结尾。

从图 1.13 可以看出，除/help、/exit 之外，jshell 还有如下常用命令。

- /list：列出用户输入的所有源代码。
- /edit：编辑用户输入的第几条源代码。比如/edit 2 表示编辑用户输入的第 2 条源代码。jshell 会启动一个文本编辑界面让用户来编辑第 2 条源代码。
- /drop：删除用户输入的第几条源代码。
- /save：保存用户输入的源代码。
- /vars：列出用户定义的所有变量。
- /methods：列出用户定义的全部方法。
- /types：列出用户定义的全部类型。

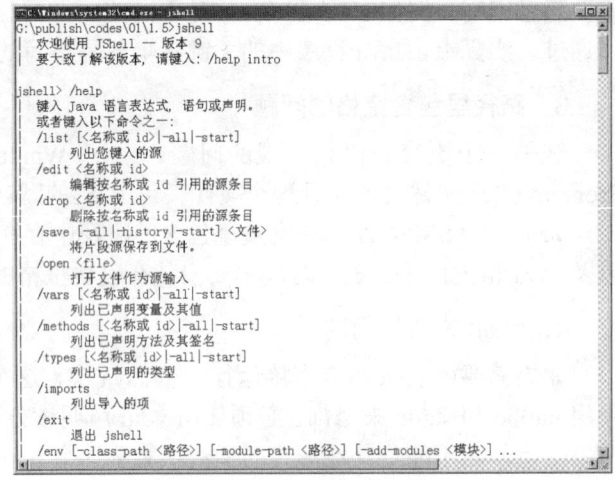

图 1.13 jshell 帮助界面

> **提示：** 关于 Java 语言的变量、方法、类型的知识，本书后面章节中将会有详细的介绍，此处只是简单介绍 jshell 工具，暂时不需要读者掌握 Java 语言的相关内容。

在 jshell 界面中输入如下语句：

```
int a = 20
```

上面语句用于定义一个变量。接下来输入/vars 命令，即可看到 jshell 列出了用户定义的全部变量。系统生成如下输出：

```
|    int a = 20
```

在 jshell 界面中输入如下语句：

```
System.out.println("Hello World!")
```

这是一条输出语句，前面已经介绍过，执行这条语句将会看到如下输出：

```
Hello World!
```

执行结果如图 1.14 所示。

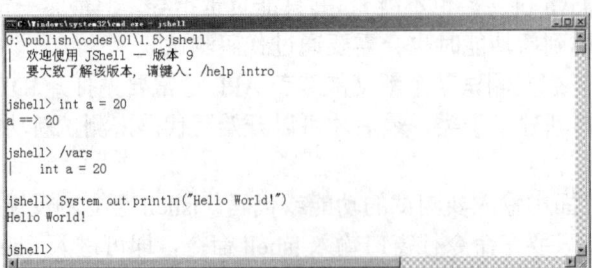

图 1.14 jshell 交互式执行界面

1.7 Java 9 的 G1 垃圾回收器

传统的 C/C++等编程语言，需要程序员负责回收已经分配的内存。显式进行垃圾回收是一件比较困难的事情，因为程序员并不总是知道内存应该何时被释放。如果一些分配出去的内存得不到及时回收，就会引起系统运行速度下降，甚至导致程序瘫痪，这种现象被称为内存泄漏。总体而言，显式进行垃圾回收主要有如下两个缺点。
- 程序忘记及时回收无用内存，从而导致内存泄漏，降低系统性能。
- 程序错误地回收程序核心类库的内存，从而导致系统崩溃。

与 C/C++程序不同，Java 语言不需要程序员直接控制内存回收，Java 程序的内存分配和回收都是由 JRE 在后台自动进行的。JRE 会负责回收那些不再使用的内存，这种机制被称为垃圾回收（Garbage Collection，GC）。通常 JRE 会提供一个后台线程来进行检测和控制，一般都是在 CPU 空闲或内存不足时自动进行垃圾回收，而程序员无法精确控制垃圾回收的时间和顺序等。

Java 的堆内存是一个运行时数据区，用以保存类的实例（对象），Java 虚拟机的堆内存中存储着正在运行的应用程序所建立的所有对象，这些对象不需要程序通过代码来显式地释放。一般来说，堆内存的回收由垃圾回收器来负责，所有的 JVM 实现都有一个由垃圾回收器管理的堆内存。垃圾回收是一种动态存储管理技术，它自动释放不再被程序引用的对象，按照特定的垃圾回收算法来实现内存资源的自动回收功能。

在 C/C++中，对象所占用的内存不会被自动释放，如果程序没有显式释放对象所占用的内存，对象所占用的内存就不能分配给其他对象，该内存在程序结束运行之前将一直被占用；而在 Java 中，当没有引用变量指向原先分配给某个对象的内存时，该内存便成为垃圾。JVM 的一个超级线程会自动释放该内存区。垃圾回收意味着程序不再需要的对象是"垃圾信息"，这些信息将被丢弃。

当一个对象不再被引用时，内存回收它占领的空间，以便空间被后来的新对象使用。事实上，除释放没用的对象外，垃圾回收也可以清除内存记录碎片。由于创建对象和垃圾回收器释放丢弃对象所占的内存空间，内存会出现碎片。碎片是分配给对象的内存块之间的空闲内存区，碎片整理将所占用的堆内存移到堆的一端，JVM 将整理出的内存分配给新的对象。

垃圾回收能自动释放内存空间，减轻编程的负担。这使 Java 虚拟机具有两个显著的优点。
- 垃圾回收机制可以很好地提高编程效率。在没有垃圾回收机制时，可能要花许多时间来解决一个难懂的存储器问题。在用 Java 语言编程时，依靠垃圾回收机制可大大缩短时间。
- 垃圾回收机制保护程序的完整性，垃圾回收是 Java 语言安全性策略的一个重要部分。

垃圾回收的一个潜在缺点是它的开销影响程序性能。Java 虚拟机必须跟踪程序中有用的对象，才可以确定哪些对象是无用的对象，并最终释放这些无用的对象。这个过程需要花费处理器的时间。其次是垃圾回收算法的不完备性，早先采用的某些垃圾回收算法就不能保证 100%收集到所有的废弃内存。当然，随着垃圾回收算法的不断改进，以及软硬件运行效率的不断提升，这些问题都可以迎刃而解。

Java 语言规范没有明确地说明 JVM 使用哪种垃圾回收算法，但是任何一种垃圾回收算法一般要做两件基本的事情：发现无用的对象；回收被无用对象占用的内存空间，使该空间可被程序再次使用。

通常，垃圾回收具有如下几个特点。
- 垃圾回收器的工作目标是回收无用对象的内存空间，这些内存空间都是 JVM 堆内存里的内存空间，垃圾回收器只能回收内存资源，对其他物理资源，如数据库连接、磁盘 I/O 等资源则无能为力。
- 为了更快地让垃圾回收器回收那些不再使用的对象，可以将该对象的引用变量设置为 null，通过这种方式暗示垃圾回收器可以回收该对象。
- 垃圾回收发生的不可预知性。由于不同 JVM 采用了不同的垃圾回收机制和不同的垃圾回收算法，因此它有可能是定时发生的，有可能是当 CPU 空闲时发生的，也有可能和原始的垃圾回收一样，等到内存消耗出现极限时发生，这和垃圾回收实现机制的选择及具体的设置都有关系。虽然程序员可以通过调用 Runtime 对象的 gc()或 System.gc()等方法来建议系统进行垃圾回收，但这种调用仅仅是建议，依然不能精确控制垃圾回收机制的执行。
- 垃圾回收的精确性主要包括两个方面：一是垃圾回收机制能够精确地标记活着的对象；二是垃圾回收器能够精确地定位对象之间的引用关系。前者是完全回收所有废弃对象的前提，否则就可能造成内存泄漏；而后者则是实现归并和复制等算法的必要条件，通过这种引用关系，可以保证所有对象都能被可靠地回收，所有对象都能被重新分配，从而有效地减少内存碎片的产生。
- 现在的 JVM 有多种不同的垃圾回收实现，每种回收机制因其算法差异可能表现各异，有的当垃圾回收开始时就停止应用程序的运行，有的当垃圾回收运行时允许应用程序的线程运行，还有的在同一时间允许垃圾回收多线程运行。

当编写 Java 程序时，一个基本原则是：对于不再需要的对象，不要引用它们。如果保持对这些对象的引用，垃圾回收机制暂时不会回收该对象，则会导致系统可用内存越来越少；当系统可用内存越来越少时，垃圾回收执行的频率就越来越高，从而导致系统的性能下降。

2011 年 7 月发布的 Java 7 提供了 G1 垃圾回收器来代替原有的并行标记/清除垃圾回收器（简称 CMS）。

2014 年 3 月发布的 Java 8 删除了 HotSpot JVM 中的永生代内存（PermGen，永生代内存主要用于存储一些需要常驻内存、通常不会被回收的信息），而是改为使用本地内存来存储类的元数据信息，并将之称为：元空间（Metaspace），这意味着以后不会再遇到 java.lang.OutOfMemoryError:PermGen 错误（曾经令许多 Java 程序员头痛的错误）。

2017 年 9 月发布的 Java 9 彻底删除了传统的 CMS 垃圾回收器，因此运行 JVM 的 DefNew + CMS、ParNew + SerialOld、Incremental CMS 等组合全部失效。java 命令（该命令负责启用 JVM 运行 Java 程序）以前支持的以下 GC 相关选项全部被删除。

- -Xincgc
- -XX:+CMSIncrementalMode
- -XX:+UseCMSCompactAtFullCollection
- -XX:+CMSFullGCsBeforeCompaction
- -XX:+UseCMSCollectionPassing

此外，-XX:+UseParNewGC 选项也被标记为过时，将来也会被删除。

Java 9 默认采用低暂停（low-pause）的 G1 垃圾回收器，并为 G1 垃圾回收器自动确定了几个重要的参数设置，从而保证 G1 垃圾回收器的可用性、确定性和性能。如果部署项目时为 java 命令指定了 -XX:+UseConcMarkSweepGC 选项希望启用 CMS 垃圾回收器，系统会显示警告信息。

1.8 何时开始使用 IDE 工具

对于 Java 语言的初学者而言，这里给出一个忠告：不要使用任何 IDE 工具来学习 Java 编程，Windows 平台上可以选择"记事本"程序，Linux 平台上可以选择使用 VI 工具。如果嫌 Windows 上的"记事本"的颜色太单调，可以选择使用 EditPlus 或者 UltraEdit。

在多年的程序开发生涯中，常常见到一些所谓的 Java 程序员，他们怀揣一本 Eclipse 从入门到精通，只会单击几个"下一步"按钮就敢说自己精通 Java 了，实际上他们连动手建一个 Web 应用都不会，连 Java 的 Web 应用的文件结构都搞不清楚，这也许不是他们的错，可能他们习惯了在 Eclipse 或者 NetBeans 工具里通过单击鼠标来新建 Web 应用，而从来不去看这些工具为我们做了什么。

曾经看到一个在某培训机构已经学习了 2 个月的学生，连 extends 这个关键字都拼不出来，不禁令人哑然，这就是依赖 IDE 工具的后果。

还见过许多所谓的技术经理，他们来应聘时往往滔滔不绝、口若悬河。他们知道很多新名词、新概念，但机试往往很不乐观：说没有 IDE 工具，提供了 IDE 工具后，又说没文档，提供了文档又说不能上网，提供了上网又说不是在自己的电脑上，没有代码参考……他们的理由比他们的技术强！

可能有读者会说，程序员是不需要记那些简单语法的！关于这一点也有一定的道理。但问题是：没有一个人会在遇到 1+1=？的问题时说，我要查一下文档！对于一个真正的程序员而言，大部分代码就在手边，还需要记忆？

当然，IDE 工具也有其优势，在项目管理、团队开发方面都有不可比拟的优势。但并不是每个人都可以使用 IDE 工具的。

学生提问：我想学习Java编程，到底是学习Eclipse好，还是学习NetBeans好呢？

答：你学习的是Java语言，而不是任何工具。如果你一开始就从工具学起，可能导致你永远都学不会Java语言。虽说"工欲善其事，必先利其器"，但这个前提是你已经会做这件事情了——如果你还不会做这件事情，那么再利的器对你都没有任何作用。再者，你现在知道的可能只有Eclipse和NetBeans，实际上，Java的IDE工具多如牛毛，除Eclipse和NetBeans之外，还有IBM提供的WSAD和VisualAge、Oracle提供的JDeveloper等，每个IDE都各有特色，各有优势。如果从工具学起，势必造成对工具的依赖，当换用其他IDE工具时极为困难。如果你从Java语言本身学起，把Java语言本身的相关方面掌握到熟练，那么使用任何IDE工具都会得心应手。

那么何时开始使用IDE工具呢？标准是：如果你还离不开这个IDE工具，那么你就不能使用这个IDE工具；只有当你十分清楚在IDE工具里单击每一个菜单，单击每一个按钮……IDE工具在底层为你做的每个细节时，才可以使用IDE工具！

如果读者有志于成为一名优秀的Java程序员，那么，到了更高层次后，就不可避免地需要自己开发IDE工具的插件（例如开发Eclipse插件），定制自己的IDE工具，甚至负责开发整个团队的开发平台，这些都要求开发者对Java开发的细节非常熟悉。因此，不要从IDE工具开始学习。

1.9 本章小结

本章简单介绍了Java语言的发展历史，并详细介绍了Java语言的编译、解释运行机制，也大致讲解了Java语言的垃圾回收机制。本章的重点是讲解如何搭建Java开发环境，包括安装JDK，设置PATH环境变量，并详细阐述了CLASSPATH环境变量的作用，并向读者指出应该如何处理CLASSPATH环境变量。本章还详细介绍了如何开发和运行第一个Java程序，并总结出了初学者容易出现的几个错误。此外，本章详细介绍了Java 9新增的jshell工具，这个工具对于Java学习者和新功能测试都非常方便，希望读者好好掌握它。本章最后针对Java学习者是否应该使用IDE工具给出了一些过来人的建议。

▶▶ 本章练习

1. 搭建自己的Java开发环境。
2. 编写Java语言的HelloWorld。

CHAPTER 2

第 2 章
理解面向对象

本章要点

- 结构化程序设计
- 顺序结构
- 分支结构
- 循环结构
- 面向对象程序设计
- 继承、封装、多态
- UML 简介
- 掌握常用的 UML 图形
- 理解 Java 的面向对象特征

Java 语言是纯粹的面向对象的程序设计语言，这主要表现为 Java 完全支持面向对象的三种基本特征：继承、封装和多态。Java 语言完全以对象为中心，Java 程序的最小程序单位是类，整个 Java 程序由一个一个的类组成。

Java 完全支持使用对象、类、继承、封装、消息等基本概念来进行程序设计，允许从现实世界中客观存在的事物（即对象）出发来构造软件系统，在系统构造中尽可能运用人类的自然思维方式。实际上，这些优势是所有面向对象编程语言的共同特征。面向对象的方式实际上由 OOA（面向对象分析）、OOD（面向对象设计）和 OOP（面向对象编程）三个部分有机组成，其中，OOA 和 OOD 的结构需要使用一种方式来描述并记录，目前业界统一采用 UML（统一建模语言）来描述并记录 OOA 和 OOD 的结果。

目前 UML 的最新版本是 2.0，它一共包括 13 种类型的图形，使用这 13 种图形中的某些就可以很好地描述并记录软件分析、设计的结果。通常而言，没有必要为软件系统绘制 13 种 UML 图形，常用的 UML 图形有用例图、类图、组件图、部署图、顺序图、活动图和状态机图。本章将会介绍 UML 图的相关概念，也会详细介绍这 7 种常用的 UML 图的绘制方法。

2.1 面向对象

在目前的软件开发领域有两种主流的开发方法：结构化开发方法和面向对象开发方法。早期的编程语言如 C、Basic、Pascal 等都是结构化编程语言；随着软件开发技术的逐渐发展，人们发现面向对象可以提供更好的可重用性、可扩展性和可维护性，于是催生了大量的面向对象的编程语言，如 C++、Java、C#和 Ruby 等。

2.1.1 结构化程序设计简介

结构化程序设计方法主张按功能来分析系统需求，其主要原则可概括为自顶向下、逐步求精、模块化等。结构化程序设计首先采用结构化分析（Structured Analysis，SA）方法对系统进行需求分析，然后使用结构化设计（Structured Design，SD）方法对系统进行概要设计、详细设计，最后采用结构化编程（Structured Program，SP）方法来实现系统。使用这种 SA、SD 和 SP 的方式可以较好地保证软件系统的开发进度和质量。

因为结构化程序设计方法主张按功能把软件系统逐步细分，因此这种方法也被称为面向功能的程序设计方法；结构化程序设计的每个功能都负责对数据进行一次处理，每个功能都接受一些数据，处理完后输出一些数据，这种处理方式也被称为面向数据流的处理方式。

结构化程序设计里最小的程序单元是函数，每个函数都负责完成一个功能，用以接收一些输入数据，函数对这些输入数据进行处理，处理结束后输出一些数据。整个软件系统由一个个函数组成，其中作为程序入口的函数被称为主函数，主函数依次调用其他普通函数，普通函数之间依次调用，从而完成整个软件系统的功能。图 2.1 显示了结构化软件的逻辑结构示意图。

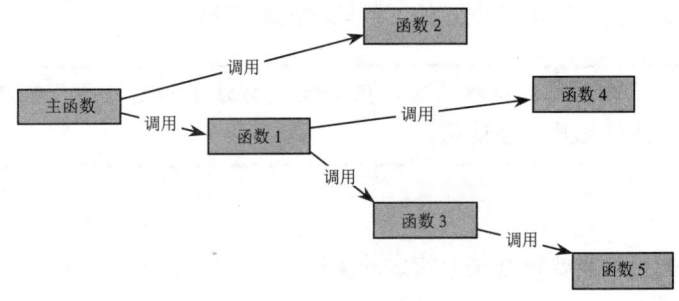

图 2.1　结构化软件的逻辑结构示意图

从图 2.1 可以看出，结构化设计需要采用自顶向下的设计方式，在设计阶段就需要考虑每个模块应该分解成哪些子模块，每个子模块又分解成哪些更小的模块……依此类推，直至将模块细化成一个个函数。

每个函数都是具有输入、输出的子系统，函数的输入数据包括函数形参、全局变量和常量等，函数的输出数据包括函数返回值以及传出参数等。结构化程序设计方式有如下两个局限性。

> ➢ 设计不够直观，与人类习惯思维不一致。采用结构化程序分析、设计时，开发者需要将客观世界模型分解成一个个功能，每个功能用以完成一定的数据处理。
> ➢ 适应性差，可扩展性不强。由于结构化设计采用自顶向下的设计方式，所以当用户的需求发生改变，或需要修改现有的实现方式时，都需要自顶向下地修改模块结构，这种方式的维护成本相当高。

> **提示：** 采用结构化方式设计的软件系统，整个软件系统就由一个个函数组成，这个软件的运行入口往往由一个"主函数"代表，而主函数负责把系统中的所有函数"串起来"。

▶▶ 2.1.2 程序的三种基本结构

在过去的日子里，很多编程语言都提供了 GOTO 语句，GOTO 语句非常灵活，可以让程序的控制流程任意流转——如果大量使用 GOTO 语句，程序完全不需要使用循环。但 GOTO 语句实在太随意了，如果程序随意使用 GOTO 语句，将会导致程序流程难以理解，并且容易出错。在实际软件开发过程中，更注重软件的可读性和可修改性，因此 GOTO 语句逐渐被抛弃了。

> **提示：** Java 语言拒绝使用 GOTO 语句，但它将 goto 作为保留字，意思是目前 Java 版本还未使用 GOTO 语句，但也许在未来的日子里，当 Java 不得不使用 GOTO 语句时，Java 还是可能使用 GOTO 语句的。

结构化程序设计非常强调实现某个功能的算法，而算法的实现过程是由一系列操作组成的，这些操作之间的执行次序就是程序的控制结构。1996 年，计算机科学家 Bohm 和 Jacopini 证明了这样的事实：任何简单或复杂的算法都可以由顺序结构、选择结构和循环结构这三种基本结构组合而成。所以，这三种结构就被称为程序设计的三种基本结构，也是结构化程序设计必须采用的结构。

1．顺序结构

顺序结构表示程序中的各操作是按照它们在源代码中的排列顺序依次执行的，其流程如图 2.2 所示。

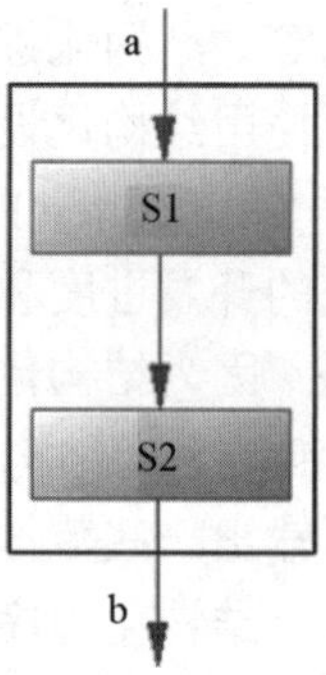

图中的 S1 和 S2 表示两个处理步骤，这些处理步骤可以是一个非转移操作或多个非转移操作，甚至可以是空操作，也可以是三种基本结构中的任一结构。整个顺序结构只有一个入口点 a 和一个出口点 b。这种结构的特点是：程序从入口点 a 处开始，按顺序执行所有操作，直到出口点 b 处，所以称为顺序结构。

图 2.2 顺序结构

> **提示：** 虽然 Java 是面向对象的编程语言，但 Java 的方法类似于结构化程序设计的函数，因此方法中代码的执行也是顺序结构。

2．选择结构

选择结构表示程序的处理需要根据某个特定的条件选择其中的一个分支执行。选择结构有单选择、双选择和多选择三种形式。

双选择是典型的选择结构形式，其流程如图 2.3 所示，图中的 S1 和 S2 与顺序结构中的说明相同。由图中可见，在结构的入口点 a 处有一个判断条件，表示程序流程出现了两个可供选择的分支，如果判断条件为真则执行 S1 处理，否则执行 S2 处理。值得注意的是，这两个分支中只能选择一个且必须选择一个执行，但不论选择了哪一个分支执行，最后流程都一定到达结构的出口点 b 处。

当 S1 和 S2 中的任意一个处理为空时，说明结构中只有一个可供选择的分支，如果判断条件为真，则执行 S1 处理，否则直接执行到结构出口点 b 处。也就是说，如果判断条件为假时，则什么也没执行，所以称为单选择结构，如图 2.4 所示。

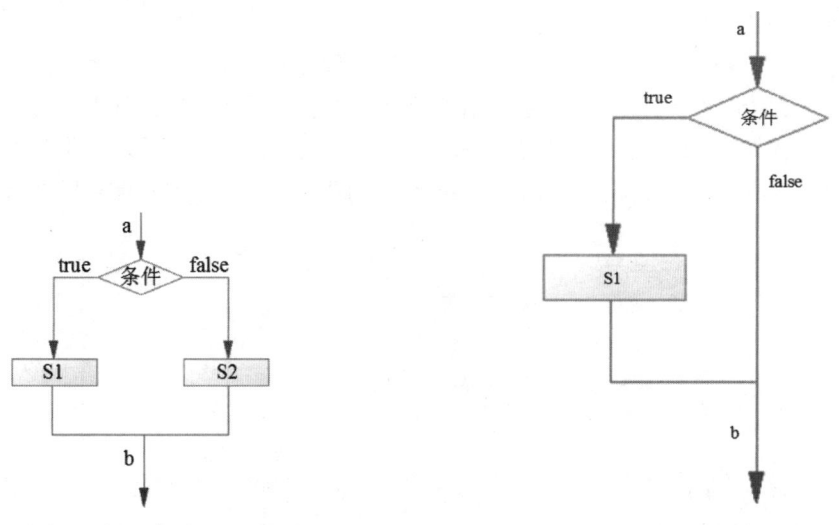

图 2.3　双选择结构　　　　　　　　图 2.4　单选择结构

多选择结构是指程序流程中遇到如图 2.5 所示的 S1、S2、S3、S4…多个分支，程序执行方向根据判断条件来确定。如果条件 1 为真，则执行 S1 处理；如果条件 1 为假，条件 2 为真，则执行 S2 处理；如果条件 1 为假，条件 2 为假，条件 3 为真，则执行 S3 处理……依此类推。从图 2.5 中可以看出，Sn 处理的 n 值越大，则需要满足的条件越苛刻。

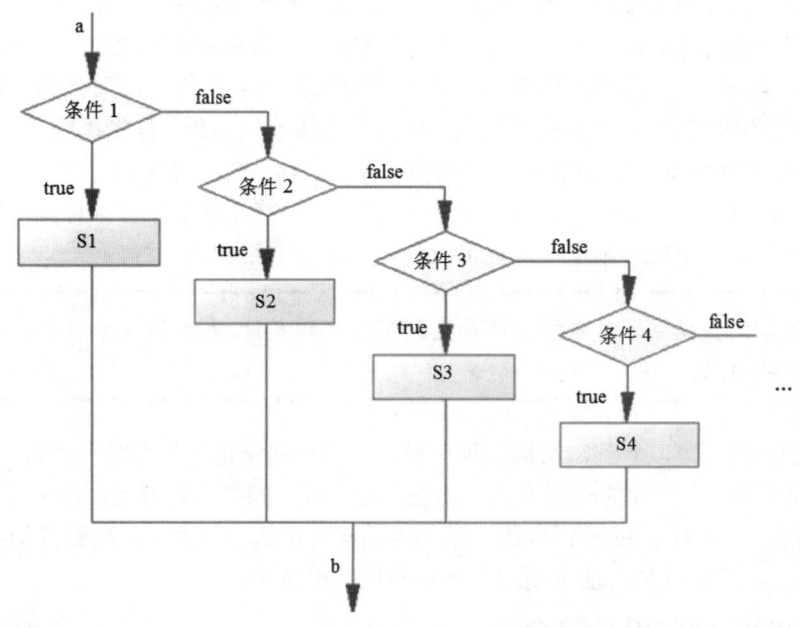

图 2.5　多选择结构

对于图 2.5 所示的多选择结构，不论选择了哪一个分支，最后流程都要到达同一个出口点 b 处。如果所有分支的条件都不满足，则直接到达出口点 b 处。有些程序语言不支持多选择结构，但所有的结构化程序设计语言都是支持的。

> **提示:**
> Java 语言对此处介绍的三种选择结构都有很好的支持,本书的第 4 章将介绍 Java 的这三种选择结构。

3. 循环结构

循环结构表示程序反复执行某个或某些操作,直到某条件为假(或为真)时才停止循环。在循环结构中最主要的是:在什么情况下执行循环?哪些操作需要重复执行?循环结构的基本形式有两种:当型循环和直到型循环,其流程如图 2.6 所示。图中带 S 标识的矩形内的操作称为循环体,即循环入口点 a 到循环出口点 b 之间的处理步骤,这就是需要循环执行的部分。而在什么情况下执行循环则要根据条件判断。

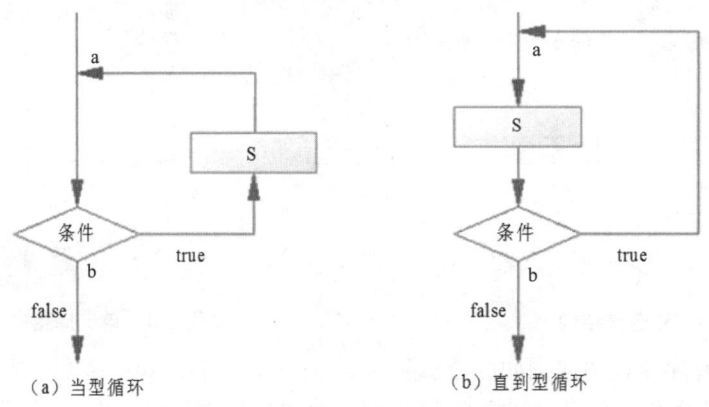

图 2.6 循环结构

- **当型结构**:先判断条件,当条件为真时执行循环体,并且在循环体结束时自动返回到循环入口处,再次判断循环条件;如果条件为假,则退出循环体到达流程出口处。因为是"当条件为真时执行循环",即先判断后执行,所以被称为当型循环。其流程如图 2.6(a)所示。
- **直到型循环**:从入口处直接执行循环体,循环体结束时判断条件,如果条件为真,则返回入口处继续执行循环体,直到条件为假时退出循环体到达流程出口处,是先执行后判断。因为是"直到条件为假时结束循环",所以被称为直到型循环。其流程如图 2.6(b)所示。

同样,循环结构也只有一个入口点 a 和一个出口点 b,循环终止是指流程执行到循环的出口点。图中所表示的 S 处理可以是一个或多个操作,也可以是一个完整的结构或过程。

> **提示:**
> Java 语言同样提供了对当型循环和直到型循环的支持,本书第 4 章在介绍循环时将会深入介绍这些内容。

通过三种基本控制结构可以看到,结构化程序设计中的任何结构都具有唯一的入口和唯一的出口,并且程序不会出现死循环。在程序的静态形式与动态执行流程之间具有良好的对应关系。本书之所以详细介绍这些程序结构,主要因为 Java 语言的方法体内同样是由这三种程序结构组成的,换句话说,虽然 Java 是面向对象的,但 Java 的方法里则是一种结构化的程序流。

▶▶ 2.1.3 面向对象程序设计简介

面向对象是一种更优秀的程序设计方法,它的基本思想是使用类、对象、继承、封装、消息等基本概念进行程序设计。它从现实世界中客观存在的事物(即对象)出发来构造软件系统,并在系统构造中尽可能运用人类的自然思维方式,强调直接以现实世界中的事物(即对象)为中心来思考,认识问题,并根据这些事物的本质特点,把它们抽象地表示为系统中的类,作为系统的基本构成单元(而不是用一些与现实世界中的事物相关比较远,并且没有对应关系的过程来构造系统),这使得软件系统的组件可以直接映像到客观世界,并保持客观世界中事物及其相互关系的本来面貌。

采用面向对象方式开发的软件系统，其最小的程序单元是类，这些类可以生成系统中的多个对象，而这些对象则直接映像成客观世界的各种事物。采用面向对象方式开发的软件系统逻辑上的组成结构如图 2.7 所示。

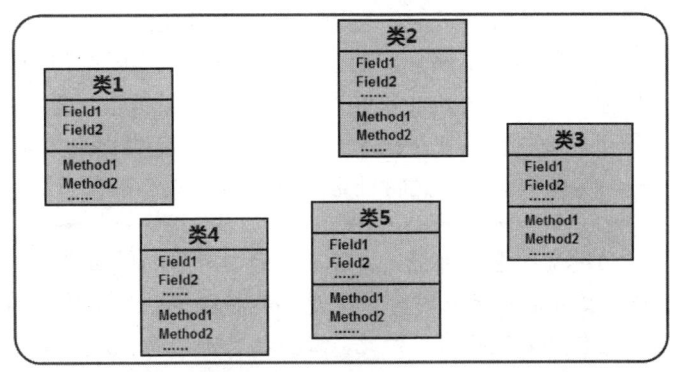

图 2.7　面向对象方式开发的软件系统逻辑上的组成结构

从图 2.7 可以看出，面向对象的软件系统由多个类组成，类代表了客观世界中具有某种特征的一类事物，这类事物往往有一些内部的状态数据，比如人有身高、体重、年龄、爱好等各种状态数据——当然程序没必要记录该事物所有的状态数据，程序只要记录业务关心的状态数据即可。

面向对象的语言不仅使用类来封装一类事物的内部状态数据，这种状态数据就对应于图 2.7 中的成员变量（由 Field 翻译而来，有些资料将其直译为字段；还有些资料将其翻译为属性，但这个说法非常不准确，Java 的属性指的是 Property）；而且类会提供操作这些状态数据的方法，还会为这类事物的行为特征提供相应的实现，这种实现也是方法。因此可以得到如下基本等式：

$$成员变量（状态数据）+ 方法（行为）= 类定义$$

从这个等式来看，面向对象比面向过程的编程粒度要大：面向对象的程序单位是类；而面向过程的程序单位是函数（相当于方法），因此面向对象比面向过程更简单、易用。

> **提示：** 假设需要组装一台电脑，如果拿到手的是主板、CPU、内存条、硬盘等这种大粒度的组件，随便找个人就可以把它们组装成一台电脑；但如果拿到手的是一些二极管、三极管、集成电路等小粒度的组件，要想把它们组装成电脑，恐怕没那么容易。如果把数据以及操作数据的方法都封装成对象，这就相当于提供了大粒度的组件，因此编程更容易。

从面向对象的眼光来看，开发者希望从自然的认识、使用角度来定义和使用类。也就是说，开发者希望直接对客观世界进行模拟：定义一个类，对应客观世界的哪种事物；业务需要关心这个事物的哪些状态，程序就为这些状态定义成员变量；业务需要关心这个事物的哪些行为，程序就为这些行为定义方法。

不仅如此，面向对象程序设计与人类习惯的思维方法有较好的一致性，比如希望完成"猪八戒吃西瓜"这样一件事情。

在面向过程的程序世界里，一切以函数为中心，函数最大，因此这件事情会用如下语句来表达：

吃(猪八戒,西瓜);

在面向对象的程序世界里，一切以对象为中心，对象最大，因此这件事情会用如下语句来表达：

猪八戒.吃(西瓜);

对比两条语句不难发现，面向对象的语句更接近自然语言的语法：主语、谓语、宾语一目了然，十分直观，因此程序员更易理解。

▶▶ 2.1.4　面向对象的基本特征

面向对象方法具有三个基本特征：封装（Encapsulation）、继承（Inheritance）和多态（Polymorphism），

其中封装指的是将对象的实现细节隐藏起来，然后通过一些公用方法来暴露该对象的功能；继承是面向对象实现软件复用的重要手段，当子类继承父类后，子类作为一种特殊的父类，将直接获得父类的属性和方法；多态指的是子类对象可以直接赋给父类变量，但运行时依然表现出子类的行为特征，这意味着同一个类型的对象在执行同一个方法时，可能表现出多种行为特征。

除此之外，抽象也是面向对象的重要部分，抽象就是忽略一个主题中与当前目标无关的那些方面，以便更充分地注意与当前目标有关的方面。抽象并不打算了解全部问题，而只是考虑部分问题。例如，需要考察Person对象时，不可能在程序中把Person的所有细节都定义出来，通常只能定义Person的部分数据、部分行为特征——而这些数据、行为特征是软件系统所关心的部分。

> **提示：**
> 虽然抽象是面向对象的重要部分，但它不是面向对象的特征之一，因为所有的编程语言都需要抽象。当开发者进行抽象时应该考虑哪些特征是软件系统所需要的，那么这些特征就应该使用程序记录并表现出来。因此，需要抽象哪些特征没有必然的规定，而是取决于软件系统的功能需求。

面向对象还支持如下几个功能。

- 对象是面向对象方法中最基本的概念，它的基本特点有：标识唯一性、分类性、多态性、封装性、模块独立性好。
- 类是具有共同属性、共同方法的一类事物。类是对象的抽象；对象则是类的实例。而类是整个软件系统最小的程序单元，类的封装性将各种信息细节隐藏起来，并通过公用方法来暴露该类对外所提供的功能，从而提高了类的内聚性，降低了对象之间的耦合性。
- 对象间的这种相互合作需要一个机制协助进行，这样的机制称为"消息"。消息是一个实例与另一个实例之间相互通信的机制。
- 在面向对象方法中，类之间共享属性和操作的机制称为继承。继承具有传递性。继承可分为单继承（一个继承只允许有一个直接父类，即类等级为树形结构）与多继承（一个类允许有多个直接父类）。

> **注意：**
> 由于多继承可能引起继承结构的混乱，而且会大大降低程序的可理解性，所以Java不支持多继承。

在编程语言领域，还有一个"基于对象"的概念，这两个概念极易混淆。通常而言，"基于对象"也使用了对象，但是无法利用现有的对象模板产生新的对象类型，继而产生新的对象，也就是说，"基于对象"没有继承的特点；而"多态"则更需要继承，没有了继承的概念也就无从谈论"多态"。面向对象方法的三大基本特征（封装、继承、多态）缺一不可。例如，JavaScript语言就是基于对象的，它使用一些封装好的对象，调用对象的方法，设置对象的属性；但是它们无法让开发者派生新的类，开发者只能使用现有对象的方法和属性。

判断一门语言是否是面向对象的，通常可以使用继承和多态来加以判断。"面向对象"和"基于对象"都实现了"封装"的概念，但是面向对象实现了"继承和多态"，而"基于对象"没有实现这些。

面向对象编程的程序员按照分工分为"类库的创建者"和"类库的使用者"。使用类库的人并不都是具备了面向对象思想的人，通常知道如何继承和派生新对象就可以使用类库了，然而他们的思维并没有真正地转过来，使用类库只是在形式上是面向对象的，而实质上只是库函数的一种扩展。

2.2 UML（统一建模语言）介绍

面向对象软件开发需要经过OOA（面向对象分析）、OOD（面向对象设计）和OOP（面向对象编程）三个阶段，OOA 对目标系统进行分析，建立分析模型，并将之文档化；OOD 用面向对象的思想对 OOA 的结果进行细化，得出设计模型。OOA 和 OOD 的分析、设计结果需要统一的符号来描述、交流并记录，UML 就是这种用于描述、记录 OOA 和 OOD 结果的符号表示法。

面向对象的分析与设计方法在 20 世纪 80 年代末至 90 年代中出现了一个高潮，UML 是这个高潮的产物。在此期间出现了三种具有代表性的表示方法。

Booch 是面向对象方法最早的倡导者之一，他提出了面向对象软件工程的概念。Booch 1993 表示法（由 Booch 提出）比较适合于系统的设计和构造。

Rumbaugh 等人提出了面向对象的建模技术（OMT）方法，采用面向对象的概念，并引入了各种独立于语言的表示符。这种方法用对象模型、动态模型、功能模型和用例模型共同完成对整个系统的建模，所定义的概念和符号可用于软件开发的分析、设计和实现的全过程，软件开发人员不必在开发过程的不同阶段进行概念和符号的转换。OMT-2 特别适用于分析和描述以数据为中心的信息系统。

Jacobson 于 1994 年提出了 OOSE 方法，其最大特点是面向用例（Use-Case），并在用例的描述中引入了外部角色的概念。用例的概念是精确描述需求的重要武器，但用例贯穿于整个开发过程，包括对系统的测试和验证。OOSE 比较适合支持商业工程和需求分析。

UML 统一了 Booch、Rumbaugh 和 Jacobson 的表示方法，而且对其进行了进一步的发展，并最终统一为大众所接受的标准建模语言。UML 是一种定义良好、易于表达、功能强大且普遍适用的建模语言，它的作用域不限于支持面向对象的分析与设计，还支持从需求分析开始的软件开发全过程。

截至 1996 年 10 月，UML 获得了工业界、科技界和应用界的广泛支持，已有 700 多家公司表示支持采用 UML 作为建模语言。1996 年年底，UML 已稳占面向对象技术市场的 85%，成为可视化建模语言事实上的工业标准。1997 年年底，OMG 组织（Object Management Group，对象管理组织）采纳 UML 1.1 作为基于面向对象技术的标准建模语言。UML 代表了面向对象方法的软件开发技术的发展方向，目前 UML 的最新版本是 2.0，UML 的大致发展过程如图 2.8 所示。

图 2.8 中的 UML 1.1 和 UML 2.0 是 UML 历史上两个具有里程碑意义的版本，其中，UML 1.1 是 OMG 正式发布的第一个标准版本，而 UML 2.0 是目前最成熟、稳定的 UML 版本。

UML 图大致上可分为静态图和动态图两种，UML 2.0 的组成如图 2.9 所示。

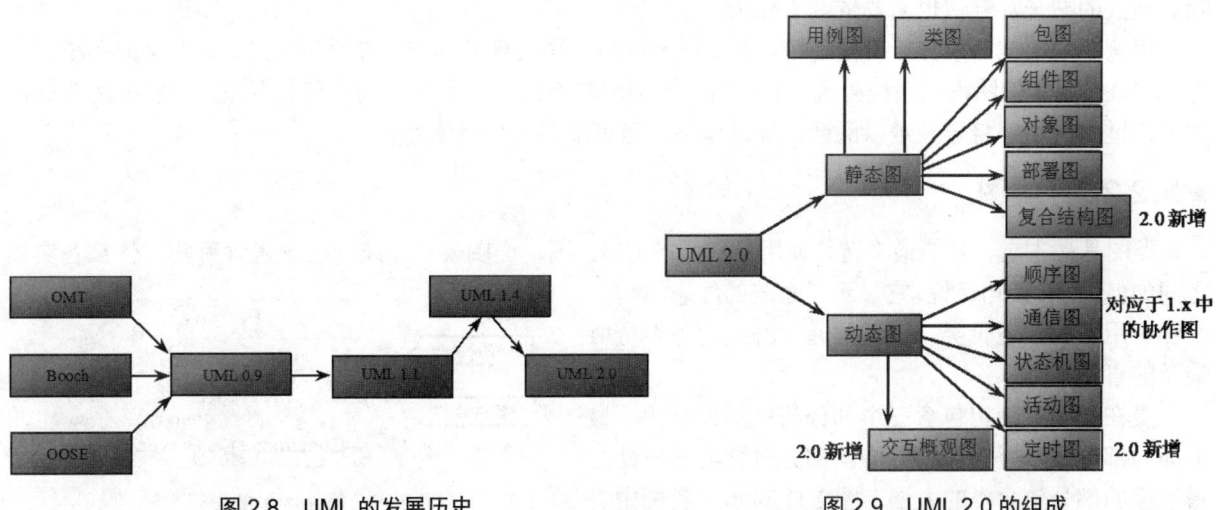

图 2.8 UML 的发展历史　　　　　图 2.9 UML 2.0 的组成

从图 2.9 可以看出，UML 2.0 一共包括 13 种正式图形：活动图（activity diagram）、类图（class diagram）、通信图（communication diagram，对应于 UML 1.x 中的协作图）、组件图（component diagram）、复合结构图（composite structure diagram，UML 2.0 新增）、部署图（deployment diagram）、交互概观图（interactive overview diagram，UML 2.0 新增）、对象图（object diagram）、包图（package diagram）、顺序图（sequence diagram）、状态机图（state machine diagram）、定时图（timing diagram，UML 2.0 新增）、用例图（use case diagram）。

当读者看到这 13 种 UML 图形时，可能会对 UML 产生恐惧的感觉，实际上正如大家所想：很少有一个软件系统在分析、设计阶段对每个细节都使用 13 种图形来表现。永远记住一点：不要把 UML 表示法当成一种负担，而应该把它当成一种工具，一种用于描述、记录软件分析设计的工具。最常用的 UML 图包括用例图、类图、组件图、部署图、顺序图、活动图和状态机图等。

▶▶ 2.2.1 用例图

用例图用于描述系统提供的系列功能，而每个用例则代表系统的一个功能模块。用例图的主要目的是帮助开发团队以一种可视化的方式理解系统的需求功能，用例图对系统的实现不做任何说明，仅仅是系统功能的描述。

用例图包括用例（以一个椭圆表示，用例的名称放在椭圆的中心或椭圆下面）、角色（Actor，也就是与系统交互的其他实体，以一个人形符号表示）、角色和用例之间的关系（以简单的线段来表示），以及系统内用例之间的关系。用例图一般表示出用例的组织关系——要么是整个系统的全部用例，要么是完成具体功能的一组用例。图 2.10 是一个简单的 BBS 系统的部分用例示意图。

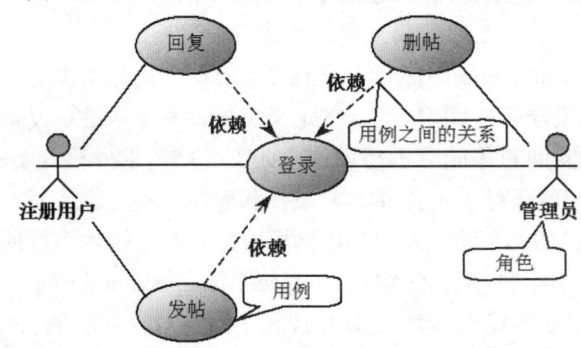

图 2.10　用例图

用例图通常用于表达系统或者系统范畴的高级功能。如图 2.10 所示，可以很容易看出该系统所提供的功能。这个系统允许注册用户登录、发帖和回复，其中发帖和回复需要依赖于登录；允许管理员删除其他人的帖子，删帖也需要依赖于登录。

用例图主要在需求分析阶段使用，主要用于描述系统实现的功能，方便与客户交流，保证系统需求的无二性，用实例图表示系统外观，不要指望用例图和系统的各个类之间有任何联系。不要把用例做得过多，过多的用例将导致难以阅读，难以理解；尽可能多地使用文字说明。

▶▶ 2.2.2 类图

类图是最古老、功能最丰富、使用最广泛的 UML 图。类图表示系统中应该包含哪些实体，各实体之间如何关联；换句话说，它显示了系统的静态结构，类图可用于表示逻辑类，逻辑类通常就是业务人员所谈及的事物种类。

类在类图上使用包含三个部分的矩形来描述，最上面的部分显示类的名称，中间部分包含类的属性，最下面的部分包含类的方法。图 2.11 显示了类图中类的表示方法。

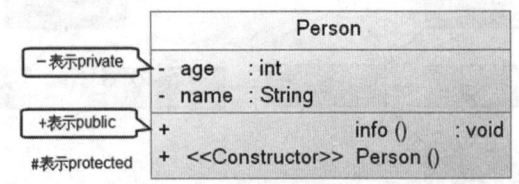

图 2.11　类图中类的表示方法

类图除可以表示实体的静态内部结构之外，还可以表示实体之间的相互关系。类之间有三种基本关系：

- 关联（包括聚合、组合）
- 泛化（与继承同一个概念）
- 依赖

1. 关联

客观世界中的两个实体之间总是存在千丝万缕的关系，当把这两个实体抽象到软件系统中时，两个类之间必然存在关联关系。关联具有一定的方向性：如果仅能从一个类单方向地访问另一个类，则被称为单向关联；如果两个类可以互相访问对象，则被称为双向关联。一个对象能访问关联对象的数目被称为多重性，例如，建立学生和老师之间的单向关联，则可以从学生访问老师，但从老师不能访问学生。关联使用一条实线来表示，带箭头的实线表示单向关联。

在很多时候，关联和属性很像，关联和属性的关键区别在于：类里的某个属性引用到另外一个实体时，则变成了关联。

关联关系包括两种特例：聚合和组合，它们都有部分和整体的关系，但通常认为组合比聚合更加严格。当某个实体聚合成另一个实体时，该实体还可以同时是另一个实体的部分，例如，学生既可以是篮球俱乐部的成员，也可以是书法俱乐部的成员；当某个实体组合成另一个实体时，该实体则不能同时是一个实体的部分。聚合使用带空心菱形框的实线表示，组合则使用带实心菱形框的实线表示。图 2.12 显示了几个类之间的关联关系。

> **注意：**
> 图 2.12 中的 Student、Teacher 等类都没有表现其属性、方法等特性，因为本图的重点在于表现类之间的关系。实际的类图中可能会为 Student、Teacher 每个类都添加属性、方法等细节。

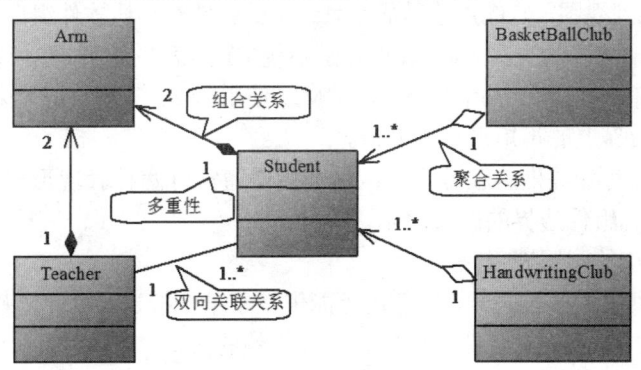

图 2.12 类之间的关联关系

图 2.12 中描述 Teacher 和 Student 之间的关联关系：它们是双向关联关系，而且使用了多重性来表示 Teacher 和 Student 之间存在 1：N 的关联关系（1..*表示可以是一个到多个），即一个 Teacher 实体可以有 1 个或多个关联的 Student 实体；Student 和 BasketBallClub 存在聚合关系，即 1 个或多个 Student 实体可以聚合成一个 BasketBallClub 实体；而 Arm（手臂）和 Student 之间存在组合关系，2 个 Arm 实体组合成一个 Student 实体。

2. 泛化

泛化与继承是同一个概念，都是指子类是一种特殊的父类，类与类之间的继承关系是非常普遍的，继承关系使用带空心三角形的实线表示。图 2.13 显示了 Student 和 Person 类之间的继承关系。

从图 2.13 可以看出，Student 是 Person 的子类，即 Student 类是一种特殊的 Person 类。

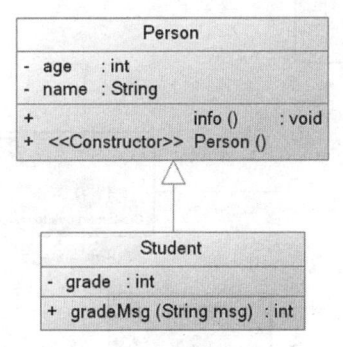

图 2.13 类之间的继承关系

> **提示：**
> 还有一种与继承类似的关系，类实现接口可视为一种特殊的继承，这种实现用带空心三角形的虚线表示。

3. 依赖

如果一个类的改动会导致另一个类的改动，则称两个类之间存在依赖。依赖关系使用带箭头的虚线表示，其中箭头指向被依赖的实体。依赖的常见可能原因如下：

➤ 改动的类将消息发给另一个类。
➤ 改动的类以另一个类作为数据部分。
➤ 改动的类以另一个类作为操作参数。

通常而言，依赖是单向的，尤其是当数据表现和数据模型分开设计时，数据表现依赖于数据模型。例如，JDK 基础类库中的 JTable 和 DefaultTableModel，关于这两个类的介绍请参考本书 12.11 节的介绍。图 2.14 显示了它们之间的依赖关系。

对于图 2.14 中表述的 JTable 和 DefaultTableModel 两个类，其中 DefaultTableModel 是 JTable 的数据模型，当 DefaultTableModel 发生改变时，JTable 将相应地发生改变。

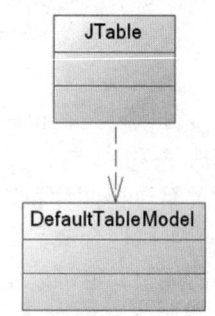

图 2.14　JTable 和 DefaultTableModel 之间的依赖关系

▶▶ 2.2.3　组件图

对于现代的大型应用程序而言，通常不只是单独一个类或单独一组类所能完成的，通常会由一个或多个可部署的组件组成。对 Java 程序而言，可复用的组件通常打包成一个 JAR、WAR 等文件；对 C/C++ 应用而言，可复用的组件通常是一个函数库，或者是一个 DLL（动态链接库）文件。

组件图提供系统的物理视图，它的用途是显示系统中的软件对其他软件组件（例如，库函数）的依赖关系。组件图可以在一个非常高的层次上显示，仅显示系统中粗粒度的组件，也可以在组件包层次上显示。

组件图通常包含组件、接口和 Port 等图元，UML 使用带 ▣ 符号的矩形来表示组件，使用圆圈代表接口，使用位于组件边界上的小矩形代表 Port。

组件的接口表示它能对外提供的服务规范，这个接口通常有两种表现形式。

➤ 用一条实线连接到组件边界的圆圈表示。
➤ 使用位于组件内部的圆圈表示。

组件除可以对外提供服务接口之外，组件还可能依赖于某个接口，组件依赖于某个接口使用一条带半圆的实线来表示。图 2.15 显示了组件的接口和组件依赖的接口。

图 2.15 显示了一个简单的 Order 组件，该组件对外提供一个 Payable 接口，该组件需要依赖于一个 CustomerLookup 接口——通常这个 CustomerLookup 接口也是系统中已有的接口。

图 2.16 显示了包含组件关系的组件图。

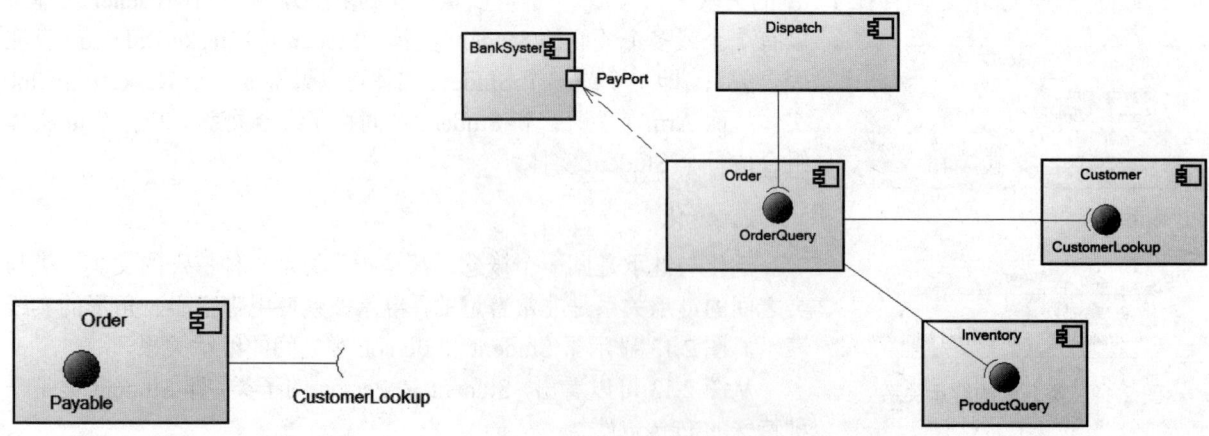

图 2.15　组件与接口　　　　　　　　　　图 2.16　组件图

从图 2.16 可以看出，本系统绘制电子购物平台的几个核心组件，其中 Order 组件提供 OrderQuery 接口，该接口允许 Dispatch 组件查询系统中的订单及其状态，Order 组件又需要依赖于 Customer 组件的

CustomerLookup 接口，通过该接口查询系统中的顾客信息；Order 组件也需要依赖于 Inventory 组件的 ProductQuery 接口，通过该接口查询系统中的产品信息。

▶▶ 2.2.4 部署图

现代的软件工程早已超出早期的单机程序，整个软件系统可能是跨国家、跨地区的分布式软件，软件的不同部分可能需要部署在不同地方、不同平台之上。部署图用于描述软件系统如何部署到硬件环境中，它的用途是显示软件系统不同的组件将在何处物理运行，以及它们将如何彼此通信。

因为部署图是对物理运行情况进行建模，所以系统的生产人员就可以很好地利用这种图来安装、部署软件系统。

部署图中的符号包括组件图中所使用的符号元素，另外还增加了节点的概念：节点是各种计算资源的通用名称，主要包括处理器和设备两种类型，两者的区别是处理器能够执行程序的硬件构件（如计算机主机），而设备是一种不具备计算能力的硬件构件（如打印机）。UML 中使用三维立方体来表示节点，节点的名称位于立方体的顶部。图 2.17 显示了一个简单的部署图。

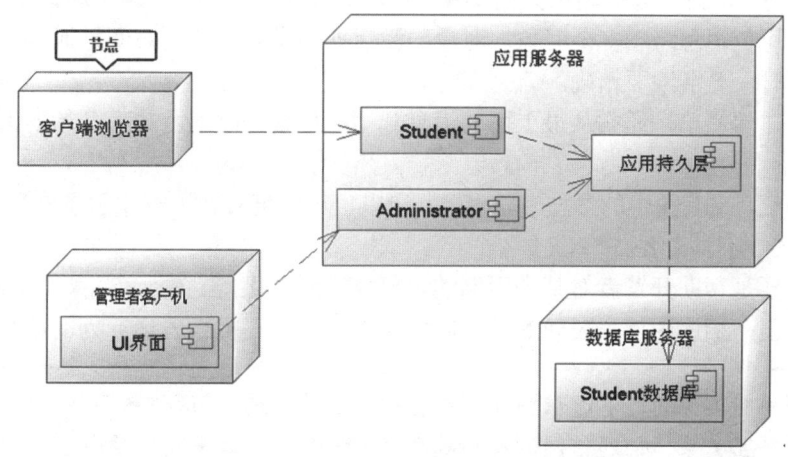

图 2.17 部署图

从图 2.17 可以看出，整个应用分为 5 个组件：Student、Administrator、应用持久层、Student 数据库和 UI 界面组件，部署图准确地表现了各组件之间的依赖关系。除此之外，部署图的重点在物理节点上，图 2.17 反映该应用需要部署在 4 个物理节点上，其中普通客户端无须部署任何组件，直接使用客户端浏览器即可；管理者客户机上需要部署 UI 界面；应用服务器上需要部署 Student、Administrator 和应用持久层三个组件；而数据库服务器上需要部署 Student 数据库。

▶▶ 2.2.5 顺序图

顺序图显示具体用例（或者是用例的一部分）的详细流程，并且显示流程中不同对象之间的调用关系，同时还可以很详细地显示对不同对象的不同调用。顺序图描述了对象之间的交互（顺序图和通信图都被称为交互图），重点在于描述消息及其时间顺序。

顺序图有两个维度：垂直维度，以发生的时间顺序显示消息/调用的序列；水平维度，显示消息被发送到的对象实例。顺序图的关键在于对象之间的消息，对象之间的信息传递就是所谓的消息发送，消息通常表现为对象调用另一个对象的方法或方法的返回值，发送者和接收者之间的箭头表示消息。

顺序图的绘制非常简单。顺序图的顶部每个框表示每个类的实例（对象），框中的类实例名称和类名之间用冒号或空格来分隔，例如 myReportGenerator : ReportGenerator。如果某个类实例向另一个类实例发送一条消息，则绘制一条指向接收类实例的带箭头的连线，并把消息/方法的名称放在连线上面。

对于某些特别重要的消息，还可以绘制一条带箭头的指向发起类实例的虚线，将返回值标注在虚线上，绘制带返回值的信息可以使得序列图更易于阅读。图 2.18 显示了用户登录顺序图。

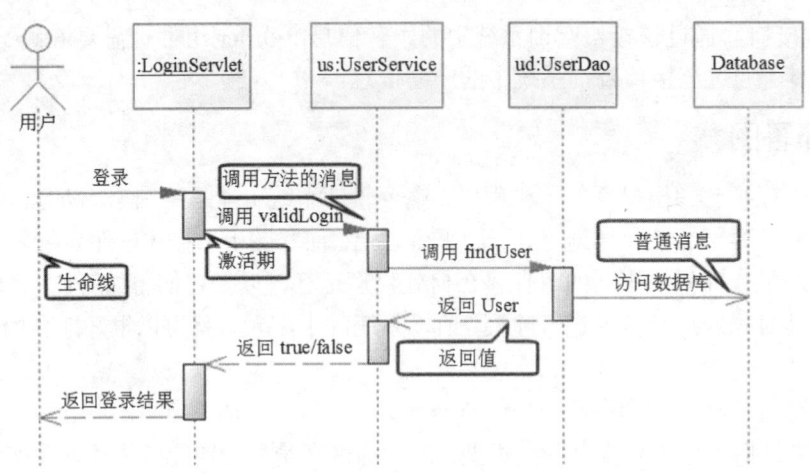

图 2.18 用户登录顺序图

当绘制顺序图时，消息可以向两个方向扩展，消息穿梭在顺序图中，通常应该把消息发送者与接收者相邻摆放，尽量避免消息跨越多个对象。对象的激活期不是其存在的时间，而是它占据 CPU 的执行时间，绘制顺序图时，激活期要精确。

阅读顺序图也非常简单，通常从最上面的消息开始（也就是时间上最先开始的消息），然后沿消息方向依次阅读。

在大多数情况下，交互图中的参与者是对象，所以也可以直接在方框中放置对象名，UML 1.x 要求对象名有下画线；2.0 不再需要。

绘制顺序图主要是帮助开发者对某个用例的内部执行清晰化，当需要考察某个用例内部若干对象行为时，应使用顺序图，顺序图擅长表现对象之间的协作顺序，不擅长表现行为的精确定义。

提示：
> 与顺序图类似的还有通信图（以前也被称为协作图），通信图同样可以准确地描述对象之间的交互关系，但通信图没有精确的时间概念。一般来说，通信图可以描述的内容，顺序图都可以描述，但顺序图比通信图多了时间的概念。

▶▶ 2.2.6 活动图

活动图和状态机图都被称为演化图，其区别和联系如下。
- ➤ 活动图：用于描述用例内部的活动或方法的流程，如果除去活动图中的并行活动描述，它就变成流程图。
- ➤ 状态机图：描述某一对象生命周期中需要关注的不同状态，并会详细描述刺激对象状态改变的事件，以及对象状态改变时所采取的动作。

演化图的 5 要素如下。
- ➤ 状态：状态是对象响应事件前后的不同面貌，状态是某个时间段对象所保持的稳定态，目前的软件计算都是基于稳定态的，对象的稳定态是对象的固有特征，一个对象的状态一般是有限的。有限状态的对象是容易计算的，对象的状态越多，对象的状态迁移越复杂，对象状态可以想象成对象演化过程中的快照。
- ➤ 事件：来自对象外界的刺激，通常的形式是消息的传递，只是相对对象而言发生了事件。事件是对象状态发生改变的原动力。
- ➤ 动作：动作是对象针对所发生事件所做的处理，实际上通常表现为某个方法被执行。
- ➤ 活动：活动是动作激发的后续系统行为。
- ➤ 条件：条件指事件发生所需要具备的条件。

对于激发对象状态改变的事件，通常有如下两种类型。
- 内部事件：从系统内部激发的事件，一个对象的方法（动作）调用（通过事件激活）另一个对象的方法（动作）。
- 外部事件：从系统边界外激发的事件，例如用户的鼠标、键盘动作。

活动图主要用于描述过程原理、业务逻辑以及工作流技术。活动图非常类似于传统的流程图，它也使用圆角矩形表示活动，使用带箭头的实线表示事件；区别是活动图支持并发。图 2.19 显示了简单的活动图。

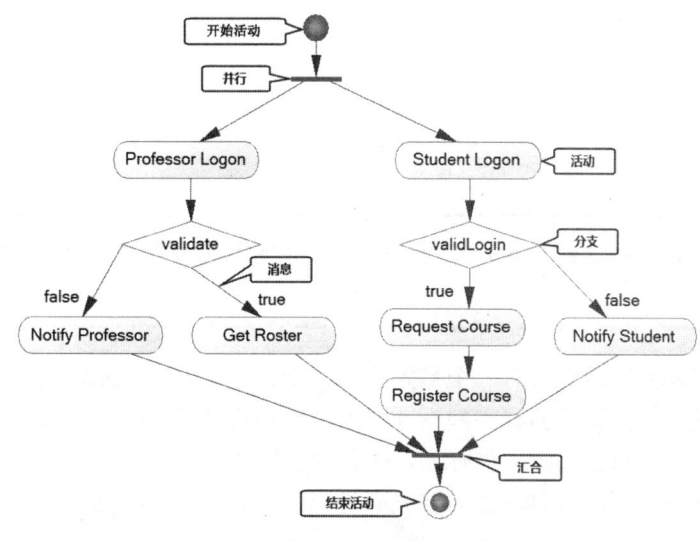

图 2.19　活动图

从图 2.19 可以看出，如果将这个活动图的两支分开，每支就是一个传统的流程图，每个活动依次向下，遇到条件分支使用菱形框来表示条件。与传统的流程图不同的是，活动图可以使用并行分支分出多条并行活动。

绘制活动图时以活动为中心，整个活动图只有一个开始活动，可以有多个结束活动。活动图需要将并行活动和串行活动分离，遇到分支和循环时最好像传统的流程图那样将分支、循环条件明确表示。活动图最大优点在于支持并行行为，并行对于工作流建模和过程建模非常重要。所以有了并行，因此需要进行同步，同步通过汇合来指明。

▶▶ 2.2.7　状态机图

状态机图表示某个对象所处的不同状态和该类的状态转换信息。实际上，通常只对"感兴趣的"对象绘制状态机图。也就是说，在系统活动期间具有三个或更多潜在状态的对象才需要考虑使用状态机图进行描述。

状态机图的符号集包括 5 个基本元素。
- 初始状态，使用实心圆来绘制。
- 状态之间的转换，使用具有带箭头的线段来绘制。
- 状态，使用圆角矩形来绘制。
- 判断点，使用空心圆来绘制。
- 一个或者多个终止点，使用内部包含实心圆的圆来绘制。

要绘制状态机图，首先绘制起点和一条指向该类的初始状态的转换线段。状态本身可以在图中的任意位置绘制，然后使用状态转换线段将它们连接起来。图 2.20 显示了 Hibernate 实体的状态机图。

图 2.20 描绘了 Hibernate 实体具有三个状态：瞬态、持久化和脱管。当程序通过 new 直接创建一个对象时，该对象处于瞬态；对一个瞬态的对象执行 save()、saveOrUpdate()方法后该对象将会变成持久化状态；对一个持久化状态的实体执行 delete()方法后该对象将变成瞬态；持久化状态和脱管状态也可以相互转换。

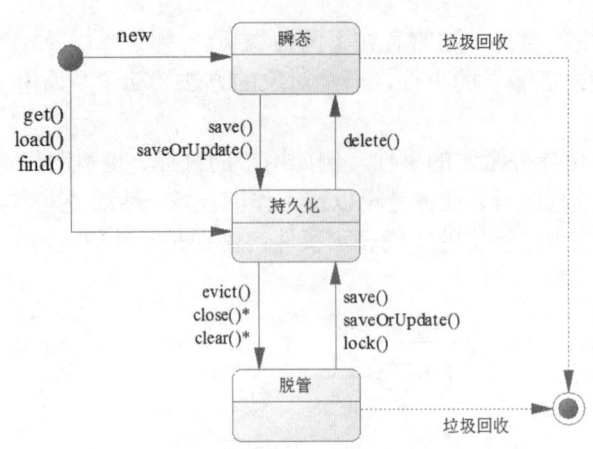

图 2.20 状态机图

> **提示:**
> 阅读本书时无须理会 Hibernate 相关知识,读者只需要明白图 2.20 所绘制的状态机图即可。

绘制状态机图时应该保证对象只有一个初始状态,可以有多个终结状态。状态要表示对象的关键快照,有重要的实际意义,无关紧要的状态则无须考虑,绘制状态机图时事件和方法要明确。

状态机图擅长表现单个对象的跨用例行为,对于多个对象的交互行为应该考虑采用顺序图,不要对系统的每个对象都画状态机图,只对真正需要关心各个状态的对象才绘制状态机图。

2.3 Java 的面向对象特征

Java 是纯粹的面向对象编程语言,完全支持面向对象的三大基本特征:封装、继承和多态。Java 程序的组成单位就是类,不管多大的 Java 应用程序,都是由一个个类组成的。

▶▶ 2.3.1 一切都是对象

在 Java 语言中,除 8 个基本数据类型值之外,一切都是对象,而对象就是面向对象程序设计的中心。对象是人们要进行研究的任何事物,从最简单的整数到复杂的飞机等均可看作对象,它不仅能表示具体的事物,还能表示抽象的规则、计划或事件。

对象具有状态,一个对象用数据值来描述它的状态。Java 通过为对象定义成员变量来描述对象的状态;对象还有操作,这些操作可以改变对象的状态,对象的操作也被称为对象的行为,Java 通过为对象定义方法来描述对象的行为。

对象实现了数据和操作的结合,对象把数据和对数据的操作封装成一个有机的整体,因此面向对象提供了更大的编程粒度,对程序员来说,更易于掌握和使用。

对象是 Java 程序的核心,所以 Java 里的对象具有唯一性,每个对象都有一个标识来引用它,如果某个对象失去了标识,这个对象将变成垃圾,只能等着系统垃圾回收机制来回收它。Java 语言不允许直接访问对象,而是通过对对象的引用来操作对象。

▶▶ 2.3.2 类和对象

具有相同或相似性质的一组对象的抽象就是类,类是对一类事物的描述,是抽象的、概念上的定义;对象是实际存在的该类事物的个体,因而也称为实例(instance)。

对象的抽象化是类,类的具体化就是对象,也可以说类的实例是对象。类用来描述一系列对象,类概述每个对象应包括的数据,类概述每个对象的行为特征。因此,可以把类理解成某种概念、定义,它规定了某类对象所共同具有的数据和行为特征。

Java 语言使用 class 关键字定义类，定义类时可使用成员变量来描述该类对象的数据，可使用方法来描述该类对象的行为特征。

在客观世界中有若干类，这些类之间有一定的结构关系。通常有如下两种主要的结构关系。

➢ 一般→特殊关系：这种关系就是典型的继承关系，Java 语言使用 extends 关键字来表示这种继承关系，Java 的子类是一种特殊的父类。因此，这种一般→特殊的关系其实是一种"is a"关系。

> **提示：** 在讲授面向对象时经常提的一个概念——一般→特殊的关系也可代表大类和小类的关系。比如水果→苹果，就是典型的一般→特殊的关系，苹果 is a 水果，水果的范围是不是比苹果的范围大呢？所以可以认为：父类也可被称为大类，子类也可被称为小类。

➢ 整体→部分结构关系：也被称为组装结构，这是典型的组合关系，Java 语言通过在一个类里保存另一个对象的引用来实现这种组合关系。因此，这种整体→部分结构关系其实是一种"has a"关系。

开发者定义了 Java 类之后，就可以使用 new 关键字来创建指定类的对象了，每个类可以创建任意多个对象，多个对象的成员变量值可以不同——这表现为不同对象的数据存在差异。

2.4 本章小结

本章主要介绍了面向对象的相关概念，也简要介绍了结构化程序设计的相关知识，包括结构化程序设计的基本特征以及存在的缺陷，还详细介绍了结构化程序设计的三种基本结构。本章重点介绍了面向对象程序设计的相关概念，以及面向对象程序设计的三个基本特征，并简要介绍了 Java 语言对面向对象特征的支持。本章详细介绍了 UML 的概念以及相关知识，并通过示例讲解了常用 UML 图形的绘制方法，这些 UML 图形是读者进行面向对象分析的重要方法，也是读者阅读本书后面章节的基础知识。

CHAPTER 3

第 3 章
数据类型和运算符

本章要点

- 注释的重要性和用途
- 单行注释语法和多行注释语法
- 文档注释的语法和常用的 javadoc 标记
- javadoc 命令的用法
- 掌握查看 API 文档的方法
- 数据类型的两大类
- 8 种基本类型及各自的注意点
- 自动类型转换
- 强制类型转换
- 表达式类型的自动提升
- 直接量的类型和赋值
- Java 提供的基本运算符
- 运算符的结合性和优先级

Java 语言是一门强类型语言。强类型包含两方面的含义：① 所有的变量必须先声明、后使用；② 指定类型的变量只能接受类型与之匹配的值。强类型语言可以在编译过程中发现源代码的错误，从而保证程序更加健壮。Java 语言提供了丰富的基本数据类型，例如整型、字符型、浮点型和布尔型等。基本类型大致上可以分为两类：数值类型和布尔类型，其中数值类型包括整型、字符型和浮点型，所有数值类型之间可以进行类型转换，这种类型转换包括自动类型转换和强制类型转换。

Java 语言还提供了一系列功能丰富的运算符，这些运算符包括所有的算术运算符，以及功能丰富的位运算符、比较运算符、逻辑运算符，这些运算符是 Java 编程的基础。将运算符和操作数连接在一起就形成了表达式。

3.1 注释

编写程序时总需要为程序添加一些注释，用以说明某段代码的作用，或者说明某个类的用途、某个方法的功能，以及该方法的参数和返回值的数据类型及意义等。

程序注释的作用非常大，很多初学者在开始学习 Java 语言时，会很努力地写程序，但不大会注意添加注释，他们认为添加注释是一件浪费时间，而且没有意义的事情。经过一段时间的学习，他们写出了一些不错的小程序，如一些游戏、工具软件等。再经过一段时间的学习，他们开始意识到当初写的程序在结构上有很多不足，需要重构。于是打开源代码，他们以为可以很轻松地改写原有的代码，但这时发现理解原来写的代码非常困难，很难理解原有的编程思路。

为什么要添加程序注释？至少有如下三方面的考虑。

➢ 永远不要过于相信自己的理解力！当你思路通畅，进入编程境界时，你可以很流畅地实现某个功能，但这种流畅可能是因为你当时正处于这种开发思路中。为了在再次阅读这段代码时，还能找回当初编写这段代码的思路，建议添加注释！

➢ 可读性第一，效率第二！在那些"古老"的岁月里，编程是少数人的专利，他们随心所欲地写程序，他们以追逐程序执行效率为目的。但随着软件行业的发展，人们发现仅有少数技术极客编程满足不了日益增长的软件需求，越来越多的人加入了编程队伍，并引入了工程化的方式来管理软件开发。这个时候，软件开发变成团队协同作战，团队成员的沟通变得很重要，因此，一个人写的代码，需要被整个团队的其他人所理解；而且，随着硬件设备的飞速发展，程序的可读性取代执行效率变成了第一考虑的要素。

➢ 代码即文档！很多刚刚学完学校软件工程课程的学生会以为：文档就是 Word 文档！实际上，程序源代码是程序文档的重要组成部分，在想着把各种软件相关文档写规范的同时，不要忘了把软件里最重要的文档——源代码写规范！

程序注释是源代码的一个重要部分，对于一份规范的程序源代码而言，注释应该占到源代码的 1/3 以上。几乎所有的编程语言都提供了添加注释的方法。一般的编程语言都提供了基本的单行注释和多行注释，Java 语言也不例外，除此之外，Java 语言还提供了一种文档注释。Java 语言的注释一共有三种类型。

➢ 单行注释。
➢ 多行注释。
➢ 文档注释。

▶▶ 3.1.1 单行注释和多行注释

单行注释就是在程序中注释一行代码，在 Java 语言中，将双斜线（//）放在需要注释的内容之前就可以了；多行注释是指一次性地将程序中多行代码注释掉，在 Java 语言中，使用 "/*" 和 "*/" 将程序中需要注释的内容包含起来，"/*" 表示注释开始，而 "*/" 表示注释结束。

下面代码中增加了单行注释和多行注释。

程序清单：codes\03\3.1\CommentTest.java

```java
public class CommentTest
{
    /*
    这里面的内容全部是多行注释
    Java 语言真的很有趣
    */
    public static void main(String[] args)
    {
        // 这是一行简单的注释
        System.out.println("Hello World!");
        // System.out.println("这行代码被注释了，将不会被编译、执行！");
    }
}
```

除此之外，添加注释也是调试程序的一个重要方法。如果觉得某段代码可能有问题，可以先把这段代码注释起来，让编译器忽略这段代码，再次编译、运行，如果程序可以正常执行，则可以说明错误就是由这段代码引起的，这样就缩小了错误所在的范围，有利于排错；如果依然出现相同的错误，则可以说明错误不是由这段代码引起的，同样也缩小了错误所在的范围。

▶▶ 3.1.2　Java 9 增强文档注释

Java 语言还提供了一种功能更强大的注释形式：文档注释。如果编写 Java 源代码时添加了合适的文档注释，然后通过 JDK 提供的 javadoc 工具可以直接将源代码里的文档注释提取成一份系统的 API 文档。

答：开发一个大型软件时，需要定义成千上万的类，而且需要很多人参与开发。每个人都会开发一些类，并在类里定义一些方法、成员变量提供给其他人使用，但其他人怎么知道如何使用这些类和方法呢？这时候就需要提供一份说明文档，用于说明每个类、每个方法的用途。当其他人使用一个类或一个方法时，他无须关心这个类或方法的具体实现，他只要知道这个类或方法的功能即可，然后使用这个类或方法来实现具体的目的，也就是通过调用应用程序接口（API）来编程。API 文档就是用以说明这些应用程序接口的文档。对于 Java 语言而言，API 文档通常详细说明了每个类、每个方法的功能及用法等。

Java 提供了大量的基础类，因此 Oracle 也为这些基础类提供了相应的 API 文档，用于告诉开发者如何使用这些类，以及这些类里包含的方法。

下载 Java 9 的 API 文档很简单，登录 http://www.oracle.com/technetwork/java/javase/downloads/index. html 站点，将页面上的滚动条向下滚动，找到"Additional Resources"部分，看到如图 3.1 所示的页面。

单击如图 3.1 所示的链接即可下载得到 Java SE 9 文档，这份文档里包含了 JDK 的 API 文档。下载成功后得到一个 jdk-9_doc-all.zip 文件。

将 jdk-9_doc-all.zip 文件解压缩到任意路径，将会得到一个 docs 文件夹，这个文件夹下的内容就是 JDK 文档，JDK 文档不仅包含 API 文档，还包含 JDK 的其他说明文档。

进入 docs/api 路径下，打开 index.html 文件，可以

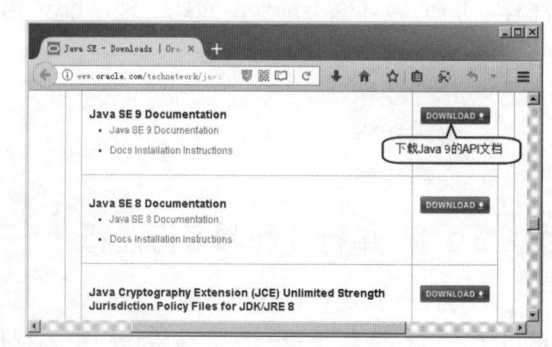

图 3.1　下载 JDK 9 的 API 文档

看到 JDK 9 API 文档首页，单击该页面上方的"FRAMES"链接，这个首页就是一个典型的 Java API 文档首页，如图 3.2 所示。

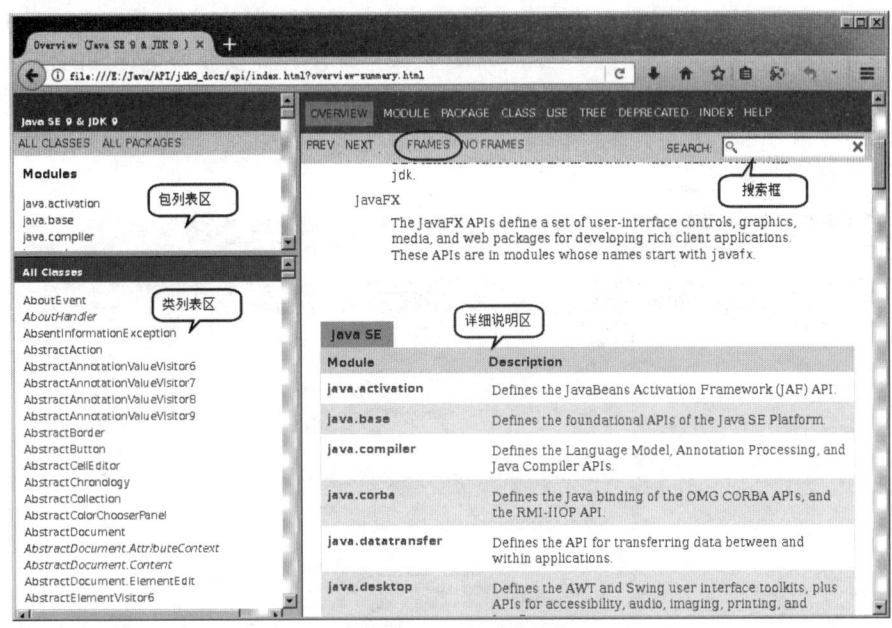

图 3.2 API 文档首页

从图 3.2 所示的首页中可以看出，API 文档页面被分为三个部分，左上角部分是 API 文档"包列表区"，在该区域内可以查看 Java 类的所有包（至于什么是包，本书将在后面章节介绍）；左下角是 API 文档的"类列表区"，用于查看 Java 的所有类；右边页面是"详细说明区"，默认显示的是各包空间的说明信息。

Java 9 对 API 文档进行了增强，Java 9 为 API 文档增加了一个搜索框，如图 3.2 中右上角所示，用户可以通过该搜索框快速查找指定的 Java 类。

Java 9 将 API 文档分成 3 个子集。

➢ Java SE：该子集的 API 文档主要包含 Java SE 的各种类。
➢ JDK：该子集的 API 文档主要包含 JDK 的各种工具类。
➢ Java FX：该子集的 API 文档主要包含 Java FX 的各种类。

如果单击"类列表区"中列出的某个类，将看到右边页面变成了如图 3.3 所示的格局。

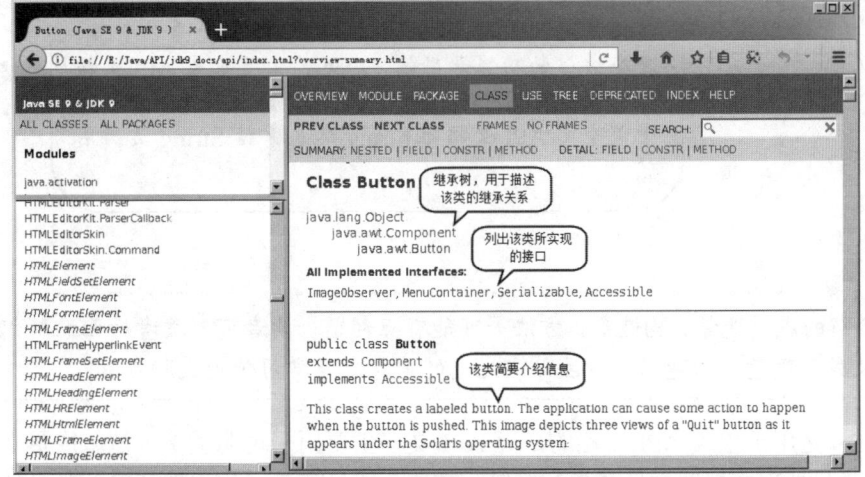

图 3.3 类说明区格局（一）

当单击了左边"类列表区"中的 Button 类后，即可看到右边页面显示了 Button 类的详细信息，这些信息是使用 Button 类的重要资料。把图 3.3 所示窗口右边的滚动条向下滚动，将在"详细说明区"看到如图 3.4 所示的格局。

从图 3.4 所示的类说明区中可以看出，API 文档中详细列出了该类里包含的所有成分，通过查看该文档，开发者就可以掌握该类的用法。从图 3.4 所看到的内部类列表、成员变量（由 Field 意译而来）列表、构造器列表和方法列表只给出了一些简单描述，如果开发者需要获得更详细的信息，则可以单击具体的内部类、成员变量、构造器和方法的链接，从而看到对应项的详细用法说明。

对于内部类、成员变量、方法列表区都可以分为左右两格，其中左边一格是该项的修饰符、类型说明，右边一格是该项的简单说明。

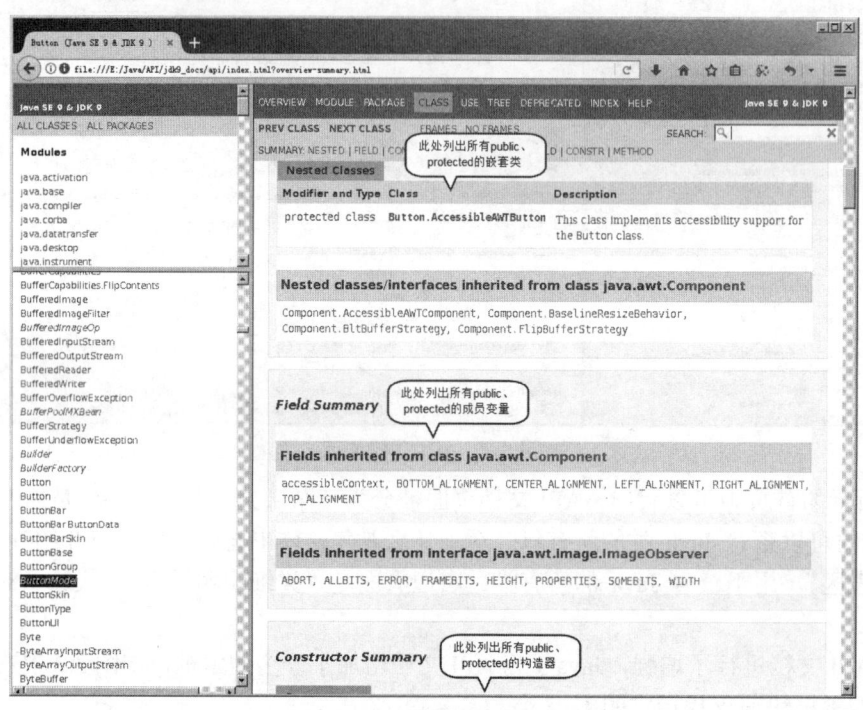

图 3.4　类说明区格局（二）

同样，在开发中定义类、方法时也可以先添加文档注释，然后使用 javadoc 工具来生成自己的 API 文档。

学生提问：为什么要学习查看 API 文档的方法？

答：前面已经提到了，API 是 Java 提供的基本编程接口，当使用 Java 语言进行编程时，不可能把所有的 Java 类、所有方法全部记下来，当编程遇到一个不确定的地方时，必须通过 API 文档来查看某个类、某个方法的功能和用法。因此，掌握查看 API 文档的方法是学习 Java 的一个最基本的技能。读者可以尝试查阅 API 文档的 String 类来掌握 String 类的用法。

> **注意：**
> 此处介绍的成员变量、构造器、方法等可能有点超前，读者可以参考后面的知识来理解如何定义成员变量、构造器、方法等，此处的重点只是学习使用文档注释。

由于文档注释是用于生成 API 文档的，而 API 文档主要用于说明类、方法、成员变量的功能。因此，javadoc 工具只处理文档源文件在类、接口、方法、成员变量、构造器和内部类之前的注释，忽略其他地方的文档注释。而且 javadoc 工具默认只处理以 public 或 protected 修饰的类、接口、方法、成员变量、构造器和内部类之前的文档注释。

> **注意:**
> API 文档类似于产品的使用说明书,通常使用说明书只需要介绍那些暴露的、供用户使用的部分。Java 类中只有以 public 或 protected 修饰的内容才是希望暴露给别人使用的内容,因此 javadoc 默认只处理 public 或 protected 修饰的内容。如果开发者确实希望 javadoc 工具可以提取 private 修饰的内容,则可以在使用 javadoc 工具时增加 -private 选项。

文档注释以斜线后紧跟两个星号(/**)开始,以星号后紧跟一个斜线(*/)结束,中间部分全部都是文档注释,会被提取到 API 文档中。

Java 9 的 API 文档已经支持 HTML 5 规范,因此为了得到完全兼容 HTML 5 的 API 文档,必须保证文档注释中的内容完全兼容 HTML 5 规范。

下面先编写一个 JavadocTest 类,这个类里包含了对类、方法、成员变量的文档注释。

程序清单:codes\03\3.1\JavadocTest.java

```java
package lee;
/**
 * Description:
 * 网站: <a href="http://www.crazyit.org">疯狂 Java 联盟</a><br>
 * Copyright (C), 2001-2015, Yeeku.H.Lee<br>
 * This program is protected by copyright laws. <br>
 * Program Name: <br>
 * Date: <br>
 * @author Yeeku.H.Lee kongyeeku@163.com
 * @version 1.0
 */
public class JavadocTest
{
    /**
     * 简单测试成员变量
     */
    protected String name;
    /**
     * 主方法,程序的入口
     */
    public static void main(String[] args)
    {
        System.out.println("Hello World!");
    }
}
```

再编写一个 Test 类,这个类里包含了对类、构造器、成员变量的文档注释。

程序清单:codes\03\3.1\Test.java

```java
package yeeku;
/**
 * Description:
 * 网站: <a href="http://www.crazyit.org">疯狂 Java 联盟</a><br>
 * Copyright (C), 2001-2015, Yeeku.H.Lee<br>
 * This program is protected by copyright laws. <br>
 * Program Name: <br>
 * Date: <br>
 * @author Yeeku.H.Lee kongyeeku@163.com
 * @version 1.0
 */
public class Test
{
    /**
     * 简单测试成员变量
     */
    public int age;
    /**
     * Test 类的测试构造器
     */
```

```
    public Test()
    {
    }
}
```

上面 Java 程序中粗体字标识部分就是文档注释。编写好上面的 Java 程序后，就可以使用 javadoc 工具提取这两个程序中的文档注释来生成 API 文档了。javadoc 命令的基本用法如下：

`javadoc 选项 Java 源文件|包`

javadoc 命令可对源文件、包生成 API 文档，在上面的语法格式中，Java 源文件可以支持通配符，例如，使用*.java 来代表当前路径下所有的 Java 源文件。javadoc 的常用选项有如下几个。

- ➢ -d <directory>：该选项指定一个路径，用于将生成的 API 文档放到指定目录下。
- ➢ -windowtitle <text>：该选项指定一个字符串，用于设置 API 文档的浏览器窗口标题。
- ➢ -doctitle <html-code>：该选项指定一个 HTML 格式的文本，用于指定概述页面的标题。

> **注意**：只有对处于多个包下的源文件来生成 API 文档时，才有概述页面。

- ➢ -header <html-code>：该选项指定一个 HTML 格式的文本，包含每个页面的页眉。

除此之外，javadoc 命令还包含了大量其他选项，读者可以通过在命令行窗口执行 javadoc -help 来查看 javadoc 命令的所有选项。

在命令行窗口执行如下命令来为刚刚编写的两个 Java 程序生成 API 文档：

`javadoc -d apidoc -windowtitle 测试 -doctitle 学习 javadoc 工具的测试 API 文档 -header 我的类 *Test.java`

在 JavadocTest.java 和 Test.java 所在路径下执行上面命令，可以看到生成 API 文档的提示信息。进入 JavadocTest.java 和 Test.java 所在路径，可以看到一个 apidoc 文件夹，该文件夹下的内容就是刚刚生成的 API 文档，进入 apidoc 路径，打开 index.html 文件，将看到如图 3.5 所示的页面。

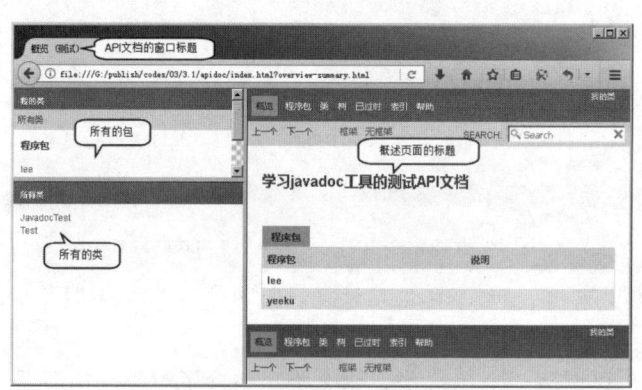

图 3.5　自己生成的 API 文档

> **提示**：如果读者在 Windows 下生成 API 文档，打开该页面时默认会看到乱码，这是由于 JDK 9 的 API 文档默认采用 HTML 5 规范，因此默认使用 UTF-8 字符集。而 Windows 平台的源代码默认使用 GBK 字符集，因此需要通过浏览器菜单"查看"→"文字编码"选择简体中文（GBK）字符集。

同样，如果单击如图 3.5 所示页面的左下角类列表区中的某个类，则可以看到该类的详细说明，如图 3.3 和图 3.4 所示。

除此之外，如果希望 javadoc 工具生成更详细的文档信息，例如为方法参数、方法返回值等生成详细的说明信息，则可利用 javadoc 标记。常用的 javadoc 标记如下。

- ➢ @author：指定 Java 程序的作者。
- ➢ @version：指定源文件的版本。
- ➢ @deprecated：不推荐使用的方法。

- > @param：方法的参数说明信息。
- > @return：方法的返回值说明信息。
- > @see："参见",用于指定交叉参考的内容。
- > @exception：抛出异常的类型。
- > @throws：抛出的异常,和@exception 同义。

需要指出的是,这些标记的使用是有位置限制的。上面这些标记可以出现在类或者接口文档注释中的有@see、@deprecated、@author、@version 等;可以出现在方法或构造器文档注释中的有@see、@deprecated、@param、@return、@throws 和@exception 等;可以出现在成员变量的文档注释中的有@see 和@deprecated 等。

下面的 JavadocTagTest 程序包含了一个 hello 方法,该方法的文档注释使用了@param 和@return 等文档标记。

程序清单：codes\03\3.1\JavadocTagTest.java

```java
package yeeku;
/**
 * Description:
 * 网站: <a href="http://www.crazyit.org">疯狂 Java 联盟</a><br>
 * Copyright (C), 2001-2015, Yeeku.H.Lee<br>
 * This program is protected by copyright laws. <br>
 * Program Name: <br>
 * Date: <br>
 * @author Yeeku.H.Lee kongyeeku@163.com
 * @version 1.0
 */
public class JavadocTagTest
{
    /**
     * 一个得到打招呼字符串的方法
     * @param name 该参数指定向谁打招呼
     * @return 返回打招呼的字符串
     */
    public String hello(String name)
    {
        return name + ",你好！";
    }
}
```

上面程序中粗体字标识出使用 javadoc 标记的示范。再次使用 javadoc 工具来生成 API 文档,这次为了能提取到文档中的@author 和@version 等标记信息,在使用 javadoc 工具时增加-author 和-version 两个选项,即按如下格式来运行 javadoc 命令：

```
javadoc -d apidoc -windowtitle 测试 -doctitle 学习 javadoc 工具的测试 API 文档 -header 我的类 -version -author *Test.java
```

上面命令将会提取 Java 源程序中的-author 和-version 两个标记的信息。除此之外,还会提取@param 和@return 标记的信息,因而将会看到如图 3.6 所示的 API 文档页面。

javadoc 工具默认不会提取@author 和@version 两个标记的信息,如果需要提取这两个标记的信息,应该在使用 javadoc 工具时指定-author 和-version 两个选项。

对比图 3.2 和图 3.5,两个图都显示了 API 文档的首页,但图 3.2 显示的 API 文档首页里包含了对每个包的详细说明,而图 3.5 显示的文档首页里每个包的说明部分都是空白。这是因为 API 文档中的包注释并不是直接放在 Java 源文件中的,而是必须另外指定,通常通过一个标准的 HTML 5 文件来提供包注释,这个文件被称为包描述文件。包描述文件的文件名通常是 package.html,并与该包下所有的 Java 源文件放在一起,javadoc 工具会自动寻找对应的包描述文件,并提取该包描述文件中的<body/>元素里

的内容，作为该包的描述信息。

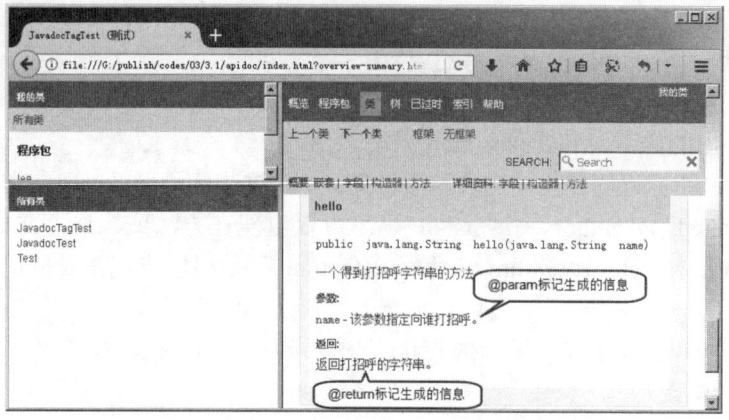

图 3.6 使用文档标记设置更丰富的 API 信息

接下来还是使用上面编写的三个 Java 文件，但把这三个 Java 文件按包结构分开组织存放，并提供对应的包描述文件，源文件和对应包描述文件的组织结构如下（该示例位于本书光盘中的 codes\03\3.1\package 路径下）。

- lee 文件夹：包含 JavadocTest.java 文件（该 Java 类的包为 lee），对应包描述文件 package.html。
- yeeku 文件夹：包含 Test.java 文件和 JavadocTagTest.java 文件（这两个 Java 类的包为 yeeku），对应包描述文件 package.html。

在命令行窗口进入 lee 和 yeeku 所在路径（package 路径），执行如下命令：

```
javadoc -d apidoc -windowtitle 测试 -doctitle 学习 javadoc 工具的测试 API 文档 -header 我的类 -version -author lee yeeku
```

上面命令指定对 lee 包和 yeeku 包来生成 API 文档，而不是对 Java 源文件来生成 API 文档，这也是允许的。其中 lee 包和 yeeku 包下面都提供了对应的包描述文件。

打开上面命令生成的 API 文档首页，将可以看到如图 3.7 所示的页面。

可能有读者会发现，如果需要设置包描述信息，则需要将 Java 源文件按包结构来组织存放，这不是问题。实际上，当编写 Java 源文件时，通常总会按包结构来组织存放 Java 源文件，这样更有利于项目的管理。

现在生成的 API 文档已经非常"专业"了，和系统提供的 API 文档基本类似。关于 Java 文档注释和 javadoc 工具使用的介绍也基本告一段落了。

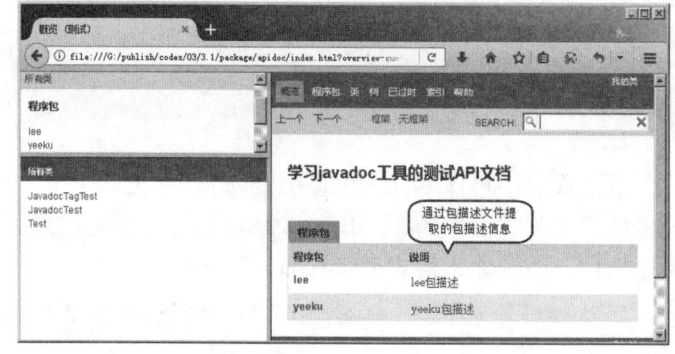

图 3.7 设置包描述信息

3.2 标识符和关键字

Java 语言也和其他编程语言一样，使用标识符作为变量、对象的名字，也提供了系列的关键字用以实现特别的功能。本节详细介绍 Java 语言的标识符和关键字等内容。

3.2.1 分隔符

Java 语言里的分号（;）、花括号（{}）、方括号([])、圆括号（()）、空格、圆点（.）都具有特殊的分隔作用，因此被统称为分隔符。

1. 分号

Java 语言里对语句的分隔不是使用回车来完成的，Java 语言采用分号（;）作为语句的分隔，因此每个 Java 语句必须使用分号作为结尾。Java 程序允许一行书写多个语句，每个语句之间以分号隔开即可；一个语句也可以跨多行，只要在最后结束的地方使用分号结束即可。

例如，下面语句都是合法的 Java 语句。

```
int age = 25; String name = "李刚";
String hello = "你好！" +
    "Java";
```

值得指出的是，Java 语句可以跨越多行书写，但一个字符串、变量名不能跨越多行。例如，下面的 Java 语句是错误的。

```
// 字符串不能跨越多行
String a = "dddddd
    xxxxxxx";
// 变量名不能跨越多行
String na
    me = "李刚";
```

不仅如此，虽然 Java 语法允许一行书写多个语句，但从程序可读性角度来看，应该避免在一行书写多个语句。

2. 花括号

花括号的作用就是定义一个代码块，一个代码块指的就是"{"和"}"所包含的一段代码，代码块在逻辑上是一个整体。对 Java 语言而言，类定义部分必须放在一个代码块里，方法体部分也必须放在一个代码块里。除此之外，条件语句中的条件执行体和循环语句中的循环体通常也放在代码块里。

花括号一般是成对出现的，有一个"{"则必然有一个"}"，反之亦然。

3. 方括号

方括号的主要作用是用于访问数组元素，方括号通常紧跟数组变量名，而方括号里指定希望访问的数组元素的索引。

例如，如下代码：

```
// 下面代码试图为名为 a 的数组的第四个元素赋值
a[3] = 3;
```

4. 圆括号

圆括号是一个功能非常丰富的分隔符：定义方法时必须使用圆括号来包含所有的形参声明，调用方法时也必须使用圆括号来传入实参值；不仅如此，圆括号还可以将表达式中某个部分括成一个整体，保证这个部分优先计算；除此之外，圆括号还可以作为强制类型转换的运算符。

关于圆括号分隔符在后面还有更进一步的介绍，此处不再赘述。

5. 空格

Java 语言使用空格分隔一条语句的不同部分。Java 语言是一门格式自由的语言，所以空格几乎可以出现在 Java 程序的任何地方，也可以出现任意多个空格，但不要使用空格把一个变量名隔开成两个，这将导致程序出错。

Java 语言中的空格包含空格符（Space）、制表符（Tab）和回车（Enter）等。

除此之外，Java 源程序还会使用空格来合理缩进 Java 代码，从而提供更好的可读性。

6. 圆点

圆点（.）通常用作类/对象和它的成员（包括成员变量、方法和内部类）之间的分隔符，表明调用某个类或某个实例的指定成员。关于圆点分隔符的用法，后面还会有更进一步的介绍，此处不再赘述。

▶▶ 3.2.2 Java 9 的标识符规则

标识符就是用于给程序中变量、类、方法命名的符号。Java 语言的标识符必须以字母、下画线（_）、美元符（$）开头，后面可以跟任意数目的字母、数字、下画线（_）和美元符（$）。此处的字母并不局限于 26 个英文字母，甚至可以包含中文字符、日文字符等。

由于 Java 9 支持 Unicode 8.0 字符集，因此 Java 的标识符可以使用 Unicode 8.0 所能表示的多种语言的字符。Java 语言是区分大小写的，因此 abc 和 Abc 是两个不同的标识符。

Java 9 规定：不允许使用单独的下画线（_）作为标识符。也就是说，下画线必须与其他字符组合在一起才能作为标识符。

使用标识符时，需要注意如下规则。

- ➢ 标识符可以由字母、数字、下画线（_）和美元符（$）组成，其中数字不能打头。
- ➢ 标识符不能是 Java 关键字和保留字，但可以包含关键字和保留字。
- ➢ 标识符不能包含空格。
- ➢ 标识符只能包含美元符（$），不能包含@、#等其他特殊字符。

▶▶ 3.2.3 Java 关键字

Java 语言中有一些具有特殊用途的单词被称为关键字（keyword），当定义标识符时，不要让标识符和关键字相同，否则将引起错误。例如，下面代码将无法通过编译。

```
// 试图定义一个名为 boolean 的变量，但 boolean 是关键字，不能作为标识符
int boolean;
```

Java 的所有关键字都是小写的，TRUE、FALSE 和 NULL 都不是 Java 关键字。

Java 一共包含 50 个关键字，如表 3.1 所示。

表 3.1 Java 关键字

abstract	continue	for	new	switch
assert	default	if	package	synchronized
boolean	do	goto	private	this
break	double	implements	protected	throw
byte	else	import	public	throws
case	enum	instanceof	return	transient
catch	extends	int	short	try
char	final	interface	static	void
class	finally	long	strictfp	volatile
const	float	native	super	while

上面的 50 个关键字中，enum 是从 Java 5 新增的关键字，用于定义一个枚举。而 goto 和 const 这两个关键字也被称为保留字（reserved word），保留字的意思是，Java 现在还未使用这两个关键字，但可能在未来的 Java 版本中使用这两个关键字；不仅如此，Java 还提供了三个特殊的直接量（literal）：true、false 和 null；Java 语言的标识符也不能使用这三个特殊的直接量。

3.3 数据类型分类

Java 语言是强类型（strongly typed）语言，强类型包含两方面的含义：① 所有的变量必须先声明、

后使用；② 指定类型的变量只能接受类型与之匹配的值。这意味着每个变量和每个表达式都有一个在编译时就确定的类型。类型限制了一个变量能被赋的值，限制了一个表达式可以产生的值，限制了在这些值上可以进行的操作，并确定了这些操作的含义。

强类型语言可以在编译时进行更严格的语法检查，从而减少编程错误。

声明变量的语法非常简单，只要指定变量的类型和变量名即可，如下所示：

```
type varName[ = 初始值];
```

上面语法中，定义变量时既可指定初始值，也可不指定初始值。随着变量的作用范围的不同（变量有成员变量和局部变量之分，具体请参考本书 5.3 节内容），变量还可能使用其他修饰符。但不管是哪种变量，定义变量至少需要指定变量类型和变量名两个部分。定义变量时的变量类型可以是 Java 语言支持的所有类型。

Java 语言支持的类型分为两类：基本类型（Primitive Type）和引用类型（Reference Type）。

基本类型包括 boolean 类型和数值类型。数值类型有整数类型和浮点类型。整数类型包括 byte、short、int、long、char，浮点类型包括 float 和 double。

 提示：
　　char 代表字符型，实际上字符型也是一种整数类型，相当于无符号整数类型。

引用类型包括类、接口和数组类型，还有一种特殊的 null 类型。所谓引用数据类型就是对一个对象的引用，对象包括实例和数组两种。实际上，引用类型变量就是一个指针，只是 Java 语言里不再使用指针这个说法。

空类型（null type）就是 null 值的类型，这种类型没有名称。因为 null 类型没有名称，所以不可能声明一个 null 类型的变量或者转换到 null 类型。空引用（null）是 null 类型变量唯一的值。空引用（null）可以转换为任何引用类型。

在实际开发中，程序员可以忽略 null 类型，假定 null 只是引用类型的一个特殊直接量。

　　空引用（null）只能被转换成引用类型，不能转换成基本类型，因此不要把一个 null 值赋给基本数据类型的变量。

3.4 基本数据类型

Java 的基本数据类型分为两大类：boolean 类型和数值类型。而数值类型又可以分为整数类型和浮点类型，整数类型里的字符类型也可被单独对待。因此常把 Java 里的基本数据类型分为 4 类，如图 3.8 所示。

Java 只包含这 8 种基本数据类型，值得指出的是，字符串不是基本数据类型，字符串是一个类，也就是一个引用数据类型。

▶▶ 3.4.1 整型

通常所说的整型，实际指的是如下 4 种类型。

- **byte**：一个 byte 类型整数在内存里占 8 位，表数范围是：$-128(-2^7) \sim 127(2^7-1)$。
- **short**：一个 short 类型整数在内存里占 16 位，表数范围是：$-32768(-2^{15}) \sim 32767(2^{15}-1)$。
- **int**：一个 int 类型整数在内存里占 32 位，表数范围是：$-2147483648(-2^{31}) \sim 2147483647(2^{31}-1)$。
- **long**：一个 long 类型整数在内存里占 64 位，表数范围是：$(-2^{63}) \sim (2^{63}-1)$。

图 3.8 Java 的基本类型

int 是最常用的整数类型，因此在通常情况下，直接给出一个整数值默认就是 int 类型。除此之外，有如下两种情形必须指出。

- 如果直接将一个较小的整数值（在 byte 或 short 类型的表数范围内）赋给一个 byte 或 short 变量，系统会自动把这个整数值当成 byte 或者 short 类型来处理。
- 如果使用一个巨大的整数值（超出了 int 类型的表数范围）时，Java 不会自动把这个整数值当成 long 类型来处理。如果希望系统把一个整数值当成 long 类型来处理，应在这个整数值后增加 l 或者 L 作为后缀。通常推荐使用 L，因为英文字母 l 很容易跟数字 1 搞混。

下面的代码片段验证了上面的结论。

程序清单：codes\03\3.4\IntegerValTest.java

```
// 下面代码是正确的，系统会自动把 56 当成 byte 类型处理
byte a = 56;
/*
下面代码是错误的，系统不会把 9999999999999 当成 long 类型处理
所以超出 int 的表数范围，从而引起错误
*/
// long bigValue = 9999999999999;
// 下面代码是正确的，在巨大的整数值后使用 L 后缀，强制使用 long 类型
long bigValue2 = 9223372036854775807L;
```

> **注意**：可以把一个较小的整数值（在 int 类型的表数范围以内）直接赋给一个 long 类型的变量，这并不是因为 Java 会把这个较小的整数值当成 long 类型来处理，Java 依然把这个整数值当成 int 类型来处理，只是因为 int 类型的值会自动类型转换到 long 类型。

Java 中整数值有 4 种表示方式：十进制、二进制、八进制和十六进制，其中二进制的整数以 0b 或 0B 开头；八进制的整数以 0 开头；十六进制的整数以 0x 或者 0X 开头，其中 10~15 分别以 a~f（此处的 a~f 不区分大小写）来表示。

下面的代码片段分别使用八进制和十六进制的数。

程序清单：codes\03\3.4\IntegerValTest.java

```
// 以 0 开头的整数值是八进制的整数
int octalValue = 013;
// 以 0x 或 0X 开头的整数值是十六进制的整数
int hexValue1 = 0x13;
int hexValue2 = 0XaF;
```

在某些时候，程序需要直接使用二进制整数，二进制整数更"真实"，更能表达整数在内存中的存

在形式。不仅如此,有些程序(尤其在开发一些游戏时)使用二进制整数会更便捷。

从 Java 7 开始新增了对二进制整数的支持,二进制的整数以 0b 或者 0B 开头。程序片段如下。

程序清单:codes\03\3.4\IntegerValTest.java

```
// 定义两个 8 位的二进制整数
int binVal1 = 0b11010100;
byte binVal2 = 0B01101001;
// 定义一个 32 位的二进制整数,最高位是符号位
int binVal3 = 0B10000000000000000000000000000011;
System.out.println(binVal1);  // 输出 212
System.out.println(binVal2);  // 输出 105
System.out.println(binVal3);  // 输出-2147483645
```

从上面粗体字可以看出,当定义 32 位的二进制整数时,最高位其实是符号位,当符号位是 1 时,表明它是一个负数,负数在计算机里是以补码的形式存在的,因此还需要换算成原码。

> 提示:
> 所有数字在计算机底层都是以二进制形式存在的,原码是直接将一个数值换算成二进制数。但计算机以补码的形式保存所有的整数。补码的计算规则:正数的补码和原码完全相同,负数的补码是其反码加 1;反码是对原码按位取反,只是最高位(符号位)保持不变。

将上面的二进制整数 binVal3 转换成十进制数的过程如图 3.9 所示。

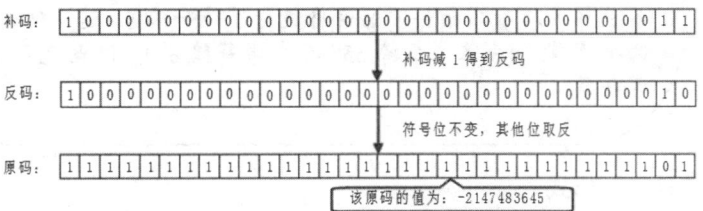

图 3.9 二进制整数转换成十进制数

正如前面所指出的,整数值默认就是 int 类型,因此使用二进制形式定义整数时,二进制整数默认占 32 位,其中第 32 位是符号位;如果在二进制整数后添加 l 或 L 后缀,那么这个二进制整数默认占 64 位,其中第 64 位是符号位。

例如如下程序。

程序清单:codes\03\3.4\IntegerValTest.java

```
/*
定义一个 8 位的二进制整数,该数值默认占 32 位,因此它是一个正数
只是强制类型转换成 byte 时产生了溢出,最终导致 binVal4 变成了-23
*/
byte binVal4 = (byte)0b11101001;
/*
定义一个 32 位的二进制整数,最高位是 1
但由于数值后添加了 L 后缀,因此该整数实际占 64 位,第 32 位的 1 不是符号位
因此 binVal5 的值等于 2 的 31 次方 + 2 + 1
*/
long binVal5 = 0B10000000000000000000000000000011L;
System.out.println(binVal4);  // 输出-23
System.out.println(binVal5);  // 输出 2147483651
```

上面程序中粗体字代码与前面程序片段的粗体字代码基本相同,只是在定义二进制整数时添加了"L"后缀,这就表明把它当成 long 类型处理,因此该整数实际占 64 位。此时的第 32 位不再是符号位,因此它依然是一个正数。

至于程序中的 byte binVal4 = (byte)0b11101001;代码,其中 0b11101001 依然是一个 32 位的正整数,只

是程序进行强制类型转换时发生了溢出,导致它变成了负数。关于强制类型转换的知识请参考本章 3.5 节。

▶▶ 3.4.2 字符型

字符型通常用于表示单个的字符,字符型值必须使用单引号(')括起来。Java 语言使用 16 位的 Unicode 字符集作为编码方式,而 Unicode 被设计成支持世界上所有书面语言的字符,包括中文字符,因此 Java 程序支持各种语言的字符。

学生提问:什么是字符集?

答:严格来说,计算机无法保存电影、音乐、图片、字符……计算机只能保存二进制码。因此电影、音乐、图片、字符都需要先转换为二进制码,然后才能保存。因此平时会听到 avi、mov 等各种电影格式;mp3、wma 等各种音乐格式;gif、png 等各种图片格式;之所以需要这些格式,就是因为计算机需要先将电影、音乐、图片等转换为二进制码,然后才能保存。对于保存字符就简单多了,直接把所有需要保存的字符编号,当计算机要保存某个字符时,只要将该字符的编号转换为二进制码,然后保存起来即可。所谓字符集,就是给所有字符的编号组成总和。早期美国人给英文字符、数字、标点符号等字符进行了编号,他们认为所有字符顶多 100 多个,只要一个字节(8 位,支持 256 个字符编号)即可为所有字符编号——这就是 ASCII 字符集。后来,亚洲国家纷纷为本国文字进行编号——即制订本国的字符集,但这些字符集并不兼容。于是美国人又为世界上所有书面语言的字符进行了统一编号,这次他们用了两个字节(16 位,支持 65536 个字符编号),这就是 Unicode 字符集。

字符型值有如下三种表示形式。
➢ 直接通过单个字符来指定字符型值,例如'A'、'9'和'0'等。
➢ 通过转义字符表示特殊字符型值,例如'\n'、'\t'等。
➢ 直接使用 Unicode 值来表示字符型值,格式是'\uXXXX',其中 XXXX 代表一个十六进制的整数。

Java 语言中常用的转义字符如表 3.2 所示。

表 3.2 Java 语言中常用的转义字符

转义字符	说 明	Unicode 表示方式
\b	退格符	\u0008
\n	换行符	\u000a
\r	回车符	\u000d
\t	制表符	\u0009
\"	双引号	\u0022
\'	单引号	\u0027
\\	反斜线	\u005c

字符型值也可以采用十六进制编码方式来表示,范围是'\u0000'~'\uFFFF',一共可以表示 65536 个字符,其中前 256 个('\u0000'~'\u00FF')字符和 ASCII 码中的字符完全重合。

由于计算机底层保存字符时,实际是保存该字符对应的编号,因此 char 类型的值也可直接作为整型值来使用,它相当于一个 16 位的无符号整数,表数范围是 0~65535。

> 提示:
> char 类型的变量、值完全可以参与加、减、乘、除等数学运算,也可以比较大小——实际上都是用该字符对应的编码参与运算。

如果把 0~65535 范围内的一个 int 整数赋给 char 类型变量，系统会自动把这个 int 整数当成 char 类型来处理。

下面程序简单示范了字符型变量的用法。

程序清单：codes\03\3.4\CharTest.java

```java
public class CharTest
{
    public static void main(String[] args)
    {
        // 直接指定单个字符作为字符值
        char aChar = 'a';
        // 使用转义字符来作为字符值
        char enterChar = '\r';
        // 使用 Unicode 编码值来指定字符值
        char ch = '\u9999';
        // 将输出一个'香'字符
        System.out.println(ch);
        // 定义一个'疯'字符值
        char zhong = '疯';
        // 直接将一个 char 变量当成 int 类型变量使用
        int zhongValue = zhong;
        System.out.println(zhongValue);
        // 直接把一个 0~65535 范围内的 int 整数赋给一个 char 变量
        char c = 97;
        System.out.println(c);
    }
}
```

Java 没有提供表示字符串的基本数据类型，而是通过 String 类来表示字符串，由于字符串由多个字符组成，因此字符串要使用双引号括起来。如下代码：

```java
// 下面代码定义了一个 s 变量，它是一个字符串实例的引用，它是一个引用类型的变量
String s = "沧海月明珠有泪，蓝田日暖玉生烟。";
```

读者必须注意：char 类型使用单引号括起来，而字符串使用双引号括起来。关于 String 类的用法以及对应的各种方法，读者应该通过查阅 API 文档来掌握，以此来练习使用 API 文档。

值得指出的是，Java 语言中的单引号、双引号和反斜线都有特殊的用途，如果一个字符串中包含了这些特殊字符，则应该使用转义字符的表示形式。例如，在 Java 程序中表示一个绝对路径："c:\codes"，但这种写法得不到期望的结果，因为 Java 会把反斜线当成转义字符，所以应该写成这种形式："c:\\codes"，只有同时写两个反斜线，Java 才会把第一个反斜线当成转义字符，和后一个反斜线组成真正的反斜线。

▶▶ 3.4.3 浮点型

Java 的浮点类型有两种：float 和 double。Java 的浮点类型有固定的表数范围和字段长度，字段长度和表数范围与机器无关。Java 的浮点数遵循 IEEE 754 标准，采用二进制数据的科学计数法来表示浮点数，对于 float 型数值，第 1 位是符号位，接下来 8 位表示指数，再接下来的 23 位表示尾数；对于 double 类型数值，第 1 位也是符号位，接下来的 11 位表示指数，再接下来的 52 位表示尾数。

> **注意：**
> 因为 Java 浮点数使用二进制数据的科学计数法来表示浮点数，因此可能不能精确表示一个浮点数。例如把 5.2345556f 值赋给一个 float 类型变量，接着输出这个变量时看到这个变量的值已经发生了改变。使用 double 类型的浮点数比 float 类型的浮点数更精确，但如果浮点数的精度足够高（小数点后的数字很多时），依然可能发生这种情况。如果开发者需要精确保存一个浮点数，则可以考虑使用 BigDecimal 类。

double 类型代表双精度浮点数，float 类型代表单精度浮点数。一个 double 类型的数值占 8 字节、

64位，一个float类型的数值占4字节、32位。

Java语言的浮点数有两种表示形式。

> 十进制数形式：这种形式就是简单的浮点数，例如5.12、512.0、.512。浮点数必须包含一个小数点，否则会被当成int类型处理。
> 科学计数法形式：例如5.12e2（即5.12×10^2），5.12E2（也是5.12×10^2）。

必须指出的是，只有浮点类型的数值才可以使用科学计数法形式表示。例如，51200是一个int类型的值，但512E2则是浮点类型的值。

Java语言的浮点类型默认是double类型，如果希望Java把一个浮点类型值当成float类型处理，应该在这个浮点类型值后紧跟f或F。例如，5.12代表一个double类型的值，占64位的内存空间；5.12f或者5.12F才表示一个float类型的值，占32位的内存空间。当然，也可以在一个浮点数后添加d或D后缀，强制指定是double类型，但通常没必要。

Java还提供了三个特殊的浮点数值：正无穷大、负无穷大和非数，用于表示溢出和出错。例如，使用一个正数除以0将得到正无穷大，使用一个负数除以0将得到负无穷大，0.0除以0.0或对一个负数开方将得到一个非数。正无穷大通过Double或Float类的POSITIVE_INFINITY表示；负无穷大通过Double或Float类的NEGATIVE_INFINITY表示，非数通过Double或Float类的NaN表示。

必须指出的是，所有的正无穷大数值都是相等的，所有的负无穷大数值都是相等的；而NaN不与任何数值相等，甚至和NaN都不相等。

> **注意：**
> 只有浮点数除以0才可以得到正无穷大或负无穷大，因为Java语言会自动把和浮点数运算的0（整数）当成0.0（浮点数）处理。如果一个整数值除以0，则会抛出一个异常：ArithmeticException: / by zero（除以0异常）。

下面程序示范了上面介绍的关于浮点数的各个知识点。

程序清单：codes\03\3.4\FloatTest.java

```java
public class FloatTest
{
    public static void main(String[] args)
    {
        float af = 5.2345556f;
        // 下面将看到af的值已经发生了改变
        System.out.println(af);
        double a = 0.0;
        double c = Double.NEGATIVE_INFINITY;
        float d = Float.NEGATIVE_INFINITY;
        // 看到float和double的负无穷大是相等的
        System.out.println(c == d);
        // 0.0除以0.0将出现非数
        System.out.println(a / a);
        // 两个非数之间是不相等的
        System.out.println(a / a == Float.NaN);
        // 所有正无穷大都是相等的
        System.out.println(6.0 / 0 == 555.0/0);
        // 负数除以0.0得到负无穷大
        System.out.println(-8 / a);
        // 下面代码将抛出除以0的异常
        // System.out.println(0 / 0);
    }
}
```

▶▶ 3.4.4 数值中使用下画线分隔

正如前面程序中看到的，当程序中用到的数值位数特别多时，程序员眼睛"看花"了都看不清到底有多少位数。为了解决这种问题，Java 7引入了一个新功能：程序员可以在数值中使用下画线，不管是整型数值，还是浮点型数值，都可以自由地使用下画线。通过使用下画线分隔，可以更直观地分辨数值中到底包含多少位。如下面程序所示。

程序清单：codes\03\3.4\UnderscoreTest.java

```java
public class UnderscoreTest
{
    public static void main(String[] args)
    {
        // 定义一个 32 位的二进制数，最高位是符号位
        int binVal = 0B1000_0000_0000_0000_0000_0000_0000_0011;
        double pi = 3.14_15_92_65_36;
        System.out.println(binVal);
        System.out.println(pi);
        double height = 8_8_4_8.23;
        System.out.println(height);
    }
}
```

▶▶ 3.4.5 布尔型

布尔型只有一个 boolean 类型，用于表示逻辑上的"真"或"假"。在 Java 语言中，boolean 类型的数值只能是 true 或 false，不能用 0 或者非 0 来代表。其他基本数据类型的值也不能转换成 boolean 类型。

> **提示：** Java 规范并没有强制指定 boolean 类型的变量所占用的内存空间。虽然 boolean 类型的变量或值只要 1 位即可保存，但由于大部分计算机在分配内存时允许分配的最小内存单元是字节（8 位），因此 bit 大部分时候实际上占用 8 位。

例如，下面代码定义了两个 boolean 类型的变量，并指定初始值。

程序清单：codes\03\3.4\BooleanTest.java

```java
// 定义 b1 的值为 true
boolean b1 = true;
// 定义 b2 的值为 false
boolean b2 = false;
```

字符串"true"和"false"不会直接转换成 boolean 类型，但如果使用一个 boolean 类型的值和字符串进行连接运算，则 boolean 类型的值将会自动转换成字符串。看下面代码（程序清单同上）。

```java
// 使用 boolean 类型的值和字符串进行连接运算，boolean 类型的值会自动转换成字符串
String str = true + "";
// 下面将输出 true
System.out.println(str);
```

boolean 类型的值或变量主要用做旗标来进行流程控制，Java 语言中使用 boolean 类型的变量或值控制的流程主要有如下几种。

- if 条件控制语句
- while 循环控制语句
- do while 循环控制语句
- for 循环控制语句

除此之外，boolean 类型的变量和值还可在三目运算符（? :）中使用。这些内容在后面将会有更详细的介绍。

3.5 基本类型的类型转换

在 Java 程序中，不同的基本类型的值经常需要进行相互转换。Java 语言所提供的 7 种数值类型之间可以相互转换，有两种类型转换方式：自动类型转换和强制类型转换。

3.5.1 自动类型转换

Java 所有的数值型变量可以相互转换，如果系统支持把某种基本类型的值直接赋给另一种基本类型的变量，则这种方式被称为自动类型转换。当把一个表数范围小的数值或变量直接赋给另一个表数范围大的变量时，系统将可以进行自动类型转换；否则就需要强制转换。

表数范围小的可以向表数范围大的进行自动类型转换，就如同有两瓶水，当把小瓶里的水倒入大瓶中时不会有任何问题。Java 支持自动类型转换的类型如图 3.10 所示。

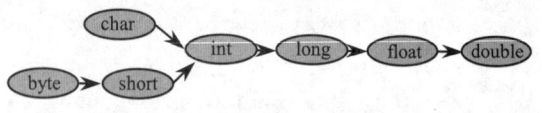

图 3.10　自动类型转换图

图 3.10 中所示的箭头左边的数值类型可以自动类型转换为箭头右边的数值类型。下面程序示范了自动类型转换。

程序清单：codes\03\3.5\AutoConversion.java

```java
public class AutoConversion
{
    public static void main(String[] args)
    {
        int a = 6;
        // int 类型可以自动转换为 float 类型
        float f = a;
        // 下面将输出 6.0
        System.out.println(f);
        // 定义一个 byte 类型的整数变量
        byte b = 9;
        // 下面代码将出错，byte 类型不能自动类型转换为 char 类型
        // char c = b;
        // byte 类型变量可以自动类型转换为 double 类型
        double d = b;
        // 下面将输出 9.0
        System.out.println(d);
    }
}
```

不仅如此，当把任何基本类型的值和字符串值进行连接运算时，基本类型的值将自动类型转换为字符串类型，虽然字符串类型不是基本类型，而是引用类型。因此，如果希望把基本类型的值转换为对应的字符串时，可以把基本类型的值和一个空字符串进行连接。

> 提示：
> +不仅可作为加法运算符使用，还可作为字符串连接运算符使用。

看如下代码。

程序清单：codes\03\3.5\PrimitiveAndString.java

```java
public class PrimitiveAndString
{
    public static void main(String[] args)
    {
        // 下面代码是错误的，因为 5 是一个整数，不能直接赋给一个字符串
        // String str1 = 5;
        // 一个基本类型的值和字符串进行连接运算时，基本类型的值自动转换为字符串
        String str2 = 3.5f + "";
        // 下面输出 3.5
        System.out.println(str2);
        // 下面语句输出 7Hello!
        System.out.println(3 + 4 + "Hello! ");
        // 下面语句输出 Hello!34，因为 Hello! + 3 会把 3 当成字符串处理
        // 而后再把 4 当成字符串处理
```

```
        System.out.println("Hello! " + 3 + 4);
    }
}
```

上面程序中有一个"3 + 4 + "Hello!""表达式,这个表达式先执行"3 + 4"运算,这是执行两个整数之间的加法,得到7,然后进行"7 + "Hello!""运算,此时会把7当成字符串进行处理,从而得到7Hello!。反之,对于""Hello! " + 3 + 4"表达式,先进行""Hello! " + 3"运算,得到一个Hello!3字符串,再和4进行连接运算,4也被转换成字符串进行处理。

▶▶ 3.5.2 强制类型转换

如果希望把图 3.10 中箭头右边的类型转换为左边的类型,则必须进行强制类型转换,强制类型转换的语法格式是:(targetType)value,强制类型转换的运算符是圆括号(())。当进行强制类型转换时,类似于把一个大瓶子里的水倒入一个小瓶子,如果大瓶子里的水不多还好,但如果大瓶子里的水很多,将会引起溢出,从而造成数据丢失。这种转换也被称为"缩小转换(Narrow Conversion)"。

下面程序示范了强制类型转换。

程序清单:codes\03\3.5\NarrowConversion.java

```
public class NarrowConversion
{
    public static void main(String[] args)
    {
        int iValue = 233;
        // 强制把一个 int 类型的值转换为 byte 类型的值
        byte bValue = (byte)iValue;
        // 将输出-23
        System.out.println(bValue);
        double dValue = 3.98;
        // 强制把一个 double 类型的值转换为 int 类型的值
        int tol = (int)dValue;
        // 将输出 3
        System.out.println(tol);
    }
}
```

在上面程序中,把一个浮点数强制类型转换为整数时,Java 将直接截断浮点数的小数部分。除此之外,上面程序还把 233 强制类型转换为 byte 类型的整数,从而变成了 23,这就是典型的溢出。图 3.11 示范了这个转换过程。

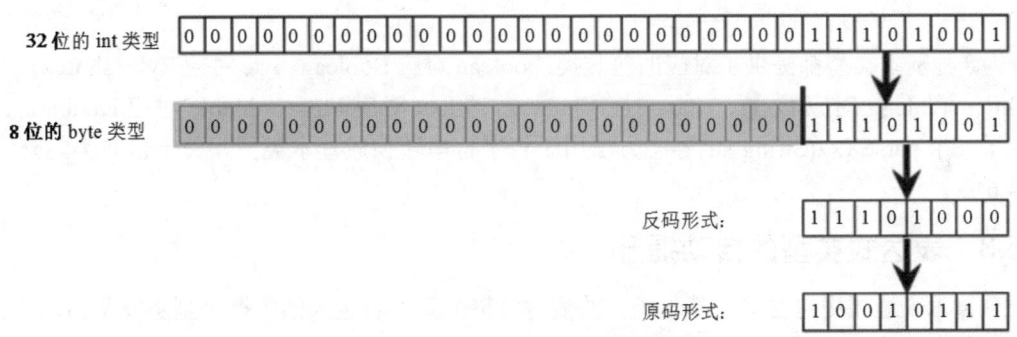

图 3.11 int 类型向 byte 类型强制类型转换

从图 3.11 可以看出,32 位 int 类型的 233 在内存中如图 3.11 上面所示,强制类型转换为 8 位的 byte 类型,则需要截断前面的 24 位,只保留右边 8 位,最左边的 1 是一个符号位,此处表明这是一个负数,负数在计算机里是以补码形式存在的,因此还需要换算成原码。

将补码减 1 得到反码形式,再将反码取反就可以得到原码。

最后的二进制原码为 10010111,这个 byte 类型的值为-(16 + 4 + 2 + 1),也就是-23。

从图 3.11 很容易看出,当试图强制把表数范围大的类型转换为表数范围小的类型时,必须格外小心,因为非常容易引起信息丢失。

经常上网的读者可能会发现有些网页上会包含临时生成的验证字符串，那么这个随机字符串是如何生成的呢？可以先随机生成一个在指定范围内的 int 数字（如果希望生成小写字母，就在 97~122 之间），然后将其强制转换成 char 类型，再将多次生成的字符连缀起来即可。

下面程序示范了如何生成一个 6 位的随机字符串，这个程序中用到了后面的循环控制，不理解循环的读者可以参考后面章节的介绍。

程序清单：codes\03\3.5\RandomStr.java

```java
public class RandomStr
{
    public static void main(String[] args)
    {
        // 定义一个空字符串
        String result = "";
        // 进行 6 次循环
        for(int i = 0 ; i < 6 ; i ++)
        {
            // 生成一个 97~122 之间的 int 类型整数
            int intVal = (int)(Math.random() * 26 + 97);
            // 将 intValue 强制转换为 char 类型后连接到 result 后面
            result = result + (char)intVal;
        }
        // 输出随机字符串
        System.out.println(result);
    }
}
```

还有下面一行容易出错的代码：

```java
// 直接把 5.6 赋值给 float 类型变量将出现错误，因为 5.6 默认是 double 类型
float a = 5.6;
```

上面代码中的 5.6 默认是一个 double 类型的浮点数，因此将 5.6 赋值给一个 float 类型变量将导致错误，必须使用强制类型转换才可以，即将上面代码改为如下形式：

```java
float a = (float)5.6;
```

在通常情况下，字符串不能直接转换为基本类型，但通过基本类型对应的包装类则可以实现把字符串转换成基本类型。例如，把字符串转换成 int 类型，则可通过如下代码实现：

```java
String a = "45";
// 使用 Integer 的方法将一个字符串转换成 int 类型
int iValue = Integer.parseInt(a);
```

Java 为 8 种基本类型都提供了对应的包装类：boolean 对应 Boolean、byte 对应 Byte、short 对应 Short、int 对应 Integer、long 对应 Long、char 对应 Character、float 对应 Float、double 对应 Double，8 个包装类都提供了一个 parseXxx(String str) 静态方法用于将字符串转换成基本类型。关于包装类的介绍，请参考本书第 6 章。

▶▶ 3.5.3 表达式类型的自动提升

当一个算术表达式中包含多个基本类型的值时，整个算术表达式的数据类型将发生自动提升。Java 定义了如下的自动提升规则。

- ➢ 所有的 byte 类型、short 类型和 char 类型将被提升到 int 类型。
- ➢ 整个算术表达式的数据类型自动提升到与表达式中最高等级操作数同样的类型。操作数的等级排列如图 3.10 所示，位于箭头右边类型的等级高于位于箭头左边类型的等级。

下面程序示范了一个典型的错误。

程序清单：codes\03\3.5\AutoPromote.java

```java
// 定义一个 short 类型变量
short sValue = 5;
```

```
// 表达式中的 sValue 将自动提升到 int 类型，则右边的表达式类型为 int
// 将一个 int 类型值赋给 short 类型变量将发生错误
sValue = sValue - 2;
```

上面的"sValue - 2"表达式的类型将被提升到 int 类型，这样就把右边的 int 类型值赋给左边的 short 类型变量，从而引起错误。

下面代码是表达式类型自动提升的正确示例代码（程序清单同上）。

```
byte b = 40;
char c = 'a';
int i = 23;
double d = .314;
// 右边表达式中最高等级操作数为 d（double 类型）
// 则右边表达式的类型为 double 类型，故赋给一个 double 类型变量
double result = b + c + i * d;
// 将输出 144.222
System.out.println(result);
```

必须指出，表达式的类型将严格保持和表达式中最高等级操作数相同的类型。下面代码中两个 int 类型整数进行除法运算，即使无法除尽，也将得到一个 int 类型结果（程序清单同上）。

```
int val = 3;
// 右边表达式中两个操作数都是 int 类型，故右边表达式的类型为 int
// 虽然 23/3 不能除尽，但依然得到一个 int 类型整数
int intResult = 23 / val;
System.out.println(intResult); // 将输出 7
```

从上面程序中可以看出，当两个整数进行除法运算时，如果不能整除，得到的结果将是把小数部分截断取整后的整数。

如果表达式中包含了字符串，则又是另一番情形了。因为当把加号（+）放在字符串和基本类型值之间时，这个加号是一个字符串连接运算符，而不是进行加法运算。看如下代码：

```
// 输出字符串 Hello!a7
System.out.println("Hello!" + 'a' + 7);
// 输出字符串 104Hello!
System.out.println('a' + 7 + "Hello!");
```

对于第一个表达式""Hello!" + 'a' + 7"，先进行""Hello!" + 'a'"运算，把'a'转换成字符串，拼接成字符串 Hello!a，接着进行""Hello!a" + 7"运算，这也是一个字符串连接运算，得到结果是 Hello!a7。对于第二个表达式，先进行"'a' + 7"加法运算，其中'a'自动提升到 int 类型，变成 a 对应的 ASCII 值：97，从"97 + 7"将得到 104，然后进行"104 + "Hello!""运算，104 会自动转换成字符串，将变成两个字符串的连接运算，从而得到 104Hello!。

3.6 直接量

直接量是指在程序中通过源代码直接给出的值，例如在 int a = 5;这行代码中，为变量 a 所分配的初始值 5 就是一个直接量。

3.6.1 直接量的类型

并不是所有的数据类型都可以指定直接量，能指定直接量的通常只有三种类型：基本类型、字符串类型和 null 类型。具体而言，Java 支持如下 8 种类型的直接量。

> ➢ int 类型的直接量：在程序中直接给出的整型数值，可分为二进制、十进制、八进制和十六进制 4 种，其中二进制需要以 0B 或 0b 开头，八进制需要以 0 开头，十六进制需要以 0x 或 0X 开头。例如 123、012（对应十进制的 10）、0x12（对应十进制的 18）等。
> ➢ long 类型的直接量：在整型数值后添加 l 或 L 后就变成了 long 类型的直接量。例如 3L、0x12L

（对应十进制的 18L）。

- float 类型的直接量：在一个浮点数后添加 f 或 F 就变成了 float 类型的直接量，这个浮点数可以是标准小数形式，也可以是科学计数法形式。例如 5.34F、3.14E5f。
- double 类型的直接量：直接给出一个标准小数形式或者科学计数法形式的浮点数就是 double 类型的直接量。例如 5.34、3.14E5。
- boolean 类型的直接量：这个类型的直接量只有 true 和 false。
- char 类型的直接量：char 类型的直接量有三种形式，分别是用单引号括起来的字符、转义字符和 Unicode 值表示的字符。例如'a'、'\n'和'\u0061'。
- String 类型的直接量：一个用双引号括起来的字符序列就是 String 类型的直接量。
- null 类型的直接量：这个类型的直接量只有一个值，即 null。

在上面的 8 种类型的直接量中，null 类型是一种特殊类型，它只有一个值：null，而且这个直接量可以赋给任何引用类型的变量，用以表示这个引用类型变量中保存的地址为空，即还未指向任何有效对象。

▶▶ 3.6.2 直接量的赋值

通常总是把一个直接量赋值给对应类型的变量，例如下面代码都是合法的。

```
int a = 5;
char c = 'a';
boolean b = true;
float f = 5.12f;
double d = 4.12;
String author = "李刚";
String book = "疯狂 Android 讲义";
```

除此之外，Java 还支持数值之间的自动类型转换，因此允许把一个数值直接量直接赋给另一种类型的变量，这种赋值必须是系统所支持的自动类型转换，例如把 int 类型的直接量赋给一个 long 类型的变量。Java 所支持的数值之间的自动类型转换图如图 3.10 所示，箭头左边类型的直接量可以直接赋给箭头右边类型的变量；如果需要把图 3.10 中箭头右边类型的直接量赋给箭头左边类型的变量，则需要强制类型转换。

String 类型的直接量不能赋给其他类型的变量，null 类型的直接量可以直接赋给任何引用类型的变量，包括 String 类型。boolean 类型的直接量只能赋给 boolean 类型的变量，不能赋给其他任何类型的变量。

关于字符串直接量有一点需要指出，当程序第一次使用某个字符串直接量时，Java 会使用常量池（constant pool）来缓存该字符串直接量，如果程序后面的部分需要用到该字符串直接量时，Java 会直接使用常量池（constant pool）中的字符串直接量。

> **提示：**
> 由于 String 类是一个典型的不可变类，因此 String 对象创建出来就不可能被改变，因此无须担心共享 String 对象会导致混乱。关于不可变类的概念参考本书第 6 章。

> **提示：**
> 常量池（constant pool）指的是在编译期被确定，并被保存在已编译的 .class 文件中的一些数据。它包括关于类、方法、接口中的常量，也包括字符串直接量。

看如下程序：

```
String s0 = "hello";
String s1 = "hello";
String s2 = "he" + "llo";
System.out.println( s0 == s1 );
System.out.println( s0 == s2 );
```

运行结果为：

```
true
true
```

Java 会确保每个字符串常量只有一个，不会产生多个副本。例子中的 s0 和 s1 中的"hello"都是字符串常量，它们在编译期就被确定了，所以 s0 == s1 返回 true；而"he"和"llo"也都是字符串常量，当一个字符串由多个字符串常量连接而成时，它本身也是字符串常量，s2 同样在编译期就被解析为一个字符串常量，所以 s2 也是常量池中"hello"的引用。因此，程序输出 s0 == s1 返回 true，s1 == s2 也返回 true。

3.7 运算符

运算符是一种特殊的符号，用以表示数据的运算、赋值和比较等。Java 语言使用运算符将一个或多个操作数连缀成执行性语句，用以实现特定功能。

Java 语言中的运算符可分为如下几种。
- 算术运算符
- 赋值运算符
- 比较运算符
- 逻辑运算符
- 位运算符
- 类型相关运算符

3.7.1 算术运算符

Java 支持所有的基本算术运算符，这些算术运算符用于执行基本的数学运算：加、减、乘、除和求余等。下面是 7 个基本的算术运算符。

+：加法运算符。例如如下代码：

```
double a = 5.2;
double b = 3.1;
double sum = a + b;
// sum 的值为 8.3
System.out.println(sum);
```

除此之外，+还可以作为字符串的连接运算符。

-：减法运算符。例如如下代码：

```
double a = 5.2;
double b = 3.1;
double sub = a - b;
// sub 的值为 2.1
System.out.println(sub);
```

*：乘法运算符。例如如下代码：

```
double a = 5.2;
double b = 3.1;
double multiply = a * b;
// multiply 的值为 16.12
System.out.println(multiply);
```

/：除法运算符。除法运算符有些特殊，如果除法运算符的两个操作数都是整数类型，则计算结果也是整数，就是将自然除法的结果截断取整，例如 19/4 的结果是 4，而不是 5。如果除法运算符的两个操作数都是整数类型，则除数不可以是 0，否则将引发除以零异常。

但如果除法运算符的两个操作数有一个是浮点数，或者两个都是浮点数，则计算结果也是浮点数，这个结果就是自然除法的结果。而且此时允许除数是 0，或者 0.0，得到结果是正无穷大或负无穷大。看下面代码。

程序清单：codes\03\3.7\DivTest.java

```
public class DivTest
{
```

```java
    public static void main(String[] args)
    {
        double a = 5.2;
        double b = 3.1;
        double div = a / b;
        // div 的值将是1.6774193548387097
        System.out.println(div);
        // 输出正无穷大：Infinity
        System.out.println("5 除以 0.0 的结果是:" + 5 / 0.0);
        // 输出负无穷大：-Infinity
        System.out.println("-5 除以 0.0 的结果是:" + - 5 / 0.0);
        // 下面代码将出现异常
        // java.lang.ArithmeticException: / by zero
        System.out.println("-5 除以 0 的结果是:" + -5 / 0);
    }
}
```

%：求余运算符。求余运算的结果不一定总是整数，它的计算结果是使用第一个操作数除以第二个操作数，得到一个整除的结果后剩下的值就是余数。由于求余运算也需要进行除法运算，因此如果求余运算的两个操作数都是整数类型，则求余运算的第二个操作数不能是 0，否则将引发除以零异常。如果求余运算的两个操作数中有一个或者两个都是浮点数，则允许第二个操作数是 0 或 0.0，只是求余运算的结果是非数：NaN。0 或 0.0 对零以外的任何数求余都将得到 0 或 0.0。看如下程序。

程序清单：codes\03\3.7\ModTest.java

```java
public class ModTest
{
    public static void main(String[] args)
    {
        double a = 5.2;
        double b = 3.1;
        double mod = a % b;
        System.out.println(mod); // mod 的值为 2.1
        System.out.println("5 对 0.0 求余的结果是:" + 5 % 0.0); // 输出非数：NaN
        System.out.println("-5.0 对 0 求余的结果是:" + -5.0 % 0); // 输出非数：NaN
        System.out.println("0 对 5.0 求余的结果是:" + 0 % 5.0); // 输出 0.0
        System.out.println("0 对 0.0 求余的结果是:" + 0 % 0.0); // 输出非数：NaN
        // 下面代码将出现异常：java.lang.ArithmeticException: / by zero
        System.out.println("-5 对 0 求余的结果是:" + -5 % 0);
    }
}
```

++：自加。该运算符有两个要点：① 自加是单目运算符，只能操作一个操作数；② 自加运算符只能操作单个数值型（整型、浮点型都行）的变量，不能操作常量或表达式。运算符既可以出现在操作数的左边，也可以出现在操作数的右边。但出现在左边和右边的效果是不一样的。如果把++放在左边，则先把操作数加 1，然后才把操作数放入表达式中运算；如果把++放在右边，则先把操作数放入表达式中运算，然后才把操作数加 1。看如下代码：

```java
int a = 5;
// 让 a 先执行算术运算，然后自加
int b = a++ + 6;
// 输出 a 的值为 6，b 的值为 11
System.out.println(a + "\n" + b);
```

执行完后，a 的值为 6，而 b 的值为 11。当++在操作数右边时，先执行 a + 6 的运算（此时 a 的值为 5），然后对 a 加 1。对比下面代码：

```java
int a = 5;
// 让 a 先自加，然后执行算术运算
int b = ++a + 6;
// 输出 a 的值为 6，b 的值为 12
System.out.println(a + "\n" + b);
```

执行的结果是 a 的值为 6，b 的值为 12。当++在操作数左边时，先对 a 加 1，然后执行 a+6 的运算

（此时 a 的值为 6），因此 b 为 12。

--：自减。也是单目运算符，用法与++基本相似，只是将操作数的值减 1。

> **注意：**
> 自加和自减只能用于操作变量，不能用于操作数值直接量、常量或表达式。例如，5++、6--等写法都是错误的。

Java 并没有提供其他更复杂的运算符，如果需要完成乘方、开方等运算，则可借助于 java.lang.Math 类的工具方法完成复杂的数学运算，见如下代码。

程序清单：codes\03\3.7\MathTest.java

```java
public class MathTest
{
    public static void main(String[] args)
    {
        double a = 3.2; // 定义变量 a 为 3.2
        // 求 a 的 5 次方，并将计算结果赋给 b
        double b = Math.pow(a , 5);
        System.out.println(b); // 输出 b 的值
        // 求 a 的平方根，并将结果赋给 c
        double c = Math.sqrt(a);
        System.out.println(c); // 输出 c 的值
        // 计算随机数，返回一个 0~1 之间的伪随机数
        double d = Math.random();
        System.out.println(d); // 输出随机数 d 的值
        // 求 1.57 的 sin 函数值：1.57 被当成弧度数
        double e = Math.sin(1.57);
        System.out.println(e); // 输出接近 1
    }
}
```

Math 类下包含了丰富的静态方法，用于完成各种复杂的数学运算。

> **注意：**
> +除可以作为数学的加法运算符之外，还可以作为字符串的连接运算符。-除可以作为减法运算符之外，还可以作为求负的运算符。

-作为求负运算符的例子请看如下代码：

```java
// 定义 double 变量 x，其值为-5.0
double x = -5.0;
x = -x; // 将 x 求负，其值变成 5.0
```

▶▶ 3.7.2 赋值运算符

赋值运算符用于为变量指定变量值，与 C 类似，Java 也使用=作为赋值运算符。通常，使用赋值运算符将一个直接量值赋给变量。例如如下代码。

程序清单：codes\03\3.7\AssignOperatorTest.java

```java
String str = "Java"; // 为变量 str 赋值 Java
double pi = 3.14; // 为变量 pi 赋值 3.14
boolean visited = true; // 为变量 visited 赋值 true
```

除此之外，也可使用赋值运算符将一个变量的值赋给另一个变量。如下代码是正确的（程序清单同上）。

```java
String str2 = str; //将变量 str 的值赋给 str2
```

> **提示：** 按前面关于变量的介绍，可以把变量当成一个可盛装数据的容器。而赋值运算就是将被赋的值"装入"变量的过程。赋值运算符是从右向左执行计算的，程序先计算得到=右边的值，然后将该值"装入"=左边的变量，因此赋值运算符（=）左边只能是变量。

值得指出的是，赋值表达式是有值的，赋值表达式的值就是右边被赋的值。例如 String str2 = str 表达式的值就是 str。因此，赋值运算符支持连续赋值，通过使用多个赋值运算符，可以一次为多个变量赋值。如下代码是正确的（程序清单同上）。

```
int a;
int b;
int c;
// 通过为a,b,c赋值，三个变量的值都是7
a = b = c = 7;
// 输出三个变量的值
System.out.println(a + "\n" + b + "\n" + c);
```

虽然Java支持这种一次为多个变量赋值的写法，但这种写法导致程序的可读性降低，因此不推荐这样写。

赋值运算符还可用于将表达式的值赋给变量。如下代码是正确的。

```
double d1 = 12.34;
double d2 = d1 + 5; // 将表达式的值赋给d2
System.out.println(d2); // 输出d2的值，将输出17.34
```

赋值运算符还可与其他运算符结合，扩展成功能更加强大的赋值运算符，参考3.7.4节。

▶▶ 3.7.3 位运算符

Java 支持的位运算符有如下 7 个。

- &：按位与。当两位同时为 1 时才返回 1。
- |：按位或。只要有一位为 1 即可返回 1。
- ~：按位非。单目运算符，将操作数的每个位（包括符号位）全部取反。
- ^：按位异或。当两位相同时返回 0，不同时返回 1。
- <<：左移运算符。
- \>\>：右移运算符。
- \>\>\>：无符号右移运算符。

一般来说，位运算符只能操作整数类型的变量或值。位运算符的运算法则如表 3.3 所示。

表 3.3　位运算符的运算法则

第一个操作数	第二个操作数	按位与	按位或	按位异或
0	0	0	0	0
0	1	0	1	1
1	0	0	1	1
1	1	1	1	0

按位非只需要一个操作数，这个运算符将把操作数在计算机底层的二进制码按位（包括符号位）取反。如下代码测试了按位与和按位或运算的运行结果。

程序清单：codes\03\3.7\BitOperatorTest.java

```
System.out.println(5 & 9); // 将输出 1
System.out.println(5 | 9); // 将输出 13
```

程序执行的结果是：5&9 的结果是 1，5|9 的结果是 13。下面介绍运算原理。

5 的二进制码是 00000101（省略了前面的 24 个 0），而 9 的二进制码是 00001001（省略了前面的 24 个 0）。运算过程如图 3.12 所示。

下面是按位异或和按位取反的执行代码（程序清单同上）。

```
System.out.println(~-5);  // 将输出 4
System.out.println(5 ^ 9);  // 将输出 12
```

程序执行~-5 的结果是 4，执行 5^9 的结果是 12。下面通过图 3.13 来介绍运算原理。

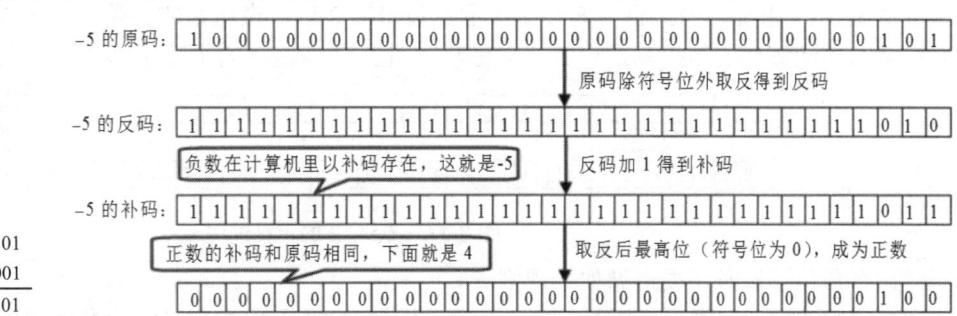

```
  00000101      00000101
 &00001001     |00001001
  ─────────    ─────────
  00000001      00001101
```

图 3.12　按位与和按位或运算过程　　　　　　　图 3.13　~-5 的运算过程

而 5^9 的运算过程如图 3.14 所示。

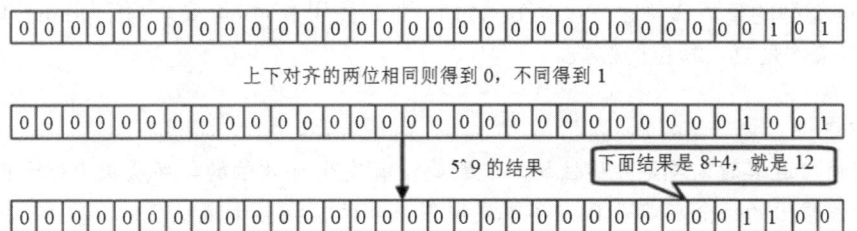

图 3.14　5^9 的运算过程

左移运算符是将操作数的二进制码整体左移指定位数，左移后右边空出来的位以 0 填充。例如如下代码（程序清单同上）：

```
System.out.println(5 << 2);  // 输出 20
System.out.println(-5 << 2);  // 输出-20
```

下面以-5 为例来介绍左移运算的运算过程，如图 3.15 所示。

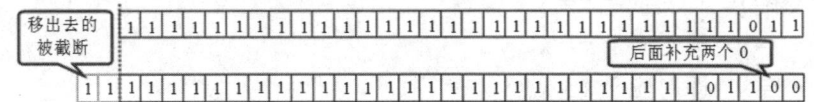

图 3.15　-5 左移两位的运算过程

在图 3.15 中，上面的 32 位数是-5 的补码，左移两位后得到一个二进制补码，这个二进制补码的最高位是 1，表明是一个负数，换算成十进制数就是-20。

Java 的右移运算符有两个：>>和>>>，对于>>运算符而言，把第一个操作数的二进制码右移指定位数后，左边空出来的位以原来的符号位填充，即如果第一个操作数原来是正数，则左边补 0；如果第一个操作数是负数，则左边补 1。>>>是无符号右移运算符，它把第一个操作数的二进制码右移指定位数后，左边空出来的位总是以 0 填充。

看下面代码（程序清单同上）：

```
System.out.println(-5 >> 2);                    // 输出-2
System.out.println(-5 >>> 2);                   //输出 1073741822
```

下面用示意图来说明>>和>>>运算符的运算过程。

从图 3.16 来看，-5 右移 2 位后左边空出 2 位，空出来的 2 位以符号位补充。从图中可以看出，右移运算后得到的结果的正负与第一个操作数的正负相同。右移后的结果依然是一个负数,这是一个二进制补码,换算成十进制数就是-2。

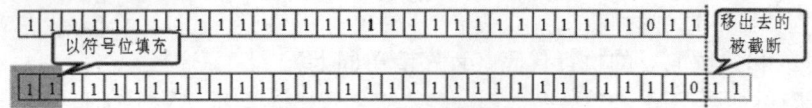

图 3.16　-5>>2 的运算过程

从图 3.17 来看,-5 无符号右移 2 位后左边空出 2 位,空出来的 2 位以 0 补充。从图中可以看出,无符号右移运算后的结果总是得到一个正数。图 3.17 中下面的正数是 1073741822（2^{30}-2）。

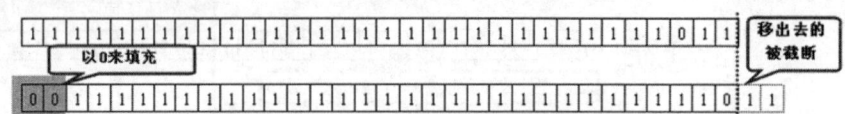

图 3.17　-5>>>2 的运算过程

进行移位运算时还要遵循如下规则。

> 对于低于 int 类型（如 byte、short 和 char）的操作数总是先自动类型转换为 int 类型后再移位。
> 对于 int 类型的整数移位 a>>b,当 b>32 时,系统先用 b 对 32 求余（因为 int 类型只有 32 位）,得到的结果才是真正移位的位数。例如,a>>33 和 a>>1 的结果完全一样,而 a>>32 的结果和 a 相同。
> 对于 long 类型的整数移位 a>>b,当 b>64 时,总是先用 b 对 64 求余（因为 long 类型是 64 位）,得到的结果才是真正移位的位数。

> 当进行移位运算时,只要被移位的二进制码没有发生有效位的数字丢失（对于正数而言,通常指被移出的位全部都是 0）,不难发现左移 n 位就相当于乘以 2 的 n 次方,右移 n 位则是除以 2 的 n 次方。不仅如此,进行移位运算不会改变操作数本身,只是得到了一个新的运算结果,而原来的操作数本身是不会改变的。

▶▶ 3.7.4　扩展后的赋值运算符

赋值运算符可与算术运算符、位移运算符结合,扩展成功能更加强大的运算符。扩展后的赋值运算符如下。

> +=：对于 x += y,即对应于 x = x + y。
> -=：对于 x -= y,即对应于 x = x - y。
> *=：对于 x *= y,即对应于 x = x * y。
> /=：对于 x /= y,即对应于 x = x / y。
> %=：对于 x %= y,即对应于 x = x % y。
> &=：对于 x &= y,即对应于 x = x & y。
> |=：对于 x |= y,即对应于 x = x | y。
> ^=：对于 x ^= y,即对应于 x = x ^ y。
> <<=：对于 x <<= y,即对应于 x = x << y。
> >>=：对于 x >>= y,即对应于 x = x >> y。
> >>>=：对于 x >>>= y,即对应于 x = x >>> y。

只要能使用这种扩展后的赋值运算符,通常都推荐使用它们。因为这种运算符不仅具有更好的性能,而且程序会更加健壮。下面程序示范了+=运算符的用法。

程序清单：codes\03\3.7\EnhanceAssignTest.java

```
public class EnhanceAssignTest
```

```
{
    public static void main(String[] args)
    {
        // 定义一个byte类型的变量
        byte a = 5;
        // 下面语句出错，因为5默认是int类型，a + 5就是int类型
        // 把int类型赋给byte类型的变量，所以出错
        // a = a + 5;
        // 定义一个byte类型的变量
        byte b = 5;
        // 下面语句不会出现错误
        b += 5;
    }
}
```

运行上面程序，不难发现 a = a + 5 和 a += 5 虽然运行结果相同，但底层的运行机制还是存在一定差异的。因此，如果可以使用这种扩展后的运算符，则推荐使用它们。

▶▶ 3.7.5 比较运算符

比较运算符用于判断两个变量或常量的大小，比较运算的结果是一个布尔值（true 或 false）。Java 支持的比较运算符如下。

- ➤ >：大于，只支持左右两边操作数是数值类型。如果前面变量的值大于后面变量的值，则返回 true。
- ➤ >=：大于等于，只支持左右两边操作数是数值类型。如果前面变量的值大于等于后面变量的值，则返回 true。
- ➤ <：小于，只支持左右两边操作数是数值类型。如果前面变量的值小于后面变量的值，则返回 true。
- ➤ <=：小于等于，只支持左右两边操作数是数值类型。如果前面变量的值小于等于后面变量的值，则返回 true。
- ➤ ==：等于，如果进行比较的两个操作数都是数值类型，即使它们的数据类型不相同，只要它们的值相等，也都将返回 true。例如 97 == 'a' 返回 true，5.0 == 5 也返回 true。如果两个操作数都是引用类型，那么只有当两个引用变量的类型具有父子关系时才可以比较，而且这两个引用必须指向同一个对象才会返回 true。Java 也支持两个 boolean 类型的值进行比较，例如，true == false 将返回 false。

基本类型的变量、值不能和引用类型的变量、值使用==进行比较；boolean 类型的变量、值不能与其他任意类型的变量、值使用==进行比较；如果两个引用类型之间没有父子继承关系，那么它们的变量也不能使用==进行比较。

- ➤ !=：不等于，如果进行比较的两个操作数都是数值类型，无论它们的数据类型是否相同，只要它们的值不相等，也都将返回 true。如果两个操作数都是引用类型，只有当两个引用变量的类型具有父子关系时才可以比较，只要两个引用指向的不是同一个对象就会返回 true。

下面程序示范了比较运算符的使用。

程序清单：codes\03\3.7\ComparableOperatorTest.java

```
public class ComparableOperatorTest
{
    public static void main(String[] args)
    {
        System.out.println("5 是否大于 4.0: " + (5 > 4.0));  // 输出true
        System.out.println("5 和 5.0 是否相等: " + (5 == 5.0));  // 输出true
        System.out.println("97 和'a'是否相等: " + (97 == 'a'));  // 输出true
        System.out.println("true 和 false 是否相等: " + (true == false));  // 输出false
        // 创建2个ComparableOperatorTest对象，分别赋给t1和t2两个引用
```

```java
        ComparableOperatorTest t1 = new ComparableOperatorTest();
        ComparableOperatorTest t2 = new ComparableOperatorTest();
        // t1 和 t2 是同一个类的两个实例的引用，所以可以比较
        // 但 t1 和 t2 引用不同的对象，所以返回 false
        System.out.println("t1 是否等于 t2: " + (t1 == t2));
        // 直接将 t1 的值赋给 t3，即让 t3 指向 t1 指向的对象
        ComparableOperatorTest t3 = t1;
        // t1 和 t3 指向同一个对象，所以返回 true
        System.out.println("t1 是否等于 t3: " + (t1 == t3));
    }
}
```

值得注意的是，Java 为所有的基本数据类型都提供了对应的包装类，关于包装类实例的比较有些特殊，具体介绍可以参考 6.1 节。

▶▶ 3.7.6 逻辑运算符

逻辑运算符用于操作两个布尔型的变量或常量。逻辑运算符主要有如下 6 个。

- ➢ &&：与，前后两个操作数必须都是 true 才返回 true，否则返回 false。
- ➢ &：不短路与，作用与&&相同，但不会短路。
- ➢ ||：或，只要两个操作数中有一个是 true，就可以返回 true，否则返回 false。
- ➢ |：不短路或，作用与||相同，但不会短路。
- ➢ !：非，只需要一个操作数，如果操作数为 true，则返回 false；如果操作数为 false，则返回 true。
- ➢ ^：异或，当两个操作数不同时才返回 true，如果两个操作数相同则返回 false。

下面代码示范了或、与、非、异或 4 个逻辑运算符的执行示意。

程序清单：codes\03\3.7\LogicOperatorTest.java

```java
// 直接对 false 求非运算，将返回 true
System.out.println(!false);
// 5>3 返回 true, '6'转换为整数 54, '6'>10 返回 true, 求与后返回 true
System.out.println(5 > 3 && '6' > 10);
// 4>=5 返回 false, 'c'>'a'返回 true。求或后返回 true
System.out.println(4 >= 5 || 'c' > 'a');
// 4>=5 返回 false, 'c'>'a'返回 true。两个不同的操作数求异或返回 true
System.out.println(4 >= 5 ^ 'c' > 'a');
```

对于|与||的区别，参见如下代码（程序清单同上）。

```java
// 定义变量 a,b，并为两个变量赋值
int a = 5;
int b = 10;
// 对 a > 4 和 b++ > 10 求或运算
if (a > 4 | b++ > 10)
{
    // 输出 a 的值是 5, b 的值是 11
    System.out.println("a 的值是:" + a + ", b 的值是:" + b);
}
```

执行上面程序，看到输出 a 的值为 5，b 的值为 11，这表明 b++ > 10 表达式得到了计算，但实际上没有计算的必要，因为 a>4 已经返回了 true，则整个表达式一定返回 true。

再看如下代码，只是将上面示例的不短路逻辑或改成了短路逻辑或（程序清单同上）。

```java
// 定义变量 c,d，并为两个变量赋值
int c = 5;
int d = 10;
// c > 4 || d++ > 10 求或运算
if (c > 4 || d++ > 10)
{
    // 输出 c 的值是 5, d 的值是 10
```

```
        System.out.println("c的值是:" + c + ", d的值是:" + d);
}
```

上面代码执行的结果是：c 的值为 5，而 d 的值为 10。

对比两段代码，后面的代码仅仅将不短路或改成短路或，程序最后输出的 d 值不再是 11，这表明表达式 d++ > 10 没有获得执行的机会。因为对于短路逻辑或||而言，如果第一个操作数返回 true，|| 将不再对第二个操作数求值，直接返回 true。不会计算 d++ > 10 这个逻辑表达式，因而 d++ 没有获得执行的机会。因此，最后输出的 d 值为 10。而不短路或 | 总是执行前后两个操作数。

&与&&的区别与此类似：&总会计算前后两个操作数，而&&先计算左边的操作数，如果左边的操作数为 false，则直接返回 false，根本不会计算右边的操作数。

▶▶ 3.7.7 三目运算符

三目运算符只有一个：?:，三目运算符的语法格式如下：

```
(expression) ? if-true-statement : if-false-statement;
```

三目运算符的规则是：先对逻辑表达式 expression 求值，如果逻辑表达式返回 true，则返回第二个操作数的值，如果逻辑表达式返回 false，则返回第三个操作数的值。看如下代码。

程序清单：codes\03\3.7\ThreeTest.java

```
String str = 5 > 3 ? "5 大于 3" : "5 不大于 3";
System.out.println(str); // 输出"5 大于 3"
```

大部分时候，三目运算符都是作为 if else 的精简写法。因此，如果将上面代码换成 if else 的写法，则代码如下（程序清单同上）。

```
String str2 = null;
if (5 > 3)
{
    str2 = "5 大于 3";
}
else
{
    str2 = "5 不大于 3";
}
```

这两种代码写法的效果是完全相同的。三目运算符和 if else 写法的区别在于：if 后的代码块可以有多个语句，但三目运算符是不支持多个语句的。

三目运算符可以嵌套，嵌套后的三目运算符可以处理更复杂的情况，如下程序所示（程序清单同上）。

```
int a = 11;
int b = 12;
// 三目运算符支持嵌套
System.out.println(a > b ?
    "a 大于 b" : (a < b ? "a 小于 b" : "a 等于 b"));
```

上面程序中粗体字代码是一个由三目运算符构成的表达式，这个表达式本身又被嵌套在三目运算符中。通过使用嵌套的三目运算符，即可让三目运算符处理更复杂的情况。

▶▶ 3.7.8 运算符的结合性和优先级

所有的数学运算都认为是从左向右运算的，Java 语言中大部分运算符也是从左向右结合的，只有单目运算符、赋值运算符和三目运算符例外，其中，单目运算符、赋值运算符和三目运算符是从右向左结合的，也就是从右向左运算。

乘法和加法是两个可结合的运算，也就是说，这两个运算符左右两边的操作数可以互换位置而不会影响结果。

运算符有不同的优先级，所谓优先级就是在表达式运算中的运算顺序。表 3.4 列出了包括分隔符在内的所有运算符的优先级顺序，上一行中的运算符总是优先于下一行的。

表 3.4 运算符优先级

运算符说明	Java 运算符
分隔符	. [] () {} , ;
单目运算符	++ -- ~ !
强制类型转换运算符	(type)
乘法/除法/求余	* / %
加法/减法	+ -
移位运算符	<< >> >>>
关系运算符	< <= >= > instanceof
等价运算符	== !=
按位与	&
按位异或	^
按位或	|
条件与	&&
条件或	||
三目运算符	?:
赋值	= += -= *= /= &= |= ^= %= <<= >>= >>>=

根据表 3.4 中运算符的优先级，下面分析一下 int a = 3; int b = a + 2 * a 语句的执行过程。程序先执行 2 * a 得到 6，再执行 a + 6 得到 9。如果使用()就可以改变程序的执行顺序，例如 int b = (a + 2) * a，则先执行 a + 2 得到结果 5，再执行 5 * a 得到 15。

在表 3.4 中还提到了两个类型相关的运算符 instanceof 和(type)，这两个运算符与类、继承有关，此处不作介绍，在第 5 章将有更详细的介绍。

因为 Java 运算符存在这种优先级的关系，因此经常看到有些学生在做 SCJP，或者某些公司的面试题，有如下 Java 代码：int a = 5; int b = 4; int c = a++ - --b * ++a / b-- >>2 % a--;，c 的值是多少？这样的语句实在太恐怖了，即使多年的老程序员看到这样的语句也会眩晕。

这样的代码只能在考试中出现，如果笔者带过的 team 里有 member 写这样的代码，恐怕他马上就得走人了，因为他完全不懂程序开发：源代码就是一份文档，源代码的可读性比代码运行效率更重要。因此在这里要提醒读者：

➢ 不要把一个表达式写得过于复杂，如果一个表达式过于复杂，则把它分成几步来完成；
➢ 不要过多地依赖运算符的优先级来控制表达式的执行顺序，这样可读性太差，尽量使用()来控制表达式的执行顺序。

> **提示：**
> 有些学员喜欢做一些千奇百怪的 Java 题目，例如刚刚提到的题目，还有如"在&abc、_、$xx、1abc 中，哪几个标识符是合法的标识符？"，这也是一个相当糟糕的题目。实际上在写一个 Java 程序时，根本不允许使用这些千奇百怪的标识符！
> 想起一个寓言：有人问一个有多年航海经验的船长，这条航线的暗礁你都非常清楚吧？船长的回答是：我不知道，我只知道哪里是深水航线。这是很有哲理的故事，它告诉我们写程序时，尽量采用良好的编码风格，养成良好的习惯；不要随心所欲地乱写，不要把所有的错误都犯完！世界上对的路可能只有一条，错的路却可能有成千上万条，不要成为别人的前车之鉴！
> 国内的编程者与国外的编程者有一个很大的差别，国外的编程者往往关心我能写什么程序？而国内的编程者往往更关心我能考什么证书？特别是一些大学生，非常热衷于考证！有时候很想告诉他们：你们的大学毕业证是国家教育部发的，难道还不够好吗？为什么还要去考一些杂七杂八的证？因为有人要考证，所以就会出现这些乱七八糟的 Java 考题。
> 请大家记住学习编程的最终目的：是用来编写程序解决实际问题，而不是用来考证的。

3.8 本章小结

本章详细介绍了 Java 语言的各种基础知识，包括 Java 代码的三种注释语法，并讲解了如何查阅 JDK API 文档，这是学习 Java 编程必须掌握的基本技能。本章讲解了 Java 程序的标识符规则和数据类型的相关知识，包括基本类型的强制类型转换和自动类型转换。除此之外，本章还详细介绍了 Java 语言提供的各种运算符，包括算术、位、赋值、比较、逻辑等常用运算符，并详细列出了各种运算符的结合性和优先级。

▶▶ 本章练习

1. 定义学生、老师、教室三个类，为三个类编写文档注释，并使用 javadoc 工具来生成 API 文档。
2. 使用 8 种基本数据类型声明多个变量，并使用不同方式为 8 种基本类型的变量赋值，熟悉每种数据类型的赋值规则和表示方式。
3. 在数值型的变量之间进行类型转换，包括低位向高位的自动转换、高位向低位的强制转换。
4. 使用数学运算符、逻辑运算符编写 40 个表达式，先自行计算各表达式的值，然后通过程序输出这些表达式的值进行对比，看看能否做到一切尽在掌握。

第 4 章
流程控制与数组

本章要点

- 顺序结构
- if 分支语句
- switch 分支语句
- while 循环
- do while 循环
- for 循环
- 嵌套循环
- 控制循环结构
- 理解数组
- 数组的定义和初始化
- 使用数组元素
- 数组作为引用类型的运行机制
- 多维数组的实质
- 操作数组的工具类
- 数组的实际应用场景

不论哪一种编程语言，都会提供两种基本的流程控制结构：分支结构和循环结构。其中分支结构用于实现根据条件来选择性地执行某段代码，循环结构则用于实现根据循环条件重复执行某段代码。Java同样提供了这两种流程控制结构的语法，Java提供了if和switch两种分支语句，并提供了while、do while和for三种循环语句。除此之外，JDK 5还提供了一种新的循环：foreach循环，能以更简单的方式来遍历集合、数组的元素。Java还提供了break和continue来控制程序的循环结构。

数组也是大部分编程语言都支持的数据结构，Java也不例外。Java的数组类型是一种引用类型的变量，Java程序通过数组引用变量来操作数组，包括获得数组的长度，访问数组元素的值等。本章将会详细介绍Java数组的相关知识，包括如何定义、初始化数组等基础知识，并会深入介绍数组在内存中的运行机制。

4.1 顺序结构

任何编程语言中最常见的程序结构就是顺序结构。顺序结构就是程序从上到下逐行地执行，中间没有任何判断和跳转。

如果main方法的多行代码之间没有任何流程控制，则程序总是从上向下依次执行，排在前面的代码先执行，排在后面的代码后执行。这意味着：如果没有流程控制，Java方法里的语句是一个顺序执行流，从上向下依次执行每条语句。

4.2 分支结构

Java提供了两种常见的分支控制结构：if语句和switch语句，其中if语句使用布尔表达式或布尔值作为分支条件来进行分支控制；而switch语句则用于对多个整型值进行匹配，从而实现分支控制。

▶▶ 4.2.1 if条件语句

if语句使用布尔表达式或布尔值作为分支条件来进行分支控制。if语句有如下三种形式。
第一种形式：

```
if ( logic expression )
{
    statement...
}
```

第二种形式：

```
if (logic expression)
{
    statement...
}
else
{
    statement...
}
```

第三种形式：

```
if (logic expression)
{
    statement...
}
else if(logic expression)
{
    statement...
}
...// 可以有零个或多个else if语句
else// 最后的else语句也可以省略
{
    statement...
}
```

在上面 if 语句的三种形式中，放在 if 之后括号里的只能是一个逻辑表达式，即这个表达式的返回值只能是 true 或 false。第二种形式和第三种形式是相通的，如果第三种形式中 else if 块不出现，就变成了第二种形式。

在上面的条件语句中，if (logic expression)、else if (logic expression)和 else 后花括号括起来的多行代码被称为代码块，一个代码块通常被当成一个整体来执行（除非运行过程中遇到 return、break、continue 等关键字，或者遇到了异常），因此这个代码块也被称为条件执行体。例如如下程序。

程序清单：codes\04\4.2\IfTest.java

```java
public class IfTest
{
    public static void main(String[] args)
    {
        int age = 30;
        if (age > 20)
        // 只有当 age > 20 时，下面花括号括起来的代码块才会执行
        // 花括号括起来的语句是一个整体，要么一起执行，要么一起不执行
        {
            System.out.println("年龄已经大于20岁了");
            System.out.println("20 岁以上的人应该学会承担责任...");
        }
    }
}
```

如果 if (logic expression)、else if (logic expression)和 else 后的代码块只有一行语句时，则可以省略花括号，因为单行语句本身就是一个整体，无须用花括号来把它们定义成一个整体。下面代码完全可以正常执行（程序清单同上）。

```java
// 定义变量 a，并为其赋值
int a = 5;
if (a > 4)
    // 如果 a>4，则执行下面的执行体，只有一行代码作为代码块
    System.out.println("a 大于 4");
else
    // 否则，执行下面的执行体，只有一行代码作为代码块
    System.out.println("a 不大于 4");
```

通常建议不要省略 if、else、else if 后执行体的花括号，即使条件执行体只有一行代码，也保留花括号会有更好的可读性，而且保留花括号会减少发生错误的可能。例如如下代码，则不能正常执行（程序清单同上）。

```java
//定义变量 b，并为其赋值
int b = 5;
if (b > 4)
    // 如果 b>4，则执行下面的执行体，只有一行代码作为代码块
    System.out.println("b 大于 4");
else
    // 否则，执行下面的执行体，只有一行代码作为代码块
    b--;
    //对于下面代码而言，它已经不再是条件执行体的一部分，因此总会执行
    System.out.println("b 不大于 4");
```

上面代码中以粗体字标识的代码行：System.out.println ("b 不大于 4"); 总会执行，因为这行代码并不属于 else 后的条件执行体，else 后的条件执行体就是 b--;这行代码。

> if、else、else if 后的条件执行体要么是一个花括号括起来的代码块，则这个代码块整体作为条件执行体；要么是以分号为结束符的一行语句，甚至可能是一个空语句（空语句是一个分号），那么就只是这条语句作为条件执行体。如果省略了 if 条件后条件执行体的花括号，那么 if 条件只控制到紧跟该条件语句的第一个分号处。

如果 if 后有多条语句作为条件执行体，若省略了这个条件执行体的花括号，则会引起编译错误。看下面代码（程序清单同上）：

```java
// 定义变量c，并为其赋值
int c = 5;
if (c > 4)
// 如果c>4，则执行下面的执行体，将只有c--;一行代码为执行体
    c--;
    // 下面是一行普通代码，不属于执行体
    System.out.println("c 大于 4");
// 此处的else将没有if语句，因此编译出错
else
    // 否则，执行下面的执行体，只有一行代码作为代码块
    System.out.println("c 不大于 4");
```

在上面代码中，因为 if 后的条件执行体省略了花括号，则系统只把 c--;一行代码作为条件执行体，当 c--;语句结束后，if 语句也就结束了。后面的 System.out.println("c 大于 4");代码已经是一行普通代码了，不再属于条件执行体，从而导致 else 语句没有 if 语句，从而引起编译错误。

对于 if 语句，还有一个很容易出现的逻辑错误，这个逻辑错误并不属于语法问题，但引起错误的可能性更大。看下面程序。

程序清单：codes\04\4.2\IfErrorTest.java

```java
public class IfErrorTest
{
    public static void main(String[] args)
    {
        int age = 45;
        if (age > 20)
        {
            System.out.println("青年人");
        }
        else if (age > 40)
        {
            System.out.println("中年人");
        }
        else if (age > 60)
        {
            System.out.println("老年人");
        }
    }
}
```

表面上看起来，上面的程序没有任何问题：人的年龄大于 20 岁是青年人，年龄大于 40 岁是中年人，年龄大于 60 岁是老年人。但运行上面程序，发现打印结果是：青年人，而实际上希望 45 岁应判断为中年人——这显然出现了一个问题。

对于任何的 if else 语句，表面上看起来 else 后没有任何条件，或者 else if 后只有一个条件——但这不是真相：因为 else 的含义是"否则"——else 本身就是一个条件！这也是把 if、else 后代码块统称为条件执行体的原因，else 的隐含条件是对前面条件取反。因此，上面代码实际上可改写为如下形式。

程序清单：codes\04\4.2\IfErrorTest2.java

```java
public class IfErrorTest2
{
    public static void main(String[] args)
    {
        int age = 45;
        if (age > 20)
        {
            System.out.println("青年人");
        }
        // 在原本的if条件中增加了else的隐含条件
        if (age > 40 && !(age > 20))
        {
```

```
            System.out.println("中年人");
        }
        // 在原本的if条件中增加了else的隐含条件
        if (age > 60 && !(age > 20) && !(age > 40 && !(age > 20)))
        {
            System.out.println("老年人");
        }
    }
}
```

此时就比较容易看出为什么发生上面的错误了。对于 age > 40 && !(age > 20)这个条件，又可改写成 age > 40 && age <= 20，这样永远也不会发生了。对于 age > 60 && !(age > 20) && !(age > 40 && !(age > 20))这个条件，则更不可能发生了。因此，程序永远都不会判断中年人和老年人的情形。

为了达到正确的目的，可以把程序改为如下形式。

程序清单：codes\04\4.2\IfCorrectTest.java

```
public class IfCorrectTest
{
    public static void main(String[] args)
    {
        int age = 45;
        if (age > 60)
        {
            System.out.println("老年人");
        }
        else if (age > 40)
        {
            System.out.println("中年人");
        }
        else if (age > 20)
        {
            System.out.println("青年人");
        }
    }
}
```

运行程序，得到了正确结果。实际上，上面程序等同于下面代码。

程序清单：codes\04\4.2\IfCorrectTest2.java

```
public class TestIfCorrect2
{
    public static void main(String[] args)
    {
        int age = 45;
        if (age > 60)
        {
            System.out.println("老年人");
        }
        // 在原本的if条件中增加了else的隐含条件
        if (age > 40 && !(age >60))
        {
            System.out.println("中年人");
        }
        // 在原本的if条件中增加了else的隐含条件
        if (age > 20 && !(age > 60) && !(age > 40 && !(age >60)))
        {
            System.out.println("青年人");
        }
    }
}
```

上面程序的判断逻辑即转为如下三种情形。

➢ age 大于 60 岁，判断为"老年人"。
➢ age 大于 40 岁，且 age 小于等于 60 岁，判断为"中年人"。
➢ age 大于 20 岁，且 age 小于等于 40 岁，判断为"青年人"。

上面的判断逻辑才是实际希望的判断逻辑。因此，当使用 if...else 语句进行流程控制时，一定不要忽略了 else 所带的隐含条件。

如果每次都去计算 if 条件和 else 条件的交集也是一件非常烦琐的事情，为了避免出现上面的错误，在使用 if...else 语句时有一条基本规则：总是优先把包含范围小的条件放在前面处理。如 age>60 和 age>20 两个条件，明显 age>60 的范围更小，所以应该先处理 age>60 的情况。

> **注意：** 使用 if...else 语句时，一定要先处理包含范围更小的情况。

▶▶ 4.2.2　Java 7 增强后的 switch 分支语句

switch 语句由一个控制表达式和多个 case 标签组成，和 if 语句不同的是，switch 语句后面的控制表达式的数据类型只能是 byte、short、char、int 四种整数类型，枚举类型和 java.lang.String 类型（从 Java 7 才允许），不能是 boolean 类型。

switch 语句往往需要在 case 标签后紧跟一个代码块，case 标签作为这个代码块的标识。switch 语句的语法格式如下：

```
switch (expression)
{
    case condition1:
    {
        statement(s)
        break;
    }
    case condition2:
    {
        statement(s)
        break;
    }
    ...
    case conditionN:
    {
        statement(s)
        break;
    }
    default:
    {
        statement(s)
    }
}
```

这种分支语句的执行是先对 expression 求值，然后依次匹配 condition1、condition2、…、conditionN 等值，遇到匹配的值即执行对应的执行体；如果所有 case 标签后的值都不与 expression 表达式的值相等，则执行 default 标签后的代码块。

和 if 语句不同的是，switch 语句中各 case 标签后代码块的开始点和结束点非常清晰，因此完全可以省略 case 后代码块的花括号。与 if 语句中的 else 类似，switch 语句中的 default 标签看似没有条件，其实是有条件的，条件就是 expression 表达式的值不能与前面任何一个 case 标签后的值相等。

下面程序示范了 switch 语句的用法。

程序清单：codes\04\4.2\SwitchTest.java

```java
public class SwitchTest
{
    public static void main(String[] args)
    {
        // 声明变量 score，并为其赋值为'C'
        char score = 'C';
        // 执行 switch 分支语句
        switch (score)
        {
            case 'A':
```

```java
                System.out.println("优秀");
                break;
            case 'B':
                System.out.println("良好");
                break;
            case 'C':
                System.out.println("中");
                break;
            case 'D':
                System.out.println("及格");
                break;
            case 'F':
                System.out.println("不及格");
                break;
            default:
                System.out.println("成绩输入错误");
        }
    }
}
```

运行上面程序，看到输出"中"，这个结果完全正常，字符表达式 score 的值为'C'，对应结果为"中"。

在 case 标签后的每个代码块后都有一条 break;语句，这个 break;语句有极其重要的意义，Java 的 switch 语句允许 case 后代码块没有 break;语句，但这种做法可能引入一个陷阱。如果把上面程序中的 break;语句都注释掉，将看到如下运行结果：

```
中
及格
不及格
成绩输入错误
```

这个运行结果看起来比较奇怪，但这正是由 switch 语句的运行流程决定的：switch 语句会先求出 expression 表达式的值，然后拿这个表达式和 case 标签后的值进行比较，一旦遇到相等的值，程序就开始执行这个 case 标签后的代码，不再判断与后面 case、default 标签的条件是否匹配，除非遇到 break;才会结束。

Java 7 增强了 switch 语句的功能，允许 switch 语句的控制表达式是 java.lang.String 类型的变量或表达式——只能是 java.lang.String 类型，不能是 StringBuffer 或 StringBuilder 这两种字符串类型。

如下程序也是正确的。

程序清单：codes\04\4.2\StringSwitchTest.java

```java
public class StringSwitchTest
{
    public static void main(String[] args)
    {
        // 声明变量 season
        String season = "夏天";
        // 执行 switch 分支语句
        switch (season)
        {
            case "春天":
                System.out.println("春暖花开.");
                break;
            case "夏天":
                System.out.println("夏日炎炎.");
                break;
            case "秋天":
                System.out.println("秋高气爽.");
                break;
            case "冬天":
                System.out.println("冬雪皑皑.");
                break;
            default:
```

```
            System.out.println("季节输入错误");
        }
    }
}
```

注意：
使用 switch 语句时，有两个值得注意的地方：第一个地方是 switch 语句后的 expression 表达式的数据类型只能是 byte、short、char、int 四种整数类型，String（Java 7 才支持）和枚举类型；第二个地方是如果省略了 case 后代码块的 break;，将引入一个陷阱。

4.3 循环结构

循环语句可以在满足循环条件的情况下，反复执行某一段代码，这段被重复执行的代码被称为循环体。当反复执行这个循环体时，需要在合适的时候把循环条件改为假，从而结束循环，否则循环将一直执行下去，形成死循环。循环语句可能包含如下 4 个部分。

> 初始化语句（init_statement）：一条或多条语句，这些语句用于完成一些初始化工作，初始化语句在循环开始之前执行。
> 循环条件（test_expression）：这是一个 boolean 表达式，这个表达式能决定是否执行循环体。
> 循环体（body_statement）：这个部分是循环的主体，如果循环条件允许，这个代码块将被重复执行。如果这个代码块只有一行语句，则这个代码块的花括号是可以省略的。
> 迭代语句（iteration_statement）：这个部分在一次循环体执行结束后，对循环条件求值之前执行，通常用于控制循环条件中的变量，使得循环在合适的时候结束。

上面 4 个部分只是一般性的分类，并不是每个循环中都非常清晰地分出了这 4 个部分。

4.3.1 while 循环语句

while 循环的语法格式如下：

```
[init_statement]
while(test_expression)
{
    statement;
    [iteration_statement]
}
```

while 循环每次执行循环体之前，先对 test_expression 循环条件求值，如果循环条件为 true，则运行循环体部分。从上面的语法格式来看，迭代语句 iteration_statement 总是位于循环体的最后，因此只有当循环体能成功执行完成时，while 循环才会执行 iteration_statement 迭代语句。

从这个意义上来看，while 循环也可被当成条件语句——如果 test_expression 条件一开始就为 false，则循环体部分将永远不会获得执行。

下面程序示范了一个简单的 while 循环。

程序清单：codes\04\4.3\WhileTest.java

```java
public class WhileTest
{
    public static void main(String[] args)
    {
        // 循环的初始化条件
        int count = 0;
        // 当 count 小于 10 时，执行循环体
        while (count < 10)
        {
            System.out.println(count);
            // 迭代语句
            count++;
        }
        System.out.println("循环结束!");
    }
}
```

如果while循环的循环体部分和迭代语句合并在一起，且只有一行代码，则可以省略while循环后的花括号。但这种省略花括号的做法，可能降低程序的可读性。

> **注意**
> 如果省略了循环体的花括号，那么while循环条件仅控制到紧跟该循环条件的第一个分号处。

使用while循环时，一定要保证循环条件有变成false的时候，否则这个循环将成为一个死循环，永远无法结束这个循环。例如如下代码（程序清单同上）：

```java
// 下面是一个死循环
int count = 0;
while (count < 10)
{
    System.out.println("不停执行的死循环 " + count);
    count--;
}
System.out.println("永远无法跳出的循环体");
```

在上面代码中，count的值越来越小，这将导致count值永远小于10，count < 10循环条件一直为true，从而导致这个循环永远无法结束。

除此之外，对于许多初学者而言，使用while循环时还有一个陷阱：while循环的循环条件后紧跟一个分号。比如有如下程序片段（程序清单同上）：

```java
int count = 0;
// while 后紧跟一个分号，表明循环体是一个分号（空语句）
while (count < 10);
// 下面的代码块与while循环已经没有任何关系
{
    System.out.println("------" + count);
    count++;
}
```

乍一看，这段代码片段没有任何问题，但仔细看一下这个程序，不难发现while循环的循环条件表达式后紧跟了一个分号。在Java程序中，一个单独的分号表示一个空语句，不做任何事情的空语句，这意味着这个while循环的循环体是空语句。空语句作为循环体也不是最大的问题，问题是当Java反复执行这个循环体时，循环条件的返回值没有任何改变，这就成了一个死循环。分号后面的代码块则与while循环没有任何关系。

▶▶ 4.3.2 do while 循环语句

do while循环与while循环的区别在于：while循环是先判断循环条件，如果条件为真则执行循环体；而do while循环则先执行循环体，然后才判断循环条件，如果循环条件为真，则执行下一次循环，否则中止循环。do while循环的语法格式如下：

```java
[init_statement]
do
{
    statement;
    [iteration_statement]
}while (test_expression);
```

与while循环不同的是，do while循环的循环条件后必须有一个分号，这个分号表明循环结束。
下面程序示范了do while循环的用法。

程序清单：codes\04\4.3\DoWhileTest.java

```java
public class DoWhileTest
{
    public static void main(String[] args)
    {
```

```
    // 定义变量count
    int count = 1;
    // 执行do while循环
    do
    {
        System.out.println(count);
        // 循环迭代语句
        count++;
        // 循环条件紧跟while关键字
    }while (count < 10);
    System.out.println("循环结束!");
}
```

即使test_expression循环条件的值开始就是假，do while循环也会执行循环体。因此，do while循环的循环体至少执行一次。下面的代码片段验证了这个结论（程序清单同上）。

```
// 定义变量count2
int count2 = 20;
// 执行do while循环
do
    // 这行代码把循环体和迭代部分合并成了一行代码
    System.out.println(count2++);
while (count2 < 10);
System.out.println("循环结束!");
```

从上面程序来看，虽然开始count2的值就是20，count2 < 10表达式返回false，但do while循环还是会把循环体执行一次。

▶▶ 4.3.3 for循环

for循环是更加简洁的循环语句，大部分情况下，for循环可以代替while循环、do while循环。for循环的基本语法格式如下：

```
for ([init_statement]; [test_expression]; [iteration_statement])
{
    statement
}
```

程序执行for循环时，先执行循环的初始化语句init_statement，初始化语句只在循环开始前执行一次。每次执行循环体之前，先计算test_expression循环条件的值，如果循环条件返回true，则执行循环体，循环体执行结束后执行循环迭代语句。因此，对于for循环而言，循环条件总比循环体要多执行一次，因为最后一次执行循环条件返回false，将不再执行循环体。

值得指出的是，for循环的循环迭代语句并没有与循环体放在一起，因此即使在执行循环体时遇到continue语句结束本次循环，循环迭代语句也一样会得到执行。

> for循环和while、do while循环不一样：由于while、do while循环的循环迭代语句紧跟着循环体，因此如果循环体不能完全执行，如使用continue语句来结束本次循环，则循环迭代语句不会被执行。但for循环的循环迭代语句并没有与循环体放在一起，因此不管是否使用continue语句来结束本次循环，循环迭代语句一样会获得执行。

与前面循环类似的是，如果循环体只有一行语句，那么循环体的花括号可以省略。下面使用for循环代替前面的while循环，代码如下：

程序清单：codes\04\4.3\ForTest.java

```
public class ForTest
{
    public static void main(String[] args)
    {
        // 循环的初始化条件、循环条件、循环迭代语句都在下面一行
```

```java
        for (int count = 0 ; count < 10 ; count++)
        {
            System.out.println(count);
        }
        System.out.println("循环结束!");
    }
}
```

在上面的循环语句中，for 循环的初始化语句只有一个，循环条件也只是一个简单的 boolean 表达式。实际上，for 循环允许同时指定多个初始化语句，循环条件也可以是一个包含逻辑运算符的表达式。例如如下程序：

程序清单：codes\04\4.3\ForTest2.java

```java
public class ForTest2
{
    public static void main(String[] args)
    {
        // 同时定义了三个初始化变量，使用&&来组合多个boolean 表达式
        for (int b = 0, s = 0 , p = 0
            ; b < 10 && s < 4 && p < 10; p++)
        {
            System.out.println(b++);
            System.out.println(++s + p);
        }
    }
}
```

上面代码中初始化变量有三个，但是只能有一个声明语句，因此如果需要在初始化表达式中声明多个变量，那么这些变量应该具有相同的数据类型。

初学者使用 for 循环时也容易犯一个错误，他们以为只要在 for 后的圆括号内控制了循环迭代语句就万无一失，但实际情况则不是这样的。例如下面的程序：

程序清单：codes\04\4.3\ForErrorTest.java

```java
public class ForErrorTest
{
    public static void main(String[] args)
    {
        // 循环的初始化条件、循环条件、循环迭代语句都在下面一行
        for (int count = 0 ; count < 10 ; count++)
        {
            System.out.println(count);
            // 再次修改了循环变量
            count *= 0.1;
        }
        System.out.println("循环结束!");
    }
}
```

在上面的 for 循环中，表面上看起来控制了 count 变量的自加，count < 10 有变成 false 的时候。但实际上程序中粗体字标识的代码行在循环体内修改了 count 变量的值，并且把这个变量的值乘以了 0.1，这也会导致 count 的值永远都不能超过 10，因此上面程序也是一个死循环。

> 建议不要在循环体内修改循环变量（也叫循环计数器）的值，否则会增加程序出错的可能性。万一程序真的需要访问、修改循环变量的值，建议重新定义一个临时变量，先将循环变量的值赋给临时变量，然后对临时变量的值进行修改。

for 循环圆括号中只有两个分号是必需的，初始化语句、循环条件、迭代语句部分都是可以省略的，如果省略了循环条件，则这个循环条件默认为 true，将会产生一个死循环。例如下面程序。

程序清单：codes\04\4.3\DeadForTest.java
```java
public class DeadForTest
{
    public static void main(String[] args)
    {
        // 省略了 for 循环三个部分，循环条件将一直为 true
        for (; ; )
        {
            System.out.println("=============");
        }
    }
}
```

运行上面程序，将看到程序一直输出=============字符串，这表明此程序是一个死循环。

使用 for 循环时，还可以把初始化条件定义在循环体之外，把循环迭代语句放在循环体内，这种做法就非常类似于前面的 while 循环了。下面的程序再次使用 for 循环来代替前面的 while 循环。

程序清单：codes\04\4.3\ForInsteadWhile.java
```java
public class ForInsteadWhile
{
    public static void main(String[] args)
    {
        // 把 for 循环的初始化条件提出来独立定义
        int count = 0;
        // for 循环里只放循环条件
        for( ; count < 10 ; )
        {
            System.out.println(count);
            // 把循环迭代部分放在循环体之后定义
            count++;
        }
        System.out.println("循环结束!");
        // 此处将还可以访问 count 变量
    }
}
```

上面程序的执行过程和前面的 WhileTest.java 程序的执行过程完全相同。因为把 for 循环的循环迭代部分放在循环体之后，则会出现与 while 循环类似的情形，如果循环体部分使用 continue 语句来结束本次循环，将会导致循环迭代语句得不到执行。

把 for 循环的初始化语句放在循环之前定义还有一个作用：可以扩大初始化语句中所定义变量的作用域。在 for 循环里定义的变量，其作用域仅在该循环内有效，for 循环终止以后，这些变量将不可被访问。如果需要在 for 循环以外的地方使用这些变量的值，就可以采用上面的做法。除此之外，还有一种做法也可以满足这种要求：额外定义一个变量来保存这个循环变量的值。例如下面代码片段：

```java
int tmp = 0;
// 循环的初始化条件、循环条件、循环迭代语句都在下面一行
for (int i = 0 ; i < 10 ; i++)
{
    System.out.println(i);
    // 使用 tmp 来保存循环变量 i 的值
    tmp = i;
}
System.out.println("循环结束!");
// 此处还可通过 tmp 变量来访问 i 变量的值
```

相比前面的代码，通常更愿意选择这种解决方案。使用一个变量 tmp 来保存循环变量 i 的值，使得程序更加清晰，变量 i 和变量 tmp 的责任更加清晰。反之，如果采用前一种方法，则变量 i 的作用域被扩大了，功能也被扩大了。作用域扩大的后果是：如果该方法还有另一个循环也需要定义循环变量，则不能再次使用 i 作为循环变量。

提示：
选择循环变量时，习惯选择 i、j、k 来作为循环变量。

4.3.4 嵌套循环

如果把一个循环放在另一个循环体内,那么就可以形成嵌套循环,嵌套循环既可以是 for 循环嵌套 while 循环,也可以是 while 循环嵌套 do while 循环……即各种类型的循环都可以作为外层循环,也可以作为内层循环。

当程序遇到嵌套循环时,如果外层循环的循环条件允许,则开始执行外层循环的循环体,而内层循环将被外层循环的循环体来执行——只是内层循环需要反复执行自己的循环体而已。当内层循环执行结束,且外层循环的循环体执行结束时,则再次计算外层循环的循环条件,决定是否再次开始执行外层循环的循环体。

根据上面分析,假设外层循环的循环次数为 n 次,内层循环的循环次数为 m 次,那么内层循环的循环体实际上需要执行 $n \times m$ 次。嵌套循环的执行流程如图 4.1 所示。

从图 4.1 来看,嵌套循环就是把内层循环当成外层循环的循环体。当只有内层循环的循环条件为 false 时,才会完全跳出内层循环,才可以结束外层循环的当次循环,开始下一次循环。下面是一个嵌套循环的示例代码。

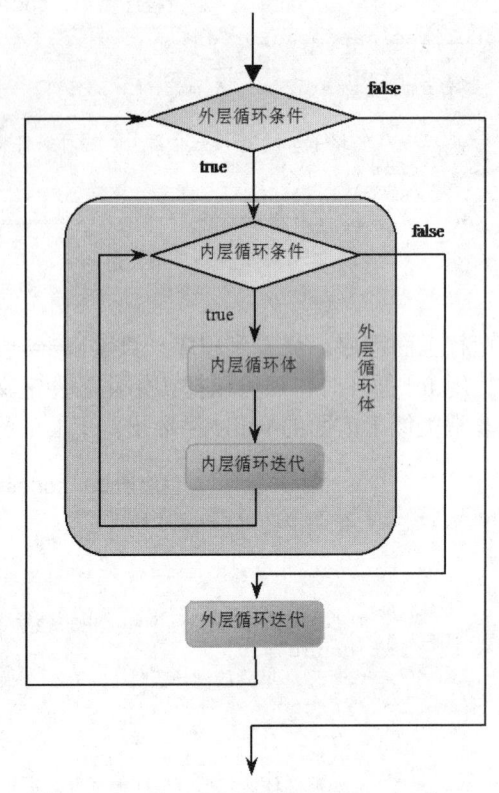

图 4.1 嵌套循环的执行流程

程序清单:codes\04\4.3\NestedLoopTest.java

```java
public class NestedLoopTest
{
    public static void main(String[] args)
    {
        // 外层循环
        for (int i = 0 ; i < 5 ; i++ )
        {
            // 内层循环
            for (int j = 0; j < 3 ; j++ )
            {
                System.out.println("i 的值为:" + i + "  j 的值为:" + j);
            }
        }
    }
}
```

运行上面程序,看到如下运行结果:

```
i 的值为:0    j 的值为:0
i 的值为:0    j 的值为:1
i 的值为:0    j 的值为:2
……
```

从上面运行结果可以看出,进入嵌套循环时,循环变量 i 开始为 0,这时即进入了外层循环。进入外层循环后,内层循环把 i 当成一个普通变量,其值为 0。在外层循环的当次循环里,内层循环就是一个普通循环。

实际上,嵌套循环不仅可以是两层嵌套,而且可以是三层嵌套、四层嵌套……不论循环如何嵌套,总可以把内层循环当成外层循环的循环体来对待,区别只是这个循环体里包含了需要反复执行的代码。

4.4 控制循环结构

Java 语言没有提供 goto 语句来控制程序的跳转，这种做法提高了程序流程控制的可读性，但降低了程序流程控制的灵活性。为了弥补这种不足，Java 提供了 continue 和 break 来控制循环结构。除此之外，return 可以结束整个方法，当然也就结束了一次循环。

4.4.1 使用 break 结束循环

某些时候需要在某种条件出现时强行终止循环，而不是等到循环条件为 false 时才退出循环。此时，可以使用 break 来完成这个功能。break 用于完全结束一个循环，跳出循环体。不管是哪种循环，一旦在循环体中遇到 break，系统将完全结束该循环，开始执行循环之后的代码。例如如下程序。

程序清单：codes\04\4.4\BreakTest.java

```java
public class BreakTest
{
    public static void main(String[] args)
    {
        // 一个简单的 for 循环
        for (int i = 0; i < 10 ; i++ )
        {
            System.out.println("i 的值是" + i);
            if (i == 2)
            {
                // 执行该语句时将结束循环
                break;
            }
        }
    }
}
```

运行上面程序，将看到 i 循环到 2 时即结束，当 i 等于 2 时，循环体内遇到 break 语句，程序跳出该循环。

break 语句不仅可以结束其所在的循环，还可以直接结束其外层循环。此时需要在 break 后紧跟一个标签，这个标签用于标识一个外层循环。

Java 中的标签就是一个紧跟着英文冒号（:）的标识符。与其他语言不同的是，Java 中的标签只有放在循环语句之前才有作用。例如下面代码。

程序清单：codes\04\4.4\BreakTest2.java

```java
public class BreakTest2
{
    public static void main(String[] args)
    {
        // 外层循环，outer 作为标识符
        outer:
        for (int i = 0 ; i < 5 ; i++ )
        {
            // 内层循环
            for (int j = 0; j < 3 ; j++ )
            {
                System.out.println("i 的值为:" + i + "  j 的值为:" + j);
                if (j == 1)
                {
                    // 跳出 outer 标签所标识的循环
                    break outer;
                }
            }
        }
    }
}
```

运行上面程序，看到如下运行结果：

```
i 的值为:0    j 的值为:0
i 的值为:0    j 的值为:1
```

程序从外层循环进入内层循环后，当 j 等于 1 时，程序遇到一个 break outer;语句，这行代码将会导致结束 outer 标签指定的循环，不是结束 break 所在的循环，而是结束 break 循环的外层循环。所以看到上面的运行结果。

值得指出的是，break 后的标签必须是一个有效的标签，即这个标签必须在 break 语句所在的循环之前定义，或者在其所在循环的外层循环之前定义。当然，如果把这个标签放在 break 语句所在的循环之前定义，也就失去了标签的意义，因为 break 默认就是结束其所在的循环。

> 通常紧跟 break 之后的标签，必须在 break 所在循环的外层循环之前定义才有意义。

▶▶ 4.4.2 使用 continue 忽略本次循环剩下语句

continue 的功能和 break 有点类似，区别是 continue 只是忽略本次循环剩下语句，接着开始下一次循环，并不会终止循环；而 break 则是完全终止循环本身。如下程序示范了 continue 的用法。

程序清单：codes\04\4.4\ContinueTest.java

```java
public class ContinueTest
{
    public static void main(String[] args)
    {
        // 一个简单的 for 循环
        for (int i = 0; i < 3 ; i++ )
        {
            System.out.println("i 的值是" + i);
            if (i == 1)
            {
                // 忽略本次循环的剩下语句
                continue;
            }
            System.out.println("continue 后的输出语句");
        }
    }
}
```

运行上面程序，看到如下运行结果：

```
i 的值是 0
continue 后的输出语句
i 的值是 1
i 的值是 2
continue 后的输出语句
```

从上面运行结果来看，当 i 等于 1 时，程序没有输出 "continue 后的输出语句" 字符串，因为程序执行到 continue 时，忽略了当次循环中 continue 语句后的代码。从这个意义上来看，如果把一个 continue 语句放在单次循环的最后一行，这个 continue 语句是没有任何意义的——因为它仅仅忽略了一片空白，没有忽略任何程序语句。

与 break 类似的是，continue 后也可以紧跟一个标签，用于直接跳过标签所标识循环的当次循环的剩下语句，重新开始下一次循环。例如下面代码。

程序清单：codes\04\4.4\ContinueTest2.java

```java
public class ContinueTest2
{
    public static void main(String[] args)
    {
        // 外层循环
```

```
outer:
for (int i = 0 ; i < 5 ; i++ )
{
    // 内层循环
    for (int j = 0; j < 3 ; j++ )
    {
        System.out.println("i 的值为:" + i + "  j的值为:" + j);
        if (j == 1)
        {
            // 忽略 outer 标签所指定的循环中本次循环所剩下语句
            continue outer;
        }
    }
}
```

运行上面程序可以看到，循环变量 j 的值将无法超过 1，因为每当 j 等于 1 时，continue outer;语句就结束了外层循环的当次循环，直接开始下一次循环，内层循环没有机会执行完成。

与 break 类似的是，continue 后的标签也必须是一个有效标签，即这个标签通常应该放在 continue 所在循环的外层循环之前定义。

▶▶ 4.4.3　使用 return 结束方法

return 关键字并不是专门用于结束循环的，return 的功能是结束一个方法。当一个方法执行到一个 return 语句时（return 关键字后还可以跟变量、常量和表达式，这将在方法介绍中有更详细的解释），这个方法将被结束。

Java 程序中大部分循环都被放在方法中执行，例如前面介绍的所有循环示范程序。一旦在循环体内执行到一个 return 语句，return 语句就会结束该方法，循环自然也随之结束。例如下面程序。

程序清单：codes\04\4.4\ReturnTest.java

```java
public class ReturnTest
{
    public static void main(String[] args)
    {
        // 一个简单的 for 循环
        for (int i = 0; i < 3 ; i++ )
        {
            System.out.println("i 的值是" + i);
            if (i == 1)
            {
                return;
            }
            System.out.println("return 后的输出语句");
        }
    }
}
```

运行上面程序，循环只能执行到 i 等于 1 时，当 i 等于 1 时程序将完全结束（当 main 方法结束时，也就是 Java 程序结束时）。从这个运行结果来看，虽然 return 并不是专门用于循环结构控制的关键字，但通过 return 语句确实可以结束一个循环。与 continue 和 break 不同的是，return 直接结束整个方法，不管这个 return 处于多少层循环之内。

📁 4.5　数组类型

数组是编程语言中最常见的一种数据结构，可用于存储多个数据，每个数组元素存放一个数据，通常可通过数组元素的索引来访问数组元素，包括为数组元素赋值和取出数组元素的值。Java 语言的数组则具有其特有的特征，下面将详细介绍 Java 语言的数组。

▶▶ 4.5.1　理解数组：数组也是一种类型

Java 的数组要求所有的数组元素具有相同的数据类型。因此，在一个数组中，数组元素的类型是唯一的，即一个数组里只能存储一种数据类型的数据，而不能存储多种数据类型的数据。

> **注意：**
> 因为 Java 语言是面向对象的语言，而类与类之间可以支持继承关系，这样可能产生一个数组里可以存放多种数据类型的假象。例如有一个水果数组，要求每个数组元素都是水果，实际上数组元素既可以是苹果，也可以是香蕉（苹果、香蕉都继承了水果，都是一种特殊的水果），但这个数组的数组元素的类型还是唯一的，只能是水果类型。

一旦数组的初始化完成，数组在内存中所占的空间将被固定下来，因此数组的长度将不可改变。即使把某个数组元素的数据清空，但它所占的空间依然被保留，依然属于该数组，数组的长度依然不变。

Java 的数组既可以存储基本类型的数据，也可以存储引用类型的数据，只要所有的数组元素具有相同的类型即可。

值得指出的是，数组也是一种数据类型，它本身是一种引用类型。例如 int 是一个基本类型，但 int[]（这是定义数组的一种方式）就是一种引用类型了。

学生提问：int[] 是一种类型吗？怎么使用这种类型呢？

答：没错，int[] 就是一种数据类型，与 int 类型、String 类型类似，一样可以使用该类型来定义变量，也可以使用该类型进行类型转换等。使用 int[] 类型来定义变量、进行类型转换时与使用其他普通类型没有任何区别。int[] 类型是一种引用类型，创建 int[] 类型的对象也就是创建数组，需要使用创建数组的语法。

▶▶ 4.5.2　定义数组

Java 语言支持两种语法格式来定义数组：

```
type[] arrayName;
type arrayName[];
```

对这两种语法格式而言，通常推荐使用第一种格式。因为第一种格式不仅具有更好的语意，而且具有更好的可读性。对于 type[] arrayName;方式，很容易理解这是定义一个变量，其中变量名是 arrayName，而变量类型是 type[]。前面已经指出：type[]确实是一种新类型，与 type 类型完全不同（例如 int 类型是基本类型，但 int[]是引用类型）。因此，这种方式既容易理解，也符合定义变量的语法。但第二种格式 type arrayName[]的可读性就差了，看起来好像定义了一个类型为 type 的变量，而变量名是 arrayName[]，这与真实的含义相去甚远。

可能有些读者非常喜欢 type arrayName[];这种定义数组的方式，这可能是因为早期某些计算机读物的误导，从现在开始就不要再使用这种糟糕的方式了。

> **提示：**
> Java 的模仿者 C#就不再支持 type arrayName[]这种语法，它只支持第一种定义数组的语法。越来越多的语言不再支持 type arrayName[]这种数组定义语法。

数组是一种引用类型的变量，因此使用它定义一个变量时，仅仅表示定义了一个引用变量（也就是定义了一个指针），这个引用变量还未指向任何有效的内存，因此定义数组时不能指定数组的长度。而且由于定义数组只是定义了一个引用变量，并未指向任何有效的内存空间，所以还没有内存空间来存储数组元素，因此这个数组也不能使用，只有对数组进行初始化后才可以使用。

> **注意：**
> 定义数组时不能指定数组的长度。

4.5.3 数组的初始化

Java语言中数组必须先初始化,然后才可以使用。所谓初始化,就是为数组的数组元素分配内存空间,并为每个数组元素赋初始值。

学生提问:能不能只分配内存空间,不赋初始值呢?

答:不行!一旦为数组的每个数组元素分配了内存空间,每个内存空间里存储的内容就是该数组元素的值,即使这个内存空间存储的内容是空,这个空也是一个值(null)。不管以哪种方式来初始化数组,只要为数组元素分配了内存空间,数组元素就具有了初始值。初始值的获得有两种形式:一种由系统自动分配;另一种由程序员指定。

数组的初始化有如下两种方式。
- 静态初始化:初始化时由程序员显式指定每个数组元素的初始值,由系统决定数组长度。
- 动态初始化:初始化时程序员只指定数组长度,由系统为数组元素分配初始值。

1. 静态初始化

静态初始化的语法格式如下:

```
arrayName = new type[]{element1, element2 , element3 , element4 ...}
```

在上面的语法格式中,前面的type就是数组元素的数据类型,此处的type必须与定义数组变量时所使用的type相同,也可以是定义数组时所指定的type的子类,并使用花括号把所有的数组元素括起来,多个数组元素之间以英文逗号(,)隔开,定义初始化值的花括号紧跟在[]之后。值得指出的是,执行静态初始化时,显式指定的数组元素值的类型必须与new关键字后的type类型相同,或者是其子类的实例。下面代码定义了使用这三种形式来进行静态初始化。

程序清单:codes\04\4.5\ArrayTest.java

```
// 定义一个int数组类型的变量,变量名为intArr
int[] intArr;
// 使用静态初始化,初始化数组时只指定数组元素的初始值,不指定数组长度
intArr = new int[]{5, 6, 8, 20};
//定义一个Object数组类型的变量,变量名为objArr
Object[] objArr;
// 使用静态初始化,初始化数组时数组元素的类型是
// 定义数组时所指定的数组元素类型的子类
objArr = new String[] {"Java" , "李刚"};
Object[] objArr2;
// 使用静态初始化
objArr2 = new Object[] {"Java" , "李刚"};
```

因为Java语言是面向对象的编程语言,能很好地支持子类和父类的继承关系:子类实例是一种特殊的父类实例。在上面程序中,String类型是Object类型的子类,即字符串是一种特殊的Object实例。关于继承更详细的介绍,请参考本书第5章。

除此之外,静态初始化还有如下简化的语法格式:

```
type[] arrayName = {element1, element2, element3, element4 ...}
```

在这种语法格式中,直接使用花括号来定义一个数组,花括号把所有的数组元素括起来形成一个数组。只有在定义数组的同时执行数组初始化才支持使用简化的静态初始化。

在实际开发过程中,可能更习惯将数组定义和数组初始化同时完成,代码如下(程序清单同上):

```
// 数组的定义和初始化同时完成,使用简化的静态初始化写法
int[] a = {5, 6, 7, 9};
```

2. 动态初始化

动态初始化只指定数组的长度，由系统为每个数组元素指定初始值。动态初始化的语法格式如下：

```
arrayName = new type[length];
```

在上面语法中，需要指定一个 int 类型的 length 参数，这个参数指定了数组的长度，也就是可以容纳数组元素的个数。与静态初始化相似的是，此处的 type 必须与定义数组时使用的 type 类型相同，或者是定义数组时使用的 type 类型的子类。下面代码示范了如何进行动态初始化（程序清单同上）。

```java
// 数组的定义和初始化同时完成，使用动态初始化语法
int[] prices = new int[5];
// 数组的定义和初始化同时完成，初始化数组时元素的类型是定义数组时元素类型的子类
Object[] books = new String[4];
```

执行动态初始化时，程序员只需指定数组的长度，即为每个数组元素指定所需的内存空间，系统将负责为这些数组元素分配初始值。指定初始值时，系统按如下规则分配初始值。

➢ 数组元素的类型是基本类型中的整数类型（byte、short、int 和 long），则数组元素的值是 0。
➢ 数组元素的类型是基本类型中的浮点类型（float、double），则数组元素的值是 0.0。
➢ 数组元素的类型是基本类型中的字符类型（char），则数组元素的值是 '\u0000'。
➢ 数组元素的类型是基本类型中的布尔类型（boolean），则数组元素的值是 false。
➢ 数组元素的类型是引用类型（类、接口和数组），则数组元素的值是 null。

> **注意：**
> 不要同时使用静态初始化和动态初始化，也就是说，不要在进行数组初始化时，既指定数组的长度，也为每个数组元素分配初始值。

数组初始化完成后，就可以使用数组了，包括为数组元素赋值、访问数组元素值和获得数组长度等。

▶▶ 4.5.4 使用数组

数组最常用的用法就是访问数组元素，包括对数组元素进行赋值和取出数组元素的值。访问数组元素都是通过在数组引用变量后紧跟一个方括号（[]），方括号里是数组元素的索引值，这样就可以访问数组元素了。访问到数组元素后，就可以把一个数组元素当成一个普通变量使用了，包括为该变量赋值和取出该变量的值，这个变量的类型就是定义数组时使用的类型。

Java 语言的数组索引是从 0 开始的，也就是说，第一个数组元素的索引值为 0，最后一个数组元素的索引值为数组长度减 1。下面代码示范了输出数组元素的值，以及为指定数组元素赋值（程序清单同上）。

```java
// 输出 objArr 数组的第二个元素，将输出字符串"李刚"
System.out.println(objArr[1]);
// 为 objArr2 的第一个数组元素赋值
objArr2[0] = "Spring";
```

如果访问数组元素时指定的索引值小于 0，或者大于等于数组的长度，编译程序不会出现任何错误，但运行时出现异常：java.lang.ArrayIndexOutOfBoundsException: N（数组索引越界异常），异常信息后的 N 就是程序员试图访问的数组索引。

学生提问：为什么要我记住这些异常信息？

答：编写程序，并不是单单指在电脑里敲出这些代码，还包括调试这个程序，使之可以正常运行。没有任何人可以保证自己写的程序总是正确的，因此调试程序是写程序的重要组成部分，调试程序的工作量往往超过编写代码的工作量。如何根据错误提示信息，准确定位错误位置，以及排除错误是程序员的基本功。培养这些基本功需要记住常见的异常信息，以及对应的出错原因。

下面代码试图访问的数组元素索引值等于数组长度，将引发数组索引越界异常（程序清单同上）。

```
// 访问数组元素指定的索引值等于数组长度，所以下面代码将在运行时出现异常
System.out.println(objArr2[2]) ;
```

所有的数组都提供了一个 length 属性，通过这个属性可以访问到数组的长度，一旦获得了数组的长度，就可以通过循环来遍历该数组的每个数组元素。下面代码示范了输出 prices 数组（动态初始化的 int[] 数组）的每个数组元素的值（程序清单同上）。

```
// 使用循环输出 prices 数组的每个数组元素的值
for (int i = 0; i < prices.length ; i ++ )
{
    System.out.println(prices[i]);
}
```

执行上面代码将输出 5 个 0，因为 prices 数组执行的是默认初始化，数组元素是 int 类型，系统为 int 类型的数组元素赋值为 0。

下面代码示范了为动态初始化的数组元素进行赋值，并通过循环方式输出每个数组元素（程序清单同上）。

```
// 对动态初始化后的数组元素进行赋值
books[0] = "疯狂 Java 讲义";
books[1] = "轻量级 Java EE 企业应用实战";
// 使用循环输出 books 数组的每个数组元素的值
for (int i = 0 ; i < books.length ; i++ )
{
    System.out.println(books[i]);
}
```

上面代码将先输出字符串"疯狂 Java 讲义"和"轻量级 Java EE 企业应用实战"，然后输出两个 null，因为 books 使用了动态初始化，系统为所有数组元素都分配一个 null 作为初始值，后来程序又为前两个元素赋值，所以看到了这样的程序输出结果。

从上面代码中不难看出，初始化一个数组后，相当于同时初始化了多个相同类型的变量，通过数组元素的索引就可以自由访问这些变量（实际上都是数组元素）。使用数组元素与使用普通变量并没有什么不同，一样可以对数组元素进行赋值，或者取出数组元素的值。

▶▶ 4.5.5 foreach 循环

从 Java 5 之后，Java 提供了一种更简单的循环：foreach 循环，这种循环遍历数组和集合（关于集合的介绍请参考本书第 8 章）更加简洁。使用 foreach 循环遍历数组和集合元素时，无须获得数组和集合长度，无须根据索引来访问数组元素和集合元素，foreach 循环自动遍历数组和集合的每个元素。

foreach 循环的语法格式如下：

```
for(type variableName : array | collection)
{
    // variableName 自动迭代访问每个元素...
}
```

在上面语法格式中，type 是数组元素或集合元素的类型，variableName 是一个形参名，foreach 循环将自动将数组元素、集合元素依次赋给该变量。下面程序示范了如何使用 foreach 循环来遍历数组元素。

程序清单：codes\04\4.5\ForEachTest.java

```
public class ForEachTest
{
    public static void main(String[] args)
    {
        String[] books = {"轻量级 Java EE 企业应用实战" ,
        "疯狂 Java 讲义",
        "疯狂 Android 讲义"};
        // 使用 foreach 循环来遍历数组元素
        // 其中 book 将会自动迭代每个数组元素
```

```
        for (String book : books)
        {
            System.out.println(book);
        }
    }
}
```

从上面程序可以看出，使用 foreach 循环遍历数组元素时无须获得数组长度，也无须根据索引来访问数组元素。foreach 循环和普通循环不同的是，它无须循环条件，无须循环迭代语句，这些部分都由系统来完成，foreach 循环自动迭代数组的每个元素，当每个元素都被迭代一次后，foreach 循环自动结束。

当使用 foreach 循环来迭代输出数组元素或集合元素时，通常不要对循环变量进行赋值，虽然这种赋值在语法上是允许的，但没有太大的实际意义，而且极容易引起错误。例如下面程序。

程序清单：codes\04\4.5\ForEachErrorTest.java
```
public class ForEachErrorTest
{
    public static void main(String[] args)
    {
        String[] books = {"轻量级 Java EE 企业应用实战",
        "疯狂 Java 讲义",
        "疯狂 Android 讲义"};
        // 使用 foreach 循环来遍历数组元素，其中 book 将会自动迭代每个数组元素
        for (String book : books)
        {
            book = "疯狂 Ajax 讲义";
            System.out.println(book);
        }
        System.out.println(books[0]);
    }
}
```

运行上面程序，将看到如下运行结果：
```
疯狂 Ajax 讲义
疯狂 Ajax 讲义
疯狂 Ajax 讲义
轻量级 Java EE 企业应用实战
```

从上面运行结果来看，由于在 foreach 循环中对数组元素进行赋值，结果导致不能正确遍历数组元素，不能正确地取出每个数组元素的值。而且当再次访问第一个数组元素时，发现数组元素的值依然没有改变。不难看出，当使用 foreach 来迭代访问数组元素时，foreach 中的循环变量相当于一个临时变量，系统会把数组元素依次赋给这个临时变量，而这个临时变量并不是数组元素，它只是保存了数组元素的值。因此，如果希望改变数组元素的值，则不能使用这种 foreach 循环。

> **注意**
> 使用 foreach 循环迭代数组元素时，并不能改变数组元素的值，因此不要对 foreach 的循环变量进行赋值。

4.6 深入数组

数组是一种引用数据类型，数组引用变量只是一个引用，数组元素和数组变量在内存里是分开存放的。下面将深入介绍数组在内存中的运行机制。

▶▶ 4.6.1 内存中的数组

数组引用变量只是一个引用，这个引用变量可以指向任何有效的内存，只有当该引用指向有效内存后，才可通过该数组变量来访问数组元素。

与所有引用变量相同的是，引用变量是访问真实对象的根本方式。也就是说，如果希望在程序中访

问数组对象本身,则只能通过这个数组的引用变量来访问它。

实际的数组对象被存储在堆(heap)内存中;如果引用该数组对象的数组引用变量是一个局部变量,那么它被存储在栈(stack)内存中。数组在内存中的存储示意图如图 4.2 所示。

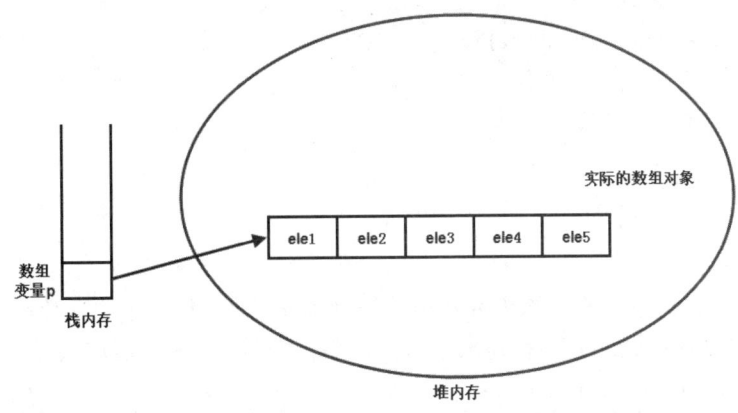

图 4.2　数组在内存中的存储示意图

如果需要访问如图 4.2 所示堆内存中的数组元素,则程序中只能通过 p[index]的形式实现。也就是说,数组引用变量是访问堆内存中数组元素的根本方式。

学生提问:为什么有栈内存和堆内存之分?

答:当一个方法执行时,每个方法都会建立自己的内存栈,在这个方法内定义的变量将会逐个放入这块栈内存里,随着方法的执行结束,这个方法的内存栈也将自然销毁。因此,所有在方法中定义的局部变量都是放在栈内存中的;在程序中创建一个对象时,这个对象将被保存到运行时数据区中,以便反复利用(因为对象的创建成本通常较大),这个运行时数据区就是堆内存。堆内存中的对象不会随方法的结束而销毁,即使方法结束后,这个对象还可能被另一个引用变量所引用(在方法的参数传递时很常见),则这个对象依然不会被销毁。只有当一个对象没有任何引用变量引用它时,系统的垃圾回收器才会在合适的时候回收它。

如果堆内存中数组不再有任何引用变量指向自己,则这个数组将成为垃圾,该数组所占的内存将会被系统的垃圾回收机制回收。因此,为了让垃圾回收机制回收一个数组所占的内存空间,可以将该数组变量赋为 null,也就切断了数组引用变量和实际数组之间的引用关系,实际的数组也就成了垃圾。

只要类型相互兼容,就可以让一个数组变量指向另一个实际的数组,这种操作会让人产生数组的长度可变的错觉。如下代码所示。

程序清单:codes\04\4.6\ArrayInRam.java

```java
public class ArrayInRam
{
    public static void main(String[] args)
    {
        // 定义并初始化数组,使用静态初始化
        int[] a = {5, 7 , 20};
        // 定义并初始化数组,使用动态初始化
        int[] b = new int[4];
        // 输出 b 数组的长度
        System.out.println("b 数组的长度为: " + b.length);
        // 循环输出 a 数组的元素
        for (int i = 0 ,len = a.length; i < len ; i++)
```

```
        {
            System.out.println(a[i]);
        }
        // 循环输出 b 数组的元素
        for (int i = 0 , len = b.length; i < len ; i++ )
        {
            System.out.println(b[i]);
        }
        // 因为 a 是 int[]类型，b 也是 int[]类型，所以可以将 a 的值赋给 b
        // 也就是让 b 引用指向 a 引用指向的数组
        b = a;
        // 再次输出 b 数组的长度
        System.out.println("b 数组的长度为: " + b.length);
    }
}
```

运行上面代码后，将可以看到先输出 b 数组的长度为 4，然后依次输出 a 数组和 b 数组的每个数组元素，接着会输出 b 数组的长度为 3。看起来似乎数组的长度是可变的，但这只是一个假象。必须牢记：定义并初始化一个数组后，在内存中分配了两个空间，一个用于存放数组的引用变量，另一个用于存放数组本身。下面将结合示意图来说明上面程序的运行过程。

当程序定义并初始化了 a、b 两个数组后，系统内存中实际上产生了 4 块内存区，其中栈内存中有两个引用变量：a 和 b；堆内存中也有两块内存区，分别用于存储 a 和 b 引用所指向的数组本身。此时计算机内存的存储示意图如图 4.3 所示。

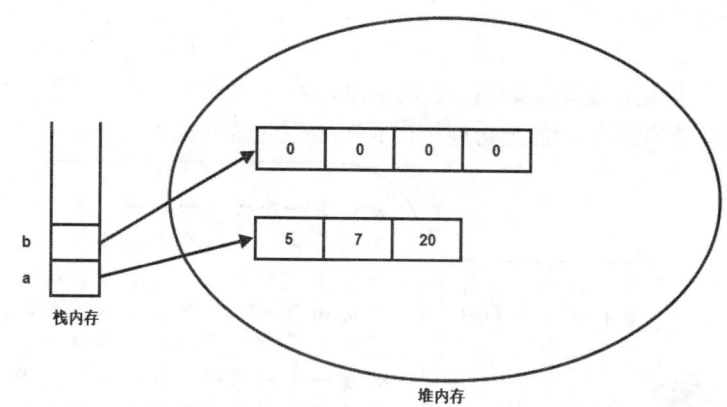

图 4.3　定义并初始化 a、b 两个数组后的存储示意图

从图 4.3 中可以非常清楚地看出 a 引用和 b 引用各自所引用的数组对象，并可以很清楚地看出 a 变量所引用的数组长度是 3，b 变量所引用的数组长度是 4。

当执行上面的粗体字标识代码 b = a 时，系统将会把 a 的值赋给 b，a 和 b 都是引用类型变量，存储的是地址。因此把 a 的值赋给 b 后，就是让 b 指向 a 所指向的地址。此时计算机内存的存储示意图如图 4.4 所示。

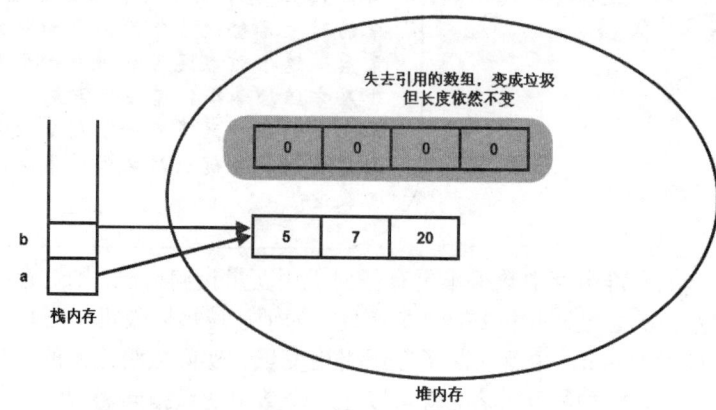

图 4.4　让 b 引用指向 a 引用所指向数组后的存储示意图

从图 4.4 中可以看出，当执行了 b = a;之后，堆内存中的第一个数组具有了两个引用：a 变量和 b 变量都引用了第一个数组。此时第二个数组失去了引用，变成垃圾，只有等待垃圾回收机制来回收它——但它的长度依然不会改变，直到它彻底消失。

> **提示：** 程序员进行程序开发时，不要仅仅停留在代码表面，而要深入底层的运行机制，才可以对程序的运行机制有更准确的把握。看待一个数组时，一定要把数组看成两个部分：一部分是数组引用，也就是在代码中定义的数组引用变量；还有一部分是实际的数组对象，这部分是在堆内存里运行的，通常无法直接访问它，只能通过数组引用变量来访问。

4.6.2 基本类型数组的初始化

对于基本类型数组而言，数组元素的值直接存储在对应的数组元素中，因此，初始化数组时，先为该数组分配内存空间，然后直接将数组元素的值存入对应数组元素中。

下面程序定义了一个 int[]类型的数组变量，采用动态初始化的方式初始化了该数组，并显式为每个数组元素赋值。

程序清单：codes\04\4.6\PrimitiveArrayTest.java

```java
public class PrimitiveArrayTest
{
    public static void main(String[] args)
    {
        // 定义一个int[]类型的数组变量
        int[] iArr;
        // 动态初始化数组，数组长度为5
        iArr = new int[5];
        // 采用循环方式为每个数组元素赋值
        for (int i = 0; i <iArr.length ; i++ )
        {
            iArr[i] = i + 10;
        }
    }
}
```

上面代码的执行过程代表了基本类型数组初始化的典型过程。下面将结合示意图详细介绍这段代码的执行过程。

执行第一行代码 int[] iArr;时，仅定义一个数组变量，此时内存中的存储示意图如图 4.5 所示。

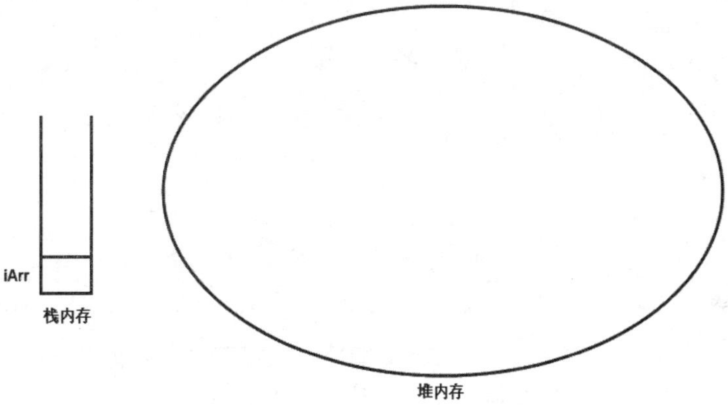

执行了 int[] iArr;代码后，仅在栈内存中定义了一个空引用（就是 iArr 数组变量），这个引用并未指向任何有效的内存,当然无法指定数组的长度。

当执行 iArr = new int[5];动态初始化后，系统将负责为该数组分配内存空间，并分配默认的初始值：所有数组元素都被赋为值 0，此时内存中的存储示意图如图 4.6 所示。

此时 iArr 数组的每个数组元素的值都是 0，当循环为该数组的每个数组元素依次赋值后,此时每个数组元素的值都变成程序显式指定的值。显式指定每个数组元素值后的存储示意图如图 4.7 所示。

从图 4.7 中可以看到基本类型数组的存储示意图，每个数组元素的值直接存储在对应的内存中。操作基本类型数组的数组元素时，实际上相当于操作基本类型的变量。

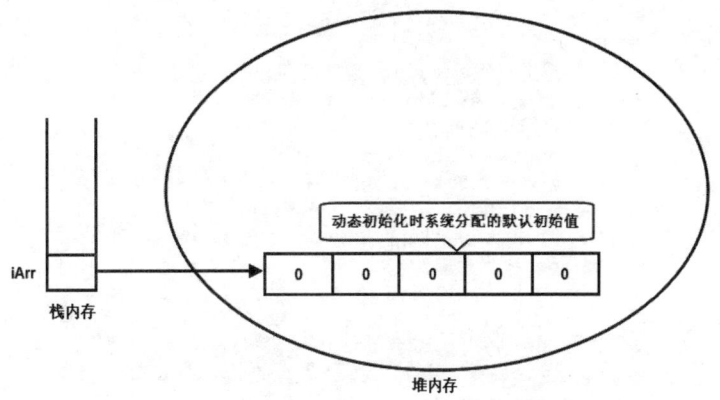

图 4.5 定义 iArr 数组变量后的存储示意图

图 4.6 动态初始化 iArr 数组后的存储示意图

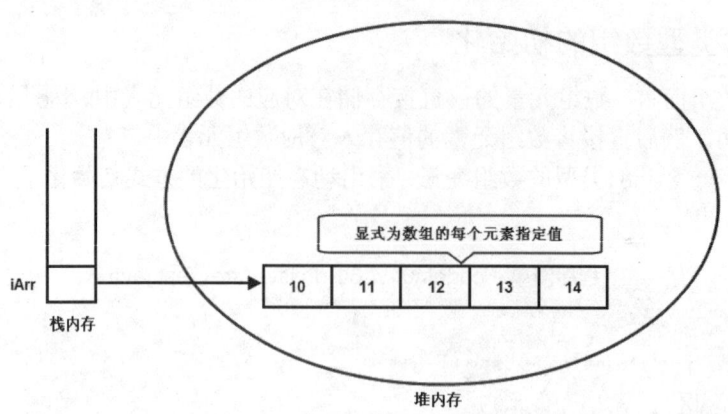

图 4.7　显式指定每个数组元素值后的存储示意图

▶▶ 4.6.3　引用类型数组的初始化

引用类型数组的数组元素是引用，因此情况变得更加复杂。每个数组元素里存储的还是引用，它指向另一块内存，这块内存里存储了有效数据。

为了更好地说明引用类型数组的运行过程，下面先定义一个 Person 类（所有类都是引用类型）。关于定义类、对象和引用的详细介绍请参考第 5 章。Person 类的代码如下：

程序清单：codes\04\4.6\ReferenceArrayTest.java

```java
class Person
{
    public int age; // 年龄
    public double height; // 身高
    // 定义一个 info 方法
    public void info()
    {
        System.out.println("我的年龄是：" + age
            + ", 我的身高是：" + height);
    }
}
```

下面程序将定义一个 Person[]数组，接着动态初始化这个 Person[]数组，并为这个数组的每个数组元素指定值。程序代码如下（程序清单同上）：

```java
public class ReferenceArrayTest
{
    public static void main(String[] args)
    {
        // 定义一个 students 数组变量，其类型是 Person[]
        Person[] students;
        // 执行动态初始化
        students = new Person[2];
        // 创建一个 Person 实例，并将这个 Person 实例赋给 zhang 变量
        Person zhang = new Person();
        // 为 zhang 所引用的 Person 对象的 age、height 赋值
        zhang.age = 15;
        zhang.height = 158;
        // 创建一个 Person 实例，并将这个 Person 实例赋给 lee 变量
        Person lee = new Person();
        // 为 lee 所引用的 Person 对象的 age、height 赋值
        lee.age = 16;
        lee.height = 161;
        // 将 zhang 变量的值赋给第一个数组元素
        students[0] = zhang;
        // 将 lee 变量的值赋给第二个数组元素
        students[1] = lee;
        // 下面两行代码的结果完全一样，因为 lee
        // 和 students[1]指向的是同一个 Person 实例
        lee.info();
```

```
        students[1].info();
    }
}
```

上面代码的执行过程代表了引用类型数组初始化的典型过程。下面将结合示意图详细介绍这段代码的执行过程。

执行 Person[] students;代码时，这行代码仅仅在栈内存中定义了一个引用变量，也就是一个指针，这个指针并未指向任何有效的内存区。此时内存中存储示意图如图 4.8 所示。

在如图 4.8 所示的栈内存中定义了一个 students 变量，它仅仅是一个引用，并未指向任何有效的内存。直到执行初始化，本程序对 students 数组执行动态初始化，动态初始化由系统为数组元素分配默认的初始值：null，即每个数组元素的值都是 null。执行动态初始化后的存储示意图如图 4.9 所示。

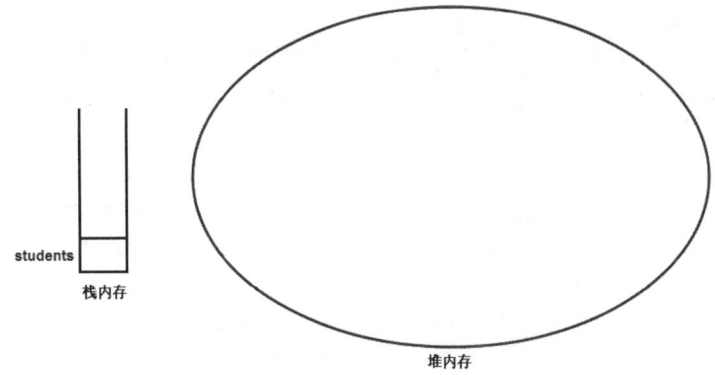

图 4.8　定义一个 students 数组变量后的存储示意图

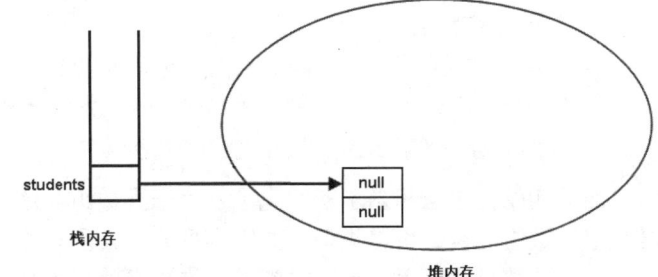

图 4.9　动态初始化 students 数组后的存储示意图

从图 4.9 中可以看出，students 数组的两个数组元素都是引用，而且这个引用并未指向任何有效的内存，因此每个数组元素的值都是 null。这意味着依然不能直接使用 students 数组元素，因为每个数组元素都是 null，这相当于定义了两个连续的 Person 变量，但这个变量还未指向任何有效的内存区，所以这两个连续的 Person 变量（students 数组的数组元素）还不能使用。

接着的代码定义了 zhang 和 lee 两个 Person 实例，定义这两个实例实际上分配了 4 块内存，在栈内存中存储了 zhang 和 lee 两个引用变量，还在堆内存中存储了两个 Person 实例。此时的内存存储示意图如图 4.10 所示。

此时 students 数组的两个数组元素依然是 null，直到程序依次将 zhang 赋给 students 数组的第一个元素，把 lee 赋给 students 数组的第二个元素，

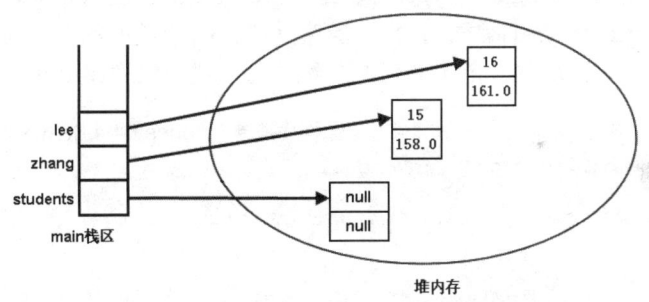

图 4.10　创建两个 Person 实例后的存储示意图

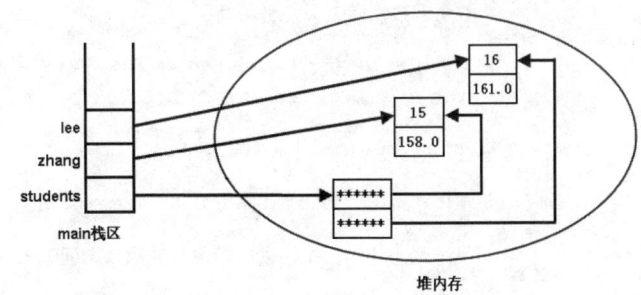

图 4.11　为数组元素赋值后的存储示意图

students 数组的两个数组元素将会指向有效的内存区。此时的内存存储示意图如图 4.11 所示。

从图 4.11 中可以看出，此时 zhang 和 students[0]指向同一个内存区，而且它们都是引用类型变量，因此通过 zhang 和 students[0]来访问 Person 实例的实例变量和方法的效果完全一样，不论修改 students[0]所指向的 Person 实例的实例变量，还是修改 zhang 变量所指向的 Person 实例的实例变量，所修改的其实是同一个内存区，所以必然互相影响。同理，lee 和 students[1]也是引用同一个 Person 对象，也具有相同的效果。

4.6.4 没有多维数组

Java 语言里提供了支持多维数组的语法。但本书还是想说，没有多维数组——如果从数组底层的运行机制上来看。

Java 语言里的数组类型是引用类型，因此数组变量其实是一个引用，这个引用指向真实的数组内存。数组元素的类型也可以是引用，如果数组元素的引用再次指向真实的数组内存，这种情形看上去很像多维数组。

回到前面定义数组类型的语法：type[] arrName;，这是典型的一维数组的定义语法，其中 type 是数组元素的类型。如果希望数组元素也是一个引用，而且是指向 int 数组的引用，则可以把 type 具体成 int[]（前面已经指出，int[]就是一种类型，int[]类型的用法与普通类型并无任何区别），那么上面定义数组的语法就是 int[][] arrName。

如果把 int 这个类型扩大到 Java 的所有类型（不包括数组类型），则出现了定义二维数组的语法：

```
type[][] arrName;
```

Java 语言采用上面的语法格式来定义二维数组，但它的实质还是一维数组，只是其数组元素也是引用，数组元素里保存的引用指向一维数组。

接着对这个"二维数组"执行初始化，同样可以把这个数组当成一维数组来初始化，把这个"二维数组"当成一个一维数组，其元素的类型是 type[]类型，则可以采用如下语法进行初始化：

```
arrName = new type[length][]
```

上面的初始化语法相当于初始化了一个一维数组，这个一维数组的长度是 length。同样，因为这个一维数组的数组元素是引用类型（数组类型）的，所以系统为每个数组元素都分配初始值：null。

这个二维数组实际上完全可以当成一维数组使用：使用 new type[length]初始化一维数组后，相当于定义了 length 个 type 类型的变量；类似的，使用 new type[length][]初始化这个数组后，相当于定义了 length 个 type[]类型的变量，当然，这些 type[]类型的变量都是数组类型，因此必须再次初始化这些数组。

下面程序示范了如何把二维数组当成一维数组处理。

程序清单：codes\04\4.6\TwoDimensionTest.java

```java
public class TwoDimensionTest
{
    public static void main(String[] args)
    {
        // 定义一个二维数组
        int[][] a;
        // 把a当成一维数组进行初始化，初始化a是一个长度为4的数组
        // a数组的数组元素又是引用类型
        a = new int[4][];
        // 把a数组当成一维数组，遍历a数组的每个数组元素
        for (int i = 0 , len = a.length; i < len ; i++ )
        {
            System.out.println(a[i]);
        }
        // 初始化a数组的第一个元素
        a[0] = new int[2];
        // 访问a数组的第一个元素所指数组的第二个元素
        a[0][1] = 6;
        // a数组的第一个元素是一个一维数组，遍历这个一维数组
        for (int i = 0 , len = a[0].length ; i < len ; i ++ )
        {
            System.out.println(a[0][i]);
        }
    }
}
```

上面程序中粗体字代码部分把 a 这个二维数组当成一维数组处理，只是每个数组元素都是 null，所以看到输出结果都是 null。下面结合示意图来说明这个程序的执行过程。

程序的第一行 int[][] a;，将在栈内存中定义一个引用变量，这个变量并未指向任何有效的内存空间，

此时的堆内存中还未为这行代码分配任何存储区。

程序对 a 数组执行初始化：a = new int[4][];，这行代码让 a 变量指向一块长度为 4 的数组内存，这个长度为 4 的数组里每个数组元素都是引用类型（数组类型），系统为这些数组元素分配默认的初始值：null。此时 a 数组在内存中的存储示意图如图 4.12 所示。

从图 4.12 来看，虽然声明 a 是一个二维数组，但这里丝毫看不出它是一个二维数组的样子，完全是一维数组的样子。这个一维数组的长度是 4，只是这 4 个数组元素都是引用类型，它们的默认值是 null。所以程序中可以把 a 数组当成一维数组处理，依次遍历 a 数组的每个元素，将看到每个数组元素的值都是 null。

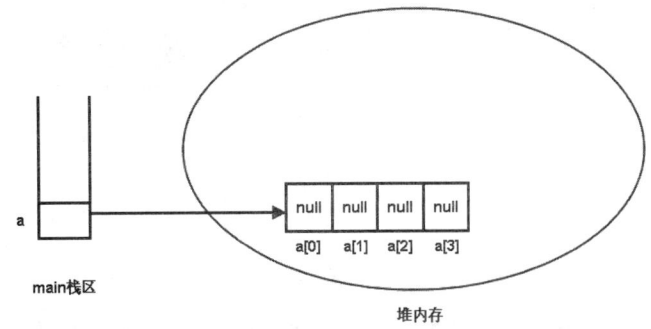

图 4.12　将二维数组当成一维数组初始化的存储示意图

由于 a 数组的元素必须是 int[]数组，所以接下来的程序对 a[0]元素执行初始化，也就是让图 4.12 右边堆内存中的第一个数组元素指向一个有效的数组内存，指向一个长度为 2 的 int 数组。因为程序采用动态初始化 a[0]数组，因此系统将为 a[0] 所引用数组的每个元素分配默认的初始值：0，然后程序显式为 a[0]数组的第二个元素赋值为 6。此时在内存中的存储示意图如图 4.13 所示。

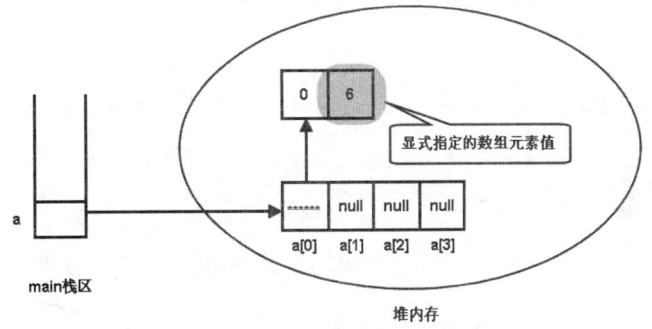

图 4.13　初始化 a[0]后的存储示意图

图 4.13 中灰色覆盖的数组元素就是程序显式指定的数组元素值。TwoDimensionTest.java 接着迭代输出 a[0]数组的每个数组元素，将看到输出 0 和 6。

学生提问：我是否可以让图 4.13 中灰色覆盖的数组元素再次指向另一个数组？这样不就可以扩展成三维数组，甚至扩展成更多维的数组吗？

答：不能！至少在这个程序中不能。因为 Java 是强类型语言，当定义 a 数组时，已经确定了 a 数组的数组元素是 int[]类型，则 a[0]数组的数组元素只能是 int 类型，所以灰色覆盖的数组元素只能存储 int 类型的变量。对于其他弱类型语言，例如 JavaScript 和 Ruby 等，确实可以把一维数组无限扩展，扩展成二维数组、三维数组……如果想在 Java 语言中实现这种可无限扩展的数组，则可以定义一个 Object[]类型的数组，这个数组的元素是 Object 类型，因此可以再次指向一个 Object[]类型的数组，这样就可以从一维数组扩展到二维数组、三维数组……

从上面程序中可以看出，初始化多维数组时，可以只指定最左边维的大小；当然，也可以一次指定每一维的大小。例如下面代码（程序清单同上）：

```
// 同时初始化二维数组的两个维数
int[][] b = new int[3][4];
```

上面代码将定义一个 b 数组变量，这个数组变量指向一个长度为 3 的数组，这个数组的每个数组元素又是一个数组类型，它们各指向对应的长度为 4 的 int[]数组，每个数组元素的值为 0。这行代码执行后在内存中的存储示意图如图 4.14 所示。

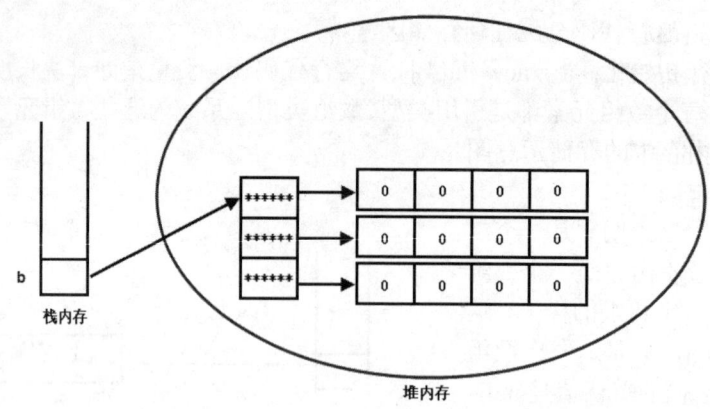

图 4.14　同时初始化二维数组的两个维数后的存储示意图

还可以使用静态初始化方式来初始化二维数组。使用静态初始化方式来初始化二维数组时，二维数组的每个数组元素都是一维数组，因此必须指定多个一维数组作为二维数组的初始化值。如下代码所示（程序清单同上）：

```
// 使用静态初始化语法来初始化一个二维数组
String[][] str1 = new String[][]{new String[3]
, new String[]{"hello"}};
// 使用简化的静态初始化语法来初始化二维数组
String[][] str2 = {new String[3]
, new String[]{"hello"}};
```

上面代码执行后内存中的存储示意图如图 4.15 所示。

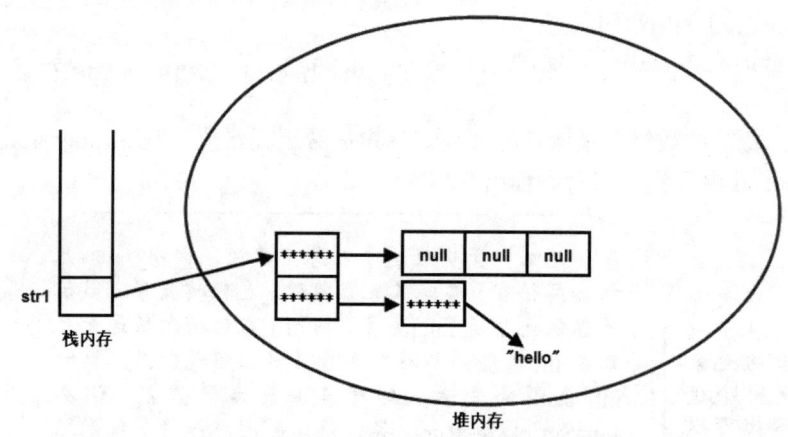

图 4.15　采用静态初始化语法初始化二维数组的存储示意图

通过上面讲解可以得到一个结论：二维数组是一维数组，其数组元素是一维数组；三维数组也是一维数组，其数组元素是二维数组……从这个角度来看，Java 语言里没有多维数组。

▶▶ 4.6.5　Java 8 增强的工具类：Arrays

Java 提供的 Arrays 类里包含的一些 static 修饰的方法可以直接操作数组，这个 Arrays 类里包含了如下几个 static 修饰的方法（static 修饰的方法可以直接通过类名调用）。

- ➢ int binarySearch(type[] a, type key)：使用二分法查询 key 元素值在 a 数组中出现的索引；如果 a 数组不包含 key 元素值，则返回负数。调用该方法时要求数组中元素已经按升序排列，这样才能得到正确结果。
- ➢ int binarySearch(type[] a, int fromIndex, int toIndex, type key)：这个方法与前一个方法类似，但它只搜索 a 数组中 fromIndex 到 toIndex 索引的元素。调用该方法时要求数组中元素已经按升序排列，这样才能得到正确结果。
- ➢ type[] copyOf(type[] original, int length)：这个方法将会把 original 数组复制成一个新数组，其中

length 是新数组的长度。如果 length 小于 original 数组的长度，则新数组就是原数组的前面 length 个元素；如果 length 大于 original 数组的长度，则新数组的前面元素就是原数组的所有元素，后面补充 0（数值类型）、false（布尔类型）或者 null（引用类型）。

- type[] copyOfRange(type[] original, int from, int to)：这个方法与前面方法相似，但这个方法只复制 original 数组的 from 索引到 to 索引的元素。
- boolean equals(type[] a, type[] a2)：如果 a 数组和 a2 数组的长度相等，而且 a 数组和 a2 数组的数组元素也一一相同，该方法将返回 true。
- void fill(type[] a, type val)：该方法将会把 a 数组的所有元素都赋值为 val。
- void fill(type[] a, int fromIndex, int toIndex, type val)：该方法与前一个方法的作用相同，区别只是该方法仅仅将 a 数组的 fromIndex 到 toIndex 索引的数组元素赋值为 val。
- void sort(type[] a)：该方法对 a 数组的数组元素进行排序。
- void sort(type[] a, int fromIndex, int toIndex)：该方法与前一个方法相似，区别是该方法仅仅对 fromIndex 到 toIndex 索引的元素进行排序。
- String toString(type[] a)：该方法将一个数组转换成一个字符串。该方法按顺序把多个数组元素连缀在一起，多个数组元素使用英文逗号（,）和空格隔开。

下面程序示范了 Arrays 类的用法。

程序清单：codes\04\4.6\ArraysTest.java

```java
public class ArraysTest
{
    public static void main(String[] args)
    {
        // 定义一个 a 数组
        int[] a = new int[]{3, 4 , 5, 6};
        // 定义一个 a2 数组
        int[] a2 = new int[]{3, 4 , 5, 6};
        // a 数组和 a2 数组的长度相等，每个元素依次相等，将输出 true
        System.out.println("a 数组和 a2 数组是否相等: "
            + Arrays.equals(a , a2));
        // 通过复制 a 数组，生成一个新的 b 数组
        int[] b = Arrays.copyOf(a, 6);
        System.out.println("a 数组和 b 数组是否相等: "
            + Arrays.equals(a , b));
        // 输出 b 数组的元素，将输出[3, 4, 5, 6, 0, 0]
        System.out.println("b 数组的元素为: "
            + Arrays.toString(b));
        // 将 b 数组的第 3 个元素（包括）到第 5 个元素（不包括）赋值为 1
        Arrays.fill(b , 2 , 4 , 1);
        // 输出 b 数组的元素，将输出[3, 4, 1, 1, 0, 0]
        System.out.println("b 数组的元素为: "
            + Arrays.toString(b));
        // 对 b 数组进行排序
        Arrays.sort(b);
        // 输出 b 数组的元素，将输出[0, 0, 1, 1, 3, 4]
        System.out.println("b 数组的元素为: "
            + Arrays.toString(b));
    }
}
```

> **注意：**
> Arrays 类处于 java.util 包下，为了在程序中使用 Arrays 类，必须在程序中导入 java.util.Arrays 类。关于如何导入指定包下的类，请参考本书第 5 章。为了篇幅考虑，本书中的程序代码都没有包含 import 语句，读者可参考本书光盘中对应程序来阅读书中代码。

除此之外，在 System 类里也包含了一个 static void arraycopy(Object src, int srcPos, Object dest, int destPos, int length)方法，该方法可以将 src 数组里的元素值赋给 dest 数组的元素，其中 srcPos 指定从 src 数组的第几个元素开始赋值，length 参数指定将 src 数组的多少个元素值赋给 dest 数组的元素。

Java 8 增强了 Arrays 类的功能，为 Arrays 类增加了一些工具方法，这些工具方法可以充分利用多 CPU 并行的能力来提高设值、排序的性能。下面是 Java 8 为 Arrays 类增加的工具方法。

> **提示：** 由于计算机硬件的飞速发展，目前几乎所有家用 PC 都是 4 核、8 核的 CPU，而服务器的 CPU 则具有更好的性能，因此 Java 8 与时俱进地增加了并发支持，并发支持可以充分利用硬件设备来提高程序的运行性能。

- void parallelPrefix(xxx[] array, XxxBinaryOperator op)：该方法使用 op 参数指定的计算公式计算得到的结果作为新的数组元素。op 计算公式包括 left、right 两个形参，其中 left 代表新数组中前一个索引处的元素，right 代表 array 数组中当前索引处的元素。新数组的第一个元素无须计算，直接等于 array 数组的第一个元素。
- void parallelPrefix(xxx[] array, int fromIndex, int toIndex, XxxBinaryOperator op)：该方法与上一个方法相似，区别是该方法仅重新计算 fromIndex 到 toIndex 索引的元素。
- void setAll(xxx[] array, IntToXxxFunction generator)：该方法使用指定的生成器（generator）为所有数组元素设置值，该生成器控制数组元素的值的生成算法。
- void parallelSetAll(xxx[] array, IntToXxxFunction generator)：该方法的功能与上一个方法相同，只是该方法增加了并行能力，可以利用多 CPU 并行来提高性能。
- void parallelSort(xxx[] a)：该方法的功能与 Arrays 类以前就有的 sort()方法相似，只是该方法增加了并行能力，可以利用多 CPU 并行来提高性能。
- void parallelSort(xxx[] a, int fromIndex, int toIndex)：该方法与上一个方法相似，区别是该方法仅对 fromIndex 到 toIndex 索引的元素进行排序。
- Spliterator.OfXxx spliterator(xxx[] array)：将该数组的所有元素转换成对应的 Spliterator 对象。
- Spliterator.OfXxx spliterator(xxx[] array, int startInclusive, int endExclusive)：该方法与上一个方法相似，区别是该方法仅转换 startInclusive 到 endExclusive 索引的元素。
- XxxStream stream(xxx[] array)：该方法将数组转换为 Stream，Stream 是 Java 8 新增的流式编程的 API。
- XxxStream stream(xxx[] array, int startInclusive, int endExclusive)：该方法与上一个方法相似，区别是该方法仅将 fromIndex 到 toIndex 索引的元素转换为 Stream。

上面方法列表中，所有以 parallel 开头的方法都表示该方法可利用 CPU 并行的能力来提高性能。上面方法中的 xxx 代表不同的数据类型，比如处理 int[]型数组时应将 xxx 换成 int，处理 long[]型数组时应将 xxx 换成 long。

下面程序示范了 Java 8 为 Arrays 类新增的方法。

> **提示：** 下面程序用到了接口、匿名内部类的知识，读者阅读起来可能有一定的困难，此处只要大致知道 Arrays 新增的这些新方法就行，暂时并不需要读者立即掌握该程序，可以等到掌握了接口、匿名内部类后再来学习下面程序。

程序清单：codes\04\4.6\ArraysTest2.java

```java
public class ArraysTest2
{
    public static void main(String[] args)
    {
        int[] arr1 = new int[]{3, -4 , 25, 16, 30, 18};
        // 对数组 arr1 进行并发排序
        Arrays.parallelSort(arr1);
```

```java
            System.out.println(Arrays.toString(arr1));
            int[] arr2 = new int[]{3, -4 , 25, 16, 30, 18};
            Arrays.parallelPrefix(arr2, new IntBinaryOperator()
            {
                // left 代表数组中前一个索引处的元素，计算第一个元素时，left 为1
                // right 代表数组中当前索引处的元素
                public int applyAsInt(int left, int right)
                {
                    return left * right;
                }
            });
            System.out.println(Arrays.toString(arr2));
            int[] arr3 = new int[5];
            Arrays.parallelSetAll(arr3 , new IntUnaryOperator()
            {
                // operand 代表正在计算的元素索引
                public int applyAsInt(int operand)
                {
                    return operand * 5;
                }
            });
            System.out.println(Arrays.toString(arr3));
        }
    }
```

上面程序中第一行粗体字代码调用了 parallelSort()方法对数组执行排序，该方法的功能与传统 sort()方法大致相似，只是在多 CPU 机器上会有更好的性能。第二段粗体字代码使用的计算公式为 left * right，其中 left 代表数组中前一个索引处的元素，right 代表数组中当前索引处的元素。程序使用的数组为：

{3, -4 , 25, 16, 30, 18}

计算新的数组元素的方式为：

{1*3=3 , 3*-4=-12 , -12*25=-300 , -300*16=-4800,-4800*30=-144000, -144000*18=-2592000}

因此将会得到如下新的数组元素：

{3, -12, -300, -4800, -144000, -2592000}

第三段粗体字代码使用 operand * 5 公式来设置数组元素，该公式中 operand 代表正在计算的数组元素的索引。因此第三段粗体字代码计算得到的数组为：

{0, 5, 10, 15, 20}

> **提示：**
> 上面两段粗体字代码都可以使用 Lambda 表达式进行简化，关于 Lambda 表达式的知识请参考本书 6.8 节。

▶▶ 4.6.6 数组的应用举例

数组的用途是很广泛的，如果程序中有多个类型相同的变量，而且它们具有逻辑的整体性，则可以把它们定义成一个数组。

例如，在实际开发中的一个常用工具函数：需要将一个浮点数转换成人民币读法字符串，这个程序就需要使用数组。实现这个函数的思路是，首先把这个浮点数分成整数部分和小数部分。提取整数部分很容易，直接将这个浮点数强制类型转换成一个整数即可，这个整数就是浮点数的整数部分；再使用浮点数减去整数将可以得到这个浮点数的小数部分。

然后分开处理整数部分和小数部分，其中小数部分的处理比较简单，直接截断到保留 2 位数字，转换成几角几分的字符串。整数部分的处理则稍微复杂一点，但只要认真分析不难发现，中国的数字习惯是 4 位一节的，一个 4 位的数字可被转成几千几百几十几，至于后面添加什么单位则不确定，如果这节 4 位数字出现在 1~4 位，则后面添加单位元；如果这节 4 位数字出现在 5~8 位，则后面添加单位万；如果这节 4 位数字出现在 9~12 位，则后面添加单位亿；多于 12 位就暂不考虑了。

因此实现这个程序的关键就是把一个 4 位数字字符串转换成一个中文读法。下面程序把这个需求实现了一部分。

程序清单:codes\04\4.6\Num2Rmb.java

```java
public class Num2Rmb
{
    private String[] hanArr = {"零" , "壹" , "贰" , "叁" , "肆" ,
        "伍" , "陆" , "柒" , "捌" , "玖"};
    private String[] unitArr = {"十" , "百" , "千"};
    /**
     * 把一个浮点数分解成整数部分和小数部分字符串
     * @param num 需要被分解的浮点数
     * @return 分解出来的整数部分和小数部分。第一个数组元素是整数部分,第二个数组元素是小数部分
     */
    private String[] divide(double num)
    {
        // 将一个浮点数强制类型转换为long型,即得到它的整数部分
        long zheng = (long)num;
        // 浮点数减去整数部分,得到小数部分,小数部分乘以100后再取整得到2位小数
        long xiao = Math.round((num - zheng) * 100);
        // 下面用了2种方法把整数转换为字符串
        return new String[]{zheng + "", String.valueOf(xiao)};
    }
    /**
     * 把一个四位的数字字符串变成汉字字符串
     * @param numStr 需要被转换的四位的数字字符串
     * @return 四位的数字字符串被转换成汉字字符串
     */
    private String toHanStr(String numStr)
    {
        String result = "";
        int numLen = numStr.length();
        // 依次遍历数字字符串的每一位数字
        for (int i = 0 ; i < numLen ; i++ )
        {
            // 把char型数字转换成int型数字,因为它们的ASCII码值恰好相差48
            // 因此把char型数字减去48得到int型数字,例如'4'被转换成4
            int num = numStr.charAt(i) - 48;
            // 如果不是最后一位数字,而且数字不是零,则需要添加单位(千、百、十)
            if ( i != numLen - 1 && num != 0)
            {
                result += hanArr[num] + unitArr[numLen - 2 - i];
            }
            // 否则不要添加单位
            else
            {
                result += hanArr[num];
            }
        }
        return result;
    }
    public static void main(String[] args)
    {
        Num2Rmb nr = new Num2Rmb();
        // 测试把一个浮点数分解成整数部分和小数部分
        System.out.println(Arrays.toString(nr.divide(236711125.123)));
        // 测试把一个四位的数字字符串变成汉字字符串
        System.out.println(nr.toHanStr("6109"));
    }
}
```

运行上面程序,看到如下运行结果:

```
[236711125, 12]
陆仟壹佰零玖
```

从上面程序的运行结果来看,初步实现了所需功能,但这个程序并不是这么简单,对零的处理比较复杂。例如,有两个零连在一起时该如何处理呢?如果最高位是零如何处理呢?最低位是零又如何处理呢?因此这个程序还需要继续完善,希望读者能把这个程序写完。

除此之外，还可以利用二维数组来完成五子棋、连连看、俄罗斯方块、扫雷等常见小游戏。下面简单介绍利用二维数组实现五子棋。先定义一个二维数组作为下棋的棋盘，每当一个棋手下一步棋后，也就是为二维数组的一个数组元素赋值。下面程序完成了这个程序的初步功能。

程序清单：codes\04\4.6\Gobang.java

```java
public class Gobang
{
    // 定义棋盘的大小
    private static int BOARD_SIZE = 15;
    // 定义一个二维数组来充当棋盘
    private String[][] board;
    public void initBoard()
    {
        // 初始化棋盘数组
        board = new String[BOARD_SIZE][BOARD_SIZE];
        // 把每个元素赋为"十"，用于在控制台画出棋盘
        for (int i = 0 ; i < BOARD_SIZE ; i++)
        {
            for ( int j = 0 ; j < BOARD_SIZE ; j++)
            {
                board[i][j] = "十";
            }
        }
    }
    // 在控制台输出棋盘的方法
    public void printBoard()
    {
        // 打印每个数组元素
        for (int i = 0 ; i < BOARD_SIZE ; i++)
        {
            for ( int j = 0 ; j < BOARD_SIZE ; j++)
            {
                // 打印数组元素后不换行
                System.out.print(board[i][j]);
            }
            // 每打印完一行数组元素后输出一个换行符
            System.out.print("\n");
        }
    }
    public static void main(String[] args) throws Exception
    {
        Gobang gb = new Gobang();
        gb.initBoard();
        gb.printBoard();
        // 这是用于获取键盘输入的方法
        BufferedReader br = new BufferedReader(new InputStreamReader(System.in));
        String inputStr = null;
        // br.readLine()：每当在键盘上输入一行内容后按回车键，刚输入的内容将被br读取到
        while ((inputStr = br.readLine()) != null)
        {
            // 将用户输入的字符串以逗号（,）作为分隔符，分隔成2个字符串
            String[] posStrArr = inputStr.split(",");
            // 将2个字符串转换成用户下棋的坐标
            int xPos = Integer.parseInt(posStrArr[0]);
            int yPos = Integer.parseInt(posStrArr[1]);
            // 把对应的数组元素赋为"●"。
            gb.board[yPos - 1][xPos - 1] = "●";
            /*
                电脑随机生成2个整数，作为电脑下棋的坐标，赋给board数组
                还涉及
                1. 坐标的有效性，只能是数字，不能超出棋盘范围
                2. 下的棋的点，不能重复下棋
                3. 每次下棋后，需要扫描谁赢了
            */
            gb.printBoard();
            System.out.println("请输入您下棋的坐标，应以x,y的格式：");
        }
    }
}
```

运行上面程序，将看到如图 4.16 所示的界面。

从图 4.16 来看，程序上面显示的黑点一直是棋手下的棋，电脑还没有下棋，电脑下棋可以使用随机生成两个坐标值来控制，当然也可以增加人工智能（但这已经超出了本书的范围，实际上也很简单）来控制下棋。

> **提示：** 上面程序涉及读取用户键盘输入，读者可以参考本书 7.1 节的介绍来阅读本程序。除此之外，本程序中的 main 方法还包含了 throws Exception 声明，表明该程序的 main 方法不处理任何异常。本书第 10 章才会介绍异常处理的知识，所以此处不处理任何异常。

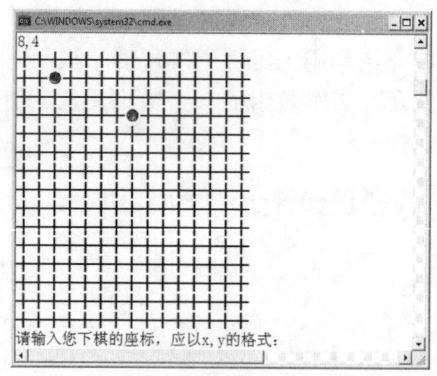

图 4.16　控制台五子棋的运行界面

除此之外，读者还需要在这个程序的基础上进行完善，保证用户和电脑下的棋的坐标上不能已经有棋子（通过判断对应数组元素只能是"✚"来确定），还需要进行 4 次循环扫描，判断横、竖、左斜、右斜是否有 5 个棋连在一起，从而判定胜负。

4.7　本章小结

本章主要介绍了 Java 的两种程序流程结构：分支结构和循环结构。本章详细讲解了 Java 提供的 if 和 switch 分支结构，并详细介绍了 Java 提供的 while、do while 和 for 循环结构，以及详细分析了三种循环结构的区别和联系。除此之外，数组也是本章介绍的重点，本章通过示例程序详细示范了数组的定义、初始化、使用等基本知识，并结合大量示意图深入分析了数组在内存中的运行机制、数组引用变量和数组之间的关系、多维数组的实质等内容。本章最后还示范了一个多维数组的示例程序：五子棋，希望以此来激发读者的编程热情。

▶▶ 本章练习

1. 使用循环输出九九乘法表。输出如下结果：
    1×1=1
    2×1=2，2×2=4
    3×1=2，3×2=6，3×3=9
    ……
    9×1=9，9×2=18，9×3=27，… 9×9= 81
2. 使用循环输出等腰三角形。例如给定 4，输出如下结果：
    　　*
    　 ***
    　*****
    ****
3. 通过 API 文档查询 Math 类的方法，打印出如右所示的近似圆，只要给定不同半径，圆的大小就会随之发生改变（如果需要使用复杂的数学运算，则可以查阅 Math 类的方法或者参考 7.3 节的内容）。

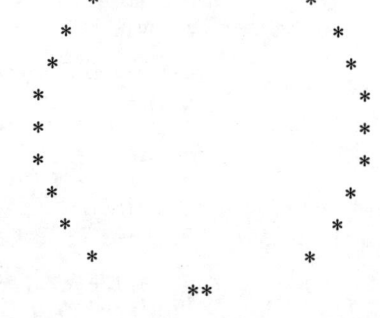

4. 实现一个按字节来截取字符串的子串的方法，功能类似于 String 类的 substring()方法，String 类是按字符截取的，例如"中国 abc".substring(1,3)，将返回"国 a"。这里要求按字节截取，一个英文字符当一个字节，一个中文字符当两个字节。
5. 编写一个程序，将浮点数转换成人民币读法字符串，例如，将 1006.333 转换为壹千零陆元叁角叁分。
6. 编写控制台的五子棋游戏。

CHAPTER

5

第 5 章
面向对象（上）

本章要点

- 定义类、成员变量和方法
- 创建并使用对象
- 对象和引用
- 方法必须属于类或对象
- Java 方法的参数传递机制
- 递归方法
- 方法的重载
- 实现良好的封装
- 使用 package 和 import
- 构造器的作用和构造器重载
- 继承的特点和用法
- 重写父类方法
- super 关键字的用法
- 继承和多态
- 向上转型和强制类型转换
- 继承和组合的关系
- 使用组合来实现复用
- 构造器和初始化块的作用及区别
- 静态初始化块

Java 是面向对象的程序设计语言，Java 语言提供了定义类、成员变量、方法等最基本的功能。类可被认为是一种自定义的数据类型，可以使用类来定义变量，所有使用类定义的变量都是引用变量，它们将会引用到类的对象。类用于描述客观世界里某一类对象的共同特征，而对象则是类的具体存在，Java 程序使用类的构造器来创建该类的对象。

Java 也支持面向对象的三大特征：封装、继承和多态，Java 提供了 private、protected 和 public 三个访问控制修饰符来实现良好的封装，提供了 extends 关键字来让子类继承父类，子类继承父类就可以继承到父类的成员变量和方法，如果访问控制允许，子类实例可以直接调用父类里定义的方法。继承是实现类复用的重要手段，除此之外，也可通过组合关系来实现这种复用，从某种程度上来看，继承和组合具有相同的功能。使用继承关系来实现复用时，子类对象可以直接赋给父类变量，这个变量具有多态性，编程更加灵活；而利用组合关系来实现复用时，则不具备这种灵活性。

构造器用于对类实例进行初始化操作，构造器支持重载，如果多个重载的构造器里包含了相同的初始化代码，则可以把这些初始化代码放置在普通初始化块里完成,初始化块总在构造器执行之前被调用。除此之外，Java 还提供了一种静态初始化块，静态初始化块用于初始化类，在类初始化阶段被执行。如果继承树里的某一个类需要被初始化时，系统将会同时初始化该类的所有父类。

5.1 类和对象

Java 是面向对象的程序设计语言，类是面向对象的重要内容，可以把类当成一种自定义类型，可以使用类来定义变量，这种类型的变量统称为引用变量。也就是说，所有类是引用类型。

▶▶ 5.1.1 定义类

面向对象的程序设计过程中有两个重要概念：类（class）和对象（object，也被称为实例，instance），其中类是某一批对象的抽象，可以把类理解成某种概念；对象才是一个具体存在的实体，从这个意义上来看，日常所说的人，其实都是人的实例，而不是人类。

Java 语言是面向对象的程序设计语言，类和对象是面向对象的核心。Java 语言提供了对创建类和创建对象简单的语法支持。

Java 语言里定义类的简单语法如下：

```
[修饰符] class 类名
{
    零个到多个构造器定义...
    零个到多个成员变量...
    零个到多个方法...
}
```

在上面的语法格式中，修饰符可以是 public、final、abstract，或者完全省略这三个修饰符，类名只要是一个合法的标识符即可，但这仅仅满足的是 Java 的语法要求；如果从程序的可读性方面来看，Java 类名必须是由一个或多个有意义的单词连缀而成的，每个单词首字母大写，其他字母全部小写，单词与单词之间不要使用任何分隔符。

对一个类定义而言，可以包含三种最常见的成员：构造器、成员变量和方法，三种成员都可以定义零个或多个，如果三种成员都只定义零个，就是定义了一个空类，这没有太大的实际意义。

类里各成员之间的定义顺序没有任何影响，各成员之间可以相互调用，但需要指出的是，static 修饰的成员不能访问没有 static 修饰的成员。

成员变量用于定义该类或该类的实例所包含的状态数据，方法则用于定义该类或该类的实例的行为特征或者功能实现。构造器用于构造该类的实例，Java 语言通过 new 关键字来调用构造器，从而返回该类的实例。

构造器是一个类创建对象的根本途径，如果一个类没有构造器，这个类通常无法创建实例。因此，Java 语言提供了一个功能：如果程序员没有为一个类编写构造器，则系统会为该类提供一个默认的构造器。一旦程序员为一个类提供了构造器，系统将不再为该类提供构造器。

定义成员变量的语法格式如下：

```
[修饰符] 类型 成员变量名 [= 默认值];
```

对定义成员变量语法格式的详细说明如下。
- 修饰符：修饰符可以省略，也可以是 public、protected、private、static、final，其中 public、protected、private 三个最多只能出现其中之一，可以与 static、final 组合起来修饰成员变量。
- 类型：类型可以是 Java 语言允许的任何数据类型，包括基本类型和现在介绍的引用类型。
- 成员变量名：成员变量名只要是一个合法的标识符即可，但这只是从语法角度来说的；如果从程序可读性角度来看，成员变量名应该由一个或多个有意义的单词连缀而成，第一个单词首字母小写，后面每个单词首字母大写，其他字母全部小写，单词与单词之间不要使用任何分隔符。成员变量用于描述类或对象包含的状态数据，因此成员变量名建议使用英文名词。
- 默认值：定义成员变量还可以指定一个可选的默认值。

> 成员变量由英文单词 field 意译而来，早期有些书籍将成员变量称为属性。但实际上在 Java 世界里属性（由 property 翻译而来）指的是一组 setter 方法和 getter 方法。比如说某个类有 age 属性，意味着该类包含 setAge()和 getAge()两个方法。另外，也有些资料、书籍将 field 翻译为字段、域。

定义方法的语法格式如下：

```
[修饰符] 方法返回值类型 方法名(形参列表)
{
    // 由零条到多条可执行性语句组成的方法体
}
```

对定义方法语法格式的详细说明如下。
- 修饰符：修饰符可以省略，也可以是 public、protected、private、static、final、abstract，其中 public、protected、private 三个最多只能出现其中之一；final 和 abstract 最多只能出现其中之一，它们可以与 static 组合起来修饰方法。
- 方法返回值类型：返回值类型可以是 Java 语言允许的任何数据类型，包括基本类型和引用类型；如果声明了方法返回值类型，则方法体内必须有一个有效的 return 语句，该语句返回一个变量或一个表达式，这个变量或者表达式的类型必须与此处声明的类型匹配。除此之外，如果一个方法没有返回值，则必须使用 void 来声明没有返回值。
- 方法名：方法名的命名规则与成员变量的命名规则基本相同，但由于方法用于描述该类或该类的实例的行为特征或功能实现，因此通常建议方法名以英文动词开头。
- 形参列表：形参列表用于定义该方法可以接受的参数，形参列表由零组到多组"参数类型 形参名"组合而成，多组参数之间以英文逗号（,）隔开，形参类型和形参名之间以英文空格隔开。一旦在定义方法时指定了形参列表，则调用该方法时必须传入对应的参数值——谁调用方法，谁负责为形参赋值。

方法体里多条可执行性语句之间有严格的执行顺序，排在方法体前面的语句总是先执行，排在方法体后面的语句总是后执行。

static 是一个特殊的关键字，它可用于修饰方法、成员变量等成员。static 修饰的成员表明它属于这个类本身，而不属于该类的单个实例，因为通常把 static 修饰的成员变量和方法也称为类变量、类方法。不使用 static 修饰的普通方法、成员变量则属于该类的单个实例，而不属于该类。因为通常把不使用 static 修饰的成员变量和方法也称为实例变量、实例方法。

由于 static 的英文直译就是静态的意思，因此有时也把 static 修饰的成员变量和方法称为静态变量和静态方法，把不使用 static 修饰的成员变量和方法称为非静态变量和非静态方法。静态成员不能直接访问非静态成员。

> **提示：** 虽然绝大部分资料都喜欢把 static 称为静态，但实际上这种说法很模糊，完全无法说明 static 的真正作用。static 的真正作用就是用于区分成员变量、方法、内部类、初始化块（本书后面会介绍后两种成员）这四种成员到底属于类本身还是属于实例。在类中定义的成员，static 相当于一个标志，有 static 修饰的成员属于类本身，没有 static 修饰的成员属于该类的实例。

构造器是一个特殊的方法，定义构造器的语法格式与定义方法的语法格式很像，定义构造器的语法格式如下：

```
[修饰符] 构造器名(形参列表)
{
    // 由零条到多条可执行性语句组成的构造器执行体
}
```

对定义构造器语法格式的详细说明如下。
- 修饰符：修饰符可以省略，也可以是 public、protected、private 其中之一。
- 构造器名：构造器名必须和类名相同。
- 形参列表：和定义方法形参列表的格式完全相同。

值得指出的是，构造器既不能定义返回值类型，也不能使用 void 声明构造器没有返回值。如果为构造器定义了返回值类型，或使用 void 声明构造器没有返回值，编译时不会出错，但 Java 会把这个所谓的构造器当成方法来处理——它就不再是构造器。

学生提问：构造器不是没有返回值吗？为什么不能用 void 声明呢？

答：简单地说，这是 Java 的语法规定。实际上，类的构造器是有返回值的，当使用 new 关键字来调用构造器时，构造器返回该类的实例，可以把这个类的实例当成构造器的返回值，因此构造器的返回值类型总是当前类，无须定义返回值类型。但必须注意：不要在构造器里显式使用 return 来返回当前类的对象，因为构造器的返回值是隐式的。

下面程序将定义一个 Person 类。

程序清单：codes\05\5.1\Person.java

```java
public class Person
{
    // 下面定义了两个成员变量
    public String name;
    public int age;
    // 下面定义了一个 say 方法
    public void say(String content)
    {
        System.out.println(content);
    }
}
```

上面的 Person 类代码里没有定义构造器，系统将为它提供一个默认的构造器，系统提供的构造器总是没有参数的。

定义类之后，接下来即可使用该类了，Java 的类大致有如下作用。
- 定义变量。
- 创建对象。
- 调用类的类方法或访问类的类变量。

下面先介绍使用类来定义变量和创建对象。

5.1.2 对象的产生和使用

创建对象的根本途径是构造器，通过 new 关键字来调用某个类的构造器即可创建这个类的实例。

程序清单：codes\05\5.1\PersonTest.java

```
// 使用 Peron 类定义一个 Person 类型的变量
Person p;
// 通过 new 关键字调用 Person 类的构造器，返回一个 Person 实例
// 将该 Person 实例赋给 p 变量
p = new Person();
```

上面代码也可简写成如下形式：

```
// 定义 p 变量的同时并为 p 变量赋值
Person p = new Person();
```

创建对象之后，接下来即可使用该对象了，Java 的对象大致有如下作用。
➢ 访问对象的实例变量。
➢ 调用对象的方法。

如果访问权限允许，类里定义的方法和成员变量都可以通过类或实例来调用。类或实例访问方法或成员变量的语法是：类.类变量|方法，或者实例.实例变量|方法，在这种方式中，类或实例是主调者，用于访问该类或该实例的成员变量或方法。

static 修饰的方法和成员变量，既可通过类来调用，也可通过实例来调用；没有使用 static 修饰的普通方法和成员变量，只可通过实例来调用。下面代码中通过 Person 实例来调用 Person 的成员变量和方法（程序清单同上）。

```
// 访问 p 的 name 实例变量，直接为该变量赋值
p.name = "李刚";
// 调用 p 的 say()方法，声明 say()方法时定义了一个形参
// 调用该方法必须为形参指定一个值
p.say("Java 语言很简单，学习很容易！");
// 直接输出 p 的 name 实例变量，将输出 李刚
System.out.println(p.name);
```

上面代码中通过 Person 实例调用了 say()方法，调用方法时必须为方法的形参赋值。因此在这行代码中调用 Person 对象的 say()方法时，必须为 say()方法传入一个字符串作为形参的参数值，这个字符串将被赋给 content 参数。

大部分时候，定义一个类就是为了重复创建该类的实例，同一个类的多个实例具有相同的特征，而类则是定义了多个实例的共同特征。从某个角度来看，类定义的是多个实例的特征，因此类不是一种具体存在，实例才是具体存在。完全可以这样说：你不是人这个类，我也不是人这个类，我们都只是人的实例。

5.1.3 对象、引用和指针

在前面 PersonTest.java 代码中，有这样一行代码：Person p = new Person();，这行代码创建了一个 Person 实例，也被称为 Person 对象，这个 Person 对象被赋给 p 变量。

在这行代码中实际产生了两个东西：一个是 p 变量，一个是 Person 对象。

从 Person 类定义来看，Person 对象应包含两个实例变量，而变量是需要内存来存储的。因此，当创建 Person 对象时，必然需要有对应的内存来存储 Person 对象的实例变量。图 5.1 显示了 Person 对象在内存中的存储示意图。

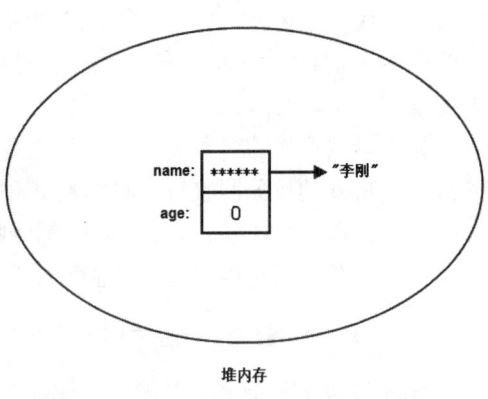

图 5.1 Person 对象的内存存储示意图

从图 5.1 中可以看出，Person 对象由多块内存组成，不同内存块分别存储了 Person 对象的不同成员变量。当把这个 Person 对象赋值给一个引用变量时，系统如何处理呢？难道系统会把这个 Person 对象在内存里重新复制一份吗？显然不会，Java 没有这么笨，Java 让引用变量指向这个对象即可。也就是说，引用变量里存放的仅仅是一个引用，它指向实际的对象。

与前面介绍的数组类型类似，类也是一种引用数据类型，因此程序中定义的 Person 类型的变量实际上是一个引用，它被存放在栈内存里，指向实际的 Person 对象；而真正的 Person 对象则存放在堆（heap）内存中。图 5.2 显示了将 Person 对象赋给一个引用变量的示意图。

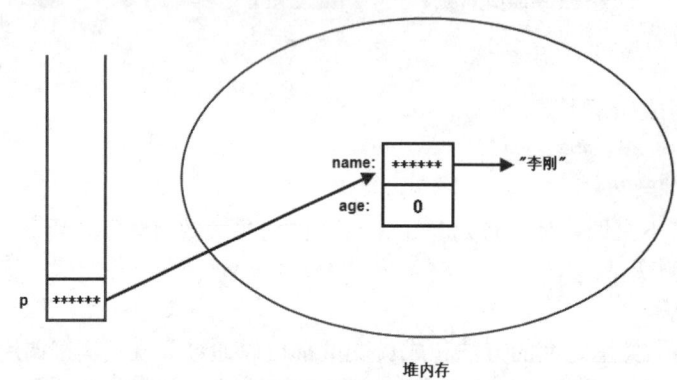

图 5.2　引用变量指向实际对象的示意图

栈内存里的引用变量并未真正存储对象的成员变量，对象的成员变量数据实际存放在堆内存里；而引用变量只是指向该堆内存里的对象。从这个角度来看，引用变量与 C 语言里的指针很像，它们都是存储一个地址值，通过这个地址来引用到实际对象。实际上，Java 里的引用就是 C 里的指针，只是 Java 语言把这个指针封装起来，避免开发者进行烦琐的指针操作。

当一个对象被创建成功以后，这个对象将保存在堆内存中，Java 程序不允许直接访问堆内存中的对象，只能通过该对象的引用操作该对象。也就是说，不管是数组还是对象，都只能通过引用来访问它们。

如图 5.2 所示，p 引用变量本身只存储了一个地址值，并未包含任何实际数据，但它指向实际的 Person 对象，当访问 p 引用变量的成员变量和方法时，实际上是访问 p 所引用对象的成员变量和方法。

> **提示：** 不管是数组还是对象，当程序访问引用变量的成员变量或方法时，实际上是访问该引用变量所引用的数组、对象的成员变量或方法。

堆内存里的对象可以有多个引用，即多个引用变量指向同一个对象，代码如下（程序清单同上）：

```
// 将 p 变量的值赋值给 p2 变量
Person p2 = p;
```

上面代码把 p 变量的值赋值给 p2 变量，也就是将 p 变量保存的地址值赋给 p2 变量，这样 p2 变量和 p 变量将指向堆内存里的同一个 Person 对象。不管访问 p2 变量的成员变量和方法，还是访问 p 变量的成员变量和方法，它们实际上是访问同一个 Person 对象的成员变量和方法，将会返回相同的访问结果。

如果堆内存里的对象没有任何变量指向该对象，那么程序将无法再访问该对象，这个对象也就变成了垃圾，Java 的垃圾回收机制将回收该对象，释放该对象所占的内存区。

因此，如果希望通知垃圾回收机制回收某个对象，只需切断该对象的所有引用变量和它之间的关系即可，也就是把这些引用变量赋值为 null。

▶▶ 5.1.4　对象的 this 引用

Java 提供了一个 this 关键字，this 关键字总是指向调用该方法的对象。根据 this 出现位置的不同，this 作为对象的默认引用有两种情形。

- 构造器中引用该构造器正在初始化的对象。
- 在方法中引用调用该方法的对象。

this 关键字最大的作用就是让类中一个方法，访问该类里的另一个方法或实例变量。假设定义了一个 Dog 类，这个 Dog 对象的 run() 方法需要调用它的 jump() 方法，那么应该如何做？是否应该定义如下的 Dog 类呢？

程序清单：codes\05\5.1\Dog.java

```java
public class Dog
{
    // 定义一个 jump() 方法
    public void jump()
    {
        System.out.println("正在执行 jump 方法");
    }
    // 定义一个 run() 方法，run() 方法需要借助 jump() 方法
    public void run()
    {
        Dog d = new Dog();
        d.jump();
        System.out.println("正在执行 run 方法");
    }
}
```

使用这种方式来定义这个 Dog 类，确实可以实现在 run() 方法中调用 jump() 方法。那么这种做法是否够好呢？下面再提供一个程序来创建 Dog 对象，并调用该对象的 run() 方法。

程序清单：codes\05\5.1\DogTest.java

```java
public class DogTest
{
    public static void main(String[] args)
    {
        // 创建 Dog 对象
        Dog dog = new Dog();
        // 调用 Dog 对象的 run() 方法
        dog.run();
    }
}
```

在上面的程序中，一共产生了两个 Dog 对象，在 Dog 类的 run() 方法中，程序创建了一个 Dog 对象，并使用名为 d 的引用变量来指向该 Dog 对象；在 DogTest 的 main() 方法中，程序再次创建了一个 Dog 对象，并使用名为 dog 的引用变量来指向该 Dog 对象。

这里产生了两个问题。第一个问题：在 run() 方法中调用 jump() 方法时是否一定需要一个 Dog 对象？第二个问题：是否一定需要重新创建一个 Dog 对象？第一个问题的答案是肯定的，因为没有使用 static 修饰的成员变量和方法都必须使用对象来调用。第二个问题的答案是否定的，因为当程序调用 run() 方法时，一定会提供一个 Dog 对象，这样就可以直接使用这个已经存在的 Dog 对象，而无须重新创建新的 Dog 对象了。

因此需要在 run() 方法中获得调用该方法的对象，通过 this 关键字就可以满足这个要求。

this 可以代表任何对象，当 this 出现在某个方法体中时，它所代表的对象是不确定的，但它的类型是确定的：它所代表的只能是当前类的实例；只有当这个方法被调用时，它所代表的对象才被确定下来：谁在调用这个方法，this 就代表谁。

将前面的 Dog 类的 run() 方法改为如下形式会更加合适。

程序清单：codes\05\5.1\Dog.java

```java
// 定义一个 run() 方法，run() 方法需要借助 jump() 方法
public void run()
{
    // 使用 this 引用调用 run() 方法的对象
    this.jump();
```

```
    System.out.println("正在执行run方法");
}
```

采用上面方法定义的 Dog 类更符合实际意义。从前一种 Dog 类定义来看，在 Dog 对象的 run()方法内重新创建了一个新的 Dog 对象，并调用它的 jump()方法，这意味着一个 Dog 对象的 run()方法需要依赖于另一个 Dog 对象的 jump()方法，这不符合逻辑。上面的代码更符合实际情形：当一个 Dog 对象调用 run()方法时，run()方法需要依赖它自己的 jump()方法。

在现实世界里，对象的一个方法依赖于另一个方法的情形如此常见：例如，吃饭方法依赖于拿筷子方法，写程序方法依赖于敲键盘方法，这种依赖都是同一个对象两个方法之间的依赖。因此，Java 允许对象的一个成员直接调用另一个成员，可以省略 this 前缀。也就是说，将上面的 run()方法改为如下形式也完全正确。

```
public void run()
{
    jump();
    System.out.println("正在执行run方法");
}
```

大部分时候，一个方法访问该类中定义的其他方法、成员变量时加不加 this 前缀的效果是完全一样的。

对于 static 修饰的方法而言，则可以使用类来直接调用该方法，如果在 static 修饰的方法中使用 this 关键字，则这个关键字就无法指向合适的对象。所以，static 修饰的方法中不能使用 this 引用。由于 static 修饰的方法不能使用 this 引用，所以 static 修饰的方法不能访问不使用 static 修饰的普通成员，因此 Java 语法规定：静态成员不能直接访问非静态成员。

> **提示：** 省略 this 前缀只是一种假象，虽然程序员省略了调用 jump()方法之前的 this，但实际上这个 this 依然是存在的。根据汉语语法习惯：完整的语句至少包括主语、谓语、宾语，在面向对象的世界里，主、谓、宾的结构完全成立，例如"猪八戒吃西瓜"是一条汉语语句，转换为面向对象的语法，就可以写成"猪八戒.吃(西瓜);"，因此本书常常把调用成员变量、方法的对象称为"主调（主语调用者的简称）"。对于 Java 语言来说，调用成员变量、方法时，主调是必不可少的，即使代码中省略了主调，但实际的主调依然存在。一般来说，如果调用 static 修饰的成员（包括方法、成员变量）时省略了前面的主调，那么默认使用该类作为主调；如果调用没有 static 修饰的成员（包括方法、成员变量）时省略了前面的主调，那么默认使用 this 作为主调。

下面程序演示了静态方法直接访问非静态方法时引发的错误。

程序清单：codes\05\5.1\StaticAccessNonStatic.java

```java
public class StaticAccessNonStatic
{
    public void info()
    {
        System.out.println("简单的info方法");
    }
    public static void main(String[] args)
    {
        // 因为main()方法是静态方法，而info()是非静态方法
        // 调用main()方法的是该类本身，而不是该类的实例
        // 因此省略的this无法指向有效的对象
        info();
    }
}
```

编译上面的程序，系统提示在 info();代码行出现如下错误：

无法从静态上下文中引用非静态 方法 info()

上面错误正是因为 info() 方法是属于实例的方法，而不是属于类的方法，因此必须使用对象来调用该方法。在上面的 main() 方法中直接调用 info() 方法时，系统相当于使用 this 作为该方法的调用者，而 main() 方法是一个 static 修饰的方法，static 修饰的方法属于类，而不属于对象，因此调用 static 修饰的方法的主调总是类本身；如果允许在 static 修饰的方法中出现 this 引用，那将导致 this 无法引用有效的对象，因此上面程序出现编译错误。

> **注意：**
> Java 有一个让人极易"混淆"的语法，它允许使用对象来调用 static 修饰的成员变量、方法，但实际上这是不应该的。前面已经介绍过，static 修饰的成员属于类本身，而不属于该类的实例，既然 static 修饰的成员完全不属于该类的实例，那么就不应该允许使用实例去调用 static 修饰的成员变量和方法！所以请读者牢记一点：Java 编程时不要使用对象去调用 static 修饰的成员变量、方法，而是应该使用类去调用 static 修饰的成员变量、方法！如果在其他 Java 代码中看到对象调用 static 修饰的成员变量、方法的情形，则完全可以把这种用法当成假象，将其替换成用类来调用 static 修饰的成员变量、方法的代码。

如果确实需要在静态方法中访问另一个普通方法，则只能重新创建一个对象。例如，将上面的 info() 调用改为如下形式：

```java
// 创建一个对象作为调用者来调用 info() 方法
new StaticAccessNonStatic().info();
```

大部分时候，普通方法访问其他方法、成员变量时无须使用 this 前缀，但如果方法里有个局部变量和成员变量同名，但程序又需要在该方法里访问这个被覆盖的成员变量，则必须使用 this 前缀。关于局部变量覆盖成员变量的情形，参见 5.3 节的内容。

除此之外，this 引用也可以用于构造器中作为默认引用，由于构造器是直接使用 new 关键字来调用，而不是使用对象来调用的，所以 this 在构造器中代表该构造器正在初始化的对象。

程序清单：codes\05\5.1\ThisInConstructor.java

```java
public class ThisInConstructor
{
    // 定义一个名为 foo 的成员变量
    public int foo;
    public ThisInConstructor()
    {
        // 在构造器里定义一个 foo 变量
        int foo = 0;
        // 使用 this 代表该构造器正在初始化的对象
        // 下面的代码将会把该构造器正在初始化的对象的 foo 成员变量设为 6
        this.foo = 6;
    }
    public static void main(String[] args)
    {
        // 所有使用 ThisInConstructor 创建的对象的 foo 成员变量
        // 都将被设为 6，所以下面代码将输出 6
        System.out.println(new ThisInConstructor().foo);
    }
}
```

在 ThisInConstructor 构造器中使用 this 引用时，this 总是引用该构造器正在初始化的对象。程序粗体字标识代码行将正在执行初始化的 ThisInConstructor 对象的 foo 成员变量设为 6，这意味着该构造器返回的所有对象的 foo 成员变量都等于 6。

与普通方法类似的是，大部分时候，在构造器中访问其他成员变量和方法时都可以省略 this 前缀，但如果构造器中有一个与成员变量同名的局部变量，又必须在构造器中访问这个被覆盖的成员变量，则必须使用 this 前缀。如上面的 ThisInConstructor.java 所示。

当 this 作为对象的默认引用使用时，程序可以像访问普通引用变量一样来访问这个 this 引用，甚至可以把 this 当成普通方法的返回值。看下面程序：

程序清单：codes\05\5.1\ReturnThis.java

```java
public class ReturnThis
{
    public int age;
    public ReturnThis grow()
    {
        age++;
        // return this 返回调用该方法的对象
        return this;
    }
    public static void main(String[] args)
    {
        ReturnThis rt = new ReturnThis();
        // 可以连续调用同一个方法
        rt.grow()
            .grow()
            .grow();
        System.out.println("rt 的 age 成员变量值是:" + rt.age);
    }
}
```

从上面程序中可以看出，如果在某个方法中把 this 作为返回值，则可以多次连续调用同一个方法，从而使得代码更加简洁。但是，这种把 this 作为返回值的方法可能造成实际意义的模糊，例如上面的 grow 方法，用于表示对象的生长，即 age 成员变量的值加 1，实际上不应该有返回值。

使用 this 作为方法的返回值可以让代码更加简洁，但可能造成实际意义的模糊。

5.2 方法详解

方法是类或对象的行为特征的抽象，方法是类或对象最重要的组成部分。但从功能上来看，方法完全类似于传统结构化程序设计里的函数。值得指出的是，Java 里的方法不能独立存在，所有的方法都必须定义在类里。方法在逻辑上要么属于类，要么属于对象。

▶▶ 5.2.1 方法的所属性

不论是从定义方法的语法来看，还是从方法的功能来看，都不难发现方法和函数之间的相似性。实际上，方法确实是由传统的函数发展而来的，方法与传统的函数有着显著不同：在结构化编程语言里，函数是一等公民，整个软件由一个个的函数组成；在面向对象编程语言里，类才是一等公民，整个系统由一个个的类组成。因此在 Java 语言里，方法不能独立存在，方法必须属于类或对象。

因此，如果需要定义方法，则只能在类体内定义，不能独立定义一个方法。一旦将一个方法定义在某个类的类体内，如果这个方法使用了 static 修饰，则这个方法属于这个类，否则这个方法属于这个类的实例。

Java 语言是静态的。一个类定义完成后，只要不再重新编译这个类文件，该类和该类的对象所拥有的方法是固定的，永远都不会改变。

因为 Java 里的方法不能独立存在，它必须属于一个类或一个对象，因此方法也不能像函数那样被独立执行，执行方法时必须使用类或对象来作为调用者，即所有方法都必须使用"类.方法"或"对象.方法"的形式来调用。这里可能产生一个问题：同一个类里不同方法之间相互调用时，不就可以直接调用吗？这里需要指出：同一个类的一个方法调用另外一个方法时，如果被调方法是普通方法，则默认使用 this 作为调用者；如果被调方法是静态方法，则默认使用类作为调用者。也就是说，表面上看起来某些方法可以被独立执行，但实际上还是使用 this 或者类来作为调用者。

永远不要把方法当成独立存在的实体,正如现实世界由类和对象组成,而方法只能作为类和对象的附属,Java 语言里的方法也是一样。Java 语言里方法的所属性主要体现在如下几个方面。

➢ 方法不能独立定义,方法只能在类体里定义。
➢ 从逻辑意义上来看,方法要么属于该类本身,要么属于该类的一个对象。
➢ 永远不能独立执行方法,执行方法必须使用类或对象作为调用者。

使用 static 修饰的方法属于这个类本身,使用 static 修饰的方法既可以使用类作为调用者来调用,也可以使用对象作为调用者来调用。但值得指出的是,因为使用 static 修饰的方法还是属于这个类的,因此使用该类的任何对象来调用这个方法时将会得到相同的执行结果,这是由于底层依然是使用这些实例所属的类作为调用者。

没有 static 修饰的方法则属于该类的对象,不属于这个类本身。因此没有 static 修饰的方法只能使用对象作为调用者来调用,不能使用类作为调用者来调用。使用不同对象作为调用者来调用同一个普通方法,可能得到不同的结果。

▶▶ 5.2.2 方法的参数传递机制

前面已经介绍了 Java 里的方法是不能独立存在的,调用方法也必须使用类或对象作为主调者。如果声明方法时包含了形参声明,则调用方法时必须给这些形参指定参数值,调用方法时实际传给形参的参数值也被称为实参。

那么,Java 的实参值是如何传入方法的呢?这是由 Java 方法的参数传递机制来控制的,Java 里方法的参数传递方式只有一种:值传递。所谓值传递,就是将实际参数值的副本(复制品)传入方法内,而参数本身不会受到任何影响。

> **提示:**
> Java 里的参数传递类似于《西游记》里的孙悟空,孙悟空复制了一个假孙悟空,这个假孙悟空具有和孙悟空相同的能力,可除妖或被砍头。但不管这个假孙悟空遇到什么事,真孙悟空不会受到任何影响。与此类似,传入方法的是实际参数值的复制品,不管方法中对这个复制品如何操作,实际参数值本身不会受到任何影响。

下面程序演示了方法参数传递的效果。

程序清单:codes\05\5.2\PrimitiveTransferTest.java

```java
public class PrimitiveTransferTest
{
    public static void swap(int a , int b)
    {
        // 下面三行代码实现 a、b 变量的值交换
        // 定义一个临时变量来保存 a 变量的值
        int tmp = a;
        // 把 b 的值赋给 a
        a = b;
        // 把临时变量 tmp 的值赋给 a
        b = tmp;
        System.out.println("swap 方法里,a 的值是"
            + a + ";b 的值是" + b);
    }
    public static void main(String[] args)
    {
        int a = 6;
        int b = 9;
        swap(a , b);
        System.out.println("交换结束后,变量 a 的值是"
            + a + ";变量 b 的值是" + b);
    }
}
```

运行上面程序，看到如下运行结果：

```
swap 方法里，a 的值是 9；b 的值是 6
交换结束后，变量 a 的值是 6；变量 b 的值是 9
```

从上面运行结果来看，swap()方法里 a 和 b 的值是 9、6，交换结束后，变量 a 和 b 的值依然是 6、9。从这个运行结果可以看出，main()方法里的变量 a 和 b，并不是 swap()方法里的 a 和 b。正如前面讲的，swap()方法的 a 和 b 只是 main()方法里变量 a 和 b 的复制品。下面通过示意图来说明上面程序的执行过程。Java 程序总是从 main()方法开始执行，main()方法开始定义了 a、b 两个局部变量，两个变量在内存中的存储示意图如图 5.3 所示。

当程序执行 swap()方法时，系统进入 swap()方法，并将 main()方法中的 a、b 变量作为参数值传入 swap()方法，传入 swap()方法的只是 a、b 的副本，而不是 a、b 本身，进入 swap()方法后系统中产生了 4 个变量，这 4 个变量在内存中的存储示意图如图 5.4 所示。

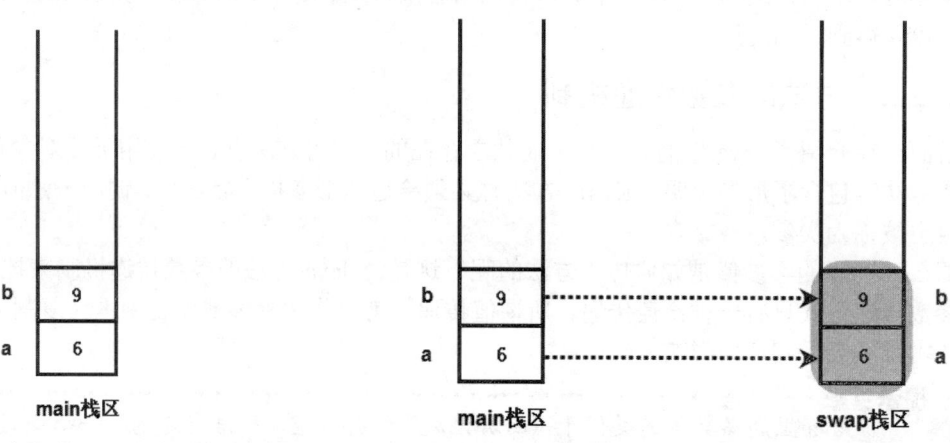

图 5.3　main()方法中定义了 a、b 变量存储示意图　　图 5.4　main()方法中的变量作为参数值传入 swap()方法存储示意图

在 main()方法中调用 swap()方法时，main()方法还未结束。因此，系统分别为 main()方法和 swap()方法分配两块栈区，用于保存 main()方法和 swap()方法的局部变量。main()方法中的 a、b 变量作为参数值传入 swap()方法，实际上是在 swap()方法栈区中重新产生了两个变量 a、b，并将 main()方法栈区中 a、b 变量的值分别赋给 swap()方法栈区中的 a、b 参数（就是对 swap()方法的 a、b 形参进行了初始化）。此时，系统存在两个 a 变量、两个 b 变量，只是存在于不同的方法栈区中而已。

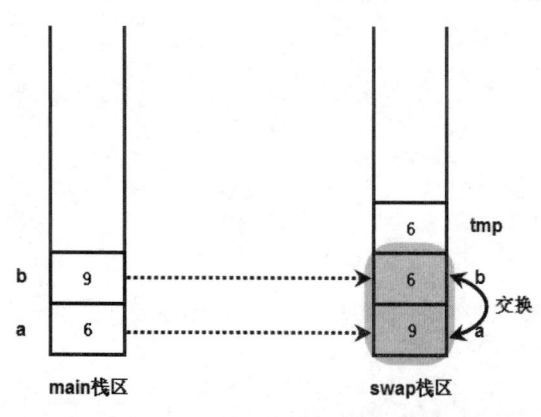

图 5.5　swap()方法中 a、b 交换之后的存储示意图

程序在 swap()方法中交换 a、b 两个变量的值，实际上是对图 5.4 中灰色覆盖区域的 a、b 变量进行交换，交换结束后 swap()方法中输出 a、b 变量的值，看到 a 的值为 9，b 的值为 6，此时内存中的存储示意图如图 5.5 所示。

对比图 5.5 与图 5.3，两个示意图中 main()方法栈区中 a、b 的值并未有任何改变，程序改变的只是 swap()方法栈区中的 a、b。这就是值传递的实质：当系统开始执行方法时，系统为形参执行初始化，就是把实参变量的值赋给方法的形参变量，方法里操作的并不是实际的实参变量。

前面看到的是基本类型的参数传递，Java 对于引用类型的参数传递，一样采用的是值传递方式。但许多初学者可能对引用类型的参数传递会产生一些误会。下面程序示范了引用类型的参数传递的效果。

程序清单：codes\05\5.2\ReferenceTransferTest.java

```java
class DataWrap
{
    int a;
    int b;
```

```
}
public class ReferenceTransferTest
{
    public static void swap(DataWrap dw)
    {
        // 下面三行代码实现 dw 的 a、b 两个成员变量的值交换
        // 定义一个临时变量来保存 dw 对象的 a 成员变量的值
        int tmp = dw.a;
        // 把 dw 对象的 b 成员变量的值赋给 a 成员变量
        dw.a = dw.b;
        // 把临时变量 tmp 的值赋给 dw 对象的 b 成员变量
        dw.b = tmp;
        System.out.println("swap方法里, a 成员变量的值是"
            + dw.a + "; b 成员变量的值是" + dw.b);
    }
    public static void main(String[] args)
    {
        DataWrap dw = new DataWrap();
        dw.a = 6;
        dw.b = 9;
        swap(dw);
        System.out.println("交换结束后, a 成员变量的值是"
            + dw.a + "; b 成员变量的值是" + dw.b);
    }
}
```

执行上面程序，看到如下运行结果：

swap 方法里，a 成员变量的值是 9；b 成员变量的值是 6
交换结束后，a 成员变量的值是 9；b 成员变量的值是 6

从上面运行结果来看，在 swap()方法里，a、b 两个成员变量的值被交换成功。不仅如此，当 swap() 方法执行结束后，main()方法里 a、b 两个成员变量的值也被交换了。这很容易造成一种错觉：调用 swap() 方法时，传入 swap()方法的就是 dw 对象本身，而不是它的复制品。但这只是一种错觉，下面还是结合示意图来说明程序的执行过程。

程序从 main()方法开始执行，main()方法开始创建了一个 DataWrap 对象，并定义了一个 dw 引用变量来指向 DataWrap 对象，这是一个与基本类型不同的地方。创建一个对象时，系统内存中有两个东西：堆内存中保存了对象本身，栈内存中保存了引用该对象的引用变量。接着程序通过引用来操作 DataWrap 对象，把该对象的 a、b 两个成员变量分别赋值为 6、9。此时系统内存中的存储示意图如图 5.6 所示。

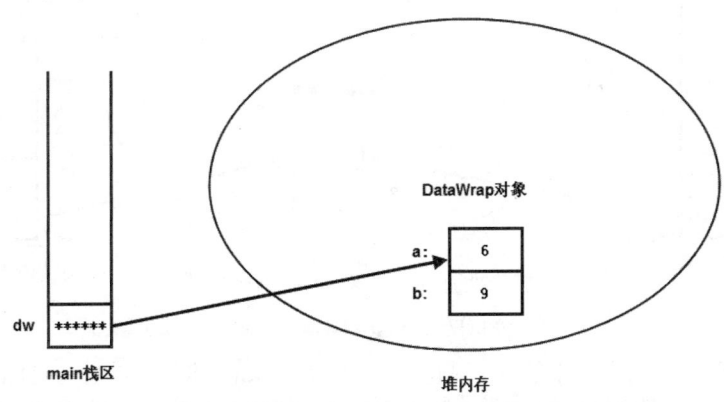

图 5.6　main()方法中创建了 DataWrap 对象后存储示意图

接下来，main()方法中开始调用 swap()方法，main()方法并未结束，系统会分别为 main()和 swap() 开辟出两个栈区，用于存放 main()和 swap()方法的局部变量。调用 swap()方法时，dw 变量作为实参传入 swap()方法，同样采用值传递方式：把 main()方法里 dw 变量的值赋给 swap()方法里的 dw 形参，从而完成 swap()方法的 dw 形参的初始化。值得指出的是，main()方法中的 dw 是一个引用（也就是一个指针），它保存了 DataWrap 对象的地址值，当把 dw 的值赋给 swap()方法的 dw 形参后，即让 swap()方法的 dw 形参也保存这个地址值，即也会引用到堆内存中的 DataWrap 对象。图 5.7 显示了 dw 传入 swap()

方法后的存储示意图。

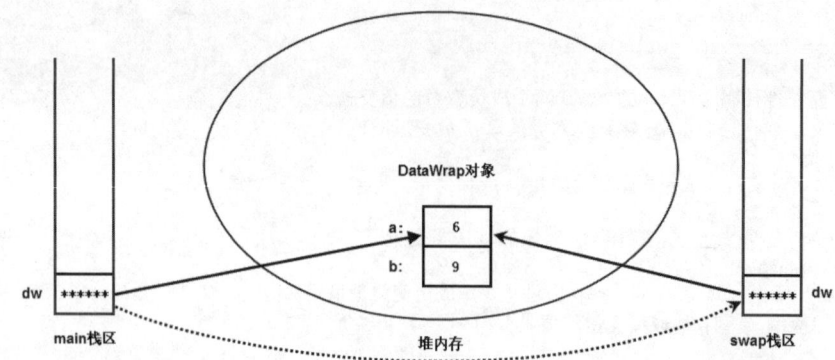

图 5.7 main()方法中的 dw 传入 swap()方法后存储示意图

从图 5.7 来看，这种参数传递方式是不折不扣的值传递方式，系统一样复制了 dw 的副本传入 swap() 方法，但关键在于 dw 只是一个引用变量，所以系统复制了 dw 变量，但并未复制 DataWrap 对象。

当程序在 swap() 方法中操作 dw 形参时，由于 dw 只是一个引用变量，故实际操作的还是堆内存中的 DataWrap 对象。此时，不管是操作 main() 方法里的 dw 变量，还是操作 swap() 方法里的 dw 参数，其实都是操作它们所引用的 DataWrap 对象，它们引用的是同一个对象。因此，当 swap() 方法中交换 dw 参数所引用 DataWrap 对象的 a、b 两个成员变量的值后，可以看到 main() 方法中 dw 变量所引用 DataWrap 对象的 a、b 两个成员变量的值也被交换了。

为了更好地证明 main() 方法中的 dw 和 swap() 方法中的 dw 是两个变量，在 swap() 方法的最后一行增加如下代码：

```
// 把 dw 直接赋值为 null，让它不再指向任何有效地址
dw = null;
```

执行上面代码的结果是 swap() 方法中的 dw 变量不再指向任何有效内存，程序其他地方不做任何修改。main() 方法调用了 swap() 方法后，再次访问 dw 变量的 a、b 两个成员变量，依然可以输出 9、6。可见 main() 方法中的 dw 变量没有受到任何影响。实际上，当 swap() 方法中增加 dw = null;代码后，内存中的存储示意图如图 5.8 所示。

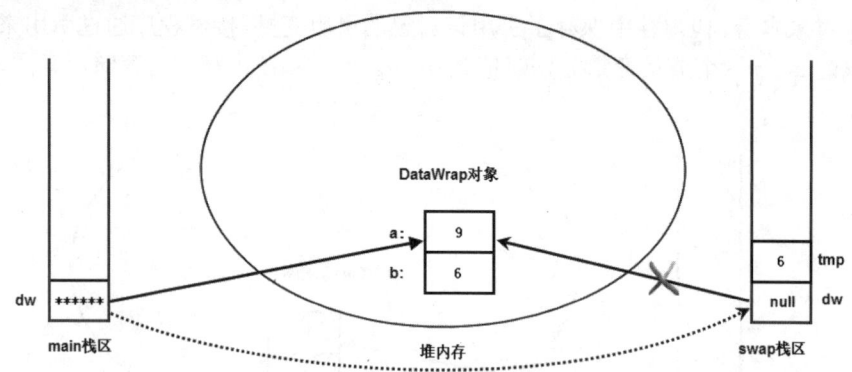

图 5.8 将 swap() 方法的 dw 赋值为 null 后存储示意图

从图 5.8 来看，把 swap() 方法中的 dw 赋值为 null 后，swap() 方法中失去了 DataWrap 的引用，不可再访问堆内存中的 DataWrap 对象。但 main() 方法中的 dw 变量不受任何影响，依然引用 DataWrap 对象，所以依然可以输出 DataWrap 对象的 a、b 成员变量的值。

▶▶ 5.2.3 形参个数可变的方法

从 JDK 1.5 之后，Java 允许定义形参个数可变的参数，从而允许为方法指定数量不确定的形参。如果在定义方法时，在最后一个形参的类型后增加三点（...），则表明该形参可以接受多个参数值，多个参数值被当成数组传入。下面程序定义了一个形参个数可变的方法。

程序清单：codes\05\5.2\Varargs.java

```java
public class Varargs
{
    // 定义了形参个数可变的方法
    public static void test(int a , String... books)
    {
        // books 被当成数组处理
        for (String tmp : books)
        {
            System.out.println(tmp);
        }
        // 输出整数变量 a 的值
        System.out.println(a);
    }
    public static void main(String[] args)
    {
        // 调用 test 方法
        test(5 , "疯狂 Java 讲义" , "轻量级 Java EE 企业应用实战");
    }
}
```

运行上面程序，看到如下运行结果：

```
疯狂 Java 讲义
轻量级 Java EE 企业应用实战
5
```

从上面运行结果可以看出，当调用 test() 方法时，books 参数可以传入多个字符串作为参数值。从 test() 的方法体代码来看，形参个数可变的参数本质就是一个数组参数，也就是说，下面两个方法签名的效果完全一样。

```java
// 以可变个数形参来定义方法
public static void test(int a , String... books);
```

下面采用数组形参来定义方法

```java
public static void test(int a , String[] books);
```

这两种形式都包含了一个名为 books 的形参，在两个方法的方法体内都可以把 books 当成数组处理。但区别是调用两个方法时存在差别，对于以可变形参的形式定义的方法，调用方法时更加简洁，如下面代码所示。

```java
test(5 , "疯狂 Java 讲义" , "轻量级 Java EE 企业应用实战");
```

传给 books 参数的实参数值无须是一个数组，但如果采用数组形参来声明方法，调用时则必须传给该形参一个数组，如下所示。

```java
// 调用 test() 方法时传入一个数组
test(23 , new String[]{"疯狂 Java 讲义" , "轻量级 Java EE 企业应用实战"});
```

对比两种调用 test() 方法的代码，明显第一种形式更加简洁。实际上，即使是采用形参个数可变的形式来定义方法，调用该方法时也一样可以为个数可变的形参传入一个数组。

最后还要指出的是，数组形式的形参可以处于形参列表的任意位置，但个数可变的形参只能处于形参列表的最后。也就是说，一个方法中最多只能有一个个数可变的形参。

> **注意:** 个数可变的形参只能处于形参列表的最后。一个方法中最多只能包含一个个数可变的形参。个数可变的形参本质就是一个数组类型的形参，因此调用包含个数可变形参的方法时，该个数可变的形参既可以传入多个参数，也可以传入一个数组。

▶▶ 5.2.4 递归方法

一个方法体内调用它自身，被称为方法递归。方法递归包含了一种隐式的循环，它会重复执行某段代码，但这种重复执行无须循环控制。

例如有如下数学题。已知有一个数列：$f(0) = 1$，$f(1)=4$，$f(n + 2) = 2*f(n+1) + f(n)$，其中 n 是大于 0 的整数，求 $f(10)$ 的值。这个题可以使用递归来求得。下面程序将定义一个 fn 方法，用于计算 $f(10)$ 的值。

程序清单：codes\05\5.2\Recursive.java
```java
public class Recursive
{
    public static int fn(int n)
    {
        if (n == 0)
        {
            return 1;
        }
        else if (n == 1)
        {
            return 4;
        }
        else
        {
            // 方法中调用它自身，就是方法递归
            return 2 * fn(n - 1) + fn(n - 2);
        }
    }
    public static void main(String[] args)
    {
        // 输出 fn(10) 的结果
        System.out.println(fn(10));
    }
}
```

在上面的 fn 方法体中，再次调用了 fn 方法，这就是方法递归。注意 fn 方法里调用 fn 的形式：

```
return 2 * fn(n - 1) + fn(n - 2)
```

对于 fn(10)，即等于 2 * fn(9) + fn(8)，其中 fn(9) 又等于 2 * fn(8) + fn(7)……依此类推，最终会计算到 fn(2) 等于 2 * fn(1) + fn(0)，即 fn(2) 是可计算的，然后一路反算回去，就可以最终得到 fn(10) 的值。

仔细看上面递归的过程，当一个方法不断地调用它本身时，必须在某个时刻方法的返回值是确定的，即不再调用它本身，否则这种递归就变成了无穷递归，类似于死循环。因此定义递归方法时有一条最重要的规定：递归一定要向已知方向递归。

例如，如果把上面数学题改为如此。已知有一个数列：$f(20) = 1$，$f(21)=4$，$f(n + 2) = 2*f(n+1) + f(n)$，其中 n 是大于 0 的整数，求 $f(10)$ 的值。那么 fn 的方法体就应该改为如下：

```java
public static int fn(int n)
{
    if (n == 20)
    {
        return 1;
    }
    else if (n == 21)
    {
        return 4;
    }
    else
    {
        // 方法中调用它自身，就是方法递归
        return fn(n + 2) - 2 * fn(n + 1);
    }
}
```

从上面的 fn 方法来看，需要计算 fn(10) 的值时，fn(10) 等于 fn(12) - 2 * fn(11)，而 fn(11) 等于 fn(13) - 2 * fn(12)……依此类推，直到 fn(19) 等于 fn(21) - 2 * fn(20)，此时就可以得到 fn(19) 的值了，然后依次反算到 fn(10) 的值。这就是递归的重要规则：对于求 fn(10) 而言，如果 fn(0) 和 fn(1) 是已知的，则应该采用 fn(n) = 2 * fn(n - 1) + fn(n - 2) 的形式递归，因为小的一端已知；如果 fn(20) 和 fn(21) 是已知的，则应该

采用 fn(n) = fn(n + 2) - 2 * fn(n + 1)的形式递归，因为大的一端已知。

递归是非常有用的。例如希望遍历某个路径下的所有文件，但这个路径下文件夹的深度是未知的，那么就可以使用递归来实现这个需求。系统可定义一个方法，该方法接受一个文件路径作为参数，该方法可遍历当前路径下的所有文件和文件路径——该方法中再次调用该方法本身来处理该路径下的所有文件路径。

总之，只要一个方法的方法体实现中再次调用了方法本身，就是递归方法。递归一定要向已知方向递归。

▶▶ 5.2.5 方法重载

Java 允许同一个类里定义多个同名方法，只要形参列表不同就行。如果同一个类中包含了两个或两个以上方法的方法名相同，但形参列表不同，则被称为方法重载。

从上面介绍可以看出，在 Java 程序中确定一个方法需要三个要素。

- ➤ 调用者，也就是方法的所属者，既可以是类，也可以是对象。
- ➤ 方法名，方法的标识。
- ➤ 形参列表，当调用方法时，系统将会根据传入的实参列表匹配。

方法重载的要求就是两同一不同：同一个类中方法名相同，参数列表不同。至于方法的其他部分，如方法返回值类型、修饰符等，与方法重载没有任何关系。

下面程序中包含了方法重载的示例。

程序清单：codes\05\5.2\Overload.java

```java
public class Overload
{
    // 下面定义了两个 test()方法，但方法的形参列表不同
    // 系统可以区分这两个方法，这被称为方法重载
    public void test()
    {
        System.out.println("无参数");
    }
    public void test(String msg)
    {
        System.out.println("重载的 test 方法 " + msg);
    }
    public static void main(String[] args)
    {
        Overload ol = new Overload();
        // 调用 test()时没有传入参数，因此系统调用上面没有参数的 test()方法
        ol.test();
        // 调用 test()时传入了一个字符串参数
        // 因此系统调用上面带一个字符串参数的 test()方法
        ol.test("hello");
    }
}
```

编译、运行上面程序完全正常，虽然两个 test()方法的方法名相同，但因为它们的形参列表不同，所以系统可以正常区分出这两个方法。

学生提问：为什么方法的返回值类型不能用于区分重载的方法？

答：对于 int f(){}和 void f(){}两个方法，如果这样调用 int result = f();，系统可以识别是调用返回值类型为 int 的方法；但 Java 调用方法时可以忽略方法返回值，如果采用如下方法来调用 f();，你能判断是调用哪个方法吗？如果你尚且不能判断，那么 Java 系统也会糊涂。在编程过程中有一条重要规则：不要让系统糊涂，系统一糊涂，肯定就是你错了。因此，Java 里不能使用方法返回值类型作为区分方法重载的依据。

不仅如此，如果被重载的方法里包含了个数可变的形参，则需要注意。看下面程序里定义的两个重载的方法。

程序清单：codes\05\5.2\OverloadVarargs.java

```java
public class OverloadVarargs
{
    public void test(String msg)
    {
        System.out.println("只有一个字符串参数的test方法 ");
    }
    // 因为前面已经有了一个test()方法，test()方法里有一个字符串参数
    // 此处的个数可变形参里不包含一个字符串参数的形式
    public void test(String... books)
    {
        System.out.println("****形参个数可变的test方法****");
    }
    public static void main(String[] args)
    {
        OverloadVarargs olv = new OverloadVarargs();
        // 下面两次调用将执行第二个test()方法
        olv.test();
        olv.test("aa" , "bb");
        // 下面调用将执行第一个test()方法
        olv.test("aa");
        // 下面调用将执行第二个test()方法
        olv.test(new String[]{"aa"});
    }
}
```

编译、运行上面程序，将看到 olv.test();和 olv.test("aa" , "bb");两次调用的是 test(String... books)方法，而 olv.test("aa");则调用的是 test(String msg)方法。通过这个程序可以看出，如果同一个类中定义了 test(String... books)方法，同时还定义了一个 test(String)方法，则 test(String... books)方法的 books 不可能通过直接传入一个字符串参数来调用，如果只传入一个参数，系统会执行重载的 test(String)方法。如果需要调用 test(String... books)方法，又只想传入一个字符串参数，则可采用传入字符串数组的形式，如下代码所示。

```
olv.test(new String[]{"aa"});
```

大部分时候并不推荐重载形参个数可变的方法，因为这样做确实没有太大的意义，而且容易降低程序的可读性。

5.3 成员变量和局部变量

在 Java 语言中，根据定义变量位置的不同，可以将变量分成两大类：成员变量和局部变量。成员变量和局部变量的运行机制存在较大差异，本节将详细介绍这两种变量的运行差异。

5.3.1 成员变量和局部变量是什么

成员变量指的是在类里定义的变量，也就是前面所介绍的 field；局部变量指的是在方法里定义的变量。不管是成员变量还是局部变量，都应该遵守相同的命名规则：从语法角度来看，只要是一个合法的标识符即可；但从程序可读性角度来看，应该是多个有意义的单词连缀而成，其中第一个单词首字母小写，后面每个单词首字母大写。Java 程序中的变量划分如图 5.9 所示。

成员变量被分为类变量和实例变量两种，定义成员变量时没有 static 修饰的就是实例变量，有 static 修饰

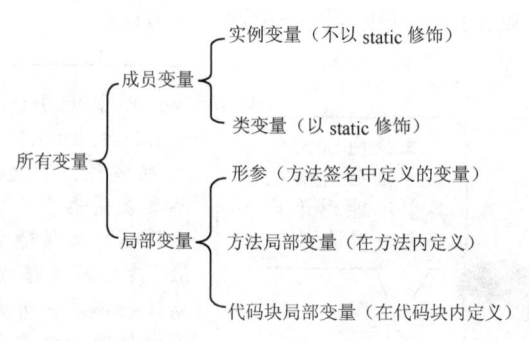

图 5.9 变量分类图

的就是类变量。其中类变量从该类的准备阶段起开始存在,直到系统完全销毁这个类,类变量的作用域与这个类的生存范围相同;而实例变量则从该类的实例被创建起开始存在,直到系统完全销毁这个实例,实例变量的作用域与对应实例的生存范围相同。

> **提示:** 一个类在使用之前要经过类加载、类验证、类准备、类解析、类初始化等几个阶段,关于类的生命周期的介绍,读者可以参考本书第 18 章。

正是基于这个原因,可以把类变量和实例变量统称为成员变量,其中类变量可以理解为类成员变量,它作为类本身的一个成员,与类本身共存亡;实例变量则可理解为实例成员变量,它作为实例的一个成员,与实例共存亡。

只要类存在,程序就可以访问该类的类变量。在程序中访问类变量通过如下语法:

类.类变量

只要实例存在,程序就可以访问该实例的实例变量。在程序中访问实例变量通过如下语法:

实例.实例变量

当然,类变量也可以让该类的实例来访问。通过实例来访问类变量的语法如下:

实例.类变量

但由于这个实例并不拥有这个类变量,因此它访问的并不是这个实例的变量,依然是访问它对应类的类变量。也就是说,如果通过一个实例修改了类变量的值,由于这个类变量并不属于它,而是属于它对应的类。因此,修改的依然是类的类变量,与通过该类来修改类变量的结果完全相同,这会导致该类的其他实例来访问这个类变量时也将获得这个被修改过的值。

下面程序定义了一个 Person 类,在这个 Person 类中定义两个成员变量,一个实例变量: name,以及一个类变量: eyeNum。程序还通过 PersonTest 类来创建 Person 实例,并分别通过 Person 类和 Person 实例来访问实例变量和类变量。

程序清单: codes\05\5.3\PersonTest.java

```java
class Person
{
    // 定义一个实例变量
    public String name;
    // 定义一个类变量
    public static int eyeNum;
}
public class PersonTest
{
    public static void main(String[] args)
    {
        // 第一次主动使用 Person 类,该类自动初始化,则 eyeNum 变量开始起作用,输出 0
        System.out.println("Person 的 eyeNum 类变量值:"
            + Person.eyeNum);
        // 创建 Person 对象
        Person p = new Person();
        // 通过 Person 对象的引用 p 来访问 Person 对象 name 实例变量
        // 并通过实例访问 eyeNum 类变量
        System.out.println("p 变量的 name 变量值是: " + p.name
            + " p 对象的 eyeNum 变量值是: " + p.eyeNum);
        // 直接为 name 实例变量赋值
        p.name = "孙悟空";
        // 通过 p 访问 eyeNum 类变量,依然是访问 Person 的 eyeNum 类变量
        p.eyeNum = 2;
        // 再次通过 Person 对象来访问 name 实例变量和 eyeNum 类变量
        System.out.println("p 变量的 name 变量值是: " + p.name
            + " p 对象的 eyeNum 变量值是: " + p.eyeNum);
        // 前面通过 p 修改了 Person 的 eyeNum,此处的 Person.eyeNum 将输出 2
        System.out.println("Person 的 eyeNum 类变量值:" + Person.eyeNum);
        Person p2 = new Person();
```

```
        // p2 访问的 eyeNum 类变量依然引用 Person 类的，因此依然输出 2
        System.out.println("p2 对象的 eyeNum 类变量值：" + p2.eyeNum);
    }
}
```

从上面程序来看，成员变量无须显式初始化，只要为一个类定义了类变量或实例变量，系统就会在这个类的准备阶段或创建该类的实例时进行默认初始化，成员变量默认初始化时的赋值规则与数组动态初始化时数组元素的赋值规则完全相同。

从上面程序运行结果不难发现，类变量的作用域比实例变量的作用域更大：实例变量随实例的存在而存在，而类变量则随类的存在而存在。实例也可访问类变量，同一个类的所有实例访问类变量时，实际上访问的是该类本身的同一个变量，也就是说，访问了同一片内存区。

> **提示：** 正如前面提到的，Java 允许通过实例来访问 static 修饰的成员变量本身就是一个错误，因此读者以后看到通过实例来访问 static 成员变量的情形，都可以将它替换成通过类本身来访问 static 成员变量的情形，这样程序的可读性、明确性都会大大提高。

局部变量根据定义形式的不同，又可以被分为如下三种。
- 形参：在定义方法签名时定义的变量，形参的作用域在整个方法内有效。
- 方法局部变量：在方法体内定义的局部变量，它的作用域是从定义该变量的地方生效，到该方法结束时失效。
- 代码块局部变量：在代码块中定义的局部变量，这个局部变量的作用域从定义该变量的地方生效，到该代码块结束时失效。

与成员变量不同的是，局部变量除形参之外，都必须显式初始化。也就是说，必须先给方法局部变量和代码块局部变量指定初始值，否则不可以访问它们。

下面代码是定义代码块局部变量的实例程序。

程序清单：codes\05\5.3\BlockTest.java

```java
public class BlockTest
{
    public static void main(String[] args)
    {
        {
            // 定义一个代码块局部变量 a
            int a;
            // 下面代码将出现错误，因为 a 变量还未初始化
            // System.out.println("代码块局部变量 a 的值：" + a);
            // 为 a 变量赋初始值，也就是进行初始化
            a = 5;
            System.out.println("代码块局部变量 a 的值：" + a);
        }
        // 下面试图访问的 a 变量并不存在
        // System.out.println(a);
    }
}
```

从上面代码中可以看出，只要离开了代码块局部变量所在的代码块，这个局部变量就立即被销毁，变为不可见。

对于方法局部变量，其作用域从定义该变量开始，直到该方法结束。下面代码示范了方法局部变量的作用域。

程序清单：codes\05\5.3\MethodLocalVariableTest.java

```java
public class MethodLocalVariableTest
{
    public static void main(String[] args)
    {
        // 定义一个方法局部变量 a
```

```
        int a;
        // 下面代码将出现错误，因为 a 变量还未初始化
        // System.out.println("方法局部变量 a 的值： " + a);
        // 为 a 变量赋初始值，也就是进行初始化
        a = 5;
        System.out.println("方法局部变量 a 的值： " + a);
    }
}
```

形参的作用域是整个方法体内有效，而且形参也无须显式初始化，形参的初始化在调用该方法时由系统完成，形参的值由方法的调用者负责指定。

当通过类或对象调用某个方法时，系统会在该方法栈区内为所有的形参分配内存空间，并将实参的值赋给对应的形参，这就完成了形参的初始化。关于形参的传递机制请参阅 5.2.2 节的介绍。

在同一个类里，成员变量的作用范围是整个类内有效，一个类里不能定义两个同名的成员变量，即使一个是类变量，一个是实例变量也不行；一个方法里不能定义两个同名的方法局部变量，方法局部变量与形参也不能同名；同一个方法中不同代码块内的代码块局部变量可以同名；如果先定义代码块局部变量，后定义方法局部变量，前面定义的代码块局部变量与后面定义的方法局部变量也可以同名。

Java 允许局部变量和成员变量同名，如果方法里的局部变量和成员变量同名，局部变量会覆盖成员变量，如果需要在这个方法里引用被覆盖的成员变量，则可使用 this（对于实例变量）或类名（对于类变量）作为调用者来限定访问成员变量。

程序清单：codes\05\5.3\VariableOverrideTest.java

```java
public class VariableOverrideTest
{
    // 定义一个 name 实例变量
    private String name = "李刚";
    // 定义一个 price 类变量
    private static double price = 78.0;
    // 主方法，程序的入口
    public static void main(String[] args)
    {
        // 方法里的局部变量，局部变量覆盖成员变量
        int price = 65;
        // 直接访问 price 变量，将输出 price 局部变量的值：65
        System.out.println(price);
        // 使用类名作为 price 变量的限定，
        // 将输出 price 类变量的值：78.0
        System.out.println(VariableOverrideTest.price);
        // 运行 info 方法
        new VariableOverrideTest().info();
    }
    public void info()
    {
        // 方法里的局部变量，局部变量覆盖成员变量
        String name = "孙悟空";
        // 直接访问 name 变量，将输出 name 局部变量的值："孙悟空"
        System.out.println(name);
        // 使用 this 来作为 name 变量的限定
        // 将输出 name 实例变量的值："李刚"
        System.out.println(this.name);
    }
}
```

从上面代码可以清楚地看出局部变量覆盖成员变量时，依然可以在方法中显式指定类名和 this 作为调用者来访问被覆盖的成员变量，这使得编程更加自由。不过大部分时候还是应该尽量避免这种局部变量和成员变量同名的情形。

▶▶ 5.3.2 成员变量的初始化和内存中的运行机制

当系统加载类或创建该类的实例时，系统自动为成员变量分配内存空间，并在分配内存空间后，自

动为成员变量指定初始值。

下面以 codes\05\5.3\PersonTest.java 代码中定义的 Person 类来创建两个实例,配合示意图来说明 Java 的成员变量的初始化和内存中的运行机制。看下面几行代码:

```
// 创建第一个 Person 对象
Person p1 = new Person();
// 创建第二个 Person 对象
Person p2 = new Person();
// 分别为两个 Person 对象的 name 实例变量赋值
p1.name = "张三";
p2.name = "孙悟空";
// 分别为两个 Person 对象的 eyeNum 类变量赋值
p1.eyeNum = 2;
p2.eyeNum = 3;
```

当程序执行第一行代码 Person p1 = new Person();时,如果这行代码是第一次使用 Person 类,则系统通常会在第一次使用 Person 类时加载这个类,并初始化这个类。在类的准备阶段,系统将会为该类的类变量分配内存空间,并指定默认初始值。当 Person 类初始化完成后,系统内存中的存储示意图如图 5.10 所示。

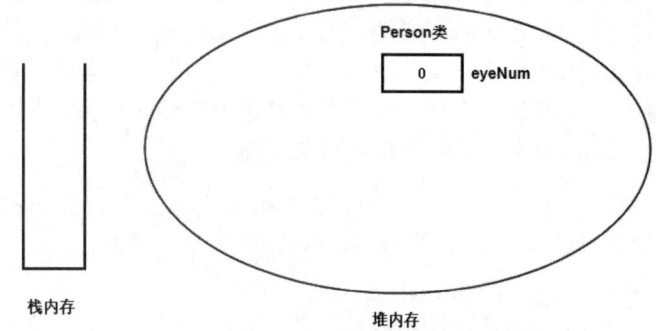

图 5.10 初始化 Person 类后的存储示意图

从图 5.10 中可以看出,当 Person 类初始化完成后,系统将在堆内存中为 Person 类分配一块内存区(当 Person 类初始化完成后,系统会为 Person 类创建一个类对象,具体参考本书第 18 章),在这块内存区里包含了保存 eyeNum 类变量的内存,并设置 eyeNum 的默认初始值: 0。

系统接着创建了一个 Person 对象,并把这个 Person 对象赋给 p1 变量,Person 对象里包含了名为 name 的实例变量,实例变量是在创建实例时分配内存空间并指定初始值的。当创建了第一个 Person 对象后,系统内存中的存储示意图如图 5.11 所示。

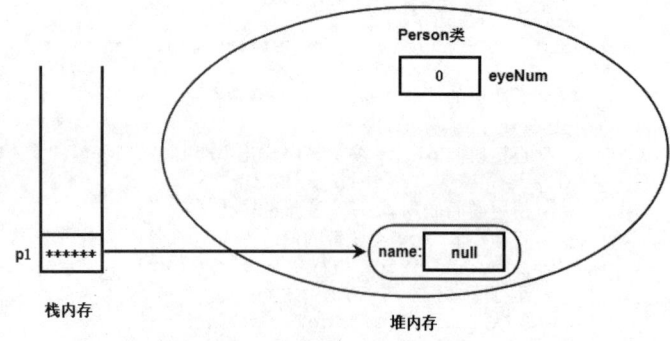

图 5.11 创建第一个 Person 对象后的存储示意图

从图 5.11 中可以看出,eyeNum 类变量并不属于 Person 对象,它是属于 Person 类的,所以创建第一个 Person 对象时并不需要为 eyeNum 类变量分配内存,系统只是为 name 实例变量分配了内存空间,并指定默认初始值: null。

接着执行 Person p2 = new Person();代码创建第二个 Person 对象,此时因为 Person 类已经存在于堆内存中了,所以不再需要对 Person 类进行初始化。创建第二个 Person 对象与创建第一个 Person 对象并没有什么不同。

当程序执行 p1.name = "张三";代码时,将为 p1 的 name 实例变量赋值,也就是让图 5.11 中堆内存中的 name 指向"张三"字符串。执行完成后,两个 Person 对象在内存中的存储示意图如图 5.12 所示。

从图 5.12 中可以看出,name 实例变量是属于单个 Person 实例的,因此修改第一个 Person 对象的 name 实例变量时仅仅与该对象有关,与 Person 类和其他 Person 对象没有任何关系。同样,修改第二个 Person 对象的 name 实例变量时,也与 Person 类和其他 Person 对象无关。

直到执行 p1.eyeNum = 2;代码时,此时通过 Person 对象来修改 Person 的类变量,从图 5.12 中不难看出,Person 对象根本没有保存 eyeNum 这个变量,通过 p1 访问的 eyeNum 类变量,其实还是 Person

类的 eyeNum 类变量。因此，此时修改的是 Person 类的 eyeNum 类变量。修改成功后，内存中的存储示意图如图 5.13 所示。

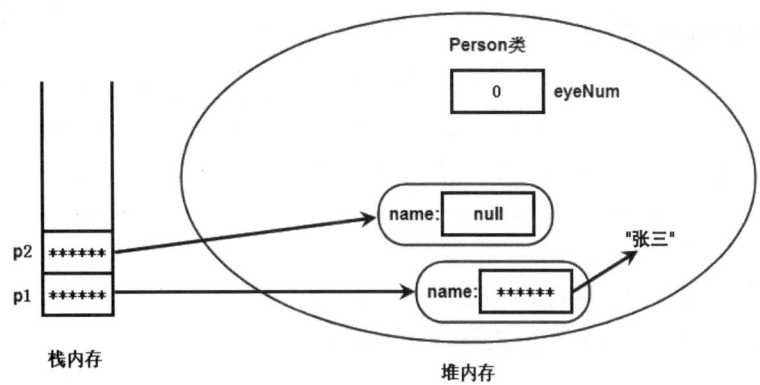

图 5.12　为第一个 Person 对象的 name 实例变量赋值后的存储示意图

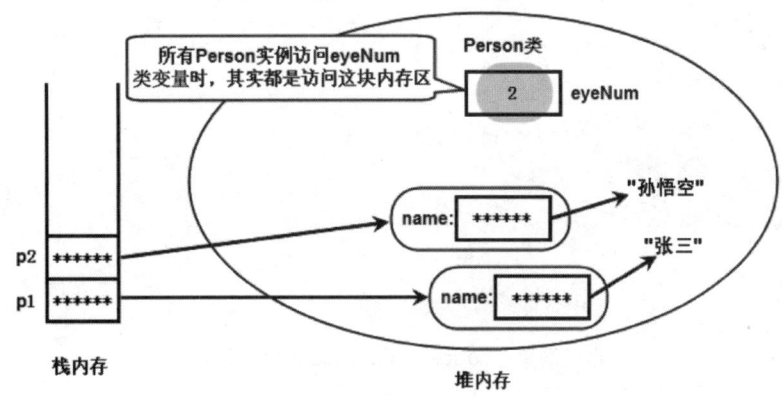

图 5.13　设置 p1 的 eyeNum 类变量之后的存储示意图

从图 5.13 中可以看出，当通过 p1 来访问类变量时，实际上访问的是 Person 类的 eyeNum 类变量。事实上，所有的 Person 实例访问 eyeNum 类变量时都将访问到 Person 类的 eyeNum 类变量，也就是图 5.13 中灰色覆盖的区域。换句话来说，不管通过哪个 Person 实例来访问 eyeNum 类变量，本质其实还是通过 Person 类来访问 eyeNum 类变量时，它们所访问的是同一块内存。基于这个理由，本书建议读者，当程序需要访问类变量时，尽量使用类作为主调，而不要使用对象作为主调，这样可以避免程序产生歧义，提高程序的可读性。

> **注意**
> 遗憾的是，经常见到有些公司的招聘笔试题，或者有些某某试题（比如 SCJP 等），其中常常就有通过不同对象来访问类变量的情形。Java 语法中允许通过对象来访问类成员（包括类变量、方法）可以说完全是一个缺陷，聪明的开发者应该学会避开这个陷阱，而不是天天在这个陷阱旁边绕来绕去！

▶▶ 5.3.3　局部变量的初始化和内存中的运行机制

局部变量定义后，必须经过显式初始化后才能使用，系统不会为局部变量执行初始化。这意味着定义局部变量后，系统并未为这个变量分配内存空间，直到等到程序为这个变量赋初始值时，系统才会为局部变量分配内存，并将初始值保存到这块内存中。

与成员变量不同，局部变量不属于任何类或实例，因此它总是保存在其所在方法的栈内存中。如果局部变量是基本类型的变量，则直接把这个变量的值保存在该变量对应的内存中；如果局部变量是一个引用类型的变量，则这个变量里存放的是地址，通过该地址引用到该变量实际引用的对象或数组。

栈内存中的变量无须系统垃圾回收，往往随方法或代码块的运行结束而结束。因此，局部变量的作用域是从初始化该变量开始,直到该方法或该代码块运行完成而结束。因为局部变量只保存基本类型的值或者对象的引用,因此局部变量所占的内存区通常比较小。

▶▶ 5.3.4 变量的使用规则

对Java初学者而言,何时应该使用类变量?何时应该使用实例变量?何时应该使用方法局部变量?何时应该使用代码块局部变量?这种选择比较困难,如果仅就程序的运行结果来看,大部分时候都可以直接使用类变量或者实例变量来解决问题,无须使用局部变量。但实际上这种做法相当错误,因为定义一个成员变量时,成员变量将被放置到堆内存中,成员变量的作用域将扩大到类存在范围或者对象存在范围,这种范围的扩大有两个害处。

➢ 增大了变量的生存时间,这将导致更大的内存开销。
➢ 扩大了变量的作用域,这不利于提高程序的内聚性。

对比下面三个程序。

程序清单:codes\05\5.3\ScopeTest1.java

```java
public class ScopeTest1
{
    // 定义一个类成员变量作为循环变量
    static int i;
    public static void main(String[] args)
    {
        for ( i = 0 ; i < 10 ; i++)
        {
            System.out.println("Hello");
        }
    }
}
```

程序清单:codes\05\5.3\ScopeTest2.java

```java
public class ScopeTest2
{
    public static void main(String[] args)
    {
        // 定义一个方法局部变量作为循环变量
        int i;
        for ( i = 0 ; i < 10 ; i++)
        {
            System.out.println("Hello");
        }
    }
}
```

程序清单:codes\05\5.3\ScopeTest3.java

```java
public class ScopeTest3
{
    public static void main(String[] args)
    {
        // 定义一个代码块局部变量作为循环变量
        for (int i = 0 ; i < 10 ; i++)
        {
            System.out.println("Hello");
        }
    }
}
```

这三个程序的运行结果完全相同,但程序的效果则大有差异。第三个程序最符合软件开发规范:对于一个循环变量而言,只需要它在循环体内有效,因此只需要把这个变量放在循环体内(也就是在代码块内定义),从而保证这个变量的作用域仅在该代码块内。

如果有如下几种情形,则应该考虑使用成员变量。

➢ 如果需要定义的变量是用于描述某个类或某个对象的固有信息的,例如人的身高、体重等信息,它们是人对象的固有信息,每个人对象都具有这些信息。这种变量应该定义为成员变量。如果这种信息对这个类的所有实例完全相同，或者说它是类相关的，例如人类的眼睛数量，目前所有人的眼睛数量都是 2，如果人类进化了，变成了 3 个眼睛，则所有人的眼睛数量都是 3，这种类相关的信息应该定义成类变量；如果这种信息是实例相关的，例如人的身高、体重等，每个人实例的身高、体重可能互不相同，这种信息是实例相关的，因此应该定义成实例变量。

➢ 如果在某个类中需要以一个变量来保存该类或者实例运行时的状态信息，例如上面五子棋程序中的棋盘数组，它用以保存五子棋实例运行时的状态信息。这种用于保存某个类或某个实例状态信息的变量通常应该使用成员变量。

➢ 如果某个信息需要在某个类的多个方法之间进行共享，则这个信息应该使用成员变量来保存。例如，在把浮点数转换为人民币读法字符串的程序中，数字的大写字符和单位字符等是多个方法的共享信息，因此应设置为成员变量。

即使在程序中使用局部变量，也应该尽可能地缩小局部变量的作用范围，局部变量的作用范围越小，它在内存里停留的时间就越短，程序运行性能就越好。因此，能用代码块局部变量的地方，就坚决不要使用方法局部变量。

5.4 隐藏和封装

在前面程序中经常出现通过某个对象的直接访问其成员变量的情形，这可能引起一些潜在的问题，比如将某个 Person 的 age 成员变量直接设为 1000，这在语法上没有任何问题，但显然违背了现实。因此，Java 程序推荐将类和对象的成员变量进行封装。

▶▶ 5.4.1 理解封装

封装（Encapsulation）是面向对象的三大特征之一（另外两个是继承和多态），它指的是将对象的状态信息隐藏在对象内部，不允许外部程序直接访问对象内部信息，而是通过该类所提供的方法来实现对内部信息的操作和访问。

封装是面向对象编程语言对客观世界的模拟，在客观世界里，对象的状态信息都被隐藏在对象内部，外界无法直接操作和修改。就如刚刚说的 Person 对象的 age 变量，只能随着岁月的流逝，age 才会增加，通常不能随意修改 Person 对象的 age。对一个类或对象实现良好的封装，可以实现以下目的。

➢ 隐藏类的实现细节。
➢ 让使用者只能通过事先预定的方法来访问数据，从而可以在该方法里加入控制逻辑，限制对成员变量的不合理访问。
➢ 可进行数据检查，从而有利于保证对象信息的完整性。
➢ 便于修改，提高代码的可维护性。

为了实现良好的封装，需要从两个方面考虑。
➢ 将对象的成员变量和实现细节隐藏起来，不允许外部直接访问。
➢ 把方法暴露出来，让方法来控制对这些成员变量进行安全的访问和操作。

因此，封装实际上有两个方面的含义：把该隐藏的隐藏起来，把该暴露的暴露出来。这两个方面都需要通过使用 Java 提供的访问控制符来实现。

▶▶ 5.4.2 使用访问控制符

Java 提供了 3 个访问控制符：private、protected 和 public，分别代表了 3 个访问控制级别，另外还有一个不加任何访问控制符的访问控制级别，提供了 4 个访问控制级别。Java 的访问控制级别由小到大如图 5.14 所示。

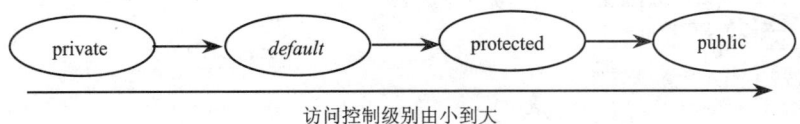

图 5.14 访问控制级别图

图 5.14 中的 4 个访问控制级别中的 default 并没有对应的访问控制符，当不使用任何访问控制符来修饰类或类成员时，系统默认使用该访问控制级别。这 4 个访问控制级别的详细介绍如下。

- private（当前类访问权限）：如果类里的一个成员（包括成员变量、方法和构造器等）使用 private 访问控制符来修饰，则这个成员只能在当前类的内部被访问。很显然，这个访问控制符用于修饰成员变量最合适，使用它来修饰成员变量就可以把成员变量隐藏在该类的内部。
- default（包访问权限）：如果类里的一个成员（包括成员变量、方法和构造器等）或者一个外部类不使用任何访问控制符修饰，就称它是包访问权限的，default 访问控制的成员或外部类可以被相同包下的其他类访问。关于包的介绍请看 5.4.3 节。
- protected（子类访问权限）：如果一个成员（包括成员变量、方法和构造器等）使用 protected 访问控制符修饰，那么这个成员既可以被同一个包中的其他类访问，也可以被不同包中的子类访问。在通常情况下，如果使用 protected 来修饰一个方法，通常是希望其子类来重写这个方法。关于父类、子类的介绍请参考 5.6 节的内容。
- public（公共访问权限）：这是一个最宽松的访问控制级别，如果一个成员（包括成员变量、方法和构造器等）或者一个外部类使用 public 访问控制符修饰，那么这个成员或外部类就可以被所有类访问，不管访问类和被访问类是否处于同一个包中，是否具有父子继承关系。

最后使用表 5.1 来总结上述的访问控制级别。

表 5.1 访问控制级别表

	private	default	protected	public
同一个类中	√	√	√	√
同一个包中		√	√	√
子类中			√	√
全局范围内				√

通过上面关于访问控制符的介绍不难发现，访问控制符用于控制一个类的成员是否可以被其他类访问，对于局部变量而言，其作用域就是它所在的方法，不可能被其他类访问，因此不能使用访问控制符来修饰。

对于外部类而言，它也可以使用访问控制符修饰，但外部类只能有两种访问控制级别：public 和默认。外部类不能使用 private 和 protected 修饰，因为外部类没有处于任何类的内部，也就没有其所在类的内部、所在类的子类两个范围，因此 private 和 protected 访问控制符对外部类没有意义。

外部类可以使用 public 和包访问控制权限，使用 public 修饰的外部类可以被所有类使用，如声明变量、创建实例；不使用任何访问控制符修饰的外部类只能被同一个包中的其他类使用。

> **提示**：
> 如果一个 Java 源文件里定义的所有类都没有使用 public 修饰，则这个 Java 源文件的文件名可以是一切合法的文件名；但如果一个 Java 源文件里定义了一个 public 修饰的类，则这个源文件的文件名必须与 public 修饰的类的类名相同。

掌握了访问控制符的用法之后，下面通过使用合理的访问控制符来定义一个 Person 类，这个 Person 类实现了良好的封装。

程序清单：codes\05\5.4\Person.java

```java
public class Person
{
    // 使用private修饰成员变量，将这些成员变量隐藏起来
    private String name;
    private int age;
    // 提供方法来操作name成员变量
    public void setName(String name)
    {
        // 执行合理性校验，要求用户名必须在2~6位之间
```

```java
        if (name.length() > 6 || name.length() < 2)
        {
            System.out.println("您设置的人名不符合要求");
            return;
        }
        else
        {
            this.name = name;
        }
    }
    public String getName()
    {
        return this.name;
    }
    // 提供方法来操作 age 成员变量
    public void setAge(int age)
    {
        // 执行合理性校验，要求用户年龄必须在 0~100 之间
        if (age > 100 || age < 0)
        {
            System.out.println("您设置的年龄不合法");
            return;
        }
        else
        {
            this.age = age;
        }
    }
    public int getAge()
    {
        return this.age;
    }
}
```

定义了上面的 Person 类之后，该类的 name 和 age 两个成员变量只有在 Person 类内才可以操作和访问，在 Person 类之外只能通过各自对应的 setter 和 getter 方法来操作和访问它们。

> **提示：** Java 类里实例变量的 setter 和 getter 方法有非常重要的意义。例如，某个类里包含了一个名为 abc 的实例变量，则其对应的 setter 和 getter 方法名应为 setAbc() 和 getAbc()（即将原实例变量名的首字母大写，并在前面分别增加 set 和 get 动词，就变成 setter 和 getter 方法名）。如果一个 Java 类的每个实例变量都被使用 private 修饰，并为每个实例变量都提供了 public 修饰 setter 和 getter 方法，那么这个类就是一个符合 JavaBean 规范的类。因此，JavaBean 总是一个封装良好的类。

下面程序在 main() 方法中创建一个 Person 对象，并尝试操作和访问该对象的 age 和 name 两个实例变量。

程序清单：codes\05\5.4\PersonTest.java

```java
public class PersonTest
{
    public static void main(String[] args)
    {
        Person p = new Person();
        // 因为 age 成员变量已被隐藏，所以下面语句将出现编译错误
        // p.age = 1000;
        // 下面语句编译不会出现错误，但运行时将提示"您设置的年龄不合法"
        // 程序不会修改 p 的 age 成员变量
        p.setAge(1000);
        // 访问 p 的 age 成员变量也必须通过其对应的 getter 方法
        // 因为上面从未成功设置 p 的 age 成员变量，故此处输出 0
        System.out.println("未能设置 age 成员变量时："
            + p.getAge());
        // 成功修改 p 的 age 成员变量
```

```
        p.setAge(30);
        // 因为上面成功设置了 p 的 age 成员变量，故此处输出 30
        System.out.println("成功设置 age 成员变量后： "
            + p.getAge());
        // 不能直接操作 p 的 name 成员变量，只能通过其对应的 setter 方法
        // 因为"李刚"字符串长度满足 2~6，所以可以成功设置
        p.setName("李刚");
        System.out.println("成功设置 name 成员变量后： "
            + p.getName());
    }
}
```

正如上面程序中注释的，PersonTest 类的 main()方法不可再直接修改 Person 对象的 name 和 age 两个实例变量，只能通过各自对应的 setter 方法来操作这两个实例变量的值。因为使用 setter 方法来操作 name 和 age 两个实例变量，就允许程序员在 setter 方法中增加自己的控制逻辑，从而保证 Person 对象的 name 和 age 两个实例变量不会出现与实际不符的情形。

> **提示：**
> 一个类常常就是一个小的模块，应该只让这个模块公开必须让外界知道的内容，而隐藏其他一切内容。进行程序设计时，应尽量避免一个模块直接操作和访问另一个模块的数据，模块设计追求高内聚（尽可能把模块的内部数据、功能实现细节隐藏在模块内部独立完成，不允许外部直接干预）、低耦合（仅暴露少量的方法给外部使用）。正如日常常见的内存条，内存条里的数据及其实现细节被完全隐藏在内存条里面，外部设备（如主机板）只能通过内存条的金手指（提供一些方法供外部调用）来和内存条进行交互。

关于访问控制符的使用，存在如下几条基本原则。
- 类里的绝大部分成员变量都应该使用 private 修饰，只有一些 static 修饰的、类似全局变量的成员变量，才可能考虑使用 public 修饰。除此之外，有些方法只用于辅助实现该类的其他方法，这些方法被称为工具方法，工具方法也应该使用 private 修饰。
- 如果某个类主要用做其他类的父类，该类里包含的大部分方法可能仅希望被其子类重写，而不想被外界直接调用，则应该使用 protected 修饰这些方法。
- 希望暴露出来给其他类自由调用的方法应该使用 public 修饰。因此，类的构造器通过使用 public 修饰，从而允许在其他地方创建该类的实例。因为外部类通常都希望被其他类自由使用，所以大部分外部类都使用 public 修饰。

> **注意：**
> 本书在写作过程中，有些类并没有提供良好的封装，这只是为了更好地演示某个知识点，或为了突出某些用法，读者不必模仿这种不好的做法。

▶▶ 5.4.3　package、import 和 import static

前面提到了包范围这个概念，那么什么是包呢？关于这个问题，先来回忆一个场景：在我们漫长的求学、工作生涯中可曾遇到过与自己同名的同学或同事？因为笔者姓名的缘故，笔者经常会遭遇此类事情。如果同一个班级里出现两个叫"李刚"的同学，那老师怎么处理呢？老师通常会在我们的名字前增加一个限定，例如大李刚、小李刚以示区分。

类似地，Oracle 公司的 JDK、各种系统软件厂商、众多的软件开发商，他们会提供成千上万、具有各种用途的类，不同软件公司在开发过程中也要提供大量的类，这些类会不会发生同名的情形呢？答案是肯定的。那么如何处理这种重名问题呢？Oracle 也允许在类名前增加一个前缀来限定这个类。Java 引入了包（package）机制，提供了类的多层命名空间，用于解决类的命名冲突、类文件管理等问题。

Java 允许将一组功能相关的类放在同一个 package 下，从而组成逻辑上的类库单元。如果希望把一个类放在指定的包结构下，应该在 Java 源程序的第一个非注释行放置如下格式的代码：

```
package packageName;
```

一旦在 Java 源文件中使用了这个 package 语句，就意味着该源文件里定义的所有类都属于这个包。位于包中的每个类的完整类名都应该是包名和类名的组合，如果其他人需要使用该包下的类，也应该使用包名加类名的组合。

下面程序在 lee 包下定义了一个简单的 Java 类。

程序清单：codes\05\5.4\Hello.java

```java
package lee;
public class Hello
{
    public static void main(String[] args)
    {
        System.out.println("Hello World!");
    }
}
```

上面程序中粗体字代码行表明把 Hello 类放在 lee 包空间下。把上面源文件保存在任意位置，使用如下命令来编译这个 Java 文件：

```
javac -d . Hello.java
```

前面已经介绍过，-d 选项用于设置编译生成 class 文件的保存位置，这里指定将生成的 class 文件放在当前路径（.就代表当前路径）下。使用该命令编译该文件后，发现当前路径下并没有 Hello.class 文件，而是在当前路径下多了一个名为 lee 的文件夹，该文件夹下则有一个 Hello.class 文件。

这是怎么回事呢？这与 Java 的设计有关。假设某个应用中包含两个 Hello 类，Java 通过引入包机制来区分两个不同的 Hello 类。不仅如此，这两个 Hello 类还对应两个 Hello.class 文件，它们在文件系统中也必须分开存放才不会引起冲突。所以 Java 规定：位于包中的类，在文件系统中也必须有与包名层次相同的目录结构。

对于上面的 Hello.class，它必须放在 lee 文件夹下才是有效的，当使用带-d 选项的 javac 命令来编译 Java 源文件时，该命令会自动建立对应的文件结构来存放相应的 class 文件。

如果直接使用 javac Hello.java 命令来编译这个文件，将会在当前路径下生成一个 Hello.class 文件，而不会生成 lee 文件夹。也就是说，如果编译 Java 文件时不使用-d 选项，编译器不会为 Java 源文件生成相应的文件结构。鉴于此，本书推荐编译 Java 文件时总是使用-d 选项，即使想把生成的 class 文件放在当前路径下，也应使用-d .选项，而不省略-d 选项。

进入编译器生成的 lee 文件夹所在路径，执行如下命令：

```
java lee.Hello
```

看到上面程序正常输出。

如果进入 lee 路径下使用 java Hello 命令来运行 Hello 类，系统将提示错误。正如前面讲的，Hello 类处于 lee 包下，因此必须把 Hello.class 文件放在 lee 路径下。

当虚拟机要装载 lee.Hello 类时，它会依次搜索 CLASSPATH 环境变量所指定的系列路径，查找这些路径下是否包含 lee 路径，并在 lee 路径下查找是否包含 Hello.class 文件。虚拟机在装载带包名的类时，会先搜索 CLASSPATH 环境变量指定的目录，然后在这些目录中按与包层次对应的目录结构去查找 class 文件。

同一个包中的类不必位于相同的目录下，例如有 lee.Person 和 lee.PersonTest 两个类，它们完全可以一个位于 C 盘下某个位置，一个位于 D 盘下某个位置，只要让 CLASSPATH 环境变量里包含这两个路径即可。虚拟机会自动搜索 CLASSPATH 下的子路径，把它们当成同一个包下的类来处理。

不仅如此，也应该把 Java 源文件放在与包名一致的目录结构下。与前面介绍的理由相似，如果系统中存在两个 Hello 类，通常也对应两个 Hello.java 源文件，如果把它们的源文件也放在对应的文件结构下，就可以解决源文件在文件系统中的存储冲突。

例如，可以把上面的 Hello.java 文件也放在与包层次相同的文件夹下面，即放在 lee 路径下。如果将源文件和 class 文件统一存放，也可能造成混乱，通常建议将源文件和 class 文件也分开存放，以便管理。例如，上面定义的位于 lee 包下的 Hello.java 及其生成的 Hello.class 文件，建议以图 5.15 所示的形式来存放。

> **注意：**
> 很多初学者以为只要把生成的 class 文件放在某个目录下，这个目录名就成了这个类的包名。这是一个错误的看法，不是有了目录结构，就等于有了包名。为 Java 类添加包必须在 Java 源文件中通过 package 语句指定，单靠目录名是没法指定的。Java 的包机制需要两个方面保证：① 源文件里使用 package 语句指定包名；② class 文件必须放在对应的路径下。

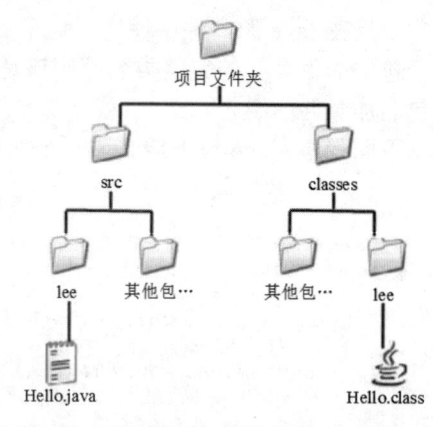

图 5.15　项目里源文件和 class 文件的组织

Java 语法只要求包名是有效的标识符即可，但从可读性规范角度来看，包名应该全部是小写字母，而且应该由一个或多个有意义的单词连缀而成。

当系统越来越大时，是否会发生包名、类名同时重复的情形呢？这个可能性不大，但在实际开发中，还是应该选择合适的包名，用以更好地组织系统中类库。为了避免不同公司之间类名的重复，Oracle 建议使用公司 Internet 域名倒写来作为包名，例如公司的 Internet 域名是 crazyit.org，则该公司的所有类都建议放在 org.crazyit 包及其子包下。

> **提示：**
> 在实际企业开发中，还会在 org.crazyit 包下以项目名建立子包；如果该项目足够大，则还会在项目名子包下以模块名来建立模块子包；如果该模块下还包括多种类型的组件，则还会建立对应的子包。假设有一个 eLearning 系统，对于该系统下学生模块的 DAO 组件，则通常会放在 org.crazyit.elearning.student.dao 包下，其中 elearning 是项目名，student 是模块名，dao 用于组织一类组件。

package 语句必须作为源文件的第一条非注释性语句，一个源文件只能指定一个包，即只能包含一条 package 语句，该源文件中可以定义多个类，则这些类将全部位于该包下。

如果没有显式指定 package 语句，则处于默认包下。在实际企业开发中，通常不会把类定义在默认包下，但本书中的大量示例程序为了简单起见，都没有显式指定 package 语句。

同一个包下的类可以自由访问，例如下面的 HelloTest 类，如果把它也放在 lee 包下，则这个 HelloTest 类可以直接访问 Hello 类，无须添加包前缀。

程序清单：codes\05\5.4\HelloTest.java

```java
package lee;
public class HelloTest
{
    public static void main(String[] args)
    {
        // 直接访问相同包下的另一个类，无须使用包前缀
        Hello h = new Hello();
    }
}
```

下面代码在 lee 包下再定义一个 sub 子包，并在该包下定义一个 Apple 空类。

```java
package lee.sub;
public class Apple{}
```

对于上面的 lee.sub.Apple 类，位于 lee.sub 包下，与 lee.HelloTest 类和 lee.Hello 类不再处于同一个包下，因此使用 lee.sub.Apple 类时就需要使用该类的全名（即包名加类名），即必须使用 lee.sub.Apple 写法来使用该类。

虽然 lee.sub 包是 lee 包的子包，但在 lee.Hello 或 lee.HelloTest 中使用 lee.sub.Apple 类时，依然不能省略前面的 lee 包路径，即在 lee.HelloTest 类和 lee.Hello 类中使用该类时不可写成 sub.Apple，必须写成

完整包路径加类名：lee.sub.Apple。

> **提示：** 父包和子包之间确实表示了某种内在的逻辑关系，例如前面介绍的 org.crazyit.elearnging 父包和 org.crazyit.elearning.student 子包，确实可以表明后者是前者的一个模块。但父包和子包在用法上则不存在任何关系，如果父包中的类需要使用子包中的类，则必须使用子包的全名，而不能省略父包部分。

如果创建处于其他包下类的实例，则在调用构造器时也需要使用包前缀。例如在 lee.HelloTest 类中创建 lee.sub.Apple 类的对象，则需要采用如下代码：

```
// 调用构造器时需要在构造器前增加包前缀
lee.sub.Apple a = new lee.sub.Apple()
```

正如上面看到的，如果需要使用不同包中的其他类时，总是需要使用该类的全名，这是一件很烦琐的事情。

为了简化编程，Java 引入了 import 关键字，import 可以向某个 Java 文件中导入指定包层次下某个类或全部类，import 语句应该出现在 package 语句（如果有的话）之后、类定义之前。一个 Java 源文件只能包含一个 package 语句，但可以包含多个 import 语句，多个 import 语句用于导入多个包层次下的类。

使用 import 语句导入单个类的用法如下：

```
import package.subpackage...ClassName;
```

上面语句用于直接导入指定 Java 类。例如导入前面提到的 lee.sub.Apple 类，应该使用下面的代码：

```
import lee.sub.Apple;
```

使用 import 语句导入指定包下全部类的用法如下：

```
import package.subpackage...*;
```

上面 import 语句中的星号（*）只能代表类，不能代表包。因此使用 import lee.*;语句时，它表明导入 lee 包下的所有类，即 Hello 类和 HelloTest 类，而 lee 包下 sub 子包内的类则不会被导入。如需导入 lee.sub.Apple 类，则可以使用 import lee.sub.*;语句来导入 lee.sub 包下的所有类。

一旦在 Java 源文件中使用 import 语句来导入指定类，在该源文件中使用这些类时就可以省略包前缀，不再需要使用类全名。修改上面的 HelloTest.java 文件，在该文件中使用 import 语句来导入 lee.sub.Apple 类（程序清单同上）。

```
package lee;
//使用import导入lee.sub.Apple类
import lee.sub.Apple;
public class HelloTest
{
    public static void main(String[] args)
    {
        Hello h = new Hello();
        // 使用类全名的写法
        lee.sub.Apple a = new lee.sub.Apple();
        // 如果使用import语句来导入Apple类，就可以不再使用类全名了
        Apple aa = new Apple();
    }
}
```

正如上面代码中看到的，通过使用 import 语句可以简化编程。但 import 语句并不是必需的，只要坚持在类里使用其他类的全名，则可以无须使用 import 语句。

> **注意：** Java 默认为所有源文件导入 java.lang 包下的所有类，因此前面在 Java 程序中使用 String、System 类时都无须使用 import 语句来导入这些类。但对于前面介绍数组时提到的 Arrays 类，其位于 java.util 包下，则必须使用 import 语句来导入该类。

在一些极端的情况下，import 语句也帮不了我们，此时只能在源文件中使用类全名。例如，需要在程序中使用 java.sql 包下的类，也需要使用 java.util 包下的类，则可以使用如下两行 import 语句：

```
import java.util.*;
import java.sql.*;
```

如果接下来在程序中需要使用 Date 类，则会引起如下编译错误：

```
HelloTest.java:25: 对 Date 的引用不明确，
java.sql 中的 类 java.sql.Date 和 java.util 中的 类 java.util.Date 都匹配
```

上面错误提示：在 HelloTest.java 文件的第 25 行使用了 Date 类，而 import 语句导入的 java.sql 和 java.util 包下都包含了 Date 类，系统糊涂了！再次提醒读者：不要把系统搞糊涂，系统一糊涂就是你错了。在这种情况下，如果需要指定包下的 Date 类，则只能使用该类的全名。

```
// 为了让引用更加明确，即使使用了 import 语句，也还是需要使用类的全名
java.sql.Date d = new java.sql.Date();
```

import 语句可以简化编程，可以导入指定包下某个类或全部类。

JDK 1.5 以后更是增加了一种静态导入的语法，它用于导入指定类的某个静态成员变量、方法或全部的静态成员变量、方法。

静态导入使用 import static 语句，静态导入也有两种语法，分别用于导入指定类的单个静态成员变量、方法和全部静态成员变量、方法，其中导入指定类的单个静态成员变量、方法的语法格式如下：

```
import static package.subpackage...ClassName.fieldName|methodName;
```

上面语法导入 package.subpackage...ClassName 类中名为 fieldName 的静态成员变量或者名为 methodName 的静态方法。例如，可以使用 import static java.lang.System.out;语句来导入 java.lang.System 类的 out 静态成员变量。

导入指定类的全部静态成员变量、方法的语法格式如下：

```
import static package.subpackage...ClassName.*;
```

上面语法中的星号只能代表静态成员变量或方法名。

import static 语句也放在 Java 源文件的 package 语句（如果有的话）之后、类定义之前，即放在与普通 import 语句相同的位置，而且 import 语句和 import static 语句之间没有任何顺序要求。

所谓静态成员变量、静态方法其实就是前面介绍的类变量、类方法，它们都需要使用 static 修饰，而 static 在很多地方都被翻译为静态，因此 import static 也就被翻译成了"静态导入"。其实完全可以抛开这个翻译，用一句话来归纳 import 和 import static 的作用：使用 import 可以省略写包名；而使用 import static 则可以连类名都省略。

下面程序使用 import static 语句来导入 java.lang.System 类下的全部静态成员变量，从而可以将程序简化成如下形式。

程序清单：codes\05\5.4\StaticImportTest.java

```java
import static java.lang.System.*;
import static java.lang.Math.*;
public class StaticImportTest
{
    public static void main(String[] args)
    {
        // out 是 java.lang.System 类的静态成员变量，代表标准输出
        // PI 是 java.lang.Math 类的静态成员变量，表示π常量
        out.println(PI);
        // 直接调用 Math 类的 sqrt 静态方法
        out.println(sqrt(256));
    }
}
```

从上面程序不难看出，import 和 import static 的功能非常相似，只是它们导入的对象不一样而已。import 语句和 import static 语句都是用于减少程序中代码编写量的。

现在可以总结出 Java 源文件的大体结构如下：

```
package 语句                                              // 0 个或 1 个，必须放在文件开始
import | import static 语句                               // 0 个或多个，必须放在所有类定义之前
public classDefinition | interfaceDefinition | enumDefinition
                                                          // 0 个或 1 个 public 类、接口或枚举定义
classDefinition | interfaceDefinition | enumDefinition    // 0 个或多个普通类、接口或枚举定义
```

上面提到了接口定义、枚举定义，读者可以暂时把接口、枚举都当成一种特殊的类。

▶▶ 5.4.4 Java 的常用包

Java 的核心类都放在 java 包以及其子包下，Java 扩展的许多类都放在 javax 包以及其子包下。这些实用类也就是前面所说的 API（应用程序接口），Oracle 按这些类的功能分别放在不同的包下。下面几个包是 Java 语言中的常用包。

- ➢ java.lang：这个包下包含了 Java 语言的核心类，如 String、Math、System 和 Thread 类等，使用这个包下的类无须使用 import 语句导入，系统会自动导入这个包下的所有类。
- ➢ java.util：这个包下包含了 Java 的大量工具类/接口和集合框架类/接口，例如 Arrays 和 List、Set 等。
- ➢ java.net：这个包下包含了一些 Java 网络编程相关的类/接口。
- ➢ java.io：这个包下包含了一些 Java 输入/输出编程相关的类/接口。
- ➢ java.text：这个包下包含了一些 Java 格式化相关的类。
- ➢ java.sql：这个包下包含了 Java 进行 JDBC 数据库编程的相关类/接口。
- ➢ java.awt：这个包下包含了抽象窗口工具集（Abstract Window Toolkits）的相关类/接口，这些类主要用于构建图形用户界面（GUI）程序。
- ➢ java.swing：这个包下包含了 Swing 图形用户界面编程的相关类/接口，这些类可用于构建平台无关的 GUI 程序。

读者现在只需对这些包有一个大致印象即可，随着本书后面的介绍，读者会逐渐熟悉这些包下各类和接口的用法。

📂 5.5 深入构造器

构造器是一个特殊的方法，这个特殊方法用于创建实例时执行初始化。构造器是创建对象的重要途径（即使使用工厂模式、反射等方式创建对象，其实质依然是依赖于构造器），因此，Java 类必须包含一个或一个以上的构造器。

▶▶ 5.5.1 使用构造器执行初始化

构造器最大的用处就是在创建对象时执行初始化。前面已经介绍过了，当创建一个对象时，系统为这个对象的实例变量进行默认初始化，这种默认的初始化把所有基本类型的实例变量设为 0（对数值型实例变量）或 false（对布尔型实例变量），把所有引用类型的实例变量设为 null。

如果想改变这种默认的初始化，想让系统创建对象时就为该对象的实例变量显式指定初始值，就可以通过构造器来实现。

  如果程序员没有为 Java 类提供任何构造器，则系统会为这个类提供一个无参数的构造器，这个构造器的执行体为空，不做任何事情。无论如何，Java 类至少包含一个构造器。

下面类提供了一个自定义的构造器，通过这个构造器就可以让程序员进行自定义的初始化操作。

程序清单：codes\05\5.5\ConstructorTest.java

```
public class ConstructorTest
{
```

```java
    public String name;
    public int count;
    // 提供自定义的构造器，该构造器包含两个参数
    public ConstructorTest(String name , int count)
    {
        // 构造器里的 this 代表它进行初始化的对象
        // 下面两行代码将传入的 2 个参数赋给 this 代表对象的 name 和 count 实例变量
        this.name = name;
        this.count = count;
    }
    public static void main(String[] args)
    {
        // 使用自定义的构造器来创建对象
        // 系统将会对该对象执行自定义的初始化
        ConstructorTest tc = new ConstructorTest("疯狂Java讲义" , 90000);
        // 输出 ConstructorTest 对象的 name 和 count 两个实例变量
        System.out.println(tc.name);
        System.out.println(tc.count);
    }
}
```

运行上面程序，将看到输出 ConstructorTest 对象时，它的 name 实例变量不再是 null，而且 count 实例变量也不再是 0，这就是提供自定义构造器的作用。

学生提问：构造器是创建 Java 对象的途径，是不是说构造器完全负责创建 Java 对象？

答：不是！构造器是创建 Java 对象的重要途径，通过 new 关键字调用构造器时，构造器也确实返回了该类的对象，但这个对象并不是完全由构造器负责创建的。实际上，当程序员调用构造器时，系统会先为该对象分配内存空间，并为这个对象执行默认初始化，这个对象已经产生了——这些操作在构造器执行之前就都完成了。也就是说，当系统开始执行构造器的执行体之前，系统已经创建了一个对象，只是这个对象还不能被外部程序访问，只能在该构造器中通过 this 来引用。当构造器的执行体执行结束后，这个对象作为构造器的返回值被返回，通常还会赋给另一个引用类型的变量，从而让外部程序可以访问该对象。

一旦程序员提供了自定义的构造器，系统就不再提供默认的构造器，因此上面的 ConstructorTest 类不能再通过 new ConstructorTest();代码来创建实例，因为该类不再包含无参数的构造器。

如果用户希望该类保留无参数的构造器，或者希望有多个初始化过程，则可以为该类提供多个构造器。如果一个类里提供了多个构造器，就形成了构造器的重载。

因为构造器主要用于被其他方法调用，用以返回该类的实例，因而通常把构造器设置成 public 访问权限，从而允许系统中任何位置的类来创建该类的对象。除非在一些极端的情况下，业务需要限制创建该类的对象，可以把构造器设置成其他访问权限，例如设置为 protected，主要用于被其子类调用；把其设置为 private，阻止其他类创建该类的实例。

▶▶ 5.5.2 构造器重载

同一个类里具有多个构造器，多个构造器的形参列表不同，即被称为构造器重载。构造器重载允许 Java 类里包含多个初始化逻辑，从而允许使用不同的构造器来初始化 Java 对象。

构造器重载和方法重载基本相似：要求构造器的名字相同，这一点无须特别要求，因为构造器必须与类名相同，所以同一个类的所有构造器名肯定相同。为了让系统能区分不同的构造器，多个构造器的参数列表必须不同。

下面的 Java 类示范了构造器重载，利用构造器重载就可以通过不同的构造器来创建 Java 对象。

程序清单：codes\05\5.5\ConstructorOverload.java

```java
public class ConstructorOverload
{
    public String name;
    public int count;
    // 提供无参数的构造器
    public ConstructorOverload(){ }
    // 提供带两个参数的构造器
    // 对该构造器返回的对象执行初始化
    public ConstructorOverload(String name , int count)
    {
        this.name = name;
        this.count = count;
    }
    public static void main(String[] args)
    {
        // 通过无参数构造器创建ConstructorOverload对象
        ConstructorOverload oc1 = new ConstructorOverload();
        // 通过有参数构造器创建ConstructorOverload对象
        ConstructorOverload oc2 = new ConstructorOverload(
            "轻量级Java EE企业应用实战", 300000);
        System.out.println(oc1.name + " " + oc1.count);
        System.out.println(oc2.name + " " + oc2.count);
    }
}
```

上面的 ConstructorOverload 类提供了两个重载的构造器，两个构造器的名字相同，但形参列表不同。系统通过 new 调用构造器时，系统将根据传入的实参列表来决定调用哪个构造器。

如果系统中包含了多个构造器，其中一个构造器的执行体里完全包含另一个构造器的执行体，如图 5.16 所示。

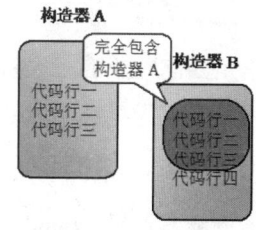

图 5.16 构造器 B 完全包含构造器 A

从图 5.16 中可以看出，构造器 B 完全包含了构造器 A。对于这种完全包含的情况，如果是两个方法之间存在这种关系，则可在方法 B 中调用方法 A。但构造器不能直接被调用，构造器必须使用 new 关键字来调用。但一旦使用 new 关键字来调用构造器，将会导致系统重新创建一个对象。为了在构造器 B 中调用构造器 A 中的初始化代码，又不会重新创建一个 Java 对象，可以使用 this 关键字来调用相应的构造器。下面代码实现了在一个构造器中直接使用另一个构造器的初始化代码。

程序清单：codes\05\5.5\Apple.java

```java
public class Apple
{
    public String name;
    public String color;
    public double weight;
    public Apple(){ }
    // 两个参数的构造器
    public Apple(String name , String color)
    {
        this.name = name;
        this.color = color;
    }
    // 三个参数的构造器
    public Apple(String name , String color , double weight)
    {
        // 通过this调用另一个重载的构造器的初始化代码
        this(name , color);
        // 下面this引用该构造器正在初始化的Java对象
        this.weight = weight;
    }
}
```

上面的 Apple 类里包含了三个构造器，其中第三个构造器通过 this 来调用另一个重载构造器的初始化代码。程序中 this(name, color);调用表明调用该类另一个带两个字符串参数的构造器。

使用 this 调用另一个重载的构造器只能在构造器中使用，而且必须作为构造器执行体的第一条语句。使用 this 调用重载的构造器时，系统会根据 this 后括号里的实参来调用形参列表与之对应的构造器。

学生提问：为什么要用this来调用另一个重载的构造器？我把另一个构造器里的代码复制、粘贴到这个构造器里不就可以了吗？

答：如果仅仅从软件功能实现上来看，这样复制、粘贴确实可以实现这个效果；但从软件工程的角度来看，这样做是相当糟糕的。在软件开发里有一个规则：不要把相同的代码段书写两次以上！因为软件是一个需要不断更新的产品，如果有一天需要更新图 5.16 中构造器 A 的初始化代码，假设构造器 B、构造器 C……里都包含了相同的初始化代码，则需要同时打开构造器 A、构造器 B、构造器 C……的代码进行修改；反之，如果构造器 B、构造器 C……是通过 this 调用了构造器 A 的初始化代码，则只需要打开构造器 A 进行修改即可。因此，尽量避免相同的代码重复出现，充分复用每一段代码，既可以让程序代码更加简洁，也可以降低软件的维护成本。

5.6 类的继承

继承是面向对象的三大特征之一，也是实现软件复用的重要手段。Java 的继承具有单继承的特点，每个子类只有一个直接父类。

5.6.1 继承的特点

Java 的继承通过 extends 关键字来实现，实现继承的类被称为子类，被继承的类被称为父类，有的也称其为基类、超类。父类和子类的关系，是一种一般和特殊的关系。例如水果和苹果的关系，苹果继承了水果，苹果是水果的子类，则苹果是一种特殊的水果。

因为子类是一种特殊的父类，因此父类包含的范围总比子类包含的范围要大，所以可以认为父类是大类，而子类是小类。

Java 里子类继承父类的语法格式如下：

```
修饰符 class SubClass extends SuperClass
{
    //类定义部分
}
```

从上面语法格式来看，定义子类的语法非常简单，只需在原来的类定义上增加 extends SuperClass 即可，即表明该子类继承了 SuperClass 类。

Java 使用 extends 作为继承的关键字，extends 关键字在英文中是扩展，而不是继承！这个关键字很好地体现了子类和父类的关系：子类是对父类的扩展，子类是一种特殊的父类。从这个意义上来看，使用继承来描述子类和父类的关系是错误的，用扩展更恰当。因此这样的说法更加准确：Apple 类扩展了 Fruit 类。

为什么国内把 extends 翻译为"继承"呢？除与历史原因有关之外，把 extends 翻译为"继承"也是有其理由的：子类扩展了父类，将可以获得父类的全部成员变量和方法，这与汉语中的继承（子辈从父辈那里获得一笔财富称为继承）具有很好的类似性。值得指出的是，Java 的子类不能获得父类的构造器。

下面程序示范了子类继承父类的特点。下面是 Fruit 类的代码。

程序清单：codes\05\5.6\Fruit.java

```java
public class Fruit
{
    public double weight;
    public void info()
    {
        System.out.println("我是一个水果！重"
            + weight + "g! ");
    }
}
```

接下来再定义该 Fruit 类的子类 Apple，程序如下。

程序清单：codes\05\5.6\Apple.java

```java
public class Apple extends Fruit
{
    public static void main(String[] args)
    {
        // 创建 Apple 对象
        Apple a = new Apple();
        // Apple 对象本身没有 weight 成员变量
        // 因为 Apple 的父类有 weight 成员变量，也可以访问 Apple 对象的 weight 成员变量
        a.weight = 56;
        // 调用 Apple 对象的 info()方法
        a.info();
    }
}
```

上面的 Apple 类基本只是一个空类，它只包含了一个 main()方法，但程序中创建了 Apple 对象之后，可以访问该 Apple 对象的 weight 实例变量和 info()方法，这表明 Apple 对象也具有了 weight 实例变量和 info()方法，这就是继承的作用。

Java 语言摒弃了 C++中难以理解的多继承特征，即每个类最多只有一个直接父类。例如下面代码将会引起编译错误。

```java
class SubClass extends Base1 , Base2 , Base3{...}
```

很多书在介绍 Java 的单继承时，可能会说 Java 类只能有一个父类，严格来讲，这种说法是错误的，应该换成如下说法：Java 类只能有一个直接父类，实际上，Java 类可以有无限多个间接父类。例如：

```java
class Fruit extends Plant{...}
class Apple extends Fruit{...}
```

上面的类定义中 Fruit 是 Apple 类的父类，Plant 类也是 Apple 类的父类。区别是 Fruit 是 Apple 的直接父类，而 Plant 则是 Apple 类的间接父类。

如果定义一个 Java 类时并未显式指定这个类的直接父类，则这个类默认扩展 java.lang.Object 类。因此，java.lang.Object 类是所有类的父类，要么是其直接父类，要么是其间接父类。因此所有的 Java 对象都可调用 java.lang.Object 类所定义的实例方法。关于 java.lang.Object 类的介绍请参考 7.3.1 节。

从子类角度来看，子类扩展（extends）了父类；但从父类的角度来看，父类派生（derive）出了子类。也就是说，扩展和派生所描述的是同一个动作，只是观察角度不同而已。

▶▶ 5.6.2 重写父类的方法

子类扩展了父类，子类是一个特殊的父类。大部分时候，子类总是以父类为基础，额外增加新的成员变量和方法。但有一种情况例外：子类需要重写父类的方法。例如鸟类都包含了飞翔方法，其中鸵鸟是一种特殊的鸟类，因此鸵鸟应该是鸟的子类，因此它也将从鸟类获得飞翔方法，但这个飞翔方法明显不适合鸵鸟，为此，鸵鸟需要重写鸟类的方法。

下面程序先定义了一个 Bird 类。

程序清单：codes\05\5.6\Bird.java

```java
public class Bird
```

```java
{
    // Bird类的fly()方法
    public void fly()
    {
        System.out.println("我在天空里自由自在地飞翔...");
    }
}
```

下面再定义一个 Ostrich 类，这个类扩展了 Bird 类，重写了 Bird 类的 fly()方法。

程序清单：codes\05\5.6\Ostrich.java

```java
public class Ostrich extends Bird
{
    // 重写Bird类的fly()方法
    public void fly()
    {
        System.out.println("我只能在地上奔跑...");
    }
    public static void main(String[] args)
    {
        // 创建Ostrich对象
        Ostrich os = new Ostrich();
        // 执行Ostrich对象的fly()方法，将输出"我只能在地上奔跑..."
        os.fly();
    }
}
```

执行上面程序，将看到执行 os.fly()时执行的不再是 Bird 类的 fly()方法，而是执行 Ostrich 类的 fly()方法。

这种子类包含与父类同名方法的现象被称为方法重写（Override），也被称为方法覆盖。可以说子类重写了父类的方法，也可以说子类覆盖了父类的方法。

方法的重写要遵循"两同两小一大"规则，"两同"即方法名相同、形参列表相同；"两小"指的是子类方法返回值类型应比父类方法返回值类型更小或相等，子类方法声明抛出的异常类应比父类方法声明抛出的异常类更小或相等；"一大"指的是子类方法的访问权限应比父类方法的访问权限更大或相等。尤其需要指出的是，覆盖方法和被覆盖方法要么都是类方法，要么都是实例方法，不能一个是类方法，一个是实例方法。例如，如下代码将会引发编译错误。

```java
class BaseClass
{
    public static void test(){...}
}
class SubClass extends BaseClass
{
    public void test(){...}
}
```

当子类覆盖了父类方法后，子类的对象将无法访问父类中被覆盖的方法，但可以在子类方法中调用父类中被覆盖的方法。如果需要在子类方法中调用父类中被覆盖的方法，则可以使用 super（被覆盖的是实例方法）或者父类类名（被覆盖的是类方法）作为调用者来调用父类中被覆盖的方法。

如果父类方法具有 private 访问权限，则该方法对其子类是隐藏的，因此其子类无法访问该方法，也就是无法重写该方法。如果子类中定义了一个与父类 private 方法具有相同的方法名、相同的形参列表、相同的返回值类型的方法，依然不是重写，只是在子类中重新定义了一个新方法。例如，下面代码是完全正确的。

```java
class BaseClass
{
    // test()方法是private访问权限，子类不可访问该方法
    private void test(){...}
}
class SubClass extends BaseClass
{
```

```
    // 此处并不是方法重写，所以可以增加 static 关键字
    public static void test(){...}
}
```

方法重载和方法重写在英语中分别是 overload 和 override，经常看到有些初学者或一些低水平的公司喜欢询问重载和重写的区别？其实把重载和重写放在一起比较本身没有太大的意义,因为重载主要发生在同一个类的多个同名方法之间，而重写发生在子类和父类的同名方法之间。它们之间的联系很少，除二者都是发生在方法之间，并要求方法名相同之外，没有太大的相似之处。当然，父类方法和子类方法之间也可能发生重载，因为子类会获得父类方法，如果子类定义了一个与父类方法有相同的方法名，但参数列表不同的方法，就会形成父类方法和子类方法的重载。

▶▶ 5.6.3 super 限定

如果需要在子类方法中调用父类被覆盖的实例方法，则可使用 super 限定来调用父类被覆盖的实例方法。为上面的 Ostrich 类添加一个方法，在这个方法中调用 Bird 类中被覆盖的 fly 方法。

```
public void callOverridedMethod()
{
    // 在子类方法中通过 super 显式调用父类被覆盖的实例方法
    super.fly();
}
```

借助 callOverridedMethod()方法的帮助，就可以让 Ostrich 对象既可以调用自己重写的 fly()方法，也可以调用 Bird 类中被覆盖的 fly()方法（调用 callOverridedMethod()方法即可）。

super 是 Java 提供的一个关键字，super 用于限定该对象调用它从父类继承得到的实例变量或方法。正如 this 不能出现在 static 修饰的方法中一样，super 也不能出现在 static 修饰的方法中。static 修饰的方法是属于类的，该方法的调用者可能是一个类，而不是对象，因而 super 限定也就失去了意义。

如果在构造器中使用 super，则 super 用于限定该构造器初始化的是该对象从父类继承得到的实例变量，而不是该类自己定义的实例变量。

如果子类定义了和父类同名的实例变量，则会发生子类实例变量隐藏父类实例变量的情形。在正常情况下，子类里定义的方法直接访问该实例变量默认会访问到子类中定义的实例变量，无法访问到父类中被隐藏的实例变量。在子类定义的实例方法中可以通过 super 来访问父类中被隐藏的实例变量，如下代码所示。

程序清单：codes\05\5.6\SubClass.java

```
class BaseClass
{
    public int a = 5;
}
public class SubClass extends BaseClass
{
    public int a = 7;
    public void accessOwner()
    {
        System.out.println(a);
    }
    public void accessBase()
    {
        // 通过 super 来限定访问从父类继承得到的 a 实例变量
        System.out.println(super.a);
    }
    public static void main(String[] args)
    {
        SubClass sc = new SubClass();
        sc.accessOwner(); // 输出 7
        sc.accessBase();  // 输出 5
    }
}
```

上面程序的 BaseClass 和 SubClass 中都定义了名为 a 的实例变量，则 SubClass 的 a 实例变量将会隐藏 BaseClass 的 a 实例变量。当系统创建了 SubClass 对象时，实际上会为 SubClass 对象分配两块内存，

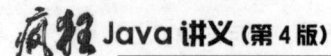

一块用于存储在 SubClass 类中定义的 a 实例变量，一块用于存储从 BaseClass 类继承得到的 a 实例变量。

程序中粗体字代码访问 super.a 时，此时使用 super 限定访问该实例从父类继承得到的 a 实例变量，而不是在当前类中定义的 a 实例变量。

如果子类里没有包含和父类同名的成员变量，那么在子类实例方法中访问该成员变量时，则无须显式使用 super 或父类名作为调用者。如果在某个方法中访问名为 a 的成员变量，但没有显式指定调用者，则系统查找 a 的顺序为：

（1）查找该方法中是否有名为 a 的局部变量。
（2）查找当前类中是否包含名为 a 的成员变量。
（3）查找 a 的直接父类中是否包含名为 a 的成员变量，依次上溯 a 的所有父类，直到 java.lang.Object 类，如果最终不能找到名为 a 的成员变量，则系统出现编译错误。

如果被覆盖的是类变量，在子类的方法中则可以通过父类名作为调用者来访问被覆盖的类变量。

> **提示：**
> 当程序创建一个子类对象时，系统不仅会为该类中定义的实例变量分配内存，也会为它从父类继承得到的所有实例变量分配内存，即使子类定义了与父类中同名的实例变量。也就是说，当系统创建一个 Java 对象时，如果该 Java 类有两个父类（一个直接父类 A，一个间接父类 B），假设 A 类中定义了 2 个实例变量，B 类中定义了 3 个实例变量，当前类中定义了 2 个实例变量，那么这个 Java 对象将会保存 2+3+2 个实例变量。

如果在子类里定义了与父类中已有变量同名的变量，那么子类中定义的变量会隐藏父类中定义的变量。注意不是完全覆盖，因此系统在创建子类对象时，依然会为父类中定义的、被隐藏的变量分配内存空间。

> **注意：**
> 为了在子类方法中访问父类中定义的、被隐藏的实例变量，或为了在子类方法中调用父类中定义的、被覆盖（Override）的方法，可以通过 super.作为限定来调用这些实例变量和实例方法。

因为子类中定义与父类中同名的实例变量并不会完全覆盖父类中定义的实例变量，它只是简单地隐藏了父类中的实例变量，所以会出现如下特殊的情形。

程序清单：codes\05\5.6\HideTest.java

```java
class Parent
{
    public String tag = "疯狂 Java 讲义";                    // ①
}
class Derived extends Parent
{
    // 定义一个私有的 tag 实例变量来隐藏父类的 tag 实例变量
    private String tag = "轻量级 Java EE 企业应用实战";        // ②
}
public class HideTest
{
    public static void main(String[] args)
    {
        Derived d = new Derived();
        // 程序不可访问 d 的私有变量 tag，所以下面语句将引起编译错误
        // System.out.println(d.tag);                         // ③
        // 将 d 变量显式地向上转型为 Parent 后，即可访问 tag 实例变量
        // 程序将输出："疯狂 Java 讲义"
        System.out.println(((Parent)d).tag);                  // ④
    }
}
```

上面程序的①行粗体字代码为父类 Parent 定义了一个 tag 实例变量，②行粗体字代码为其子类定义

了一个 private 的 tag 实例变量，子类中定义的这个实例变量将会隐藏父类中定义的 tag 实例变量。

程序的入口 main()方法中先创建了一个 Derived 对象。这个 Derived 对象将会保存两个 tag 实例变量，一个是在 Parent 类中定义的 tag 实例变量，一个是在 Derived 类中定义的 tag 实例变量。此时程序中包括一个 d 变量，它引用一个 Derived 对象，内存中的存储示意图如图 5.17 所示。

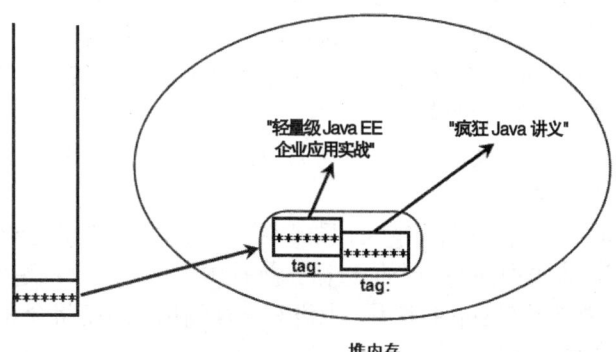

图 5.17　子类的实例变量隐藏父类的实例变量存储示意图

接着，程序将 Derived 对象赋给 d 变量，当在③行粗体字代码处试图通过 d 来访问 tag 实例变量时，程序将提示访问权限不允许。这是因为访问哪个实例变量由声明该变量的类型决定，所以系统将会试图访问在②行粗体代码处定义的 tag 实例变量；程序在④行粗体字代码处先将 d 变量强制向上转型为 Parent 类型，再通过它来访问 tag 实例变量是允许的，因为此时系统将会访问在①行粗体字代码处定义的 tag 实例变量，也就是输出"疯狂 Java 讲义"。

▶▶ 5.6.4　调用父类构造器

子类不会获得父类的构造器，但子类构造器里可以调用父类构造器的初始化代码，类似于前面所介绍的一个构造器调用另一个重载的构造器。

在一个构造器中调用另一个重载的构造器使用 this 调用来完成，在子类构造器中调用父类构造器使用 super 调用来完成。

看下面程序定义了 Base 类和 Sub 类，其中 Sub 类是 Base 类的子类，程序在 Sub 类的构造器中使用 super 来调用 Base 构造器的初始化代码。

程序清单：codes\05\5.6\Sub.java

```java
class Base
{
    public double size;
    public String name;
    public Base(double size , String name)
    {
        this.size = size;
        this.name = name;
    }
}
public class Sub extends Base
{
    public String color;
    public Sub(double size , String name , String color)
    {
        // 通过 super 调用来调用父类构造器的初始化过程
        super(size , name);
        this.color = color;
    }
    public static void main(String[] args)
    {
        Sub s = new Sub(5.6 , "测试对象" , "红色");
        // 输出 Sub 对象的三个实例变量
        System.out.println(s.size + "--" + s.name
```

```
            + "--" + s.color);
    }
}
```

从上面程序中不难看出，使用 super 调用和使用 this 调用也很像，区别在于 super 调用的是其父类的构造器，而 this 调用的是同一个类中重载的构造器。因此，使用 super 调用父类构造器也必须出现在子类构造器执行体的第一行，所以 this 调用和 super 调用不会同时出现。

不管是否使用 super 调用来执行父类构造器的初始化代码，子类构造器总会调用父类构造器一次。子类构造器调用父类构造器分如下几种情况。

➢ 子类构造器执行体的第一行使用 super 显式调用父类构造器，系统将根据 super 调用里传入的实参列表调用父类对应的构造器。

➢ 子类构造器执行体的第一行代码使用 this 显式调用本类中重载的构造器，系统将根据 this 调用里传入的实参列表调用本类中的另一个构造器。执行本类中另一个构造器时即会调用父类构造器。

➢ 子类构造器执行体中既没有 super 调用，也没有 this 调用，系统将会在执行子类构造器之前，隐式调用父类无参数的构造器。

不管上面哪种情况，当调用子类构造器来初始化子类对象时，父类构造器总会在子类构造器之前执行；不仅如此，执行父类构造器时，系统会再次上溯执行其父类构造器……依此类推，创建任何 Java 对象，最先执行的总是 java.lang.Object 类的构造器。

对于如图 5.18 所示的继承树：如果创建 ClassB 的对象，系统将先执行 java.lang.Object 类的构造器，再执行 ClassA 类的构造器，然后才执行 ClassB 类的构造器，这个执行过程还是最基本的情况。如果 ClassB 显式调用 ClassA 的构造器，而该构造器又调用了 ClassA 类中重载的构造器，则会看到 ClassA 两个构造器先后执行的情形。

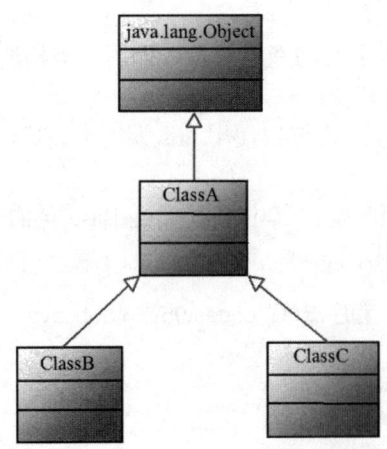

图 5.18　继承树

下面程序定义了三个类，它们之间有严格的继承关系，通过这种继承关系让读者看到构造器之间的调用关系。

程序清单：codes\05\5.6\Wolf.java

```java
class Creature
{
    public Creature()
    {
        System.out.println("Creature 无参数的构造器");
    }
}
class Animal extends Creature
{
    public Animal(String name)
    {
        System.out.println("Animal 带一个参数的构造器，"
            + "该动物的 name 为" + name);
```

```
    }
    public Animal(String name , int age)
    {
        // 使用 this 调用同一个重载的构造器
        this(name);
        System.out.println("Animal 带两个参数的构造器,"
            + "其 age 为" + age);
    }
}
public class Wolf extends Animal
{
    public Wolf()
    {
        // 显式调用父类有两个参数的构造器
        super("灰太狼", 3);
        System.out.println("Wolf 无参数的构造器");
    }
    public static void main(String[] args)
    {
        new Wolf();
    }
}
```

上面程序的 main 方法只创建了一个 Wolf 对象，但系统在底层完成了复杂的操作。运行上面程序，看到如下运行结果：

```
Creature 无参数的构造器
Animal 带一个参数的构造器,该动物的 name 为灰太狼
Animal 带两个参数的构造器,其 age 为 3
Wolf 无参数的构造器
```

从上面运行过程来看，创建任何对象总是从该类所在继承树最顶层类的构造器开始执行，然后依次向下执行，最后才执行本类的构造器。如果某个父类通过 this 调用了同类中重载的构造器，就会依次执行此父类的多个构造器。

学生提问：为什么我创建 Java 对象时从未感觉到 java.lang.Object 类的构造器被调用过？

答：你当然感觉不到啦，因为自定义的类从未显式调用过 java.lang.Object 类的构造器，即使显式调用，java.lang.Object 类也只有一个默认的构造器可被调用。当系统执行 java.lang.Object 类的默认构造器时，该构造器的执行体并未输出任何内容，所以你感觉不到调用过 java.lang.Object 类的构造器。

5.7 多态

Java 引用变量有两个类型：一个是编译时类型，一个是运行时类型。编译时类型由声明该变量时使用的类型决定，运行时类型由实际赋给该变量的对象决定。如果编译时类型和运行时类型不一致，就可能出现所谓的多态（Polymorphism）。

▶▶ 5.7.1 多态性

先看下面程序。

程序清单：codes\05\5.7\SubClass.java

```
class BaseClass
{
    public int book = 6;
    public void base()
    {
```

```java
        System.out.println("父类的普通方法");
    }
    public void test()
    {
        System.out.println("父类的被覆盖的方法");
    }
}
public class SubClass extends BaseClass
{
    // 重新定义一个book实例变量隐藏父类的book实例变量
    public String book = "轻量级 Java EE 企业应用实战";
    public void test()
    {
        System.out.println("子类的覆盖父类的方法");
    }
    public void sub()
    {
        System.out.println("子类的普通方法");
    }
    public static void main(String[] args)
    {
        // 下面编译时类型和运行时类型完全一样，因此不存在多态
        BaseClass bc = new BaseClass();
        // 输出 6
        System.out.println(bc.book);
        // 下面两次调用将执行 BaseClass 的方法
        bc.base();
        bc.test();
        // 下面编译时类型和运行时类型完全一样，因此不存在多态
        SubClass sc = new SubClass();
        // 输出"轻量级 Java EE 企业应用实战"
        System.out.println(sc.book);
        // 下面调用将执行从父类继承到的 base()方法
        sc.base();
        // 下面调用将执行当前类的 test()方法
        sc.test();
        // 下面编译时类型和运行时类型不一样，多态发生
        BaseClass ploymophicBc = new SubClass();
        // 输出 6 —— 表明访问的是父类对象的实例变量
        System.out.println(ploymophicBc.book);
        // 下面调用将执行从父类继承到的 base()方法
        ploymophicBc.base();
        // 下面调用将执行当前类的 test()方法
        ploymophicBc.test();
        // 因为 ploymophicBc 的编译时类型是 BaseClass
        // BaseClass 类没有提供 sub()方法，所以下面代码编译时会出现错误
        // ploymophicBc.sub();
    }
}
```

上面程序的 main()方法中显式创建了三个引用变量，对于前两个引用变量 bc 和 sc，它们编译时类型和运行时类型完全相同，因此调用它们的成员变量和方法非常正常，完全没有任何问题。但第三个引用变量 ploymophicBc 则比较特殊，它的编译时类型是 BaseClass，而运行时类型是 SubClass，当调用该引用变量的 test()方法（BaseClass 类中定义了该方法，子类 SubClass 覆盖了父类的该方法）时，实际执行的是 SubClass 类中覆盖后的 test()方法，这就可能出现多态了。

因为子类其实是一种特殊的父类，因此 Java 允许把一个子类对象直接赋给一个父类引用变量，无须任何类型转换，或者被称为向上转型（upcasting），向上转型由系统自动完成。

当把一个子类对象直接赋给父类引用变量时,例如上面的 BaseClass ploymophicBc = new SubClass();，这个 ploymophicBc 引用变量的编译时类型是 BaseClass，而运行时类型是 SubClass，当运行时调用该引用变量的方法时，其方法行为总是表现出子类方法的行为特征，而不是父类方法的行为特征，这就可能出现：相同类型的变量、调用同一个方法时呈现出多种不同的行为特征，这就是多态。

上面的 main()方法中注释了 ploymophicBc.sub();，这行代码会在编译时引发错误。虽然 ploymophicBc 引用变量实际上确实包含 sub()方法（例如，可以通过反射来执行该方法），但因为它的编译时类型为

BaseClass，因此编译时无法调用 sub()方法。

与方法不同的是，对象的实例变量则不具备多态性。比如上面的 ploymophicBc 引用变量，程序中输出它的 book 实例变量时，并不是输出 SubClass 类里定义的实例变量，而是输出 BaseClass 类的实例变量。

> **注意：**
> 引用变量在编译阶段只能调用其编译时类型所具有的方法，但运行时则执行它运行时类型所具有的方法。因此，编写 Java 代码时，引用变量只能调用声明该变量时所用类里包含的方法。例如，通过 Object p = new Person()代码定义一个变量 p，则这个 p 只能调用 Object 类的方法，而不能调用 Person 类里定义的方法。

> **注意：**
> 通过引用变量来访问其包含的实例变量时，系统总是试图访问它编译时类型所定义的成员变量，而不是它运行时类型所定义的成员变量。

▶▶ 5.7.2 引用变量的强制类型转换

编写 Java 程序时，引用变量只能调用它编译时类型的方法，而不能调用它运行时类型的方法，即使它实际所引用的对象确实包含该方法。如果需要让这个引用变量调用它运行时类型的方法，则必须把它强制类型转换成运行时类型，强制类型转换需要借助于类型转换运算符。

类型转换运算符是小括号，类型转换运算符的用法是：(type)variable，这种用法可以将 variable 变量转换成一个 type 类型的变量。前面在介绍基本类型的强制类型转换时，已经看到了使用这种类型转换运算符的用法，类型转换运算符可以将一个基本类型变量转换成另一个类型。

除此之外，这个类型转换运算符还可以将一个引用类型变量转换成其子类类型。这种强制类型转换不是万能的，当进行强制类型转换时需要注意：

- 基本类型之间的转换只能在数值类型之间进行，这里所说的数值类型包括整数型、字符型和浮点型。但数值类型和布尔类型之间不能进行类型转换。
- 引用类型之间的转换只能在具有继承关系的两个类型之间进行，如果是两个没有任何继承关系的类型，则无法进行类型转换，否则编译时就会出现错误。如果试图把一个父类实例转换成子类类型，则这个对象必须实际上是子类实例才行（即编译时类型为父类类型，而运行时类型是子类类型），否则将在运行时引发 ClassCastException 异常。

下面是进行强制类型转换的示范程序。下面程序详细说明了哪些情况可以进行类型转换，哪些情况不可以进行类型转换。

程序清单：codes\05\5.7\ConversionTest.java

```java
public class ConversionTest
{
    public static void main(String[] args)
    {
        double d = 13.4;
        long l = (long)d;
        System.out.println(l);
        int in = 5;
        // 试图把一个数值类型的变量转换为 boolean 类型，下面代码编译出错
        // 编译时会提示：不可转换的类型
        // boolean b = (boolean)in;
        Object obj = "Hello";
        // obj 变量的编译时类型为 Object，Object 与 String 存在继承关系，可以强制类型转换
        // 而且 obj 变量的实际类型是 String，所以运行时也可通过
        String objStr = (String)obj;
        System.out.println(objStr);
```

```
        // 定义一个 objPri 变量，编译时类型为 Object，实际类型为 Integer
        Object objPri = Integer.valueOf(5);
        // objPri 变量的编译时类型为 Object，objPri 的运行时类型为 Integer
        // Object 与 Integer 存在继承关系
        // 可以强制类型转换，而 objPri 变量的实际类型是 Integer
        // 所以下面代码运行时引发 ClassCastException 异常
        String str = (String)objPri;
    }
}
```

考虑到进行强制类型转换时可能出现异常，因此进行类型转换之前应先通过 instanceof 运算符来判断是否可以成功转换。例如，上面的 String str = (String)objPri;代码运行时会引发 ClassCastException 异常，这是因为 objPri 不可转换成 String 类型。为了让程序更加健壮，可以将代码改为如下：

```
if (objPri instanceof String)
{
    String str = (String)objPri;
}
```

在进行强制类型转换之前，先用 instanceof 运算符判断是否可以成功转换，从而避免出现 ClassCastException 异常，这样可以保证程序更加健壮。

> **注意：**
> 当把子类对象赋给父类引用变量时，被称为向上转型（upcasting），这种转型总是可以成功的，这也从另一个侧面证实了子类是一种特殊的父类。这种转型只是表明这个引用变量的编译时类型是父类，但实际执行它的方法时，依然表现出子类对象的行为方式。但把一个父类对象赋给子类引用变量时，就需要进行强制类型转换，而且还可能在运行时产生 ClassCastException 异常，使用 instanceof 运算符可以让强制类型转换更安全。

instanceof 和类型转换运算符一样，都是 Java 提供的运算符，与+、—等算术运算符的用法大致相似，下面具体介绍该运算符的用法。

▶▶ 5.7.3 instanceof 运算符

instanceof 运算符的前一个操作数通常是一个引用类型变量，后一个操作数通常是一个类（也可以是接口，可以把接口理解成一种特殊的类），它用于判断前面的对象是否是后面的类，或者其子类、实现类的实例。如果是，则返回 true，否则返回 false。

在使用 instanceof 运算符时需要注意：instanceof 运算符前面操作数的编译时类型要么与后面的类相同，要么与后面的类具有父子继承关系，否则会引起编译错误。下面程序示范了 instanceof 运算符的用法。

程序清单：codes\05\5.7\InstanceofTest.java

```java
public class InstanceofTest
{
    public static void main(String[] args)
    {
        // 声明 hello 时使用 Object 类，则 hello 的编译类型是 Object
        // Object 是所有类的父类，但 hello 变量的实际类型是 String
        Object hello = "Hello";
        // String 与 Object 类存在继承关系，可以进行 instanceof 运算。返回 true
        System.out.println("字符串是否是 Object 类的实例："
            + (hello instanceof Object));
        System.out.println("字符串是否是 String 类的实例："
            + (hello instanceof String)); // 返回 true
        // Math 与 Object 类存在继承关系，可以进行 instanceof 运算。返回 false
        System.out.println("字符串是否是 Math 类的实例："
            + (hello instanceof Math));
        // String 实现了 Comparable 接口，所以返回 true
        System.out.println("字符串是否是 Comparable 接口的实例："
            + (hello instanceof Comparable));
```

```
        String a = "Hello";
        // String 类与 Math 类没有继承关系, 所以下面代码编译无法通过
        System.out.println("字符串是否是 Math 类的实例: "
            + (a instanceof Math));
    }
}
```

上面程序通过 Object hello = "Hello";代码定义了一个 hello 变量,这个变量的编译时类型是 Object 类,但实际类型是 String。因为 Object 类是所有类、接口的父类,因此可以执行 hello instanceof String 和 hello instanceof Math 等。

但如果使用 String a = "Hello";代码定义的变量 a,就不能执行 a instanceof Math,因为 a 的编译类型是 String,String 类型既不是 Math 类型,也不是 Math 类型的父类,所以这行代码编译就会出错。

instanceof 运算符的作用是:在进行强制类型转换之前,首先判断前一个对象是否是后一个类的实例,是否可以成功转换,从而保证代码更加健壮。

instanceof 和(type)是 Java 提供的两个相关的运算符,通常先用 instanceof 判断一个对象是否可以强制类型转换,然后再使用(type)运算符进行强制类型转换,从而保证程序不会出现错误。

5.8 继承与组合

继承是实现类复用的重要手段,但继承带来了一个最大的坏处:破坏封装。相比之下,组合也是实现类复用的重要方式,而采用组合方式来实现类复用则能提供更好的封装性。下面将详细介绍继承和组合之间的联系与区别。

5.8.1 使用继承的注意点

子类扩展父类时,子类可以从父类继承得到成员变量和方法,如果访问权限允许,子类可以直接访问父类的成员变量和方法,相当于子类可以直接复用父类的成员变量和方法,确实非常方便。

继承带来了高度复用的同时,也带来了一个严重的问题:继承严重地破坏了父类的封装性。前面介绍封装时提到:每个类都应该封装它内部信息和实现细节,而只暴露必要的方法给其他类使用。但在继承关系中,子类可以直接访问父类的成员变量(内部信息)和方法,从而造成子类和父类的严重耦合。

从这个角度来看,父类的实现细节对子类不再透明,子类可以访问父类的成员变量和方法,并可以改变父类方法的实现细节(例如,通过方法重写的方式来改变父类的方法实现),从而导致子类可以恶意篡改父类的方法。例如前面提到的 Ostrich 类,它就重写了 Bird 类的 fly()方法,从而改变了 fly()方法的实现细节。有如下代码:

```
Bird b = new Ostrich();
b.fly();
```

对于上面代码声明的 Bird 引用变量,因为实际引用一个 Ostrich 对象,所以调用 b 的 fly()方法时执行的不再是 Bird 类提供的 fly()方法,而是 Ostrich 类重写后的 fly()方法。

为了保证父类有良好的封装性,不会被子类随意改变,设计父类通常应该遵循如下规则。

- ➢ 尽量隐藏父类的内部数据。尽量把父类的所有成员变量都设置成 private 访问类型,不要让子类直接访问父类的成员变量。
- ➢ 不要让子类可以随意访问、修改父类的方法。父类中那些仅为辅助其他的工具方法,应该使用 private 访问控制符修饰,让子类无法访问该方法;如果父类中的方法需要被外部类调用,则必须以 public 修饰,但又不希望子类重写该方法,可以使用 final 修饰符(该修饰符后面会有更详细的介绍)来修饰该方法;如果希望父类的某个方法被子类重写,但不希望被其他类自由访问,则可以使用 protected 来修饰该方法。
- ➢ 尽量不要在父类构造器中调用将要被子类重写的方法。

看如下程序。

程序清单:codes\05\5.8\Sub.java

```
class Base
{
```

```
    public Base()
    {
        test();
    }
    public void test()                  // ①号test()方法
    {
        System.out.println("将被子类重写的方法");
    }
}
public class Sub extends Base
{
    private String name;
    public void test()                  // ②号test()方法
    {
        System.out.println("子类重写父类的方法, "
            + "其name字符串长度" + name.length());
    }
    public static void main(String[] args)
    {
        // 下面代码会引发空指针异常
        Sub s = new Sub();
    }
}
```

当系统试图创建 Sub 对象时，同样会先执行其父类构造器，如果父类构造器调用了被其子类重写的方法，则变成调用被子类重写后的方法。当创建 Sub 对象时，会先执行 Base 类中的 Base 构造器，而 Base 构造器中调用了 test()方法——并不是调用①号 test()方法，而是调用②号 test()方法，此时 Sub 对象的 name 实例变量是 null，因此将引发空指针异常。

如果想把某些类设置成最终类，即不能被当成父类，则可以使用 final 修饰这个类，例如 JDK 提供的 java.lang.String 类和 java.lang.System 类。除此之外，使用 private 修饰这个类的所有构造器，从而保证子类无法调用该类的构造器，也就无法继承该类。对于把所有的构造器都使用 private 修饰的父类而言，可另外提供一个静态方法，用于创建该类的实例。

对很多初学者而言，何时使用继承关系是一个难以把握的问题，他们常常可能根据属性值的不同来派生子类。例如对于 Animal 类，有的初学者可能派生出 BigAnimal 和 SmallAnimal 两个子类，如果从一般到特殊的角度来看，确实可以把 BigAnimal 和 SmallAnimal 两个类当成 Animal 类的子类。但从程序角度来看，完全没有必要设计这样两个类：主要在 Animal 类中增加一个 size 属性，用于表示不同的 Animal 对象到底是 BigAnimal 还是 SmallAnimal，完全没有必要重新派生出两个新类。

到底何时需要从父类派生新的子类呢？不仅需要保证子类是一种特殊的父类，而且需要具备以下两个条件之一。

➢ 子类需要额外增加属性，而不仅仅是属性值的改变。例如从 Person 类派生出 Student 子类，Person 类里没有提供 grade（年级）属性，而 Student 类需要 grade 属性来保存 Student 对象就读的年级，这种父类到子类的派生，就符合 Java 继承的前提。

➢ 子类需要增加自己独有的行为方式（包括增加新的方法或重写父类的方法）。例如从 Person 类派生出 Teacher 类，其中 Teacher 类需要增加一个 teaching()方法，该方法用于描述 Teacher 对象独有的行为方式：教学。

上面详细介绍了继承关系可能存在的问题，以及如何处理这些问题。如果只是出于类复用的目的，并不一定需要使用继承，完全可以使用组合来实现。

▶▶ 5.8.2 利用组合实现复用

如果需要复用一个类，除把这个类当成基类来继承之外，还可以把该类当成另一个类的组合成分，从而允许新类直接复用该类的 public 方法。不管是继承还是组合，都允许在新类（对于继承就是子类）中直接复用旧类的方法。

对于继承而言，子类可以直接获得父类的 public 方法，程序使用子类时，将可以直接访问该子类从父类那里继承到的方法；而组合则是把旧类对象作为新类的成员变量组合进来，用以实现新类的功能，用户看到的是新类的方法，而不能看到被组合对象的方法。因此，通常需要在新类里使用 private 修饰被组合的旧类对象。

仅从类复用的角度来看，不难发现父类的功能等同于被组合的类，都将自身的方法提供给新类使用；子类和组合关系里的整体类，都可复用原有类的方法，用于实现自身的功能。

假设有下面三个类：Animal、Wolf 和 Bird，它们之间有如图 5.19 所示的继承树。

图 5.19 所示三个类的代码如下。

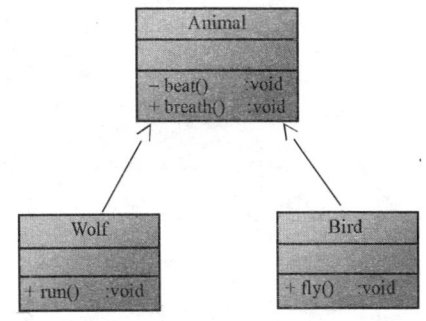

图 5.19 继承实现类复用

程序清单：codes\05\5.8\InheritTest.java

```java
class Animal
{
    private void beat()
    {
        System.out.println("心脏跳动...");
    }
    public void breath()
    {
        beat();
        System.out.println("吸一口气，吐一口气，呼吸中...");
    }
}
// 继承 Animal，直接复用父类的 breath()方法
class Bird extends Animal
{
    public void fly()
    {
        System.out.println("我在天空自在的飞翔...");
    }
}
// 继承 Animal，直接复用父类的 breath()方法
class Wolf extends Animal
{
    public void run()
    {
        System.out.println("我在陆地上的快速奔跑...");
    }
}
public class InheritTest
{
    public static void main(String[] args)
    {
        Bird b = new Bird();
        b.breath();
        b.fly();
        Wolf w = new Wolf();
        w.breath();
        w.run();
    }
}
```

正如上面代码所示，通过让 Bird 和 Wolf 继承 Animal，从而允许 Wolf 和 Bird 获得 Animal 的方法，从而复用了 Animal 提供的 breath()方法。通过这种方式，相当于让 Wolf 类和 Bird 类同时拥有其父类 Animal 的 breath()方法，从而让 Wolf 对象和 Bird 对象都可直接复用 Animal 里定义的 breath()方法。

如果仅仅从软件复用的角度来看，将上面三个类的定义改为如下形式也可实现相同的复用。

程序清单：codes\05\5.8\CompositeTest.java

```java
class Animal
{
    private void beat()
    {
        System.out.println("心脏跳动...");
    }
    public void breath()
```

```java
        beat();
        System.out.println("吸一口气，吐一口气，呼吸中...");
    }
}
class Bird
{
    // 将原来的父类组合到原来的子类，作为子类的一个组合成分
    private Animal a;
    public Bird(Animal a)
    {
        this.a = a;
    }
    // 重新定义一个自己的breath()方法
    public void breath()
    {
        // 直接复用Animal提供的breath()方法来实现Bird的breath()方法
        a.breath();
    }
    public void fly()
    {
        System.out.println("我在天空自在的飞翔...");
    }
}
class Wolf
{
    // 将原来的父类组合到原来的子类，作为子类的一个组合成分
    private Animal a;
    public Wolf(Animal a)
    {
        this.a = a;
    }
    // 重新定义一个自己的breath()方法
    public void breath()
    {
        // 直接复用Animal提供的breath()方法来实现Wolf的breath()方法
        a.breath();
    }
    public void run()
    {
        System.out.println("我在陆地上的快速奔跑...");
    }
}
public class CompositeTest
{
    public static void main(String[] args)
    {
        // 此时需要显式创建被组合的对象
        Animal a1 = new Animal();
        Bird b = new Bird(a1);
        b.breath();
        b.fly();
        // 此时需要显式创建被组合的对象
        Animal a2 = new Animal();
        Wolf w = new Wolf(a2);
        w.breath();
        w.run();
    }
}
```

对于上面定义的三个类：Animal、Wolf 和 Bird，它们对应的 UML 图如图 5.20 所示。

从图 5.20 中可以看出，此时的 Wolf 对象和 Bird 对象由 Animal 对象组合而成，因此在上面程序中创建 Wolf 对象和 Bird 对象之前先创建 Animal 对象，并利用这个 Animal 对象来创建 Wolf 对象和 Bird 对象。运行该程序时，可以看到与前面程序相同的执行结果。

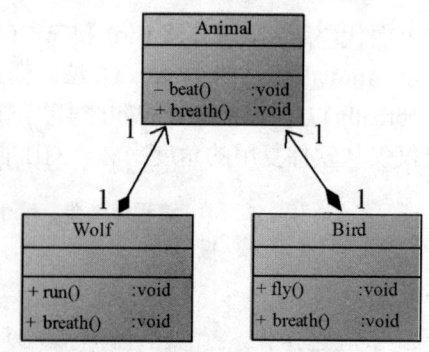

图 5.20　组合实现复用

学生提问：使用组合关系来实现复用时，需要创建两个 Animal 对象，是不是意味着使用组合关系时系统开销更大？

答：不会。回忆前面介绍继承时所讲的内容，当创建一个子类对象时，系统不仅需要为该子类定义的实例变量分配内存空间，而且需要为它的父类所定义的实例变量分配内存空间。如果采用继承的设计方式，假设父类定义了 2 个实例变量，子类定义了 3 个实例变量，当创建子类实例时，系统需要为子类实例分配 5 块内存空间；如果采用组合的设计方式，先创建被嵌入类实例，此时需要分配 2 块内存空间，再创建整体类实例，也需要分配 3 块内存空间，只是需要多一个引用变量来引用被嵌入的对象。通过这个分析来看，继承设计与组合设计的系统开销不会有本质的差别。

大部分时候，继承关系中从多个子类里抽象出共有父类的过程，类似于组合关系中从多个整体类里提取被组合类的过程；继承关系中从父类派生子类的过程，则类似于组合关系中把被组合类组合到整体类的过程。

到底该用继承？还是该用组合呢？继承是对已有的类做一番改造，以此获得一个特殊的版本。简而言之，就是将一个较为抽象的类改造成能适用于某些特定需求的类。因此，对于上面的 Wolf 和 Animal 的关系，使用继承更能表达其现实意义。用一个动物来合成一匹狼毫无意义：狼并不是由动物组成的。反之，如果两个类之间有明确的整体、部分的关系，例如 Person 类需要复用 Arm 类的方法（Person 对象由 Arm 对象组合而成），此时就应该采用组合关系来实现复用，把 Arm 作为 Person 类的组合成员变量，借助于 Arm 的方法来实现 Person 的方法，这是一个不错的选择。

总之，继承要表达的是一种"是（is-a）"的关系，而组合表达的是"有（has-a）"的关系。

5.9 初始化块

Java 使用构造器来对单个对象进行初始化操作，使用构造器先完成整个 Java 对象的状态初始化，然后将 Java 对象返回给程序，从而让该 Java 对象的信息更加完整。与构造器作用非常类似的是初始化块，它也可以对 Java 对象进行初始化操作。

▶▶ 5.9.1 使用初始化块

初始化块是 Java 类里可出现的第 4 种成员（前面依次有成员变量、方法和构造器），一个类里可以有多个初始化块，相同类型的初始化块之间有顺序：前面定义的初始化块先执行，后面定义的初始化块后执行。初始化块的语法格式如下：

```
[修饰符] {
    // 初始化块的可执行性代码
    ...
}
```

初始化块的修饰符只能是 static，使用 static 修饰的初始化块被称为静态初始化块。初始化块里的代码可以包含任何可执行性语句，包括定义局部变量、调用其他对象的方法，以及使用分支、循环语句等。

下面程序定义了一个 Person 类，它既包含了构造器，也包含了初始化块。下面看看在程序中创建 Person 对象时发生了什么。

程序清单：code\05\5.9\Person.java

```
public class Person
{
    // 下面定义一个初始化块
```

```java
    {
        int a = 6;
        if (a > 4)
        {
            System.out.println("Person 初始化块：局部变量a的值大于4");
        }
        System.out.println("Person 的初始化块");
    }
    // 定义第二个初始化块
    {
        System.out.println("Person 的第二个初始化块");
    }
    // 定义无参数的构造器
    public Person()
    {
        System.out.println("Person 类的无参数构造器");
    }
    public static void main(String[] args)
    {
        new Person();
    }
}
```

上面程序的 main() 方法只创建了一个 Person 对象，程序的输出如下：

Person 初始化块：局部变量a的值大于4
Person 的初始化块
Person 的第二个初始化块
Person 类的无参数构造器

从运行结果可以看出，当创建 Java 对象时，系统总是先调用该类里定义的初始化块，如果一个类里定义了 2 个普通初始化块，则前面定义的初始化块先执行，后面定义的初始化块后执行。

初始化块虽然也是 Java 类的一种成员，但它没有名字，也就没有标识，因此无法通过类、对象来调用初始化块。初始化块只在创建 Java 对象时隐式执行，而且在执行构造器之前执行。

> 虽然 Java 允许一个类里定义 2 个普通初始化块，但这没有任何意义。因为初始化块是在创建 Java 对象时隐式执行的，而且它们总是全部执行，因此完全可以把多个普通初始化块合并成一个初始化块，从而可以让程序更加简洁，可读性更强。

从上面代码可以看出，初始化块和构造器的作用非常相似，它们都用于对 Java 对象执行指定的初始化操作，但它们之间依然存在一些差异，下面具体分析初始化块和构造器之间的差异。

普通初始化块、声明实例变量指定的默认值都可认为是对象的初始化代码，它们的执行顺序与源程序中的排列顺序相同。看如下代码。

程序清单：codes\05\5.9\InstanceInitTest.java

```java
public class InstanceInitTest
{
    // 先执行初始化块将a实例变量赋值为6
    {
        a = 6;
    }
    // 再执行将a实例变量赋值为9
    int a = 9;
    public static void main(String[] args)
    {
        // 下面代码将输出9
        System.out.println(new InstanceInitTest().a);
    }
}
```

上面程序中定义了两次对 a 实例变量赋值，执行结果是 a 实例变量的值为 9，这表明 int a = 9 这行代码比初始化块后执行。但如果将粗体字初始化块代码与 int a = 9;的顺序调换一下，将可以看到程序输出 InstanceInitTest 的实例变量 a 的值为 6，这是由于初始化块中代码再次将 a 实例变量的值设为 6。

> **注意：**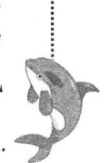
> 当 Java 创建一个对象时，系统先为该对象的所有实例变量分配内存（前提是该类已经被加载过了），接着程序开始对这些实例变量执行初始化，其初始化顺序是：先执行初始化块或声明实例变量时指定的初始值（这两个地方指定初始值的执行允许与它们在源代码中的排列顺序相同），再执行构造器里指定的初始值。

▶▶ 5.9.2 初始化块和构造器

从某种程度上来看，初始化块是构造器的补充，初始化块总是在构造器执行之前执行。系统同样可使用初始化块来进行对象的初始化操作。

与构造器不同的是，初始化块是一段固定执行的代码，它不能接收任何参数。因此初始化块对同一个类的所有对象所进行的初始化处理完全相同。基于这个原因，不难发现初始化块的基本用法，如果有一段初始化处理代码对所有对象完全相同，且无须接收任何参数，就可以把这段初始化处理代码提取到初始化块中。图 5.21 显示了把两个构造器中的代码提取成初始化块示意图。

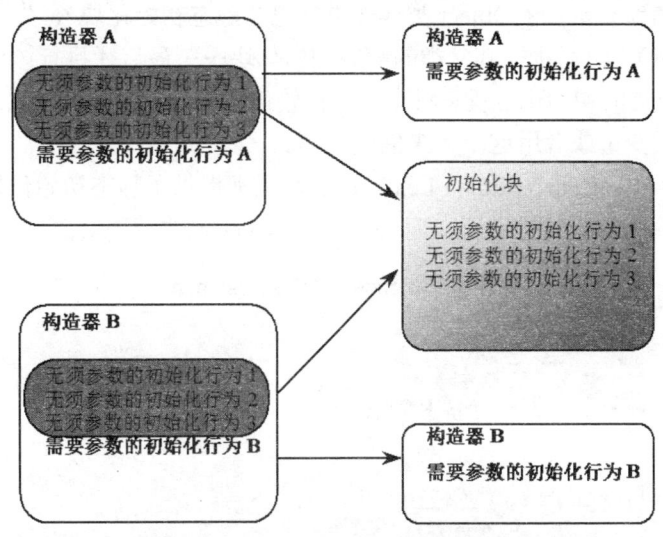

图 5.21　将构造器代码块提取成初始化块

从图 5.21 中可以看出，如果两个构造器中有相同的初始化代码，且这些初始化代码无须接收参数，就可以把它们放在初始化块中定义。通过把多个构造器中的相同代码提取到初始化块中定义，能更好地提高初始化代码的复用，提高整个应用的可维护性。

> **注意：**
> 实际上初始化块是一个假象，使用 javac 命令编译 Java 类后，该 Java 类中的初始化块会消失——初始化块中代码会被"还原"到每个构造器中，且位于构造器所有代码的前面。

与构造器类似，创建一个 Java 对象时，不仅会执行该类的普通初始化块和构造器，而且系统会一直上溯到 java.lang.Object 类，先执行 java.lang.Object 类的初始化块，开始执行 java.lang.Object 的构造器，依次向下执行其父类的初始化块，开始执行其父类的构造器……最后才执行该类的初始化块和构造器，返回该类的对象。

除此之外，如果希望类加载后对整个类进行某些初始化操作，例如当 Person 类加载后，则需要把

Person 类的 eyeNumber 类变量初始化为 2，此时需要使用 static 关键字来修饰初始化块，使用 static 修饰的初始化块被称为静态初始化块。

▶▶ 5.9.3 静态初始化块

如果定义初始化块时使用了 static 修饰符，则这个初始化块就变成了静态初始化块，也被称为类初始化块（普通初始化块负责对对象执行初始化，类初始化块则负责对类进行初始化）。静态初始化块是类相关的，系统将在类初始化阶段执行静态初始化块，而不是在创建对象时才执行。因此静态初始化块总是比普通初始化块先执行。

静态初始化块是类相关的，用于对整个类进行初始化处理，通常用于对类变量执行初始化处理。静态初始化块不能对实例变量进行初始化处理。

> **注意：**
> 静态初始化块也被称为类初始化块，也属于类的静态成员，同样需要遵循静态成员不能访问非静态成员的规则，因此静态初始化块不能访问非静态成员，包括不能访问实例变量和实例方法。

与普通初始化块类似的是，系统在类初始化阶段执行静态初始化块时，不仅会执行本类的静态初始化块，而且还会一直上溯到 java.lang.Object 类（如果它包含静态初始化块），先执行 java.lang.Object 类的静态初始化块（如果有），然后执行其父类的静态初始化块……最后才执行该类的静态初始化块，经过这个过程，才完成了该类的初始化过程。只有当类初始化完成后，才可以在系统中使用这个类，包括访问这个类的类方法、类变量或者用这个类来创建实例。

下面程序创建了三个类：Root、Mid 和 Leaf，这三个类都提供了静态初始化块和普通初始化块，而且 Mid 类里还使用 this 调用重载的构造器，而 Leaf 使用 super 显式调用其父类指定的构造器。

程序清单：codes\05\5.9\Test.java

```java
class Root
{
    static{
        System.out.println("Root 的静态初始化块");
    }
    {
        System.out.println("Root 的普通初始化块");
    }
    public Root()
    {
        System.out.println("Root 的无参数的构造器");
    }
}
class Mid extends Root
{
    static{
        System.out.println("Mid 的静态初始化块");
    }
    {
        System.out.println("Mid 的普通初始化块");
    }
    public Mid()
    {
        System.out.println("Mid 的无参数的构造器");
    }
    public Mid(String msg)
    {
        // 通过 this 调用同一类中重载的构造器
```

```
        this();
        System.out.println("Mid 的带参数构造器,其参数值: "
            + msg);
    }
}
class Leaf extends Mid
{
    static{
        System.out.println("Leaf 的静态初始化块");
    }
    {
        System.out.println("Leaf 的普通初始化块");
    }
    public Leaf()
    {
        // 通过 super 调用父类中有一个字符串参数的构造器
        super("疯狂Java讲义");
        System.out.println("执行 Leaf 的构造器");
    }
}
public class Test
{
    public static void main(String[] args)
    {
        new Leaf();
        new Leaf();
    }
}
```

上面定义了三个类,其继承树如图 5.22 所示。

在上面主程序中两次执行 new Leaf();代码,创建两个 Leaf 对象,将可看到如图 5.23 所示的输出。

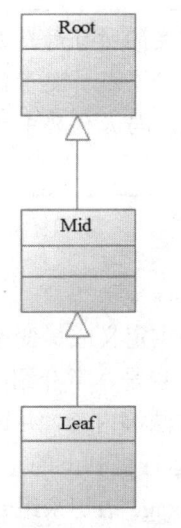

图 5.22 继承结构

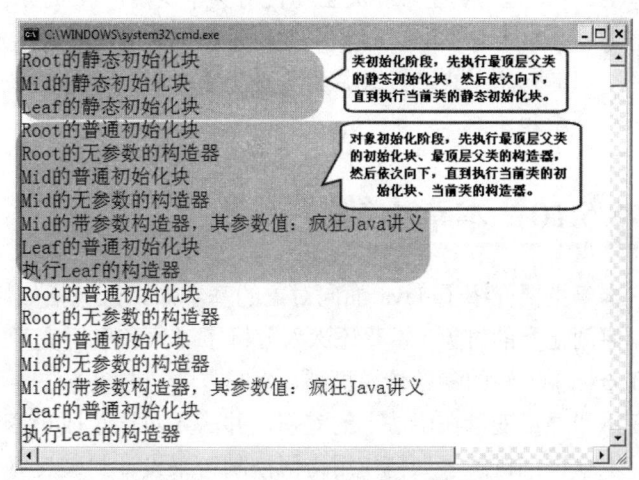

图 5.23 创建 Leaf 对象的执行过程

从图 5.23 来看,第一次创建一个 Leaf 对象时,因为系统中还不存在 Leaf 类,因此需要先加载并初始化 Leaf 类,初始化 Leaf 类时会先执行其顶层父类的静态初始化块,再执行其直接父类的静态初始化块,最后才执行 Leaf 本身的静态初始化块。

一旦 Leaf 类初始化成功后,Leaf 类在该虚拟机里将一直存在,因此当第二次创建 Leaf 实例时无须再次对 Leaf 类进行初始化。

普通初始化块和构造器的执行顺序与前面介绍的一致,每次创建一个 Leaf 对象时,都需要先执行最顶层父类的初始化块、构造器,然后执行其父类的初始化块、构造器……最后才执行 Leaf 类的初始化块和构造器。

> **注意**
> Java 系统加载并初始化某个类时，总是保证该类的所有父类（包括直接父类和间接父类）全部加载并初始化。关于类初始化的知识可参阅本书 18.1 节的介绍。

静态初始化块和声明静态成员变量时所指定的初始值都是该类的初始化代码，它们的执行顺序与源程序中的排列顺序相同。看如下代码。

程序清单：codes\05\5.9\StaticInitTest.java

```java
public class StaticInitTest
{
    // 先执行静态初始化块将 a 静态成员变量赋值为 6
    static{
        a = 6;
    }
    // 再将 a 静态成员变量赋值为 9
    static int a = 9;
    public static void main(String[] args)
    {
        // 下面代码将输出 9
        System.out.println(StaticInitTest.a);
    }
}
```

上面程序中定义了两次对 a 静态成员变量进行赋值，执行结果是 a 值为 9，这表明 static int a = 9; 这行代码位于静态初始化块之后执行。如果将上面程序中粗体字静态初始化块与 static int a = 9;调换顺序，将可以看到程序输出 6，这是由于静态初始化块中代码再次将 a 的值设为 6。

> **提示**：当 JVM 第一次主动使用某个类时，系统会在类准备阶段为该类的所有静态成员变量分配内存；在初始化阶段则负责初始化这些静态成员变量，初始化静态成员变量就是执行类初始化代码或者声明类成员变量时指定的初始值，它们的执行顺序与源代码中的排列顺序相同。

5.10 本章小结

本章主要介绍了 Java 面向对象的基本知识，包括如何定义类，如何为类定义成员变量、方法，以及如何创建类的对象。本章还深入分析了对象和引用变量之间的关系。方法也是本章介绍的重点，本章详细介绍了方法的参数传递机制、递归方法、重载方法、可变长度形参的方法等内容，并详细对比了成员变量和局部变量在用法上的差别，并深入对比了成员变量和局部变量在运行机制上的差别。

本章详细讲解了如何使用访问控制符来设计封装良好的类，并使用 package 语句来组合系统中大量的类，以及如何使用 import 语句来导入其他包中的类。

本章着重讲解了 Java 的继承和多态，包括如何利用 extends 关键字来实现继承，以及把一个子类对象赋给父类变量时产生的多态行为。本章还深入比较了继承、组合两种类复用机制各自的优缺点和适用场景。

▶▶ **本章练习**

1. 编写一个学生类，提供 name、age、gender、phone、address、email 成员变量，且为每个成员变量提供 setter、getter 方法。为学生类提供默认的构造器和带所有成员变量的构造器。为学生类提供方法，用于描绘吃、喝、玩、睡等行为。

2. 利用第 1 题定义的 Student 类，定义一个 Student[]数组保存多个 Student 对象作为通讯录数据。程序可通过 name、email、address 查询，如果找不到数据，则进行友好提示。

3. 定义普通人、老师、班主任、学生、学校这些类，提供适当的成员变量、方法用于描述其内部数据和行为特征，并提供主类使之运行。要求有良好的封装性，将不同类放在不同的包下面，增加文档注释，生成 API 文档。

4. 改写第 1 题的程序，利用组合来实现类复用。

5. 定义交通工具、汽车、火车、飞机这些类，注意它们的继承关系，为这些类提供超过 3 个不同的构造器，并通过初始化块提取构造器中的通用代码。

CHAPTER 6

第6章 面向对象（下）

本章要点

- 包装类及其用法
- toString 方法的用法
- ==和 equals 的区别
- static 关键字的用法
- 实现单例类
- final 关键字的用法
- 不可变类和可变类
- 缓存实例的不可变类
- abstract 关键字的用法
- 实现模板模式
- 接口的概念和作用
- 定义接口的语法
- 实现接口
- 接口和抽象类的联系与区别
- 面向接口编程的优势
- 内部类的概念和定义语法
- 非静态内部类和静态内部类
- 创建内部类的对象
- 扩展内部类
- 匿名内部类和局部内部类
- Lambda 表达式与函数式接口
- 方法引用和构造器引用
- 枚举类概念和作用
- 手动实现枚举类
- JDK 1.5 提供的枚举类
- 枚举类的成员变量、方法和构造器
- 实现接口的枚举类
- 包含抽象方法的枚举类
- 垃圾回收和对象的 finalize 方法
- 强制垃圾回收的方法
- 对象的软、弱和虚引用
- JAR 文件的用途
- 使用 jar 命令创建多版本 JAR 包

除前一章所介绍的关于类、对象的基本语法之外，本章将会继续介绍 Java 面向对象的特性。Java 为 8 个基本类型提供了对应的包装类，通过这些包装类可以把 8 个基本类型的值包装成对象使用，JDK 1.5 提供了自动装箱和自动拆箱功能，允许把基本类型值直接赋给对应的包装类引用变量，也允许把包装类对象直接赋给对应的基本类型变量。

Java 提供了 final 关键字来修饰变量、方法和类，系统不允许为 final 变量重新赋值，子类不允许覆盖父类的 final 方法，final 类不能派生子类。通过使用 final 关键字，允许 Java 实现不可变类，不可变类会让系统更加安全。

abstract 和 interface 两个关键字分别用于定义抽象类和接口，抽象类和接口都是从多个子类中抽象出来的共同特征。但抽象类主要作为多个类的模板，而接口则定义了多类应该遵守的规范。Lambda 表达式是 Java 8 的重要更新，本章将会详细介绍 Lambda 表达式的相关内容。enum 关键字用于创建枚举类，枚举类是一种不能自由创建对象的类，枚举类的对象在定义类时已经固定下来。枚举类特别适合定义像行星、季节这样的类，它们能创建的实例是有限且确定的。

本章将进一步介绍对象在内存中的运行机制，并深入介绍对象的几种引用方式，以及垃圾回收机制如何处理具有不同引用的对象，并详细介绍如何使用 jar 命令来创建 JAR 包。

6.1 Java 8 增强的包装类

Java 是面向对象的编程语言，但它也包含了 8 种基本数据类型，这 8 种基本数据类型不支持面向对象的编程机制，基本数据类型的数据也不具备"对象"的特性：没有成员变量、方法可以被调用。Java 之所以提供这 8 种基本数据类型，主要是为了照顾程序员的传统习惯。

这 8 种基本数据类型带来了一定的方便性，例如可以进行简单、有效的常规数据处理。但在某些时候，基本数据类型会有一些制约，例如所有引用类型的变量都继承了 Object 类，都可当成 Object 类型变量使用。但基本数据类型的变量就不可以，如果有个方法需要 Object 类型的参数，但实际需要的值却是 2、3 等数值，这可能就比较难以处理。

为了解决 8 种基本数据类型的变量不能当成 Object 类型变量使用的问题，Java 提供了包装类（Wrapper Class）的概念，为 8 种基本数据类型分别定义了相应的引用类型，并称之为基本数据类型的包装类。

表 6.1 基本数据类型和包装类的对应关系

基本数据类型	包 装 类
byte	Byte
short	Short
int	Integer
long	Long
char	Character
float	Float
double	Double
boolean	Boolean

从表 6.1 可以看出，除 int 和 char 有点例外之外，其他的基本数据类型对应的包装类都是将其首字母大写即可。

在 JDK 1.5 以前，把基本数据类型变量变成包装类实例需要通过对应包装类的 valueOf() 静态方法来实现。在 JDK 1.5 以前，如果希望获得包装类对象中包装的基本类型变量，则可以使用包装类提供的 xxxValue() 实例方法。由于这种用法已经过时，故此处不再给出示例代码。

通过上面介绍不难看出，基本类型变量和包装类对象之间的转换关系如图 6.1 所示。

从图 6.1 中可以看出，Java 提供的基本类型变量和包装类对象之间的转换有点烦琐，但从 JDK 1.5 之后这种烦琐就消除了，JDK 1.5 提供了自动装箱（Autoboxing）和自动拆箱（AutoUnboxing）功能。所谓自动装箱，就是可以把一个基本类型变量直接赋给对应的包装类变量，或者赋给 Object 变量（Object

是所有类的父类，子类对象可以直接赋给父类变量）；自动拆箱则与之相反，允许直接把包装类对象直接赋给一个对应的基本类型变量。

下面程序示范了自动装箱和自动拆箱的用法。

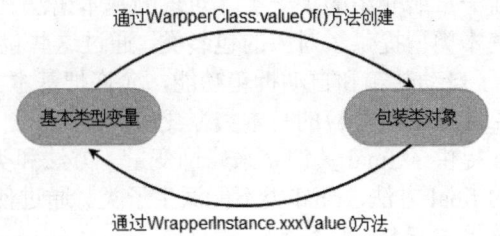

图 6.1　JDK 1.5 以前基本类型变量与包装类实例之间的转换

程序清单：codes\06\6.1\AutoBoxingUnboxing.java

```java
public class AutoBoxingUnboxing
{
    public static void main(String[] args)
    {
        // 直接把一个基本类型变量赋给 Integer 对象
        Integer inObj = 5;
        // 直接把一个 boolean 类型变量赋给一个 Object 类型的变量
        Object boolObj = true;
        // 直接把一个 Integer 对象赋给 int 类型的变量
        int it = inObj;
        if (boolObj instanceof Boolean)
        {
            // 先把 Object 对象强制类型转换为 Boolean 类型，再赋给 boolean 变量
            boolean b = (Boolean)boolObj;
            System.out.println(b);
        }
    }
}
```

当 JDK 提供了自动装箱和自动拆箱功能后，大大简化了基本类型变量和包装类对象之间的转换过程。值得指出的是，进行自动装箱和自动拆箱时必须注意类型匹配，例如 Integer 只能自动拆箱成 int 类型变量，不要试图拆箱成 boolean 类型变量；与之类似的是，int 类型变量只能自动装箱成 Integer 对象（即使赋给 Object 类型变量，那也只是利用了 Java 的向上自动转型特性），不要试图装箱成 Boolean 对象。

借助于包装类的帮助，再加上 JDK 1.5 提供的自动装箱、自动拆箱功能，开发者可以把基本类型的变量"近似"地当成对象使用（所有装箱、拆箱过程都由系统自动完成，无须程序员理会）；反过来，开发者也可以把包装类的实例近似地当成基本类型的变量使用。

除此之外，包装类还可实现基本类型变量和字符串之间的转换。把字符串类型的值转换为基本类型的值有两种方式。

➢ 利用包装类提供的 parseXxx(String s)静态方法（除 Character 之外的所有包装类都提供了该方法。
➢ 利用包装类提供的 valueOf(String s)静态方法。

String 类也提供了多个重载 valueOf()方法，用于将基本类型变量转换成字符串，下面程序示范了这种转换关系。

程序清单：codes\06\6.1\Primitive2String.java

```java
public class Primitive2String
{
    public static void main(String[] args)
    {
        String intStr = "123";
        // 把一个特定字符串转换成 int 变量
        int it1 = Integer.parseInt(intStr);
        int it2 = Integer.valueOf(intStr);
        System.out.println(it2);
        String floatStr = "4.56";
        // 把一个特定字符串转换成 float 变量
        float ft1 = Float.parseFloat(floatStr);
        float ft2 = Float.valueOf(floatStr);
```

```
        System.out.println(ft2);
        // 把一个 float 变量转换成 String 变量
        String ftStr = String.valueOf(2.345f);
        System.out.println(ftStr);
        // 把一个 double 变量转换成 String 变量
        String dbStr = String.valueOf(3.344);
        System.out.println(dbStr);
        // 把一个 boolean 变量转换成 String 变量
        String boolStr = String.valueOf(true);
        System.out.println(boolStr.toUpperCase());
    }
}
```

通过上面程序可以看出基本类型变量和字符串之间的转换关系，如图 6.2 所示。

如果希望把基本类型变量转换成字符串，还有一种更简单的方法：将基本类型变量和""进行连接运算，系统会自动把基本类型变量转换成字符串。例如下面代码：

```
// intStr 的值为"5"
String intStr = 5 + "";
```

此处要指出的是，虽然包装类型的变量是引用数据类型，但包装类的实例可以与数值类型的值进行比较，这种比较是直接取出包装类实例所包装的数值来进行比较的。

看下面代码。

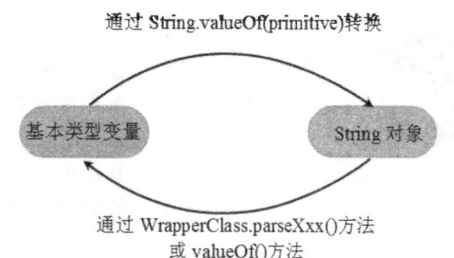

图 6.2　基本类型变量和字符串之间的转换关系

程序清单：codes\06\6.1\WrapperClassCompare.java

```
Integer a = Integer.valueOf(6);
// 输出 true
System.out.println("6 的包装类实例是否大于 5.0" + (a > 5.0));
```

两个包装类的实例进行比较的情况就比较复杂，因为包装类的实例实际上是引用类型，只有两个包装类引用指向同一个对象时才会返回 true。下面代码示范了这种效果（程序清单同上）。

```
System.out.println("比较 2 个包装类的实例是否相等: "
    + (Integer.valueOf(2) == Integer.valueOf(2))); //输出 false
```

但 JDK 1.5 以后支持所谓的自动装箱，自动装箱就是可以直接把一个基本类型值赋给一个包装类实例，在这种情况下可能会出现一些特别的情形。看如下代码（程序清单同上）。

```
// 通过自动装箱，允许把基本类型值赋值给包装类实例
Integer ina = 2;
Integer inb = 2;
System.out.println("两个 2 自动装箱后是否相等:" + (ina == inb)); // 输出 true
Integer biga = 128;
Integer bigb = 128;
System.out.println("两个 128 自动装箱后是否相等:" + (biga == bigb)); //输出 false
```

上面程序让人比较费解：同样是两个 int 类型的数值自动装箱成 Integer 实例后，如果是两个 2 自动装箱后就相等；但如果是两个 128 自动装箱后就不相等，这是为什么呢？这与 Java 的 Integer 类的设计有关，查看 Java 系统中 java.lang.Integer 类的源代码，如下所示。

```
// 定义一个长度为 256 的 Integer 数组
static final Integer[] cache = new Integer[-(-128) + 127 + 1];
static {
    // 执行初始化，创建-128 到 127 的 Integer 实例，并放入 cache 数组中
    for(int i = 0; i < cache.length; i++)
        cache[i] = new Integer(i - 128);
}
```

从上面代码可以看出，系统把一个-128~127 之间的整数自动装箱成 Integer 实例，并放入了一个名为 cache 的数组中缓存起来。如果以后把一个-128~127 之间的整数自动装箱成一个 Integer 实例时，实际上是直接指向对应的数组元素，因此-128~127 之间的同一个整数自动装箱成 Integer 实例时，永远都

是引用 cache 数组的同一个数组元素,所以它们全部相等;但每次把一个不在-128~127 范围内的整数自动装箱成 Integer 实例时,系统总是重新创建一个 Integer 实例,所以出现程序中的运行结果。

学生提问:Java 为什么要对这些数据进行缓存呢?

答:缓存是一种非常优秀的设计模式,在 Java、Java EE 平台的很多地方都会通过缓存来提高系统的运行性能。简单地说,如果你需要一台电脑,那么你就去买了一台电脑。但你不可能一直使用这台电脑,你总会离开这台电脑——在你离开电脑的这段时间内,你如何做?你会不会立即把电脑扔掉?当然不会,你会把电脑放在房间里,等下次又需要电脑时直接开机使用,而不是再次去购买一台。假设电脑是内存中的对象,而你的房间是内存,如果房间足够大,则可以把所有曾经用过的各种东西都缓存起来,但这不可能,房间的空间是有限制的,因此有些东西你用过一次就扔掉了。你只会把一些购买成本大、需要频繁使用的东西保存下来。类似地,Java 也把一些创建成本大、需要频繁使用的对象缓存起来,从而提高程序的运行性能。

Java 7 增强了包装类的功能,Java 7 为所有的包装类都提供了一个静态的 compare(xxx val1, xxx val2) 方法,这样开发者就可以通过包装类提供的 compare(xxx val1, xxx val2) 方法来比较两个基本类型值的大小,包括比较两个 boolean 类型值,两个 boolean 类型值进行比较时,true > false。例如如下代码:

```
System.out.println(Boolean.compare(true , false));    // 输出1
System.out.println(Boolean.compare(true , true));     // 输出0
System.out.println(Boolean.compare(false , true));    // 输出-1
```

不仅如此,Java 7 还为 Character 包装类增加了大量的工具方法来对一个字符进行判断。关于 Character 中可用的方法请参考 Character 的 API 文档。

Java 8 再次增强了这些包装类的功能,其中一个重要的增强就是支持无符号算术运算。Java 8 为整型包装类增加了支持无符号运算的方法。Java 8 为 Integer、Long 增加了如下方法。

➢ static String toUnsignedString(int/long i):该方法将指定 int 或 long 型整数转换为无符号整数对应的字符串。

➢ static String toUnsignedString(int i/long,int radix):该方法将指定 int 或 long 型整数转换为指定进制的无符号整数对应的字符串。

➢ static xxx parseUnsignedXxx(String s):该方法将指定字符串解析成无符号整数。当调用类为 Integer 时,xxx 代表 int;当调用类是 Long 时,xxx 代表 long。

➢ static xxx parseUnsignedXxx(String s, int radix):该方法将指定字符串按指定进制解析成无符号整数。当调用类为 Integer 时,xxx 代表 int;当调用类是 Long 时,xxx 代表 long。

➢ static int compareUnsigned(xxx x, xxx y):该方法将 x、y 两个整数转换为无符号整数后比较大小。当调用类为 Integer 时,xxx 代表 int;当调用类是 Long 时,xxx 代表 long。

➢ static long divideUnsigned(long dividend, long divisor):该方法将 x、y 两个整数转换为无符号整数后计算它们相除的商。当调用类为 Integer 时,xxx 代表 int;当调用类是 Long 时,xxx 代表 long。

➢ static long remainderUnsigned(long dividend, long divisor):该方法将 x、y 两个整数转换为无符号整数后计算它们相除的余数。当调用类为 Integer 时,xxx 代表 int;当调用类是 Long 时,xxx 代表 long。

Java 8 还为 Byte、Short 增加了 toUnsignedInt(xxx x)、toUnsignedLong(yyy x)两个方法,这两个方法用于将指定 byte 或 short 类型的变量或值转换成无符号的 int 或 long 值。

下面程序示范了这些包装类的无符号算术运算功能。

程序清单：codes\06\6.1\UnsignedTest.java

```java
public class UnsignedTest
{
    public static void main(String[] args)
    {
        byte b = -3;
        // 将 byte 类型的-3 转换为无符号整数
        System.out.println("byte 类型的-3 对应的无符号整数："
            + Byte.toUnsignedInt(b)); // 输出 253
        // 指定使用十六进制解析无符号整数
        int val = Integer.parseUnsignedInt("ab", 16);
        System.out.println(val); // 输出 171
        // 将-12 转换为无符号 int 型，然后转换为十六进制的字符串
        System.out.println(Integer.toUnsignedString(-12 , 16)); // 输出 fffffff4
        // 将两个数转换为无符号整数后相除
        System.out.println(Integer.divideUnsigned(-2, 3));
        // 将两个数转换为无符号整数相除后求余
        System.out.println(Integer.remainderUnsigned(-2, 7));
    }
}
```

无符号整数最大的特点是最高位不再被当成符号位，因此无符号整数不支持负数，其最小值为 0。上面程序的运算结果可能不太直观。理解该程序的关键是先把操作数转换为无符号整数，然后再进行计算。以 byte 类型的-3 为例，其原码为 10000011（最高位 1 代表负数），其反码为 11111100，补码为 11111101，如果将该数当成无符号整数处理，那么最高位的 1 就不再是符号位，也是数值位，该数就对应为 253，即上面程序的输出结果。读者只要先将上面表达式中的操作数转换为无符号整数，然后再进行运算，即可得到程序的输出结果。

6.2 处理对象

Java 对象都是 Object 类的实例，都可直接调用该类中定义的方法，这些方法提供了处理 Java 对象的通用方法。

▶▶ 6.2.1 打印对象和 toString 方法

先看下面程序。

程序清单：codes\06\6.2\PrintObject.java

```java
class Person
{
    private String name;
    public Person(String name)
    {
        this.name = name;
    }
}
public class PrintObject
{
    public static void main(String[] args)
    {
        // 创建一个 Person 对象，将之赋给 p 变量
        Person p = new Person("孙悟空");
        // 打印 p 所引用的 Person 对象
        System.out.println(p);
    }
}
```

上面程序创建了一个 Person 对象，然后使用 System.out.println()方法输出 Person 对象。编译、运行上面程序，看到如下运行结果：

Person@15db9742

当读者运行上面程序时，可能看到不同的输出结果：@符号后的 8 位十六进制数字可能发生改变。

但这个输出结果是怎么来的呢？System.out 的 println()方法只能在控制台输出字符串，而 Person 实例是一个内存中的对象，怎么能直接转换为字符串输出呢？当使用该方法输出 Person 对象时，实际上输出的是 Person 对象的 toString()方法的返回值。也就是说，下面两行代码的效果完全一样。

```
System.out.println(p);
System.out.println(p.toString());
```

toString()方法是 Object 类里的一个实例方法，所有的 Java 类都是 Object 类的子类，因此所有的 Java 对象都具有 toString()方法。

不仅如此，所有的 Java 对象都可以和字符串进行连接运算，当 Java 对象和字符串进行连接运算时，系统自动调用 Java 对象 toString()方法的返回值和字符串进行连接运算，即下面两行代码的结果也完全相同。

```
String pStr = p + "";
String pStr = p.toString() + "";
```

toString()方法是一个非常特殊的方法，它是一个"自我描述"方法，该方法通常用于实现这样一个功能：当程序员直接打印该对象时，系统将会输出该对象的"自我描述"信息，用以告诉外界该对象具有的状态信息。

Object 类提供的 toString()方法总是返回该对象实现类的"类名＋@＋hashCode"值，这个返回值并不能真正实现"自我描述"的功能，因此如果用户需要自定义类能实现"自我描述"的功能，就必须重写 Object 类的 toString()方法。例如下面程序。

程序清单：codes\06\6.2\ToStringTest.java

```java
class Apple
{
    private String color;
    private double weight;
    public Apple(){    }
    // 提供有参数的构造器
    public Apple(String color , double weight)
    {
        this.color = color;
        this.weight = weight;
    }
    // 省略 color、weight 的 setter 和 getter 方法
    ...
    // 重写 toString()方法，用于实现 Apple 对象的"自我描述"
    public String toString()
    {
        return "一个苹果，颜色是：" + color
            + "，重量是：" + weight;
    }
}
public class ToStringTest
{
    public static void main(String[] args)
    {
        Apple a = new Apple("红色" , 5.68);
        // 打印 Apple 对象
        System.out.println(a);
    }
}
```

编译、运行上面程序，看到如下运行结果：

一个苹果，颜色是：红色，重量是：5.68

从上面运行结果可以看出，通过重写 Apple 类的 toString()方法，就可以让系统在打印 Apple 对象时打印出该对象的"自我描述"信息。

大部分时候，重写 toString()方法总是返回该对象的所有令人感兴趣的信息所组成的字符串。通常可返回如下格式的字符串：

类名[field1=值 1, field2=值 2,...]

因此，可以将上面 Apple 类的 toString()方法改为如下：

```
public String toString()
{
    return "Apple[color=" + color + ",weight=" + weight + "]";
}
```

这个 toString()方法提供了足够的有效信息来描述 Apple 对象，也就实现了 toString()方法的功能。

▶▶ 6.2.2 ==和 equals 方法

Java 程序中测试两个变量是否相等有两种方式：一种是利用==运算符，另一种是利用 equals()方法。当使用==来判断两个变量是否相等时，如果两个变量是基本类型变量，且都是数值类型（不一定要求数据类型严格相同），则只要两个变量的值相等，就将返回 true。

但对于两个引用类型变量，只有它们指向同一个对象时，==判断才会返回 true。==不可用于比较类型上没有父子关系的两个对象。下面程序示范了使用==来判断两种类型变量是否相等的结果。

程序清单：codes\06\6.2\EqualTest.java

```
public class EqualTest
{
    public static void main(String[] args)
    {
        int it = 65;
        float fl = 65.0f;
        // 将输出 true
        System.out.println("65 和 65.0f 是否相等？" + (it == fl));
        char ch = 'A';
        // 将输出 true
        System.out.println("65 和'A'是否相等？" + (it == ch));
        String str1 = new String("hello");
        String str2 = new String("hello");
        // 将输出 false
        System.out.println("str1 和 str2 是否相等？"
            + (str1 == str2));
        // 将输出 true
        System.out.println("str1 是否 equals str2？"
            + (str1.equals(str2)));
        // 由于 java.lang.String 与 EqualTest 类没有继承关系
        // 所以下面语句导致编译错误
        System.out.println("hello" == new EqualTest());
    }
}
```

运行上面程序，可以看到 65、65.0f 和'A'相等。但对于 str1 和 str2，因为它们都是引用类型变量，它们分别指向两个通过 new 关键字创建的 String 对象，因此 str1 和 str2 两个变量不相等。

对初学者而言，String 还有一个非常容易迷惑的地方："hello"直接量和 new String("hello")有什么区别呢？当 Java 程序直接使用形如"hello"的字符串直接量（包括可以在编译时就计算出来的字符串值）时，JVM 将会使用常量池来管理这些字符串；当使用 new String("hello")时，JVM 会先使用常量池来管理"hello"直接量，再调用 String 类的构造器来创建一个新的 String 对象，新创建的 String 对象被保存在堆内存中。换句话说，new String("hello")一共产生了两个字符串对象。

提示：
常量池（constant pool）专门用于管理在编译时被确定并被保存在已编译的.class 文件中的一些数据。它包括了关于类、方法、接口中的常量，还包括字符串常量。

下面程序示范了 JVM 使用常量池管理字符串直接量的情形。

程序清单：codes\06\6.2\StringCompareTest.java

```
public class StringCompareTest
{
    public static void main(String[] args)
```

```java
        {
            // s1 直接引用常量池中的"疯狂Java"
            String s1 = "疯狂Java";
            String s2 = "疯狂";
            String s3 = "Java";
            // s4 后面的字符串值可以在编译时就确定下来
            // s4 直接引用常量池中的"疯狂Java"
            String s4 = "疯狂" + "Java";
            // s5 后面的字符串值可以在编译时就确定下来
            // s5 直接引用常量池中的"疯狂Java"
            String s5 = "疯" + "狂" + "Java";
            // s6 后面的字符串值不能在编译时就确定下来
            // 不能引用常量池中的字符串
            String s6 = s2 + s3;
            // 使用 new 调用构造器将会创建一个新的 String 对象
            // s7 引用堆内存中新创建的 String 对象
            String s7 = new String("疯狂Java");
            System.out.println(s1 == s4);   // 输出 true
            System.out.println(s1 == s5);   // 输出 true
            System.out.println(s1 == s6);   // 输出 false
            System.out.println(s1 == s7);   // 输出 false
        }
    }
```

　　JVM 常量池保证相同的字符串直接量只有一个，不会产生多个副本。例子中的 s1、s4、s5 所引用的字符串可以在编译期就确定下来，因此它们都将引用常量池中的同一个字符串对象。

　　使用 new String() 创建的字符串对象是运行时创建出来的，它被保存在运行时内存区（即堆内存）内，不会放入常量池中。

　　但在很多时候，程序判断两个引用变量是否相等时，也希望有一种类似于"值相等"的判断规则，并不严格要求两个引用变量指向同一个对象。例如对于两个字符串变量，可能只是要求它们引用字符串对象里包含的字符序列相同即可认为相等。此时就可以利用 String 对象的 equals() 方法来进行判断，例如上面程序中的 str1.equals(str2) 将返回 true。

　　equals() 方法是 Object 类提供的一个实例方法，因此所有引用变量都可调用该方法来判断是否与其他引用变量相等。但使用这个方法判断两个对象相等的标准与使用 == 运算符没有区别，同样要求两个引用变量指向同一个对象才会返回 true。因此这个 Object 类提供的 equals() 方法没有太大的实际意义，如果希望采用自定义的相等标准，则可采用重写 equals 方法来实现。

提示：
　　String 已经重写了 Object 的 equals() 方法，String 的 equals() 方法判断两个字符串相等的标准是：只要两个字符串所包含的字符序列相同，通过 equals() 比较将返回 true，否则将返回 false。

注意：
　　很多书上经常说 equals() 方法是判断两个对象的值相等。这个说法并不准确，什么叫对象的值呢？对象的值如何相等？实际上，重写 equals() 方法就是提供自定义的相等标准，你认为怎样是相等，那就怎样是相等，一切都是你做主！在极端的情况下，你可以让 Person 对象和 Dog 对象相等。

　　下面程序示范了重写 equals 方法产生 Person 对象和 Dog 对象相等的情形。

程序清单：codes\06\6.2\OverrideEqualsError.java

```java
// 定义一个 Person 类
class Person
{
    // 重写 equals() 方法，提供自定义的相等标准
    public boolean equals(Object obj)
    {
```

```
        // 不加判断,总是返回 true, 即 Person 对象与任何对象都相等
        return true;
    }
}
// 定义一个 Dog 空类
class Dog{}
public class OverrideEqualsError
{
    public static void main(String[] args)
    {
        Person p = new Person();
        System.out.println("Person 对象是否 equals Dog 对象? "
            + p.equals(new Dog()));
        System.out.println("Person 对象是否 equals String 对象? "
            + p.equals(new String("Hello")));
    }
}
```

编译、运行上面程序,可以看到 Person 对象和 Dog 对象相等,Person 对象和 String 对象也相等的"荒唐结果",造成这种结果的原因是由于重写 Person 类的 equals()方法时没有任何判断,无条件地返回 true。实际上这种结果也不算太荒唐,因为 Dog 对象和 Person 对象也不是完全不可能相等,这要看关心的角度,比如仅仅关心 Person 对象和 Dog 对象的年龄,从年纪相等的角度来看,那就可以认为年龄相等,Person 对象和 Dog 对象就是相等。

大部分时候,并不希望看到 Person 对象和 Dog 对象相等的"荒唐局面",还是希望两个类型相同的对象才可能相等,并且关键的成员变量相等才能相等。看下面重写 Person 类的 equals()方法,更符合实际情况。

程序清单:code\06\6.2\OverrideEqualsRight.java

```java
class Person
{
    private String name;
    private String idStr;
    public Person(){}
    public Person(String name , String idStr)
    {
        this.name = name;
        this.idStr = idStr;
    }
    // 此处省略 name 和 idStr 的 setter 和 getter 方法
    ...
    // 重写 equals()方法,提供自定义的相等标准
    public boolean equals(Object obj)
    {
        // 如果两个对象为同一个对象
        if (this == obj)
            return true;
        // 只有当 obj 是 Person 对象
        if (obj != null && obj.getClass() == Person.class)
        {
            Person personObj = (Person)obj;
            // 并且当前对象的 idStr 与 obj 对象的 idStr 相等时才可判断两个对象相等
            if (this.getIdStr().equals(personObj.getIdStr()))
            {
                return true;
            }
        }
        return false;
    }
}
public class OverrideEqualsRight
{
    public static void main(String[] args)
    {
        Person p1 = new Person("孙悟空" , "12343433433");
        Person p2 = new Person("孙行者" , "12343433433");
```

```
        Person p3 = new Person("孙悟饭" , "99933433");
        // p1 和 p2 的 idStr 相等, 所以输出 true
        System.out.println("p1 和 p2 是否相等? "
            + p1.equals(p2));
        // p2 和 p3 的 idStr 不相等, 所以输出 false
        System.out.println("p2 和 p3 是否相等? "
            + p2.equals(p3));
    }
}
```

上面程序重写 Person 类的 equals()方法，指定了 Person 对象和其他对象相等的标准：另一个对象必须是 Person 类的实例，且两个 Person 对象的 idStr 相等，即可判断两个 Person 对象相等。在这种判断标准下，可认为只要两个 Person 对象的身份证字符串相等，即可判断相等。

学生提问：上面程序中判断 obj 是否为 Person 类的实例时，为何不用 obj instanceof Person 来判断呢？

答：对于 instanceof 运算符而言，当前面对象是后面类的实例或其子类的实例时都将返回 true，所以重写 equals()方法判断两个对象是否为同一个类的实例时使用 instanceof 是有问题的。比如有一个 Teacher 类型的变量 t，如果判断 t instanceof Person，这也将返回 true。但对于重写 equals()方法的要求而言，通常要求两个对象是同一个类的实例，因此使用 instanceof 运算符不太合适。改为使用 t.getClass()==Person.class 比较合适。这行代码用到了反射基础，读者可参考第 18 章来理解此行代码。

通常而言，正确地重写 equals()方法应该满足下列条件。
➢ 自反性：对任意 x, x.equals(x)一定返回 true。
➢ 对称性：对任意 x 和 y, 如果 y.equals(x)返回 true, 则 x.equals(y)也返回 true。
➢ 传递性：对任意 x, y, z, 如果 x.equals(y)返回 ture, y.equals(z)返回 true, 则 x.equals(z)一定返回 true。
➢ 一致性：对任意 x 和 y, 如果对象中用于等价比较的信息没有改变，那么无论调用 x.equals(y)多少次，返回的结果应该保持一致，要么一直是 true，要么一直是 false。
➢ 对任何不是 null 的 x, x.equals(null)一定返回 false。

Object 默认提供的 equals()只是比较对象的地址，即 Object 类的 equals()方法比较的结果与==运算符比较的结果完全相同。因此，在实际应用中常常需要重写 equals()方法，重写 equals 方法时，相等条件是由业务要求决定的，因此 equals()方法的实现也是由业务要求决定的。

📁 6.3 类成员

static 关键字修饰的成员就是类成员，前面已经介绍的类成员有类变量、类方法、静态初始化块三个成分，static 关键字不能修饰构造器。static 修饰的类成员属于整个类，不属于单个实例。

▶▶ 6.3.1 理解类成员

在 Java 类里只能包含成员变量、方法、构造器、初始化块、内部类（包括接口、枚举）5 种成员，目前已经介绍了前面 4 种，其中 static 可以修饰成员变量、方法、初始化块、内部类（包括接口、枚举），以 static 修饰的成员就是类成员。类成员属于整个类，而不属于单个对象。

类变量属于整个类，当系统第一次准备使用该类时，系统会为该类变量分配内存空间，类变量开始生效，直到该类被卸载，该类的类变量所占有的内存才被系统的垃圾回收机制回收。类变量生存范围几乎等同于该类的生存范围。当类初始化完成后，类变量也被初始化完成。

类变量既可通过类来访问，也可通过类的对象来访问。但通过类的对象来访问类变量时，实际上并不是访问该对象所拥有的变量，因为当系统创建该类的对象时，系统不会再为类变量分配内存，也不会再次对类变量进行初始化，也就是说，对象根本不拥有对应类的类变量。通过对象访问类变量只是一种假象，通过对象访问的依然是该类的类变量，可以这样理解：当通过对象来访问类变量时，系统会在底层转换为通过该类来访问类变量。

> **提示：** 很多语言都不允许通过对象访问类变量，对象只能访问实例变量；类变量必须通过类来访问。

由于对象实际上并不持有类变量，类变量是由该类持有的，同一个类的所有对象访问类变量时，实际上访问的都是该类所持有的变量。因此，从程序运行表面来看，即可看到同一类的所有实例的类变量共享同一块内存区。

类方法也是类成员的一种，类方法也是属于类的，通常直接使用类作为调用者来调用类方法，但也可以使用对象来调用类方法。与类变量类似，即使使用对象来调用类方法，其效果也与采用类来调用类方法完全一样。

当使用实例来访问类成员时，实际上依然是委托给该类来访问类成员，因此即使某个实例为 null，它也可以访问它所属类的类成员。例如如下代码：

程序清单：codes\06\6.3\NullAccessStatic.java

```java
public class NullAccessStatic
{
    private static void test()
    {
        System.out.println("static 修饰的类方法");
    }
    public static void main(String[] args)
    {
        // 定义一个 NullAccessStatic 变量，其值为 null
        NullAccessStatic nas = null;
        // 使用 null 对象调用所属类的静态方法
        nas.test();
    }
}
```

编译、运行上面程序，一切正常，程序将打印出"static 修饰的类方法"字符串，这表明 null 对象可以访问它所属类的类成员。

> **提示：** 如果一个 null 对象访问实例成员（包括实例变量和实例方法），将会引发 NullPointerException 异常，因为 null 表明该实例根本不存在，既然实例不存在，那么它的实例变量和实例方法自然也不存在。

静态初始化块也是类成员的一种，静态初始化块用于执行类初始化动作，在类的初始化阶段，系统会调用该类的静态初始化块来对类进行初始化。一旦该类初始化结束后，静态初始化块将永远不会获得执行的机会。

对 static 关键字而言，有一条非常重要的规则：类成员（包括方法、初始化块、内部类和枚举类）不能访问实例成员（包括成员变量、方法、初始化块、内部类和枚举类）。因为类成员是属于类的，类成员的作用域比实例成员的作用域更大，完全可能出现类成员已经初始化完成，但实例成员还不曾初始化的情况，如果允许类成员访问实例成员将会引起大量错误。

▶▶ 6.3.2 单例（Singleton）类

大部分时候都把类的构造器定义成 public 访问权限，允许任何类自由创建该类的对象。但在某些时候，允许其他类自由创建该类的对象没有任何意义，还可能造成系统性能下降（因为频繁地创建对象、回收对象带来的系统开销问题）。例如，系统可能只有一个窗口管理器、一个假脱机打印设备或一个数据库引擎访问点，此时如果在系统中为这些类创建多个对象就没有太大的实际意义。

如果一个类始终只能创建一个实例，则这个类被称为单例类。

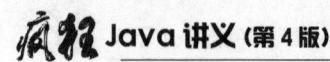

总之，在一些特殊场景下，要求不允许自由创建该类的对象，而只允许为该类创建一个对象。为了避免其他类自由创建该类的实例，应该把该类的构造器使用 private 修饰，从而把该类的所有构造器隐藏起来。

根据良好封装的原则：一旦把该类的构造器隐藏起来，就需要提供一个 public 方法作为该类的访问点，用于创建该类的对象，且该方法必须使用 static 修饰（因为调用该方法之前还不存在对象，因此调用该方法的不可能是对象，只能是类）。

除此之外，该类还必须缓存已经创建的对象，否则该类无法知道是否曾经创建过对象，也就无法保证只创建一个对象。为此该类需要使用一个成员变量来保存曾经创建的对象，因为该成员变量需要被上面的静态方法访问，故该成员变量必须使用 static 修饰。

基于上面的介绍，下面程序创建了一个单例类。

程序清单：codes\06\6.3\SingletonTest.java

```java
class Singleton
{
    // 使用一个类变量来缓存曾经创建的实例
    private static Singleton instance;
    // 对构造器使用private修饰，隐藏该构造器
    private Singleton(){}
    // 提供一个静态方法，用于返回Singleton实例
    // 该方法可以加入自定义控制，保证只产生一个Singleton对象
    public static Singleton getInstance()
    {
        // 如果instance为null，则表明还不曾创建Singleton对象
        // 如果instance不为null，则表明已经创建了Singleton对象
        // 将不会重新创建新的实例
        if (instance == null)
        {
            // 创建一个Singleton对象，并将其缓存起来
            instance = new Singleton();
        }
        return instance;
    }
}
public class SingletonTest
{
    public static void main(String[] args)
    {
        // 创建Singleton对象不能通过构造器
        // 只能通过getInstance方法来得到实例
        Singleton s1 = Singleton.getInstance();
        Singleton s2 = Singleton.getInstance();
        System.out.println(s1 == s2); // 将输出true
    }
}
```

正是通过上面 getInstance 方法提供的自定义控制（这也是封装的优势：不允许自由访问类的成员变量和实现细节，而是通过方法来控制合适暴露），保证 Singleton 类只能产生一个实例。所以，在 SingletonTest 类的 main()方法中，看到两次产生的 Singleton 对象实际上是同一个对象。

6.4 final 修饰符

final 关键字可用于修饰类、变量和方法，final 关键字有点类似 C#里的 sealed 关键字，用于表示它修饰的类、方法和变量不可改变。

final 修饰变量时，表示该变量一旦获得了初始值就不可被改变，final 既可以修饰成员变量（包括类变量和实例变量），也可以修饰局部变量、形参。有的书上介绍说 final 修饰的变量不能被赋值，这种说法是错误的！严格的说法是，final 修饰的变量不可被改变，一旦获得了初始值，该 final 变量的值就不能被重新赋值。

由于 final 变量获得初始值之后不能被重新赋值，因此 final 修饰成员变量和修饰局部变量时有一定的不同。

6.4.1 final 成员变量

成员变量是随类初始化或对象初始化而初始化的。当类初始化时，系统会为该类的类变量分配内存，并分配默认值；当创建对象时，系统会为该对象的实例变量分配内存，并分配默认值。也就是说，当执行静态初始化块时可以对类变量赋初始值；当执行普通初始化块、构造器时可对实例变量赋初始值。因此，成员变量的初始值可以在定义该变量时指定默认值，也可以在初始化块、构造器中指定初始值。

对于 final 修饰的成员变量而言，一旦有了初始值，就不能被重新赋值，如果既没有在定义成员变量时指定初始值，也没有在初始化块、构造器中为成员变量指定初始值，那么这些成员变量的值将一直是系统默认分配的 0、'\u0000'、false 或 null，这些成员变量也就完全失去了存在的意义。因此 Java 语法规定：**final 修饰的成员变量必须由程序员显式地指定初始值。**

归纳起来，final 修饰的类变量、实例变量能指定初始值的地方如下。

- ➢ 类变量：必须在静态初始化块中指定初始值或声明该类变量时指定初始值，而且只能在两个地方的其中之一指定。
- ➢ 实例变量：必须在非静态初始化块、声明该实例变量或构造器中指定初始值，而且只能在三个地方的其中之一指定。

final 修饰的实例变量，要么在定义该实例变量时指定初始值，要么在普通初始化块或构造器中为该实例变量指定初始值。但需要注意的是，如果普通初始化块已经为某个实例变量指定了初始值，则不能再在构造器中为该实例变量指定初始值；final 修饰的类变量，要么在定义该类变量时指定初始值，要么在静态初始化块中为该类变量指定初始值。

实例变量不能在静态初始化块中指定初始值，因为静态初始化块是静态成员，不可访问实例变量——非静态成员；类变量不能在普通初始化块中指定初始值，因为类变量在类初始化阶段已经被初始化了，普通初始化块不能对其重新赋值。

下面程序演示了 final 修饰成员变量的效果，详细示范了 final 修饰成员变量的各种具体情况。

程序清单：codes\06\6.4\FinalVariableTest.java

```java
public class FinalVariableTest
{
    // 定义成员变量时指定默认值，合法
    final int a = 6;
    // 下面变量将在构造器或初始化块中分配初始值
    final String str;
    final int c;
    final static double d;
    // 既没有指定默认值，又没有在初始化块、构造器中指定初始值
    // 下面定义的 ch 实例变量是不合法的
    // final char ch;
    // 初始化块，可对没有指定默认值的实例变量指定初始值
    {
        //在初始化块中为实例变量指定初始值，合法
        str = "Hello";
        // 定义 a 实例变量时已经指定了默认值
        // 不能为 a 重新赋值，因此下面赋值语句非法
        // a = 9;
    }
    // 静态初始化块，可对没有指定默认值的类变量指定初始值
    static
    {
        // 在静态初始化块中为类变量指定初始值，合法
        d = 5.6;
    }
    // 构造器，可对既没有指定默认值，又没有在初始化块中
    // 指定初始值的实例变量指定初始值
    public FinalVariableTest()
    {
        // 如果在初始化块中已经对 str 指定了初始值
        // 那么在构造器中不能对 final 变量重新赋值，下面赋值语句非法
```

```java
        // str = "java";
        c = 5;
    }
    public void changeFinal()
    {
        // 普通方法不能为final修饰的成员变量赋值
        // d = 1.2;
        // 不能在普通方法中为final成员变量指定初始值
        // ch = 'a';
    }
    public static void main(String[] args)
    {
        FinalVariableTest ft = new FinalVariableTest();
        System.out.println(ft.a);
        System.out.println(ft.c);
        System.out.println(ft.d);
    }
}
```

上面程序详细示范了初始化final成员变量的各种情形，读者参考程序中的注释应该可以很清楚地看出final修饰成员变量的用法。

> **注意：**
> 与普通成员变量不同的是，final成员变量（包括实例变量和类变量）必须由程序员显式初始化。

如果打算在构造器、初始化块中对final成员变量进行初始化，则不要在初始化之前直接访问final成员变量；但Java又允许通过方法来访问final成员变量，此时会看到系统将final成员变量默认初始化为0（或'\u0000'、false或null）。例如如下示例程序。

程序清单：codes\06\6.4\FinalErrorTest.java

```java
public class FinalErrorTest
{
    // 定义一个final修饰的实例变量
    // 系统不会对final成员变量进行默认初始化
    final int age;
    {
        // age没有初始化，所以此处代码将引起错误
        System.out.println(age);
        printAge(); // 这行代码是合法的，程序输出0
        age = 6;
        System.out.println(age);
    }
    public void printAge(){
        System.out.println(age);
    }
    public static void main(String[] args)
    {
        new FinalErrorTest();
    }
}
```

上面程序中定义了一个final成员变量：age，Java不允许直接访问final修饰的age成员变量，所以初始化块中和第一行粗体字代码将引起错误；但第二行粗体字代码通过方法来访问final修饰的age成员变量，此时又是允许的，并看到输出0。只要把定义age时的final修饰符去掉，上面程序就正确了。

> **注意：**
> final成员变量在显式初始化之前不能直接访问，但可以通过方法来访问，基本上可断定是Java设计的一个缺陷。按照正常逻辑，final成员变量在显式初始化之前是不应该允许被访问的。因此建议开发者尽量避免在final变量显式初始化之前访问它。

▶▶ 6.4.2 final 局部变量

系统不会对局部变量进行初始化，局部变量必须由程序员显式初始化。因此使用 final 修饰局部变量时，既可以在定义时指定默认值，也可以不指定默认值。

如果 final 修饰的局部变量在定义时没有指定默认值，则可以在后面代码中对该 final 变量赋初始值，但只能一次，不能重复赋值；如果 final 修饰的局部变量在定义时已经指定默认值，则后面代码中不能再对该变量赋值。下面程序示范了 final 修饰局部变量、形参的情形。

程序清单：codes\06\6.4\FinalLocalVariableTest.java

```java
public class FinalLocalVariableTest
{
    public void test(final int a)
    {
        // 不能对 final 修饰的形参赋值，下面语句非法
        // a = 5;
    }
    public static void main(String[] args)
    {
        // 定义 final 局部变量时指定默认值，则 str 变量无法重新赋值
        final String str = "hello";
        // 下面赋值语句非法
        // str = "Java";
        // 定义 final 局部变量时没有指定默认值，则 d 变量可被赋值一次
        final double d;
        // 第一次赋初始值，成功
        d = 5.6;
        // 对 final 变量重复赋值，下面语句非法
        // d = 3.4;
    }
}
```

在上面程序中还示范了 final 修饰形参的情形。因为形参在调用该方法时，由系统根据传入的参数来完成初始化，因此使用 final 修饰的形参不能被赋值。

▶▶ 6.4.3 final 修饰基本类型变量和引用类型变量的区别

当使用 final 修饰基本类型变量时，不能对基本类型变量重新赋值，因此基本类型变量不能被改变。但对于引用类型变量而言，它保存的仅仅是一个引用，final 只保证这个引用类型变量所引用的地址不会改变，即一直引用同一个对象，但这个对象完全可以发生改变。

下面程序示范了 final 修饰数组和 Person 对象的情形。

程序清单：codes\06\6.4\FinalReferenceTest.java

```java
class Person
{
    private int age;
    public Person(){}
    // 有参数的构造器
    public Person(int age)
    {
        this.age = age;
    }
    // 省略 age 的 setter 和 getter 方法
    // age 的 setter 和 getter 方法
    ...
}
public class FinalReferenceTest
{
    public static void main(String[] args)
    {
        // final 修饰数组变量，iArr 是一个引用变量
        final int[] iArr = {5, 6, 12, 9};
        System.out.println(Arrays.toString(iArr));
        // 对数组元素进行排序，合法
        Arrays.sort(iArr);
```

```
        System.out.println(Arrays.toString(iArr));
        // 对数组元素赋值,合法
        iArr[2] = -8;
        System.out.println(Arrays.toString(iArr));
        // 下面语句对 iArr 重新赋值,非法
        // iArr = null;
        // final 修饰 Person 变量,p 是一个引用变量
        final Person p = new Person(45);
        // 改变 Person 对象的 age 实例变量,合法
        p.setAge(23);
        System.out.println(p.getAge());
        // 下面语句对 p 重新赋值,非法
        // p = null;
    }
}
```

从上面程序中可以看出,使用 final 修饰的引用类型变量不能被重新赋值,但可以改变引用类型变量所引用对象的内容。例如上面 iArr 变量所引用的数组对象,final 修饰后的 iArr 变量不能被重新赋值,但 iArr 所引用数组的数组元素可以被改变。与此类似的是,p 变量也使用了 final 修饰,表明 p 变量不能被重新赋值,但 p 变量所引用 Person 对象的成员变量的值可以被改变。

▶▶ 6.4.4 可执行"宏替换"的 final 变量

对一个 final 变量来说,不管它是类变量、实例变量,还是局部变量,只要该变量满足三个条件,这个 final 变量就不再是一个变量,而是相当于一个直接量。

- ➢ 使用 final 修饰符修饰。
- ➢ 在定义该 final 变量时指定了初始值。
- ➢ 该初始值可以在编译时就被确定下来。

看如下程序。

程序清单:codes\06\6.4\FinalLocalTest.java

```
public class FinalLocalTest
{
    public static void main(String[] args)
    {
        // 定义一个普通局部变量
        final int a = 5;
        System.out.println(a);
    }
}
```

上面程序中的粗体字代码定义了一个 final 局部变量,并在定义该 final 变量时指定初始值为 5。对于这个程序来说,变量 a 其实根本不存在,当程序执行 System.out.println(a);代码时,实际转换为执行 System.out.println(5)。

> **注意:** final 修饰符的一个重要用途就是定义"宏变量"。当定义 final 变量时就为该变量指定了初始值,而且该初始值可以在编译时就确定下来,那么这个 final 变量本质上就是一个"宏变量",编译器会把程序中所有用到该变量的地方直接替换成该变量的值。

除上面那种为 final 变量赋值时赋直接量的情况外,如果被赋的表达式只是基本的算术表达式或字符串连接运算,没有访问普通变量,调用方法,Java 编译器同样会将这种 final 变量当成"宏变量"处理。示例如下。

程序清单:codes\06\6.4\FinalReplaceTest.java

```
public class FinalReplaceTest
{
    public static void main(String[] args)
    {
        // 下面定义了 4 个 final "宏变量"
```

```
        final int a = 5 + 2;
        final double b = 1.2 / 3;
        final String str = "疯狂" + "Java";
        final String book = "疯狂 Java 讲义:" + 99.0;
        // 下面的 book2 变量的值因为调用了方法,所以无法在编译时被确定下来
        final String book2 = "疯狂 Java 讲义:" + String.valueOf(99.0);   //①
        System.out.println(book == "疯狂 Java 讲义:99.0");
        System.out.println(book2 == "疯狂 Java 讲义:99.0");
    }
}
```

上面程序中粗体字代码定义了 4 个 final 变量,程序为这 4 个变量赋初始值指定的初始值要么是算术表达式,要么是字符串连接运算。即使字符串连接运算中包含隐式类型(将数值转换为字符串)转换,编译器依然可以在编译时就确定 a、b、str、book 这 4 个变量的值,因此它们都是"宏变量"。

从表面上看,①行代码定义的 book2 与 book 没有太大的区别,只是定义 book2 变量时显式将数值 99.0 转换为字符串,但由于该变量的值需要调用 String 类的方法,因此编译器无法在编译时确定 book2 的值,book2 不会被当成"宏变量"处理。

程序最后两行代码分别判断 book、book2 和"疯狂 Java 讲义:99.0"是否相等。由于 book 是一个"宏变量",它将被直接替换成"疯狂 Java 讲义:99.0",因此 book 和"疯狂 Java 讲义:99.0"相等,但 book2 和该字符串不相等。

> **提示:**
> Java 会使用常量池来管理曾经用过的字符串直接量,例如执行 String a = "java";语句之后,常量池中就会缓存一个字符串" java"; 如果程序再次执行 String b = "java";,系统将会让 b 直接指向常量池中的"java"字符串,因此 a==b 将会返回 true。

为了加深对 final 修饰符的印象,下面再看一个程序。

程序清单: codes\06\6.4\StringJoinTest.java

```
public class StringJoinTest
{
    public static void main(String[] args)
    {
        String s1 = "疯狂 Java";
        // s2 变量引用的字符串可以在编译时就确定下来
        // 因此 s2 直接引用常量池中已有的"疯狂 Java"字符串
        String s2 = "疯狂" + "Java";
        System.out.println(s1 == s2); // 输出 true
        // 定义 2 个字符串直接量
        String str1 = "疯狂";        //①
        String str2 = "Java";        //②
        // 将 str1 和 str2 进行连接运算
        String s3 = str1 + str2;
        System.out.println(s1 == s3); // 输出 false
    }
}
```

上面程序中两行粗体字代码分别判断 s1 和 s2 是否相等,以及 s1 和 s3 是否相等。s1 是一个普通的字符串直接量"疯狂 Java",s2 的值是两个字符串直接量进行连接运算,由于编译器可以在编译阶段就确定 s2 的值为"疯狂 Java",所以系统会让 s2 直接指向常量池中缓存的"疯狂 Java"字符串。因此 s1==s2 将输出 true。

对于 s3 而言,它的值由 str1 和 str2 进行连接运算后得到。由于 str1、str2 只是两个普通变量,编译器不会执行"宏替换",因此编译器无法在编译时确定 s3 的值,也就无法让 s3 指向字符串池中缓存的"疯狂 Java"。由此可见,s1==s3 将输出 false。

让 s1==s3 输出 true 也很简单,只要让编译器可以对 str1、str2 两个变量执行"宏替换",这样编译器即可在编译阶段就确定 s3 的值,就会让 s3 指向字符串池中缓存的"疯狂 Java"。也就是说,只要将 ①、②两行代码所定义的 str1、str2 使用 final 修饰即可。

> **注意:** 对于实例变量而言,既可以在定义该变量时赋初始值,也可以在非静态初始化块、构造器中对它赋初始值,在这三个地方指定初始值的效果基本一样。但对于 final 实例变量而言,只有在定义该变量时指定初始值才会有"宏变量"的效果。

▶▶ 6.4.5 final 方法

final 修饰的方法不可被重写,如果出于某些原因,不希望子类重写父类的某个方法,则可以使用 final 修饰该方法。

Java 提供的 Object 类里就有一个 final 方法:getClass(),因为 Java 不希望任何类重写这个方法,所以使用 final 把这个方法密封起来。但对于该类提供的 toString() 和 equals() 方法,都允许子类重写,因此没有使用 final 修饰它们。

下面程序试图重写 final 方法,将会引发编译错误。

程序清单:codes\06\6.4\FinalMethodTest.java

```java
public class FinalMethodTest
{
    public final void test(){}
}
class Sub extends FinalMethodTest
{
    // 下面方法定义将出现编译错误,不能重写 final 方法
    public void test(){}
}
```

上面程序中父类是 FinalMethodTest,该类里定义的 test() 方法是一个 final 方法,如果其子类试图重写该方法,将会引发编译错误。

对于一个 private 方法,因为它仅在当前类中可见,其子类无法访问该方法,所以子类无法重写该方法——如果子类中定义一个与父类 private 方法有相同方法名、相同形参列表、相同返回值类型的方法,也不是方法重写,只是重新定义了一个新方法。因此,即使使用 final 修饰一个 private 访问权限的方法,依然可以在其子类中定义与该方法具有相同方法名、相同形参列表、相同返回值类型的方法。

下面程序示范了如何在子类中"重写"父类的 private final 方法。

程序清单:codes\06\6.4\PrivateFinalMethodTest.java

```java
public class PrivateFinalMethodTest
{
    private final void test(){}
}
class Sub extends PrivateFinalMethodTest
{
    // 下面的方法定义不会出现问题
    public void test(){}
}
```

上面程序没有任何问题,虽然子类和父类同样包含了同名的 void test() 方法,但子类并不是重写父类的方法,因此即使父类的 void test() 方法使用了 final 修饰,子类中依然可以定义 void test() 方法。

final 修饰的方法仅仅是不能被重写,并不是不能被重载,因此下面程序完全没有问题。

```java
public class FinalOverload
{
    // final 修饰的方法只是不能被重写,完全可以被重载
    public final void test(){}
    public final void test(String arg){}
}
```

▶▶ 6.4.6 final 类

final 修饰的类不可以有子类,例如 java.lang.Math 类就是一个 final 类,它不可以有子类。

当子类继承父类时,将可以访问到父类内部数据,并可通过重写父类方法来改变父类方法的实现细

节，这可能导致一些不安全的因素。为了保证某个类不可被继承，则可以使用 final 修饰这个类。下面代码示范了 final 修饰的类不可被继承。

```
public final class FinalClass {}
// 下面的类定义将出现编译错误
class Sub extends FinalClass {}
```

因为 FinalClass 类是一个 final 类，而 Sub 试图继承 FinalClass 类，这将会引起编译错误。

▶▶ 6.4.7 不可变类

不可变（immutable）类的意思是创建该类的实例后，该实例的实例变量是不可改变的。Java 提供的 8 个包装类和 java.lang.String 类都是不可变类，当创建它们的实例后，其实例的实例变量不可改变。

例如如下代码：

```
Double d = new Double(6.5);
String str = new String("Hello");
```

上面程序创建了一个 Double 对象和一个 String 对象，并为这个两对象传入了 6.5 和"Hello"字符串作为参数，那么 Double 类和 String 类肯定需要提供实例变量来保存这两个参数，但程序无法修改这两个实例变量的值，因此 Double 类和 String 类没有提供修改它们的方法。

如果需要创建自定义的不可变类，可遵守如下规则。
- 使用 private 和 final 修饰符来修饰该类的成员变量。
- 提供带参数构造器，用于根据传入参数来初始化类里的成员变量。
- 仅为该类的成员变量提供 getter 方法，不要为该类的成员变量提供 setter 方法，因为普通方法无法修改 final 修饰的成员变量。
- 如果有必要，重写 Object 类的 hashCode()和 equals()方法（关于重写 hashCode()的步骤可参考 8.3.1 节）。equals()方法根据关键成员变量来作为两个对象是否相等的标准，除此之外，还应该保证两个用 equals()方法判断为相等的对象的 hashCode()也相等。

例如, java.lang.String 这个类就做得很好，它就是根据 String 对象里的字符序列来作为相等的标准，其 hashCode()方法也是根据字符序列计算得到的。下面程序测试了 java.lang.String 类的 equals()和 hashCode()方法。

程序清单：codes\06\6.4\ImmutableStringTest.java

```java
public class ImmutableStringTest
{
    public static void main(String[] args)
    {
        String str1 = new String("Hello");
        String str2 = new String("Hello");
        System.out.println(str1 == str2); // 输出 false
        System.out.println(str1.equals(str2)); // 输出 true
        // 下面两次输出的 hashCode 相同
        System.out.println(str1.hashCode());
        System.out.println(str2.hashCode());
    }
}
```

下面定义一个不可变的 Address 类，程序把 Address 类的 detail 和 postCode 成员变量都使用 private 隐藏起来，并使用 final 修饰这两个成员变量，不允许其他方法修改这两个成员变量的值。

程序清单：codes\06\6.4\Address.java

```java
public class Address
{
    private final String detail;
    private final String postCode;
    // 在构造器里初始化两个实例变量
    public Address()
    {
        this.detail = "";
        this.postCode = "";
    }
```

```java
    public Address(String detail , String postCode)
    {
        this.detail = detail;
        this.postCode = postCode;
    }
    // 仅为两个实例变量提供 getter 方法
    public String getDetail()
    {
        return this.detail;
    }
    public String getPostCode()
    {
        return this.postCode;
    }
    // 重写 equals()方法，判断两个对象是否相等
    public boolean equals(Object obj)
    {
        if (this == obj)
        {
            return true;
        }
        if(obj != null && obj.getClass() == Address.class)
        {
            Address ad = (Address)obj;
            // 当 detail 和 postCode 相等时，可认为两个 Address 对象相等
            if (this.getDetail().equals(ad.getDetail())
                && this.getPostCode().equals(ad.getPostCode()))
            {
                return true;
            }
        }
        return false;
    }
    public int hashCode()
    {
        return detail.hashCode() + postCode.hashCode() * 31;
    }
}
```

对于上面的 Address 类，当程序创建了 Address 对象后，同样无法修改该 Address 对象的 detail 和 postCode 实例变量。

与不可变类对应的是可变类，可变类的含义是该类的实例变量是可变的。大部分时候所创建的类都是可变类，特别是 JavaBean，因为总是为其实例变量提供了 setter 和 getter 方法。

与可变类相比，不可变类的实例在整个生命周期中永远处于初始化状态，它的实例变量不可改变。因此对不可变类的实例的控制将更加简单。

前面介绍 final 关键字时提到，当使用 final 修饰引用类型变量时，仅表示这个引用类型变量不可被重新赋值，但引用类型变量所指向的对象依然可改变。这就产生了一个问题：当创建不可变类时，如果它包含成员变量的类型是可变的，那么其对象的成员变量的值依然是可改变的——这个不可变类其实是失败的。

下面程序试图定义一个不可变的 Person 类，但因为 Person 类包含一个引用类型的成员变量，且这个引用类是可变类，所以导致 Person 类也变成了可变类。

程序清单：codes\06\6.4\Person.java

```java
class Name
{
    private String firstName;
    private String lastName;
    public Name(){}
    public Name(String firstName , String lastName)
    {
        this.firstName = firstName;
        this.lastName = lastName;
    }
    // 省略 firstName、lastName 的 setter 和 getter 方法
    ...
```

```
}
public class Person
{
    private final Name name;
    public Person(Name name)
    {
        this.name = name;
    }
    public Name getName()
    {
        return name;
    }
    public static void main(String[] args)
    {
        Name n = new Name("悟空", "孙");
        Person p = new Person(n);
        // Person 对象的 name 的 firstName 值为"悟空"
        System.out.println(p.getName().getFirstName());
        // 改变 Person 对象的 name 的 firstName 值
        n.setFirstName("八戒");
        // Person 对象的 name 的 firstName 值被改为"八戒"
        System.out.println(p.getName().getFirstName());
    }
}
```

上面程序中粗体字代码修改了 Name 对象（可变类的实例）的 firstName 的值，但由于 Person 类的 name 实例变量引用了该 Name 对象，这就会导致 Person 对象的 name 的 firstName 会被改变，这就破坏了设计 Person 类的初衷。

为了保持 Person 对象的不可变性，必须保护好 Person 对象的引用类型的成员变量：name，让程序无法访问到 Person 对象的 name 成员变量，也就无法利用 name 成员变量的可变性来改变 Person 对象了。为此将 Person 类改为如下：

```
public class Person
{
    private final Name name;
    public Person(Name name)
    {
        // 设置 name 实例变量为临时创建的 Name 对象，该对象的 firstName 和 lastName
        // 与传入的 name 参数的 firstName 和 lastName 相同
        this.name = new Name(name.getFirstName(), name.getLastName());
    }
    public Name getName()
    {
        // 返回一个匿名对象，该对象的 firstName 和 lastName
        // 与该对象里的 name 的 firstName 和 lastName 相同
        return new Name(name.getFirstName(), name.getLastName());
    }
}
```

注意阅读上面代码中的粗体字部分，Person 类改写了设置 name 实例变量的方法，也改写了 name 的 getter 方法。当程序向 Person 构造器里传入一个 Name 对象时，该构造器创建 Person 对象时并不是直接利用已有的 Name 对象（利用已有的 Name 对象有风险，因为这个已有的 Name 对象是可变的，如果程序改变了这个 Name 对象，将会导致 Person 对象也发生变化），而是重新创建了一个 Name 对象来赋给 Person 对象的 name 实例变量。当 Person 对象返回 name 变量时，它并没有直接把 name 实例变量返回，直接返回 name 实例变量的值也可能导致它所引用的 Name 对象被修改。

如果将 Person 类定义改为上面形式，再次运行 codes\06\6.4\Person.java 程序，将看到 Person 对象的 name 的 firstName 不会被修改。

因此，如果需要设计一个不可变类，尤其要注意其引用类型的成员变量，如果引用类型的成员变量的类是可变的，就必须采取必要的措施来保护该成员变量所引用的对象不会被修改，这样才能创建真正的不可变类。

▶▶ 6.4.8 缓存实例的不可变类

不可变类的实例状态不可改变，可以很方便地被多个对象所共享。如果程序经常需要使用相同的不可变类实例，则应该考虑缓存这种不可变类的实例。毕竟重复创建相同的对象没有太大的意义，而且加大系统开销。如果可能，应该将已经创建的不可变类的实例进行缓存。

缓存是软件设计中一个非常有用的模式，缓存的实现方式有很多种，不同的实现方式可能存在较大的性能差别，关于缓存的性能问题此处不做深入讨论。

本节将使用一个数组来作为缓存池，从而实现一个缓存实例的不可变类。

程序清单：codes\06\6.4\CacheImmutaleTest.java

```java
class CacheImmutale
{
    private static int MAX_SIZE = 10;
    // 使用数组来缓存已有的实例
    private static CacheImmutale[] cache
        = new CacheImmutale[MAX_SIZE];
    // 记录缓存实例在缓存中的位置，cache[pos-1]是最新缓存的实例
    private static int pos = 0;
    private final String name;
    private CacheImmutale(String name)
    {
        this.name = name;
    }
    public String getName()
    {
        return name;
    }
    public static CacheImmutale valueOf(String name)
    {
        // 遍历已缓存的对象,
        for (int i = 0 ; i < MAX_SIZE; i++)
        {
            // 如果已有相同实例，则直接返回该缓存的实例
            if (cache[i] != null
                && cache[i].getName().equals(name))
            {
                return cache[i];
            }
        }
        // 如果缓存池已满
        if (pos == MAX_SIZE)
        {
            // 把缓存的第一个对象覆盖，即把刚刚生成的对象放在缓存池的最开始位置
            cache[0] = new CacheImmutale(name);
            // 把pos设为1
            pos = 1;
        }
        else
        {
            // 把新创建的对象缓存起来，pos加1
            cache[pos++] = new CacheImmutale(name);
        }
        return cache[pos - 1];
    }
    public boolean equals(Object obj)
    {
        if(this == obj)
        {
            return true;
        }
        if (obj != null && obj.getClass() == CacheImmutale.class)
        {
            CacheImmutale ci = (CacheImmutale)obj;
            return name.equals(ci.getName());
        }
        return false;
    }
    public int hashCode()
    {
```

```
        return name.hashCode();
    }
}
public class CacheImmutaleTest
{
    public static void main(String[] args)
    {
        CacheImmutale c1 = CacheImmutale.valueOf("hello");
        CacheImmutale c2 = CacheImmutale.valueOf("hello");
        // 下面代码将输出 true
        System.out.println(c1 == c2);
    }
}
```

上面 CacheImmutale 类使用一个数组来缓存该类的对象,这个数组长度为 MAX_SIZE,即该类共可以缓存 MAX_SIZE 个 CacheImmutale 对象。当缓存池已满时,缓存池采用"先进先出"规则来决定哪个对象将被移出缓存池。图 6.3 示范了缓存实例的不可变类示意图。

从图 6.3 中不难看出,当使用 CacheImmutale 类的 valueOf() 方法来生成对象时,系统是否重新生成新的对象,取决于图 6.3 中被灰色覆盖的数组内是否已经存在该对象。如果该数组中已经缓存了该类的对象,系统将不会重新生成对象。

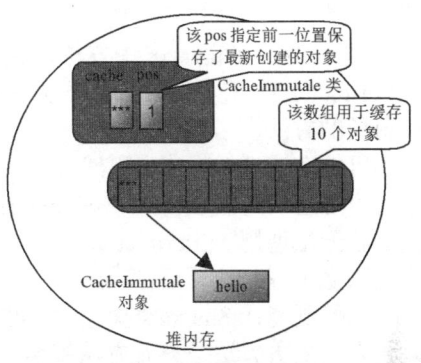

图 6.3 缓存实例的不可变类示意图

CacheImmutale 类能控制系统生成 CacheImmutale 对象的个数,需要程序使用该类的 valueOf() 方法来得到其对象,而且程序使用 private 修饰符隐藏该类的构造器,因此程序只能通过该类提供的 valueOf() 方法来获取实例。

> **提示:** 是否需要隐藏 CacheImmutale 类的构造器完全取决于系统需求。盲目乱用缓存也可能导致系统性能下降,缓存的对象会占用系统内存,如果某个对象只使用一次,重复使用的概率不大,缓存该实例就弊大于利;反之,如果某个对象需要频繁地重复使用,缓存该实例就利大于弊。

例如 Java 提供的 java.lang.Integer 类,它就采用了与 CacheImmutale 类相同的处理策略,如果采用 new 构造器来创建 Integer 对象,则每次返回全新的 Integer 对象;如果采用 valueOf() 方法来创建 Integer 对象,则会缓存该方法创建的对象。下面程序示范了 Integer 类构造器和 valueOf() 方法存在的差异。

> **提示:** 由于通过 new 构造器创建 Integer 对象不会启用缓存,因此性能较差,Java 9 已经将该构造器标记为过时。

程序清单:codes\06\6.4\IntegerCacheTest.java

```
public class IntegerCacheTest
{
    public static void main(String[] args)
    {
        // 生成新的 Integer 对象
        Integer in1 = new Integer(6);
        // 生成新的 Integer 对象,并缓存该对象
        Integer in2 = Integer.valueOf(6);
        // 直接从缓存中取出 Ineger 对象
        Integer in3 = Integer.valueOf(6);
        System.out.println(in1 == in2); // 输出 false
        System.out.println(in2 == in3); // 输出 true
        // 由于 Integer 只缓存-128~127 之间的值
        // 因此 200 对应的 Integer 对象没有被缓存
        Integer in4 = Integer.valueOf(200);
        Integer in5 = Integer.valueOf(200);
```

```
                System.out.println(in4 == in5);  //输出 false
        }
}
```

运行上面程序,即可发现两次通过 Integer.valueOf(6);方法生成的 Integer 对象是同一个对象。但由于 Integer 只缓存-128~127 之间的 Integer 对象,因此两次通过 Integer.valueOf(200);方法生成的 Integer 对象不是同一个对象。

6.5 抽象类

当编写一个类时,常常会为该类定义一些方法,这些方法用以描述该类的行为方式,那么这些方法都有具体的方法体。但在某些情况下,某个父类只是知道其子类应该包含怎样的方法,但无法准确地知道这些子类如何实现这些方法。例如定义了一个 Shape 类,这个类应该提供一个计算周长的方法 calPerimeter(),但不同 Shape 子类对周长的计算方法是不一样的,即 Shape 类无法准确地知道其子类计算周长的方法。

可能有读者会提出,既然 Shape 类不知道如何实现 calPerimeter()方法,那就干脆不要管它了!这不是一个好思路:假设有一个 Shape 引用变量,该变量实际上引用到 Shape 子类的实例,那么这个 Shape 变量就无法调用 calPerimeter()方法,必须将其强制类型转换为其子类类型,才可调用 calPerimeter()方法,这就降低了程序的灵活性。

如何既能让 Shape 类里包含 calPerimeter()方法,又无须提供其方法实现呢?使用抽象方法即可满足该要求:抽象方法是只有方法签名,没有方法实现的方法。

6.5.1 抽象方法和抽象类

抽象方法和抽象类必须使用 abstract 修饰符来定义,有抽象方法的类只能被定义成抽象类,抽象类里可以没有抽象方法。

抽象方法和抽象类的规则如下。

- 抽象类必须使用 abstract 修饰符来修饰,抽象方法也必须使用 abstract 修饰符来修饰,抽象方法不能有方法体。
- 抽象类不能被实例化,无法使用 new 关键字来调用抽象类的构造器创建抽象类的实例。即使抽象类里不包含抽象方法,这个抽象类也不能创建实例。
- 抽象类可以包含成员变量、方法(普通方法和抽象方法都可以)、构造器、初始化块、内部类(接口、枚举)5 种成分。抽象类的构造器不能用于创建实例,主要是用于被其子类调用。
- 含有抽象方法的类(包括直接定义了一个抽象方法;或继承了一个抽象父类,但没有完全实现父类包含的抽象方法;或实现了一个接口,但没有完全实现接口包含的抽象方法三种情况)只能被定义成抽象类。

> **注意:**
> 归纳起来,抽象类可用"有得有失"4 个字来描述。"得"指的是抽象类多了一个能力:抽象类可以包含抽象方法;"失"指的是抽象类失去了一个能力:抽象类不能用于创建实例。

定义抽象方法只需在普通方法上增加 abstract 修饰符,并把普通方法的方法体(也就是方法后花括号括起来的部分)全部去掉,并在方法后增加分号即可。

> **注意:**
> 抽象方法和空方法体的方法不是同一个概念。例如,public abstract void test();是一个抽象方法,它根本没有方法体,即方法定义后面没有一对花括号;但 public void test(){}方法是一个普通方法,它已经定义了方法体,只是方法体为空,即它的方法体什么也不做,因此这个方法不可使用 abstract 来修饰。

定义抽象类只需在普通类上增加 abstract 修饰符即可。甚至一个普通类（没有包含抽象方法的类）增加 abstract 修饰符后也将变成抽象类。

下面定义一个 Shape 抽象类。

程序清单：codes\06\6.5\Shape.java

```java
public abstract class Shape
{
    {
        System.out.println("执行Shape的初始化块...");
    }
    private String color;
    // 定义一个计算周长的抽象方法
    public abstract double calPerimeter();
    // 定义一个返回形状的抽象方法
    public abstract String getType();
    // 定义Shape的构造器，该构造器并不是用于创建Shape对象
    // 而是用于被子类调用
    public Shape(){}
    public Shape(String color)
    {
        System.out.println("执行Shape的构造器...");
        this.color = color;
    }
    // 省略color的setter和getter方法
    ...
}
```

上面的 Shape 类里包含了两个抽象方法：calPerimeter()和 getType()，所以这个 Shape 类只能被定义成抽象类。Shape 类里既包含了初始化块，也包含了构造器，这些都不是在创建 Shape 对象时被调用的，而是在创建其子类的实例时被调用。

抽象类不能用于创建实例，只能当作父类被其他子类继承。

下面定义一个三角形类，三角形类被定义成普通类，因此必须实现 Shape 类里的所有抽象方法。

程序清单：codes\06\6.5\Triangle.java

```java
public class Triangle extends Shape
{
    // 定义三角形的三边
    private double a;
    private double b;
    private double c;
    public Triangle(String color , double a, double b , double c)
    {
        super(color);
        this.setSides(a , b , c);
    }
    public void setSides(double a , double b , double c)
    {
        if (a >= b + c || b >= a + c || c >= a + b)
        {
            System.out.println("三角形两边之和必须大于第三边");
            return;
        }
        this.a = a;
        this.b = b;
        this.c = c;
    }
    // 重写Shape类的计算周长的抽象方法
    public double calPerimeter()
    {
        return a + b + c;
    }
    // 重写Shape类的返回形状的抽象方法
    public String getType()
    {
        return "三角形";
    }
}
```

上面的 Triangle 类继承了 Shape 抽象类，并实现了 Shape 类中两个抽象方法，是一个普通类，因此可以创建 Triangle 类的实例，可以让一个 Shape 类型的引用变量指向 Triangle 对象。

下面再定义一个 Circle 普通类，Circle 类也是 Shape 类的一个子类。

程序清单：codes\06\6.5\Circle.java

```java
public class Circle extends Shape
{
    private double radius;
    public Circle(String color , double radius)
    {
        super(color);
        this.radius = radius;
    }
    public void setRadius(double radius)
    {
        this.radius = radius;
    }
    // 重写 Shape 类的计算周长的抽象方法
    public double calPerimeter()
    {
        return 2 * Math.PI * radius;
    }
    // 重写 Shape 类的返回形状的抽象方法
    public String getType()
    {
        return getColor() + "圆形";
    }
    public static void main(String[] args)
    {
        Shape s1 = new Triangle("黑色" , 3 , 4 , 5);
        Shape s2 = new Circle("黄色" , 3);
        System.out.println(s1.getType());
        System.out.println(s1.calPerimeter());
        System.out.println(s2.getType());
        System.out.println(s2.calPerimeter());
    }
}
```

上面 main()方法中定义了两个 Shape 类型的引用变量，它们分别指向 Triangle 对象和 Circle 对象。由于在 Shape 类中定义了 calPerimeter()方法和 getType()方法，所以程序可以直接调用 s1 变量和 s2 变量的 calPerimeter()方法和 getType()方法，无须强制类型转换为其子类类型。

利用抽象类和抽象方法的优势，可以更好地发挥多态的优势，使得程序更加灵活。

当使用 abstract 修饰类时，表明这个类只能被继承；当使用 abstract 修饰方法时，表明这个方法必须由子类提供实现（即重写）。而 final 修饰的类不能被继承，final 修饰的方法不能被重写。因此 final 和 abstract 永远不能同时使用。

> **注意：**
> abstract 不能用于修饰成员变量，不能用于修饰局部变量，即没有抽象变量、没有抽象成员变量等说法；abstract 也不能用于修饰构造器，没有抽象构造器，抽象类里定义的构造器只能是普通构造器。

除此之外，当使用 static 修饰一个方法时，表明这个方法属于该类本身，即通过类就可调用该方法，但如果该方法被定义成抽象方法，则将导致通过该类来调用该方法时出现错误（调用了一个没有方法体的方法肯定会引起错误）。因此 static 和 abstract 不能同时修饰某个方法，即没有所谓的类抽象方法。

> **注意：**
> static 和 abstract 并不是绝对互斥的，static 和 abstract 虽然不能同时修饰某个方法，但它们可以同时修饰内部类。

> **注意：**
> abstract 关键字修饰的方法必须被其子类重写才有意义，否则这个方法将永远不会有方法体，因此 abstract 方法不能定义为 private 访问权限，即 private 和 abstract 不能同时修饰方法。

6.5.2 抽象类的作用

从前面的示例程序可以看出，抽象类不能创建实例，只能当成父类来被继承。从语义的角度来看，抽象类是从多个具体类中抽象出来的父类，它具有更高层次的抽象。从多个具有相同特征的类中抽象出一个抽象类，以这个抽象类作为其子类的模板，从而避免了子类设计的随意性。

抽象类体现的就是一种模板模式的设计，抽象类作为多个子类的通用模板，子类在抽象类的基础上进行扩展、改造，但子类总体上会大致保留抽象类的行为方式。

如果编写一个抽象父类，父类提供了多个子类的通用方法，并把一个或多个方法留给其子类实现，这就是一种模板模式，模板模式也是十分常见且简单的设计模式之一。例如前面介绍的 Shape、Circle 和 Triangle 三个类，已经使用了模板模式。下面再介绍一个模板模式的范例，在这个范例的抽象父类中，父类的普通方法依赖于一个抽象方法，而抽象方法则推迟到子类中提供实现。

程序清单：codes\06\6.5\SpeedMeter.java

```java
public abstract class SpeedMeter
{
    // 转速
    private double turnRate;
    public SpeedMeter(){}
    // 把计算车轮周长的方法定义成抽象方法
    public abstract double calGirth();
    public void setTurnRate(double turnRate)
    {
        this.turnRate = turnRate;
    }
    // 定义计算速度的通用算法
    public double getSpeed()
    {
        // 速度等于 周长 * 转速
        return calGirth() * turnRate;
    }
}
```

上面程序定义了一个抽象的 SpeedMeter 类（车速表），该表里定义了一个 getSpeed()方法，该方法用于返回当前车速，getSpeed()方法依赖于 calGirth()方法的返回值。对于一个抽象的 SpeedMeter 类而言，它无法确定车轮的周长，因此 calGirth()方法必须推迟到其子类中实现。

下面是其子类 CarSpeedMeter 的代码，该类实现了其抽象父类的 calGirth()方法，既可创建 CarSpeedMeter 类的对象，也可通过该对象来取得当前速度。

程序清单：codes\06\6.5\CarSpeedMeter.java

```java
public class CarSpeedMeter extends SpeedMeter
{
    private double radius;
    public CarSpeedMeter(double radius)
    {
        this.radius = radius;
    }
    public double calGirth(){
        return radius * 2 * Math.PI;
    }
    public static void main(String[] args)
    {
        CarSpeedMeter csm = new CarSpeedMeter(0.34);
```

```
        csm.setTurnRate(15);
        System.out.println(csm.getSpeed());
    }
}
```

SpeedMeter 类里提供了速度表的通用算法，但一些具体的实现细节则推迟到其子类 CarSpeedMeter 类中实现。这也是一种典型的模板模式。

模板模式在面向对象的软件中很常用，其原理简单，实现也很简单。下面是使用模板模式的一些简单规则。

➤ 抽象父类可以只定义需要使用的某些方法，把不能实现的部分抽象成抽象方法，留给其子类去实现。

➤ 父类中可能包含需要调用其他系列方法的方法，这些被调方法既可以由父类实现，也可以由其子类实现。父类里提供的方法只是定义了一个通用算法，其实现也许并不完全由自身实现，而必须依赖于其子类的辅助。

6.6 Java 9 改进的接口

抽象类是从多个类中抽象出来的模板，如果将这种抽象进行得更彻底，则可以提炼出一种更加特殊的"抽象类"——接口（interface）。Java 9 对接口进行了改进，允许在接口中定义默认方法和类方法，默认方法和类方法都可以提供方法实现，Java 9 为接口增加了一种私有方法，私有方法也可提供方法实现。

6.6.1 接口的概念

读者可能经常听说接口，比如 PCI 接口、AGP 接口等，因此很多读者认为接口等同于主机板上的插槽，这其实是一种错误的认识。当说 PCI 接口时，指的是主机板上那个插槽遵守了 PCI 规范，而具体的 PCI 插槽只是 PCI 接口的实例。

对于不同型号的主机板而言，它们各自的 PCI 插槽都需要遵守一个规范，遵守这个规范就可以保证插入该插槽里的板卡能与主机板正常通信。对于同一个型号的主机板而言，它们的 PCI 插槽需要有相同的数据交换方式、相同的实现细节，它们都是同一个类的不同实例。图 6.4 显示了这种抽象过程。

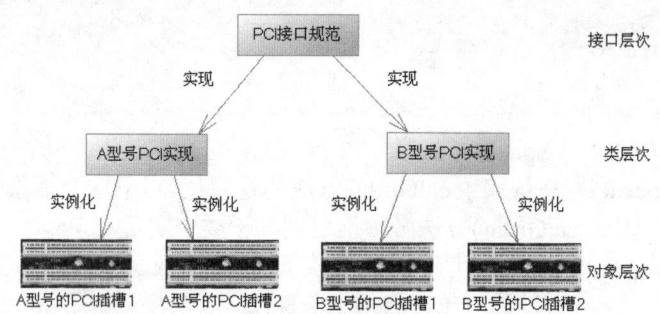

图 6.4 接口、类和实例的抽象示意图

从图 6.4 可以看出，同一个类的内部状态数据、各种方法的实现细节完全相同，类是一种具体实现体。而接口定义了一种规范，接口定义了某一批类所需要遵守的规范，接口不关心这些类的内部状态数据，也不关心这些类里方法的实现细节，它只规定这批类里必须提供某些方法，提供这些方法的类就可满足实际需要。

可见，接口是从多个相似类中抽象出来的规范，接口不提供任何实现。接口体现的是规范和实现分离的设计哲学。

让规范和实现分离正是接口的好处，让软件系统的各组件之间面向接口耦合，是一种松耦合的设计。例如主机板上提供了 PCI 插槽，只要一块显卡遵守 PCI 接口规范，就可以插入 PCI 插槽内，与该主机板正常通信。至于这块显卡是哪个厂家制造的，内部是如何实现的，主机板无须关心。

类似的，软件系统的各模块之间也应该采用这种面向接口的耦合，从而尽量降低各模块之间的耦合，为系统提供更好的可扩展性和可维护性。

因此，接口定义的是多个类共同的公共行为规范，这些行为是与外部交流的通道，这就意味着接口里通常是定义一组公用方法。

▶▶ 6.6.2 Java 9 中接口的定义

和类定义不同，定义接口不再使用 class 关键字，而是使用 interface 关键字。接口定义的基本语法如下：

```
[修饰符] interface 接口名 extends 父接口1, 父接口2...
{
    零个到多个常量定义...
    零个到多个抽象方法定义...
    零个到多个内部类、接口、枚举定义...
    零个到多个私有方法、默认方法或类方法定义...
}
```

对上面语法的详细说明如下。
- 修饰符可以是 public 或者省略，如果省略了 public 访问控制符，则默认采用包权限访问控制符，即只有在相同包结构下才可以访问该接口。
- 接口名应与类名采用相同的命名规则，即如果仅从语法角度来看，接口名只要是合法的标识符即可；如果要遵守 Java 可读性规范，则接口名应由多个有意义的单词连缀而成，每个单词首字母大写，单词与单词之间无须任何分隔符。接口名通常能够使用形容词。
- 一个接口可以有多个直接父接口，但接口只能继承接口，不能继承类。

> **提示：**
> 在上面语法定义中，只有在 Java 8 以上的版本中才允许在接口中定义默认方法、类方法。关于内部类、内部接口、内部枚举的知识，将在下一节详细介绍。

由于接口定义的是一种规范，因此接口里不能包含构造器和初始化块定义。接口里可以包含成员变量（只能是静态常量）、方法（只能是抽象实例方法、类方法、默认方法或私有方法）、内部类（包括内部接口、枚举）定义。

对比接口和类的定义方式，不难发现接口的成员比类里的成员少了两种，而且接口里的成员变量只能是静态常量，接口里的方法只能是抽象方法、类方法、默认方法或私有方法。

前面已经说过了，接口里定义的是多个类共同的公共行为规范，因此接口里的常量、方法、内部类和内部枚举都是 public 访问权限。定义接口成员时，可以省略访问控制修饰符，如果指定访问控制修饰符，则只能使用 public 访问控制修饰符。

Java 9 为接口增加了一种新的私有方法，其实私有方法的主要作用就是作为工具方法，为接口中的默认方法或类方法提供支持。私有方法可以拥有方法体，但私有方法不能使用 default 修饰。私有方法可以使用 static 修饰，也就是说，私有方法既可是类方法，也可是实例方法。

对于接口里定义的静态常量而言，它们是接口相关的，因此系统会自动为这些成员变量增加 static 和 final 两个修饰符。也就是说，在接口中定义成员变量时，不管是否使用 public static final 修饰符，接口里的成员变量总是使用这三个修饰符来修饰。而且接口里没有构造器和初始化块，因此接口里定义的成员变量只能在定义时指定默认值。

接口里定义成员变量采用如下两行代码的结果完全一样。

```
// 系统自动为接口里定义的成员变量增加public static final 修饰符
int MAX_SIZE = 50;
public static final int MAX_SIZE = 50;
```

接口里定义的方法只能是抽象方法、类方法、默认方法或私有方法，因此如果不是定义默认方法、类方法或私有方法，系统将自动为普通方法增加 abstract 修饰符；定义接口里的普通方法时不管是否使用 public abstract 修饰符，接口里的普通方法总是使用 public abstract 来修饰。接口里的普通方法不能有方法实现（方法体）；但类方法、默认方法、私有方法都必须有方法实现（方法体）。

> **注意:** 接口里定义的内部类、内部接口、内部枚举默认都采用 public static 两个修饰符,不管定义时是否指定这两个修饰符,系统都会自动使用 public static 对它们进行修饰。

下面定义一个接口。

程序清单:codes\06\6.6\Output.java

```java
package lee;
public interface Output
{
    // 接口里定义的成员变量只能是常量
    int MAX_CACHE_LINE = 50;
    // 接口里定义的普通方法只能是public的抽象方法
    void out();
    void getData(String msg);
    // 在接口中定义默认方法,需要使用default修饰
    default void print(String... msgs)
    {
        for (String msg : msgs)
        {
            System.out.println(msg);
        }
    }
    // 在接口中定义默认方法,需要使用default修饰
    default void test()
    {
        System.out.println("默认的test()方法");
    }
    // 在接口中定义类方法,需要使用static修饰
    static String staticTest()
    {
        return "接口里的类方法";
    }
    // 定义私有方法
    private void foo()
    {
        System.out.println("foo 私有方法");
    }
    // 定义私有静态方法
    private static void bar()
    {
        System.out.println("bar 私有静态方法");
    }
}
```

上面定义了一个 Output 接口,这个接口里包含了一个成员变量:MAX_CACHE_LINE。除此之外,这个接口还定义了两个普通方法:表示取得数据的 getData()方法和表示输出的 out()方法。这就定义了 Output 接口的规范:只要某个类能取得数据,并可以将数据输出,那它就是一个输出设备,至于这个设备的实现细节,这里暂时不关心。

Java 8 允许在接口中定义默认方法,默认方法必须使用 default 修饰,该方法不能使用 static 修饰,无论程序是否指定,默认方法总是使用 public 修饰——如果开发者没有指定 public,系统会自动为默认方法添加 public 修饰符。由于默认方法并没有 static 修饰,因此不能直接使用接口来调用默认方法,需要使用接口的实现类的实例来调用这些默认方法。

> **提示:** 接口的默认方法其实就是实例方法,但由于早期 Java 的设计是:接口中的实例方法不能有方法体;Java 8 也不能直接"推倒"以前的规则,因此只好重定义一个所谓的"默认方法",默认方法就是有方法体的实例方法。

Java 8 允许在接口中定义类方法,类方法必须使用 static 修饰,该方法不能使用 default 修饰,无论

程序是否指定,类方法总是使用 public 修饰——如果开发者没有指定 public,系统会自动为类方法添加 public 修饰符。类方法可以直接使用接口来调用。

Java 9 增加了带方法体的私有方法,这也是 Java 8 埋下的伏笔:Java 8 允许在接口中定义带方法体的默认方法和类方法——这样势必会引发一个问题,当两个默认方法(或类方法)中包含一段相同的实现逻辑时,程序必然考虑将这段实现逻辑抽取成工具方法,而工具方法是应该被隐藏的,这就是 Java 9 增加私有方法的必然性。

接口里的成员变量默认是使用 public static final 修饰的,因此即使另一个类处于不同包下,也可以通过接口来访问接口里的成员变量。例如下面程序。

程序清单:codes\06\6.6\OutputFieldTest.java

```java
package yeeku;
public class OutputFieldTest
{
    public static void main(String[] args)
    {
        // 访问另一个包中的 Output 接口的 MAX_CACHE_LINE
        System.out.println(lee.Output.MAX_CACHE_LINE);
        // 下面语句将引发"为 final 变量赋值"的编译异常
        // lee.Output.MAX_CACHE_LINE = 20;
        // 使用接口来调用类方法
        System.out.println(lee.Output.staticTest());
    }
}
```

从上面 main()方法中可以看出,OutputFieldTest 与 Output 处于不同包下,但可以访问 Output 的 MAX_CACHE_LINE 常量,这表明该成员变量是 public 访问权限的,而且可通过接口来访问该成员变量,表明这个成员变量是一个类变量;当为这个成员变量赋值时引发"为 final 变量赋值"的编译异常,表明这个成员变量使用了 final 修饰。

> **注意:**
> 从某个角度来看,接口可被当成一个特殊的类,因此一个 Java 源文件里最多只能有一个 public 接口,如果一个 Java 源文件里定义了一个 public 接口,则该源文件的主文件名必须与该接口名相同。

▶▶ 6.6.3 接口的继承

接口的继承和类继承不一样,接口完全支持多继承,即一个接口可以有多个直接父接口。和类继承相似,子接口扩展某个父接口,将会获得父接口里定义的所有抽象方法、常量。

一个接口继承多个父接口时,多个父接口排在 extends 关键字之后,多个父接口之间以英文逗号(,)隔开。下面程序定义了三个接口,第三个接口继承了前面两个接口。

程序清单:codes\06\6.6\InterfaceExtendsTest.java

```java
interface InterfaceA
{
    int PROP_A = 5;
    void testA();
}
interface InterfaceB
{
    int PROP_B = 6;
    void testB();
}
interface InterfaceC extends InterfaceA, InterfaceB
{
    int PROP_C = 7;
    void testC();
}
public class InterfaceExtendsTest
{
```

```java
    public static void main(String[] args)
    {
        System.out.println(InterfaceC.PROP_A);
        System.out.println(InterfaceC.PROP_B);
        System.out.println(InterfaceC.PROP_C);
    }
}
```

上面程序中的 InterfaceC 接口继承了 InterfaceA 和 InterfaceB，所以 InterfaceC 中获得了它们的常量，因此在 main() 方法中看到通过 InterfaceC 来访问 PROP_A、PROP_B 和 PROP_C 常量。

▶▶ 6.6.4 使用接口

接口不能用于创建实例，但接口可以用于声明引用类型变量。当使用接口来声明引用类型变量时，这个引用类型变量必须引用到其实现类的对象。除此之外，接口的主要用途就是被实现类实现。归纳起来，接口主要有如下用途。

- ➢ 定义变量，也可用于进行强制类型转换。
- ➢ 调用接口中定义的常量。
- ➢ 被其他类实现。

一个类可以实现一个或多个接口，继承使用 extends 关键字，实现则使用 implements 关键字。因为一个类可以实现多个接口，这也是 Java 为单继承灵活性不足所做的补充。类实现接口的语法格式如下：

```
[修饰符] class 类名 extends 父类 implements 接口1,接口2...
{
    类体部分
}
```

实现接口与继承父类相似，一样可以获得所实现接口里定义的常量（成员变量）、方法（包括抽象方法和默认方法）。

让类实现接口需要类定义后增加 implements 部分，当需要实现多个接口时，多个接口之间以英文逗号（,）隔开。一个类可以继承一个父类，并同时实现多个接口，implements 部分必须放在 extends 部分之后。

一个类实现了一个或多个接口之后，这个类必须完全实现这些接口里所定义的全部抽象方法（也就是重写这些抽象方法）；否则，该类将保留从父接口那里继承到的抽象方法，该类也必须定义成抽象类。

一个类实现某个接口时，该类将会获得接口中定义的常量（成员变量）、方法等，因此可以把实现接口理解为一种特殊的继承，相当于实现类继承了一个彻底抽象的类（相当于除默认方法外，所有方法都是抽象方法的类）。

下面看一个实现接口的类。

程序清单：codes\06\6.6\Printer.java

```java
// 定义一个 Product 接口
interface Product
{
    int getProduceTime();
}
// 让 Printer 类实现 Output 和 Product 接口
public class Printer implements Output , Product
{
    private String[] printData
        = new String[MAX_CACHE_LINE];
    // 用以记录当前需打印的作业数
    private int dataNum = 0;
    public void out()
    {
        // 只要还有作业，就继续打印
        while(dataNum > 0)
        {
            System.out.println("打印机打印: " + printData[0]);
            // 把作业队列整体前移一位，并将剩下的作业数减1
            System.arraycopy(printData , 1
```

```
            , printData, 0, --dataNum);
        }
    }
    public void getData(String msg)
    {
        if (dataNum >= MAX_CACHE_LINE)
        {
            System.out.println("输出队列已满，添加失败");
        }
        else
        {
            // 把打印数据添加到队列里，已保存数据的数量加 1
            printData[dataNum++] = msg;
        }
    }
    public int getProduceTime()
    {
        return 45;
    }
    public static void main(String[] args)
    {
        // 创建一个 Printer 对象，当成 Output 使用
        Output o = new Printer();
        o.getData("轻量级 Java EE 企业应用实战");
        o.getData("疯狂 Java 讲义");
        o.out();
        o.getData("疯狂 Android 讲义");
        o.getData("疯狂 Ajax 讲义");
        o.out();
        // 调用 Output 接口中定义的默认方法
        o.print("孙悟空" , "猪八戒" , "白骨精");
        o.test();
        // 创建一个 Printer 对象，当成 Product 使用
        Product p = new Printer();
        System.out.println(p.getProduceTime());
        // 所有接口类型的引用变量都可直接赋给 Object 类型的变量
        Object obj = p;
    }
}
```

从上面程序中可以看出，Printer 类实现了 Output 接口和 Product 接口，因此 Printer 对象既可直接赋给 Output 变量，也可直接赋给 Product 变量。仿佛 Printer 类既是 Output 类的子类，也是 Product 类的子类，这就是 Java 提供的模拟多继承。

上面程序中 Printer 实现了 Output 接口，即可获取 Output 接口中定义的 print() 和 test() 两个默认方法，因此 Printer 实例可以直接调用这两个默认方法。

> **注意：**
> 实现接口方法时，必须使用 public 访问控制修饰符，因为接口里的方法都是 public 的，而子类（相当于实现类）重写父类方法时访问权限只能更大或者相等，所以实现类实现接口里的方法时只能使用 public 访问权限。

接口不能显式继承任何类，但所有接口类型的引用变量都可以直接赋给 Object 类型的引用变量。所以在上面程序中可以把 Product 类型的变量直接赋给 Object 类型变量，这是利用向上转型来实现的，因为编译器知道任何 Java 对象都必须是 Object 或其子类的实例，Product 类型的对象也不例外（它必须是 Product 接口实现类的对象，该实现类肯定是 Object 的显式或隐式子类）。

▶▶ 6.6.5 接口和抽象类

接口和抽象类很像，它们都具有如下特征。
- 接口和抽象类都不能被实例化，它们都位于继承树的顶端，用于被其他类实现和继承。
- 接口和抽象类都可以包含抽象方法，实现接口或继承抽象类的普通子类都必须实现这些抽象方法。

但接口和抽象类之间的差别非常大，这种差别主要体现在二者设计目的上。下面具体分析二者的差别。

接口作为系统与外界交互的窗口，接口体现的是一种规范。对于接口的实现者而言，接口规定了实现者必须向外提供哪些服务（以方法的形式来提供）；对于接口的调用者而言，接口规定了调用者可以调用哪些服务，以及如何调用这些服务（就是如何来调用方法）。当在一个程序中使用接口时，接口是多个模块间的耦合标准；当在多个应用程序之间使用接口时，接口是多个程序之间的通信标准。

从某种程度上来看，接口类似于整个系统的"总纲"，它制定了系统各模块应该遵循的标准，因此一个系统中的接口不应该经常改变。一旦接口被改变，对整个系统甚至其他系统的影响将是辐射式的，导致系统中大部分类都需要改写。

抽象类则不一样，抽象类作为系统中多个子类的共同父类，它所体现的是一种模板式设计。抽象类作为多个子类的抽象父类，可以被当成系统实现过程中的中间产品，这个中间产品已经实现了系统的部分功能（那些已经提供实现的方法），但这个产品依然不能当成最终产品，必须有更进一步的完善，这种完善可能有几种不同方式。

除此之外，接口和抽象类在用法上也存在如下差别。
- 接口里只能包含抽象方法、静态方法、默认方法和私有方法，不能为普通方法提供方法实现；抽象类则完全可以包含普通方法。
- 接口里只能定义静态常量，不能定义普通成员变量；抽象类里则既可以定义普通成员变量，也可以定义静态常量。
- 接口里不包含构造器；抽象类里可以包含构造器，抽象类里的构造器并不是用于创建对象，而是让其子类调用这些构造器来完成属于抽象类的初始化操作。
- 接口里不能包含初始化块；但抽象类则完全可以包含初始化块。
- 一个类最多只能有一个直接父类，包括抽象类；但一个类可以直接实现多个接口，通过实现多个接口可以弥补 Java 单继承的不足。

▶▶ 6.6.6 面向接口编程

前面已经提到，接口体现的是一种规范和实现分离的设计哲学，充分利用接口可以极好地降低程序各模块之间的耦合，从而提高系统的可扩展性和可维护性。

基于这种原则，很多软件架构设计理论都倡导"面向接口"编程，而不是面向实现类编程，希望通过面向接口编程来降低程序的耦合。下面介绍两种常用场景来示范面向接口编程的优势。

1. 简单工厂模式

有一个场景：假设程序中有个 Computer 类需要组合一个输出设备，现在有两个选择：直接让 Computer 类组合一个 Printer，或者让 Computer 类组合一个 Output，那么到底采用哪种方式更好呢？

假设让 Computer 类组合一个 Printer 对象，如果有一天系统需要重构，需要使用 BetterPrinter 来代替 Printer，这就需要打开 Computer 类源代码进行修改。如果系统中只有一个 Computer 类组合了 Printer 还好，但如果系统中有 100 个类组合了 Printer，甚至 1000 个、10000 个……将意味着需要打开 100 个、1000 个、10000 个类进行修改，这是多么大的工作量啊！

为了避免这个问题，工厂模式建议让 Computer 类组合一个 Output 类型的对象，将 Computer 类与 Printer 类完全分离。Computer 对象实际组合的是 Printer 对象还是 BetterPrinter 对象，对 Computer 而言完全透明。当 Printer 对象切换到 BetterPrinter 对象时，系统完全不受影响。下面是这个 Computer 类的定义代码。

程序清单：codes\06\6.6\Computer.java

```
public class Computer
{
    private Output out;
    public Computer(Output out)
    {
        this.out = out;
```

```java
    }
    // 定义一个模拟获取字符串输入的方法
    public void keyIn(String msg)
    {
        out.getData(msg);
    }
    // 定义一个模拟打印的方法
    public void print()
    {
        out.out();
    }
}
```

上面的 Computer 类已经完全与 Printer 类分离，只是与 Output 接口耦合。Computer 不再负责创建 Output 对象，系统提供一个 Output 工厂来负责生成 Output 对象。这个 OutputFactory 工厂类代码如下。

程序清单：codes\06\6.6\OutputFactory.java

```java
public class OutputFactory
{
    public Output getOutput()
    {
        return new Printer();
    }
    public static void main(String[] args)
    {
        OutputFactory of = new OutputFactory();
        Computer c = new Computer(of.getOutput());
        c.keyIn("轻量级 Java EE 企业应用实战");
        c.keyIn("疯狂 Java 讲义");
        c.print();
    }
}
```

在该 OutputFactory 类中包含了一个 getOutput()方法，该方法返回一个 Output 实现类的实例，该方法负责创建 Output 实例，具体创建哪一个实现类的对象由该方法决定（具体由该方法中的粗体部分控制，当然也可以增加更复杂的控制逻辑）。如果系统需要将 Printer 改为 BetterPrinter 实现类，只需让 BetterPrinter 实现 Output 接口，并改变 OutputFactory 类中的 getOutput()方法即可。

下面是 BetterPrinter 实现类的代码，BetterPrinter 只是对原有的 Printer 进行简单修改，以模拟系统重构后的改进。

程序清单：codes\06\6.6\BetterPrinter.java

```java
public class BetterPrinter implements Output
{
    private String[] printData
        = new String[MAX_CACHE_LINE * 2];
    // 用以记录当前需打印的作业数
    private int dataNum = 0;
    public void out()
    {
        // 只要还有作业，就继续打印
        while(dataNum > 0)
        {
            System.out.println("高速打印机正在打印：" + printData[0]);
            // 把作业队列整体前移一位，并将剩下的作业数减1
            System.arraycopy(printData , 1, printData, 0, --dataNum);
        }
    }
    public void getData(String msg)
    {
        if (dataNum >= MAX_CACHE_LINE * 2)
        {
            System.out.println("输出队列已满，添加失败");
        }
        else
        {
```

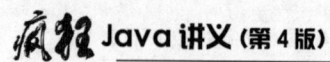

```
        // 把打印数据添加到队列里,已保存数据的数量加1
        printData[dataNum++] = msg;
    }
}
```

上面的 BetterPrinter 类也实现了 Output 接口,因此也可当成 Output 对象使用,于是只要把 OutputFactory 工厂类的 getOutput()方法中粗体部分改为如下代码:

```
return new BetterPrinter();
```

再次运行前面的 OutputFactory.java 程序,发现系统运行时已经改为 BetterPrinter 对象,而不再是原来的 Printer 对象。

通过这种方式,即可把所有生成 Output 对象的逻辑集中在 OutputFactory 工厂类中管理,而所有需要使用 Output 对象的类只需与 Output 接口耦合,而不是与具体的实现类耦合。即使系统中有很多类使用了 Printer 对象,只要 OutputFactory 类的 getOutput()方法生成的 Output 对象是 BetterPrinter 对象,则它们全部都会改为使用 BetterPrinter 对象,而所有程序无须修改,只需要修改 OutputFactory 工厂类的 getOutput()方法实现即可。

> **提示:**
> 上面介绍的就是一种被称为"简单工厂"的设计模式。所谓设计模式,就是对经常出现的软件设计问题的成熟解决方案。很多人把设计模式想象成非常高深的概念,实际上设计模式仅仅是对特定问题的一种惯性思维。有些学员喜欢抱着一本设计模式的书研究,以期成为一个"高手"(估计他肯定是武侠小说看多了),实际上设计模式的理解必须以足够的代码积累量作为基础。最好是经历过某种苦痛,或者正在经历一种苦痛,就会对设计模式有较深的感受。

2. 命令模式

考虑这样一种场景:某个方法需要完成某一个行为,但这个行为的具体实现无法确定,必须等到执行该方法时才可以确定。具体一点:假设有个方法需要遍历某个数组的数组元素,但无法确定在遍历数组元素时如何处理这些元素,需要在调用该方法时指定具体的处理行为。

这个要求看起来有点奇怪:这个方法不仅需要普通数据可以变化,甚至还有方法执行体也需要变化,难道需要把"处理行为"作为一个参数传入该方法?

> **提示:**
> 在某些编程语言(如 Ruby 等)里,确实允许传入一个代码块作为参数。现在 Java 8 已经增加了 Lambda 表达式,通过 Lambda 表达式可以传入代码块作为参数。

对于这样一个需求,必须把"处理行为"作为参数传入该方法,这个"处理行为"用编程来实现就是一段代码。那如何把这段代码传入该方法呢?

可以考虑使用一个 Command 接口来定义一个方法,用这个方法来封装"处理行为"。下面是该 Command 接口的代码。

程序清单:codes\06\6.6\Command.java

```
public interface Command
{
    // 接口里定义的process方法用于封装"处理行为"
    void process(int[] target);
}
```

上面的 Command 接口里定义了一个 process()方法,这个方法用于封装"处理行为",但这个方法没有方法体——因为现在还无法确定这个处理行为。

下面是需要处理数组的处理类,在这个处理类中包含一个 process()方法,这个方法无法确定处理数组的处理行为,所以定义该方法时使用了一个 Command 参数,这个 Command 参数负责对数组的处理行为。该类的程序代码如下。

程序清单：codes\06\6.6\ProcessArray.java

```java
public class ProcessArray
{
    public void process(int[] target , Command cmd)
    {
        cmd.process(target);
    }
}
```

通过一个Command接口，就实现了让ProcessArray类和具体"处理行为"的分离，程序使用Command接口代表了对数组的处理行为。Command接口也没有提供真正的处理，只有等到需要调用ProcessArray对象的process()方法时，才真正传入一个Command对象，才确定对数组的处理行为。

下面程序示范了对数组的两种处理方式。

程序清单：codes\06\6.6\CommandTest.java

```java
public class CommandTest
{
    public static void main(String[] args)
    {
        ProcessArray pa = new ProcessArray();
        int[] target = {3, -4, 6, 4};
        //第一次处理数组，具体处理行为取决于PrintCommand
        pa.process(target , new PrintCommand());
        System.out.println("------------------");
        //第二次处理数组，具体处理行为取决于AddCommand
        pa.process(target , new AddCommand());
    }
}
```

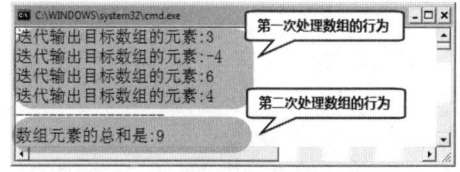

图 6.5　两次处理数组的结果

运行上面程序，看到如图6.5所示的界面。

图 6.5 显示了两次不同处理行为的效果，也就实现了process()方法和"处理行为"的分离，两次不同的处理行为是通过PrintCommand类和AddCommand类提供的。下面分别是PrintCommand类和AddCommand类的代码。

程序清单：codes\06\6.6\PrintCommand.java

```java
public class PrintCommand implements Command
{
    public void process(int[] target)
    {
        for (int tmp : target )
        {
            System.out.println("迭代输出目标数组的元素:" + tmp);
        }
    }
}
```

程序清单：codes\06\6.6\AddCommand.java

```java
public class AddCommand implements Command
{
    public void process(int[] target)
    {
        int sum = 0;
        for (int tmp : target )
        {
            sum += tmp;
        }
        System.out.println("数组元素的总和是:" + sum);
    }
}
```

对于 PrintCommand 和 AddCommand 两个实现类而言，实际有意义的部分就是 process(int[] target) 方法，该方法的方法体就是传入 ProcessArray 类里的 process()方法的"处理行为"，通过这种方式就可实现 process()方法和"处理行为"的分离。

6.7 内部类

大部分时候，类被定义成一个独立的程序单元。在某些情况下，也会把一个类放在另一个类的内部定义，这个定义在其他类内部的类就被称为内部类（有的地方也叫嵌套类），包含内部类的类也被称为外部类（有的地方也叫宿主类）。Java 从 JDK 1.1 开始引入内部类，内部类主要有如下作用。

> ➢ 内部类提供了更好的封装，可以把内部类隐藏在外部类之内，不允许同一个包中的其他类访问该类。假设需要创建 Cow 类，Cow 类需要组合一个 CowLeg 对象，CowLeg 类只有在 Cow 类里才有效，离开了 Cow 类之后没有任何意义。在这种情况下，就可把 CowLeg 定义成 Cow 的内部类，不允许其他类访问 CowLeg。
> ➢ 内部类成员可以直接访问外部类的私有数据，因为内部类被当成其外部类成员，同一个类的成员之间可以互相访问。但外部类不能访问内部类的实现细节，例如内部类的成员变量。
> ➢ 匿名内部类适合用于创建那些仅需要一次使用的类。对于前面介绍的命令模式，当需要传入一个 Command 对象时，重新专门定义 PrintCommand 和 AddCommand 两个实现类可能没有太大的意义，因为这两个实现类可能仅需要使用一次。在这种情况下，使用匿名内部类将更方便。

从语法角度来看，定义内部类与定义外部类的语法大致相同，内部类除需要定义在其他类里面之外，还存在如下两点区别。

> ➢ 内部类比外部类可以多使用三个修饰符：private、protected、static——外部类不可以使用这三个修饰符。
> ➢ 非静态内部类不能拥有静态成员。

6.7.1 非静态内部类

定义内部类非常简单，只要把一个类放在另一个类内部定义即可。此处的"类内部"包括类中的任何位置，甚至在方法中也可以定义内部类（方法里定义的内部类被称为局部内部类）。内部类定义语法格式如下：

```
public class OuterClass
{
    // 此处可以定义内部类
}
```

大部分时候，内部类都被作为成员内部类定义，而不是作为局部内部类。成员内部类是一种与成员变量、方法、构造器和初始化块相似的类成员；局部内部类和匿名内部类则不是类成员。

成员内部类分为两种：静态内部类和非静态内部类，使用 static 修饰的成员内部类是静态内部类，没有使用 static 修饰的成员内部类是非静态内部类。

前面经常看到同一个 Java 源文件里定义了多个类，那种情况不是内部类，它们依然是两个互相独立的类。例如下面程序：

```
// 下面A、B两个空类互相独立，没有谁是谁的内部类
class A{}
public class B{}
```

上面两个类定义虽然写在同一个源文件中，但它们互相独立，没有谁是谁的内部类这种关系。内部类一定是放在另一个类的类体部分（也就是类名后的花括号部分）定义。

因为内部类作为其外部类的成员，所以可以使用任意访问控制符如 private、protected 和 public 等修饰。

> **注意：**
> 外部类的上一级程序单元是包，所以它只有 2 个作用域：同一个包内和任何位置。因此只需 2 种访问权限：包访问权限和公开访问权限，正好对应省略访问控制符和 public 访问控制符。省略访问控制符是包访问权限，即同一包中的其他类可以访问省略访问控制符的成员。因此，如果一个外部类不使用任何访问控制符修饰，则只能被同一个包中其他类访问。而内部类的上一级程序单元是外部类，它就具有 4 个作用域：同一个类、同一个包、父子类和任何位置，因此可以使用 4 种访问控制权限。

下面程序在 Cow 类里定义了一个 CowLeg 非静态内部类，并在 CowLeg 类的实例方法中直接访问 Cow 的 private 访问权限的实例变量。

程序清单：codes\06\6.7\Cow.java

```java
public class Cow
{
    private double weight;
    // 外部类的两个重载的构造器
    public Cow(){}
    public Cow(double weight)
    {
        this.weight = weight;
    }
    // 定义一个非静态内部类
    private class CowLeg
    {
        // 非静态内部类的两个实例变量
        private double length;
        private String color;
        // 非静态内部类的两个重载的构造器
        public CowLeg(){}
        public CowLeg(double length , String color)
        {
            this.length = length;
            this.color = color;
        }
        // 下面省略 length、color 的 setter 和 getter 方法
        ...
        // 非静态内部类的实例方法
        public void info()
        {
            System.out.println("当前牛腿颜色是："
                + color + ", 高：" + length);
            // 直接访问外部类的 private 修饰的成员变量
            System.out.println("本牛腿所在奶牛重：" + weight);    //①
        }
    }
    public void test()
    {
        CowLeg cl = new CowLeg(1.12 , "黑白相间");
        cl.info();
    }
    public static void main(String[] args)
    {
        Cow cow = new Cow(378.9);
        cow.test();
    }
}
```

上面程序中粗体字部分是一个普通的类定义，但因为把这个类定义放在了另一个类的内部，所以它就成了一个内部类，可以使用 private 修饰符来修饰这个类。

外部类 Cow 里包含了一个 test()方法，该方法里创建了一个 CowLeg 对象，并调用该对象的 info()方法。读者不难发现，在外部类里使用非静态内部类时，与平时使用普通类并没有太大的区别。

编译上面程序，看到在文件所在路径生成了两个 class 文件，一个是 Cow.class，另一个是 Cow$CowLeg.class，前者是外部类 Cow 的 class 文件，后者是内部类 CowLeg 的 class 文件，即成员内部类（包括静态内部类、非静态内部类）的 class 文件总是这种形式：OuterClass$InnerClass.class。

前面提到过，在非静态内部类里可以直接访问外部类的 private 成员，上面程序中①号粗体代码行，就是在 CowLeg 类的方法内直接访问其外部类的 private 实例变量。这是因为在非静态内部类对象里，保存了一个它所寄生的外部类对象的引用（当调用非静态内部类的实例方法时，必须有一个非静态内部类实例，非静态内部类实例必须寄生在外部类实例里）。图 6.6 显示了上面程序运行时的内存示意图。

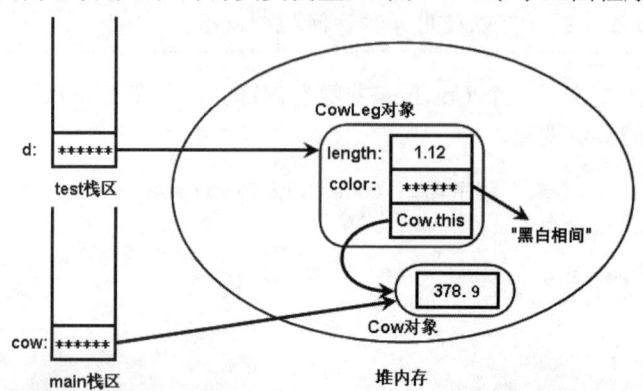

图 6.6 非静态内部类对象中保留外部类对象的引用内存示意图

当在非静态内部类的方法内访问某个变量时，系统优先在该方法内查找是否存在该名字的局部变量，如果存在就使用该变量；如果不存在，则到该方法所在的内部类中查找是否存在该名字的成员变量，如果存在则使用该成员变量；如果不存在，则到该内部类所在的外部类中查找是否存在该名字的成员变量，如果存在则使用该成员变量；如果依然不存在，系统将出现编译错误：提示找不到该变量。

因此，如果外部类成员变量、内部类成员变量与内部类里方法的局部变量同名，则可通过使用 this、外部类类名.this 作为限定来区分。如下程序所示。

程序清单：codes\06\6.7\DiscernVariable.java

```java
public class DiscernVariable
{
    private String prop = "外部类的实例变量";
    private class InClass
    {
        private String prop = "内部类的实例变量";
        public void info()
        {
            String prop = "局部变量";
            // 通过外部类类名.this.varName 访问外部类实例变量
            System.out.println("外部类的实例变量值："
                + DiscernVariable.this.prop);
            // 通过 this.varName 访问内部类实例的变量
            System.out.println("内部类的实例变量值：" + this.prop);
            // 直接访问局部变量
            System.out.println("局部变量的值：" + prop);
        }
    }
    public void test()
    {
        InClass in = new InClass();
        in.info();
    }
    public static void main(String[] args)
    {
        new DiscernVariable().test();
    }
}
```

上面程序中粗体字代码行分别访问外部类的实例变量、非静态内部类的实例变量。通过OutterClass.this.propName 的形式访问外部类的实例变量，通过 this.propName 的形式访问非静态内部类的实例变量。

非静态内部类的成员可以访问外部类的 private 成员，但反过来就不成立了。非静态内部类的成员只在非静态内部类范围内是可知的，并不能被外部类直接使用。如果外部类需要访问非静态内部类的成员，则必须显式创建非静态内部类对象来调用访问其实例成员。下面程序示范了这个规则。

程序清单：codes\06\6.7\Outer.java

```java
public class Outer
{
    private int outProp = 9;
    class Inner
    {
        private int inProp = 5;
        public void acessOuterProp()
        {
            // 非静态内部类可以直接访问外部类的 private 成员变量
            System.out.println("外部类的 outProp 值:"
                + outProp);
        }
    }
    public void accessInnerProp()
    {
        // 外部类不能直接访问非静态内部类的实例变量
        // 下面代码出现编译错误
        // System.out.println("内部类的 inProp 值:" + inProp);
        // 如需访问内部类的实例变量，必须显式创建内部类对象
        System.out.println("内部类的 inProp 值:"
            + new Inner().inProp);
    }
    public static void main(String[] args)
    {
        // 执行下面代码，只创建了外部类对象，还未创建内部类对象
        Outer out = new Outer();        //①
        out.accessInnerProp();
    }
}
```

程序中粗体字行试图在外部类方法里访问非静态内部类的实例变量，这将引起编译错误。

外部类不允许访问非静态内部类的实例成员还有一个原因，上面程序中 main()方法的①号粗体字代码创建了一个外部类对象，并调用外部类对象的 accessInnerProp()方法。此时非静态内部类对象根本不存在，如果允许 accessInnerProp()方法访问非静态内部类对象，将肯定引起错误。

学生提问：非静态内部类对象和外部类对象的关系是怎样的？

答：非静态内部类对象必须寄生在外部类对象里，而外部类对象则不必一定有非静态内部类对象寄生其中。简单地说，如果存在一个非静态内部类对象，则一定存在一个被它寄生的外部类对象。但外部类对象存在时，外部类对象里不一定寄生了非静态内部类对象。因此外部类对象访问非静态内部类成员时，可能非静态普通内部类对象根本不存在！而非静态内部类对象访问外部类成员时，外部类对象一定存在。

根据静态成员不能访问非静态成员的规则，外部类的静态方法、静态代码块不能访问非静态内部类，包括不能使用非静态内部类定义变量、创建实例等。总之，不允许在外部类的静态成员中直接使用非静态内部类。如下程序所示。

程序清单：codes\06\6.7\StaticTest.java

```java
public class StaticTest
{
    // 定义一个非静态的内部类，是一个空类
    private class In{}
    // 外部类的静态方法
    public static void main(String[] args)
    {
        // 下面代码引发编译异常，因为静态成员（main()方法）
        // 无法访问非静态成员（In 类）
        new In();
    }
}
```

Java 不允许在非静态内部类里定义静态成员。下面程序示范了非静态内部类里包含静态成员将引发编译错误。

程序清单：codes\06\6.7\InnerNoStatic.java

```java
public class InnerNoStatic
{
    private class InnerClass
    {
        /*
        下面三个静态声明都将引发如下编译错误：
        非静态内部类不能有静态声明
        */
        static
        {
            System.out.println("==========");
        }
        private static int inProp;
        private static void test(){}
    }
}
```

非静态内部类里不能有静态方法、静态成员变量、静态初始化块，所以上面三个静态声明都会引发错误。

> **注意：**
> 非静态内部类里不可以有静态初始化块，但可以包含普通初始化块。非静态内部类普通初始化块的作用与外部类初始化块的作用完全相同。

▶▶ 6.7.2 静态内部类

如果使用 static 来修饰一个内部类，则这个内部类就属于外部类本身，而不属于外部类的某个对象。因此使用 static 修饰的内部类被称为类内部类，有的地方也称为静态内部类。

> **注意：**
> static 关键字的作用是把类的成员变成类相关，而不是实例相关，即 static 修饰的成员属于整个类，而不属于单个对象。外部类的上一级程序单元是包，所以不可使用 static 修饰；而内部类的上一级程序单元是外部类，使用 static 修饰可以将内部类变成外部类相关，而不是外部类实例相关。因此 static 关键字不可修饰外部类，但可修饰内部类。

静态内部类可以包含静态成员，也可以包含非静态成员。根据静态成员不能访问非静态成员的规则，静态内部类不能访问外部类的实例成员，只能访问外部类的类成员。即使是静态内部类的实例方法也不能访问外部类的实例成员，只能访问外部类的静态成员。下面程序就演示了这条规则。

程序清单：codes\06\6.7\StaticInnerClassTest.java

```java
public class StaticInnerClassTest
{
```

```
    private int prop1 = 5;
    private static int prop2 = 9;
    static class StaticInnerClass
    {
        // 静态内部类里可以包含静态成员
        private static int age;
        public void accessOuterProp()
        {
            // 下面代码出现错误
            // 静态内部类无法访问外部类的实例变量
            System.out.println(prop1);
            // 下面代码正常
            System.out.println(prop2);
        }
    }
}
```

上面程序中粗体字代码行定义了一个静态成员变量,因为这个静态成员变量处于静态内部类中,所以完全没有问题。StaticInnerClass 类里定义了一个 accessOuterProp()方法,这是一个实例方法,但依然不能访问外部类的 prop1 成员变量,因为这是实例变量;但可以访问 prop2,因为它是静态成员变量。

学生提问:为什么静态内部类的实例方法也不能访问外部类的实例属性呢?

答:因为静态内部类是外部类的类相关的,而不是外部类的对象相关的。也就是说,静态内部类对象不是寄生在外部类的实例中,而是寄生在外部类的类本身中。当静态内部类对象存在时,并不存在一个被它寄生的外部类对象,静态内部类对象只持有外部类的类引用,没有持有外部类对象的引用。如果允许静态内部类的实例方法访问外部类的实例成员,但找不到被寄生的外部类对象,这将引起错误。

静态内部类是外部类的一个静态成员,因此外部类的所有方法、所有初始化块中可以使用静态内部类来定义变量、创建对象等。

外部类依然不能直接访问静态内部类的成员,但可以使用静态内部类的类名作为调用者来访问静态内部类的类成员,也可以使用静态内部类对象作为调用者来访问静态内部类的实例成员。下面程序示范了这条规则。

程序清单:codes\06\6.7\AccessStaticInnerClass.java

```
public class AccessStaticInnerClass
{
    static class StaticInnerClass
    {
        private static int prop1 = 5;
        private int prop2 = 9;
    }
    public void accessInnerProp()
    {
        // System.out.println(prop1);
        // 上面代码出现错误,应改为如下形式
        // 通过类名访问静态内部类的类成员
        System.out.println(StaticInnerClass.prop1);
        // System.out.println(prop2);
        // 上面代码出现错误,应改为如下形式
        // 通过实例访问静态内部类的实例成员
        System.out.println(new StaticInnerClass().prop2);
    }
}
```

除此之外,Java 还允许在接口里定义内部类,接口里定义的内部类默认使用 public static 修饰,也就是说,接口内部类只能是静态内部类。

如果为接口内部类指定访问控制符,则只能指定 public 访问控制符;如果定义接口内部类时省略访问控制符，则该内部类默认是 public 访问控制权限。

学生提问：接口里是否能定义内部接口？

答：可以的。接口里的内部接口是接口的成员，因此系统默认添加 public static 两个修饰符。如果定义接口里的内部接口时指定访问控制符，则只能使用 public 修饰符。当然，定义接口里的内部接口的意义不大，因为接口的作用是定义一个公共规范（暴露出来供大家使用），如果把这个接口定义成一个内部接口，那么意义何在呢？在实际开发过程中很少见到这种应用场景。

▶▶ 6.7.3 使用内部类

定义类的主要作用就是定义变量、创建实例和作为父类被继承。定义内部类的主要作用也如此，但使用内部类定义变量和创建实例则与外部类存在一些小小的差异。下面分三种情况讨论内部类的用法。

1．在外部类内部使用内部类

从前面程序中可以看出，在外部类内部使用内部类时，与平常使用普通类没有太大的区别。一样可以直接通过内部类类名来定义变量，通过 new 调用内部类构造器来创建实例。

唯一存在的一个区别是：不要在外部类的静态成员（包括静态方法和静态初始化块）中使用非静态内部类，因为静态成员不能访问非静态成员。

在外部类内部定义内部类的子类与平常定义子类也没有太大的区别。

2．在外部类以外使用非静态内部类

如果希望在外部类以外的地方访问内部类（包括静态和非静态两种），则内部类不能使用 private 访问控制权限，private 修饰的内部类只能在外部类内部使用。对于使用其他访问控制符修饰的内部类，则能在访问控制符对应的访问权限内使用。

- ➢ 省略访问控制符的内部类，只能被与外部类处于同一个包中的其他类所访问。
- ➢ 使用 protected 修饰的内部类，可被与外部类处于同一个包中的其他类和外部类的子类所访问。
- ➢ 使用 public 修饰的内部类，可以在任何地方被访问。

在外部类以外的地方定义内部类（包括静态和非静态两种）变量的语法格式如下：

```
OuterClass.InnerClass varName
```

从上面语法格式可以看出，在外部类以外的地方使用内部类时，内部类完整的类名应该是 OuterClass.InnerClass。如果外部类有包名，则还应该增加包名前缀。

由于非静态内部类的对象必须寄生在外部类的对象里，因此创建非静态内部类对象之前，必须先创建其外部类对象。在外部类以外的地方创建非静态内部类实例的语法如下：

```
OuterInstance.new InnerConstructor()
```

从上面语法格式可以看出，在外部类以外的地方创建非静态内部类实例必须使用外部类实例和 new 来调用非静态内部类的构造器。下面程序示范了如何在外部类以外的地方创建非静态内部类的对象，并把它赋给非静态内部类类型的变量。

程序清单：codes\06\6.7\CreateInnerInstance.java

```java
class Out
{
    // 定义一个内部类，不使用访问控制符
    // 即只有同一个包中的其他类可访问该内部类
    class In
    {
        public In(String msg)
        {
            System.out.println(msg);
        }
    }
}
```

```java
}
public class CreateInnerInstance
{
    public static void main(String[] args)
    {
        Out.In in = new Out().new In("测试信息");
        /*
        上面代码可改为如下三行代码
        使用 OutterClass.InnerClass 的形式定义内部类变量
        Out.In in;
        创建外部类实例，非静态内部类实例将寄生在该实例中
        Out out = new Out();
        通过外部类实例和 new 来调用内部类构造器创建非静态内部类实例
        in = out.new In("测试信息");
        */
    }
}
```

上面程序中粗体代码行创建了一个非静态内部类的对象。从上面代码可以看出，非静态内部类的构造器必须使用外部类对象来调用。

如果需要在外部类以外的地方创建非静态内部类的子类，则尤其要注意上面的规则：非静态内部类的构造器必须通过其外部类对象来调用。

当创建一个子类时，子类构造器总会调用父类的构造器，因此在创建非静态内部类的子类时，必须保证让子类构造器可以调用非静态内部类的构造器，调用非静态内部类的构造器时，必须存在一个外部类对象。下面程序定义了一个子类继承了 Out 类的非静态内部类 In 类。

程序清单：codes\06\6.7\SubClass.java

```java
public class SubClass extends Out.In
{
    // 显示定义 SubClass 的构造器
    public SubClass(Out out)
    {
        // 通过传入的 Out 对象显式调用 In 的构造器
        out.super("hello");
    }
}
```

上面代码中粗体代码行看起来有点奇怪，其实很正常：非静态内部类 In 类的构造器必须使用外部类对象来调用，代码中 super 代表调用 In 类的构造器，而 out 则代表外部类对象（上面的 Out、In 两个类直接来自于前一个 CreateInnerInstance.java）。

从上面代码中可以看出，如果需要创建 SubClass 对象时，必须先创建一个 Out 对象。这是合理的，因为 SubClass 是非静态内部类 In 类的子类，非静态内部类 In 对象里必须有一个对 Out 对象的引用，其子类 SubClass 对象里也应该持有对 Out 对象的引用。当创建 SubClass 对象时传给该构造器的 Out 对象，就是 SubClass 对象里 Out 对象引用所指向的对象。

非静态内部类 In 对象和 SubClass 对象都必须持有指向 Outer 对象的引用，区别是创建两种对象时传入 Out 对象的方式不同：当创建非静态内部类 In 类的对象时，必须通过 Outer 对象来调用 new 关键字；当创建 SubClass 类的对象时，必须使用 Outer 对象作为调用者来调用 In 类的构造器。

> 非静态内部类的子类不一定是内部类，它可以是一个外部类。但非静态内部类的子类实例一样需要保留一个引用，该引用指向其父类所在外部类的对象。也就是说，如果有一个内部类子类的对象存在，则一定存在与之对应的外部类对象。

3. 在外部类以外使用静态内部类

因为静态内部类是外部类类相关的，因此创建静态内部类对象时无须创建外部类对象。在外部类以外的地方创建静态内部类实例的语法如下：

```java
new OuterClass.InnerConstructor()
```

下面程序示范了如何在外部类以外的地方创建静态内部类的实例。

程序清单：codes\06\6.7\CreateStaticInnerInstance.java

```java
class StaticOut
{
    // 定义一个静态内部类，不使用访问控制符
    // 即同一个包中的其他类可访问该内部类
    static class StaticIn
    {
        public StaticIn()
        {
            System.out.println("静态内部类的构造器");
        }
    }
}
public class CreateStaticInnerInstance
{
    public static void main(String[] args)
    {
        StaticOut.StaticIn in = new StaticOut.StaticIn();
        /*
        上面代码可改为如下两行代码
        使用 OuterClass.InnerClass 的形式定义内部类变量
        StaticOut.StaticIn in;
        通过 new 来调用内部类构造器创建静态内部类实例
        in = new StaticOut.StaticIn();
        */
    }
}
```

从上面代码中可以看出，不管是静态内部类还是非静态内部类，它们声明变量的语法完全一样。区别只是在创建内部类对象时，静态内部类只需使用外部类即可调用构造器，而非静态内部类必须使用外部类对象来调用构造器。

因为调用静态内部类的构造器时无须使用外部类对象，所以创建静态内部类的子类也比较简单，下面代码就为静态内部类 StaticIn 类定义了一个空的子类。

```java
public class StaticSubClass extends StaticOut.StaticIn {}
```

从上面代码中可以看出，当定义一个静态内部类时，其外部类非常像一个包空间。

> **注意：**
> 相比之下，使用静态内部类比使用非静态内部类要简单很多，只要把外部类当成静态内部类的包空间即可。因此当程序需要使用内部类时，应该优先考虑使用静态内部类。

学生提问：既然内部类是外部类的成员，那么是否可以为外部类定义子类，在子类中再定义一个内部类来重写其父类中的内部类呢？

答：不可以！从上面知识可以看出，内部类的类名不再是简单地由内部类的类名组成，它实际上还把外部类的类名作为一个命名空间，作为内部类类名的限制。因此子类中的内部类和父类中的内部类不可能完全同名，即使二者所包含的内部类的类名相同，但因为它们所处的外部类空间不同，所以它们不可能完全同名，也就不可能重写。

▶▶ 6.7.4 局部内部类

如果把一个内部类放在方法里定义，则这个内部类就是一个局部内部类，局部内部类仅在该方法里有效。由于局部内部类不能在外部类的方法以外的地方使用，因此局部内部类也不能使用访问控制符和

static 修饰符修饰。

> **注意：** 对于局部成员而言，不管是局部变量还是局部内部类，它们的上一级程序单元都是方法，而不是类，使用 static 修饰它们没有任何意义。因此，所有的局部成员都不能使用 static 修饰。不仅如此，因为局部成员的作用域是所在方法，其他程序单元永远也不可能访问另一个方法中的局部成员，所以所有的局部成员都不能使用访问控制符修饰。

如果需要用局部内部类定义变量、创建实例或派生子类，那么都只能在局部内部类所在的方法内进行。

程序清单：codes\06\6.7\LocalInnerClass.java

```java
public class LocalInnerClass
{
    public static void main(String[] args)
    {
        // 定义局部内部类
        class InnerBase
        {
            int a;
        }
        // 定义局部内部类的子类
        class InnerSub extends InnerBase
        {
            int b;
        }
        // 创建局部内部类的对象
        InnerSub is = new InnerSub();
        is.a = 5;
        is.b = 8;
        System.out.println("InnerSub对象的a和b实例变量是: "
            + is.a + "," + is.b);
    }
}
```

编译上面程序，看到生成了三个 class 文件：LocalInnerClass.class、LocalInnerClass$1InnerBase.class 和 LocalInnerClass$1InnerSub.class，这表明局部内部类的 class 文件总是遵循如下命名格式：OuterClass$NInnerClass.class。注意到局部内部类的 class 文件的文件名比成员内部类的 class 文件的文件名多了一个数字，这是因为同一个类里不可能有两个同名的成员内部类，而同一个类里则可能有两个以上同名的局部内部类（处于不同方法中），所以 Java 为局部内部类的 class 文件名中增加了一个数字，用于区分。

> **注意：** 局部内部类是一个非常"鸡肋"的语法，在实际开发中很少定义局部内部类，这是因为局部内部类的作用域太小了：只能在当前方法中使用。大部分时候，定义一个类之后，当然希望多次复用这个类，但局部内部类无法离开它所在的方法，因此在实际开发中很少使用局部内部类。

▶▶ 6.7.5 Java 8 改进的匿名内部类

匿名内部类适合创建那种只需要一次使用的类，例如前面介绍命令模式时所需要的 Command 对象。匿名内部类的语法有点奇怪，创建匿名内部类时会立即创建一个该类的实例，这个类定义立即消失，匿名内部类不能重复使用。

定义匿名内部类的格式如下：

```
new 实现接口() | 父类构造器(实参列表)
{
    //匿名内部类的类体部分
}
```

从上面定义可以看出，匿名内部类必须继承一个父类，或实现一个接口，但最多只能继承一个父类，或实现一个接口。

关于匿名内部类还有如下两条规则。

➢ 匿名内部类不能是抽象类，因为系统在创建匿名内部类时，会立即创建匿名内部类的对象。因此不允许将匿名内部类定义成抽象类。
➢ 匿名内部类不能定义构造器。由于匿名内部类没有类名，所以无法定义构造器，但匿名内部类可以定义初始化块，可以通过实例初始化块来完成构造器需要完成的事情。

最常用的创建匿名内部类的方式是需要创建某个接口类型的对象，如下程序所示。

程序清单：codes\06\6.7\AnonymousTest.java

```java
interface Product
{
    public double getPrice();
    public String getName();
}
public class AnonymousTest
{
    public void test(Product p)
    {
        System.out.println("购买了一个" + p.getName()
            + "，花掉了" + p.getPrice());
    }
    public static void main(String[] args)
    {
        AnonymousTest ta = new AnonymousTest();
        // 调用test()方法时，需要传入一个Product参数
        // 此处传入其匿名实现类的实例
        ta.test(new Product()
        {
            public double getPrice()
            {
                return 567.8;
            }
            public String getName()
            {
                return "AGP显卡";
            }
        });
    }
}
```

上面程序中的 AnonymousTest 类定义了一个 test()方法，该方法需要一个 Product 对象作为参数，但 Product 只是一个接口，无法直接创建对象，因此此处考虑创建一个 Product 接口实现类的对象传入该方法——如果这个 Product 接口实现类需要重复使用，则应该将该实现类定义成一个独立类；如果这个 Product 接口实现类只需一次使用，则可采用上面程序中的方式，定义一个匿名内部类。

正如上面程序中看到的，定义匿名内部类无须 class 关键字，而是在定义匿名内部类时直接生成该匿名内部类的对象。上面粗体字代码部分就是匿名内部类的类体部分。

由于匿名内部类不能是抽象类，所以匿名内部类必须实现它的抽象父类或者接口里包含的所有抽象方法。

对于上面创建 Product 实现类对象的代码，可以拆分成如下代码。

```java
class AnonymousProduct implements Product
{
    public double getPrice()
    {
        return 567.8;
    }
    public String getName()
    {
        return "AGP显卡";
    }
```

```
}
ta.test(new AnonymousProduct());
```

对比两段代码的粗体字代码部分，它们完全一样，但显然采用匿名内部类的写法更加简洁。

当通过实现接口来创建匿名内部类时，匿名内部类也不能显式创建构造器，因此匿名内部类只有一个隐式的无参数构造器，故 new 接口名后的括号里不能传入参数值。

但如果通过继承父类来创建匿名内部类时，匿名内部类将拥有和父类相似的构造器，此处的相似指的是拥有相同的形参列表。

程序清单：codes\06\6.7\AnonymousInner.java

```java
abstract class Device
{
    private String name;
    public abstract double getPrice();
    public Device(){}
    public Device(String name)
    {
        this.name = name;
    }
    // 此处省略了 name 的 setter 和 getter 方法
    ...
}
public class AnonymousInner
{
    public void test(Device d)
    {
        System.out.println("购买了一个" + d.getName()
            + ", 花掉了" + d.getPrice());
    }
    public static void main(String[] args)
    {
        AnonymousInner ai = new AnonymousInner();
        // 调用有参数的构造器创建 Device 匿名实现类的对象
        ai.test(new Device("电子示波器")
        {
            public double getPrice()
            {
                return 67.8;
            }
        });
        // 调用无参数的构造器创建 Device 匿名实现类的对象
        Device d = new Device()
        {
            // 初始化块
            {
                System.out.println("匿名内部类的初始化块...");
            }
            // 实现抽象方法
            public double getPrice()
            {
                return 56.2;
            }
            // 重写父类的实例方法
            public String getName()
            {
                return "键盘";
            }
        };
        ai.test(d);
    }
}
```

上面程序创建了一个抽象父类 Device 类，这个抽象父类里包含两个构造器：一个无参数的，一个有参数的。当创建以 Device 为父类的匿名内部类时，既可以传入参数（如上面程序中第一段粗体字部分），代表调用父类带参数的构造器；也可以不传入参数（如上面程序中第二段粗体字部分），代表调用父类无参数的构造器。

当创建匿名内部类时，必须实现接口或抽象父类里的所有抽象方法。如果有需要，也可以重写父类中的普通方法，如上面程序的第二段粗体字代码部分，匿名内部类重写了抽象父类 Device 类的 getName() 方法，其中 getName() 方法并不是抽象方法。

在 Java 8 之前，Java 要求被局部内部类、匿名内部类访问的局部变量必须使用 final 修饰，从 Java 8 开始这个限制被取消了，Java 8 更加智能：如果局部变量被匿名内部类访问，那么该局部变量相当于自动使用了 final 修饰。例如如下程序。

程序清单：codes\06\6.7\ATest.java

```java
interface A
{
    void test();
}
public class ATest
{
    public static void main(String[] args)
    {
        int age = 8;      // ①
        A a = new A()
        {
            public void test()
            {
                // 在 Java 8 以前下面语句将提示错误：age 必须使用 final 修饰
                // 从 Java 8 开始，匿名内部类、局部内部类允许访问非 final 的局部变量
                System.out.println(age);
            }
        };
        a.test();
    }
}
```

如果使用 Java 8 的 JDK 来编译、运行上面程序，程序完全正常。但如果使用 Java 8 以前版本的 JDK 编译上面程序，粗体字代码将会引起编译错误，编译器提示用户必须用 final 修饰 age 局部变量。

如果在①号代码后增加如下代码：

```java
// 下面代码将会导致编译错误
// 由于 age 局部变量被匿名内部类访问了，因此 age 相当于被 final 修饰了
age = 2;
```

由于程序中①号代码定义 age 局部变量时指定了初始值，而上面代码再次对 age 变量赋值，这会导致 Java 8 无法自动使用 final 修饰 age 局部变量，因此编译器将会报错：被匿名内部类访问的局部变量必须使用 final 修饰。

> **提示：**
> Java 8 将这个功能称为 "effectively final"，它的意思是对于被匿名内部类访问的局部变量，可以用 final 修饰，也可以不用 final 修饰，但必须按照有 final 修饰的方式来用——也就是一次赋值后，以后不能重新赋值。

6.8 Java 8 新增的 Lambda 表达式

Lambda 表达式是 Java 8 的重要更新，也是一个被广大开发者期待已久的新特性。Lambda 表达式支持将代码块作为方法参数，Lambda 表达式允许使用更简洁的代码来创建只有一个抽象方法的接口（这种接口被称为函数式接口）的实例。

▶▶ 6.8.1 Lambda 表达式入门

下面先使用匿名内部类来改写前面介绍的 command 表达式的例子，改写后的程序如下。

程序清单：codes\06\6.8\CommandTest.java

```java
public class CommandTest
{
    public static void main(String[] args)
    {
        ProcessArray pa = new ProcessArray();
        int[] target = {3, -4, 6, 4};
        // 处理数组，具体处理行为取决于匿名内部类
        pa.process(target , new Command()
            {
                public void process(int[] target)
                {
                    int sum = 0;
                    for (int tmp : target )
                    {
                        sum += tmp;
                    }
                    System.out.println("数组元素的总和是:" + sum);
                }
            });
    }
}
```

前面已经提到，ProcessArray 类的 process()方法处理数组时，希望可以动态传入一段代码作为具体的处理行为，因此程序创建了一个匿名内部类实例来封装处理行为。从上面代码可以看出，用于封装处理行为的关键就是实现程序中的粗体字方法。但为了向 process()方法传入这段粗体字代码，程序不得不使用匿名内部类的语法来创建对象。

Lambda 表达式完全可用于简化创建匿名内部类对象，因此可将上面代码改为如下形式。

程序清单：codes\06\6.8\CommandTest2.java

```java
public class CommandTest2
{
    public static void main(String[] args)
    {
        ProcessArray pa = new ProcessArray();
        int[] array = {3, -4, 6, 4};
        // 处理数组，具体处理行为取决于匿名内部类
        pa.process(array , (int[] target)->{
            int sum = 0;
            for (int tmp : target )
            {
                sum += tmp;
            }
            System.out.println("数组元素的总和是:" + sum);
        });
    }
}
```

从上面程序中的粗体字代码可以看出，这段粗体字代码与创建匿名内部类时需要实现的 process(int[] target)方法完全相同，只是不需要 new Xxx(){}这种烦琐的代码，不需要指出重写的方法名字，也不需要给出重写的方法的返回值类型——只要给出重写的方法括号以及括号里的形参列表即可。

从上面介绍可以看出，当使用 Lambda 表达式代替匿名内部类创建对象时，Lambda 表达式的代码块将会代替实现抽象方法的方法体，Lambda 表达式就相当一个匿名方法。

从上面语法格式可以看出，Lambda 表达式的主要作用就是代替匿名内部类的烦琐语法。它由三部分组成。

> 形参列表。形参列表允许省略形参类型。如果形参列表中只有一个参数，甚至连形参列表的圆括号也可以省略。
> 箭头（->）。必须通过英文中画线和大于符号组成。
> 代码块。如果代码块只包含一条语句，Lambda 表达式允许省略代码块的花括号，那么这条语句就不要用花括号表示语句结束。Lambda 代码块只有一条 return 语句，甚至可以省略 return 关键字。Lambda 表达式需要返回值，而它的代码块中仅有一条省略了 return 的语句，Lambda 表达

式会自动返回这条语句的值。

下面程序示范了 Lambda 表达式的几种简化写法。

程序清单：codes\06\6.8\LambdaQs.java

```java
interface Eatable
{
    void taste();
}
interface Flyable
{
    void fly(String weather);
}
interface Addable
{
    int add(int a , int b);
}
public class LambdaQs
{
    // 调用该方法需要 Eatable 对象
    public void eat(Eatable e)
    {
        System.out.println(e);
        e.taste();
    }
    // 调用该方法需要 Flyable 对象
    public void drive(Flyable f)
    {
        System.out.println("我正在驾驶：" + f);
        f.fly("【碧空如洗的晴日】");
    }
    // 调用该方法需要 Addable 对象
    public void test(Addable add)
    {
        System.out.println("5 与 3 的和为：" + add.add(5, 3));
    }
    public static void main(String[] args)
    {
        LambdaQs lq = new LambdaQs();
        // Lambda 表达式的代码块只有一条语句，可以省略花括号
        lq.eat(()-> System.out.println("苹果的味道不错！"));
        // Lambda 表达式的形参列表只有一个形参，可以省略圆括号
        lq.drive(weather ->
        {
            System.out.println("今天天气是：" + weather);
            System.out.println("直升机飞行平稳");
        });
        // Lambda 表达式的代码块只有一条语句，可以省略花括号
        // 代码块中只有一条语句，即使该表达式需要返回值，也可以省略 return 关键字
        lq.test((a , b)->a + b);
    }
}
```

上面程序中的第一段粗体字代码使用 Lambda 表达式相当于不带形参的匿名方法，由于该 Lambda 表达式的代码块只有一行代码，因此可以省略代码块的花括号；第二段粗体字代码使用 Lambda 表达式相当于只带一个形参的匿名方法，由于该 Lambda 表达式的形参列表只有一个形参，因此省略了形参列表的圆括号；第三段粗体字代码的 Lambda 表达式的代码块中只有一行语句，这行语句的返回值将作为该代码块的返回值。

上面程序中的第一处粗体字代码调用 eat() 方法，调用该方法需要一个 Eatable 类型的参数，但实际传入的是 Lambda 表达式；第二处粗体字代码调用 drive() 方法，调用该方法需要一个 Flyable 类型的参数，但实际传入的是 Lambda 表达式；第三处粗体字代码调用 test() 方法，调用该方法需要一个 Addable 类型的参数，但实际传入的是 Lambda 表达式。但上面程序可以正常编译、运行，这说明 Lambda 表达式实际上将会被当成一个"任意类型"的对象，到底需要当成何种类型的对象，这取决于运行环境的需

要。下面将详细介绍 Lambda 表达式被当成何种对象。

6.8.2 Lambda 表达式与函数式接口

Lambda 表达式的类型，也被称为"目标类型（target type）"，Lambda 表达式的目标类型必须是"函数式接口（functional interface）"。函数式接口代表只包含一个抽象方法的接口。函数式接口可以包含多个默认方法、类方法，但只能声明一个抽象方法。

如果采用匿名内部类语法来创建函数式接口的实例，则只需要实现一个抽象方法，在这种情况下即可采用 Lambda 表达式来创建对象，该表达式创建出来的对象的目标类型就是这个函数式接口。查询 Java 8 的 API 文档，可以发现大量的函数式接口，例如：Runnable、ActionListener 等接口都是函数式接口。

> **提示：**
> Java 8 专门为函数式接口提供了 @FunctionalInterface 注解，该注解通常放在接口定义前面，该注解对程序功能没有任何作用，它用于告诉编译器执行更严格检查——检查该接口必须是函数式接口，否则编译器就会报错。

由于 Lambda 表达式的结果就是被当成对象，因此程序中完全可以使用 Lambda 表达式进行赋值，例如如下代码。

程序清单：\codes\06\6.8\LambdaTest.java

```java
// Runnable 接口中只包含一个无参数的方法
// Lambda 表达式代表的匿名方法实现了 Runnable 接口中唯一的、无参数的方法
// 因此下面的 Lambda 表达式创建了一个 Runnable 对象
Runnable r = () -> {
    for(int i = 0 ; i < 100 ; i ++)
    {
        System.out.println();
    }
};
```

> **提示：**
> Runnable 是 Java 本身提供的一个函数式接口。

从上面粗体字代码可以看出，Lambda 表达式实现的是匿名方法——因此它只能实现特定函数式接口中的唯一方法。这意味着 Lambda 表达式有如下两个限制。

➢ Lambda 表达式的目标类型必须是明确的函数式接口。
➢ Lambda 表达式只能为函数式接口创建对象。Lambda 表达式只能实现一个方法，因此它只能为只有一个抽象方法的接口（函数式接口）创建对象。

关于上面第一点限制，看下面代码是否正确（程序清单同上）。

```java
Object obj = () -> {
    for(int i = 0 ; i < 100 ; i ++)
    {
        System.out.println();
    }
};
```

上面代码与前一段代码几乎完全相同，只是此时程序将 Lambda 表达式不再赋值给 Runnable 变量，而是直接赋值给 Object 变量。编译上面代码，会报如下错误：

    不兼容的类型：Object 不是函数接口

从该错误信息可以看出，Lambda 表达式的目标类型必须是明确的函数式接口。上面代码将 Lambda 表达式赋值给 Object 变量，编译器只能确定该 Lambda 表达式的类型为 Object，而 Object 并不是函数式接口，因此上面代码报错。

为了保证 Lambda 表达式的目标类型是一个明确的函数式接口，可以有如下三种常见方式。

➢ 将 Lambda 表达式赋值给函数式接口类型的变量。
➢ 将 Lambda 表达式作为函数式接口类型的参数传给某个方法。

➤ 使用函数式接口对 Lambda 表达式进行强制类型转换。

因此，只要将上面代码改为如下形式即可（程序清单同上）。

```
Object obj1 = (Runnable)() -> {
    for(int i = 0 ; i < 100 ; i ++)
    {
        System.out.println();
    }
};
```

上面代码中的粗体字代码对 Lambda 表达式执行了强制类型转换，这样就可以确定该表达式的目标类型为 Runnable 函数式接口。

需要说明的是，同样的 Lambda 表达式的目标类型完全可能是变化的——唯一的要求是，Lambda 表达式实现的匿名方法与目标类型（函数式接口）中唯一的抽象方法有相同的形参列表。

例如定义了如下接口（程序清单同上）：

```
@FunctionalInterface
interface FkTest
{
    void run();
}
```

上面的函数式接口中仅定义了一个不带参数的方法，因此前面强制转型为 Runnable 的 Lambda 表达式也可强转为 FkTest 类型——因为 FkTest 接口中的唯一的抽象方法是不带参数的，而该 Lambda 表达式也是不带参数的。因此，下面代码是正确的（程序清单同上）。

```
// 同样的 Lambda 表达式可以被当成不同的目标类型，唯一的要求是
// Lambda 表达式的形参列表与函数式接口中唯一的抽象方法的形参列表相同
Object obj2 = (FkTest)() -> {
    for(int i = 0 ; i < 100 ; i ++)
    {
        System.out.println();
    }
};
```

Java 8 在 java.util.function 包下预定义了大量函数式接口，典型地包含如下 4 类接口。

➤ XxxFunction：这类接口中通常包含一个 apply()抽象方法，该方法对参数进行处理、转换（apply()方法的处理逻辑由 Lambda 表达式来实现），然后返回一个新的值。该函数式接口通常用于对指定数据进行转换处理。

➤ XxxConsumer：这类接口中通常包含一个 accept()抽象方法，该方法与 XxxFunction 接口中的 apply()方法基本相似，也负责对参数进行处理，只是该方法不会返回处理结果。

➤ XxxxPredicate：这类接口中通常包含一个 test()抽象方法，该方法通常用来对参数进行某种判断（test()方法的判断逻辑由 Lambda 表达式来实现），然后返回一个 boolean 值。该接口通常用于判断参数是否满足特定条件，经常用于进行筛选数据。

➤ XxxSupplier：这类接口中通常包含一个 getAsXxx()抽象方法，该方法不需要输入参数，该方法会按某种逻辑算法（getAsXxx ()方法的逻辑算法由 Lambda 表达式来实现）返回一个数据。

综上所述，不难发现 Lambda 表达式的本质很简单，就是使用简洁的语法来创建函数式接口的实例——这种语法避免了匿名内部类的烦琐。

▶▶ 6.8.3 方法引用与构造器引用

前面已经介绍过，如果 Lambda 表达式的代码块只有一条代码，程序就可以省略 Lambda 表达式中代码块的花括号。不仅如此，如果 Lambda 表达式的代码块只有一条代码，还可以在代码块中使用方法引用和构造器引用。

方法引用和构造器引用可以让 Lambda 表达式的代码块更加简洁。方法引用和构造器引用都需要使用两个英文冒号。Lambda 表达式支持如表 6.2 所示的几种引用方式。

表 6.2　Lambda 表达式支持的方法引用和构造器引用

种　类	示　例	说　明	对应的 Lambda 表达式
引用类方法	类名::类方法	函数式接口中被实现方法的全部参数传给该类方法作为参数	(a,b,...) -> 类名.类方法(a,b,...)
引用特定对象的实例方法	特定对象::实例方法	函数式接口中被实现方法的全部参数传给该方法作为参数	(a,b,...) -> 特定对象.实例方法(a,b,...)
引用某类对象的实例方法	类名::实例方法	函数式接口中被实现方法的第一个参数作为调用者，后面的参数全部传给该方法作为参数	(a,b,...) -> a.实例方法(b,...)
引用构造器	类名::new	函数式接口中被实现方法的全部参数传给该构造器作为参数	(a,b,...) ->new 类名(a,b,...)

1. 引用类方法

先看第一种方法引用：引用类方法。例如，定义了如下函数式接口。

程序清单：codes\06\6.8\MethodRefer.java

```java
@FunctionalInterface
interface Converter{
    Integer convert(String from);
}
```

该函数式接口中包含一个 convert()抽象方法，该方法负责将 String 参数转换为 Integer。下面代码使用 Lambda 表达式来创建一个 Converter 对象（程序清单同上）。

```java
// 下面代码使用 Lambda 表达式创建 Converter 对象
Converter converter1 = from -> Integer.valueOf(from);
```

上面 Lambda 表达式的代码块只有一条语句，因此程序省略了该代码块的花括号；而且由于表达式所实现的 convert()方法需要返回值，因此 Lambda 表达式将会把这条代码的值作为返回值。

接下来程序就可以调用 converter1 对象的 convert()方法将字符串转换为整数了，例如如下代码（程序清单同上）：

```java
Integer val = converter1.convert("99");
System.out.println(val); // 输出整数 99
```

上面代码调用 converter1 对象的 convert()方法时——由于 converter1 对象是 Lambda 表达式创建的，convert()方法执行体就是 Lambda 表达式的代码块部分，因此上面程序输出 99。

上面 Lambda 表达式的代码块只有一行调用类方法的代码，因此可以使用如下方法引用进行替换(程序清单同上)。

```java
// 方法引用代替 Lambda 表达式：引用类方法
// 函数式接口中被实现方法的全部参数传给该类方法作为参数
Converter converter1 = Integer::valueOf;
```

对于上面的类方法引用，也就是调用 Integer 类的 valueOf()类方法来实现 Converter 函数式接口中唯一的抽象方法，当调用 Converter 接口中的唯一的抽象方法时，调用参数将会传给 Integer 类的 valueOf()类方法。

2. 引用特定对象的实例方法

下面看第二种方法引用：引用特定对象的实例方法。先使用 Lambda 表达式来创建一个 Converter 对象（程序清单同上）。

```java
// 下面代码使用 Lambda 表达式创建 Converter 对象
Converter converter2 = from -> "fkit.org".indexOf(from);
```

上面 Lambda 表达式的代码块只有一条语句，因此程序省略了该代码块的花括号；而且由于表达式所实现的 convert()方法需要返回值，因此 Lambda 表达式将会把这条代码的值作为返回值。

接下来程序就可以调用 converter1 对象的 convert()方法将字符串转换为整数了，例如如下代码（程序清单同上）：

```
Integer value = converter2.convert("it");
System.out.println(value);  // 输出 2
```

上面代码调用 converter1 对象的 convert() 方法时——由于 converter1 对象是 Lambda 表达式创建的，convert() 方法执行体就是 Lambda 表达式的代码块部分，因此上面程序输出 2。

上面 Lambda 表达式的代码块只有一行调用"fkit.org"的 indexOf() 实例方法的代码，因此可以使用如下方法引用进行替换（程序清单同上）。

```
// 方法引用代替 Lambda 表达式：引用特定对象的实例方法
// 函数式接口中被实现方法的全部参数传给该方法作为参数
Converter converter2 = "fkit.org"::indexOf;
```

对于上面的实例方法引用，也就是调用"fkit.org"对象的 indexOf() 实例方法来实现 Converter 函数式接口中唯一的抽象方法，当调用 Converter 接口中的唯一的抽象方法时，调用参数将会传给"fkit.org"对象的 indexOf() 实例方法。

3. 引用某类对象的实例方法

下面看第三种方法引用：引用某类对象的实例方法。例如，定义了如下函数式接口（程序清单同上）。

```
@FunctionalInterface
interface MyTest
{
    String test(String a , int b , int c);
}
```

该函数式接口中包含一个 test() 抽象方法，该方法负责根据 String、int、int 三个参数生成一个 String 返回值。下面代码使用 Lambda 表达式来创建一个 MyTest 对象（程序清单同上）。

```
// 下面代码使用 Lambda 表达式创建 MyTest 对象
MyTest mt = (a , b , c) -> a.substring(b , c);
```

上面 Lambda 表达式的代码块只有一条语句，因此程序省略了该代码块的花括号；而且由于表达式所实现的 test() 方法需要返回值，因此 Lambda 表达式将会把这条代码的值作为返回值。

接下来程序就可以调用 mt 对象的 test() 方法了，例如如下代码（程序清单同上）：

```
String str = mt.test("Java I Love you" , 2 , 9);
System.out.println(str);  // 输出:va I Lo
```

上面代码调用 mt 对象的 test() 方法时——由于 mt 对象是 Lambda 表达式创建的，test() 方法执行体就是 Lambda 表达式的代码块部分，因此上面程序输出 va I Lo。

上面 Lambda 表达式的代码块只有一行 a.substring(b , c);，因此可以使用如下方法引用进行替换（程序清单同上）。

```
// 方法引用代替 Lambda 表达式：引用某类对象的实例方法
// 函数式接口中被实现方法的第一个参数作为调用者
// 后面的参数全部传给该方法作为参数
MyTest mt = String::substring;
```

对于上面的实例方法引用，也就是调用某个 String 对象的 substring() 实例方法来实现 MyTest 函数式接口中唯一的抽象方法，当调用 MyTest 接口中的唯一的抽象方法时，第一个调用参数将作为 substring() 方法的调用者，剩下的调用参数会作为 substring() 实例方法的调用参数。

4. 引用构造器

下面看构造器引用。例如，定义了如下函数式接口（程序清单同上）。

```
@FunctionalInterface
interface YourTest
{
    JFrame win(String title);
}
```

该函数式接口中包含一个 win() 抽象方法，该方法负责根据 String 参数生成一个 JFrame 返回值。下面代码使用 Lambda 表达式来创建一个 YourTest 对象（程序清单同上）。

```
// 下面代码使用 Lambda 表达式创建 YourTest 对象
YourTest yt = (String a) -> new JFrame(a);
```

上面 Lambda 表达式的代码块只有一条语句，因此程序省略了该代码块的花括号；而且由于表达式所实现的 win()方法需要返回值，因此 Lambda 表达式将会把这条代码的值作为返回值。

接下来程序就可以调用 yt 对象的 win()方法了，例如如下代码（程序清单同上）：

```
JFrame jf = yt.win("我的窗口");
System.out.println(jf);
```

上面代码调用 yt 对象的 win()方法时——由于 yt 对象是 Lambda 表达式创建的，因此 win()方法执行体就是 Lambda 表达式的代码块部分，即执行体就是执行 new JFrame(a);语句，并将这条语句的值作为方法的返回值。

上面 Lambda 表达式的代码块只有一行 new JFrame(a);，因此可以使用如下构造器引用进行替换（程序清单同上）。

```
// 构造器引用代替 Lambda 表达式
// 函数式接口中被实现方法的全部参数传给该构造器作为参数
YourTest yt = JFrame::new;
```

对于上面的构造器引用，也就是调用某个 JFrame 类的构造器来实现 YourTest 函数式接口中唯一的抽象方法，当调用 YourTest 接口中的唯一的抽象方法时，调用参数将会传给 JFrame 构造器。从上面程序中可以看出，调用 YourTest 对象的 win()抽象方法时，实际只传入了一个 String 类型的参数，这个 String 类型的参数会被传给 JFrame 构造器——这就确定了是调用 JFrame 类的、带一个 String 参数的构造器。

▶▶ 6.8.4 Lambda 表达式与匿名内部类的联系和区别

从前面介绍可以看出，Lambda 表达式是匿名内部类的一种简化，因此它可以部分取代匿名内部类的作用，Lambda 表达式与匿名内部类存在如下相同点。

- Lambda 表达式与匿名内部类一样，都可以直接访问 "effectively final" 的局部变量，以及外部类的成员变量（包括实例变量和类变量）。
- Lambda 表达式创建的对象与匿名内部类生成的对象一样，都可以直接调用从接口中继承的默认方法。

下面程序示范了 Lambda 表达式与匿名内部类的相似之处。

程序清单：codes\06\6.8\LambdaAndInner.java

```java
@FunctionalInterface
interface Displayable
{
    // 定义一个抽象方法和默认方法
    void display();
    default int add(int a , int b)
    {
        return a + b;
    }
}
public class LambdaAndInner
{
    private int age = 12;
    private static String name = "疯狂软件教育中心";
    public void test()
    {
        String book = "疯狂Java讲义";
        Displayable dis = ()->{
            // 访问 "effectively final" 的局部变量
            System.out.println("book 局部变量为："  + book);
            // 访问外部类的实例变量和类变量
            System.out.println("外部类的 age 实例变量为：" + age);
            System.out.println("外部类的 name 类变量为：" + name);
        };
        dis.display();
```

```java
        // 调用dis对象从接口中继承的add()方法
        System.out.println(dis.add(3 , 5));        // ①
    }
    public static void main(String[] args)
    {
        LambdaAndInner lambda = new LambdaAndInner();
        lambda.test();
    }
}
```

上面程序使用 Lambda 表达式创建了一个 Displayable 的对象，Lambda 表达式的代码块中的三行粗体字代码分别示范了访问"effectively final"的局部变量、外部类的实例变量和类变量。从这点来看，Lambda 表达式的代码块与匿名内部类的方法体是相同的。

与匿名内部类相似的是，由于 Lambda 表达式访问了 book 局部变量，因此该局部变量相当于有一个隐式的 final 修饰，因此同样不允许对 book 局部变量重新赋值。

当程序使用 Lambda 表达式创建了 Displayable 的对象之后，该对象不仅可调用接口中唯一的抽象方法，也可调用接口中的默认方法，如上面程序中①号粗体字代码所示。

Lambda 表达式与匿名内部类主要存在如下区别。

> 匿名内部类可以为任意接口创建实例——不管接口包含多少个抽象方法，只要匿名内部类实现所有的抽象方法即可；但 Lambda 表达式只能为函数式接口创建实例。
> 匿名内部类可以为抽象类甚至普通类创建实例；但 Lambda 表达式只能为函数式接口创建实例。
> 匿名内部类实现的抽象方法的方法体允许调用接口中定义的默认方法；但 Lambda 表达式的代码块不允许调用接口中定义的默认方法。

对于 Lambda 表达式的代码块不允许调用接口中定义的默认方法的限制，可以尝试对上面的 LambdaAndInner.java 程序稍做修改，在 Lambda 表达式的代码块中增加如下一行：

```java
// 尝试调用接口中的默认方法，编译器会报错
System.out.println(add(3 , 5));
```

虽然 Lambda 表达式的目标类型：Displayable 中包含了 add()方法，但 Lambda 表达式的代码块不允许调用这个方法；如果将上面的 Lambda 表达式改为匿名内部类的写法，当匿名内部类实现 display()抽象方法时，则完全可以调用这个 add()方法。

▶▶ 6.8.5 使用 Lambda 表达式调用 Arrays 的类方法

前面介绍 Array 类的功能时已经提到，Arrays 类的有些方法需要 Comparator、XxxOperator、XxxFunction 等接口的实例，这些接口都是函数式接口，因此可以使用 Lambda 表达式来调用 Arrays 的方法。例如如下程序。

程序清单：codes\06\6.8\LambdaArrays.java

```java
public class LambdaArrays
{
    public static void main(String[] args)
    {
        String[] arr1 = new String[]{"java" , "fkava" , "fkit", "ios" , "android"};
        Arrays.parallelSort(arr1, (o1, o2) -> o1.length() - o2.length());
        System.out.println(Arrays.toString(arr1));
        int[] arr2 = new int[]{3, -4 , 25, 16, 30, 18};
        // left 代表数组中前一个索引处的元素，计算第一个元素时，left 为1
        // right 代表数组中当前索引处的元素
        Arrays.parallelPrefix(arr2, (left, right)-> left * right);
        System.out.println(Arrays.toString(arr2));
        long[] arr3 = new long[5];
        // operand 代表正在计算的元素索引
        Arrays.parallelSetAll(arr3 , operand -> operand * 5);
        System.out.println(Arrays.toString(arr3));
    }
}
```

上面程序中的粗体字代码就是 Lambda 表达式，第一段粗体字代码的 Lambda 表达式的目标类型是

Comparator，该 Comparator 指定了判断字符串大小的标准：字符串越长，即可认为该字符串越大；第二段粗体字代码的 Lambda 表达式的目标类型是 IntBinaryOperator，该对象将会根据前后两个元素来计算当前元素的值；第三段粗体字代码的 Lambda 表达式的目标类型是 IntToLongFunction，该对象将会根据元素的索引来计算当前元素的值。编译、运行该程序，即可看到如下输出：

```
[ios, java, fkit, fkava, android]
[3, -12, -300, -4800, -144000, -2592000]
[0, 5, 10, 15, 20]
```

通过该程序不难看出：Lambda 表达式可以让程序更加简洁。

6.9 枚举类

在某些情况下，一个类的对象是有限而且固定的，比如季节类，它只有 4 个对象；再比如行星类，目前只有 8 个对象。这种实例有限而且固定的类，在 Java 里被称为枚举类。

▶▶ 6.9.1 手动实现枚举类

在早期代码中，可能会直接使用简单的静态常量来表示枚举，例如如下代码：

```java
public static final int SEASON_SPRING = 1;
public static final int SEASON_SUMMER = 2;
public static final int SEASON_FALL = 3;
public static final int SEASON_WINTER = 4;
```

这种定义方法简单明了，但存在如下几个问题。
- 类型不安全：因为上面的每个季节实际上是一个 int 整数，因此完全可以把一个季节当成一个 int 整数使用，例如进行加法运算 SEASON_SPRING + SEASON_SUMMER，这样的代码完全正常。
- 没有命名空间：当需要使用季节时，必须在 SPRING 前使用 SEASON_ 前缀，否则程序可能与其他类中的静态常量混淆。
- 打印输出的意义不明确：当输出某个季节时，例如输出 SEASON_SPRING，实际上输出的是 1，这个 1 很难猜测它代表了春天。

但枚举又确实有存在的意义，因此早期也可采用通过定义类的方式来实现，可以采用如下设计方式。
- 通过 private 将构造器隐藏起来。
- 把这个类的所有可能实例都使用 public static final 修饰的类变量来保存。
- 如果有必要，可以提供一些静态方法，允许其他程序根据特定参数来获取与之匹配的实例。
- 使用枚举类可以使程序更加健壮，避免创建对象的随意性。

但通过定义类来实现枚举的代码量比较大，实现起来也比较麻烦，Java 从 JDK 1.5 后就增加了对枚举类的支持。

> 提示：如果读者确实需要了解通过定义类的方法来实现枚举，可参考本书的第 2 版或第 1 版，也可参考本书光盘中 codes\06\6.9 目录下的 Season.java 文件。

▶▶ 6.9.2 枚举类入门

Java 5 新增了一个 enum 关键字（它与 class、interface 关键字的地位相同），用以定义枚举类。正如前面看到的，枚举类是一种特殊的类，它一样可以有自己的成员变量、方法，可以实现一个或者多个接口，也可以定义自己的构造器。一个 Java 源文件中最多只能定义一个 public 访问权限的枚举类，且该 Java 源文件也必须和该枚举类的类名相同。

但枚举类终究不是普通类，它与普通类有如下简单区别。
- 枚举类可以实现一个或多个接口，使用 enum 定义的枚举类默认继承了 java.lang.Enum 类，而不是默认继承 Object 类，因此枚举类不能显式继承其他父类。其中 java.lang.Enum 类实现了 java.lang.Serializable 和 java.lang.Comparable 两个接口。

➢ 使用 enum 定义、非抽象的枚举类默认会使用 final 修饰，因此枚举类不能派生子类。
➢ 枚举类的构造器只能使用 private 访问控制符，如果省略了构造器的访问控制符，则默认使用 private 修饰；如果强制指定访问控制符，则只能指定 private 修饰符。
➢ 枚举类的所有实例必须在枚举类的第一行显式列出，否则这个枚举类永远都不能产生实例。列出这些实例时，系统会自动添加 public static final 修饰，无须程序员显式添加。

枚举类默认提供了一个 values()方法，该方法可以很方便地遍历所有的枚举值。

下面程序定义了一个 SeasonEnum 枚举类。

程序清单：codes\06\6.9\SeasonEnum.java

```java
public enum SeasonEnum
{
    // 在第一行列出4个枚举实例
    SPRING,SUMMER,FALL,WINTER;
}
```

编译上面 Java 程序，将生成一个 SeasonEnum.class 文件，这表明枚举类是一个特殊的 Java 类。由此可见，enum 关键字和 class、interface 关键字的作用大致相似。

定义枚举类时，需要显式列出所有的枚举值，如上面的 SPRING,SUMMER,FALL,WINTER;所示，所有的枚举值之间以英文逗号（,）隔开，枚举值列举结束后以英文分号作为结束。这些枚举值代表了该枚举类的所有可能的实例。

如果需要使用该枚举类的某个实例,则可使用 EnumClass.variable 的形式,如 SeasonEnum.SPRING。

程序清单：codes\06\6.9\EnumTest.java

```java
public class EnumTest
{
    public void judge(SeasonEnum s)
    {
        // switch 语句里的表达式可以是枚举值
        switch (s)
        {
            case SPRING:
                System.out.println("春暖花开，正好踏青");
                break;
            case SUMMER:
                System.out.println("夏日炎炎，适合游泳");
                break;
            case FALL:
                System.out.println("秋高气爽，进补及时");
                break;
            case WINTER:
                System.out.println("冬日雪飘，围炉赏雪");
                break;
        }
    }
    public static void main(String[] args)
    {
        // 枚举类默认有一个 values()方法，返回该枚举类的所有实例
        for (SeasonEnum s : SeasonEnum.values())
        {
            System.out.println(s);
        }
        // 使用枚举实例时，可通过 EnumClass.variable 形式来访问
        new EnumTest().judge(SeasonEnum.SPRING);
    }
}
```

上面程序测试了 SeasonEnum 枚举类的用法，该类通过 values()方法返回了 SeasonEnum 枚举类的所有实例，并通过循环迭代输出了 SeasonEnum 枚举类的所有实例。

不仅如此，上面程序的 switch 表达式中还使用了 SeasonEnum 对象作为表达式，这是 JDK 1.5 增加枚举后对 switch 的扩展：switch 的控制表达式可以是任何枚举类型。不仅如此，当 switch 控制表达式使用枚举类型时，后面 case 表达式中的值直接使用枚举值的名字，无须添加枚举类作为限定。

前面已经介绍过，所有的枚举类都继承了 java.lang.Enum 类，所以枚举类可以直接使用 java.lang.Enum 类中所包含的方法。java.lang.Enum 类中提供了如下几个方法。
- int compareTo(E o)：该方法用于与指定枚举对象比较顺序，同一个枚举实例只能与相同类型的枚举实例进行比较。如果该枚举对象位于指定枚举对象之后，则返回正整数；如果该枚举对象位于指定枚举对象之前，则返回负整数，否则返回零。
- String name()：返回此枚举实例的名称，这个名称就是定义枚举类时列出的所有枚举值之一。与此方法相比，大多数程序员应该优先考虑使用 toString()方法，因为 toString()方法返回更加用户友好的名称。
- int ordinal()：返回枚举值在枚举类中的索引值（就是枚举值在枚举声明中的位置，第一个枚举值的索引值为零）。
- String toString()：返回枚举常量的名称，与 name 方法相似，但 toString()方法更常用。
- public static <T extends Enum<T>> T valueOf(Class<T> enumType, String name)：这是一个静态方法，用于返回指定枚举类中指定名称的枚举值。名称必须与在该枚举类中声明枚举值时所用的标识符完全匹配，不允许使用额外的空白字符。

正如前面看到的，当程序使用 System.out.println(s)语句来打印枚举值时，实际上输出的是该枚举值的 toString()方法，也就是输出该枚举值的名字。

▶▶ 6.9.3 枚举类的成员变量、方法和构造器

枚举类也是一种类，只是它是一种比较特殊的类，因此它一样可以定义成员变量、方法和构造器。下面程序将定义一个 Gender 枚举类，该枚举类里包含了一个 name 实例变量。

程序清单：codes\06\6.9\Gender.java

```java
public enum Gender
{
    MALE,FEMALE;
    // 定义一个public 修饰的实例变量
    public String name;
}
```

上面的 Gender 枚举类里定义了一个名为 name 的实例变量，并且将它定义成一个 public 访问权限的。下面通过如下程序来使用该枚举类。

程序清单：codes\06\6.9\GenderTest.java

```java
public class GenderTest
{
    public static void main(String[] args)
    {
        // 通过 Enum 的 valueOf()方法来获取指定枚举类的枚举值
        Gender g = Enum.valueOf(Gender.class , "FEMALE");
        // 直接为枚举值的 name 实例变量赋值
        g.name = "女";
        // 直接访问枚举值的 name 实例变量
        System.out.println(g + "代表:" + g.name);
    }
}
```

上面程序使用 Gender 枚举类时与使用一个普通类没有太大的差别，差别只是产生 Gender 对象的方式不同，枚举类的实例只能是枚举值，而不是随意地通过 new 来创建枚举类对象。

正如前面提到的，Java 应该把所有类设计成良好封装的类，所以不应该允许直接访问 Gender 类的 name 成员变量，而是应该通过方法来控制对 name 的访问。否则可能出现很混乱的情形，例如上面程序恰好设置了 g.name = "女"，要是采用 g.name = "男"，那程序就会非常混乱了，可能出现 FEMALE 代表男的局面。可以按如下代码来改进 Gender 类的设计。

程序清单：codes\06\6.9\better\Gender.java

```java
public enum Gender
{
```

```java
    MALE,FEMALE;
    private String name;
    public void setName(String name)
    {
        switch (this)
        {
            case MALE:
                if (name.equals("男"))
                {
                    this.name = name;
                }
                else
                {
                    System.out.println("参数错误");
                    return;
                }
                break;
            case FEMALE:
                if (name.equals("女"))
                {
                    this.name = name;
                }
                else
                {
                    System.out.println("参数错误");
                    return;
                }
                break;
        }
    }
    public String getName()
    {
        return this.name;
    }
}
```

上面程序把 name 设置成 private,从而避免其他程序直接访问该 name 成员变量,必须通过 setName() 方法来修改 Gender 实例的 name 变量,而 setName()方法就可以保证不会产生混乱。上面程序中粗体字部分保证 FEMALE 枚举值的 name 变量只能设置为"女",而 MALE 枚举值的 name 变量则只能设置为"男"。看如下程序。

程序清单:codes\06\6.9\better\GenderTest.java

```java
public class GenderTest
{
    public static void main(String[] args)
    {
        Gender g = Gender.valueOf("FEMALE");
        g.setName("女");
        System.out.println(g + "代表:" + g.getName());
        // 此时设置 name 值时将会提示参数错误
        g.setName("男");
        System.out.println(g + "代表:" + g.getName());
    }
}
```

上面代码中粗体字部分试图将一个 FEMALE 枚举值的 name 变量设置为"男",系统将会提示参数错误。

实际上这种做法依然不够好,枚举类通常应该设计成不可变类,也就是说,它的成员变量值不应该允许改变,这样会更安全,而且代码更加简洁。因此建议将枚举类的成员变量都使用 private final 修饰。

如果将所有的成员变量都使用了 final 修饰符来修饰,所以必须在构造器里为这些成员变量指定初始值(或者在定义成员变量时指定默认值,或者在初始化块中指定初始值,但这两种情况并不常见),因此应该为枚举类显式定义带参数的构造器。

一旦为枚举类显式定义了带参数的构造器,列出枚举值时就必须对应地传入参数。

程序清单：codes\06\6.9\best\Gender.java
```java
public enum Gender
{
    // 此处的枚举值必须调用对应的构造器来创建
    MALE("男"),FEMALE("女");
    private final String name;
    // 枚举类的构造器只能使用private修饰
    private Gender(String name)
    {
        this.name = name;
    }
    public String getName()
    {
        return this.name;
    }
}
```

从上面程序中可以看出，当为 Gender 枚举类创建了一个 Gender(String name)构造器之后，列出枚举值就应该采用粗体字代码来完成。也就是说，在枚举类中列出枚举值时，实际上就是调用构造器创建枚举类对象，只是这里无须使用 new 关键字，也无须显式调用构造器。前面列出枚举值时无须传入参数，甚至无须使用括号，仅仅是因为前面的枚举类包含无参数的构造器。

不难看出，上面程序中粗体字代码实际上等同于如下两行代码：

```java
public static final Gender MALE = new Gender("男");
public static final Gender FEMALE = new Gender("女");
```

▶▶ 6.9.4 实现接口的枚举类

枚举类也可以实现一个或多个接口。与普通类实现一个或多个接口完全一样，枚举类实现一个或多个接口时，也需要实现该接口所包含的方法。下面程序定义了一个 GenderDesc 接口。

程序清单：codes\06\6.9\interface\GenderDesc.java
```java
public interface GenderDesc
{
    void info();
}
```

在上面 GenderDesc 接口中定义了一个 info()方法，下面的 Gender 枚举类实现了该接口，并实现了该接口里包含的 info()方法。下面是 Gender 枚举类的代码。

程序清单：codes\06\6.9\interface\Gender.java
```java
public enum Gender implements GenderDesc
{
    // 其他部分与codes\06\6.9\best\Gender.java中的Gender类完全相同
    ...
    // 增加下面的info()方法，实现GenderDesc接口必须实现的方法
    public void info()
    {
        System.out.println(
            "这是一个用于定义性别的枚举类");
    }
}
```

读者可能会发现，枚举类实现接口不过如此，与普通类实现接口完全一样：使用 implements 实现接口，并实现接口里包含的抽象方法。

如果由枚举类来实现接口里的方法，则每个枚举值在调用该方法时都有相同的行为方式（因为方法体完全一样）。如果需要每个枚举值在调用该方法时呈现出不同的行为方式，则可以让每个枚举值分别来实现该方法，每个枚举值提供不同的实现方式，从而让不同的枚举值调用该方法时具有不同的行为方式。在下面的 Gender 枚举类中，不同的枚举值对 info()方法的实现各不相同（程序清单同上）。

```java
public enum Gender implements GenderDesc
{
    // 此处的枚举值必须调用对应的构造器来创建
```

```java
    MALE("男")
    // 花括号部分实际上是一个类体部分
    {
        public void info()
        {
            System.out.println("这个枚举值代表男性");
        }
    },
    FEMALE("女")
    {
        public void info()
        {
            System.out.println("这个枚举值代表女性");
        }
    };
    //枚举类的其他部分与 codes\06\6.9\best\Gender.java 中的 Gender 类完全相同
    ...
}
```

上面代码的粗体字部分看起来有些奇怪：当创建 MALE 和 FEMALE 两个枚举值时，后面又紧跟了一对花括号，这对花括号里包含了一个 info()方法定义。如果读者还记得匿名内部类语法的话，则可能对这样的语法有点印象了，花括号部分实际上就是一个类体部分，在这种情况下，当创建 MALE、FEMALE 枚举值时，并不是直接创建 Gender 枚举类的实例，而是相当于创建 Gender 的匿名子类的实例。因为粗体字括号部分实际上是匿名内部类的类体部分，所以这个部分的代码语法与前面介绍的匿名内部类语法大致相似，只是它依然是枚举类的匿名内部子类。

学生提问：枚举类不是用 final 修饰了吗？怎么还能派生子类呢？

答：并不是所有的枚举类都使用了 final 修饰！非抽象的枚举类才默认使用 final 修饰。对于一个抽象的枚举类而言——只要它包含了抽象方法，它就是抽象枚举类，系统会默认使用 abstract 修饰，而不是使用 final 修饰。

编译上面的程序，可以看到生成了 Gender.class、Gender$1.class 和 Gender$2.class 三个文件，这样的三个 class 文件正好证明了上面的结论：MALE 和 FEMALE 实际上是 Gender 匿名子类的实例，而不是 Gender 类的实例。当调用 MALE 和 FEMALE 两个枚举值的方法时，就会看到两个枚举值的方法表现不同的行为方式。

▶▶ 6.9.5 包含抽象方法的枚举类

假设有一个 Operation 枚举类，它的 4 个枚举值 PLUS, MINUS, TIMES, DIVIDE 分别代表加、减、乘、除 4 种运算，该枚举类需要定义一个 eval()方法来完成计算。

从上面描述可以看出，Operation 需要让 PLUS、MINUS、TIMES、DIVIDE 四个值对 eval()方法各有不同的实现。此时可考虑为 Operation 枚举类定义一个 eval()抽象方法，然后让 4 个枚举值分别为 eval()提供不同的实现。例如如下代码。

程序清单：codes\06\6.9\abstract\Operation.java

```java
public enum Operation
{
    PLUS
    {
        public double eval(double x , double y)
        {
            return x + y;
        }
    },
    MINUS
    {
```

```java
        public double eval(double x , double y)
        {
            return x - y;
        }
    },
    TIMES
    {
        public double eval(double x , double y)
        {
            return x * y;
        }
    },
    DIVIDE
    {
        public double eval(double x , double y)
        {
            return x / y;
        }
    };
    // 为枚举类定义一个抽象方法
    // 这个抽象方法由不同的枚举值提供不同的实现
    public abstract double eval(double x, double y);
    public static void main(String[] args)
    {
        System.out.println(Operation.PLUS.eval(3, 4));
        System.out.println(Operation.MINUS.eval(5, 4));
        System.out.println(Operation.TIMES.eval(5, 4));
        System.out.println(Operation.DIVIDE.eval(5, 4));
    }
}
```

编译上面程序会生成 5 个 class 文件，其实 Operation 对应一个 class 文件，它的 4 个匿名内部子类分别各对应一个 class 文件。

枚举类里定义抽象方法时不能使用 abstract 关键字将枚举类定义成抽象类（因为系统自动会为它添加 abstract 关键字），但因为枚举类需要显式创建枚举值，而不是作为父类，所以定义每个枚举值时必须为抽象方法提供实现，否则将出现编译错误。

6.10 对象与垃圾回收

第 1 章已经介绍过，Java 的垃圾回收是 Java 语言的重要功能之一。当程序创建对象、数组等引用类型实体时，系统都会在堆内存中为之分配一块内存区，对象就保存在这块内存区中，当这块内存不再被任何引用变量引用时，这块内存就变成垃圾，等待垃圾回收机制进行回收。垃圾回收机制具有如下特征。

- 垃圾回收机制只负责回收堆内存中的对象，不会回收任何物理资源（例如数据库连接、网络 IO 等资源）。
- 程序无法精确控制垃圾回收的运行，垃圾回收会在合适的时候进行。当对象永久性地失去引用后，系统就会在合适的时候回收它所占的内存。
- 在垃圾回收机制回收任何对象之前，总会先调用它的 finalize() 方法，该方法可能使该对象重新复活（让一个引用变量重新引用该对象），从而导致垃圾回收机制取消回收。

6.10.1 对象在内存中的状态

当一个对象在堆内存中运行时，根据它被引用变量所引用的状态，可以把它所处的状态分成如下三种。

- 可达状态：当一个对象被创建后，若有一个以上的引用变量引用它，则这个对象在程序中处于可达状态，程序可通过引用变量来调用该对象的实例变量和方法。
- 可恢复状态：如果程序中某个对象不再有任何引用变量引用它，它就进入了可恢复状态。在这种状态下，系统的垃圾回收机制准备回收该对象所占用的内存，在回收该对象之前，系统会调用所有可恢复状态对象的 finalize()方法进行资源清理。如果系统在调用 finalize()方法时重新让一个引用变量引用该对象，则这个对象会再次变为可达状态；否则该对象将进入不可达状态。
➢ 不可达状态：当对象与所有引用变量的关联都被切断，且系统已经调用所有对象的 finalize()方法后依然没有使该对象变成可达状态，那么这个对象将永久性地失去引用，最后变成不可达状态。只有当一个对象处于不可达状态时，系统才会真正回收该对象所占有的资源。

图 6.7 显示了对象的三种状态的转换示意图。

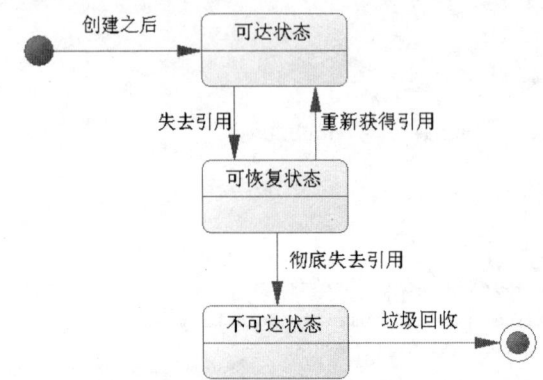

图 6.7 对象的状态转换示意图

例如，下面程序简单地创建了两个字符串对象，并创建了一个引用变量依次指向两个对象。

程序清单：codes\06\6.10\StatusTranfer.java

```java
public class StatusTranfer
{
    public static void test()
    {
        String a = new String("轻量级 Java EE 企业应用实战");   // ①
        a = new String("疯狂 Java 讲义");       // ②
    }
    public static void main(String[] args)
    {
        test();       // ③
    }
}
```

当程序执行 test 方法的①代码时，代码定义了一个 a 变量，并让该变量指向"轻量级 Java EE 企业应用实战"字符串，该代码执行结束后，"轻量级 Java EE 企业应用实战"字符串对象处于可达状态。

当程序执行了 test 方法的②代码后，代码再次创建了"疯狂 Java 讲义"字符串对象，并让 a 变量指向该对象。此时，"轻量级 Java EE 企业应用实战"字符串对象处于可恢复状态，而"疯狂 Java 讲义"字符串对象处于可达状态。

一个对象可以被一个方法的局部变量引用，也可以被其他类的类变量引用，或被其他对象的实例变量引用。当某个对象被其他类的类变量引用时，只有该类被销毁后，该对象才会进入可恢复状态；当某个对象被其他对象的实例变量引用时，只有当该对象被销毁后，该对象才会进入可恢复状态。

▶▶ 6.10.2 强制垃圾回收

当一个对象失去引用后，系统何时调用它的 finalize()方法对它进行资源清理，何时它会变成不可达状态，系统何时回收它所占有的内存，对于程序完全透明。程序只能控制一个对象何时不再被任何引用变量引用，绝不能控制它何时被回收。

程序无法精确控制 Java 垃圾回收的时机，但依然可以强制系统进行垃圾回收——这种强制只是通知系统进行垃圾回收，但系统是否进行垃圾回收依然不确定。大部分时候，程序强制系统垃圾回收后总会有一些效果。强制系统垃圾回收有如下两种方式。

➢ 调用 System 类的 gc()静态方法：System.gc()。
➢ 调用 Runtime 对象的 gc()实例方法：Runtime.getRuntime().gc()。

> **提示**：关于 System 和 Runtime 请参考本书第 7 章的内容。

下面程序创建了 4 个匿名对象，每个对象创建之后立即进入可恢复状态，等待系统回收，但直到程序退出，系统依然不会回收该资源。

程序清单：codes\06\6.10\GcTest.java

```java
public class GcTest
{
    public static void main(String[] args)
    {
        for (int i = 0 ; i < 4; i++)
        {
            new GcTest();
        }
    }
    public void finalize()
    {
        System.out.println("系统正在清理 GcTest 对象的资源...");
    }
}
```

编译、运行上面程序，看不到任何输出，可见直到系统退出，系统都不曾调用 GcTest 对象的 finalize() 方法。但如果将程序修改成如下形式（程序清单同上）：

```java
public class GcTest
{
    public static void main(String[] args)
    {
        for (int i = 0 ; i < 4; i++)
        {
            new GcTest();
            // 下面两行代码的作用完全相同，强制系统进行垃圾回收
            // System.gc();
            Runtime.getRuntime().gc();
        }
    }
    public void finalize()
    {
        System.out.println("系统正在清理 GcTest 对象的资源...");
    }
}
```

上面程序与前一个程序相比，只是增加了粗体字代码行，此代码行强制系统进行垃圾回收。编译上面程序，使用如下命令来运行此程序：

```
java -verbose:gc GcTest
```

运行 java 命令时指定 -verbose:gc 选项，可以看到每次垃圾回收后的提示信息，如图 6.8 所示。

从图 6.8 中可以看出，每次调用了 Runtime.getRuntime().gc() 代码后，系统垃圾回收机制还是"有所动作"的，可以看出垃圾回收之前、回收之后的内存占用对比。

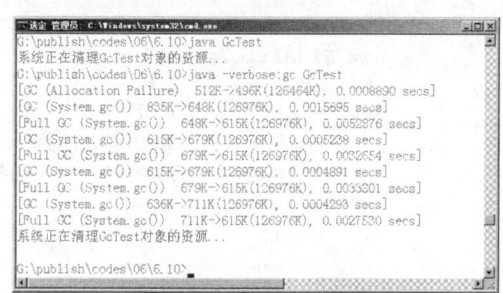

图 6.8 垃圾回收的运行提示信息

虽然图 6.8 显示了程序强制垃圾回收的效果，但这种强制只是建议系统立即进行垃圾回收，系统完全有可能并不立即进行垃圾回收，垃圾回收机制也不会对程序的建议完全置之不理：垃圾回收机制会在收到通知后，尽快进行垃圾回收。

▶▶ 6.10.3 finalize 方法

在垃圾回收机制回收某个对象所占用的内存之前，通常要求程序调用适当的方法来清理资源，在没

有明确指定清理资源的情况下,Java 提供了默认机制来清理该对象的资源,这个机制就是 finalize() 方法。该方法是定义在 Object 类里的实例方法,方法原型为:

```
protected void finalize() throws Throwable
```

当 finalize() 方法返回后,对象消失,垃圾回收机制开始执行。方法原型中的 throws Throwable 表示它可以抛出任何类型的异常。

任何 Java 类都可以重写 Object 类的 finalize() 方法,在该方法中清理该对象占用的资源。如果程序终止之前始终没有进行垃圾回收,则不会调用失去引用对象的 finalize() 方法来清理资源。垃圾回收机制何时调用对象的 finalize() 方法是完全透明的,只有当程序认为需要更多的额外内存时,垃圾回收机制才会进行垃圾回收。因此,完全有可能出现这样一种情形:某个失去引用的对象只占用了少量内存,而且系统没有产生严重的内存需求,因此垃圾回收机制并没有试图回收该对象所占用的资源,所以该对象的 finalize() 方法也不会得到调用。

finalize() 方法具有如下 4 个特点。
- 永远不要主动调用某个对象的 finalize() 方法,该方法应交给垃圾回收机制调用。
- finalize() 方法何时被调用,是否被调用具有不确定性,不要把 finalize() 方法当成一定会被执行的方法。
- 当 JVM 执行可恢复对象的 finalize() 方法时,可能使该对象或系统中其他对象重新变成可达状态。
- 当 JVM 执行 finalize() 方法时出现异常时,垃圾回收机制不会报告异常,程序继续执行。

> **注意**:
> 由于 finalize() 方法并不一定会被执行,因此如果想清理某个类里打开的资源,则不要放在 finalize() 方法中进行清理,后面会介绍专门用于清理资源的方法。

下面程序演示了如何在 finalize() 方法里复活自身,并可通过该程序看出垃圾回收的不确定性。

程序清单:codes\06\6.10\FinalizeTest.java

```java
public class FinalizeTest
{
    private static FinalizeTest ft = null;
    public void info()
    {
        System.out.println("测试资源清理的 finalize 方法");
    }
    public static void main(String[] args) throws Exception
    {
        // 创建 FinalizeTest 对象立即进入可恢复状态
        new FinalizeTest();
        // 通知系统进行资源回收
        System.gc();        // ①
        // 强制垃圾回收机制调用可恢复对象的 finalize() 方法
//      Runtime.getRuntime().runFinalization();   // ②
        System.runFinalization();   // ③
        ft.info();
    }
    public void finalize()
    {
        // 让 ft 引用到试图回收的可恢复对象,即可恢复对象重新变成可达
        ft = this;
    }
}
```

上面程序中定义了一个 FinalizeTest 类,重写了该类的 finalize() 方法,在该方法中把需要清理的可恢复对象重新赋给 ft 引用变量,从而让该可恢复对象重新变成可达状态。

上面程序中的 main() 方法创建了一个 FinalizeTest 类的匿名对象,因为创建后没有把这个对象赋给任何引用变量,所以该对象立即进入可恢复状态。进入可恢复状态后,系统调用①号粗体字代码通知系

统进行垃圾回收，②号粗体字代码强制系统立即调用可恢复对象的 finalize()方法，再次调用 ft 对象的 info()方法。编译、运行上面程序，看到 ft 的 info()方法被正常执行。

如果删除①行代码，取消强制垃圾回收。再次编译、运行上面程序，将会看到如图 6.9 所示的结果。

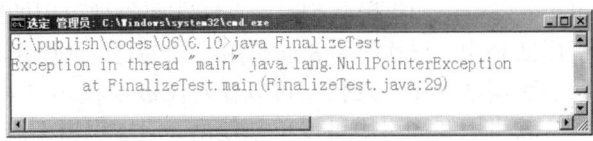

图 6.9　调用 ft.info()方法时引发空指针异常

从图 6.9 所示的运行结果可以看出，如果取消①号粗体字代码，程序并没有通知系统开始执行垃圾回收（而且程序内存也没有紧张），因此系统通常不会立即进行垃圾回收，也就不会调用 FinalizeTest 对象的 finalize()方法，这样 FinalizeTest 的 ft 类变量将依然保持为 null，这样就导致了空指针异常。

上面程序中②号代码和③号代码都用于强制垃圾回收机制调用可恢复对象的 finalize()方法，如果程序仅执行 System.gc();代码，而不执行②号或③号粗体字代码——由于 JVM 垃圾回收机制的不确定性，JVM 往往并不立即调用可恢复对象的 finalize()方法，这样 FinalizeTest 的 ft 类变量可能依然为 null，可能依然会导致空指针异常

▶▶ 6.10.4　对象的软、弱和虚引用

对大部分对象而言，程序里会有一个引用变量引用该对象，这是最常见的引用方式。除此之外，java.lang.ref 包下提供了 3 个类：SoftReference、PhantomReference 和 WeakReference，它们分别代表了系统对对象的 3 种引用方式：软引用、虚引用和弱引用。因此，Java 语言对对象的引用有如下 4 种方式。

1．强引用（StrongReference）

这是 Java 程序中最常见的引用方式。程序创建一个对象，并把这个对象赋给一个引用变量，程序通过该引用变量来操作实际的对象，前面介绍的对象和数组都采用了这种强引用的方式。当一个对象被一个或一个以上的引用变量所引用时，它处于可达状态，不可能被系统垃圾回收机制回收。

2．软引用（SoftReference）

软引用需要通过 SoftReference 类来实现，当一个对象只有软引用时，它有可能被垃圾回收机制回收。对于只有软引用的对象而言，当系统内存空间足够时，它不会被系统回收，程序也可使用该对象；当系统内存空间不足时，系统可能会回收它。软引用通常用于对内存敏感的程序中。

3．弱引用（WeakReference）

弱引用通过 WeakReference 类实现，弱引用和软引用很像，但弱引用的引用级别更低。对于只有弱引用的对象而言，当系统垃圾回收机制运行时，不管系统内存是否足够，总会回收该对象所占用的内存。当然，并不是说当一个对象只有弱引用时，它就会立即被回收——正如那些失去引用的对象一样，必须等到系统垃圾回收机制运行时才会被回收。

4．虚引用（PhantomReference）

虚引用通过 PhantomReference 类实现，虚引用完全类似于没有引用。虚引用对对象本身没有太大影响，对象甚至感觉不到虚引用的存在。如果一个对象只有一个虚引用时，那么它和没有引用的效果大致相同。虚引用主要用于跟踪对象被垃圾回收的状态，虚引用不能单独使用，虚引用必须和引用队列（ReferenceQueue）联合使用。

上面三个引用类都包含了一个 get()方法，用于获取被它们所引用的对象。

> **提示：** 如果需要掌握 JDK 系统类的详细用法，例如，包含哪些可用的成员变量和方法（protected 和 public 权限的成员变量和方法），以及包含哪些构造器都应该查阅 Java 提供的 API 文档。

引用队列由 java.lang.ref.ReferenceQueue 类表示，它用于保存被回收后对象的引用。当联合使用软

引用、弱引用和引用队列时,系统在回收被引用的对象之后,将把被回收对象对应的引用添加到关联的引用队列中。与软引用和弱引用不同的是,虚引用在对象被释放之前,将把它对应的虚引用添加到它关联的引用队列中,这使得可以在对象被回收之前采取行动。

软引用和弱引用可以单独使用,但虚引用不能单独使用,单独使用虚引用没有太大的意义。虚引用的主要作用就是跟踪对象被垃圾回收的状态,程序可以通过检查与虚引用关联的引用队列中是否已经包含了该虚引用,从而了解虚引用所引用的对象是否即将被回收。

下面程序示范了弱引用所引用的对象被系统垃圾回收过程。

程序清单:codes\06\6.10\ReferenceTest.java

```java
public class ReferenceTest
{
    public static void main(String[] args)
        throws Exception
    {
        // 创建一个字符串对象
        String str = new String("疯狂Java讲义");
        // 创建一个弱引用,让此弱引用引用到"疯狂Java讲义"字符串
        WeakReference wr = new WeakReference(str);   // ①
        // 切断str引用和"疯狂Java讲义"字符串之间的引用
        str = null;  // ②
        // 取出弱引用所引用的对象
        System.out.println(wr.get());  // ③
        // 强制垃圾回收
        System.gc();
        System.runFinalization();
        // 再次取出弱引用所引用的对象
        System.out.println(wr.get());  // ④
    }
}
```

上面程序先创建了一个"疯狂Java讲义"字符串对象,并让str引用变量引用它,执行①行粗体字代码时,系统创建了一个弱引用对象,并让该对象和str引用同一个对象。当程序执行到②行代码时,程序切断了str和"疯狂Java讲义"字符串对象之间的引用关系。此时系统内存如图6.10所示。

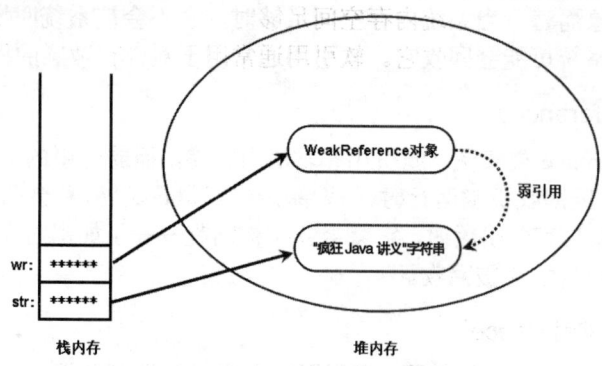

图6.10 仅被弱引用引用的字符串对象

> **提示:** 编译上面程序时会出现一个警告提示,这个警告提示是一个泛型提示。此处先不要理它。不仅如此,上面程序创建"疯狂Java讲义"字符串对象时,不要使用String str = "疯狂Java讲义";,否则将看不到运行效果。因为采用String str = "疯狂Java讲义";代码定义字符串时,系统会使用常量池来管理这个字符串直接量(会使用强引用来引用它),系统不会回收这个字符串直接量。

当程序执行到③号粗体字代码时,由于本程序不会导致内存紧张,此时程序通常还不会回收弱引用wr所引用的对象,因此在③号代码处可以看到输出"疯狂Java讲义"字符串。

执行到③号粗体字代码之后,程序调用了System.gc();和System.runFinalization();通知系统进行垃圾

回收，如果系统立即进行垃圾回收，那么就会将弱引用 wr 所引用的对象回收。接下来在④号粗体字代码处将看到输出 null。

下面程序与上面程序基本相似，只是使用了虚引用来引用字符串对象，虚引用无法获取它引用的对象。下面程序还将虚引用和引用队列结合使用，可以看到被虚引用所引用的对象被垃圾回收后，虚引用将被添加到引用队列中。

程序清单：codes\06\6.10\PhantomReferenceTest.java

```java
public class PhantomReferenceTest
{
    public static void main(String[] args)
        throws Exception
    {
        // 创建一个字符串对象
        String str = new String("疯狂Java讲义");
        // 创建一个引用队列
        ReferenceQueue rq = new ReferenceQueue();
        // 创建一个虚引用，让此虚引用引用到"疯狂Java讲义"字符串
        PhantomReference pr = new PhantomReference (str , rq);
        // 切断 str 引用和"疯狂Java讲义"字符串之间的引用
        str = null;
        // 取出虚引用所引用的对象，并不能通过虚引用获取被引用的对象，所以此处输出 null
        System.out.println(pr.get());   // ①
        // 强制垃圾回收
        System.gc();
        System.runFinalization();
        // 垃圾回收之后，虚引用将被放入引用队列中
        // 取出引用队列中最先进入队列的引用与 pr 进行比较
        System.out.println(rq.poll() == pr);   // ②
    }
}
```

因为系统无法通过虚引用来获得被引用的对象，所以执行①处的输出语句时，程序将输出 null（即使此时并未强制进行垃圾回收）。当程序强制垃圾回收后，只有虚引用引用的字符串对象将会被垃圾回收，当被引用的对象被回收后，对应的虚引用将被添加到关联的引用队列中，因而将在②代码处看到输出 true。

使用这些引用类可以避免在程序执行期间将对象留在内存中。如果以软引用、弱引用或虚引用的方式引用对象，垃圾回收器就能够随意地释放对象。如果希望尽可能减小程序在其生命周期中所占用的内存大小时，这些引用类就很有用处。

必须指出：要使用这些特殊的引用类，就不能保留对对象的强引用；如果保留了对对象的强引用，就会浪费这些引用类所提供的任何好处。

由于垃圾回收的不确定性，当程序希望从软、弱引用中取出被引用对象时，可能这个被引用对象已经被释放了。如果程序需要使用那个被引用的对象，则必须重新创建该对象。这个过程可以采用两种方式完成，下面代码显示了其中一种方式。

```java
// 取出弱引用所引用的对象
obj = wr.get();
// 如果取出的对象为 null
if (obj == null)
{
    // 重新创建一个新的对象，再次让弱引用去引用该对象
    wr = new WeakReference(recreateIt());   // ①
    // 取出弱引用所引用的对象，将其赋给 obj 变量
    obj = wr.get();    // ②
}
...// 操作 obj 对象
// 再次切断 obj 和对象之间的关联
obj = null;
```

下面代码显示了另一种取出被引用对象的方式。

```java
// 取出弱引用所引用的对象
```

```
obj = wr.get();
// 如果取出的对象为 null
if (obj == null)
{
    // 重新创建一个新的对象,并使用强引用来引用它
    obj = recreateIt();
    // 取出弱引用所引用的对象,将其赋给 obj 变量
    wr = new WeakReference(obj);
}
...// 操作 obj 对象
// 再次切断 obj 和对象之间的关联
obj = null;
```

上面两段代码采用的都是伪码,其中 recreateIt()方法用于生成一个 obj 对象。这两段代码都是先判断 obj 对象是否已经被回收,如果已经被回收,则重新创建该对象。如果弱引用引用的对象已经被垃圾回收释放了,则重新创建该对象。但第一段代码存在一定的问题:当 if 块执行完成后,obj 还是有可能为 null。因为垃圾回收的不确定性,假设系统在①和②行代码之间进行垃圾回收,则系统会再次将 wr 所引用的对象回收,从而导致 obj 依然为 null。第二段代码则不会存在这个问题,当 if 块执行结束后,obj 一定不为 null。

6.11 修饰符的适用范围

到目前为止,已经学习了 Java 中的大部分修饰符,如访问控制符、static 和 final 等。还有其他的一些修饰符将会在后面的章节里继续介绍,此处给出 Java 修饰符适用范围总表(见表 6.3)。

表 6.3 Java 修饰符适用范围总表

	外部类/接口	成员属性	方法	构造器	初始化块	成员内部类	局部成员
public	√	√	√	√		√	
protected		√	√	√		√	
包访问控制符	√	√	√	√	○	√	○
private		√	√	√		√	
abstract	√		√				
final		√	√			√	√
static		√	√		√	√	
strictfp	√		√				
synchronized			√				
native			√				
transient		√					
volatile		√					
default			√				

在表 6.3 中,包访问控制符是一个特殊的修饰符,不用任何访问控制符的就是包访问控制。对于初始化块和局部成员而言,它们不能使用任何访问控制符,所以看起来像使用了包访问控制符。

strictfp 关键字的含义是 FP-strict,也就是精确浮点的意思。在 Java 虚拟机进行浮点运算时,如果没有指定 strictfp 关键字,Java 的编译器和运行时环境在浮点运算上不一定令人满意。一旦使用了 strictfp 来修饰类、接口或者方法时,那么在所修饰的范围内 Java 的编译器和运行时环境会完全依照浮点规范 IEEE-754 来执行。因此,如果想让浮点运算更加精确,就可以使用 strictfp 关键字来修饰类、接口和方法。

native 关键字主要用于修饰一个方法,使用 native 修饰的方法类似于一个抽象方法。与抽象方法不同的是,native 方法通常采用 C 语言来实现。如果某个方法需要利用平台相关特性,或者访问系统硬件等,则可以使用 native 修饰该方法,再把该方法交给 C 去实现。一旦 Java 程序中包含了 native 方法,这个程序将失去跨平台的功能。

其他修饰符如 synchronized、transient 将在后面章节中有更详细的介绍,此处不再赘述。

在表 6.3 列出的所有修饰符中，4 个访问控制符是互斥的，最多只能出现其中之一。不仅如此，还有 abstract 和 final 永远不能同时使用；abstract 和 static 不能同时修饰方法，可以同时修饰内部类；abstract 和 private 不能同时修饰方法，可以同时修饰内部类。private 和 final 同时修饰方法虽然语法是合法的，但没有太大的意义——由于 private 修饰的方法不可能被子类重写，因此使用 final 修饰没什么意义。

6.12 Java 9 的多版本 JAR 包

JAR 文件的全称是 Java Archive File，意思就是 Java 档案文件。通常 JAR 文件是一种压缩文件，与常见的 ZIP 压缩文件兼容，通常也被称为 JAR 包。JAR 文件与 ZIP 文件的区别就是在 JAR 文件中默认包含了一个名为 META-INF/MANIFEST.MF 的清单文件，这个清单文件是在生成 JAR 文件时由系统自动创建的。

当开发了一个应用程序后，这个应用程序包含了很多类，如果需要把这个应用程序提供给别人使用，通常会将这些类文件打包成一个 JAR 文件，把这个 JAR 文件提供给别人使用。只要别人在系统的 CLASSPATH 环境变量中添加这个 JAR 文件，则 Java 虚拟机就可以自动在内存中解压这个 JAR 包，把这个 JAR 文件当成一个路径，在这个路径中查找所需要的类或包层次对应的路径结构。

使用 JAR 文件有以下好处。

> 安全。能够对 JAR 文件进行数字签名，只让能够识别数字签名的用户使用里面的东西。
> 加快下载速度。在网上使用 Applet 时，如果存在多个文件而不打包，为了能够把每个文件都下载到客户端，需要为每个文件单独建立一个 HTTP 连接，这是非常耗时的工作。将这些文件压缩成一个 JAR 包，只要建立一次 HTTP 连接就能够一次下载所有的文件。
> 压缩。使文件变小，JAR 的压缩机制和 ZIP 完全相同。
> 包封装。能够让 JAR 包里面的文件依赖于统一版本的类文件。
> 可移植性。JAR 包作为内嵌在 Java 平台内部处理的标准，能够在各种平台上直接使用。

把一个 JAR 文件添加到系统的 CLASSPATH 环境变量中后，Java 将会把这个 JAR 文件当成一个路径来处理。实际上 JAR 文件就是一个路径，JAR 文件通常使用 jar 命令压缩而成，当使用 jar 命令压缩生成 JAR 文件时，可以把一个或多个路径全部压缩成一个 JAR 文件。

例如，test 目录下包含如下目录结构和文件。

```
test
   |—a
      |—Test.class
      |—Test.java
   |—b
      |—Test.class
      |—Test.java
```

如果把上面 test 路径下的所有文件压缩成一个 JAR 文件，则 JAR 文件的内部目录结构为：

```
test.jar
   |—META-INF
      |—MANIFEST.MF
   |—a
      |—Test.class
      |—Test.java
   |—b
      |—Test.class
      |—Test.java
```

6.12.1 jar 命令详解

jar 是随 JDK 自动安装的，在 JDK 安装目录下的 bin 目录中（本书中就是 D:\Java\jdk-9\bin 路径下），Windows 下文件名为 jar.exe，Linux 下文件名为 jar。

如果在命令行窗口运行不带任何参数的 jar -h 命令，系统将会提示 jar 命令的用法，提示信息如图 6.11 所示。

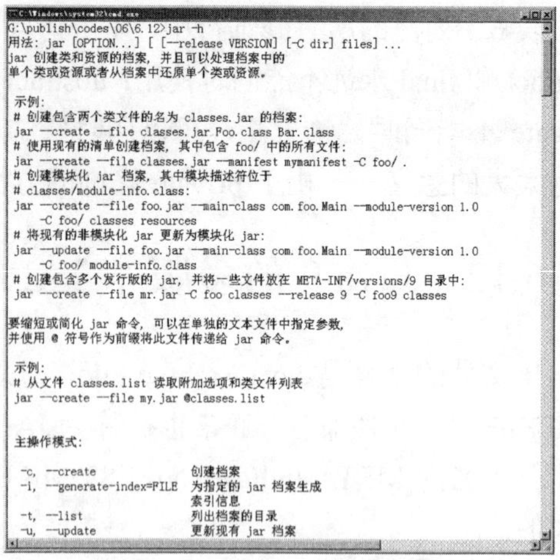

下面通过一些例子来说明 jar 命令的用法。

1．创建 JAR 文件：jar cf test.jar -C dist/ ．

该命令没有显示压缩过程，执行结果是将当前路径下的 dist 路径下的全部内容生成一个 test.jar 文件。如果当前目录中已经存在 test.jar 文件，那么该文件将被覆盖。

2．创建 JAR 文件，并显示压缩过程：jar cvf test.jar -C dist/ ．

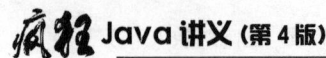

图 6.11 jar 命令用法详细信息

该命令的结果与第 1 个命令相同，但是由于 v 参数的作用，显示出了打包过程，如下所示：

```
已添加清单
正在添加：test/(输入 = 0) (输出 = 0)(存储了 0%)
正在添加：test/Test.class(输入 = 414) (输出 = 289)(压缩了 30%)
正在添加：test/Test.java(输入 = 409) (输出 = 305)(压缩了 25%)
```

3．不使用清单文件：jar cvfM test.jar -C dist/ ．

该命令的结果与第 2 个命令类似，其中 M 选项表明不生成清单文件。因此生成的 test.jar 中没有包含 META-INF/MANIFEST.MF 文件，打包过程的信息也略有差别。

```
正在添加：test/(输入 = 0) (输出 = 0)(存储了 0%)
正在添加：test/Test.class(输入 = 414) (输出 = 289)(压缩了 30%)
正在添加：test/Test.java(输入 = 409) (输出 = 305)(压缩了 25%)
```

4．自定义清单文件内容：jar cvfm test.jar manifest.mf -C dist/ ．

运行结果与第 2 个命令相似，显示信息也相同，其中 m 选项指定读取用户清单文件信息。因此在生成的 JAR 包中清单文件 META-INF/MANIFEST.MF 的内容有所不同，它会在原有清单文件基础上增加 MANIFEST.MF 文件的内容。

当开发者向 MANIFEST.MF 清单文件中增加自己的内容时，就需要借助于自己的清单文件了，清单文件只是一个普通的文本文件，使用记事本编辑即可。清单文件的内容由如下格式的多个 key-value 对组成。

```
key:<空格>value
```

清单文件的内容格式要求如下。
- 每行只能定义一个 key-value 对，每行的 key-value 对之前不能有空格，即 key-value 对必须顶格写。
- 每组 key-value 对之间以 ":"（英文冒号后紧跟一个英文空格）分隔，少写了冒号或者空格都是错误的。
- 文件开头不能有空行。
- 文件必须以一个空行结束。

可以将上面文件保存在任意位置，以任意文件名存放。例如将上面文件保存在当前路径下，文件名为 a.txt。使用如下命令即可将清单文件中的 key-value 对提取到 META-INF/MANIFEST.MF 文件中。

```
jar cvfm test.jar a.txt -C dist/ ．
```

5．查看 JAR 包内容：jar tf test.jar

在 test.jar 文件已经存在的前提下，使用此命令可以查看 test.jar 中的内容。例如，对使用第 2 个命令生成的 test.jar 执行此命令，结果如下：

```
META-INF/
META-INF/MANIFEST.MF
```

```
test/
test/Test.class
test/Test.java
```

当 JAR 包中的文件路径和文件非常多时，直接执行该命令将无法看到包的全部内容（因为命令行窗口能显示的行数有限），此时可利用重定向将显示结果保存到文件中。例如，采用如下命令：

```
jar tf test.jar > a.txt
```

执行上面命令看不到任何输出，但命令执行结束后，将在当前路径下生成一个 a.txt 文件，该文件中保存了 test.jar 包里文件的详细信息。

6．查看 JAR 包详细内容：jar tvf test.jar

该命令与第 5 个命令基本相似，但它更详细。所以除显示第 5 个命令中显示的内容外，还包括包内文件的详细信息。例如：

```
  0 Wed Aug 24 15:29:42 CST 2011 META-INF/
 79 Wed Aug 24 15:29:42 CST 2011 META-INF/MANIFEST.MF
  0 Wed Aug 24 15:26:42 CST 2011 test/
414 Wed Aug 24 15:26:42 CST 2011 test/Test.class
409 Wed Aug 24 15:26:40 CST 2011 test/Test.java
```

7．解压缩：jar xf test.jar

将 test.jar 文件解压缩到当前目录下，不显示任何信息。假设将第 2 个命令生成的 test.jar 解压缩，将看到如下目录结构：

```
|—META-INF
   |—MANIFEST.MF
|—test
   |—Test.java
   |—Test.class
```

8．带提示信息解压缩：jar xvf test.jar

解压缩效果与第 7 个命令相同，但系统会显示解压过程的详细信息。例如：

```
已创建: META-INF/
已解压: META-INF/MANIFEST.MF
已创建: test/
已解压: test/Test.class
已解压: test/Test.java
```

9．更新 JAR 文件：jar uf test.jar Hello.class

更新 test.jar 中的 Hello.class 文件。如果 test.jar 中已有 Hello.class 文件，则使用新的 Hello.class 文件替换原来的 Hello.class 文件；如果 test.jar 中没有 Hello.class 文件，则把新的 Hello.class 文件添加到 test.jar 文件中。

10．更新时显示详细信息：jar uvf test.jar Hello.class

这个命令与第 9 个命令相同，也用于更新 test.jar 文件中的 Hello.class 文件，但它会显示详细的压缩信息。例如：

```
增加: Hello.class(读入= 51) (写出= 28)(压缩了 45%)
```

11．创建多版本 JAR 包：jar cvf test.jar -C dist7/ . --release 9 -C dist/ .

多版本 JAR 包是 JDK 9 新增的功能，它允许在同一个 JAR 包中包含针对多个 Java 版本的 class 文件。JDK 9 为 jar 命令增加了一个 --release 选项，用于创建多版本 JAR 包，该选项的参数值必须大于或等于 9——也就是说，只有 Java 9 才能支持多版本 JAR 包。

在使用多版本 JAR 包之前，可以使用 javac 的 --release 选项针对指定 Java 进行编译。比如命令：

```
javac --release 7 Test.java
```

上面命令代表使用 Java 7 的语法来编译 Test.java。如果你的 Test.java 中使用了 Java 8 或 Java 9 的语法，程序将会编译失败。

> **提示：**
> --release 选项大致相当于 javac 早期的 -target、-source 选项，但 --release 选项更完善，因此推荐使用 --release 选项代替原有的 -target、-source 选项。

假如将针对 Java 7 编译的所有 class 文件放在 dist7 目录下，针对 Java 9 编译的所有 class 文件放在 dist 目录下。接下来可用如下命令来创建多版本 JAR 包：

```
jar cvf test.jar -C dist7/ . --release 9 -C dist/ .
```

执行上面命令可看到如下输出：

```
已添加清单
正在添加：test/(输入 = 0) (输出 = 0)(存储了 0%)
正在添加：test/Test.class(输入 = 419) (输出 = 291)(压缩了 30%)
正在添加：test/Test.java(输入 = 421) (输出 = 320)(压缩了 23%)
正在添加：META-INF/versions/9/(输入 = 0) (输出 = 0)(存储了 0%)
正在添加：META-INF/versions/9/test/(输入 = 0) (输出 = 0)(存储了 0%)
正在添加：META-INF/versions/9/test/Test.class(输入 = 419) (输出 = 291)(压缩了 30%)
正在添加：META-INF/versions/9/test/Test.java(输入 = 421) (输出 = 320)(压缩了 23%)
```

这样就创建了一个多版本 JAR 包，在该多版本 JAR 包内，特定版本的文件位于 META-INF/versions/N 目录下，其中 N 代表版本号。

▶▶ 6.12.2 创建可执行的 JAR 包

当一个应用程序开发成功后，大致有如下三种发布方式。

> 使用平台相关的编译器将整个应用编译成平台相关的可执行性文件。这种方式常常需要第三方编译器的支持，而且编译生成的可执行性文件丧失了跨平台特性，甚至可能有一定的性能下降。
> 为应用编辑一个批处理文件。以 Windows 操作系统为例，批处理文件中只需要定义如下命令：

```
java package.MainClass
```

当用户单击上面的批处理文件时，系统将执行批处理文件的 java 命令，从而运行程序的主类。如果不想保留运行 Java 程序的命令行窗口，也可在批处理文件中定义如下命令：

```
start javaw package.MainClass
```

> 将一个应用程序制作成可执行的 JAR 包，通过 JAR 包来发布应用程序。

把应用程序压缩成 JAR 包来发布是比较典型的做法，如果开发者把整个应用制作成一个可执行的 JAR 包交给用户，那么用户使用起来就方便了。在 Windows 下安装 JRE 时，安装文件会将 *.jar 文件映射成由 javaw.exe 打开。对于一个可执行的 JAR 包，用户只需要双击它就可以运行程序了，和阅读 *.chm 文档一样方便（*.chm 文档默认是由 hh.exe 打开的）。下面介绍如何制作可执行的 JAR 包。

创建可执行的 JAR 包的关键在于：让 javaw 命令知道 JAR 包中哪个类是主类，javaw 命令可以通过运行该主类来运行程序。

jar 命令有一个 -e 选项，该选项指定 JAR 包中作为程序入口的主类的类名。因此，制作一个可执行的 JAR 包只要增加 -e 选项即可。例如如下命令：

```
jar cvfe test.jar test.Test test
```

上面命令把 test 目录下的所有文件都压缩到 test.jar 包中，并指定使用 test.Test 类（如果主类带包名，此处必须指定完整类名）作为程序的入口。

运行上面的 JAR 包有两种方式。

> 使用 java 命令，使用 java 运行时的语法是：java -jar test.jar。
> 使用 javaw 命令，使用 javaw 运行时的语法是：javaw test.jar。

当创建 JAR 包时，所有的类都必须放在与包结构对应的目录结构中，就像上面 -e 选项指定的 Test

类，表明入口类为 Test。因此，必须在 JAR 包下包含 Test.class 文件。

▶▶ 6.12.3 关于 JAR 包的技巧

介绍 JAR 文件时就已经说过，JAR 文件实际上就是 ZIP 文件，所以可以使用一些常见的解压缩工具来解压缩 JAR 文件，如 Windows 下的 WinRAR、WinZip 等，以及 Linux 下的 unzip 等。使用 WinRAR 和 WinZip 等工具比使用 JAR 命令更加直观、方便；而使用 unzip 则可通过 -d 选项来指定目标目录。

解压缩一个 JAR 文件时不能使用 jar 的 -C 选项来指定解压的目标目录，因为 -C 选项只在创建或者更新包时可用。如果需要将文件解压缩到指定目录下，则需要先将该 JAR 文件拷贝到目标目录下，再进行解压缩。如果使用 unzip，就无须这么麻烦了，只需要指定一个 -d 选项即可。例如：

```
unzip test.jar -d dest/
```

使用 WinRAR 则更加方便，它不仅可以解压缩 JAR 文件，而且便于浏览 JAR 文件的任意目录。图 6.12 显示了使用 WinRAR 查看 test.jar 包的界面。

如果不喜欢 jar 命令的字符界面，也可以使用 WinRAR 工具来创建 JAR 包。因为 WinRAR 工具创建压缩文件时不会自动添加清单文件，所以需要手动添加清单文件，即需要手动建立 META-INF 路径，并在该路径下建立一个 MANIFEST.MF 文件，该文件中至少需要如下两行：

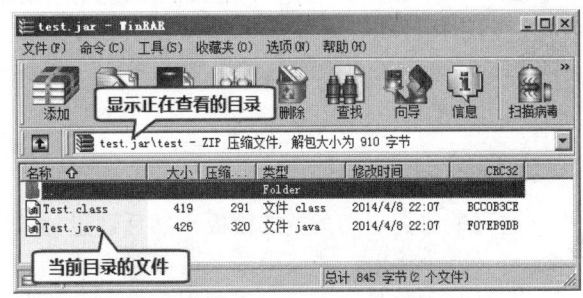

图 6.12　使用 WinRAR 查看 JAR 包

```
Manifest-Version: 1.0
Created-By: 9 (Oracle Corporation)
```

上面的 MANIFEST.MF 文件是一个格式敏感的文件，该文件的格式要求与前面自定义清单的格式要求完全一样。

接下来选中需要被压缩的文件、文件夹和 META-INF 文件夹，单击右键弹出右键菜单，单击"添加到压缩文件(A)..."菜单项，将看到如图 6.13 所示的压缩界面。

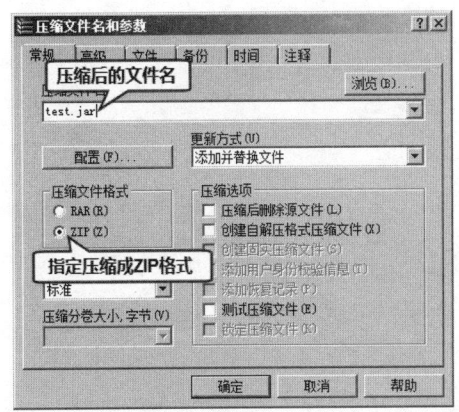

图 6.13　使用 WinRAR 压缩 JAR 包

按图 6.13 选择压缩成 ZIP 格式，并输入压缩后的文件名，然后单击"确定"按钮，即可生成一个 JAR 包，与使用 jar 命令生成的 JAR 包没有区别。

除此之外，Java 还可能生成两种压缩包：WAR 包和 EAR 包。其中 WAR 文件是 Web Archive File，它对应一个 Web 应用文档；而 EAR 文件就是 Enterprise Archive File，它对应于一个企业应用文档（通常由 Web 应用和 EJB 两个部分组成）。实际上，WAR 包和 EAR 包的压缩格式及压缩方式与 JAR 包完全一样，只是改变了文件后缀而已。

6.13 本章小结

本章主要介绍了 Java 面向对象的深入部分，包括 Java 里 8 个基本类型的包装类，以及系统直接输出一个对象时的处理方式，比较了对象相等时所用的==和 equals 方法的区别。本章详细介绍了使用 final 修饰符修饰变量、方法和类的用法，讲解了抽象类和接口的用法，并深入比较了接口和抽象类之间的联系和区别，以便读者能掌握接口和抽象类在用法上的区别。

本章还介绍了内部类的概念和用法，包括静态内部类、非静态内部类、局部内部类和匿名内部类等，并深入讲解了内部类的作用。枚举类是 Java 新提供的一个功能，这也是本章讲解的知识点，本章详细讲解了如何手动定义枚举类，以及通过 enum 来定义枚举类的各种相关知识。本章还重点介绍了 Java 8 新增的 Lambda 表达式，包括 Lambda 表达式的用法和本质，以及如何在 Lambda 表达式中使用方法引用、构造器引用。

本章最后介绍了对象的几种引用方式，以及系统垃圾回收的各种相关知识，还总结了 Java 所有修饰符的适用总表。

>> **本章练习**

1. 通过抽象类定义车类的模板，然后通过抽象的车类来派生拖拉机、卡车、小轿车。
2. 定义一个接口，并使用匿名内部类方式创建接口的实例。
3. 定义一个函数式接口，并使用 Lambda 表达式创建函数式接口的实例。
4. 定义一个类，该类用于封装一桌梭哈游戏，这个类应该包含桌上剩下的牌的信息，并包含 5 个玩家的状态信息：他们各自的位置、游戏状态（正在游戏或已放弃）、手上已有的牌等信息。如果有可能，这个类还应该实现发牌方法，这个方法需要控制从谁开始发牌，不要发牌给放弃的人，并修改桌上剩下的牌。

第 7 章
Java 基础类库

本章要点

- Java 程序的参数
- 程序运行过程中接收用户输入
- System 类相关用法
- Runtime、ProcessHandle 类的相关用法
- Object 与 Objects 类
- 使用 String、StringBuffer、StringBuilder 类
- 使用 Math 类进行数学计算
- 使用 BigDecimal 保存精确浮点数
- 使用 Random 类生成各种伪随机数
- Date、Calendar 的用法及之间的联系
- Java 8 新增的日期、时间 API 的功能和用法
- 创建正则表达式
- 通过 Pattern 和 Matcher 使用正则表达式
- 通过 String 类使用正则表达式
- 程序国际化的思路
- 程序国际化
- Java 9 新增的日志 API
- 使用 NumberFormat 格式化数字
- 使用 DateTimeFormatter 解析日期、时间字符串
- 使用 DateTimeFormatter 格式化日期、时间
- 使用 DateFormat、SimpleDateFormat 格式化日期

Oracle 为 Java 提供了丰富的基础类库，Java 8 提供了 4000 多个基础类（包括下一章将要介绍的集合框架），通过这些基础类库可以提高开发效率，降低开发难度。对于合格的 Java 程序员而言，至少要熟悉 Java SE 中 70%以上的类（当然本书并不是让读者去背诵 Java API 文档），但在反复查阅 API 文档的过程中，会自动记住大部分类的功能、方法，因此程序员一定要多练，多敲代码。

Java 提供了 String、StringBuffer 和 StringBuilder 来处理字符串，它们之间存在少许差别，本章会详细介绍它们之间的差别，以及如何选择合适的字符串类。Java 还提供了 Date 和 Calendar 来处理日期、时间，其中 Date 是一个已经过时的 API，通常推荐使用 Calendar 来处理日期、时间。

正则表达式是一个强大的文本处理工具，通过正则表达式可以对文本内容进行查找、替换、分割等操作。从 JDK 1.4 以后，Java 也增加了对正则表达式的支持，包括新增的 Pattern 和 Matcher 两个类，并改写了 String 类，让 String 类增加了正则表达式支持，增加了正则表达式功能后的 String 类更加强大。

Java 还提供了非常简单的国际化支持，Java 使用 Locale 对象封装一个国家、语言环境，再使用 ResourceBundle 根据 Locale 加载语言资源包，当 ResourceBundle 加载了指定 Locale 对应的语言资源文件后，ResourceBundle 对象就可调用 getString()方法来取出指定 key 所对应的消息字符串。

7.1 与用户互动

如果一个程序总是按既定的流程运行，无须处理用户动作，这个程序总是比较简单的。实际上，绝大部分程序都需要处理用户动作，包括接收用户的键盘输入、鼠标动作等。因为现在还未涉及图形用户接口（GUI）编程，故本节主要介绍程序如何获得用户的键盘输入。

▶▶ 7.1.1 运行 Java 程序的参数

回忆 Java 程序的入口——main()方法的方法签名：

```
// Java 程序入口：main()方法
public static void main(String[] args){....}
```

下面详细讲解 main()方法为什么采用这个方法签名。

- ➤ public 修饰符：Java 类由 JVM 调用，为了让 JVM 可以自由调用这个 main()方法，所以使用 public 修饰符把这个方法暴露出来。
- ➤ static 修饰符：JVM 调用这个主方法时，不会先创建该主类的对象，然后通过对象来调用该主方法。JVM 直接通过该类来调用主方法，因此使用 static 修饰该主方法。
- ➤ void 返回值：因为主方法被 JVM 调用，该方法的返回值将返回给 JVM，这没有任何意义，因此 main()方法没有返回值。

上面方法中还包括一个字符串数组形参，根据方法调用的规则：谁调用方法，谁负责为形参赋值。也就是说，main()方法由 JVM 调用，即 args 形参应该由 JVM 负责赋值。但 JVM 怎么知道如何为 args 数组赋值呢？先看下面程序。

程序清单：codes\07\7.1\ArgsTest.java

```
public class ArgsTest
{
    public static void main(String[] args)
    {
        // 输出 args 数组的长度
        System.out.println(args.length);
        // 遍历 args 数组的每个元素
        for (String arg : args)
        {
            System.out.println(arg);
        }
    }
}
```

上面程序几乎是最简单的"HelloWorld"程序，只是这个程序增加了输出 args 数组的长度，遍历 args 数组元素的代码。使用 java ArgsTest 命令运行上面程序，看到程序仅仅输出一个 0，这表明 args 数组是一个长度为 0 的数组——这是合理的。因为计算机是没有思考能力的，它只能忠实地执行用户交给它的任务，既然程序没有给 args 数组设定参数值，那么 JVM 就不知道 args 数组的元素，所以 JVM 将 args 数组设置成一个长度为 0 的数组。

改为如下命令来运行上面程序：

```
java ArgsTest Java Spring
```

将看到如图 7.1 所示的运行结果。

从图 7.1 中可以看出，如果运行 Java 程序时在类名后紧跟一个或多个字符串（多个字符串之间以空格隔开），JVM 就会把这些字符串依次赋给 args 数组元素。运行 Java 程序时的参数与 args 数组之间的对应关系如图 7.2 所示。

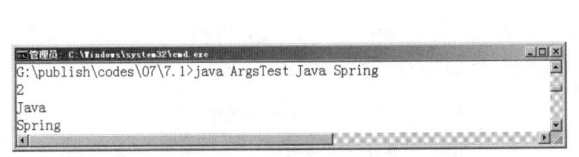

图 7.1　为 main()方法的形参数组赋值

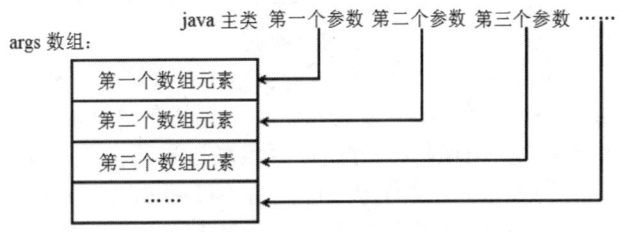

图 7.2　运行 Java 程序时参数与 args 数组的关系

如果某参数本身包含了空格，则应该将该参数用双引号（""）括起来，否则 JVM 会把这个空格当成参数分隔符，而不是当成参数本身。例如，采用如下命令来运行上面程序：

```
java ArgsTest "Java Spring"
```

看到 args 数组的长度是 1，只有一个数组元素，其值是 Java Spring。

▶▶ 7.1.2　使用 Scanner 获取键盘输入

运行 Java 程序时传入参数只能在程序开始运行之前就设定几个固定的参数。对于更复杂的情形，程序需要在运行过程中取得输入，例如，前面介绍的五子棋游戏、梭哈游戏都需要在程序运行过程中获得用户的键盘输入。

使用 Scanner 类可以很方便地获取用户的键盘输入，Scanner 是一个基于正则表达式的文本扫描器，它可以从文件、输入流、字符串中解析出基本类型值和字符串值。Scanner 类提供了多个构造器，不同的构造器可以接收文件、输入流、字符串作为数据源，用于从文件、输入流、字符串中解析数据。

Scanner 主要提供了两个方法来扫描输入。

- ➢ hasNextXxx()：是否还有下一个输入项，其中 Xxx 可以是 Int、Long 等代表基本数据类型的字符串。如果只是判断是否包含下一个字符串，则直接使用 hasNext()。
- ➢ nextXxx()：获取下一个输入项。Xxx 的含义与前一个方法中的 Xxx 相同。

在默认情况下，Scanner 使用空白（包括空格、Tab 空白、回车）作为多个输入项之间的分隔符。下面程序使用 Scanner 来获得用户的键盘输入。

程序清单：codes\07\7.1\ScannerKeyBoardTest.java

```java
public class ScannerKeyBoardTest
{
    public static void main(String[] args)
    {
        // System.in 代表标准输入，就是键盘输入
        Scanner sc = new Scanner(System.in);
        // 增加下面一行将只把回车作为分隔符
        // sc.useDelimiter("\n");
        // 判断是否还有下一个输入项
        while(sc.hasNext())
        {
            // 输出输入项
            System.out.println("键盘输入的内容是："
```

```
            + sc.next());
        }
    }
}
```

运行上面程序，程序通过 Scanner 不断从键盘读取键盘输入，每次读到键盘输入后，直接将输入内容打印在控制台。上面程序的运行效果如图 7.3 所示。

如果希望改变 Scanner 的分隔符（不使用空白作为分隔符），例如，程序需要每次读取一行，不管这一行中是否包含空格，Scanner 都把它当成一个输入项。在这种需求下，可以把 Scanner 的分隔符设置为回车符，不再使用默认的空白作为分隔符。

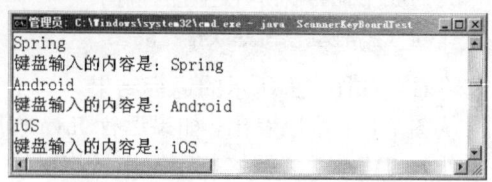

图 7.3 使用 Scanner 获取键盘输入

Scanner 的读取操作可能被阻塞（当前执行顺序流暂停）来等待信息的输入。如果输入源没有结束，Scanner 又读不到更多输入项时（尤其在键盘输入时比较常见），Scanner 的 hasNext()和 next()方法都有可能阻塞，hasNext()方法是否阻塞与和其相关的 next()方法是否阻塞无关。

为 Scanner 设置分隔符使用 useDelimiter(String pattern)方法即可，该方法的参数应该是一个正则表达式，关于正则表达式的介绍请参考本章后面的内容。只要把上面程序中粗体字代码行的注释去掉，该程序就会把键盘的每行输入当成一个输入项，不会以空格、Tab 空白等作为分隔符。

事实上，Scanner 提供了两个简单的方法来逐行读取。

➤ boolean hasNextLine()：返回输入源中是否还有下一行。
➤ String nextLine()：返回输入源中下一行的字符串。

Scanner 不仅可以获取字符串输入项，也可以获取任何基本类型的输入项，如下程序所示。

程序清单：codes\07\7.1\ScannerLongTest.java

```java
public class ScannerLongTest
{
    public static void main(String[] args)
    {
        // System.in 代表标准输入，就是键盘输入
        Scanner sc = new Scanner(System.in);
        // 判断是否还有下一个 long 型整数
        while(sc.hasNextLong())
        {
            // 输出输入项
            System.out.println("键盘输入的内容是："
                + sc.nextLong());
        }
    }
}
```

注意上面程序中粗体字代码部分，正如通过 hasNextLong()和 nextLong()两个方法，Scanner 可以直接从输入流中获得 long 型整数输入项。与此类似的是，如果需要获取其他基本类型的输入项，则可以使用相应的方法。

注意：

上面程序不如 ScannerKeyBoardTest 程序适应性强，因为 ScannerLongTest 程序要求键盘输入必须是整数，否则程序就会退出。

Scanner 不仅能读取用户的键盘输入，还可以读取文件输入。只要在创建 Scanner 对象时传入一个 File 对象作为参数，就可以让 Scanner 读取该文件的内容。例如如下程序。

程序清单：codes\07\7.1\ScannerFileTest.java

```java
public class ScannerFileTest
{
    public static void main(String[] args)
```

```java
        throws Exception
    {
        // 将一个File对象作为Scanner的构造器参数，Scanner读取文件内容
        Scanner sc = new Scanner(new File("ScannerFileTest.java"));
        System.out.println("ScannerFileTest.java 文件内容如下: ");
        // 判断是否还有下一行
        while(sc.hasNextLine())
        {
            // 输出文件中的下一行
            System.out.println(sc.nextLine());
        }
    }
}
```

上面程序创建 Scanner 对象时传入一个 File 对象作为参数（如粗体字代码所示），这表明该程序将会读取 ScannerFileTest.java 文件中的内容。上面程序使用了 hasNextLine()和 nextLine()两个方法来读取文件内容（如粗体字代码所示），这表明该程序将逐行读取 ScannerFileTest.java 文件的内容。

因为上面程序涉及文件输入，可能引发文件 IO 相关异常，故主程序声明 throws Exception 表明 main 方法不处理任何异常。关于异常处理请参考第 10 章内容。

7.2 系统相关

Java 程序在不同操作系统上运行时，可能需要取得平台相关的属性，或者调用平台命令来完成特定功能。Java 提供了 System 类和 Runtime 类来与程序的运行平台进行交互。

7.2.1 System 类

System 类代表当前 Java 程序的运行平台，程序不能创建 System 类的对象，System 类提供了一些类变量和类方法，允许直接通过 System 类来调用这些类变量和类方法。

System 类提供了代表标准输入、标准输出和错误输出的类变量，并提供了一些静态方法用于访问环境变量、系统属性的方法，还提供了加载文件和动态链接库的方法。下面程序通过 System 类来访问操作的环境变量和系统属性。

> **注意：**
> 加载文件和动态链接库主要对 native 方法有用，对于一些特殊的功能（如访问操作系统底层硬件设备等）Java 程序无法实现，必须借助 C 语言来完成，此时需要使用 C 语言为 Java 方法提供实现。其实现步骤如下：
> ① Java 程序中声明 native 修饰的方法，类似于 abstract 方法，只有方法签名，没有实现。编译该 Java 程序，生成一个 class 文件。
> ② 用 javah 编译第 1 步生成的 class 文件，将产生一个.h 文件。
> ③ 写一个.cpp 文件实现 native 方法，这一步需要包含第 2 步产生的.h 文件（这个.h 文件中又包含了 JDK 带的 jni.h 文件）。
> ④ 将第 3 步的.cpp 文件编译成动态链接库文件。
> ⑤ 在 Java 中用 System 类的 loadLibrary..()方法或 Runtime 类的 loadLibrary()方法加载第 4 步产生的动态链接库文件，Java 程序中就可以调用这个 native 方法了。

程序清单：codes\07\7.2\SystemTest.java

```java
public class SystemTest
{
    public static void main(String[] args) throws Exception
    {
        // 获取系统所有的环境变量
        Map<String,String> env = System.getenv();
        for (String name : env.keySet())
        {
```

```
            System.out.println(name + " ---> " + env.get(name));
        }
        // 获取指定环境变量的值
        System.out.println(System.getenv("JAVA_HOME"));
        // 获取所有的系统属性
        Properties props = System.getProperties();
        // 将所有的系统属性保存到 props.txt 文件中
        props.store(new FileOutputStream("props.txt")
            , "System Properties");
        // 输出特定的系统属性
        System.out.println(System.getProperty("os.name"));
    }
}
```

上面程序通过调用 System 类的 getenv()、getProperties()、getProperty()等方法来访问程序所在平台的环境变量和系统属性，程序运行的结果会输出操作系统所有的环境变量值，并输出 JAVA_HOME 环境变量，以及 os.name 系统属性的值，运行结果如图 7.4 所示。

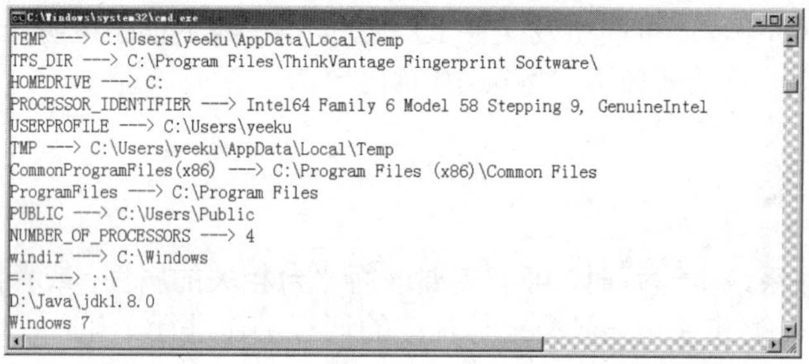

图 7.4　访问环境变量和系统属性的效果

该程序运行结束后还会在当前路径下生成一个 props.txt 文件，该文件中记录了当前平台的所有系统属性。

提示：
System 类提供了通知系统进行垃圾回收的 gc()方法，以及通知系统进行资源清理的 runFinalization()方法。关于这两个方法的用法请参考本书 6.10 节的内容。

System 类还有两个获取系统当前时间的方法：currentTimeMillis()和 nanoTime()，它们都返回一个 long 型整数。实际上它们都返回当前时间与 UTC 1970 年 1 月 1 日午夜的时间差，前者以毫秒作为单位，后者以纳秒作为单位。必须指出的是，这两个方法返回的时间粒度取决于底层操作系统，可能所在的操作系统根本不支持以毫秒、纳秒作为计时单位。例如，许多操作系统以几十毫秒为单位测量时间，currentTimeMillis()方法不可能返回精确的毫秒数；而 nanoTime()方法很少用，因为大部分操作系统都不支持使用纳秒作为计时单位。

除此之外，System 类的 in、out 和 err 分别代表系统的标准输入（通常是键盘）、标准输出（通常是显示器）和错误输出流，并提供了 setIn()、setOut()和 setErr()方法来改变系统的标准输入、标准输出和标准错误输出流。

提示：
关于如何改变系统的标准输入、输出的方法，可以参考本书第 15 章的内容。

System 类还提供了一个 identityHashCode(Object x)方法，该方法返回指定对象的精确 hashCode 值，也就是根据该对象的地址计算得到的 hashCode 值。当某个类的 hashCode()方法被重写后，该类实例的 hashCode()方法就不能唯一地标识该对象；但通过 identityHashCode()方法返回的 hashCode 值，依然是根据该对象的地址计算得到的 hashCode 值。所以，如果两个对象的 identityHashCode 值相同，则两个对象绝对是同一个对象。如下程序所示。

程序清单：codes\07\7.2\IdentityHashCodeTest.java
```
public class IdentityHashCodeTest
{
```

```java
public static void main(String[] args)
{
    // 下面程序中 s1 和 s2 是两个不同的对象
    String s1 = new String("Hello");
    String s2 = new String("Hello");
    // String 重写了 hashCode()方法——改为根据字符序列计算 hashCode 值
    // 因为 s1 和 s2 的字符序列相同，所以它们的 hashCode()方法返回值相同
    System.out.println(s1.hashCode()
        + "----" + s2.hashCode());
    // s1 和 s2 是不同的字符串对象，所以它们的 identityHashCode 值不同
    System.out.println(System.identityHashCode(s1)
        + "----" + System.identityHashCode(s2));
    String s3 = "Java";
    String s4 = "Java";
    // s3 和 s4 是相同的字符串对象，所以它们的 identityHashCode 值相同
    System.out.println(System.identityHashCode(s3)
        + "----" + System.identityHashCode(s4));
}
}
```

通过 identityHashCode(Object x)方法可以获得对象的 identityHashCode 值，这个特殊的 identityHashCode 值可以唯一地标识该对象。因为 identityHashCode 值是根据对象的地址计算得到的，所以任何两个对象的 identityHashCode 值总是不相等。

▶▶ 7.2.2 Runtime 类与 Java 9 的 ProcessHandle

Runtime 类代表 Java 程序的运行时环境，每个 Java 程序都有一个与之对应的 Runtime 实例，应用程序通过该对象与其运行时环境相连。应用程序不能创建自己的 Runtime 实例，但可以通过 getRuntime()方法获取与之关联的 Runtime 对象。

与 System 类似的是，Runtime 类也提供了 gc()方法和 runFinalization()方法来通知系统进行垃圾回收、清理系统资源，并提供了 load(String filename)和 loadLibrary(String libname)方法来加载文件和动态链接库。

Runtime 类代表 Java 程序的运行时环境，可以访问 JVM 的相关信息，如处理器数量、内存信息等。如下程序所示。

程序清单：codes\07\7.2\RuntimeTest.java

```java
public class RuntimeTest
{
    public static void main(String[] args)
    {
        // 获取 Java 程序关联的运行时对象
        Runtime rt = Runtime.getRuntime();
        System.out.println("处理器数量: "
            + rt.availableProcessors());
        System.out.println("空闲内存数: "
            + rt.freeMemory());
        System.out.println("总内存数: "
            + rt.totalMemory());
        System.out.println("可用最大内存数: "
            + rt.maxMemory());
    }
}
```

上面程序中粗体字代码就是 Runtime 类提供的访问 JVM 相关信息的方法。除此之外，Runtime 类还有一个功能——它可以直接单独启动一个进程来运行操作系统的命令，如下程序所示。

程序清单：codes\07\7.2\ExecTest.java

```java
public class ExecTest
{
    public static void main(String[] args)
        throws Exception
    {
        Runtime rt = Runtime.getRuntime();
        // 运行记事本程序
```

```
            rt.exec("notepad.exe");
    }
}
```

上面程序中粗体字代码将启动 Windows 系统里的"记事本"程序。Runtime 提供了一系列 exec() 方法来运行操作系统命令，关于它们之间的细微差别，请读者自行查阅 API 文档。

通过 exec 启动平台上的命令之后，它就变成了一个进程，Java 使用 Process 来代表进程。Java 9 还新增了一个 ProcessHandle 接口，通过该接口可获取进程的 ID、父进程和后代进程；通过该接口的 onExit() 方法可在进程结束时完成某些行为。

ProcessHandle 还提供了一个 ProcessHandle.Info 类，用于获取进程的命令、参数、启动时间、累计运行时间、用户等信息。下面程序示范了通过 ProcessHandle 获取进程的相关信息。

程序清单：codes\07\7.2\ProcessHandleTest.java

```java
public class ProcessHandleTest
{
    public static void main(String[] args)
        throws Exception
    {
        Runtime rt = Runtime.getRuntime();
        // 运行记事本程序
        Process p = rt.exec("notepad.exe");
        ProcessHandle ph = p.toHandle();
        System.out.println("进程是否运行: " + ph.isAlive());
        System.out.println("进程ID: " + ph.pid());
        System.out.println("父进程: " + ph.parent());
        // 获取 ProcessHandle.Info 信息
        ProcessHandle.Info info = ph.info();
        // 通过 ProcessHandle.Info 信息获取进程相关信息
        System.out.println("进程命令: " + info.command());
        System.out.println("进程参数: " + info.arguments());
        System.out.println("进程启动时间: " + info.startInstant());
        System.out.println("进程累计运行时间: " + info.totalCpuDuration());
        // 通过 CompletableFuture 在进程结束时运行某个任务
        CompletableFuture<ProcessHandle> cf = ph.onExit();
        cf.thenRunAsync(()->{
            System.out.println("程序退出");
        });
        Thread.sleep(5000);
    }
}
```

上面程序比较简单，就是通过粗体字代码获取 Process 对象的 ProcessHandle 对象，接下来即可通过 ProcessHandle 对象来获取进程相关信息。

7.3 常用类

本节将介绍 Java 提供的一些常用类，如 String、Math、BigDecimal 等的用法。

7.3.1 Object 类

Object 类是所有类、数组、枚举类的父类，也就是说，Java 允许把任何类型的对象赋给 Object 类型的变量。当定义一个类时没有使用 extends 关键字为它显式指定父类，则该类默认继承 Object 父类。

因为所有的 Java 类都是 Object 类的子类，所以任何 Java 对象都可以调用 Object 类的方法。Object 类提供了如下几个常用方法。

- boolean equals(Object obj)：判断指定对象与该对象是否相等。此处相等的标准是，两个对象是同一个对象，因此该 equals() 方法通常没有太大的实用价值。
- protected void finalize()：当系统中没有引用变量引用到该对象时，垃圾回收器调用此方法来清理该对象的资源。
- Class<?> getClass()：返回该对象的运行时类，该方法在本书第 18 章还有更详细的介绍。

➢ int hashCode()：返回该对象的 hashCode 值。在默认情况下，Object 类的 hashCode()方法根据该对象的地址来计算（即与 System.identityHashCode(Object x)方法的计算结果相同）。但很多类都重写了 Object 类的 hashCode()方法，不再根据地址来计算其 hashCode()方法值。

➢ String toString()：返回该对象的字符串表示，当程序使用 System.out.println()方法输出一个对象，或者把某个对象和字符串进行连接运算时，系统会自动调用该对象的 toString()方法返回该对象的字符串表示。Object 类的 toString()方法返回"运行时类名@十六进制 hashCode 值"格式的字符串，但很多类都重写了 Object 类的 toString()方法，用于返回可以表述该对象信息的字符串。

除此之外，Object 类还提供了 wait()、notify()、notifyAll()几个方法，通过这几个方法可以控制线程的暂停和运行。本书将在第 16 章介绍这几个方法的详细用法。

Java 还提供了一个 protected 修饰的 clone()方法，该方法用于帮助其他对象来实现"自我克隆"，所谓"自我克隆"就是得到一个当前对象的副本，而且二者之间完全隔离。由于 Object 类提供的 clone()方法使用了 protected 修饰，因此该方法只能被子类重写或调用。

自定义类实现"克隆"的步骤如下。

① 自定义类实现 Cloneable 接口。这是一个标记性的接口，实现该接口的对象可以实现"自我克隆"，接口里没有定义任何方法。

② 自定义类实现自己的 clone()方法。

③ 实现 clone()方法时通过 super.clone();调用 Object 实现的 clone()方法来得到该对象的副本，并返回该副本。如下程序示范了如何实现"自我克隆"。

程序清单：codes\07\7.3\CloneTest.java

```java
class Address
{
    String detail;
    public Address(String detail)
    {
        this.detail = detail;
    }
}
// 实现Cloneable接口
class User implements Cloneable
{
    int age;
    Address address;
    public User(int age)
    {
        this.age = age;
        address = new Address("广州天河");
    }
    // 通过调用super.clone()来实现clone()方法
    public User clone()
        throws CloneNotSupportedException
    {
        return (User)super.clone();
    }
}
public class CloneTest
{
    public static void main(String[] args)
        throws CloneNotSupportedException
    {
        User u1 = new User(29);
        // clone得到u1对象的副本
        User u2 = u1.clone();
        // 判断u1、u2是否相同
        System.out.println(u1 == u2);      // ①
        // 判断u1、u2的address是否相同
```

```
            System.out.println(u1.address == u2.address);     // ②
    }
}
```

上面程序让 User 类实现了 Cloneable 接口，而且实现了 clone()方法，因此 User 对象就可实现"自我克隆"——克隆出来的对象只是原有对象的副本。程序在①号粗体字代码处判断原有的 User 对象与克隆出来的 User 对象是否相同，程序返回 false。

Object 类提供的 Clone 机制只对对象里各实例变量进行"简单复制"，如果实例变量的类型是引用类型，Object 的 Clone 机制也只是简单地复制这个引用变量，这样原有对象的引用类型的实例变量与克隆对象的引用类型的实例变量依然指向内存中的同一个实例，所以上面程序在②号代码处输出 true。上面程序"克隆"出来的 u1、u2 所指向的对象在内存中的存储示意图如图 7.5 所示。

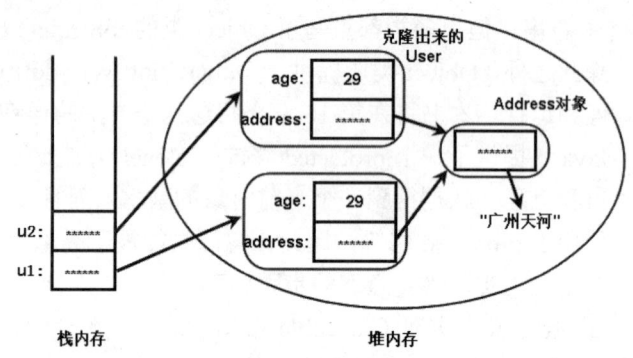

图 7.5 Object 类提供的克隆机制

Object 类提供的 clone()方法不仅能简单地处理"复制"对象的问题，而且这种"自我克隆"机制十分高效。比如 clone 一个包含 100 个元素的 int[]数组，用系统默认的 clone 方法比静态 copy 方法快近 2 倍。

需要指出的是，Object 类的 clone()方法虽然简单、易用，但它只是一种"浅克隆"——它只克隆该对象的所有成员变量值，不会对引用类型的成员变量值所引用的对象进行克隆。如果开发者需要对对象进行"深克隆"，则需要开发者自己进行"递归"克隆，保证所有引用类型的成员变量值所引用的对象都被复制了。

▶▶ 7.3.2 Java 7 新增的 Objects 类

Java 7 新增了一个 Objects 工具类，它提供了一些工具方法来操作对象，这些工具方法大多是"空指针"安全的。比如你不能确定一个引用变量是否为 null，如果贸然地调用该变量的 toString()方法，则可能引发 NullPointerExcetpion 异常；但如果使用 Objects 类提供的 toString(Object o)方法，就不会引发空指针异常，当 o 为 null 时，程序将返回一个"null"字符串。

 提示：
> Java 为工具类的命名习惯是添加一个字母 s，比如操作数组的工具类是 Arrays，操作集合的工具类是 Collections。

如下程序示范了 Objects 工具类的用法。

程序清单：codes\07\7.3\ObjectsTest.java

```java
public class ObjectsTest
{
    // 定义一个 obj 变量，它的默认值是 null
    static ObjectsTest obj;
    public static void main(String[] args)
    {
        // 输出一个 null 对象的 hashCode 值，输出 0
        System.out.println(Objects.hashCode(obj));
        // 输出一个 null 对象的 toString，输出 null
        System.out.println(Objects.toString(obj));
        // 要求 obj 不能为 null，如果 obj 为 null 则引发异常
        System.out.println(Objects.requireNonNull(obj
            , "obj 参数不能是 null！"));
    }
}
```

上面程序还示范了 Objects 提供的 requireNonNull()方法,当传入的参数不为 null 时,该方法返回参数本身;否则将会引发 NullPointerException 异常。该方法主要用来对方法形参进行输入校验,例如如下代码:

```
public Foo(Bar bar)
{
    // 校验bar参数,如果bar参数为null将引发异常;否则this.bar被赋值为bar参数
    this.bar = Objects.requireNonNull(bar);
}
```

▶▶ 7.3.3 Java 9 改进的 String、StringBuffer 和 StringBuilder 类

字符串就是一连串的字符序列,Java 提供了 String、StringBuffer 和 StringBuilder 三个类来封装字符串,并提供了一系列方法来操作字符串对象。

String 类是不可变类,即一旦一个 String 对象被创建以后,包含在这个对象中的字符序列是不可改变的,直至这个对象被销毁。

StringBuffer 对象则代表一个字符序列可变的字符串,当一个 StringBuffer 被创建以后,通过 StringBuffer 提供的 append()、insert()、reverse()、setCharAt()、setLength()等方法可以改变这个字符串对象的字符序列。一旦通过 StringBuffer 生成了最终想要的字符串,就可以调用它的 toString()方法将其转换为一个 String 对象。

StringBuilder 类是 JDK 1.5 新增的类,它也代表可变字符串对象。实际上,StringBuilder 和 StringBuffer 基本相似,两个类的构造器和方法也基本相同。不同的是,StringBuffer 是线程安全的,而 StringBuilder 则没有实现线程安全功能,所以性能略高。因此在通常情况下,如果需要创建一个内容可变的字符串对象,则应该优先考虑使用 StringBuilder 类。

> **提示:**
> String、StringBuilder、StringBuffer 都实现了 CharSequence 接口,因此 CharSequence 可认为是一个字符串的协议接口。

Java 9 改进了字符串(包括 String、StringBuffer、StringBuilder)的实现。在 Java 9 以前字符串采用 char[]数组来保存字符,因此字符串的每个字符占 2 字节;而 Java 9 的字符串采用 byte[]数组再加一个 encoding-flag 字段来保存字符,因此字符串的每个字符只占 1 字节。所以 Java 9 的字符串更加节省空间,但字符串的功能方法没有受到任何影响。

String 类提供了大量构造器来创建 String 对象,其中如下几个有特殊用途。

- String():创建一个包含 0 个字符串序列的 String 对象(并不是返回 null)。
- String(byte[] bytes, Charset charset):使用指定的字符集将指定的 byte[]数组解码成一个新的 String 对象。
- String(byte[] bytes, int offset, int length):使用平台的默认字符集将指定的 byte[]数组从 offset 开始、长度为 length 的子数组解码成一个新的 String 对象。
- String(byte[] bytes, int offset, int length, String charsetName):使用指定的字符集将指定的 byte[]数组从 offset 开始、长度为 length 的子数组解码成一个新的 String 对象。
- String(byte[] bytes, String charsetName):使用指定的字符集将指定的 byte[]数组解码成一个新的 String 对象。
- String(char[] value, int offset, int count):将指定的字符数组从 offset 开始、长度为 count 的字符元素连缀成字符串。
- String(String original):根据字符串直接量来创建一个 String 对象。也就是说,新创建的 String 对象是该参数字符串的副本。
- String(StringBuffer buffer):根据 StringBuffer 对象来创建对应的 String 对象。
- String(StringBuilder builder):根据 StringBuilder 对象来创建对应的 String 对象。

String 类也提供了大量方法来操作字符串对象,下面详细介绍这些常用方法。

- char charAt(int index):获取字符串中指定位置的字符。其中,参数 index 指的是字符串的序数,

字符串的序数从 0 开始到 length()−1。如下代码所示。

```
String s = new String("fkit.org");
System.out.println("s.charAt(5): " + s.charAt(5) );
```

结果为：

```
s.charAt(5): o
```

➤ int compareTo(String anotherString)：比较两个字符串的大小。如果两个字符串的字符序列相等，则返回 0；不相等时，从两个字符串第 0 个字符开始比较，返回第一个不相等的字符差。另一种情况，较长字符串的前面部分恰巧是较短的字符串，则返回它们的长度差。

```
String s1 = new String("abcdefghijklmn");
String s2 = new String("abcdefghij");
String s3 = new String("abcdefghijalmn");
System.out.println("s1.compareTo(s2): " + s1.compareTo(s2) );// 返回长度差
System.out.println("s1.compareTo(s3): " + s1.compareTo(s3) );// 返回'k'-'a'的差
```

结果为：

```
s1.compareTo(s2): 4
s1.compareTo(s3): 10
```

➤ String concat(String str)：将该 String 对象与 str 连接在一起。与 Java 提供的字符串连接运算符"+"的功能相同。

➤ boolean contentEquals(StringBuffer sb)：将该 String 对象与 StringBuffer 对象 sb 进行比较，当它们包含的字符序列相同时返回 true。

➤ static String copyValueOf(char[] data)：将字符数组连缀成字符串，与 String(char[] content)构造器的功能相同。

➤ static String copyValueOf(char[] data, int offset, int count)：将 char 数组的子数组中的元素连缀成字符串，与 String(char[] value, int offset, int count)构造器的功能相同。

➤ boolean endsWith(String suffix)：返回该 String 对象是否以 suffix 结尾。

```
String s1 = "fkit.org"; String s2 = ".org";
System.out.println("s1.endsWith(s2): " + s1.endsWith(s2) );
```

结果为：

```
s1.endsWith(s2): true
```

➤ boolean equals(Object anObject)：将该字符串与指定对象比较，如果二者包含的字符序列相等，则返回 true；否则返回 false。

➤ boolean equalsIgnoreCase(String str)：与前一个方法基本相似，只是忽略字符的大小写。

➤ byte[] getBytes()：将该 String 对象转换成 byte 数组。

➤ void getChars(int srcBegin, int srcEnd, char[] dst, int dstBegin)：该方法将字符串中从 srcBegin 开始，到 srcEnd 结束的字符复制到 dst 字符数组中，其中 dstBegin 为目标字符数组的起始复制位置。

```
char[] s1 = {'I',' ','l','o','v','e',' ','j','a','v','a'}; // s1=I love java
String s2 = new String("ejb");
s2.getChars(0,3,s1,7);    // s1=I love ejba
System.out.println( s1 );
```

结果为：

```
I love ejba
```

➤ int indexOf(int ch)：找出 ch 字符在该字符串中第一次出现的位置。

➤ int indexOf(int ch, int fromIndex)：找出 ch 字符在该字符串中从 fromIndex 开始后第一次出现的位置。

➤ int indexOf(String str)：找出 str 子字符串在该字符串中第一次出现的位置。

➤ int indexOf(String str, int fromIndex)：找出 str 子字符串在该字符串中从 fromIndex 开始后第一次出现的位置。

```
String s = "www.fkit.org"; String ss = "it";
System.out.println("s.indexOf('r'): " + s.indexOf('r') );
System.out.println("s.indexOf('r',2): " + s.indexOf('r',2) );
System.out.println("s.indexOf(ss): " + s.indexOf(ss));
```

结果为:

```
s.indexOf('r'): 10
s.indexOf('r',2): 10
s.indexOf(ss): 6
```

- int lastIndexOf(int ch): 找出 ch 字符在该字符串中最后一次出现的位置。
- int lastIndexOf(int ch, int fromIndex): 找出 ch 字符在该字符串中从 fromIndex 开始后最后一次出现的位置。
- int lastIndexOf(String str): 找出 str 子字符串在该字符串中最后一次出现的位置。
- int lastIndexOf(String str, int fromIndex): 找出 str 子字符串在该字符串中从 fromIndex 开始后最后一次出现的位置。
- int length(): 返回当前字符串长度。
- String replace(char oldChar, char newChar): 将字符串中的第一个 oldChar 替换成 newChar。
- boolean startsWith(String prefix): 该 String 对象是否以 prefix 开始。
- boolean startsWith(String prefix, int toffset): 该 String 对象从 toffset 位置算起,是否以 prefix 开始。

```
String s = "www.fkit.org"; String ss = "www"; String sss = "fkit";
System.out.println("s.startsWith(ss): " + s.startsWith(ss));
System.out.println("s.startsWith(sss,4): " + s.startsWith(sss,4));
```

结果为:

```
s.startsWith(ss): true
s.startsWith(sss,4): true
```

- String substring(int beginIndex): 获取从 beginIndex 位置开始到结束的子字符串。
- String substring(int beginIndex, int endIndex): 获取从 beginIndex 位置开始到 endIndex 位置的子字符串。
- char[] toCharArray(): 将该 String 对象转换成 char 数组。
- String toLowerCase(): 将字符串转换成小写。
- String toUpperCase(): 将字符串转换成大写。

```
String s = "fkjava.org";
System.out.println("s.toUpperCase(): " + s.toUpperCase());
System.out.println("s.toLowerCase(): " + s.toLowerCase());
```

结果为:

```
s.toUpperCase(): FKJAVA.ORG
s.toLowerCase(): fkjava.org
```

- static String valueOf(X x): 一系列用于将基本类型值转换为 String 对象的方法。

本书详细列出 String 类的各种方法时,有读者可能会觉得烦琐,因为这些方法都可以从 API 文档中找到,所以后面介绍各常用类时不会再列出每个类里所有方法的详细用法了,读者应该自行查阅 API 文档来掌握各方法的用法。

String 类是不可变的,String 的实例一旦生成就不会再改变了,例如如下代码。

```
String str1 = "java";
str1 = str1 + "struts";
str1 = str1 + "spring";
```

上面程序除使用了 3 个字符串直接量之外,还会额外生成 2 个字符串直接量——"java"和"struts"连接生成的"javastruts",接着"javastruts"与"spring"连接生成的"javastrutsspring",程序中的 str1 依次指向 3 个不同的字符串对象。

因为 String 是不可变的,所以会额外产生很多临时变量,使用 StringBuffer 或 StringBuilder 就可以避免这个问题。

StringBuilder 提供了一系列插入、追加、改变该字符串里包含的字符序列的方法。而 StringBuffer 与其用法完全相同，只是 StringBuffer 是线程安全的。

StringBuilder、StringBuffer 有两个属性：length 和 capacity，其中 length 属性表示其包含的字符序列的长度。与 String 对象的 length 不同的是，StringBuilder、StringBuffer 的 length 是可以改变的，可以通过 length()、setLength(int len)方法来访问和修改其字符序列的长度。capacity 属性表示 StringBuilder 的容量，capacity 通常比 length 大，程序通常无须关心 capacity 属性。如下程序示范了 StringBuilder 类的用法。

程序清单：codes\07\7.3\StringBuilderTest.java

```java
public class StringBuilderTest
{
    public static void main(String[] args)
    {
        StringBuilder sb = new StringBuilder();
        // 追加字符串
        sb.append("java");// sb = "java"
        // 插入
        sb.insert(0 , "hello "); // sb="hello java"
        // 替换
        sb.replace(5, 6, ","); // sb="hello,java"
        // 删除
        sb.delete(5, 6); // sb="hellojava"
        System.out.println(sb);
        // 反转
        sb.reverse(); // sb="avajolleh"
        System.out.println(sb);
        System.out.println(sb.length()); // 输出 9
        System.out.println(sb.capacity()); // 输出 16
        // 改变 StringBuilder 的长度，将只保留前面部分
        sb.setLength(5); // sb="avajo"
        System.out.println(sb);
    }
}
```

上面程序中粗体字部分示范了 StringBuilder 类的追加、插入、替换、删除等操作，这些操作改变了 StringBuilder 里的字符序列，这就是 StringBuilder 与 String 之间最大的区别：StringBuilder 的字符序列是可变的。从程序看到 StringBuilder 的 length()方法返回其字符序列的长度，而 capacity()返回值则比 length()返回值大。

▶▶ 7.3.4 Math 类

Java 提供了基本的+、-、*、/、%等基本算术运算的运算符，但对于更复杂的数学运算，例如，三角函数、对数运算、指数运算等则无能为力。Java 提供了 Math 工具类来完成这些复杂的运算，Math 类是一个工具类，它的构造器被定义成 private 的，因此无法创建 Math 类的对象；Math 类中的所有方法都是类方法，可以直接通过类名来调用它们。Math 类除提供了大量静态方法之外，还提供了两个类变量：PI 和 E，正如它们名字所暗示的，它们的值分别等于π和 e。

Math 类的所有方法名都明确标识了该方法的作用，读者可自行查阅 API 来了解 Math 类各方法的说明。下面程序示范了 Math 类的用法。

程序清单：codes\07\7.3\MathTest.java

```java
public class MathTest
{
    public static void main(String[] args)
    {
        /*---------下面是三角运算---------*/
        // 将弧度转换成角度
        System.out.println("Math.toDegrees(1.57): "
            + Math.toDegrees(1.57));
        // 将角度转换为弧度
        System.out.println("Math.toRadians(90): "
```

```java
    + Math.toRadians(90));
// 计算反余弦,返回的角度范围在 0.0 到 pi 之间
System.out.println("Math.acos(1.2): " + Math.acos(1.2));
// 计算反正弦,返回的角度范围在 -pi/2 到 pi/2 之间
System.out.println("Math.asin(0.8): " + Math.asin(0.8));
// 计算反正切,返回的角度范围在 -pi/2 到 pi/2 之间
System.out.println("Math.atan(2.3): " + Math.atan(2.3));
// 计算三角余弦
System.out.println("Math.cos(1.57): " + Math.cos(1.57));
// 计算双曲余弦
System.out.println("Math.cosh(1.2): " + Math.cosh(1.2));
// 计算正弦
System.out.println("Math.sin(1.57 ): " + Math.sin(1.57 ));
// 计算双曲正弦
System.out.println("Math.sinh(1.2 ): " + Math.sinh(1.2 ));
// 计算三角正切
System.out.println("Math.tan(0.8 ): " + Math.tan(0.8 ));
// 计算双曲正切
System.out.println("Math.tanh(2.1 ): " + Math.tanh(2.1 ));
// 将矩形坐标 (x, y) 转换成极坐标 (r, thet))
System.out.println("Math.atan2(0.1, 0.2): " + Math.atan2(0.1, 0.2));
/*---------下面是取整运算---------*/
// 取整,返回小于目标数的最大整数
System.out.println("Math.floor(-1.2 ): " + Math.floor(-1.2 ));
// 取整,返回大于目标数的最小整数
System.out.println("Math.ceil(1.2): " + Math.ceil(1.2));
// 四舍五入取整
System.out.println("Math.round(2.3 ): " + Math.round(2.3 ));
/*---------下面是乘方、开方、指数运算---------*/
// 计算平方根
System.out.println("Math.sqrt(2.3 ): " + Math.sqrt(2.3 ));
// 计算立方根
System.out.println("Math.cbrt(9): " + Math.cbrt(9));
// 返回欧拉数 e 的 n 次幂
System.out.println("Math.exp(2): " + Math.exp(2));
// 返回 sqrt(x2 +y2),没有中间溢出或下溢
System.out.println("Math.hypot(4 , 4): " + Math.hypot(4 , 4));
// 按照 IEEE 754 标准的规定,对两个参数进行余数运算
System.out.println("Math.IEEEremainder(5 , 2): "
    + Math.IEEEremainder(5 , 2));
// 计算乘方
System.out.println("Math.pow(3, 2): " + Math.pow(3, 2));
// 计算自然对数
System.out.println("Math.log(12): " + Math.log(12));
// 计算底数为 10 的对数
System.out.println("Math.log10(9): " + Math.log10(9));
// 返回参数与 1 之和的自然对数
System.out.println("Math.log1p(9): " + Math.log1p(9));
/*---------下面是符号相关的运算---------*/
// 计算绝对值
System.out.println("Math.abs(-4.5): " + Math.abs(-4.5));
// 符号赋值,返回带有第二个浮点数符号的第一个浮点参数
System.out.println("Math.copySign(1.2, -1.0): "
    + Math.copySign(1.2, -1.0));
// 符号函数,如果参数为 0,则返回 0;如果参数大于 0
// 则返回 1.0;如果参数小于 0,则返回 -1.0
System.out.println("Math.signum(2.3): " + Math.signum(2.3));
/*---------下面是大小相关的运算---------*/
// 找出最大值
System.out.println("Math.max(2.3 , 4.5): " + Math.max(2.3 , 4.5));
// 计算最小值
System.out.println("Math.min(1.2 , 3.4): " + Math.min(1.2 , 3.4));
```

```
        // 返回第一个参数和第二个参数之间与第一个参数相邻的浮点数
        System.out.println("Math.nextAfter(1.2, 1.0): "
            + Math.nextAfter(1.2, 1.0));
        // 返回比目标数略大的浮点数
        System.out.println("Math.nextUp(1.2 ): " + Math.nextUp(1.2 ));
        // 返回一个伪随机数,该值大于等于 0.0 且小于 1.0
        System.out.println("Math.random(): " + Math.random());
    }
}
```

上面程序中关于 Math 类的用法几乎覆盖了 Math 类的所有数学计算功能,读者可参考上面程序来学习 Math 类的用法。

▶▶ 7.3.5 Java 7 的 ThreadLocalRandom 与 Random

Random 类专门用于生成一个伪随机数,它有两个构造器:一个构造器使用默认的种子(以当前时间作为种子),另一个构造器需要程序员显式传入一个 long 型整数的种子。

ThreadLocalRandom 类是 Java 7 新增的一个类,它是 Random 的增强版。在并发访问的环境下,使用 ThreadLocalRandom 来代替 Random 可以减少多线程资源竞争,最终保证系统具有更好的线程安全性。

> 提示:
> 关于多线程编程的知识,请参考本书第 16 章的内容。

ThreadLocalRandom 类的用法与 Random 类的用法基本相似,它提供了一个静态的 current()方法来获取 ThreadLocalRandom 对象,获取该对象之后即可调用各种 nextXxx()方法来获取伪随机数了。

ThreadLocalRandom 与 Random 都比 Math 的 random()方法提供了更多的方式来生成各种伪随机数,可以生成浮点类型的伪随机数,也可以生成整数类型的伪随机数,还可以指定生成随机数的范围。关于 Random 类的用法如下程序所示。

程序清单:codes\07\7.3\RandomTest.java

```
public class RandomTest
{
    public static void main(String[] args)
    {
        Random rand = new Random();
        System.out.println("rand.nextBoolean(): "
            + rand.nextBoolean());
        byte[] buffer = new byte[16];
        rand.nextBytes(buffer);
        System.out.println(Arrays.toString(buffer));
        // 生成0.0~1.0之间的伪随机 double 数
        System.out.println("rand.nextDouble(): "
            + rand.nextDouble());
        // 生成0.0~1.0之间的伪随机 float 数
        System.out.println("rand.nextFloat(): "
            + rand.nextFloat());
        // 生成平均值是 0.0,标准差是 1.0 的伪高斯数
        System.out.println("rand.nextGaussian(): "
            + rand.nextGaussian());
        // 生成一个处于 int 整数取值范围的伪随机整数
        System.out.println("rand.nextInt(): " + rand.nextInt());
        // 生成0~26之间的伪随机整数
        System.out.println("rand.nextInt(26): " + rand.nextInt(26));
        // 生成一个处于 long 整数取值范围的伪随机整数
        System.out.println("rand.nextLong(): " + rand.nextLong());
    }
}
```

从上面程序中可以看出,Random 可以提供很多选项来生成伪随机数。

Random 使用一个 48 位的种子,如果这个类的两个实例是用同一个种子创建的,对它们以同样的

顺序调用方法，则它们会产生相同的数字序列。

下面就对上面的介绍做一个实验，可以看到当两个 Random 对象种子相同时，它们会产生相同的数字序列。值得指出的，当使用默认的种子构造 Random 对象时，它们属于同一个种子。

程序清单：codes\07\7.3\SeedTest.java

```java
public class SeedTest
{
    public static void main(String[] args)
    {
        Random r1 = new Random(50);
        System.out.println("第一个种子为 50 的 Random 对象");
        System.out.println("r1.nextBoolean():\t" + r1.nextBoolean());
        System.out.println("r1.nextInt():\t\t" + r1.nextInt());
        System.out.println("r1.nextDouble():\t" + r1.nextDouble());
        System.out.println("r1.nextGaussian():\t" + r1.nextGaussian());
        System.out.println("--------------------------");
        Random r2 = new Random(50);
        System.out.println("第二个种子为 50 的 Random 对象");
        System.out.println("r2.nextBoolean():\t" + r2.nextBoolean());
        System.out.println("r2.nextInt():\t\t" + r2.nextInt());
        System.out.println("r2.nextDouble():\t" + r2.nextDouble());
        System.out.println("r2.nextGaussian():\t" + r2.nextGaussian());
        System.out.println("--------------------------");
        Random r3 = new Random(100);
        System.out.println("种子为 100 的 Random 对象");
        System.out.println("r3.nextBoolean():\t" + r3.nextBoolean());
        System.out.println("r3.nextInt():\t\t" + r3.nextInt());
        System.out.println("r3.nextDouble():\t" + r3.nextDouble());
        System.out.println("r3.nextGaussian():\t" + r3.nextGaussian());
    }
}
```

运行上面程序，看到如下结果：

```
第一个种子为 50 的 Random 对象
r1.nextBoolean():       true
r1.nextInt():           -1727040520
r1.nextDouble():        0.6141579720626675
r1.nextGaussian():      2.377650302287946
--------------------------
第二个种子为 50 的 Random 对象
r2.nextBoolean():       true
r2.nextInt():           -1727040520
r2.nextDouble():        0.6141579720626675
r2.nextGaussian():      2.377650302287946
--------------------------
种子为 100 的 Random 对象
r3.nextBoolean():       true
r3.nextInt():           -1139614796
r3.nextDouble():        0.19497605734770518
r3.nextGaussian():      0.6762208162903859
```

从上面运行结果来看，只要两个 Random 对象的种子相同，而且方法的调用顺序也相同，它们就会产生相同的数字序列。也就是说，Random 产生的数字并不是真正随机的，而是一种伪随机。

为了避免两个 Random 对象产生相同的数字序列，通常推荐使用当前时间作为 Random 对象的种子，如下代码所示。

```java
Random rand = new Random(System.currentTimeMillis());
```

在多线程环境下使用 ThreadLocalRandom 的方式与使用 Random 基本类似，如下程序片段示范了 ThreadLocalRandom 的用法。

```java
ThreadLocalRandom rand = ThreadLocalRandom.current();
// 生成一个 4~20 之间的伪随机整数
int val1 = rand.nextInt(4 , 20);
// 生成一个 2.0~10.0 之间的伪随机浮点数
int val2 = rand.nextDouble(2.0, 10.0);
```

>> 7.3.6 BigDecimal 类

前面在介绍 float、double 两种基本浮点类型时已经指出，这两个基本类型的浮点数容易引起精度丢失。先看如下程序。

程序清单：codes\07\7.3\DoubleTest.java

```java
public class DoubleTest
{
    public static void main(String args[])
    {
        System.out.println("0.05 + 0.01 = " + (0.05 + 0.01));
        System.out.println("1.0 - 0.42 = " + (1.0 - 0.42));
        System.out.println("4.015 * 100 = " + (4.015 * 100));
        System.out.println("123.3 / 100 = " + (123.3 / 100));
    }
}
```

程序输出结果是：

```
0.05 + 0.01 = 0.060000000000000005
1.0 - 0.42 = 0.5800000000000001
4.015 * 100 = 401.49999999999994
123.3 / 100 = 1.2329999999999999
```

上面程序运行结果表明，Java 的 double 类型会发生精度丢失，尤其在进行算术运算时更容易发生这种情况。不仅是 Java，很多编程语言也存在这样的问题。

为了能精确表示、计算浮点数，Java 提供了 BigDecimal 类，该类提供了大量的构造器用于创建 BigDecimal 对象，包括把所有的基本数值型变量转换成一个 BigDecimal 对象，也包括利用数字字符串、数字字符数组来创建 BigDecimal 对象。

查看 BigDecimal 类的 BigDecimal(double val)构造器的详细说明时，可以看到不推荐使用该构造器的说明，主要是因为使用该构造器时有一定的不可预知性。当程序使用 new BigDecimal(0.1)来创建一个 BigDecimal 对象时，它的值并不是 0.1，它实际上等于一个近似 0.1 的数。这是因为 0.1 无法准确地表示为 double 浮点数，所以传入 BigDecimal 构造器的值不会正好等于 0.1（虽然表面上等于该值）。

如果使用 BigDecimal(String val)构造器的结果是可预知的——写入 new BigDecimal("0.1")将创建一个 BigDecimal，它正好等于预期的 0.1。因此通常建议优先使用基于 String 的构造器。

如果必须使用 double 浮点数作为 BigDecimal 构造器的参数时，不要直接将该 double 浮点数作为构造器参数创建 BigDecimal 对象，而是应该通过 BigDecimal.valueOf(double value)静态方法来创建 BigDecimal 对象。

BigDecimal 类提供了 add()、subtract()、multiply()、divide()、pow()等方法对精确浮点数进行常规算术运算。下面程序示范了 BigDecimal 的基本运算。

程序清单：codes\07\7.3\BigDecimalTest.java

```java
public class BigDecimalTest
{
    public static void main(String[] args)
    {
        BigDecimal f1 = new BigDecimal("0.05");
        BigDecimal f2 = BigDecimal.valueOf(0.01);
        BigDecimal f3 = new BigDecimal(0.05);
        System.out.println("使用 String 作为 BigDecimal 构造器参数：");
        System.out.println("0.05 + 0.01 = " + f1.add(f2));
        System.out.println("0.05 - 0.01 = " + f1.subtract(f2));
        System.out.println("0.05 * 0.01 = " + f1.multiply(f2));
        System.out.println("0.05 / 0.01 = " + f1.divide(f2));
        System.out.println("使用 double 作为 BigDecimal 构造器参数：");
        System.out.println("0.05 + 0.01 = " + f3.add(f2));
        System.out.println("0.05 - 0.01 = " + f3.subtract(f2));
        System.out.println("0.05 * 0.01 = " + f3.multiply(f2));
        System.out.println("0.05 / 0.01 = " + f3.divide(f2));
    }
}
```

上面程序中 f1 和 f3 都是基于 0.05 创建的 BigDecimal 对象，其中 f1 是基于"0.05"字符串，但 f3 是基于 0.05 的 double 浮点数。运行上面程序，看到如下运行结果：

```
使用 String 作为 BigDecimal 构造器参数：
0.05 + 0.01 = 0.06
0.05 - 0.01 = 0.04
0.05 * 0.01 = 0.0005
0.05 / 0.01 = 5
使用 double 作为 BigDecimal 构造器参数：
0.05 + 0.01 = 0.06000000000000000277555756156289135105907917022705078125
0.05 - 0.01 = 0.04000000000000000277555756156289135105907917022705078125
0.05 * 0.01 = 0.0005000000000000000277555756156289135105907917022705078125
0.05 / 0.01 = 5.000000000000000277555756156289135105907917022705078125
```

从上面运行结果可以看出 BigDecimal 进行算术运算的效果，而且可以看出创建 BigDecimal 对象时，一定要使用 String 对象作为构造器参数，而不是直接使用 double 数字。

> **注意：**
> 创建 BigDecimal 对象时，不要直接使用 double 浮点数作为构造器参数来调用 BigDecimal 构造器，否则同样会发生精度丢失的问题。

如果程序中要求对 double 浮点数进行加、减、乘、除基本运算，则需要先将 double 类型数值包装成 BigDecimal 对象，调用 BigDecimal 对象的方法执行运算后再将结果转换成 double 型变量。这是比较烦琐的过程，可以考虑以 BigDecimal 为基础定义一个 Arith 工具类，该工具类代码如下。

程序清单：codes\07\7.3\Arith.java

```java
public class Arith
{
    // 默认除法运算精度
    private static final int DEF_DIV_SCALE = 10;
    // 构造器私有，让这个类不能实例化
    private Arith()    {}
    // 提供精确的加法运算
    public static double add(double v1,double v2)
    {
        BigDecimal b1 = BigDecimal.valueOf(v1);
        BigDecimal b2 = BigDecimal.valueOf(v2);
        return b1.add(b2).doubleValue();
    }
    // 提供精确的减法运算
    public static double sub(double v1,double v2)
    {
        BigDecimal b1 = BigDecimal.valueOf(v1);
        BigDecimal b2 = BigDecimal.valueOf(v2);
        return b1.subtract(b2).doubleValue();
    }
    // 提供精确的乘法运算
    public static double mul(double v1,double v2)
    {
        BigDecimal b1 = BigDecimal.valueOf(v1);
        BigDecimal b2 = BigDecimal.valueOf(v2);
        return b1.multiply(b2).doubleValue();
    }
    // 提供（相对）精确的除法运算，当发生除不尽的情况时
    // 精确到小数点以后 10 位的数字四舍五入
    public static double div(double v1,double v2)
    {
        BigDecimal b1 = BigDecimal.valueOf(v1);
        BigDecimal b2 = BigDecimal.valueOf(v2);
        return b1.divide(b2 , DEF_DIV_SCALE
            , RoundingMode.HALF_UP).doubleValue();
    }
    public static void main(String[] args)
```

```
            System.out.println("0.05 + 0.01 = "
                + Arith.add(0.05 , 0.01));
            System.out.println("1.0 - 0.42 = "
                + Arith.sub(1.0 , 0.42));
            System.out.println("4.015 * 100 = "
                + Arith.mul(4.015 , 100));
            System.out.println("123.3 / 100 = "
                + Arith.div(123.3 , 100));
        }
    }
```

Arith 工具类还提供了 main 方法用于测试加、减、乘、除等运算。运行上面程序将看到如下运行结果：

```
0.05 + 0.01 = 0.06
1.0 - 0.42 = 0.58
4.015 * 100 = 401.5
123.3 / 100 = 1.233
```

上面的运行结果才是期望的结果，这也正是使用 BigDecimal 类的作用。

7.4 日期、时间类

Java 原本提供了 Date 和 Calendar 用于处理日期、时间的类，包括创建日期、时间对象，获取系统当前日期、时间等操作。但 Date 不仅无法实现国际化，而且它对不同属性也使用了前后矛盾的偏移量，比如月份与小时都是从 0 开始的，月份中的天数则是从 1 开始的，年又是从 1900 开始的，而 java.util.Calendar 则显得过于复杂，从下面介绍中会看到传统 Java 对日期、时间处理的不足。Java 8 吸取了 Joda-Time 库（一个被广泛使用的日期、时间库）的经验，提供了一套全新的日期时间库。

▶▶ 7.4.1 Date 类

Java 提供了 Date 类来处理日期、时间（此处的 Date 是指 java.util 包下的 Date 类，而不是 java.sql 包下的 Date 类），Date 对象既包含日期，也包含时间。Date 类从 JDK 1.0 起就开始存在了，但正因为它历史悠久，所以它的大部分构造器、方法都已经过时，不再推荐使用了。

Date 类提供了 6 个构造器，其中 4 个已经 Deprecated（Java 不再推荐使用，使用不再推荐的构造器时编译器会提出警告信息，并导致程序性能、安全性等方面的问题），剩下的两个构造器如下。

- Date()：生成一个代表当前日期时间的 Date 对象。该构造器在底层调用 System.currentTimeMillis() 获得 long 整数作为日期参数。
- Date(long date)：根据指定的 long 型整数来生成一个 Date 对象。该构造器的参数表示创建的 Date 对象和 GMT 1970 年 1 月 1 日 00:00:00 之间的时间差，以毫秒作为计时单位。

与 Date 构造器相同的是，Date 对象的大部分方法也 Deprecated 了，剩下为数不多的几个方法。

- boolean after(Date when)：测试该日期是否在指定日期 when 之后。
- boolean before(Date when)：测试该日期是否在指定日期 when 之前。
- long getTime()：返回该时间对应的 long 型整数，即从 GMT 1970-01-01 00:00:00 到该 Date 对象之间的时间差，以毫秒作为计时单位。
- void setTime(long time)：设置该 Date 对象的时间。

下面程序示范了 Date 类的用法。

程序清单：codes\07\7.4\DateTest.java

```
public class DateTest
{
    public static void main(String[] args)
    {
        Date d1 = new Date();
        // 获取当前时间之后 100ms 的时间
        Date d2 = new Date(System.currentTimeMillis() + 100);
        System.out.println(d2);
        System.out.println(d1.compareTo(d2));
        System.out.println(d1.before(d2));
    }
}
```

总体来说，Date 是一个设计相当糟糕的类，因此 Java 官方推荐尽量少用 Date 的构造器和方法。如果需要对日期、时间进行加减运算，或获取指定时间的年、月、日、时、分、秒信息，可使用 Calendar 工具类。

7.4.2 Calendar 类

因为 Date 类在设计上存在一些缺陷，所以 Java 提供了 Calendar 类来更好地处理日期和时间。Calendar 是一个抽象类，它用于表示日历。

历史上有着许多种纪年方法，它们的差异实在太大了，比如说一个人的生日是"七月七日"，那么一种可能是阳（公）历的七月七日，但也可以是阴（农）历的日期。为了统一计时，全世界通常选择最普及、最通用的日历：Gregorian Calendar，也就是日常介绍年份时常用的"公元几几年"。

Calendar 类本身是一个抽象类，它是所有日历类的模板，并提供了一些所有日历通用的方法；但它本身不能直接实例化，程序只能创建 Calendar 子类的实例，Java 本身提供了一个 GregorianCalendar 类，一个代表格里高利日历的子类，它代表了通常所说的公历。

当然，也可以创建自己的 Calendar 子类，然后将它作为 Calendar 对象使用（这就是多态）。在 IBM 的 alphaWorks 站点（http://www.alphaworks.ibm.com/tech/calendars）上，IBM 的开发人员实现了多种日历。在 Internet 上，也有对中国农历的实现。因为篇幅关系，本章不会详细介绍如何扩展 Calendar 子类，读者可以查看上述 Calendar 的源码来学习。

Calendar 类是一个抽象类，所以不能使用构造器来创建 Calendar 对象。但它提供了几个静态 getInstance()方法来获取 Calendar 对象，这些方法根据 TimeZone、Locale 类来获取特定的 Calendar，如果不指定 TimeZone、Locale，则使用默认的 TimeZone、Locale 来创建 Calendar。

提示：
关于 TimeZone、Locale 的介绍请参考本章后面知识。

Calendar 与 Date 都是表示日期的工具类，它们直接可以自由转换，如下代码所示。

```
// 创建一个默认的 Calendar 对象
Calendar calendar = Calendar.getInstance();
// 从 Calendar 对象中取出 Date 对象
Date date = calendar.getTime();
// 通过 Date 对象获得对应的 Calendar 对象
// 因为 Calendar/GregorianCalendar 没有构造函数可以接收 Date 对象
// 所以必须先获得一个 Calendar 实例，然后调用其 setTime()方法
Calendar calendar2 = Calendar.getInstance();
calendar2.setTime(date);
```

Calendar 类提供了大量访问、修改日期时间的方法，常用方法如下。

- void add(int field, int amount)：根据日历的规则，为给定的日历字段添加或减去指定的时间量。
- int get(int field)：返回指定日历字段的值。
- int getActualMaximum(int field)：返回指定日历字段可能拥有的最大值。例如月，最大值为 11。
- int getActualMinimum(int field)：返回指定日历字段可能拥有的最小值。例如月，最小值为 0。
- void roll(int field, int amount)：与 add()方法类似，区别在于加上 amount 后超过了该字段所能表示的最大范围时，也不会向上一个字段进位。
- void set(int field, int value)：将给定的日历字段设置为给定值。
- void set(int year, int month, int date)：设置 Calendar 对象的年、月、日三个字段的值。
- void set(int year, int month, int date, int hourOfDay, int minute, int second)：设置 Calendar 对象的年、月、日、时、分、秒 6 个字段的值。

上面的很多方法都需要一个 int 类型的 field 参数，field 是 Calendar 类的类变量，如 Calendar.YEAR、Calendar.MONTH 等分别代表了年、月、日、小时、分钟、秒等时间字段。需要指出的是，Calendar.MONTH 字段代表月份，月份的起始值不是 1，而是 0，所以要设置 8 月时，用 7 而不是 8。如下程序示范了 Calendar 类的常规用法。

程序清单：codes\07\7.4\CalendarTest.java

```java
public class CalendarTest
{
    public static void main(String[] args)
    {
        Calendar c = Calendar.getInstance();
        // 取出年
        System.out.println(c.get(YEAR));
        // 取出月份
        System.out.println(c.get(MONTH));
        // 取出日
        System.out.println(c.get(DATE));
        // 分别设置年、月、日、小时、分钟、秒
        c.set(2003 , 10 , 23 , 12 , 32 , 23); // 2003-11-23 12:32:23
        System.out.println(c.getTime());
        // 将 Calendar 的年前推 1 年
        c.add(YEAR , -1); // 2002-11-23 12:32:23
        System.out.println(c.getTime());
        // 将 Calendar 的月前推 8 个月
        c.roll(MONTH , -8); // 2002-03-23 12:32:23
        System.out.println(c.getTime());
    }
}
```

上面程序中粗体字代码示范了 Calendar 类的用法，Calendar 可以很灵活地改变它对应的日期。

> **提示：**
> 上面程序使用了静态导入，它导入了 Calendar 类里的所有类变量，所以上面程序可以直接使用 Calendar 类的 YEAR、MONTH、DATE 等类变量。

Calendar 类还有如下几个注意点。

1. add 与 roll 的区别

add(int field, int amount)的功能非常强大，add 主要用于改变 Calendar 的特定字段的值。如果需要增加某字段的值，则让 amount 为正数；如果需要减少某字段的值，则让 amount 为负数即可。

add(int field, int amount)有如下两条规则。

➢ 当被修改的字段超出它允许的范围时，会发生进位，即上一级字段也会增大。例如：

```
Calendar cal1 = Calendar.getInstance();
cal1.set(2003, 7, 23, 0, 0 , 0); // 2003-8-23
cal1.add(MONTH, 6); // 2003-8-23 => 2004-2-23
```

➢ 如果下一级字段也需要改变，那么该字段会修正到变化最小的值。例如：

```
Calendar cal2 = Calendar.getInstance();
cal2.set(2003, 7, 31, 0, 0 , 0); // 2003-8-31
// 因为进位后月份改为 2 月，2 月没有 31 日，自动变成 29 日
cal2.add(MONTH, 6); // 2003-8-31 => 2004-2-29
```

对于上面的例子，8-31 就会变成 2-29。因为 MONTH 的下一级字段是 DATE，从 31 到 29 改变最小。所以上面 2003-8-31 的 MONTH 字段增加 6 后，不是变成 2004-3-2，而是变成 2004-2-29。

roll()的规则与 add()的处理规则不同：当被修改的字段超出它允许的范围时，上一级字段不会增大。

```
Calendar cal3 = Calendar.getInstance();
cal3.set(2003, 7, 23, 0, 0 , 0); // 2003-8-23
// MONTH 字段"进位"，但 YEAR 字段并不增加
cal3.roll(MONTH, 6); // 2003-8-23 => 2003-2-23
```

下一级字段的处理规则与 add()相似：

```
Calendar cal4 = Calendar.getInstance();
cal4.set(2003, 7, 31, 0, 0 , 0); // 2003-8-31
// MONTH 字段"进位"后变成 2，2 月没有 31 日
```

```
// YEAR 字段不会改变，2003 年 2 月只有 28 天
cal4.roll(MONTH, 6);  // 2003-8-31 => 2003-2-28
```

2. 设置 Calendar 的容错性

调用 Calendar 对象的 set()方法来改变指定时间字段的值时，有可能传入一个不合法的参数，例如为 MONTH 字段设置 13，这将会导致怎样的后果呢？看如下程序。

程序清单：codes\07\7.4\LenientTest.java

```java
public class LenientTest
{
    public static void main(String[] args)
    {
        Calendar cal = Calendar.getInstance();
        // 结果是 YEAR 字段加 1，MONTH 字段为 1 （2 月）
        cal.set(MONTH , 13);    // ①
        System.out.println(cal.getTime());
        // 关闭容错性
        cal.setLenient(false);
        // 导致运行时异常
        cal.set(MONTH , 13);    // ②
        System.out.println(cal.getTime());
    }
}
```

上面程序①②两处的代码完全相似，但它们运行的结果不一样：①处代码可以正常运行，因为设置 MONTH 字段的值为 13，将会导致 YEAR 字段加 1；②处代码将会导致运行时异常，因为设置的 MONTH 字段值超出了 MONTH 字段允许的范围。关键在于程序中粗体字代码行，Calendar 提供了一个 setLenient() 用于设置它的容错性，Calendar 默认支持较好的容错性，通过 setLenient(false)可以关闭 Calendar 的容错性，让它进行严格的参数检查。

Calendar 有两种解释日历字段的模式：lenient 模式和 non-lenient 模式。当 Calendar 处于 lenient 模式时，每个时间字段可接受超出它允许范围的值；当 Calendar 处于 non-lenient 模式时，如果为某个时间字段设置的值超出了它允许的取值范围，程序将会抛出异常。

3. set()方法延迟修改

set(f, value)方法将日历字段 f 更改为 value，此外它还设置了一个内部成员变量，以指示日历字段 f 已经被更改。尽管日历字段 f 是立即更改的，但该 Calendar 所代表的时间却不会立即修改，直到下次调用 get()、getTime()、getTimeInMillis()、add() 或 roll()时才会重新计算日历的时间。这被称为 set()方法的延迟修改，采用延迟修改的优势是多次调用 set()不会触发多次不必要的计算（需要计算出一个代表实际时间的 long 型整数）。

下面程序演示了 set()方法延迟修改的效果。

程序清单：codes\07\7.4\LazyTest.java

```java
public class LazyTest
{
    public static void main(String[] args)
    {
        Calendar cal = Calendar.getInstance();
        cal.set(2003 , 7 , 31);  // 2003-8-31
        // 将月份设为 9，但 9 月 31 日不存在
        // 如果立即修改，系统将会把 cal 自动调整到 10 月 1 日
        cal.set(MONTH , 8);
        // 下面代码输出 10 月 1 日
        // System.out.println(cal.getTime());    // ①
        // 设置 DATE 字段为 5
        cal.set(DATE , 5);    // ②
        System.out.println(cal.getTime());    // ③
    }
}
```

上面程序中创建了代表 2003-8-31 的 Calendar 对象，当把这个对象的 MONTH 字段加 1 后应该得到

2003-10-1（因为 9 月没有 31 日），如果程序在①号代码处输出当前 Calendar 里的日期，也会看到输出 2003-10-1，③号代码处将输出 2003-10-5。

如果程序将①处代码注释起来，因为 Calendar 的 set()方法具有延迟修改的特性，即调用 set()方法后 Calendar 实际上并未计算真实的日期，它只是使用内部成员变量表记录 MONTH 字段被修改为 8，接着程序设置 DATE 字段值为 5，程序内部再次记录 DATE 字段为 5——就是 9 月 5 日，因此看到③处输出 2003-9-5。

▶▶ 7.4.3 Java 8 新增的日期、时间包

Java 8 开始专门新增了一个 java.time 包，该包下包含了如下常用的类。

- **Clock**：该类用于获取指定时区的当前日期、时间。该类可取代 System 类的 currentTimeMillis() 方法，而且提供了更多方法来获取当前日期、时间。该类提供了大量静态方法来获取 Clock 对象。
- **Duration**：该类代表持续时间。该类可以非常方便地获取一段时间。
- **Instant**：代表一个具体的时刻，可以精确到纳秒。该类提供了静态的 now()方法来获取当前时刻，也提供了静态的 now(Clock clock)方法来获取 clock 对应的时刻。除此之外，它还提供了一系列 minusXxx()方法在当前时刻基础上减去一段时间，也提供了 plusXxx()方法在当前时刻基础上加上一段时间。
- **LocalDate**：该类代表不带时区的日期，例如 2007-12-03。该类提供了静态的 now()方法来获取当前日期，也提供了静态的 now(Clock clock)方法来获取 clock 对应的日期。除此之外，它还提供了 minusXxx()方法在当前年份基础上减去几年、几月、几周或几日等，也提供了 plusXxx() 方法在当前年份基础上加上几年、几月、几周或几日等。
- **LocalTime**：该类代表不带时区的时间，例如 10:15:30。该类提供了静态的 now()方法来获取当前时间，也提供了静态的 now(Clock clock)方法来获取 clock 对应的时间。除此之外，它还提供了 minusXxx()方法在当前年份基础上减去几小时、几分、几秒等，也提供了 plusXxx()方法在当前年份基础上加上几小时、几分、几秒等。
- **LocalDateTime**：该类代表不带时区的日期、时间，例如 2007-12-03T10:15:30。该类提供了静态的 now()方法来获取当前日期、时间，也提供了静态的 now(Clock clock)方法来获取 clock 对应的日期、时间。除此之外，它还提供了 minusXxx()方法在当前年份基础上减去几年、几月、几日、几小时、几分、几秒等，也提供了 plusXxx()方法在当前年份基础上加上几年、几月、几日、几小时、几分、几秒等。
- **MonthDay**：该类仅代表月日，例如--04-12。该类提供了静态的 now()方法来获取当前月日，也提供了静态的 now(Clock clock)方法来获取 clock 对应的月日。
- **Year**：该类仅代表年，例如 2014。该类提供了静态的 now()方法来获取当前年份，也提供了静态的 now(Clock clock)方法来获取 clock 对应的年份。除此之外，它还提供了 minusYears()方法在当前年份基础上减去几年，也提供了 plusYears()方法在当前年份基础上加上几年。
- **YearMonth**：该类仅代表年月，例如 2014-04。该类提供了静态的 now()方法来获取当前年月，也提供了静态的 now(Clock clock)方法来获取 clock 对应的年月。除此之外，它还提供了 minusXxx()方法在当前年月基础上减去几年、几月，也提供了 plusXxx()方法在当前年月基础上加上几年、几月。
- **ZonedDateTime**：该类代表一个时区化的日期、时间。
- **ZoneId**：该类代表一个时区。
- **DayOfWeek**：这是一个枚举类，定义了周日到周六的枚举值。
- **Month**：这也是一个枚举类，定义了一月到十二月的枚举值。

下面通过一个简单的程序来示范这些类的用法。

程序清单：codes\07\7.4\NewDatePackageTest.java

```
public class NewDatePackageTest
{
```

```java
public static void main(String[] args)
{
    // -----下面是关于 Clock 的用法-----
    // 获取当前 Clock
    Clock clock = Clock.systemUTC();
    // 通过 Clock 获取当前时刻
    System.out.println("当前时刻为: " + clock.instant());
    // 获取 clock 对应的毫秒数,与 System.currentTimeMillis()输出相同
    System.out.println(clock.millis());
    System.out.println(System.currentTimeMillis());
    // -----下面是关于 Duration 的用法-----
    Duration d = Duration.ofSeconds(6000);
    System.out.println("6000 秒相当于" + d.toMinutes() + "分");
    System.out.println("6000 秒相当于" + d.toHours() + "小时");
    System.out.println("6000 秒相当于" + d.toDays() + "天");
    // 在 clock 基础上增加 6000 秒,返回新的 Clock
    Clock clock2 = Clock.offset(clock, d);
    // 可以看到 clock2 与 clock1 相差 1 小时 40 分
    System.out.println("当前时刻加 6000 秒为: " +clock2.instant());
    // -----下面是关于 Instant 的用法-----
    // 获取当前时间
    Instant instant = Instant.now();
    System.out.println(instant);
    // instant 添加 6000 秒(即 100 分钟),返回新的 Instant
    Instant instant2 = instant.plusSeconds(6000);
    System.out.println(instant2);
    // 根据字符串解析 Instant 对象
    Instant instant3 = Instant.parse("2014-02-23T10:12:35.342Z");
    System.out.println(instant3);
    // 在 instant3 的基础上添加 5 小时 4 分钟
    Instant instant4 = instant3.plus(Duration
        .ofHours(5).plusMinutes(4));
    System.out.println(instant4);
    // 获取 instant4 的 5 天以前的时刻
    Instant instant5 = instant4.minus(Duration.ofDays(5));
    System.out.println(instant5);
    // -----下面是关于 LocalDate 的用法-----
    LocalDate localDate = LocalDate.now();
    System.out.println(localDate);
    // 获得 2014 年的第 146 天
    localDate = LocalDate.ofYearDay(2014, 146);
    System.out.println(localDate); // 2014-05-26
    // 设置为 2014 年 5 月 21 日
    localDate = LocalDate.of(2014, Month.MAY, 21);
    System.out.println(localDate); // 2014-05-21
    // -----下面是关于 LocalTime 的用法-----
    // 获取当前时间
    LocalTime localTime = LocalTime.now();
    // 设置为 22 点 33 分
    localTime = LocalTime.of(22, 33);
    System.out.println(localTime); // 22:33
    // 返回一天中的第 5503 秒
    localTime = LocalTime.ofSecondOfDay(5503);
    System.out.println(localTime); // 01:31:43
    // -----下面是关于 localDateTime 的用法-----
    // 获取当前日期、时间
    LocalDateTime localDateTime = LocalDateTime.now();
    // 当前日期、时间加上 25 小时 3 分钟
    LocalDateTime future = localDateTime.plusHours(25).plusMinutes(3);
    System.out.println("当前日期、时间的 25 小时 3 分之后: " + future);
    // -----下面是关于 Year、YearMonth、MonthDay 的用法示例-----
    Year year = Year.now(); // 获取当前的年份
    System.out.println("当前年份: " + year); // 输出当前年份
    year = year.plusYears(5); // 当前年份再加 5 年
    System.out.println("当前年份再过 5 年: " + year);
    // 根据指定月份获取 YearMonth
```

```
            YearMonth ym = year.atMonth(10);
            System.out.println("year 年 10 月: " + ym); // 输出 XXXX-10, XXXX 代表当前年份
            // 当前年月再加 5 年、减 3 个月
            ym = ym.plusYears(5).minusMonths(3);
            System.out.println("year 年 10 月再加 5 年、减 3 个月: " + ym);
            MonthDay md = MonthDay.now();
            System.out.println("当前月日: " + md); // 输出--XX-XX, 代表几月几日
            // 设置为 5 月 23 日
            MonthDay md2 = md.with(Month.MAY).withDayOfMonth(23);
            System.out.println("5 月 23 日为: " + md2); // 输出--05-23
    }
}
```

该程序就是这些常见类的用法示例，这些 API 和它们的方法都非常简单，而且程序中注释也很清楚，此处不再赘述。

7.5 正则表达式

正则表达式是一个强大的字符串处理工具，可以对字符串进行查找、提取、分割、替换等操作。String 类里也提供了如下几个特殊的方法。

- ➢ boolean matches(String regex)：判断该字符串是否匹配指定的正则表达式。
- ➢ String replaceAll(String regex, String replacement)：将该字符串中所有匹配 regex 的子串替换成 replacement。
- ➢ String replaceFirst(String regex, String replacement)：将该字符串中第一个匹配 regex 的子串替换成 replacement。
- ➢ String[] split(String regex)：以 regex 作为分隔符，把该字符串分割成多个子串。

上面这些特殊的方法都依赖于 Java 提供的正则表达式支持，除此之外，Java 还提供了 Pattern 和 Matcher 两个类专门用于提供正则表达式支持。

很多读者都会觉得正则表达式是一个非常神奇、高级的知识，其实正则表达式是一种非常简单而且非常实用的工具。正则表达式是一个用于匹配字符串的模板。实际上，任意字符串都可以当成正则表达式使用，例如"abc"，它也是一个正则表达式，只是它只能匹配"abc"字符串。

如果正则表达式仅能匹配"abc"这样的字符串，那么正则表达式也就不值得学习了。下面开始学习如何创建正则表达式。

7.5.1 创建正则表达式

前面已经介绍了，正则表达式就是一个用于匹配字符串的模板，可以匹配一批字符串，所以创建正则表达式就是创建一个特殊的字符串。正则表达式所支持的合法字符如表 7.1 所示。

表 7.1 正则表达式所支持的合法字符

字　符	解　释
x	字符 x（x 可代表任何合法的字符）
\0mnn	八进制数 0mnn 所表示的字符
\xhh	十六进制值 0xhh 所表示的字符
\uhhhh	十六进制值 0xhhhh 所表示的 Unicode 字符
\t	制表符（'\u0009'）
\n	新行（换行）符（'\u000A'）
\r	回车符（'\u000D'）
\f	换页符（'\u000C'）
\a	报警（bell）符（'\u0007'）
\e	Escape 符（'\u001B'）
\cx	x 对应的的控制符。例如，\cM 匹配 Ctrl-M。x 值必须为 A~Z 或 a~z 之一。

除此之外，正则表达式中有一些特殊字符，这些特殊字符在正则表达式中有其特殊的用途，比如前

面介绍的反斜线（\）。如果需要匹配这些特殊字符，就必须首先将这些字符转义，也就是在前面添加一个反斜线（\）。正则表达式中的特殊字符如表7.2所示。

表7.2 正则表达式中的特殊字符

特殊字符	说　　明
$	匹配一行的结尾。要匹配 $ 字符本身，请使用 \$
^	匹配一行的开头。要匹配 ^ 字符本身，请使用 \^
( )	标记子表达式的开始和结束位置。要匹配这些字符，请使用 \(和 \)
[ ]	用于确定中括号表达式的开始和结束位置。要匹配这些字符，请使用 \[和 \]
{ }	用于标记前面子表达式的出现频度。要匹配这些字符，请使用 \{ 和 \}
*	指定前面子表达式可以出现零次或多次。要匹配 * 字符本身，请使用 *
+	指定前面子表达式可以出现一次或多次。要匹配 + 字符本身，请使用 \+
?	指定前面子表达式可以出现零次或一次。要匹配 ? 字符本身，请使用 \?
.	匹配除换行符 \n 之外的任何单字符。要匹配 . 字符本身，请使用 \.
\	用于转义下一个字符，或指定八进制、十六进制字符。如果需匹配 \ 字符，请用 \\
|	指定两项之间任选一项。如果要匹配 | 字符本身，请使用 \\|

将上面多个字符拼起来，就可以创建一个正则表达式。例如：

```
"\u0041\\\\" // 匹配 A\
"\u0061\t"   // 匹配 a<制表符>
"\\?\\["     // 匹配?[
```

注意：
可能有读者觉得第一个正则表达式中怎么有那么多反斜杠啊？这是由于 Java 字符串中反斜杠本身需要转义，因此两个反斜杠（\\）实际上相当于一个（前一个用于转义）。

上面的正则表达式依然只能匹配单个字符,这是因为还未在正则表达式中使用"通配符","通配符"是可以匹配多个字符的特殊字符。正则表达式中的"通配符"远远超出了普通通配符的功能，它被称为预定义字符，正则表达式支持如表7.3所示的预定义字符。

表7.3 预定义字符

预定义字符	说　　明
.	可以匹配任何字符
\d	匹配 0~9 的所有数字
\D	匹配非数字
\s	匹配所有的空白字符，包括空格、制表符、回车符、换页符、换行符等
\S	匹配所有的非空白字符
\w	匹配所有的单词字符，包括 0~9 所有数字、26 个英文字母和下画线（_）
\W	匹配所有的非单词字符

提示：
上面的 7 个预定义字符其实很容易记忆——d 是 digit 的意思，代表数字；s 是 space 的意思，代表空白；w 是 word 的意思，代表单词。d、s、w 的大写形式恰好匹配与之相反的字符。

有了上面的预定义字符后，接下来就可以创建更强大的正则表达式了。例如：

```
c\\wt  //可以匹配 cat、cbt、cct、c0t、c9t 等一批字符串
\\d\\d\\d-\\d\\d\\d-\\d\\d\\d\\d  //匹配如 000-000-0000 形式的电话号码
```

在一些特殊情况下，例如，若只想匹配 a~f 的字母，或者匹配除 ab 之外的所有小写字母，或者匹配中文字符,上面这些预定义字符就无能为力了，此时就需要使用方括号表达式，方括号表达式有如表7.4所示的几种形式。

表 7.4 方括号表达式

方括号表达式	说　　明
表示枚举	例如[abc]，表示 a、b、c 其中任意一个字符；[gz]，表示 g、z 其中任意一个字符
表示范围：-	例如[a-f]，表示 a~f 范围内的任意字符；[\\u0041-\\u0056]，表示十六进制字符\u0041 到\u0056 范围的字符。范围可以和枚举结合使用，如[a-cx-z]，表示 a~c、x~z 范围内的任意字符
表示求否：^	例如[^abc]，表示非 a、b、c 的任意字符；[^a-f]，表示不是 a~f 范围内的任意字符
表示"与"运算：&&	例如[a-z&&[def]]，求 a~z 和[def]的交集，表示 d、e 或 f [a-z&&[^bc]]，a~z 范围内的所有字符，除 b 和 c 之外，即[ad-z] [a-z&&[^m-p]]，a~z 范围内的所有字符，除 m~p 范围之外的字符，即[a-lq-z]
表示"并"运算	并运算与前面的枚举类似。例如[a-d[m-p]]，表示[a-dm-p]

> **提示：** 方括号表达式比前面的预定义字符灵活多了，几乎可以匹配任何字符。例如，若需要匹配所有的中文字符，就可以利用[\\u0041-\\u0056]形式——因为所有中文字符的 Unicode 值是连续的，只要找出所有中文字符中最小、最大的 Unicode 值，就可以利用上面形式来匹配所有的中文字符。

正则表示还支持圆括号表达式，用于将多个表达式组成一个子表达式，圆括号中可以使用或运算符(|)。例如，正则表达式"((public)|(protected)|(private))"用于匹配 Java 的三个访问控制符其中之一。

除此之外，Java 正则表达式还支持如表 7.5 所示的几个边界匹配符。

表 7.5 边界匹配符

边界匹配符	说　　明
^	行的开头
$	行的结尾
\b	单词的边界
\B	非单词的边界
\A	输入的开头
\G	前一个匹配的结尾
\Z	输入的结尾，仅用于最后的结束符
\z	输入的结尾

前面例子中需要建立一个匹配 000-000-0000 形式的电话号码时，使用了\\d\\d\\d-\\d\\d\\d-\\d\\d\\d\\d 正则表达式，这看起来比较烦琐。实际上，正则表达式还提供了数量标识符，正则表达式支持的数量标识符有如下几种模式。

> ➢ Greedy（贪婪模式）：数量表示符默认采用贪婪模式，除非另有表示。贪婪模式的表达式会一直匹配下去，直到无法匹配为止。如果你发现表达式匹配的结果与预期的不符，很有可能是因为——你以为表达式只会匹配前面几个字符，而实际上它是贪婪模式，所以会一直匹配下去。
> ➢ Reluctant（勉强模式）：用问号后缀（?）表示，它只会匹配最少的字符。也称为最小匹配模式。
> ➢ Possessive（占有模式）：用加号后缀（+）表示，目前只有 Java 支持占有模式，通常比较少用。

三种模式的数量表示符如表 7.6 所示。

表 7.6 三种模式的数量表示符

贪婪模式	勉强模式	占用模式	说　　明
X?	X??	X?+	X 表达式出现零次或一次
X*	X*?	X*+	X 表达式出现零次或多次
X+	X+?	X++	X 表达式出现一次或多次
X{n}	X{n}?	X{n}+	X 表达式出现 n 次
X{n,}	X{n,}?	X{n,}+	X 表达式最少出现 n 次
X{n,m}	X{n,m}?	X{n,m}+	X 表达式最少出现 n 次，最多出现 m 次

关于贪婪模式和勉强模式的对比，看如下代码：

```
String str = "hello , java!";
// 贪婪模式的正则表达式
System.out.println(str.replaceFirst("\\w*" , "■"));          //输出■ , java!
// 勉强模式的正则表达式
System.out.println(str.replaceFirst("\\w*?" , "■"));         //输出■hello , java!
```

当从"hello , java!"字符串中查找匹配"\\w*"子串时，因为"\w*"使用了贪婪模式，数量表示符（*）会一直匹配下去，所以该字符串前面的所有单词字符都被它匹配到，直到遇到空格，所以替换后的效果是"■, java!"；如果使用勉强模式，数量表示符（*）会尽量匹配最少字符，即匹配 0 个字符，所以替换后的结果是"■hello , java!"。

▶▶ 7.5.2 使用正则表达式

一旦在程序中定义了正则表达式，就可以使用 Pattern 和 Matcher 来使用正则表达式。

Pattern 对象是正则表达式编译后在内存中的表示形式，因此，正则表达式字符串必须先被编译为 Pattern 对象，然后再利用该 Pattern 对象创建对应的 Matcher 对象。执行匹配所涉及的状态保留在 Matcher 对象中，多个 Matcher 对象可共享同一个 Pattern 对象。

因此，典型的调用顺序如下：

```
// 将一个字符串编译成 Pattern 对象
Pattern p = Pattern.compile("a*b");
// 使用 Pattern 对象创建 Matcher 对象
Matcher m = p.matcher("aaaaab");
boolean b = m.matches(); // 返回 true
```

上面定义的 Pattern 对象可以多次重复使用。如果某个正则表达式仅需一次使用，则可直接使用 Pattern 类的静态 matches()方法，此方法自动把指定字符串编译成匿名的 Pattern 对象，并执行匹配，如下所示。

```
boolean b = Pattern.matches("a*b", "aaaaab");  // 返回 true
```

上面语句等效于前面的三条语句。但采用这种语句每次都需要重新编译新的 Pattern 对象，不能重复利用已编译的 Pattern 对象，所以效率不高。

Pattern 是不可变类，可供多个并发线程安全使用。

Matcher 类提供了如下几个常用方法。

- find()：返回目标字符串中是否包含与 Pattern 匹配的子串。
- group()：返回上一次与 Pattern 匹配的子串。
- start()：返回上一次与 Pattern 匹配的子串在目标字符串中的开始位置。
- end()：返回上一次与 Pattern 匹配的子串在目标字符串中的结束位置加 1。
- lookingAt()：返回目标字符串前面部分与 Pattern 是否匹配。
- matches()：返回整个目标字符串与 Pattern 是否匹配。
- reset()：将现有的 Matcher 对象应用于一个新的字符序列。

> **注意：**
> 在 Pattern、Matcher 类的介绍中经常会看到一个 CharSequence 接口，该接口代表一个字符序列，其中 CharBuffer、String、StringBuffer、StringBuilder 都是它的实现类。简单地说，CharSequence 代表一个各种表示形式的字符串。

通过 Matcher 类的 find()和 group()方法可以从目标字符串中依次取出特定子串（匹配正则表达式的子串），例如互联网的网络爬虫，它们可以自动从网页中识别出所有的电话号码。下面程序示范了如何从大段的字符串中找出电话号码。

程序清单：codes\07\7.5\FindGroup.java

```
public class FindGroup
```

```
{
    public static void main(String[] args)
    {
        // 使用字符串模拟从网络上得到的网页源码
        String str = "我想求购一本《疯狂Java讲义》,尽快联系我13500006666"
            + "交朋友,电话号码是13611125565"
            + "出售二手电脑,联系方式15899903312";
        // 创建一个Pattern对象,并用它建立一个Matcher对象
        // 该正则表达式只抓取13X和15X段的手机号
        // 实际要抓取哪些电话号码,只要修改正则表达式即可
        Matcher m = Pattern.compile("((13\\d)|(15\\d))\\d{8}")
            .matcher(str);
        // 将所有符合正则表达式的子串(电话号码)全部输出
        while(m.find())
        {
            System.out.println(m.group());
        }
    }
}
```

运行上面程序,看到如下运行结果:

```
13500006666
13611125565
15899903312
```

从上面运行结果可以看出,find()方法依次查找字符串中与Pattern匹配的子串,一旦找到对应的子串,下次调用 find()方法时将接着向下查找。

> **提示:** 通过程序运行结果可以看出,使用正则表达式可以提取网页上的电话号码,也可以提取邮件地址等信息。如果程序再进一步,可以从网页上提取超链接信息,再根据超链接打开其他网页,然后在其他网页上重复这个过程就可以实现简单的网络爬虫了。

find()方法还可以传入一个 int 类型的参数,带 int 参数的 find()方法将从该 int 索引处向下搜索。start()和 end()方法主要用于确定子串在目标字符串中的位置,如下程序所示。

程序清单:codes\07\7.5\StartEnd.java

```
public class StartEnd
{
    public static void main(String[] args)
    {
        // 创建一个Pattern对象,并用它建立一个Matcher对象
        String regStr = "Java is very easy!";
        System.out.println("目标字符串是: " + regStr);
        Matcher m = Pattern.compile("\\w+")
            .matcher(regStr);
        while(m.find())
        {
            System.out.println(m.group() + "子串的起始位置: "
                + m.start() + ",其结束位置: " + m.end());
        }
    }
}
```

上面程序使用 find()、group()方法逐项取出目标字符串中与指定正则表达式匹配的子串,并使用start()、end()方法返回子串在目标字符串中的位置。运行上面程序,看到如下运行结果:

```
目标字符串是: Java is very easy!
Java 子串的起始位置: 0,其结束位置: 4
is 子串的起始位置: 5,其结束位置: 7
very 子串的起始位置: 8,其结束位置: 12
easy 子串的起始位置: 13,其结束位置: 17
```

matches()和 lookingAt()方法有点相似,只是 matches()方法要求整个字符串和 Pattern 完全匹配时才

返回 true，而 lookingAt()只要字符串以 Pattern 开头就会返回 true。reset()方法可将现有的 Matcher 对象应用于新的字符序列。看如下例子程序。

程序清单：codes\07\7.5\MatchesTest.java

```java
public class MatchesTest
{
    public static void main(String[] args)
    {
        String[] mails =
        {
            "kongyeeku@163.com" ,
            "kongyeeku@gmail.com",
            "ligang@crazyit.org",
            "wawa@abc.xx"
        };
        String mailRegEx = "\\w{3,20}@\\w+\\.(com|org|cn|net|gov)";
        Pattern mailPattern = Pattern.compile(mailRegEx);
        Matcher matcher = null;
        for (String mail : mails)
        {
            if (matcher == null)
            {
                matcher = mailPattern.matcher(mail);
            }
            else
            {
                matcher.reset(mail);
            }
            String result = mail + (matcher.matches() ? "是" : "不是")
                + "一个有效的邮件地址！";
            System.out.println(result);
        }
    }
}
```

上面程序创建了一个邮件地址的 Pattern，接着用这个 Pattern 与多个邮件地址进行匹配。当程序中的 Matcher 为 null 时，程序调用 matcher()方法来创建一个 Matcher 对象，一旦 Matcher 对象被创建，程序就调用 Matcher 的 reset()方法将该 Matcher 应用于新的字符序列。

从某个角度来看，Matcher 的 matches()、lookingAt()和 String 类的 equals()、startsWith()有点相似。区别是 String 类的 equals()和 startsWith()都是与字符串进行比较，而 Matcher 的 matches()和 lookingAt()则是与正则表达式进行匹配。

事实上，String 类里也提供了 matches()方法，该方法返回该字符串是否匹配指定的正则表达式。例如：

```
"kongyeeku@163.com".matches("\\w{3,20}@\\w+\\.(com|org|cn|net|gov)"); // 返回 true
```

除此之外，还可以利用正则表达式对目标字符串进行分割、查找、替换等操作，看如下例子程序。

程序清单：codes\07\7.5\ReplaceTest.java

```java
public class ReplaceTest
{
    public static void main(String[] args)
    {
        String[] msgs =
        {
            "Java has regular expressions in 1.4",
            "regular expressions now expressing in Java",
            "Java represses oracular expressions"
        };
        Pattern p = Pattern.compile("re\\w*");
        Matcher matcher = null;
        for (int i = 0 ; i < msgs.length ; i++)
        {
            if (matcher == null)
            {
                matcher = p.matcher(msgs[i]);
            }
```

```
            else
            {
                matcher.reset(msgs[i]);
            }
            System.out.println(matcher.replaceAll("哈哈:)"));
        }
    }
}
```

上面程序使用了 Matcher 类提供的 replaceAll()把字符串中所有与正则表达式匹配的子串替换成"哈哈:)"，实际上，Matcher 类还提供了一个 replaceFirst()，该方法只替换第一个匹配的子串。运行上面程序，会看到字符串中所有以 "re" 开头的单词都会被替换成 "哈哈:)"。

实际上，String 类中也提供了 replaceAll()、replaceFirst()、split()等方法。下面的例子程序直接使用 String 类提供的正则表达式功能来进行替换和分割。

程序清单：codes\07\7.5\StringReg.java

```
public class StringReg
{
    public static void main(String[] args)
    {
        String[] msgs =
        {
            "Java has regular expressions in 1.4",
            "regular expressions now expressing in Java",
            "Java represses oracular expressions"
        };
        for (String msg : msgs)
        {
            System.out.println(msg.replaceFirst("re\\w*" , "哈哈:)"));
            System.out.println(Arrays.toString(msg.split(" ")));
        }
    }
}
```

上面程序只使用 String 类的 replaceFirst()和 split()方法对目标字符串进行了一次替换和分割。运行上面程序，会看到如图 7.6 所示的运行效果。

正则表达式是一个功能非常灵活的文本处理工具，增加了正则表达式支持后的 Java，可以不再使用 StringTokenizer 类（也是一个处理字符串的工具，但功能远不如正则表达式强大）即可进行复杂的字符串处理。

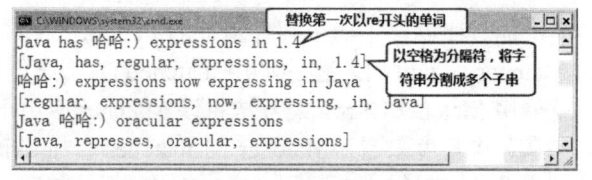

图 7.6　直接使用 String 类提供的正则表达式支持

7.6　变量处理和方法处理

Java 9 引入了一个新的 VarHandle 类，并增强了原有的 MethodHandle 类。通过这两个类，允许 Java 像动态语言一样引用变量、引用方法，并调用它们。

7.6.1　Java 9 增强的 MethodHandle

MethodHandle 为 Java 增加了方法引用的功能，方法引用的概念有点类似于 C 的 "函数指针"。这种方法引用是一种轻量级的引用方式，它不会检查方法的访问权限，也不管方法所属的类、实例方法或静态方法，MethodHandle 就是简单代表特定的方法，并可通过 MethodHandle 来调用方法。

为了使用 MethodHandle，还涉及如下几个类。

➤ MethodHandles：MethodHandle 的工厂类，它提供了一系列静态方法用于获取 MethodHandle。
➤ MethodHandles.Lookup：Lookup 静态内部类也是 MethodHandle、VarHandle 的工厂类，专门用于获取 MethodHandle 和 VarHandle。
➤ MethodType：代表一个方法类型。MethodType 根据方法的形参、返回值类型来确定方法类型。下面程序示范了 MethodHandle 的用法。

程序清单:codes\07\7.6\MethodHandleTest.java

```java
public class MethodHandleTest
{
    // 定义一个private类方法
    private static void hello()
    {
        System.out.println("Hello world!");
    }
    // 定义一个private实例方法
    private String hello(String name)
    {
        System.out.println("执行带参数的hello" + name);
        return name + ",您好";
    }
    public static void main(String[] args) throws Throwable
    {
        // 定义一个返回值为void、不带形参的方法类型
        MethodType type = MethodType.methodType(void.class);
        // 使用MethodHandles.Lookup的findStatic获取类方法
        MethodHandle mtd = MethodHandles.lookup()
            .findStatic(MethodHandleTest.class, "hello", type);
        // 通过MethodHandle执行方法
        mtd.invoke();
        // 使用MethodHandles.Lookup的findVirtual获取实例方法
        MethodHandle mtd2 = MethodHandles.lookup()
            .findVirtual(MethodHandleTest.class, "hello",
            // 指定获取返回值为String、形参为String的方法类型
            MethodType.methodType(String.class, String.class));
        // 通过MethodHandle执行方法,传入主调对象和参数
        System.out.println(mtd2.invoke(new MethodHandleTest(), "孙悟空"));
    }
}
```

从上面三行粗体字代码可以看出,程序使用 MethodHandles.Lookup 对象根据类、方法名、方法类型来获取 MethodHandle 对象。由于此处的方法名只是一个字符串,而该字符串可以来自于变量、配置文件等,这意味着通过 MethodHandle 可以让 Java 动态调用某个方法。

▶▶ 7.6.2 Java 9 增加的 VarHandle

VarHandle 主要用于动态操作数组的元素或对象的成员变量。VarHandle 与 MethodHandle 非常相似,它也需要通过 MethodHandles 来获取实例,接下来调用 VarHandle 的方法即可动态操作指定数组的元素或指定对象的成员变量。

下面程序示范了 VarHandle 的用法。

```java
class User
{
    String name;
    static int MAX_AGE;
}
public class VarHandleTest
{
    public static void main(String[] args)throws Throwable
    {
        String[] sa = new String[]{"Java", "Kotlin", "Go"};
        // 获取一个String[]数组的VarHandle对象
        VarHandle avh = MethodHandles.arrayElementVarHandle(String[].class);
        // 比较并设置:如果第三个元素是Go,则该元素被设为Lua
        boolean r = avh.compareAndSet(sa, 2, "Go", "Lua");
        // 输出比较结果
        System.out.println(r); // 输出true
        // 看到第三个元素被替换成Lua
        System.out.println(Arrays.toString(sa));
        // 获取sa数组的第二个元素
        System.out.println(avh.get(sa, 1)); // 输出Kotlin
        // 获取并设置:返回第三个元素,并将第三个元素设为Swift
        System.out.println(avh.getAndSet(sa, 2, "Swift"));
        // 看到第三个元素被替换成Swift
```

```java
            System.out.println(Arrays.toString(sa));
            // 用 findVarHandle 方法获取 User 类中名为 name、
            // 类型为 String 的实例变量
            VarHandle vh1 = MethodHandles.lookup().findVarHandle(User.class,
                "name", String.class);
            User user = new User();
            // 通过 VarHandle 获取实例变量的值，需要传入对象作为调用者
            System.out.println(vh1.get(user)); // 输出 null
            // 通过 VarHandle 设置指定实例变量的值
            vh1.set(user, "孙悟空");
            // 输出 user 的 name 实例变量的值
            System.out.println(user.name); // 输出孙悟空
            // 用 findVarHandle 方法获取 User 类中名为 MAX_AGE、
            // 类型为 Integer 的类变量
            VarHandle vh2 = MethodHandles.lookup().findStaticVarHandle(User.class,
                "MAX_AGE", int.class);
            // 通过 VarHandle 获取指定类变量的值
            System.out.println(vh2.get()); // 输出 0
            // 通过 VarHandle 设置指定类变量的值
            vh2.set(100);
            // 输出 User 的 MAX_AGE 类变量
            System.out.println(User.MAX_AGE); // 输出 100
    }
}
```

从上面前两行粗体字代码可以看出，程序调用 MethodHandles 类的静态方法可获取操作数组的 VarHandle 对象，接下来程序可通过 VarHandle 对象来操作数组的方法，包括比较并设置数组元素、获取并设置数组元素等，VarHandle 具体支持哪些方法则可参考 API 文档。

上面程序中后面三行粗体字代码则示范了使用 VarHandle 操作实例变量的情形，由于实例变量需要使用对象来访问，因此使用 VarHandle 操作实例变量时需要传入一个 User 对象。VarHandle 既可设置实例变量的值，也可获取实例变量的值。当然 VarHandle 也提供了更多的方法来操作实例变量，具体可参考 API 文档。

使用 VarHandle 操作类变量与操作实例变量差别不大，区别只是类变量不需要对象，因此使用 VarHandle 操作类变量时无须传入对象作为参数。

VarHandle 与 MethodHandle 一样，它也是一种动态调用机制，当程序通过 MethodHandles.Lookup 来获取成员变量时，可根据字符串名称来获取成员变量，这个字符串名称同样可以是动态改变的，因此非常灵活。

7.7 Java 9 改进的国际化与格式化

全球化的 Internet 需要全球化的软件。全球化软件，意味着同一种版本的产品能够容易地适用于不同地区的市场，软件的全球化意味着国际化和本地化。当一个应用需要在全球范围使用时，就必须考虑在不同的地域和语言环境下的使用情况，最简单的要求就是用户界面上的信息可以用本地化语言来显示。

国际化是指应用程序运行时，可根据客户端请求来自的国家/地区、语言的不同而显示不同的界面。例如，如果请求来自于中文操作系统的客户端，则应用程序中的各种提示信息错误和帮助等都使用中文文字；如果客户端使用英文操作系统，则应用程序能自动识别，并做出英文的响应。

引入国际化的目的是为了提供自适应、更友好的用户界面，并不需要改变程序的逻辑功能。国际化的英文单词是 Internationalization，因为这个单词太长了，有时也简称 I18N，其中 I 是这个单词的第一个字母，18 表示中间省略的字母个数，而 N 代表这个单词的最后一个字母。

一个国际化支持很好的应用，在不同的区域使用时，会呈现出本地语言的提示。这个过程也被称为 Localization，即本地化。类似于国际化可以称为 I18N，本地化也可以称为 L10N。

Java 9 国际化支持升级到了 Unicode 8.0 字符集，因此提供了对不同国家、不同语言的支持，它已经具有了国际化和本地化的特征及 API，因此 Java 程序的国际化相对比较简单。尽管 Java 开发工具为国际化和本地化的工作提供了一些基本的类，但还是有一些对于 Java 应用程序的本地化和国际化来说较困难的工作，例如：消息获取，编码转换，显示布局和数字、日期、货币的格式等。

当然，一个优秀的全球化软件产品，对国际化和本地化的要求远远不止于此，甚至还包括用户提交数据的国际化和本地化。

▶▶ 7.7.1 Java 国际化的思路

Java 程序的国际化思路是将程序中的标签、提示等信息放在资源文件中，程序需要支持哪些国家、语言环境，就对应提供相应的资源文件。资源文件是 key-value 对，每个资源文件中的 key 是不变的，但 value 则随不同的国家、语言而改变。图 7.7 显示了 Java 程序国际化的思路。

Java 程序的国际化主要通过如下三个类完成。

- ➢ java.util.ResourceBundle：用于加载国家、语言资源包。
- ➢ java.util.Locale：用于封装特定的国家/区域、语言环境。
- ➢ java.text.MessageFormat：用于格式化带占位符的字符串。

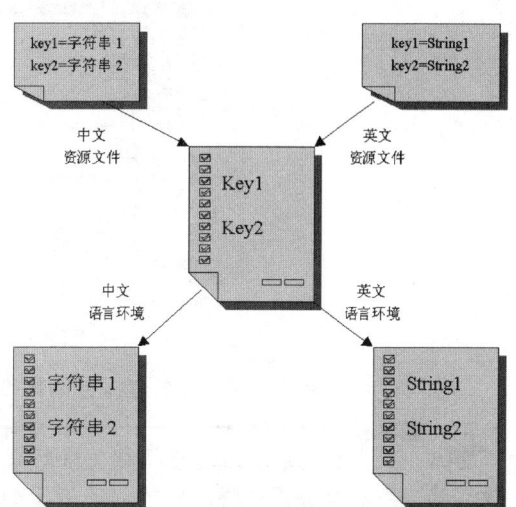

图 7.7 Java 程序国际化的思路

为了实现程序的国际化，必须先提供程序所需的资源文件。资源文件的内容是很多 key-value 对，其中 key 是程序使用的部分，而 value 则是程序界面的显示字符串。

资源文件的命名可以有如下三种形式。

- ➢ baseName_language_country.properties
- ➢ baseName_language.properties
- ➢ baseName.properties

其中 baseName 是资源文件的基本名，用户可随意指定；而 language 和 country 都不可随意变化，必须是 Java 所支持的语言和国家。

▶▶ 7.7.2 Java 支持的国家和语言

事实上，Java 不可能支持所有的国家和语言，如果需要获取 Java 所支持的国家和语言，则可调用 Locale 类的 getAvailableLocales() 方法，该方法返回一个 Locale 数组，该数组里包含了 Java 所支持的国家和语言。

下面的程序简单地示范了如何获取 Java 所支持的国家和语言。

程序清单：codes\07\7.7\LocaleList.java

```java
public class LocaleList
{
    public static void main(String[] args)
    {
        // 返回 Java 所支持的全部国家和语言的数组
        Locale[] localeList = Locale.getAvailableLocales();
        // 遍历数组的每个元素，依次获取所支持的国家和语言
        for (int i = 0; i < localeList.length ; i++ )
        {
            // 输出所支持的国家和语言
            System.out.println(localeList[i].getDisplayCountry()
                + "=" + localeList[i].getCountry()+ " "
                + localeList[i].getDisplayLanguage()
                + "=" + localeList[i].getLanguage());
        }
    }
}
```

程序的运行结果如图 7.8 所示。

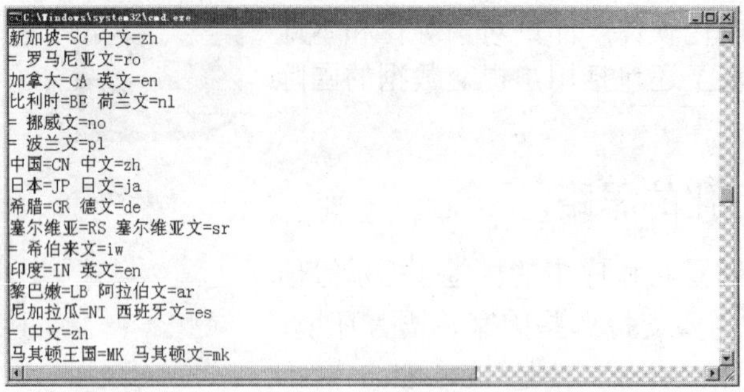

```
新加坡=SG 中文=zh
= 罗马尼亚文=ro
加拿大=CA 英文=en
比利时=BE 荷兰文=nl
= 挪威文=no
= 波兰文=pl
中国=CN 中文=zh
日本=JP 日文=ja
希腊=GR 德文=de
塞尔维亚=RS 塞尔维亚文=sr
= 希伯来文=iw
印度=IN 英文=en
黎巴嫩=LB 阿拉伯文=ar
尼加拉瓜=NI 西班牙文=es
= 中文=zh
马其顿王国=MK 马其顿文=mk
```

图 7.8 Java 所支持的国家和语言

通过该程序就可获得 Java 所支持的国家/语言环境。

> **提示：**
> 虽然可以通过查阅相关资料来获取 Java 语言所支持的国家/语言环境，但如果这些资料不能随手可得，则可以通过上面程序来获得 Java 语言所支持的国家/语言环境。

▶▶ 7.7.3 完成程序国际化

对于如下最简单的程序：

```java
public class RawHello
{
    public static void main(String[] args)
    {
        System.out.println("Hello World");
    }
}
```

这个程序的执行结果也很简单——肯定是打印出简单的 "Hello World" 字符串，不管在哪里执行都不会有任何改变！为了让该程序支持国际化，肯定不能让程序直接输出 "Hello World" 字符串，这种写法直接输出一个字符串常量，永远不会有任何改变。为了让程序可以输出不同的字符串，此处绝不可使用该字符串常量。

为了让上面输出的字符串常量可以改变，可以将需要输出的各种字符串（不同的国家/语言环境对应不同的字符串）定义在资源包中。

为上面程序提供如下两个文件。

第一个文件：mess_zh_CN.properties，该文件的内容为：

```
#资源文件的内容是 key-value 对
hello=你好!
```

第二个文件：mess_en_US.properties，该文件的内容为：

```
#资源文件的内容是 key-value 对
hello=Welcome!
```

Java 9 支持使用 UTF-8 字符集来保存属性文件，这样在属性文件中就可以直接包含非西欧字符，因此属性文件也不再需要使用 native2ascii 工具进行处理。唯一要注意的是，属性文件必须显式保存为 UTF-8 字符集。

> **注意：**
> Windows 是一个有些怪的操作系统，它保存文件默认采用 GBK 字符集。因此，在 Windows 平台上执行 javac 命令默认也用 GBK 字符集读取 Java 源文件。但实际开发项目时采用 GBK 字符集会引起很多乱码问题，所以通常推荐源代码都使用 UTF-8 字符集保存。但如果使用 UTF-8 字符集保存 Java 源代码，在命令行编译源程序时需要为 javac 显式指定 -encoding utf-8 选项，用于告诉 javac 命令使用 UTF-8 字符集读取 Java 源文件。本书出于降低学习难度的考虑，开始没有介绍该选项，所以用平台默认的字符集（GBK）来保存 Java 源文件。

看到这两份文件文件名的 baseName 是相同的：mess。前面已经介绍了资源文件的三种命名方式，其中 baseName 后面的国家、语言必须是 Java 所支持的国家、语言组合。将上面的 Java 程序修改成如下形式。

程序清单：codes\07\7.7\Hello.java

```java
public class Hello
{
    public static void main(String[] args)
    {
        // 取得系统默认的国家/语言环境
        Locale myLocale = Locale.getDefault(Locale.Category.FORMAT);
        // 根据指定的国家/语言环境加载资源文件
        ResourceBundle bundle = ResourceBundle
            .getBundle("mess" , myLocale);
        // 打印从资源文件中取得的消息
        System.out.println(bundle.getString("hello"));
    }
}
```

上面程序中的打印语句不再是直接打印"Hello World"字符串，而是打印从资源包中读取的信息。如果在中文环境下运行该程序，将打印"你好!"；如果在"控制面板"中将机器的语言环境设置成美国，然后再次运行该程序，将打印"Welcome!"字符串。

从上面程序可以看出，如果希望程序完成国际化，只需要将不同的国家/语言（Locale）的提示信息分别以不同的文件存放即可。例如，简体中文的语言资源文件就是 Xxx_zh_CN.properties 文件，而美国英语的语言资源文件就是 Xxx_en_US.properties 文件。

Java 程序国际化的关键类是 ResourceBundle，它有一个静态方法：getBundle(String baseName，Locale locale)，该方法将根据 Locale 加载资源文件，而 Locale 封装了一个国家、语言，例如，简体中文环境可以用简体中文的 Locale 代表，美国英语环境可以用美国英语的 Locale 代表。

从上面资源文件的命名中可以看出，不同国家、语言环境的资源文件的 baseName 是相同的，即 baseName 为 mess 的资源文件有很多个，不同的国家、语言环境对应不同的资源文件。

例如，通过如下代码来加载资源文件。

```java
// 根据指定的国家/语言环境加载资源文件
ResourceBundle bundle = ResourceBundle.getBundle("mess" , myLocale);
```

上面代码将会加载 baseName 为 mess 的系列资源文件之一，到底加载其中的哪个资源文件，则取决于 myLocale；对于简体中文的 Locale，则加载 mess_zh_CN.properties 文件。

一旦加载了该文件后，该资源文件的内容就是多个 key-value 对，程序就根据 key 来获取指定的信息，例如获取 key 为 hello 的消息，该消息是"你好!"——这就是 Java 程序国际化的过程。

如果对于美国英语的 Locale，则加载 mess_en_US.properties 文件，该文件中 key 为 hello 的消息是"Welcome!"。

Java 程序国际化的关键类是 ResourceBundle 和 Locale，ResourceBundle 根据不同的 Locale 加载语言资源文件，再根据指定的 key 取得已加载语言资源文件中的字符串。

▶▶ 7.7.4 使用 MessageFormat 处理包含占位符的字符串

上面程序中输出的消息是一个简单消息，如果需要输出的消息中必须包含动态的内容，例如，这些内容必须是从程序中取得的。比如如下字符串：

你好, yeeku! 今天是2014-5-30 下午11:55。

在上面的输出字符串中，yeeku 是浏览者的名字，必须动态改变，后面的时间也必须动态改变。在这种情况下，可以使用带占位符的消息。例如，提供一个 myMess_en_US.properties 文件，该文件的内容如下：

msg=Hello,{0}!Today is {1}.

提供一个 myMess_zh_CN.properties 文件，该文件的内容如下：

msg=你好，{0}！今天是{1}。

> **注意：** 上面的两个资源文件必须用 UTF-8 字符集保存。

当程序直接使用 ResourceBundle 的 getString()方法来取出 msg 对应的字符串时，在简体中文环境下得到"你好，{0}！今天是{1}。"字符串，这显然不是需要的结果，程序还需要为{0}和{1}两个占位符赋值。此时需要使用 MessageFormat 类，该类包含一个有用的静态方法。

➤ format(String pattern , Object... values)：返回后面的多个参数值填充前面的 pattern 字符串，其中 pattern 字符串不是正则表达式，而是一个带占位符的字符串。

借助于上面的 MessageFormat 类的帮助，将国际化程序修改成如下形式。

程序清单：codes\07\7.7\HelloArg.java

```java
public class HelloArg
{
    public static void main(String[] args)
    {
        // 定义一个 Locale 变量
        Locale currentLocale = null;
        // 如果运行程序指定了两个参数
        if (args.length == 2)
        {
            // 使用运行程序的两个参数构造 Locale 实例
            currentLocale = new Locale(args[0] , args[1]);
        }
        else
        {
            // 否则直接使用系统默认的 Locale
            currentLocale = Locale.getDefault(Locale.Category.FORMAT);
        }
        // 根据 Locale 加载语言资源
        ResourceBundle bundle = ResourceBundle
            .getBundle("myMess" , currentLocale);
        // 取得已加载的语言资源文件中 msg 对应消息
        String msg = bundle.getString("msg");
        // 使用 MessageFormat 为带占位符的字符串传入参数
        System.out.println(MessageFormat.format(msg
            , "yeeku" , new Date()));
    }
}
```

从上面的程序中可以看出，对于带占位符的消息字符串，只需要使用 MessageFormat 类的 format()方法为消息中的占位符指定参数即可。

▶▶ 7.7.5 使用类文件代替资源文件

除使用属性文件作为资源文件外，Java 也允许使用类文件代替资源文件，即将所有的 key-value 对存入 class 文件，而不是属性文件。

使用类文件来代替资源文件必须满足如下条件。

➤ 该类的类名必须是 baseName_language_country，这与属性文件的命名相似。
➤ 该类必须继承 ListResourceBundle，并重写 getContents()方法，该方法返回 Object 数组，该数组的每一项都是 key-value 对。

下面的类文件可以代替上面的属性文件。

程序清单：codes\07\7.7\myMess_zh_CN.java

```java
public class myMess_zh_CN extends ListResourceBundle
{
```

```
    // 定义资源
    private final Object myData[][]=
    {
        {"msg","{0}，你好！今天的日期是{1}"}
    };
    // 重写getContents()方法
    public Object[][] getContents()
    {
        // 该方法返回资源的 key-value 对
        return myData;
    }
}
```

上面文件是一个简体中文语言环境的资源文件，该文件可以代替 myMess_zh_CN.properties 文件；如果需要代替美国英语语言环境的资源文件，则还应该提供一个 myMess_en_US 类。

如果系统同时存在资源文件、类文件，系统将以类文件为主，而不会调用资源文件。对于简体中文的 Locale，ResourceBundle 搜索资源文件的顺序是：

（1）baseName_zh_CN.class
（2）baseName_zh_CN.properties
（3）baseName_zh.class
（4）baseName_zh.properties
（5）baseName.class
（6）baseName.properties

系统按上面的顺序搜索资源文件，如果前面的文件不存在，才会使用下一个文件。如果一直找不到对应的文件，系统将抛出异常。

▶▶ 7.7.6 Java 9 新增的日志 API

Java 9 强化了原有的日志 API，这套日志 API 只是定义了记录消息的最小 API，开发者可将这些日志消息路由到各种主流的日志框架（如 SLF4J、Log4J 等），否则默认使用 Java 传统的 java.util.logging 日志 API。

这套日志 API 的用法非常简单，只要两步即可。

① 调用 System 类的 getLogger(String name)方法获取 System.Logger 对象。
② 调用 System.Logger 对象的 log()方法输出日志。该方法的第一个参数用于指定日志级别。

为了与传统 java.util.logging 日志级别、主流日志框架的级别兼容，Java 9 定义了如表 7.7 所示的日志级别。

表 7.7 日志级别（由低到高）

Java 9 日志级别	传统日志级别	说明
ALL	ALL	最低级别，系统将会输出所有日志信息。因此将会生成非常多、非常冗余的日志信息
TRACE	FINER	输出系统的各种跟踪信息，也会生成很多、很冗余的日志信息
DEBUG	FINE	输出系统的各种调试信息，会生成较多的日志信息
INFO	INFO	输出系统内需要提示用户的提示信息，生成中等冗余的日志信息
WARNING	WARNING	只输出系统内警告用户的警告信息，生成较少的日志信息
ERROR	SEVERE	只输出系统发生错误的错误信息，生成很少的日志信息
OFF	OFF	关闭日志输出

该日志级别是一个非常有用的东西：在开发阶段调试程序时，可能需要大量输出调试信息；在发布软件时，又希望关掉这些调试信息。此时就可通过日志来实现，只要将系统日志级别调高，所有低于该级别的日志信息就都会被自动关闭，如果将日志级别设为 OFF，那么所有日志信息都会被关闭。

例如，如下程序示范了 Java 9 新增的日志 API。

程序清单：codes\07\7.6\LoggerTest.java

```
public class LoggerTest
```

```java
{
    public static void main(String[] args)throws Exception
    {
        // 获取 System.Logger 对象
        System.Logger logger = System.getLogger("fkjava");
        // 设置系统日志级别（FINE 对应 DEBUG）
        Logger.getLogger("fkjava").setLevel(Level.FINE);
        // 设置使用 a.xml 保存日志记录
        Logger.getLogger("fkjava").addHandler(new FileHandler("a.xml"));
        logger.log(System.Logger.Level.DEBUG, "debug 信息");
        logger.log(System.Logger.Level.INFO, "info 信息");
        logger.log(System.Logger.Level.ERROR, "error 信息");
    }
}
```

上面程序中第一行粗体字代码获取 Java 9 提供的日志 API，由于此处并未使用第三方日志框架，因此系统默认使用 java.util.logging 日志作为实现，因此第二行代码使用 java.util.logging.Logger 来设置日志级别。程序将系统日志级别设为 FINE（等同于 DEBUG），这意味着高于或等于 DEBUG 级别的日志信息都会被输出到 a.xml 文件。运行上面程序，将可以看到在该文件所在目录下生成了一个 a.xml 文件，该文件中包含三条日志记录，分别对应于上面三行代码调用 log()方法输出的日志记录。

如果将上面第二行粗体字代码的日志级别改为 SEVERE（等同于 ERROR），这意味着高于或等于 ERROR 级别的日志信息都会被输出到 a.xml 文件。再次运行该程序，将会看到该程序生成的 a.xml 文件仅包含一条日志记录，这意味着 DEBUG、INFO 级别的日志信息都被自动关闭了。

除简单使用之外，Java 9 的日志 API 也支持国际化——System 类除使用简单的 getLogger(String name)方法获取 System.Logger 对象之外，还可使用 getLogger(String name, ResourceBundle bundle)方法来获取该对象，该方法需要传入一个国际化语言资源包，这样该 Logger 对象即可根据 key 来输出国际化的日志信息。

先为美式英语环境提供一个 logMess_en_US.properties 文件，该文件的内容如下：

```
debug=Debug Message
info=Plain Message
error=Error Message
```

再为简体中文环境提供一个 logMess_zh_CN.properties 文件，该文件的内容如下：

```
debug=调试信息
info=普通信息
error=错误信息
```

接下来程序可使用 ResourceBundle 先加载该国际化语言资源包，然后就可通过 Java 9 的日志 API 来输出国际化的日志信息了。

程序清单：codes\07\7.6\LoggerI18N.java

```java
public class LoggerI18N
{
    public static void main(String[] args)throws Exception
    {
        // 加载国际化资源包
        ResourceBundle rb = ResourceBundle.getBundle("logMess",
            Locale.getDefault(Locale.Category.FORMAT));
        // 获取 System.Logger 对象
        System.Logger logger = System.getLogger("fkjava", rb);
        // 设置系统日志级别（FINE 对应 DEBUG）
        Logger.getLogger("fkjava").setLevel(Level.INFO);
        // 设置使用 a.xml 保存日志记录
        Logger.getLogger("fkjava").addHandler(new FileHandler("a.xml"));
```

```
        // 下面三个方法的第二个参数是国际化消息 key
        logger.log(System.Logger.Level.DEBUG, "debug");
        logger.log(System.Logger.Level.INFO, "info");
        logger.log(System.Logger.Level.ERROR, "error");
    }
}
```

该程序与前一个程序的区别就是粗体字代码，这行粗体字代码获取 System.Logger 时加载了 ResourceBundle 资源包。接下来调用 System.Logger 的 log()方法输出日志信息时，第二个参数应该使用国际化消息 key，这样即可输出国际化的日志信息。

在简体中文环境下运行该程序，将会看到 a.xml 文件中的日志信息是中文信息；在美式英文环境下运行该程序，将会看到 a.xml 文件中的日志信息是英文信息。

▶▶ 7.7.7 使用 NumberFormat 格式化数字

MessageFormat 是抽象类 Format 的子类，Format 抽象类还有两个子类：NumberFormat 和 DateFormat，它们分别用以实现数值、日期的格式化。NumberFormat、DateFormat 可以将数值、日期转换成字符串，也可以将字符串转换成数值、日期。图 7.9 显示了 NumberFormat 和 DateFormat 的主要功能。

NumberFormat 和 DateFormat 都包含了 format()和 parse()方法，其中 format()用于将数值、日期格式化成字符串，parse()用于将字符串解析成数值、日期。

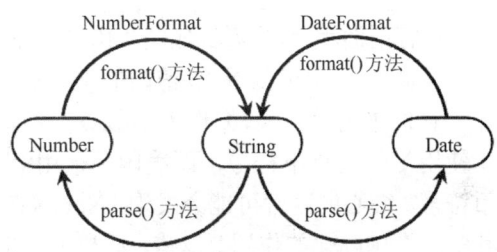

图 7.9 NumberFormat 和 DateFormat 的主要功能

NumberFormat 也是一个抽象基类，所以无法通过它的构造器来创建 NumberFormat 对象，它提供了如下几个类方法来得到 NumberFormat 对象。

- getCurrencyInstance()：返回默认 Locale 的货币格式器。也可以在调用该方法时传入指定的 Locale，则获取指定 Locale 的货币格式器。
- getIntegerInstance()：返回默认 Locale 的整数格式器。也可以在调用该方法时传入指定的 Locale，则获取指定 Locale 的整数格式器。
- getNumberInstance()：返回默认 Locale 的通用数值格式器。也可以在调用该方法时传入指定的 Locale，则获取指定 Locale 的通用数值格式器。
- getPercentInstance()：返回默认 Locale 的百分数格式器。也可以在调用该方法时传入指定的 Locale，则获取指定 Locale 的百分数格式器。

一旦取得了 NumberFormat 对象后，就可以调用它的 format()方法来格式化数值，包括整数和浮点数。如下例子程序示范了 NumberFormat 的三种数字格式化器的用法。

程序清单：codes\07\7.7\NumberFormatTest.java

```
public class NumberFormatTest
{
    public static void main(String[] args)
    {
        // 需要被格式化的数字
        double db = 1234000.567;
        // 创建四个 Locale，分别代表中国、日本、德国、美国
        Locale[] locales = {Locale.CHINA, Locale.JAPAN
            , Locale.GERMAN, Locale.US};
        NumberFormat[] nf = new NumberFormat[12];
        // 为上面四个 Locale 创建 12 个 NumberFormat 对象
        // 每个 Locale 分别有通用数值格式器、百分数格式器、货币格式器
        for (int i = 0 ; i < locales.length ; i++)
        {
            nf[i * 3] = NumberFormat.getNumberInstance(locales[i]);
```

```
            nf[i * 3 + 1] = NumberFormat.getPercentInstance(locales[i]);
            nf[i * 3 + 2] = NumberFormat.getCurrencyInstance(locales[i]);
        }
        for (int i = 0 ; i < locales.length ; i++)
        {
            String tip = i == 0 ? "----中国的格式----" :
                i == 1 ? "----日本的格式----" :
                i == 2 ? "----德国的格式----" :"----美国的格式----";
            System.out.println(tip);
            System.out.println("通用数值格式: "
                + nf[i * 3].format(db));
            System.out.println("百分比数值格式: "
                + nf[i * 3 + 1].format(db));
            System.out.println("货币数值格式: "
                + nf[i * 3 + 2].format(db));
        }
    }
}
```

运行上面程序,将看到如图 7.10 所示的结果。

从图 7.10 中可以看出,德国的小数点比较特殊,它们采用逗号(,)作为小数点;中国、日本使用¥作为货币符号,而美国则采用$作为货币符号。细心的读者可能会发现,NumberFormat 其实也有国际化的作用!没错,同样的数值在不同国家的写法是不同的,而 NumberFormat 的作用就是把数值转换成不同国家的本地写法。

至于使用 NumberFormat 类将字符串解析成数值的意义不大(因为可以使用 Integer、Double 等包装类完成这种解析),故此处不再赘述。

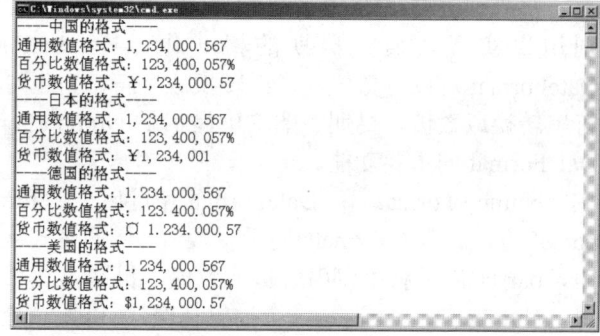

图 7.10　不同 Locale、不同类型的 NumberFormat

▶▶ 7.7.8 使用 DateFormat 格式化日期、时间

与 NumberFormat 相似的是,DateFormat 也是一个抽象类,它也提供了如下几个类方法用于获取 DateFormat 对象。

- getDateInstance():返回一个日期格式器,它格式化后的字符串只有日期,没有时间。该方法可以传入多个参数,用于指定日期样式和 Locale 等参数;如果不指定这些参数,则使用默认参数。
- getTimeInstance():返回一个时间格式器,它格式化后的字符串只有时间,没有日期。该方法可以传入多个参数,用于指定时间样式和 Locale 等参数;如果不指定这些参数,则使用默认参数。
- getDateTimeInstance():返回一个日期、时间格式器,它格式化后的字符串既有日期,也有时间。该方法可以传入多个参数,用于指定日期样式、时间样式和 Locale 等参数;如果不指定这些参数,则使用默认参数。

上面三个方法可以指定日期样式、时间样式参数,它们是 DateFormat 的 4 个静态常量:FULL、LONG、MEDIUM 和 SHORT,通过这 4 个样式参数可以控制生成的格式化字符串。看如下例子程序。

程序清单:codes\07\7.7\DateFormatTest.java

```
public class DateFormatTest
{
    public static void main(String[] args)
        throws ParseException
    {
        // 需要被格式化的时间
        Date dt = new Date();
        // 创建两个 Locale,分别代表中国、美国
        Locale[] locales = {Locale.CHINA, Locale.US};
        DateFormat[] df = new DateFormat[16];
```

```
        // 为上面两个 Locale 创建 16 个 DateFormat 对象
        for (int i = 0 ; i < locales.length ; i++)
        {
            df[i * 8] = DateFormat.getDateInstance(SHORT, locales[i]);
            df[i * 8 + 1] = DateFormat.getDateInstance(MEDIUM, locales[i]);
            df[i * 8 + 2] = DateFormat.getDateInstance(LONG, locales[i]);
            df[i * 8 + 3] = DateFormat.getDateInstance(FULL, locales[i]);
            df[i * 8 + 4] = DateFormat.getTimeInstance(SHORT, locales[i]);
            df[i * 8 + 5] = DateFormat.getTimeInstance(MEDIUM , locales[i]);
            df[i * 8 + 6] = DateFormat.getTimeInstance(LONG , locales[i]);
            df[i * 8 + 7] = DateFormat.getTimeInstance(FULL , locales[i]);
        }
        for (int i = 0 ; i < locales.length ; i++)
        {
            String tip = i == 0 ? "----中国日期格式----":"----美国日期格式----";
            System.out.println(tip);
            System.out.println("SHORT 格式的日期格式: "
                + df[i * 8].format(dt));
            System.out.println("MEDIUM 格式的日期格式: "
                + df[i * 8 + 1].format(dt));
            System.out.println("LONG 格式的日期格式: "
                + df[i * 8 + 2].format(dt));
            System.out.println("FULL 格式的日期格式: "
                + df[i * 8 + 3].format(dt));
            System.out.println("SHORT 格式的时间格式: "
                + df[i * 8 + 4].format(dt));
            System.out.println("MEDIUM 格式的时间格式: "
                + df[i * 8 + 5].format(dt));
            System.out.println("LONG 格式的时间格式: "
                + df[i * 8 + 6].format(dt));
            System.out.println("FULL 格式的时间格式: "
                + df[i * 8 + 7].format(dt));
        }
    }
}
```

上面程序共创建了 16 个 DateFormat 对象，分别为中国、美国两个 Locale 各创建 8 个 DateFormat 对象，分别是 SHORT、MEDIUM、LONG、FULL 四种样式的日期格式器、时间格式器。运行上面程序，会看到如图 7.11 所示的效果。

从图 7.11 中可以看出，正如 NumberFormat 提供了国际化的能力一样，DateFormat 也具有国际化的能力，同一个日期使用不同的 Locale 格式器格式化的效果完全不同，格式化后的字符串正好符合 Locale 对应的本地习惯。

获得了 DateFormat 之后，还可以调用它的 setLenient(boolean lenient)方法来设置该格式器是否采用严格语法。举例来说，如果采用不严格的日期语法（该方法的参数为 true），对于字符串"2004-2-31"将会转换成 2004 年 3 月 2 日；如果采用严格的日期语法，解析该字符串时将抛出异常。

DateFormat 的 parse()方法可以把一个字符串解析成 Date 对象，但它要求被解析的字符串必须符合日期字符串的要求，否则可能抛出 ParseException 异常。例如，如下代码片段：

图 7.11　16 种 DateFormat 格式化的效果

```
String str1 = "2017/10/07";
String str2 = "2017年10月07日";
// 下面输出 Sat Oct 07 00:00:00 CST 2017
System.out.println(DateFormat.getDateInstance().parse(str2));
// 下面输出 Sat Oct 07 00:00:00 CST 2017
System.out.println(DateFormat.getDateInstance(SHORT).parse(str1));
// 下面抛出 ParseException 异常
```

```
System.out.println(DateFormat.getDateInstance().parse(str1));
```

上面代码中最后一行代码解析日期字符串时引发 ParseException 异常，因为"2017/10/07"是一个 SHORT 样式的日期字符串，必须用 SHORT 样式的 DateFormat 实例解析，否则将抛出异常。

▶▶ 7.7.9 使用 SimpleDateFormat 格式化日期

前面介绍的 DateFormat 的 parse() 方法可以把字符串解析成 Date 对象，但实际上 DateFormat 的 parse() 方法不够灵活——它要求被解析的字符串必须满足特定的格式！为了更好地格式化日期、解析日期字符串，Java 提供了 SimpleDateFormat 类。

SimpleDateFormat 是 DateFormat 的子类，正如它的名字所暗示的，它是"简单"的日期格式器。很多读者对"简单"的日期格式器不屑一顾，实际上 SimpleDateFormat 比 DateFormat 更简单，功能更强大。

> **提示：** 有一封读者来信让笔者记忆很深刻，他说："相对于有些人喜欢深奥的图书，他更喜欢"简单"的 IT 图书，"简单"的东西很清晰、明确，下一步该怎么做，为什么这样做，一切都清清楚楚，无须任何猜测、想象——正好符合计算机哲学——0 就是 0，1 就是 1，中间没有任何回旋的余地。如果喜欢深奥的书籍，那就看《老子》吧！够深奥，几乎可以包罗万象，但有人是通过《老子》开始学习编程的吗……"

SimpleDateFormat 可以非常灵活地格式化 Date，也可以用于解析各种格式的日期字符串。创建 SimpleDateFormat 对象时需要传入一个 pattern 字符串，这个 pattern 不是正则表达式，而是一个日期模板字符串。

程序清单：codes\07\7.7\SimpleDateFormatTest.java

```java
public class SimpleDateFormatTest
{
    public static void main(String[] args)
        throws ParseException
    {
        Date d = new Date();
        // 创建一个 SimpleDateFormat 对象
        SimpleDateFormat sdf1 = new SimpleDateFormat("Gyyyy 年中第 D 天");
        // 将 d 格式化成日期，输出：公元 2017 年中第 281 天
        String dateStr = sdf1.format(d);
        System.out.println(dateStr);
        // 一个非常特殊的日期字符串
        String str = "14###3月##21";
        SimpleDateFormat sdf2 = new SimpleDateFormat("y###MMM##d");
        // 将日期字符串解析成日期，输出：Fri Mar 21 00:00:00 CST 2014
        System.out.println(sdf2.parse(str));
    }
}
```

从上面程序中可以看出，使用 SimpleDateFormat 可以将日期格式化成形如"公元 2014 年中第 101 天"这样的字符串，也可以把形如"14###三月##21"这样的字符串解析成日期，功能非常强大。SimpleDateFormat 把日期格式化成怎样的字符串，以及能把怎样的字符串解析成 Date，完全取决于创建该对象时指定的 pattern 参数，pattern 是一个使用日期字段占位符的日期模板。

如果读者想知道 SimpleDateFormat 支持哪些日期、时间占位符，可以查阅 API 文档中 SimpleDateFormat 类的说明，此处不再赘述。

7.8 Java 8 新增的日期、时间格式器

Java 8 新增的日期、时间 API 里不仅包括了 Instant、LocalDate、LocalDateTime、LocalTime 等代表日期、时间的类，而且在 java.time.format 包下提供了一个 DateTimeFormatter 格式器类，该类相当于前

面介绍的 DateFormat 和 SimpleDateFormat 的合体，功能非常强大。

与 DateFormat、SimpleDateFormat 类似，DateTimeFormatter 不仅可以将日期、时间对象格式化成字符串，也可以将特定格式的字符串解析成日期、时间对象。

为了使用 DateTimeFormatter 进行格式化或解析，必须先获取 DateTimeFormatter 对象，获取 DateTimeFormatter 对象有如下三种常见的方式。

- 直接使用静态常量创建 DateTimeFormatter 格式器。DateTimeFormatter 类中包含了大量形如 ISO_LOCAL_DATE、ISO_LOCAL_TIME、ISO_LOCAL_DATE_TIME 等静态常量，这些静态常量本身就是 DateTimeFormatter 实例。
- 使用代表不同风格的枚举值来创建 DateTimeFormatter 格式器。在 FormatStyle 枚举类中定义了 FULL、LONG、MEDIUM、SHORT 四个枚举值，它们代表日期、时间的不同风格。
- 根据模式字符串来创建 DateTimeFormatter 格式器。类似于 SimpleDateFormat，可以采用模式字符串来创建 DateTimeFormatter，如果需要了解 DateTimeFormatter 支持哪些模式字符串，则需要参考该类的 API 文档。

> **注意：**
> 本书第 3 版曾提醒大家，Java 8 的 DateTimeFormatter 的官方 API 文档有错，后来我们也把错误反馈给 Oracle 官方，现在 Java 9 的 DateTimeFormatter 的官方 API 文档已经改正了。

▶▶ 7.8.1 使用 DateTimeFormatter 完成格式化

使用 DateTimeFormatter 将日期、时间（LocalDate、LocalDateTime、LocalTime 等实例）格式化为字符串，可通过如下两种方式。

- 调用 DateTimeFormatter 的 format(TemporalAccessor temporal)方法执行格式化，其中 LocalDate、LocalDateTime、LocalTime 等类都是 TemporalAccessor 接口的实现类。
- 调用 LocalDate、LocalDateTime、LocalTime 等日期、时间对象的 format(DateTimeFormatter formatter)方法执行格式化。

上面两种方式的功能相同，用法也基本相似，如下程序示范了使用 DateTimeFormatter 来格式化日期、时间。

程序清单：codes\07\7.8\NewFormatterTest.java

```java
public class NewFormatterTest
{
    public static void main(String[] args)
    {
        DateTimeFormatter[] formatters = new DateTimeFormatter[]{
            // 直接使用常量创建 DateTimeFormatter 格式器
            DateTimeFormatter.ISO_LOCAL_DATE,
            DateTimeFormatter.ISO_LOCAL_TIME,
            DateTimeFormatter.ISO_LOCAL_DATE_TIME,
            // 使用本地化的不同风格来创建 DateTimeFormatter 格式器
            DateTimeFormatter.ofLocalizedDateTime(FormatStyle.FULL, FormatStyle.MEDIUM),
            DateTimeFormatter.ofLocalizedDate(FormatStyle.LONG),
            // 根据模式字符串来创建 DateTimeFormatter 格式器
            DateTimeFormatter.ofPattern("Gyyyy%%MMM%%dd HH:mm:ss")
        };
        LocalDateTime date = LocalDateTime.now();
        // 依次使用不同的格式器对 LocalDateTime 进行格式化
        for(int i = 0 ; i < formatters.length ; i++)
        {
            // 下面两行代码的作用相同
            System.out.println(date.format(formatters[i]));
            System.out.println(formatters[i].format(date));
        }
    }
}
```

上面程序使用三种方式创建了 6 个 DateTimeFormatter 对象,然后程序中两行粗体字代码分别使用不同方式来格式化日期。运行上面程序,会看到如图 7.12 所示的效果。

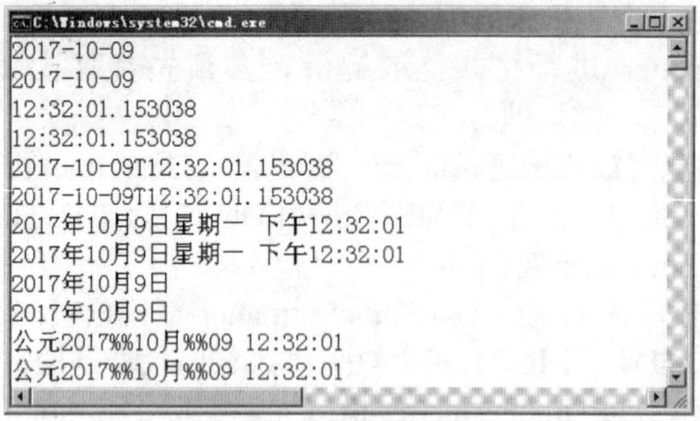

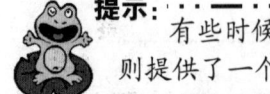

图 7.12 DateTimeFormatter 格式化的效果

从图 7.12 可以看出,使用 DateTimeFormatter 进行格式化时不仅可按系统预置的格式对日期、时间进行格式化,也可使用模式字符串对日期、时间进行自定义格式化,由此可见,DateTimeFormatter 的功能完全覆盖了传统的 DateFormat、SimpleDateFormate 的功能。

> **提示:** 有些时候,读者可能还需要使用传统的 DateFormat 来执行格式化,DateTimeFormatter 则提供了一个 toFormat()方法,该方法可以获取 DateTimeFormatter 对应的 Format 对象。

▶▶ 7.8.2 使用 DateTimeFormatter 解析字符串

为了使用 DateTimeFormatter 将指定格式的字符串解析成日期、时间对象(LocalDate、LocalDateTime、LocalTime 等实例),可通过日期、时间对象提供的 parse(CharSequence text, DateTimeFormatter formatter) 方法进行解析。

如下程序示范了使用 DateTimeFormatter 解析日期、时间字符串。

程序清单:codes\07\7.8\NewFormatterParse.java

```java
public class NewFormatterParse
{
    public static void main(String[] args)
    {
        // 定义一个任意格式的日期、时间字符串
        String str1 = "2014==04==12 01时06分09秒";
        // 根据需要解析的日期、时间字符串定义解析所用的格式器
        DateTimeFormatter fomatter1 = DateTimeFormatter
            .ofPattern("yyyy==MM==dd HH时mm分ss秒");
        // 执行解析
        LocalDateTime dt1 = LocalDateTime.parse(str1, fomatter1);
        System.out.println(dt1);  // 输出 2014-04-12T01:06:09
        // ---下面代码再次解析另一个字符串---
        String str2 = "2014$$$4月$$$13 20 小时";
        DateTimeFormatter fomatter2 = DateTimeFormatter
            .ofPattern("yyy$$$MMM$$$dd HH 小时");
        LocalDateTime dt2 = LocalDateTime.parse(str2, fomatter2);
        System.out.println(dt2);  // 输出 2014-04-13T20:00
    }
}
```

上面程序中定义了两个不同格式的日期、时间字符串,为了解析它们,程序分别使用对应的格式字符串创建了 DateTimeFormatter 对象,这样 DateTimeFormatter 即可按该格式字符串将日期、时间字符串解析成 LocalDateTime 对象。编译、运行该程序,即可看到两个日期、时间字符串都被成功地解析成 LocalDateTime。

7.9 本章小结

本章介绍了运行 Java 程序时的参数，并详细解释了 main 方法签名的含义。为了实现字符界面程序与用户交互功能，本章介绍了两种读取键盘输入的方法。本章还介绍了 System、Runtime、String、StringBuffer、StringBuilder、Math、BigDecimal、Random、Date、Calendar 和 TimeZone 等常用类的用法。本章重点介绍了 JDK 1.4 所新增的正则表达式支持，包括如何创建正则表达式，以及使用 Pattern、Matcher、String 等类来使用正则表达式。本章还详细介绍了程序国际化的相关知识，包括消息、日期、时间国际化以及格式化等内容。除此之外，本章详细介绍了 Java 8 新增的日期、时间包，以及 Java 8 新增的日期、时间格式器。

▶▶ 本章练习

1. 定义一个长度为 10 的整数数组，可用于保存用户通过控制台输入的 10 个整数。并计算它们的平均值、最大值、最小值。
2. 将字符串"ABCDEFG"中的"CD"截取出来；再将"B"、"F"截取出来。
3. 将 A1B2C3D4E5F6G7H8 拆分开来，并分别存入 int[]和 String[]数组。得到的结果为[1,2,3,4,5,6,7,8]和[A,B,C,D,E,F,G,H]。
4. 改写第 4 章练习中的五子棋游戏，通过正则表达式保证用户输入必须合法。
5. 改写第 4 章练习中的五子棋游戏，为该程序增加国际化功能。

CHAPTER 8

第 8 章
Java 集合

本章要点

- 集合的概念和作用
- 使用 Lambda 表达式遍历集合
- Collection 集合的常规用法
- 使用 Predicate 操作集合
- 使用 Iterator 和 foreach 循环遍历 Collection 集合
- HashSet、LinkedHashSet 的用法
- 对集合使用 Stream 进行流式编程
- EnumSet 的用法
- TreeSet 的用法
- ArrayList 和 Vector
- List 集合的常规用法
- Queue 接口与 Deque 接口
- 固定长度的 List 集合
- ArrayDeque 的用法
- PriorityQueue 的用法
- Map 的概念和常规用法
- LinkedList 集合的用法
- TreeMap 的用法
- HashMap 和 Hashtable
- 几种特殊的 Map 实现类
- Hash 算法对 HashSet、HashMap 性能的影响
- Collections 工具类的用法
- Java 9 新增的不可变集合
- Enumeration 迭代器的用法
- Java 的集合体系

Java 集合类是一种特别有用的工具类，可用于存储数量不等的对象，并可以实现常用的数据结构，如栈、队列等。除此之外，Java 集合还可用于保存具有映射关系的关联数组。Java 集合大致可分为 Set、List、Queue 和 Map 四种体系，其中 Set 代表无序、不可重复的集合；List 代表有序、重复的集合；而 Map 则代表具有映射关系的集合，Java 5 又增加了 Queue 体系集合，代表一种队列集合实现。

Java 集合就像一种容器，可以把多个对象（实际上是对象的引用，但习惯上都称对象）"丢进"该容器中。在 Java 5 之前，Java 集合会丢失容器中所有对象的数据类型，把所有对象都当成 Object 类型处理；从 Java 5 增加了泛型以后，Java 集合可以记住容器中对象的数据类型，从而可以编写出更简洁、健壮的代码。本章不会介绍泛型的知识，本章重点介绍 Java 的 4 种集合体系的功能和用法。本章将详细介绍 Java 的 4 种集合体系的常规功能，深入介绍各集合实现类所提供的独特功能，深入分析各实现类的实现机制，以及用法上的细微差别，并给出不同应用场景选择哪种集合实现类的建议。

8.1 Java 集合概述

在编程时，常常需要集中存放多个数据，例如第 6 章练习题中梭哈游戏里剩下的牌。可以使用数组来保存多个对象，但数组长度不可变化，一旦在初始化数组时指定了数组长度，这个数组长度就是不可变的，如果需要保存数量变化的数据，数组就有点无能为力了；而且数组无法保存具有映射关系的数据，如成绩表：语文—79，数学—80，这种数据看上去像两个数组，但这两个数组的元素之间有一定的关联关系。

为了保存数量不确定的数据，以及保存具有映射关系的数据（也被称为关联数组），Java 提供了集合类。集合类主要负责保存、盛装其他数据，因此集合类也被称为容器类。所有的集合类都位于 java.util 包下，后来为了处理多线程环境下的并发安全问题，Java 5 还在 java.util.concurrent 包下提供了一些多线程支持的集合类。

集合类和数组不一样，数组元素既可以是基本类型的值，也可以是对象（实际上保存的是对象的引用变量）；而集合里只能保存对象（实际上只是保存对象的引用变量，但通常习惯上认为集合里保存的是对象）。

Java 的集合类主要由两个接口派生而出：Collection 和 Map，Collection 和 Map 是 Java 集合框架的根接口，这两个接口又包含了一些子接口或实现类。如图 8.1 所示是 Collection 接口、子接口及其实现类的继承树。

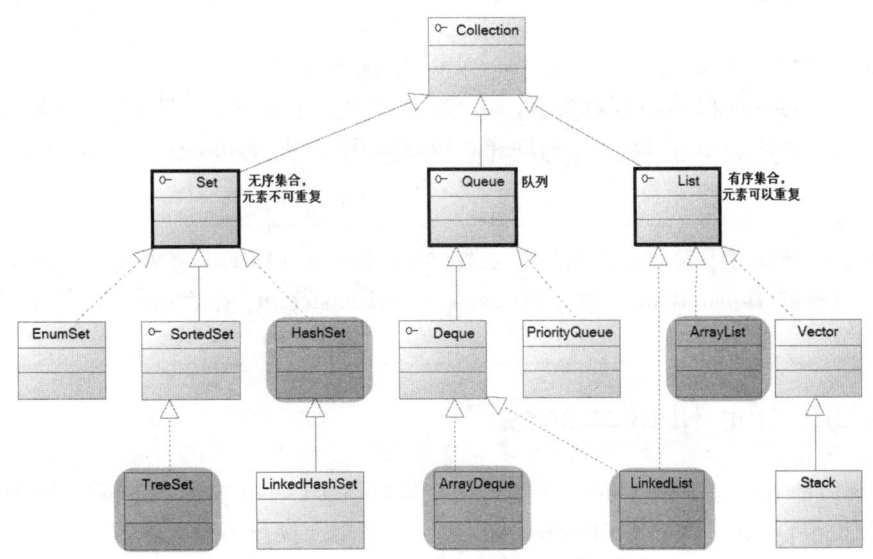

图 8.1 Collection 集合体系的继承树

图 8.1 显示了 Collection 体系里的集合，其中粗线圈出的 Set 和 List 接口是 Collection 接口派生的两个子接口，它们分别代表了无序集合和有序集合；Queue 是 Java 提供的队列实现，有点类似于 List，后面章节还会有更详细的介绍，此处不再赘述。

如图 8.2 所示是 Map 体系的继承树，所有的 Map 实现类用于保存具有映射关系的数据（也就是前面介绍的关联数组）。

图 8.2 显示了 Map 接口的众多实现类，这些实现类在功能、用法上存在一定的差异，但它们都有一个功能特征：Map 保存的每项数据都是 key-value 对，也就是由 key 和 value 两个值组成。就像前面介绍的成绩单：语文—79，数学—80，每项成绩都由两个值组成，即科目名和成绩。对于一张成绩表而言，科目通常不会重复，而成绩是可重复的，通常习惯根据科目来查阅成绩，而不会根据成绩来查阅科目。Map 与此类似，Map 里的 key 是不可重复的，key 用于标识集合里的每项数据，如果需要查阅 Map 中的数据时，总是根据 Map 的 key 来获取。

对于图 8.1 和图 8.2 中粗线标识的 4 个接口，可以把 Java 所有集合分成三大类，其中 Set 集合类似于一个罐子，把一个对象添加到 Set 集合时，Set 集合无法记住添加这个元素的顺序，所以 Set 里的元素不能重复（否则系统无法准确识别这个元素）；List 集合非常像一个数组，它可以记住每次添加元素的顺序、且 List 的长度可变。Map 集合也像一个罐子，只是它里面的每项数据都由两个值组成。图 8.3 显示了这三种集合的示意图。

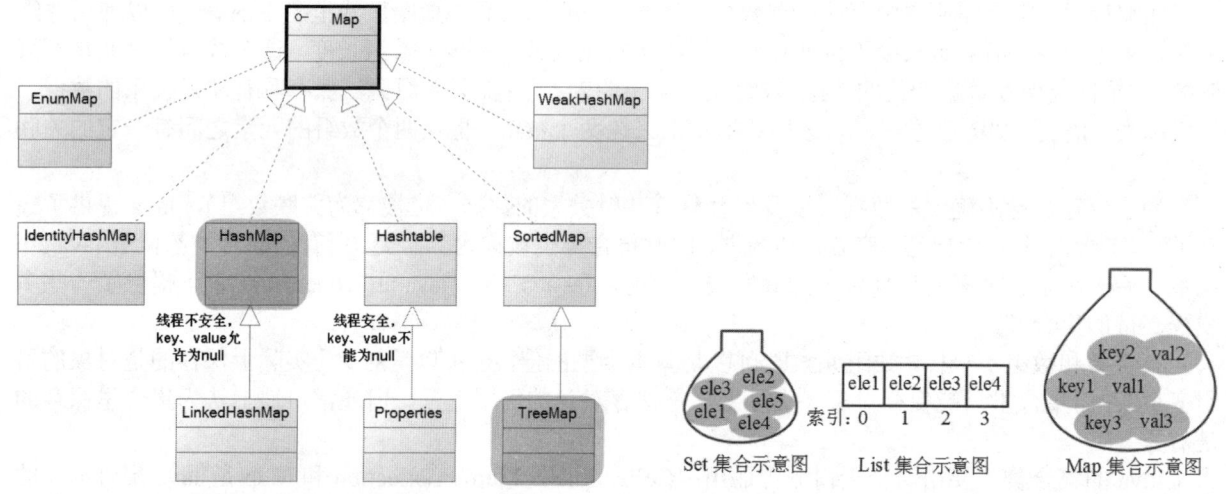

图 8.2 Map 体系的继承树　　　　　　　　图 8.3 三种集合示意图

从图 8.3 中可以看出，如果访问 List 集合中的元素，可以直接根据元素的索引来访问；如果访问 Map 集合中的元素，可以根据每项元素的 key 来访问其 value；如果访问 Set 集合中的元素，则只能根据元素本身来访问（这也是 Set 集合里元素不允许重复的原因）。

对于 Set、List、Queue 和 Map 四种集合，最常用的实现类在图 8.1、图 8.2 中以灰色背景色覆盖，分别是 HashSet、TreeSet、ArrayList、ArrayDeque、LinkedList 和 HashMap、TreeMap 等实现类。

> 本章主要讲解没有涉及并发控制的集合类，对于 Java 5 新增的具有并发控制的集合类，以及 Java 7 新增的 TransferQueue 及其实现类 LinkedTransferQueue,将在第 16 章与多线程一起介绍。

8.2　Collection 和 Iterator 接口

Collection 接口是 List、Set 和 Queue 接口的父接口，该接口里定义的方法既可用于操作 Set 集合，也可用于操作 List 和 Queue 集合。Collection 接口里定义了如下操作集合元素的方法。

- ➢ boolean add(Object o)：该方法用于向集合里添加一个元素。如果集合对象被添加操作改变了，则返回 true。
- ➢ boolean addAll(Collection c)：该方法把集合 c 里的所有元素添加到指定集合里。如果集合对象被添加操作改变了，则返回 true。
- ➢ void clear()：清除集合里的所有元素，将集合长度变为 0。

- boolean contains(Object o)：返回集合里是否包含指定元素。
- boolean containsAll(Collection c)：返回集合里是否包含集合 c 里的所有元素。
- boolean isEmpty()：返回集合是否为空。当集合长度为 0 时返回 true，否则返回 false。
- Iterator iterator()：返回一个 Iterator 对象，用于遍历集合里的元素。
- boolean remove(Object o)：删除集合中的指定元素 o，当集合中包含了一个或多个元素 o 时，该方法只删除第一个符合条件的元素，该方法将返回 true。
- boolean removeAll(Collection c)：从集合中删除集合 c 里包含的所有元素（相当于用调用该方法的集合减集合 c），如果删除了一个或一个以上的元素，则该方法返回 true。
- boolean retainAll(Collection c)：从集合中删除集合 c 里不包含的元素（相当于把调用该方法的集合变成该集合和集合 c 的交集），如果该操作改变了调用该方法的集合，则该方法返回 true。
- int size()：该方法返回集合里元素的个数。
- Object[] toArray()：该方法把集合转换成一个数组，所有的集合元素变成对应的数组元素。

> **提示：** 这些方法完全来自于 Java API 文档，读者可自行参考 API 文档来查阅这些方法的详细信息。实际上，读者无须硬性记忆这些方法，只要牢记一点：集合类就像容器，现实生活中容器的功能，无非就是添加对象、删除对象、清空容器、判断容器是否为空等，集合类就为这些功能提供了对应的方法。

下面程序示范了如何通过上面方法来操作 Collection 集合里的元素。

程序清单：codes\08\8.2\CollectionTest.java

```java
public class CollectionTest
{
    public static void main(String[] args)
    {
        Collection c = new ArrayList();
        // 添加元素
        c.add("孙悟空");
        // 虽然集合里不能放基本类型的值，但 Java 支持自动装箱
        c.add(6);
        System.out.println("c 集合的元素个数为:" + c.size()); // 输出 2
        // 删除指定元素
        c.remove(6);
        System.out.println("c 集合的元素个数为:" + c.size()); // 输出 1
        // 判断是否包含指定字符串
        System.out.println("c 集合是否包含\"孙悟空\"字符串:"
            + c.contains("孙悟空")); // 输出 true
        c.add("轻量级 Java EE 企业应用实战");
        System.out.println("c 集合的元素: " + c);
        Collection books = new HashSet();
        books.add("轻量级 Java EE 企业应用实战");
        books.add("疯狂 Java 讲义");
        System.out.println("c 集合是否完全包含 books 集合? "
            + c.containsAll(books)); // 输出 false
        // 用 c 集合减去 books 集合里的元素
        c.removeAll(books);
        System.out.println("c 集合的元素: " + c);
        // 删除 c 集合里的所有元素
        c.clear();
        System.out.println("c 集合的元素: " + c);
        // 控制 books 集合里只剩下 c 集合里也包含的元素
        books.retainAll(c);
        System.out.println("books 集合的元素:" + books);
    }
}
```

上面程序中创建了两个 Collection 对象，一个是 c 集合，一个是 books 集合，其中 c 集合是 ArrayList，而 books 集合是 HashSet。虽然它们使用的实现类不同，但当把它们当成 Collection 来使用时，使用 add、

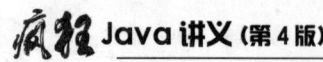

remove、clear 等方法来操作集合元素时没有任何区别。

编译和运行上面程序，看到如下运行结果：

```
c 集合的元素个数为:2
c 集合的元素个数为:1
c 集合是否包含"孙悟空"字符串:true
c 集合的元素：[孙悟空, 轻量级 Java EE 企业应用实战]
c 集合是否完全包含 books 集合? false
c 集合的元素：[孙悟空]
c 集合的元素：[]
books 集合的元素:[]
```

把运行结果和粗体字标识的代码结合在一起看，可以看出 Collection 的用法有：添加元素、删除元素、返回 Collection 集合的元素个数以及清空整个集合等。

> **提示：** 编译上面程序时，系统可能输出一些警告（warning）提示，这些警告提醒用户没有使用泛型（Generic）来限制集合里的元素类型，读者现在暂时不要理会这些警告，第 9 章会详细介绍泛型编程。

当使用 System.out 的 println()方法来输出集合对象时，将输出[ele1,ele2,...]的形式，这显然是因为所有的 Collection 实现类都重写了 toString()方法，该方法可以一次性地输出集合中的所有元素。

如果想依次访问集合里的每一个元素，则需要使用某种方式来遍历集合元素，下面介绍遍历集合元素的两种方法。

> **注意：** 在传统模式下，把一个对象"丢进"集合中后，集合会忘记这个对象的类型——也就是说，系统把所有的集合元素都当成 Object 类型。从 JDK 1.5 以后，这种状态得到了改进：可以使用泛型来限制集合里元素的类型，并让集合记住所有集合元素的类型。关于泛型的介绍，请参考本书第 9 章。

>> 8.2.1 使用 Lambda 表达式遍历集合

Java 8 为 Iterable 接口新增了一个 forEach(Consumer action)默认方法，该方法所需参数的类型是一个函数式接口，而 Iterable 接口是 Collection 接口的父接口，因此 Collection 集合也可直接调用该方法。

当程序调用 Iterable 的 forEach(Consumer action)遍历集合元素时，程序会依次将集合元素传给 Consumer 的 accept(T t)方法（该接口中唯一的抽象方法）。正因为 Consumer 是函数式接口，因此可以使用 Lambda 表达式来遍历集合元素。

如下程序示范了使用 Lambda 表达式来遍历集合元素。

程序清单：codes\08\8.2\CollectionEach.java

```java
public class CollectionEach
{
    public static void main(String[] args)
    {
        // 创建一个集合
        Collection books = new HashSet();
        books.add("轻量级 Java EE 企业应用实战");
        books.add("疯狂 Java 讲义");
        books.add("疯狂 Android 讲义");
        // 调用 forEach()方法遍历集合
        books.forEach(obj -> System.out.println("迭代集合元素:" + obj));
    }
}
```

上面程序中粗体字代码调用了 Iterable 的 forEach()默认方法来遍历集合元素，传给该方法的参数是一个 Lambda 表达式，该 Lambda 表达式的目标类型是 Comsumer。forEach()方法会自动将集合元素逐个地传给 Lambda 表达式的形参,这样 Lambda 表达式的代码体即可遍历到集合元素了。

8.2.2 使用 Java 8 增强的 Iterator 遍历集合元素

Iterator 接口也是 Java 集合框架的成员,但它与 Collection 系列、Map 系列的集合不一样:Collection 系列集合、Map 系列集合主要用于盛装其他对象,而 Iterator 则主要用于遍历(即迭代访问)Collection 集合中的元素,Iterator 对象也被称为迭代器。

Iterator 接口隐藏了各种 Collection 实现类的底层细节,向应用程序提供了遍历 Collection 集合元素的统一编程接口。Iterator 接口里定义了如下 4 个方法。

- boolean hasNext():如果被迭代的集合元素还没有被遍历完,则返回 true。
- Object next():返回集合里的下一个元素。
- void remove():删除集合里上一次 next 方法返回的元素。
- void forEachRemaining(Consumer action),这是 Java 8 为 Iterator 新增的默认方法,该方法可使用 Lambda 表达式来遍历集合元素。

下面程序示范了通过 Iterator 接口来遍历集合元素。

程序清单:codes\08\8.2\IteratorTest.java

```java
public class IteratorTest
{
    public static void main(String[] args)
    {
        // 创建集合、添加元素的代码与前一个程序相同
        ...
        // 获取 books 集合对应的迭代器
        Iterator it = books.iterator();
        while(it.hasNext())
        {
            // it.next()方法返回的数据类型是 Object 类型,因此需要强制类型转换
            String book = (String)it.next();
            System.out.println(book);
            if (book.equals("疯狂Java讲义"))
            {
                // 从集合中删除上一次 next()方法返回的元素
                it.remove();
            }
            // 对 book 变量赋值,不会改变集合元素本身
            book = "测试字符串";      //①
        }
        System.out.println(books);
    }
}
```

从上面代码中可以看出,Iterator 仅用于遍历集合,Iterator 本身并不提供盛装对象的能力。如果需要创建 Iterator 对象,则必须有一个被迭代的集合。没有集合的 Iterator 仿佛无本之木,没有存在的价值。

> Iterator 必须依附于 Collection 对象,若有一个 Iterator 对象,则必然有一个与之关联的 Collection 对象。Iterator 提供了两个方法来迭代访问 Collection 集合里的元素,并可通过 remove()方法来删除集合中上一次 next()方法返回的集合元素。

上面程序中①行代码对迭代变量 book 进行赋值,但当再次输出 books 集合时,会看到集合里的元素没有任何改变。这就可以得到一个结论:当使用 Iterator 对集合元素进行迭代时,Iterator 并不是把集合元素本身传给了迭代变量,而是把集合元素的值传给了迭代变量,所以修改迭代变量的值对集合元素本身没有任何影响。

当使用 Iterator 迭代访问 Collection 集合元素时,Collection 集合里的元素不能被改变,只有通过 Iterator 的 remove()方法删除上一次 next()方法返回的集合元素才可以;否则将会引发 java.util.Concurrent ModificationException 异常。下面程序示范了这一点。

程序清单：codes\08\8.2\IteratorErrorTest.java

```
public class IteratorErrorTest
{
    public static void main(String[] args)
    {
        // 创建集合、添加元素的代码与前一个程序相同
        ...
        // 获取books集合对应的迭代器
        Iterator it = books.iterator();
        while(it.hasNext())
        {
            String book = (String)it.next();
            System.out.println(book);
            if (book.equals("疯狂Android讲义"))
            {
                // 使用Iterator迭代过程中，不可修改集合元素，下面代码引发异常
                books.remove(book);
            }
        }
    }
}
```

上面程序中粗体字标识的代码位于 Iterator 迭代块内，也就是在 Iterator 迭代 Collection 集合过程中修改了 Collection 集合，所以程序将在运行时引发异常。

Iterator 迭代器采用的是快速失败（fail-fast）机制，一旦在迭代过程中检测到该集合已经被修改（通常是程序中的其他线程修改），程序立即引发 ConcurrentModificationException 异常，而不是显示修改后的结果，这样可以避免共享资源而引发的潜在问题。

> **注意：**
> 上面程序如果改为删除"疯狂 Java 讲义"字符串，则不会引发异常，这样可能有些读者会"心存侥幸"地想：在迭代时好像也可以删除集合元素啊。实际上这是一种危险的行为：对于 HashSet 以及后面的 ArrayList 等，迭代时删除元素都会导致异常——只有在删除集合中的某个特定元素时才不会抛出异常，这是由集合类的实现代码决定的，程序员不应该这么做。

▶▶ 8.2.3 使用 Lambda 表达式遍历 Iterator

Java 8 起为 Iterator 新增了一个 forEachRemaining(Consumer action)方法，该方法所需的 Consumer 参数同样也是函数式接口。当程序调用 Iterator 的 forEachRemaining(Consumer action)遍历集合元素时，程序会依次将集合元素传给 Consumer 的 accept(T t)方法（该接口中唯一的抽象方法）。

如下程序示范了使用 Lambda 表达式来遍历集合元素。

程序清单：codes\08\8.2\IteratorEach.java

```
public class IteratorEach
{
    public static void main(String[] args)
    {
        // 创建集合、添加元素的代码与前一个程序相同
        ...
        // 获取books集合对应的迭代器
        Iterator it = books.iterator();
        // 使用Lambda表达式（目标类型是Comsumer）来遍历集合元素
        it.forEachRemaining(obj -> System.out.println("迭代集合元素：" + obj));
    }
}
```

上面程序中粗体字代码调用了 Iterator 的 forEachRemaining()方法来遍历集合元素，传给该方法的参数是一个 Lambda 表达式，该 Lambda 表达式的目标类型是 Comsumer，因此上面代码也可用于遍历集合元素。

8.2.4 使用 foreach 循环遍历集合元素

除可以使用 Iterator 接口迭代访问 Collection 集合里的元素之外，使用 Java 5 提供的 foreach 循环迭代访问集合元素更加便捷。如下程序示范了使用 foreach 循环来迭代访问集合元素。

程序清单：codes\08\8.2\ForeachTest.java

```java
public class ForeachTest
{
    public static void main(String[] args)
    {
        // 创建集合、添加元素的代码与前一个程序相同
        ...
        for (Object obj : books)
        {
            // 此处的 book 变量也不是集合元素本身
            String book = (String)obj;
            System.out.println(book);
            if (book.equals("疯狂Android讲义"))
            {
                // 下面代码会引发 ConcurrentModificationException 异常
                books.remove(book);        //①
            }
        }
        System.out.println(books);
    }
}
```

上面代码使用 foreach 循环来迭代访问 Collection 集合里的元素更加简洁，这正是 JDK 1.5 的 foreach 循环带来的优势。与使用 Iterator 接口迭代访问集合元素类似的是，foreach 循环中的迭代变量也不是集合元素本身，系统只是依次把集合元素的值赋给迭代变量，因此在 foreach 循环中修改迭代变量的值也没有任何实际意义。

同样，当使用 foreach 循环迭代访问集合元素时，该集合也不能被改变，否则将引发 ConcurrentModificationException 异常。所以上面程序中①行代码处将引发该异常。

8.2.5 使用 Java 8 新增的 Predicate 操作集合

Java 8 起为 Collection 集合新增了一个 removeIf(Predicate filter)方法，该方法将会批量删除符合 filter 条件的所有元素。该方法需要一个 Predicate（谓词）对象作为参数，Predicate 也是函数式接口，因此可使用 Lambda 表达式作为参数。

如下程序示范了使用 Predicate 来过滤集合。

程序清单：codes\08\8.2\PredicateTest.java

```java
// 创建一个集合
Collection books = new HashSet();
books.add(new String("轻量级 Java EE 企业应用实战"));
books.add(new String("疯狂Java讲义"));
books.add(new String("疯狂iOS讲义"));
books.add(new String("疯狂Ajax讲义"));
books.add(new String("疯狂Android讲义"));
// 使用 Lambda 表达式（目标类型是 Predicate）过滤集合
books.removeIf(ele -> ((String)ele).length() < 10);
System.out.println(books);
```

上面程序中粗体字代码调用了 Collection 集合的 removeIf()方法批量删除集合中符合条件的元素，程序传入一个 Lambda 表达式作为过滤条件：所有长度小于 10 的字符串元素都会被删除。编译、运行这段代码，可以看到如下输出：

[疯狂Android讲义, 轻量级 Java EE 企业应用实战]

使用 Predicate 可以充分简化集合的运算，假设依然有上面程序所示的 books 集合，如果程序有如下三个统计需求：

- 统计书名中出现"疯狂"字符串的图书数量。
- 统计书名中出现"Java"字符串的图书数量。
- 统计书名长度大于 10 的图书数量。

此处只是一个假设，实际上还可能有更多的统计需求。如果采用传统的编程方式来完成这些需求，则需要执行三次循环，但采用 Predicate 只需要一个方法即可。如下程示范了这种用法。

程序清单：codes\08\8.2\PredicateTest2.java

```java
public class PredicateTest2
{
    public static void main(String[] args)
    {
        // 创建 books 集合、为 books 集合添加元素的代码与前一个程序相同
        ...
        // 统计书名包含"疯狂"子串的图书数量
        System.out.println(calAll(books , ele->((String)ele).contains("疯狂")));
        // 统计书名包含"Java"子串的图书数量
        System.out.println(calAll(books , ele->((String)ele).contains("Java")));
        // 统计书名字符串长度大于 10 的图书数量
        System.out.println(calAll(books , ele->((String)ele).length() > 10));
    }
    public static int calAll(Collection books , Predicate p)
    {
        int total = 0;
        for (Object obj : books)
        {
            // 使用 Predicate 的 test()方法判断该对象是否满足 Predicate 指定的条件
            if (p.test(obj))
            {
                total ++;
            }
        }
        return total;
    }
}
```

上面程序先定义了一个 calAll()方法，该方法将会使用 Predicate 判断每个集合元素是否符合特定条件——该条件将通过 Predicate 参数动态传入。从上面程序中三行粗体字代码可以看到，程序传入了三个 Lambda 表达式（其目标类型都是 Predicate），这样 calAll()方法就只会统计满足 Predicate 条件的图书。

▶▶ 8.2.6 使用 Java 8 新增的 Stream 操作集合

Java 8 还新增了 Stream、IntStream、LongStream、DoubleStream 等流式 API，这些 API 代表多个支持串行和并行聚集操作的元素。上面 4 个接口中，Stream 是一个通用的流接口，而 IntStream、LongStream、DoubleStream 则代表元素类型为 int、long、double 的流。

Java 8 还为上面每个流式 API 提供了对应的 Builder，例如 Stream.Builder、IntStream.Builder、LongStream.Builder、DoubleStream.Builder，开发者可以通过这些 Builder 来创建对应的流。

独立使用 Stream 的步骤如下：

① 使用 Stream 或 XxxStream 的 builder()类方法创建该 Stream 对应的 Builder。
② 重复调用 Builder 的 add()方法向该流中添加多个元素。
③ 调用 Builder 的 build()方法获取对应的 Stream。
④ 调用 Stream 的聚集方法。

在上面 4 个步骤中，第 4 步可以根据具体需求来调用不同的方法，Stream 提供了大量的聚集方法供用户调用，具体可参考 Stream 或 XxxStream 的 API 文档。对于大部分聚集方法而言，每个 Stream 只能执行一次。例如如下程序。

程序清单：codes\08\8.2\IntStreamTest.java

```java
public class IntStreamTest
{
    public static void main(String[] args)
```

```java
{
    IntStream is = IntStream.builder()
        .add(20)
        .add(13)
        .add(-2)
        .add(18)
        .build();
    // 下面调用聚集方法的代码每次只能执行一行
    System.out.println("is 所有元素的最大值: " + is.max().getAsInt());
    System.out.println("is 所有元素的最小值: " + is.min().getAsInt());
    System.out.println("is 所有元素的总和: " + is.sum());
    System.out.println("is 所有元素的总数: " + is.count());
    System.out.println("is 所有元素的平均值: " + is.average());
    System.out.println("is 所有元素的平方是否都大于 20:"
        + is.allMatch(ele -> ele * ele > 20));
    System.out.println("is 是否包含任何元素的平方大于 20:"
        + is.anyMatch(ele -> ele * ele > 20));
    // 将 is 映射成一个新 Stream,新 Stream 的每个元素是原 Stream 元素的 2 倍+1
    IntStream newIs = is.map(ele -> ele * 2 + 1);
    // 使用方法引用的方式来遍历集合元素
    newIs.forEach(System.out::println); // 输出 41 27 -3 37
}
}
```

上面程序先创建了一个 IntStream,接下来分别多次调用 IntStream 的聚集方法执行操作,这样即可获取该流的相关信息。注意:上面粗体字代码每次只能执行一行,因此需要把其他粗体字代码注释掉。

Stream 提供了大量的方法进行聚集操作,这些方法既可以是"中间的"(intermediate),也可以是"末端的"(terminal)。

- 中间方法:中间操作允许流保持打开状态,并允许直接调用后续方法。上面程序中的 map()方法就是中间方法。中间方法的返回值是另外一个流。
- 末端方法:末端方法是对流的最终操作。当对某个 Stream 执行末端方法后,该流将会被"消耗"且不再可用。上面程序中的 sum()、count()、average()等方法都是末端方法。

除此之外,关于流的方法还有如下两个特征。

- 有状态的方法:这种方法会给流增加一些新的属性,比如元素的唯一性、元素的最大数量、保证元素以排序的方式被处理等。有状态的方法往往需要更大的性能开销。
- 短路方法:短路方法可以尽早结束对流的操作,不必检查所有的元素。

下面简单介绍一下 Stream 常用的中间方法。

- filter(Predicate predicate):过滤 Stream 中所有不符合 predicate 的元素。
- mapToXxx(ToXxxFunction mapper):使用 ToXxxFunction 对流中的元素执行一对一的转换,该方法返回的新流中包含了 ToXxxFunction 转换生成的所有元素。
- peek(Consumer action):依次对每个元素执行一些操作,该方法返回的流与原有流包含相同的元素。该方法主要用于调试。
- distinct():该方法用于排序流中所有重复的元素(判断元素重复的标准是使用 equals()比较返回 true)。这是一个有状态的方法。
- sorted():该方法用于保证流中的元素在后续的访问中处于有序状态。这是一个有状态的方法。
- limit(long maxSize):该方法用于保证对该流的后续访问中最大允许访问的元素个数。这是一个有状态的、短路方法。

下面简单介绍一下 Stream 常用的末端方法。

- forEach(Consumer action):遍历流中所有元素,对每个元素执行 action。
- toArray():将流中所有元素转换为一个数组。
- reduce():该方法有三个重载的版本,都用于通过某种操作来合并流中的元素。
- min():返回流中所有元素的最小值。
- max():返回流中所有元素的最大值。

- count():返回流中所有元素的数量。
- anyMatch(Predicate predicate):判断流中是否至少包含一个元素符合 Predicate 条件。
- allMatch(Predicate predicate):判断流中是否每个元素都符合 Predicate 条件。
- noneMatch(Predicate predicate):判断流中是否所有元素都不符合 Predicate 条件。
- findFirst():返回流中的第一个元素。
- findAny():返回流中的任意一个元素。

除此之外,Java 8 允许使用流式 API 来操作集合,Collection 接口提供了一个 stream()默认方法,该方法可返回该集合对应的流,接下来即可通过流式 API 来操作集合元素。由于 Stream 可以对集合元素进行整体的聚集操作,因此 Stream 极大地丰富了集合的功能。

例如,对于 8.2.5 节介绍的示例程序,该程序需要额外定义一个 calAll()方法来遍历集合元素,然后依次对每个集合元素进行判断——这太麻烦了。如果使用 Stream,即可直接对集合中所有元素进行批量操作。下面使用 Stream 来改写这个程序。

程序清单:codes\08\8.2\CollectionStream.java

```java
public class CollectionStream
{
    public static void main(String[] args)
    {
        // 创建 books 集合、为 books 集合添加元素的代码与 8.2.5 节的程序相同
        ...
        // 统计书名包含 "疯狂" 子串的图书数量
        System.out.println(books.stream()
            .filter(ele->((String)ele).contains("疯狂"))
            .count()); // 输出 4
        // 统计书名包含 "Java" 子串的图书数量
        System.out.println(books.stream()
            .filter(ele->((String)ele).contains("Java") )
            .count()); // 输出 2
        // 统计书名字符串长度大于 10 的图书数量
        System.out.println(books.stream()
            .filter(ele->((String)ele).length() > 10)
            .count()); // 输出 2
        // 先调用 Collection 对象的 stream()方法将集合转换为 Stream
        // 再调用 Stream 的 mapToInt()方法获取原有的 Stream 对应的 IntStream
        books.stream().mapToInt(ele -> ((String)ele).length())
            // 调用 forEach()方法遍历 IntStream 中每个元素
            .forEach(System.out::println);// 输出 8  11  16  7  8
    }
}
```

从上面程序中粗体字代码可以看出,程序只要调用 Collection 的 stream()方法即可返回该集合对应的 Stream,接下来就可通过 Stream 提供的方法对所有集合元素进行处理,这样大大地简化了集合编程的代码,这也是 Stream 编程带来的优势。

上面程序中最后一段粗体字代码先调用 Collection 对象的 stream()方法将集合转换为 Stream 对象,然后调用 Stream 对象的 mapToInt()方法将其转换为 IntStream——这个 mapToInt()方法就是一个中间方法,因此程序可继续调用 IntStream 的 forEach()方法来遍历流中的元素。

8.3 Set 集合

前面已经介绍过 Set 集合,它类似于一个罐子,程序可以依次把多个对象"丢进"Set 集合,而 Set 集合通常不能记住元素的添加顺序。Set 集合与 Collection 基本相同,没有提供任何额外的方法。实际上 Set 就是 Collection,只是行为略有不同(Set 不允许包含重复元素)。

Set 集合不允许包含相同的元素,如果试图把两个相同的元素加入同一个 Set 集合中,则添加操作失败,add()方法返回 false,且新元素不会被加入。

上面介绍的是 Set 集合的通用知识,因此完全适合后面介绍的 HashSet、TreeSet 和 EnumSet 三个实

现类，只是三个实现类还各有特色。

8.3.1 HashSet 类

HashSet 是 Set 接口的典型实现，大多数时候使用 Set 集合时就是使用这个实现类。HashSet 按 Hash 算法来存储集合中的元素，因此具有很好的存取和查找性能。

HashSet 具有以下特点。

- 不能保证元素的排列顺序，顺序可能与添加顺序不同，顺序也有可能发生变化。
- HashSet 不是同步的，如果多个线程同时访问一个 HashSet，假设有两个或者两个以上线程同时修改了 HashSet 集合时，则必须通过代码来保证其同步。
- 集合元素值可以是 null。

当向 HashSet 集合中存入一个元素时，HashSet 会调用该对象的 hashCode()方法来得到该对象的 hashCode 值，然后根据该 hashCode 值决定该对象在 HashSet 中的存储位置。如果有两个元素通过 equals() 方法比较返回 true，但它们的 hashCode()方法返回值不相等，HashSet 将会把它们存储在不同的位置，依然可以添加成功。

也就是说，HashSet 集合判断两个元素相等的标准是两个对象通过 equals()方法比较相等，并且两个对象的 hashCode()方法返回值也相等。

下面程序分别提供了三个类 A、B 和 C，它们分别重写了 equals()、hashCode()两个方法的一个或全部，通过此程序可以让读者看到 HashSet 判断集合元素相同的标准。

程序清单：codes\08\8.3\HashSetTest.java

```java
// 类A 的 equals()方法总是返回 true，但没有重写其 hashCode()方法
class A
{
    public boolean equals(Object obj)
    {
        return true;
    }
}
// 类B 的 hashCode()方法总是返回 1，但没有重写其 equals()方法
class B
{
    public int hashCode()
    {
        return 1;
    }
}
// 类C 的 hashCode()方法总是返回 2，且重写其 equals()方法总是返回 true
class C
{
    public int hashCode()
    {
        return 2;
    }
    public boolean equals(Object obj)
    {
        return true;
    }
}
public class HashSetTest
{
    public static void main(String[] args)
    {
        HashSet books = new HashSet();
        // 分别向 books 集合中添加两个 A 对象、两个 B 对象、两个 C 对象
        books.add(new A());
        books.add(new A());
        books.add(new B());
        books.add(new B());
        books.add(new C());
        books.add(new C());
```

```
        System.out.println(books);
    }
}
```

上面程序中向 books 集合中分别添加了两个 A 对象、两个 B 对象和两个 C 对象,其中 C 类重写了 equals()方法总是返回 true,hashCode()方法总是返回 2,这将导致 HashSet 把两个 C 对象当成同一个对象。运行上面程序,看到如下运行结果:

[B@1, B@1, C@2, A@5483cd, A@9931f5]

从上面程序可以看出,即使两个 A 对象通过 equals()方法比较返回 true,但 HashSet 依然把它们当成两个对象;即使两个 B 对象的 hashCode()返回相同值(都是1),但 HashSet 依然把它们当成两个对象。

这里有一个注意点:当把一个对象放入 HashSet 中时,如果需要重写该对象对应类的 equals()方法,则也应该重写其 hashCode()方法。规则是:如果两个对象通过 equals()方法比较返回 true,这两个对象的 hashCode 值也应该相同。

如果两个对象通过 equals()方法比较返回 true,但这两个对象的 hashCode()方法返回不同的 hashCode 值时,这将导致 HashSet 会把这两个对象保存在 Hash 表的不同位置,从而使两个对象都可以添加成功,这就与 Set 集合的规则冲突了。

如果两个对象的 hashCode()方法返回的 hashCode 值相同,但它们通过 equals()方法比较返回 false 时将更麻烦:因为两个对象的 hashCode 值相同,HashSet 将试图把它们保存在同一个位置,但又不行(否则将只剩下一个对象),所以实际上会在这个位置用链式结构来保存多个对象;而 HashSet 访问集合元素时也是根据元素的 hashCode 值来快速定位的,如果 HashSet 中两个以上的元素具有相同的 hashCode 值,将会导致性能下降。

> **注意:**
> 如果需要把某个类的对象保存到 HashSet 集合中,重写这个类的 equals()方法和 hashCode()方法时,应该尽量保证两个对象通过 equals()方法比较返回 true 时,它们的 hashCode()方法返回值也相等。

学生提问:hashCode()方法对于 HashSet 是不是十分重要?

答:hash(也被翻译为哈希、散列)算法的功能是,它能保证快速查找被检索的对象,hash 算法的价值在于速度。当需要查询集合中某个元素时,hash 算法可以直接根据该元素的 hashCode 值计算出该元素的存储位置,从而快速定位该元素。为了理解这个概念,可以先看数组(数组是所有能存储一组元素里最快的数据结构)。数组可以包含多个元素,每个元素都有索引,如果需要访问某个数组元素,只需提供该元素的索引,接下来即可根据该索引计算该元素在内存里的存储位置。表面上看起来,HashSet 集合里的元素都没有索引,实际上当程序向 HashSet 集合中添加元素时,HashSet 会根据该元素的 hashCode 值来计算它的存储位置,这样也可快速定位该元素。为什么不直接使用数组、还需要使用 HashSet 呢?因为数组元素的索引是连续的,而且数组的长度是固定的,无法自由增加数组的长度。而 HashSet 就不一样了,HashSet 采用每个元素的 hashCode 值来计算其存储位置,从而可以自由增加 HashSet 的长度,并可以根据元素的 hashCode 值来访问元素。因此,当从 HashSet 中访问元素时,HashSet 先计算该元素的 hashCode 值(也就是调用该对象的 hashCode()方法的返回值),然后直接到该 hashCode 值对应的位置去取出该元素——这就是 HashSet 速度很快的原因。

HashSet 中每个能存储元素的"槽位"(slot)通常称为"桶"(bucket)，如果有多个元素的 hashCode 值相同，但它们通过 equals()方法比较返回 false，就需要在一个"桶"里放多个元素，这样会导致性能下降。

前面介绍了 hashCode()方法对于 HashSet 的重要性(实际上,对象的 hashCode 值对于后面的 HashMap 同样重要)，下面给出重写 hashCode()方法的基本规则。

➢ 在程序运行过程中，同一个对象多次调用 hashCode()方法应该返回相同的值。
➢ 当两个对象通过 equals()方法比较返回 true 时，这两个对象的 hashCode()方法应返回相等的值。
➢ 对象中用作 equals()方法比较标准的实例变量，都应该用于计算 hashCode 值。

下面给出重写 hashCode()方法的一般步骤。

① 把对象内每个有意义的实例变量（即每个参与 equals()方法比较标准的实例变量）计算出一个 int 类型的 hashCode 值。计算方式如表 8.1 所示。

表 8.1 hashCode 值的计算方式

实例变量类型	计算方式	实例变量类型	计算方式
boolean	hashCode = (f ? 0 : 1);	float	hashCode = Float.floatToIntBits(f);
整数类型（byte、short、char、int）	hashCode = (int)f;	double	long l = Double.doubleToLongBits(f); hashCode = (int)(l ^ (l >>> 32));
long	hashCode = (int)(f ^ (f >>> 32));	引用类型	hashCode = f.hashCode();

② 用第 1 步计算出来的多个 hashCode 值组合计算出一个 hashCode 值返回。例如如下代码：

```
return f1.hashCode() + (int)f2;
```

为了避免直接相加产生偶然相等（两个对象的 f1、f2 实例变量并不相等，但它们的 hashCode 的和恰好相等），可以通过为各实例变量的 hashCode 值乘以任意一个质数后再相加。例如如下代码：

```
return f1.hashCode() * 19 + (int)f2 * 31;
```

如果向 HashSet 中添加一个可变对象后，后面程序修改了该可变对象的实例变量，则可能导致它与集合中的其他元素相同（即两个对象通过 equals()方法比较返回 true，两个对象的 hashCode 值也相等），这就有可能导致 HashSet 中包含两个相同的对象。下面程序演示了这种情况。

程序清单：codes\08\8.3\HashSetTest2.java

```java
class R
{
   int count;
   public R(int count)
   {
      this.count = count;
   }
   public String toString()
   {
      return "R[count:" + count + "]";
   }
   public boolean equals(Object obj)
   {
      if(this == obj)
         return true;
      if (obj != null && obj.getClass() == R.class)
      {
         R r = (R)obj;
         return this.count == r.count;
      }
      return false;
   }
   public int hashCode()
   {
      return this.count;
   }
}
public class HashSetTest2
```

```java
{
    public static void main(String[] args)
    {
        HashSet hs = new HashSet();
        hs.add(new R(5));
        hs.add(new R(-3));
        hs.add(new R(9));
        hs.add(new R(-2));
        // 打印 HashSet 集合，集合元素没有重复
        System.out.println(hs);
        // 取出第一个元素
        Iterator it = hs.iterator();
        R first = (R)it.next();
        // 为第一个元素的 count 实例变量赋值
        first.count = -3;        // ①
        // 再次输出 HashSet 集合，集合元素有重复元素
        System.out.println(hs);
        // 删除 count 为-3 的 R 对象
        hs.remove(new R(-3));    // ②
        // 可以看到被删除了一个 R 元素
        System.out.println(hs);
        System.out.println("hs 是否包含 count 为-3 的 R 对象? "
            + hs.contains(new R(-3))); // 输出 false
        System.out.println("hs 是否包含 count 为-2 的 R 对象? "
            + hs.contains(new R(-2))); // 输出 false
    }
}
```

上面程序中提供了 R 类，R 类重写了 equals(Object obj)方法和 hashCode()方法，这两个方法都是根据 R 对象的 count 实例变量来判断的。上面程序的①号粗体字代码处改变了 Set 集合中第一个 R 对象的 count 实例变量的值，这将导致该 R 对象与集合中的其他对象相同。程序运行结果如图 8.4 所示。

图 8.4　HashSet 集合中出现重复的元素

正如图 8.4 中所见到的，HashSet 集合中的第 1 个元素和第 2 个元素完全相同，这表明两个元素已经重复。此时 HashSet 会比较混乱：当试图删除 count 为-3 的 R 对象时，HashSet 会计算出该对象的 hashCode 值，从而找出该对象在集合中的保存位置，然后把此处的对象与 count 为-3 的 R 对象通过 equals()方法进行比较，如果相等则删除该对象——HashSet 只有第 2 个元素才满足该条件（第 1 个元素实际上保存在 count 为-2 的 R 对象对应的位置），所以第 2 个元素被删除。至于第一个 count 为-3 的 R 对象，它保存在 count 为-2 的 R 对象对应的位置，但使用 equals()方法拿它和 count 为-2 的 R 对象比较时又返回 false——这将导致 HashSet 不可能准确访问该元素。

由此可见，当程序把可变对象添加到 HashSet 中之后，尽量不要去修改该集合元素中参与计算 hashCode()、equals()的实例变量，否则将会导致 HashSet 无法正确操作这些集合元素。

> **注意：** 当向 HashSet 中添加可变对象时，必须十分小心。如果修改 HashSet 集合中的对象，有可能导致该对象与集合中的其他对象相等，从而导致 HashSet 无法准确访问该对象。

▶▶ 8.3.2　LinkedHashSet 类

HashSet 还有一个子类 LinkedHashSet，LinkedHashSet 集合也是根据元素的 hashCode 值来决定元素的存储位置，但它同时使用链表维护元素的次序，这样使得元素看起来是以插入的顺序保存的。也就是说，当遍历 LinkedHashSet 集合里的元素时，LinkedHashSet 将会按元素的添加顺序来访问集合里的元素。

LinkedHashSet 需要维护元素的插入顺序，因此性能略低于 HashSet 的性能，但在迭代访问 Set 里的全部元素时将有很好的性能，因为它以链表来维护内部顺序。

程序清单：codes\08\8.3\LinkedHashSetTest.java

```java
public class LinkedHashSetTest
{
    public static void main(String[] args)
    {
        LinkedHashSet books = new LinkedHashSet();
        books.add("疯狂Java讲义");
        books.add("轻量级Java EE企业应用实战");
        System.out.println(books);
        // 删除 疯狂Java讲义
        books.remove("疯狂Java讲义");
        // 重新添加 疯狂Java讲义
        books.add("疯狂Java讲义");
        System.out.println(books);
    }
}
```

编译、运行上面程序，看到如下输出：

[疯狂Java讲义, 轻量级Java EE企业应用实战]
[轻量级Java EE企业应用实战, 疯狂Java讲义]

输出 LinkedHashSet 集合的元素时，元素的顺序总是与添加顺序一致。

> 虽然 LinkedHashSet 使用了链表记录集合元素的添加顺序，但 LinkedHashSet 依然是 HashSet，因此它依然不允许集合元素重复。

▶▶ 8.3.3 TreeSet 类

TreeSet 是 SortedSet 接口的实现类，正如 SortedSet 名字所暗示的，TreeSet 可以确保集合元素处于排序状态。与 HashSet 集合相比，TreeSet 还提供了如下几个额外的方法。

- Comparator comparator()：如果 TreeSet 采用了定制排序，则该方法返回定制排序所使用的 Comparator；如果 TreeSet 采用了自然排序，则返回 null。
- Object first()：返回集合中的第一个元素。
- Object last()：返回集合中的最后一个元素。
- Object lower(Object e)：返回集合中位于指定元素之前的元素（即小于指定元素的最大元素，参考元素不需要是 TreeSet 集合里的元素）。
- Object higher (Object e)：返回集合中位于指定元素之后的元素（即大于指定元素的最小元素，参考元素不需要是 TreeSet 集合里的元素）。
- SortedSet subSet(Object fromElement, Object toElement)：返回此 Set 的子集合，范围从 fromElement（包含）到 toElement（不包含）。
- SortedSet headSet(Object toElement)：返回此 Set 的子集，由小于 toElement 的元素组成。
- SortedSet tailSet(Object fromElement)：返回此 Set 的子集，由大于或等于 fromElement 的元素组成。

> 提示：表面上看起来这些方法很多，其实它们很简单：因为 TreeSet 中的元素是有序的，所以增加了访问第一个、前一个、后一个、最后一个元素的方法，并提供了三个从 TreeSet 中截取子 TreeSet 的方法。

下面程序测试了 TreeSet 的通用用法。

程序清单：codes\08\8.3\TreeSetTest.java

```java
public class TreeSetTest
{
    public static void main(String[] args)
    {
```

```java
        TreeSet nums = new TreeSet();
        // 向 TreeSet 中添加四个 Integer 对象
        nums.add(5);
        nums.add(2);
        nums.add(10);
        nums.add(-9);
        // 输出集合元素,看到集合元素已经处于排序状态
        System.out.println(nums);
        // 输出集合里的第一个元素
        System.out.println(nums.first()); // 输出-9
        // 输出集合里的最后一个元素
        System.out.println(nums.last());  // 输出 10
        // 返回小于 4 的子集,不包含 4
        System.out.println(nums.headSet(4)); // 输出[-9, 2]
        // 返回大于 5 的子集,如果 Set 中包含 5,子集中还包含 5
        System.out.println(nums.tailSet(5)); // 输出 [5, 10]
        // 返回大于等于-3、小于 4 的子集
        System.out.println(nums.subSet(-3 , 4)); // 输出[2]
    }
}
```

根据上面程序的运行结果即可看出,TreeSet 并不是根据元素的插入顺序进行排序的,而是根据元素实际值的大小来进行排序的。

与 HashSet 集合采用 hash 算法来决定元素的存储位置不同,TreeSet 采用红黑树的数据结构来存储集合元素。那么 TreeSet 进行排序的规则是怎样的呢？TreeSet 支持两种排序方法:自然排序和定制排序。在默认情况下,TreeSet 采用自然排序。

1. 自然排序

TreeSet 会调用集合元素的 compareTo(Object obj)方法来比较元素之间的大小关系,然后将集合元素按升序排列,这种方式就是自然排序。

Java 提供了一个 Comparable 接口,该接口里定义了一个 compareTo(Object obj)方法,该方法返回一个整数值,实现该接口的类必须实现该方法,实现了该接口的类的对象就可以比较大小。当一个对象调用该方法与另一个对象进行比较时,例如 obj1.compareTo(obj2),如果该方法返回 0,则表明这两个对象相等;如果该方法返回一个正整数,则表明 obj1 大于 obj2;如果该方法返回一个负整数,则表明 obj1 小于 obj2。

Java 的一些常用类已经实现了 Comparable 接口,并提供了比较大小的标准。下面是实现了 Comparable 接口的常用类。

➢ BigDecimal、BigInteger 以及所有的数值型对应的包装类:按它们对应的数值大小进行比较。
➢ Character:按字符的 UNICODE 值进行比较。
➢ Boolean:true 对应的包装类实例大于 false 对应的包装类实例。
➢ String:按字符串中字符的 UNICODE 值进行比较。
➢ Date、Time:后面的时间、日期比前面的时间、日期大。

如果试图把一个对象添加到 TreeSet 时,则该对象的类必须实现 Comparable 接口,否则程序将会抛出异常。如下程序示范了这个错误。

程序清单：codes\08\8.3\TreeSetErrorTest.java

```java
class Err { }
public class TreeSetErrorTest
{
    public static void main(String[] args)
    {
        TreeSet ts = new TreeSet();
        //向 TreeSet 集合中添加两个 Err 对象
        ts.add(new Err());
        ts.add(new Err());
    }
}
```

上面程序试图向 TreeSet 集合中添加 Err 对象,在自然排序时,集合元素必须实现 Comparable 接口,

否则将会引发运行时异常：ClassCastException——因此，TreeSet 要求自然排序的集合元素必须都实现该接口。

> **注意：**
> Java 9 改进了 TreeSet 实现，如果采用自然排序的 Set 集合的元素没有实现 Comparable 接口，程序就会立即引发 ClassCastException 异常。

还有一点必须指出：大部分类在实现 compareTo(Object obj)方法时，都需要将被比较对象 obj 强制类型转换成相同类型，因为只有相同类的两个实例才会比较大小。当试图把一个对象添加到 TreeSet 集合时，TreeSet 会调用该对象的 compareTo(Object obj)方法与集合中的其他元素进行比较——这就要求集合中的其他元素与该元素是同一个类的实例。也就是说，向 TreeSet 中添加的应该是同一个类的对象，否则也会引发 ClassCastException 异常。如下程序示范了这个错误。

程序清单：codes\08\8.3\TreeSetErrorTest2.java

```java
public class TreeSetErrorTest2
{
    public static void main(String[] args)
    {
        TreeSet ts = new TreeSet();
        // 向TreeSet集合中添加两个对象
        ts.add(new String("疯狂Java讲义"));
        ts.add(new Date());   // ①
    }
}
```

上面程序先向 TreeSet 集合中添加了一个字符串对象，这个操作完全正常。当添加第二个 Date 对象时，TreeSet 就会调用该对象的 compareTo(Object obj)方法与集合中的其他元素进行比较——Date 对象的 compareTo(Object obj)方法无法与字符串对象比较大小，所以上面程序将在①代码处引发异常。

如果向 TreeSet 中添加的对象是程序员自定义类的对象，则可以向 TreeSet 中添加多种类型的对象，前提是用户自定义类实现了 Comparable 接口，且实现 compareTo(Object obj)方法没有进行强制类型转换。但当试图取出 TreeSet 里的集合元素时，不同类型的元素依然会发生 ClassCastException 异常。

总结： 如果希望 TreeSet 能正常运作，TreeSet 只能添加同一种类型的对象。

当把一个对象加入 TreeSet 集合中时，TreeSet 调用该对象的 compareTo(Object obj)方法与容器中的其他对象比较大小，然后根据红黑树结构找到它的存储位置。如果两个对象通过 compareTo(Object obj)方法比较相等，新对象将无法添加到 TreeSet 集合中。

对于 TreeSet 集合而言，它判断两个对象是否相等的唯一标准是：两个对象通过 compareTo(Object obj)方法比较是否返回 0——如果通过 compareTo(Object obj)方法比较返回 0，TreeSet 则会认为它们相等；否则就认为它们不相等。

程序清单：codes\08\8.3\TreeSetTest2.java

```java
class Z implements Comparable
{
    int age;
    public Z(int age)
    {
        this.age = age;
    }
    // 重写equals()方法，总是返回true
    public boolean equals(Object obj)
    {
        return true;
    }
    // 重写了compareTo(Object obj)方法，总是返回1
    public int compareTo(Object obj)
    {
        return 1;
    }
}
```

```java
}
public class TreeSetTest2
{
    public static void main(String[] args)
    {
        TreeSet set = new TreeSet();
        Z z1 = new Z(6);
        set.add(z1);
        // 第二次添加同一个对象，输出 true，表明添加成功
        System.out.println(set.add(z1));     //①
        // 下面输出 set 集合，将看到有两个元素
        System.out.println(set);
        // 修改 set 集合的第一个元素的 age 变量
         ((Z)(set.first())).age = 9;
        // 输出 set 集合的最后一个元素的 age 变量，将看到也变成了 9
        System.out.println(((Z)(set.last())).age);
    }
}
```

程序中①代码行把同一个对象再次添加到 TreeSet 集合中，因为 z1 对象的 compareTo(Object obj)方法总是返回 1，虽然它的 equals()方法总是返回 true，但 TreeSet 会认为 z1 对象和它自己也不相等，因此 TreeSet 可以添加两个 z1 对象。图 8.5 显示了 TreeSet 及 Z 对象在内存中的存储示意图。

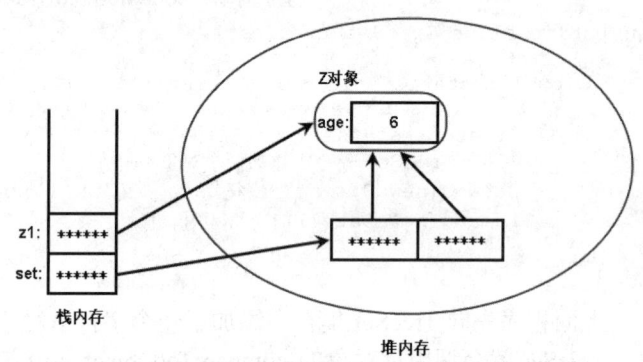

图 8.5 TreeSet 及 Z 对象在内存中的存储示意图

从图 8.5 可以看到 TreeSet 对象保存的两个元素（集合里的元素总是引用，但习惯上把被引用的对象称为集合元素），实际上是同一个元素。所以当修改 TreeSet 集合里第一个元素的 age 变量后，该 TreeSet 集合里最后一个元素的 age 变量也随之改变了。

由此应该注意一个问题：当需要把一个对象放入 TreeSet 中，重写该对象对应类的 equals()方法时，应保证该方法与 compareTo(Object obj)方法有一致的结果，其规则是：如果两个对象通过 equals()方法比较返回 true 时，这两个对象通过 compareTo(Object obj)方法比较应返回 0。

如果两个对象通过 compareTo(Object obj)方法比较返回 0 时，但它们通过 equals()方法比较返回 false 将很麻烦，因为两个对象通过 compareTo(Object obj)方法比较相等，TreeSet 不会让第二个元素添加进去，这就会与 Set 集合的规则产生冲突。

如果向 TreeSet 中添加一个可变对象后，并且后面程序修改了该可变对象的实例变量，这将导致它与其他对象的大小顺序发生了改变，但 TreeSet 不会再次调整它们的顺序，甚至可能导致 TreeSet 中保存的这两个对象通过 compareTo(Object obj)方法比较返回 0。下面程序演示了这种情况。

程序清单：codes\08\8.3\TreeSetTest3.java

```java
class R implements Comparable
{
    int count;
    public R(int count)
    {
        this.count = count;
    }
    public String toString()
    {
        return "R[count:" + count + "]";
    }
    // 重写 equals()方法，根据 count 来判断是否相等
    public boolean equals(Object obj)
    {
        if (this == obj)
        {
            return true;
```

```java
            }
            if(obj != null && obj.getClass() == R.class)
            {
                R r = (R)obj;
                return r.count == this.count;
            }
            return false;
        }
        // 重写compareTo()方法，根据count来比较大小
        public int compareTo(Object obj)
        {
            R r = (R)obj;
            return count > r.count ? 1 :
                count < r.count ? -1 : 0;
        }
    }
    public class TreeSetTest3
    {
        public static void main(String[] args)
        {
            TreeSet ts = new TreeSet();
            ts.add(new R(5));
            ts.add(new R(-3));
            ts.add(new R(9));
            ts.add(new R(-2));
            // 打印TreeSet集合，集合元素是有序排列的
            System.out.println(ts);    // ①
            // 取出第一个元素
            R first = (R)ts.first();
            // 对第一个元素的count赋值
            first.count = 20;
            // 取出最后一个元素
            R last = (R)ts.last();
            // 对最后一个元素的count赋值，与第二个元素的count相同
            last.count = -2;
            // 再次输出将看到TreeSet里的元素处于无序状态，且有重复元素
            System.out.println(ts);    // ②
            // 删除实例变量被改变的元素，删除失败
            System.out.println(ts.remove(new R(-2)));    // ③
            System.out.println(ts);
            // 删除实例变量没有被改变的元素，删除成功
            System.out.println(ts.remove(new R(5)));    // ④
            System.out.println(ts);
        }
    }
```

上面程序中的R对象对应的类正常重写了equals()方法和compareTo()方法，这两个方法都以R对象的count实例变量作为判断的依据。当程序执行①行代码时，看到程序输出的Set集合元素处于有序状态；因为R类是一个可变类，因此可以改变R对象的count实例变量的值，程序通

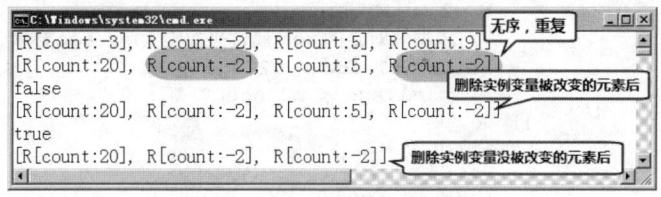

图8.6 TreeSet中出现重复元素

过粗体字代码行改变了该集合里第一个元素和最后一个元素的count实例变量的值。当程序执行②行代码输出时，将看到该集合处于无序状态，而且集合中包含了重复元素。运行上面程序，看到如图8.6所示的结果。

一旦改变了TreeSet集合里可变元素的实例变量，当再试图删除该对象时，TreeSet也会删除失败（甚至集合中原有的、实例变量没被修改但与修改后元素相等的元素也无法删除），所以在上面程序的③代码处，删除count为-2的R对象时，没有任何元素被删除；程序执行④代码时，可以看到删除了count为5的R对象，这表明TreeSet可以删除没有被修改实例变量、且不与其他被修改实例变量的对象重复的对象。

> **注意:** 当执行了④代码后,TreeSet 会对集合中的元素重新索引(不是重新排序),接下来就可以删除 TreeSet 中的所有元素了,包括那些被修改过实例变量的元素。与 HashSet 类似的是,如果 TreeSet 中包含了可变对象,当可变对象的实例变量被修改时,TreeSet 在处理这些对象时将非常复杂,而且容易出错。为了让程序更加健壮,推荐不要修改放入 HashSet 和 TreeSet 集合中元素的关键实例变量。

2. 定制排序

TreeSet 的自然排序是根据集合元素的大小,TreeSet 将它们以升序排列。如果需要实现定制排序,例如以降序排列,则可以通过 Comparator 接口的帮助。该接口里包含一个 int compare(T o1, T o2)方法,该方法用于比较 o1 和 o2 的大小:如果该方法返回正整数,则表明 o1 大于 o2;如果该方法返回 0,则表明 o1 等于 o2;如果该方法返回负整数,则表明 o1 小于 o2。

如果需要实现定制排序,则需要在创建 TreeSet 集合对象时,提供一个 Comparator 对象与该 TreeSet 集合关联,由该 Comparator 对象负责集合元素的排序逻辑。由于 Comparator 是一个函数式接口,因此可使用 Lambda 表达式来代替 Comparator 对象。

程序清单: codes\08\8.3\TreeSetTest4.java

```java
class M
{
    int age;
    public M(int age)
    {
        this.age = age;
    }
    public String toString()
    {
        return "M [age:" + age + "]";
    }
}
public class TreeSetTest4
{
    public static void main(String[] args)
    {
        // 此处 Lambda 表达式的目标类型是 Comparator
        TreeSet ts = new TreeSet((o1 , o2) ->
        {
            M m1 = (M)o1;
            M m2 = (M)o2;
            // 根据 M 对象的 age 属性来决定大小, age 越大, M 对象反而越小
            return m1.age > m2.age ? -1
                : m1.age < m2.age ? 1 : 0;
        });
        ts.add(new M(5));
        ts.add(new M(-3));
        ts.add(new M(9));
        System.out.println(ts);
    }
}
```

上面程序中粗体字部分使用了目标类型为 Comparator 的 Lambda 表达式,它负责 ts 集合的排序。所以当把 M 对象添加到 ts 集合中时,无须 M 类实现 Comparable 接口,因为此时 TreeSet 无须通过 M 对象本身来比较大小,而是由与 TreeSet 关联的 Lambda 表达式来负责集合元素的排序。运行程序,看到如下运行结果:

[M [age:9], M [age:5], M [age:-3]]

> **注意：**
> 当通过 Comparator 对象（或 Lambda 表达式）来实现 TreeSet 的定制排序时，依然不可以向 TreeSet 中添加类型不同的对象，否则会引发 ClassCastException 异常。使用定制排序时，TreeSet 对集合元素排序不管集合元素本身的大小，而是由 Comparator 对象（或 Lambda 表达式）负责集合元素的排序规则。TreeSet 判断两个集合元素相等的标准是：通过 Comparator（或 Lambda 表达式）比较两个元素返回了 0，这样 TreeSet 不会把第二个元素添加到集合中。

▶▶ 8.3.4 EnumSet 类

EnumSet 是一个专为枚举类设计的集合类，EnumSet 中的所有元素都必须是指定枚举类型的枚举值，该枚举类型在创建 EnumSet 时显式或隐式地指定。EnumSet 的集合元素也是有序的，EnumSet 以枚举值在 Enum 类内的定义顺序来决定集合元素的顺序。

EnumSet 在内部以位向量的形式存储，这种存储形式非常紧凑、高效，因此 EnumSet 对象占用内存很小，而且运行效率很好。尤其是进行批量操作（如调用 containsAll() 和 retainAll()方法）时，如果其参数也是 EnumSet 集合，则该批量操作的执行速度也非常快。

EnumSet 集合不允许加入 null 元素，如果试图插入 null 元素，EnumSet 将抛出 NullPointerException 异常。如果只是想判断 EnumSet 是否包含 null 元素或试图删除 null 元素都不会抛出异常，只是删除操作将返回 false，因为没有任何 null 元素被删除。

EnumSet 类没有暴露任何构造器来创建该类的实例，程序应该通过它提供的类方法来创建 EnumSet 对象。EnumSet 类它提供了如下常用的类方法来创建 EnumSet 对象。

- ➢ EnumSet allOf(Class elementType)：创建一个包含指定枚举类里所有枚举值的 EnumSet 集合。
- ➢ EnumSet complementOf(EnumSet s)：创建一个其元素类型与指定 EnumSet 里元素类型相同的 EnumSet 集合，新 EnumSet 集合包含原 EnumSet 集合所不包含的、此枚举类剩下的枚举值（即新 EnumSet 集合和原 EnumSet 集合的集合元素加起来就是该枚举类的所有枚举值）。
- ➢ EnumSet copyOf(Collection c)：使用一个普通集合来创建 EnumSet 集合。
- ➢ EnumSet copyOf(EnumSet s)：创建一个与指定 EnumSet 具有相同元素类型、相同集合元素的 EnumSet 集合。
- ➢ EnumSet noneOf(Class elementType)：创建一个元素类型为指定枚举类型的空 EnumSet。
- ➢ EnumSet of(E first, E... rest)：创建一个包含一个或多个枚举值的 EnumSet 集合，传入的多个枚举值必须属于同一个枚举类。
- ➢ EnumSet range(E from, E to)：创建一个包含从 from 枚举值到 to 枚举值范围内所有枚举值的 EnumSet 集合。

下面程序示范了如何使用 EnumSet 来保存枚举类的多个枚举值。

程序清单：codes\08\8.3\EnumSetTest.java

```java
enum Season
{
    SPRING,SUMMER,FALL,WINTER
}
public class EnumSetTest
{
    public static void main(String[] args)
    {
        // 创建一个 EnumSet 集合，集合元素就是 Season 枚举类的全部枚举值
        EnumSet es1 = EnumSet.allOf(Season.class);
        System.out.println(es1); // 输出[SPRING,SUMMER,FALL,WINTER]
        // 创建一个 EnumSet 空集合，指定其集合元素是 Season 类的枚举值
        EnumSet es2 = EnumSet.noneOf(Season.class);
        System.out.println(es2); // 输出[]
        // 手动添加两个元素
        es2.add(Season.WINTER);
```

```
            es2.add(Season.SPRING);
            System.out.println(es2); // 输出[SPRING,WINTER]
            // 以指定枚举值创建 EnumSet 集合
            EnumSet es3 = EnumSet.of(Season.SUMMER , Season.WINTER);
            System.out.println(es3); // 输出[SUMMER,WINTER]
            EnumSet es4 = EnumSet.range(Season.SUMMER , Season.WINTER);
            System.out.println(es4); // 输出[SUMMER,FALL,WINTER]
            // 新创建的 EnumSet 集合元素和 es4 集合元素有相同的类型
            // es5 集合元素 + es4 集合元素 = Season 枚举类的全部枚举值
            EnumSet es5 = EnumSet.complementOf(es4);
            System.out.println(es5); // 输出[SPRING]
      }
}
```

上面程序中粗体字标识的代码示范了 EnumSet 集合的常规用法。除此之外，还可以复制另一个 EnumSet 集合中的所有元素来创建新的 EnumSet 集合，或者复制另一个 Collection 集合中的所有元素来创建新的 EnumSet 集合。当复制 Collection 集合中的所有元素来创建新的 EnumSet 集合时，要求 Collection 集合中的所有元素必须是同一个枚举类的枚举值。下面程序示范了这个用法。

程序清单：codes\08\8.3\EnumSetTest2.java

```
public class EnumSetTest2
{
      public static void main(String[] args)
      {
            Collection c = new HashSet();
            c.clear();
            c.add(Season.FALL);
            c.add(Season.SPRING);
            // 复制 Collection 集合中的所有元素来创建 EnumSet 集合
            EnumSet enumSet = EnumSet.copyOf(c);      // ①
            System.out.println(enumSet); // 输出[SPRING,FALL]
            c.add("疯狂 Java 讲义");
            c.add("轻量级 Java EE 企业应用实战");
            // 下面代码出现异常：因为 c 集合里的元素不是全部都为枚举值
            enumSet = EnumSet.copyOf(c);      // ②
      }
}
```

上面程序中两处粗体字标识的代码没有任何区别，只是因为执行②行代码时，c 集合中的元素不全是枚举值，而是包含了两个字符串对象，所以在②行代码处抛出 ClassCastException 异常。

当试图复制一个 Collection 集合里的元素来创建 EnumSet 集合时，必须保证 Collection 集合里的所有元素都是同一个枚举类的枚举值。

▶▶ 8.3.5 各 Set 实现类的性能分析

HashSet 和 TreeSet 是 Set 的两个典型实现，到底如何选择 HashSet 和 TreeSet 呢？HashSet 的性能总是比 TreeSet 好（特别是最常用的添加、查询元素等操作），因为 TreeSet 需要额外的红黑树算法来维护集合元素的次序。只有当需要一个保持排序的 Set 时，才应该使用 TreeSet，否则都应该使用 HashSet。

HashSet 还有一个子类：LinkedHashSet，对于普通的插入、删除操作，LinkedHashSet 比 HashSet 要略微慢一点，这是由维护链表所带来的额外开销造成的，但由于有了链表，遍历 LinkedHashSet 会更快。

EnumSet 是所有 Set 实现类中性能最好的，但它只能保存同一个枚举类的枚举值作为集合元素。

必须指出的是，Set 的三个实现类 HashSet、TreeSet 和 EnumSet 都是线程不安全的。如果有多个线程同时访问一个 Set 集合，并且有超过一个线程修改了该 Set 集合，则必须手动保证该 Set 集合的同步性。通常可以通过 Collections 工具类的 synchronizedSortedSet 方法来"包装"该 Set 集合。此操作最好在创建时进行，以防止对 Set 集合的意外非同步访问。例如：

```
SortedSet s = Collections.synchronizedSortedSet(new TreeSet(...));
```
关于 Collections 工具类的更进一步用法，可以参考 8.8 节的内容。

8.4 List 集合

List 集合代表一个元素有序、可重复的集合，集合中每个元素都有其对应的顺序索引。List 集合允许使用重复元素，可以通过索引来访问指定位置的集合元素。List 集合默认按元素的添加顺序设置元素的索引，例如第一次添加的元素索引为 0，第二次添加的元素索引为 1……

8.4.1 Java 8 改进的 List 接口和 ListIterator 接口

List 作为 Collection 接口的子接口，当然可以使用 Collection 接口里的全部方法。而且由于 List 是有序集合，因此 List 集合里增加了一些根据索引来操作集合元素的方法。

- void add(int index, Object element)：将元素 element 插入到 List 集合的 index 处。
- boolean addAll(int index, Collection c)：将集合 c 所包含的所有元素都插入到 List 集合的 index 处。
- Object get(int index)：返回集合 index 索引处的元素。
- int indexOf(Object o)：返回对象 o 在 List 集合中第一次出现的位置索引。
- int lastIndexOf(Object o)：返回对象 o 在 List 集合中最后一次出现的位置索引。
- Object remove(int index)：删除并返回 index 索引处的元素。
- Object set(int index, Object element)：将 index 索引处的元素替换成 element 对象，返回被替换的旧元素。
- List subList(int fromIndex, int toIndex)：返回从索引 fromIndex（包含）到索引 toIndex（不包含）处所有集合元素组成的子集合。

所有的 List 实现类都可以调用这些方法来操作集合元素。与 Set 集合相比，List 增加了根据索引来插入、替换和删除集合元素的方法。除此之外，Java 8 还为 List 接口添加了如下两个默认方法。

- void replaceAll(UnaryOperator operator)：根据 operator 指定的计算规则重新设置 List 集合的所有元素。
- void sort(Comparator c)：根据 Comparator 参数对 List 集合的元素排序。

下面程序示范了 List 集合的常规用法。

程序清单：codes\08\8.4\ListTest.java

```
public class ListTest
{
    public static void main(String[] args)
    {
        List books = new ArrayList();
        // 向 books 集合中添加三个元素
        books.add(new String("轻量级 Java EE 企业应用实战"));
        books.add(new String("疯狂 Java 讲义"));
        books.add(new String("疯狂 Android 讲义"));
        System.out.println(books);
        // 将新字符串对象插入在第二个位置
        books.add(1 , new String("疯狂 Ajax 讲义"));
        for (int i = 0 ; i < books.size() ; i++ )
        {
            System.out.println(books.get(i));
        }
        // 删除第三个元素
        books.remove(2);
        System.out.println(books);
        // 判断指定元素在 List 集合中的位置：输出 1，表明位于第二位
        System.out.println(books.indexOf(new String("疯狂 Ajax 讲义"))); //①
        //将第二个元素替换成新的字符串对象
        books.set(1, new String("疯狂 Java 讲义"));
```

```
        System.out.println(books);
        //将books集合的第二个元素（包括）
        //到第三个元素（不包括）截取成子集合
        System.out.println(books.subList(1 , 2));
    }
}
```

上面程序中粗体字代码示范了List集合的独特用法，List集合可以根据位置索引来访问集合中的元素，因此List增加了一种新的遍历集合元素的方法：使用普通的for循环来遍历集合元素。运行上面程序，将看到如下运行结果：

```
[轻量级Java EE企业应用实战, 疯狂Java讲义, 疯狂Android讲义]
轻量级Java EE企业应用实战
疯狂Ajax讲义
疯狂Java讲义
疯狂Android讲义
[轻量级Java EE企业应用实战, 疯狂Ajax讲义, 疯狂Android讲义]
1
[轻量级Java EE企业应用实战, 疯狂Java讲义, 疯狂Android讲义]
[疯狂Java讲义]
```

从上面运行结果清楚地看出List集合的用法。注意①行代码处，程序试图返回新字符串对象在List集合中的位置，实际上List集合中并未包含该字符串对象。因为List集合添加字符串对象时，添加的是通过new关键字创建的新字符串对象，①行代码处也是通过new关键字创建的新字符串对象，两个字符串显然不是同一个对象，但List的indexOf方法依然可以返回1。List判断两个对象相等的标准是什么呢？List判断两个对象相等只要通过equals()方法比较返回true即可。看下面程序。

程序清单：codes\08\8.4\ListTest2.java

```
class A
{
    public boolean equals(Object obj)
    {
        return true;
    }
}
public class ListTest2
{
    public static void main(String[] args)
    {
        List books = new ArrayList();
        books.add(new String("轻量级Java EE企业应用实战"));
        books.add(new String("疯狂Java讲义"));
        books.add(new String("疯狂Android讲义"));
        System.out.println(books);
        // 删除集合中的A对象，将导致第一个元素被删除
        books.remove(new A());        // ①
        System.out.println(books);
        // 删除集合中的A对象，再次删除集合中的第一个元素
        books.remove(new A());        // ②
        System.out.println(books);
    }
}
```

编译、运行上面程序，看到如下运行结果：

```
[轻量级Java EE企业应用实战, 疯狂Java讲义, 疯狂Android讲义]
[疯狂Java讲义, 疯狂Android讲义]
[疯狂Android讲义]
```

从上面运行结果可以看出，执行①行代码时，程序试图删除一个A对象，List将会调用该A对象的equals()方法依次与集合元素进行比较，如果该equals()方法以某个集合元素作为参数时返回true，List将会删除该元素——A类重写了equals()方法，该方法总是返回true。所以每次从List集合中删除A对象时，总是删除List集合中的第一个元素。

> **注意：** 当调用 List 的 set(int index, Object element)方法来改变 List 集合指定索引处的元素时，指定的索引必须是 List 集合的有效索引。例如集合长度是 4，就不能指定替换索引为 4 处的元素——也就是说，set(int index, Object element)方法不会改变 List 集合的长度。

Java 8 为 List 集合增加了 sort()和 replaceAll()两个常用的默认方法，其中 sort()方法需要一个 Comparator 对象来控制元素排序，程序可使用 Lambda 表达式来作为参数；而 replaceAll()方法则需要一个 UnaryOperator 来替换所有集合元素，UnaryOperator 也是一个函数式接口，因此程序也可使用 Lambda 表达式作为参数。如下程序示范了 List 集合的两个默认方法的功能。

程序清单：codes\08\8.4\ListTest3.java

```java
public class ListTest3
{
    public static void main(String[] args)
    {
        List books = new ArrayList();
        // 向 books 集合中添加 4 个元素
        books.add(new String("轻量级 Java EE 企业应用实战"));
        books.add(new String("疯狂 Java 讲义"));
        books.add(new String("疯狂 Android 讲义"));
        books.add(new String("疯狂 iOS 讲义"));
        // 使用目标类型为 Comparator 的 Lambda 表达式对 List 集合排序
        books.sort((o1, o2)->((String)o1).length() - ((String)o2).length());
        System.out.println(books);
        // 使用目标类型为 UnaryOperator 的 Lambda 表达式来替换集合中所有元素
        // 该 Lambda 表达式控制使用每个字符串的长度作为新的集合元素
        books.replaceAll(ele->((String)ele).length());
        System.out.println(books); // 输出[7, 8, 11, 16]
    }
}
```

上面程序中第一行粗体字代码控制对 List 集合进行排序，传给 sort()方法的 Lambda 表达式指定的排序规则是：字符串长度越长，字符串越大，因此执行完第一行粗体字代码之后，List 集合中的字符串会按由短到长的顺序排列。

程序中第二行粗体字代码传给 replaceAll()方法的 Lambda 表达式指定了替换集合元素的规则：直接用集合元素（字符串）的长度作为新的集合元素。执行该方法后，集合元素被替换为[7, 8, 11, 16]。

与 Set 只提供了一个 iterator()方法不同，List 还额外提供了一个 listIterator()方法，该方法返回一个 ListIterator 对象，ListIterator 接口继承了 Iterator 接口，提供了专门操作 List 的方法。ListIterator 接口在 Iterator 接口基础上增加了如下方法。

- boolean hasPrevious()：返回该迭代器关联的集合是否还有上一个元素。
- Object previous()：返回该迭代器的上一个元素。
- void add(Object o)：在指定位置插入一个元素。

拿 ListIterator 与普通的 Iterator 进行对比，不难发现 ListIterator 增加了向前迭代的功能（Iterator 只能向后迭代），而且 ListIterator 还可通过 add()方法向 List 集合中添加元素（Iterator 只能删除元素）。下面程序示范了 ListIterator 的用法。

程序清单：codes\08\8.4\ListIteratorTest.java

```java
public class ListIteratorTest
{
    public static void main(String[] args)
    {
        String[] books = {
            "疯狂 Java 讲义", "疯狂 iOS 讲义",
            "轻量级 Java EE 企业应用实战"
        };
        List bookList = new ArrayList();
```

```
            for (int i = 0; i < books.length ; i++ )
            {
                bookList.add(books[i]);
            }
            ListIterator lit = bookList.listIterator();
            while (lit.hasNext())
            {
                System.out.println(lit.next());
                lit.add("-------分隔符-------");
            }
            System.out.println("=======下面开始反向迭代=======");
            while(lit.hasPrevious())
            {
                System.out.println(lit.previous());
            }
    }
}
```

从上面程序中可以看出，使用 ListIterator 迭代 List 集合时，开始也需要采用正向迭代，即先使用 next()方法进行迭代，在迭代过程中可以使用 add()方法向上一次迭代元素的后面添加一个新元素。运行上面程序，看到如下结果：

```
疯狂 Java 讲义
疯狂 iOS 讲义
轻量级 Java EE 企业应用实战
=======下面开始反向迭代=======
-------分隔符-------
轻量级 Java EE 企业应用实战
-------分隔符-------
疯狂 iOS 讲义
-------分隔符-------
疯狂 Java 讲义
```

▶▶ 8.4.2 ArrayList 和 Vector 实现类

ArrayList 和 Vector 作为 List 类的两个典型实现，完全支持前面介绍的 List 接口的全部功能。

ArrayList 和 Vector 类都是基于数组实现的 List 类，所以 ArrayList 和 Vector 类封装了一个动态的、允许再分配的 Object[]数组。ArrayList 或 Vector 对象使用 initialCapacity 参数来设置该数组的长度，当向 ArrayList 或 Vector 中添加元素超出了该数组的长度时，它们的 initialCapacity 会自动增加。

对于通常的编程场景，程序员无须关心 ArrayList 或 Vector 的 initialCapacity。但如果向 ArrayList 或 Vector 集合中添加大量元素时，可使用 ensureCapacity(int minCapacity)方法一次性地增加 initialCapacity。这可以减少重分配的次数，从而提高性能。

如果开始就知道 ArrayList 或 Vector 集合需要保存多少个元素，则可以在创建它们时就指定 initialCapacity 大小。如果创建空的 ArrayList 或 Vector 集合时不指定 initialCapacity 参数，则 Object[]数组的长度默认为 10。

除此之外，ArrayList 和 Vector 还提供了如下两个方法来重新分配 Object[]数组。

> void ensureCapacity(int minCapacity)：将 ArrayList 或 Vector 集合的 Object[]数组长度增加大于或等于 minCapacity 值。
> void trimToSize()：调整 ArrayList 或 Vector 集合的 Object[]数组长度为当前元素的个数。调用该方法可减少 ArrayList 或 Vector 集合对象占用的存储空间。

ArrayList 和 Vector 在用法上几乎完全相同，但由于 Vector 是一个古老的集合（从 JDK 1.0 就有了），那时候 Java 还没有提供系统的集合框架，所以 Vector 里提供了一些方法名很长的方法，例如 addElement(Object obj)，实际上这个方法与 add (Object obj)没有任何区别。从 JDK 1.2 以后，Java 提供了系统的集合框架，就将 Vector 改为实现 List 接口，作为 List 的实现之一，从而导致 Vector 里有一些功能重复的方法。

Vector 的系列方法中方法名更短的方法属于后来新增的方法，方法名更长的方法则是 Vector 原有的方法。Java 改写了 Vector 原有的方法，将其方法名缩短是为了简化编程。而 ArrayList 开始就作为 List 的主要实现类，因此没有那些方法名很长的方法。实际上，Vector 具有很多缺点，通常尽量少用 Vector

实现类。

除此之外，ArrayList 和 Vector 的显著区别是：ArrayList 是线程不安全的，当多个线程访问同一个 ArrayList 集合时，如果有超过一个线程修改了 ArrayList 集合，则程序必须手动保证该集合的同步性；但 Vector 集合则是线程安全的，无须程序保证该集合的同步性。因为 Vector 是线程安全的，所以 Vector 的性能比 ArrayList 的性能要低。实际上，即使需要保证 List 集合线程安全，也同样不推荐使用 Vector 实现类。后面会介绍一个 Collections 工具类，它可以将一个 ArrayList 变成线程安全的。

Vector 还提供了一个 Stack 子类，它用于模拟"栈"这种数据结构，"栈"通常是指"后进先出"（LIFO）的容器。最后"push"进栈的元素，将最先被"pop"出栈。与 Java 中的其他集合一样，进栈出栈的都是 Object，因此从栈中取出元素后必须进行类型转换，除非你只是使用 Object 具有的操作。所以 Stack 类里提供了如下几个方法。

- ➢ Object peek()：返回"栈"的第一个元素，但并不将该元素"pop"出栈。
- ➢ Object pop()：返回"栈"的第一个元素，并将该元素"pop"出栈。
- ➢ void push(Object item)：将一个元素"push"进栈，最后一个进"栈"的元素总是位于"栈"顶。

需要指出的是，由于 Stack 继承了 Vector，因此它也是一个非常古老的 Java 集合类，它同样是线程安全的、性能较差的，因此应该尽量少用 Stack 类。如果程序需要使用"栈"这种数据结构，则可以考虑使用后面将要介绍的 ArrayDeque。

> **提示：**
> ArrayDeque 也是 List 的实现类，ArrayDeque 既实现了 List 接口，也实现了 Deque 接口，由于实现了 Deque 接口，因此可以作为栈来使用；而且 ArrayDeque 底层也是基于数组的实现，因此性能也很好。本书将在 8.5 节详细介绍 ArrayDeque。

▶▶ 8.4.3 固定长度的 List

前面讲数组时介绍了一个操作数组的工具类：Arrays，该工具类里提供了 asList(Object... a)方法，该方法可以把一个数组或指定个数的对象转换成一个 List 集合，这个 List 集合既不是 ArrayList 实现类的实例，也不是 Vector 实现类的实例，而是 Arrays 的内部类 ArrayList 的实例。

Arrays.ArrayList 是一个固定长度的 List 集合，程序只能遍历访问该集合里的元素，不可增加、删除该集合里的元素。如下程序所示。

程序清单：codes\08\8.4\FixedSizeList.java

```java
public class FixedSizeList
{
    public static void main(String[] args)
    {
        List fixedList = Arrays.asList("疯狂Java讲义"
            , "轻量级Java EE企业应用实战");
        // 获取fixedList的实现类，将输出Arrays$ArrayList
        System.out.println(fixedList.getClass());
        // 使用方法引用遍历集合元素
        fixedList.forEach(System.out::println);
        // 试图增加、删除元素都会引发UnsupportedOperationException异常
        fixedList.add("疯狂Android讲义");
        fixedList.remove("疯狂Java讲义");
    }
}
```

上面程序中粗体字标识的两行代码对于普通的 List 集合完全正常，但如果试图通过这两个方法来增加、删除 Arrays$ArrayList 集合里的元素，将会引发异常。所以上面程序在编译时完全正常，但会在运行第一行粗体字标识的代码行处引发 UnsupportedOperationException 异常。

8.5 Queue 集合

Queue 用于模拟队列这种数据结构，队列通常是指"先进先出"（FIFO）的容器。队列的头部保存

在队列中存放时间最长的元素，队列的尾部保存在队列中存放时间最短的元素。新元素插入（offer）到队列的尾部，访问元素（poll）操作会返回队列头部的元素。通常，队列不允许随机访问队列中的元素。

Queue 接口中定义了如下几个方法。

- void add(Object e)：将指定元素加入此队列的尾部。
- Object element()：获取队列头部的元素，但是不删除该元素。
- boolean offer(Object e)：将指定元素加入此队列的尾部。当使用有容量限制的队列时，此方法通常比 add(Object e)方法更好。
- Object peek()：获取队列头部的元素，但是不删除该元素。如果此队列为空，则返回 null。
- Object poll()：获取队列头部的元素，并删除该元素。如果此队列为空，则返回 null。
- Object remove()：获取队列头部的元素，并删除该元素。

Queue 接口有一个 PriorityQueue 实现类。除此之外，Queue 还有一个 Deque 接口，Deque 代表一个"双端队列"，双端队列可以同时从两端来添加、删除元素，因此 Deque 的实现类既可当成队列使用，也可当成栈使用。Java 为 Deque 提供了 ArrayDeque 和 LinkedList 两个实现类。

▶▶ 8.5.1 PriorityQueue 实现类

PriorityQueue 是一个比较标准的队列实现类。之所以说它是比较标准的队列实现，而不是绝对标准的队列实现，是因为 PriorityQueue 保存队列元素的顺序并不是按加入队列的顺序，而是按队列元素的大小进行重新排序。因此当调用 peek()方法或者 poll()方法取出队列中的元素时，并不是取出最先进入队列的元素，而是取出队列中最小的元素。从这个意义上来看，PriorityQueue 已经违反了队列的最基本规则：先进先出（FIFO）。下面程序示范了 PriorityQueue 队列的用法。

程序清单：codes\08\8.5\PriorityQueueTest.java

```java
public class PriorityQueueTest
{
    public static void main(String[] args)
    {
        PriorityQueue pq = new PriorityQueue();
        // 下面代码依次向 pq 中加入四个元素
        pq.offer(6);
        pq.offer(-3);
        pq.offer(20);
        pq.offer(18);
        // 输出 pq 队列，并不是按元素的加入顺序排列
        System.out.println(pq); // 输出[-3, 6, 20, 18]
        // 访问队列的第一个元素，其实就是队列中最小的元素：-3
        System.out.println(pq.poll());
    }
}
```

运行上面程序直接输出 PriorityQueue 集合时，可能看到该队列里的元素并没有很好地按大小进行排序，但这只是受到 PriorityQueue 的 toString()方法的返回值的影响。实际上，程序多次调用 PriorityQueue 集合对象的 poll()方法，即可看到元素按从小到大的顺序"移出队列"。

PriorityQueue 不允许插入 null 元素，它还需要对队列元素进行排序，PriorityQueue 的元素有两种排序方式。

- 自然排序：采用自然顺序的 PriorityQueue 集合中的元素必须实现了 Comparable 接口，而且应该是同一个类的多个实例，否则可能导致 ClassCastException 异常。
- 定制排序：创建 PriorityQueue 队列时，传入一个 Comparator 对象，该对象负责对队列中的所有元素进行排序。采用定制排序时不要求队列元素实现 Comparable 接口。

PriorityQueue 队列对元素的要求与 TreeSet 对元素的要求基本一致，因此关于使用自然排序和定制排序的详细介绍请参考 8.3.3 节。

▶▶ 8.5.2 Deque 接口与 ArrayDeque 实现类

Deque 接口是 Queue 接口的子接口，它代表一个双端队列，Deque 接口里定义了一些双端队列的方

法，这些方法允许从两端来操作队列的元素。
- ➢ void addFirst(Object e)：将指定元素插入该双端队列的开头。
- ➢ void addLast(Object e)：将指定元素插入该双端队列的末尾。
- ➢ Iterator descendingIterator()：返回该双端队列对应的迭代器，该迭代器将以逆向顺序来迭代队列中的元素。
- ➢ Object getFirst()：获取但不删除双端队列的第一个元素。
- ➢ Object getLast()：获取但不删除双端队列的最后一个元素。
- ➢ boolean offerFirst(Object e)：将指定元素插入该双端队列的开头。
- ➢ boolean offerLast(Object e)：将指定元素插入该双端队列的末尾。
- ➢ Object peekFirst()：获取但不删除该双端队列的第一个元素；如果此双端队列为空，则返回 null。
- ➢ Object peekLast()：获取但不删除该双端队列的最后一个元素；如果此双端队列为空，则返回 null。
- ➢ Object pollFirst()：获取并删除该双端队列的第一个元素；如果此双端队列为空，则返回 null。
- ➢ Object pollLast()：获取并删除该双端队列的最后一个元素；如果此双端队列为空，则返回 null。
- ➢ Object pop()（栈方法）：pop 出该双端队列所表示的栈的栈顶元素。相当于 removeFirst()。
- ➢ void push(Object e)（栈方法）：将一个元素 push 进该双端队列所表示的栈的栈顶。相当于 addFirst(e)。
- ➢ Object removeFirst()：获取并删除该双端队列的第一个元素。
- ➢ Object removeFirstOccurrence(Object o)：删除该双端队列的第一次出现的元素 o。
- ➢ Object removeLast()：获取并删除该双端队列的最后一个元素。
- ➢ boolean removeLastOccurrence(Object o)：删除该双端队列的最后一次出现的元素 o。

从上面方法中可以看出，Deque 不仅可以当成双端队列使用，而且可以被当成栈来使用，因为该类里还包含了 pop（出栈）、push（入栈）两个方法。

Deque 的方法与 Queue 的方法对照表如表 8.2 所示。

表 8.2 Deque 的方法与 Queue 的方法对照表

Queue 的方法	Deque 的方法
add(e)/offer(e)	addLast(e)/offerLast(e)
remove()/poll()	removeFirst()/pollFirst()
element()/peek()	getFirst()/peekFirst()

Deque 的方法与 Stack 的方法对照表如表 8.3 所示。

表 8.3 Deque 的方法与 Stack 的方法对照表

Stack 的方法	Deque 的方法
push(e)	addFirst(e)/offerFirst(e)
pop()	removeFirst()/pollFirst()
peek()	getFirst()/peekFirst()

Deque 接口提供了一个典型的实现类：ArrayDeque，从该名称就可以看出，它是一个基于数组实现的双端队列，创建 Deque 时同样可指定一个 numElements 参数，该参数用于指定 Object[]数组的长度；如果不指定 numElements 参数，Deque 底层数组的长度为 16。

> **提示：**
> ArrayList 和 ArrayDeque 两个集合类的实现机制基本相似，它们的底层都采用一个动态的、可重分配的 Object[]数组来存储集合元素，当集合元素超出了该数组的容量时，系统会在底层重新分配一个 Object[]数组来存储集合元素。

下面程序示范了把 ArrayDeque 当成"栈"来使用。

程序清单：codes\08\8.5\ArrayDequeStack.java

```
public class ArrayDequeStack
```

```java
    public static void main(String[] args)
    {
        ArrayDeque stack = new ArrayDeque();
        // 依次将三个元素push入"栈"
        stack.push("疯狂Java讲义");
        stack.push("轻量级Java EE企业应用实战");
        stack.push("疯狂Android讲义");
        // 输出:[疯狂Android讲义, 轻量级Java EE企业应用实战, 疯狂Java讲义]
        System.out.println(stack);
        // 访问第一个元素,但并不将其pop出"栈",输出:疯狂Android讲义
        System.out.println(stack.peek());
        // 依然输出:[疯狂Android讲义, 疯狂Java讲义, 轻量级Java EE企业应用实战]
        System.out.println(stack);
        // pop出第一个元素,输出:疯狂Android讲义
        System.out.println(stack.pop());
        // 输出:[轻量级Java EE企业应用实战, 疯狂Java讲义]
        System.out.println(stack);
    }
}
```

上面程序的运行结果显示了 ArrayDeque 作为栈的行为,因此当程序中需要使用"栈"这种数据结构时,推荐使用 ArrayDeque,尽量避免使用 Stack——因为 Stack 是古老的集合,性能较差。

当然 ArrayDeque 也可以当成队列使用,此处 ArrayDeque 将按"先进先出"的方式操作集合元素。例如如下程序。

程序清单:codes\08\8.5\ArrayDequeQueue.java

```java
public class ArrayDequeQueue
{
    public static void main(String[] args)
    {
        ArrayDeque queue = new ArrayDeque();
        // 依次将三个元素加入队列
        queue.offer("疯狂Java讲义");
        queue.offer("轻量级Java EE企业应用实战");
        queue.offer("疯狂Android讲义");
        // 输出:[疯狂Java讲义, 轻量级Java EE企业应用实战, 疯狂Android讲义]
        System.out.println(queue);
        // 访问队列头部的元素,但并不将其poll出队列"栈",输出:疯狂Java讲义
        System.out.println(queue.peek());
        // 依然输出:[疯狂Java讲义, 轻量级Java EE企业应用实战, 疯狂Android讲义]
        System.out.println(queue);
        // poll出第一个元素,输出:疯狂Java讲义
        System.out.println(queue.poll());
        // 输出:[轻量级Java EE企业应用实战, 疯狂Android讲义]
        System.out.println(queue);
    }
}
```

上面程序的运行结果显示了 ArrayDeque 作为队列的行为。

通过上面两个程序可以看出,ArrayDeque 不仅可以作为栈使用,也可以作为队列使用。

▶▶ 8.5.3 LinkedList 实现类

LinkedList 类是 List 接口的实现类——这意味着它是一个 List 集合,可以根据索引来随机访问集合中的元素。除此之外,LinkedList 还实现了 Deque 接口,可以被当成双端队列来使用,因此既可以被当成"栈"来使用,也可以当成队列使用。下面程序简单示范了 LinkedList 集合的用法。

程序清单:codes\08\8.5\LinkedListTest.java

```java
public class LinkedListTest
{
    public static void main(String[] args)
    {
        LinkedList books = new LinkedList();
```

```java
        // 将字符串元素加入队列的尾部
        books.offer("疯狂Java讲义");
        // 将一个字符串元素加入栈的顶部
        books.push("轻量级Java EE企业应用实战");
        // 将字符串元素添加到队列的头部（相当于栈的顶部）
        books.offerFirst("疯狂Android讲义");
        // 以List的方式（按索引访问的方式）来遍历集合元素
        for (int i = 0; i < books.size() ; i++ )
        {
            System.out.println("遍历中：" + books.get(i));
        }
        // 访问并不删除栈顶的元素
        System.out.println(books.peekFirst());
        // 访问并不删除队列的最后一个元素
        System.out.println(books.peekLast());
        // 将栈顶的元素弹出"栈"
        System.out.println(books.pop());
        // 下面输出将看到队列中第一个元素被删除
        System.out.println(books);
        // 访问并删除队列的最后一个元素
        System.out.println(books.pollLast());
        // 下面输出：[轻量级Java EE企业应用实战]
        System.out.println(books);
    }
}
```

上面程序中粗体字代码分别示范了 LinkedList 作为 List 集合、双端队列、栈的用法。由此可见，LinkedList 是一个功能非常强大的集合类。

LinkedList 与 ArrayList、ArrayDeque 的实现机制完全不同，ArrayList、ArrayDeque 内部以数组的形式来保存集合中的元素，因此随机访问集合元素时有较好的性能；而 LinkedList 内部以链表的形式来保存集合中的元素，因此随机访问集合元素时性能较差，但在插入、删除元素时性能比较出色（只需改变指针所指的地址即可）。需要指出的是，虽然 Vector 也是以数组的形式来存储集合元素的，但因为它实现了线程同步功能（而且实现机制也不好），所以各方面性能都比较差。

> **注意：** 对于所有的内部基于数组的集合实现，例如 ArrayList、ArrayDeque 等，使用随机访问的性能比使用 Iterator 迭代访问的性能要好，因为随机访问会被映射成对数组元素的访问。

8.5.4 各种线性表的性能分析

Java 提供的 List 就是一个线性表接口，而 ArrayList、LinkedList 又是线性表的两种典型实现：基于数组的线性表和基于链的线性表。Queue 代表了队列，Deque 代表了双端队列（既可作为队列使用，也可作为栈使用），接下来对各种实现类的性能进行分析。

初学者可以无须理会 ArrayList 和 LinkedList 之间的性能差异，只需要知道 LinkedList 集合不仅提供了 List 的功能，还提供了双端队列、栈的功能就行。但对于一个成熟的 Java 程序员，在一些性能非常敏感的地方，可能需要慎重选择哪个 List 实现。

一般来说，由于数组以一块连续内存区来保存所有的数组元素，所以数组在随机访问时性能最好，所有的内部以数组作为底层实现的集合在随机访问时性能都比较好；而内部以链表作为底层实现的集合在执行插入、删除操作时有较好的性能。但总体来说，ArrayList 的性能比 LinkedList 的性能要好，因此大部分时候都应该考虑使用 ArrayList。

关于使用 List 集合有如下建议。

➢ 如果需要遍历 List 集合元素，对于 ArrayList、Vector 集合，应该使用随机访问方法（get）来遍历集合元素，这样性能更好；对于 LinkedList 集合，则应该采用迭代器（Iterator）来遍历集合元素。

- 如果需要经常执行插入、删除操作来改变包含大量数据的 List 集合的大小,可考虑使用 LinkedList 集合。使用 ArrayList、Vector 集合可能需要经常重新分配内部数组的大小,效果可能较差。
- 如果有多个线程需要同时访问 List 集合中的元素,开发者可考虑使用 Collections 将集合包装成线程安全的集合。

8.6 Java 8 增强的 Map 集合

Map 用于保存具有映射关系的数据,因此 Map 集合里保存着两组值,一组值用于保存 Map 里的 key,另外一组值用于保存 Map 里的 value,key 和 value 都可以是任何引用类型的数据。Map 的 key 不允许重复,即同一个 Map 对象的任何两个 key 通过 equals 方法比较总是返回 false。

key 和 value 之间存在单向一对一关系,即通过指定的 key,总能找到唯一的、确定的 value。从 Map 中取出数据时,只要给出指定的 key,就可以取出对应的 value。如果把 Map 的两组值拆开来看,Map 里的数据有如图 8.7 所示的结构。

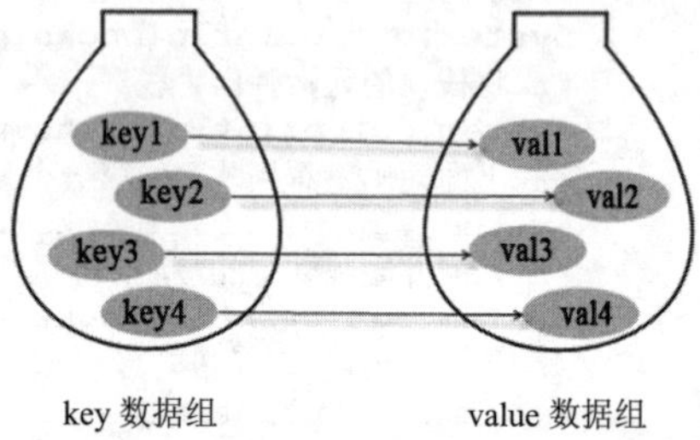

图 8.7 分开看 Map 的 key 组和 value 组

从图 8.7 中可以看出,如果把 Map 里的所有 key 放在一起来看,它们就组成了一个 Set 集合(所有的 key 没有顺序,key 与 key 之间不能重复),实际上 Map 确实包含了一个 keySet()方法,用于返回 Map 里所有 key 组成的 Set 集合。

不仅如此,Map 里 key 集和 Set 集合里元素的存储形式也很像,Map 子类和 Set 子类在名字上也惊人地相似,比如 Set 接口下有 HashSet、LinkedHashSet、SortedSet(接口)、TreeSet、EnumSet 等子接口和实现类,而 Map 接口下则有 HashMap、LinkedHashMap、SortedMap(接口)、TreeMap、EnumMap 等子接口和实现类。正如它们的名字所暗示的,Map 的这些实现类和子接口中 key 集的存储形式和对应 Set 集合中元素的存储形式完全相同。

> **提示:**
> Set 与 Map 之间的关系非常密切。虽然 Map 中放的元素是 key-value 对,Set 集合中放的元素是单个对象,但如果把 key-value 对中的 value 当成 key 的附庸:key 在哪里,value 就跟在哪里。这样就可以像对待 Set 一样来对待 Map 了。事实上,Map 提供了一个 Entry 内部类来封装 key-value 对,而计算 Entry 存储时则只考虑 Entry 封装的 key。从 Java 源码来看,Java 是先实现了 Map,然后通过包装一个所有 value 都为 null 的 Map 就实现了 Set 集合。

如果把 Map 里的所有 value 放在一起来看,它们又非常类似于一个 List:元素与元素之间可以重复,每个元素可以根据索引来查找,只是 Map 中的索引不再使用整数值,而是以另一个对象作为索引。如果需要从 List 集合中取出元素,则需要提供该元素的数字索引;如果需要从 Map 中取出元素,则需要提供该元素的 key 索引。因此,Map 有时也被称为字典,或关联数组。Map 接口中定义了如下常用的方法。

- void clear():删除该 Map 对象中的所有 key-value 对。
- boolean containsKey(Object key):查询 Map 中是否包含指定的 key,如果包含则返回 true。
- boolean containsValue(Object value):查询 Map 中是否包含一个或多个 value,如果包含则返回 true。
- Set entrySet():返回 Map 中包含的 key-value 对所组成的 Set 集合,每个集合元素都是 Map.Entry(Entry 是 Map 的内部类)对象。
- Object get(Object key):返回指定 key 所对应的 value;如果此 Map 中不包含该 key,则返回 null。
- boolean isEmpty():查询该 Map 是否为空(即不包含任何 key-value 对),如果为空则返回 true。
- Set keySet():返回该 Map 中所有 key 组成的 Set 集合。

- Object put(Object key, Object value)：添加一个 key-value 对，如果当前 Map 中已有一个与该 key 相等的 key-value 对，则新的 key-value 对会覆盖原来的 key-value 对。
- void putAll(Map m)：将指定 Map 中的 key-value 对复制到本 Map 中。
- Object remove(Object key)：删除指定 key 所对应的 key-value 对，返回被删除 key 所关联的 value，如果该 key 不存在，则返回 null。
- boolean remove(Object key, Object value)：这是 Java 8 新增的方法，删除指定 key、value 所对应的 key-value 对。如果从该 Map 中成功地删除该 key-value 对，该方法返回 true，否则返回 false。
- int size()：返回该 Map 里的 key-value 对的个数。
- Collection values()：返回该 Map 里所有 value 组成的 Collection。

Map 接口提供了大量的实现类，典型实现如 HashMap 和 Hashtable 等、HashMap 的子类 LinkedHashMap，还有 SortedMap 子接口及该接口的实现类 TreeMap，以及 WeakHashMap、IdentityHashMap 等。下面将详细介绍 Map 接口实现类。

Map 中包括一个内部类 Entry，该类封装了一个 key-value 对。Entry 包含如下三个方法。
- Object getKey()：返回该 Entry 里包含的 key 值。
- Object getValue()：返回该 Entry 里包含的 value 值。
- Object setValue(V value)：设置该 Entry 里包含的 value 值，并返回新设置的 value 值。

Map 集合最典型的用法就是成对地添加、删除 key-value 对，接下来即可判断该 Map 中是否包含指定 key，是否包含指定 value，也可以通过 Map 提供的 keySet() 方法获取所有 key 组成的集合，进而遍历 Map 中所有的 key-value 对。下面程序示范了 Map 的基本功能。

程序清单：codes\08\8.6\MapTest.java

```java
public class MapTest
{
    public static void main(String[] args)
    {
        Map map = new HashMap();
        // 成对放入多个 key-value 对
        map.put("疯狂Java讲义" , 109);
        map.put("疯狂iOS讲义" , 10);
        map.put("疯狂Ajax讲义" , 79);
        // 多次放入的 key-value 对中 value 可以重复
        map.put("轻量级Java EE企业应用实战" , 99);
        // 放入重复的 key 时，新的 value 会覆盖原有的 value
        // 如果新的 value 覆盖了原有的 value，该方法返回被覆盖的 value
        System.out.println(map.put("疯狂iOS讲义" , 99)); // 输出 10
        System.out.println(map); // 输出的 Map 集合包含 4 个 key-value 对
        // 判断是否包含指定 key
        System.out.println("是否包含值为 疯狂iOS讲义 key: "
            + map.containsKey("疯狂iOS讲义")); // 输出 true
        // 判断是否包含指定 value
        System.out.println("是否包含值为 99 value: "
            + map.containsValue(99)); // 输出 true
        // 获取 Map 集合的所有 key 组成的集合，通过遍历 key 来实现遍历所有的 key-value 对
        for (Object key : map.keySet() )
        {
            // map.get(key)方法获取指定 key 对应的 value
            System.out.println(key + "-->" + map.get(key));
        }
        map.remove("疯狂Ajax讲义"); // 根据 key 来删除 key-value 对
        System.out.println(map); // 输出结果中不再包含 疯狂Ajax讲义=79 的 key-value 对
    }
}
```

上面程序中前 5 行粗体字代码示范了向 Map 中成对地添加 key-value 对。添加 key-value 对时，Map 允许多个 vlaue 重复，但如果添加 key-value 对时 Map 中已有重复的 key，那么新添加的 value 会覆盖该 key 原来对应的 value，该方法将会返回被覆盖的 value。

程序接下来的 2 行粗体字代码分别判断了 Map 集合中是否包含指定 key、指定 value。程序中粗体

字 foreach 循环用于遍历 Map 集合：程序先调用 Map 集合的 keySet() 获取所有的 key，然后使用 foreach 循环来遍历 Map 的所有 key，根据 key 即可遍历所有的 value。

HashMap 重写了 toString() 方法，实际上所有的 Map 实现类都重写了 toString() 方法，调用 Map 对象的 toString() 方法总是返回如下格式的字符串：{key1=value1,key2=value2...}。

▶▶ 8.6.1 Java 8 为 Map 新增的方法

Java 8 除为 Map 增加了 remove(Object key , Object value) 默认方法之外，还增加了如下方法。

- Object compute(Object key, BiFunction remappingFunction)：该方法使用 remappingFunction 根据原 key-value 对计算一个新 value。只要新 value 不为 null，就使用新 value 覆盖原 value；如果原 value 不为 null，但新 value 为 null，则删除原 key-value 对；如果原 value、新 value 同时为 null，那么该方法不改变任何 key-value 对，直接返回 null。
- Object computeIfAbsent(Object key, Function mappingFunction)：如果传给该方法的 key 参数在 Map 中对应的 value 为 null，则使用 mappingFunction 根据 key 计算一个新的结果，如果计算结果不为 null，则用计算结果覆盖原有的 value。如果原 Map 原来不包括该 key，那么该方法可能会添加一组 key-value 对。
- Object computeIfPresent(Object key, BiFunction remappingFunction)：如果传给该方法的 key 参数在 Map 中对应的 value 不为 null，该方法将使用 remappingFunction 根据原 key、value 计算一个新的结果，如果计算结果不为 null，则使用该结果覆盖原来的 value；如果计算结果为 null，则删除原 key-value 对。
- void forEach(BiConsumer action)：该方法是 Java 8 为 Map 新增的一个遍历 key-value 对的方法，通过该方法可以更简洁地遍历 Map 的 key-value 对。
- Object getOrDefault(Object key, V defaultValue)：获取指定 key 对应的 value。如果该 key 不存在，则返回 defaultValue。
- Object merge(Object key, Object value, BiFunction remappingFunction)：该方法会先根据 key 参数获取该 Map 中对应的 value。如果获取的 value 为 null，则直接用传入的 value 覆盖原有的 value（在这种情况下，可能要添加一组 key-value 对）；如果获取的 value 不为 null，则使用 remappingFunction 函数根据原 value、新 value 计算一个新的结果，并用得到的结果去覆盖原有的 value。
- Object putIfAbsent(Object key, Object value)：该方法会自动检测指定 key 对应的 value 是否为 null，如果该 key 对应的 value 为 null，该方法将会用新 value 代替原来的 null 值。
- Object replace(Object key, Object value)：将 Map 中指定 key 对应的 value 替换成新 value。与传统 put() 方法不同的是，该方法不可能添加新的 key-value 对。如果尝试替换的 key 在原 Map 中不存在，该方法不会添加 key-value 对，而是返回 null。
- boolean replace(K key, V oldValue, V newValue)：将 Map 中指定 key-value 对的原 value 替换成新 value。如果在 Map 中找到指定的 key-value 对，则执行替换并返回 true，否则返回 false。
- replaceAll(BiFunction function)：该方法使用 BiFunction 对原 key-value 对执行计算，并将计算结果作为该 key-value 对的 value 值。

下面程序示范了 Map 常用默认方法的功能和用法。

程序清单：codes\08\8.6\MapTest2.java

```java
public class MapTest2
{
    public static void main(String[] args)
    {
        Map map = new HashMap();
        // 成对放入多个 key-value 对
        map.put("疯狂Java讲义" , 109);
        map.put("疯狂iOS讲义" , 99);
        map.put("疯狂Ajax讲义" , 79);
        // 尝试替换 key 为"疯狂XML讲义"的value，由于原 Map 中没有对应的 key
```

```
        // 因此 Map 没有改变，不会添加新的 key-value 对
        map.replace("疯狂 XML 讲义" , 66);
        System.out.println(map);
        // 使用原 value 与传入参数计算出来的结果覆盖原有的 value
        map.merge("疯狂 iOS 讲义" , 10 ,
            (oldVal , param) -> (Integer)oldVal + (Integer)param);
        System.out.println(map); // "疯狂 iOS 讲义"的 value 增大了 10
        // 当 key 为"Java"对应的 value 为 null（或不存在）时，使用计算的结果作为新 value
        map.computeIfAbsent("Java" , (key)->((String)key).length());
        System.out.println(map); // map 中添加了 Java=4 这组 key-value 对
        // 当 key 为"Java"对应的 value 存在时，使用计算的结果作为新 value
        map.computeIfPresent("Java",
            (key , value) -> (Integer)value * (Integer)value);
        System.out.println(map); // map 中 Java=4 变成 Java=16
    }
}
```

上面程序中注释已经写得很清楚了，而且给出了每个方法的运行结果，读者可以结合这些方法的介绍文档来阅读该程序，从而掌握 Map 中这些默认方法的功能与用法。

▶▶ 8.6.2 Java 8 改进的 HashMap 和 Hashtable 实现类

HashMap 和 Hashtable 都是 Map 接口的典型实现类，它们之间的关系完全类似于 ArrayList 和 Vector 的关系：Hashtable 是一个古老的 Map 实现类，它从 JDK 1.0 起就已经出现了，当它出现时，Java 还没有提供 Map 接口，所以它包含了两个烦琐的方法，即 elements()（类似于 Map 接口定义的 values()方法）和 keys()（类似于 Map 接口定义的 keySet()方法），现在很少使用这两个方法（关于这两个方法的用法请参考 8.9 节）。

Java 8 改进了 HashMap 的实现，使用 HashMap 存在 key 冲突时依然具有较好的性能。

除此之外，Hashtable 和 HashMap 存在两点典型区别。

➢ Hashtable 是一个线程安全的 Map 实现，但 HashMap 是线程不安全的实现，所以 HashMap 比 Hashtable 的性能高一点；但如果有多个线程访问同一个 Map 对象时，使用 Hashtable 实现类会更好。

➢ Hashtable 不允许使用 null 作为 key 和 value，如果试图把 null 值放进 Hashtable 中，将会引发 NullPointerException 异常；但 HashMap 可以使用 null 作为 key 或 value。

由于 HashMap 里的 key 不能重复，所以 HashMap 里最多只有一个 key-value 对的 key 为 null，但可以有无数多个 key-value 对的 value 为 null。下面程序示范了用 null 值作为 HashMap 的 key 和 value 的情形。

程序清单：codes\08\8.6\NullInHashMap.java
```
public class NullInHashMap
{
    public static void main(String[] args)
    {
        HashMap hm = new HashMap();
        // 试图将两个 key 为 null 值的 key-value 对放入 HashMap 中
        hm.put(null , null);
        hm.put(null , null);      // ①
        // 将一个 value 为 null 值的 key-value 对放入 HashMap 中
        hm.put("a" , null);       // ②
        // 输出 Map 对象
        System.out.println(hm);
    }
}
```

上面程序试图向 HashMap 中放入三个 key-value 对，其中①代码处无法将 key-value 对放入，因为 Map 中已经有一个 key-value 对的 key 为 null 值，所以无法再放入 key 为 null 值的 key-value 对。②代码处可以放入该 key-value 对，因为一个 HashMap 中可以有多个 value 为 null 值。编译、运行上面程序，看到如下输出结果：

```
{null=null, a=null}
```

> **注意：**
> 从 Hashtable 的类名上就可以看出它是一个古老的类，它的命名甚至没有遵守 Java 的命名规范：每个单词的首字母都应该大写。也许当初开发 Hashtable 的工程师也没有注意到这一点，后来大量 Java 程序中使用了 Hashtable 类，所以这个类名也就不能改为 HashTable 了，否则将导致大量程序需要改写。与 Vector 类似的是，尽量少用 Hashtable 实现类，即使需要创建线程安全的 Map 实现类，也无须使用 Hashtable 实现类，可以通过后面介绍的 Collections 工具类把 HashMap 变成线程安全的。

为了成功地在 HashMap、Hashtable 中存储、获取对象，用作 key 的对象必须实现 hashCode()方法和 equals()方法。

与 HashSet 集合不能保证元素的顺序一样，HashMap、Hashtable 也不能保证其中 key-value 对的顺序。类似于 HashSet，HashMap、Hashtable 判断两个 key 相等的标准也是：两个 key 通过 equals()方法比较返回 true，两个 key 的 hashCode 值也相等。

除此之外，HashMap、Hashtable 中还包含一个 containsValue()方法，用于判断是否包含指定的 value。那么 HashMap、Hashtable 如何判断两个 value 相等呢？HashMap、Hashtable 判断两个 value 相等的标准更简单：只要两个对象通过 equals()方法比较返回 true 即可。下面程序示范了 Hashtable 判断两个 key 相等的标准和两个 value 相等的标准。

程序清单：codes\08\8.6\HashtableTest.java

```java
class A
{
    int count;
    public A(int count)
    {
        this.count = count;
    }
    // 根据 count 的值来判断两个对象是否相等
    public boolean equals(Object obj)
    {
        if (obj == this)
            return true;
        if (obj != null && obj.getClass() == A.class)
        {
            A a = (A)obj;
            return this.count == a.count;
        }
        return false;
    }
    // 根据 count 来计算 hashCode 值
    public int hashCode()
    {
        return this.count;
    }
}
class B
{
    // 重写 equals()方法，B 对象与任何对象通过 equals()方法比较都返回 true
    public boolean equals(Object obj)
    {
        return true;
    }
}
public class HashtableTest
{
    public static void main(String[] args)
    {
        Hashtable ht = new Hashtable();
        ht.put(new A(60000) , "疯狂 Java 讲义");
        ht.put(new A(87563) , "轻量级 Java EE 企业应用实战");
        ht.put(new A(1232) , new B());
```

```
        System.out.println(ht);
        // 只要两个对象通过 equals()方法比较返回 true
        // Hashtable 就认为它们是相等的 value
        // 由于 Hashtable 中有一个 B 对象
        // 它与任何对象通过 equals()方法比较都相等，所以下面输出 true
        System.out.println(ht.containsValue("测试字符串"));   // ① 输出 true
        // 只要两个 A 对象的 count 相等，它们通过 equals()方法比较返回 true，且 hashCode 值相等
        // Hashtable 即认为它们是相同的 key，所以下面输出 true
        System.out.println(ht.containsKey(new A(87563)));   // ② 输出 true
        // 下面语句可以删除最后一个 key-value 对
        ht.remove(new A(1232));        // ③
        System.out.println(ht);
    }
}
```

上面程序定义了 A 类和 B 类，其中 A 类判断两个 A 对象相等的标准是 count 实例变量：只要两个 A 对象的 count 变量相等，则通过 equals()方法比较它们返回 true，它们的 hashCode 值也相等；而 B 对象则可以与任何对象相等。

Hashtable 判断 value 相等的标准是：value 与另外一个对象通过 equals()方法比较返回 true 即可。上面程序中的 ht 对象中包含了一个 B 对象，它与任何对象通过 equals()方法比较总是返回 true，所以在① 代码处返回 true。在这种情况下，不管传给 ht 对象的 containtsValue()方法参数是什么，程序总是返回 true。

根据 Hashtable 判断两个 key 相等的标准，程序在②处也将输出 true，因为两个 A 对象虽然不是同一个对象，但它们通过 equals()方法比较返回 true，且 hashCode 值相等，Hashtable 即认为它们是同一个 key。类似的是，程序在③处也可以删除对应的 key-value 对。

> **注意：**
> 当使用自定义类作为 HashMap、Hashtable 的 key 时，如果重写该类的 equals(Object obj) 和 hashCode()方法，则应该保证两个方法的判断标准一致——当两个 key 通过 equals()方法比较返回 true 时，两个 key 的 hashCode()返回值也应该相同。因为 HashMap、Hashtable 保存 key 的方式与 HashSet 保存集合元素的方式完全相同，所以 HashMap、Hashtable 对 key 的要求与 HashSet 对集合元素的要求完全相同。

与 HashSet 类似的是，如果使用可变对象作为 HashMap、Hashtable 的 key，并且程序修改了作为 key 的可变对象，则也可能出现与 HashSet 类似的情形：程序再也无法准确访问到 Map 中被修改过的 key。看下面程序。

程序清单：codes\08\8.6\HashMapErrorTest.java

```
public class HashMapErrorTest
{
    public static void main(String[] args)
    {
        HashMap ht = new HashMap();
        // 此处的 A 类与前一个程序的 A 类是同一个类
        ht.put(new A(60000) , "疯狂 Java 讲义");
        ht.put(new A(87563) , "轻量级 Java EE 企业应用实战");
        // 获得 Hashtable 的 key Set 集合对应的 Iterator 迭代器
        Iterator it = ht.keySet().iterator();
        // 取出 Map 中第一个 key，并修改它的 count 值
        A first = (A)it.next();
        first.count = 87563;      // ①
        // 输出{A@1560b=疯狂 Java 讲义, A@1560b=轻量级 Java EE 企业应用实战}
        System.out.println(ht);
        // 只能删除没有被修改过的 key 所对应的 key-value 对
        ht.remove(new A(87563));
        System.out.println(ht);
        // 无法获取剩下的 value，下面两行代码都将输出 null
        System.out.println(ht.get(new A(87563)));   // ② 输出 null
```

```
            System.out.println(ht.get(new A(60000)));    // ③ 输出 null
    }
}
```

该程序使用了前一个程序定义的 A 类实例作为 key，而 A 对象是可变对象。当程序在①处修改了 A 对象后，实际上修改了 HashMap 集合中元素的 key，这就导致该 key 不能被准确访问。当程序试图删除 count 为 87563 的 A 对象时，只能删除没被修改的 key 所对应的 key-value 对。程序②和③处的代码都不能访问"疯狂 Java 讲义"字符串，这都是因为它对应的 key 被修改过的原因。

> **注意：**
> 与 HashSet 类似的是，尽量不要使用可变对象作为 HashMap、Hashtable 的 key，如果确实需要使用可变对象作为 HashMap、Hashtable 的 key，则尽量不要在程序中修改作为 key 的可变对象。

8.6.3 LinkedHashMap 实现类

HashSet 有一个 LinkedHashSet 子类，HashMap 也有一个 LinkedHashMap 子类；LinkedHashMap 也使用双向链表来维护 key-value 对的次序（其实只需要考虑 key 的次序），该链表负责维护 Map 的迭代顺序，迭代顺序与 key-value 对的插入顺序保持一致。

LinkedHashMap 可以避免对 HashMap、Hashtable 里的 key-value 对进行排序（只要插入 key-value 对时保持顺序即可），同时又可避免使用 TreeMap 所增加的成本。

LinkedHashMap 需要维护元素的插入顺序，因此性能略低于 HashMap 的性能；但因为它以链表来维护内部顺序，所以在迭代访问 Map 里的全部元素时将有较好的性能。下面程序示范了 LinkedHashMap 的功能：迭代输出 LinkedHashMap 的元素时，将会按添加 key-value 对的顺序输出。

程序清单：codes\08\8.6\LinkedHashMapTest.java

```java
public class LinkedHashMapTest
{
    public static void main(String[] args)
    {
        LinkedHashMap scores = new LinkedHashMap();
        scores.put("语文" , 80);
        scores.put("英文" , 82);
        scores.put("数学" , 76);
        // 调用 forEach()方法遍历 scores 里的所有 key-value 对
        scores.forEach((key, value) -> System.out.println(key + "-->" + value));
    }
}
```

上面程序中最后一行代码使用 Java 8 为 Map 新增的 forEach()方法来遍历 Map 集合。编译、运行上面程序，即可看到 LinkedHashMap 的功能：LinkedHashMap 可以记住 key-value 对的添加顺序。

8.6.4 使用 Properties 读写属性文件

Properties 类是 Hashtable 类的子类，正如它的名字所暗示的，该对象在处理属性文件时特别方便（Windows 操作平台上的 ini 文件就是一种属性文件）。Properties 类可以把 Map 对象和属性文件关联起来，从而可以把 Map 对象中的 key-value 对写入属性文件中，也可以把属性文件中的"属性名=属性值"加载到 Map 对象中。由于属性文件里的属性名、属性值只能是字符串类型，所以 Properties 里的 key、value 都是字符串类型。该类提供了如下三个方法来修改 Properties 里的 key、value 值。

> **提示：**
> Properties 相当于一个 key、value 都是 String 类型的 Map。

➢ String getProperty(String key)：获取 Properties 中指定属性名对应的属性值，类似于 Map 的 get(Object key)方法。

- String getProperty(String key, String defaultValue)：该方法与前一个方法基本相似。该方法多一个功能，如果 Properties 中不存在指定的 key 时，则该方法指定默认值。
- Object setProperty(String key, String value)：设置属性值，类似于 Hashtable 的 put()方法。

除此之外，它还提供了两个读写属性文件的方法。

- void load(InputStream inStream)：从属性文件（以输入流表示）中加载 key-value 对，把加载到的 key-value 对追加到 Properties 里（Properties 是 Hashtable 的子类，它不保证 key-value 对之间的次序）。
- void store(OutputStream out, String comments)：将 Properties 中的 key-value 对输出到指定的属性文件（以输出流表示）中。

上面两个方法中使用了 InputStream 类和 OutputStream 类，它们是 Java IO 体系中的两个基类，关于这两个类的详细介绍请参考第 15 章。

程序清单：codes\08\8.6\PropertiesTest.java

```java
public class PropertiesTest
{
    public static void main(String[] args)
        throws Exception
    {
        Properties props = new Properties();
        // 向 Properties 中添加属性
        props.setProperty("username" , "yeeku");
        props.setProperty("password" , "123456");
        // 将 Properties 中的 key-value 对保存到 a.ini 文件中
        props.store(new FileOutputStream("a.ini")
            , "comment line");    // ①
        // 新建一个 Properties 对象
        Properties props2 = new Properties();
        // 向 Properties 中添加属性
        props2.setProperty("gender" , "male");
        // 将 a.ini 文件中的 key-value 对追加到 props2 中
        props2.load(new FileInputStream("a.ini") );    // ②
        System.out.println(props2);
    }
}
```

上面程序示范了 Properties 类的用法，其中①代码处将 Properties 对象中的 key-value 对写入 a.ini 文件中；②代码处则从 a.ini 文件中读取 key-value 对，并添加到 props2 对象中。编译、运行上面程序，该程序输出结果如下：

```
{password=123456, gender=male, username=yeeku}
```

上面程序还在当前路径下生成了一个 a.ini 文件，该文件的内容如下：

```
#comment line
#Thu Apr 17 00:40:22 CST 2014
password=123456
username=yeeku
```

Properties 可以把 key-value 对以 XML 文件的形式保存起来，也可以从 XML 文件中加载 key-value 对，用法与此类似，此处不再赘述。

▶▶ 8.6.5 SortedMap 接口和 TreeMap 实现类

正如 Set 接口派生出 SortedSet 子接口，SortedSet 接口有一个 TreeSet 实现类一样，Map 接口也派生出一个 SortedMap 子接口，SortedMap 接口也有一个 TreeMap 实现类。

TreeMap 就是一个红黑树数据结构，每个 key-value 对即作为红黑树的一个节点。TreeMap 存储 key-value 对（节点）时，需要根据 key 对节点进行排序。TreeMap 可以保证所有的 key-value 对处于有序状态。TreeMap 也有两种排序方式。

- 自然排序：TreeMap 的所有 key 必须实现 Comparable 接口，而且所有的 key 应该是同一个类的对象，否则将会抛出 ClassCastException 异常。

➢ 定制排序：创建 TreeMap 时，传入一个 Comparator 对象，该对象负责对 TreeMap 中的所有 key 进行排序。采用定制排序时不要求 Map 的 key 实现 Comparable 接口。

类似于 TreeSet 中判断两个元素相等的标准，TreeMap 中判断两个 key 相等的标准是：两个 key 通过 compareTo()方法返回 0，TreeMap 即认为这两个 key 是相等的。

如果使用自定义类作为 TreeMap 的 key，且想让 TreeMap 良好地工作，则重写该类的 equals()方法和 compareTo()方法时应保持一致的返回结果：两个 key 通过 equals()方法比较返回 true 时，它们通过 compareTo()方法比较应该返回 0。如果 equals()方法与 compareTo()方法的返回结果不一致，TreeMap 与 Map 接口的规则就会冲突。

> **注意：**
> 再次强调：Set 和 Map 的关系十分密切，Java 源码就是先实现了 HashMap、TreeMap 等集合，然后通过包装一个所有的 value 都为 null 的 Map 集合实现了 Set 集合类。

与 TreeSet 类似的是，TreeMap 中也提供了一系列根据 key 顺序访问 key-value 对的方法。

➢ Map.Entry firstEntry()：返回该 Map 中最小 key 所对应的 key-value 对，如果该 Map 为空，则返回 null。

➢ Object firstKey()：返回该 Map 中的最小 key 值，如果该 Map 为空，则返回 null。

➢ Map.Entry lastEntry()：返回该 Map 中最大 key 所对应的 key-value 对，如果该 Map 为空或不存在这样的 key-value 对，则都返回 null。

➢ Object lastKey()：返回该 Map 中的最大 key 值，如果该 Map 为空或不存在这样的 key，则都返回 null。

➢ Map.Entry higherEntry(Object key)：返回该 Map 中位于 key 后一位的 key-value 对（即大于指定 key 的最小 key 所对应的 key-value 对）。如果该 Map 为空，则返回 null。

➢ Object higherKey(Object key)：返回该 Map 中位于 key 后一位的 key 值（即大于指定 key 的最小 key 值）。如果该 Map 为空或不存在这样的 key-value 对，则都返回 null。

➢ Map.Entry lowerEntry(Object key)：返回该 Map 中位于 key 前一位的 key-value 对（即小于指定 key 的最大 key 所对应的 key-value 对）。如果该 Map 为空或不存在这样的 key-value 对，则都返回 null。

➢ Object lowerKey(Object key)：返回该 Map 中位于 key 前一位的 key 值（即小于指定 key 的最大 key 值）。如果该 Map 为空或不存在这样的 key，则都返回 null。

➢ NavigableMap subMap(Object fromKey, boolean fromInclusive, Object toKey, boolean toInclusive)：返回该 Map 的子 Map，其 key 的范围是从 fromKey（是否包括取决于第二个参数）到 toKey（是否包括取决于第四个参数）。

➢ SortedMap subMap(Object fromKey, Object toKey)：返回该 Map 的子 Map，其 key 的范围是从 fromKey（包括）到 toKey（不包括）。

➢ SortedMap tailMap(Object fromKey)：返回该 Map 的子 Map，其 key 的范围是大于 fromKey（包括）的所有 key。

➢ NavigableMap tailMap(Object fromKey, boolean inclusive)：返回该 Map 的子 Map，其 key 的范围是大于 fromKey（是否包括取决于第二个参数）的所有 key。

➢ SortedMap headMap(Object toKey)：返回该 Map 的子 Map，其 key 的范围是小于 toKey（不包括）的所有 key。

➢ NavigableMap headMap(Object toKey, boolean inclusive)：返回该 Map 的子 Map，其 key 的范围是小于 toKey（是否包括取决于第二个参数）的所有 key。

第8章 Java 集合

提示： 表面上看起来这些方法很复杂，其实它们很简单。因为 TreeMap 中的 key-value 对是有序的，所以增加了访问第一个、前一个、后一个、最后一个 key-value 对的方法，并提供了几个从 TreeMap 中截取子 TreeMap 的方法。

下面以自然排序为例，介绍 TreeMap 的基本用法。

程序清单：codes\08\8.6\TreeMapTest.java

```java
class R implements Comparable
{
    int count;
    public R(int count)
    {
        this.count = count;
    }
    public String toString()
    {
        return "R[count:" + count + "]";
    }
    // 根据 count 来判断两个对象是否相等
    public boolean equals(Object obj)
    {
        if (this == obj)
            return true;
        if (obj != null    && obj.getClass() == R.class)
        {
            R r = (R)obj;
            return r.count == this.count;
        }
        return false;
    }
    // 根据 count 属性值来判断两个对象的大小
    public int compareTo(Object obj)
    {
        R r = (R)obj;
        return count > r.count ? 1 :
            count < r.count ? -1 : 0;
    }
}
public class TreeMapTest
{
    public static void main(String[] args)
    {
        TreeMap tm = new TreeMap();
        tm.put(new R(3) , "轻量级 Java EE 企业应用实战");
        tm.put(new R(-5) , "疯狂 Java 讲义");
        tm.put(new R(9) , "疯狂 Android 讲义");
        System.out.println(tm);
        // 返回该 TreeMap 的第一个 Entry 对象
        System.out.println(tm.firstEntry());
        // 返回该 TreeMap 的最后一个 key 值
        System.out.println(tm.lastKey());
        // 返回该 TreeMap 的比 new R(2) 大的最小 key 值
        System.out.println(tm.higherKey(new R(2)));
        // 返回该 TreeMap 的比 new R(2) 小的最大的 key-value 对
        System.out.println(tm.lowerEntry(new R(2)));
        // 返回该 TreeMap 的子 TreeMap
        System.out.println(tm.subMap(new R(-1) , new R(4)));
    }
}
```

上面程序中定义了一个 R 类，该类重写了 equals()方法，并实现了 Comparable 接口，所以可以使用该 R 对象作为 TreeMap 的 key，该 TreeMap 使用自然排序。运行上面程序，看到如下运行结果：

```
{R[count:-5]=疯狂 Java 讲义, R[count:3]=轻量级 Java EE 企业应用实战, R[count:9]=疯狂 Android 讲义}
```

```
R[count:-5]=疯狂Java讲义
R[count:9]
R[count:3]
R[count:-5]=疯狂Java讲义
{R[count:3]=轻量级Java EE企业应用实战}
```

▶▶ 8.6.6　WeakHashMap 实现类

WeakHashMap 与 HashMap 的用法基本相似。与 HashMap 的区别在于，HashMap 的 key 保留了对实际对象的强引用，这意味着只要该 HashMap 对象不被销毁，该 HashMap 的所有 key 所引用的对象就不会被垃圾回收，HashMap 也不会自动删除这些 key 所对应的 key-value 对；但 WeakHashMap 的 key 只保留了对实际对象的弱引用，这意味着如果 WeakHashMap 对象的 key 所引用的对象没有被其他强引用变量所引用，则这些 key 所引用的对象可能被垃圾回收，WeakHashMap 也可能自动删除这些 key 所对应的 key-value 对。

WeakHashMap 中的每个 key 对象只持有对实际对象的弱引用，因此，当垃圾回收了该 key 所对应的实际对象之后，WeakHashMap 会自动删除该 key 对应的 key-value 对。看如下程序。

程序清单：codes\08\8.6\WeakHashMapTest.java

```java
public class WeakHashMapTest
{
    public static void main(String[] args)
    {
        WeakHashMap whm = new WeakHashMap();
        // 向WeakHashMap中添加三个key-value对
        // 三个key都是匿名字符串对象（没有其他引用）
        whm.put(new String("语文") , new String("良好"));
        whm.put(new String("数学") , new String("及格"));
        whm.put(new String("英文") , new String("中等"));
        // 向WeakHashMap中添加一个key-value对
        // 该key是一个系统缓存的字符串对象
        whm.put("java" , new String("中等"));      // ①
        // 输出whm对象，将看到4个key-value对
        System.out.println(whm);
        // 通知系统立即进行垃圾回收
        System.gc();
        System.runFinalization();
        // 在通常情况下，将只看到一个key-value对
        System.out.println(whm);
    }
}
```

编译、运行上面程序，看到如下运行结果：

```
{英文=中等, java=中等, 数学=及格, 语文=良好}
{java=中等}
```

从上面运行结果可以看出，当系统进行垃圾回收时，删除了 WeakHashMap 对象的前三个 key-value 对。这是因为添加前三个 key-value 对（粗体字部分）时，这三个 key 都是匿名的字符串对象，WeakHashMap 只保留了对它们的弱引用，这样垃圾回收时会自动删除这三个 key-value 对。

WeakHashMap 对象中第 4 个组 key-value 对（①号粗体字代码行）的 key 是一个字符串直接量，（系统会自动保留对该字符串对象的强引用），所以垃圾回收时不会回收它。

如果需要使用 WeakHashMap 的 key 来保留对象的弱引用，则不要让该 key 所引用的对象具有任何强引用，否则将失去使用 WeakHashMap 的意义。

8.6.7 IdentityHashMap 实现类

这个 Map 实现类的实现机制与 HashMap 基本相似,但它在处理两个 key 相等时比较独特:在 IdentityHashMap 中,当且仅当两个 key 严格相等(key1 == key2)时,IdentityHashMap 才认为两个 key 相等;对于普通的 HashMap 而言,只要 key1 和 key2 通过 equals()方法比较返回 true,且它们的 hashCode 值相等即可。

> **注意**
> IdentityHashMap 是一个特殊的 Map 实现!此类实现 Map 接口时,它有意违反 Map 的通常规范:IdentityHashMap 要求两个 key 严格相等时才认为两个 key 相等。

IdentityHashMap 提供了与 HashMap 基本相似的方法,也允许使用 null 作为 key 和 value。与 HashMap 相似:IdentityHashMap 也不保证 key-value 对之间的顺序,更不能保证它们的顺序随时间的推移保持不变。

程序清单:codes\08\8.6\IdentityHashMapTest.java

```java
public class IdentityHashMapTest
{
    public static void main(String[] args)
    {
        IdentityHashMap ihm = new IdentityHashMap();
        // 下面两行代码将会向 IdentityHashMap 对象中添加两个 key-value 对
        ihm.put(new String("语文") , 89);
        ihm.put(new String("语文") , 78);
        // 下面两行代码只会向 IdentityHashMap 对象中添加一个 key-value 对
        ihm.put("java" , 93);
        ihm.put("java" , 98);
        System.out.println(ihm);
    }
}
```

编译、运行上面程序,看到如下运行结果:

```
{java=98, 语文=78, 语文=89}
```

上面程序试图向 IdentityHashMap 对象中添加 4 个 key-value 对,前 2 个 key-value 对中的 key 是新创建的字符串对象,它们通过==比较不相等,所以 IdentityHashMap 会把它们当成 2 个 key 来处理;后 2 个 key-value 对中的 key 都是字符串直接量,而且它们的字符序列完全相同,Java 使用常量池来管理字符串直接量,所以它们通过==比较返回 true,IdentityHashMap 会认为它们是同一个 key,因此只有一次可以添加成功。

8.6.8 EnumMap 实现类

EnumMap 是一个与枚举类一起使用的 Map 实现,EnumMap 中的所有 key 都必须是单个枚举类的枚举值。创建 EnumMap 时必须显式或隐式指定它对应的枚举类。EnumMap 具有如下特征。

- EnumMap 在内部以数组形式保存,所以这种实现形式非常紧凑、高效。
- EnumMap 根据 key 的自然顺序(即枚举值在枚举类中的定义顺序)来维护 key-value 对的顺序。当程序通过 keySet()、entrySet()、values()等方法遍历 EnumMap 时可以看到这种顺序。
- EnumMap 不允许使用 null 作为 key,但允许使用 null 作为 value。如果试图使用 null 作为 key 时将抛出 NullPointerException 异常。如果只是查询是否包含值为 null 的 key,或只是删除值为 null 的 key,都不会抛出异常。

与创建普通的 Map 有所区别的是,创建 EnumMap 时必须指定一个枚举类,从而将该 EnumMap 和指定枚举类关联起来。

下面程序示范了 EnumMap 的用法。

程序清单:codes\08\8.6\EnumMapTest.java

```java
enum Season
{
```

```
        SPRING,SUMMER,FALL,WINTER
}
public class EnumMapTest
{
    public static void main(String[] args)
    {
        // 创建 EnumMap 对象，该 EnumMap 的所有 key 都是 Season 枚举类的枚举值
        EnumMap enumMap = new EnumMap(Season.class);
        enumMap.put(Season.SUMMER , "夏日炎炎");
        enumMap.put(Season.SPRING , "春暖花开");
        System.out.println(enumMap);
    }
}
```

上面程序中创建了一个 EnumMap 对象，创建该 EnumMap 对象时指定它的 key 只能是 Season 枚举类的枚举值。如果向该 EnumMap 中添加两个 key-value 对后，这两个 key-value 对将会以 Season 枚举值的自然顺序排序。

编译、运行上面程序，看到如下运行结果：

{SPRING=春暖花开, SUMMER=夏日炎炎}

▶▶ 8.6.9 各 Map 实现类的性能分析

对于 Map 的常用实现类而言，虽然 HashMap 和 Hashtable 的实现机制几乎一样，但由于 Hashtable 是一个古老的、线程安全的集合，因此 HashMap 通常比 Hashtable 要快。

TreeMap 通常比 HashMap、Hashtable 要慢（尤其在插入、删除 key-value 对时更慢），因为 TreeMap 底层采用红黑树来管理 key-value 对（红黑树的每个节点就是一个 key-value 对）。

使用 TreeMap 有一个好处：TreeMap 中的 key-value 对总是处于有序状态，无须专门进行排序操作。当 TreeMap 被填充之后，就可以调用 keySet()，取得由 key 组成的 Set，然后使用 toArray() 方法生成 key 的数组，接下来使用 Arrays 的 binarySearch() 方法在已排序的数组中快速地查询对象。

对于一般的应用场景，程序应该多考虑使用 HashMap，因为 HashMap 正是为快速查询设计的（HashMap 底层其实也是采用数组来存储 key-value 对）。但如果程序需要一个总是排好序的 Map 时，则可以考虑使用 TreeMap。

LinkedHashMap 比 HashMap 慢一点，因为它需要维护链表来保持 Map 中 key-value 时的添加顺序。IdentityHashMap 性能没有特别出色之处，因为它采用与 HashMap 基本相似的实现，只是它使用==而不是 equals() 方法来判断元素相等。EnumMap 的性能最好，但它只能使用同一个枚举类的枚举值作为 key。

8.7 HashSet 和 HashMap 的性能选项

对于 HashSet 及其子类而言，它们采用 hash 算法来决定集合中元素的存储位置，并通过 hash 算法来控制集合的大小；对于 HashMap、Hashtable 及其子类而言，它们采用 hash 算法来决定 Map 中 key 的存储，并通过 hash 算法来增加 key 集合的大小。

hash 表里可以存储元素的位置被称为"桶（bucket）"，在通常情况下，单个"桶"里存储一个元素，此时有最好的性能：hash 算法可以根据 hashCode 值计算出"桶"的存储位置，接着从"桶"中取出元素。但 hash 表的状态是 open 的：在发生"hash 冲突"的情况下，单个桶会存储多个元素，这些元素以链表形式存储，必须按顺序搜索。如图 8.8 所示是 hash 表保存各元素，且发生"hash 冲突"的示意图。

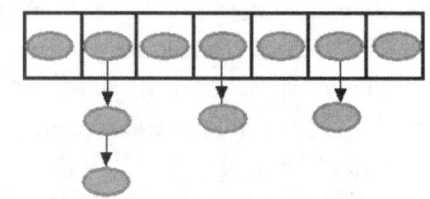

图 8.8　hash 表中存储元素的示意图

因为 HashSet 和 HashMap、Hashtable 都使用 hash 算法来决定其元素（HashMap 则只考虑 key）的存储，因此 HashSet、HashMap 的 hash 表包含如下属性。

➢ 容量（capacity）：hash 表中桶的数量。

- 初始化容量（initial capacity）：创建 hash 表时桶的数量。HashMap 和 HashSet 都允许在构造器中指定初始化容量。
- 尺寸（size）：当前 hash 表中记录的数量。
- 负载因子（load factor）：负载因子等于"size/capacity"。负载因子为 0，表示空的 hash 表，0.5 表示半满的 hash 表，依此类推。轻负载的 hash 表具有冲突少、适宜插入与查询的特点（但是使用 Iterator 迭代元素时比较慢）。

除此之外，hash 表里还有一个"负载极限"，"负载极限"是一个 0~1 的数值，"负载极限"决定了 hash 表的最大填满程度。当 hash 表中的负载因子达到指定的"负载极限"时，hash 表会自动成倍地增加容量（桶的数量），并将原有的对象重新分配，放入新的桶内，这称为 rehashing。

HashSet 和 HashMap、Hashtable 的构造器允许指定一个负载极限，HashSet 和 HashMap、Hashtable 默认的"负载极限"为 0.75，这表明当该 hash 表的 3/4 已经被填满时，hash 表会发生 rehashing。

"负载极限"的默认值（0.75）是时间和空间成本上的一种折中：较高的"负载极限"可以降低 hash 表所占用的内存空间，但会增加查询数据的时间开销，而查询是最频繁的操作（HashMap 的 get() 与 put() 方法都要用到查询）；较低的"负载极限"会提高查询数据的性能，但会增加 hash 表所占用的内存开销。程序员可以根据实际情况来调整 HashSet 和 HashMap 的"负载极限"值。

如果开始就知道 HashSet 和 HashMap、Hashtable 会保存很多记录，则可以在创建时就使用较大的初始化容量，如果初始化容量始终大于 HashSet 和 HashMap、Hashtable 所包含的最大记录数除以"负载极限"，就不会发生 rehashing。使用足够大的初始化容量创建 HashSet 和 HashMap、Hashtable 时，可以更高效地增加记录，但将初始化容量设置太高可能会浪费空间，因此通常不要将初始化容量设置得过高。

8.8 操作集合的工具类：Collections

Java 提供了一个操作 Set、List 和 Map 等集合的工具类：Collections，该工具类里提供了大量方法对集合元素进行排序、查询和修改等操作，还提供了将集合对象设置为不可变、对集合对象实现同步控制等方法。

8.8.1 排序操作

Collections 提供了如下常用的类方法用于对 List 集合元素进行排序。
- void reverse(List list)：反转指定 List 集合中元素的顺序。
- void shuffle(List list)：对 List 集合元素进行随机排序（shuffle 方法模拟了"洗牌"动作）。
- void sort(List list)：根据元素的自然顺序对指定 List 集合的元素按升序进行排序。
- void sort(List list, Comparator c)：根据指定 Comparator 产生的顺序对 List 集合元素进行排序。
- void swap(List list, int i, int j)：将指定 List 集合中的 i 处元素和 j 处元素进行交换。
- void rotate(List list, int distance)：当 distance 为正数时，将 list 集合的后 distance 个元素"整体"移到前面；当 distance 为负数时，将 list 集合的前 distance 个元素"整体"移到后面。该方法不会改变集合的长度。

下面程序简单示范了利用 Collections 工具类来操作 List 集合。

程序清单：codes\08\8.8\SortTest.java

```java
public class SortTest
{
    public static void main(String[] args)
    {
        ArrayList nums = new ArrayList();
        nums.add(2);
        nums.add(-5);
        nums.add(3);
        nums.add(0);
        System.out.println(nums);    // 输出:[2, -5, 3, 0]
        Collections.reverse(nums);    // 将List集合元素的次序反转
        System.out.println(nums);    // 输出:[0, 3, -5, 2]
```

```java
        Collections.sort(nums);    // 将 List 集合元素按自然顺序排序
        System.out.println(nums);  // 输出:[-5, 0, 2, 3]
        Collections.shuffle(nums); // 将 List 集合元素按随机顺序排序
        System.out.println(nums);  // 每次输出的次序不固定
    }
}
```

上面代码示范了 Collections 类常用的排序操作。下面通过编写一个梭哈游戏来演示 List 集合、Collections 工具类的强大功能。

程序清单：codes\08\8.8\ShowHand.java

```java
public class ShowHand
{
    // 定义该游戏最多支持多少个玩家
    private final int PLAY_NUM = 5;
    // 定义扑克牌的所有花色和数值
    private String[] types = {"方块" , "草花" ,"红心" , "黑桃"};
    private String[] values = {"2" , "3" , "4" , "5"
        , "6" , "7" , "8" , "9", "10"
        , "J" , "Q" , "K" , "A"};
    // cards 是一局游戏中剩下的扑克牌
    private List<String> cards = new LinkedList<String>();
    // 定义所有的玩家
    private String[] players = new String[PLAY_NUM];
    // 所有玩家手上的扑克牌
    private List<String>[] playersCards = new List[PLAY_NUM];
    /**
     * 初始化扑克牌，放入 52 张扑克牌
     * 并且使用 shuffle 方法将它们按随机顺序排列
     */
    public void initCards()
    {
        for (int i = 0 ; i < types.length ; i++ )
        {
            for (int j = 0; j < values.length ; j++ )
            {
                cards.add(types[i] + values[j]);
            }
        }
        // 随机排列
        Collections.shuffle(cards);
    }
    /**
     * 初始化玩家，为每个玩家分派用户名
     */
    public void initPlayer(String... names)
    {
        if (names.length > PLAY_NUM || names.length < 2)
        {
            // 校验玩家数量，此处使用异常机制更合理
            System.out.println("玩家数量不对");
            return ;
        }
        else
        {
            // 初始化玩家用户名
            for (int i = 0; i < names.length ; i++ )
            {
                players[i] = names[i];
            }
        }
    }
    /**
     * 初始化玩家手上的扑克牌，开始游戏时每个玩家手上的扑克牌为空
     * 程序使用一个长度为 0 的 LinkedList 来表示
     */
    public void initPlayerCards()
```

```java
            for (int i = 0; i < players.length ; i++ )
            {
                if (players[i] != null && !players[i].equals(""))
                {
                    playersCards[i] = new LinkedList<String>();
                }
            }
    }
    /**
     * 输出全部扑克牌，该方法没有实际作用，仅用作测试
     */
    public void showAllCards()
    {
        for (String card : cards )
        {
            System.out.println(card);
        }
    }
    /**
     * 派扑克牌
     * @param first 最先派给谁
     */
    public void deliverCard(String first)
    {
        // 调用ArrayUtils工具类的search方法
        // 查询出指定元素在数组中的索引
        int firstPos = ArrayUtils.search(players , first);
        // 依次给位于该指定玩家之后的每个玩家派扑克牌
        for (int i = firstPos; i < PLAY_NUM ; i ++)
        {
            if (players[i] != null)
            {
                playersCards[i].add(cards.get(0));
                cards.remove(0);
            }
        }
        // 依次给位于该指定玩家之前的每个玩家派扑克牌
        for (int i = 0; i < firstPos ; i ++)
        {
            if (players[i] != null)
            {
                playersCards[i].add(cards.get(0));
                cards.remove(0);
            }
        }
    }
    /**
     * 输出玩家手上的扑克牌
     * 实现该方法时，应该控制每个玩家看不到别人的第一张牌，但此处没有增加该功能
     */
    public void showPlayerCards()
    {
        for (int i = 0; i < PLAY_NUM ; i++ )
        {
            // 当该玩家不为空时
            if (players[i] != null)
            {
                // 输出玩家
                System.out.print(players[i] + " : " );
                // 遍历输出玩家手上的扑克牌
                for (String card : playersCards[i])
                {
                    System.out.print(card + "\t");
                }
                System.out.print("\n");
            }
        }
    }
```

```java
public static void main(String[] args)
{
    ShowHand sh = new ShowHand();
    sh.initPlayer("电脑玩家" , "孙悟空");
    sh.initCards();
    sh.initPlayerCards();
    // 下面测试所有扑克牌，没有实际作用
    sh.showAllCards();
    System.out.println("----------------");
    // 下面从"孙悟空"开始派牌
    sh.deliverCard("孙悟空");
    sh.showPlayerCards();
    /*
    这个地方需要增加处理：
    1.牌面最大的玩家下注
    2.其他玩家是否跟注
    3.游戏是否只剩一个玩家?如果是，则他胜利了
    4.如果已经是最后一张扑克牌，则需要比较剩下玩家的牌面大小
    */
    // 再次从"电脑玩家"开始派牌
    sh.deliverCard("电脑玩家");
    sh.showPlayerCards();
}
```

与五子棋游戏类似的是，这个程序也没有写完，读者可以参考该程序的思路把这个游戏补充完整。这个程序还使用了另一个工具类：ArrayUtils，这个工具类的代码保存在 codes\08\8.8\ArrayUtils.java 文件中，读者可参考本书光盘中的代码。

运行上面程序，即可看到如图 8.9 所示的界面。

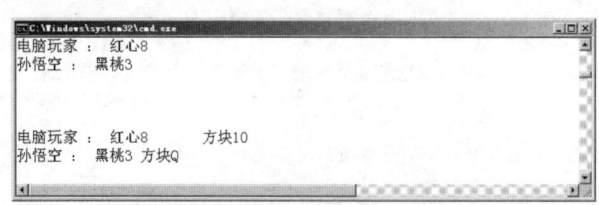

图 8.9 控制台梭哈游戏界面

> **注意** : 上面程序中用到了泛型（Generic）知识，如 List<String>或 LinkedList<String>等写法，它表示在 List 集合中只能放 String 类型的对象。关于泛型的详细介绍，请参考第 9 章知识。

上面程序还有一个很烦琐的难点，就是比较玩家手上牌面值的大小，主要是因为梭哈游戏的规则较多（它分为对、三个、同花、顺子等），所以处理起来比较麻烦，读者可以一点一点地增加这些规则，只要该游戏符合自定义的规则，即表明这个游戏已经接近完成了。

▶▶ 8.8.2 查找、替换操作

Collections 还提供了如下常用的用于查找、替换集合元素的类方法。

- ➢ int binarySearch(List list, Object key)：使用二分搜索法搜索指定的 List 集合，以获得指定对象在 List 集合中的索引。如果要使该方法可以正常工作，则必须保证 List 中的元素已经处于有序状态。
- ➢ Object max(Collection coll)：根据元素的自然顺序，返回给定集合中的最大元素。
- ➢ Object max(Collection coll, Comparator comp)：根据 Comparator 指定的顺序，返回给定集合中的最大元素。
- ➢ Object min(Collection coll)：根据元素的自然顺序，返回给定集合中的最小元素。
- ➢ Object min(Collection coll, Comparator comp)：根据 Comparator 指定的顺序，返回给定集合中的最小元素。
- ➢ void fill(List list, Object obj)：使用指定元素 obj 替换指定 List 集合中的所有元素。
- ➢ int frequency(Collection c, Object o)：返回指定集合中指定元素的出现次数。
- ➢ int indexOfSubList(List source, List target)：返回子 List 对象在父 List 对象中第一次出现的位置索

引；如果父 List 中没有出现这样的子 List，则返回-1。
- int lastIndexOfSubList(List source, List target)：返回子 List 对象在父 List 对象中最后一次出现的位置索引；如果父 List 中没有出现这样的子 List，则返回-1。
- boolean replaceAll(List list, Object oldVal, Object newVal)：使用一个新值 newVal 替换 List 对象的所有旧值 oldVal。

下面程序简单示范了 Collections 工具类的用法。

程序清单：codes\08\8.8\SearchTest.java

```java
public class SearchTest
{
    public static void main(String[] args)
    {
        ArrayList nums = new ArrayList();
        nums.add(2);
        nums.add(-5);
        nums.add(3);
        nums.add(0);
        System.out.println(nums); // 输出:[2, -5, 3, 0]
        System.out.println(Collections.max(nums)); // 输出最大元素，将输出 3
        System.out.println(Collections.min(nums)); // 输出最小元素，将输出-5
        Collections.replaceAll(nums , 0 , 1); // 将 nums 中的 0 使用 1 来代替
        System.out.println(nums); // 输出:[2, -5, 3, 1]
        // 判断-5 在 List 集合中出现的次数，返回 1
        System.out.println(Collections.frequency(nums , -5));
        Collections.sort(nums); // 对 nums 集合排序
        System.out.println(nums); // 输出:[-5, 1, 2, 3]
        //只有排序后的 List 集合才可用二分法查询，输出 3
        System.out.println(Collections.binarySearch(nums , 3));
    }
}
```

▶▶ 8.8.3 同步控制

Collections 类中提供了多个 synchronizedXxx()方法，该方法可以将指定集合包装成线程同步的集合，从而可以解决多线程并发访问集合时的线程安全问题。

Java 中常用的集合框架中的实现类 HashSet、TreeSet、ArrayList、ArrayDeque、LinkedList、HashMap 和 TreeMap 都是线程不安全的。如果有多个线程访问它们，而且有超过一个的线程试图修改它们，则存在线程安全的问题。Collections 提供了多个类方法可以把它们包装成线程同步的集合。

下面的示例程序创建了 4 个线程安全的集合对象。

程序清单：codes\08\8.8\SynchronizedTest.java

```java
public class SynchronizedTest
{
    public static void main(String[] args)
    {
        // 下面程序创建了 4 个线程安全的集合对象
        Collection c = Collections
            .synchronizedCollection(new ArrayList());
        List list = Collections.synchronizedList(new ArrayList());
        Set s = Collections.synchronizedSet(new HashSet());
        Map m = Collections.synchronizedMap(new HashMap());
    }
}
```

在上面示例程序中，直接将新创建的集合对象传给了 Collections 的 synchronizedXxx 方法，这样就可以直接获取 List、Set 和 Map 的线程安全实现版本。

▶▶ 8.8.4 设置不可变集合

Collections 提供了如下三类方法来返回一个不可变的集合。
- emptyXxx()：返回一个空的、不可变的集合对象，此处的集合既可以是 List，也可以是 SortedSet、

Set，还可以是 Map、SortedMap 等。
- singletonXxx()：返回一个只包含指定对象（只有一个或一项元素）的、不可变的集合对象，此处的集合既可以是 List，还可以是 Map。
- unmodifiableXxx()：返回指定集合对象的不可变视图，此处的集合既可以是 List，也可以是 Set、SortedSet，还可以是 Map、SorteMap 等。

上面三类方法的参数是原有的集合对象，返回值是该集合的"只读"版本。通过 Collections 提供的三类方法，可以生成"只读"的 Collection 或 Map。看下面程序。

程序清单：codes\08\8.8\UnmodifiableTest.java

```java
public class UnmodifiableTest
{
    public static void main(String[] args)
    {
        // 创建一个空的、不可改变的 List 对象
        List unmodifiableList = Collections.emptyList();
        // 创建一个只有一个元素，且不可改变的 Set 对象
        Set unmodifiableSet = Collections.singleton("疯狂 Java 讲义");
        // 创建一个普通的 Map 对象
        Map scores = new HashMap();
        scores.put("语文" , 80);
        scores.put("Java" , 82);
        // 返回普通的 Map 对象对应的不可变版本
        Map unmodifiableMap = Collections.unmodifiableMap(scores);
        // 下面任意一行代码都将引发 UnsupportedOperationException 异常
        unmodifiableList.add("测试元素");    // ①
        unmodifiableSet.add("测试元素");     // ②
        unmodifiableMap.put("语文" , 90);    // ③
    }
}
```

上面程序的三行粗体字代码分别定义了一个空的、不可变的 List 对象，一个只包含一个元素的、不可变的 Set 对象和一个不可变的 Map 对象。不可变的集合对象只能访问集合元素，不可修改集合元素。所以上面程序中①②③处的代码都将引发 UnsupportedOperationException 异常。

▶▶ 8.8.5 Java 9 新增的不可变集合

Java 9 终于增加这个功能了——以前假如要创建一个包含 6 个元素的 Set 集合，程序需要先创建 Set 集合，然后调用 6 次 add() 方法向 Set 集合中添加元素。Java 9 对此进行了简化，程序直接调用 Set、List、Map 的 of() 方法即可创建包含 N 个元素的不可变集合，这样一行代码就可创建包含 N 个元素的集合。

不可变意味着程序不能向集合中添加元素，也不能从集合中删除元素。

如下程序示范了如何创建不可变集合。

程序清单：codes\08\8.8\Java9Collection.java

```java
public class Java9Collection
{
    public static void main(String[] args)
    {
        // 创建包含 4 个元素的 Set 集合
        Set set = Set.of("Java", "Kotlin", "Go", "Swift");
        System.out.println(set);
        // 不可变集合，下面代码导致运行时错误
//      set.add("Ruby");
        // 创建包含 4 个元素的 List 集合
        List list = List.of(34, -25, 67, 231);
        System.out.println(list);
        // 不可变集合，下面代码导致运行时错误
//      list.remove(1);
        // 创建包含 3 个 key-value 对的 Map 集合
        Map map = Map.of("语文", 89, "数学", 82, "英语", 92);
        System.out.println(map);
```

```
        // 不可变集合，下面代码导致运行时错误
//      map.remove("语文");
        // 使用Map.entry()方法显式构建key-value对
        Map map2 = Map.ofEntries(Map.entry("语文", 89),
            Map.entry("数学", 82),
            Map.entry("英语", 92));
        System.out.println(map2);
    }
}
```

上面粗体字代码示范了如何使用集合元素创建不可变集合，其中 Set、List 比较简单，程序只要为它们的 of()方法传入 N 个集合元素即可创建 Set、List 集合。

从上面粗体字代码可以看出，创建不可变的 Map 集合有两个方法：使用 of()方法时只要依次传入多个 key-value 对即可；还可使用 ofEntries()方法，该方法可接受多个 Entry 对象，因此程序显式使用 Map.entry()方法来创建 Map.Entry 对象。

8.9 烦琐的接口：Enumeration

Enumeration 接口是 Iterator 迭代器的"古老版本"，从 JDK 1.0 开始，Enumeration 接口就已经存在了（Iterator 从 JDK 1.2 才出现）。Enumeration 接口只有两个名字很长的方法。

- boolean hasMoreElements( )：如果此迭代器还有剩下的元素，则返回 true。
- Object nextElement( )：返回该迭代器的下一个元素，如果还有的话（否则抛出异常）。

通过这两个方法不难发现，Enumeration 接口中的方法名称冗长，难以记忆，而且没有提供 Iterator 的 remove()方法。如果现在编写 Java 程序，应该尽量采用 Iterator 迭代器，而不是用 Enumeration 迭代器。

Java 之所以保留 Enumeration 接口，主要是为了照顾以前那些"古老"的程序，那些程序里大量使用了 Enumeration 接口，如果新版本的 Java 里直接删除 Enumeration 接口，将会导致那些程序全部出错。在计算机行业有一条规则：加入任何规则都必须慎之又慎，因为以后无法删除规则。

实际上，前面介绍的 Vector（包括其子类 Stack）、Hashtable 两个集合类，以及另一个极少使用的 BitSet，都是从 JDK 1.0 遗留下来的集合类，而 Enumeration 接口可用于遍历这些"古老"的集合类。对于 ArrayList、HashMap 等集合类，不再支持使用 Enumeration 迭代器。

下面程序示范了如何通过 Enumeration 接口来迭代 Vector 和 Hashtable。

程序清单：codes\08\8.9\EnumerationTest.java

```
public class EnumerationTest
{
    public static void main(String[] args)
    {
        Vector v = new Vector();
        v.add("疯狂Java讲义");
        v.add("轻量级Java EE企业应用实战");
        Hashtable scores = new Hashtable();
        scores.put("语文" , 78);
        scores.put("数学" , 88);
        Enumeration em = v.elements();
        while (em.hasMoreElements())
        {
            System.out.println(em.nextElement());
        }
        Enumeration keyEm = scores.keys();
        while (keyEm.hasMoreElements())
        {
            Object key = keyEm.nextElement();
            System.out.println(key + "--->" + scores.get(key));
        }
    }
}
```

上面程序使用 Enumeration 迭代器来遍历 Vector 和 Hashtable 集合里的元素，其工作方式与 Iterator 迭代器的工作方式基本相似。但使用 Enumeration 迭代器时方法名更加冗长，而且 Enumeration 迭代器

只能遍历 Vector、Hashtable 这种古老的集合，因此通常不要使用它。除非在某些极端情况下，不得不使用 Enumeration，否则都应该选择 Iterator 迭代器。

8.10 本章小结

　　本章详细介绍了 Java 集合框架的相关知识。本章从 Java 的集合框架体系开始讲起，概述了 Java 集合框架的 4 个主要体系：Set、List、Queue 和 Map，并简述了集合在编程中的重要性。本章详细介绍了 Java 8 对集合框架的改进，包括使用 Lambda 表达式简化集合编程，以及集合的 Stream 编程等。本章细致地讲述了 Set、List、Queue、Map 接口及各实现类的详细用法，并深入分析了各种实现类实现机制的差异，并给出了选择集合实现类时的原则。本章从原理上剖析了 Map 结构特征，以及 Map 结构和 Set、List 之间的区别及联系。本章最后通过梭哈游戏示范了 Collections 工具类的基本用法。

▶▶ 本章练习

　　1. 创建一个 Set 集合，并用 Set 集合保存用户通过控制台输入的 20 个字符串。
　　2. 创建一个 List 集合，并随意添加 10 个元素。然后获取索引为 5 处的元素；再获取其中某 2 个元素的索引；再删除索引为 3 处的元素。
　　3. 给定["a", "b", "a", "b", "c" , "a", "b", "c" , "b"]字符串数组，然后使用 Map 的 key 来保存数组中字符串元素，value 保存该字符串元素的出现次数，最后统计出各字符串元素的出现次数。
　　4. 将本章未完成的梭哈游戏补充完整，不断地添加梭哈规则，开发一个控制台的梭哈游戏。

第 9 章
泛型

本章要点

- 编译时类型检查的重要性
- 使用泛型实现编译时进行类型检查
- 定义泛型接口、泛型类
- 派生泛型接口、泛型类的子类、实现类
- 使用类型通配符
- 设定类型通配符的上限
- 设定类型通配符的下限
- 设定泛型形参的上限
- 在方法签名中定义泛型
- 泛型方法和类型通配符的区别与联系
- 泛型方法与方法重载
- Java 8 改进的类型推断
- 擦除与转换
- 泛型与数组

本章的知识可以与前一章的内容补充阅读,因为 Java 5 增加泛型支持在很大程度上都是为了让集合能记住其元素的数据类型。在没有泛型之前,一旦把一个对象"丢进"Java 集合中,集合就会忘记对象的类型,把所有的对象当成 Object 类型处理。当程序从集合中取出对象后,就需要进行强制类型转换,这种强制类型转换不仅使代码臃肿,而且容易引起 ClassCastExeception 异常。

增加了泛型支持后的集合,完全可以记住集合中元素的类型,并可以在编译时检查集合中元素的类型,如果试图向集合中添加不满足类型要求的对象,编译器就会提示错误。增加泛型后的集合,可以让代码更加简洁,程序更加健壮(Java 泛型可以保证如果程序在编译时没有发出警告,运行时就不会产生 ClassCastException 异常)。除此之外,Java 泛型还增强了枚举类、反射等方面的功能,泛型在反射中的用法,将在第 18 章中介绍。

本章不仅会介绍如何通过泛型来实现编译时检查集合元素的类型,而且会深入介绍 Java 泛型的详细用法,包括定义泛型类、泛型接口,以及类型通配符、泛型方法等知识。

9.1 泛型入门

Java 集合有个缺点——把一个对象"丢进"集合里之后,集合就会"忘记"这个对象的数据类型,当再次取出该对象时,该对象的编译类型就变成了 Object 类型(其运行时类型没变)。

Java 集合之所以被设计成这样,是因为集合的设计者不知道我们会用集合来保存什么类型的对象,所以他们把集合设计成能保存任何类型的对象,只要求具有很好的通用性。但这样做带来如下两个问题:

➢ 集合对元素类型没有任何限制,这样可能引发一些问题。例如,想创建一个只能保存 Dog 对象的集合,但程序也可以轻易地将 Cat 对象"丢"进去,所以可能引发异常。

➢ 由于把对象"丢进"集合时,集合丢失了对象的状态信息,集合只知道它盛装的是 Object,因此取出集合元素后通常还需要进行强制类型转换。这种强制类型转换既增加了编程的复杂度,也可能引发 ClassCastException 异常。

下面将深入介绍编译时不检查类型可能引发的异常,以及如何做到在编译时进行类型检查。

9.1.1 编译时不检查类型的异常

下面程序将会看到编译时不检查类型所导致的异常。

程序清单: codes\09\9.1\ListErr.java

```
public class ListErr
{
    public static void main(String[] args)
    {
        // 创建一个只想保存字符串的 List 集合
        List strList = new ArrayList();
        strList.add("疯狂 Java 讲义");
        strList.add("疯狂 Android 讲义");
        // "不小心"把一个 Integer 对象"丢进"了集合
        strList.add(5);        // ①
        strList.forEach(str -> System.out.println(((String)str).length())); // ②
    }
}
```

上面程序创建了一个 List 集合,而且只希望该 List 集合保存字符串对象——但程序不能进行任何限制,如果程序在①处"不小心"把一个 Integer 对象"丢进"了 List 集合中,这将导致程序在②处引发 ClassCastException 异常,因为程序试图把一个 Integer 对象转换为 String 类型。

9.1.2 使用泛型

从 Java 5 以后,Java 引入了"参数化类型(parameterized type)"的概念,允许程序在创建集合时指定集合元素的类型,正如在第 8 章的 ShowHand.java 程序中见到的 List<String>,这表明该 List 只能保存字符串类型的对象。Java 的参数化类型被称为泛型(Generic)。

对于前面的 ListErr.java 程序,可以使用泛型改进这个程序。

程序清单：codes\09\9.1\GenericList.java

```java
public class GenericList
{
    public static void main(String[] args)
    {
        // 创建一个只想保存字符串的 List 集合
        List<String> strList = new ArrayList<String>();   // ①
        strList.add("疯狂 Java 讲义");
        strList.add("疯狂 Android 讲义");
        // 下面代码将引起编译错误
        strList.add(5);    // ②
        strList.forEach(str -> System.out.println(str.length())); // ③
    }
}
```

上面程序成功创建了一个特殊的 List 集合：strList，这个 List 集合只能保存字符串对象，不能保存其他类型的对象。创建这种特殊集合的方法是：在集合接口、类后增加尖括号，尖括号里放一个数据类型，即表明这个集合接口、集合类只能保存特定类型的对象。注意①处的类型声明，它指定 strList 不是一个任意的 List，而是一个 String 类型的 List，写作：List<String>。可以称 List 是带一个类型参数的泛型接口，在本例中，类型参数是 String。在创建这个 ArrayList 对象时也指定了一个类型参数。

上面程序将在②处引发编译异常，因为 strList 集合只能添加 String 对象，所以不能将 Integer 对象"丢进"该集合。

而且程序在③处不需要进行强制类型转换，因为 strList 对象可以"记住"它的所有集合元素都是 String 类型。

上面代码不仅更加健壮，程序再也不能"不小心"地把其他对象"丢进"strList 集合中；而且程序更加简洁，集合自动记住所有集合元素的数据类型，从而无须对集合元素进行强制类型转换。这一切，都是因为 Java 5 提供的泛型支持。

▶▶ 9.1.3 Java 9 增强的"菱形"语法

在 Java 7 以前，如果使用带泛型的接口、类定义变量，那么调用构造器创建对象时构造器的后面也必须带泛型，这显得有些多余了。例如如下两条语句：

```java
List<String> strList = new ArrayList<String>();
Map<String , Integer> scores = new HashMap<String , Integer>();
```

上面两条语句中的粗体字代码部分完全是多余的，在 Java 7 以前这是必需的，不能省略。从 Java 7 开始，Java 允许在构造器后不需要带完整的泛型信息，只要给出一对尖括号（<>）即可，Java 可以推断尖括号里应该是什么泛型信息。即上面两条语句可以改写为如下形式：

```java
List<String> strList = new ArrayList<>();
Map<String , Integer> scores = new HashMap<>();
```

把两个尖括号并排放在一起非常像一个菱形，这种语法也就被称为"菱形"语法。下面程序示范了 Java 7 的菱形语法。

程序清单：codes\09\9.1\DiamondTest.java

```java
public class DiamondTest
{
    public static void main(String[] args)
    {
        // Java 自动推断出 ArrayList 的<>里应该是 String
        List<String> books = new ArrayList<>();
        books.add("疯狂 Java 讲义");
        books.add("疯狂 Android 讲义");
        // 遍历 books 集合，集合元素就是 String 类型
        books.forEach(ele -> System.out.println(ele.length()));
        // Java 自动推断出 HashMap 的<>里应该是 String , List<String>
        Map<String , List<String>> schoolsInfo = new HashMap<>();
```

```
            // Java 自动推断出 ArrayList 的<>里应该是 String
            List<String> schools = new ArrayList<>();
            schools.add("斜月三星洞");
            schools.add("西天取经路");
            schoolsInfo.put("孙悟空" , schools);
            // 遍历 Map 时, Map 的 key 是 String 类型, value 是 List<String>类型
            schoolsInfo.forEach((key , value) -> System.out.println(key + "-->" + value));
    }
}
```

上面程序中三行粗体字代码就是"菱形"语法的示例。从该程序不难看出,"菱形"语法对原有的泛型并没有改变,只是更好地简化了泛型编程。

Java 9 再次增强了"菱形"语法,它甚至允许在创建匿名内部类时使用菱形语法,Java 可根据上下文来推断匿名内部类中泛型的类型。下面程序示范了在匿名内部类中使用菱形语法。

程序清单：codes\09\9.1\AnnoymousDiamond.java

```
interface Foo<T>
{
    void test(T t);
}
public class AnnoymousTest
{
    public static void main(String[] args)
    {
        // 指定 Foo 类中泛型为 String
        Foo<String> f = new Foo<>()
        {
            // test()方法的参数类型为 String
            public void test(String t)
            {
                System.out.println("test 方法的 t 参数为：" + t);
            }
        };
        // 使用泛型通配符,此时相当于通配符的上限为 Object
        Foo<?> fo = new Foo<>()
        {
            // test()方法的参数类型为 Object
            public void test(Object t)
            {
                System.out.println("test 方法的 Object 参数为：" + t);
            }
        };
        // 使用泛型通配符,通配符的上限为 Number
        Foo<? extends Number> fn = new Foo<>()
        {
            // 此时 test()方法的参数类型为 Number
            public void test(Number t)
            {
                System.out.println("test 方法的 Number 参数为：" + t);
            }
        };
    }
}
```

上面程序先定义了一个带泛型声明的接口,接下来三行粗体字代码分别示范了在匿名内部类中使用菱形语法。第一行粗体字代码声明变量时明确地将泛型指定为 String 类型,因此在该匿名内部类中 T 类型就代表了 String 类型;第二行粗体字代码声明变量时使用通配符来代表泛型(相当于通配符的上限为 Object),因此系统只能推断出 T 代表 Object,所以在该匿名内部类中 T 类型就代表了 Object 类型;第三行粗体字代码声明变量时使用了带上限(上限是 Number)的通配符,因此系统可以推断出 T 代表 Number 类。

无论哪种方式,Java 9 都允许在使用匿名内部类时使用菱形语法。

9.2 深入泛型

所谓泛型，就是允许在定义类、接口、方法时使用类型形参，这个类型形参（或叫泛型）将在声明变量、创建对象、调用方法时动态地指定（即传入实际的类型参数，也可称为类型实参）。Java 5 改写了集合框架中的全部接口和类，为这些接口、类增加了泛型支持，从而可以在声明集合变量、创建集合对象时传入类型实参，这就是在前面程序中看到的 List<String>和 ArrayList<String>两种类型。

9.2.1 定义泛型接口、类

下面是 Java 5 改写后 List 接口、Iterator 接口、Map 的代码片段。

```
// 定义接口时指定了一个泛型形参，该形参名为 E
public interface List<E>
{
    // 在该接口里，E 可作为类型使用
    // 下面方法可以使用 E 作为参数类型
    void add(E x);
    Iterator<E> iterator();    // ①
    ...
}
// 定义接口时指定了一个泛型形参，该形参名为 E
public interface Iterator<E>
{
    // 在该接口里 E 完全可以作为类型使用
    E next();
    boolean hasNext();
    ...
}
// 定义该接口时指定了两个泛型形参，其形参名为 K、V
public interface Map<K , V>
{
    // 在该接口里 K、V 完全可以作为类型使用
    Set<K> keySet()    // ②
    V put(K key, V value);
    ...
}
```

上面三个接口声明是比较简单的，除了尖括号中的内容——这就是泛型的实质：允许在定义接口、类时声明泛型形参，泛型形参在整个接口、类体内可当成类型使用，几乎所有可使用普通类型的地方都可以使用这种泛型形参。

除此之外，①②处方法声明返回值类型是 Iterator<E>、Set<K>，这表明 Set<K>形式是一种特殊的数据类型，是一种与 Set 不同的数据类型——可以认为是 Set 类型的子类。

例如使用 List 类型时，如果为 E 形参传入 String 类型实参，则产生了一个新的类型：List<String>类型，可以把 List<String>想象成 E 被全部替换成 String 的特殊 List 子接口。

```
// List<String>等同于如下接口
public interface ListString extends List
{
    // 原来的 E 形参全部变成 String 类型实参
    void add(String x);
    Iterator<String> iterator();
    ...
}
```

通过这种方式，就解决了 9.1.2 节中的问题——虽然程序只定义了一个 List<E>接口，但实际使用时可以产生无数多个 List 接口，只要为 E 传入不同的类型实参，系统就会多出一个新的 List 子接口。必须指出：List<String>绝不会被替换成 ListString，系统没有进行源代码复制，二进制代码中没有，磁盘中没有，内存中也没有。

> **注意：**
> 包含泛型声明的类型可以在定义变量、创建对象时传入一个类型实参，从而可以动态地生成无数多个逻辑上的子类，但这种子类在物理上并不存在。

可以为任何类、接口增加泛型声明（并不是只有集合类才可以使用泛型声明，虽然集合类是泛型的重要使用场所）。下面自定义一个 Apple 类，这个 Apple 类就可以包含一个泛型声明。

程序清单：codes\09\9.2\Apple.java

```java
// 定义 Apple 类时使用了泛型声明
public class Apple<T>
{
    // 使用 T 类型定义实例变量
    private T info;
    public Apple(){}
    // 下面方法中使用 T 类型来定义构造器
    public Apple(T info)
    {
        this.info = info;
    }
    public void setInfo(T info)
    {
        this.info = info;
    }
    public T getInfo()
    {
        return this.info;
    }
    public static void main(String[] args)
    {
        // 由于传给 T 形参的是 String，所以构造器参数只能是 String
        Apple<String> a1 = new Apple<>("苹果");
        System.out.println(a1.getInfo());
        // 由于传给 T 形参的是 Double，所以构造器参数只能是 Double 或 double
        Apple<Double> a2 = new Apple<>(5.67);
        System.out.println(a2.getInfo());
    }
}
```

上面程序定义了一个带泛型声明的 Apple<T>类（不要理会这个泛型形参是否具有实际意义），使用 Apple<T>类时就可为 T 形参传入实际类型，这样就可以生成如 Apple<String>、Apple<Double>…形式的多个逻辑子类（物理上并不存在）。这就是 9.1 节可以使用 List<String>、ArrayList<String>等类型的原因——JDK 在定义 List、ArrayList 等接口、类时使用了泛型声明，所以在使用这些类时为之传入了实际的类型参数。

> **注意：**
> 当创建带泛型声明的自定义类，为该类定义构造器时，构造器名还是原来的类名，不要增加泛型声明。例如，为 Apple<T>类定义构造器，其构造器名依然是 Apple，而不是 Apple<T>！调用该构造器时却可以使用 Apple<T>的形式，当然应该为 T 形参传入实际的类型参数。Java 7 提供了菱形语法，允许省略<>中的类型实参。

▶▶ 9.2.2 从泛型类派生子类

当创建了带泛型声明的接口、父类之后，可以为该接口创建实现类，或从该父类派生子类，需要指出的是，当使用这些接口、父类时不能再包含泛型形参。例如，下面代码就是错误的。

```java
// 定义类 A 继承 Apple 类，Apple 类不能跟泛型形参
public class A extends Apple<T>{ }
```

方法中的形参代表变量、常量、表达式等数据，本书把它们直接称为形参，或者称为数据形参。定义方法时可以声明数据形参，调用方法（使用方法）时必须为这些数据形参传入实际的数据；与此类似的是，定义类、接口、方法时可以声明泛型形参，使用类、接口、方法时应该为泛型形参传入实际的类型。

如果想从 Apple 类派生一个子类，则可以改为如下代码：

```
// 使用 Apple 类时为 T 形参传入 String 类型
public class A extends Apple<String>
```

调用方法时必须为所有的数据形参传入参数值，与调用方法不同的是，使用类、接口时也可以不为泛型形参传入实际的类型参数，即下面代码也是正确的。

```
// 使用 Apple 类时，没有为 T 形参传入实际的类型参数
public class A extends Apple
```

像这种使用 Apple 类时省略泛型的形式被称为原始类型（raw type）。

如果从 Apple<String>类派生子类，则在 Apple 类中所有使用 T 类型的地方都将被替换成 String 类型，即它的子类将会继承到 String getInfo()和 void setInfo(String info)两个方法，如果子类需要重写父类的方法，就必须注意这一点。下面程序示范了这一点。

程序清单：codes\09\9.2\A1.java

```java
public class A1 extends Apple<String>
{
    // 正确重写了父类的方法，返回值
    // 与父类 Apple<String>的返回值完全相同
    public String getInfo()
    {
        return "子类" + super.getInfo();
    }
    /*
    // 下面方法是错误的，重写父类方法时返回值类型不一致
    public Object getInfo()
    {
        return "子类";
    }
    */
}
```

如果使用 Apple 类时没有传入实际的类型（即使用原始类型），Java 编译器可能发出警告：使用了未经检查或不安全的操作——这就是泛型检查的警告，读者在前一章中应该多次看到这样的警告。如果希望看到该警告提示的更详细信息，则可以通过为 javac 命令增加-Xlint:unchecked 选项来实现。此时，系统会把 Apple<T>类里的 T 形参当成 Object 类型处理。如下程序所示。

程序清单：codes\09\9.2\A2.java

```java
public class A2 extends Apple
{
    // 重写父类的方法
    public String getInfo()
    {
        // super.getInfo()方法返回值是 Object 类型
        // 所以加 toString()才返回 String 类型
        return super.getInfo().toString();
    }
}
```

上面程序都是从带泛型声明的父类来派生子类，创建带泛型声明的接口的实现类与此几乎完全一样，此处不再赘述。

▶▶ 9.2.3 并不存在泛型类

前面提到可以把 ArrayList<String>类当成 ArrayList 的子类，事实上，ArrayList<String>类也确实像

一种特殊的 ArrayList 类：该 ArrayList<String>对象只能添加 String 对象作为集合元素。但实际上，系统并没有为 ArrayList<String>生成新的 class 文件，而且也不会把 ArrayList<String>当成新类来处理。

看下面代码的打印结果是什么？

```java
// 分别创建 List<String>对象和 List<Integer>对象
List<String> l1 = new ArrayList<>();
List<Integer> l2 = new ArrayList<>();
// 调用 getClass()方法来比较 l1 和 l2 的类是否相等
System.out.println(l1.getClass() == l2.getClass());
```

运行上面的代码片段，可能有读者认为应该输出 false，但实际输出 true。因为不管泛型的实际类型参数是什么，它们在运行时总有同样的类（class）。

不管为泛型形参传入哪一种类型实参，对于 Java 来说，它们依然被当成同一个类处理，在内存中也只占用一块内存空间，因此在静态方法、静态初始化块或者静态变量的声明和初始化中不允许使用泛型形参。下面程序演示了这种错误。

程序清单：codes\09\9.2\R.java

```java
public class R<T>
{
    // 下面代码错误，不能在静态变量声明中使用泛型形参
    static T info;
    T age;
    public void foo(T msg){}
    // 下面代码错误，不能在静态方法声明中使用泛型形参
    public static void bar(T msg){}
}
```

由于系统中并不会真正生成泛型类，所以 instanceof 运算符后不能使用泛型类。例如，下面代码是错误的。

```java
java.util.Collection<String> cs = new java.util.ArrayList<>();
// 下面代码编译时引起错误：instanceof 运算符后不能使用泛型
if (cs instanceof java.util.ArrayList<String>){...}
```

9.3 类型通配符

正如前面讲的，当使用一个泛型类时（包括声明变量和创建对象两种情况），都应该为这个泛型类传入一个类型实参。如果没有传入类型实际参数，编译器就会提出泛型警告。假设现在需要定义一个方法，该方法里有一个集合形参，集合形参的元素类型是不确定的，那应该怎样定义呢？

考虑如下代码：

```java
public void test(List c)
{
    for (int i = 0; i < c.size(); i++)
    {
        System.out.println(c.get(i));
    }
}
```

上面程序当然没有问题：这是一段最普通的遍历 List 集合的代码。问题是上面程序中 List 是一个有泛型声明的接口，此处使用 List 接口时没有传入实际类型参数，这将引起泛型警告。为此，考虑为 List 接口传入实际的类型参数——因为 List 集合里的元素类型是不确定的，将上面方法改为如下形式：

```java
public void test(List<Object> c)
{
    for (int i = 0; i < c.size(); i++)
    {
        System.out.println(c.get(i));
    }
}
```

表面上看起来，上面方法声明没有问题，这个方法声明确实没有任何问题。问题是调用该方法传入的实际参数值时可能不是我们所期望的，例如，下面代码试图调用该方法。

```
// 创建一个 List<String> 对象
List<String> strList = new ArrayList<>();
// 将 strList 作为参数来调用前面的 test 方法
test(strList);    //①
```

编译上面程序，将在①处发生如下编译错误：

无法将 Test 中的 test(java.util.List<java.lang.Object>)
应用于 (java.util.List<java.lang.String>)

上面程序出现了编译错误，这表明 List<String>对象不能被当成 List<Object>对象使用，也就是说，List<String>类并不是 List<Object>类的子类。

> 如果 Foo 是 Bar 的一个子类型(子类或者子接口)，而 G 是具有泛型声明的类或接口，G<Foo>并不是 G<Bar>的子类型！这一点非常值得注意，因为它与大部分人的习惯认为是不同的。

与数组进行对比，先看一下数组是如何工作的。在数组中，程序可以直接把一个 Integer[]数组赋给一个 Number[]变量。如果试图把一个 Double 对象保存到该 Number[]数组中，编译可以通过，但在运行时抛出 ArrayStoreException 异常。例如如下程序。

程序清单：codes\09\9.3\ArrayErr.java

```java
public class ArrayErr
{
    public static void main(String[] args)
    {
        // 定义一个 Integer 数组
        Integer[] ia = new Integer[5];
        // 可以把一个 Integer[]数组赋给 Number[]变量
        Number[] na = ia;
        // 下面代码编译正常，但运行时会引发 ArrayStoreException 异常
        // 因为 0.5 并不是 Integer
        na[0] = 0.5;    // ①
    }
}
```

上面程序在①号粗体字代码处会引发 ArrayStoreException 运行时异常，这就是一种潜在的风险。

> 提示：
> 一门设计优秀的语言，不仅需要提供强大的功能，而且能提供强大的"错误提示"和"出错警告"，这样才能尽量避免开发者犯错。而 Java 允许 Integer[]数组赋值给 Number[]变量显然不是一种安全的设计。

在 Java 的早期设计中，允许 Integer[]数组赋值给 Number[]变量存在缺陷，因此 Java 在泛型设计时进行了改进，它不再允许把 List<Integer>对象赋值给 List<Number>变量。例如，如下代码将会导致编译错误（程序清单同上）。

```
List<Integer> iList = new ArrayList<>();
// 下面代码导致编译错误
List<Number> nList = iList;
```

Java 泛型的设计原则是，只要代码在编译时没有出现警告，就不会遇到运行时 ClassCastException 异常。

> **注意：**
> 数组和泛型有所不同，假设 Foo 是 Bar 的一个子类型（子类或者子接口），那么 Foo[] 依然是 Bar[]的子类型；但 G<Foo>不是 G<Bar>的子类型。Foo[]自动向上转型为 Bar[]的方式被称为型变。也就是说，Java 的数组支持型变，但 Java 集合并不支持型变。

▶▶ 9.3.1 使用类型通配符

为了表示各种泛型 List 的父类，可以使用类型通配符，类型通配符是一个问号（?），将一个问号作为类型实参传给 List 集合，写作：List<?>（意思是元素类型未知的 List）。这个问号（?）被称为通配符，它的元素类型可以匹配任何类型。可以将上面方法改写为如下形式：

```
public void test(List<?> c)
{
    for (int i = 0; i < c.size(); i++)
    {
        System.out.println(c.get(i));
    }
}
```

现在使用任何类型的 List 来调用它，程序依然可以访问集合 c 中的元素，其类型是 Object，这永远是安全的，因为不管 List 的真实类型是什么，它包含的都是 Object。

> **注意：**
> 上面程序中使用的 List<?>，其实这种写法可以适应于任何支持泛型声明的接口和类，比如写成 Set<?>、Collection<?>、Map<?, ?>等。

但这种带通配符的 List 仅表示它是各种泛型 List 的父类，并不能把元素加入到其中。例如，如下代码将会引起编译错误。

```
List<?> c = new ArrayList<String>();
// 下面程序引起编译错误
c.add(new Object());
```

因为程序无法确定 c 集合中元素的类型，所以不能向其中添加对象。根据前面的 List<E>接口定义的代码可以发现：add()方法有类型参数 E 作为集合的元素类型，所以传给 add 的参数必须是 E 类的对象或者其子类的对象。但因为在该例中不知道 E 是什么类型，所以程序无法将任何对象"丢进"该集合。唯一的例外是 null，它是所有引用类型的实例。

另一方面，程序可以调用 get()方法来返回 List<?>集合指定索引处的元素，其返回值是一个未知类型，但可以肯定的是，它总是一个 Object。因此，把 get()的返回值赋值给一个 Object 类型的变量，或者放在任何希望是 Object 类型的地方都可以。

▶▶ 9.3.2 设定类型通配符的上限

当直接使用 List<?>这种形式时，即表明这个 List 集合可以是任何泛型 List 的父类。但还有一种特殊的情形，程序不希望这个 List<?>是任何泛型 List 的父类，只希望它代表某一类泛型 List 的父类。考虑一个简单的绘图程序，下面先定义三个形状类。

程序清单：codes\09\9.3\Shape.java

```
// 定义一个抽象类 Shape
public abstract class Shape
{
    public abstract void draw(Canvas c);
}
```

程序清单：codes\09\9.3\Circle.java

```
// 定义 Shape 的子类 Circle
public class Circle extends Shape
```

```java
    {
        // 实现画图方法，以打印字符串来模拟画图方法实现
        public void draw(Canvas c)
        {
            System.out.println("在画布" + c + "上画一个圆");
        }
    }
```

程序清单：codes\09\9.3\Rectangle.java

```java
// 定义 Shape 的子类 Rectangle
public class Rectangle extends Shape
{
    // 实现画图方法，以打印字符串来模拟画图方法实现
    public void draw(Canvas c)
    {
        System.out.println("把一个矩形画在画布" + c + "上");
    }
}
```

上面定义了三个形状类，其中 Shape 是一个抽象父类，该抽象父类有两个子类：Circle 和 Rectangle。接下来定义一个 Canvas 类，该画布类可以画数量不等的形状（Shape 子类的对象），那应该如何定义这个 Canvas 类呢？考虑如下的 Canvas 实现类。

程序清单：codes\09\9.3\Canvas.java

```java
public class Canvas
{
    // 同时在画布上绘制多个形状
    public void drawAll(List<Shape> shapes)
    {
        for (Shape s : shapes)
        {
            s.draw(this);
        }
    }
}
```

注意上面的 drawAll() 方法的形参类型是 List<Shape>，而 List<Circle> 并不是 List<Shape> 的子类型，因此，下面代码将引起编译错误。

```java
List<Circle> circleList = new ArrayList<>();
Canvas c = new Canvas();
// 不能把 List<Circle>当成 List<Shape>使用，所以下面代码引起编译错误
c.drawAll(circleList);
```

关键在于 List<Circle> 并不是 List<Shape> 的子类型，所以不能把 List<Circle> 对象当成 List<Shape> 使用。为了表示 List<Circle> 的父类，可以考虑使用 List<?>，但此时从 List<?> 集合中取出的元素只能被编译器当成 Object 处理。为了表示 List 集合的所有元素是 Shape 的子类，Java 泛型提供了被限制的泛型通配符。被限制的泛型通配符表示如下：

```java
// 它表示泛型形参必须是 Shape 子类的 List
List<? extends Shape>
```

有了这种被限制的泛型通配符，就可以把上面的 Canvas 程序改为如下形式（程序清单同上）：

```java
public class Canvas
{
    // 同时在画布上绘制多个形状，使用被限制的泛型通配符
    public void drawAll(List<? extends Shape> shapes)
    {
        for (Shape s : shapes)
        {
            s.draw(this);
        }
    }
}
```

将 Canvas 改为如上形式，就可以把 List<Circle> 对象当成 List<? extends Shape> 使用。即 List<?

extends Shape>可以表示 List<Circle>、List<Rectangle>的父类——只要 List 后尖括号里的类型是 Shape 的子类型即可。

List<? extends Shape>是受限制通配符的例子,此处的问号(?)代表一个未知的类型,就像前面看到的通配符一样。但是此处的这个未知类型一定是 Shape 的子类型(也可以是 Shape 本身),因此可以把 Shape 称为这个通配符的上限(upper bound)。

类似地,由于程序无法确定这个受限制的通配符的具体类型,所以不能把 Shape 对象或其子类的对象加入这个泛型集合中。例如,下面代码就是错误的。

```
public void addRectangle(List<? extends Shape> shapes)
{
    // 下面代码引起编译错误
    shapes.add(0, new Rectangle());
}
```

与使用普通通配符相似的是,shapes.add()的第二个参数类型是? extends Shape,它表示 Shape 未知的子类,程序无法确定这个类型是什么,所以无法将任何对象添加到这种集合中。

简而言之,这种指定通配符上限的集合,只能从集合中取元素(取出的元素总是上限的类型),不能向集合中添加元素(因为编译器没法确定集合元素实际是哪种子类型)。

对于更广泛的泛型类来说,指定通配符上限就是为了支持类型型变。比如 Foo 是 Bar 的子类,这样 A<Bar>就相当于 A<? extends Foo>的子类,可以将 A<Bar>赋值给 A<? extends Foo>类型的变量,这种型变方式被称为协变。

对于协变的泛型类来说,它只能调用泛型类型作为返回值类型的方法(编译器会将该方法返回值当成通配符上限的类型);而不能调用泛型类型作为参数的方法。口诀是:协变只出不进!

> **提示**:对于指定通配符上限的泛型类,相当于通配符上限是 Object。

▶▶ 9.3.3 设定类型通配符的下限

除可以指定通配符的上限之外,Java 也允许指定通配符的下限,通配符的下限用<? super 类型>的方式来指定,通配符下限的作用与通配符上限的作用恰好相反。

指定通配符的下限就是为了支持类型型变。比如 Foo 是 Bar 的子类,当程序需要一个 A<? super Bar>变量时,程序可以将 A<Foo>、A<Object>赋值给 A<? super Bar>类型的变量,这种型变方式被称为逆变。

对于逆变的泛型集合来说,编译器只知道集合元素是下限的父类型,但具体是哪种父类型则不确定。因此,这种逆变的泛型集合能向其中添加元素(因为实际赋值的集合元素总是逆变声明的父类),从集合中取元素时只能被当成 Object 类型处理(编译器无法确定取出的到底是哪个父类的对象)。

假设自己实现一个工具方法:实现将 src 集合中的元素复制到 dest 集合的功能,因为 dest 集合可以保存 src 集合中的所有元素,所以 dest 集合元素的类型应该是 src 集合元素类型的父类。

对于上面的 copy()方法,可以这样理解两个集合参数之间的依赖关系:不管 src 集合元素的类型是什么,只要 dest 集合元素的类型与前者相同或者是前者的父类即可,此时通配符的下限就有了用武之地。下面程序采用通配符下限的方式来实现该 copy()方法。

程序清单:codes\09\9.3\MyUtils.java

```
public class MyUtils
{
    // 下面 dest 集合元素的类型必须与 src 集合元素的类型相同,或者是其父类
    public static <T> T copy(Collection<? super T> dest
        , Collection<T> src)
    {
        T last = null;
        for (T ele : src)
        {
            last = ele;
            // 逆变的泛型集合添加元素是安全的
```

```
            dest.add(ele);
        }
        return last;
    }
    public static void main(String[] args)
    {
        List<Number> ln = new ArrayList<>();
        List<Integer> li = new ArrayList<>();
        li.add(5);
        // 此处可准确地知道最后一个被复制的元素是 Integer 类型
        // 与 src 集合元素的类型相同
        Integer last = copy(ln , li);    // ①
        System.out.println(ln);
    }
}
```

使用这种语句，就可以保证程序的①处调用后推断出最后一个被复制的元素类型是 Integer，而不是笼统的 Number 类型。

> **提示：** 上面方法用到了泛型方法的语法，就是在方法修饰符和返回值类型之间用<>定义泛型形参。关于泛型方法更详细介绍可参考下一节。

实际上，Java 集合框架中的 TreeSet<E>有一个构造器也用到了这种设定通配符下限的语法，如下所示。

```
// 下面的 E 是定义 TreeSet 类时的泛型形参
TreeSet(Comparator<? super E> c)
```

正如前一章所介绍的，TreeSet 会对集合中的元素按自然顺序或定制顺序进行排序。如果需要 TreeSet 对集合中的所有元素进行定制排序，则要求 TreeSet 对象有一个与之关联的 Comparator 对象。上面构造器中的参数 c 就是进行定制排序的 Comparator 对象。
Comparator 接口也是一个带泛型声明的接口：

```
public interface Comparator<T>
{
    int compare(T fst, T snd);
}
```

通过这种带下限的通配符的语法，可以在创建 TreeSet 对象时灵活地选择合适的 Comparator。假定需要创建一个 TreeSet<String>集合，并传入一个可以比较 String 大小的 Comparator，这个 Comparator 既可以是 Comparator<String>，也可以是 Comparator<Object>——只要尖括号里传入的类型是 String 的父类型（或它本身）即可。

程序清单：codes\09\9.4\TreeSetTest.java

```java
public class TreeSetTest
{
    public static void main(String[] args)
    {
        // Comparator 的实际类型是 TreeSet 的元素类型的父类，满足要求
        TreeSet<String> ts1 = new TreeSet<>(
            new Comparator<Object>()
        {
            public int compare(Object fst, Object snd)
            {
                return hashCode() > snd.hashCode() ? 1
                    : hashCode() < snd.hashCode() ? -1 : 0;
            }
        });
        ts1.add("hello");
        ts1.add("wa");
        // Comparator 的实际类型是 TreeSet 元素的类型，满足要求
        TreeSet<String> ts2 = new TreeSet<>(
            new Comparator<String>()
        {
```

```
            public int compare(String first, String second)
            {
                return first.length() > second.length() ? -1
                    : first.length() < second.length() ? 1 : 0;
            }
        });
        ts2.add("hello");
        ts2.add("wa");
        System.out.println(ts1);
        System.out.println(ts2);
    }
}
```

通过使用这种通配符下限的方式来定义 TreeSet 构造器的参数，就可以将所有可用的 Comparator 作为参数传入，从而增加了程序的灵活性。当然，不仅 TreeSet 有这种用法，TreeMap 也有类似的用法，具体的请查阅 Java 的 API 文档。

▶▶ 9.3.4 设定泛型形参的上限

Java 泛型不仅允许在使用通配符形参时设定上限，而且可以在定义泛型形参时设定上限，用于表示传给该泛型形参的实际类型要么是该上限类型，要么是该上限类型的子类。下面程序示范了这种用法。

程序清单：codes\09\9.3\Apple.java
```
public class Apple<T extends Number>
{
    T col;
    public static void main(String[] args)
    {
        Apple<Integer> ai = new Apple<>();
        Apple<Double> ad = new Apple<>();
        // 下面代码将引发编译异常，下面代码试图把 String 类型传给 T 形参
        // 但 String 不是 Number 的子类型，所以引起编译错误
        Apple<String> as = new Apple<>();      // ①
    }
}
```

上面程序定义了一个 Apple 泛型类，该 Apple 类的泛型形参的上限是 Number 类，这表明使用 Apple 类时为 T 形参传入的实际类型参数只能是 Number 或 Number 类的子类。上面程序在①处将引起编译错误：类型 T 的上限是 Number 类型，而此处传入的实际类型是 String 类型，既不是 Number 类型，也不是 Number 类型的子类型，所以将会导致编译错误。

在一种更极端的情况下，程序需要为泛型形参设定多个上限（至多有一个父类上限，可以有多个接口上限），表明该泛型形参必须是其父类的子类（是父类本身也行），并且实现多个上限接口。如下代码所示。

```
// 表明 T 类型必须是 Number 类或其子类，并必须实现 java.io.Serializable 接口
public class Apple<T extends Number & java.io.Serializable>
{
    ...
}
```

与类同时继承父类、实现接口类似的是，为泛型形参指定多个上限时，所有的接口上限必须位于类上限之后。也就是说，如果需要为泛型形参指定类上限，类上限必须位于第一位。

9.4 泛型方法

前面介绍了在定义类、接口时可以使用泛型形参，在该类的方法定义和成员变量定义、接口的方法定义中，这些泛型形参可被当成普通类型来用。在另外一些情况下，定义类、接口时没有使用泛型形参，但定义方法时想自己定义泛型形参，这也是可以的，Java 5 还提供了对泛型方法的支持。

▶▶ 9.4.1 定义泛型方法

假设需要实现这样一个方法——该方法负责将一个 Object 数组的所有元素添加到一个 Collection 集合中。考虑采用如下代码来实现该方法。

```
static void fromArrayToCollection(Object[] a, Collection<Object> c)
{
    for (Object o : a)
    {
        c.add(o);
    }
}
```

上面定义的方法没有任何问题，关键在于方法中的 c 形参，它的数据类型是 Collection<Object>。正如前面所介绍的，Collection<String>不是 Collection<Object>的子类型——所以这个方法的功能非常有限，它只能将 Object[]数组的元素复制到元素为 Object（Object 的子类不行）的 Collection 集合中，即下面代码将引起编译错误。

```
String[] strArr = {"a" , "b"};
List<String> strList = new ArrayList<>();
// Collection<String>对象不能当成 Collection<Object>使用，下面代码出现编译错误
fromArrayToCollection(strArr, strList);
```

可见上面方法的参数类型不可以使用 Collection<String>，那使用通配符 Collection<?>是否可行呢？显然也不行，因为 Java 不允许把对象放进一个未知类型的集合中。

为了解决这个问题，可以使用 Java 5 提供的泛型方法（Generic Method）。所谓泛型方法，就是在声明方法时定义一个或多个泛型形参。泛型方法的语法格式如下：

```
修饰符 <T , S> 返回值类型 方法名(形参列表)
{
    // 方法体...
}
```

把上面方法的格式和普通方法的格式进行对比，不难发现泛型方法的方法签名比普通方法的方法签名多了泛型形参声明，泛型形参声明以尖括号括起来，多个泛型形参之间以逗号（,）隔开，所有的泛型形参声明放在方法修饰符和方法返回值类型之间。

采用支持泛型的方法，就可以将上面的 fromArrayToCollection 方法改为如下形式：

```
static <T> void fromArrayToCollection(T[] a, Collection<T> c)
{
    for (T o : a)
    {
        c.add(o);
    }
}
```

下面程序示范了完整的用法。

程序清单：codes\09\9.4\GenericMethodTest.java

```
public class GenericMethodTest
{
    // 声明一个泛型方法，该泛型方法中带一个 T 泛型形参
    static <T> void fromArrayToCollection(T[] a, Collection<T> c)
    {
        for (T o : a)
        {
            c.add(o);
        }
    }
    public static void main(String[] args)
    {
        Object[] oa = new Object[100];
        Collection<Object> co = new ArrayList<>();
        // 下面代码中 T 代表 Object 类型
        fromArrayToCollection(oa, co);
        String[] sa = new String[100];
        Collection<String> cs = new ArrayList<>();
        // 下面代码中 T 代表 String 类型
        fromArrayToCollection(sa, cs);
        // 下面代码中 T 代表 Object 类型
        fromArrayToCollection(sa, co);
        Integer[] ia = new Integer[100];
```

```
        Float[] fa = new Float[100];
        Number[] na = new Number[100];
        Collection<Number> cn = new ArrayList<>();
        // 下面代码中T代表Number类型
        fromArrayToCollection(ia, cn);
        // 下面代码中T代表Number类型
        fromArrayToCollection(fa, cn);
        // 下面代码中T代表Number类型
        fromArrayToCollection(na, cn);
        // 下面代码中T代表Object类型
        fromArrayToCollection(na, co);
        // 下面代码中T代表String类型, 但na是一个Number数组
        // 因为Number既不是String类型
        // 也不是它的子类, 所以出现编译错误
//      fromArrayToCollection(na, cs);
    }
}
```

上面程序定义了一个泛型方法，该泛型方法中定义了一个 T 泛型形参，这个 T 类型就可以在该方法内当成普通类型使用。与接口、类声明中定义的泛型不同的是，方法声明中定义的泛型只能在该方法里使用，而接口、类声明中定义的泛型则可以在整个接口、类中使用。

与类、接口中使用泛型参数不同的是，方法中的泛型参数无须显式传入实际类型参数，如上面程序所示，当程序调用 fromArrayToCollection()方法时，无须在调用该方法前传入 String、Object 等类型，但系统依然可以知道为泛型实际传入的类型，因为编译器根据实参推断出泛型所代表的类型，它通常推断出最直接的类型。例如，下面调用代码：

```
fromArrayToCollection(sa, cs);
```

上面代码中 cs 是一个 Collection<String>类型，与方法定义时的 fromArrayToCollection(T[] a, Collection<T> c)进行比较——只比较泛型参数，不难发现该 T 类型代表的实际类型是 String 类型。

对于如下调用代码：

```
fromArrayToCollection(ia, cn);
```

上面的 cn 是 Collection<Number>类型，与此方法的方法签名进行比较——只比较泛型参数，不难发现该 T 类型代表了 Number 类型。

为了让编译器能准确地推断出泛型方法中泛型的类型，不要制造迷惑！系统一旦迷惑了，就是你错了！看如下程序。

程序清单：codes\09\9.4\ErrorTest.java

```
public class ErrorTest
{
    // 声明一个泛型方法, 该泛型方法中带一个T泛型形参
    static <T> void test(Collection<T> from, Collection<T> to)
    {
        for (T ele : from)
        {
            to.add(ele);
        }
    }
    public static void main(String[] args)
    {
        List<Object> as = new ArrayList<>();
        List<String> ao = new ArrayList<>();
        // 下面代码将产生编译错误
        test(as , ao);
    }
}
```

上面程序中定义了 test()方法，该方法用于将前一个集合里的元素复制到下一个集合中，该方法中的两个形参 from、to 的类型都是 Collection<T>，这要求调用该方法时的两个集合实参中的泛型类型相同，否则编译器无法准确地推断出泛型方法中泛型形参的类型。

上面程序中调用 test 方法传入了两个实际参数，其中 as 的数据类型是 List<String>，而 ao 的数据类

型是 List<Object>，与泛型方法签名进行对比：test(Collection<T> a, Collection<T> c)，编译器无法正确识别 T 所代表的实际类型。为了避免这种错误，可以将该方法改为如下形式：

程序清单：codes\09\9.4\RightTest.java

```java
public class RightTest
{
    // 声明一个泛型方法，该泛型方法中带一个 T 形参
    static <T> void test(Collection<? extends T> from , Collection<T> to)
    {
        for (T ele : from)
        {
            to.add(ele);
        }
    }
    public static void main(String[] args)
    {
        List<Object> ao = new ArrayList<>();
        List<String> as = new ArrayList<>();
        // 下面代码完全正常
        test(as , ao);
    }
}
```

上面代码改变了 test() 方法签名，将该方法的前一个形参类型改为 Collection<? extends T>，这种采用类型通配符的表示方式，只要 test() 方法的前一个 Collection 集合里的元素类型是后一个 Collection 集合里元素类型的子类即可。

那么这里产生了一个问题：到底何时使用泛型方法？何时使用类型通配符呢？接下来详细介绍泛型方法和类型通配符的区别。

▶▶ 9.4.2 泛型方法和类型通配符的区别

大多数时候都可以使用泛型方法来代替类型通配符。例如，对于 Java 的 Collection 接口中两个方法定义：

```java
public interface Collection<E>
{
    boolean containsAll(Collection<?> c);
    boolean addAll(Collection<? extends E> c);
    ...
}
```

上面集合中两个方法的形参都采用了类型通配符的形式，也可以采用泛型方法的形式，如下所示。

```java
public interface Collection<E>
{
    <T> boolean containsAll(Collection<T> c);
    <T extends E> boolean addAll(Collection<T> c);
    ...
}
```

上面方法使用了 <T extends E> 泛型形式，这时定义泛型形参时设定上限（其中 E 是 Collection 接口里定义的泛型，在该接口里 E 可当成普通类型使用）。

上面两个方法中泛型形参 T 只使用了一次，泛型形参 T 产生的唯一效果是可以在不同的调用点传入不同的实际类型。对于这种情况，应该使用通配符：通配符就是被设计用来支持灵活的子类化的。

泛型方法允许泛型形参被用来表示方法的一个或多个参数之间的类型依赖关系，或者方法返回值与参数之间的类型依赖关系。如果没有这样的类型依赖关系，就不应该使用泛型方法。

> **提示：**
> 如果某个方法中一个形参（a）的类型或返回值的类型依赖另一个形参（b）的类型，则形参（b）的类型声明不应该使用通配符——因为形参（a）或返回值的类型依赖于该形参（b）的类型，如果形参（b）的类型无法确定，程序就无法定义形参（a）的类型。在这种情况下，只能考虑使用在方法签名中声明泛型——也就是泛型方法。

如果有需要，也可以同时使用泛型方法和通配符，如 Java 的 Collections.copy()方法。

```
public class Collections
{
    public static <T> void copy(List<T> dest, List<? extends T> src){...}
    ...
}
```

上面 copy 方法中的 dest 和 src 存在明显的依赖关系，从源 List 中复制出来的元素，必须可以"丢进"目标 List 中，所以源 List 集合元素的类型只能是目标集合元素的类型的子类型或者它本身。但 JDK 定义 src 形参类型时使用的是类型通配符，而不是泛型方法。这是因为：该方法无须向 src 集合中添加元素，也无须修改 src 集合里的元素，所以可以使用类型通配符，无须使用泛型方法。

提示：简而言之，指定上限的类型通配符支持协变，因此这种协变的集合可以安全地取出元素（协变只出不进），因此无须使用泛型方法。

当然，也可以将上面的方法签名改为使用泛型方法，不使用类型通配符，如下所示。

```
class Collections
{
    public static <T , S extends T> void copy(List<T> dest, List<S> src){...}
    ...
}
```

这个方法签名可以代替前面的方法签名。但注意上面的泛型形参 S，它仅使用了一次，其他参数的类型、方法返回值的类型都不依赖于它，那泛型形参 S 就没有存在的必要，即可以用通配符来代替 S。使用通配符比使用泛型方法（在方法签名中显式声明泛型形参）更加清晰和准确，因此 Java 设计该方法时采用了通配符，而不是泛型方法。

类型通配符与泛型方法（在方法签名中显式声明泛型形参）还有一个显著的区别：类型通配符既可以在方法签名中定义形参的类型，也可以用于定义变量的类型；但泛型方法中的泛型形参必须在对应方法中显式声明。

▶▶ 9.4.3 Java 7 的"菱形"语法与泛型构造器

正如泛型方法允许在方法签名中声明泛型形参一样，Java 也允许在构造器签名中声明泛型形参，这样就产生了所谓的泛型构造器。

一旦定义了泛型构造器，接下来在调用构造器时，就不仅可以让 Java 根据数据参数的类型来"推断"泛型形参的类型，而且程序员也可以显式地为构造器中的泛型形参指定实际的类型。如下程序所示。

程序清单：codes\09\9.4\GenericConstructor.java

```
class Foo
{
    public <T> Foo(T t)
    {
        System.out.println(t);
    }
}
public class GenericConstructor
{
    public static void main(String[] args)
    {
        // 泛型构造器中的 T 类型为 String
        new Foo("疯狂Java讲义");
        // 泛型构造器中的 T 类型为 Integer
        new Foo(200);
        // 显式指定泛型构造器中的 T 类型为 String
        // 传给 Foo 构造器的实参也是 String 对象，完全正确
        new <String> Foo("疯狂Android讲义");        // ①
        // 显式指定泛型构造器中的 T 类型为 String，
        // 但传给 Foo 构造器的实参是 Double 对象，下面代码出错
        new <String> Foo(12.3);        // ②
    }
}
```

上面程序中①号代码不仅显式指定了泛型构造器中的泛型形参 T 的类型应该是 String,而且程序传给该构造器的参数值也是 String 类型,因此程序完全正常。但在②号代码处,程序显式指定了泛型构造器中的泛型形参 T 的类型应该是 String,但实际传给该构造器的参数值是 Double 类型,因此这行代码将会出现错误。

前面介绍过 Java 7 新增的"菱形"语法,它允许调用构造器时在构造器后使用一对尖括号来代表泛型信息。但如果程序显式指定了泛型构造器中声明的泛型形参的实际类型,则不可以使用"菱形"语法。如下程序所示。

程序清单: codes\09\9.4\GenericDiamondTest.java

```java
class MyClass<E>
{
    public <T> MyClass(T t)
    {
        System.out.println("t 参数的值为: " + t);
    }
}
public class GenericDiamondTest
{
    public static void main(String[] args)
    {
        // MyClass 类声明中的 E 形参是 String 类型
        // 泛型构造器中声明的 T 形参是 Integer 类型
        MyClass<String> mc1 = new MyClass<>(5);
        // 显式指定泛型构造器中声明的 T 形参是 Integer 类型
        MyClass<String> mc2 = new <Integer> MyClass<String>(5);
        // MyClass 类声明中的 E 形参是 String 类型
        // 如果显式指定泛型构造器中声明的 T 形参是 Integer 类型
        // 此时就不能使用"菱形"语法,下面代码是错的
//      MyClass<String> mc3 = new <Integer> MyClass<>(5);
    }
}
```

上面程序中粗体字代码既指定了泛型构造器中的泛型形参是 Integer 类型,又想使用"菱形"语法,所以这行代码无法通过编译。

▶▶ 9.4.4 泛型方法与方法重载

因为泛型既允许设定通配符的上限,也允许设定通配符的下限,从而允许在一个类里包含如下两个方法定义。

```java
public class MyUtils
{
    public static <T> void copy(Collection<T> dest , Collection<? extends T> src)
    {...}   // ①
    public static <T> T copy(Collection<? super T> dest , Collection<T> src)
    {...}   // ②
}
```

上面的 MyUtils 类中包含两个 copy()方法,这两个方法的参数列表存在一定的区别,但这种区别不是很明确:这两个方法的两个参数都是 Collection 对象,前一个集合里的集合元素类型是后一个集合里集合元素类型的父类。如果只是在该类中定义这两个方法不会有任何错误,但只要调用这个方法就会引起编译错误。例如,对于如下代码:

```java
List<Number> ln = new ArrayList<>();
List<Integer> li = new ArrayList<>();
copy(ln , li);
```

上面程序中粗体字部分调用 copy()方法,但这个 copy()方法既可以匹配①号 copy()方法,此时泛型 T 表示的类型是 Number;也可以匹配②号 copy()方法,此时泛型 T 表示的类型是 Integer。编译器无法确定这行代码想调用哪个 copy()方法,所以这行代码将引起编译错误。

9.4.5 Java 8 改进的类型推断

Java 8 改进了泛型方法的类型推断能力，类型推断主要有如下两方面。

➢ 可通过调用方法的上下文来推断泛型的目标类型。
➢ 可在方法调用链中，将推断得到的泛型传递到最后一个方法。

如下程序示范了 Java 8 对泛型方法的类型推断。

程序清单：codes\09\9.4\InferenceTest.java

```java
class MyUtil<E>
{
    public static <Z> MyUtil<Z> nil()
    {
        return null;
    }
    public static <Z> MyUtil<Z> cons(Z head, MyUtil<Z> tail)
    {
        return null;
    }
    E head()
    {
        return null;
    }
}
public class InferenceTest
{
    public static void main(String[] args)
    {
        // 可以通过方法赋值的目标参数来推断泛型为 String
        MyUtil<String> ls = MyUtil.nil();
        // 无须使用下面语句在调用 nil()方法时指定泛型的类型
        MyUtil<String> mu = MyUtil.<String>nil();
        // 可调用 cons()方法所需的参数类型来推断泛型为 Integer
        MyUtil.cons(42, MyUtil.nil());
        // 无须使用下面语句在调用 nil()方法时指定泛型的类型
        MyUtil.cons(42, MyUtil.<Integer>nil());
    }
}
```

上面程序中前两行粗体字代码的作用完全相同，但第 1 行粗体字代码无须在调用 MyUtil 类的 nil() 方法时显式指定泛型参数为 String，这是因为程序需要将该方法的返回值赋值给 MyUtil<String> 类型，因此系统可以自动推断出此处的泛型参数为 String 类型。

上面程序中第 3 行与第 4 行粗体字代码的作用也完全相同，但第 3 行粗体字代码也无须在调用 MyUtil 类的 nil()方法时显式指定泛型参数为 Integer，这是因为程序将 nil()方法的返回值作为了 MyUtil 类的 cons()方法的第二个参数，而程序可以根据 cons()方法的第一个参数（42）推断出此处的泛型参数为 Integer 类型。

需要指出的是，虽然 Java 8 增强了泛型推断的能力，但泛型推断不是万能的，例如如下代码就是错误的。

```java
// 希望系统能推断出调用 nil()方法时泛型为 String 类型
// 但实际上 Java 8 依然推断不出来，所以下面代码报错
String s = MyUtil.nil().head();
```

因此，上面这行代码必须显式指定泛型的实际类型，即将代码改为如下形式：

```java
String s = MyUtil.<String>nil().head();
```

9.5 擦除和转换

在严格的泛型代码里，带泛型声明的类总应该带着类型参数。但为了与老的 Java 代码保持一致，也允许在使用带泛型声明的类时不指定实际的类型。如果没有为这个泛型类指定实际的类型，此时被称作 raw type（原始类型），默认是声明该泛型形参时指定的第一个上限类型。

当把一个具有泛型信息的对象赋给另一个没有泛型信息的变量时,所有在尖括号之间的类型信息都将被扔掉。比如一个 List<String>类型被转换为 List,则该 List 对集合元素的类型检查变成了泛型参数的上限（即 Object）。下面程序示范了这种擦除。

程序清单：codes\09\9.5\ErasureTest.java

```java
class Apple<T extends Number>
{
    T size;
    public Apple()
    {
    }
    public Apple(T size)
    {
        this.size = size;
    }
    public void setSize(T size)
    {
        this.size = size;
    }
    public T getSize()
    {
        return this.size;
    }
}
public class ErasureTest
{
    public static void main(String[] args)
    {
        Apple<Integer> a = new Apple<>(6);    // ①
        // a 的 getSize()方法返回 Integer 对象
        Integer as = a.getSize();
        // 把 a 对象赋给 Apple 变量,丢失尖括号里的类型信息
        Apple b = a;    // ②
        // b 只知道 size 的类型是 Number
        Number size1 = b.getSize();
        // 下面代码引起编译错误
        Integer size2 = b.getSize();    // ③
    }
}
```

上面程序中定义了一个带泛型声明的 Apple 类,其泛型形参的上限是 Number,这个泛型形参用来定义 Apple 类的 size 变量。程序在①处创建了一个 Apple 对象,该 Apple 对象的泛型代表了 Integer 类型,所以调用 a 的 getSize()方法时返回 Integer 类型的值。当把 a 赋给一个不带泛型信息的 b 变量时,编译器就会丢失 a 对象的泛型信息,即所有尖括号里的信息都会丢失——因为 Apple 的泛型形参的上限是 Number 类,所以编译器依然知道 b 的 getSize()方法返回 Number 类型,但具体是 Number 的哪个子类就不清楚了。

从逻辑上来看,List<String>是 List 的子类,如果直接把一个 List 对象赋给一个 List<String>对象应该引起编译错误,但实际上不会。对泛型而言,可以直接把一个 List 对象赋给一个 List<String>对象,编译器仅仅提示"未经检查的转换",看下面程序。

程序清单：codes\09\9.5\ErasureTest2.java

```java
public class ErasureTest2
{
    public static void main(String[] args)
    {
        List<Integer> li = new ArrayList<>();
        li.add(6);
        li.add(9);
        List list = li;
        // 下面代码引起"未经检查的转换"警告,编译、运行时完全正常
        List<String> ls = list;    // ①
```

```
            // 但只要访问 ls 里的元素,如下面代码将引起运行时异常
            System.out.println(ls.get(0));
    }
}
```

上面程序中定义了一个 List<Integer>对象,这个 List<Integer>对象保留了集合元素的类型信息。当把这个 List<Integer>对象赋给一个 List 类型的 list 后,编译器就会丢失前者的泛型信息,即丢失 list 集合里元素的类型信息,这是典型的擦除。Java 又允许直接把 List 对象赋给一个 List<Type>(Type 可以是任何类型)类型的变量,所以程序在①处可以编译通过,只是发出"未经检查的转换"警告。但对 list 变量实际上引用的是 List<Integer>集合,所以当试图把该集合里的元素当成 String 类型的对象取出时,将引发 ClassCastException 异常。

下面代码与上面代码的行为完全相似。

```
public class ErasureTest2
{
    public static void main(String[] args)
    {
        List li = new ArrayList();
        li.add(6);
        li.add(9);
        System.out.println((String)li.get(0));
    }
}
```

程序从 li 中获取一个元素,并且试图通过强制类型转换把它转换成一个 String,将引发运行时异常。前面使用泛型代码时,系统与之存在完全相似的行为,所以引发相同的 ClassCastException 异常。

9.6 泛型与数组

Java 泛型有一个很重要的设计原则——如果一段代码在编译时没有提出"[unchecked] 未经检查的转换"警告,则程序在运行时不会引发 ClassCastException 异常。正是基于这个原因,所以数组元素的类型不能包含泛型变量或泛型形参,除非是无上限的类型通配符。但可以声明元素类型包含泛型变量或泛型形参的数组。也就是说,只能声明 List<String>[]形式的数组,但不能创建 ArrayList<String>[10]这样的数组对象。

假设 Java 支持创建 ArrayList<String>[10]这样的数组对象,则有如下程序:

```
// 下面代码实际上是不允许的
List<String>[] lsa = new ArrayList<String>[10];
// 将 lsa 向上转型为 Object[]类型的变量
Object[] oa = lsa;
List<Integer> li = new ArrayList<>();
li.add(3);
// 将 List<Integer>对象作为 oa 的第二个元素
// 下面代码没有任何警告
oa[1] = li;
// 下面代码也不会有任何警告,但将引发 ClassCastException 异常
String s = lsa[1].get(0);     // ①
```

在上面代码中,如果粗体字代码是合法的,经过中间系列的程序运行,势必在①处引发运行时异常,这就违背了 Java 泛型的设计原则。

如果将程序改为如下形式:

程序清单:codes\09\9.6\GenericAndArray.java

```
// 下面代码编译时有"[unchecked] 未经检查的转换"警告
List<String>[] lsa = new ArrayList[10];
// 将 lsa 向上转型为 Object[]类型的变量
Object[] oa = lsa;
List<Integer> li = new ArrayList<>();
li.add(3);
```

```
oa[1] = li;
// 下面代码引起 ClassCastException 异常
String s = lsa[1].get(0);                   // ①
```

上面程序粗体字代码行声明了 List<String>[]类型的数组变量，这是允许的；但不允许创建 List<String>[]类型的对象，所以创建了一个类型为 ArrayList[10]的数组对象，这也是允许的。只是把 ArrayList[10]对象赋给 List<String>[]变量时会有编译警告"[unchecked] 未经检查的转换"，即编译器并不保证这段代码是类型安全的。上面代码同样会在①处引发运行时异常，但因为编译器已经提出了警告，所以完全可能出现这种异常。

Java 允许创建无上限的通配符泛型数组，例如 new ArrayList<?>[10]，因此也可以将第一段代码改为使用无上限的通配符泛型数组，在这种情况下，程序不得不进行强制类型转换。正如前面所介绍的，在进行强制类型转换之前应通过 instanceof 运算符来保证它的数据类型。将上面代码改为如下形式（程序清单同上）：

```
List<?>[] lsa = new ArrayList<?>[10];
Object[] oa = lsa;
List<Integer> li = new ArrayList<>();
li.add(3);
oa[1] = li;
Object target = lsa[1].get(0);
if (target instanceof String)
{
    // 下面代码安全了
    String s = (String) target;
}
```

与此类似的是，创建元素类型是泛型类型的数组对象也将导致编译错误。如下代码所示。

```
<T> T[] makeArray(Collection<T> coll)
{
    // 下面代码导致编译错误
    return new T[coll.size()];
}
```

由于类型变量在运行时并不存在，而编译器无法确定实际类型是什么，因此编译器在粗体字代码处报错。

9.7 本章小结

本章主要介绍了 Java 提供的泛型支持，还介绍了为何需要在编译时检查集合元素的类型，以及如何编程来实现这种检查，从而引出 Java 泛型给程序带来的简洁性和健壮性。本章详细讲解了如何定义泛型接口、泛型类，以及如何从泛型类、泛型接口派生子类或实现类，并深入讲解了泛型类的实质。本章介绍了类型通配符的用法，包括设定类型通配符的上限、下限等；本章重点介绍了泛型方法的知识，包括如何在方法签名时定义泛型形参，以及泛型方法和类型通配符之间的区别与联系。本章最后介绍了 Java 不支持创建泛型数组，并深入分析了原因。

▶▶ 本章练习

1. 改写第 8 章的 8.2 节、8.4 节和 8.6 节的示例程序，为它们添加泛型，使得编译器不再提示警告。
2. 定义一个 BaseDao<T>接口，接口包括 save、update、delete、findAll 方法，这些方法的参数、返回值应该根据接口的泛型动态改变。
3. 定义一个包含 copy 的工具方法，该 copy 方法可以把 List 集合的元素（元素都是 Number 的子类）拷贝到对应的数组中。

CHAPTER 10

第10章
异常处理

本章要点

- 异常的定义和概念
- Java 异常机制的优势
- 使用 try...catch 捕获异常
- 多异常捕获
- Java 异常类的继承体系
- 异常对象的常用方法
- finally 块的作用
- 自动关闭资源的 try 语句
- 异常处理的合理嵌套
- Checked 异常和 Runtime 异常
- 使用 throws 声明异常
- 使用 throw 抛出异常
- 自定义异常
- 异常链和异常转译
- 异常的跟踪栈信息
- 异常的处理规则

异常机制已经成为判断一门编程语言是否成熟的标准,除传统的像C语言没有提供异常机制之外,目前主流的编程语言如Java、C#、Ruby、Python等都提供了成熟的异常机制。异常机制可以使程序中的异常处理代码和正常业务代码分离,保证程序代码更加优雅,并可以提高程序的健壮性。

Java 的异常机制主要依赖于 try、catch、finally、throw 和 throws 五个关键字,其中 try 关键字后紧跟一个花括号扩起来的代码块(花括号不可省略),简称 try 块,它里面放置可能引发异常的代码。catch 后对应异常类型和一个代码块,用于表明该 catch 块用于处理这种类型的代码块。多个 catch 块后还可以跟一个 finally 块,finally 块用于回收在 try 块里打开的物理资源,异常机制会保证 finally 块总被执行。throws 关键字主要在方法签名中使用,用于声明该方法可能抛出的异常;而 throw 用于抛出一个实际的异常,throw 可以单独作为语句使用,抛出一个具体的异常对象。

Java 7 进一步增强了异常处理机制的功能,包括带资源的 try 语句、捕获多异常的 catch 两个新功能,这两个功能可以极好地简化异常处理。

开发者都希望所有的错误都能在编译阶段被发现,就是在试图运行程序之前排除所有错误,但这是不现实的,余下的问题必须在运行期间得到解决。Java 将异常分为两种,Checked 异常和 Runtime 异常,Java 认为 Checked 异常都是可以在编译阶段被处理的异常,所以它强制程序处理所有的 Checked 异常;而 Runtime 异常则无须处理。Checked 异常可以提醒程序员需要处理所有可能发生的异常,但 Checked 异常也给编程带来一些烦琐之处,所以 Checked 异常也是 Java 领域一个备受争论的话题。

10.1 异常概述

异常处理已经成为衡量一门语言是否成熟的标准之一,目前的主流编程语言如 C++、C#、Ruby、Python 等大都提供了异常处理机制。增加了异常处理机制后的程序有更好的容错性,更加健壮。

与很多图书喜欢把异常处理放在开始部分介绍不一样,本书宁愿把异常处理放在"后面"介绍。因为异常处理是一件很乏味、不能带来成就感的事情,没有人希望自己遇到异常,大家都希望每天都能爱情甜蜜、家庭和睦、风和日丽、春暖花开……但事实上,这不可能!(如果可以这样顺利,上帝也会想做凡人了。)

对于计算机程序而言,情况就更复杂了——没有人能保证自己写的程序永远不会出错!就算程序没有错误,你能保证用户总是按你的意愿来输入?就算用户都是非常"聪明而且配合"的,你能保证运行该程序的操作系统永远稳定?你能保证运行该程序的硬件不会突然坏掉?你能保证网络永远通畅?……太多你无法保证的情况了!

对于一个程序设计人员,需要尽可能地预知所有可能发生的情况,尽可能地保证程序在所有糟糕的情形下都可以运行。考虑前面介绍的五子棋程序:当用户输入下棋坐标时,程序要判断用户输入是否合法,如果保证程序有较好的容错性,将会有如下的伪码。

```
if(用户输入包含除逗号之外的其他非数字字符)
{
    alert 坐标只能是数值
    goto retry
}
else if (用户输入不包含逗号)
{
    alert 应使用逗号分隔两个坐标值
    goto retry
}
else if (用户输入坐标值超出了有效范围)
{
    alert 用户输入坐标应位于棋盘坐标之内
    goto retry
}
else if(用户输入的坐标已有棋子)
{
    alert "只能在没有棋子的地方下棋"
    goto retry
}
```

```
else
{
    // 业务实现代码
    ...
}
```

上面代码还未涉及任何有效处理，只是考虑了 4 种可能的错误，代码就已经急剧增加了。但实际上，上面考虑的 4 种情形还远未考虑到所有的可能情形（事实上，世界上的意外是不可穷举的），程序可能发生的异常情况总是大于程序员所能考虑的意外情况。

而且正如前面提到的，高傲的程序员们开发程序时更倾向于认为："对，错误也许会发生，但那是别人造成的，不关我的事"。

如果每次在实现真正的业务逻辑之前，都需要不厌其烦地考虑各种可能出错的情况，针对各种错误情况给出补救措施——这是多么乏味的事情啊。程序员喜欢解决问题，喜欢开发带来的"创造"快感，都不喜欢像一个"堵漏"工人，去堵那些由外在条件造成的"漏洞"。

> **提示：**
> 对于构造大型、健壮、可维护的应用而言，错误处理是整个应用需要考虑的重要方面，曾经有一个教授告诉我：国内的程序员做开发时，往往只做了"对"的事情！他这句话有很深的遗憾——程序员开发程序的过程，是一个创造的过程，这个过程需要有全面的考虑，仅做"对"的事情是远远不够的。

对于上面的错误处理机制，主要有如下两个缺点。
➢ 无法穷举所有的异常情况。因为人类知识的限制，异常情况总比可以考虑到的情况多，总有"漏网之鱼"的异常情况，所以程序总是不够健壮。
➢ 错误处理代码和业务实现代码混杂。这种错误处理和业务实现混杂的代码严重影响程序的可读性，会增加程序维护的难度。

程序员希望有一种强大的机制来解决上面的问题，希望上面程序换成如下伪码。

```
if(用户输入不合法)
{
    alert 输入不合法
    goto retry
}
else
{
    // 业务实现代码
    ...
}
```

上面伪码提供了一个非常强大的"if 块"——程序不管输入错误的原因是什么，只要用户输入不满足要求，程序就一次处理所有的错误。这种处理方法的好处是，使得错误处理代码变得更有条理，只需在一个地方处理错误。

现在的问题是"用户输入不合法"这个条件怎么定义？当然，对于这个简单的要求，可以使用正则表达式对用户输入进行匹配，当用户输入与正则表达式不匹配时即可判断"用户输入不合法"。但对于更复杂的情形呢？恐怕就没有这么简单了。使用 Java 的异常处理机制就可解决这个问题。

10.2 异常处理机制

Java 的异常处理机制可以让程序具有极好的容错性，让程序更加健壮。当程序运行出现意外情形时，系统会自动生成一个 Exception 对象来通知程序，从而实现将"业务功能实现代码"和"错误处理代码"分离，提供更好的可读性。

10.2.1 使用 try...catch 捕获异常

正如前一节代码所提示的，希望有一种非常强大的"if 块"，可以表示所有的错误情况，让程序可以一次处理所有的错误，也就是希望将错误集中处理。

出于这种考虑，此处试图把"错误处理代码"从"业务实现代码"中分离出来。将上面最后一段伪码改为如下所示伪码。

```
if(一切正常)
{
    // 业务实现代码
    ...
}
else
{
    alert 输入不合法
    goto retry
}
```

上面代码中的"if块"依然不可表示——一切正常是很抽象的，无法转换为计算机可识别的代码，在这种情形下，Java 提出了一种假设：如果程序可以顺利完成，那就"一切正常"，把系统的业务实现代码放在 try 块中定义，所有的异常处理逻辑放在 catch 块中进行处理。下面是 Java 异常处理机制的语法结构。

```
try
{
    // 业务实现代码
    ...
}
catch (Exception e)
{
    alert 输入不合法
    goto retry
}
```

如果执行 try 块里的业务逻辑代码时出现异常，系统自动生成一个异常对象，该异常对象被提交给 Java 运行时环境，这个过程被称为抛出（throw）异常。

当 Java 运行时环境收到异常对象时，会寻找能处理该异常对象的 catch 块，如果找到合适的 catch 块，则把该异常对象交给该 catch 块处理，这个过程被称为捕获（catch）异常；如果 Java 运行时环境找不到捕获异常的 catch 块，则运行时环境终止，Java 程序也将退出。

> **提示：** 不管程序代码块是否处于 try 块中，甚至包括 catch 块中的代码，只要执行该代码块时出现了异常，系统总会自动生成一个异常对象。如果程序没有为这段代码定义任何的 catch 块，则 Java 运行时环境无法找到处理该异常的 catch 块，程序就在此退出，这就是前面看到的例子程序在遇到异常时退出的情形。

下面使用异常处理机制来改写前面第 4 章五子棋游戏中用户下棋部分的代码。

程序清单：codes\10\10.2\Gobang.java

```
String inputStr = null;
// br.readLine()：每当在键盘上输入一行内容时按回车键
// 用户刚刚输入的内容将被 br 读取到
while ((inputStr = br.readLine()) != null)
{
    try
    {
        // 将用户输入的字符串以逗号作为分隔符，分解成 2 个字符串
        String[] posStrArr = inputStr.split(",");
        // 将 2 个字符串转换成用户下棋的坐标
        int xPos = Integer.parseInt(posStrArr[0]);
        int yPos = Integer.parseInt(posStrArr[1]);
        // 把对应的数组元素赋为"●"
        if (!gb.board[xPos - 1][yPos - 1].equals("+"))
        {
            System.out.println("您输入的坐标点已有棋子了，"
```

```
                + "请重新输入");
            continue;
        }
        gb.board[xPos - 1][yPos - 1] = "●";
    }
    catch (Exception e)
    {
        System.out.println("您输入的坐标不合法,请重新输入,"
            + "下棋坐标应以 x,y 的格式");
        continue;
    }
    ...
}
```

上面程序把处理用户输入字符串的代码都放在 try 块里进行,只要用户输入的字符串不是有效的坐标值(包括字母不能正确解析,没有逗号不能正确解析,解析出来的坐标引起数组越界……),系统都将抛出一个异常对象,并把这个异常对象交给对应的 catch 块(也就是上面程序中粗体字代码块)处理,catch 块的处理方式是向用户提示坐标不合法,然后使用 continue 忽略本次循环剩下的代码,开始执行下一次循环,这就保证了该五子棋游戏有足够的容错性——用户可以随意输入,程序不会因为用户输入不合法而突然退出,程序会向用户提示输入不合法,让用户再次输入。

▶▶ 10.2.2 异常类的继承体系

当 Java 运行时环境接收到异常对象时,如何为该异常对象寻找 catch 块呢?注意上面 Gobang 程序中 catch 关键字的形式:(Exception e),这意味着每个 catch 块都是专门用于处理该异常类及其子类的异常实例。

当 Java 运行时环境接收到异常对象后,会依次判断该异常对象是否是 catch 块后异常类或其子类的实例,如果是,Java 运行时环境将调用该 catch 块来处理该异常;否则再次拿该异常对象和下一个 catch 块里的异常类进行比较。Java 异常捕获流程示意图如图 10.1 所示。

当程序进入负责异常处理的 catch 块时,系统生成的异常对象 ex 将会传给 catch 块后的异常形参,从而允许 catch 块通过该对象来获得异常的详细信息。

从图 10.1 中可以看出,try 块后可以有多个 catch 块,这是为了针对不同的异常类提供不同的异常处理方式。当系统发生不同的意外情况时,系统会生成不同的异常对象,Java 运行时就会根据该异常对象所属的异常类来决定使用哪个 catch 块来处理该异常。

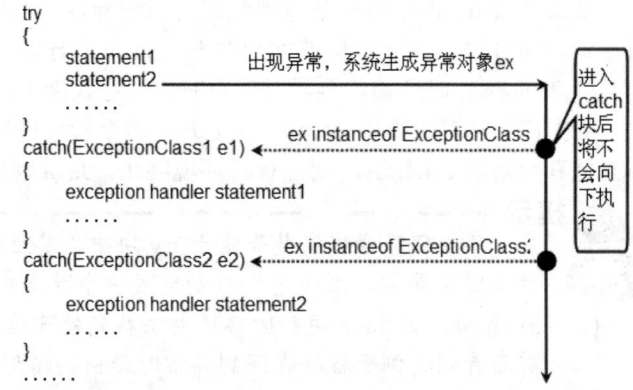

图 10.1 Java 异常捕获流程示意图

通过在 try 块后提供多个 catch 块可以无须在异常处理块中使用 if、switch 判断异常类型,但依然可以针对不同的异常类型提供相应的处理逻辑,从而提供更细致、更有条理的异常处理逻辑。

从图 10.1 中可以看出,在通常情况下,如果 try 块被执行一次,则 try 块后只有一个 catch 块会被执行,绝不可能有多个 catch 块被执行。除非在循环中使用了 continue 开始下一次循环,下一次循环又重新运行了 try 块,这才可能导致多个 catch 块被执行。

> try 块与 if 语句不一样,try 块后的花括号({...})不可以省略,即使 try 块里只有一行代码,也不可省略这个花括号。与之类似的是,catch 块后的花括号({...})也不可以省略。还有一点需要指出:try 块里声明的变量是代码块内局部变量,它只在 try 块内有效,在 catch 块中不能访问该变量。

Java 提供了丰富的异常类,这些异常类之间有严格的继承关系,图 10.2 显示了 Java 常见的异常类之间的继承关系。

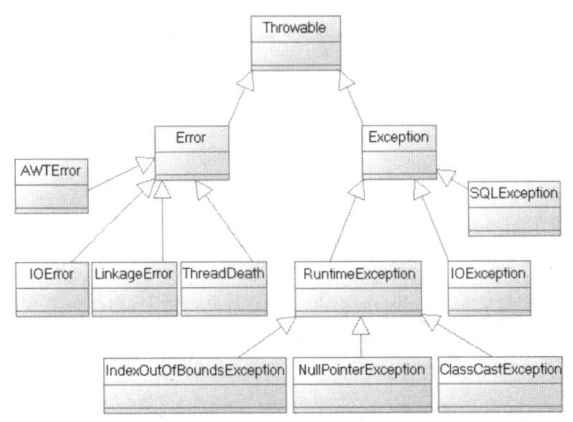

图 10.2 Java 常见的异常类之间的继承关系

从图 10.2 中可以看出,Java 把所有的非正常情况分成两种:异常(Exception)和错误(Error),它们都继承 Throwable 父类。

Error 错误,一般是指与虚拟机相关的问题,如系统崩溃、虚拟机错误、动态链接失败等,这种错误无法恢复或不可能捕获,将导致应用程序中断。通常应用程序无法处理这些错误,因此应用程序不应该试图使用 catch 块来捕获 Error 对象。在定义该方法时,也无须在其 throws 子句中声明该方法可能抛出 Error 及其任何子类。下面看几个简单的异常捕获例子。

程序清单:codes\10\10.2\DivTest.java

```java
public class DivTest
{
    public static void main(String[] args)
    {
        try
        {
            int a = Integer.parseInt(args[0]);
            int b = Integer.parseInt(args[1]);
            int c = a / b;
            System.out.println("您输入的两个数相除的结果是: " + c );
        }
        catch (IndexOutOfBoundsException ie)
        {
            System.out.println("数组越界:运行程序时输入的参数个数不够");
        }
        catch (NumberFormatException ne)
        {
            System.out.println("数字格式异常:程序只能接收整数参数");
        }
        catch (ArithmeticException ae)
        {
            System.out.println("算术异常");
        }
        catch (Exception e)
        {
            System.out.println("未知异常");
        }
    }
}
```

上面程序针对 IndexOutOfBoundsException、NumberFormatException、ArithmeticException 类型的异常,提供了专门的异常处理逻辑。该程序运行时的异常处理逻辑可能有如下几种情形。

- 如果运行该程序时输入的参数不够,将会发生数组越界异常,Java 运行时将调用 IndexOutOfBoundsException 对应的 catch 块处理该异常。
- 如果运行该程序时输入的参数不是数字,而是字母,将发生数字格式异常,Java 运行时将调用 NumberFormatException 对应的 catch 块处理该异常。
- 如果运行该程序时输入的第二个参数是 0,将发生除 0 异常,Java 运行时将调用 ArithmeticException 对应的 catch 块处理该异常。
- 如果程序运行时出现其他异常,该异常对象总是 Exception 类或其子类的实例,Java 运行时将调用 Exception 对应的 catch 块处理该异常。

> **提示:**
> 上面程序中的三种异常，都是非常常见的运行时异常，读者应该记住这些异常，并掌握在哪些情况下可能出现这些异常。

程序清单：codes\10\10.2\NullTest.java

```java
public class NullTest
{
    public static void main(String[] args)
    {
        Date d = null;
        try
        {
            System.out.println(d.after(new Date()));
        }
        catch (NullPointerException ne)
        {
            System.out.println("空指针异常");
        }
        catch(Exception e)
        {
            System.out.println("未知异常");
        }
    }
}
```

上面程序针对 NullPointerException 异常提供了专门的异常处理块。上面程序调用一个 null 对象的 after()方法，这将引发 NullPointerException 异常（当试图调用一个 null 对象的实例方法或实例变量时，就会引发 NullPointerException 异常），Java 运行时将会调用 NullPointerException 对应的 catch 块来处理该异常；如果程序遇到其他异常，Java 运行时将会调用最后的 catch 块来处理异常。

正如在前面程序所看到的，程序总是把对应 Exception 类的 catch 块放在最后，这是为什么呢？想一下图 10.1 所示的 Java 异常捕获流程，读者可能明白原因：如果把 Exception 类对应的 catch 块排在其他 catch 块的前面，Java 运行时将直接进入该 catch 块（因为所有的异常对象都是 Exception 或其子类的实例），而排在它后面的 catch 块将永远也不会获得执行的机会。

实际上，进行异常捕获时不仅应该把 Exception 类对应的 catch 块放在最后，而且所有父类异常的 catch 块都应该排在子类异常 catch 块的后面（简称：先处理小异常，再处理大异常），否则将出现编译错误。看如下代码片段：

```java
try
{
    statements...
}
catch(RuntimeException e)        // ①
{
    System.out.println("运行时异常");
}
catch (NullPointerException ne)  // ②
{
    System.out.println("空指针异常");
}
```

上面代码中有两个 catch 块，前一个 catch 块捕获 RuntimeException 异常，后一个 catch 块捕获 NullPointerException 异常，编译上面代码时将会在②处出现已捕获到异常 java.lang.NullPointerException 的错误，因为①处的 RuntimeException 已经包括了 NullPointerException 异常，所以②处的 catch 块永远也不会获得执行的机会。

> **注意:**
> 异常捕获时，一定要记住先捕获小异常，再捕获大异常。

10.2.3 Java 7 新增的多异常捕获

在 Java 7 以前，每个 catch 块只能捕获一种类型的异常；但从 Java 7 开始，一个 catch 块可以捕获多种类型的异常。

使用一个 catch 块捕获多种类型的异常时需要注意如下两个地方。

➢ 捕获多种类型的异常时，多种异常类型之间用竖线（|）隔开。
➢ 捕获多种类型的异常时，异常变量有隐式的 final 修饰，因此程序不能对异常变量重新赋值。

下面程序示范了 Java 7 提供的多异常捕获。

程序清单：codes\10\10.2\MultiExceptionTest.java

```java
public class MultiExceptionTest
{
    public static void main(String[] args)
    {
        try
        {
            int a = Integer.parseInt(args[0]);
            int b = Integer.parseInt(args[1]);
            int c = a / b;
            System.out.println("您输入的两个数相除的结果是：" + c );
        }
        catch (IndexOutOfBoundsException|NumberFormatException
            |ArithmeticException ie)
        {
            System.out.println("程序发生了数组越界、数字格式异常、算术异常之一");
            // 捕获多异常时，异常变量默认有final修饰
            // 所以下面代码有错
            ie = new ArithmeticException("test");    // ①
        }
        catch (Exception e)
        {
            System.out.println("未知异常");
            // 捕获一种类型的异常时，异常变量没有final修饰
            // 所以下面代码完全正确
            e = new RuntimeException("test");    // ②
        }
    }
}
```

上面程序中第一行粗体字代码使用了 IndexOutOfBoundsException|NumberFormatException|ArithmeticException 来定义异常类型，这就表明该 catch 块可以同时捕获这三种类型的异常。捕获多种类型的异常时，异常变量使用隐式的 final 修饰，因此上面程序中①号代码将产生编译错误；捕获一种类型的异常时，异常变量没有 final 修饰，因此上面程序中②号代码完全正确。

10.2.4 访问异常信息

如果程序需要在 catch 块中访问异常对象的相关信息，则可以通过访问 catch 块的后异常形参来获得。当 Java 运行时决定调用某个 catch 块来处理该异常对象时，会将异常对象赋给 catch 块后的异常参数，程序即可通过该参数来获得异常的相关信息。

所有的异常对象都包含了如下几个常用方法。

➢ getMessage()：返回该异常的详细描述字符串。
➢ printStackTrace()：将该异常的跟踪栈信息输出到标准错误输出。
➢ printStackTrace(PrintStream s)：将该异常的跟踪栈信息输出到指定输出流。
➢ getStackTrace()：返回该异常的跟踪栈信息。

下面例子程序演示了程序如何访问异常信息。

程序清单：codes\10\10.2\AccessExceptionMsg.java

```java
public class AccessExceptionMsg
{
```

```java
public static void main(String[] args)
{
    try
    {
        FileInputStream fis = new FileInputStream("a.txt");
    }
    catch (IOException ioe)
    {
        System.out.println(ioe.getMessage());
        ioe.printStackTrace();
    }
}
```

上面程序调用了 Exception 对象的 getMessage()方法来得到异常对象的详细信息，也使用了 printStackTrace()方法来打印该异常的跟踪信息。运行上面程序，会看到如图 10.3 所示的界面。

> 提示：上面程序中使用的 FileInputStream 是 Java IO 体系中的一个文件输入流，用于读取磁盘文件的内容。关于该类的详细介绍请参考本书第 15 章的内容。

从图 10.3 中可以看到异常的详细描述信息："a.txt (系统找不到指定的文件)"，这就是调用异常的 getMessage()方法返回的字符串。下面更详细的信息是该异常的跟踪栈信息，关于异常的跟踪栈信息后面还有更详细的介绍，此处不再赘述。

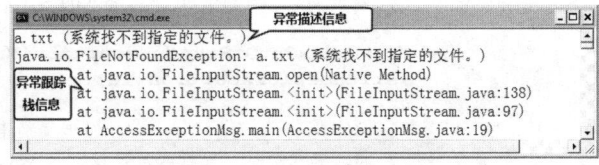

图 10.3　访问异常信息

10.2.5　使用 finally 回收资源

有些时候，程序在 try 块里打开了一些物理资源（例如数据库连接、网络连接和磁盘文件等），这些物理资源都必须显式回收。

> 提示：Java 的垃圾回收机制不会回收任何物理资源，垃圾回收机制只能回收堆内存中对象所占用的内存。

在哪里回收这些物理资源呢？在 try 块里回收？还是在 catch 块中进行回收？假设程序在 try 块里进行资源回收，根据图 10.1 所示的异常捕获流程——如果 try 块的某条语句引起了异常，该语句后的其他语句通常不会获得执行的机会，这将导致位于该语句之后的资源回收语句得不到执行。如果在 catch 块里进行资源回收，但 catch 块完全有可能得不到执行，这将导致不能及时回收这些物理资源。

为了保证一定能回收 try 块中打开的物理资源，异常处理机制提供了 finally 块。不管 try 块中的代码是否出现异常，也不管哪一个 catch 块被执行，甚至在 try 块或 catch 块中执行了 return 语句，finally 块总会被执行。完整的 Java 异常处理语法结构如下：

```java
try
{
    // 业务实现代码
    ...
}
catch (SubException e)
{
    // 异常处理块 1
    ...
}
catch (SubException2 e)
{
    // 异常处理块 2
    ...
}
...
```

```
finally
{
    // 资源回收块
    ...
}
```

异常处理语法结构中只有 try 块是必需的，也就是说，如果没有 try 块，则不能有后面的 catch 块和 finally 块；catch 块和 finally 块都是可选的，但 catch 块和 finally 块至少出现其中之一，也可以同时出现；可以有多个 catch 块，捕获父类异常的 catch 块必须位于捕获子类异常的后面；但不能只有 try 块，既没有 catch 块，也没有 finally 块；多个 catch 块必须位于 try 块之后，finally 块必须位于所有的 catch 块之后。看如下程序。

程序清单：codes\10\10.2\FinallyTest.java

```java
public class FinallyTest
{
    public static void main(String[] args)
    {
        FileInputStream fis = null;
        try
        {
            fis = new FileInputStream("a.txt");
        }
        catch (IOException ioe)
        {
            System.out.println(ioe.getMessage());
            // return 语句强制方法返回
            return ;          // ①
            // 使用 exit 退出虚拟机
            // System.exit(1);    // ②
        }
        finally
        {
            // 关闭磁盘文件，回收资源
            if (fis != null)
            {
                try
                {
                    fis.close();
                }
                catch (IOException ioe)
                {
                    ioe.printStackTrace();
                }
            }
            System.out.println("执行 finally 块里的资源回收！");
        }
    }
}
```

上面程序的 try 块后增加了 finally 块，用于回收在 try 块中打开的物理资源。注意程序的 catch 块中①处有一条 return 语句，该语句强制方法返回。在通常情况下，一旦在方法里执行到 return 语句的地方，程序将立即结束该方法；现在不会了，虽然 return 语句也强制方法结束，但一定会先执行 finally 块里的代码。运行上面程序，看到如下结果：

```
a.txt (系统找不到指定的文件。)
程序已经执行了 finally 里的资源回收！
```

上面运行结果表明方法返回之前还是执行了 finally 块的代码。将①处的 return 语句注释掉，取消②处代码的注释，即在异常处理的 catch 块中使用 System.exit(1)语句来退出虚拟机。执行上面代码，看到如下结果：

```
a.txt (系统找不到指定的文件。)
```

上面执行结果表明 finally 块没有被执行。如果在异常处理代码中使用 System.exit(1)语句来退出虚拟机，则 finally 块将失去执行的机会。

> **注意：**
> 除非在 try 块、catch 块中调用了退出虚拟机的方法，否则不管在 try 块、catch 块中执行怎样的代码，出现怎样的情况，异常处理的 finally 块总会被执行。

在通常情况下，不要在 finally 块中使用如 return 或 throw 等导致方法终止的语句，（throw 语句将在后面介绍），一旦在 finally 块中使用了 return 或 throw 语句，将会导致 try 块、catch 块中的 return、throw 语句失效。看如下程序。

程序清单：codes\10\10.2\FinallyFlowTest.java

```java
public class FinallyFlowTest
{
    public static void main(String[] args)
        throws Exception
    {
        boolean a = test();
        System.out.println(a);
    }
    public static boolean test()
    {
        try
        {
            // 因为finally块中包含了return语句
            // 所以下面的return语句失去作用
            return true;
        }
        finally
        {
            return false;
        }
    }
}
```

上面程序在 finally 块中定义了一个 return false 语句，这将导致 try 块中的 return true 失去作用。运行上面程序，将打印出 false 的结果。

当 Java 程序执行 try 块、catch 块时遇到了 return 或 throw 语句，这两个语句都会导致该方法立即结束，但是系统执行这两个语句并不会结束该方法，而是去寻找该异常处理流程中是否包含 finally 块，如果没有 finally 块，程序立即执行 return 或 throw 语句，方法终止；如果有 finally 块，系统立即开始执行 finally 块——只有当 finally 块执行完成后，系统才会再次跳回来执行 try 块、catch 块里的 return 或 throw 语句；如果 finally 块里也使用了 return 或 throw 等导致方法终止的语句，finally 块已经终止了方法，系统将不会跳回去执行 try 块、catch 块里的任何代码。

> **注意：**
> 尽量避免在 finally 块里使用 return 或 throw 等导致方法终止的语句，否则可能出现一些很奇怪的情况。

▶▶ 10.2.6 异常处理的嵌套

正如 FinallyTest.java 程序所示，finally 块中也包含了一个完整的异常处理流程，这种在 try 块、catch 块或 finally 块中包含完整的异常处理流程的情形被称为异常处理的嵌套。

异常处理流程代码可以放在任何能放可执行性代码的地方，因此完整的异常处理流程既可放在 try 块里，也可放在 catch 块里，还可放在 finally 块里。

异常处理嵌套的深度没有很明确的限制，但通常没有必要使用超过两层的嵌套异常处理，层次太深的嵌套异常处理没有太大必要，而且导致程序可读性降低。

10.2.7 Java 9 增强的自动关闭资源的 try 语句

在前面程序中看到，当程序使用 finally 块关闭资源时，程序显得异常臃肿。

```
FileInputStream fis = null;
try
{
    fis = new FileInputStream("a.txt");
}
...
finally
{
    // 关闭磁盘文件，回收资源
    if (fis != null)
    {
        fis.close();
    }
}
```

在 Java 7 以前，上面程序中粗体字代码是不得不写的"臃肿代码"，Java 7 的出现改变了这种局面。Java 7 增强了 try 语句的功能——它允许在 try 关键字后紧跟一对圆括号，圆括号可以声明、初始化一个或多个资源，此处的资源指的是那些必须在程序结束时显式关闭的资源（比如数据库连接、网络连接等），try 语句在该语句结束时自动关闭这些资源。

需要指出的是，为了保证 try 语句可以正常关闭资源，这些资源实现类必须实现 AutoCloseable 或 Closeable 接口，实现这两个接口就必须实现 close() 方法。

> **提示：** Closeable 是 AutoCloseable 的子接口，可以被自动关闭的资源类要么实现 AutoCloseable 接口，要么实现 Closeable 接口。Closeable 接口里的 close() 方法声明抛出了 IOException，因此它的实现类在实现 close() 方法时只能声明抛出 IOException 或其子类；AutoCloseable 接口里的 close() 方法声明抛出了 Exception，因此它的实现类在实现 close() 方法时可以声明抛出任何异常。

下面程序示范了如何使用自动关闭资源的 try 语句。

程序清单：codes\10\10.2\AutoCloseTest.java

```java
public class AutoCloseTest
{
    public static void main(String[] args)
        throws IOException
    {
        try (
            // 声明、初始化两个可关闭的资源
            // try 语句会自动关闭这两个资源
            BufferedReader br = new BufferedReader(
                new FileReader("AutoCloseTest.java"));
            PrintStream ps = new PrintStream(new
                FileOutputStream("a.txt")))
        {
            // 使用两个资源
            System.out.println(br.readLine());
            ps.println("庄生晓梦迷蝴蝶");
        }
    }
}
```

上面程序中粗体字代码分别声明、初始化了两个 IO 流，由于 BufferedReader、PrintStream 都实现了 Closeable 接口，而且它们放在 try 语句中声明、初始化，所以 try 语句会自动关闭它们。因此上面程序是安全的。

自动关闭资源的 try 语句相当于包含了隐式的 finally 块（这个 finally 块用于关闭资源），因此这个

try 语句可以既没有 catch 块，也没有 finally 块。

> **提示：** Java 7 几乎把所有的"资源类"（包括文件 IO 的各种类、JDBC 编程的 Connection、Statement 等接口）进行了改写，改写后资源类都实现了 AutoCloseable 或 Closeable 接口。

如果程序需要，自动关闭资源的 try 语句后也可以带多个 catch 块和一个 finally 块。

Java 9 再次增强了这种 try 语句，Java 9 不要求在 try 后的圆括号内声明并创建资源，只需要自动关闭的资源有 final 修饰或者是有效的 final（effectively final），Java 9 允许将资源变量放在 try 后的圆括号内。上面程序在 Java 9 中可改写为如下形式。

程序清单：codes\10\10.2\AutoCloseTest2.java

```java
public class AutoCloseTest2
{
    public static void main(String[] args)
        throws IOException
    {
        // 有 final 修饰的资源
        final BufferedReader br = new BufferedReader(
            new FileReader("AutoCloseTest.java"));
        // 没有显式使用 final 修饰，但只要不对该变量重新赋值，该变量就是有效的 final
        PrintStream ps = new PrintStream(new
            FileOutputStream("a.txt"));
        // 只要将两个资源放在 try 后的圆括号内即可
        try (br;ps)
        {
            // 使用两个资源
            System.out.println(br.readLine());
            ps.println("庄生晓梦迷蝴蝶");
        }
    }
}
```

10.3 Checked 异常和 Runtime 异常体系

Java 的异常被分为两大类：Checked 异常和 Runtime 异常（运行时异常）。所有的 RuntimeException 类及其子类的实例被称为 Runtime 异常；不是 RuntimeException 类及其子类的异常实例则被称为 Checked 异常。

只有 Java 语言提供了 Checked 异常，其他语言都没有提供 Checked 异常。Java 认为 Checked 异常都是可以被处理（修复）的异常，所以 Java 程序必须显式处理 Checked 异常。如果程序没有处理 Checked 异常，该程序在编译时就会发生错误，无法通过编译。

Checked 异常体现了 Java 的设计哲学——没有完善错误处理的代码根本就不会被执行！

对于 Checked 异常的处理方式有如下两种。

➤ 当前方法明确知道如何处理该异常，程序应该使用 try...catch 块来捕获该异常，然后在对应的 catch 块中修复该异常。例如，前面介绍的五子棋游戏中处理用户输入不合法的异常，程序在 catch 块中打印对用户的提示信息，重新开始下一次循环。

➤ 当前方法不知道如何处理这种异常，应该在定义该方法时声明抛出该异常。

Runtime 异常则更加灵活，Runtime 异常无须显式声明抛出，如果程序需要捕获 Runtime 异常，也可以使用 try...catch 块来实现。

> **提示：** 只有 Java 语言提供了 Checked 异常，Checked 异常体现了 Java 的严谨性，它要求程序员必须注意该异常——要么显式声明抛出，要么显式捕获并处理它，总之不允许对 Checked 异常不闻不问。这是一种非常严谨的设计哲学，可以增加程序的健壮性。问题是：

> 大部分的方法总是不能明确地知道如何处理异常,因此只能声明抛出该异常,而这种情况又是如此普遍,所以 Checked 异常降低了程序开发的生产率和代码的执行效率。关于 Checked 异常的优劣,在 Java 领域是一个备受争论的问题。

▶▶ 10.3.1 使用 throws 声明抛出异常

使用 throws 声明抛出异常的思路是,当前方法不知道如何处理这种类型的异常,该异常应该由上一级调用者处理;如果 main 方法也不知道如何处理这种类型的异常,也可以使用 throws 声明抛出异常,该异常将交给 JVM 处理。JVM 对异常的处理方法是,打印异常的跟踪栈信息,并中止程序运行,这就是前面程序在遇到异常后自动结束的原因。

前面章节里有些程序已经用到了 throws 声明抛出,throws 声明抛出只能在方法签名中使用,throws 可以声明抛出多个异常类,多个异常类之间以逗号隔开。throws 声明抛出的语法格式如下:

```
throws ExceptionClass1 , ExceptionClass2...
```

上面 throws 声明抛出的语法格式仅跟在方法签名之后,如下例子程序使用了 throws 来声明抛出 IOException 异常,一旦使用 throws 语句声明抛出该异常,程序就无须使用 try...catch 块来捕获该异常了。

程序清单:codes\10\10.3\ThrowsTest.java

```java
public class ThrowsTest
{
    public static void main(String[] args)
        throws IOException
    {
        FileInputStream fis = new FileInputStream("a.txt");
    }
}
```

上面程序声明不处理 IOException 异常,将该异常交给 JVM 处理,所以程序一旦遇到该异常,JVM 就会打印该异常的跟踪栈信息,并结束程序。运行上面程序,会看到如图 10.4 所示的运行结果。

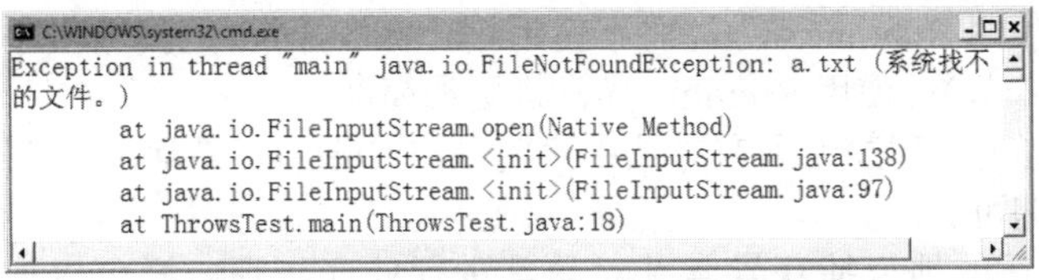

图 10.4 main 方法声明把异常交给 JVM 处理

如果某段代码中调用了一个带 throws 声明的方法,该方法声明抛出了 Checked 异常,则表明该方法希望它的调用者来处理该异常。也就是说,调用该方法时要么放在 try 块中显式捕获该异常,要么放在另一个带 throws 声明抛出的方法中。如下例子程序示范了这种用法。

程序清单:codes\10\10.3/ThrowsTest2.java

```java
public class ThrowsTest2
{
    public static void main(String[] args)
        throws Exception
    {
        // 因为test()方法声明抛出 IOException 异常
        // 所以调用该方法的代码要么处于 try...catch 块中,
        // 要么处于另一个带 throws 声明抛出的方法中
        test();
    }
    public static void test()throws IOException
    {
        // 因为FileInputStream 的构造器声明抛出 IOException 异常
        // 所以调用 FileInputStream 的代码要么处于 try...catch 块中
        // 要么处于另一个带 throws 声明抛出的方法中
```

```
        FileInputStream fis = new FileInputStream("a.txt");
    }
}
```

▶▶ 10.3.2 方法重写时声明抛出异常的限制

使用 throws 声明抛出异常时有一个限制，就是方法重写时"两小"中的一条规则：子类方法声明抛出的异常类型应该是父类方法声明抛出的异常类型的子类或相同，子类方法声明抛出的异常不允许比父类方法声明抛出的异常多。看如下程序。

程序清单：codes\10\10.3\OverrideThrows.java

```java
public class OverrideThrows
{
    public void test()throws IOException
    {
        FileInputStream fis = new FileInputStream("a.txt");
    }
}
class Sub extends OverrideThrows
{
    // 子类方法声明抛出了比父类方法更大的异常
    // 所以下面方法出错
    public void test()throws Exception
    {
    }
}
```

上面程序中 Sub 子类中的 test()方法声明抛出 Exception，该 Exception 是其父类声明抛出异常 IOException 类的父类，这将导致程序无法通过编译。

由此可见，使用 Checked 异常至少存在如下两大不便之处。

➢ 对于程序中的 Checked 异常，Java 要求必须显式捕获并处理该异常，或者显式声明抛出该异常。这样就增加了编程复杂度。
➢ 如果在方法中显式声明抛出 Checked 异常，将会导致方法签名与异常耦合，如果该方法是重写父类的方法，则该方法抛出的异常还会受到被重写方法所抛出异常的限制。

在大部分时候推荐使用 Runtime 异常，而不使用 Checked 异常。尤其当程序需要自行抛出异常时（如何自行抛出异常请看下一节），使用 Runtime 异常将更加简洁。

当使用 Runtime 异常时，程序无须在方法中声明抛出 Checked 异常，一旦发生了自定义错误，程序只管抛出 Runtime 异常即可。

如果程序需要在合适的地方捕获异常并对异常进行处理，则一样可以使用 try…catch 块来捕获 Runtime 异常。

使用 Runtime 异常是比较省事的方式，使用这种方式既可以享受"正常代码和错误处理代码分离"、"保证程序具有较好的健壮性"的优势，又可以避免因为使用 Checked 异常带来的编程烦琐性。因此，C#、Ruby、Python 等语言没有所谓的 Checked 异常，所有的异常都是 Runtime 异常。

但 Checked 异常也有其优势——Checked 异常能在编译时提醒程序员代码可能存在的问题，提醒程序员必须注意处理该异常，或者声明该异常由该方法调用者来处理，从而可以避免程序员因为粗心而忘记处理该异常的错误。

10.4 使用 throw 抛出异常

当程序出现错误时，系统会自动抛出异常；除此之外，Java 也允许程序自行抛出异常，自行抛出异常使用 throw 语句来完成（注意此处的 throw 没有后面的 s，与前面声明抛出的 throws 是有区别的）。

▶▶ 10.4.1 抛出异常

异常是一种很"主观"的说法，以下雨为例，假设大家约好明天去爬山郊游，如果第二天下雨了，这种情况会打破既定计划，就属于一种异常；但对于正在期盼天降甘霖的农民而言，如果第二天下雨了，他们正好随雨追肥,这就完全正常。

很多时候,系统是否要抛出异常,可能需要根据应用的业务需求来决定,如果程序中的数据、执行与既定的业务需求不符,这就是一种异常。由于与业务需求不符而产生的异常,必须由程序员来决定抛出,系统无法抛出这种异常。

如果需要在程序中自行抛出异常,则应使用 throw 语句,throw 语句可以单独使用,throw 语句抛出的不是异常类,而是一个异常实例,而且每次只能抛出一个异常实例。throw 语句的语法格式如下:

```
throw ExceptionInstance;
```

可以利用 throw 语句再次改写前面五子棋游戏中处理用户输入的代码:

```
try
{
    // 将用户输入的字符串以逗号(,)作为分隔符,分隔成两个字符串
    String[] posStrArr = inputStr.split(",");
    // 将两个字符串转换成用户下棋的坐标
    int xPos = Integer.parseInt(posStrArr[0]);
    int yPos = Integer.parseInt(posStrArr[1]);
    // 如果用户试图下棋的坐标点已经有棋了,程序自行抛出异常
    if (!gb.board[xPos - 1][yPos - 1].equals("十"))
    {
        throw new Exception("您试图下棋的坐标点已经有棋了");
    }
    // 把对应的数组元素赋为"●"
    gb.board[xPos - 1][yPos - 1] = "●";
}
catch (Exception e)
{
    System.out.println("您输入的坐标不合法,请重新输入,下棋坐标应以 x,y 的格式: ");
    continue;
}
```

上面程序中粗体字代码使用 throw 语句来自行抛出异常,程序认为当用户试图向一个已有棋子的坐标点下棋就是异常。当 Java 运行时接收到开发者自行抛出的异常时,同样会中止当前的执行流,跳到该异常对应的 catch 块,由该 catch 块来处理该异常。也就是说,不管是系统自动抛出的异常,还是程序员手动抛出的异常,Java 运行时环境对异常的处理没有任何差别。

如果 throw 语句抛出的异常是 Checked 异常,则该 throw 语句要么处于 try 块里,显式捕获该异常,要么放在一个带 throws 声明抛出的方法中,即把该异常交给该方法的调用者处理;如果 throw 语句抛出的异常是 Runtime 异常,则该语句无须放在 try 块里,也无须放在带 throws 声明抛出的方法中;程序既可以显式使用 try...catch 来捕获并处理该异常,也可以完全不理会该异常,把该异常交给该方法调用者处理。例如下面例子程序。

程序清单:codes\10\10.4\ThrowTest.java

```java
public class ThrowTest
{
    public static void main(String[] args)
    {
        try
        {
            // 调用声明抛出 Checked 异常的方法,要么显式捕获该异常
            // 要么在 main 方法中再次声明抛出
            throwChecked(-3);
        }
        catch (Exception e)
        {
            System.out.println(e.getMessage());
        }
        // 调用声明抛出 Runtime 异常的方法既可以显式捕获该异常
        // 也可不理会该异常
        throwRuntime(3);
    }
    public static void throwChecked(int a)throws Exception
    {
```

```java
        if (a > 0)
        {
            // 自行抛出 Exception 异常
            // 该代码必须处于 try 块里，或处于带 throws 声明的方法中
            throw new Exception("a 的值大于 0，不符合要求");
        }
    }
    public static void throwRuntime(int a)
    {
        if (a > 0)
        {
            // 自行抛出 RuntimeException 异常，既可以显式捕获该异常
            // 也可完全不理会该异常，把该异常交给该方法调用者处理
            throw new RuntimeException("a 的值大于 0，不符合要求");
        }
    }
}
```

通过上面程序也可以看出，自行抛出 Runtime 异常比自行抛出 Checked 异常的灵活性更好。同样，抛出 Checked 异常则可以让编译器提醒程序员必须处理该异常。

▶▶ 10.4.2 自定义异常类

在通常情况下，程序很少会自行抛出系统异常，因为异常的类名通常也包含了该异常的有用信息。所以在选择抛出异常时，应该选择合适的异常类，从而可以明确地描述该异常情况。在这种情形下，应用程序常常需要抛出自定义异常。

用户自定义异常都应该继承 Exception 基类，如果希望自定义 Runtime 异常，则应该继承 RuntimeException 基类。定义异常类时通常需要提供两个构造器：一个是无参数的构造器；另一个是带一个字符串参数的构造器，这个字符串将作为该异常对象的描述信息（也就是异常对象的 getMessage() 方法的返回值）。

下面例子程序创建了一个自定义异常类。

程序清单：codes\10\10.4\AuctionException.java

```java
public class AuctionException extends Exception
{
    // 无参数的构造器
    public AuctionException(){}           // ①
    // 带一个字符串参数的构造器
    public AuctionException(String msg)   // ②
    {
        super(msg);
    }
}
```

上面程序创建了 AuctionException 异常类，并为该异常类提供了两个构造器。尤其是②号粗体字代码部分创建的带一个字符串参数的构造器，其执行体也非常简单，仅通过 super 来调用父类的构造器，正是这行 super 调用可以将此字符串参数传给异常对象的 message 属性，该 message 属性就是该异常对象的详细描述信息。

如果需要自定义 Runtime 异常，只需将 AuctionException.java 程序中的 Exception 基类改为 RuntimeException 基类，其他地方无须修改。

> **提示：** 在大部分情况下，创建自定义异常都可采用与 AuctionException.java 相似的代码完成，只需改变 AuctionException 异常的类名即可，让该异常类的类名可以准确描述该异常。

▶▶ 10.4.3 catch 和 throw 同时使用

前面介绍的异常处理方式有如下两种。

➢ 在出现异常的方法内捕获并处理异常，该方法的调用者将不能再次捕获该异常。
➢ 该方法签名中声明抛出该异常，将该异常完全交给方法调用者处理。

在实际应用中往往需要更复杂的处理方式——当一个异常出现时，单靠某个方法无法完全处理该异常，必须由几个方法协作才可完全处理该异常。也就是说，在异常出现的当前方法中，程序只对异常进行部分处理，还有些处理需要在该方法的调用者中才能完成，所以应该再次抛出异常，让该方法的调用者也能捕获到异常。

为了实现这种通过多个方法协作处理同一个异常的情形，可以在catch块中结合throw语句来完成。如下例子程序示范了这种catch和throw同时使用的方法。

程序清单：codes\10\10.4\AuctionTest.java

```java
public class AuctionTest
{
    private double initPrice = 30.0;
    // 因为该方法中显式抛出了AuctionException异常
    // 所以此处需要声明抛出AuctionException异常
    public void bid(String bidPrice)
        throws AuctionException
    {
        double d = 0.0;
        try
        {
            d = Double.parseDouble(bidPrice);
        }
        catch (Exception e)
        {
            // 此处完成本方法中可以对异常执行的修复处理
            // 此处仅仅是在控制台打印异常的跟踪栈信息
            e.printStackTrace();
            // 再次抛出自定义异常
            throw new AuctionException("竞拍价必须是数值, "
                + "不能包含其他字符！");
        }
        if (initPrice > d)
        {
            throw new AuctionException("竞拍价比起拍价低, "
                + "不允许竞拍！");
        }
        initPrice = d;
    }
    public static void main(String[] args)
    {
        AuctionTest at = new AuctionTest();
        try
        {
            at.bid("df");
        }
        catch (AuctionException ae)
        {
            // 再次捕获到bid()方法中的异常，并对该异常进行处理
            System.err.println(ae.getMessage());
        }
    }
}
```

上面程序中粗体字代码对应的catch块捕获到异常后，系统打印了该异常的跟踪栈信息，接着抛出一个AuctionException异常，通知该方法的调用者再次处理该AuctionException异常。所以程序中的main方法，也就是bid()方法调用者还可以再次捕获AuctionException异常，并将该异常的详细描述信息输出到标准错误输出。

> **提示：** 这种catch和throw结合使用的情况在大型企业级应用中非常常用。企业级应用对异常的处理通常分成两个部分：① 应用后台需要通过日志来记录异常发生的详细情况；② 应

> 用还需要根据异常向应用使用者传达某种提示。在这种情形下，所有异常都需要两个方法共同完成，也就必须将 catch 和 throw 结合使用。

▶▶ 10.4.4　Java 7 增强的 throw 语句

对于如下代码：

```java
try
{
    new FileOutputStream("a.txt");
}
catch (Exception ex)
{
    ex.printStackTrace();
    throw ex;         // ①
}
```

上面代码片段中的粗体字代码再次抛出了捕获到的异常，但这个 ex 对象的情况比较特殊：程序捕获该异常时，声明该异常的类型为 Exception；但实际上 try 块中可能只调用了 FileOutputStream 构造器，这个构造器声明只是抛出了 FileNotFoundException 异常。

在 Java 7 以前，Java 编译器的处理"简单而粗暴"——由于在捕获该异常时声明 ex 的类型是 Exception，因此 Java 编译器认为这段代码可能抛出 Exception 异常，所以包含这段代码的方法通常需要声明抛出 Exception 异常。例如如下方法。

程序清单：codes\10\10.4\ThrowTest2.java

```java
public class ThrowTest2
{
    public static void main(String[] args)
        // Java 6 认为①号代码可能抛出 Exception 异常
        // 所以此处声明抛出 Exception 异常
        throws Exception
    {
        try
        {
            new FileOutputStream("a.txt");
        }
        catch (Exception ex)
        {
            ex.printStackTrace();
            throw ex;          // ①
        }
    }
}
```

从 Java 7 开始，Java 编译器会执行更细致的检查，Java 编译器会检查 throw 语句抛出异常的实际类型，这样编译器知道①号代码处实际上只可能抛出 FileNotFoundException 异常，因此在方法签名中只要声明抛出 FileNotFoundException 异常即可。即可以将代码改为如下形式（程序清单同上）。

```java
public class ThrowTest2
{
    public static void main(String[] args)
        // Java 7 会检查①号代码处可能抛出异常的实际类型
        // 因此此处只需声明抛出 FileNotFoundException 异常即可
        throws FileNotFoundException
    {
        try
        {
            new FileOutputStream("a.txt");
        }
        catch (Exception ex)
        {
            ex.printStackTrace();
```

```
        throw ex;      // ①
    }
}
```

10.4.5 异常链

对于真实的企业级应用而言，常常有严格的分层关系，层与层之间有非常清晰的划分，上层功能的实现严格依赖于下层的 API，也不会跨层访问。图 10.5 显示了这种具有分层结构应用的大致示意图。

对于一个采用图 10.5 所示结构的应用，当业务逻辑层访问持久层出现 SQLException 异常时，程序不应该把底层的 SQLException 异常传到用户界面，有如下两个原因。

- 对于正常用户而言，他们不想看到底层 SQLException 异常，SQLException 异常对他们使用该系统没有任何帮助。
- 对于恶意用户而言，将 SQLException 异常暴露出来不安全。

把底层的原始异常直接传给用户是一种不负责任的表现。通常的做法是：程序先捕获原始异常，然后抛出一个新的业务异常，新的业务异常中包含了对用户的提示信息，这种处理方式被称为异常转译。假设程序需要实现工资计算的方法，则程序应该采用如下结构的代码来实现该方法。

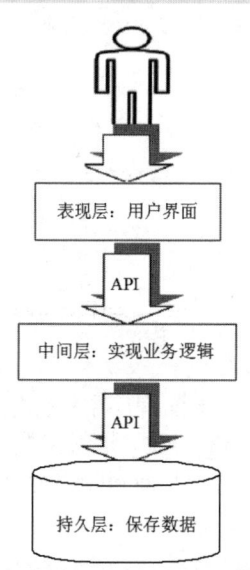

图 10.5　分层结构示意图

```
public void calSal() throws SalException
{
    try
    {
        // 实现结算工资的业务逻辑
        ...
    }
    catch(SQLException sqle)
    {
        // 把原始异常记录下来，留给管理员
        ...
        // 下面异常中的 message 就是对用户的提示
        throw new SalException("访问底层数据库出现异常");
    }
    catch(Exception e)
    {
        // 把原始异常记录下来，留给管理员
        ...
        // 下面异常中的 message 就是对用户的提示
        throw new SalException("系统出现未知异常");
    }
}
```

这种把原始异常信息隐藏起来，仅向上提供必要的异常提示信息的处理方式，可以保证底层异常不会扩散到表现层，可以避免向上暴露太多的实现细节，这完全符合面向对象的封装原则。

这种把捕获一个异常然后接着抛出另一个异常，并把原始异常信息保存下来是一种典型的链式处理（23 种设计模式之一：职责链模式），也被称为"异常链"。

在 JDK 1.4 以前，程序员必须自己编写代码来保持原始异常信息。从 JDK 1.4 以后，所有 Throwable 的子类在构造器中都可以接收一个 cause 对象作为参数。这个 cause 就用来表示原始异常，这样可以把原始异常传递给新的异常，使得即使在当前位置创建并抛出了新的异常，你也能通过这个异常链追踪到异常最初发生的位置。例如希望通过上面的 SalException 去追踪到最原始的异常信息，则可以将该方法改写为如下形式。

```
public void calSal() throws SalException
{
    try
    {
```

```
            // 实现结算工资的业务逻辑
            ...
    }
    catch(SQLException sqle)
    {
        // 把原始异常记录下来，留给管理员
        ...
        // 下面异常中的 sqle 就是原始异常
        throw new SalException(sqle);
    }
    catch(Exception e)
    {
        // 把原始异常记录下来，留给管理员
        ...
        // 下面异常中的 e 就是原始异常
        throw new SalException(e);
    }
}
```

上面程序中粗体字代码创建 SalException 对象时，传入了一个 Exception 对象，而不是传入了一个 String 对象，这就需要 SalException 类有相应的构造器。从 JDK 1.4 以后，Throwable 基类已有了一个可以接收 Exception 参数的方法，所以可以采用如下代码来定义 SalException 类。

程序清单：codes\10\10.4\SalException.java

```
public class SalException extends Exception
{
    public SalException(){}
    public SalException(String msg)
    {
        super(msg);
    }
    // 创建一个可以接收 Throwable 参数的构造器
    public SalException(Throwable t)
    {
        super(t);
    }
}
```

创建了这个 SalException 业务异常类后，就可以用它来封装原始异常，从而实现对异常的链式处理。

10.5 Java 的异常跟踪栈

异常对象的 printStackTrace()方法用于打印异常的跟踪栈信息，根据 printStackTrace()方法的输出结果，开发者可以找到异常的源头，并跟踪到异常一路触发的过程。

看下面用于测试 printStackTrace 的例子程序。

程序清单：codes\10\10.5\PrintStackTraceTest.java

```
class SelfException extends RuntimeException
{
    SelfException(){}
    SelfException(String msg)
    {
        super(msg);
    }
}
public class PrintStackTraceTest
{
    public static void main(String[] args)
    {
        firstMethod();
    }
    public static void firstMethod()
    {
        secondMethod();
    }
```

```
    public static void secondMethod()
    {
        thirdMethod();
    }
    public static void thirdMethod()
    {
        throw new SelfException("自定义异常信息");
    }
}
```

上面程序中 main 方法调用 firstMethod，firstMethod 调用 secondMethod，secondMethod 调用 thirdMethod，thirdMethod 直接抛出一个 SelfException 异常。运行上面程序，会看到如图 10.6 所示的结果。

从图 10.6 中可以看出，异常从 thirdMethod 方法开始触发，传到 secondMethod 方法，再传到 firstMethod 方法，最后传到 main 方法，在 main 方法终止，这个过程就是 Java 的异常跟踪栈。

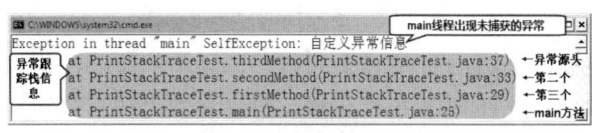

图 10.6　异常的跟踪栈信息

在面向对象的编程中，大多数复杂操作都会被分解成一系列方法调用。这是因为：实现更好的可重用性，将每个可重用的代码单元定义成方法，将复杂任务逐渐分解为更易管理的小型子任务。由于一个大的业务功能需要由多个对象来共同实现，在最终编程模型中，很多对象将通过一系列方法调用来实现通信，执行任务。

所以，面向对象的应用程序运行时，经常会发生一系列方法调用，从而形成"方法调用栈"，异常的传播则相反：只要异常没有被完全捕获（包括异常没有被捕获，或异常被处理后重新抛出了新异常），异常从发生异常的方法逐渐向外传播，首先传给该方法的调用者，该方法调用者再次传给其调用者……直至最后传到 main 方法，如果 main 方法依然没有处理该异常，JVM 会中止该程序，并打印异常的跟踪栈信息。

很多初学者一看到如图 10.6 所示的异常提示信息，就会惊慌失措，其实图 10.6 所示的异常跟踪栈信息非常清晰——它记录了应用程序中执行停止的各个点。

第一行的信息详细显示了异常的类型和异常的详细消息。

接下来跟踪栈记录程序中所有的异常发生点，各行显示被调用方法中执行的停止位置，并标明类、类中的方法名、与故障点对应的文件的行。一行行地往下看，跟踪栈总是最内部的被调用方法逐渐上传，直到最外部业务操作的起点，通常就是程序的入口 main 方法或 Thread 类的 run 方法（多线程的情形）。

下面例子程序示范了多线程程序中发生异常的情形。

程序清单：codes\10\10.5\ThreadExceptionTest.java

```java
public class ThreadExceptionTest implements Runnable
{
    public void run()
    {
        firstMethod();
    }
    public void firstMethod()
    {
        secondMethod();
    }
    public void secondMethod()
    {
        int a = 5;
        int b = 0;
        int c = a / b;
    }
    public static void main(String[] args)
    {
        new Thread(new ThreadExceptionTest()).start();
    }
}
```

> **提示:**
> 关于多线程的知识,请参考本书第 16 章的内容。

运行上面程序,会看到如图 10.7 所示的运行结果。

从图 10.7 中可以看出,程序在 Thread 的 run 方法中出现了 ArithmeticException 异常,这个异常的源头是 ThreadExcetpionTest 的 secondMethod 方法,位于 ThreadExcetpionTest.java 文件的 27 行。这个异常传播到 Thread 类的 run 方法就会结束(如果该异常没有得到处理,将会导致该线程中止运行)。

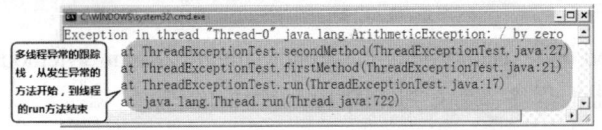

图 10.7 多线程的异常跟踪栈

前面已经讲过,调用 Exception 的 printStackTrace()方法就是打印该异常的跟踪栈信息,也就会看到如图 10.6、图 10.7 所示的信息。当然,如果方法调用的层次很深,将会看到更加复杂的异常跟踪栈。

> **提示:**
> 虽然 printStackTrace()方法可以很方便地用于追踪异常的发生情况,可以用它来调试程序,但在最后发布的程序中,应该避免使用它;而应该对捕获的异常进行适当的处理,而不是简单地将异常的跟踪栈信息打印出来。

10.6 异常处理规则

前面介绍了使用异常处理的优势、便捷之处,本节将进一步从程序性能优化、结构优化的角度给出异常处理的一般规则。成功的异常处理应该实现如下 4 个目标。

- ➢ 使程序代码混乱最小化。
- ➢ 捕获并保留诊断信息。
- ➢ 通知合适的人员。
- ➢ 采用合适的方式结束异常活动。

下面介绍达到这种效果的基本准则。

▶▶ 10.6.1 不要过度使用异常

不可否认,Java 的异常机制确实方便,但滥用异常机制也会带来一些负面影响。过度使用异常主要有两个方面。

- ➢ 把异常和普通错误混淆在一起,不再编写任何错误处理代码,而是以简单地抛出异常来代替所有的错误处理。
- ➢ 使用异常处理来代替流程控制。

熟悉了异常使用方法后,程序员可能不再愿意编写烦琐的错误处理代码,而是简单地抛出异常。实际上这样做是不对的,对于完全已知的错误,应该编写处理这种错误的代码,增加程序的健壮性;对于普通的错误,应该编写处理这种错误的代码,增加程序的健壮性。只有对外部的、不能确定和预知的运行时错误才使用异常。

对比前面五子棋游戏中,处理用户输入坐标点已有棋子的两种方式。

```
// 如果用户试图下棋的坐标点已有棋子了
if (!gb.board[xPos - 1][yPos - 1].equals("十"))
{
    System.out.println("您输入的坐标点已有棋子了,请重新输入");
    continue;
}
```

上面这种处理方式检测到用户试图下棋的坐标点已经有棋子了,立即打印一条提示语句,并重新开始下一次循环。这种处理方式简洁明了,逻辑清晰。程序的运行效率也很好——程序进入 if 块后,即结束了本次循环。

如果将上面的处理机制改为如下方式：

```
// 如果用户试图下棋的坐标点已经有棋子了，程序自行抛出异常
if (!gb.board[xPos - 1][yPos - 1].equals("┼"))
{
    throw new Exception("您试图下棋的坐标点已经有棋子了");
}
```

上面的处理方式没有提供有效的错误处理代码，当程序检测到用户试图下棋的坐标点已经有棋子时，并没有提供相应的处理，而是简单地抛出了一个异常。这种处理方式虽然简单，但 Java 运行时接收到这个异常后，还需要进入相应的 catch 块来捕获该异常，所以运行效率要差一些。而且用户下棋重复这个错误完全是预料的，所以程序完全可以针对该错误提供相应的处理，而不是抛出异常。

必须指出：异常处理机制的初衷是将不可预期异常的处理代码和正常的业务逻辑处理代码分离，因此绝不要使用异常处理来代替正常的业务逻辑判断。

另外，异常机制的效率比正常的流程控制效率差，所以不要使用异常处理来代替正常的程序流程控制。例如，对于如下代码：

```
// 定义一个字符串数组
String[] arr = {"Hello" , "Java" , "Spring"};
// 使用异常处理来遍历 arr 数组的每个元素
try
{
    int i = 0;
    while(true)
    {
        System.out.println(arr[i++]);
    }
}
catch(ArrayIndexOutOfBoundsException ae)
{
}
```

运行上面程序确实可以实现遍历 arr 数组元素的功能，但这种写法可读性较差，而且运行效率也不高。程序完全有能力避免产生 ArrayIndexOutOfBoundsException 异常，程序"故意"制造这种异常，然后使用 catch 块去捕获该异常，这是不应该的。将程序改为如下形式肯定要好得多：

```
String[] arr = {"Hello" , "Java" , "Spring"};
for (int i = 0; i < arr.length; i++ )
{
    System.out.println(arr[i]);
}
```

> **注意：** 异常只应该用于处理非正常的情况，不要使用异常处理来代替正常的流程控制。对于一些完全可预知，而且处理方式清楚的错误，程序应该提供相应的错误处理代码，而不是将其笼统地称为异常。

▶▶ 10.6.2 不要使用过于庞大的 try 块

很多初学异常机制的读者喜欢在 try 块里放置大量的代码，在一个 try 块里放置大量的代码看上去"很简单"，但这种"简单"只是一种假象，只是在编写程序时看上去比较简单。但因为 try 块里的代码过于庞大，业务过于复杂，就会造成 try 块中出现异常的可能性大大增加，从而导致分析异常原因的难度也大大增加。

而且当 try 块过于庞大时，就难免在 try 块后紧跟大量的 catch 块才可以针对不同的异常提供不同的处理逻辑。同一个 try 块后紧跟大量的 catch 块则需要分析它们之间的逻辑关系，反而增加了编程复杂度。

正确的做法是，把大块的 try 块分割成多个可能出现异常的程序段落，并把它们放在单独的 try 块中，从而分别捕获并处理异常。

10.6.3 避免使用 Catch All 语句

所谓 Catch All 语句指的是一种异常捕获模块，它可以处理程序发生的所有可能异常。例如，如下代码片段：

```
try
{
    // 可能引发 Checked 异常的代码
}
catch (Throwable t)
{
    // 进行异常处理
    t.printStackTrace();
}
```

不可否认，每个程序员都曾经用过这种异常处理方式；但在编写关键程序时就应避免使用这种异常处理方式。这种处理方式有如下两点不足之处。

- 所有的异常都采用相同的处理方式，这将导致无法对不同的异常分情况处理，如果要分情况处理，则需要在 catch 块中使用分支语句进行控制，这是得不偿失的做法。
- 这种捕获方式可能将程序中的错误、Runtime 异常等可能导致程序终止的情况全部捕获到，从而"压制"了异常。如果出现了一些"关键"异常，那么此异常也会被"静悄悄"地忽略。

实际上，Catch All 语句不过是一种通过避免错误处理而加快编程进度的机制，应尽量避免在实际应用中使用这种语句。

10.6.4 不要忽略捕获到的异常

不要忽略异常！既然已捕获到异常，那 catch 块应做些有用的事情——处理并修复这个错误。catch 块整个为空，或者仅仅打印出错信息都是不妥的！

catch 块为空就是假装不知道甚至瞒天过海，这是最可怕的事情——程序出了错误，所有的人都看不到任何异常，但整个应用可能已经彻底坏了。仅在 catch 块里打印错误跟踪栈信息稍微好一点，但仅仅比空白多了几行异常信息。通常建议对异常采取适当措施，比如：

- 处理异常。对异常进行合适的修复，然后绕过异常发生的地方继续执行；或者用别的数据进行计算，以代替期望的方法返回值；或者提示用户重新操作……总之，对于 Checked 异常，程序应该尽量修复。
- 重新抛出新异常。把当前运行环境下能做的事情尽量做完，然后进行异常转译，把异常包装成当前层的异常，重新抛出给上层调用者。
- 在合适的层处理异常。如果当前层不清楚如何处理异常，就不要在当前层使用 catch 语句来捕获该异常，直接使用 throws 声明抛出该异常，让上层调用者来负责处理该异常。

10.7 本章小结

本章主要介绍了 Java 异常处理机制的相关知识，Java 的异常处理主要依赖于 try、catch、finally、throw 和 throws 5 个关键字，本章详细讲解了这 5 个关键字的用法。本章还介绍了 Java 异常类之间的继承关系，并介绍了 Checked 异常和 Runtime 异常之间的区别。本章也详细介绍了 Java 7 对异常处理的增强。本章还详细讲解了实际开发中最常用的异常链和异常转译。本章最后从优化程序的角度，给出了实际应用中处理异常的几条基本规则。

本章练习

1. 改写第 4 章的五子棋游戏程序，为该程序增加异常处理机制，让程序更加健壮。
2. 改写第 8 章的梭哈游戏程序，为该程序增加异常处理机制。

第 11 章
AWT 编程

本章要点

- 图形用户界面编程的概念
- AWT 的概念
- AWT 容器和常见布局管理器
- 使用 AWT 基本组件
- 使用对话框
- 使用文件对话框
- Java 的事件机制
- 事件源、事件、事件监听器的关系
- 使用菜单条、菜单、菜单项创建菜单
- 创建并使用右键菜单
- 重写 paint()方法实现绘图
- 使用 Graphics 类
- 使用 BufferedImage 和 ImageIO 处理位图
- 使用剪贴板
- 剪贴板数据风格
- 拖放功能
- 拖放目标与拖放源

本章和下一章的内容会比较"有趣",因为可以看到非常熟悉的窗口、按钮、动画等效果,而这些图形界面元素不仅会让开发者感到更"有趣",对最终用户也是一种诱惑,用户总是喜欢功能丰富、操作简单的应用,图形用户界面的程序就可以满足用户的这种渴望。

Java 使用 AWT 和 Swing 类完成图形用户界面编程,其中 AWT 的全称是抽象窗口工具集(Abstract Window Toolkit),它是 Sun 最早提供的 GUI 库,这个 GUI 库提供了一些基本功能,但这个 GUI 库的功能比较有限,所以后来又提供了 Swing 库。通过使用 AWT 和 Swing 提供的图形界面组件库,Java 的图形用户界面编程非常简单,程序只要依次创建所需的图形组件,并以合适的方式将这些组件组织在一起,就可以开发出非常美观的用户界面。

程序以一种"搭积木"的方式将这些图形用户组件组织在一起,就是实际可用的图形用户界面,但这些图形用户界面还不能与用户交互,为了实现图形用户界面与用户交互操作,还应为程序提供事件处理,事件处理负责让程序可以响应用户动作。

通过学习本章,读者应该能开发出简单的图形用户界面应用,并提供相应的事件响应机制。本章也会介绍 Java 中的图形处理、剪贴板操作等知识。

11.1　Java 9 改进的 GUI(图形用户界面)和 AWT

前面介绍的所有程序都是基于命令行的,基于命令行的程序可能只有一些"专业"的计算机人士才会使用。例如前面编写的五子棋、梭哈等程序,恐怕只有程序员自己才愿意玩这么"糟糕"的游戏,很少有最终用户愿意对着黑糊糊的命令行界面敲命令。

相反,如果为程序提供直观的图形用户界面(Graphics User Interface,GUI),最终用户通过鼠标拖动、单击等动作就可以操作整个应用,整个应用程序就会受欢迎得多(实际上,Windows 之所以广为人知,其最初的吸引力就是来自于它所提供的图形用户界面)。作为一个程序设计者,必须优先考虑用户的感受,一定要让用户感到"爽",程序才会被需要、被使用,这样的程序才有价值。

当 JDK 1.0 发布时,Sun 提供了一套基本的 GUI 类库,这个 GUI 类库希望可以在所有平台下都能运行,这套基本类库被称为"抽象窗口工具集(Abstract Window Toolkit)",它为 Java 应用程序提供了基本的图形组件。AWT 是窗口框架,它从不同平台的窗口系统中抽取出共同组件,当程序运行时,将这些组件的创建和动作委托给程序所在的运行平台。简而言之,当使用 AWT 编写图形界面应用时,程序仅指定了界面组件的位置和行为,并未提供真正的实现,JVM 调用操作系统本地的图形界面来创建和平台一致的对等体。

使用 AWT 创建的图形界面应用和所在的运行平台有相同的界面风格,比如在 Windows 操作系统上,它就表现出 Windows 风格;在 UNIX 操作系统上,它就表现出 UNIX 风格。Sun 希望采用这种方式来实现"Write Once,Run Anywhere"的目标。

但在实际应用中,AWT 出现了如下几个问题。

➢ 使用 AWT 做出的图形用户界面在所有的平台上都显得很丑陋,功能也非常有限。
➢ AWT 为了迎合所有主流操作系统的界面设计,AWT 组件只能使用这些操作系统上图形界面组件的交集,所以不能使用特定操作系统上复杂的图形界面组件,最多只能使用 4 种字体。
➢ AWT 用的是非常笨拙的、非面向对象的编程模式。

1996 年,Netscape 公司开发了一套工作方式完全不同的 GUI 库,简称为 IFC(Internet Foundation Classes),这套 GUI 库的所有图形界面组件,例如文本框、按钮等都是绘制在空白窗口上的,只有窗口本身需要借助于操作系统的窗口实现。IFC 真正实现了各种平台上的界面一致性。不久,Sun 和 Netscape 合作完善了这种方法,并创建了一套新的用户界面库:Swing。AWT、Swing、辅助功能 API、2D API 以及拖放 API 共同组成了 JFC(Java Foundation Classes,Java 基础类库),其中 Swing 组件全面替代了 Java 1.0 中的 AWT 组件,但保留了 Java 1.1 中的 AWT 事件模型。总体上,AWT 是图形用户界面编程的基础,Swing 组件替代了绝大部分 AWT 组件,对 AWT 图形用户界面编程有极好的补充和加强。

Java 9 的 AWT 和 Swing 组件可以自适应高分辨率屏。在 Java 9 之前，如果使用高分辨率屏，由于这种屏幕的像素密度可能是传统显示设备的 2~3 倍（即单位面积里显示像素更多），而 AWT 和 Swing 组件都是基于屏幕像素计算大小的，因此这些组件在高分辨率屏上比较小。

Java 9 对此进行了改进，如果 AWT 或 Swing 组件在高分辨率屏上显示，那么组件的大小可能会以实际屏幕的 2 个或 3 个像素作为"逻辑像素"，这样就可保证 AWT 或 Swing 组件在高分辨率屏上也具有正常大小。另外，Java 9 也支持 OS X 设备的视网膜屏。

简而言之，Java 9 改进后的 AWT 或 Swing 组件完全可以在高分辨率屏、视网膜屏上具有正常大小。

> **提示：** Swing 并没有完全替代 AWT，而是建立在 AWT 基础之上，Swing 仅提供了能力更强大的用户界面组件，即使是完全采用 Swing 编写的 GUI 程序，也依然需要使用 AWT 的事件处理机制。本章主要介绍 AWT 组件，这些 AWT 组件在 Swing 里将有对应的实现，二者用法基本相似，下一章会有更详细的介绍。

所有和 AWT 编程相关的类都放在 java.awt 包以及它的子包中，AWT 编程中有两个基类：Component 和 MenuComponent。图 11.1 显示了 AWT 图形组件之间的继承关系。

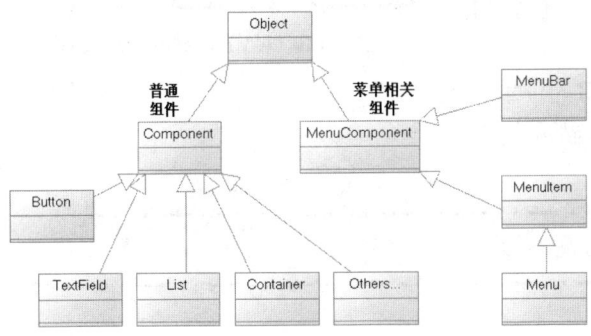

图 11.1 AWT 图形组件之间的继承关系

在 java.awt 包中提供了两种基类表示图形界面元素：Component 和 MenuComponent，其中 Component 代表一个能以图形化方式显示出来，并可与用户交互的对象，例如 Button 代表一个按钮，TextField 代表一个文本框等；而 MenuComponent 则代表图形界面的菜单组件，包括 MenuBar（菜单条）、MenuItem（菜单项）等子类。

除此之外，AWT 图形用户界面编程里还有两个重要的概念：Container 和 LayoutManager，其中 Container 是一种特殊的 Component，它代表一种容器，可以盛装普通的 Component；而 LayoutManager 则是容器管理其他组件布局的方式。

11.2 AWT 容器

如果从程序员的角度来看一个窗口时，这个窗口不是一个整体（有点庖丁解牛的感觉），而是由多个部分组合而成的，如图 11.2 所示。

从图 11.2 中可以看出，任何窗口都可被分解成一个空的容器，容器里盛装了大量的基本组件，通过设置这些基本组件的大小、位置等属性，就可以

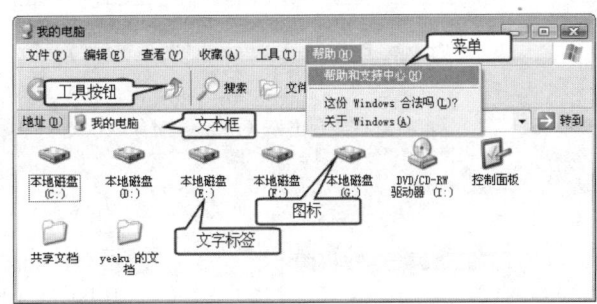

图 11.2 窗口的"分解"

将该空的容器和基本组件组成一个整体的窗口。实际上，图形界面编程非常简单，它非常类似于小朋友玩的拼图游戏，容器类似于拼图的"母板"，而普通组件（如 Button、List 之类）则类似于拼图的图块。创建图形用户界面的过程就是完成拼图的过程。

容器（Container）是 Component 的子类，因此容器对象本身也是一个组件，具有组件的所有性质，可以调用 Component 类的所有方法。Component 类提供了如下几个常用方法来设置组件的大小、位置和可见性等。

- ➤ setLocation(int x, int y)：设置组件的位置。
- ➤ setSize(int width, int height)：设置组件的大小。
- ➤ setBounds(int x, int y, int width, int height)：同时设置组件的位置、大小。

➢ setVisible(Boolean b)：设置该组件的可见性。

容器还可以盛装其他组件，容器类（Container）提供了如下几个常用方法来访问容器里的组件。

➢ Component add(Component comp)：向容器中添加其他组件（该组件既可以是普通组件，也可以是容器），并返回被添加的组件。
➢ Component getComponentAt(int x, int y)：返回指定点的组件。
➢ int getComponentCount()：返回该容器内组件的数量。
➢ Component[] getComponents()：返回该容器内的所有组件。

AWT 主要提供了如下两种主要的容器类型。

➢ Window：可独立存在的顶级窗口。
➢ Panel：可作为容器容纳其他组件，但不能独立存在，必须被添加到其他容器中（如 Window、Panel 或者 Applet 等）。

AWT 容器的继承关系图如图 11.3 所示。

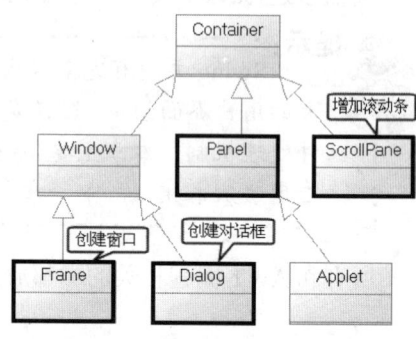

图 11.3 AWT 容器的继承关系

图 11.3 中显示了 AWT 容器之间的继承层次，其中以粗黑线圈出的容器是 AWT 编程中常用的组件。Frame 代表常见的窗口，它是 Window 类的子类，具有如下几个特点。

➢ Frame 对象有标题，允许通过拖拉来改变窗口的位置、大小。
➢ 初始化时为不可见，可用 setVisible(true)使其显示出来。
➢ 默认使用 BorderLayout 作为其布局管理器。

> **提示：**
> 关于布局管理器的知识，请参考下一节的介绍。

下面的例子程序通过 Frame 创建了一个窗口。

程序清单：codes\11\11.2\FrameTest.java

```java
public class FrameTest
{
    public static void main(String[] args)
    {
        Frame f = new Frame("测试窗口");
        // 设置窗口的大小、位置
        f.setBounds(30, 30 , 250, 200);
        // 将窗口显示出来（Frame 对象默认处于隐藏状态）
        f.setVisible(true);
    }
}
```

图 11.4 通过 Frame 创建的空白窗口

运行上面程序，会看到如图 11.4 所示的简单窗口。

从图 11.4 所示的窗口中可以看出，该窗口是 Windows 7 窗口风格，这也证明了 AWT 确实是调用程序运行平台的本地 API 创建了该窗口。如果单击图 11.4 所示窗口右上角的"×"按钮，该窗口不会关闭，这是因为还未为该窗口编写任何事件响应。如果想关闭该窗口，可以通过关闭运行该程序的命令行窗口来关闭该窗口。

> **提示：**
> 正如前面所介绍的，创建图形用户界面的过程类似于拼图游戏，拼图游戏中的母板、图块都需要购买，而 Java 程序中的母板（容器）、图块（普通组件）则无须购买，直接采用 new 关键字创建一个对象即可。

Panel 是 AWT 中另一个典型的容器，它代表不能独立存在、必须放在其他容器中的容器。Panel 外在表现为一个矩形区域，该区域内可盛装其他组件。Panel 容器存在的意义在于为其他组件提供空间，Panel 容器具有如下几个特点。

- 可作为容器来盛装其他组件，为放置组件提供空间。
- 不能单独存在，必须放置到其他容器中。
- 默认使用 FlowLayout 作为其布局管理器。

下面的例子程序使用 Panel 作为容器来盛装一个文本框和一个按钮，并将该 Panel 对象添加到 Frame 对象中。

程序清单：codes\11\11.2\PanelTest.java

```java
public class PanelTest
{
    public static void main(String[] args)
    {
        Frame f = new Frame("测试窗口");
        // 创建一个 Panel 容器
        Panel p = new Panel();
        // 向 Panel 容器中添加两个组件
        p.add(new TextField(20));
        p.add(new Button("单击我"));
        // 将 Panel 容器添加到 Frame 窗口中
        f.add(p);
        // 设置窗口的大小、位置
        f.setBounds(30, 30 , 250, 120);
        // 将窗口显示出来（Frame 对象默认处于隐藏状态）
        f.setVisible(true);
    }
}
```

编译、运行上面程序，会看到如图 11.5 所示的运行窗口。

从图 11.5 中可以看出，使用 AWT 创建窗口很简单，程序只需要通过 Frame 创建，然后再创建一些 AWT 组件，把这些组件添加到 Frame 创建的窗口中即可。

图 11.5　使用 Panel 盛装文本框和按钮

ScrollPane 是一个带滚动条的容器，它也不能独立存在，必须被添加到其他容器中。ScrollPane 容器具有如下几个特点。

- 可作为容器来盛装其他组件，当组件占用空间过大时，ScrollPane 自动产生滚动条。当然也可以通过指定特定的构造器参数来指定默认具有滚动条。
- 不能单独存在，必须放置到其他容器中。
- 默认使用 BorderLayout 作为其布局管理器。ScrollPane 通常用于盛装其他容器，所以通常不允许改变 ScrollPane 的布局管理器。

下面的例子程序使用 ScrollPane 容器来代替 Panel 容器。

程序清单：codes\11\11.2\ScrollPaneTest.java

```java
public class ScrollPaneTest
{
    public static void main(String[] args)
    {
        Frame f = new Frame("测试窗口");
        // 创建一个 ScrollPane 容器，指定总是具有滚动条
        ScrollPane sp = new ScrollPane(
            ScrollPane.SCROLLBARS_ALWAYS);
        // 向 ScrollPane 容器中添加两个组件
        sp.add(new TextField(20));
        sp.add(new Button("单击我"));
        // 将 ScrollPane 容器添加到 Frame 对象中
        f.add(sp);
        // 设置窗口的大小、位置
        f.setBounds(30, 30 , 250, 120);
```

395

```
        // 将窗口显示出来（Frame 对象默认处于隐藏状态）
        f.setVisible(true);
    }
}
```

图 11.6　ScrollPane 容器的效果

运行上面程序，会看到如图 11.6 所示的窗口。

图 11.6 所示的窗口中具有水平、垂直滚动条，这符合使用 ScrollPane 后的效果。程序明明向 ScrollPane 容器中添加了一个文本框和一个按钮，但只能看到一个按钮，却看不到文本框，这是为什么呢？这是因为 ScrollPane 使用 BorderLayout 布局管理器的缘故，而 BorderLayout 导致了该容器中只有一个组件被显示出来。下一节将向读者详细介绍布局管理器的知识。

11.3　布局管理器

为了使生成的图形用户界面具有良好的平台无关性，Java 语言提供了布局管理器这个工具来管理组件在容器中的布局，而不使用直接设置组件位置和大小的方式。

例如通过如下语句定义了一个标签（Label）：

```
Label hello = new Label("Hello Java");
```

为了让这个 hello 标签里刚好可以容纳"Hello Java"字符串，也就是实现该标签的最佳大小（既没有冗余空间，也没有内容被遮挡），Windows 可能应该设置为长 100 像素，高 20 像素，但换到 UNIX 上，则可能需要设置为长 120 像素，高 24 像素。当一个应用程序从 Windows 移植到 UNIX 上时，程序需要做大量的工作来调整图形界面。

对于不同的组件而言，它们都有一个最佳大小，这个最佳大小通常是平台相关的，程序在不同平台上运行时，相同内容的大小可能不一样。如果让程序员手动控制每个组件的大小、位置，这将给编程带来巨大的困难，为了解决这个问题，Java 提供了 LayoutManager，LayoutManager 可以根据运行平台来调整组件的大小，程序员要做的，只是为容器选择合适的布局管理器。

所有的 AWT 容器都有默认的布局管理器，如果没有为容器指定布局管理器，则该容器使用默认的布局管理器。为容器指定布局管理器通过调用容器对象的 setLayout(LayoutManager lm)方法来完成。如下代码所示：

```
c.setLayout(new XxxLayout());
```

AWT 提供了 FlowLayout、BorderLayout、GridLayout、GridBagLayout、CardLayout 5 个常用的布局管理器，Swing 还提供了一个 BoxLayout 布局管理器。下面将详细介绍这几个布局管理器。

11.3.1　FlowLayout 布局管理器

在 FlowLayout 布局管理器中，组件像水流一样向某方向流动（排列），遇到障碍（边界）就折回，重头开始排列。在默认情况下，FlowLayout 布局管理器从左向右排列所有组件，遇到边界就会折回下一行重新开始。

> **提示：** 当读者在电脑上输入一篇文章时，所使用的就是 FlowLayout 布局管理器，所有的文字默认从左向右排列，遇到边界就会折回下一行重新开始。AWT 中的 FlowLayout 布局管理器与此完全类似，只是此时排列的是 AWT 组件，而不是文字。

FlowLayout 有如下三个构造器。

➢ FlowLayout()：使用默认的对齐方式及默认的垂直间距、水平间距创建 FlowLayout 布局管理器。

➢ FlowLayout(int align)：使用指定的对齐方式及默认的垂直间距、水平间距创建 FlowLayout 布局管理器。
- FlowLayout(int align,int hgap,int vgap)：使用指定的对齐方式及指定的垂直间距、水平间距创建 FlowLayout 布局管理器。

上面三个构造器的 hgap、vgap 代表水平间距、垂直间距，为这两个参数传入整数值即可。其中 align 表明 FlowLayout 中组件的排列方向（从左向右、从右向左、从中间向两边等），该参数应该使用 FlowLayout 类的静态常量：FlowLayout.LEFT、FlowLayout.CENTER、FlowLayout.RIGHT。

Panel 和 Applet 默认使用 FlowLayout 布局管理器，下面程序将一个 Frame 改为使用 FlowLayout 布局管理器。

程序清单：codes\11\11.3\FlowLayoutTest.java

```java
public class FlowLayoutTest
{
    public static void main(String[] args)
    {
        Frame f = new Frame("测试窗口");
        // 设置 Frame 容器使用 FlowLayout 布局管理器
        f.setLayout(new FlowLayout(FlowLayout.LEFT , 20, 5));
        // 向窗口中添加 10 个按钮
        for (int i = 0; i < 10 ; i++ )
        {
            f.add(new Button("按钮" + i));
        }
        // 设置窗口为最佳大小
        f.pack();
        // 将窗口显示出来（Frame 对象默认处于隐藏状态）
        f.setVisible(true);
    }
}
```

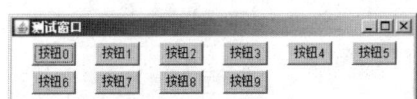

运行上面程序，会看到如图 11.7 所示的窗口效果。

图 11.7 显示了各组件左对齐、水平间距为 20、垂直间距为 5 的分布效果。

图 11.7 FlowLayout 布局管理器

注意：

上面程序中执行了 f.pack()代码，pack()方法是 Window 容器提供的一个方法，该方法用于将窗口调整到最佳大小。通过 Java 编写图形用户界面程序时，很少直接设置窗口的大小，通常都是调用 pack()方法来将窗口调整到最佳大小。

11.3.2 BorderLayout 布局管理器

BorderLayout 将容器分为 EAST、SOUTH、WEST、NORTH、CENTER 五个区域，普通组件可以被放置在这 5 个区域的任意一个中。BorderLayout 布局管理器的布局示意图如图 11.8 所示。

当改变使用 BorderLayout 的容器大小时，NORTH、SOUTH 和 CENTER 区域水平调整，而 EAST、WEST 和 CENTER 区域垂直调整。使用 BorderLayout 有如下两个注意点。

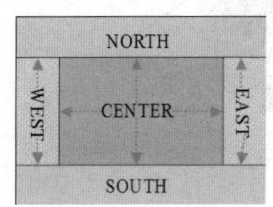

图 11.8 BorderLayout 布局管理器的布局示意图

- 当向使用 BorderLayout 布局管理器的容器中添加组件时，需要指定要添加到哪个区域中。如果没有指定添加到哪个区域中，则默认添加到中间区域中。
- 如果向同一个区域中添加多个组件时，后放入的组件会覆盖先放入的组件。

> **提示:** 第二个注意点就可以解释为什么在 ScrollPaneTest.java 中向 ScrollPane 中添加两个组件后,但运行结果只能看到最后一个按钮,因为最后添加的组件把前面添加的组件覆盖了。

Frame、Dialog、ScrollPane 默认使用 BorderLayout 布局管理器,BorderLayout 有如下两个构造器。

- BorderLayout():使用默认的水平间距、垂直间距创建 BorderLayout 布局管理器。
- BorderLayout(int hgap,int vgap):使用指定的水平间距、垂直间距创建 BorderLayout 布局管理器。

当向使用 BorderLayout 布局管理器的容器中添加组件时,应该使用 BorderLayout 类的几个静态常量来指定添加到哪个区域中。BorderLayout 有如下几个静态常量:EAST(东)、NORTH(北)、WEST(西)、SOUTH(南)、CENTER(中)。如下例子程序示范了 BorderLayout 的用法。

程序清单:codes\11\11.3\BorderLayoutTest.java

```java
public class BorderLayoutTest
{
    public static void main(String[] args)
    {
        Frame f = new Frame("测试窗口");
        // 设置 Frame 容器使用 BorderLayout 布局管理器
        f.setLayout(new BorderLayout(30, 5));
        f.add(new Button("南") , SOUTH);
        f.add(new Button("北") , NORTH);
        // 默认添加到中间区域中
        f.add(new Button("中"));
        f.add(new Button("东") , EAST);
        f.add(new Button("西") , WEST);
        // 设置窗口为最佳大小
        f.pack();
        // 将窗口显示出来(Frame 对象默认处于隐藏状态)
        f.setVisible(true);
    }
}
```

运行上面程序,会看到如图 11.9 所示的运行窗口。

从图 11.9 中可以看出,当使用 BorderLayout 布局管理器时,每个区域的组件都会尽量去占据整个区域,所以中间的按钮比较大。

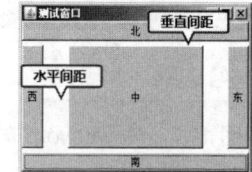

图 11.9 BorderLayout 布局管理器的效果

学生提问:BorderLayout 最多只能放置 5 个组件吗?那它也太不实用了吧?

答:BorderLayout 最多只能放置 5 个组件,但可以放置少于 5 个组件,如果某个区域没有放置组件,该区域并不会出现空白,旁边区域的组件会自动占据该区域,从而保证窗口有较好的外观。虽然 BorderLayout 最多只能放置 5 个组件,但因为容器也是一个组件,所以我们可以先向 Panel 里添加多个组件,再把 Panel 添加到 BorderLayout 布局管理器中,从而让 BorderLayout 布局管理中的实际组件数远远超出 5 个。下面程序可以证实这一点。

程序清单:codes\11\11.3\BorderLayoutTest2.java

```java
public class BorderLayoutTest2
{
    public static void main(String[] args)
    {
        Frame f = new Frame("测试窗口");
        // 设置 Frame 容器使用 BorderLayout 布局管理器
        f.setLayout(new BorderLayout(30, 5));
        f.add(new Button("南") , SOUTH);
```

```
        f.add(new Button("北") , NORTH);
        // 创建一个 Panel 对象
        Panel p = new Panel();
        // 向 Panel 对象中添加两个组件
        p.add(new TextField(20));
        p.add(new Button("单击我"));
        // 默认添加到中间区域中,向中间区域添加一个 Panel 容器
        f.add(p);
        f.add(new Button("东") , EAST);
        // 设置窗口为最佳大小
        f.pack();
        // 将窗口显示出来（Frame 对象默认处于隐藏状态）
        f.setVisible(true);
    }
}
```

图 11.10　向 BorderLayout 布局管理器中添加 Panel 容器

上面程序没有向 WEST 区域添加组件，但向 CENTER 区域添加了一个 Panel 容器，该 Panel 容器中包含了一个文本框和一个按钮。运行上面程序，会看到如图 11.10 所示的窗口界面。

从图 11.10 中可以看出，虽然程序没有向 WEST 区域添加组件，但窗口中依然有 5 个组件，因为 CENTER 区域添加的是 Panel，而该 Panel 里包含了 2 个组件，所以会看到此界面效果。

11.3.3　GridLayout 布局管理器

GridLayout 布局管理器将容器分割成纵横线分隔的网格，每个网格所占的区域大小相同。当向使用 GridLayout 布局管理器的容器中添加组件时，默认从左向右、从上向下依次添加到每个网格中。与 FlowLayout 不同的是，放置在 GridLayout 布局管理器中的各组件的大小由组件所处的区域来决定（每个组件将自动占满整个区域）。

GridLayout 有如下两个构造器。

- GridLayout(int rows,int cols)：采用指定的行数、列数，以及默认的横向间距、纵向间距将容器分割成多个网格。
- GridLayout(int rows,int cols,int hgap,int vgap)：采用指定的行数、列数，以及指定的横向间距、纵向间距将容器分割成多个网格。

如下程序结合 BorderLayout 和 GridLayout 开发了一个计算器的可视化窗口。

程序清单：codes\11\11.3\GridLayoutTest.java

```
public class GridLayoutTest
{
    public static void main(String[] args)
    {
        Frame f = new Frame("计算器");
        Panel p1 = new Panel();
        p1.add(new TextField(30));
        f.add(p1 , NORTH);
        Panel p2 = new Panel();
        // 设置 Panel 使用 GridLayout 布局管理器
        p2.setLayout(new GridLayout(3, 5 , 4, 4));
        String[] name = {"0" , "1" , "2" , "3"
            , "4" , "5" , "6" , "7" , "8" , "9"
            , "+" , "-" , "*" , "/" , "."};
        // 向 Panel 中依次添加 15 个按钮
        for (int i = 0 ; i < name.length; i++ )
        {
            p2.add(new Button(name[i]));
        }
        // 默认将 Panel 对象添加到 Frame 窗口的中间
        f.add(p2);
        // 设置窗口为最佳大小
        f.pack();
        // 将窗口显示出来（Frame 对象默认处于隐藏状态）
```

```
        f.setVisible(true);
    }
}
```

上面程序的 Frame 采用默认的 BorderLayout 布局管理器，程序向 BorderLayout 中只添加了两个组件：NORTH 区域添加了一个文本框，CENTER 区域添加了一个 Panel 容器，该容器采用 GridLayout 布局管理器，Panel 容器中添加了 15 个按钮。运行上面程序，会看到如图 11.11 所示的运行窗口。

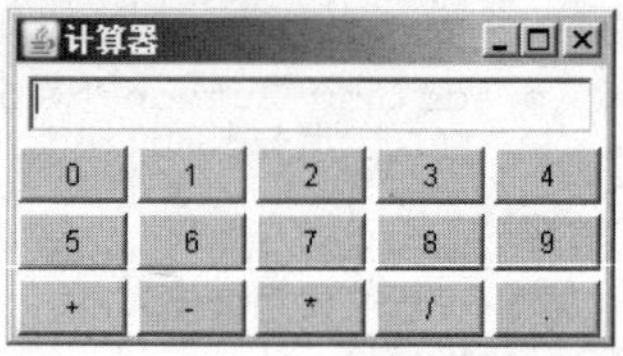

图 11.11 使用 GridLayout 布局管理器的效果

> **提示：**
> 图 11.11 所示的效果是结合两种布局管理器的例子：Frame 使用 BorderLayout 布局管理器，CENTER 区域的 Panel 使用 GridLayout 布局管理器。实际上，大部分应用窗口都不能使用一个布局管理器直接做出来，必须采用这种嵌套的方式。

▶▶ 11.3.4 GridBagLayout 布局管理器

GridBagLayout 布局管理器的功能最强大，但也最复杂，与 GridLayout 布局管理器不同的是，在 GridBagLayout 布局管理器中，一个组件可以跨越一个或多个网格，并可以设置各网格的大小互不相同，从而增加了布局的灵活性。当窗口的大小发生变化时，GridBagLayout 布局管理器也可以准确地控制窗口各部分的拉伸。

为了处理 GridBagLayout 中 GUI 组件的大小、跨越性，Java 提供了 GridBagConstraints 对象，该对象与特定的 GUI 组件关联，用于控制该 GUI 组件的大小、跨越性。

使用 GridBagLayout 布局管理器的步骤如下。

① 创建 GridBagLayout 布局管理器，并指定 GUI 容器使用该布局管理器。

```
GridBagLayout gb = new GridBagLayout();
container.setLayout(gb);
```

② 创建 GridBagConstraints 对象，并设置该对象的相关属性（用于设置受该对象控制的 GUI 组件的大小、跨越性等）。

```
gbc.gridx = 2;  //设置受该对象控制的 GUI 组件位于网格的横向索引
gbc.gridy = 1;  //设置受该对象控制的 GUI 组件位于网格的纵向索引
gbc.gridwidth = 2;  //设置受该对象控制的 GUI 组件横向跨越多少网格
gbc.gridheight = 1;  //设置受该对象控制的 GUI 组件纵向跨越多少网格
```

③ 调用 GridBagLayout 对象的方法来建立 GridBagConstraints 对象和受控制组件之间的关联。

```
gb.setConstraints(c , gbc);  //设置 c 组件受 gbc 对象控制
```

④ 添加组件，与采用普通布局管理器添加组件的方法完全一样。

```
container.add(c);
```

如果需要向一个容器中添加多个 GUI 组件，则需要多次重复步骤 2~4。由于 GridBagConstraints 对象可以多次重用，所以实际上只需要创建一个 GridBagConstraints 对象，每次添加 GUI 组件之前先改变 GridBagConstraints 对象的属性即可。

从上面介绍中可以看出，使用 GridBagLayout 布局管理器的关键在于 GridBagConstraints，它才是精确控制每个 GUI 组件的核心类，该类具有如下几个属性。

➤ gridx、gridy：设置受该对象控制的 GUI 组件左上角所在网格的横向索引、纵向索引（GridBagLayout 左上角网格的索引为 0、0）。这两个值还可以是 GridBagConstraints.RELATIVE（默认值），它表明当前组件紧跟在上一个组件之后。

➤ gridwidth、gridheight：设置受该对象控制的 GUI 组件横向、纵向跨越多少个网格，两个属性值的

默认值都是1。如果设置这两个属性值为GridBagConstraints.REMAINDER，这表明受该对象控制的GUI组件是横向、纵向最后一个组件；如果设置这两个属性值为GridBagConstraints.RELATIVE，这表明受该对象控制的GUI组件是横向、纵向倒数第二个组件。

> fill：设置受该对象控制的GUI组件如何占据空白区域。该属性的取值如下。
  - GridBagConstraints.NONE：GUI组件不扩大。
  - GridBagConstraints.HORIZONTAL：GUI组件水平扩大以占据空白区域。
  - GridBagConstraints.VERTICAL：GUI组件垂直扩大以占据空白区域。
  - GridBagConstraints.BOTH：GUI组件水平、垂直同时扩大以占据空白区域。
> ipadx、ipady：设置受该对象控制的GUI组件横向、纵向内部填充的大小，即在该组件最小尺寸的基础上还需要增大多少。如果设置了这两个属性，则组件横向大小为最小宽度再加ipadx*2像素，纵向大小为最小高度再加ipady*2像素。
> insets：设置受该对象控制的GUI组件的外部填充的大小，即该组件边界和显示区域边界之间的距离。
> anchor：设置受该对象控制的GUI组件在其显示区域中的定位方式。定位方式如下。
  - GridBagConstraints.CENTER（中间）
  - GridBagConstraints.NORTH（上中）
  - GridBagConstraints.NORTHWEST（左上角）
  - GridBagConstraints.NORTHEAST（右上角）
  - GridBagConstraints.SOUTH（下中）
  - GridBagConstraints.SOUTHEAST（右下角）
  - GridBagConstraints.SOUTHWEST（左下角）
  - GridBagConstraints.EAST（右中）
  - GridBagConstraints.WEST（左中）
> weightx、weighty：设置受该对象控制的GUI组件占据多余空间的水平、垂直增加比例（也叫权重，即weight的直译），这两个属性的默认值是0，即该组件不占据多余空间。假设某个容器的水平线上包括三个GUI组件，它们的水平增加比例分别是1、2、3，但容器宽度增加60像素时，则第一个组件宽度增加10像素，第二个组件宽度增加20像素，第三个组件宽度增加30像素。如果其增加比例为0，则表示不会增加。

> 注意：
> 如果希望某个组件的大小随容器的增大而增大，则必须同时设置控制该组件的GridBagConstraints对象的fill属性和weightx、weighty属性。

下面的例子程序示范了如何使用GridBagLayout布局管理器来管理窗口中的10个按钮。

程序清单：codes\11\11.3\GridBagTest.java

```java
public class GridBagTest
{
    private Frame f = new Frame("测试窗口");
    private GridBagLayout gb = new GridBagLayout();
    private GridBagConstraints gbc = new GridBagConstraints();
    private Button[] bs = new Button[10];
    public void init()
    {
        f.setLayout(gb);
        for (int i = 0; i < bs.length ; i++ )
        {
            bs[i] = new Button("按钮" + i);
        }
        // 所有组件都可以在横向、纵向上扩大
```

```
        gbc.fill = GridBagConstraints.BOTH;
        gbc.weightx = 1;
        addButton(bs[0]);
        addButton(bs[1]);
        addButton(bs[2]);
        // 该 GridBagConstraints 控制的 GUI 组件将会成为横向最后一个组件
        gbc.gridwidth = GridBagConstraints.REMAINDER;
        addButton(bs[3]);
        // 该 GridBagConstraints 控制的 GUI 组件将在横向上不会扩大
        gbc.weightx = 0;
        addButton(bs[4]);
        // 该 GridBagConstraints 控制的 GUI 组件将横跨两个网格
        gbc.gridwidth = 2;
        addButton(bs[5]);
        // 该 GridBagConstraints 控制的 GUI 组件将横跨一个网格
        gbc.gridwidth = 1;
        // 该 GridBagConstraints 控制的 GUI 组件将在纵向上跨两个网格
        gbc.gridheight = 2;
        // 该 GridBagConstraints 控制的 GUI 组件将会成为横向最后一个组件
        gbc.gridwidth = GridBagConstraints.REMAINDER;
        addButton(bs[6]);
        // 该 GridBagConstraints 控制的 GUI 组件将横向跨越一个网格，纵向跨越两个网格
        gbc.gridwidth = 1;
        gbc.gridheight = 2;
        // 该 GridBagConstraints 控制的 GUI 组件纵向扩大的权重是 1
        gbc.weighty = 1;
        addButton(bs[7]);
        // 设置下面的按钮在纵向上不会扩大
        gbc.weighty = 0;
        // 该 GridBagConstraints 控制的 GUI 组件将会成为横向最后一个组件
        gbc.gridwidth = GridBagConstraints.REMAINDER;
        // 该 GridBagConstraints 控制的 GUI 组件将在纵向上横跨一个网格
        gbc.gridheight = 1;
        addButton(bs[8]);
        addButton(bs[9]);
        f.pack();
        f.setVisible(true);
    }
    private void addButton(Button button)
    {
        gb.setConstraints(button, gbc);
        f.add(button);
    }
    public static void main(String[] args)
    {
        new GridBagTest().init();
    }
}
```

运行上面程序，会看到如图 11.12 所示的窗口。

从图 11.12 中可以看出，虽然设置了按钮 4、按钮 5 横向上不会扩大，但因为按钮 4、按钮 5 的宽度会受上一行 4 个按钮的影响，所以它们实际上依然会变大；同理，虽然设置了按钮 8、按钮 9 纵向上不会扩大，但因为受按钮 7 的影响，所以按钮 9 纵向上依然会变大（但按钮 8 不会变高）。

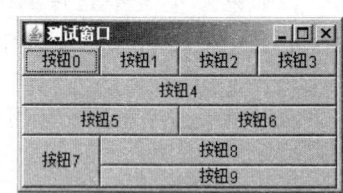

图 11.12 使用 GridBagLayout 布局管理器的效果

> **提示:**
> 上面程序把需要重复访问的 AWT 组件设置成成员变量，然后使用 init()方法来完成界面的初始化工作，这种做法比前面那种在 main 方法里把 AWT 组件定义成局部变量的方式更好。

▶▶ 11.3.5 CardLayout 布局管理器

CardLayout 布局管理器以时间而非空间来管理它里面的组件,它将加入容器的所有组件看成一叠卡

片，每次只有最上面的那个 Component 才可见。就好像一副扑克牌，它们叠在一起，每次只有最上面的一张扑克牌才可见。CardLayout 提供了如下两个构造器。

- CardLayout()：创建默认的 CardLayout 布局管理器。
- CardLayout(int hgap,int vgap)：通过指定卡片与容器左右边界的间距（hgap）、上下边界（vgap）的间距来创建 CardLayout 布局管理器。

CardLayout 用于控制组件可见的 5 个常用方法如下。

- first(Container target)：显示 target 容器中的第一张卡片。
- last(Container target)：显示 target 容器中的最后一张卡片。
- previous(Container target)：显示 target 容器中的前一张卡片。
- next(Container target)：显示 target 容器中的后一张卡片。
- show(Container target,String name)：显示 target 容器中指定名字的卡片。

如下例子程序示范了 CardLayout 布局管理器的用法。

程序清单：codes\11\11.3\CardLayoutTest.java

```java
public class CardLayoutTest
{
    Frame f = new Frame("测试窗口");
    String[] names = {"第一张" , "第二张" , "第三张"
        , "第四张" , "第五张"};
    Panel pl = new Panel();
    public void init()
    {
        final CardLayout c = new CardLayout();
        pl.setLayout(c);
        for (int i = 0 ; i < names.length ; i++)
        {
            pl.add(names[i] , new Button(names[i]));
        }
        Panel p = new Panel();
        ActionListener listener = e ->
        {
            switch(e.getActionCommand())
            {
                case "上一张":
                    c.previous(pl);
                    break;
                case "下一张":
                    c.next(pl);
                    break;
                case "第一张":
                    c.first(pl);
                    break;
                case "最后一张":
                    c.last(pl);
                    break;
                case "第三张":
                    c.show(pl , "第三张");
                    break;
            }
        };
        // 控制显示上一张的按钮
        Button previous = new Button("上一张");
        previous.addActionListener(listener);
        // 控制显示下一张的按钮
        Button next = new Button("下一张");
        next.addActionListener(listener);
        // 控制显示第一张的按钮
        Button first = new Button("第一张");
        first.addActionListener(listener);
        // 控制显示最后一张的按钮
        Button last = new Button("最后一张");
        last.addActionListener(listener);
```

```
            // 控制根据 Card 名显示的按钮
            Button third = new Button("第三张");
            third.addActionListener(listener);
            p.add(previous);
            p.add(next);
            p.add(first);
            p.add(last);
            p.add(third);
            f.add(p1);
            f.add(p , BorderLayout.SOUTH);
            f.pack();
            f.setVisible(true);
    }
    public static void main(String[] args)
    {
        new CardLayoutTest().init();
    }
}
```

上面程序中通过 Frame 创建了一个窗口，该窗口被分为上下两个部分，其中上面的 Panel 使用 CardLayout 布局管理器，该 Panel 中放置了 5 张卡片，每张卡片里放一个按钮；下面的 Panel 使用 FlowLayout 布局管理器，依次放置了 3 个按钮，用于控制上面 Panel 中卡片的显示。运行上面程序，会看到如图 11.13 所示的运行窗口。

图 11.13 使用 CardLayout 布局管理器的效果

单击图 11.13 中的 5 个按钮，将可以看到上面 Panel 中的 5 张卡片发生改变。

> **提示:** 上面程序使用了 AWT 的事件编程，关于事件编程请参考 11.5 节内容。

▶▶ 11.3.6 绝对定位

很多曾经学习过 VB、Delphi 的读者可能比较怀念那种随意拖动控件的感觉，对 Java 的布局管理器非常不习惯。实际上，Java 也提供了那种拖动控件的方式，即 Java 也可以对 GUI 组件进行绝对定位。在 Java 容器中采用绝对定位的步骤如下。

① 将 Container 的布局管理器设成 null：setLayout(null)。

② 向容器中添加组件时，先调用 setBounds() 或 setSize()方法来设置组件的大小、位置，或者直接创建 GUI 组件时通过构造参数指定该组件的大小、位置，然后将该组件添加到容器中。

下面程序示范了如何使用绝对定位来控制窗口中的 GUI 组件。

程序清单：codes\11\11.3\NullLayoutTest.java

```
public class NullLayoutTest
{
    Frame f = new Frame("测试窗口");
    Button b1 = new Button("第一个按钮");
    Button b2 = new Button("第二个按钮");
    public void init()
    {
        // 设置使用 null 布局管理器
        f.setLayout(null);
        // 下面强制设置每个按钮的大小、位置
        b1.setBounds(20, 30, 90, 28);
        f.add(b1);
        b2.setBounds(50, 45, 120, 35);
        f.add(b2);
        f.setBounds(50, 50, 200, 100);
        f.setVisible(true);
    }
```

```
public static void main(String[] args)
{
    new NullLayoutTest().init();
}
}
```

运行上面程序，会看到如图 11.14 所示的运行窗口。

从图 11.14 中可以看出，使用绝对定位时甚至可以使两个按钮重叠，可见使用绝对定位确实非常灵活，而且很简捷，但这种方式是以丧失跨平台特性作为代价的。

图 11.14　使用绝对定位的效果

采用绝对定位绝不是最好的方法，它可能导致该 GUI 界面失去跨平台特性。

11.3.7　BoxLayout 布局管理器

GridBagLayout 布局管理器虽然功能强大，但它实在太复杂了，所以 Swing 引入了一个新的布局管理器：BoxLayout，它保留了 GridBagLayout 的很多优点，但是却没那么复杂。BoxLayout 可以在垂直和水平两个方向上摆放 GUI 组件，BoxLayout 提供了如下一个简单的构造器。

➢ BoxLayout(Container target, int axis)：指定创建基于 target 容器的 BoxLayout 布局管理器，该布局管理器里的组件按 axis 方向排列。其中 axis 有 BoxLayout.X_AXIS（横向）和 BoxLayout.Y_AXIS（纵向）两个方向。

下面程序简单示范了使用 BoxLayout 布局管理器来控制容器中按钮的布局。

程序清单：codes\11\11.3\BoxLayoutTest.java

```
public class BoxLayoutTest
{
    private Frame f = new Frame("测试");
    public void init()
    {
        f.setLayout(new BoxLayout(f , BoxLayout.Y_AXIS));
        // 下面按钮将会垂直排列
        f.add(new Button("第一个按钮"));
        f.add(new Button("按钮二"));
        f.pack();
        f.setVisible(true);
    }
    public static void main(String[] args)
    {
        new BoxLayoutTest().init();
    }
}
```

运行上面程序，会看到如图 11.15 所示的运行窗口。

BoxLayout 通常和 Box 容器结合使用，Box 是一个特殊的容器，它有点像 Panel 容器，但该容器默认使用 BoxLayout 布局管理器。Box 提供了如下两个静态方法来创建 Box 对象。

➢ createHorizontalBox()：创建一个水平排列组件的 Box 容器。

➢ createVerticalBox()：创建一个垂直排列组件的 Box 容器。

图 11.15　垂直方向的 BoxLayout 布局管理器

一旦获得了 Box 容器之后，就可以使用 Box 来盛装普通的 GUI 组件，然后将这些 Box 组件添加到其他容器中，从而形成整体的窗口布局。下面的例子程序示范了如何使用 Box 容器。

程序清单：codes\11\11.3\BoxTest.java

```java
public class BoxTest
{
    private Frame f = new Frame("测试");
    // 定义水平摆放组件的 Box 对象
    private Box horizontal = Box.createHorizontalBox();
    // 定义垂直摆放组件的 Box 对象
    private Box vertical = Box.createVerticalBox();
    public void init()
    {
        horizontal.add(new Button("水平按钮一"));
        horizontal.add(new Button("水平按钮二"));
        vertical.add(new Button("垂直按钮一"));
        vertical.add(new Button("垂直按钮二"));
        f.add(horizontal , BorderLayout.NORTH);
        f.add(vertical);
        f.pack();
        f.setVisible(true);
    }
    public static void main(String[] args)
    {
        new BoxTest().init();
    }
}
```

上面程序创建了一个水平摆放组件的 Box 容器和一个垂直摆放组件的 Box 容器，并将这两个 Box 容器添加到 Frame 窗口中。运行该程序会看到如图 11.16 所示的运行窗口。

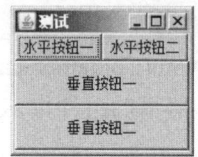

图 11.16 使用 Box 容器的窗口效果

学生提问：图 11.15 和图 11.16 显示的所有按钮都紧挨在一起，如果希望像 FlowLayout、GridLayout 等布局管理器那样指定组件的间距应该怎么办？

答：BoxLayout 没有提供设置间距的构造器和方法，因为 BoxLayout 采用另一种方式来控制组件的间距——BoxLayout 使用 Glue（橡胶）、Strut（支架）和 RigidArea（刚性区域）的组件来控制组件间的距离。其中 Glue 代表可以在横向、纵向两个方向上同时拉伸的空白组件（间距），Strut 代表可以在横向、纵向任意一个方向上拉伸的空白组件（间距），RigidArea 代表不可拉伸的空白组件（间距）。

Box 提供了如下 5 个静态方法来创建 Glue、Strut 和 RigidArea。
➢ createHorizontalGlue()：创建一条水平 Glue（可在两个方向上同时拉伸的间距）。
➢ createVerticalGlue()：创建一条垂直 Glue（可在两个方向上同时拉伸的间距）。
➢ createHorizontalStrut(int width)：创建一条指定宽度的水平 Strut（可在垂直方向上拉伸的间距）。
➢ createVerticalStrut(int height)：创建一条指定高度的垂直 Strut（可在水平方向上拉伸的间距）。
➢ createRigidArea(Dimension d)：创建指定宽度、高度的 RigidArea（不可拉伸的间距）。

> 提示：不管 Glue、Strut、RigidArea 的翻译多么奇怪，这些名称多么古怪，但读者没有必要去纠缠它们的名称，只要知道它们就是代表组件之间的几种间距即可。

上面 5 个方法都返回 Component 对象（代表间距），程序可以将这些分隔 Component 添加到两个普通的 GUI 组件之间，用以控制组件的间距。下面程序使用上面三种间距来分隔 Box 中的按钮。

程序清单：codes\11\11.3\BoxSpaceTest.java

```java
public class BoxSpaceTest
{
    private Frame f = new Frame("测试");
    // 定义水平摆放组件的 Box 对象
    private Box horizontal = Box.createHorizontalBox();
    // 定义垂直摆放组件的 Box 对象
    private Box vertical = Box.createVerticalBox();
    public void init()
    {
        horizontal.add(new Button("水平按钮一"));
        horizontal.add(Box.createHorizontalGlue());
        horizontal.add(new Button("水平按钮二"));
        // 水平方向不可拉伸的间距，其宽度为 10px
        horizontal.add(Box.createHorizontalStrut(10));
        horizontal.add(new Button("水平按钮三"));
        vertical.add(new Button("垂直按钮一"));
        vertical.add(Box.createVerticalGlue());
        vertical.add(new Button("垂直按钮二"));
        // 垂直方向不可拉伸的间距，其高度为 10px
        vertical.add(Box.createVerticalStrut(10));
        vertical.add(new Button("垂直按钮三"));
        f.add(horizontal , BorderLayout.NORTH);
        f.add(vertical);
        f.pack();
        f.setVisible(true);
    }
    public static void main(String[] args)
    {
        new BoxSpaceTest().init();
    }
}
```

运行上面程序，会看到如图 11.17 所示的运行窗口。

从图 11.17 中可以看出，Glue 可以在两个方向上同时拉伸，但 Strut 只能在一个方向上拉伸，RigidArea 则不可拉伸。

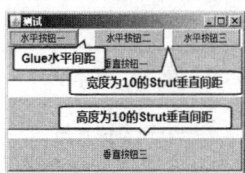

图 11.17　使用间距分隔 Box 器中的按钮效果

提示： 因为 BoxLayout 是 Swing 提供的布局管理器，所以用于管理 Swing 组件将会有更好的表现。

11.4　AWT 常用组件

AWT 组件需要调用运行平台的图形界面来创建和平台一致的对等体，因此 AWT 只能使用所有平台都支持的公共组件，所以 AWT 只提供了一些常用的 GUI 组件。

11.4.1　基本组件

AWT 提供了如下基本组件。
- Button：按钮，可接受单击操作。
- Canvas：用于绘图的画布。
- Checkbox：复选框组件（也可变成单选框组件）。
- CheckboxGroup：用于将多个 Checkbox 组件组合成一组，一组 Checkbox 组件将只有一个可以被选中，即全部变成单选框组件。
- Choice：下拉式选择框组件。
- Frame：窗口，在 GUI 程序里通过该类创建窗口。

- Label：标签类，用于放置提示性文本。
- List：列表框组件，可以添加多项条目。
- Panel：不能单独存在基本容器类，必须放到其他容器中。
- Scrollbar：滑动条组件。如果需要用户输入位于某个范围的值，就可以使用滑动条组件，比如调色板中设置 RGB 的三个值所用的滑动条。当创建一个滑动条时，必须指定它的方向、初始值、滑块的大小、最小值和最大值。
- ScrollPane：带水平及垂直滚动条的容器组件。
- TextArea：多行文本域。
- TextField：单行文本框。

这些 AWT 组件的用法比较简单，读者可以查阅 API 文档来获取它们各自的构造器、方法等详细信息。下面的例子程序示范了它们的基本用法。

程序清单：codes\11\11.4\CommonComponent.java

```java
public class CommonComponent
{
    Frame f = new Frame("测试");
    // 定义一个按钮
    Button ok = new Button("确认");
    CheckboxGroup cbg = new CheckboxGroup();
    // 定义一个单选框（处于 cbg 一组），初始处于被选中状态
    Checkbox male = new Checkbox("男" , cbg , true);
    // 定义一个单选框（处于 cbg 一组），初始处于没有选中状态
    Checkbox female = new Checkbox("女" , cbg , false);
    // 定义一个复选框，初始处于没有选中状态
    Checkbox married = new Checkbox("是否已婚？" , false);
    // 定义一个下拉选择框
    Choice colorChooser = new Choice();
    // 定义一个列表选择框
    List colorList = new List(6, true);
    // 定义一个 5 行、20 列的多行文本域
    TextArea ta = new TextArea(5, 20);
    // 定义一个 50 列的单行文本域
    TextField name = new TextField(50);
    public void init()
    {
        colorChooser.add("红色");
        colorChooser.add("绿色");
        colorChooser.add("蓝色");
        colorList.add("红色");
        colorList.add("绿色");
        colorList.add("蓝色");
        // 创建一个装载了文本框、按钮的 Panel
        Panel bottom = new Panel();
        bottom.add(name);
        bottom.add(ok);
        f.add(bottom , BorderLayout.SOUTH);
        // 创建一个装载了下拉选择框、三个 Checkbox 的 Panel
        Panel checkPanel = new Panel();
        checkPanel.add(colorChooser);
        checkPanel.add(male);
        checkPanel.add(female);
        checkPanel.add(married);
        // 创建一个垂直排列组件的 Box，盛装多行文本域、Panel
        Box topLeft = Box.createVerticalBox();
        topLeft.add(ta);
        topLeft.add(checkPanel);
        // 创建一个水平排列组件的 Box，盛装 topLeft、colorList
        Box top = Box.createHorizontalBox();
        top.add(topLeft);
```

```
        top.add(colorList);
        // 将top Box容器添加到窗口的中间
        f.add(top);
        f.pack();
        f.setVisible(true);
    }
    public static void main(String[] args)
    {
        new CommonComponent().init();
    }
}
```

运行上面程序，会看到如图11.18所示的窗口。

> **提示：**
> 关于AWT常用组件的用法，以及布局管理器的用法，读者可以参考API文档来逐渐熟悉它们。一旦掌握了它们的用法之后，就可以借助于IDE工具来设计GUI界面，使用IDE工具可以更快地设计出更美观的GUI界面。

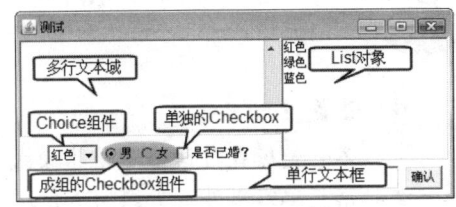

图11.18　常见的AWT组件

▶▶ 11.4.2 对话框（Dialog）

Dialog是Window类的子类，是一个容器类，属于特殊组件。对话框是可以独立存在的顶级窗口，因此用法与普通窗口的用法几乎完全一样。但对话框有如下两点需要注意。

- 对话框通常依赖于其他窗口，就是通常有一个parent窗口。
- 对话框有非模式（non-modal）和模式（modal）两种，当某个模式对话框被打开之后，该模式对话框总是位于它依赖的窗口之上；在模式对话框被关闭之前，它依赖的窗口无法获得焦点。

对话框有多个重载的构造器，它的构造器可能有如下三个参数。

- owner：指定该对话框所依赖的窗口，既可以是窗口，也可以是对话框。
- title：指定该对话框的窗口标题。
- modal：指定该对话框是否是模式的，可以是true或false。

下面的例子程序示范了模式对话框和非模式对话框的用法。

程序清单：codes\11\11.4\DialogTest.java

```
public class DialogTest
{
    Frame f = new Frame("测试");
    Dialog d1 = new Dialog(f, "模式对话框" , true);
    Dialog d2 = new Dialog(f, "非模式对话框" , false);
    Button b1 = new Button("打开模式对话框");
    Button b2 = new Button("打开非模式对话框");
    public void init()
    {
        d1.setBounds(20 , 30 , 300, 400);
        d2.setBounds(20 , 30 , 300, 400);
        b1.addActionListener(e -> d1.setVisible(true));
        b2.addActionListener(e -> d2.setVisible(true));
        f.add(b1);
        f.add(b2 , BorderLayout.SOUTH);
        f.pack();
        f.setVisible(true);
    }
```

```
    public static void main(String[] args)
    {
        new DialogTest().init();
    }
}
```

上面程序创建了 d1 和 d2 两个对话框，其中 d1 是一个模式对话框，而 d2 是一个非模式对话框（两个对话框都是空的）。该窗口中还提供了两个按钮，分别用于打开模式对话框和非模式对话框。打开模式对话框后鼠标无法激活原来的"测试窗口"；但打开非模式对话框后还可以激活原来的"测试窗口"。

> **提示：** 上面程序使用了 AWT 的事件处理来打开对话框，关于事件处理介绍请看 11.5 节的内容。

> **注意：** 不管是模式对话框还是非模式对话框，打开后都无法关闭它们，因为程序没有为这两个对话框编写事件监听器。还有，如果主程序需要对话框里接收的输入值，则应该把该对话框设置成模式对话框，因为模式对话框会阻塞该程序；如果把对话框设置成非模式对话框，则可能造成对话框被打开了，但用户并没有操作该对话框，也没有向对话框里进行输入，这就会引起主程序的异常。

Dialog 类还有一个子类：FileDialog，它代表一个文件对话框，用于打开或者保存文件。FileDialog 也提供了几个构造器，可分别支持 parent、title 和 mode 三个构造参数，其中 parent、title 指定文件对话框的所属父窗口和标题；而 mode 指定该窗口用于打开文件或保存文件，该参数支持如下两个参数值：FileDialog.LOAD、FileDialog.SAVE。

> **提示：** FileDialog 不能指定是模式对话框或非模式对话框，因为 FileDialog 依赖于运行平台的实现，如果运行平台的文件对话框是模式的，那么 FileDialog 也是模式的；否则就是非模式的。

FileDialog 提供了如下两个方法来获取被打开/保存文件的路径。

➢ getDirectory()：获取 FileDialog 被打开/保存文件的绝对路径。
➢ getFile()：获取 FileDialog 被打开/保存文件的文件名。

下面程序分别示范了使用 FileDialog 来创建打开/保存文件的对话框。

程序清单：codes\11\11.4\FileDialogTest.java

```java
public class FileDialogTest
{
    Frame f = new Frame("测试");
    // 创建两个文件对话框
    FileDialog d1 = new FileDialog(f
        , "选择需要打开文件" , FileDialog.LOAD);
    FileDialog d2 = new FileDialog(f
        , "选择保存文件的路径" , FileDialog.SAVE);
    Button b1 = new Button("打开文件");
    Button b2 = new Button("保存文件");
    public void init()
    {
        b1.addActionListener(e ->
        {
            d1.setVisible(true);
            // 打印出用户选择的文件路径和文件名
            System.out.println(d1.getDirectory()
                + d1.getFile());
        });
```

```
        b2.addActionListener(e ->
        {
            d2.setVisible(true);
            // 打印出用户选择的文件路径和文件名
            System.out.println(d2.getDirectory()
                + d2.getFile());
        });         f.add(b1);
        f.add(b2 , BorderLayout.SOUTH);
        f.pack();
        f.setVisible(true);
    }
    public static void main(String[] args)
    {
        new FileDialogTest().init();
    }
}
```

运行上面程序，单击主窗口中的"打开文件"按钮，将看到如图 11.19 所示的文件对话框窗口。

从图 11.19 可以看出，这个文件对话框本身就是 Windows（即 Java 程序所在的运行平台）提供的文件对话框，所以当单击其中的图标、按钮等元素时，该对话框都能提供相应的动作。当选中某个文件后，单击"打开"按钮，将看到程序控制台打印出该文件的绝对路径（文件路径+文件名），这就是由 FileDialog 的 getDirectory()和 getFile()方法提供的。

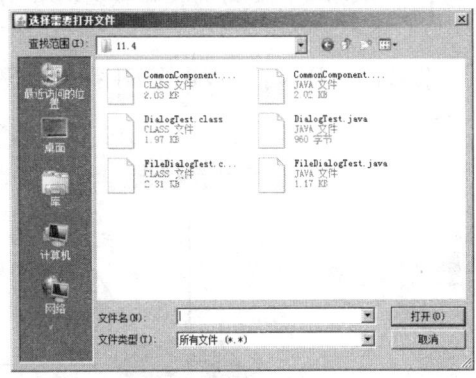

图 11.19 打开文件对话框

11.5 事件处理

前面介绍了如何放置各种组件，从而得到了丰富多彩的图形界面，但这些界面还不能响应用户的任何操作。比如单击前面所有窗口右上角的"×"按钮，但窗口依然不会关闭。因为在 AWT 编程中，所有事件必须由特定对象（事件监听器）来处理，而 Frame 和组件本身并没有事件处理能力。

11.5.1 Java 事件模型的流程

为了使图形界面能够接收用户的操作，必须给各个组件加上事件处理机制。

在事件处理的过程中，主要涉及三类对象。

- Event Source（事件源）：事件发生的场所，通常就是各个组件，例如按钮、窗口、菜单等。
- Event（事件）：事件封装了 GUI 组件上发生的特定事情（通常就是一次用户操作）。如果程序需要获得 GUI 组件上所发生事件的相关信息，都通过 Event 对象来取得。
- Event Listener（事件监听器）：负责监听事件源所发生的事件，并对各种事件做出响应处理。

> **提示：**
> 有过 JavaScript、VB 等编程经验的读者都知道，事件响应的动作实际上就是一系列的程序语句，通常以方法的形式组织起来。但 Java 是面向对象的编程语言，方法不能独立存在，因此必须以类的形式来组织这些方法，所以事件监听器的核心就是它所包含的方法——这些方法也被称为事件处理器（Event Handler）。当事件源上的事件发生时，事件对象会作为参数传给事件处理器（即事件监听器的实例方法）。

当用户单击一个按钮，或者单击某个菜单项，或者单击窗口右上角的状态按钮时，这些动作就会触发一个相应的事件，该事件由 AWT 封装成相应的 Event 对象，该事件会触发事件源上注册的事件监听器（特殊的 Java 对象），事件监听器调用对应的事件处理器（事件监听器里的实例方法）来做出相应的响应。

AWT 的事件处理机制是一种委派式（Delegation）事件处理方式——普通组件（事件源）将事件的

处理工作委托给特定的对象（事件监听器）；当该事件源发生指定的事件时，就通知所委托的事件监听器，由事件监听器来处理这个事件。

每个组件均可以针对特定的事件指定一个或多个事件监听对象，每个事件监听器也可以监听一个或多个事件源。因为同一个事件源上可能发生多种事件，委派式事件处理方式可以把事件源上可能发生的不同的事件分别授权给不同的事件监听器来处理；同时也可以让一类事件都使用同一个事件监听器来处理。

> **提示：** 委派式事件处理方式明显"抄袭"了人类社会的分工协作，例如某个单位发生了火灾，该单位通常不会自己处理该事件，而是将该事件委派给消防局（事件监听器）处理；如果发生了打架斗殴事件，则委派给公安局（事件监听器）处理；而消防局、公安局也会同时监听多个单位的火灾、打架斗殴事件。这种委派式处理方式将事件源和事件监听器分离，从而提供更好的程序模型，有利于提高程序的可维护性。

图 11.20 显示了 AWT 的事件处理流程示意图。

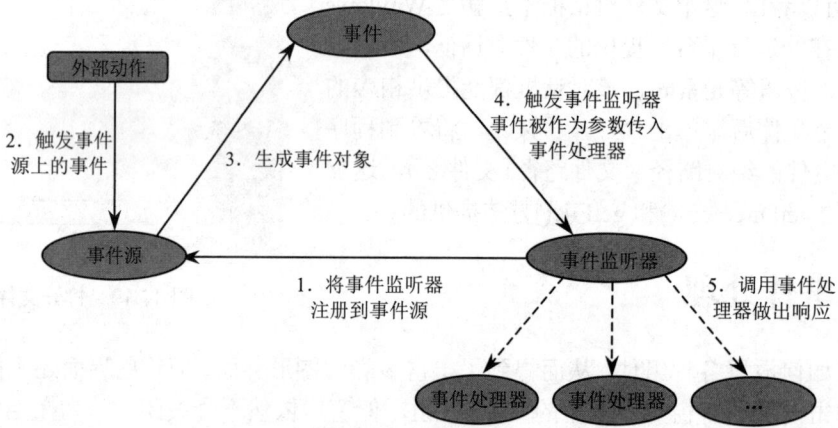

图 11.20　AWT 的事件处理流程示意图

下面以一个简单的 HelloWorld 程序来示范 AWT 事件处理。

程序清单：codes\11\11.5\EventQs.java

```java
public class EventQs
{
    private Frame f = new Frame("测试事件");
    private Button ok = new Button("确定");
    private TextField tf = new TextField(30);
    public void init()
    {
        // 注册事件监听器
        ok.addActionListener(new OkListener());    // ①
        f.add(tf);
        f.add(ok , BorderLayout.SOUTH);
        f.pack();
        f.setVisible(true);
    }
    // 定义事件监听器类
    class OkListener implements ActionListener    // ②
    {
        // 下面定义的方法就是事件处理器，用于响应特定的事件
        public void actionPerformed(ActionEvent e)    // ③
        {
            System.out.println("用户单击了 ok 按钮");
            tf.setText("Hello World");
        }
    }
    public static void main(String[] args)
    {
```

```
        new EventQs().init();
    }
}
```

上面程序中粗体字代码用于注册事件监听器,③号粗体字定义的方法就是事件处理器。当程序中的 OK 按钮被单击时,该处理器被触发,将看到程序中 tf 文本框内变为"Hello World",而程序控制台打印出"用户单击了 OK 按钮"字符串。

从上面程序中可以看出,实现 AWT 事件处理机制的步骤如下。

① 实现事件监听器类,该监听器类是一个特殊的 Java 类,必须实现一个 XxxListener 接口。

② 创建普通组件(事件源),创建事件监听器对象。

③ 调用 addXxxListener()方法将事件监听器对象注册给普通组件(事件源)。当事件源上发生指定事件时,AWT 会触发事件监听器,由事件监听器调用相应的方法(事件处理器)来处理事件,事件源上所发生的事件会作为参数传入事件处理器。

▶▶ 11.5.2 事件和事件监听器

从图 11.20 中可以看出,当外部动作在 AWT 组件上进行操作时,系统会自动生成事件对象,这个事件对象是 EventObject 子类的实例,该事件对象会触发注册到事件源上的事件监听器。

AWT 事件机制涉及三个成员:事件源、事件和事件监听器,其中事件源最容易创建,只要通过 new 来创建一个 AWT 组件,该组件就是事件源;事件是由系统自动产生的,无须程序员关心。所以,实现事件监听器是整个事件处理的核心。

事件监听器必须实现事件监听器接口,AWT 提供了大量的事件监听器接口用于实现不同类型的事件监听器,用于监听不同类型的事件。AWT 中提供了丰富的事件类,用于封装不同组件上所发生的特定操作——AWT 的事件类都是 AWTEvent 类的子类,AWTEvent 是 EventObject 的子类。

> **提示:** EventObject 类代表更广义的事件对象,包括 Swing 组件上所触发的事件、数据库连接所触发的事件等。

AWT 事件分为两大类:低级事件和高级事件。

1. 低级事件

低级事件是指基于特定动作的事件。比如进入、点击、拖放等动作的鼠标事件,当组件得到焦点、失去焦点时触发焦点事件。

- ComponentEvent:组件事件,当组件尺寸发生变化、位置发生移动、显示/隐藏状态发生改变时触发该事件。
- ContainerEvent:容器事件,当容器里发生添加组件、删除组件时触发该事件。
- WindowEvent:窗口事件,当窗口状态发生改变(如打开、关闭、最大化、最小化)时触发该事件。
- FocusEvent:焦点事件,当组件得到焦点或失去焦点时触发该事件。
- KeyEvent:键盘事件,当按键被按下、松开、单击时触发该事件。
- MouseEvent:鼠标事件,当进行单击、按下、松开、移动鼠标等动作时触发该事件。
- PaintEvent:组件绘制事件,该事件是一个特殊的事件类型,当 GUI 组件调用 update/paint 方法来呈现自身时触发该事件,该事件并非专用于事件处理模型。

2. 高级事件(语义事件)

高级事件是基于语义的事件,它可以不和特定的动作相关联,而依赖于触发此事件的类。比如,在 TextField 中按 Enter 键会触发 ActionEvent 事件,在滑动条上移动滑块会触发 AdjustmentEvent 事件,选中项目列表的某一项就会触发 ItemEvent 事件。
- ➢ ActionEvent：动作事件，当按钮、菜单项被单击，在 TextField 中按 Enter 键时触发该事件。
- ➢ AdjustmentEvent：调节事件，在滑动条上移动滑块以调节数值时触发该事件。
- ➢ ItemEvent：选项事件，当用户选中某项，或取消选中某项时触发该事件。
- ➢ TextEvent：文本事件，当文本框、文本域里的文本发生改变时触发该事件。

AWT 事件继承层次图如图 11.21 所示。

图 11.21 中常用的 AWT 事件使用粗线框圈出；对于没有用粗线框圈出的事件，程序员很少使用它们，它们可能被作为事件基类或作为系统内部实现来使用。

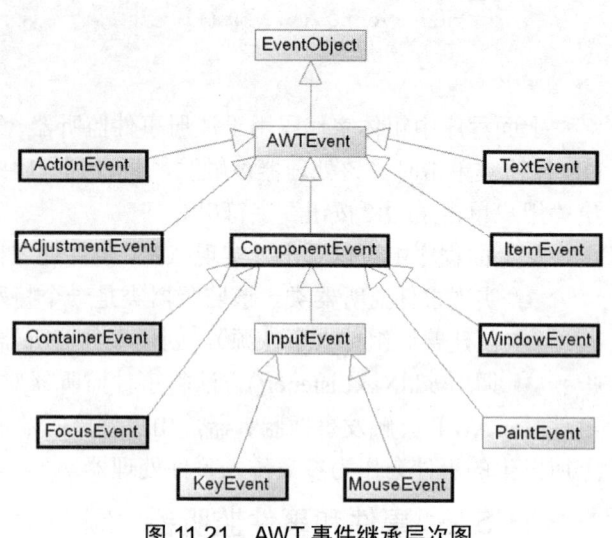

图 11.21 AWT 事件继承层次图

不同的事件需要使用不同的监听器监听，不同的监听器需要实现不同的监听器接口，当指定事件发生后，事件监听器就会调用所包含的事件处理器（实例方法）来处理事件。表 11.1 显示了事件、监听器接口和处理器之间的对应关系。

表 11.1 事件、监听器接口和处理器之间的对应关系

事 件	监听器接口	处理器及触发时机
ActionEvent	ActionListener	actionPerformed：按钮、文本框、菜单项被单击时触发
AdjustmentEvent	AdjustmentListener	adjustmentValueChanged：滑块位置发生改变时触发
ContainerEvent	ContainerListener	componentAdded：向容器中添加组件时触发
		componentRemoved：从容器中删除组件时触发
FocusEvent	FocusListener	focusGained：组件得到焦点时触发
		focusLost：组件失去焦点时触发
ComponentEvent	ComponentListener	componentHidden：组件被隐藏时触发
		componentMoved：组件位置发生改变时触发
		componentResized：组件大小发生改变时触发
		componentShown：组件被显示时触发
KeyEvent	KeyListener	keyPressed：按下某个按键时触发
		keyReleased：松开某个按键时触发
		keyTyped：单击某个按键时触发
MouseEvent	MouseListener	mouseClicked：在某个组件上单击鼠标键时触发
		mouseEntered：鼠标进入某个组件时触发
		mouseExited：鼠标离开某个组件时触发
		mousePressed：在某个组件上按下鼠标键时触发
		mouseReleased：在某个组件上松开鼠标键时触发
	MouseMotionListener	mouseDragged：在某个组件上移动鼠标，且按下鼠标键时触发
		mouseMoved：在某个组件上移动鼠标，且没有按下鼠标键时触发
TextEvent	TextListener	textValueChanged：文本组件里的文本发生改变时触发
ItemEvent	ItemListener	itemStateChanged：某项被选中或取消选中时触发

(续表)

事件	监听器接口	处理器及触发时机
WindowEvent	WindowListener	windowActivated：窗口被激活时触发
		windowClosed：窗口调用 dispose()即将关闭时触发
		windowClosing：用户单击窗口右上角的"×"按钮时触发
		windowDeactivated：窗口失去激活时触发
		windowDeiconified：窗口被恢复时触发
		windowIconified：窗口最小化时触发
		windowOpened：窗口首次被打开时触发

通过表 11.1 可以大致知道常用组件可能发生哪些事件，以及该事件对应的监听器接口，通过实现该监听器接口就可以实现对应的事件处理器，然后通过 addXxxListener()方法将事件监听器注册给指定的组件（事件源）。当事件源组件上发生特定事件时，被注册到该组件的事件监听器里的对应方法（事件处理器）将被触发。

ActionListener、AdjustmentListener 等事件监听器接口只包含一个抽象方法，这种接口也就是前面介绍的函数式接口，因此可用 Lambda 表达式来创建监听器对象。

> **提示：** 实际上，可以如下理解事件处理模型：当事件源组件上发生事件时，系统将会执行该事件源组件的所有监听器里的对应方法。与前面编程方式不同的是，普通 Java 程序里的方法由程序主动调用，事件处理中的事件处理器方法由系统负责调用。

下面程序示范了一个监听器监听多个组件，一个组件被多个监听器监听的效果。

程序清单：codes\11\11.5\MultiListener.java

```java
public class MultiListener
{
    private Frame f = new Frame("测试");
    private TextArea ta = new TextArea(6 , 40);
    private Button b1 = new Button("按钮一");
    private Button b2 = new Button("按钮二");
    public void init()
    {
        // 创建FirstListener监听器的实例
        FirstListener fl = new FirstListener();
        // 给b1按钮注册两个事件监听器
        b1.addActionListener(fl);
        b1.addActionListener(new SecondListener());
        // 将f1事件监听器注册给b2按钮
        b2.addActionListener(fl);
        f.add(ta);
        Panel p = new Panel();
        p.add(b1);
        p.add(b2);
        f.add(p, BorderLayout.SOUTH);
        f.pack();
        f.setVisible(true);
    }
    class FirstListener implements ActionListener
    {
        public void actionPerformed(ActionEvent e)
        {
            ta.append("第一个事件监听器被触发,事件源是: "
                + e.getActionCommand() + "\n");
        }
    }
    class SecondListener implements ActionListener
    {
```

```java
            public void actionPerformed(ActionEvent e)
            {
                ta.append("单击了""
                    + e.getActionCommand() + ""按钮\n");
            }
        }
        public static void main(String[] args)
        {
            new MultiListener().init();
        }
    }
```

上面程序中 b1 按钮增加了两个事件监听器，当用户单击 b1 按钮时，两个监听器的 actionPerform() 方法都会被触发；而且 f1 监听器同时监听 b1、b2 两个按钮，当 b1、b2 任意一个按钮被单击时，f1 监听器的 actionPerform() 方法都会被触发。

> **提示：** 上面程序中调用了 ActionEvent 对象的 getActionCommand() 方法，用于获取被单击按钮上的文本。

运行上面程序，分别单击"按钮一"、"按钮二"一次，将看到如图 11.22 所示的窗口效果。

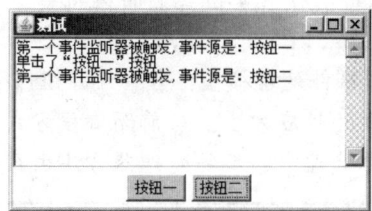

图 11.22　一个按钮被两个监听器监听、一个监听器监听两个按钮

下面程序为窗口添加窗口监听器，从而示范窗口监听器的用法，并允许用户单击窗口右上角的"×"按钮来结束程序。

程序清单：codes\11\11.5\WindowListenerTest.java

```java
public class WindowListenerTest
{
    private Frame f = new Frame("测试");
    private TextArea ta = new TextArea(6 , 40);
    public void init()
    {
        // 为窗口添加窗口事件监听器
        f.addWindowListener(new MyListener());
        f.add(ta);
        f.pack();
        f.setVisible(true);
    }
    // 实现一个窗口监听器类
    class MyListener implements WindowListener
    {
        public void windowActivated(WindowEvent e)
        {
            ta.append("窗口被激活！\n");
        }
        public void windowClosed(WindowEvent e)
        {
            ta.append("窗口被成功关闭！\n");
        }
        public void windowClosing(WindowEvent e)
        {
            ta.append("用户关闭窗口！\n");
            System.exit(0);
        }
        public void windowDeactivated(WindowEvent e)
```

```
            ta.append("窗口失去焦点！\n");
        }
        public void windowDeiconified(WindowEvent e)
        {
            ta.append("窗口被恢复！\n");
        }
        public void windowIconified(WindowEvent e)
        {
            ta.append("窗口被最小化！\n");
        }
        public void windowOpened(WindowEvent e)
        {
            ta.append("窗口初次被打开！\n");
        }
    }
    public static void main(String[] args)
    {
        new WindowListenerTest().init();
    }
}
```

上面程序详细监听了窗口的每个动作，当用户单击窗口右上角的每个按钮时，程序都会做出相应的响应，当用户单击窗口中的"×"按钮时，程序将正常退出。

大部分时候，程序无须监听窗口的每个动作，只需要为用户单击窗口中的"×"按钮提供响应即可；无须为每个窗口事件提供响应——即程序只想重写 windowClosing 事件处理器，但因为该监听器实现了 WindowListener 接口，实现该接口就不得不实现该接口里的每个抽象方法，这是非常烦琐的事情。为此，AWT 提供了事件适配器。

▶▶ 11.5.3 事件适配器

事件适配器是监听器接口的空实现——事件适配器实现了监听器接口，并为该接口里的每个方法都提供了实现，这种实现是一种空实现（方法体内没有任何代码的实现）。当需要创建监听器时，可以通过继承事件适配器，而不是实现监听器接口。因为事件适配器已经为监听器接口的每个方法提供了空实现，所以程序自己的监听器无须实现监听器接口里的每个方法，只需要重写自己感兴趣的方法，从而可以简化事件监听器的实现类代码。

> **注意：**
> 如果某个监听器接口只有一个方法，则该监听器接口就无须提供适配器，因为该接口对应的监听器别无选择，只能重写该方法！如果不重写该方法，就没有必要实现该监听器。

> **提示：**
> 虽然表 11.2 中只列出了常用的监听器接口对应的事件适配器，实际上，所有包含多个方法的监听器接口都有对应的事件适配器，包括 Swing 中的监听器接口也是如此。

从表 11.2 中可以看出，所有包含多个方法的监听器接口都有一个对应的适配器，但只包含一个方法的监听器接口则没有对应的适配器。

表 11.2 监听器接口和事件适配器对应表

监听器接口	事件适配器	监听器接口	事件适配器
ContainerListener	ContainerAdapter	MouseListener	MouseAdapter
FocusListener	FocusAdapter	MouseMotionListener	MouseMotionAdapter
ComponentListener	ComponentAdapter	WindowListener	WindowAdapter
KeyListener	KeyAdapter		

下面程序通过事件适配器来创建事件监听器。

程序清单：codes\11\11.5\WindowAdapterTest.java

```java
public class WindowAdapterTest
{
    private Frame f = new Frame("测试");
    private TextArea ta = new TextArea(6 , 40);
    public void init()
    {
        f.addWindowListener(new MyListener());
        f.add(ta);
        f.pack();
        f.setVisible(true);
    }
    class MyListener extends WindowAdapter
    {
        public void windowClosing(WindowEvent e)
        {
            System.out.println("用户关闭窗口！\n");
            System.exit(0);
        }
    }
    public static void main(String[] args)
    {
        new WindowAdapterTest().init();
    }
}
```

从上面程序中可以看出，窗口监听器继承 WindowAdapter 事件适配器，只需要重写 windowClosing 方法（粗体字方法所示）即可，这个方法才是该程序所关心的——当用户单击"×"按钮时，程序退出。

▶▶ 11.5.4 使用内部类实现监听器

事件监听器是一个特殊的 Java 对象，实现事件监听器对象有如下几种形式。

- 内部类形式：将事件监听器类定义成当前类的内部类。
- 外部类形式：将事件监听器类定义成一个外部类。
- 类本身作为事件监听器类：让当前类本身实现监听器接口或继承事件适配器。
- 匿名内部类形式：使用匿名内部类创建事件监听器对象。

前面示例程序中的所有事件监听器类都是内部类形式，使用内部类可以很好地复用该监听器类，如 MultiListener.java 程序所示；监听器类是外部类的内部类，所以可以自由访问外部类的所有 GUI 组件，这也是内部类的两个优势。

使用内部类来定义事件监听器类的例子可以参考前面的示例程序，此处不再赘述。

▶▶ 11.5.5 使用外部类实现监听器

使用外部类定义事件监听器类的形式比较少见，主要有如下两个原因。

- 事件监听器通常属于特定的 GUI 界面，定义成外部类不利于提高程序的内聚性。
- 外部类形式的事件监听器不能自由访问创建 GUI 界面类中的组件，编程不够简洁。

但如果某个事件监听器确实需要被多个 GUI 界面所共享，而且主要是完成某种业务逻辑的实现，则可以考虑使用外部类形式来定义事件监听器类。下面程序定义了一个外部类作为事件监听器类，该事件监听器实现了发送邮件的功能。

程序清单：codes\11\11.5\MailerListener.java

```java
public class MailerListener implements ActionListener
{
    // 该 TextField 文本框用于输入发送邮件的地址
    private TextField mailAddress;
    public MailerListener(){}
    public MailerListener(TextField mailAddress)
    {
        this.mailAddress = mailAddress;
```

```
    }
    public void setMailAddress(TextField mailAddress)
    {
        this.mailAddress = mailAddress;
    }
    // 实现发送邮件
    public void actionPerformed(ActionEvent e)
    {
        System.out.println("程序向""
            + mailAddress.getText() + ""发送邮件...");
        // 发送邮件的真实实现
    }
}
```

上面的事件监听器类没有与任何 GUI 界面耦合，创建该监听器对象时传入一个 TextField 对象，该文本框里的字符串将被作为收件人地址。下面程序使用了该事件监听器来监听窗口中的按钮。

程序清单：codes\11\11.5\SendMailer.java

```
public class SendMailer
{
    private Frame f = new Frame("测试");
    private TextField tf = new TextField(40);
    private Button send = new Button("发送");
    public void init()
    {
        // 使用 MailerListener 对象作为事件监听器
        send.addActionListener(new MailerListener(tf));
        f.add(tf);
        f.add(send , BorderLayout.SOUTH);
        f.pack();
        f.setVisible(true);
    }
    public static void main(String[] args)
    {
        new SendMailer().init();
    }
}
```

上面程序为"发送"按钮添加事件监听器时，将该窗口中的 TextField 对象传入事件监听器，从而允许事件监听器访问该文本框里的内容。运行上面程序，会看到如图 11.23 所示的运行界面。

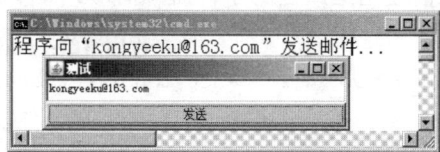

图 11.23 外部类形式的事件监听器类

> **注意：** 实际上并不推荐将业务逻辑实现写在事件监听器中，包含业务逻辑的事件监听器将导致程序的显示逻辑和业务逻辑耦合，从而增加程序后期的维护难度。如果确实有多个事件监听器需要实现相同的业务逻辑功能，则可以考虑使用业务逻辑组件来定义业务逻辑功能，再让事件监听器来调用业务逻辑组件的业务逻辑方法。

11.5.6 类本身作为事件监听器类

类本身作为事件监听器类这种形式使用 GUI 界面类直接作为监听器类，可以直接在 GUI 界面类中定义事件处理器方法。这种形式非常简洁，也是早期 AWT 事件编程里比较喜欢采用的形式。但这种做法有如下两个缺点。

> 这种形式可能造成混乱的程序结构，GUI 界面的职责主要是完成界面初始化工作，但此时还需包含事件处理器方法，从而降低了程序的可读性。
> 如果 GUI 界面类需要继承事件适配器，将会导致该 GUI 界面类不能继承其他父类。

下面程序使用 GUI 界面类作为事件监听器类。

程序清单：codes\11\11.5\SimpleEventHandler.java

```java
// GUI 界面类继承 WindowAdapter 作为事件监听器类
public class SimpleEventHandler extends WindowAdapter
{
    private Frame f = new Frame("测试");
    private TextArea ta = new TextArea(6 , 40);
    public void init()
    {
        //将该类的默认对象作为事件监听器对象
        f.addWindowListener(this);
        f.add(ta);
        f.pack();
        f.setVisible(true);
    }
    // GUI 界面类直接包含事件处理器方法
    public void windowClosing(WindowEvent e)
    {
        System.out.println("用户关闭窗口！\n");
        System.exit(0);
    }
    public static void main(String[] args)
    {
        new SimpleEventHandler().init();
    }
}
```

上面程序让 GUI 界面类继承了 WindowAdapter 事件适配器，从而可以在该 GUI 界面类中直接定义事件处理器方法：windowClosing()（如粗体字代码所示）。当为某个组件添加该事件监听器对象时，直接使用 this 作为事件监听器对象即可。

▶▶ 11.5.7 匿名内部类实现监听器

大部分时候，事件处理器都没有复用价值（可复用代码通常会被抽象成业务逻辑方法），因此大部分事件监听器只是临时使用一次，所以使用匿名内部类形式的事件监听器更合适。实际上，这种形式是目前使用最广泛的事件监听器形式。下面程序使用匿名内部类来创建事件监听器。

程序清单：codes\11\11.5\AnonymousEventHandler.java

```java
public class AnonymousEventHandler
{
    private Frame f = new Frame("测试");
    private TextArea ta = new TextArea(6 , 40);
    public void init()
    {
        // 以匿名内部类的形式来创建事件监听器对象
        f.addWindowListener(new WindowAdapter()
        {
            // 实现事件处理方法
            public void windowClosing(WindowEvent e)
            {
                System.out.println("用户试图关闭窗口！\n");
                System.exit(0);
            }
        });
        f.add(ta);
        f.pack();
        f.setVisible(true);
    }
    public static void main(String[] args)
    {
        new AnonymousEventHandler().init();
    }
}
```

上面程序中的粗体字部分使用匿名内部类创建了一个事件监听器对象，"new 监听器接口"或"new 事件适配器"的形式就是用于创建匿名内部类形式的事件监听器。关于匿名内部类请参考本书 6.7 节内容。

如果事件监听器接口内只包含一个方法，通常会使用 Lambda 表达式代替匿名内部类创建监听器对象，这样就可以避免烦琐的匿名内部类代码。遗憾的是，如果要通过继承事件适配器来创建事件监听器，那就无法使用 Lambda 表达式了。

11.6 AWT 菜单

前面介绍了创建 GUI 界面的方式：将 AWT 组件按某种布局摆放在容器内即可。创建 AWT 菜单的方式与此完全类似：将菜单条、菜单、菜单项组合在一起即可。

11.6.1 菜单条、菜单和菜单项

AWT 中的菜单由如下几个类组合而成。
- MenuBar：菜单条，菜单的容器。
- Menu：菜单组件，菜单项的容器。它也是 MenuItem 的子类，所以可作为菜单项使用。
- PopupMenu：上下文菜单组件（右键菜单组件）。
- MenuItem：菜单项组件。
- CheckboxMenuItem：复选框菜单项组件。
- MenuShortcut：菜单快捷键组件。

图 11.24 显示了 AWT 菜单组件类之间的继承、组合关系。从图中可以看出，MenuBar 和 Menu 都实现了菜单容器接口，所以 MenuBar 可用于盛装 Menu，而 Menu 可用于盛装 MenuItem（包括 Menu 和 CheckboxMenuItem 两个子类对象）。Menu 还有一个子类：PopupMenu，代表上下文菜单，上下文菜单无须使用 MenuBar 盛装。

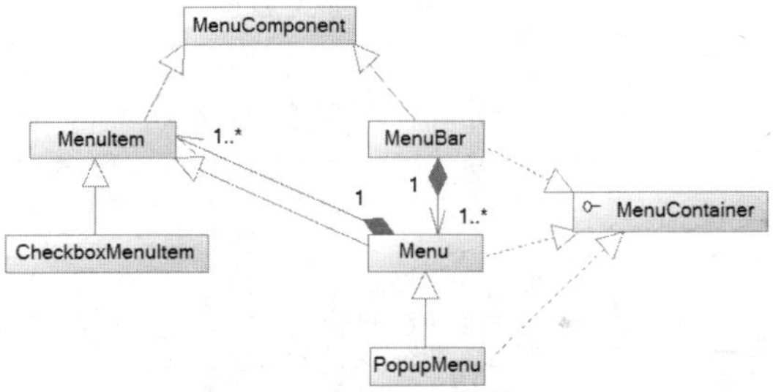

Menu、MenuItem 的构造器都可接收一个字符串参数，该字符串作为其对应菜单、菜单项上的标签文本。除此之外，MenuItem 还可以接收一个 MenuShortcut 对象，该对象用于指定该菜单的快捷键。MenuShortcut 类使用虚拟键代码（而不是字符）来创建快捷键。例如，Ctrl+A（通常都以 Ctrl 键作为快捷键的辅助键）快捷方式通过以下代码创建。

图 11.24　AWT 菜单组件类之间的继承、组合关系

```
MenuShortcut ms = new MenuShortcut(KeyEvent.VK_A);
```

如果该快捷键还需要 Shift 键的辅助，则可使用如下代码。

```
MenuShortcut ms = new MenuShortcut(KeyEvent.VK_A , true);
```

有时候程序还希望对某个菜单进行分组，将功能相似的菜单分成一组，此时需要使用菜单分隔符。AWT 中添加菜单分隔符有如下两种方法。
- 调用 Menu 对象的 addSeparator() 方法来添加菜单分隔线。
- 使用添加 new MenuItem("-") 的方式来添加菜单分隔线。

创建了 MenuItem、Menu 和 MenuBar 对象之后，调用 Menu 的 add() 方法将多个 MenuItem 组合成菜单（也可将另一个 Menu 对象组合进来，从而形成二级菜单），再调用 MenuBar 的 add() 方法将多个 Menu 组合成菜单条，最后调用 Frame 对象的 setMenuBar() 方法为该窗口添加菜单条。

下面程序示范了为窗口添加菜单的完整程序。

程序清单：codes\11\11.6\SimpleMenu.java

```
public class SimpleMenu
{
```

```java
private Frame f = new Frame("测试");
private MenuBar mb = new MenuBar();
Menu file = new Menu("文件");
Menu edit = new Menu("编辑");
MenuItem newItem = new MenuItem("新建");
MenuItem saveItem = new MenuItem("保存");
// 创建 exitItem 菜单项，指定使用 "Ctrl+X" 快捷键
MenuItem exitItem = new MenuItem("退出"
    , new MenuShortcut(KeyEvent.VK_X));
CheckboxMenuItem autoWrap = new CheckboxMenuItem("自动换行");
MenuItem copyItem = new MenuItem("复制");
MenuItem pasteItem = new MenuItem("粘贴");
Menu format = new Menu("格式");
// 创建 commentItem 菜单项，指定使用 "Ctrl+Shift+/" 快捷键
    MenuItem commentItem = new MenuItem("注释" ,
new MenuShortcut(KeyEvent.VK_SLASH , true));
MenuItem cancelItem = new MenuItem("取消注释");
private TextArea ta = new TextArea(6 , 40);
public void init()
{
    // 以 Lambda 表达式创建菜单事件监听器
    ActionListener menuListener = e ->
    {
        String cmd = e.getActionCommand();
        ta.append("单击 "" + cmd + "" 菜单" + "\n");
        if (cmd.equals("退出"))
        {
            System.exit(0);
        }
    };
    // 为 commentItem 菜单项添加事件监听器
    commentItem.addActionListener(menuListener);
    exitItem.addActionListener(menuListener);
    // 为 file 菜单添加菜单项
    file.add(newItem);
    file.add(saveItem);
    file.add(exitItem);
    // 为 edit 菜单添加菜单项
    edit.add(autoWrap);
    // 使用 addSeparator 方法来添加菜单分隔线
    edit.addSeparator();
    edit.add(copyItem);
    edit.add(pasteItem);
    // 为 format 菜单添加菜单项
    format.add(commentItem);
    format.add(cancelItem);
    // 使用添加 new MenuItem("-") 的方式添加菜单分隔线
    edit.add(new MenuItem("-"));
    // 将 format 菜单组合到 edit 菜单中，从而形成二级菜单
    edit.add(format);
    // 将 file、edit 菜单添加到 mb 菜单条中
    mb.add(file);
    mb.add(edit);
    // 为 f 窗口设置菜单条
    f.setMenuBar(mb);
    // 以匿名内部类的形式来创建事件监听器对象
    f.addWindowListener(new WindowAdapter()
    {
        public void windowClosing(WindowEvent e)
        {
            System.exit(0);
        }
    });
    f.add(ta);
    f.pack();
    f.setVisible(true);
}
```

```java
    public static void main(String[] args)
    {
        new SimpleMenu().init();
    }
}
```

上面程序中的菜单既有复选框菜单项和菜单分隔符，也有二级菜单，并为两个菜单项添加了快捷键，为 commentItem、exitItem 两个菜单项添加了事件监听器。运行该程序，并按"Ctrl+Shift+/"快捷键，将看到如图 11.25 所示的窗口。

> **提示：** AWT 的菜单组件不能创建图标菜单，如果希望创建带图标的菜单，则应该使用 Swing 的菜单组件：JMenuBar、JMenu、JMenuItem 和 JPopupMenu 组件。Swing 的菜单组件和 AWT 的菜单组件的用法基本相似，读者可参考本程序学习使用 Swing 的菜单组件。

▶▶ 11.6.2 右键菜单

右键菜单使用 PopupMenu 对象表示，创建右键菜单的步骤如下。

① 创建 PopupMenu 的实例。
② 创建多个 MenuItem 的多个实例，依次将这些实例加入 PopupMenu 中。
③ 将 PopupMenu 加入到目标组件中。
④ 为需要出现上下文菜单的组件编写鼠标监听器，当用户释放鼠标右键时弹出右键菜单。

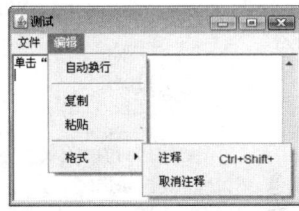

图 11.25 AWT 菜单示例

下面程序创建了一个右键菜单，该右键菜单就是"借用"前面 SimpleMenu 中 edit 菜单下的所有菜单项。

程序清单：codes\11\11.6\PopupMenuTest.java

```java
public class PopupMenuTest
{
    private TextArea ta = new TextArea(4 , 30);
    private Frame f = new Frame("测试");
    PopupMenu pop = new PopupMenu();
    CheckboxMenuItem autoWrap =
        new CheckboxMenuItem("自动换行");
    MenuItem copyItem = new MenuItem("复制");
    MenuItem pasteItem = new MenuItem("粘贴");
    Menu format = new Menu("格式");
    // 创建 commentItem 菜单项，指定使用"Ctrl+Shift+/"快捷键
    MenuItem commentItem = new MenuItem("注释" ,
        new MenuShortcut(KeyEvent.VK_SLASH , true));
    MenuItem cancelItem = new MenuItem("取消注释");
    public void init()
    {
        // 以 Lambda 表达式创建菜单事件监听器
        ActionListener menuListener = e ->
        {
            String cmd = e.getActionCommand();
            ta.append("单击"" + cmd + ""菜单" + "\n");
            if (cmd.equals("退出"))
            {
                System.exit(0);
            }
        };
        // 为 commentItem 菜单项添加事件监听
        commentItem.addActionListener(menuListener);
        // 为 pop 菜单添加菜单项
        pop.add(autoWrap);
        // 使用 addSeparator 方法来添加菜单分隔线
        pop.addSeparator();
        pop.add(copyItem);
        pop.add(pasteItem);
```

```
        // 为 format 菜单添加菜单项
        format.add(commentItem);
        format.add(cancelItem);
        // 使用添加 new MenuItem("-") 的方式添加菜单分隔线
        pop.add(new MenuItem("-"));
        // 将 format 菜单组合到 pop 菜单中，从而形成二级菜单
        pop.add(format);
        final Panel p = new Panel();
        p.setPreferredSize(new Dimension(300, 160));
        // 向 p 窗口中添加 PopupMenu 对象
        p.add(pop);
        // 添加鼠标事件监听器
        p.addMouseListener(new MouseAdapter()
        {
            public void mouseReleased(MouseEvent e)
            {
                // 如果释放的是鼠标右键
                if (e.isPopupTrigger())
                {
                    pop.show(p , e.getX() , e.getY());
                }
            }
        });
        f.add(p);
        f.add(ta , BorderLayout.NORTH);
        // 以匿名内部类的形式来创建事件监听器对象
        f.addWindowListener(new WindowAdapter()
        {
            public void windowClosing(WindowEvent e)
            {
                System.exit(0);
            }
        });
        f.pack();
        f.setVisible(true);
    }
    public static void main(String[] args)
    {
        new PopupMenuTest().init();
    }
}
```

运行上面程序，会看到如图 11.26 所示的窗口。

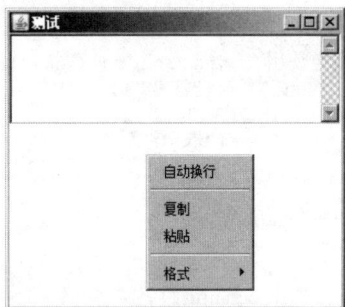

图 11.26 实现右键菜单

学生提问：为什么即使我没有给多行文本域编写右键菜单，但当我在多行文本域上单击右键时也一样会弹出右键菜单？

答：记住 AWT 的实现机制！AWT 并没有为 GUI 组件提供实现，它仅仅是调用运行平台的 GUI 组件来创建和平台一致的对等体。因此程序中的 TextArea 实际上是 Windows（假设在 Windows 平台上运行）的多行文本域组件的对等体，具有和它相同的行为，所以该 TextArea 默认就具有右键菜单。

11.7 在 AWT 中绘图

很多程序如各种小游戏都需要在窗口中绘制各种图形，除此之外，即使在开发 Java EE 项目时，有时候也必须"动态"地向客户端生成各种图形、图表，比如图形验证码、统计图等，这都需要利用 AWT 的绘图功能。

11.7.1 画图的实现原理

在 Component 类里提供了和绘图有关的三个方法。
- paint(Graphics g)：绘制组件的外观。
- update(Graphics g)：调用 paint()方法，刷新组件外观。
- repaint()：调用 update()方法，刷新组件外观。

上面三个方法的调用关系为：repaint()方法调用 update()方法；update()方法调用 paint()方法。Container 类中的 update()方法先以组件的背景色填充整个组件区域，然后调用 paint()方法重画组件。Container 类的 update()方法代码如下：

```
public void update(Graphics g) {
    if (isShowing()) {
        //以组件的背景色填充整个组件区域
        if (! (peer instanceof LightweightPeer)) {
            g.clearRect(0, 0, width, height);
        }
        paint(g);
    }
}
```

普通组件的 update()方法则直接调用 paint()方法。

```
public void update(Graphics g) {
    paint(g);
}
```

图 11.27 显示了 paint()、repaint()和 update() 三个方法之间的调用关系。

从图 11.27 中可以看出，程序不应该主动调用组件的 paint()和 update()方法，这两个方法都由 AWT 系统负责调用。如果程序希望 AWT 系统重新绘制该组件，则调用该组件的 repaint()方法即可。而 paint()和 update()方法通常被重写。在通常情况下，程序通过重写 paint()方法实现在 AWT 组件上绘图。

重写 update()或 paint()方法时，该方法里包含了一个 Graphics 类型的参数，通过该 Graphics 参数就可以实现绘图功能。

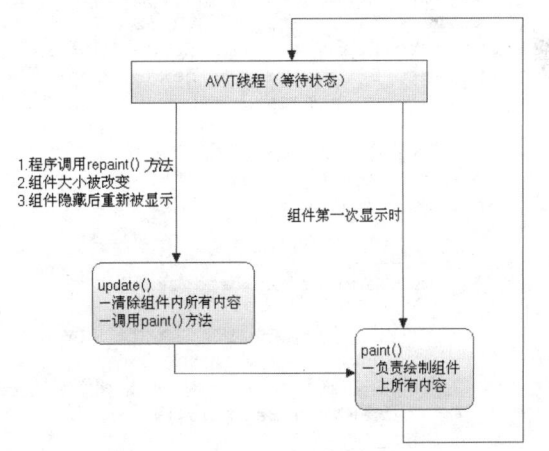

图 11.27　paint()、update()和 repaint()三个方法的调用关系

11.7.2 使用 Graphics 类

Graphics 是一个抽象的画笔对象，Graphics 可以在组件上绘制丰富多彩的几何图形和位图。Graphics 类提供了如下几个方法用于绘制几何图形和位图。
- drawLine()：绘制直线。
- drawString()：绘制字符串。
- drawRect()：绘制矩形。
- drawRoundRect()：绘制圆角矩形。

- drawOval()：绘制椭圆形状。
- drawPolygon()：绘制多边形边框。
- drawArc()：绘制一段圆弧（可能是椭圆的圆弧）。
- drawPolyline()：绘制折线。
- fillRect()：填充一个矩形区域。
- fillRoundRect()：填充一个圆角矩形区域。
- fillOval()：填充椭圆区域。
- fillPolygon()：填充一个多边形区域。
- fillArc()：填充圆弧和圆弧两个端点到中心连线所包围的区域。
- drawImage()：绘制位图。

除此之外，Graphics 还提供了 setColor()和 setFont()两个方法用于设置画笔的颜色和字体（仅当绘制字符串时有效），其中 setColor()方法需要传入一个 Color 参数，它可以使用 RGB、CMYK 等方式设置一个颜色；而 setFont()方法需要传入一个 Font 参数，Font 参数需要指定字体名、字体样式、字体大小三个属性。

> **提示：** 实际上，不仅 Graphics 对象可以使用 setColor()和 setFont()方法来设置画笔的颜色和字体，AWT 普通组件也可以通过 Color()和 Font()方法来改变它的前景色和字体。除此之外，所有组件都有一个 setBackground()方法用于设置组件的背景色。

AWT 专门提供一个 Canvas 类作为绘图的画布，程序可以通过创建 Canvas 的子类，并重写它的 paint()方法来实现绘图。下面程序示范了一个简单的绘图程序。

程序清单：codes\11\11.7\SimpleDraw.java

```java
public class SimpleDraw
{
    private final String RECT_SHAPE = "rect";
    private final String OVAL_SHAPE = "oval";
    private Frame f = new Frame("简单绘图");
    private Button rect = new Button("绘制矩形");
    private Button oval = new Button("绘制圆形");
    private MyCanvas drawArea = new MyCanvas();
    // 用于保存需要绘制什么图形的变量
    private String shape = "";
    public void init()
    {
        Panel p = new Panel();
        rect.addActionListener(e ->
        {
            // 设置 shape 变量为 RECT_SHAPE
            shape = RECT_SHAPE;
            // 重画 MyCanvas 对象，即调用它的 repait()方法
            drawArea.repaint();
        });
        oval.addActionListener(e ->
        {
            // 设置 shape 变量为 OVAL_SHAPE
            shape = OVAL_SHAPE;
            // 重画 MyCanvas 对象，即调用它的 repait()方法
            drawArea.repaint();
        });
        p.add(rect);
        p.add(oval);
        drawArea.setPreferredSize(new Dimension(250 , 180));
        f.add(drawArea);
        f.add(p , BorderLayout.SOUTH);
        f.pack();
        f.setVisible(true);
    }
```

```
    public static void main(String[] args)
    {
        new SimpleDraw().init();
    }
class MyCanvas extends Canvas
{
    // 重写Canvas的paint()方法，实现绘画
    public void paint(Graphics g)
    {
        Random rand = new Random();
        if (shape.equals(RECT_SHAPE))
        {
            // 设置画笔颜色
            g.setColor(new Color(220, 100, 80));
            // 随机地绘制一个矩形框
            g.drawRect( rand.nextInt(200)
                , rand.nextInt(120) , 40 , 60);
        }
        if (shape.equals(OVAL_SHAPE))
        {
            // 设置画笔颜色
            g.setColor(new Color(80, 100, 200));
            // 随机地填充一个实心圆形
            g.fillOval( rand.nextInt(200)
                , rand.nextInt(120) , 50 , 40);
        }
    }
}
```

上面程序定义了一个MyCanvas类，它继承了Canvas类，重写了Canvas类的paint()方法（上面程序中粗体字代码部分），该方法根据shape变量值随机地绘制矩形或填充椭圆区域。窗口中还定义了两个按钮，当用户单击任意一个按钮时，程序调用了drawArea对象的repaint()方法，该方法导致画布重绘（即调用drawArea对象的update()方法，该方法再调用paint()方法）。

运行上面程序，单击"绘制圆形"按钮，将看到如图11.28所示的窗口。

图11.28 简单绘图

> 运行上面程序时，如果改变窗口大小，或者让该窗口隐藏后重新显示都会导致drawArea重新绘制形状——这是因为这些动作都会触发组件的update()方法。

Java也可用于开发一些动画。所谓动画，就是间隔一定的时间（通常小于0.1秒）重新绘制新的图像，两次绘制的图像之间差异较小，肉眼看起来就成了所谓的动画。为了实现间隔一定的时间就重新调用组件的repaint()方法，可以借助于Swing提供的Timer类，Timer类是一个定时器，它有如下一个构造器。

➤ Timer(int delay, ActionListener listener)：每间隔delay毫秒，系统自动触发ActionListener监听器里的事件处理器（actionPerformed()方法）。

下面程序示范了一个简单的弹球游戏，其中小球和球拍分别以圆形区域和矩形区域代替，小球开始以随机速度向下运动，遇到边框或球拍时小球反弹；球拍则由用户控制，当用户按下向左、向右键时，球拍将会向左、向右移动。

程序清单：codes\11\11.7\PinBall.java

```
public class PinBall
{
    // 桌面的宽度
    private final int TABLE_WIDTH = 300;
    // 桌面的高度
```

```java
    private final int TABLE_HEIGHT = 400;
    // 球拍的垂直位置
    private final int RACKET_Y = 340;
    // 下面定义球拍的高度和宽度
    private final int RACKET_HEIGHT = 20;
    private final int RACKET_WIDTH = 60;
    // 小球的大小
    private final int BALL_SIZE = 16;
    private Frame f = new Frame("弹球游戏");
    Random rand = new Random();
    // 小球纵向的运行速度
    private int ySpeed = 10;
    // 返回一个-0.5~0.5的比率,用于控制小球的运行方向
    private double xyRate = rand.nextDouble() - 0.5;
    // 小球横向的运行速度
    private int xSpeed = (int)(ySpeed * xyRate * 2);
    // ballX 和 ballY 代表小球的坐标
    private int ballX = rand.nextInt(200) + 20;
    private int ballY = rand.nextInt(10) + 20;
    // racketX 代表球拍的水平位置
    private int racketX = rand.nextInt(200);
    private MyCanvas tableArea = new MyCanvas();
    Timer timer;
    // 游戏是否结束的旗标
    private boolean isLose = false;
    public void init()
    {
        // 设置桌面区域的最佳大小
        tableArea.setPreferredSize(
            new Dimension(TABLE_WIDTH , TABLE_HEIGHT));
        f.add(tableArea);
        // 定义键盘监听器
        KeyAdapter keyProcessor = new KeyAdapter()
        {
            public void keyPressed(KeyEvent ke)
            {
                // 按下向左、向右键时,球拍水平坐标分别减少、增加
                if (ke.getKeyCode() == KeyEvent.VK_LEFT)
                {
                    if (racketX > 0)
                    racketX -= 10;
                }
                if (ke.getKeyCode() == KeyEvent.VK_RIGHT)
                {
                    if (racketX < TABLE_WIDTH - RACKET_WIDTH)
                    racketX += 10;
                }
            }
        };
        // 为窗口和 tableArea 对象分别添加键盘监听器
        f.addKeyListener(keyProcessor);
        tableArea.addKeyListener(keyProcessor);
        // 定义每0.1秒执行一次的事件监听器
        ActionListener taskPerformer = evt ->
        {
            // 如果小球碰到左边边框
            if (ballX <= 0 || ballX >= TABLE_WIDTH - BALL_SIZE)
            {
                xSpeed = -xSpeed;
            }
            // 如果小球高度超出了球拍位置,且横向不在球拍范围之内,游戏结束
            if (ballY >= RACKET_Y - BALL_SIZE &&
                (ballX < racketX || ballX > racketX + RACKET_WIDTH))
            {
                timer.stop();
                // 设置游戏是否结束的旗标为true
                isLose = true;
                tableArea.repaint();
```

```java
            // 如果小球位于球拍之内，且到达球拍位置，小球反弹
            else if (ballY <= 0 ||
                (ballY >= RACKET_Y - BALL_SIZE
                    && ballX > racketX && ballX <= racketX + RACKET_WIDTH))
            {
                ySpeed = -ySpeed;
            }
            // 小球坐标增加
            ballY += ySpeed;
            ballX += xSpeed;
            tableArea.repaint();
        };      timer = new Timer(100, taskPerformer);
        timer.start();
        f.pack();
        f.setVisible(true);
    }
    public static void main(String[] args)
    {
        new PinBall().init();
    }
}
class MyCanvas extends Canvas
{
    // 重写 Canvas 的 paint()方法，实现绘画
    public void paint(Graphics g)
    {
        // 如果游戏已经结束
        if (isLose)
        {
            g.setColor(new Color(255, 0, 0));
            g.setFont(new Font("Times" , Font.BOLD, 30));
            g.drawString("游戏已结束！" , 50 ,200);
        }
        // 如果游戏还未结束
        else
        {
            // 设置颜色，并绘制小球
            g.setColor(new Color(240, 240, 80));
            g.fillOval(ballX , ballY , BALL_SIZE, BALL_SIZE);
            // 设置颜色，并绘制球拍
            g.setColor(new Color(80, 80, 200));
            g.fillRect(racketX , RACKET_Y
                , RACKET_WIDTH , RACKET_HEIGHT);
        }
    }
}
```

运行上面程序，将看到一个简单的弹球游戏，运行效果如图 11.29 所示。

> **提示：** 上面的弹球游戏还比较简陋，如果为该游戏增加位图背景，使用更逼真的小球位图代替小球，更逼真的球拍位图代替球拍，并在弹球桌面增加一些障碍物，整个弹球游戏将会更有趣味性。细心的读者可能会发现上面的游戏有轻微的闪烁，这是由于 AWT 组件的绘图没有采用双缓冲技术，当重写 paint()方法来绘制图形时，所有的图形都是直接绘制到 GUI 组件上的，所以多次重新调用 paint()方法进行绘制会发生闪烁现象。使用 Swing 组件就可避免这种闪烁，Swing 组件没有提供 Canvas 对应的组件，使用 Swing 的 Panel 组件作为画布即可。

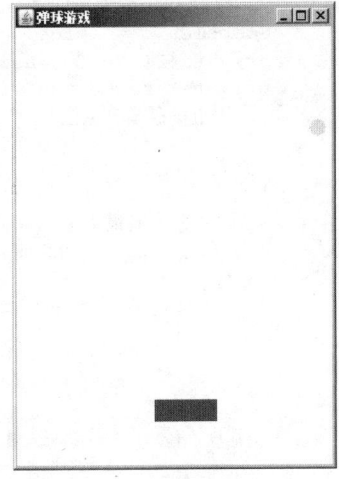

图 11.29 简单的弹球游戏

11.8 处理位图

如果仅仅绘制一些简单的几何图形,程序的图形效果依然比较单调。AWT 也允许在组件上绘制位图,Graphics 提供了 drawImage 方法用于绘制位图,该方法需要一个 Image 参数——代表位图,通过该方法就可以绘制出指定的位图。

11.8.1 Image 抽象类和 BufferedImage 实现类

Image 类代表位图,但它是一个抽象类,无法直接创建 Image 对象,为此 Java 为它提供了一个 BufferedImage 子类,这个子类是一个可访问图像数据缓冲区的 Image 实现类。该类提供了一个简单的构造器,用于创建一个 BufferedImage 对象。

> BufferedImage(int width, int height, int imageType):创建指定大小、指定图像类型的 BufferedImage 对象,其中 imageType 可以是 BufferedImage.TYPE_INT_RGB、BufferedImage.TYPE_BYTE_GRAY 等值。

除此之外,BufferedImage 还提供了一个 getGraphics()方法返回该对象的 Graphics 对象,从而允许通过该 Graphics 对象向 Image 中添加图形。

借助 BufferedImage 可以在 AWT 中实现缓冲技术——当需要向 GUI 组件上绘制图形时,不要直接绘制到该 GUI 组件上,而是先将图形绘制到 BufferedImage 对象中,然后再调用组件的 drawImage 方法一次性地将 BufferedImage 对象绘制到特定组件上。

下面程序通过 BufferedImage 类实现了图形缓冲,并实现了一个简单的手绘程序。

程序清单:codes\11\11.8\HandDraw.java

```java
public class HandDraw
{
    // 画图区的宽度
    private final int AREA_WIDTH = 500;
    // 画图区的高度
    private final int AREA_HEIGHT = 400;
    // 下面的preX、preY 保存了上一次鼠标拖动事件的鼠标坐标
    private int preX = -1;
    private int preY = -1;
    // 定义一个右键菜单用于设置画笔颜色
    PopupMenu pop = new PopupMenu();
    MenuItem redItem = new MenuItem("红色");
    MenuItem greenItem = new MenuItem("绿色");
    MenuItem blueItem = new MenuItem("蓝色");
    // 定义一个 BufferedImage 对象
    BufferedImage image = new BufferedImage(AREA_WIDTH
        , AREA_HEIGHT , BufferedImage.TYPE_INT_RGB);
    // 获取 image 对象的 Graphics
    Graphics g = image.getGraphics();
    private Frame f = new Frame("简单手绘程序");
    private DrawCanvas drawArea = new DrawCanvas();
    // 用于保存画笔颜色
    private Color foreColor = new Color(255, 0 ,0);
    public void init()
    {
        // 定义右键菜单的事件监听器
        ActionListener menuListener = e ->
        {
            if (e.getActionCommand().equals("绿色"))
            {
                foreColor = new Color(0 , 255 , 0);
            }
            if (e.getActionCommand().equals("红色"))
            {
                foreColor = new Color(255 , 0 , 0);
            }
```

```java
            if (e.getActionCommand().equals("蓝色"))
            {
                foreColor = new Color(0 , 0 , 255);
            }
        };
        // 为三个菜单添加事件监听器
        redItem.addActionListener(menuListener);
        greenItem.addActionListener(menuListener);
        blueItem.addActionListener(menuListener);
        // 将菜单项组合成右键菜单
        pop.add(redItem);
        pop.add(greenItem);
        pop.add(blueItem);
        // 将右键菜单添加到 drawArea 对象中
        drawArea.add(pop);
        // 将 image 对象的背景色填充成白色
        g.fillRect(0 , 0 ,AREA_WIDTH , AREA_HEIGHT);
        drawArea.setPreferredSize(new Dimension(AREA_WIDTH , AREA_HEIGHT));
        // 监听鼠标移动动作
        drawArea.addMouseMotionListener(new MouseMotionAdapter()
        {
            // 实现按下鼠标键并拖动的事件处理器
            public void mouseDragged(MouseEvent e)
            {
                // 如果 preX 和 preY 大于 0
                if (preX > 0 && preY > 0)
                {
                    // 设置当前颜色
                    g.setColor(foreColor);
                    // 绘制从上一次鼠标拖动事件点到本次鼠标拖动事件点的线段
                    g.drawLine(preX , preY , e.getX() , e.getY());
                }
                // 将当前鼠标事件点的 X、Y 坐标保存起来
                preX = e.getX();
                preY = e.getY();
                // 重绘 drawArea 对象
                drawArea.repaint();
            }
        });
        // 监听鼠标事件
        drawArea.addMouseListener(new MouseAdapter()
        {
            // 实现鼠标键松开的事件处理器
            public void mouseReleased(MouseEvent e)
            {
                // 弹出右键菜单
                if (e.isPopupTrigger())
                {
                    pop.show(drawArea , e.getX() , e.getY());
                }
                // 松开鼠标键时,把上一次鼠标拖动事件的 X、Y 坐标设为-1
                preX = -1;
                preY = -1;
            }
        });
        f.add(drawArea);
        f.pack();
        f.setVisible(true);
    }
    public static void main(String[] args)
    {
        new HandDraw().init();
    }
    class DrawCanvas extends Canvas
    {
        // 重写 Canvas 的 paint 方法,实现绘画
        public void paint(Graphics g)
        {
```

```
            // 将 image 绘制到该组件上
            g.drawImage(image , 0 , 0 , null);
        }
    }
}
```

实现手绘功能其实是一种假象：表面上看起来可以随鼠标移动自由画曲线，实际上依然利用 Graphics 的 drawLine()方法画直线，每条直线都是从上一次鼠标拖动事件发生点画到本次鼠标拖动事件发生点。当鼠标拖动时，两次鼠标拖动事件发生点的距离很小，多条极短的直线连接起来，肉眼看起来就是鼠标拖动的轨迹了。上面程序还增加了右键菜单来选择画笔颜色。

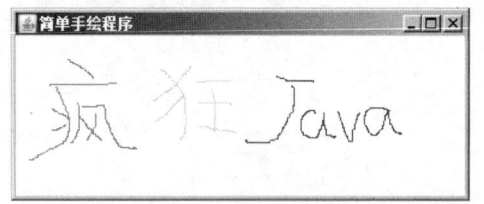

图 11.30　手绘窗口

运行上面程序，出现一个空白窗口，用户可以使用鼠标在该窗口上拖出任意的曲线，如图 11.30 所示。

> **提示:**
> 上面程序进行手绘时只能选择红、绿、蓝三种颜色，不能调出像 Windows 的颜色选择对话框那种"专业"的颜色选择工具。实际上，Swing 提供了对颜色选择对话框的支持，如果结合 Swing 提供的颜色选择对话框，就可以选择任意的颜色进行画图，并可以提供一些按钮让用户选择绘制直线、折线、多边形等几何图形。如果为该程序分别建立多个 BufferedImage 对象，就可实现多图层效果（每个 BufferedImage 代表一个图层）。

▶▶ 11.8.2　Java 9 增强的 ImageIO

如果希望可以访问磁盘上的位图文件，例如 GIF、JPG 等格式的位图，则需要利用 ImageIO 工具类。ImageIO 利用 ImageReader 和 ImageWriter 读写图形文件，通常程序无须关心该类底层的细节，只需要利用该工具类来读写图形文件即可。

ImageIO 类并不支持读写全部格式的图形文件，程序可以通过 ImageIO 类的如下几个静态方法来访问该类所支持读写的图形文件格式。

- ➢ static String[] getReaderFileSuffixes()：返回一个 String 数组，该数组列出 ImageIO 所有能读的图形文件的文件后缀。
- ➢ static String[] getReaderFormatNames()：返回一个 String 数组，该数组列出 ImageIO 所有能读的图形文件的非正式格式名称。
- ➢ static String[] getWriterFileSuffixes()：返回一个 String 数组，该数组列出 ImageIO 所有能写的图形文件的文件后缀。
- ➢ static String[] getWriterFormatNames()：返回一个 String 数组，该数组列出 ImageIO 所有能写的图形文件的非正式格式名称。

下面程序测试了 ImageIO 所支持读写的全部文件格式。

程序清单：codes\11\11.8\ImageIOTest.java

```java
public class ImageIOTest
{
    public static void main(String[] args)
    {
        String[] readFormat = ImageIO.getReaderFormatNames();
        System.out.println("-----Image 能读的所有图形文件格式-----");
        for (String tmp : readFormat)
        {
            System.out.println(tmp);
        }
        String[] writeFormat = ImageIO.getWriterFormatNames();
        System.out.println("-----Image 能写的所有图形文件格式-----");
        for (String tmp : writeFormat)
        {
```

```
        System.out.println(tmp);
    }
}
```

运行上面程序就可以看到 Java 所支持的图形文件格式，通过运行结果可以看出，AWT 并不支持 ico 等图标格式。因此，如果需要在 Java 程序中为按钮、菜单等指定图标，也不要使用 ico 格式的图标文件，而应该使用 JPG、GIF 等格式的图形文件。

Java 9 增强了 ImageIO 的功能，ImageIO 可以读写 TIFF（Tag Image File Format）格式的图片。

ImageIO 类包含两个静态方法：read() 和 write()，通过这两个方法即可完成对位图文件的读写，调用 wirte() 方法输出图形文件时需要指定输出的图形格式，例如 GIF、JPEG 等。下面程序可以将一个原始位图缩小成另一个位图后输出。

程序清单：codes\11\11.8\ZoomImage.java

```java
public class ZoomImage
{
    // 下面两个常量设置缩小后图片的大小
    private final int WIDTH = 80;
    private final int HEIGHT = 60;
    // 定义一个 BufferedImage 对象，用于保存缩小后的位图
    BufferedImage image = new BufferedImage(WIDTH , HEIGHT
        , BufferedImage.TYPE_INT_RGB);
    Graphics g = image.getGraphics();
    public void zoom()throws Exception
    {
        // 读取原始位图
        Image srcImage = ImageIO.read(new File("image/board.jpg"));
        // 将原始位图缩小后绘制到 image 对象中
        g.drawImage(srcImage , 0 , 0 , WIDTH , HEIGHT , null);
        // 将 image 对象输出到磁盘文件中
        ImageIO.write(image , "jpeg"
            , new File(System.currentTimeMillis() + ".jpg"));
    }
    public static void main(String[] args)throws Exception
    {
        new ZoomImage().zoom();
    }
}
```

上面程序中第一行粗体字代码从磁盘中读取一个位图文件，第二行粗体字代码则将原始位图按指定大小绘制到 image 对象中，第三行代码再将 image 对象输出，这就完成了位图的缩小（实际上不一定是缩小，程序总是将原始位图缩放到 WIDTH、HEIGHT 常量指定的大小）并输出。

> **提示：**
> 上面程序总是使用 board.jpg 文件作为原始图片文件，总是缩放到 80×60 的尺寸，且总是以当前时间作为文件名来输出该文件，这是为了简化该程序。如果为该程序增加图形界面，允许用户选择需要缩放的原始图片文件和缩放后的目标文件名，并可以设置缩放后的尺寸，该程序将具有更好的实用性。对位图文件进行缩放是非常实用的功能，大部分 Web 应用都允许用户上传的图片，而 Web 应用则需要对用户上传的位图生成相应的缩略图，这就需要对位图进行缩放。

利用 ImageIO 读取磁盘上的位图，然后将这图绘制在 AWT 组件上，就可以做出更加丰富多彩的图形界面程序。

下面程序再次改写第 4 章的五子棋游戏，为该游戏增加图形用户界面，这种改写很简单，只需要改变如下两个地方即可。

➢ 原来是在控制台打印棋盘和棋子，现在改为使用位图在窗口中绘制棋盘和棋子。
➢ 原来是靠用户输入下棋坐标，现在改为当用户单击鼠标键时获取下棋坐标，此处需要将鼠标事件的 X、Y 坐标转换为棋盘数组的坐标。

程序清单：codes\11\11.8\Gobang.java

```java
public class Gobang
{
    // 下面三个位图分别代表棋盘、黑子、白子
    BufferedImage table;
    BufferedImage black;
    BufferedImage white;
    // 当鼠标移动时的选择框
    BufferedImage selected;
    // 定义棋盘的大小
    private static int BOARD_SIZE = 15;
    // 定义棋盘宽、高多少个像素
    private final int TABLE_WIDTH = 535;
    private final int TABLE_HETGHT = 536;
    // 定义棋盘坐标的像素值和棋盘数组之间的比率
    private final int RATE = TABLE_WIDTH / BOARD_SIZE;
    // 定义棋盘坐标的像素值和棋盘数组之间的偏移距离
    private final int X_OFFSET = 5;
    private final int Y_OFFSET = 6;
    // 定义一个二维数组来充当棋盘
    private String[][] board = new String[BOARD_SIZE][BOARD_SIZE];
    // 五子棋游戏的窗口
    JFrame f = new JFrame("五子棋游戏");
    // 五子棋游戏棋盘对应的Canvas组件
    ChessBoard chessBoard = new ChessBoard();
    // 当前选中点的坐标
    private int selectedX = -1;
    private int selectedY = -1;
    public void init()throws Exception
    {
        table = ImageIO.read(new File("image/board.jpg"));
        black = ImageIO.read(new File("image/black.gif"));
        white = ImageIO.read(new File("image/white.gif"));
        selected = ImageIO.read(new File("image/selected.gif"));
        // 把每个元素赋为"╋"，"╋"代表没有棋子
        for (int i = 0 ; i < BOARD_SIZE ; i++)
        {
            for ( int j = 0 ; j < BOARD_SIZE ; j++)
            {
                board[i][j] = "╋";
            }
        }
        chessBoard.setPreferredSize(new Dimension(
            TABLE_WIDTH , TABLE_HETGHT));
        chessBoard.addMouseListener(new MouseAdapter()
        {
            public void mouseClicked(MouseEvent e)
            {
                // 将用户鼠标事件的坐标转换成棋子数组的坐标
                int xPos = (int)((e.getX() - X_OFFSET) / RATE);
                int yPos = (int)((e.getY() - Y_OFFSET ) / RATE);
                board[xPos][yPos] = "●";
                /*
                电脑随机生成两个整数，作为电脑下棋的坐标，赋给board数组
                还涉及：
                1.如果下棋的点已经有棋子，不能重复下棋
                2.每次下棋后，需要扫描谁赢了
                */
                chessBoard.repaint();
            }
            // 当鼠标退出棋盘区后，复位选中点坐标
            public void mouseExited(MouseEvent e)
            {
                selectedX = -1;
                selectedY = -1;
                chessBoard.repaint();
            }
        });
        chessBoard.addMouseMotionListener(new MouseMotionAdapter()
```

```java
            {
                // 当鼠标移动时，改变选中点的坐标
                public void mouseMoved(MouseEvent e)
                {
                    selectedX = (e.getX() - X_OFFSET) / RATE;
                    selectedY = (e.getY() - Y_OFFSET) / RATE;
                    chessBoard.repaint();
                }
            });
        f.add(chessBoard);
        f.pack();
        f.setVisible(true);
    }
    public static void main(String[] args)throws Exception
    {
        Gobang gb = new Gobang();
        gb.init();
    }
}
class ChessBoard extends JPanel
{
    // 重写JPanel的paint方法，实现绘画
    public void paint(Graphics g)
    {
        // 绘制五子棋棋盘
        g.drawImage(table , 0 , 0 , null);
        // 绘制选中点的红框
        if (selectedX >= 0 && selectedY >= 0)
            g.drawImage(selected , selectedX * RATE + X_OFFSET ,
        selectedY * RATE + Y_OFFSET, null);
        // 遍历数组，绘制棋子
        for (int i = 0 ; i < BOARD_SIZE ; i++)
        {
            for ( int j = 0 ; j < BOARD_SIZE ; j++)
            {
                // 绘制黑棋
                if (board[i][j].equals("●"))
                {
                    g.drawImage(black , i * RATE + X_OFFSET
                        , j * RATE + Y_OFFSET, null);
                }
                // 绘制白棋
                if (board[i][j].equals("○"))
                {
                    g.drawImage(white, i * RATE  + X_OFFSET
                        , j * RATE  + Y_OFFSET, null);
                }
            }
        }
    }
}
```

上面程序中前面一段粗体字代码负责监听鼠标单击动作，负责把鼠标动作的坐标转换成棋盘数组的坐标，并将对应的数组元素赋值为"●"；后面一段粗体字代码则负责在窗口中绘制棋盘和棋子：先直接绘制棋盘位图，接着遍历棋盘数组，如果数组元素是"●"，则在对应点绘制黑棋，如果数组元素是"○"，则在对应点绘制白棋。

> 提示：上面程序为了避免游戏时产生闪烁感，将棋盘所用的画图区改为继承JPanel类，游戏窗口改为使用JFrame类，这两个类都是Swing组件，Swing组件的绘图功能提供了双缓冲技术，可以避免图像闪烁。

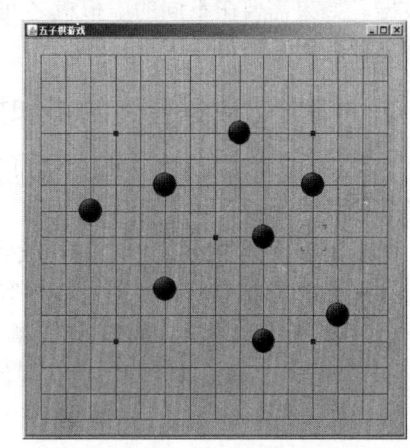

图 11.31 五子棋游戏界面

运行上面程序，会看到如图 11.31 所示的游戏界面。

上面游戏界面中还有一个红色选中框，提示用户鼠标所在的落棋点，这是通过监听鼠标移动事件实现的——当鼠标在游戏界面移动时，程序根据鼠标移动事件发生的坐标来绘制红色选中框。

> **提示：** 上面程序中使用了字符串数组来保存下棋的状态，其实完全可以使用一个 byte[][]数组来保存下棋的状态；数组元素为 0 代表没有棋子；数组元素为 1 代表白棋；数组元素为 2 代表黑棋。上面的游戏程序已经接近完成了，读者只需要按上面思路就可完成这个五子棋游戏，如果能为电脑下棋增加一些智能就更好了。另外，其他小游戏如俄罗斯方块、贪食蛇、连连看、梭哈、斗地主等，只要按这种编程思路来开发都会变得非常简单。实际上，很多程序其实没有想象的那么难，读者只要认真阅读本书，认真完成每章后面的作业，一定可以成为专业的 Java 程序员。

11.9 剪贴板

当进行复制、剪切、粘贴等 Windows 操作时，也许读者从未想过这些操作的实现过程。实际上这是一个看似简单的过程：复制、剪切把一个程序中的数据放置到剪贴板中，而粘贴则读取剪贴板中的数据，并将该数据放入另一个程序中。

剪贴板的复制、剪切和粘贴的过程看似很简单，但实现起来则存在一些具体问题需要处理——假设从一个文字处理程序中复制文本，然后将这段文本复制到另一个文字处理程序中，肯定希望该文字能保持原来的风格，也就是说，剪贴板中必须保留文字原来的格式信息；如果只是将文字复制到纯文本域中，则可以无须包含文字原来的格式信息。除此之外，可能还希望将图像等其他对象复制到剪贴板中。为了处理这种复杂的剪贴板操作，数据提供者（复制、剪切内容的源程序）允许使用多种格式的剪贴板数据，而数据的使用者（粘贴内容的目标程序）则可以从多种格式中选择所需的格式。

> **提示：** 因为 AWT 的实现依赖于底层运行平台的实现，因此 AWT 剪贴板在不同平台上所支持的传输的对象类型并不完全相同。其中 Microsoft、Macintosh 的剪贴板支持传输富格式文本、图像、纯文本等数据，而 X Window 的剪贴板功能则比较有限，它仅仅支持纯文本的剪切和粘贴。读者可以通过查看 JRE 的 jre/lib/flavormap.properties 文件来了解该平台支持哪些类型的对象可以在 Java 程序和系统剪贴板之间传递。

AWT 支持两种剪贴板：本地剪贴板和系统剪贴板。如果在同一个虚拟机的不同窗口之间进行数据传递，则使用 AWT 自己的本地剪贴板就可以了。本地剪贴板则与运行平台无关，可以传输任意格式的数据。如果需要在不同的虚拟机之间传递数据，或者需要在 Java 程序与第三方程序之间传递数据，那就需要使用系统剪贴板了。

11.9.1 数据传递的类和接口

AWT 中剪贴板相关操作的接口和类被放在 java.awt.datatransfer 包下，下面是该包下重要的接口和类的相关说明。

- Clipboard：代表一个剪贴板实例，这个剪贴板既可以是系统剪贴板，也可以是本地剪贴板。
- ClipboardOwner：剪贴板内容的所有者接口，当剪贴板内容的所有权被修改时，系统将会触发该所有者的 lostOwnership 事件处理器。
- Transferable：该接口的实例代表放进剪贴板中的传输对象。
- DataFlavor：用于表述剪贴板中的数据格式。
- StringSelection：Transferable 的实现类，用于传输文本字符串。

- FlavorListener：数据格式监听器接口。
- FlavorEvent：该类的实例封装了数据格式改变的事件。

11.9.2 传递文本

传递文本是最简单的情形，因为 AWT 已经提供了一个 StringSelection 用于传输文本字符串。将一段文本内容（字符串对象）放进剪贴板中的步骤如下。

① 创建一个 Clipboard 实例，既可以创建系统剪贴板，也可以创建本地剪贴板。创建系统剪贴板通过如下代码：

```
Clipboard clipboard = Toolkit.getDefaultToolkit().getSystemClipboard();
```

创建本地剪贴板通过如下代码：

```
Clipboard clipboard = new Clipboard("cb");
```

② 将需要放入剪贴板中的字符串封装成 StringSelection 对象，如下代码所示：

```
StringSelection st = new StringSelection(targetStr);
```

③ 调用剪贴板对象的 setContents()方法将 StringSelection 放进剪贴板中，该方法需要两个参数，第一个参数是 Transferable 对象，代表放进剪贴板中的对象；第二个参数是 ClipboardOwner 对象，代表剪贴板数据的所有者，通常无须关心剪贴板数据的所有者，所以把第二个参数设为 null。

```
clipboard.setContents(st , null);
```

从剪贴板中取出数据则比较简单，调用 Clipboard 对象的 getData(DataFlavor flavor)方法即可取出剪贴板中指定格式的内容，如果指定 flavor 的数据不存在，该方法将引发 UnsupportedFlavorException 异常。为了避免出现异常，可以先调用 Clipboard 对象的 isDataFlavorAvailable(DataFlavor flavor)来判断指定 flavor 的数据是否存在。如下代码所示：

```
if (clipboard.isDataFlavorAvailable(DataFlavor.stringFlavor))
{
    String content = (String)clipboard.getData(DataFlavor.stringFlavor);
}
```

下面程序是一个利用系统剪贴板进行复制、粘贴的简单程序。

程序清单：codes\11\11.9\SimpleClipboard.java

```java
public class SimpleClipboard
{
    private Frame f = new Frame("简单的剪贴板程序");
    // 获取系统剪贴板
    private Clipboard clipboard = Toolkit
        .getDefaultToolkit().getSystemClipboard();
    // 下面是创建本地剪贴板的代码
    // Clipboard clipboard = new Clipboard("cb");   // ①
    // 用于复制文本的文本框
    private TextArea jtaCopyTo = new TextArea(5,20);
    // 用于粘贴文本的文本框
    private TextArea jtaPaste = new TextArea(5,20);
    private Button btCopy = new Button("复制");  // 复制按钮
    private Button btPaste = new Button("粘贴"); // 粘贴按钮
    public void init()
    {
        Panel p = new Panel();
        p.add(btCopy);
        p.add(btPaste);
        btCopy.addActionListener(event ->
        {
            // 将一个多行文本域里的字符串封装成 StringSelection 对象
            StringSelection contents = new
                StringSelection(jtaCopyTo.getText());
            // 将 StringSelection 对象放入剪贴板
```

```
            clipboard.setContents(contents, null);
        });
        btPaste.addActionListener(event ->
        {
            // 如果剪贴板中包含 stringFlavor 内容
            if (clipboard.isDataFlavorAvailable(DataFlavor.stringFlavor))
            {
                try
                {
                    // 取出剪贴板中的 stringFlavor 内容
                    String content = (String)clipboard
                        .getData(DataFlavor.stringFlavor);
                    jtaPaste.append(content);
                }
                catch (Exception e)
                {
                    e.printStackTrace();
                }
            }
        });
        // 创建一个水平排列的 Box 容器
        Box box = new Box(BoxLayout.X_AXIS);
        // 将两个多行文本域放在 Box 容器中
        box.add(jtaCopyTo);
        box.add(jtaPaste);
        // 将按钮所在的 Panel、Box 容器添加到 Frame 窗口中
        f.add(p,BorderLayout.SOUTH);
        f.add(box,BorderLayout.CENTER);
        f.pack();
        f.setVisible(true);
    }
    public static void main(String[] args)
    {
        new SimpleClipboard().init();
    }
}
```

上面程序中"复制"按钮的事件监听器负责将第一个文本域的内容复制到系统剪贴板中,"粘贴"按钮的事件监听器则负责取出系统剪贴板中的 stringFlavor 内容,并将其添加到第二个文本域内。运行上面程序,将看到如图 11.32 所示的结果。

因为程序使用的是系统剪贴板,因此可以通过 Windows 的剪贴簿查看器来查看程序放入剪贴板中的内容。在 Windows 的"开始"菜单中运行"clipbrd"程序,将可以看到如图 11.33 所示的窗口。

> **提示:**
> Windows 7 系统已经删除了默认的剪贴板查看器,因此读者可以到 Windows XP 的 C:\windows\system32\目录下将 clipbrd.exe 文件复制过来。

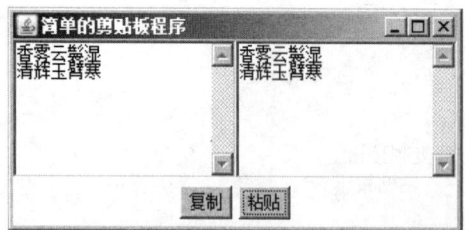

图 11.32 使用剪贴板复制、粘贴文本内容

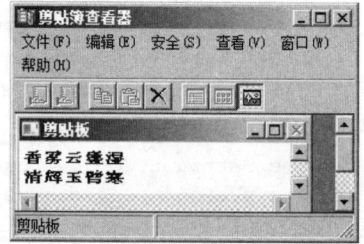

图 11.33 通过剪贴簿查看器查看剪贴板中的内容

▶▶ 11.9.3 使用系统剪贴板传递图像

前面已经介绍了,Transferable 接口代表可以放入剪贴板的传输对象,所以如果希望将图像放入剪贴板内,则必须提供一个 Transferable 接口的实现类,该实现类其实很简单,它封装一个 image 对象,并且向外表现为 imageFlavor 内容。

第 11 章 AWT 编程

> **注意：** JDK 为 Transferable 接口仅提供了一个 StringSelection 实现类，用于封装字符串内容。但 JDK 在 DataFlavor 类中提供了一个 imageFlavor 常量，用于代表图像格式的 DataFlavor，并负责执行所有的复杂操作，以便进行 Java 图像和剪贴板图像的转换。

下面程序实现了一个 ImageSelection 类，该类实现了 Transferable 接口，并实现了该接口所包含的三个方法。

程序清单：codes\11\11.9\ImageSelection.java

```java
public class ImageSelection implements Transferable
{
    private Image image;
    // 构造器，负责持有一个 Image 对象
    public ImageSelection(Image image)
    {
        this.image = image;
    }
    // 返回该 Transferable 对象所支持的所有 DataFlavor
    public DataFlavor[] getTransferDataFlavors()
    {
        return new DataFlavor[]{DataFlavor.imageFlavor};
    }
    // 取出该 Transferable 对象里实际的数据
    public Object getTransferData(DataFlavor flavor)
        throws UnsupportedFlavorException
    {
        if(flavor.equals(DataFlavor.imageFlavor))
        {
            return image;
        }
        else
        {
            throw new UnsupportedFlavorException(flavor);
        }
    }
    // 返回该 Transferable 对象是否支持指定的 DataFlavor
    public boolean isDataFlavorSupported(DataFlavor flavor)
    {
        return flavor.equals(DataFlavor.imageFlavor);
    }
}
```

有了 ImageSelection 封装类后，程序就可以将指定的 Image 对象包装成 ImageSelection 对象放入剪贴板中。下面程序对前面的 HandDraw 程序进行了改进，改进后的程序允许将用户手绘的图像复制到剪贴板中，也可以把剪贴板里的图像粘贴到该程序中。

程序清单：codes\11\11.9\CopyImage.java

```java
public class CopyImage
{
    // 系统剪贴板
    private Clipboard clipboard = Toolkit
        .getDefaultToolkit().getSystemClipboard();
    // 使用 ArrayList 来保存所有粘贴进来的 Image——就是当成图层处理
    java.util.List<Image> imageList = new ArrayList<>();
    // 下面代码与前面 HandDraw 程序中控制绘图的代码一样，省略这部分代码
    ...
        f.add(drawArea);
        Panel p = new Panel();
        Button copy = new Button("复制");
        Button paste = new Button("粘贴");
        copy.addActionListener(event ->
        {
```

```java
                // 将image对象封装成ImageSelection对象
                ImageSelection contents = new ImageSelection(image);
                // 将ImageSelection对象放入剪贴板
                clipboard.setContents(contents, null);
        });
        paste.addActionListener(event ->
        {
            // 如果剪贴板中包含imageFlavor内容
            if (clipboard.isDataFlavorAvailable(DataFlavor.imageFlavor))
            {
                try
                {
                    // 取出剪贴板中的imageFlavor内容,并将其添加到List集合中
                    imageList.add((Image)clipboard
                        .getData(DataFlavor.imageFlavor));
                    drawArea.repaint();
                }
                catch (Exception e)
                {
                    e.printStackTrace();
                }
            }
        });
        p.add(copy);
        p.add(paste);
        f.add(p , BorderLayout.SOUTH);
        f.pack();
        f.setVisible(true);
    }
    public static void main(String[] args)
    {
        new CopyImage().init();
    }
}
class DrawCanvas extends Canvas
{
    // 重写Canvas的paint方法,实现绘画
    public void paint(Graphics g)
    {
        // 将image绘制到该组件上
        g.drawImage(image , 0 , 0 , null);
        // 将List里的所有Image对象都绘制出来
        for (Image img : imageList)
        {
            g.drawImage(img , 0 , 0 , null);
        }
    }
}
```

上面程序实现图像复制、粘贴的代码也很简单,就是程序中两段粗体字代码部分:第一段粗体字代码实现了图像复制功能,将image对象封装成ImageSelection对象,然后调用Clipboard的setContents()方法将该对象放入剪贴板中;第二段粗体字代码实现了图像粘贴功能,取出剪贴板中的imageFlavor内容,返回一个Image对象,将该Image对象添加到程序的imageList集合中。

上面程序中使用了"图层"的概念,使用imageList集合来保存所有粘贴到程序中的Image——每个Image就是一个图层,重绘Canvas对象时需要绘制imageList集合中的每个image图像。运行上面程序,当用户在程序中绘制了一些图像后,单击"复制"按钮,将看到程序将该图像复制到了系统剪贴板中,如图11.34所示。

如果在其他程序中复制一块图像区域(由其他程序负责将图片放入系统剪贴板中),然后单击本程序中的"粘贴"

图11.34 将Java程序中的图像放入系统剪贴板中

按钮，就可以将该图像粘贴到本程序中。如图 11.35 所示，将其他程序中的图像复制到 Java 程序中。

图 11.35 将画图程序中的图像复制到 Java 程序中

11.9.4 使用本地剪贴板传递对象引用

本地剪贴板可以保存任何类型的 Java 对象，包括自定义类型的对象。为了将任意类型的 Java 对象保存到剪贴板中，DataFlavor 里提供了一个 javaJVMLocalObjectMimeType 的常量，该常量是一个 MIME 类型字符串：application/x-java-jvm-local-objectref，将 Java 对象放入本地剪贴板中必须使用该 MIME 类型。该 MIME 类型表示仅将对象引用复制到剪贴板中，对象引用只有在同一个虚拟机中才有效，所以只能使用本地剪贴板。创建本地剪贴板的代码如下：

```
Clipboard clipboard = new Clipboard("cp");
```

创建本地剪贴板时需要传入一个字符串，该字符串是剪贴板的名字，通过这种方式允许在一个程序中创建本地剪贴板，就可以实现像 Word 那种多次复制，选择剪贴板粘贴的功能。

> **注意：**
> 本地剪贴板是 JVM 负责维护的内存区，因此本地剪贴板会随虚拟机的结束而销毁。因此一旦 Java 程序退出，本地剪贴板中的内容将会丢失。

Java 并没有提供封装对象引用的 Transferable 实现类，因此必须自己实现该接口。实现该接口与前面的 ImageSelection 基本相似，一样要实现该接口的三个方法，并持有某个对象的引用。看如下代码。

程序清单：codes\11\11.9\LocalObjectSelection.java

```java
public class LocalObjectSelection implements Transferable
{
    // 持有一个对象的引用
    private Object obj;
    public LocalObjectSelection(Object obj)
    {
        this.obj = obj;
    }
    // 返回该 Transferable 对象支持的 DataFlavor
    public DataFlavor[] getTransferDataFlavors()
    {
        DataFlavor[] flavors = new DataFlavor[2];
        //获取被封装对象的类型
        Class clazz = obj.getClass();
        String mimeType = "application/x-java-jvm-local-objectref;"
            + "class=" + clazz.getName();
        try
        {
            flavors[0] = new DataFlavor(mimeType);
            flavors[1] = DataFlavor.stringFlavor;
            return flavors;
        }
```

```java
            catch (ClassNotFoundException e)
            {
                e.printStackTrace();
                return null;
            }
        }
        // 取出该Transferable对象封装的数据
        public Object getTransferData(DataFlavor flavor)
            throws UnsupportedFlavorException
        {
            if(!isDataFlavorSupported(flavor))
            {
                throw new UnsupportedFlavorException(flavor);
            }
            if (flavor.equals(DataFlavor.stringFlavor))
            {
                return obj.toString();
            }
            return obj;
        }
        public boolean isDataFlavorSupported(DataFlavor flavor)
        {
            return flavor.equals(DataFlavor.stringFlavor) ||
                flavor.getPrimaryType().equals("application")
                && flavor.getSubType().equals("x-java-jvm-local-objectref")
                && flavor.getRepresentationClass().isAssignableFrom(obj.getClass());
        }
    }
```

上面程序创建了一个 DataFlavor 对象,用于表示本地 Person 对象引用的数据格式。创建 DataFlavor 对象可以使用如下构造器。

➤ DataFlavor(String mimeType):根据 mimeType 字符串构造 DataFlavor。

程序使用上面构造器创建了 MIME 类型为 "application/x-java-jvm-local-objectref;class="+clazz.getName()的 DataFlavor 对象,它表示封装本地对象引用的数据格式。

有了上面的 LocalObjectSelection 封装类后,就可以使用该类来封装某个对象的引用,从而将该对象的引用放入本地剪贴板中。下面程序示范了如何将一个 Person 对象放入本地剪贴板中,以及从本地剪贴板中读取该 Person 对象。

程序清单:codes\11\11.9\CopyPerson.java

```java
public class CopyPerson
{
    Frame f = new Frame("复制对象");
    Button copy = new Button("复制");
    Button paste = new Button("粘贴");
    TextField name = new TextField(15);
    TextField age = new TextField(15);
    TextArea ta = new TextArea(3 , 30);
    // 创建本地剪贴板
    Clipboard clipboard = new Clipboard("cp");
    public void init()
    {
        Panel p = new Panel();
        p.add(new Label("姓名"));
        p.add(name);
        p.add(new Label("年龄"));
        p.add(age);
        f.add(p , BorderLayout.NORTH);
        f.add(ta);
        Panel bp = new Panel();
        // 为"复制"按钮添加事件监听器
        copy.addActionListener(e -> copyPerson());
        // 为"粘贴"按钮添加事件监听器
        paste.addActionListener(e ->
        {
            try
```

```java
            readPerson();
        }
        catch (Exception ee)
        {
            ee.printStackTrace();
        }
    });       bp.add(copy);
    bp.add(paste);
    f.add(bp , BorderLayout.SOUTH);
    f.pack();
    f.setVisible(true);
}
public void copyPerson()
{
    // 以 name、age 文本框的内容创建 Person 对象
    Person p = new Person(name.getText()
        , Integer.parseInt(age.getText()));
    // 将 Person 对象封装成 LocalObjectSelection 对象
    LocalObjectSelection ls = new LocalObjectSelection(p);
    // 将 LocalObjectSelection 对象放入本地剪贴板中
    clipboard.setContents(ls , null);
}
public void readPerson()throws Exception
{
    // 创建保存 Person 对象引用的 DataFlavor 对象
    DataFlavor peronFlavor = new DataFlavor(
        "application/x-java-jvm-local-objectref;class=Person");
    // 取出本地剪贴板中的内容
    if (clipboard.isDataFlavorAvailable(DataFlavor.stringFlavor))
    {
        Person p = (Person)clipboard.getData(peronFlavor);
        ta.setText(p.toString());
    }
}
public static void main(String[] args)
{
    new CopyPerson().init();
}
```

上面程序中的两段粗体字代码实现了复制、粘贴对象的功能，这两段代码与前面复制、粘贴图像的代码并没有太大的区别，只是前面程序使用了 Java 本身提供的 Data.imageFlavor 数据格式，而此处必须自己创建一个 DataFlavor，用以表示封装 Person 引用的 DataFlavor。运行上面程序，在"姓名"文本框内随意输入一个字符串，在"年龄"文本框内输入年龄数字，然后单击"复制"按钮，就可以将根据两个文本框的内容创建的 Person 对象放入本地剪贴板中；单击"粘贴"按钮，就可以从本地剪贴板中读取刚刚放入的数据，如图 11.36 所示。

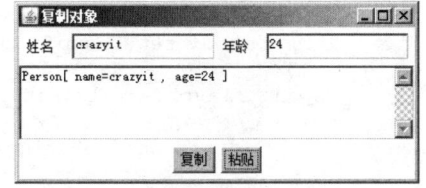

图 11.36　将本地对象复制到本地剪贴板中

上面程序中使用的 Person 类是一个普通的 Java 类，该 Person 类包含了 name 和 age 两个成员变量，并提供了一个包含两个参数的构造器，用于为这两个 Field 成员变量；并重写了 toString()方法，用于返回该 Person 对象的描述性信息。关于 Person 类代码可以参考 codes\11\11.9\CopyPerson.java 文件。

▶▶ 11.9.5　通过系统剪贴板传递 Java 对象

系统剪贴板不仅支持传输文本、图像的基本内容，而且支持传输序列化的 Java 对象和远程对象，复制到剪贴板中的序列化的 Java 对象和远程对象可以使用另一个 Java 程序（不在同一个虚拟机内的程序）来读取。DataFlavor 中提供了 javaSerializedObjectMimeType、javaRemoteObjectMimeType 两个字符串常量来表示序列化的 Java 对象和远程对象的 MIME 类型，这两种 MIME 类型提供了复制对象、读取对象所包含的复杂操作，程序只需创建对应的 Tranferable 实现类即可。

> **提示：** 关于对象序列化请参考本书第 15 章的介绍——如果某个类是可序列化的，则该类的实例可以转换成二进制流，从而可以将该对象通过网络传输或保存到磁盘上。为了保证某个类是可序列化的，只要让该类实现 Serializable 接口即可。

下面程序实现了一个 SerialSelection 类，该类与前面的 ImageSelection、LocalObjectSelection 实现类相似，都需要实现 Tranferable 接口，实现该接口的三个方法，并持有一个可序列化的对象。

程序清单：codes\11\11.9\SerialSelection.java

```java
public class SerialSelection implements Transferable
{
    // 持有一个可序列化的对象
    private Serializable obj;
    // 创建该类的对象时传入被持有的对象
    public SerialSelection(Serializable obj)
    {
        this.obj = obj;
    }
    public DataFlavor[] getTransferDataFlavors()
    {
        DataFlavor[] flavors = new DataFlavor[2];
        // 获取被封装对象的类型
        Class clazz = obj.getClass();
        try
        {
            flavors[0] = new DataFlavor(DataFlavor.javaSerializedObjectMimeType
                + ";class=" + clazz.getName());
            flavors[1] = DataFlavor.stringFlavor;
            return flavors;
        }
        catch (ClassNotFoundException e)
        {
            e.printStackTrace();
            return null;
        }
    }
    public Object getTransferData(DataFlavor flavor)
        throws UnsupportedFlavorException
    {
        if(!isDataFlavorSupported(flavor))
        {
            throw new UnsupportedFlavorException(flavor);
        }
        if (flavor.equals(DataFlavor.stringFlavor))
        {
            return obj.toString();
        }
        return obj;
    }
    public boolean isDataFlavorSupported(DataFlavor flavor)
    {
        return flavor.equals(DataFlavor.stringFlavor) ||
            flavor.getPrimaryType().equals("application")
            && flavor.getSubType().equals("x-java-serialized-object")
            && flavor.getRepresentationClass().isAssignableFrom(obj.getClass());
    }
}
```

上面程序也创建了一个 DataFlavor 对象，该对象使用的 MIME 类型为"application/x-java-serialized-object;class=" + clazz.getName()，它表示封装可序列化的 Java 对象的数据格式。

有了上面的 SerialSelection 类后，程序就可以把一个可序列化的对象封装成 SerialSelection 对象，并将该对象放入系统剪贴板中，另一个 Java 程序也可以从系统剪贴板中读取该对象。下面复制、读取 Dog 对象的程序与前面的复制、粘贴 Person 对象的程序非常相似，只是该程序使用的是系统剪贴板，而不是本地剪贴板。

程序清单:codes\11\11.9\CopySerializable.java

```java
public class CopySerializable
{
    Frame f = new Frame("复制对象");
    Button copy = new Button("复制");
    Button paste = new Button("粘贴");
    TextField name = new TextField(15);
    TextField age = new TextField(15);
    TextArea ta = new TextArea(3 , 30);
    // 创建系统剪贴板
    Clipboard clipboard = Toolkit.getDefaultToolkit()
        .getSystemClipboard();
    public void init()
    {
        Panel p = new Panel();
        p.add(new Label("姓名"));
        p.add(name);
        p.add(new Label("年龄"));
        p.add(age);
        f.add(p , BorderLayout.NORTH);
        f.add(ta);
        Panel bp = new Panel();
        copy.addActionListener(e -> copyDog());
        paste.addActionListener(e ->
        {
            try
            {
                readDog();
            }
            catch (Exception ee)
            {
                ee.printStackTrace();
            }
        });        bp.add(copy);
        bp.add(paste);
        f.add(bp , BorderLayout.SOUTH);
        f.pack();
        f.setVisible(true);
    }
    public void copyDog()
    {
        Dog d = new Dog(name.getText()
            , Integer.parseInt(age.getText()));
        // 把dog实例封装成SerialSelection对象
        SerialSelection ls =new SerialSelection(d);
        // 把SerialSelection对象放入系统剪贴板中
        clipboard.setContents(ls , null);
    }
    public void readDog()throws Exception
    {
        DataFlavor peronFlavor = new DataFlavor(DataFlavor
            .javaSerializedObjectMimeType + ";class=Dog");
        if (clipboard.isDataFlavorAvailable(DataFlavor.stringFlavor))
        {
            // 从系统剪贴板中读取数据
            Dog d = (Dog)clipboard.getData(peronFlavor);
            ta.setText(d.toString());
        }
    }
    public static void main(String[] args)
    {
        new CopySerializable().init();
    }
}
```

上面程序中的两段粗体字代码实现了复制、粘贴对象的功能,复制时将 Dog 对象封装成

SerialSelection 对象后放入剪贴板中；读取时先创建 application/x-java-serialized-object;class=Dog 类型的 DataFlavor，然后从剪贴板中读取对应格式的内容即可。运行上面程序，在"姓名"文本框内输入字符串，在"年龄"文本框内输入数字，单击"复制"按钮，即可将该 Dog 对象放入系统剪贴板中。

再次运行上面程序（即启动另一个虚拟机），单击窗口中的"粘贴"按钮，将可以看到系统剪贴板中的 Dog 对象被读取出来,启动系统剪贴板也可以看到被放入剪贴板内的 Dog 对象,如图 11.37 所示。

图 11.37　访问系统剪贴板中的 Dog 对象

上面的 Dog 类也非常简单，为了让该类是可序列化的，让该类实现 Serializable 接口即可。读者可以参考 codes\11\11.9\CopySerializable.java 文件来查看 Dog 类的代码。

11.10　拖放功能

拖放是非常常见的操作，人们经常会通过拖放操作来完成复制、剪切功能，但这种复制、剪切操作无须剪贴板支持，程序将数据从拖放源直接传递给拖放目标。这种通过拖放实现的复制、剪切效果也被称为复制、移动。

人们在拖放源中选中一项或多项元素，然后用鼠标将这些元素拖离它们的初始位置，当拖着这些元素在拖放目标上松开鼠标按键时，拖放目标将会查询拖放源，进而访问到这些元素的相关信息，并会相应地启动一些动作。例如，从 Windows 资源管理器中把一个文件图标拖放到 WinPad 图标上，WinPad 将会打开该文件。如果在 Eclipse 中选中一段代码，然后将这段代码拖放到另一个位置，系统将会把这段代码从初始位置删除，并将这段代码放到拖放的目标位置。

除此之外，拖放操作还可以与三种键组合使用，用以完成特殊功能。

➢ 与 Ctrl 键组合使用：表示该拖放操作完成复制功能。例如，可以在 Eclipse 中通过拖放将一段代码剪切到另一个地方，如果在拖放过程中按住 Ctrl 键，系统将完成代码复制，而不是剪切。

➢ 与 Shift 键组合使用：表示该拖放操作完成移动功能。有些时候直接拖放默认就是进行复制，例如，从 Windows 资源管理器的一个路径将文件图标拖放到另一个路径，默认就是进行文件复制。此时可以结合 Shift 键来进行拖放操作，用以完成移动功能。

➢ 与 Ctrl、Shift 键组合使用：表示为目标对象建立快捷方式（在 UNIX 等平台上称为链接）。

在拖放操作中，数据从拖放源直接传递给拖放目标，因此拖放操作主要涉及两个对象：拖放源和拖放目标。AWT 已经提供了对拖放源和拖放目标的支持，分别由 DragSource 和 DropTarget 两个类来表示。下面将具体介绍如何在程序中建立拖放源和拖放目标。

实际上，拖放操作与前面介绍的剪贴板操作有一定的类似之处，它们之间的差别在于：拖放操作将数据从拖放源直接传递给拖放目标，而剪贴板操作则是先将数据传递到剪贴板上，然后再从剪贴板传递给目标。剪贴板操作中被传递的内容使用 Transferable 接口来封装，与此类似的是，拖放操作中被传递的内容也使用 Transferable 来封装；剪贴板操作中被传递的数据格式使用 DataFlavor 来表示，拖放操作中同样使用 DataFlavor 来表示被传递的数据格式。

▶▶ 11.10.1　拖放目标

在 GUI 界面中创建拖放目标非常简单，AWT 提供了 DropTarget 类来表示拖放目标，可以通过该类提供的如下构造器来创建一个拖放目标。

- DropTarget(Component c, int ops, DropTargetListener dtl)：将 c 组件创建成一个拖放目标，该拖放目标默认可接受 ops 值所指定的拖放操作。其中 DropTargetListener 是拖放操作的关键，它负责对拖放操作做出相应的响应。ops 可接受如下几个值。
  - DnDConstants.ACTION_COPY：表示"复制"操作的 int 值。
  - DnDConstants.ACTION_COPY_OR_MOVE：表示"复制"或"移动"操作的 int 值。
  - DnDConstants.ACTION_LINK：表示建立"快捷方式"操作的 int 值。
  - DnDConstants.ACTION_MOVE：表示"移动"操作的 int 值。
  - DnDConstants.ACTION_NONE：表示无任何操作的 int 值。

例如，下面代码将一个 JFrame 对象创建成拖放目标。

```
// 将当前窗口创建成拖放目标
new DropTarget(jf, DnDConstants.ACTION_COPY , new ImageDropTargetListener());
```

正如从上面代码中所看到的，创建拖放目标时需要传入一个 DropTargetListener 监听器，该监听器负责处理用户的拖放动作。该监听器里包含如下 5 个事件处理器。

- dragEnter(DropTargetDragEvent dtde)：当光标进入拖放目标时将触发 DropTargetListener 监听器的该方法。
- dragExit(DropTargetEvent dtde)：当光标移出拖放目标时将触发 DropTargetListener 监听器的该方法。
- dragOver(DropTargetDragEvent dtde)：当光标在拖放目标上移动时将触发 DropTargetListener 监听器的该方法。
- drop(DropTargetDropEvent dtde)：当用户在拖放目标上松开鼠标键，拖放结束时将触发 DropTargetListener 监听器的该方法。
- dropActionChanged(DropTargetDragEvent dtde)：当用户在拖放目标上改变了拖放操作，例如按下或松开了 Ctrl 等辅助键时将触发 DropTargetListener 监听器的该方法。

通常程序不想为上面每个方法提供响应，即不想重写 DropTargetListener 监听器的每个方法，只想重写我们关心的方法，可以通过继承 DropTargetAdapter 适配器来创建拖放监听器。下面程序利用拖放目标创建了一个简单的图片浏览工具，当用户把一个或多个图片文件拖入该窗口时，该窗口将会自动打开每个图片文件。

程序清单：codes\11\11.10\DropTargetTest.java

```java
public class DropTargetTest
{
    final int DESKTOP_WIDTH = 480;
    final int DESKTOP_HEIGHT = 360;
    final int FRAME_DISTANCE = 30;
    JFrame jf = new JFrame("测试拖放目标——把图片文件拖入该窗口");
    // 定义一个虚拟桌面
    private JDesktopPane desktop = new JDesktopPane();
    // 保存下一个内部窗口的坐标点
    private int nextFrameX;
    private int nextFrameY;
    // 定义内部窗口为虚拟桌面的 1/2 大小
    private int width = DESKTOP_WIDTH / 2;
    private int height = DESKTOP_HEIGHT / 2;
    public void init()
    {
        desktop.setPreferredSize(new Dimension(DESKTOP_WIDTH
            , DESKTOP_HEIGHT));
        // 将当前窗口创建成拖放目标
        new DropTarget(jf, DnDConstants.ACTION_COPY
            , new ImageDropTargetListener());
        jf.add(desktop);
        jf.setDefaultCloseOperation(JFrame.EXIT_ON_CLOSE);
        jf.pack();
```

```java
        jf.setVisible(true);
    }
    class ImageDropTargetListener extends DropTargetAdapter
    {
        public void drop(DropTargetDropEvent event)
        {
            // 接受复制操作
            event.acceptDrop(DnDConstants.ACTION_COPY);
            // 获取拖放的内容
            Transferable transferable = event.getTransferable();
            DataFlavor[] flavors = transferable.getTransferDataFlavors();
            // 遍历拖放内容里的所有数据格式
            for (int i = 0; i < flavors.length; i++)
            {
                DataFlavor d = flavors[i];
                try
                {
                    // 如果拖放内容的数据格式是文件列表
                    if (d.equals(DataFlavor.javaFileListFlavor))
                    {
                        // 取出拖放操作里的文件列表
                        List fileList = (List)transferable
                            .getTransferData(d);
                        for (Object f : fileList)
                        {
                            // 显示每个文件
                            showImage((File)f , event);
                        }
                    }
                }
                catch (Exception e)
                {
                    e.printStackTrace();
                }
                // 强制拖放操作结束，停止阻塞拖放目标
                event.dropComplete(true);     // ①
            }
        }
    }
    // 显示每个文件的工具方法
    private void showImage(File f , DropTargetDropEvent event)
        throws IOException
    {
        Image image = ImageIO.read(f);
        if (image == null)
        {
            // 强制拖放操作结束，停止阻塞拖放目标
            event.dropComplete(true);     // ②
            JOptionPane.showInternalMessageDialog(desktop
                , "系统不支持这种类型的文件");
            // 方法返回，不会继续操作
            return;
        }
        ImageIcon icon = new ImageIcon(image);
        // 创建内部窗口显示该图片
        JInternalFrame iframe = new JInternalFrame(f.getName()
            , true , true , true , true);
        JLabel imageLabel = new JLabel(icon);
        iframe.add(new JScrollPane(imageLabel));
        desktop.add(iframe);
        // 设置内部窗口的原始位置（内部窗口默认大小是0×0，放在0,0位置）
        iframe.reshape(nextFrameX, nextFrameY, width, height);
        // 使该窗口可见，并尝试选中它
        iframe.show();
        // 计算下一个内部窗口的位置
        nextFrameX += FRAME_DISTANCE;
        nextFrameY += FRAME_DISTANCE;
        if (nextFrameX + width > desktop.getWidth())
            nextFrameX = 0;
```

```
            if (nextFrameY + height > desktop.getHeight())
                nextFrameY = 0;
        }
    }
    public static void main(String[] args)
    {
        new DropTargetTest().init();
    }
}
```

上面程序中粗体字代码部分创建了一个拖放目标，创建拖放目标很简单，关键是需要为该拖放目标编写事件监听器。上面程序中采用 ImageDropTargetListener 对象作为拖放目标的事件监听器，该监听器重写了 drop() 方法，即当用户在拖放目标上松开鼠标按键时触发该方法。drop() 方法里通过 DropTargetDropEvent 对象的 getTransferable() 方法取出被拖放的内容，一旦获得被拖放的内容后，程序就可以对这些内容进行适当处理，本例中只处理被拖放格式是 DataFlavor.javaFileListFlavor（文件列表）的内容，处理方法是把所有的图片文件使用内部窗口显示出来。

运行该程序时，只要用户把图片文件拖入该窗口，程序就会使用内部窗口显示该图片。

> **注意：** 上面程序中①②处的 event.dropComplete(true); 代码用于强制结束拖放事件，释放拖放目标的阻塞，如果没有调用该方法，或者在弹出对话框之后调用该方法，将会导致拖放目标被阻塞。在对话框被处理之前，拖放目标窗口也不能获得焦点，这可能不是程序希望的效果，所以程序在弹出内部对话框之前强制结束本次拖放操作（因为文件格式不对），释放拖放目标的阻塞。

上面程序中只处理 DataFlavor.javaFileListFlavor 格式的拖放内容；除此之外，还可以处理文本格式的拖放内容，文本格式的拖放内容使用 DataFlavor.stringFlavor 格式来表示。

更复杂的情况是，可能被拖放的内容是带格式的内容，如 text/html 和 text/rtf 等。为了处理这种内容，需要选择合适的数据格式，如下代码所示：

```
// 如果被拖放的内容是 text/html 格式的输入流
if (d.isMimeTypeEqual("text/html") && d.getRepresentationClass()
    == InputStream.class)
{
    String charset = d.getParameter("charset");
    InputStreamReader reader = new InputStreamReader(
        transferable.getTransferData(d) , charset);
    // 使用 IO 流读取拖放操作的内容
    ...
}
```

关于如何使用 IO 流来处理被拖放的内容，读者需要参考本书第 15 章的内容。

11.10.2 拖放源

前面程序使用 DropTarget 创建了一个拖放目标，直接使用系统资源管理器作为拖放源。下面介绍如何在 Java 程序中创建拖放源，创建拖放源比创建拖放目标要复杂一些，因为程序需要把被拖放内容封装成 Transferable 对象。

创建拖放源的步骤如下。

① 调用 DragSource 的 getDefaultDragSource() 方法获得与平台关联的 DragSource 对象。

② 调用 DragSource 对象的 createDefaultDragGestureRecognizer(Component c, int actions, DragGestureListener dgl) 方法将指定组件转换成拖放源。其中 actions 用于指定该拖放源可接受哪些拖放操作，而 dgl 是一个拖放监听器，该监听器里只有一个方法：dragGestureRecognized()，当系统检测到用户开始拖放时将会触发该方法。

如下代码将会把一个 JLabel 对象转换为拖放源。

```
// 将 srcLabel 组件转换为拖放源
dragSource.createDefaultDragGestureRecognizer(srcLabel,
    DnDConstants.ACTION_COPY_OR_MOVE, new MyDragGestureListener()
```

③ 为第 2 步中的 DragGestureListener 监听器提供实现类，该实现类需要重写该接口里包含的 dragGestureRecognized() 方法，该方法负责把拖放内容封装成 Transferable 对象。

下面程序示范了如何把一个 JLabel 转换成拖放源。

程序清单：codes\11\11.10\DragSourceTest.java

```java
public class DragSourceTest
{
    JFrame jf = new JFrame("Swing 的拖放支持");
    JLabel srcLabel = new JLabel("Swing 的拖放支持.\n"
        +"将该文本域的内容拖入其他程序.\n");
    public void init()
    {
        DragSource dragSource = DragSource.getDefaultDragSource();
        // 将 srcLabel 转换成拖放源，它能接受复制、移动两种操作
        dragSource.createDefaultDragGestureRecognizer(srcLabel
            , DnDConstants.ACTION_COPY_OR_MOVE
            , event -> {
            // 将 JLabel 里的文本信息包装成 Transferable 对象
            String txt = srcLabel.getText();
            Transferable transferable = new StringSelection(txt);
            // 继续拖放操作，拖放过程中使用手状光标
            event.startDrag(Cursor.getPredefinedCursor(Cursor
                .HAND_CURSOR), transferable);
        });
        jf.add(new JScrollPane(srcLabel));
        jf.setDefaultCloseOperation(JFrame.EXIT_ON_CLOSE);
        jf.pack();
        jf.setVisible(true);
    }
    public static void main(String[] args)
    {
        new DragSourceTest().init();
    }
}
```

上面程序中粗体字代码负责把一个 JLabel 组件创建成拖放源，创建拖放源时指定了一个 DragGestureListener 对象，该对象的 dragGestureRecognized() 方法负责将 JLabel 上的文本转换成 Transferable 对象后继续拖放。

运行上面程序后，可以把程序窗口中 JLabel 标签的内容直接拖到 Eclipse 编辑窗口中，或者直接拖到 EditPlus 编辑窗口中。

除此之外，如果程序希望能精确监听光标在拖放源上的每个细节，则可以调用 DragGestureEvent 对象的 startDrag(Cursor dragCursor, Transferable transferable, DragSourceListener dsl) 方法来继续拖放操作。该方法需要一个 DragSourceListener 监听器对象，该监听器对象里提供了如下几个方法。

➢ dragDropEnd(DragSourceDropEvent dsde)：当拖放操作已经完成时将会触发该方法。
➢ dragEnter(DragSourceDragEvent dsde)：当光标进入拖放源组件时将会触发该方法。
➢ dragExit(DragSourceEvent dse)：当光标离开拖放源组件时将会触发该方法。
➢ dragOver(DragSourceDragEvent dsde)：当光标在拖放源组件上移动时将会触发该方法。
➢ dropActionChanged(DragSourceDragEvent dsde)：当用户在拖放源组件上改变了拖放操作，例如按下或松开 Ctrl 等辅助键时将会触发该方法。

掌握了开发拖放源、拖放目标的方法之后，如果接下来在同一个应用程序中既包括拖放源，也包括拖放目标，这样即可在同一个 Java 程序的不同组件之间相互拖动内容。

11.11　本章小结

　　本章主要介绍了 Java AWT 编程的基本知识，虽然在实际开发中很少直接使用 AWT 组件来开发 GUI 应用，但本章所介绍的知识会作为 Swing GUI 编程的基础。实际上，AWT 编程的布局管理、事件机制、剪贴板内容依然适合 Swing GUI 编程，所以读者应好好掌握本章内容。

　　本章介绍了 Java GUI 界面编程以及 AWT 的基本概念，详细介绍了 AWT 容器和布局管理器。本章重点介绍了 Java GUI 编程的事件机制，详细描述了事件源、事件、事件监听器之间的运行机制，AWT 的事件机制也适合 Swing 的事件处理。除此之外，本章也大致介绍了 AWT 里的常用组件，如按钮、文本框、对话框、菜单等。本章还介绍了如何在 Java 程序中绘图，包括绘制各种基本几何图形和绘制位图，并通过简单的弹球游戏介绍了如何在 Java 程序中实现动画效果。

　　本章最后介绍了 Java 剪贴板的用法，通过使用剪贴板，可以让 Java 程序和操作系统进行数据交换，从而允许把 Java 程序的数据传入平台中的其他程序，也可以把其他程序中的数据传入 Java 程序。

▶▶ 本章练习

　　1．开发图形界面计算器。
　　2．开发桌面弹球游戏。
　　3．开发 Windows 画图程序。
　　4．开发图形界面五子棋。

CHAPTER 12

第 12 章
Swing 编程

本章要点

- Swing 编程基础
- Swing 组件的继承层次
- 常见 Swing 组件的用法
- 使用 JToolBar 创建工具条
- 颜色选择对话框和文件浏览对话框
- Swing 提供的特殊容器
- Swing 的简化拖放操作
- 使用 JLayer 装饰组件
- 开发透明的、不规则形状窗口
- 开发进度条
- 开发滑动条
- 使用 JTree 和 TreeModel 开发树
- 使用 JTable 和 TableModel 开发表格
- 使用 JTextPane 组件

使用 Swing 开发图形界面比 AWT 更加优秀，因为 Swing 是一种轻量级组件，它采用 100%的 Java 实现，不再依赖于本地平台的图形界面，所以可以在所有平台上保持相同的运行效果，对跨平台支持比较出色。

除此之外，Swing 提供了比 AWT 更多的图形界面组件，因此可以开发出更美观的图形界面。由于 AWT 需要调用底层平台的 GUI 实现，所以 AWT 只能使用各种平台上 GUI 组件的交集，这大大限制了 AWT 所支持的 GUI 组件。对 Swing 而言，几乎所有组件都采用纯 Java 实现，所以无须考虑底层平台是否支持该组件，因此 Swing 可以提供如 JTabbedPane、JDesktopPane、JInternalFrame 等特殊的容器，也可以提供像 JTree、JTable、JSpinner、JSlider 等特殊的 GUI 组件。

除此之外，Swing 组件都采用 MVC（Model-View-Controller，即模型－视图－控制器）设计模式，从而可以实现 GUI 组件的显示逻辑和数据逻辑的分离，允许程序员自定义 Render 来改变 GUI 组件的显示外观，提供更多的灵活性。

12.1 Swing 概述

前一章已经介绍过 AWT 和 Swing 的关系，因此不难知道：实际使用 Java 开发图形界面程序时，很少使用 AWT 组件，绝大部分时候都是用 Swing 组件开发的。Swing 是由 100%纯 Java 实现的，不再依赖于本地平台的 GUI，因此可以在所有平台上都保持相同的界面外观。独立于本地平台的 Swing 组件被称为轻量级组件；而依赖于本地平台的 AWT 组件被称为重量级组件。

由于 Swing 的所有组件完全采用 Java 实现，不再调用本地平台的 GUI，所以导致 Swing 图形界面的显示速度要比 AWT 图形界面的显示速度慢一些，但相对于快速发展的硬件设施而言，这种微小的速度差别无妨大碍。

使用 Swing 开发图形界面有如下几个优势。

➢ Swing 组件不再依赖于本地平台的 GUI，无须采用各种平台的 GUI 交集，因此 Swing 提供了大量图形界面组件，远远超出了 AWT 所提供的图形界面组件集。
➢ Swing 组件不再依赖于本地平台 GUI，因此不会产生与平台相关的 bug。
➢ Swing 组件在各种平台上运行时可以保证具有相同的图形界面外观。

Swing 提供的这些优势，让 Java 图形界面程序真正实现了"Write Once, Run Anywhere"的目标。

除此之外，Swing 还有如下两个特征。

➢ Swing 组件采用 MVC（Model-View-Controller，即模型－视图－控制器）设计模式，其中模型（Model）用于维护组件的各种状态，视图（View）是组件的可视化表现，控制器（Controller）用于控制对于各种事件、组件做出怎样的响应。当模型发生改变时，它会通知所有依赖它的视图，视图会根据模型数据来更新自己。Swing 使用 UI 代理来包装视图和控制器，还有另一个模型对象来维护该组件的状态。例如，按钮 JButton 有一个维护其状态信息的模型 ButtonModel 对象。Swing 组件的模型是自动设置的，因此一般都使用 JButton，而无须关心 ButtonModel 对象。因此，Swing 的 MVC 实现也被称为 Model-Delegate（模型－代理）。

> **提示：** 对于一些简单的 Swing 组件通常无须关心它对应的 Model 对象，但对于一些高级的 Swing 组件，如 JTree、JTable 等需要维护复杂的数据，这些数据就是由该组件对应的 Model 来维护的。另外，通过创建 Model 类的子类或通过实现适当的接口，可以为组件建立自己的模型，然后用 setModel()方法把模型与组件关联起来。

➢ Swing 在不同的平台上表现一致，并且有能力提供本地平台不支持的显示外观。由于 Swing 组件采用 MVC 模式来维护各组件，所以当组件的外观被改变时，对组件的状态信息（由模型维护）没有任何影响。因此，Swing 可以使用插拔式外观感觉（Pluggable Look And Feel，PLAF）

来控制组件外观，使得 Swing 图形界面在同一个平台上运行时能拥有不同的外观，用户可以选择自己喜欢的外观。相比之下，在 AWT 图形界面中，由于控制组件外观的对等类与具体平台相关，因此 AWT 组件总是具有与本地平台相同的外观。

Swing 提供了多种独立于各种平台的 LAF（Look And Feel），默认是一种名为 Metal 的 LAF，这种 LAF 吸收了 Macintosh 平台的风格，因此显得比较漂亮。Java 7 则提供了一种名为 Nimbus 的 LAF，这种 LAF 更加漂亮。

为了获取当前 JRE 所支持的 LAF，可以借助于 UIManager 的 getInstalledLookAndFeels()方法，如下程序所示。

程序清单：codes\12\12.1\AllLookAndFeel.java

```java
public class AllLookAndFeel
{
    public static void main(String[] args)
    {
        System.out.println("当前系统可用的所有LAF:");
        for (UIManager.LookAndFeelInfo info :
            UIManager.getInstalledLookAndFeels())
        {
            System.out.println(info.getName()
                + "--->" + info);
        }
    }
}
```

> 提示：除可以使用 Java 默认提供的数量不多的几种 LAF 之外，还有大量的 Java 爱好者提供了各种开源的 LAF，有兴趣的读者可以自行去下载、体验各种 LAF，使用不同的 LAF 可以让 Swing 应用程序更加美观。

12.2 Swing 基本组件的用法

前面已经提到，Swing 为所有的 AWT 组件提供了对应实现（除 Canvas 组件之外，因为在 Swing 中无须继承 Canvas 组件），通常在 AWT 组件的组件名前添加"J"就变成了对应的 Swing 组件。

12.2.1 Java 的 Swing 组件层次

大部分 Swing 组件都是 JComponent 抽象类的直接或间接子类（并不是全部的 Swing 组件），JComponent 类定义了所有子类组件的通用方法。JComponent 类是 AWT 里 java.awt.Container 类的子类，这也是 AWT 和 Swing 的联系之一。绝大部分 Swing 组件类继承了 Container 类，所以 Swing 组件都可作为容器使用（JFrame 继承了 Frame 类）。图 12.1 显示了 Swing 组件继承层次图。

图 12.1 中绘制了 Swing 所提供的绝大部分组件，其中以灰色区域覆盖的组件可以找到与之对应的 AWT 组件；JWindow 与 AWT 中的 Window 相似，代表没有标题的窗口。读者不难发现这些 Swing 组件的类名和对应 AWT 组件的类型也基本一致，只要在原来的 AWT 组件类型前添加"J"

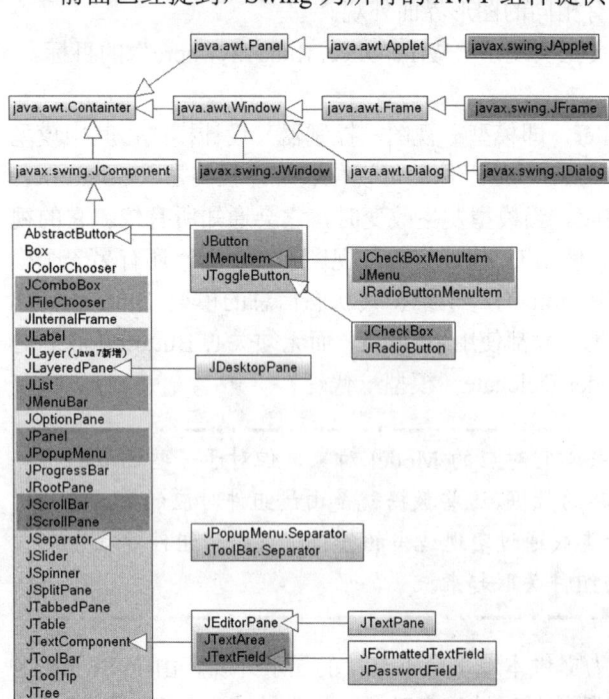

图 12.1 Swing 组件继承层次图

即可，但有如下几个例外。
- JComboBox：对应于 AWT 里的 Choice 组件，但比 Choice 组件功能更丰富。
- JFileChooser：对应于 AWT 里的 FileDialog 组件。
- JScrollBar：对应于 AWT 里的 Scrollbar 组件，注意两个组件类名中 b 字母的大小写差别。
- JCheckBox：对应于 AWT 里的 Checkbox 组件，注意两个组件类名中 b 字母的大小写差别。
- JCheckBoxMenuItem：对应于 AWT 里的 CheckboxMenuItem 组件，注意两个组件类名中 b 字母的大小写差别。

上面 JCheckBox 和 JCheckBoxMenuItem 与 Checkbox 和 CheckboxMenuItem 的差别主要是由早期 Java 命名不太规范造成的。

> 从图 12.1 中可以看出，Swing 中包含了 4 个组件直接继承了 AWT 组件，而不是从 JComponent 派生的，它们分别是：JFrame、JWindow、JDialog 和 JApplet，它们并不是轻量级组件，而是重量级组件（需要部分委托给运行平台上 GUI 组件的对等体）。

将 Swing 组件按功能来分，又可分为如下几类。
- 顶层容器：JFrame、JApplet、JDialog 和 JWindow。
- 中间容器：JPanel、JScrollPane、JSplitPane、JToolBar 等。
- 特殊容器：在用户界面上具有特殊作用的中间容器，如 JInternalFrame、JRootPane、JLayeredPane 和 JDestopPane 等。
- 基本组件：实现人机交互的组件，如 JButton、JComboBox、JList、JMenu、JSlider 等。
- 不可编辑信息的显示组件：向用户显示不可编辑信息的组件，如 JLabel、JProgressBar 和 JToolTip 等。
- 可编辑信息的显示组件：向用户显示能被编辑的格式化信息的组件，如 JTable、JTextArea 和 JTextField 等。
- 特殊对话框组件：可以直接产生特殊对话框的组件，如 JColorChooser 和 JFileChooser 等。

下面将会依次详细介绍各种 Swing 组件的用法。

▶▶ 12.2.2 AWT 组件的 Swing 实现

从图 12.1 中可以看出，Swing 为除 Canvas 之外的所有 AWT 组件提供了相应的实现，Swing 组件比 AWT 组件的功能更加强大。相对于 AWT 组件，Swing 组件具有如下 4 个额外的功能。
- 可以为 Swing 组件设置提示信息。使用 setToolTipText()方法，为组件设置对用户有帮助的提示信息。
- 很多 Swing 组件如按钮、标签、菜单项等，除使用文字外，还可以使用图标修饰自己。为了允许在 Swing 组件中使用图标，Swing 为 Icon 接口提供了一个实现类：ImageIcon，该实现类代表一个图像图标。
- 支持插拔式的外观风格。每个 JComponent 对象都有一个相应的 ComponentUI 对象，为它完成所有的绘画、事件处理、决定尺寸大小等工作。ComponentUI 对象依赖当前使用的 PLAF，使用 UIManager.setLookAndFeel()方法可以改变图形界面的外观风格。
- 支持设置边框。Swing 组件可以设置一个或多个边框。Swing 中提供了各式各样的边框供用户选用，也能建立组合边框或自己设计边框。一种空白边框可以用于增大组件，同时协助布局管理器对容器中的组件进行合理的布局。

每个 Swing 组件都有一个对应的 UI 类，例如 JButton 组件就有一个对应的 ButtonUI 类来作为 UI 代理。每个 Swing 组件的 UI 代理的类名总是将该 Swing 组件类名的 J 去掉，然后在后面添加 UI 后缀。

UI 代理类通常是一个抽象基类，不同的 PLAF 会有不同的 UI 代理实现类。Swing 类库中包含了几套 UI 代理，每套 UI 代理都几乎包含了所有 Swing 组件的 ComponentUI 实现，每套这样的实现都被称为一种 PLAF 实现。以 JButton 为例，其 UI 代理的继承层次如图 12.2 所示。

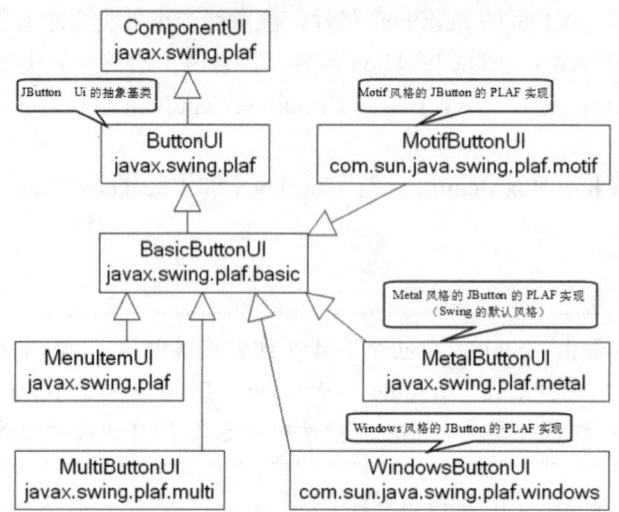

图 12.2　JButton UI 代理的继承层次

如果需要改变程序的外观风格，则可以使用如下代码。

```
try
{
    //设置使用 Windows 风格
    UIManager.setLookAndFeel("com.sun.java.swing.plaf.windows.WindowsLookAndFeel");
    //通过更新 f 容器以及 f 容器里所有组件的 UI
    SwingUtilities.updateComponentTreeUI(f);
}
catch(Exception e)
{
    e.printStackTrace();
}
```

下面程序示范了使用 Swing 组件来创建窗口应用，该窗口里包含了菜单、右键菜单以及基本 AWT 组件的 Swing 实现。

程序清单：codes\12\12.2\SwingComponent.java

```
public class SwingComponent
{
    JFrame f = new JFrame("测试");
    // 定义一个按钮，并为之指定图标
    Icon okIcon = new ImageIcon("ico/ok.png");
    JButton ok = new JButton("确认" , okIcon);
    // 定义一个单选按钮，初始处于选中状态
    JRadioButton male = new JRadioButton("男" , true);
    // 定义一个单选按钮，初始处于没有选中状态
    JRadioButton female = new JRadioButton("女" , false);
    // 定义一个 ButtonGroup，用于将上面两个 JRadioButton 组合在一起
    ButtonGroup bg = new ButtonGroup();
    // 定义一个复选框，初始处于没有选中状态。
    JCheckBox married = new JCheckBox("是否已婚？" , false);
    String[] colors = new String[]{"红色" , "绿色" , "蓝色"};
    // 定义一个下拉选择框
    JComboBox<String> colorChooser = new JComboBox<>(colors);
    // 定义一个列表选择框
    JList<String> colorList = new JList<>(colors);
    // 定义一个 8 行、20 列的多行文本域
    JTextArea ta = new JTextArea(8, 20);
    // 定义一个 40 列的单行文本域
    JTextField name = new JTextField(40);
```

```java
JMenuBar mb = new JMenuBar();
JMenu file = new JMenu("文件");
JMenu edit = new JMenu("编辑");
// 创建"新建"菜单项,并为之指定图标
Icon newIcon = new ImageIcon("ico/new.png");
JMenuItem newItem = new JMenuItem("新建" , newIcon);
// 创建"保存"菜单项,并为之指定图标
Icon saveIcon = new ImageIcon("ico/save.png");
JMenuItem saveItem = new JMenuItem("保存" , saveIcon);
// 创建"退出"菜单项,并为之指定图标
Icon exitIcon = new ImageIcon("ico/exit.png");
JMenuItem exitItem = new JMenuItem("退出" , exitIcon);
JCheckBoxMenuItem autoWrap = new JCheckBoxMenuItem("自动换行");
// 创建"复制"菜单项,并为之指定图标
JMenuItem copyItem = new JMenuItem("复制"
    , new ImageIcon("ico/copy.png"));
// 创建"粘贴"菜单项,并为之指定图标
JMenuItem pasteItem = new JMenuItem("粘贴"
    , new ImageIcon("ico/paste.png"));
JMenu format = new JMenu("格式");
JMenuItem commentItem = new JMenuItem("注释");
JMenuItem cancelItem = new JMenuItem("取消注释");
// 定义一个右键菜单用于设置程序风格
JPopupMenu pop = new JPopupMenu();
// 用于组合 3 个风格菜单项的 ButtonGroup
ButtonGroup flavorGroup = new ButtonGroup();
// 创建 5 个单选按钮,用于设定程序的外观风格
JRadioButtonMenuItem metalItem = new JRadioButtonMenuItem("Metal 风格" , true);
JRadioButtonMenuItem nimbusItem = new JRadioButtonMenuItem("Nimbus 风格");
JRadioButtonMenuItem windowsItem = new JRadioButtonMenuItem("Windows 风格");
JRadioButtonMenuItem classicItem = new JRadioButtonMenuItem("Windows 经典风格");
JRadioButtonMenuItem motifItem = new JRadioButtonMenuItem("Motif 风格");
// -----------------用于执行界面初始化的 init 方法---------------------
public void init()
{
    // 创建一个装载了文本框、按钮的 JPanel
    JPanel bottom = new JPanel();
    bottom.add(name);
    bottom.add(ok);
    f.add(bottom , BorderLayout.SOUTH);
    // 创建一个装载了下拉选择框、三个 JCheckBox 的 JPanel
    JPanel checkPanel = new JPanel();
    checkPanel.add(colorChooser);
    bg.add(male);
    bg.add(female);
    checkPanel.add(male);
    checkPanel.add(female);
    checkPanel.add(married);
    // 创建一个垂直排列组件的 Box,盛装多行文本域 JPanel
    Box topLeft = Box.createVerticalBox();
    // 使用 JScrollPane 作为普通组件的 JViewPort
    JScrollPane taJsp = new JScrollPane(ta);    // ⑤
    topLeft.add(taJsp);
    topLeft.add(checkPanel);
    // 创建一个水平排列组件的 Box,盛装 topLeft、colorList
    Box top = Box.createHorizontalBox();
    top.add(topLeft);
    top.add(colorList);
    // 将 top Box 容器添加到窗口的中间
    f.add(top);
    // -----------下面开始组合菜单,并为菜单添加监听器----------
    // 为 newItem 设置快捷键,设置快捷键时要使用大写字母
    newItem.setAccelerator(KeyStroke.getKeyStroke('N'
        , InputEvent.CTRL_MASK));    // ①
    newItem.addActionListener(e -> ta.append("用户单击了"新建"菜单\n"));
    // 为 file 菜单添加菜单项
    file.add(newItem);
    file.add(saveItem);
    file.add(exitItem);
    // 为 edit 菜单添加菜单项
```

```java
        edit.add(autoWrap);
        // 使用 addSeparator 方法添加菜单分隔线
        edit.addSeparator();
        edit.add(copyItem);
        edit.add(pasteItem);
        // 为 commentItem 组件添加提示信息
        commentItem.setToolTipText("将程序代码注释起来!");
        // 为 format 菜单添加菜单项
        format.add(commentItem);
        format.add(cancelItem);
        // 使用添加 new JMenuItem("-")的方式不能添加菜单分隔符
        edit.add(new JMenuItem("-"));
        // 将 format 菜单组合到 edit 菜单中,从而形成二级菜单
        edit.add(format);
        // 将 file、edit 菜单添加到 mb 菜单条中
        mb.add(file);
        mb.add(edit);
        // 为 f 窗口设置菜单条
        f.setJMenuBar(mb);
        // -----------下面开始组合右键菜单,并安装右键菜单-----------
        flavorGroup.add(metalItem);
        flavorGroup.add(nimbusItem);
        flavorGroup.add(windowsItem);
        flavorGroup.add(classicItem);
        flavorGroup.add(motifItem);
        pop.add(metalItem);
        pop.add(nimbusItem);
        pop.add(windowsItem);
        pop.add(classicItem);
        pop.add(motifItem);
        // 为 5 个风格菜单创建事件监听器
        ActionListener flavorListener = e -> {
            try
            {
                switch (e.getActionCommand())
                {
                    case "Metal 风格":
                        changeFlavor(1);
                        break;
                    case "Nimbus 风格":
                        changeFlavor(2);
                        break;
                    case "Windows 风格":
                        changeFlavor(3);
                        break;
                    case "Windows 经典风格":
                        changeFlavor(4);
                        break;
                    case "Motif 风格":
                        changeFlavor(5);
                        break;
                }
            }
            catch (Exception ee)
            {
                ee.printStackTrace();
            }
        };
        // 为 5 个风格菜单项添加事件监听器
        metalItem.addActionListener(flavorListener);
        nimbusItem.addActionListener(flavorListener);
        windowsItem.addActionListener(flavorListener);
        classicItem.addActionListener(flavorListener);
        motifItem.addActionListener(flavorListener);
        // 调用该方法即可设置右键菜单,无须使用事件机制
        ta.setComponentPopupMenu(pop);          // ④
        // 设置关闭窗口时,退出程序
        f.setDefaultCloseOperation(JFrame.EXIT_ON_CLOSE);
        f.pack();
        f.setVisible(true);
```

```java
    }
    // 定义一个方法，用于改变界面风格
    private void changeFlavor(int flavor)throws Exception
    {
        switch (flavor)
        {
            // 设置Metal风格
            case 1:
                UIManager.setLookAndFeel(
                    "javax.swing.plaf.metal.MetalLookAndFeel");
                break;
            // 设置Nimbus风格
            case 2:
                UIManager.setLookAndFeel(
                    "javax.swing.plaf.nimbus.NimbusLookAndFeel");
                break;
            // 设置Windows风格
            case 3:
                UIManager.setLookAndFeel(
                    "com.sun.java.swing.plaf.windows.WindowsLookAndFeel");
                break;
            // 设置Windows经典风格
            case 4:
                UIManager.setLookAndFeel(
                    "com.sun.java.swing.plaf.windows.WindowsClassicLookAndFeel");
                break;
            // 设置Motif风格
            case 5:
                UIManager.setLookAndFeel(
                    "com.sun.java.swing.plaf.motif.MotifLookAndFeel");
                break;
        }
        // 更新f窗口内顶级容器以及内部所有组件的UI
        SwingUtilities.updateComponentTreeUI(f.getContentPane());   // ②
        // 更新mb菜单条以及内部所有组件的UI
        SwingUtilities.updateComponentTreeUI(mb);
        // 更新pop右键菜单以及内部所有组件的UI
        SwingUtilities.updateComponentTreeUI(pop);
    }
    public static void main(String[] args)
    {
        // 设置Swing窗口使用Java风格
        // JFrame.setDefaultLookAndFeelDecorated(true);    // ③
        new SwingComponent().init();
    }
}
```

上面程序在创建按钮、菜单项时传入了一个 ImageIcon 对象，通过这种方式就可以创建带图标的按钮、菜单项。程序的 init 方法中的粗体字代码用于为 comment 菜单项添加提示信息。运行上面程序，并通过右键菜单选择 "Nimbus LAF"，可以看到如图 12.3 所示的窗口。

从图 12.3 中可以看出，Swing 菜单不允许使用 add(new JMenuItem("-"))的方式来添加菜单分隔符，只能使用 addSeparator()方法来添加菜单分隔符。

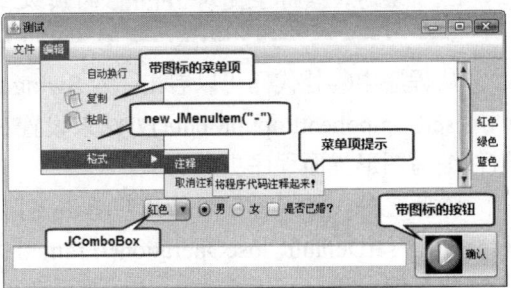

图 12.3 Nimbus 风格的 Swing 图形界面

> **提示：** Swing 专门为菜单项、工具按钮之间的分隔符提供了一个 JSeparator 类，通常使用 JMenu 或者 JPopupMenu 的 addSeparator()方法来创建并添加 JSeparator 对象，而不是直接使用 JSeparator。实际上，JSeparator 可以用在任何需要使用分隔符的地方。

上面程序为 newItem 菜单项增加了快捷键，为 Swing 菜单项指定快捷键与为 AWT 菜单项指定快捷键的方式有所不同——创建 AWT 菜单对象时可以直接传入 KeyShortcut 对象为其指定快捷键；但为

Swing 菜单项指定快捷键时必须通过 setAccelerator(KeyStroke ks)方法来设置（如①处程序所示），其中 KeyStroke 代表一次击键动作，可以直接通过按键对应字母来指定该击键动作。

> **提示**：为菜单项指定快捷键时应该使用大写字母来代表按键，例如 KeyStroke.getKeyStroke('N', InputEvent.CTRL_MASK)代表 "Ctrl+N"，但 KeyStroke.getKeyStroke('n', InputEvent.CTRL_MASK)则不代表 "Ctrl+N"。

除此之外，上面程序中的大段粗体字代码所定义的 changeFlavor()方法用于改变程序外观风格，当用户单击多行文本域里的右键菜单时将会触发该方法，该方法设置 Swing 组件的外观风格后，再次调用 SwingUtilities 类的 updateComponentTreeUI()方法来更新指定容器，以及该容器内所有组件的 UI。注意此处更新的是 JFrame 对象 getContentPane()方法的返回值，而不是直接更新 JFrame 对象本身（如②处程序所示）。这是因为如果直接更新 JFrame 本身，将会导致 JFrame 也被更新，JFrame 是一个特殊的容器，JFrame 依然部分依赖于本地平台的图形组件。尤其是当取消③处代码的注释后，JFrame 将会使用 Java 风格的标题栏、边框，如果强制 JFrame 更新成 Windows 或 Motif 风格，则会导致该窗口失去标题栏和边框。如果通过右键菜单选择程序使用 Motif 风格，将看到如图 12.4 所示的窗口。

图 12.4　使用 Java 风格窗口标题、边框、Motif 显示风格的窗口

> **提示**：JFrame 提供了一个 getContentPane()方法，这个方法用于返回该 JFrame 的顶级容器(即 JRootPane 对象)，这个顶级容器会包含 JFrame 所显示的所有非菜单组件。可以这样理解：所有看似放在 JFrame 中的 Swing 组件，除菜单之外，其实都是放在 JFrame 对应的顶级容器中的，而 JFrame 容器里提供了 getContentPane()方法返回的顶级容器。在 Java 5 以前，Java 甚至不允许直接向 JFrame 中添加组件，必须先调用 JFrame 的 getContentPane()方法获得该窗口的顶级容器，然后将所有组件添加到该顶级容器中。从 Java 5 以后，Java 改写了 JFrame 的 add()和 setLayout()等方法，当程序调用 JFrame 的 add()和 setLayout()等方法时，实际上是对 JFrame 的顶级容器进行操作。

从程序中④处代码可以看出，为 Swing 组件添加右键菜单无须像 AWT 中那样烦琐，只需要简单地调用 setComponentPopupMenu()方法来设置右键菜单即可，无须编写事件监听器。由此可见，使用 Swing 组件编写图形界面程序更加简单。

除此之外，如果程序希望用户单击窗口右上角的 "×" 按钮时，程序退出，也无须使用事件机制，只要调用 setDefaultCloseOperation(JFrame.EXIT_ON_CLOSE)方法即可，Swing 提供的这种方式也是为了简化界面编程。

JScrollPane 组件是一个特殊的组件，它不同于 JFrame、JPanel 等普通容器，它甚至不能指定自己的布局管理器，它主要用于为其他的 Swing 组件提供滚动条支持，JScrollPane 通常由普通的 Swing 组件、可选的垂直、水平滚动条以及可选的行、列标题组成。

简而言之，如果希望让 JTextArea、JTable 等组件能有滚动条支持，只要将该组件放入 JScrollPane 中，再将该 JScrollPane 容器添加到窗口中即可。关于 JScrollPane 的详细说明，读者可以参考 JScrollPane 的 API 文档。

学生提问：为什么单击Swing多行文本域时不是弹出像AWT多行文本域中的右键菜单？

答：这是由Swing组件和AWT组件实现机制不同决定的。前面已经指出，AWT的多行文本域实际上依赖于本地平台的多行文本域。简单地说，当我们在程序中放置一个AWT多行文本域，且该程序在Windows平台上运行时，该文本域组件将和记事本工具编辑区具有相同的行为方式，因为该文本域组件和记事本工具编辑区的底层实现是一样的。但Swing的多行文本域组件则是纯Java的，它无须任何本地平台GUI的支持，它在任何平台上都具有相同的行为方式，所以Swing多行文本域组件默认是没有右键菜单的，必须由程序员显式为它分配右键菜单。而且，Swing提供的JTextArea组件默认没有滚动条（AWT的TextArea是否有滚动条则取决于底层平台的实现），为了让该多行文本域具有滚动条，可以将该多行文本域放到JScrollPane容器中。

> **提示：**
> JScrollPane对于JTable组件尤其重要，通常需要把JTable放在JScrollPane容器中才可以显示出JTable组件的标题栏。

▶▶ 12.2.3 为组件设置边框

可以调用JComponent提供的setBorder(Border b)方法为Swing组件设置边框，其中Border是Swing提供的一个接口，用于代表组件的边框。该接口有数量众多的实现类，如LineBorder、MatteBorder、BevelBorder等，这些Border实现类都提供了相应的构造器用于创建Border对象，一旦获取了Border对象之后，就可以调用JComponent的setBorder(Border b)方法为指定组件设置边框。

TitledBorder和CompoundBorder比较独特，其中TitledBorder的作用并不是为其他组件添加边框，而是为其他边框设置标题，当创建TitledBorder对象时，需要传入一个已经存在的Border对象，新创建的TitledBorder对象会为原有的Border对象添加标题；而CompoundBorder用于组合两个边框，因此创建CompoundBorder对象时需要传入两个Border对象，一个用作组件的内边框，一个用作组件的外边框。

除此之外，Swing还提供了一个BorderFactory静态工厂类，该类提供了大量的静态工厂方法用于返回Border实例，这些静态方法的参数与各Border实现类的构造器参数基本一致。

> **提示：**
> Border不仅提供了上面所提到的一些Border实现类，还提供了MetalBorders.oolBarBorder、MetalBorders.TextFieldBorder等Border实现类，这些实现类用作Swing组件的默认边框，程序中通常无须使用这些系统边框。

为Swing组件添加边框可按如下步骤进行。

① 使用BorderFactory或者XxxBorder创建XxxBorder实例。
② 调用Swing组件的setBorder(Border b)方法为该组件设置边框。

图12.5显示了系统可用边框之间的继承层次。

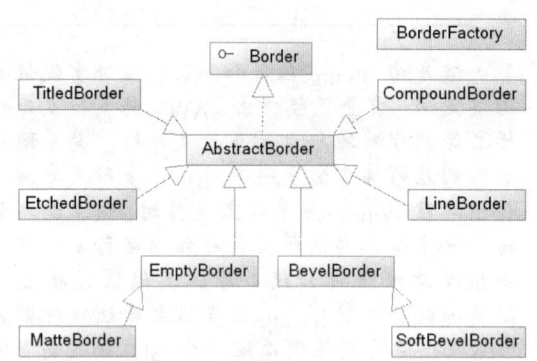

图 12.5　系统可用边框之间的继承层次

下面的例子程序示范了为 Panel 容器分别添加如图 12.5 所示的几种边框。

程序清单：codes\12\12.2\BorderTest.java

```java
public class BorderTest
{
    private JFrame jf = new JFrame("测试边框");
    public void init()
    {
        jf.setLayout(new GridLayout(2, 4));
        // 使用静态工厂方法创建 BevelBorder
        Border bb = BorderFactory.createBevelBorder(
            BevelBorder.RAISED , Color.RED, Color.GREEN
            , Color.BLUE, Color.GRAY);
        jf.add(getPanelWithBorder(bb , "BevelBorder"));
        // 使用静态工厂方法创建 LineBorder
        Border lb = BorderFactory.createLineBorder(Color.ORANGE, 10);
        jf.add(getPanelWithBorder(lb , "LineBorder"));
        // 使用静态工厂方法创建 EmptyBorder，EmptyBorder 就是在组件四周留空
        Border eb = BorderFactory.createEmptyBorder(20, 5, 10, 30);
        jf.add(getPanelWithBorder(eb , "EmptyBorder"));
        // 使用静态工厂方法创建 EtchedBorder
        Border etb = BorderFactory.createEtchedBorder(EtchedBorder.RAISED,
            Color.RED, Color.GREEN);
        jf.add(getPanelWithBorder(etb , "EtchedBorder"));
        // 直接创建 TitledBorder，TitledBorder 就是为原有的边框增加标题
        TitledBorder tb = new TitledBorder(lb , "测试标题"
            , TitledBorder.LEFT , TitledBorder.BOTTOM
            , new Font("StSong" , Font.BOLD , 18), Color.BLUE);
        jf.add(getPanelWithBorder(tb , "TitledBorder"));
        // 直接创建 MatteBorder, MatteBorder 是 EmptyBorder 的子类，
        // 它可以指定留空区域的颜色或背景，此处是指定颜色
        MatteBorder mb = new MatteBorder(20, 5, 10, 30, Color.GREEN);
        jf.add(getPanelWithBorder(mb , "MatteBorder"));
        // 直接创建 CompoundBorder, CompoundBorder 将两个边框组合成新边框
        CompoundBorder cb = new CompoundBorder(new LineBorder(
            Color.RED, 8) , tb);
        jf.add(getPanelWithBorder(cb , "CompoundBorder"));
        jf.pack();
        jf.setVisible(true);
    }
    public static void main(String[] args)
    {
        new BorderTest().init();
    }
    public JPanel getPanelWithBorder(Border b , String BorderName)
    {
        JPanel p = new JPanel();
        p.add(new JLabel(BorderName));
        // 为 Panel 组件设置边框
        p.setBorder(b);
        return p;
    }
}
```

运行上面程序，会看到如图 12.6 所示的效果。

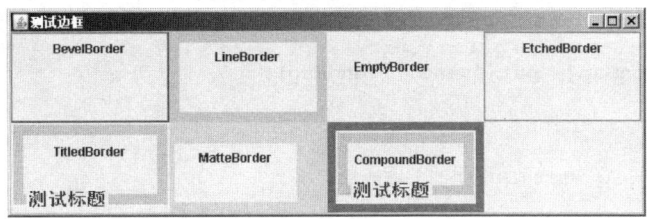

图 12.6　为 Swing 组件设置边框

▶▶ 12.2.4　Swing 组件的双缓冲和键盘驱动

除此之外，Swing 组件还有如下两个功能。
- 所有的 Swing 组件默认启用双缓冲绘图技术。
- 所有的 Swing 组件都提供了简单的键盘驱动。

Swing 组件默认启用双缓冲绘图技术，使用双缓冲技术能改进频繁重绘 GUI 组件的显示效果（避免闪烁现象）。JComponent 组件默认启用双缓冲，无须自己实现双缓冲。如果想关闭双缓冲，可以在组件上调用 setDoubleBuffered(false) 方法。前一章介绍五子棋游戏时已经提到 Swing 组件的双缓冲技术，而且可以使用 JPanel 代替前一章所有示例程序中的 Canvas 画布组件，从而可以解决运行那些示例程序时的"闪烁"现象。

JComponent 类提供了 getInputMap() 和 getActionMap() 两个方法，其中 getInputMap() 返回一个 InputMap 对象，该对象用于将 KeyStroke 对象（代表键盘或其他类似输入设备的一次输入事件）和名字关联；getActionMap() 返回一个 ActionMap 对象，该对象用于将指定名字和 Action（Action 接口是 ActionListener 接口的子接口，可作为一个事件监听器使用）关联，从而可以允许用户通过键盘操作来替代鼠标驱动 GUI 上的 Swing 组件，相当于为 GUI 组件提供快捷键。典型用法如下：

```
// 把一次键盘事件和一个 aCommand 对象关联
component.getInputMap().put(aKeyStroke, aCommand);
// 将 aCommand 对象和 anAction 事件响应关联
component.getActionMap().put(aCommmand, anAction);
```

下面程序实现这样一个功能：用户在单行文本框内输入内容，当输入完成后，单击后面的"发送"按钮即可将文本框的内容添加到一个多行文本域中；或者输入完成后在文本框内按"Ctrl+Enter"键也可以将文本框的内容添加到一个多行文本域中。

程序清单：codes\12\12.2\BindKeyTest.java

```java
public class BindKeyTest
{
    JFrame jf = new JFrame("测试键盘绑定");
    JTextArea jta = new JTextArea(5, 30);
    JButton jb = new JButton("发送");
    JTextField jtf = new JTextField(15);
    public void init()
    {
        jf.add(jta);
        JPanel jp = new JPanel();
        jp.add(jtf);
        jp.add(jb);
        jf.add(jp , BorderLayout.SOUTH);
        // 发送消息的 Action, Action 是 ActionListener 的子接口
        Action sendMsg = new AbstractAction()
        {
            public void actionPerformed(ActionEvent e)
            {
                jta.append(jtf.getText() + "\n");
                jtf.setText("");
            }
        };
        // 添加事件监听器
        jb.addActionListener(sendMsg);
```

```
            // 将 Ctrl+Enter 键和"send"关联
            jtf.getInputMap().put(KeyStroke.getKeyStroke('\n'
                , java.awt.event.InputEvent.CTRL_MASK) , "send");
            // 将"send"和 sendMsg Action 关联
            jtf.getActionMap().put("send", sendMsg);
            jf.pack();
            jf.setVisible(true);
    }
    public static void main(String[] args)
    {
            new BindKeyTest().init();
    }
}
```

上面程序中粗体字代码示范了如何利用键盘事件来驱动 Swing 组件，采用这种键盘事件机制，无须为 Swing 组件绑定键盘监听器，从而可以复用按钮单击事件的事件监听器，程序十分简洁。

▶▶ 12.2.5 使用 JToolBar 创建工具条

Swing 提供了 JToolBar 类来创建工具条，创建 JToolBar 对象时可以指定如下两个参数。
- name：该参数指定该工具条的名称。
- orientation：该参数指定该工具条的方向。

一旦创建了 JToolBar 对象之后，JToolBar 对象还有如下几个常用方法。
- JButton add(Action a)：通过 Action 对象为 JToolBar 添加对应的工具按钮。
- void addSeparator(Dimension size)：向工具条中添加指定大小的分隔符，Java 允许不指定 size 参数，则添加一个默认大小的分隔符。
- void setFloatable(boolean b)：设置该工具条是否可浮动，即该工具条是否可以拖动。
- void setMargin(Insets m)：设置工具条边框和工具按钮之间的页边距。
- void setOrientation(int o)：设置工具条的方向。
- void setRollover(boolean rollover)：设置此工具条的 rollover 状态。

上面的大多数方法都比较容易理解，比较难以理解的是 add(Action a)方法，系统如何为工具条添加 Action 对应的按钮呢？

Action 接口是 ActionListener 接口的子接口,它除包含 ActionListener 接口的 actionPerformed()方法之外，还包含 name 和 icon 两个属性，其中 name 用于指定按钮或菜单项中的文本，而 icon 则用于指定按钮的图标或菜单项中的图标。也就是说，Action 不仅可作为事件监听器使用，而且可被转换成按钮或菜单项。

值得指出的是，Action 本身并不是按钮，也不是菜单项，只是当把 Action 对象添加到某些容器（也可直接使用 Action 来创建按钮），如菜单和工具栏中时，这些容器会为该 Action 对象创建对应的组件（菜单项和按钮）。也就是说，这些容器需要负责完成如下事情。
- 创建一个适用于该容器的组件（例如，在工具栏中创建一个工具按钮）。
- 从 Action 对象中获得对应的属性来设置该组件（例如，通过 name 来设置文本，通过 icon 来设置图标）。
- 检查 Action 对象的初始状态，确定它是否处于激活状态，并根据该 Action 的状态来决定其对应所有组件的行为。只有处于激活状态的 Action 所对应的 Swing 组件才可以响应用户动作。
- 通过 Action 对象为对应组件注册事件监听器，系统将为该 Action 所创建的所有组件注册同一个事件监听器（事件处理器就是 Action 对象里的 actionPerformed()方法）。

例如，程序中有一个菜单项、一个工具按钮，还有一个普通按钮都需要完成某个"复制"动作，程序就可以将该"复制"动作定义成 Action，并为之指定 name 和 icon 属性，然后通过该 Action 来创建菜单项、工具按钮和普通按钮，就可以让这三个组件具有相同的功能。另一个"粘贴"按钮也大致相似，而且"粘贴"组件默认不可用，只有当"复制"组件被触发后，且剪贴板中有内容时才可用。

程序清单：codes\12\12.2\JToolBarTest.java

```
public class JToolBarTest
{
    JFrame jf = new JFrame("测试工具条");
    JTextArea jta = new JTextArea(6, 35);
```

```java
JToolBar jtb = new JToolBar();
JMenuBar jmb = new JMenuBar();
JMenu edit = new JMenu("编辑");
// 获取系统剪贴板
Clipboard clipboard = Toolkit.getDefaultToolkit()
    .getSystemClipboard();
// 创建"粘贴"Action,该Action用于创建菜单项、工具按钮和普通按钮
Action pasteAction = new AbstractAction("粘贴"
    , new ImageIcon("ico/paste.png"))
{
    public void actionPerformed(ActionEvent e)
    {
        // 如果剪贴板中包含stringFlavor内容
        if (clipboard.isDataFlavorAvailable(DataFlavor.stringFlavor))
        {
            try
            {
                // 取出剪贴板中的stringFlavor内容
                String content = (String)clipboard.getData
                    (DataFlavor.stringFlavor);
                // 将选中内容替换成剪贴板中的内容
                jta.replaceRange(content , jta.getSelectionStart()
                    , jta.getSelectionEnd());
            }
            catch (Exception ee)
            {
                ee.printStackTrace();
            }
        }
    }
};
// 创建"复制"Action
Action copyAction = new AbstractAction("复制"
    , new ImageIcon("ico/copy.png"))
{
    public void actionPerformed(ActionEvent e)
    {
        StringSelection contents = new StringSelection(
            jta.getSelectedText());
        // 将StringSelection对象放入剪贴板中
        clipboard.setContents(contents, null);
        // 如果剪贴板中包含stringFlavor内容
        if (clipboard.isDataFlavorAvailable(DataFlavor.stringFlavor))
        {
            // 将pasteAction激活
            pasteAction.setEnabled(true);
        }
    }
};
public void init()
{
    // pasteAction默认处于不激活状态
    pasteAction.setEnabled(false);    // ①
    jf.add(new JScrollPane(jta));
    // 以Action创建按钮,并将该按钮添加到Panel中
    JButton copyBn = new JButton(copyAction);
    JButton pasteBn = new JButton(pasteAction);
    JPanel jp = new JPanel();
    jp.add(copyBn);
    jp.add(pasteBn);
    jf.add(jp , BorderLayout.SOUTH);
    // 向工具条中添加Action对象,该对象将会转换成工具按钮
    jtb.add(copyAction);
    jtb.addSeparator();
    jtb.add(pasteAction);
    // 向菜单中添加Action对象,该对象将会转换成菜单项
    edit.add(copyAction);
    edit.add(pasteAction);
    // 将edit菜单添加到菜单条中
    jmb.add(edit);
```

```
            jf.setJMenuBar(jmb);
            // 设置工具条和工具按钮之间的页边距。
            jtb.setMargin(new Insets(20 ,10 , 5 , 30));      // ②
            // 向窗口中添加工具条
            jf.add(jtb , BorderLayout.NORTH);
            jf.setDefaultCloseOperation(JFrame.EXIT_ON_CLOSE);
            jf.pack();
            jf.setVisible(true);
    }
    public static void main(String[] args)
    {
        new JToolBarTest().init();
    }
}
```

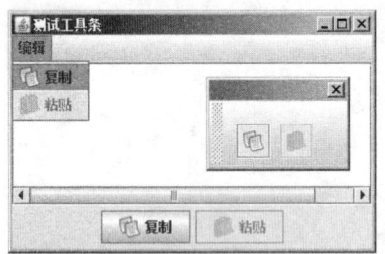

图 12.7 使用 Action 创建按钮、工具按钮和菜单项

上面程序中创建了 pasteAction、copyAction 两个 Action，然后根据这两个 Action 分别创建了按钮、工具按钮、菜单项组件（程序中粗体字代码部分），开始时 pasteAction 处于非激活状态，则该 Action 对应的按钮、工具按钮、菜单项都处于不可用状态。运行上面程序，会看到如图 12.7 所示的界面。

图 12.7 显示了工具条被拖动后的效果，这是因为工具条默认处于浮动状态。除此之外，程序中②号粗体字代码设置了工具条和工具按钮之间的页边距，所以可以看到工具条在工具按钮周围保留了一些空白区域。

▶▶ 12.2.6 使用 JFileChooser 和 Java 7 增强的 JColorChooser

JColorChooser 用于创建颜色选择器对话框，该类的用法非常简单，该类主要提供了如下两个静态方法。

➤ showDialog(Component component, String title, Color initialColor)：显示一个模式的颜色选择器对话框，该方法返回用户所选颜色。其中 component 指定该对话框的 parent 组件，而 title 指定该对话框的标题，大部分时候都使用该方法来让用户选择颜色。

➤ createDialog(Component c, String title, boolean modal, JColorChooser chooserPane, ActionListener okListener, ActionListener cancelListener)：该方法返回一个对话框，该对话框内包含指定的颜色选择器，该方法可以指定该对话框是模式的还是非模式的（通过 modal 参数指定），还可以指定该对话框内"确定"按钮的事件监听器（通过 okListener 参数指定）和"取消"按钮的事件监听器（通过 cancelListener 参数指定）。

Java 7 为 JColorChooser 增加了一个 HSV 标签页，允许用户通过 HSV 模式来选择颜色。

下面程序改写了前一章的 HandDraw 程序，改为使用 JPanel 作为绘图组件，而且使用 JColorChooser 来弹出颜色选择器对话框。

程序清单：codes\12\12.2\HandDraw.java

```
public class HandDraw
{
    // 画图区的宽度
    private final int AREA_WIDTH = 500;
    // 画图区的高度
    private final int AREA_HEIGHT = 400;
    // 下面的 preX、preY 保存了上一次鼠标拖动事件的鼠标坐标
    private int preX = -1;
    private int preY = -1;
    // 定义一个右键菜单用于设置画笔颜色
    JPopupMenu pop = new JPopupMenu();
    JMenuItem chooseColor = new JMenuItem("选择颜色");
    // 定义一个 BufferedImage 对象
    BufferedImage image = new BufferedImage(AREA_WIDTH
        , AREA_HEIGHT , BufferedImage.TYPE_INT_RGB);
```

```java
    // 获取image对象的Graphics
    Graphics g = image.getGraphics();
    private JFrame f = new JFrame("简单手绘程序");
    private DrawCanvas drawArea = new DrawCanvas();
    // 用于保存画笔颜色
    private Color foreColor = new Color(255, 0 ,0);
    public void init()
    {
        chooseColor.addActionListener(ae) -> {
            // 下面代码直接弹出一个模式的颜色选择对话框,并返回用户选择的颜色
            // foreColor = JColorChooser.showDialog(f
            //     , "选择画笔颜色" , foreColor);      // ①
            // 下面代码则弹出一个非模式的颜色选择对话框
            // 并可以分别为"确定"按钮、"取消"按钮指定事件监听器
            final JColorChooser colorPane = new JColorChooser(foreColor);
            JDialog jd = JColorChooser.createDialog(f , "选择画笔颜色"
                , false, colorPane, e->foreColor = colorPane.getColor(), null);
            jd.setVisible(true);
        });
        // 将菜单项组合成右键菜单
        pop.add(chooseColor);
        // 将右键菜单添加到drawArea对象中
        drawArea.setComponentPopupMenu(pop);
        // 将image对象的背景色填充成白色
        g.fillRect(0 , 0 ,AREA_WIDTH , AREA_HEIGHT);
        drawArea.setPreferredSize(new Dimension(AREA_WIDTH , AREA_HEIGHT));
        // 监听鼠标移动动作
        drawArea.addMouseMotionListener(new MouseMotionAdapter()
        {
            // 实现按下鼠标键并拖动的事件处理器
            public void mouseDragged(MouseEvent e)
            {
                // 如果preX 和preY 大于0
                if (preX > 0 && preY > 0)
                {
                    // 设置当前颜色
                    g.setColor(foreColor);
                    // 绘制从上一次鼠标拖动事件点到本次鼠标拖动事件点的线段
                    g.drawLine(preX , preY , e.getX() , e.getY());
                }
                // 将当前鼠标事件点的X、Y坐标保存起来
                preX = e.getX();
                preY = e.getY();
                // 重绘drawArea对象
                drawArea.repaint();
            }
        });
        // 监听鼠标事件
        drawArea.addMouseListener(new MouseAdapter()
        {
            // 实现鼠标松开的事件处理器
            public void mouseReleased(MouseEvent e)
            {
                // 松开鼠标键时,把上一次鼠标拖动事件的X、Y坐标设为-1
                preX = -1;
                preY = -1;
            }
        });
        f.add(drawArea);
        f.setDefaultCloseOperation(JFrame.EXIT_ON_CLOSE);
        f.pack();
        f.setVisible(true);
    }
    public static void main(String[] args)
    {
        new HandDraw().init();
    }
}
// 让画图区域继承JPanel 类
class DrawCanvas extends JPanel
{
```

```
            // 重写 JPanel 的 paint 方法，实现绘画
            public void paint(Graphics g)
            {
                // 将 image 绘制到该组件上
                g.drawImage(image , 0 , 0 , null);
            }
        }
}
```

上面程序分别使用了两种方式来弹出颜色选择对话框，其中①号粗体字代码可弹出一个模式的颜色选择对话框，并直接返回用户选择的颜色。这种方式简单明了，编程简单。

如果程序有更多额外的需要，则使用程序下面的粗体字代码，弹出一个非模式的颜色选择对话框（允许程序设定），并为"确定"按钮指定了事件监听器，而"取消"按钮的事件监听器为 null（也可以为该按钮指定事件监听器）。Swing 的颜色选择对话框如图 12.8 所示。

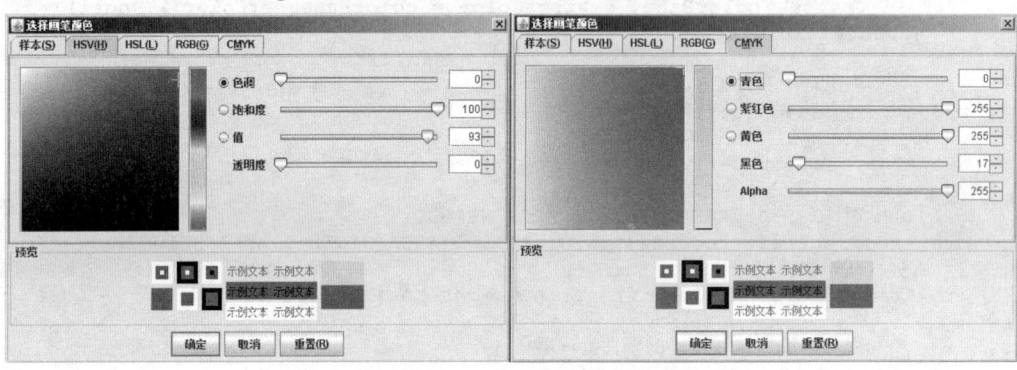

图 12.8　Swing 的颜色选择对话框

从图 12.8 中可以看出，Swing 的颜色选择对话框提供了 5 种方式来选择颜色，图中显示了 HSV 方式、CMYK 方式的颜色选择器，除此之外，该颜色选择器还可以使用 RGB、HSL 方式来选择颜色。

> **提示：**
> 学习过本书第 1 版的读者应该知道，在 Java 6 时，JcolorChooser 只提供了三种颜色选择方式，图 12.8 中看到的 HSV、CMYK 两种颜色选择方式都是新增的。

JFileChooser 的功能与 AWT 中的 FileDialog 基本相似，也是用于生成"打开文件"、"保存文件"对话框；与 FileDialog 不同的是，JFileChooser 无须依赖于本地平台的 GUI，它由 100%纯 Java 实现，在所有平台上具有完全相同的行为，并可以在所有平台上具有相同的外观风格。

为了调用 JFileChooser 来打开一个文件对话框，必须先创建该对话框的实例，JFileChooser 提供了多个构造器来创建 JFileChooser 对象，它的构造器总共包含两个参数。

➢ currentDirectory：指定所创建文件对话框的当前路径，该参数既可以是一个 String 类型的路径，也可以是一个 File 对象所代表的路径。
➢ FileSystemView：用于指定基于该文件系统外观来创建文件对话框，如果没有指定该参数，则默认以当前文件系统外观创建文件对话框。

JFileChooser 并不是 JDialog 的子类，所以不能使用 setVisible(true)方法来显示该文件对话框，而是调用 showXxxDialog()方法来显示文件对话框。

使用 JFileChooser 来建立文件对话框并允许用户选择文件的步骤如下。

❶ 采用构造器创建一个 JFileChooser 对象，该 JFileChooser 对象无须指定 parent 组件，这意味着可以在多个窗口中共用该 JFileChooser 对象。创建 JFileChooser 对象时可以指定初始化路径，如下代码所示。

```
// 以当前路径创建文件选择器
JFileChooser chooser = new JFileChooser(".");
```

❷ 调用 JFileChooser 的一系列可选的方法对 JFileChooser 执行初始化操作。JFileChooser 大致有如

下几个常用方法。

➢ setSelectedFile/setSelectedFiles：指定该文件选择器默认选择的文件（也可以默认选择多个文件）。

```
// 默认选择当前路径下的 123.jpg 文件
chooser.setSelectedFile(new File("123.jpg"));
```

➢ setMultiSelectionEnabled(boolean b)：在默认情况下，该文件选择器只能选择一个文件，通过调用该方法可以设置允许选择多个文件（设置参数值为 true 即可）。
➢ setFileSelectionMode(int mode)：在默认情况下，该文件选择器只能选择文件，通过调用该方法可以设置允许选择文件、路径、文件与路径，设置参数值为：JFileChooser. FILES_ONLY、JFileChooser.DIRECTORIES_ONLY、JFileChooser.FILES_AND_DIRECTORIES。

```
// 设置既可选择文件，也可选择路径
chooser.setFileSelectionMode (JFileChooser.FILES_AND_DIRECTORIES);
```

> **提示：**
> JFileChooser 还提供了一些改变对话框标题、改变按钮标签、改变按钮的提示文本等功能的方法，读者应该查阅 API 文档来了解它们。

③ 如果让文件对话框实现文件过滤功能，则需要结合 FileFilter 类来进行文件过滤。JFileChooser 提供了两个方法来安装文件过滤器。

➢ addChoosableFileFilter(FileFilter filter)：添加文件过滤器。通过该方法允许该文件对话框有多个文件过滤器。

```
// 为文件对话框添加一个文件过滤器
chooser.addChoosableFileFilter(filter);
```

➢ setFileFilter(FileFilter filter)：设置文件过滤器。一旦调用了该方法，将导致该文件对话框只有一个文件过滤器。

④ 如果需要改变文件对话框中文件的视图外观，则可以结合 FileView 类来改变对话框中文件的视图外观。

⑤ 调用 showXxxDialog 方法可以打开文件对话框，通常如下三个方法可用。

➢ int showDialog(Component parent, String approveButtonText)：弹出文件对话框，该对话框的标题、"同意"按钮的文本（默认是"保存"或"取消"按钮）由 approveButtonText 来指定。
➢ int showOpenDialog(Component parent)：弹出文件对话框，该对话框具有默认标题，"同意"按钮的文本是"打开"。
➢ int showSaveDialog(Component parent)：弹出文件对话框，该对话框具有默认标题，"同意"按钮的文本是"保存"。

当用户单击"同意"、"取消"按钮，或者直接关闭文件对话框时才可以关闭该文件对话框，关闭该对话框时返回一个 int 类型的值，分别是：JFileChooser.APPROVE_OPTION、JFileChooser.CANCEL_OPTION 和 JFileChooser. ERROR_OPTION。如果希望获得用户选择的文件，则通常应该先判断对话框的返回值是否为 JFileChooser.APPROVE_OPTION，该选项表明用户单击了"打开"或者"保存"按钮。

⑥ JFileChooser 提供了如下两个方法来获取用户选择的文件或文件集。

➢ File getSelectedFile()：返回用户选择的文件。
➢ File[] getSelectedFiles()：返回用户选择的多个文件。

按上面的步骤，就可以正常地创建一个"打开文件"、"保存文件"对话框，整个过程非常简单。如果要使用 FileFilter 类来进行文件过滤，或者使用 FileView 类来改变文件的视图风格，则有一点麻烦。

先看使用 FileFilter 类来进行文件过滤。Java 在 java.io 包下提供了一个 FileFilter 接口，该接口主要用于作为 File 类的 listFiles(FileFilter)方法的参数，也是一个进行文件过滤的接口。但此处需要使用位于 javax.swing.filechooser 包下的 FileFilter 抽象类，该抽象类包含两个抽象方法。

➢ boolean accept(File f)：判断该过滤器是否接受给定的文件，只有被该过滤器接受的文件才可以在对应的文件对话框中显示出来。

➢ String getDescription()：返回该过滤器的描述性文本。

如果程序要使用 FileFilter 类进行文件过滤，则通常需要扩展该 FileFilter 类，并重写该类的两个抽象方法，重写 accept() 方法时就可以指定自己的业务规则，指定该文件过滤器可以接受哪些文件。例如，如下代码：

```java
public boolean accept(File f)
{
    // 如果该文件是路径，则接受该文件
    if (f.isDirectory()) return true;
    // 只接受以.gif 作为后缀的文件
    if (name.endsWith(".gif"))
    {
        return true;
    }
    return false;
}
```

在默认情况下，JFileChooser 总会在文件对话框的"文件类型"下拉列表中增加"所有文件"选项，但可以调用 JFileChooser 的 setAcceptAllFileFilterUsed(false) 来取消显示该选项。

FileView 类用于改变文件对话框中文件的视图风格，FileView 类也是一个抽象类，通常程序需要扩展该抽象类，并有选择性地重写它所包含的如下几个抽象方法。

➢ String getDescription(File f)：返回指定文件的描述。
➢ Icon getIcon(File f)：返回指定文件在 JFileChooser 对话框中的图标。
➢ String getName(File f)：返回指定文件的文件名。
➢ String getTypeDescription(File f)：返回指定文件所属文件类型的描述。
➢ Boolean isTraversable(File f)：当该文件是目录时，返回该目录是否是可遍历的。

与重写 FileFilter 抽象方法类似的是，重写这些方法实际上就是为文件选择器对话框指定自定义的外观风格。通常可以通过重写 getIcon() 方法来改变文件对话框中的文件图标。

下面程序是一个简单的图片查看工具程序，该程序综合使用了上面所介绍的各知识点。

程序清单：codes\12\12.2\ImageViewer.java

```java
public class ImageViewer
{
    // 定义图片预览组件的大小
    final int PREVIEW_SIZE = 100;
    JFrame jf = new JFrame("简单图片查看器");
    JMenuBar menuBar = new JMenuBar();
    // 该 label 用于显示图片
    JLabel label = new JLabel();
    // 以当前路径创建文件选择器
    JFileChooser chooser = new JFileChooser(".");
    JLabel accessory = new JLabel();
    // 定义文件过滤器
    ExtensionFileFilter filter = new ExtensionFileFilter();
    public void init()
    {
        // --------下面开始初始化 JFileChooser 的相关属性--------
        // 创建一个 FileFilter
        filter.addExtension("jpg");
        filter.addExtension("jpeg");
        filter.addExtension("gif");
        filter.addExtension("png");
        filter.setDescription("图片文件(*.jpg,*.jpeg,*.gif,*.png)");
        chooser.addChoosableFileFilter(filter);
        // 禁止"文件类型"下拉列表中显示"所有文件"选项
        chooser.setAcceptAllFileFilterUsed(false);    // ①
        // 为文件选择器指定自定义的 FileView 对象
        chooser.setFileView(new FileIconView(filter));
        // 为文件选择器指定一个预览图片的附件
        chooser.setAccessory(accessory);    // ②
        // 设置预览图片组件的大小和边框
```

```java
        accessory.setPreferredSize(new Dimension(PREVIEW_SIZE, PREVIEW_SIZE));
        accessory.setBorder(BorderFactory.createEtchedBorder());
        // 用于检测被选择文件的改变事件
        chooser.addPropertyChangeListener(event -> {
            // JFileChooser 的被选文件已经发生了改变
            if (event.getPropertyName() ==
                JFileChooser.SELECTED_FILE_CHANGED_PROPERTY)
            {
                // 获取用户选择的新文件
                File f = (File) event.getNewValue();
                if (f == null)
                {
                    accessory.setIcon(null);
                    return;
                }
                // 将所选文件读入 ImageIcon 对象中
                ImageIcon icon = new ImageIcon(f.getPath());
                // 如果图像太大,则缩小它
                if(icon.getIconWidth() > PREVIEW_SIZE)
                {
                    icon = new ImageIcon(icon.getImage().getScaledInstance
                        (PREVIEW_SIZE, -1, Image.SCALE_DEFAULT));
                }
                // 改变 accessory Label 的图标
                accessory.setIcon(icon);
            }
        });
        // ------下面代码开始为该窗口安装菜单------
        JMenu menu = new JMenu("文件");
        menuBar.add(menu);
        JMenuItem openItem = new JMenuItem("打开");
        menu.add(openItem);
        // 单击 openItem 菜单项显示"打开文件"对话框
        openItem.addActionListener(event -> {
            // 设置文件对话框的当前路径
            // chooser.setCurrentDirectory(new File("."));
            // 显示文件对话框
            int result = chooser.showDialog(jf , "打开图片文件");
            // 如果用户选择了 APPROVE(同意)按钮,即打开,保存等效按钮
            if(result == JFileChooser.APPROVE_OPTION)
            {
                String name = chooser.getSelectedFile().getPath();
                // 显示指定图片
                label.setIcon(new ImageIcon(name));
            }
        });
        JMenuItem exitItem = new JMenuItem("Exit");
        menu.add(exitItem);
        // 为退出菜单绑定事件监听器
        exitItem.addActionListener(event -> System.exit(0));
        jf.setJMenuBar(menuBar);
        // 添加用于显示图片的 JLabel 组件
        jf.add(new JScrollPane(label));
        jf.pack();
        jf.setVisible(true);
    }
    public static void main(String[] args)
    {
        new ImageViewer().init();
    }
}
// 创建 FileFilter 的子类,用以实现文件过滤功能
class ExtensionFileFilter extends FileFilter
{
    private String description;
    private ArrayList<String> extensions = new ArrayList<>();
    // 自定义方法,用于添加文件扩展名
    public void addExtension(String extension)
    {
        if (!extension.startsWith("."))
```

```java
        {
            extension = "." + extension;
            extensions.add(extension.toLowerCase());
        }
    }
    // 用于设置该文件过滤器的描述文本
    public void setDescription(String aDescription)
    {
        description = aDescription;
    }
    // 继承FileFilter类必须实现的抽象方法,返回该文件过滤器的描述文本
    public String getDescription()
    {
        return description;
    }
    // 继承FileFilter类必须实现的抽象方法,判断该文件过滤器是否接受该文件
    public boolean accept(File f)
    {
        // 如果该文件是路径,则接受该文件
        if (f.isDirectory()) return true;
        // 将文件名转为小写(全部转为小写后比较,用于忽略文件名大小写)
        String name = f.getName().toLowerCase();
        // 遍历所有可接受的扩展名,如果扩展名相同,该文件就可接受
        for (String extension : extensions)
        {
            if (name.endsWith(extension))
            {
                return true;
            }
        }
        return false;
    }
}
// 自定义一个FileView类,用于为指定类型的文件或文件夹设置图标
class FileIconView extends FileView
{
    private FileFilter filter;
    public FileIconView(FileFilter filter)
    {
        this.filter = filter;
    }
    // 重写该方法,为文件夹、文件设置图标
    public Icon getIcon(File f)
    {
        if (!f.isDirectory() && filter.accept(f))
        {
            return new ImageIcon("ico/pict.png");
        }
        else if (f.isDirectory())
        {
            // 获取所有根路径
            File[] fList = File.listRoots();
            for (File tmp : fList)
            {
                // 如果该路径是根路径
                if (tmp.equals(f))
                {
                    return new ImageIcon("ico/dsk.png");
                }
            }
            return new ImageIcon("ico/folder.png");
        }
        // 使用默认图标
        else
        {
            return null;
        }
    }
}
```

上面程序中第二段粗体字代码用于为"打开"菜单项指定事件监听器，当用户单击该菜单时，程序打开文件对话框，并将用户打开的图片文件使用 Label 在当前窗口显示出来。

第三段粗体字代码用于重写 FileFilter 类的 accept()方法，该方法根据文件后缀来决定是否接受该文件，其要求是当该文件的后缀等于该文件过滤器的 extensions 集合的某一项元素时，则该文件是可接受的。程序的①处代码禁用了 JFileChooser 中"所有文件"选项，从而让用户只能看到图片文件。

第四段粗体字代码用于重写 FileView 类的 getIcon()方法，该方法决定 JFileChooser 对话框中文件、文件夹的图标——图标文件就返回 pict.png 图标，根文件夹就返回 dsk.png 图标，而普通文件夹则返回 folder.png 图标。

运行上面程序，单击"打开"菜单项，将看到如图 12.9 所示的对话框。

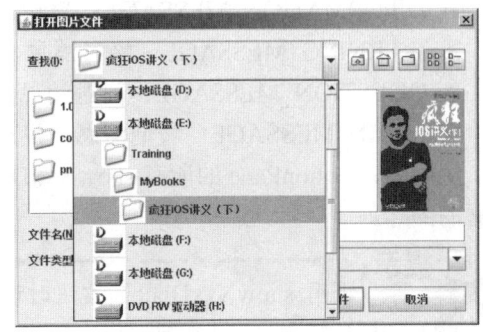

图 12.9 文件对话框

上面程序中的②处粗体字代码还用了 JFileChooser 类的 setAccessory(JComponent newAccessory)方法为该文件对话框指定附件，附件将会被显示在文件对话框的右上角，如图 12.9 所示。该附件可以是任何 Swing 组件（甚至可以使用容器），本程序中使用一个 JLabel 组件作为该附件组件，该 JLabel 用于显示用户所选图片文件的预览图片。该功能的实现很简单——当用户选择的图片发生改变时，以用户所选文件创建 ImageIcon，并将该 ImageIcon 设置成该 Label 的图标即可。

为了实现当用户选择图片发生改变时，附件组件的 icon 随之发生改变的功能，必须为 JFileChooser 添加事件监听器，该事件监听器负责监听该对话框中用户所选择文件的变化。JComponent 类中提供了一个 addPropertyChangeListener 方法，该方法可以为该 JFileChooser 添加一个属性监听器，用于监听用户选择文件的变化。程序中第一段粗体字代码实现了用户选择文件发生改变时的事件处理器。

▶▶ 12.2.7 使用 JOptionPane

通过 JOptionPane 可以非常方便地创建一些简单的对话框，Swing 已经为这些对话框添加了相应的组件，无须程序员手动添加组件。JOptionPane 提供了如下 4 个方法来创建对话框。

- ➢ showMessageDialog/showInternalMessageDialog：消息对话框，告知用户某事已发生，用户只能单击"确定"按钮，类似于 JavaScript 的 alert 函数。
- ➢ showConfirmDialog/showInternalConfirmDialog：确认对话框，向用户确认某个问题，用户可以选择 yes、no、cancel 等选项。类似于 JavaScript 的 comfirm 函数。该方法返回用户单击了哪个按钮。
- ➢ showInputDialog/showInternalInputDialog：输入对话框,提示要求输入某些信息,类似于 JavaScript 的 prompt 函数。该方法返回用户输入的字符串。
- ➢ showOptionDialog/showInternalOptionDialog：自定义选项对话框，允许使用自定义选项，可以取代 showConfirmDialog 所产生的对话框，只是用起来更复杂。

JOptionPane 产生的所有对话框都是模式的，在用户完成与对话框的交互之前，showXxxDialog 方法都将一直阻塞当前线程。

JOptionPane 所产生的对话框总是具有如图 12.10 所示的布局。

上面这些方法都提供了相应的 showInternalXxxDialog 版本，这种方法以 InternalFrame 的方式打开对话框。关于什么是 InternalFrame 方式，请参考下一节关于 JInternalFrame 的介绍。

下面就图 12.10 中所示的 4 个区域分别进行介绍。

（1）输入区

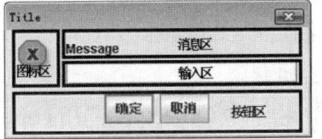

图 12.10 JoptionPane 产生的对话框的布局

如果创建的对话框无须接收用户输入，则输入区不存在。

输入区组件可以是普通文本框组件,也可以是下拉列表框组件。

如果调用上面的 showInternalXxxDialog()方法时指定了一个数组类型的 selectionValues 参数,则输入区包含一个下拉列表框组件。

（2）图标区

左上角的图标会随创建的对话框所包含消息类型的不同而不同,JOptionPane 可以提供如下 5 种消息类型。

- ERROR_MESSAGE：错误消息,其图标是一个红色的 X 图标,如图 12.10 所示。
- INFORMATION_MESSAGE：普通消息,其默认图标是蓝色的感叹号。
- WARNING_MESSAGE：警告消息,其默认图标是黄色感叹号。
- QUESTION_MESSAGE：问题消息,其默认图标是绿色问号。
- PLAIN_MESSAGE：普通消息,没有默认图标。

实际上,JoptionPane 的所有 showXxxDialog()方法都可以提供一个可选的 icon 参数,用于指定该对话框的图标。

> **提示:**
> 调用 showXxxDialog 方法时还可以指定一个可选的 title 参数,该参数指定所创建对话框的标题。

（3）消息区

不管是哪种对话框,其消息区总是存在的,消息区的内容通过 message 参数来指定,根据 message 参数的类型不同,消息区显示的内容也是不同的。该 message 参数可以是如下几种类型。

- String 类型：系统将该字符串对象包装成 JLabel 对象,然后显示在对话框中。
- Icon：该 Icon 被包装成 JLabel 后作为对话框的消息。
- Component：将该 Component 在对话框的消息区中显示出来。
- Object[]：对象数组被解释为在纵向排列的一系列 message 对象,每个 message 对象根据其实际类型又可以是字符串、图标、组件、对象数组等。
- 其他类型：系统调用该对象的 toString()方法返回一个字符串,并将该字符串对象包装成 JLabel 对象,然后显示在对话框中。

大部分时候对话框的消息区都是普通字符串,但使用 Component 作为消息区组件则更加灵活,因为该 Component 参数几乎可以是任何对象,从而可以让对话框的消息区包含任何内容。

> **提示:**
> 如果用户希望消息区的普通字符串能换行,则可以使用 "\n" 字符来实现换行。

（4）按钮区

对话框底部的按钮区也是一定存在的,但所包含的按钮则会随对话框的类型、选项类型而改变。对于调用 showInputDialog()和 showMessageDialog()方法得到的对话框,底部总是包含"确定"和"取消"两个标准按钮。

对于 showConfirmDialog()所打开的确认对话框,则可以指定一个整数类型的 optionType 参数,该参数可以取如下几个值。

- DEFAULT_OPTION：按钮区只包含一个"确定"按钮。
- YES_NO_OPTION：按钮区包含"是"、"否"两个按钮。
- YES_NO_CANCEL_OPTION：按钮区包含"是"、"否"、"取消"三个按钮。
- OK_CANCEL_OPTION：按钮区包含"确定"、"取消"两个按钮。

如果使用 showOptionDialog 方法来创建选项对话框,则可以通过指定一个 Object[]类型的 options 参数来设置按钮区能使用的选项按钮。与前面的 message 参数类似的是,options 数组的数组元素可以是如下几种类型。
- String 类型：使用该字符串来创建一个 JButton，并将其显示在按钮区。
- Icon：使用该 Icon 来创建一个 JButton，并将其显示在按钮区。
- Component：直接将该组件显示在按钮区。
- 其他类型：系统调用该对象的 toString()方法返回一个字符串，并使用该字符串来创建一个 JButton，并将其显示在按钮区。

当用户与对话框交互结束后，不同类型对话框的返回值如下。
- showMessageDialog：无返回值。
- showInputDialog：返回用户输入或选择的字符串。
- showConfirmDialog：返回一个整数代表用户选择的选项。
- showOptionDialog：返回一个整数代表用户选择的选项，如果用户选择第一项，则返回 0；如果选择第二项，则返回 1……依此类推。

对 showConfirmDialog 所产生的对话框，有如下几个返回值。
- YES_OPTION：用户单击了"是"按钮后返回。
- NO_OPTION：用户单击了"否"按钮后返回。
- CANCEL_OPTION：用户单击了"取消"按钮后返回。
- OK_OPTION：用户单击了"确定"按钮后返回。
- CLOSED_OPTION：用户单击了对话框右上角的"×"按钮后返回。

> **提示：** 对于 showOptionDialog 方法所产生的对话框,也可能返回一个 CLOSED_OPTION 值，当用户单击了对话框右上角的"×"按钮后将返回该值。

下面程序允许使用 JOptionPane 来弹出各种对话框。

程序清单：codes\12\12.2\JOptionPaneTest.java

```java
public class JOptionPaneTest
{
    JFrame jf = new JFrame("测试 JOptionPane");
    // 定义 6 个面板，分别用于定义对话框的几种选项
    private ButtonPanel messagePanel;
    private ButtonPanel messageTypePanel;
    private ButtonPanel msgPanel;
    private ButtonPanel confirmPanel;
    private ButtonPanel optionsPanel;
    private ButtonPanel inputPanel;
    private String messageString = "消息区内容";
    private Icon messageIcon = new ImageIcon("ico/heart.png");
    private Object messageObject = new Date();
    private Component messageComponent = new JButton("组件消息");
    private JButton msgBn = new JButton("消息对话框");
    private JButton confrimBn = new JButton("确认对话框");
    private JButton inputBn = new JButton("输入对话框");
    private JButton optionBn = new JButton("选项对话框");
    public void init()
    {
        JPanel top = new JPanel();
        top.setBorder(new TitledBorder(new EtchedBorder()
            ,"对话框的通用选项" , TitledBorder.CENTER ,TitledBorder.TOP));
        top.setLayout(new GridLayout(1 , 2));
        // 消息类型 Panel，该 Panel 中的选项决定对话框的图标
        messageTypePanel = new ButtonPanel("选择消息的类型",
            new String[]{"ERROR_MESSAGE", "INFORMATION_MESSAGE"
                , "WARNING_MESSAGE", "QUESTION_MESSAGE",   "PLAIN_MESSAGE" });
        // 消息内容类型 Panel，该 Panel 中的选项决定对话框消息区的内容
        messagePanel = new ButtonPanel("选择消息内容的类型",
            new String[]{"字符串消息", "图标消息", "组件消息"
```

```java
            , "普通对象消息" , "Object[]消息"});
        top.add(messageTypePanel);
        top.add(messagePanel);
        JPanel bottom = new JPanel();
        bottom.setBorder(new TitledBorder(new EtchedBorder()
            , "弹出不同的对话框" , TitledBorder.CENTER ,TitledBorder.TOP));
        bottom.setLayout(new GridLayout(1 , 4));
        // 创建用于弹出消息对话框的Panel
        msgPanel = new ButtonPanel("消息对话框", null);
        msgBn.addActionListener(new ShowAction());
        msgPanel.add(msgBn);
        // 创建用于弹出确认对话框的Panel
        confirmPanel = new ButtonPanel("确认对话框",
            new String[]{"DEFAULT_OPTION", "YES_NO_OPTION"
            , "YES_NO_CANCEL_OPTION","OK_CANCEL_OPTION"});
        confrimBn.addActionListener(new ShowAction());
        confirmPanel.add(confrimBn);
        // 创建用于弹出输入对话框的Panel
        inputPanel = new ButtonPanel("输入对话框"
            , new String[]{"单行文本框","下拉列表选择框"});
        inputBn.addActionListener(new ShowAction());
        inputPanel.add(inputBn);
        // 创建用于弹出选项对话框的Panel
        optionsPanel = new ButtonPanel("选项对话框"
            , new String[]{"字符串选项", "图标选项", "对象选项"});
        optionBn.addActionListener(new ShowAction());
        optionsPanel.add(optionBn);
        bottom.add(msgPanel);
        bottom.add(confirmPanel);
        bottom.add(inputPanel);
        bottom.add(optionsPanel);
        Box box = new Box(BoxLayout.Y_AXIS);
        box.add(top);
        box.add(bottom);
        jf.add(box);
        jf.setDefaultCloseOperation(JFrame.EXIT_ON_CLOSE);
        jf.pack();
        jf.setVisible(true);
    }
    // 根据用户选择返回选项类型
    private int getOptionType()
    {
        switch(confirmPanel.getSelection())
        {
            case "DEFAULT_OPTION":
                return JOptionPane.DEFAULT_OPTION;
            case "YES_NO_OPTION":
                return JOptionPane.YES_NO_OPTION;
            case "YES_NO_CANCEL_OPTION":
                return JOptionPane.YES_NO_CANCEL_OPTION;
            default:
                return JOptionPane.OK_CANCEL_OPTION;
        }
    }
    // 根据用户选择返回消息
    private Object getMessage()
    {
        switch(messagePanel.getSelection())
        {
            case "字符串消息":
                return messageString;
            case "图标消息":
                return messageIcon;
            case "组件消息":
                return messageComponent;
            case "普通对象消息":
                return messageObject;
            default:
                return new Object[]{messageString , messageIcon
                    , messageObject , messageComponent};
```

```java
    }
}
// 根据用户选择返回消息类型（决定图标区的图标）
private int getDialogType()
{
    switch(messageTypePanel.getSelection())
    {
        case "ERROR_MESSAGE":
            return JOptionPane.ERROR_MESSAGE;
        case "INFORMATION_MESSAGE":
            return JOptionPane.INFORMATION_MESSAGE;
        case "WARNING_MESSAGE":
            return JOptionPane.WARNING_MESSAGE;
        case "QUESTION_MESSAGE":
            return JOptionPane.QUESTION_MESSAGE;
        default:
            return JOptionPane.PLAIN_MESSAGE;
    }
}
private Object[] getOptions()
{
    switch(optionsPanel.getSelection())
    {
        case "字符串选项":
            return new String[]{"a" , "b" , "c" , "d"};
        case "图标选项":
            return new Icon[]{new ImageIcon("ico/1.gif")
                , new ImageIcon("ico/2.gif")
                , new ImageIcon("ico/3.gif")
                , new ImageIcon("ico/4.gif")};
        default:
            return new Object[]{new Date() ,new Date() , new Date()};
    }
}
// 为各按钮定义事件监听器
private class ShowAction implements ActionListener
{
    public void actionPerformed(ActionEvent event)
    {
        switch(event.getActionCommand())
        {
            case "确认对话框":
                JOptionPane.showConfirmDialog(jf , getMessage()
                    ,"确认对话框", getOptionType(), getDialogType());
                break;
            case "输入对话框":
                if (inputPanel.getSelection().equals("单行文本框"))
                {
                    JOptionPane.showInputDialog(jf, getMessage()
                        , "输入对话框", getDialogType());
                }
                else
                {
                    JOptionPane.showInputDialog(jf, getMessage()
                        , "输入对话框", getDialogType() , null
                        , new String[]{"轻量级 Java EE 企业应用实战"
                        ,"疯狂 Java 讲义"}, "疯狂 Java 讲义");
                }
                break;
            case "消息对话框":
                JOptionPane.showMessageDialog(jf,getMessage()
                    ,"消息对话框", getDialogType());
                break;
            case "选项对话框":
                JOptionPane.showOptionDialog(jf , getMessage()
                    , "选项对话框", getOptionType() , getDialogType()
                    , null,getOptions(), "a");
                break;
        }
    }
}
```

```java
    }
    public static void main(String[] args)
    {
        new JOptionPaneTest().init();
    }
}
// 定义一个JPanel类扩展类,该类的对象包含多个纵向排列的
// JRadioButton控件,且Panel扩展类可以指定一个字符串作为TitledBorder
class ButtonPanel extends JPanel
{
    private ButtonGroup group;
    public ButtonPanel(String title, String[] options)
    {
        setBorder(BorderFactory.createTitledBorder(BorderFactory
            .createEtchedBorder(), title));
        setLayout(new BoxLayout(this, BoxLayout.Y_AXIS));
        group = new ButtonGroup();
        for (int i = 0; options!= null && i < options.length; i++)
        {
            JRadioButton b = new JRadioButton(options[i]);
            b.setActionCommand(options[i]);
            add(b);
            group.add(b);
            b.setSelected(i == 0);
        }
    }
    // 定义一个方法,用于返回用户选择的选项
    public String getSelection()
    {
        return group.getSelection().getActionCommand();
    }
}
```

运行上面程序,会看到如图12.11所示的窗口。

图12.11已经非常清楚地显示了JOptionPane所支持的4种对话框,以及所有对话框的通用选项、每个对话框的特定选项。如果用户选择"INFORMATION_MESSAGE"、"图标消息",然后打开"下拉列表选择框"的输入对话框,将打开如图12.12所示的对话框。

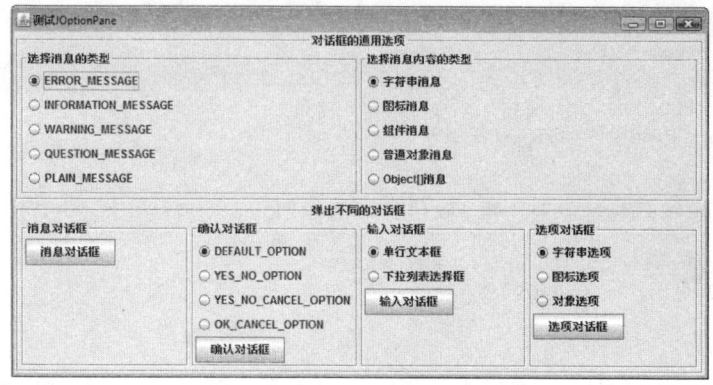

图 12.11 测试对话框的窗口

图 12.12 对话框实例

读者可以通过运行上面程序来查看JOptionPane所创建的各种对话框。

12.3 Swing中的特殊容器

Swing提供了一些具有特殊功能的容器,这些特殊容器可以用于创建一些更复杂的用户界面。下面将依次介绍这些特殊容器。

▶▶ 12.3.1 使用JSplitPane

JSplitPane用于创建一个分割面板,它可以将一个组件(通常是一个容器)分割成两个部分,并提

供一个分割条,用户可以拖动该分割条来调整两个部分的大小。图 12.13 显示了分割面板效果,图中所示的窗口先被分成左右两块,其中左边一块又被分为上下两块。

从图 12.13 中可以看出,分割面板的实质是一个特殊容器,该容器只能容纳两个组件,而且分割面板又分为上下分割、左右分割两种情形,所以创建分割面板的代码非常简单,如下代码所示。

```
new JSplitPane(方向, 左/上组件, 右/下组件)
```

除此之外,创建分割面板时可以指定一个 newContinuousLayout 参数,该参数指定该分割面板是否支持"连续布局",如果分割面板支持连续布局,则用户拖动分割条时两边组件将会不断调整大小;如果不支持连续布局,则拖动分割条时两边组件不会调整大小,而是只看到一条虚拟的分割条在移动,如图 12.14 所示。

图 12.13 分割面板效果

图 12.14 不支持连续布局的虚拟分割条

JSplitPane 默认关闭连续布局特性,因为使用连续布局需要不断重绘两边的组件,因此运行效率很低。如果需要打开指定 JSplitPane 面板的连续布局特性,则可以使用如下代码:

```
// 打开 JSplitPane 的连续布局特性
jsp.setContinuousLayout(true);
```

除此之外,正如图 12.13 中看到的,上下分割面板的分割条中还有两个三角箭头,这两个箭头被称为"一触即展"键,当用户单击某个三角箭头时,将看到箭头所指的组件慢慢缩小到没有,而另一个组件则扩大到占据整个面板。如果需要打开"一触即展"特性,使用如下代码即可:

```
// 打开"一触即展"特性
jsp.setOneTouchExpandable(true);
```

JSplitPane 分割面板还有如下几个可用方法来设置该面板的相关特性。

- setDividerLocation(double proportionalLocation):设置分隔条的位置为 JSplitPane 的某个百分比。
- setDividerLocation(int location):通过像素值设置分隔条的位置。
- setDividerSize(int newSize):通过像素值设置分隔条的大小。
- setLeftComponent(Component comp)/setTopComponent(Component comp):将指定组件放置到分割面板的左边或者上面。
- setRightComponent(Component comp)/setBottomComponent(Component comp):将指定组件放置到分割面板的右边或者下面。

下面程序简单示范了 JSplitPane 的用法。

程序清单:codes\12\12.3\SplitPaneTest.java

```java
public class SplitPaneTest
{
    Book[] books = new Book[]{
        new Book("疯狂 Java 讲义" , new ImageIcon("ico/java.png")
            , "国内关于 Java 编程最全面的图书\n 看得懂,学得会")
        , new Book("轻量级 Java EE 企业应用实战" , new ImageIcon("ico/ee.png")
            , "SSH 整合开发的经典图书,值得拥有")
```

```java
        , new Book("疯狂Android讲义", new ImageIcon("ico/android.png")
            , "全面介绍Android平台应用程序\n开发的各方面知识")
    };
    JFrame jf = new JFrame("测试JSplitPane");
    JList<Book> bookList = new JList<>(books);
    JLabel bookCover = new JLabel();
    JTextArea bookDesc = new JTextArea();
    public void init()
    {
        // 为三个组件设置最佳大小
        bookList.setPreferredSize(new Dimension(150, 300));
        bookCover.setPreferredSize(new Dimension(300, 150));
        bookDesc.setPreferredSize(new Dimension(300, 150));
        // 为下拉列表添加事件监听器
        bookList.addListSelectionListener(event {
            Book book = (Book)bookList.getSelectedValue();
            bookCover.setIcon(book.getIco());
            bookDesc.setText(book.getDesc());
        });
        // 创建一个垂直的分割面板,
        // 将bookCover放在上面,将bookDesc放在下面,支持连续布局
        JSplitPane left = new JSplitPane(JSplitPane.VERTICAL_SPLIT
            , true , bookCover, new JScrollPane(bookDesc));
        // 打开"一触即展"特性
        left.setOneTouchExpandable(true);
        // 下面代码设置分割条的大小
        // left.setDividerSize(50);
        // 设置该分割面板根据所包含组件的最佳大小来调整布局
        left.resetToPreferredSizes();
        // 创建一个水平的分割面板
        // 将left组件放在左边,将bookList组件放在右边
        JSplitPane content = new JSplitPane(JSplitPane.HORIZONTAL_SPLIT
            , left, bookList);
        jf.add(content);
        jf.setDefaultCloseOperation(JFrame.EXIT_ON_CLOSE);
        jf.pack();
        jf.setVisible(true);
    }
    public static void main(String[] args)
    {
        new SplitPaneTest().init();
    }
}
```

上面代码中粗体字代码创建了两个 JSplitPane,其中一个支持连续布局,另一个不支持连续布局。运行上面程序,将可看到如图 12.13 所示的界面。

▶▶ 12.3.2 使用 JTabbedPane

JTabbedPane 可以很方便地在窗口上放置多个标签页,每个标签页相当于获得了一个与外部容器具有相同大小的组件摆放区域。通过这种方式,就可以在一个容器里放置更多的组件,例如右击桌面上的"我的电脑"图标,在弹出的快捷菜单里单击"属性"菜单项,就可以看到一个"系统属性"对话框,这个对话框里包含了 7 个标签页。

如果需要使用 JTabbedPane 在窗口上创建标签页,则可以按如下步骤进行。

① 创建一个 JTabbedPane 对象,JTabbedPane 提供了几个重载的构造器,这些构造器里一共包含如下两个参数。

- ➢ tabPlacement:该参数指定标签页标题的放置位置,例如前面介绍的"系统属性"对话框里标签页的标题放在窗口顶部。Swing 支持将标签页标题放在窗口的 4 个方位:TOP(顶部)、LEFT(左边)、BOTTOM(下部)和 RIGHT(右边)。
- ➢ tabLayoutPolicy:指定标签页标题的布局策略。当窗口不足以在同一行摆放所有的标签页标题时,Swing 有两种处理方式——将标签页标题换行(JTabbedPane.WRAP_TAB_LAYOUT)排列,或者使用滚动条来控制标签页标题的显示(SCROLL_TAB_LAYOUT)。

> **提示:**
> 即使创建 JTabbedPane 时没有指定这两个参数,程序也可以在后面改变 JTabbedPane 的这两个属性。例如,通过 setTabLayoutPolicy()方法改变标签页标题的布局策略;使用 setTabPlacement()方法设置标签页标题的放置位置。

例如,下面代码创建一个 JTabbedPane 对象,该 JTabbedPane 的标签页标题位于窗口左侧,当窗口的一行不能摆放所有的标签页标题时,JTabbedPane 将采用换行方式来排列标签页标题。

```
JTabbedPane tabPane = new JTabbedPane(JTabbedPane.LEFT
    , JTabbedPane.WRAP_TAB_LAYOUT);
```

② 调用 JTabbedPane 对象的 addTab()、insertTab()、setComponentAt()、removeTabAt()方法来增加、插入、修改和删除标签页。其中 addTab()方法总是在最前面增加标签页,而 insertTab()、setComponentAt()、removeTabAt()方法都可以使用一个 index 参数,表示在指定位置插入标签页,修改指定位置的标签页,删除指定位置的标签页。

添加标签页时可以指定该标签页的标题(title)、图标(icon),以及该 Tab 页面的组件(component)及提示信息(tip),这 4 个参数都可以是 null;如果某个参数是 null,则对应的内容为空。

不管使用增加、插入、修改哪种操作来改变 JTabbedPane 中的标签页,都是传入一个 Component 组件作为标签页。也就是说,如果希望在某个标签页内放置更多的组件,则必须先将这些组件放置到一个容器(例如 JPanel)里,然后将该容器设置为 JTabbedPane 指定位置的组件。

> **注意:**
> 不要使用 JTabbedPane 的 add()方法来添加组件,该方法是 JTabbedPane 重写 Continner 容器中的 add()方法,如果使用该 add()方法来添加 Tab 页面,每次添加的标签页会直接覆盖原有的标签页。

③ 如果需要让某个标签页显示出来,则可以通过调用 JTabbedPane 的 setSelectedIndex()方法来实现。例如如下代码:

```
// 设置第三个 Tab 页面处于显示状态
tabPane.setSelectedIndex(2);
// 设置最后一个 Tab 页面处于显示状态
tabPane.setSelectedIndex(tabPanel.getTabCount() - 1);
```

④ 正如上面代码见到的,程序还可通过 JTabbedPane 提供的一系列方法来操作 JTabbedPane 的相关属性。例如,有如下几个常用方法。

- ➢ setDisabledIconAt(int index, Icon disabledIcon):将指定位置的禁用图标设置为 icon,该图标也可以是 null,表示不使用禁用图标。
- ➢ setEnabledAt(int index, boolean enabled):设置指定位置的标签页是否启用。
- ➢ setForegroundAt(int index, Color foreground):设置指定位置标签页的前景色为 foreground。该颜色可以是 null,这时将使用该 JTabbedPane 的前景色作为此标签页的前景色。
- ➢ setIconAt(int index, Icon icon):设置指定位置标签页的图标。
- ➢ setTitleAt(int index, String title):设置指定位置标签页的标题为 title,该 title 可以是 null,这表明设置该标签页的标题为空。
- ➢ setToolTipTextAt(int index, String toolTipText):设置指定位置标签页的提示文本。

实际上,Swing 也为这些 setter 方法提供了对应的 getter 方法,用于返回这些属性。

⑤ 如果程序需要监听用户单击标签页的事件,例如,当用户单击某个标签页时才载入该标签页的内容,则可以使用 ChangeListener 监听器来监听 JTabbedPane 对象。例如如下代码:

```
tabPane.addChangeListener(listener);
```

当用户单击标签页时,系统将把该事件封装成 ChangeEvent 对象,并作为参数来触发 ChangeListener 里的 stateChanged 事件处理器方法。

下面程序定义了具有5个标签页的JTabbedPane面板,该程序可以让用户选择标签布局策略、标签位置。

程序清单：codes\12\12.3\JTabbedPaneTest.java

```java
public class JTabbedPaneTest
{
    JFrame jf = new JFrame("测试 Tab 页面");
    // 创建一个 Tab 页面的标签放在左边,采用换行布局策略的 JTabbedPane
    JTabbedPane tabbedPane = new JTabbedPane(JTabbedPane.LEFT
        , JTabbedPane.WRAP_TAB_LAYOUT);
    ImageIcon icon = new ImageIcon("ico/close.gif");
    String[] layouts = {"换行布局" , "滚动条布局"};
    String[] positions = {"左边" , "顶部" , "右边" , "底部"};
    Map<String , String> books = new LinkedHashMap<>();
    public void init()
    {
        books.put("疯狂 Java 讲义" , "java.png");
        books.put("轻量级 Java EE 企业应用实战" , "ee.png");
        books.put("疯狂 Ajax 讲义" , "ajax.png");
        books.put("疯狂 Android 讲义" , "android.png");
        books.put("经典 Java EE 企业应用实战" , "classic.png");
        String tip = "可看到本书的封面照片";
        // 向 JTabbedPane 中添加 5 个标签页,指定了标题、图标和提示
        // 但该标签页的组件为 null
        for (String bookName : books.keySet())
        {
            tabbedPane.addTab(bookName, icon, null , tip);
        }
        jf.add(tabbedPane, BorderLayout.CENTER);
        // 为 JTabbedPane 添加事件监听器
        tabbedPane.addChangeListener(event -> {
            // 如果被选择的组件依然是空
            if (tabbedPane.getSelectedComponent() == null)
            {
                // 获取所选标签页
                int n = tabbedPane.getSelectedIndex();
                // 为指定标签页加载内容
                loadTab(n);
            }
        });
        // 系统默认选择第一页,加载第一页内容
        loadTab(0);
        tabbedPane.setPreferredSize(new Dimension(500 , 300));
        // 增加控制标签布局、标签位置的单选按钮
        JPanel buttonPanel = new JPanel();
        ChangeAction action = new ChangeAction();
        buttonPanel.add(new ButtonPanel(action
            , "选择标签布局策略" , layouts));
        buttonPanel.add (new ButtonPanel(action
            , "选择标签位置" , positions));
        jf.add(buttonPanel, BorderLayout.SOUTH);
        jf.setDefaultCloseOperation(JFrame.EXIT_ON_CLOSE);
        jf.pack();
        jf.setVisible(true);
    }
    // 为指定标签页加载内容
    private void loadTab(int n)
    {
        String title = tabbedPane.getTitleAt(n);
        // 根据标签页的标题获取对应的图书封面
        ImageIcon bookImage = new ImageIcon("ico/"
            + books.get(title));
        tabbedPane.setComponentAt(n , new JLabel(bookImage));
        // 改变标签页的图标
        tabbedPane.setIconAt(n, new ImageIcon("ico/open.gif"));
    }
    // 定义改变标签页的布局策略、放置位置的监听器
    class ChangeAction implements ActionListener
    {
```

```java
    public void actionPerformed(ActionEvent event)
    {
        JRadioButton source = (JRadioButton)event.getSource();
        String selection = source.getActionCommand();
        // 设置标签页的标题布局策略
        if (selection.equals(layouts[0]))
        {
            tabbedPane.setTabLayoutPolicy(
                JTabbedPane.WRAP_TAB_LAYOUT);
        }
        else if (selection.equals(layouts[1]))
        {
            tabbedPane.setTabLayoutPolicy(
                JTabbedPane.SCROLL_TAB_LAYOUT);
        }
        // 设置标签页的标题放置位置
        else if (selection.equals(positions[0]))
        {
            tabbedPane.setTabPlacement(JTabbedPane.LEFT);
        }
        else if (selection.equals(positions[1]))
        {
            tabbedPane.setTabPlacement(JTabbedPane.TOP);
        }
        else if (selection.equals(positions[2]))
        {
            tabbedPane.setTabPlacement(JTabbedPane.RIGHT);
        }
        else if (selection.equals(positions[3]))
        {
            tabbedPane.setTabPlacement(JTabbedPane.BOTTOM);
        }
    }
    public static void main(String[] args)
    {
        new JTabbedPaneTest().init();
    }
}
// 定义一个JPanel类扩展类，该类的对象包含多个纵向排列的JRadioButton控件
// 且JPanel扩展类可以指定一个字符串作为TitledBorder
class ButtonPanel extends JPanel
{
    private ButtonGroup group;
    public ButtonPanel(JTabbedPaneTest.ChangeAction action
        , String title, String[] labels)
    {
        setBorder(BorderFactory.createTitledBorder(BorderFactory
            .createEtchedBorder(), title));
        setLayout(new BoxLayout(this, BoxLayout.X_AXIS));
        group = new ButtonGroup();
        for (int i = 0; labels!= null && i < labels.length; i++)
        {
            JRadioButton b = new JRadioButton(labels[i]);
            b.setActionCommand(labels[i]);
            add(b);
            // 添加事件监听器
            b.addActionListener(action);
            group.add(b);
            b.setSelected(i == 0);
        }
    }
}
```

上面程序中的粗体字代码是操作 JTabbedPane 各种属性的代码，这些代码完成了向 JTabbedPane 中添加标签页、改变标签页图标等操作。程序运行后会看到如图 12.15 所示的标签页效果。

如果选择滚动条布局，并选择将标签放在底部，将看到如图 12.16 所示的标签页效果。

图 12.15 标签页效果一

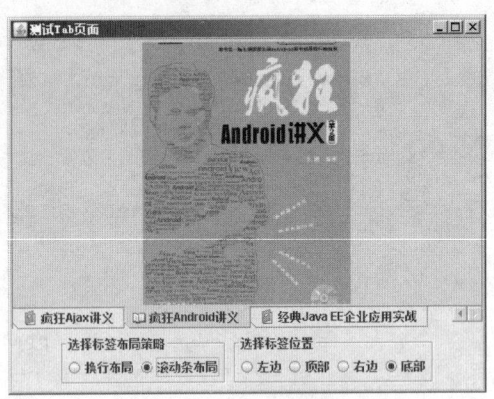
图 12.16 标签页效果二

▶▶ 12.3.3 使用 JLayeredPane、JDesktopPane 和 JInternalFrame

JLayeredPane 是一个代表有层次深度的容器，它允许组件在需要时互相重叠。当向 JLayeredPane 容器中添加组件时，需要为该组件指定一个深度索引，其中层次索引较高的层里的组件位于其他层的组件之上。

JLayeredPane 还将容器的层次深度分成几个默认层，程序只是将组件放入相应的层，从而可以更容易地确保组件的正确重叠，无须为组件指定具体的深度索引。JLayeredPane 提供了如下几个默认层。

- ➢ DEFAULT_LAYER：大多数组件位于的标准层。这是最底层。
- ➢ PALETTE_LAYER：调色板层位于默认层之上。该层对于浮动工具栏和调色板很有用，因此可以位于其他组件之上。
- ➢ MODAL_LAYER：该层用于显示模式对话框。它们将出现在容器中所有工具栏、调色板或标准组件的上面。
- ➢ POPUP_LAYER：该层用于显示右键菜单，与对话框、工具提示和普通组件关联的弹出式窗口将出现在对应的对话框、工具提示和普通组件之上。
- ➢ DRAG_LAYER：该层用于放置拖放过程中的组件（关于拖放操作请看下一节内容），拖放操作中的组件位于所有组件之上。一旦拖放操作结束后，该组件将重新分配到其所属的正常层。

> **注意：**
> 每一层都是一个不同的整数。可以在调用 add() 的过程中通过 Integer 参数指定该组件所在的层。也可以传入上面几个静态常量，它们分别等于 0，100，200，300，400 等值。

除此之外，也可以使用 JLayeredPane 的 moveToFront()、moveToBack() 和 setPosition() 方法在组件所在层中对其进行重定位，还可以使用 setLayer() 方法更改该组件所属的层。

下面程序简单示范了 JLayeredPane 容器的用法。

程序清单：codes\12\12.3\JLayeredPaneTest.java

```java
public class JLayeredPaneTest
{
    JFrame jf = new JFrame("测试 JLayeredPane");
    JLayeredPane layeredPane = new JLayeredPane();
    public void init()
    {
        // 向 layeredPane 中添加 3 个组件
        layeredPane.add(new ContentPanel(10 , 20 , "疯狂 Java 讲义"
            , "ico/java.png"), JLayeredPane.MODAL_LAYER);
        layeredPane.add(new ContentPanel(100 , 60 , "疯狂 Android 讲义"
            , "ico/android.png"), JLayeredPane.DEFAULT_LAYER);
        layeredPane.add(new ContentPanel(190 , 100
            , "轻量级 Java EE 企业应用实战", "ico/ee.png"), 4);
```

```
            layeredPane.setPreferredSize(new Dimension(400, 300));
            layeredPane.setVisible(true);
            jf.add(layeredPane);
            jf.pack();
            jf.setDefaultCloseOperation(JFrame.EXIT_ON_CLOSE);
            jf.setVisible(true);
    }
    public static void main(String[] args)
    {
            new JLayeredPaneTest().init();
    }
}
// 扩展了 JPanel 类，可以直接创建一个放在指定位置
// 且有指定标题、放置指定图标的 JPanel 对象
class ContentPanel extends JPanel
{
    public ContentPanel(int xPos , int yPos
        , String title , String ico)
    {
        setBorder(BorderFactory.createTitledBorder(
            BorderFactory.createEtchedBorder(), title));
        JLabel label = new JLabel(new ImageIcon(ico));
        add(label);
        setBounds(xPos , yPos , 160, 220);         // ①
    }
}
```

上面程序中粗体字代码向 JLayeredPane 中添加了三个 Panel 组件，每个 Panel 组件都必须显式设置大小和位置（程序中①处代码设置了 Panel 组件的大小和位置），否则该组件不能被显示出来。

运行上面程序，会看到如图 12.17 所示的运行效果。

> **注意**：
> 向 JLayeredPane 中添加组件时，必须显式设置该组件的大小和位置，否则该组件不能显示出来。

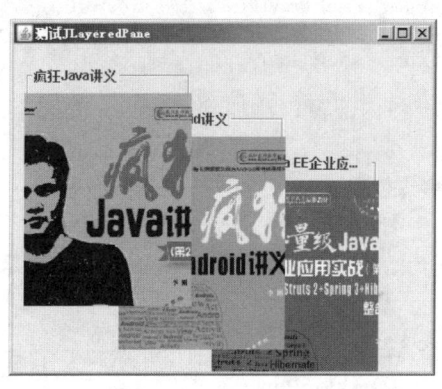

图 12.17　使用 JLayeredPane 的效果

JLayeredPane 的子类 JDesktopPane 容器更加常用——很多应用程序都需要启动多个内部窗口来显示信息（典型的如 Eclipse、EditPlus 都使用了这种内部窗口来分别显示每个 Java 源文件），这些内部窗口都属于同一个外部窗口，当外部窗口最小化时，这些内部窗口都被隐藏起来。在 Windows 环境中，这种用户界面被称为多文档界面（Multiple Document Interface，MDI）。

使用 Swing 可以非常简单地创建出这种 MDI 界面，通常，内部窗口有自己的标题栏、标题、图标、三个窗口按钮，并允许拖动改变内部窗口的大小和位置，但内部窗口不能拖出外部窗口。

> **提示**：
> 内部窗口与外部窗口表现方式上的唯一区别在于：外部窗口的桌面是实际运行平台的桌面，而内部窗口以外部窗口的指定容器作为桌面。就其实现机制来看，外部窗口和内部窗口则完全不同，外部窗口需要部分依赖于本地平台的 GUI 组件，属于重量级组件；而内部窗口则采用 100%的 Java 实现，属于轻量级组件。

JDesktopPane 需要和 JInternalFrame 结合使用，其中 JDesktopPane 代表一个虚拟桌面，而 JInternalFrame 则用于创建内部窗口。使用 JDesktopPane 和 JInternalFrame 创建内部窗口按如下步骤进行即可。

① 创建一个 JDesktopPane 对象。JDesktopPane 类仅提供了一个无参数的构造器,通过该构造器创建 JDesktopPane 对象,该对象代表一个虚拟桌面。

② 使用 JInternalFrame 创建一个内部窗口。创建内部窗口与创建 JFrame 窗口有一些区别,创建 JInternalFrame 对象时除可以传入一个字符串作为该内部窗口的标题之外,还可以传入 4 个 boolean 值,用于指定该内部窗口是否允许改变窗口大小、关闭窗口、最大化窗口、最小化窗口。例如,下面代码可以创建一个内部窗口。

```
// 创建内部窗口
final JInternalFrame iframe = new JInternalFrame("新文档",
    true, // 可改变大小
    true, // 可关闭
    true, // 可最大化
    true); // 可最小化
```

③ 一旦获得了内部窗口之后,该窗口的用法和普通窗口的用法基本相似,一样可以指定该窗口的布局管理器,一样可以向窗口内添加组件、改变窗口图标等。关于操作内部窗口具体存在哪些方法,请参阅 JInternalFrame 类的 API 文档。

④ 将该内部窗口以合适大小、在合适位置显示出来。与普通窗口类似的是,该窗口默认大小是 0×0 像素,位于 0,0 位置(虚拟桌面的左上角处),并且默认处于隐藏状态,程序可以通过如下代码将内部窗口显示出来。

```
// 同时设置窗口的大小和位置
iframe.reshape(20, 20, 300, 400);
// 使该窗口可见,并尝试选中它
iframe.show();
```

⑤ 将内部窗口添加到 JDesktopPane 容器中,再将 JDesktopPane 容器添加到其他容器中。

> **注意:** 外部窗口的 show()方法已经过时了,不再推荐使用。但内部窗口的 show()方法没有过时,该方法不仅可以让内部窗口显示出来,而且可以让该窗口处于选中状态。

> **注意:** JDesktopPane 不能独立存在,必须将 JDesktopPane 添加到其他顶级容器中才可以正常使用。

下面程序示范了如何使用 JDesktopPane 和 JInternalFrame 来创建 MDI 界面。

程序清单:codes\12\12.3\JInternalFrameTest.java

```java
public class JInternalFrameTest
{
    final int DESKTOP_WIDTH = 480;
    final int DESKTOP_HEIGHT = 360;
    final int FRAME_DISTANCE = 30;
    JFrame jf = new JFrame("MDI 界面");
    // 定义一个虚拟桌面
    private MyJDesktopPane desktop = new MyJDesktopPane();
    // 保存下一个内部窗口的坐标点
    private int nextFrameX;
    private int nextFrameY;
    // 定义内部窗口为虚拟桌面的1/2 大小
    private int width = DESKTOP_WIDTH / 2;
    private int height = DESKTOP_HEIGHT / 2;
    // 为主窗口定义两个菜单
    JMenu fileMenu = new JMenu("文件");
    JMenu windowMenu = new JMenu("窗口");
    // 定义 newAction 用于创建菜单和工具按钮
    Action newAction = new AbstractAction("新建"
        , new ImageIcon("ico/new.png"))
```

```java
{
    public void actionPerformed(ActionEvent event)
    {
        // 创建内部窗口
        final JInternalFrame iframe = new JInternalFrame("新文档",
            true,   // 可改变大小
            true,   // 可关闭
            true,   // 可最大化
            true);  // 可最小化
        iframe.add(new JScrollPane(new JTextArea(8, 40)));
        // 将内部窗口添加到虚拟桌面中
        desktop.add(iframe);
        // 设置内部窗口的原始位置（内部窗口默认大小是 0×0，放在 0,0 位置）
        iframe.reshape(nextFrameX, nextFrameY, width, height);
        // 使该窗口可见，并尝试选中它
        iframe.show();
        // 计算下一个内部窗口的位置
        nextFrameX += FRAME_DISTANCE;
        nextFrameY += FRAME_DISTANCE;
        if (nextFrameX + width > desktop.getWidth()) nextFrameX = 0;
        if (nextFrameY + height > desktop.getHeight()) nextFrameY = 0;
    }
};
// 定义 exitAction 用于创建菜单和工具按钮
Action exitAction = new AbstractAction("退出"
    , new ImageIcon("ico/exit.png"))
{
    public void actionPerformed(ActionEvent event)
    {
        System.exit(0);
    }
};
public void init()
{
    // 为窗口安装菜单条和工具条
    JMenuBar menuBar = new JMenuBar();
    JToolBar toolBar = new JToolBar();
    jf.setJMenuBar(menuBar);
    menuBar.add(fileMenu);
    fileMenu.add(newAction);
    fileMenu.add(exitAction);
    toolBar.add(newAction);
    toolBar.add(exitAction);
    menuBar.add(windowMenu);
    JMenuItem nextItem = new JMenuItem("下一个");
    nextItem.addActionListener(event -> desktop.selectNextWindow());
    windowMenu.add(nextItem);
    JMenuItem cascadeItem = new JMenuItem("级联");
    cascadeItem.addActionListener(event ->
        // 级联显示窗口，内部窗口的大小是外部窗口的 0.75 倍
        desktop.cascadeWindows(FRAME_DISTANCE , 0.75));
    windowMenu.add(cascadeItem);
    JMenuItem tileItem = new JMenuItem("平铺");
    // 平铺显示所有内部窗口
    tileItem.addActionListener(event -> desktop.tileWindows());
    windowMenu.add(tileItem);
    final JCheckBoxMenuItem dragOutlineItem = new
        JCheckBoxMenuItem("仅显示拖动窗口的轮廓");
    dragOutlineItem.addActionListener(event ->
        // 根据该菜单项是否选择来决定采用哪种拖动模式
        desktop.setDragMode(dragOutlineItem.isSelected()
            ? JDesktopPane.OUTLINE_DRAG_MODE
            : JDesktopPane.LIVE_DRAG_MODE));     // ①
    windowMenu.add(dragOutlineItem);
    desktop.setPreferredSize(new Dimension(480, 360));
    // 将虚拟桌面添加到顶级 JFrame 容器中
    jf.add(desktop);
    jf.add(toolBar , BorderLayout.NORTH);
    jf.setDefaultCloseOperation(JFrame.EXIT_ON_CLOSE);
    jf.pack();
```

```java
            jf.setVisible(true);
    }
    public static void main(String[] args)
    {
        new JInternalFrameTest().init();
    }
}
class MyJDesktopPane extends JDesktopPane
{
    // 将所有的窗口以级联方式显示
    // 其中offset是两个窗口的位移距离
    // scale是内部窗口与JDesktopPane的大小比例
    public void cascadeWindows(int offset , double scale)
    {
        // 定义级联显示窗口时内部窗口的大小
        int width = (int)(getWidth() * scale);
        int height = (int)(getHeight() * scale);
        // 用于保存级联窗口时每个窗口的位置
        int x = 0;
        int y = 0;
        for (JInternalFrame frame : getAllFrames())
        {
            try
            {
                // 取消内部窗口的最大化、最小化
                frame.setMaximum(false);
                frame.setIcon(false);
                // 把窗口重新放置在指定位置
                frame.reshape(x, y, width, height);
                x += offset;
                y += offset;
                // 如果到了虚拟桌面边界
                if (x + width > getWidth()) x = 0;
                if (y + height > getHeight()) y = 0;
            }
            catch (PropertyVetoException e)
            {}
        }
    }
    // 将所有窗口以平铺方式显示
    public void tileWindows()
    {
        // 统计所有窗口
        int frameCount = 0;
        for (JInternalFrame frame : getAllFrames())
        {
            frameCount++;
        }
        // 计算需要多少行、多少列才可以平铺所有窗口
        int rows = (int) Math.sqrt(frameCount);
        int cols = frameCount / rows;
        // 需要额外增加到其他列中的窗口
        int extra = frameCount % rows;
        // 计算平铺时内部窗口的大小
        int width = getWidth() / cols;
        int height = getHeight() / rows;
        // 用于保存平铺窗口时每个窗口在横向、纵向上的索引
        int x = 0;
        int y = 0;
        for (JInternalFrame frame : getAllFrames())
        {
            try
            {
                // 取消内部窗口的最大化、最小化
                frame.setMaximum(false);
                frame.setIcon(false);
                // 将窗口放在指定位置
                frame.reshape(x * width, y * height, width, height);
                y++;
                // 每排完一列窗口
```

```
                if (y == rows)
                {
                    // 开始排放下一列窗口
                    y = 0;
                    x++;
                    // 如果额外多出的窗口与剩下的列数相等
                    // 则后面所有列都需要多排列一个窗口
                    if (extra == cols - x)
                    {
                        rows++;
                        height = getHeight() / rows;
                    }
                }
            }
            catch (PropertyVetoException e)
            {}
        }
    }
    // 选中下一个非图标窗口
    public void selectNextWindow()
    {
        JInternalFrame[] frames = getAllFrames();
        for (int i = 0; i < frames.length; i++)
        {
            if (frames[i].isSelected())
            {
                // 找出下一个非最小化的窗口，尝试选中它
                // 如果选中失败，则继续尝试选中下一个窗口
                int next = (i + 1) % frames.length;
                while (next != i)
                {
                    // 如果该窗口不是处于最小化状态
                    if (!frames[next].isIcon())
                    {
                        try
                        {
                            frames[next].setSelected(true);
                            frames[next].toFront();
                            frames[i].toBack();
                            return;
                        }
                        catch (PropertyVetoException e)
                        {}
                    }
                    next = (next + 1) % frames.length;
                }
            }
        }
    }
}
```

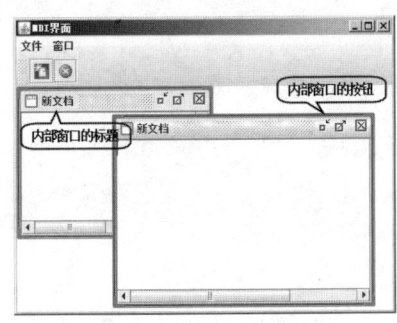

图 12.18 内部窗口效果

上面程序中粗体字代码示范了创建 JDesktopPane 虚拟桌面，创建 JInternatFrame 内部窗口，并将内部窗口添加到虚拟桌面中，最后将虚拟桌面添加到顶级 JFrame 容器中的过程。

运行上面程序，会看到如图 12.18 所示的内部窗口效果。

在默认情况下，当用户拖动窗口时，内部窗口会紧紧跟随用户鼠标的移动，这种操作会导致系统不断重绘虚拟桌面的内部窗口，从而引起性能下降。为了改变这种拖动模式，可以设置当用户拖动内部窗口时，虚拟桌面上仅绘出该内部窗口的轮廓。可以通过调用 JDesktopPane 的 setDragMode()方法来改变内部窗口的拖动模式，该方法接收如下两个参数值。

➤ JDesktopPane.OUTLINE_DRAG_MODE：拖动过程中仅显示内部窗口的轮廓。

➢ JDesktopPane.LIVE_DRAG_MODE：拖动过程中显示完整窗口，这是默认选项。

上面程序中①处代码允许用户根据 JCheckBoxMenuItem 的状态来决定窗口采用哪种拖动模式。

读者可能会发现，程序创建虚拟桌面时并不是直接创建 JDesktopPane 对象，而是先扩展了 JDesktopPane 类，为该类增加了如下三个方法。

➢ cascadeWindows()：级联显示所有的内部窗口。
➢ tileWindows()：平铺显示所有的内部窗口。
➢ selectNextWindow()：选中当前窗口的下一个窗口。

JDesktopPane 没有提供这三个方法，但这三个方法在 MDI 应用里又是如此常用，以至于开发者总需要自己来扩展 JDesktopPane 类，而不是直接使用该类。这是一个非常有趣的地方——Oracle 似乎认为这些方法太过简单，不屑为之，于是开发者只能自己实现，这给编程带来一些麻烦。

级联显示窗口其实很简单，先根据内部窗口与 JDesktopPane 的大小比例计算出每个内部窗口的大小，然后以此重新排列每个窗口，重排之前让相邻两个窗口在横向、纵向上产生一定的位移即可。

平铺显示窗口相对复杂一点，程序先计算需要几行、几列可以显示所有的窗口，如果还剩下多余（不能整除）的窗口，则依次分布到最后几列中。图 12.19 显示了平铺窗口的效果。

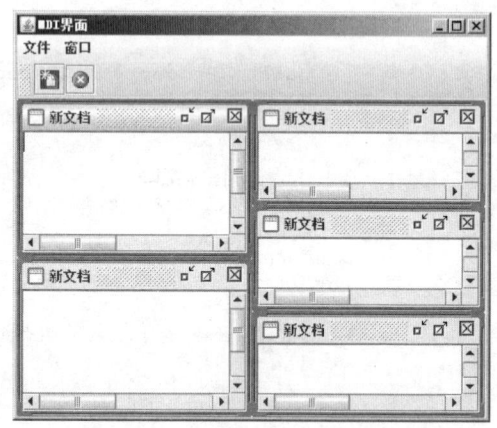

图 12.19　平铺显示所有的窗口效果

前面介绍 JOptionPane 时提到该类包含了多个重载的 showInternalXxxDialog()方法，这些方法用于弹出内部对话框，当使用该方法来弹出内部对话框时通常需要指定一个父组件，这个父组件既可以是虚拟桌面（JDesktopPane 对象），也可以是内部窗口（JInternalFrame 对象）。下面程序示范了如何弹出内部对话框。

程序清单：codes\12\12.3\InternalDialogTest.java

```java
public class InternalDialogTest
{
    private JFrame jf = new JFrame("测试内部对话框");
    private JDesktopPane desktop = new JDesktopPane();
    private JButton internalBn = new JButton("内部窗口的对话框");
    private JButton deskBn = new JButton("虚拟桌面的对话框");
    // 定义一个内部窗口，该窗口可拖动，但不可最大化、最小化、关闭
    private JInternalFrame iframe = new JInternalFrame("内部窗口");
    public void init()
    {
        // 向内部窗口中添加组件
        iframe.add(new JScrollPane(new JTextArea(8, 40)));
        desktop.setPreferredSize(new Dimension(400, 300));
        // 把虚拟桌面添加到 JFrame 窗口中
        jf.add(desktop);
        // 设置内部窗口的大小、位置
        iframe.reshape(0 , 0 , 300 , 200);
        // 显示并选中内部窗口
        iframe.show();
        desktop.add(iframe);
        JPanel jp = new JPanel();
        deskBn.addActionListener(event ->
            // 弹出内部对话框，以虚拟桌面作为父组件
            JOptionPane.showInternalMessageDialog(desktop
                , "属于虚拟桌面的对话框")));
        internalBn.addActionListener(event ->
            // 弹出内部对话框，以内部窗口作为父组件
            JOptionPane.showInternalMessageDialog(iframe
                , "属于内部窗口的对话框")));
```

```
            jp.add(deskBn);
            jp.add(internalBn);
            jf.add(jp , BorderLayout.SOUTH);
            jf.pack();
            jf.setVisible(true);
        }
        public static void main(String[] args)
        {
            new InternalDialogTest().init();
        }
    }
```

上面程序中两行粗体字弹出两个内部对话框,这两个对话框一个以虚拟桌面作为父窗口,一个以内部窗口作为父组件。运行上面程序会看到如图 12.20 所示的内部窗口的对话框。

12.4 Swing 简化的拖放功能

从 JDK 1.4 开始,Swing 的部分组件已经提供了默认的拖放支持,从而能以更简单的方式进行拖放操作。Swing 中支持拖放操作的组件如表 12.1 所示。

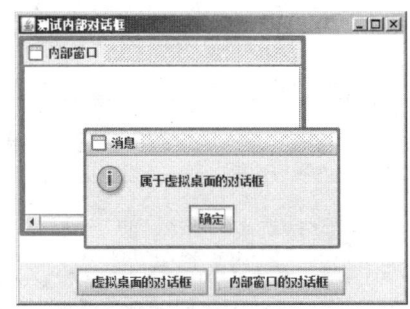

图 12.20 内部窗口的对话框

表 12.1 支持拖放操作的 Swing 组件

Swing 组件	作为拖放源导出	作为拖放目标接收
JColorChooser	导出颜色对象的本地引用	可接收任何颜色
JFileChooser	导出文件列表	无
JList	导出所选择节点的 HTML 描述	无
JTable	导出所选中的行	无
JTree	导出所选择节点的 HTML 描述	无
JTextComponent	导出所选文本	接收文本,其子类 JTextArea 还可接收文件列表,负责将文件打开

在默认情况下,表 12.1 中的这些 Swing 组件都没有启动拖放支持,可以调用这些组件的 setDragEnabled (true)方法来启动拖放支持。下面程序示范了 Swing 提供的拖放支持。

程序清单:codes\12\12.4\SwingDndSupport.java

```
public class SwingDndSupport
{
    JFrame jf = new JFrame("Swing 的拖放支持");
    JTextArea srcTxt = new JTextArea(8 , 30);
    JTextField jtf = new JTextField(34);
    public void init()
    {
        srcTxt.append("Swing 的拖放支持.\n");
        srcTxt.append("将该文本域的内容拖入其他程序.\n");
        // 启动文本域和单行文本框的拖放支持
        srcTxt.setDragEnabled(true);
        jtf.setDragEnabled(true);
        jf.add(new JScrollPane(srcTxt));
        jf.add(jtf , BorderLayout.SOUTH);
        jf.setDefaultCloseOperation(JFrame.EXIT_ON_CLOSE);
        jf.pack();
        jf.setVisible(true);
    }
    public static void main(String[] args)
    {
        new SwingDndSupport().init();
    }
}
```

上面程序中的两行粗体字代码负责开始多行文本域和单行文本框的拖放支持。运行上面程序，会看到如图 12.21 所示的界面。

除此之外，Swing 还提供了一种非常特殊的类：TransferHandler，它可以直接将某个组件的指定属性设置成拖放目标，前提是该组件具有该属性的 setter 方法。例如，JTextArea 类提供了一个 setForeground(Color)方法，这样即可利用 TransferHandler 将 foreground 定义成拖放目标。代码如下：

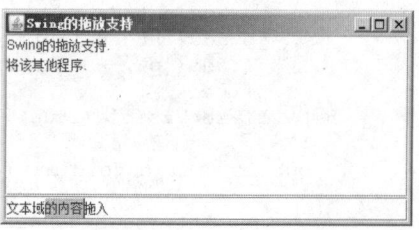

图 12.21　启用 Swing 组件的拖放功能

```
// 允许直接将一个 Color 对象拖入该 JTextArea 对象，并赋给它的 foreground 属性
txt.setTransferHandler(new TransferHandler("foreground"));
```

下面程序可以直接把颜色选择器面板中的颜色拖放到指定文本域中，用以改变指定文本域的前景色。

程序清单：codes\12\12.4\TransferHandlerTest.java

```java
public class TransferHandlerTest
{
    private JFrame jf = new JFrame("测试 TransferHandler");
    JColorChooser chooser = new JColorChooser();
    JTextArea txt = new JTextArea("测试 TransferHandler\n"
        + "直接将上面颜色拖入以改变文本颜色");
    public void init()
    {
        // 启动颜色选择器面板和文本域的拖放功能
        chooser.setDragEnabled(true);
        txt.setDragEnabled(true);
        jf.add(chooser, BorderLayout.SOUTH);
        // 允许直接将一个 Color 对象拖入该 JTextArea 对象
        // 并赋给它的 foreground 属性
        txt.setTransferHandler(new TransferHandler("foreground"));
        jf.add(new JScrollPane(txt));
        jf.setDefaultCloseOperation(JFrame.EXIT_ON_CLOSE);
        jf.pack();
        jf.setVisible(true);
    }
    public static void main(String[] args)
    {
        new TransferHandlerTest().init();
    }
}
```

上面程序中的粗体字代码将 JTextArea 的 foreground 属性转换成拖放目标，它可以接收任何 Color 对象。而 JColorChooser 启动拖放功能后可以导出颜色对象的本地引用，从而可以直接将该颜色对象拖给 JTextArea 的 foreground 属性。运行上面程序，会看到如图 12.22 所示的界面。

从图 12.22 中可以看出，当用户把颜色选择器面板中预览区的颜色拖到上面多行文本域后，多行文本域的颜色也随之发生改变。

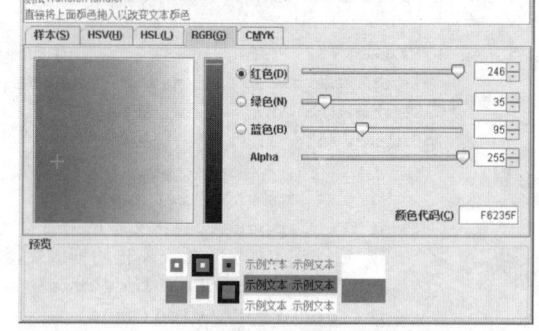

图 12.22　通过拖放操作改变文本域的前景色

12.5　Java 7 新增的 Swing 功能

Java 7 提供的重大更新就包括了对 Swing 的更新，对 Swing 的更新除前面介绍的 Nimbus 外观、改进的 JColorChooser 组件之外，还有两个很有用的更新——JLayer 和创建不规则窗口。下面将会详细介绍这两个知识点。

▶▶ 12.5.1　使用 JLayer 装饰组件

JLayer 的功能是在指定组件上额外地添加一个装饰层，开发者可以在这个装饰层上进行任意绘制

（直接重写 paint(Graphics g, JComponent c)方法），这样就可以为指定组件添加任意装饰。

JLayer 一般总是要和 LayerUI 一起使用，而 LayerUI 用于被扩展，扩展 LayerUI 时重写它的 paint(Graphics g, JComponent c)方法，在该方法中绘制的内容会对指定组件进行装饰。

实际上，使用 JLayer 很简单，只要如下两行代码即可。

```java
// 创建 LayerUI 对象
LayerUI<JComponent> layerUI = new XxxLayerUI();
// 使用 layerUI 来装饰指定的 JPanel 组件
JLayer<JComponent> layer = new JLayer<JComponent>(panel, layerUI);
```

上面程序中的 XxxLayerUI 就是开发者自己扩展的子类，这个子类会重写 paint(Graphics g, JComponent c)方法，重写该方法来完成"装饰层"的绘制。

上面第二行代码中的 panel 组件就是被装饰的组件，接下来把 layer 对象（layer 对象包含了被装饰对象和 LayerUi 对象）添加到指定容器中即可。

下面程序示范了使用 JLayer 为窗口添加一层"蒙版"的效果。

程序清单：codes\12\12.5\JLayerTest.java

```java
class FirstLayerUI extends LayerUI<JComponent>
{
    public void paint(Graphics g, JComponent c)
    {
        super.paint(g, c);
        Graphics2D g2 = (Graphics2D) g.create();
        // 设置透明效果
        g2.setComposite(AlphaComposite.getInstance(
            AlphaComposite.SRC_OVER, .5f));
        // 使用渐变画笔绘图
        g2.setPaint(new GradientPaint(0 , 0 , Color.RED
            , 0 , c.getHeight() , Color.BLUE));
        // 绘制一个与被装饰组件具有相同大小的组件
        g2.fillRect(0, 0, c.getWidth(), c.getHeight());        // ①
        g2.dispose();
    }
}
public class JLayerTest
{
    public void init()
    {
        JFrame f = new JFrame("JLayer 测试");
        JPanel p = new JPanel();
        ButtonGroup group = new ButtonGroup();
        JRadioButton radioButton;
        // 创建 3 个 RadioButton，并将它们添加成一组
        p.add(radioButton = new JRadioButton("网购购买", true));
        group.add(radioButton);
        p.add(radioButton = new JRadioButton("书店购买"));
        group.add(radioButton);
        p.add(radioButton = new JRadioButton("图书馆借阅"));
        group.add(radioButton);
        // 添加 3 个 JCheckBox
        p.add(new JCheckBox("疯狂 Java 讲义"));
        p.add(new JCheckBox("疯狂 Android 讲义"));
        p.add(new JCheckBox("疯狂 Ajax 讲义"));
        p.add(new JCheckBox("轻量级 Java EE 企业应用"));
        JButton orderButton = new JButton("投票");
        p.add(orderButton);
        // 创建 LayerUI 对象
        LayerUI<JComponent> layerUI = new FirstLayerUI();        // ②
        // 使用 layerUI 来装饰指定的 JPanel 组件
        JLayer<JComponent> layer = new JLayer<JComponent>(p, layerUI);
        // 将装饰后的 JPanel 组件添加到容器中
        f.add(layer);
        f.setSize(300, 170);
        f.setDefaultCloseOperation (JFrame.EXIT_ON_CLOSE);
        f.setVisible (true);
```

```
        }
        public static void main(String[] args)
        {
            new JLayerTest().init();
        }
}
```

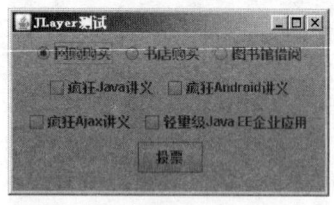

图 12.23 被装饰的 JPanel

上面程序中开发了一个 FirstLayerUI，它扩展了 LayerUI，重写 paint(Graphics g, JComponent c)方法时绘制了一个半透明的、与被装饰组件具有相同大小的矩形。接下来在 main 方法中使用这个 LayerUI 来装饰指定的 JPanel 组件，并把 JLayer 添加到 JFrame 容器中，这就达到了对 JPanel 进行包装的效果。运行该程序，可以看到如图 12.23 所示的效果。

由于开发者可以重写 paint(Graphics g, JComponent c)方法，因此获得对被装饰层的全部控制权——想怎么绘制，就怎么绘制！因此开发者可以"随心所欲"地对指定组件进行装饰。例如，下面提供的 LayerUI 则可以为被装饰组件增加"模糊"效果。程序如下（程序清单同上）。

```
class BlurLayerUI extends LayerUI<JComponent>
{
    private BufferedImage screenBlurImage;
    private BufferedImageOp operation;
    public BlurLayerUI()
    {
        float ninth = 1.0f / 9.0f;
        // 定义模糊参数
        float[] blurKernel = {
            ninth, ninth, ninth,
            ninth, ninth, ninth,
            ninth, ninth, ninth
        };
        // ConvolveOp 代表一个模糊处理，它将原图片的每一个像素与周围
        // 像素的颜色进行混合，从而计算出当前像素的颜色值
        operation = new ConvolveOp(
            new Kernel(3, 3, blurKernel),
            ConvolveOp.EDGE_NO_OP, null);
    }
    public void paint(Graphics g, JComponent c)
    {
        int w = c.getWidth();
        int h = c.getHeight();
        // 如果被装饰窗口大小为 0×0，直接返回
        if (w == 0 || h == 0)
            return;
        // 如果 screenBlurImage 没有初始化，或它的尺寸不对
        if (screenBlurImage == null
            || screenBlurImage.getWidth() != w
            || screenBlurImage.getHeight() != h)
        {
            // 重新创建新的 BufferedImage
            screenBlurImage = new BufferedImage(w
                , h , BufferedImage.TYPE_INT_RGB);
        }
        Graphics2D ig2 = screenBlurImage.createGraphics();
        // 把被装饰组件的界面绘制到当前 screenBlurImage 上
        ig2.setClip(g.getClip());
        super.paint(ig2, c);
        ig2.dispose();
        Graphics2D g2 = (Graphics2D)g;
        // 对 JLayer 装饰的组件进行模糊处理
        g2.drawImage(screenBlurImage, operation, 0, 0);
    }
}
```

上面程序扩展了 LayerUI，重写了 paint(Graphics g, JComponent c)方法，重写该方法时也是绘制

了一个与被装饰组件具有相同大小的矩形，只是这种绘制添加了模糊效果。

将 JLayerTest.java 中的 ②号粗体字代码改为使用 BlurLayerUI，再次运行该程序，将可以看到如图 12.24 所示的"毛玻璃"窗口。

除此之外，开发者自定义的 LayerUI 还可以增加事件机制，这种事件机制能让装饰层响应用户动作,随着用户动作动态地改变 LayerUI 上的绘制效果。比如下面的 LayerUI 示例，程序通过响应鼠标事件，可以在窗口上增加"探照灯"效果。程序如下（程序清单同上）。

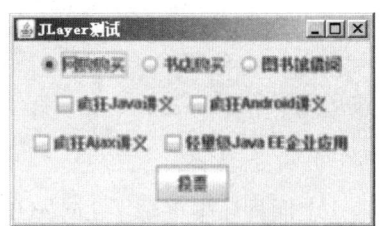

图 12.24 使用 JLayer 装饰的"毛玻璃"窗口

```java
class SpotlightLayerUI extends LayerUI<JComponent>
{
    private boolean active;
    private int cx, cy;
    public void installUI(JComponent c)
    {
        super.installUI(c);
        JLayer layer = (JLayer)c;
        // 设置 JLayer 可以响应鼠标事件和鼠标动作事件
        layer.setLayerEventMask(AWTEvent.MOUSE_EVENT_MASK
            | AWTEvent.MOUSE_MOTION_EVENT_MASK);         // ①
    }
    public void uninstallUI(JComponent c)
    {
        JLayer layer = (JLayer)c;
        // 设置 JLayer 不响应任何事件
        layer.setLayerEventMask(0);
        super.uninstallUI(c);
    }
    public void paint(Graphics g, JComponent c)
    {
        Graphics2D g2 = (Graphics2D)g.create();
        super.paint (g2, c);
        // 如果处于激活状态
        if (active)
        {
            // 定义一个 cx、cy 位置的点
            Point2D center = new Point2D.Float(cx, cy);
            float radius = 72;
            float[] dist = {0.0f, 1.0f};
            Color[] colors = {Color.YELLOW , Color.BLACK};
            // 以 center 为中心、colors 为颜色数组创建环形渐变
            RadialGradientPaint p = new RadialGradientPaint(center
                , radius , dist , colors);
            g2.setPaint(p);
            // 设置渐变效果
            g2.setComposite(AlphaComposite.getInstance(
                AlphaComposite.SRC_OVER, .6f));
            // 绘制矩形
            g2.fillRect(0, 0, c.getWidth(), c.getHeight());
        }
        g2.dispose();
    }
    // 处理鼠标事件的方法
    public void processMouseEvent(MouseEvent e, JLayer layer)
    {
        if (e.getID() == MouseEvent.MOUSE_ENTERED)
            active = true;
        if (e.getID() == MouseEvent.MOUSE_EXITED)
            active = false;
        layer.repaint();
    }
    // 处理鼠标动作事件的方法
    public void processMouseMotionEvent(MouseEvent e, JLayer layer)
    {
        Point p = SwingUtilities.convertPoint(
```

```
            e.getComponent(), e.getPoint(), layer);
        // 获取鼠标动作事件发生点的坐标
        cx = p.x;
        cy = p.y;
        layer.repaint();
    }
}
```

上面程序中重写了 LayerUI 的 installUI(JComponent c)方法，重写该方法时控制该组件能响应鼠标事件和鼠标动作事件，如粗体字代码所示。接下来程序重写了 processMouseMotionEvent()方法，该方法负责为 LayerUI 上的鼠标事件提供响应——当鼠标在界面上移动时，程序会改变 cx、cy 的坐标值，重写 paint(Graphics g, JComponent c)方法时会在 cx、cy 对应的点绘制一个环形渐变，这就可以充当"探照灯"效果了。将 JLayerTest.java 中的②号粗体字代码改为使用 SpotlightLayerUI，再次运行该程序，即可看到如图 12.25 所示的效果。

既然可以让 LayerUI 上的绘制效果响应鼠标动作，当然也可以在 LayerUI 上绘制"动画"——所谓动画，就是通过定时器控制 LayerUI 上绘制的图形动态地改变即可。

接下来重写的 LayerUI 使用了 Timer 来定时地改变 LayerUI 上的绘制，程序绘制了一个旋转中的"齿轮"，这个旋转的齿轮可以提醒用户"程序正在处理中"。

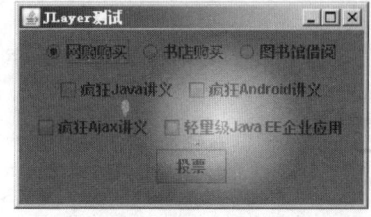

图 12.25 窗口上的"探照灯"效果

下面程序重写 LayerUI 时绘制了 12 条辐射状的线条，并通过 Timer 来不断地改变这 12 条线条的排列角度，这样就可以形成"转动的齿轮"了。程序提供的 WaitingLayerUI 类代码如下。

程序清单：codes\12\12.5\WaitingJLayerTest.java

```java
class WaitingLayerUI extends LayerUI<JComponent>
{
    private boolean isRunning;
    private Timer timer;
    // 记录转过的角度
    private int angle;          // ①
    public void paint(Graphics g, JComponent c)
    {
        super.paint(g, c);
        int w = c.getWidth();
        int h = c.getHeight();
        // 已经停止运行，直接返回
        if (!isRunning)
            return;
        Graphics2D g2 = (Graphics2D)g.create();
        Composite urComposite = g2.getComposite();
        g2.setComposite(AlphaComposite.getInstance(
            AlphaComposite.SRC_OVER, .5f));
        // 填充矩形
        g2.fillRect(0, 0, w, h);
        g2.setComposite(urComposite);
        // -----下面代码开始绘制转动中的"齿轮"----
        // 计算得到宽、高中较小值的 1/5
        int s = Math.min(w , h) / 5;
        int cx = w / 2;
        int cy = h / 2;
        g2.setRenderingHint(RenderingHints.KEY_ANTIALIASING
            , RenderingHints.VALUE_ANTIALIAS_ON);
        // 设置笔触
        g2.setStroke( new BasicStroke(s / 2
            , BasicStroke.CAP_ROUND , BasicStroke.JOIN_ROUND));
        g2.setPaint(Color.BLUE);
        // 画笔绕被装饰组件的中心转过 angle 度
        g2.rotate(Math.PI * angle / 180, cx, cy);          // ②
        // 循环绘制 12 条线条，形成"齿轮"
        for (int i = 0; i < 12; i++)
        {
```

```java
            float scale = (11.0f - (float)i) / 11.0f;
            g2.drawLine(cx + s, cy, cx + s * 2, cy);
            g2.rotate(-Math.PI / 6, cx, cy);
            g2.setComposite(AlphaComposite.getInstance(
                AlphaComposite.SRC_OVER, scale));
        }
        g2.dispose();
    }
    // 控制等待（齿轮开始转动）的方法
    public void start()
    {
        // 如果已经在运行中，直接返回
        if (isRunning)
            return;
        isRunning = true;
        // 每隔 0.1 秒重绘一次
        timer = new Timer(100, e -> {
            if (isRunning)
            {
                // 触发 applyPropertyChange()方法，让 JLayer 重绘
                // 在这行代码中，后面两个参数没有意义
                firePropertyChange("crazyitFlag", 0 , 1);
                // 角度加 6
                angle += 6;       // ③
                // 到达 360 角度后再从 0 开始
                if (angle >= 360)
                    angle = 0;
            }
        });
        timer.start();
    }
    // 控制停止等待（齿轮停止转动）的方法
    public void stop()
    {
        isRunning = false;
        // 最后通知 JLayer 重绘一次，清除曾经绘制的图形
        firePropertyChange("crazyitFlag", 0 , 1);
        timer.stop();
    }
    public void applyPropertyChange(PropertyChangeEvent pce
        , JLayer layer)
    {
        // 控制 JLayer 重绘
        if (pce.getPropertyName().equals("crazyitFlag"))
        {
            layer.repaint();
        }
    }
}
```

上面程序中的①号粗体字代码定义了一个 angle 变量，它负责控制 12 条线条的旋转角度。程序使用 Timer 定时地改变 angle 变量的值（每隔 0.1 秒 angle 加 6），如③号粗体字代码所示。控制了 angle 角度之后，程序根据该 angle 角度绘制 12 条线条，如②号粗体字代码所示。

提供了 WaitingLayerUI 之后，接下来使用该 WaitingLayerUI 与使用前面的 UI 没有任何区别。不过程序需要通过特定事件来显示 WaitingLayerUI 的绘制（就是调用它的 start()方法），下面程序为按钮添加了事件监听器——当用户单击该按钮时，程序会调用 WaitingLayerUI 对象的 start()方法（程序清单同上）。

```java
// 为 orderButton 绑定事件监听器：单击该按钮时，调用 layerUI 的 start()方法
orderButton.addActionListener(ae -> {
    layerUI.start();
    // 如果 stopper 定时器已停止，则启动它
    if (!stopper.isRunning())
    {
        stopper.start();
    }
});
```

除此之外，上面代码中还用到了 stopper 计时器，它会控制在一段时间（比如4秒）之后停止绘制 WaitingLayerUI，因此程序还通过如下代码进行控制（程序清单同上）。

```
// 设置 4 秒之后执行指定动作：调用 layerUI 的 stop()方法
final Timer stopper = new Timer(4000, ae -> layerUI.stop());
// 设置 stopper 定时器只触发一次
stopper.setRepeats(false);
```

再次运行该程序，可以看到如图 12.26 所示的"动画装饰"效果。

通过上面几个例子可以看出，Swing 提供的 JLayer 为窗口美化提供了无限可能性。只要你想做的，比如希望用户完成输入之后，立即在后面显示一个简单的提示按钮（钩表示输入正确，叉表示输入错误）……都可以通过 JLayer 绘制。

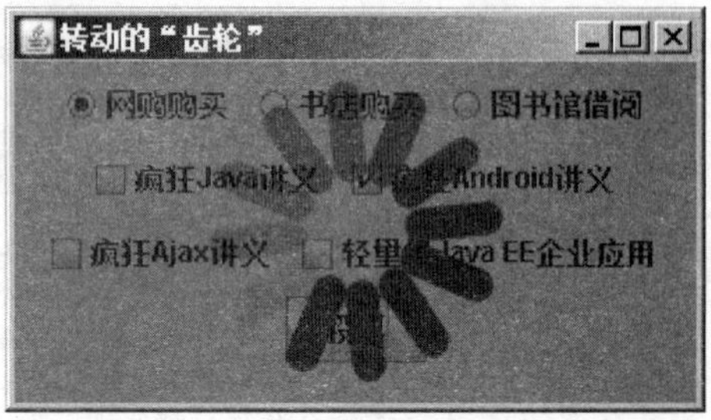

▶▶ 12.5.2 创建透明、不规则形状窗口

Java 7 为 Frame 提供了如下两个方法。

图 12.26 JLayer 生成的"动画装饰"效果

➢ setShape(Shape shape)：设置窗口的形状，可以将窗口设置成任意不规则的形状。
➢ setOpacity(float opacity)：设置窗口的透明度，可以将窗口设置成半透明的。当 opacity 为 1.0f 时，该窗口完全不透明。

这两个方法简单、易用，可以直接改变窗口的形状和透明度。除此之外，如果希望开发出渐变透明的窗口，则可以考虑使用一个渐变透明的 JPanel 来代替 JFrame 的 ContentPane；按照这种思路，还可以开发出有图片背景的窗口。

下面程序示范了如何开发出透明、不规则的窗口。

程序清单：codes\12\12.5\NonRegularWindow.java

```java
public class NonRegularWindow extends JFrame
    implements ActionListener
{
    // 定义 3 个窗口
    JFrame transWin = new JFrame("透明窗口");
    JFrame gradientWin = new JFrame("渐变透明窗口");
    JFrame bgWin = new JFrame("背景图片窗口");
    JFrame shapeWin = new JFrame("椭圆窗口");
    public NonRegularWindow()
    {
        super("不规则窗口测试");
        setLayout(new FlowLayout());
        JButton transBn = new JButton("透明窗口");
        JButton gradientBn = new JButton("渐变透明窗口");
        JButton bgBn = new JButton("背景图片窗口");
        JButton shapeBn = new JButton("椭圆窗口");
        // 为 3 个按钮添加事件监听器
        transBn.addActionListener(this);
        gradientBn.addActionListener(this);
        bgBn.addActionListener(this);
        shapeBn.addActionListener(this);
        add(transBn);
        add(gradientBn);
        add(bgBn);
        add(shapeBn);
        //-------设置透明窗口-------
        transWin.setLayout(new GridBagLayout());
        transWin.setSize(300,200);
        transWin.add(new JButton("透明窗口里的简单按钮"));
        // 设置透明度为 0.65f，透明度为 1f 时完全不透明
        transWin.setOpacity(0.65f);
        //-------设置渐变透明的窗口-------
        gradientWin.setBackground(new Color(0,0,0,0));
        gradientWin.setSize(new Dimension(300,200));
```

```java
        // 使用一个JPanel对象作为渐变透明的背景
        JPanel panel = new JPanel()
        {
            protected void paintComponent(Graphics g)
            {
                if (g instanceof Graphics2D)
                {
                    final int R = 240;
                    final int G = 240;
                    final int B = 240;
                    // 创建一个渐变画笔
                    Paint p = new GradientPaint(0.0f, 0.0f
                        , new Color(R, G, B, 0)
                        , 0.0f, getHeight()
                        , new Color(R, G, B, 255) , true);
                    Graphics2D g2d = (Graphics2D)g;
                    g2d.setPaint(p);
                    g2d.fillRect(0, 0, getWidth(), getHeight());
                }
            }
        };
        // 使用JPanel对象作为JFrame的contentPane
        gradientWin.setContentPane(panel);
        panel.setLayout(new GridBagLayout());
        gradientWin.add(new JButton("渐变透明窗口里的简单按钮"));
        //--------设置有背景图片的窗口--------
        bgWin.setBackground(new Color(0,0,0,0));
        bgWin.setSize(new Dimension(300,200));
        // 使用一个JPanel对象作为背景图片
        JPanel bgPanel = new JPanel()
        {
            protected void paintComponent(Graphics g)
            {
                try
                {
                    Image bg = ImageIO.read(new File("images/java.png"));
                    // 绘制一张图片作为背景
                    g.drawImage(bg , 0 , 0 , getWidth() , getHeight() , null);
                }
                catch (IOException ex)
                {
                    ex.printStackTrace();
                }
            }
        };
        // 使用JPanel对象作为JFrame的contentPane
        bgWin.setContentPane(bgPanel);
        bgPanel.setLayout(new GridBagLayout());
        bgWin.add(new JButton("有背景图片窗口里的简单按钮"));
        //--------设置椭圆形窗口--------
        shapeWin.setLayout(new GridBagLayout());
        shapeWin.setUndecorated(true);
        shapeWin.setOpacity(0.7f);
        // 通过为shapeWin添加监听器来设置窗口的形状
        // 当shapeWin窗口的大小被改变时，程序动态设置该窗口的形状
        shapeWin.addComponentListener(new ComponentAdapter()
        {
            // 当窗口大小被改变时，椭圆的大小也会相应地改变
            public void componentResized(ComponentEvent e)
            {
                // 设置窗口的形状
                shapeWin.setShape(new Ellipse2D.Double(0 , 0
                    , shapeWin.getWidth() , shapeWin.getHeight()));   // ①
            }
        });
        shapeWin.setSize(300,200);
        shapeWin.add(new JButton("椭圆形窗口里的简单按钮"));
        //--------设置主程序的窗口--------
        setDefaultCloseOperation(JFrame.EXIT_ON_CLOSE);
        pack();
```

```
            setVisible(true);
        }
        public void actionPerformed(ActionEvent event)
        {
            switch(event.getActionCommand())
            {
                case "透明窗口":
                    transWin.setVisible(true);
                    break;
                case "渐变透明窗口":
                    gradientWin.setVisible(true);
                    break;
                case "背景图片窗口":
                    bgWin.setVisible(true);
                    break;
                case "椭圆窗口":
                    shapeWin.setVisible(true);
                    break;
            }
        }
        public static void main(String[] args)
        {
            JFrame.setDefaultLookAndFeelDecorated(true);
            new NonRegularWindow();
        }
    }
```

上面程序中的粗体字代码就是设置透明窗口、渐变透明窗口、有背景图片窗口的关键代码；当需要开发不规则形状的窗口时，程序往往会为该窗口实现一个 ComponentListener，该监听器负责监听窗口大小发生改变的事件——当窗口大小发生改变时，程序调用窗口的 setShape()方法来控制窗口的形状，如①号粗体字代码所示。

运行上面程序，打开透明窗口和渐变透明窗口，效果如图 12.27 所示。

打开有背景图片窗口和椭圆窗口，效果如图 12.28 所示。

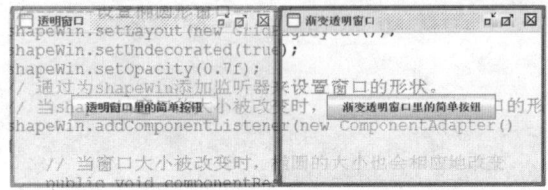

图 12.27　透明窗口和渐变透明窗口

图 12.28　有背景图片窗口和椭圆窗口

12.6　使用 JProgressBar、ProgressMonitor 和 BoundedRangeModel 创建进度条

进度条是图形界面中广泛使用的 GUI 组件，当复制一个较大的文件时，操作系统会显示一个进度条，用于标识复制操作完成的比例；当启动 Eclipse 等程序时，因为需要加载较多的资源，故而启动速度较慢，程序也会在启动过程中显示一个进度条，用以表示该软件启动完成的比例……

▶▶ 12.6.1　创建进度条

使用 JProgressBar 可以非常方便地创建进度条，使用 JProgressBar 创建进度条可按如下步骤进行。

① 创建一个 JProgressBar 对象，创建该对象时可以指定三个参数，用于设置进度条的排列方向（竖直和水平）、进度条的最大值和最小值。也可以在创建该对象时不传入任何参数，而是在后面程序中修改这三个属性。例如，如下代码创建了 JProgressBar 对象。

```
// 创建一条垂直进度条
JProgressBar bar = new JProgressBar(JProgressBar.VERTICAL );
```

② 调用该对象的常用方法设置进度条的普通属性。JProgressBar 除提供设置排列方向、最大值、最小值的 setter 和 getter 方法之外，还提供了如下三个方法：
- setBorderPainted(boolean b)：设置该进度条是否使用边框。
- setIndeterminate(boolean newValue)：设置该进度条是否是进度不确定的进度条，如果指定一个进度条的进度不确定，将看到一个滑块在进度条中左右移动。
- setStringPainted(boolean newValue)：设置是否在进度条中显示完成百分比。

当然，JProgressBar 也为上面三个属性提供了 getter 方法，但这三个 getter 方法通常没有太大作用。

③ 当程序中工作进度改变时，调用 JProgressBar 对象的 setValue()方法。当进度条的完成进度发生改变时，程序还可以调用进度条对象的如下两个方法。
- double getPercentComplete()：返回进度条的完成百分比。
- String getString()：返回进度字符串的当前值。

下面程序示范了使用进度条的简单例子。

程序清单：codes\12\12.6\JProgressBarTest.java

```java
public class JProgressBarTest
{
    JFrame frame = new JFrame("测试进度条");
    // 创建一条垂直进度条
    JProgressBar bar = new JProgressBar(JProgressBar.VERTICAL );
    JCheckBox indeterminate = new JCheckBox("不确定进度");
    JCheckBox noBorder = new JCheckBox("不绘制边框");
    public void init()
    {
        Box box = new Box(BoxLayout.Y_AXIS);
        box.add(indeterminate);
        box.add(noBorder);
        frame.setLayout(new FlowLayout());
        frame.add(box);
        // 把进度条添加到 JFrame 窗口中
        frame.add(bar);
        // 设置进度条的最大值和最小值
        bar.setMinimum(0);
        bar.setMaximum(100);
        // 设置在进度条中绘制完成百分比
        bar.setStringPainted(true);
        // 根据该选择框决定是否绘制进度条的边框
        noBorder.addActionListener(event ->
            bar.setBorderPainted(!noBorder.isSelected()));
        indeterminate.addActionListener(event -> {
            // 设置该进度条的进度是否确定
            bar.setIndeterminate(indeterminate.isSelected());
            bar.setStringPainted(!indeterminate.isSelected());
        });        frame.setDefaultCloseOperation(JFrame.EXIT_ON_CLOSE);
        frame.pack();
        frame.setVisible(true);
        // 采用循环方式来不断改变进度条的完成进度
        for (int i = 0 ; i <= 100 ; i++)
        {
            // 改变进度条的完成进度
            bar.setValue(i);
            try
            {
                // 程序暂停 0.1 秒
                Thread.sleep(100);
            }
            catch (Exception e)
            {
                e.printStackTrace();
            }
        }
    }
    public static void main(String[] args)
```

```
        {
            new JProgressBarTest().init();
        }
    }
```

上面程序中的粗体字代码创建了一个垂直进度条,并通过方法来设置进度条的外观形式——是否包含边框,是否在进度条中显示完成百分比,并通过一个循环来不断改变进度条的 value 属性,该 value 将会自动转换成进度条的完成百分比。

运行该程序,将看到如图 12.29 所示的效果。

在上面程序中,在主程序中使用循环来改变进度条的 value 属性,即修改进度条的完成百分比,这是没有任何意义的事情。通常会希望用进度条去检测其他任务的完成情况,而不是在其他任务的执行过程中主动修改进度条的 value 属性,因为其他任务可能根本不知道进度条的存在。此时可以使用一个计时器来不断取得目标任务的完成情况,并根据其完成情况来修改进度条的 value 属性。下面程序改写了上面程序,使用一个 SimulatedTarget 来模拟一个耗时的任务。

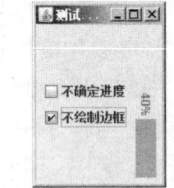

图 12.29 使用进度条

程序清单:codes\12\12.6\JProgressBarTest2.java

```java
public class JProgressBarTest2
{
    JFrame frame = new JFrame("测试进度条");
    // 创建一条垂直进度条
    JProgressBar bar = new JProgressBar(JProgressBar.VERTICAL);
    JCheckBox indeterminate = new JCheckBox("不确定进度");
    JCheckBox noBorder = new JCheckBox("不绘制边框");
    public void init()
    {
        Box box = new Box(BoxLayout.Y_AXIS);
        box.add(indeterminate);
        box.add(noBorder);
        frame.setLayout(new FlowLayout());
        frame.add(box);
        // 把进度条添加到 JFrame 窗口中
        frame.add(bar);
        // 设置在进度条中绘制完成百分比
        bar.setStringPainted(true);
        // 根据该选择框决定是否绘制进度条的边框
        noBorder.addActionListener(event ->
            bar.setBorderPainted(!noBorder.isSelected()));
        final SimulatedActivity target = new SimulatedActivity(1000);
        // 以启动一条线程的方式来执行一个耗时的任务
        new Thread(target).start();
        // 设置进度条的最大值和最小值
        bar.setMinimum(0);
        // 以总任务量作为进度条的最大值
        bar.setMaximum(target.getAmount());
        Timer timer = new Timer(300 , e -> bar.setValue(target.getCurrent()));
        timer.start();
        indeterminate.addActionListener(event -> {
            // 设置该进度条的进度是否确定
            bar.setIndeterminate(indeterminate.isSelected());
            bar.setStringPainted(!indeterminate.isSelected());
        });
        frame.setDefaultCloseOperation(JFrame.EXIT_ON_CLOSE);
        frame.pack();
        frame.setVisible(true);
    }
    public static void main(String[] args)
    {
        new JProgressBarTest2().init();
    }
}
// 模拟一个耗时的任务
class SimulatedActivity implements Runnable
{
    // 任务的当前完成量
```

```
    private volatile int current;
    // 总任务量
    private int amount;
    public SimulatedActivity(int amount)
    {
        current = 0;
        this.amount = amount;
    }
    public int getAmount()
    {
        return amount;
    }
    public int getCurrent()
    {
        return current;
    }
    // run 方法代表不断完成任务的过程
    public void run()
    {
        while (current < amount)
        {
            try
            {
                Thread.sleep(50);
            }
            catch(InterruptedException e)
            {
            }
            current++;
        }
    }
}
```

上面程序的运行效果与前一个程序的运行效果大致相同,但这个程序中的 JProgressBar 就实用多了,它可以检测并显示 SimulatedTarget 的完成进度。

提示: SimulatedActivity 类实现了 Runnable 接口,这是一个特殊的接口,实现该接口可以实现多线程功能。关于多线程的介绍请参考本书第 16 章内容。

Swing 组件大都将外观显示和内部数据分离,JProgressBar 也不例外,JProgressBar 组件有一个用于保存其状态数据的 Model 对象,这个对象由 BoundedRangeModel 对象表示,程序调用 JProgressBar 对象的 setValue()方法时,实际上是设置 BoundedRangeModel 对象的 value 属性。

程序可以修改 BoundedRangeModel 对象的 minimum 属性和 maximum 属性,当该 Model 对象的这两个属性被修改后,它所对应的 JProgressBar 对象的这两个属性也会随之修改,因为 JProgressBar 对象的所有状态数据都是保存在该 Model 对象中的。

程序监听 JProgressBar 完成比例的变化,也是通过为 BoundedRangeModel 提供监听器来实现的。BoundedRangeModel 提供了如下一个方法来添加监听器。

➢ addChangeListener(ChangeListener x):用于监听 JProgressBar 完成比例的变化,每当 JProgressBar 的 value 属性被改变时,系统都会触发 ChangeListener 监听器的 stateChanged()方法。例如,下面代码为进度条的状态变化添加了一个监听器。

```
// JProgressBar 的完成比例发生变化时会触发该方法
bar.getModel().addChangeListener(ce -> {
    // 对进度变化进行合适处理
    ...
});
```

▶▶ 12.6.2 创建进度对话框

ProgressMonitor 的用法与 JProgressBar 的用法基本相似,只是 ProgressMonitor 可以直接创建一个进度对话框。ProgressMonitor 提供了如下构造器。

➢ ProgressMonitor(Component parentComponent, Object message, String note, int min, int max)：该构造器中的 parentComponent 参数用于设置该进度对话框的父组件，message 用于设置该进度对话框的描述信息，note 用于设置该进度对话框的提示文本，min 和 max 用于设置该对话框所包含进度条的最小值和最大值。

例如，如下代码创建了一个进度对话框。

```
final ProgressMonitor dialog = new ProgressMonitor(null ,"等待任务完成" ,
    "已完成：" , 0 , target.getAmount());
```

使用上面代码创建的进度对话框如图 12.30 所示。

如图 12.30 所示，该对话框中包含了一个"取消"按钮，如果程序希望判断用户是否单击了该按钮，则可以通过 ProgressMonitor 的 isCanceled()方法进行判断。

使用 ProgressMonitor 创建的对话框里包含的进度条是非常固定的，程序甚至不能设置该进度条是否包含边框（总是包含边框），不能设置进度不确定，不能改变进度条的方向（总是水平方向）。

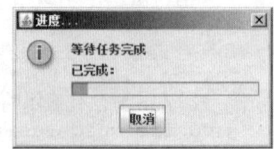

图 12.30　进度对话框

与普通进度条类似的是，进度对话框也不能自动监视目标任务的完成进度，程序通过调用进度对话框的 setProgress()方法来改变进度条的完成比例（该方法类似于 JProgressBar 的 setValue()方法）。

下面程序同样采用前面的 SimulatedTarget 来模拟一个耗时的任务，并创建了一个进度对话框来监测该任务的完成百分比。

程序清单：codes\12\12.6\ProgressMonitorTest.java

```
public class ProgressMonitorTest
{
    Timer timer;
    public void init()
    {
        final SimulatedActivity target = new SimulatedActivity(1000);
        // 以启动一条线程的方式来执行一个耗时的任务
        final Thread targetThread = new Thread(target);
        targetThread.start();
        final ProgressMonitor dialog = new ProgressMonitor(null
            ,"等待任务完成" , "已完成：" , 0 , target.getAmount());
        timer = new Timer(300 , e -> {
            // 以任务的当前完成量设置进度对话框的完成比例
            dialog.setProgress(target.getCurrent());
            // 如果用户单击了进度对话框中的"取消"按钮
            if (dialog.isCanceled())
            {
                // 停止计时器
                timer.stop();
                // 中断任务的执行线程
                targetThread.interrupt();     // ①
                // 系统退出
                System.exit(0);
            }
        });
        timer.start();
    }
    public static void main(String[] args)
    {
        new ProgressMonitorTest().init();
    }
}
```

上面程序中的粗体字代码创建了一个进度对话框，并创建了一个 Timer 计时器不断询问 SimulatedTarget 任务的完成比例，进而设置进度对话框里进度条的完成比例。而且该计时器还负责监听用户是否单击了进度对话框中的"取消"按钮，如果用户单击了该按钮，则中止执行 SimulatedTarget 任务的线程，并停止计时器，同时退出该程序。运行该程序，会看到如图 12.30 所示的对话框。

> **提示**：程序中①处代码用于中止线程的执行，读者可以参考第 16 章内容来理解这行代码。

12.7 使用 JSlider 和 BoundedRangeModel 创建滑动条

JSlider 的用法和 JProgressBar 的用法非常相似，这一点可以从它们共享同一个 Model 类看出来。使用 JSlider 可以创建一个滑动条，这个滑动条同样有最小值、最大值和当前值等属性。JSlider 与 JprogressBar 的主要区别如下。

- JSlider 不是采用填充颜色的方式来表示该组件的当前值，而是采用滑块的位置来表示该组件的当前值。
- JSlider 允许用户手动改变滑动条的当前值。
- JSlider 允许为滑动条指定刻度值，这系列的刻度值既可以是连续的数字，也可以是自定义的刻度值，甚至可以是图标。

使用 JSlider 创建滑动条的步骤如下。

① 使用 JSlider 的构造器创建一个 JSlider 对象，JSlider 有多个重载的构造器，但这些构造器总共可以接收如下 4 个参数。

- orientation：指定该滑动条的摆放方向，默认是水平摆放。可以接收 JSlider.VERTICAL 和 JSlider.HORIZONTAL 两个值。
- min：指定该滑动条的最小值，该属性值默认为 0。
- max：指定该滑动条的最大值，该属性值默认是为 100。
- value：指定该滑动条的当前值，该属性值默认是为 50。

② 调用 JSlider 的如下方法来设置滑动条的外观样式。

- setExtent(int extent)：设置滑动条上的保留区，用户拖动滑块时不能超过保留区。例如，最大值为 100 的滑动条，如果设置保留区为 20，则滑块最大只能拖动到 80。
- setInverted(boolean b)：设置是否需要反转滑动条，滑动条的滑轨上刻度值默认从小到大、从左到右排列。如果该方法设置为 true，则排列方向会反转过来。
- setLabelTable(Dictionary labels)：为该滑动条指定刻度标签。该方法的参数是 Dictionary 类型，它是一个古老的、抽象集合类，其子类是 Hashtable。传入的 Hashtable 集合对象的 key-value 对为{ Integer value, java.swing.JComponent label }格式，刻度标签可以是任何组件。
- setMajorTickSpacing(int n)：设置主刻度标记的间隔。
- setMinorTickSpacing(int n)：设置次刻度标记的间隔。
- setPaintLabels(boolean b)：设置是否在滑块上绘制刻度标签。如果没有为该滑动条指定刻度标签，则默认绘制将刻度值的数值作为标签。
- setPaintTicks(boolean b)： 设置是否在滑块上绘制刻度标记。
- setPaintTrack(boolean b)：设置是否为滑块绘制滑轨。
- setSnapToTicks(boolean b)：设置滑块是否必须停在滑道的有刻度处。如果设置为 true，则滑块只能停在有刻度处；如果用户没有将滑块拖到有刻度处，则系统自动将滑块定位到最近的刻度处。

③ 如果程序需要在用户拖动滑块时做出相应处理，则应为该 JSlider 对象添加事件监听器。JSlider 提供了 addChangeListener()方法来添加事件监听器，该监听器负责监听滑动值的变化。

④ 将 JSlider 对象添加到其他容器中显示出来。

下面程序示范了如何使用 JSlider 来创建滑动条。

程序清单：codes\12\12.7\JSliderTest.java

```
public class JSliderTest
```

```java
{
    JFrame mainWin = new JFrame("滑动条示范");
    Box sliderBox = new Box(BoxLayout.Y_AXIS);
    JTextField showVal = new JTextField();
    ChangeListener listener;
    public void init()
    {
        // 定义一个监听器,用于监听所有的滑动条
        listener = event -> {
            // 取出滑动条的值,并在文本中显示出来
            JSlider source = (JSlider) event.getSource();
            showVal.setText("当前滑动条的值为: "
                + source.getValue());
        };
        // -----------添加一个普通滑动条-----------
        JSlider slider = new JSlider();
        addSlider(slider, "普通滑动条");
        // -----------添加保留区为 30 的滑动条-----------
        slider = new JSlider();
        slider.setExtent(30);
        addSlider(slider, "保留区为30");
        // ---添加带主、次刻度的滑动条,并设置其最大值、最小值---
        slider = new JSlider(30 , 200);
        // 设置绘制刻度
        slider.setPaintTicks(true);
        // 设置主、次刻度的间距
        slider.setMajorTickSpacing(20);
        slider.setMinorTickSpacing(5);
        addSlider(slider, "有刻度");
        // -----------添加滑块必须停在刻度处的滑动条-----------
        slider = new JSlider();
        // 设置滑块必须停在刻度处
        slider.setSnapToTicks(true);
        // 设置绘制刻度
        slider.setPaintTicks(true);
        // 设置主、次刻度的间距
        slider.setMajorTickSpacing(20);
        slider.setMinorTickSpacing(5);
        addSlider(slider, "滑块停在刻度处");
        // -----------添加没有滑轨的滑动条-----------
        slider = new JSlider();
        // 设置绘制刻度
        slider.setPaintTicks(true);
        // 设置主、次刻度的间距
        slider.setMajorTickSpacing(20);
        slider.setMinorTickSpacing(5);
        // 设置不绘制滑轨
        slider.setPaintTrack(false);
        addSlider(slider, "无滑轨");
        // -----------添加方向反转的滑动条-----------
        slider = new JSlider();
        // 设置绘制刻度
        slider.setPaintTicks(true);
        // 设置主、次刻度的间距
        slider.setMajorTickSpacing(20);
        slider.setMinorTickSpacing(5);
        // 设置方向反转
        slider.setInverted(true);
        addSlider(slider, "方向反转");
        // --------添加绘制默认刻度标签的滑动条--------
        slider = new JSlider();
        // 设置绘制刻度
        slider.setPaintTicks(true);
        // 设置主、次刻度的间距
        slider.setMajorTickSpacing(20);
        slider.setMinorTickSpacing(5);
        // 设置绘制刻度标签,默认绘制数值刻度标签
        slider.setPaintLabels(true);
        addSlider(slider, "数值刻度标签");
        // ------添加绘制 Label 类型的刻度标签的滑动条------
```

```
    slider = new JSlider();
    // 设置绘制刻度
    slider.setPaintTicks(true);
    // 设置主、次刻度的间距
    slider.setMajorTickSpacing(20);
    slider.setMinorTickSpacing(5);
    // 设置绘制刻度标签
    slider.setPaintLabels(true);
    Dictionary<Integer, Component> labelTable = new Hashtable<>();
    labelTable.put(0, new JLabel("A"));
    labelTable.put(20, new JLabel("B"));
    labelTable.put(40, new JLabel("C"));
    labelTable.put(60, new JLabel("D"));
    labelTable.put(80, new JLabel("E"));
    labelTable.put(100, new JLabel("F"));
    // 指定刻度标签，标签是 JLabel
    slider.setLabelTable(labelTable);
    addSlider(slider, "JLable 标签");
    // ------添加绘制 Label 类型的刻度标签的滑动条------
    slider = new JSlider();
    // 设置绘制刻度
    slider.setPaintTicks(true);
    // 设置主、次刻度的间距
    slider.setMajorTickSpacing(20);
    slider.setMinorTickSpacing(5);
    // 设置绘制刻度标签
    slider.setPaintLabels(true);
    labelTable = new Hashtable<Integer, Component>();
    labelTable.put(0, new JLabel(new ImageIcon("ico/0.GIF")));
    labelTable.put(20, new JLabel(new ImageIcon("ico/2.GIF")));
    labelTable.put(40, new JLabel(new ImageIcon("ico/4.GIF")));
    labelTable.put(60, new JLabel(new ImageIcon("ico/6.GIF")));
    labelTable.put(80, new JLabel(new ImageIcon("ico/8.GIF")));
    // 指定刻度标签，标签是 ImageIcon
    slider.setLabelTable(labelTable);
    addSlider(slider, "Icon 标签");
    mainWin.add(sliderBox, BorderLayout.CENTER);
    mainWin.add(showVal, BorderLayout.SOUTH);
    mainWin.setDefaultCloseOperation(JFrame.EXIT_ON_CLOSE);
    mainWin.pack();
    mainWin.setVisible(true);
}
// 定义一个方法，用于将滑动条添加到容器中
public void addSlider(JSlider slider, String description)
{
    slider.addChangeListener(listener);
    Box box = new Box(BoxLayout.X_AXIS);
    box.add(new JLabel(description + ": "));
    box.add(slider);
    sliderBox.add(box);
}
public static void main(String[] args)
{
    new JSliderTest().init();
}
}
```

上面程序向窗口中添加了多个滑动条，程序通过粗体字代码来控制不同滑动条的不同外观。运行上面程序，会看到如图 12.31 所示的各种滑动条的效果。

JSlider 也使用 BoundedRangeModel 作为保存其状态数据的 Model 对象，程序可以直接修改 Model 对象来改变滑动条的状态，但大部分时候程序无须使用该 Model 对象。JSlider 也提供了 addChangeListener()方法来为滑动条添加监听器，无须像 JProgressBar 那样监听它所对应的 Model 对象。

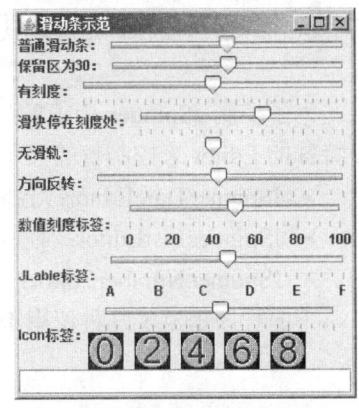

图 12.31　各种滑动条的效果

12.8 使用 JSpinner 和 SpinnerModel 创建微调控制器

JSpinner 组件是一个带有两个小箭头的文本框,这个文本框只能接收满足要求的数据,用户既可以通过两个小箭头调整该微调控制器的值,也可以直接在文本框内输入内容作为该微调控制器的值。当用户在该文本框内输入时,如果输入的内容不满足要求,系统将会拒绝用户输入。典型的 JSpinner 组件如图 12.32 所示。

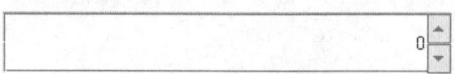

图 12.32 微调控制器组件

JSpinner 组件常常需要和 SpinnerModel 结合使用,其中 JSpinner 组件控制该组件的外观表现,而 SpinnerModel 则控制该组件内部的状态数据。

JSpinner 组件的值可以是数值、日期和 List 中的值,Swing 为这三种类型的值提供了 SpinnerNumberModel、SpinnerDateModel 和 SpinnerListModel 三个 SpinnerModel 实现类;除此之外,JSpinner 组件的值还可以是任意序列,只要这个序列可以通过 previous()、next()获取值即可。在这种情况下,用户必须自行提供 SpinnerModel 实现类。

使用 JSpinner 组件非常简单,JSpinner 提供了如下两个构造器。

➢ JSpinner():创建一个默认的微调控制器。

➢ JSpinner(SpinnerModel model):使用指定的 SpinnerModel 来创建微调控制器。

采用第一个构造器创建的默认微调控制器只接收整数值,初始值是 0,最大值和最小值没有任何限制。每单击向下箭头或者向上箭头一次,该组件里的值分别减 1 或加 1。

使用 JSpinner 关键在于使用它对应的三个 SpinnerModel,下面依次介绍这三个 SpinnerModel。

➢ SpinnerNumberModel:这是最简单的 SpinnerModel,创建该 SpinnerModel 时可以指定 4 个参数:最大值、最小值、初始值、步长,其中步长控制单击上、下箭头时相邻两个值之间的差。这 4 个参数既可以是整数,也可以是浮点数。

➢ SpinnerDateModel:创建该 SpinnerModel 时可以指定 4 个参数:起始时间、结束时间、初始时间和时间差,其中时间差控制单击上、下箭头时相邻两个时间之间的差值。

➢ SpinnerListModel:创建该 SpinnerModel 只需要传入一个 List 或者一个数组作为序列值即可。该 List 的集合元素和数组元素可以是任意类型的对象,但由于 JSpinner 组件的文本框只能显示字符串,所以 JSpinner 显示每个对象 toString()方法的返回值。

> **提示**:
> 从图 12.32 中可以看出,JSpinner 创建的微调控制器和 ComboBox 有点像(由 Swing 的 JComboBox 提供,ComboBox 既允许通过下拉列表框进行选择,也允许直接输入),区别在于 ComboBox 可以产生一个下拉列表框供用户选择,而 JSpinner 组件只能通过上、下箭头逐项选择。使用 ComboBox 通常必须明确指定下拉列表框中每一项的值,但使用 JSpinner 则只需给定一个范围,并指定步长即可;当然,使用 JSpinner 也可以明确给出每一项的值(就是对应使用 SpinnerListModel)。

为了控制 JSpinner 中值的显示格式,JSpinner 还提供了一个 setEditor()方法。Swing 提供了如下 3 个特殊的 Editor 来控制值的显示格式。

➢ JSpinner.DateEditor:控制 JSpinner 中日期值的显示格式。

➢ JSpinner.ListEditor:控制 JSpinner 中 List 项的显示格式。

➢ JSpinner.NumberEditor:控制 JSpinner 中数值的显示格式。

下面程序示范了几种使用 JSpinner 的情形。

程序清单:codes\12\12.8\JSpinnerTest.java

```
public class JSpinnerTest
{
```

```java
final int SPINNER_NUM = 6;
JFrame mainWin = new JFrame("微调控制器示范");
Box spinnerBox = new Box(BoxLayout.Y_AXIS);
JSpinner[] spinners = new JSpinner[SPINNER_NUM];
JLabel[] valLabels = new JLabel[SPINNER_NUM];
JButton okBn = new JButton("确定");
public void init()
{
    for (int i = 0 ; i < SPINNER_NUM ; i++ )
    {
        valLabels[i] = new JLabel();
    }
    // -----------普通 JSpinner-----------
    spinners[0] = new JSpinner();
    addSpinner(spinners[0], "普通" , valLabels[0]);
    // -----------指定最小值、最大值、步长的 JSpinner-----------
    // 创建一个 SpinnerNumberModel 对象,指定最小值、最大值和步长
    SpinnerNumberModel numModel = new SpinnerNumberModel(
        3.4 , -1.1 , 4.3 , 0.1);
    spinners[1] = new JSpinner(numModel);
    addSpinner(spinners[1], "数值范围" , valLabels[1]);
    // -----------使用 SpinnerListModel 的 JSpinner-----------
    String[] books = new String[]
    {
        "轻量级 Java EE 企业应用实战"
        , "疯狂 Java 讲义"
        , "疯狂 Ajax 讲义"
    };
    // 使用字符串数组创建 SpinnerListModel 对象
    SpinnerListModel bookModel = new SpinnerListModel(books);
    // 使用 SpinnerListModel 对象创建 JSpinner 对象
    spinners[2] = new JSpinner(bookModel);
    addSpinner(spinners[2], "字符串序列值" , valLabels[2]);
    // -----------使用序列值是 ImageIcon 的 JSpinner-----------
    ArrayList<ImageIcon> icons = new ArrayList<>();
    icons.add(new ImageIcon("a.gif"));
    icons.add(new ImageIcon("b.gif"));
    // 使用 ImageIcon 数组创建 SpinnerListModel 对象
    SpinnerListModel iconModel = new SpinnerListModel(icons);
    // 使用 SpinnerListModel 对象创建 JSpinner 对象
    spinners[3] = new JSpinner(iconModel);
    addSpinner(spinners[3], "图标序列值" , valLabels[3]);
    // -----------使用 SpinnerDateModel 的 JSpinner-----------
    // 分别获取起始时间、结束时间、初时时间
    Calendar cal = Calendar.getInstance();
    Date init = cal.getTime();
    cal.add(Calendar.DAY_OF_MONTH , -3);
    Date start = cal.getTime();
    cal.add(Calendar.DAY_OF_MONTH , 8);
    Date end = cal.getTime();
    // 创建一个 SpinnerDateModel 对象,指定最小时间、最大时间和初始时间
    SpinnerDateModel dateModel = new SpinnerDateModel(init
        , start , end , Calendar.HOUR_OF_DAY);
    // 以 SpinnerDateModel 对象创建 JSpinner
    spinners[4] = new JSpinner(dateModel);
    addSpinner(spinners[4], "时间范围" , valLabels[4]);
    // -----------使用 DateEditor 来格式化 JSpinner-----------
    dateModel = new SpinnerDateModel();
    spinners[5] = new JSpinner(dateModel);
    // 创建一个 JSpinner.DateEditor 对象,用于对指定的 Spinner 进行格式化
    JSpinner.DateEditor editor = new JSpinner.DateEditor(
        spinners[5] , "公元 yyyy 年 MM 月 dd 日 HH 时");
    // 设置使用 JSpinner.DateEditor 对象进行格式化
    spinners[5].setEditor(editor);
    addSpinner(spinners[5], "使用 DateEditor" , valLabels[5]);
    // 为"确定"按钮添加一个事件监听器
    okBn.addActionListener(evt -> {
        // 取出每个微调控制器的值,并将该值用后面的 Label 标签显示出来
        for (int i = 0 ; i < SPINNER_NUM ; i++)
        {
```

```java
                // 将微调控制器的值通过指定的 JLabel 显示出来
                valLabels[i].setText(spinners[i].getValue().toString());
            }
        });
        JPanel bnPanel = new JPanel();
        bnPanel.add(okBn);
        mainWin.add(spinnerBox, BorderLayout.CENTER);
        mainWin.add(bnPanel, BorderLayout.SOUTH);
        mainWin.setDefaultCloseOperation(JFrame.EXIT_ON_CLOSE);
        mainWin.pack();
        mainWin.setVisible(true);
    }
    // 定义一个方法，用于将滑动条添加到容器中
    public void addSpinner(JSpinner spinner
        , String description , JLabel valLabel)
    {
        Box box = new Box(BoxLayout.X_AXIS);
        JLabel desc = new JLabel(description + ": ");
        desc.setPreferredSize(new Dimension(100 , 30));
        box.add(desc);
        box.add(spinner);
        valLabel.setPreferredSize(new Dimension(180 , 30));
        box.add(valLabel);
        spinnerBox.add(box);
    }
    public static void main(String[] args)
    {
        new JSpinnerTest().init();
    }
}
```

上面程序创建了 6 个 JSpinner 对象，并将它们添加到窗口中显示出来，程序中的粗体字代码用于控制每个微调控制器的具体行为。

第一个 JSpinner 组件是一个默认的微调控制器，其初始值是 0，步长是 1，只能接收整数值。

第二个 JSpinner 通过 SpinnerNumberModel 来创建，指定了 JSpinner 的最小值为–1.1、最大值为 4.3、初始值为 3.4、步长为 0.1，所以用户单击该微调控制器的上、下箭头时，微调控制器的值之间的差值是 0.1，并只能处于–1.1~4.3 之间。

第三个 JSpinner 通过 SpinnerListModel 来创建的，创建 SpinnerListModel 对象时指定字符串数组作为多个序列值，所以当用户单击该微调控制器的上、下箭头时，微调控制器的值总是在该字符串数组之间选择。

第四个 JSpinner 也是通过 SpinnerListModel 来创建的，虽然传给 SpinnerListModel 对象的构造参数是集合元素为 ImageIcon 的 List 对象，但 JSpinner 只能显示字符串内容，所以它会把每个 ImageIcon 对象的 toString()方法返回值当成微调控制器的多个序列值。

第五个 JSpinner 通过 SpinnerDateModel 来创建，而且指定了最小时间、最大时间和初始时间，所以用户单击该微调控制器的上、下箭头时，微调控制器里的时间只能处于指定时间范围之间。这里需要注意的是，SpinnerDateModel 的第 4 个参数没有太大的作用，它不能控制两个相邻时间之间的差。当用户在 JSpinner 组件内选中该时间的指定时间域时，例如年份，则两个相邻时间的时间差就是 1 年。

第六个 JSpinner 使用 JSpinner.DateEditor 来控制时间微调控制器里日期、时间的显示格式，创建 JSpinner.DateEditor 对象时需要传入一个日期时间格式字符串（dateFormatPattern），该参数用于控制日期、时间的显示格式，关于这个格式字符串的定义方式可以参考 SimpleDateFormat 类的介绍。本例程序中使用"公元 yyyy 年 MM 月 dd 日 HH 时"作为格式字符串。

运行上面程序，会看到如图 12.33 所示的窗口。

程序中还提供了一个"确定"按钮，当单击该按钮时，

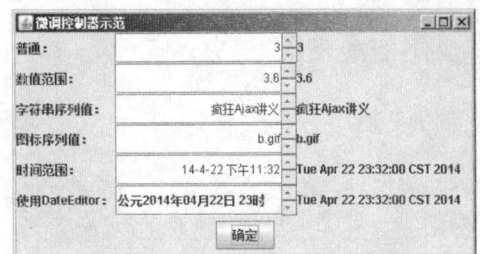

图 12.33　JSpinner 组件的用法示范

系统会把每个微调控制器的值通过对应的 JLabel 标签显示出来，如图 12.33 所示。

12.9 使用 JList、JComboBox 创建列表框

无论从哪个角度来看，JList 和 JComboBox 都是极其相似的，它们都有一个列表框，只是 JComboBox 的列表框需要以下拉方式显示出来；JList 和 JComboBox 都可以通过调用 setRenderer() 方法来改变列表项的表现形式。甚至维护这两个组件的 Model 都是相似的，JList 使用 ListModel，JComboBox 使用 ComboBoxModel，而 ComboBoxModel 是 ListModel 的子类。

12.9.1 简单列表框

如果仅仅希望创建一个简单的列表框（包括 JList 和 JComboBox），则直接使用它们的构造器即可，它们的构造器都可接收一个对象数组或元素类型任意的 Vector 作为参数，这个对象数组或元素类型任意的 Vector 里的所有元素将转换为列表框的列表项。

使用 JList 和 JComboBox 来创建简单列表框非常简单，只需要按如下步骤进行即可。

① 使用 JList 或者 JComboBox 的构造器创建一个列表框对象，创建 JList 或 JComboBox 时，应该传入一个 Vector 对象或者 Object[]数组作为构造器参数，其中使用 JComboBox 创建的列表框必须单击右边的向下箭头才会出现。

② 调用 JList 或 JComboBox 的各种方法来设置列表框的外观行为，其中 JList 可以调用如下几个常用的方法。

- addSelectionInterval(int anchor, int lead)：在已经选中列表项的基础上增加选中从 anchor 到 lead 索引范围内的所有列表项。
- setFixedCellHeight、setFixedCellWidth：设置每个列表项具有指定的高度和宽度。
- setLayoutOrientation(int layoutOrientation)：设置列表框的布局方向，该属性可以接收三个值，即 JList.HORIZONTAL_WRAP、JList.VERTICAL_WRAP 和 JList.VERTICAL（默认），用于指定当列表框长度不足以显示所有的列表项时，列表框如何排列所有的列表项。
- setSelectedIndex(int index)：设置默认选择哪一个列表项。
- setSelectedIndices(int[] indices)：设置默认选择哪一批列表项（多个）。
- setSelectedValue(Object anObject, boolean shouldScroll)：设置选中哪个列表项的值，第二个参数决定是否滚动到选中项。
- setSelectionBackground(Color selectionBackground)：设置选中项的背景色。
- setSelectionForeground(Color selectionForeground)：设置选中项的前景色。
- setSelectionInterval(int anchor, int lead)：设置选中从 anchor 到 lead 索引范围内的所有列表项。
- setSelectionMode(int selectionMode)：设置选中模式。支持如下 3 个值。
- ListSelectionModel.SINGLE_SELECTION：每次只能选择一个列表项。在这种模式中，setSelectionInterval 和 addSelectionInterval 是等效的。
- ListSelectionModel.SINGLE_INTERVAL_SELECTION：每次只能选择一个连续区域。在此模式中，如果需要添加的区域没有与已选区域相邻或重叠，则不能添加该区域。简而言之，在这种模式下每次可以选择多个列表项，但多个列表项必须处于连续状态。
- ListSelectionModel.MULTIPLE_INTERVAL_SELECTION：在此模式中，选择没有任何限制。该模式是默认设置。
- setVisibleRowCount(int visibleRowCount)：设置该列表框的可视高度足以显示多少项。

JComboBox 则提供了如下几个常用方法。

- setEditable(boolean aFlag)：设置是否允许直接修改 JComboBox 文本框的值，默认不允许。
- setMaximumRowCount(int count)：设置下拉列表框的可视高度可以显示多少个列表项。

➤ setSelectedIndex(int anIndex)：根据索引设置默认选中哪一个列表项。
➤ setSelectedItem(Object anObject)：根据列表项的值设置默认选中哪一个列表项。

> **提示：** JComboBox 没有设置选择模式的方法，因为 JComboBox 最多只能选中一项，所以没有必要设置选择模式。

❸ 如果需要监听列表框选择项的变化，则可以通过添加对应的监听器来实现。通常 JList 使用 addListSelectionListener()方法添加监听器，而 JComboBox 采用 addItemListener()方法添加监听器。

下面程序示范了 JList 和 JCombox 的用法，并允许用户通过单选按钮来控制 JList 的选项布局、选择模式，在用户选择图书之后，这些图书会在窗口下面的文本域里显示出来。

程序清单：codes\12\12.9\ListTest.java

```java
public class ListTest
{
    private JFrame mainWin = new JFrame("测试列表框");
    String[] books = new String[]
    {
        "疯狂Java讲义"
        , "轻量级Java EE企业应用实战"
        , "疯狂Android讲义"
        , "疯狂Ajax讲义"
        , "经典Java EE企业应用实战"
    };
    // 用一个字符串数组来创建一个JList对象
    JList<String> bookList = new JList<>(books);
    JComboBox<String> bookSelector;
    // 定义布局选择按钮所在的面板
    JPanel layoutPanel = new JPanel();
    ButtonGroup layoutGroup = new ButtonGroup();
    // 定义选择模式按钮所在的面板
    JPanel selectModePanel = new JPanel();
    ButtonGroup selectModeGroup = new ButtonGroup();
    JTextArea favoriate = new JTextArea(4 , 40);
    public void init()
    {
        // 设置JList的可视高度可同时显示3个列表项
        bookList.setVisibleRowCount(3);
        // 默认选中第3项到第5项（第1项的索引是0）
        bookList.setSelectionInterval(2, 4);
        addLayoutButton("纵向滚动", JList.VERTICAL);
        addLayoutButton("纵向换行", JList.VERTICAL_WRAP);
        addLayoutButton("横向换行", JList.HORIZONTAL_WRAP);
        addSelectModelButton("无限制", ListSelectionModel
            .MULTIPLE_INTERVAL_SELECTION);
        addSelectModelButton("单选", ListSelectionModel
            .SINGLE_SELECTION);
        addSelectModelButton("单范围", ListSelectionModel
            .SINGLE_INTERVAL_SELECTION);
        Box listBox = new Box(BoxLayout.Y_AXIS);
        // 将JList组件放在JScrollPane中，再将该JScrollPane添加到listBox容器中
        listBox.add(new JScrollPane(bookList));
        // 添加布局选择按钮面板、选择模式按钮面板
        listBox.add(layoutPanel);
        listBox.add(selectModePanel);
        // 为JList添加事件监听器
        bookList.addListSelectionListener(e -> {   // ①
            // 获取用户所选择的所有图书
            List<String> books = bookList.getSelectedValuesList();
            favoriate.setText("");
            for (String book : books )
            {
                favoriate.append(book + "\n");
            }
```

```java
        });
        Vector<String> bookCollection = new Vector<>();
        bookCollection.add("疯狂Java讲义");
        bookCollection.add("轻量级Java EE企业应用实战");
        bookCollection.add("疯狂Android讲义");
        bookCollection.add("疯狂Ajax讲义");
        bookCollection.add("经典Java EE企业应用实战");
        // 用一个Vector对象来创建一个JComboBox对象
        bookSelector = new JComboBox<>(bookCollection);
        // 为JComboBox添加事件监听器
        bookSelector.addItemListener(e -> {   // ②
            // 获取JComboBox所选中的项
            Object book = bookSelector.getSelectedItem();
            favoriate.setText(book.toString());
        });
        // 设置可以直接编辑
        bookSelector.setEditable(true);
        // 设置下拉列表框的可视高度可同时显示4个列表项
        bookSelector.setMaximumRowCount(4);
        JPanel p = new JPanel();
        p.add(bookSelector);
        Box box = new Box(BoxLayout.X_AXIS);
        box.add(listBox);
        box.add(p);
        mainWin.add(box);
        JPanel favoriatePanel = new JPanel();
        favoriatePanel.setLayout(new BorderLayout());
        favoriatePanel.add(new JScrollPane(favoriate));
        favoriatePanel.add(new JLabel("您喜欢的图书: ")
            , BorderLayout.NORTH);
        mainWin.add(favoriatePanel , BorderLayout.SOUTH);
        mainWin.setDefaultCloseOperation(JFrame.EXIT_ON_CLOSE);
        mainWin.pack();
        mainWin.setVisible(true);
    }
    private void addLayoutButton(String label, final int orientation)
    {
        layoutPanel.setBorder(new TitledBorder(new EtchedBorder()
            , "确定选项布局"));
        JRadioButton button = new JRadioButton(label);
        // 把该单选按钮添加到layoutPanel面板中
        layoutPanel.add(button);
        // 默认选中第一个按钮
        if(layoutGroup.getButtonCount() == 0)
            button.setSelected(true);
        layoutGroup.add(button);
        button.addActionListener(event ->
            // 改变列表框里列表项的布局方向
            bookList.setLayoutOrientation(orientation));
    }
    private void addSelectModelButton(String label, final int selectModel)
    {
        selectModePanel.setBorder(new TitledBorder(new EtchedBorder()
            , "确定选择模式"));
        JRadioButton button = new JRadioButton(label);
        // 把该单选按钮添加到selectModePanel面板中
        selectModePanel.add(button);
        // 默认选中第一个按钮
        if (selectModeGroup.getButtonCount() == 0)
        button.setSelected(true);
        selectModeGroup.add(button);
        button.addActionListener(event ->
            // 改变列表框里的选择模式
            bookList.setSelectionMode(selectModel));
    }
    public static void main(String[] args)
    {
        new ListTest().init();
    }
}
```

图 12.34 JList 和 JComboBox 的用法示范

上面程序中的粗体字代码实现了使用字符串数组创建一个 JList 对象,并通过调用一些方法来改变该 JList 的表现外观;使用 Vector 创建一个 JComboBox 对象,并通过调用一些方法来改变该 JComboBox 的表现外观。

程序中①②号粗体字代码为 JList 对象和 JComboBox 对象添加事件监听器,当用户改变两个列表框里的选择时,程序会把用户选择的图书显示在下面的文本域内。运行上面程序,会看到如图 12.34 所示的效果。

从图 12.34 中可以看出,因为 JComboBox 设置了 setEditable(true),所以可以直接在该组件中输入用户自己喜欢的图书,当输入结束后,输入的图书名会直接显示在窗口下面的文本域内。

 注意 :

JList 默认没有滚动条,必须将其放在 JScrollPane 中才有滚动条,通常总是将 JList 放在 JScrollPane 中使用,所以程序中先将 JList 放到 JScrollPane 容器中,再将该 JScrollPane 添加到窗口中。要在 JList 中选中多个选项,可以使用 Ctrl 或 Shift 辅助键,按住 Ctrl 键才可以在原来选中的列表项基础上添加选中新的列表项;按 Shift 键可以选中连续区域的所有列表项。

▶▶ 12.9.2 不强制存储列表项的 ListModel 和 ComboBoxModel

正如前面提到的,Swing 的绝大部分组件都采用了 MVC 的设计模式,其中 JList 和 JComboBox 都只负责组件的外观显示,而组件底层的状态数据维护则由对应的 Model 负责。JList 对应的 Model 是 ListModel 接口,JComboBox 对应的 Model 是 ComboBoxModel 接口,这两个接口负责维护 JList 和 JComboBox 组件里的列表项。其中 ListModel 接口的代码如下:

```
public interface ListModel<E>
{
    // 返回列表项的数量
    int getSize();
    // 返回指定索引处的列表项
    E getElementAt(int index);
    // 为列表项添加一个监听器,当列表项发生变化时将触发该监听器
    void addListDataListener(ListDataListener l);
    // 删除列表项上的指定监听器
    void removeListDataListener(ListDataListener l);
}
```

从上面接口来看,这个 ListModel 不管 JList 里的所有列表项的存储形式,它甚至不强制存储所有的列表项,只要 ListModel 的实现类提供了 getSize()和 getElementAt()两个方法,JList 就可以根据该 ListModel 对象来生成列表框。

ComboBoxModel 继承了 ListModel,它添加了"选择项"的概念,选择项代表 JComboBox 显示区域内可见的列表项。ComboBoxModel 为"选择项"提供了两个方法,下面是 ComboBoxModel 接口的代码。

```
public interface ComboBoxModel<E> extends ListModel<E>
{
    // 设置选中"选择项"
    void setSelectedItem(Object anItem);
    // 获取"选择项"的值
    Object getSelectedItem();
}
```

因为 ListModel 不强制保存所有的列表项,因此可以为它创建一个实现类:NumberListModel,这个实现类只需要传入数字上限、数字下限和步长,程序就可以自动为之实现上面的 getSize()方法和

getElementAt()方法,从而允许直接使用一个数字范围来创建 JList 对象。

实现 getSize()方法的代码如下:

```
public int getSize()
{
    return (int)Math.floor(end.subtract(start)
        .divide(step).doubleValue()) + 1;
}
```

用"(上限–下限)÷步长+1"即得到该 ListModel 中包含的列表项的个数。

> **注意:**
> 程序使用 BigDecimal 变量来保存上限、下限和步长,而不是直接使用 double 变量来保存这三个属性,主要是为了实现对数值的精确计算,所以上面程序中的 end、start 和 step 都是 BigDecimal 类型的变量。

实现 getElementAt()方法也很简单,"下限+步长×索引"就是指定索引处的元素,该方法的具体实现请参考 ListModelTest.java。

下面程序为 ListModel 提供了 NumberListModel 实现类,并为 ComboBoxModel 提供了 NumberComboBoxModel 实现类,这两个实现类允许程序使用数值范围来创建 JList 和 JComboBox 对象。

程序清单:codes\12\12.9\ListModelTest.java

```java
public class ListModelTest
{
    private JFrame mainWin = new JFrame("测试 ListModel");
    // 根据 NumberListModel 对象来创建一个 JList 对象
    private JList<BigDecimal> numScopeList = new JList<>(
        new NumberListModel(1 , 21 , 2));
    // 根据 NumberComboBoxModel 对象来创建 JComboBox 对象
    private JComboBox<BigDecimal> numScopeSelector = new JComboBox<>(
        new NumberComboBoxModel(0.1 , 1.2 , 0.1));
    private JTextField showVal = new JTextField(10);
    public void init()
    {
        // JList 的可视高度可同时显示 4 个列表项
        numScopeList.setVisibleRowCount(4);
        // 默认选中第 3 项到第 5 项(第 1 项的索引是 0)
        numScopeList.setSelectionInterval(2, 4);
        // 设置每个列表项具有指定的高度和宽度
        numScopeList.setFixedCellHeight(30);
        numScopeList.setFixedCellWidth(90);
        // 为 numScopeList 添加监听器
        numScopeList.addListSelectionListener(e -> {
            // 获取用户所选中的所有数字
            List<BigDecimal> nums = numScopeList.getSelectedValuesList();
            showVal.setText("");
            // 把用户选中的数字添加到单行文本框中
            for (BigDecimal num : nums )
            {
                showVal.setText(showVal.getText()
                    + num.toString() + ", ");
            }
        });
        // 设置列表项的可视高度可显示 5 个列表项
        numScopeSelector.setMaximumRowCount(5);
        Box box = new Box(BoxLayout.X_AXIS);
        box.add(new JScrollPane(numScopeList));
        JPanel p = new JPanel();
        p.add(numScopeSelector);
        box.add(p);
        // 为 numScopeSelector 添加监听器
        numScopeSelector.addItemListener(e -> {
            // 获取 JComboBox 中选中的数字
```

```java
            Object num = numScopeSelector.getSelectedItem();
            showVal.setText(num.toString());
        });
        JPanel bottom = new JPanel();
        bottom.add(new JLabel("您选择的值是："));
        bottom.add(showVal);
        mainWin.add(box);
        mainWin.add(bottom , BorderLayout.SOUTH);
        mainWin.setDefaultCloseOperation(JFrame.EXIT_ON_CLOSE);
        mainWin.pack();
        mainWin.setVisible(true);
    }
    public static void main(String[] args)
    {
        new ListModelTest().init();
    }
}
class NumberListModel extends AbstractListModel<BigDecimal>
{
    protected BigDecimal start;
    protected BigDecimal end;
    protected BigDecimal step;
    public NumberListModel(double start
        , double end , double step)
    {
        this.start = BigDecimal.valueOf(start);
        this.end = BigDecimal.valueOf(end);
        this.step = BigDecimal.valueOf(step);
    }
    // 返回列表项的个数
    public int getSize()
    {
        return (int)Math.floor(end.subtract(start)
            .divide(step).doubleValue()) + 1;
    }
    // 返回指定索引处的列表项
    public BigDecimal getElementAt(int index)
    {
        return BigDecimal.valueOf(index)
            .multiply(step).add(start);
    }
}
class NumberComboBoxModel extends NumberListModel
    implements ComboBoxModel<BigDecimal>
{
    // 用于保存用户选中项的索引
    private int selectId = 0;
    public NumberComboBoxModel(double start
        , double end , double step)
    {
        super(start , end , step);
    }
    // 设置选中"选择项"
    public void setSelectedItem(Object anItem)
    {
        if (anItem instanceof BigDecimal)
        {
            BigDecimal target = (BigDecimal)anItem;
            // 根据选中的值来修改选中项的索引
            selectId = target.subtract(super.start)
                .divide(step).intValue();
        }
    }
    // 获取"选择项"的值
    public BigDecimal getSelectedItem()
    {
        // 根据选中项的索引来取得选中项
        return BigDecimal.valueOf(selectId)
```

```
            .multiply(step).add(start);
    }
}
```

上面程序中的粗体字代码分别使用 NumberListModel 和 NumberComboBoxModel 创建了一个 JList 和 JComboBox 对象,创建这两个列表框时无须指定每个列表项,只需给出数值的上限、下限和步长即可。运行上面程序,会看到如图 12.35 所示的窗口。

▶▶ 12.9.3 强制存储列表项的 DefaultListModel 和 DefaultComboBoxModel

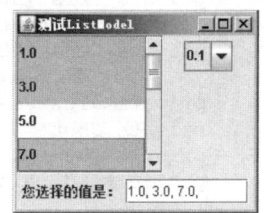

图 12.35 根据数值范围创建的 JList 和 JComboBox

前面只是介绍了如何创建 JList、JComboBox 对象,当调用 JList 和 JComboBox 构造器时传入数组或 Vector 作为参数,这些数组元素或集合元素将会作为列表项。当使用 JList 或 JComboBox 时常常还需要动态地增加、删除列表项。

对于 JComboBox 类,它提供了如下几个方法来增加、插入和删除列表项。

- addItem(E anObject): 向 JComboBox 中的添加一个列表项。
- insertItemAt(E anObject, int index): 向 JComboBox 的指定索引处插入一个列表项。
- removeAllItems(): 删除 JComboBox 中的所有列表项。
- removeItem(E anObject): 删除 JComboBox 中的指定列表项。
- removeItemAt(int anIndex): 删除 JComboBox 指定索引处的列表项。

> **提示:**
> 上面这些方法的参数类型是 E,这是由于 Java 7 为 JComboBox、JList、ListModel 都增加了泛型支持,这些接口都有形如 JComboBox<E>、JList<E>、ListModel<E>的泛型声明,因此它们里面的方法可使用 E 作为参数或返回值的类型。

通过这些方法就可以增加、插入和删除 JComboBox 中的列表项,但 JList 并没有提供这些类似的方法。实际上,对于直接通过数组或 Vector 创建的 JList 对象,则很难向该 JList 中添加或删除列表项。如果需要创建一个可以增加、删除列表项的 JList 对象,则应该在创建 JList 时显式使用 DefaultListModel 作为构造参数。因为 DefaultListModel 作为 JList 的 Model,它负责维护 JList 组件的所有列表数据,所以可以通过向 DefaultListModel 中添加、删除元素来实现向 JList 对象中增加、删除列表项。DefaultListModel 提供了如下几个方法来添加、删除元素。

- add(int index, E element): 在该 ListModel 的指定位置处插入指定元素。
- addElement(E obj): 将指定元素添加到该 ListModel 的末尾。
- insertElementAt(E obj, int index): 在该 ListModel 的指定位置处插入指定元素。
- Object remove(int index): 删除该 ListModel 中指定位置处的元素。
- removeAllElements(): 删除该 ListModel 中的所有元素,并将其的大小设置为零。
- removeElement(E obj): 删除该 ListModel 中第一个与参数匹配的元素。
- removeElementAt(int index): 删除该 ListModel 中指定索引处的元素。
- removeRange(int fromIndex, int toIndex): 删除该 ListModel 中指定范围内的所有元素。
- set(int index, E element): 将该 ListModel 指定索引处的元素替换成指定元素。
- setElementAt(E obj, int index): 将该 ListModel 指定索引处的元素替换成指定元素。

上面这些方法有些功能是重复的,这是由于 Java 的历史原因造成的。如果通过 DefaultListModel 来创建 JList 组件,则就可以通过调用上面的这些方法来添加、删除 DefaultListModel 中的元素,从而实现对 JList 里列表项的增加、删除。下面程序示范了如何向 JList 中添加、删除列表项。

程序清单:codes\12\12.9\DefaultListModelTest.java
```
public class DefaultListModelTest
```

```java
{
    private JFrame mainWin = new JFrame("测试 DefaultListModel");
    // 定义一个 JList 对象
    private JList<String> bookList;
    // 定义一个 DefaultListModel 对象
    private DefaultListModel<String> bookModel
        = new DefaultListModel<>();
    private JTextField bookName = new JTextField(20);
    private JButton removeBn = new JButton("删除选中图书") ;
    private JButton addBn = new JButton("添加指定图书");
    public void init()
    {
        // 向 bookModel 中添加元素
        bookModel.addElement("疯狂 Java 讲义");
        bookModel.addElement("轻量级 Java EE 企业应用实战");
        bookModel.addElement("疯狂 Android 讲义");
        bookModel.addElement("疯狂 Ajax 讲义");
        bookModel.addElement("经典 Java EE 企业应用实战");
        // 根据 DefaultListModel 对象创建一个 JList 对象
        bookList = new JList<>(bookModel);
        // 设置最大可视高度
        bookList.setVisibleRowCount(4);
        // 只能单选
        bookList.setSelectionMode(ListSelectionModel.SINGLE_SELECTION);
        // 为添加按钮添加事件监听器
        addBn.addActionListener(evt -> {
            // 当 bookName 文本框的内容不为空时
            if (!bookName.getText().trim().equals(""))
            {
                // 向 bookModel 中添加一个元素
                // 系统会自动向 JList 中添加对应的列表项
                bookModel.addElement(bookName.getText());
            }
        });
        // 为删除按钮添加事件监听器
        removeBn.addActionListener(evt -> {
            // 如果用户已经选中一项
            if (bookList.getSelectedIndex() >= 0)
            {
                // 从 bookModel 中删除指定索引处的元素
                // 系统会自动删除 JList 对应的列表项
                bookModel.removeElementAt(bookList.getSelectedIndex());
            }
        });
        JPanel p = new JPanel();
        p.add(bookName);
        p.add(addBn);
        p.add(removeBn);
        // 添加 bookList 组件
        mainWin.add(new JScrollPane(bookList));
        // 将 p 面板添加到窗口中
        mainWin.add(p , BorderLayout.SOUTH);
        mainWin.setDefaultCloseOperation(JFrame.EXIT_ON_CLOSE);
        mainWin.pack();
        mainWin.setVisible(true);
    }
    public static void main(String[] args)
    {
        new DefaultListModelTest().init();
    }
}
```

上面程序中的粗体字代码通过一个 DefaultListModel 创建了一个 JList 对象,然后在两个按钮的事件监听器中分别向 DefaultListModel 对象中添加、删除元素,从而实现了向 JList 对象中添加、删除列表项。运行上面程序,会看到如图 12.36 所示的窗口。

图 12.36 向 JList 中添加、删除列表项

学生提问：为什么 JComboBox 提供了添加、删除列表项的方法？而 JList 没有提供添加、删除列表项的方法呢？

答：因为直接使用数组、Vector 创建的 JList 和 JComboBox 所对应的 Model 实现类不同。使用数组、Vector 创建的 JComboBox 的 Model 类是 DefaultComboBoxModel，这是一个元素可变的集合类，所以使用数组、Vector 创建的 JComboBox 可以直接添加、删除列表项，因此 JComboxBox 提供了添加、删除列表项的方法；但使用数组、Vector 创建的 JList 所对应的 Model 类分别是 JList$1（JList 的第一个匿名内部类）、JList$2（JList 的第二个匿名内部类），这两个匿名内部类都是元素不可变的集合类，所以使用数组、Vector 创建的 JList 不可以直接添加、删除列表项，因此 JList 没有提供添加、删除列表项的方法。如果想创建列表项可变的 JList 对象，则要显式使用 DefaultListModel 对象作为 Model，而 DefaultListModel 才是元素可变的集合类，可以直接通过修改 DefaultListModel 里的元素来改变 JList 里的列表项。

　　DefaultListModel 和 DefaultComboBoxModel 是两个强制保存所有列表项的 Model 类，它们使用 Vector 来保存所有的列表项。从 DefaultListModelTest 程序中可以看出，DefaultListModel 的用法和 Vector 的用法非常相似。实际上，DefaultListModel 和 DefaultComboBoxModel 从功能上来看，与一个 Vector 并没有太大的区别。如果要创建列表项可变的 JList 组件，使用 DefaultListModel 作为构造参数即可，读者可以把 DefaultListModel 当成一个特殊的 Vector；创建列表项可变的 JComboBox 组件，当然也可以显式使用 DefaultComboBoxModel 作为参数，但这并不是必需的，因为 JComboBox 默认使用 DefaultComboBoxModel 作为对应的 model 对象。

▶▶ 12.9.4　使用 ListCellRenderer 改变列表项外观

　　前面程序中的 JList 和 JComboBox 采用的都是简单的字符串列表项，实际上，JList 和 JComboBox 还可以支持图标列表项，如果在创建 JList 或 JComboBox 时传入图标数组，则创建的 JList 和 JComboBox 的列表项就是图标。

　　如果希望列表项是更复杂的组件，例如，希望像 QQ 程序那样每个列表项既有图标，也有字符串，那么可以通过调用 JList 或 JComboBox 的 setCellRenderer(ListCellRenderer cr)方法来实现，该方法需要接收一个 ListCellRenderer 对象，该对象代表一个列表项绘制器。

　　ListCellRenderer 是一个接口，该接口里包含一个方法：

```
public Component getListCellRendererComponent(JList list, Object value
, int index, bolean isSelected, boolean cellHasFocus)
```

　　上面的 getListCellRendererComponent()方法返回一个 Component 组件，该组件就代表了 JList 或 JComboBox 的每个列表项。

> 　　自定义绘制 JList 和 JComboBox 的列表项所用的方法相同，所用的列表项绘制器也相同，故本节以 JList 为例。

　　ListCellRenderer 只是一个接口，它并未强制指定列表项绘制器属于哪种组件，因此可扩展任何组件来实现 ListCellRenderer 接口。通常采用扩展其他容器（如 JPanel）的方式来实现列表项绘制器，实现列表项绘制器时可通过重写 paintComponent()的方法来改变单元格的外观行为。例如下面程序，重写

paintComponent()方法时先绘制好友图像，再绘制好友名字。

程序清单：codes\12\12.9\ListRenderingTest.java

```java
public class ListRenderingTest
{
    private JFrame mainWin = new JFrame("好友列表");
    private String[] friends = new String[]
    {
        "李清照",
        "苏格拉底",
        "李白",
        "弄玉",
        "虎头"
    };
    // 定义一个JList对象
    private JList friendsList = new JList(friends);
    public void init()
    {
        // 设置该JList使用ImageCellRenderer作为列表项绘制器
        friendsList.setCellRenderer(new ImageCellRenderer());
        mainWin.add(new JScrollPane(friendsList));
        mainWin.setDefaultCloseOperation(JFrame.EXIT_ON_CLOSE);
        mainWin.pack();
        mainWin.setVisible(true);
    }
    public static void main(String[] args)
    {
        new ListRenderingTest().init();
    }
}
class ImageCellRenderer extends JPanel
    implements ListCellRenderer
{
    private ImageIcon icon;
    private String name;
    // 定义绘制单元格时的背景色
    private Color background;
    // 定义绘制单元格时的前景色
    private Color foreground;
    public Component getListCellRendererComponent(JList list
        , Object value , int index
        , boolean isSelected , boolean cellHasFocus)
    {
        icon = new ImageIcon("ico/" + value + ".gif");
        name = value.toString();
        background = isSelected ? list.getSelectionBackground()
            : list.getBackground();
        foreground = isSelected ? list.getSelectionForeground()
            : list.getForeground();
        // 返回该JPanel对象作为列表项绘制器
        return this;
    }
    // 重写paintComponent()方法，改变JPanel的外观
    public void paintComponent(Graphics g)
    {
        int imageWidth = icon.getImage().getWidth(null);
        int imageHeight = icon.getImage().getHeight(null);
        g.setColor(background);
        g.fillRect(0, 0, getWidth(), getHeight());
        g.setColor(foreground);
        // 绘制好友图标
        g.drawImage(icon.getImage() , getWidth() / 2
            - imageWidth / 2 , 10 , null);
        g.setFont(new Font("SansSerif" , Font.BOLD , 18));
        // 绘制好友用户名
        g.drawString(name, getWidth() / 2
            - name.length() * 10 , imageHeight + 30 );
    }
}
```

```
        // 通过该方法来设置该 ImageCellRenderer 的最佳大小
        public Dimension getPreferredSize()
        {
            return new Dimension(60, 80);
        }
    }
```

上面程序中的粗体字代码显式指定了该 JList 对象使用 ImageCellRenderer 作为列表项绘制器，ImageCellRenderer 重写了 paintComponent()方法来绘制单元格内容。除此之外，ImageCellRenderer 还重写了 getPreferredSize()方法，该方法返回一个 Dimension 对象，用于描述该列表项绘制器的最佳大小。运行上面程序，会看到如图 12.37 所示的窗口。

通过使用自定义的列表项绘制器，可以让 JList 和 JComboBox 的列表项是任意组件，并且可以在该组件上任意添加内容。

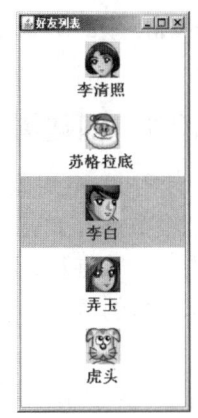

图 12.37　使用 ListCellRenderer 绘制列表项

12.10　使用 JTree 和 TreeModel 创建树

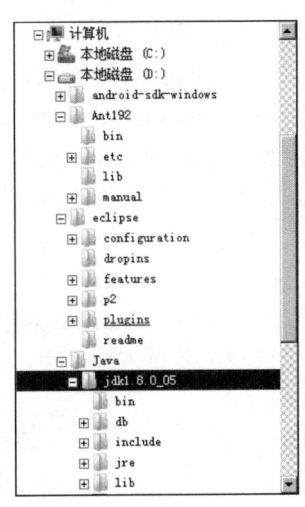

图 12.38　Windows 资源管理器目录树

树也是图形用户界面中使用非常广泛的 GUI 组件，例如使用 Windows 资源管理器时，将看到如图 12.38 所示的目录树。

如图 12.38 所示的树，代表计算机世界里的树，它从自然界实际的树抽象而来。计算机世界里的树是由一系列具有严格父子关系的节点组成的，每个节点既可以是其上一级节点的子节点，也可以是其下一级节点的父节点，因此同一个节点既可以是父节点，也可以是子节点（类似于一个人，他既是他儿子的父亲，又是他父亲的儿子）。

如果按节点是否包含子节点来分，节点分为如下两种。

➢ 普通节点：包含子节点的节点。
➢ 叶子节点：没有子节点的节点，因此叶子节点不可作为父节点。

如果按节点是否具有唯一的父节点来分，节点又可分为如下两种。

➢ 根节点：没有父节点的节点，根节点不可作为子节点。
➢ 普通节点：具有唯一父节点的节点。

一棵树只能有一个根节点，如果一棵树有了多个根节点，那它就不是一棵树了，而是多棵树的集合，有时也被称为森林。图 12.39 显示了计算机世界里树的一些专业术语。

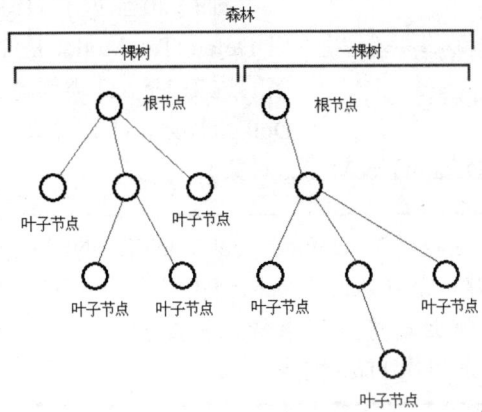

图 12.39　计算机世界里树的示意图

使用 Swing 里的 Jtree、TreeModel 及其相关的辅助类可以很轻松地开发出计算机世界里的树，如图 12.39 所示。

▶▶ 12.10.1 创建树

Swing 使用 JTree 对象来代表一棵树（实际上，JTree 可以代表森林，因为在使用 JTree 创建树时可以传入多个根节点），JTree 树中节点可以使用 TreePath 来标识，该对象封装了当前节点及其所有的父节点。必须指出，节点及其所有的父节点才能唯一地标识一个节点；也可以使用行数来标识，如图 12.39 所示，显示区域的每一行都标识一个节点。

当一个节点具有子节点时，该节点有两种状态。

➢ 展开状态：当父节点处于展开状态时，其子节点是可见的。
➢ 折叠状态：当父节点处于折叠状态时，其子节点都是不可见的。

如果某个节点是可见的，则该节点的父节点（包括直接的、间接的父节点）都必须处于展开状态，只要有任意一个父节点处于折叠状态，该节点就是不可见的。

如果希望创建一棵树，则直接使用 JTree 的构造器创建 JTree 对象即可。JTree 提供了如下几个常用构造器。

➢ JTree(TreeModel newModel)：使用指定的数据模型创建 JTree 对象，它默认显示根节点。
➢ JTree(TreeNode root)：使用 root 作为根节点创建 JTree 对象，它默认显示根节点。
➢ JTree(TreeNode root, boolean asksAllowsChildren)：使用 root 作为根节点创建 JTree 对象，它默认显示根节点。asksAllowsChildren 参数控制怎样的节点才算叶子节点，如果该参数为 true，则只有当程序使用 setAllowsChildren(false)显式设置某个节点不允许添加子节点时（以后也不会拥有子节点），该节点才会被 JTree 当成叶子节点；如果该参数为 false，则只要某个节点当时没有子节点（不管以后是否拥有子节点），该节点都会被 JTree 当成叶子节点。

上面的第一个构造器需要显式传入一个 TreeModel 对象，Swing 为 TreeModel 提供了一个 DefaultTreeModel 实现类，通常可先创建 DefaultTreeModel 对象，然后利用 DefaultTreeModel 来创建 JTree，但通过 DefaultTreeModel 的 API 文档会发现，创建 DefaultTreeModel 对象依然需要传入根节点，所以直接通过根节点创建 JTree 更加简洁。

为了利用根节点来创建 JTree，程序需要创建一个 TreeNode 对象。TreeNode 是一个接口，该接口有一个 MutableTreeNode 子接口，Swing 为该接口提供了默认的实现类：DefaultMutableTreeNode，程序可以通过 DefaultMutableTreeNode 来为树创建节点，并通过 DefaultMutableTreeNode 提供的 add()方法建立各节点之间的父子关系，然后调用 JTree 的 JTree(TreeNode root) 构造器来创建一棵树。

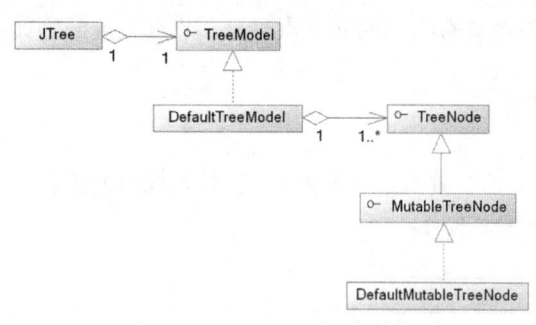

图 12.40　JTree 相关类的关系

图 12.40 显示了 JTree 相关类的关系，从该图可以看出 DefaultTreeModel 是 TreeModel 的默认实现类，当程序通过 TreeNode 类创建 JTree 时，其状态数据实际上由 DefaultTreeModel 对象维护，因为创建 JTree 时传入的 TreeNode 对象，实际上传给了 DefaultTreeModel 对象。

> **提示：**
> DefaultTreeModel 也提供了 DefaultTreeModel(TreeNode root)构造器，用于接收一个 TreeNode 根节点来创建一个默认的 TreeModel 对象；当程序中通过传入一个根节点来创建 JTree 对象时，实际上是将该节点传入对应的 DefaultTreeModel 对象，并使用该 DefaultTreeModel 对象来创建 JTree 对象。

下面程序创建了一棵最简单的 Swing 树。

程序清单：codes\12\12.10\SimpleJTree.java

```
public class SimpleJTree
{
    JFrame jf = new JFrame("简单树");
    JTree tree;
    DefaultMutableTreeNode root;
    DefaultMutableTreeNode guangdong;
    DefaultMutableTreeNode guangxi;
    DefaultMutableTreeNode foshan;
    DefaultMutableTreeNode shantou;
    DefaultMutableTreeNode guilin;
    DefaultMutableTreeNode nanning;
    public void init()
    {
        // 依次创建树中的所有节点
        root = new DefaultMutableTreeNode("中国");
        guangdong = new DefaultMutableTreeNode("广东");
        guangxi = new DefaultMutableTreeNode("广西");
        foshan = new DefaultMutableTreeNode("佛山");
        shantou = new DefaultMutableTreeNode("汕头");
        guilin = new DefaultMutableTreeNode("桂林");
        nanning = new DefaultMutableTreeNode("南宁");
        // 通过add()方法建立树节点之间的父子关系
        guangdong.add(foshan);
        guangdong.add(shantou);
        guangxi.add(guilin);
        guangxi.add(nanning);
        root.add(guangdong);
        root.add(guangxi);
        // 以根节点创建树
        tree = new JTree(root);    //①
        jf.add(new JScrollPane(tree));
        jf.pack();
        jf.setDefaultCloseOperation(JFrame.EXIT_ON_CLOSE);
        jf.setVisible(true);
    }
    public static void main(String[] args)
    {
        new SimpleJTree().init();
    }
}
```

上面程序中的粗体字代码创建了一系列的 DefaultMutableTreeNode 对象，并通过 add()方法为这些节点建立了相应的父子关系。程序中①号粗体字代码则以一个根节点创建了一个 JTree 对象。当程序把 JTree 对象添加到其他容器中后，JTree 就会在该容器中绘制出一棵 Swing 树。运行上面程序，会看到如图 12.41 所示的窗口。

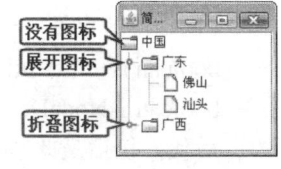

图 12.41　Swing 树的效果

从图 12.41 中可以看出，Swing 树的默认风格是使用一个特殊图标来表示节点的展开、折叠，而不是使用我们熟悉的"+"、"-"图标来表示节点的展开、折叠。如果希望使用"+"、"-"图标来表示节点的展开、折叠，则可以考虑使用 Windows 风格。

从图 12.41 中可以看出，Swing 树默认使用连接线来连接所有节点，程序可以使用如下代码来强制 JTree 不显示节点之间的连接线。

```
// 没有连接线
tree.putClientProperty("JTree.lineStyle" , "None");
```

或者使用如下代码来强制节点之间只有水平分隔线。

```
// 水平分隔线
tree.putClientProperty("JTree.lineStyle" , "Horizontal");
```

图 12.41 中显示的根节点前没有绘制表示节点展开、折叠的特殊图标，如果希望根节点也绘制表示节点展开、折叠的特殊图标，则使用如下代码。

```
// 设置是否显示根节点的"展开、折叠"图标，默认是 false
tree.setShowsRootHandles(true);
```

JTree 甚至允许把整个根节点都隐藏起来，可以通过如下代码来隐藏根节点。

```
// 设置根节点是否可见，默认是 true
tree.setRootVisible(false);
```

DefaultMutableTreeNode 是 JTree 默认的树节点，该类提供了大量的方法来访问树中的节点，包括遍历该节点的所有子节点的两个方法。DefaultMutableTreeNode 提供了深度优先遍历、广度优先遍历两种方法。

> Enumeration breadthFirstEnumeration()/preorderEnumeration()：按广度优先的顺序遍历以此节点为根的子树，并返回所有节点组成的枚举对象。
> Enumeration depthFirstEnumeration()/postorderEnumeration()：按深度优先的顺序遍历以此节点为根的子树，并返回所有节点组成的枚举对象。

> **提示：** 关于树的深度优先和广度优先遍历算法已经不属于本书的介绍范围，读者可以参考《疯狂 Java 程序员的基本修养》学习有关树的更详细内容。

除此之外，DefaultMutableTreeNode 也提供了大量的方法来获取指定节点的兄弟节点、父节点、子节点等，常用的有如下几个方法。

> DefaultMutableTreeNode getNextSibling()：返回此节点的下一个兄弟节点。
> TreeNode getParent()：返回此节点的父节点。如果此节点没有父节点，则返回 null。
> TreeNode[] getPath()：返回从根节点到达此节点的所有节点组成的数组。
> DefaultMutableTreeNode getPreviousSibling()：返回此节点的上一个兄弟节点。
> TreeNode getRoot()：返回包含此节点的树的根节点。
> TreeNode getSharedAncestor(DefaultMutableTreeNode aNode)：返回此节点和 aNode 最近的共同祖先。
> int getSiblingCount()：返回此节点的兄弟节点数。
> boolean isLeaf()：返回该节点是否是叶子节点。
> boolean isNodeAncestor(TreeNode anotherNode)：判断 anotherNode 是否是当前节点的祖先节点（包括父节点）。
> boolean isNodeChild(TreeNode aNode)：如果 aNode 是此节点的子节点，则返回 true。
> boolean isNodeDescendant(DefaultMutableTreeNode anotherNode)：如果 anotherNode 是此节点的后代，包括是此节点本身、此节点的子节点或此节点的子节点的后代，都将返回 true。
> boolean isNodeRelated(DefaultMutableTreeNode aNode)：当 aNode 和当前节点位于同一棵树中时返回 true。
> boolean isNodeSibling(TreeNode anotherNode)：返回 anotherNode 是否是当前节点的兄弟节点。
> boolean isRoot()：返回当前节点是否是根节点。
> Enumeration pathFromAncestorEnumeration(TreeNode ancestor)：返回从指定祖先节点到当前节点的所有节点组成的枚举对象。

▶▶ 12.10.2 拖动、编辑树节点

JTree 生成的树默认是不可编辑的，不可以添加、删除节点，也不可以改变节点数据；如果想让某个 JTree 对象变成可编辑状态，则可以调用 JTree 的 setEditable(boolean b)方法，传入 true 即可把这棵树变成可编辑的树（可以添加、删除节点，也可以改变节点数据）。

一旦将 JTree 对象设置成可编辑状态后，程序就可以为指定节点添加子节点、兄弟节点，也可以修改、删除指定节点。

前面简单提到过，JTree 处理节点有两种方式：一种是根据 TreePath；另一种是根据节点的行号，所有 JTree 显示的节点都有一个唯一的行号（从 0 开始）。只有那些被显示出来的节点才有行号，这就带来一个潜在的问题——如果该节点之前的节点被展开、折叠或增加、删除后，那么该节点的行号就会发生变化，因此通过行号来识别节点可能有一些不确定的地方；相反，使用 TreePath 来识别节点则会更加稳定。

可以使用文件系统来类比 JTree，从图 12.38 中可以看出，实际上所有的文件系统都采用树状结构，其中 Windows 的文件系统是森林，因为 Windows 包含 C、D 等多个根路径，而 UNIX、Linux 的文件系统是一棵树，只有一个根路径。如果直接给出 abc 文件夹（类似于 JTree 中的节点），系统不能准确地定位该路径；如果给出 D:\xyz\abc，系统就可以准确地定位到该路径，这个 D:\xyz\abc 实际上由三个文件夹组成：D:、xyz、abc，其中 D:是该路径的根路径。类似地，TreePath 也采用这种方式来唯一地标识节点。

TreePath 保持着从根节点到指定节点的所有节点，TreePath 由一系列节点组成，而不是单独的一个节点。JTree 的很多方法都用于返回一个 TreePath 对象，当程序得到一个 TreePath 后，可能只需要获取最后一个节点，则可以调用 TreePath 的 getLastPathComponent()方法。例如需要获得 JTree 中被选定的节点，则可以通过如下两行代码来实现。

```
// 获取选中节点所在的 TreePath
TreePath path = tree.getSelectionPath();
// 获取指定 TreePath 的最后一个节点
TreeNode target = (TreeNode)path.getLastPathComponent();
```

又因为 JTree 经常需要查询被选中的节点，所以 JTree 提供了一个 getLastSelectedPathComponent()方法来获取选中的节点。比如采用下面代码也可以获取选中的节点。

```
// 获取选中的节点
TreeNode target = (TreeNode) tree.getLastSelectedPathComponent();
```

可能有读者对上面这行代码感到奇怪，getLastSelectedPathComponent()方法返回的不是 TreeNode 吗？getLastSelectedPathComponent()方法返回的不一定是 TreeNode，该方法的返回值是 Object。因为 Swing 把 JTree 设计得非常复杂，JTree 把所有的状态数据都交给 TreeModel 管理，而 JTree 本身并没有与 TreeNode 发生关联（从图 12.40 可以看出这一点），只是因为 DefaultTreeModel 需要 TreeNode 而已，如果开发者自己提供一个 TreeModel 实现类，这个 TreeModel 实现类完全可以与 TreeNode 没有任何关系。当然，对于大部分 Swing 开发者而言，无须理会 JTree 的这些过于复杂的设计。

如果已经有了从根节点到当前节点的一系列节点所组成的节点数组，也可以通过 TreePath 提供的构造器将这些节点转换成 TreePath 对象，如下代码所示。

```
// 将一个节点数组转换成 TreePath 对象
TreePath tp = new TreePath(nodes);
```

获取了选中的节点之后，即可通过 DefaultTreeModel（它是 Swing 为 TreeModel 提供的唯一一个实现类）提供的一系列方法来插入、删除节点。DefaultTreeModel 类有一个非常优秀的设计，当使用 DefaultTreeModel 插入、删除节点后，该 DefaultTreeModel 会自动通知对应的 JTree 重绘所有节点，用户可以立即看到程序所做的修改。

也可以直接通过 TreeNode 提供的方法来添加、删除和修改节点，但通过 TreeNode 改变节点时，程序必须显式调用 JTree 的 updateUI()通知 JTree 重绘所有节点，让用户看到程序所做的修改。

下面程序实现了增加、修改和删除节点的功能，并允许用户通过拖动将一个节点变成另一个节点的子节点。

程序清单：codes\12\12.10\EditJTree.java

```
public class EditJTree
{
    JFrame jf;
    JTree tree;
    // 上面 JTree 对象对应的 model
```

```java
        DefaultTreeModel model;
        // 定义几个初始节点
        DefaultMutableTreeNode root = new DefaultMutableTreeNode("中国");
        DefaultMutableTreeNode guangdong = new DefaultMutableTreeNode("广东");
        DefaultMutableTreeNode guangxi = new DefaultMutableTreeNode("广西");
        DefaultMutableTreeNode foshan = new DefaultMutableTreeNode("佛山");
        DefaultMutableTreeNode shantou = new DefaultMutableTreeNode("汕头");
        DefaultMutableTreeNode guilin = new DefaultMutableTreeNode("桂林");
        DefaultMutableTreeNode nanning = new DefaultMutableTreeNode("南宁");
        // 定义需要被拖动的TreePath
        TreePath movePath;
        JButton addSiblingButton = new JButton("添加兄弟节点");
        JButton addChildButton = new JButton("添加子节点");
        JButton deleteButton = new JButton("删除节点");
        JButton editButton = new JButton("编辑当前节点");
        public void init()
        {
            guangdong.add(foshan);
            guangdong.add(shantou);
            guangxi.add(guilin);
            guangxi.add(nanning);
            root.add(guangdong);
            root.add(guangxi);
            jf = new JFrame("可编辑节点的树");
            tree = new JTree(root);
            // 获取JTree对应的TreeModel对象
            model = (DefaultTreeModel)tree.getModel();
            // 设置JTree可编辑
            tree.setEditable(true);
            MouseListener ml = new MouseAdapter()
            {
                // 按下鼠标时获得被拖动的节点
                public void mousePressed(MouseEvent e)
                {
                    // 如果需要唯一确定某个节点,则必须通过TreePath来获取
                    TreePath tp = tree.getPathForLocation(
                        e.getX() , e.getY());
                    if (tp != null)
                    {
                        movePath = tp;
                    }
                }
                // 松开鼠标时获得需要拖到哪个父节点
                public void mouseReleased(MouseEvent e)
                {
                    // 根据松开鼠标时的TreePath来获取TreePath
                    TreePath tp = tree.getPathForLocation(
                        e.getX(), e.getY());
                    if (tp != null && movePath != null)
                    {
                        // 阻止向子节点拖动
                        if (movePath.isDescendant(tp) && movePath != tp)
                        {
                            JOptionPane.showMessageDialog(jf,
                                "目标节点是被移动节点的子节点,无法移动!",
                                "非法操作", JOptionPane.ERROR_MESSAGE );
                            return;
                        }
                        // 不是向子节点移动,鼠标按下、松开的也不是同一个节点
                        else if (movePath != tp)
                        {
                            // add方法先将该节点从原父节点下删除,再添加到新父节点下
                            ((DefaultMutableTreeNode)tp.getLastPathComponent())
                                .add((DefaultMutableTreeNode)movePath
                                .getLastPathComponent());
                            movePath = null;
                            tree.updateUI();
                        }
                    }
                }
```

```java
        };
        // 为JTree添加鼠标监听器
        tree.addMouseListener(ml);
        JPanel panel = new JPanel();
        // 实现添加兄弟节点的监听器
        addSiblingButton.addActionListener(event -> {
            // 获取选中的节点
            DefaultMutableTreeNode selectedNode = (DefaultMutableTreeNode)
                tree.getLastSelectedPathComponent();
            // 如果节点为空，则直接返回
            if (selectedNode == null) return;
            // 获取该选中节点的父节点
            DefaultMutableTreeNode parent = (DefaultMutableTreeNode)
                selectedNode.getParent();
            // 如果父节点为空，则直接返回
            if (parent == null) return;
            // 创建一个新节点
            DefaultMutableTreeNode newNode = new
                DefaultMutableTreeNode("新节点");
            // 获取选中节点的选中索引
            int selectedIndex = parent.getIndex(selectedNode);
            // 在选中位置插入新节点
            model.insertNodeInto(newNode, parent, selectedIndex + 1);
            // --------下面代码实现显示新节点（自动展开父节点）--------
            // 获取从根节点到新节点的所有节点
            TreeNode[] nodes = model.getPathToRoot(newNode);
            // 使用指定的节点数组来创建TreePath
            TreePath path = new TreePath(nodes);
            // 显示指定的TreePath
            tree.scrollPathToVisible(path);
        });
        panel.add(addSiblingButton);
        // 实现添加子节点的监听器
        addChildButton.addActionListener(event -> {
            // 获取选中的节点
            DefaultMutableTreeNode selectedNode = (DefaultMutableTreeNode)
                tree.getLastSelectedPathComponent();
            // 如果节点为空，则直接返回
            if (selectedNode == null) return;
            // 创建一个新节点
            DefaultMutableTreeNode newNode = new
                DefaultMutableTreeNode("新节点");
            // 通过model来添加新节点，则无须调用JTree的updateUI方法
            // model.insertNodeInto(newNode, selectedNode
            //     , selectedNode.getChildCount());
            // 通过节点添加新节点，则需要调用tree的updateUI方法
            selectedNode.add(newNode);
            // --------下面代码实现显示新节点（自动展开父节点）--------
            TreeNode[] nodes = model.getPathToRoot(newNode);
            TreePath path = new TreePath(nodes);
            tree.scrollPathToVisible(path);
            tree.updateUI();
        });
        panel.add(addChildButton);
        // 实现删除节点的监听器
        deleteButton.addActionListener(event -> {
            DefaultMutableTreeNode selectedNode = (DefaultMutableTreeNode)
                tree.getLastSelectedPathComponent();
            if (selectedNode != null && selectedNode.getParent() != null)
            {
                // 删除指定节点
                model.removeNodeFromParent(selectedNode);
            }
        });
        panel.add(deleteButton);
        // 实现编辑节点的监听器
        editButton.addActionListener(event -> {
            TreePath selectedPath = tree.getSelectionPath();
            if (selectedPath != null)
            {
                // 编辑选中的节点
```

```
                tree.startEditingAtPath(selectedPath);
            }
        });
        panel.add(editButton);
        jf.add(new JScrollPane(tree));
        jf.add(panel , BorderLayout.SOUTH);
        jf.pack();
        jf.setDefaultCloseOperation(JFrame.EXIT_ON_CLOSE);
        jf.setVisible(true);
    }
    public static void main(String[] args)
    {
        new EditJTree().init();
    }
}
```

上面程序中实现拖动节点也比较容易——当用户按下鼠标时获取鼠标事件发生位置的树节点，并把该节点赋给 movePath 变量；当用户松开鼠标时获取鼠标事件发生位置的树节点，作为目标节点需要拖到的父节点，把 movePath 从原来的节点中删除，添加到新的父节点中即可（TreeNode 的 add()方法可以同时完成这两个操作）。程序中的粗体字代码是实现整个程序的关键代码，读者可以结合程序运行效果来研究该代码。运行上面程序，会看到如图 12.42 所示的效果。

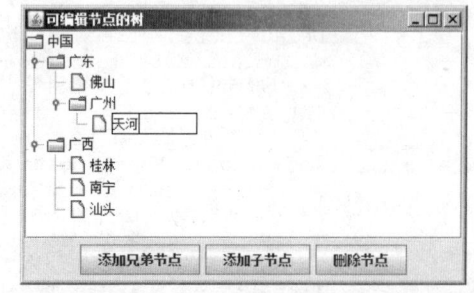

图 12.42　可以拖动、添加、删除节点的 Swing 树

选中图 12.42 中的某个节点并双击，或者单击"编辑当前节点"按钮，就可以进入该节点的编辑状态，系统启动默认的单元格编辑器来编辑该节点，JTree 的单元格编辑器与 JTable 的单元格编辑器都实现了相同的 CellEditor 接口。本书将在下一节与 JTable 一起介绍如何定制节点编辑器。

▶▶ 12.10.3　监听节点事件

JTree 专门提供了一个 TreeSelectionModel 对象来保存该 JTree 选中状态的信息。也就是说，JTree 组件背后隐藏了两个 model 对象，其中 TreeModel 用于保存该 JTree 的所有节点数据，而 TreeSelectionModel 用于保存该 JTree 的所有选中状态的信息。

> **提示：** 对于大部分开发者而言，无须关心 TreeSelectionModel 的存在，程序可以通过 JTree 提供的 getSelectionPath()方法和 getSelectionPaths()方法来获取该 JTree 被选中的 TreePath，但实际上这两个方法底层实现依然依赖于 TreeSelectionModel，只是普通开发者一般无须关心这些底层细节而已。

程序可以改变 JTree 的选择模式，但必须先获取该 JTree 对应的 TreeSelectionModel 对象，再调用该对象的 setSelectionMode()方法来设置该 JTree 的选择模式。该方法支持如下三个参数。

➢ TreeSelectionModel.CONTINUOUS_TREE_SELECTION：可以连续选中多个 TreePath。
➢ TreeSelectionModel.DISCONTINUOUS_TREE_SELECTION：该选项对于选择没有任何限制。
➢ TreeSelectionModel.SINGLE_TREE_SELECTION：每次只能选择一个 TreePath。

与 JList 操作类似，按下 Ctrl 辅助键，用于添加选中多个 JTree 节点；按下 Shift 辅助键，用于选择连续区域里的所有 JTree 节点。

JTree 提供了如下两个常用的添加监听器的方法。

➢ addTreeExpansionListener(TreeExpansionListener tel)：添加树节点展开/折叠事件的监听器。
➢ addTreeSelectionListener(TreeSelectionListener tsl)：添加树节点选择事件的监听器。

下面程序设置 JTree 只能选择单个 TreePath，并为节点选择事件添加事件监听器。

程序清单：codes\12\12.10\SelectJTree.java

```java
public class SelectJTree
{
    JFrame jf = new JFrame("监听树的选择事件");
    JTree tree;
    // 定义几个初始节点
    DefaultMutableTreeNode root = new DefaultMutableTreeNode("中国");
    DefaultMutableTreeNode guangdong = new DefaultMutableTreeNode("广东");
    DefaultMutableTreeNode guangxi = new DefaultMutableTreeNode("广西");
    DefaultMutableTreeNode foshan = new DefaultMutableTreeNode("佛山");
    DefaultMutableTreeNode shantou = new DefaultMutableTreeNode("汕头");
    DefaultMutableTreeNode guilin = new DefaultMutableTreeNode("桂林");
    DefaultMutableTreeNode nanning = new DefaultMutableTreeNode("南宁");
    JTextArea eventTxt = new JTextArea(5 , 20);
    public void init()
    {
        // 通过add()方法建立树节点之间的父子关系
        guangdong.add(foshan);
        guangdong.add(shantou);
        guangxi.add(guilin);
        guangxi.add(nanning);
        root.add(guangdong);
        root.add(guangxi);
        // 以根节点创建树
        tree = new JTree(root);
        // 设置只能选择一个 TreePath
        tree.getSelectionModel().setSelectionMode(
            TreeSelectionModel.SINGLE_TREE_SELECTION);
        // 添加监听树节点选择事件的监听器
        // 当JTree中被选择节点发生改变时，将触发该方法
        tree.addTreeSelectionListener(e -> {
            if (e.getOldLeadSelectionPath() != null)
                eventTxt.append("原选中的节点路径："
                    + e.getOldLeadSelectionPath().toString() + "\n");
            eventTxt.append("新选中的节点路径："
                + e.getNewLeadSelectionPath().toString() + "\n");
        });     // 设置是否显示根节点的展开/折叠图标，默认是 false
        tree.setShowsRootHandles(true);
        // 设置根节点是否可见，默认是 true
        tree.setRootVisible(true);
        Box box = new Box(BoxLayout.X_AXIS);
        box.add(new JScrollPane(tree));
        box.add(new JScrollPane(eventTxt));
        jf.add(box);
        jf.pack();
        jf.setDefaultCloseOperation(JFrame.EXIT_ON_CLOSE);
        jf.setVisible(true);
    }
    public static void main(String[] args)
    {
        new SelectJTree().init();
    }
}
```

上面程序中的第一行粗体字代码设置了该 JTree 对象采用 SINGLE_TREE_SELECTION 选择模式，即每次只能选中该 JTree 的一个 TreePath。第二段粗体字代码为该 JTree 添加了一个节点选择事件的监听器，当该 JTree 中被选择节点发生改变时，该监听器就会被触发。运行上面程序，会看到如图 12.43 所示的效果。

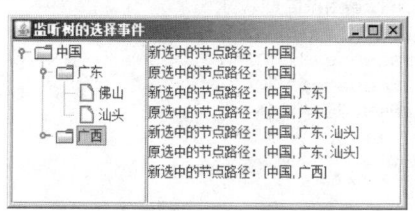

图 12.43 监听树的选择事件

不要通过监听鼠标事件来监听所选节点的变化，因为 JTree 中节点的选择完全可以通过键盘来操作，不通过鼠标单击亦可。

▶▶ 12.10.4 使用 DefaultTreeCellRenderer 改变节点外观

对比图 12.38 和图 12.41 所示的两棵树，不难发现图 12.38 所示的树更美观，因为图 12.38 所示的树节点的图标非常丰富，而图 12.41 所示的树节点的图标太过于单一。

实际上，JTree 也可以改变树节点的外观，包括改变节点的图标、字体等，甚至可以自由绘制节点外观。为了改变树节点的外观，可以通过为树指定自己的 CellRenderer 来实现，JTree 默认使用 DefaultTreeCellRenderer 来绘制每个节点。通过查看 API 文档可以发现：DefaultTreeCellRenderer 是 JLabel 的子类，该 JLabel 包含了该节点的图标和文本。

改变树节点的外观样式，可以有如下三种方式。

➤ 使用 DefaultTreeCellRenderer 直接改变节点的外观，这种方式可以改变整棵树所有节点的字体、颜色和图标。
➤ 为 JTree 指定 DefaultTreeCellRenderer 的扩展类对象作为 JTree 的节点绘制器，该绘制器负责为不同节点使用不同的字体、颜色和图标。通常使用这种方式来改变节点的外观。
➤ 为 JTree 指定一个实现 TreeCellRenderer 接口的节点绘制器，该绘制器可以为不同的节点自由绘制任意内容，这是最复杂但最灵活的节点绘制器。

第一种方式最简单，但灵活性最差，因为它会改变整棵树所有节点的外观。在这种情况下，Jtree 的所有节点依然使用相同的图标，相当于整体替换了 Jtree 中节点的所有默认图标。用户指定的节点图标未必就比 JTree 默认的图标美观。

DefaultTreeCellRenderer 提供了如下几个方法来修改节点的外观。

➤ setBackgroundNonSelectionColor(Color newColor)：设置用于非选定节点的背景颜色。
➤ setBackgroundSelectionColor(Color newColor)：设置节点在选中状态下的背景颜色。
➤ setBorderSelectionColor(Color newColor)：设置选中状态下节点的边框颜色。
➤ setClosedIcon(Icon newIcon)：设置处于折叠状态下非叶子节点的图标。
➤ setFont(Font font)：设置节点文本的字体。
➤ setLeafIcon(Icon newIcon)：设置叶子节点的图标。
➤ setOpenIcon(Icon newIcon)：设置处于展开状态下非叶子节点的图标。
➤ setTextNonSelectionColor(Color newColor)：设置绘制非选中状态下节点文本的颜色。
➤ setTextSelectionColor(Color newColor)：设置绘制选中状态下节点文本的颜色。

下面程序直接使用 DefaultTreeCellRenderer 来改变树节点的外观。

程序清单：codes\12\12.10\ChangeAllCellRender.java

```java
public class ChangeAllCellRender
{
    JFrame jf = new JFrame("改变所有节点的外观");
    JTree tree;
    // 定义几个初始节点
    DefaultMutableTreeNode root = new DefaultMutableTreeNode("中国");
    DefaultMutableTreeNode guangdong = new DefaultMutableTreeNode("广东");
    DefaultMutableTreeNode guangxi = new DefaultMutableTreeNode("广西");
    DefaultMutableTreeNode foshan = new DefaultMutableTreeNode("佛山");
    DefaultMutableTreeNode shantou = new DefaultMutableTreeNode("汕头");
    DefaultMutableTreeNode guilin = new DefaultMutableTreeNode("桂林");
    DefaultMutableTreeNode nanning = new DefaultMutableTreeNode("南宁");
    public void init()
    {
        // 通过 add()方法建立树节点之间的父子关系
        guangdong.add(foshan);
        guangdong.add(shantou);
        guangxi.add(guilin);
        guangxi.add(nanning);
        root.add(guangdong);
        root.add(guangxi);
        // 以根节点创建树
```

```
        tree = new JTree(root);
        // 创建一个 DefaultTreeCellRenderer 对象
        DefaultTreeCellRenderer cellRender = new DefaultTreeCellRenderer();
        // 设置非选定节点的背景颜色
        cellRender.setBackgroundNonSelectionColor(new
            Color(220 , 220 , 220));
        // 设置节点在选中状态下的背景颜色
        cellRender.setBackgroundSelectionColor(new Color(140 , 140, 140));
        // 设置选中状态下节点的边框颜色
        cellRender.setBorderSelectionColor(Color.BLACK);
        // 设置处于折叠状态下非叶子节点的图标
        cellRender.setClosedIcon(new ImageIcon("icon/close.gif"));
        // 设置节点文本的字体
        cellRender.setFont(new Font("SansSerif" , Font.BOLD , 16));
        // 设置叶子节点的图标
        cellRender.setLeafIcon(new ImageIcon("icon/leaf.png"));
        // 设置处于展开状态下非叶子节点的图标
        cellRender.setOpenIcon(new ImageIcon("icon/open.gif"));
        // 设置绘制非选中状态下节点文本的颜色
        cellRender.setTextNonSelectionColor(new Color(255 , 0 , 0));
        // 设置绘制选中状态下节点文本的颜色
        cellRender.setTextSelectionColor(new Color(0 , 0 , 255));
        tree.setCellRenderer(cellRender);
        // 设置是否显示根节点的展开/折叠图标,默认是 false
        tree.setShowsRootHandles(true);
        // 设置节点是否可见,默认是 true
        tree.setRootVisible(true);
        jf.add(new JScrollPane(tree));
        jf.pack();
        jf.setDefaultCloseOperation(JFrame.EXIT_ON_CLOSE);
        jf.setVisible(true);
    }
    public static void main(String[] args)
    {
        new ChangeAllCellRender().init();
    }
}
```

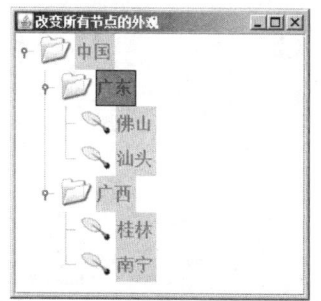

图 12.44 直接使用 DefaultTreeCellRenderer 改变所有节点的外观效果

上面程序中的粗体字代码创建了一个 DefaultTreeCellRenderer 对象,并通过该对象改变了 Jtree 中所有节点的字体、颜色和图标。运行上面程序,会看到如图 12.44 所示的效果。

从图 12.44 中可以看出,Jtree 中的所有节点全部被改变了,相当于完全替代了 Jtree 中所有节点的默认图标、字体和颜色。但所有的叶子节点依然保持相同的外观,所有的非叶子节点也保持相同的外观。这种改变依然不能满足更复杂的需求,例如,如果需要不同类型的节点呈现出不同的外观,则不能直接使用 DefaultTreeCellRenderer 来改变节点的外观,可以采用扩展 DefaultTreeCellRenderer 的方式来实现该需求。

提示: 不要试图通过 TreeCellRenderer 来改变表示节点展开/折叠的图标,因为该图标是由 Metal 风格决定的。如果需要改变该图标,则可以考虑改变该 JTree 的外观风格。

▶▶ 12.10.5 扩展 DefaultTreeCellRenderer 改变节点外观

DefaultTreeCellRenderer 实现类实现了 TreeCellRenderer 接口,该接口里只有一个用于绘制节点内容的方法:getTreeCellRendererComponent(),该方法负责绘制 JTree 节点。如果读者还记得前面介绍的绘制 JList 的列表项外观的内容,应该对该方法非常熟悉——与 ListCellRenderer 接口类似的是,getTreeCellRendererComponent()方法返回一个 Component 对象,该对象就是 JTree 的节点组件。

DefaultTreeCellRenderer 类继承了 JLabel，实现 getTreeCellRendererComponent()方法时返回 this，即返回一个特殊的 JLabel 对象。如果需要根据节点内容来改变节点的外观，则可以再次扩展 DefaultTreeCellRenderer 类，并再次重写它提供的 getTreeCellRendererComponent()方法。

下面程序模拟了一个数据库对象导航树，程序可以根据节点的类型来绘制节点的图标。在本程序中为了给每个节点指定节点类型，程序不再使用 String 作为节点数据，而是使用 NodeData 来封装节点数据，并重写了 NodeData 的 toString()方法。

使用 Object 类型的对象来创建 TreeNode 对象时，DefaultTreeCellRenderer 默认使用该对象的 toString()方法返回的字符串作为该节点的标签。

程序清单：codes\12\12.10\ExtendsDefaultTreeCellRenderer.java

```java
public class ExtendsDefaultTreeCellRenderer
{
    JFrame jf = new JFrame("根据节点类型定义图标");
    JTree tree;
    // 定义几个初始节点
    DefaultMutableTreeNode root = new DefaultMutableTreeNode(
        new NodeData(DBObjectType.ROOT , "数据库导航"));
    DefaultMutableTreeNode salaryDb = new DefaultMutableTreeNode(
        new NodeData(DBObjectType.DATABASE , "公司工资数据库"));
    DefaultMutableTreeNode customerDb = new DefaultMutableTreeNode(
        new NodeData(DBObjectType.DATABASE , "公司客户数据库"));
    // 定义 salaryDb 的两个子节点
    DefaultMutableTreeNode employee = new DefaultMutableTreeNode(
        new NodeData(DBObjectType.TABLE , "员工表"));
    DefaultMutableTreeNode attend = new DefaultMutableTreeNode(
        new NodeData(DBObjectType.TABLE , "考勤表"));
    // 定义 customerDb 的一个子节点
    DefaultMutableTreeNode contact = new DefaultMutableTreeNode(
        new NodeData(DBObjectType.TABLE , "联系方式表"));
    // 定义 employee 的三个子节点
    DefaultMutableTreeNode id = new DefaultMutableTreeNode(
        new NodeData(DBObjectType.INDEX , "员工 ID"));
    DefaultMutableTreeNode name = new DefaultMutableTreeNode(
        new NodeData(DBObjectType.COLUMN , "姓名"));
    DefaultMutableTreeNode gender = new DefaultMutableTreeNode(
        new NodeData(DBObjectType.COLUMN , "性别"));
    public void init()
    {
        // 通过 add()方法建立树节点之间的父子关系
        root.add(salaryDb);
        root.add(customerDb);
        salaryDb.add(employee);
        salaryDb.add(attend);
        customerDb.add(contact);
        employee.add(id);
        employee.add(name);
        employee.add(gender);
        // 以根节点创建树
        tree = new JTree(root);
        // 设置该 JTree 使用自定义的节点绘制器
        tree.setCellRenderer(new MyRenderer());
        // 设置是否显示根节点的展开/折叠图标，默认是 false
        tree.setShowsRootHandles(true);
        // 设置节点是否可见，默认是 true
        tree.setRootVisible(true);
        try
        {
            // 设置使用 Windows 风格外观
            UIManager.setLookAndFeel("com.sun.java.swing.plaf."
                + "windows.WindowsLookAndFeel");
        }
```

```java
            catch (Exception ex){}
            // 更新JTree 的 UI 外观
            SwingUtilities.updateComponentTreeUI(tree);
        jf.add(new JScrollPane(tree));
        jf.pack();
        jf.setDefaultCloseOperation(JFrame.EXIT_ON_CLOSE);
        jf.setVisible(true);
    }
    public static void main(String[] args)
    {
        new ExtendsDefaultTreeCellRenderer().init();
    }
}
// 定义一个NodeData 类,用于封装节点数据
class NodeData
{
    public int nodeType;
    public String nodeData;
    public NodeData(int nodeType , String nodeData)
    {
        this.nodeType = nodeType;
        this.nodeData = nodeData;
    }
    public String toString()
    {
        return nodeData;
    }
}
// 定义一个接口,该接口里包含数据库对象类型的常量
interface DBObjectType
{
    int ROOT = 0;
    int DATABASE = 1;
    int TABLE = 2;
    int COLUMN = 3;
    int INDEX = 4;
}
class MyRenderer extends DefaultTreeCellRenderer
{
    // 初始化5 个图标
    ImageIcon rootIcon = new ImageIcon("icon/root.gif");
    ImageIcon databaseIcon = new ImageIcon("icon/database.gif");
    ImageIcon tableIcon = new ImageIcon("icon/table.gif");
    ImageIcon columnIcon = new ImageIcon("icon/column.gif");
    ImageIcon indexIcon = new ImageIcon("icon/index.gif");
    public Component getTreeCellRendererComponent(JTree tree
        , Object value , boolean sel , boolean expanded
        , boolean leaf , int row , boolean hasFocus)
    {
        // 执行父类默认的节点绘制操作
        super.getTreeCellRendererComponent(tree , value
            , sel, expanded , leaf , row , hasFocus);
        DefaultMutableTreeNode node = (DefaultMutableTreeNode)value;
        NodeData data = (NodeData)node.getUserObject();
        // 根据数据节点里的nodeType 数据决定节点图标
        ImageIcon icon = null;
        switch(data.nodeType)
        {
            case DBObjectType.ROOT:
                icon = rootIcon;
                break;
            case DBObjectType.DATABASE:
                icon = databaseIcon;
                break;
            case DBObjectType.TABLE:
                icon = tableIcon;
                break;
            case DBObjectType.COLUMN:
                icon = columnIcon;
                break;
```

```
            case DBObjectType.INDEX:
                icon = indexIcon;
                break;
        }
        // 改变图标
        this.setIcon(icon);
        return this;
    }
}
```

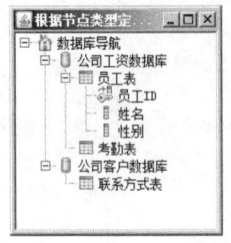

图 12.45　根据节点类型绘制节点图标

程序中的粗体字代码强制 JTree 使用自定义的节点绘制器：MyRenderer，该节点绘制器继承了 DefaultTreeCellRenderer 类，并重写了 getTreeCellRendererComponent()方法。该节点绘制器重写该节点时根据节点的 nodeType 属性改变其图标。运行上面程序，会看到如图 12.45 所示的效果。

从图 12.45 中可以看出，JTree 中表示节点展开、折叠的图标已经改为了"+"和"-"，这是因为本程序强制 JTree 使用了 Windows 风格。

▶▶ 12.10.6　实现 TreeCellRenderer 改变节点外观

这种方式是最灵活的方式，程序实现 TreeCellRenderer 接口时同样需要实现 getTreeCellRendererComponent()方法，该方法可以返回任意类型的组件，该组件将作为 JTree 的节点。通过这种方式可以最大程度地改变 JTree 的节点外观。

与前面实现 ListCellRenderer 接口类似的是，本实例程序同样通过扩展 JPanel 来实现 TreeCellRenderer，实现 TreeCellRenderer 的方式与前面实现 ListCellRenderer 的方式基本相似，所以读者将会看到一个完全不同的 JTree。

程序清单：codes\12\12.10\CustomTreeNode.java

```java
public class CustomTreeNode
{
    JFrame jf = new JFrame("定制树的节点");
    JTree tree;
    // 定义几个初始节点
    DefaultMutableTreeNode friends = new DefaultMutableTreeNode("我的好友");
    DefaultMutableTreeNode qingzhao = new DefaultMutableTreeNode("李清照");
    DefaultMutableTreeNode suge = new DefaultMutableTreeNode("苏格拉底");
    DefaultMutableTreeNode libai = new DefaultMutableTreeNode("李白");
    DefaultMutableTreeNode nongyu = new DefaultMutableTreeNode("弄玉");
    DefaultMutableTreeNode hutou = new DefaultMutableTreeNode("虎头");
    public void init()
    {
        // 通过add()方法建立树节点之间的父子关系
        friends.add(qingzhao);
        friends.add(suge);
        friends.add(libai);
        friends.add(nongyu);
        friends.add(hutou);
        // 以根节点创建树
        tree = new JTree(friends);
        // 设置是否显示根节点的展开/折叠图标，默认是 false
        tree.setShowsRootHandles(true);
        // 设置节点是否可见，默认是 true
        tree.setRootVisible(true);
        // 设置使用定制的节点绘制器
        tree.setCellRenderer(new ImageCellRenderer());
        jf.add(new JScrollPane(tree));
        jf.pack();
        jf.setDefaultCloseOperation(JFrame.EXIT_ON_CLOSE);
        jf.setVisible(true);
    }
}
```

```java
    public static void main(String[] args)
    {
        new CustomTreeNode().init();
    }
}
// 实现自己的节点绘制器
class ImageCellRenderer extends JPanel implements TreeCellRenderer
{
    private ImageIcon icon;
    private String name;
    // 定义绘制单元格时的背景色
    private Color background;
    // 定义绘制单元格时的前景色
    private Color foreground;
    public Component getTreeCellRendererComponent(JTree tree
        , Object value , boolean sel , boolean expanded
        , boolean leaf , int row , boolean hasFocus)
    {
        icon = new ImageIcon("icon/" + value + ".gif");
        name = value.toString();
        background = hasFocus ? new Color(140 , 200 ,235)
            : new Color(255 , 255 , 255);
        foreground = hasFocus ? new Color(255 , 255 ,3)
            : new Color(0 , 0 , 0);
        // 返回该 JPanel 对象作为单元格绘制器
        return this;
    }
    // 重写 paintComponent 方法，改变 JPanel 的外观
    public void paintComponent(Graphics g)
    {
        int imageWidth = icon.getImage().getWidth(null);
        int imageHeight = icon.getImage().getHeight(null);
        g.setColor(background);
        g.fillRect(0 , 0 , getWidth() , getHeight());
        g.setColor(foreground);
        // 绘制好友图标
        g.drawImage(icon.getImage() , getWidth() / 2
            - imageWidth / 2 , 10 , null);
        g.setFont(new Font("SansSerif" , Font.BOLD , 18));
        // 绘制好友用户名
        g.drawString(name, getWidth() / 2
            - name.length() * 10 , imageHeight + 30 );
    }
    // 通过该方法来设置该 ImageCellRenderer 的最佳大小
    public Dimension getPreferredSize()
    {
        return new Dimension(80, 80);
    }
}
```

上面程序中的粗体字代码设置 JTree 对象使用定制的节点绘制器：ImageCellRenderer，该节点绘制器实现了 TreeCellRenderer 接口的 getTreeCellRendererComponent()方法，该方法返回 this，也就是一个特殊的 JPanel 对象，这个特殊的 JPanel 重写了 paintComponent()方法，重新绘制了 JPanel 的外观——根据节点数据来绘制图标和文本。运行上面程序，会看到如图 12.46 所示的树。

这看上去似乎不太像一棵树，但可从每个节点前的连接线、表示节点的展开/折叠的图标中看出这依然是一棵树。

12.11 使用 JTable 和 TableModel 创建表格

表格也是 GUI 程序中常用的组件，表格是一个由多行、多列组成的二维显示区。Swing 的 JTable 以及相关类提供了这种表格支持，通

图 12.46 自行定制树节点的外观

过使用 JTable 以及相关类，程序既可以使用简单的代码创建出表格来显示二维数据，也可以开发出功能丰富的表格，还可以为表格定制各种显示外观、编辑特性。

>> 12.11.1 创建表格

使用 JTable 来创建表格是非常容易的事情，JTable 可以把一个二维数据包装成一个表格，这个二维数据既可以是一个二维数组，也可以是集合元素为 Vector 的 Vector 对象（Vector 里包含 Vector 形成二维数据）。除此之外，为了给该表格的每一列指定列标题，还需要传入一个一维数据作为列标题，这个一维数据既可以是一维数组，也可以是 Vector 对象。下面程序使用二维数组和一维数组来创建一个简单表格。

程序清单：codes\12\12.11\SimpleTable.java

```java
public class SimpleTable
{
    JFrame jf = new JFrame("简单表格");
    JTable table;
    // 定义二维数组作为表格数据
    Object[][] tableData =
    {
        new Object[]{"李清照" , 29 , "女"},
        new Object[]{"苏格拉底", 56 , "男"},
        new Object[]{"李白", 35 , "男"},
        new Object[]{"弄玉", 18 , "女"},
        new Object[]{"虎头" , 2 , "男"}
    };
    // 定义一维数据作为列标题
    Object[] columnTitle = {"姓名" , "年龄" , "性别"};
    public void init()
    {
        // 以二维数组和一维数组来创建一个JTable 对象
        table = new JTable(tableData , columnTitle);
        // 将JTable 对象放在JScrollPane 中
        // 并将该JScrollPane 放在窗口中显示出来
        jf.add(new JScrollPane(table));
        jf.pack();
        jf.setDefaultCloseOperation(JFrame.EXIT_ON_CLOSE);
        jf.setVisible(true);
    }
    public static void main(String[] args)
    {
        new SimpleTable().init();
    }
}
```

上面程序中的粗体字代码创建了两个 Object 数组，第一个二维数组作为 JTable 的数据，第二个一维数组作为 JTable 的列标题。创建二维数组时利用了 JDK 1.5 提供的自动装箱功能——虽然直接指定的数组元素是 int 类型的整数，但系统会将它包装成 Integer 对象。

学生提问：我们指定的表格数据、表格列标题都是 Object 类型的数组，JTable 如何显示这些 Object 对

答：在默认情况下，JTable 的表格数据、表格列标题全部是字符串内容，因此JTable 会使用这些Object 对象的 toString()方法的返回值作为表格数据、表格列标题。如果需要特殊对待某些表格数据，例如把它们当成图标或其他类型的对象来处理，则可以通过特定的 TableModel 或指定自己的单元格绘制器来实现。

在默认情况下，JTable 的所有单元格、列标题显示的全部是字符串内容。除此之外，通常应该将JTable

对象放在 JScrollPane 容器中，由 JScrollPane 为 JTable 提供 ViewPort。

> **注意：**
> 通常总是会把 JTable 对象放在 JScrollPane 中显示，使用 JScrollPane 来包装 JTable 不仅可以为 JTable 增加滚动条，而且可以让 JTable 的列标题显示出来；如果不把 JTable 放在 JScrollPane 中显示，JTable 默认不会显示列标题。

运行上面程序，会看到如图 12.47 所示的简单表格。

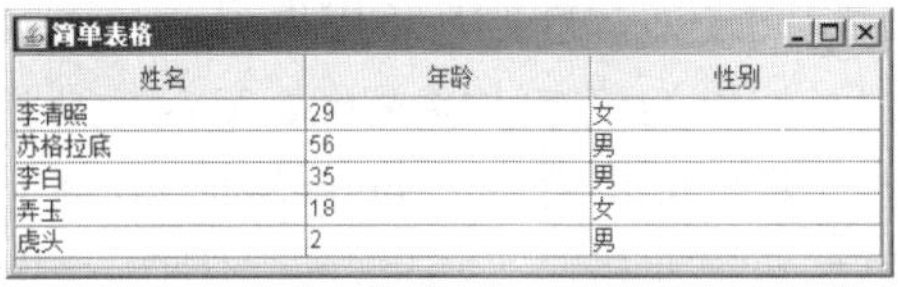

虽然生成如图 12.47 所示表格的代码非常简单，但这个表格已经表现出丰富的功能。该表格具有如下几个功能。

- 当表格高度不足以显示所有的数据行时，该表格会自动显示滚动条。

图 12.47 简单表格

- 当把鼠标移动到两列之间的分界符时，鼠标形状会变成可调整大小的形状，表明用户可以自由调整表格列的大小。
- 当在表格列上按下鼠标并拖动时，可以将表格的整列拖动到其他位置。
- 当单击某一个单元格时，系统会自动选中该单元格所在的行。
- 当双击某一个单元格时，系统会自动进入该单元格的修改状态。

运行 SimpleTable.java 程序，当拖动两列分界线来调整某列的列宽时，将看到该列后面的所有列的列宽都会发生相应的改变，但该列前面的所有列的列宽都不会发生改变，整个表格的宽度不会发生改变。JTable 提供了一个 setAutoResizeMode()方法来控制这种调整方式，该方法可以接收如下几个值。

- JTable.AUTO_RESIZE_OFF：关闭 JTable 的自动调整功能，当调整某一列的宽度时，其他列的宽度不会发生改变，只有表格的宽度会随之改变。
- JTable.AUTO_RESIZE_NEXT_COLUMN：只调整下一列的宽度，其他列及表格的宽度不会发生改变。
- JTable.AUTO_RESIZE_SUBSEQUENT_COLUMNS：平均调整当前列后面所有列的宽度，当前列的前面所有列及表格的宽度都不会发生变化，这是默认的调整方式。
- JTable.AUTO_RESIZE_LAST_COLUMN：只调整最后一列的宽度，其他列及表格的宽度不会发生改变。
- JTable.AUTO_RESIZE_ALL_COLUMNS：平均调整表格中所有列的宽度，表格的宽度不会发生改变。

JTable 默认采用平均调整当前列后面所有列的宽度的方式，这种方式允许用户从左到右依次调整每一列的宽度，以达到最好的显示效果。

> **注意：**
> 尽量避免使用平均调整表格中所有列的宽度的方式，这种方式将会导致用户调整某一列时，其余所有列都随之发生改变，从而使得用户很难把每一列的宽度都调整到具有最好的显示效果。

如果需要精确控制每一列的宽度，则可通过 TableColumn 对象来实现。JTable 使用 TableColumn 来表示表格中的每一列，JTable 中表格列的所有属性，如最佳宽度、是否可调整宽度、最小和最大宽度等都保存在该 TableColumn 中。此外，TableColumn 还允许为该列指定特定的单元格绘制器和单元格编辑器（这些内容将在后面讲解）。TableColumn 具有如下方法。

- setMaxWidth(int maxWidth)：设置该列的最大宽度。如果指定的 maxWidth 小于该列的最小宽度，则 maxWidth 被设置成最小宽度。

- setMinWidth(int minWidth)：设置该列的最小宽度。
- setPreferredWidth(int preferredWidth)：设置该列的最佳宽度。
- setResizable(boolean isResizable)：设置是否可以调整该列的宽度。
- sizeWidthToFit()：调整该列的宽度，以适合其标题单元格的宽度。

在默认情况下，当用户单击 JTable 的任意一个单元格时，系统默认会选中该单元格所在行的整行，也就是说，JTable 表格默认的选择单元是行。当然也可通过 JTable 提供的 setRowSelectionAllowed()方法来改变这种设置，如果为该方法传入 false 参数，则可以关闭这种每次选择一行的方式。

除此之外，JTable 还提供了一个 setColumnSelectionAllowed()方法，该方法用于控制选择单元是否是列，如果为该方法传入 true 参数，则当用户单击某个单元格时，系统会选中该单元格所在的列。

如果同时调用 setColumnSelectionAllowed(true)和 setRowSelectionAllowed(true)方法，则该表格的选择单元是单元格。实际上，同时调用这两个方法相当于调用 setCellSelectionEnabled(true)方法。与此相反，如果调用 setCellSelectionEnabled(false)方法，则相当于同时调用 setColumnSelectionAllowed(false)和 setRowSelectionAllowed (false)方法，即用户无法选中该表格的任何地方。

与 JList、JTree 类似的是，JTable 使用了一个 ListSelectionModel 表示该表格的选择状态，程序可以通过 ListSelectionModel 来控制 JTable 的选择模式。JTable 的选择模式有如下三种。

- ListSelectionModel.MULTIPLE_INTERVAL_SELECTION：没有任何限制，可以选择表格中任何表格单元，这是默认的选择模式。通过 Shift 和 Ctrl 辅助键的帮助可以选择多个表格单元。
- ListSelectionModel.SINGLE_INTERVAL_SELECTION：选择单个连续区域，该选项可以选择多个表格单元，但多个表格单元之间必须是连续的。通过 Shift 辅助键的帮助来选择连续区域。
- ListSelectionModel.SINGLE_SELECTION：只能选择单个表格单元。

程序通常通过如下代码来改变 JTable 的选择模式。

```
// 设置该表格只能选中单个表格单元
table.getSelectionModel().setSelectionMode(ListSelectionModel.SINGLE_SELECTION);
```

> **注意：** 保存 JTable 选择状态的 model 类就是 ListSelectionModel，这并不是笔误。

下面程序示范了如何控制每列的宽度、控制表格的宽度调整模式、改变表格的选择单元和表格的选择模式。

程序清单：codes\12\12.11\AdjustingWidth.java

```java
public class AdjustingWidth
{
    JFrame jf = new JFrame("调整表格列宽");
    JMenuBar menuBar = new JMenuBar();
    JMenu adjustModeMenu = new JMenu("调整方式");
    JMenu selectUnitMenu = new JMenu("选择单元");
    JMenu selectModeMenu = new JMenu("选择方式");
    // 定义5个单选框按钮，用以控制表格的宽度调整方式
    JRadioButtonMenuItem[] adjustModesItem = new JRadioButtonMenuItem[5];
    // 定义3个单选框按钮，用以控制表格的选择方式
    JRadioButtonMenuItem[] selectModesItem = new JRadioButtonMenuItem[3];
    JCheckBoxMenuItem rowsItem = new JCheckBoxMenuItem("选择行");
    JCheckBoxMenuItem columnsItem = new JCheckBoxMenuItem("选择列");
    JCheckBoxMenuItem cellsItem = new JCheckBoxMenuItem("选择单元格");
    ButtonGroup adjustBg = new ButtonGroup();
    ButtonGroup selectBg = new ButtonGroup();
    // 定义一个int类型的数组，用于保存表格所有的宽度调整方式
    int[] adjustModes = new int[]{
        JTable.AUTO_RESIZE_OFF
        , JTable.AUTO_RESIZE_NEXT_COLUMN
        , JTable.AUTO_RESIZE_SUBSEQUENT_COLUMNS
        , JTable.AUTO_RESIZE_LAST_COLUMN
```

```java
        , JTable.AUTO_RESIZE_ALL_COLUMNS
};
int[] selectModes = new int[]{
    ListSelectionModel.MULTIPLE_INTERVAL_SELECTION
    , ListSelectionModel.SINGLE_INTERVAL_SELECTION
    , ListSelectionModel.SINGLE_SELECTION
};
JTable table;
// 定义二维数组作为表格数据
Object[][] tableData =
{
    new Object[]{"李清照" , 29 , "女"},
    new Object[]{"苏格拉底", 56 , "男"},
    new Object[]{"李白", 35 , "男"},
    new Object[]{"弄玉", 18 , "女"},
    new Object[]{"虎头" , 2 , "男"}
};
// 定义一维数据作为列标题
Object[] columnTitle = {"姓名" , "年龄" , "性别"};
public void init()
{
    // 以二维数组和一维数组来创建一个 JTable 对象
    table = new JTable(tableData , columnTitle);
    // -----------为窗口安装设置表格调整方式的菜单-----------
    adjustModesItem[0] = new JRadioButtonMenuItem("只调整表格");
    adjustModesItem[1] = new JRadioButtonMenuItem("只调整下一列");
    adjustModesItem[2] = new JRadioButtonMenuItem("平均调整余下列");
    adjustModesItem[3] = new JRadioButtonMenuItem("只调整最后一列");
    adjustModesItem[4] = new JRadioButtonMenuItem("平均调整所有列");
    menuBar.add(adjustModeMenu);
    for (int i = 0; i < adjustModesItem.length ; i++)
    {
        // 默认选中第三个菜单项，即对应表格默认的宽度调整方式
        if (i == 2)
        {
            adjustModesItem[i].setSelected(true);
        }
        adjustBg.add(adjustModesItem[i]);
        adjustModeMenu.add(adjustModesItem[i]);
        final int index = i;
        // 为设置调整方式的菜单项添加监听器
        adjustModesItem[i].addActionListener(evt -> {
            // 如果当前菜单项处于选中状态，表格使用对应的调整方式
            if (adjustModesItem[index].isSelected())
            {
                table.setAutoResizeMode(adjustModes[index]);    // ①
            }
        });
    }
    // -----------为窗口安装设置表格选择方式的菜单-----------
    selectModesItem[0] = new JRadioButtonMenuItem("无限制");
    selectModesItem[1] = new JRadioButtonMenuItem("单独的连续区");
    selectModesItem[2] = new JRadioButtonMenuItem("单选");
    menuBar.add(selectModeMenu);
    for (int i = 0; i < selectModesItem.length ; i++)
    {
        // 默认选中第一个菜单项，即对应表格默认的选择方式
        if (i == 0)
        {
            selectModesItem[i].setSelected(true);
        }
        selectBg.add(selectModesItem[i]);
        selectModeMenu.add(selectModesItem[i]);
        final int index = i;
        // 为设置选择方式的菜单项添加监听器
        selectModesItem[i].addActionListener(evt -> {
            // 如果当前菜单项处于选中状态，表格使用对应的选择方式
            if (selectModesItem[index].isSelected())
            {
                table.getSelectionModel().setSelectionMode
```

```java
                    (selectModes[index]));       // ②
            }
        });
    }
    menuBar.add(selectUnitMenu);
    // -----为窗口安装设置表格选择单元的菜单-----
    rowsItem.setSelected(table.getRowSelectionAllowed());
    columnsItem.setSelected(table.getColumnSelectionAllowed());
    cellsItem.setSelected(table.getCellSelectionEnabled());
    rowsItem.addActionListener(event -> {
        table.clearSelection();
        // 如果该菜单项处于选中状态，设置表格的选择单元是行
        table.setRowSelectionAllowed(rowsItem.isSelected());
        // 如果选择行、选择列同时被选中，其实质是选择单元格
        cellsItem.setSelected(table.getCellSelectionEnabled());
    });
    selectUnitMenu.add(rowsItem);
    columnsItem.addActionListener(new ActionListener()
    {
        public void actionPerformed(ActionEvent event)
        {
            table.clearSelection();
            // 如果该菜单项处于选中状态，设置表格的选择单元是列
            table.setColumnSelectionAllowed(columnsItem.isSelected());
            // 如果选择行、选择列同时被选中，其实质是选择单元格
            cellsItem.setSelected(table.getCellSelectionEnabled());
        }
    });
    selectUnitMenu.add(columnsItem);
    cellsItem.addActionListener(event -> {
        table.clearSelection();
        // 如果该菜单项处于选中状态，设置表格的选择单元是单元格
        table.setCellSelectionEnabled(cellsItem.isSelected());
        // 该选项的改变会同时影响选择行、选择列两个菜单
        rowsItem.setSelected(table.getRowSelectionAllowed());
        columnsItem.setSelected(table.getColumnSelectionAllowed());
    });
    selectUnitMenu.add(cellsItem);
    jf.setJMenuBar(menuBar);
    // 分别获取表格的三个表格列，并设置三列的最小宽、最佳宽度和最大宽度
    TableColumn nameColumn = table.getColumn(columnTitle[0]);
    nameColumn.setMinWidth(40);
    TableColumn ageColumn = table.getColumn(columnTitle[1]);
    ageColumn.setPreferredWidth(50);
    TableColumn genderColumn = table.getColumn(columnTitle[2]);
    genderColumn.setMaxWidth(50);
    // 将JTable对象放在JScrollPane中，并将该JScrollPane放在窗口中显示出来
    jf.add(new JScrollPane(table));
    jf.pack();
    jf.setDefaultCloseOperation(JFrame.EXIT_ON_CLOSE);
    jf.setVisible(true);
}
public static void main(String[] args)
{
    new AdjustingWidth().init();
}
}
```

上面程序中的①号粗体字代码根据单选钮菜单来设置表格的宽度调整方式，②号粗体字代码根据单选钮菜单来设置表格的选择模式，最后一段粗体字代码通过 JTable 的 getColumn()方法获取指定列，并分别设置三列的最佳、最大、最小宽度。如果选中"只调整表格"菜单项，并把第一列宽度拖大，将看到如图 12.48 所示的界面。

上面程序中还有三段粗体字代码，分别用于为三个复选框菜单添加监听器，根据复选框菜单的选中状态来决定表格的选择单元。如果程序采用 JTable 默认的选择模式（无限制的选择模式），并设置表格的选择单元是单元格，则可看到如图 12.49 所示的界面。

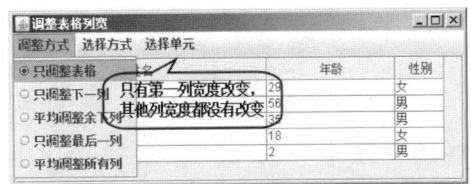
图 12.48 采用只调整表格宽度的方式

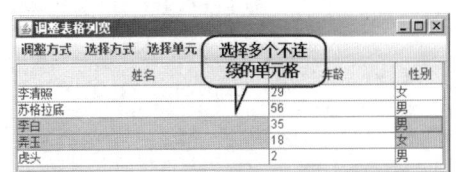
图 12.49 选择多个不连续的单元格

12.11.2 TableModel 和监听器

与 JList、JTree 类似的是，JTable 采用了 TableModel 来保存表格中的所有状态数据；与 ListModel 类似的是，TableModel 也不强制保存该表格显示的数据。虽然在前面程序中看到的是直接利用一个二维数组来创建 JTable 对象，但也可以通过 TableModel 对象来创建表格。如果需要利用 TableModel 来创建表格对象，则可以利用 Swing 提供的 AbstractTableModel 抽象类，该抽象类已经实现了 TableModel 接口里的大部分方法，程序只需要为该抽象类实现如下三个抽象方法即可。

- ➢ getColumnCount()：返回该 TableModel 对象的列数量。
- ➢ getRowCount()：返回该 TableModel 对象的行数量。
- ➢ getValueAt()：返回指定行、指定列的单元格值。

重写这三个方法后只是告诉 JTable 生成该表格所需的基本信息，如果想指定 JTable 生成表格的列名，还需要重写 getColumnName(int c)方法，该方法返回一个字符串，该字符串将作为第 c+1 列的列名。

在默认情况下，AbstractTableModel 的 boolean isCellEditable(int rowIndex, int columnIndex)方法返回 false，表明该表格的单元格处于不可编辑状态，如果想让用户直接修改单元格的内容，则需要重写该方法，并让该方法返回 true。重写该方法后，只实现了界面上单元格的可编辑，如果需要控制实际的编辑操作，还需要重写该类的 setValueAt(Object aValue, int rowIndex, int columnIndex)方法。

关于 TableModel 的典型应用就是用于封装 JDBC 编程里的 ResultSet，程序可以利用 TableModel 来封装数据库查询得到的结果集，然后使用 JTable 把该结果集显示出来。还可以允许用户直接编辑表格的单元格，当用户编辑完成后，程序将用户所做的修改写入数据库。下面程序简单实现了这种功能——当用户选择了指定的数据表后，程序将显示该数据表中的全部数据，用户可以直接在该表格内修改数据表的记录。

程序清单：codes\12\12.11\TableModelTest.java

```
public class TableModelTest
{
    JFrame jf = new JFrame("数据表管理工具");
    private JScrollPane scrollPane;
    private ResultSetTableModel model;
    // 用于装载数据表的 JComboBox
    private JComboBox<String> tableNames = new JComboBox<>();
    private JTextArea changeMsg = new JTextArea(4, 80);
    private ResultSet rs;
    private Connection conn;
    private Statement stmt;
    public void init()
    {
        // 为 JComboBox 添加事件监听器，当用户选择某个数据表时，触发该方法
        tableNames.addActionListener(event -> {
            try
            {
                // 如果装载 JTable 的 JScrollPane 不为空
                if (scrollPane != null)
                {
                    // 从主窗口中删除表格
                    jf.remove(scrollPane);
                }
                // 从 JComboBox 中取出用户试图管理的数据表的表名
                String tableName = (String) tableNames.getSelectedItem();
```

```java
                    // 如果结果集不为空，则关闭结果集
                    if (rs != null)
                    {
                        rs.close();
                    }
                    String query = "select * from " + tableName;
                    // 查询用户选择的数据表
                    rs = stmt.executeQuery(query);
                    // 使用查询到的 ResultSet 创建 TableModel 对象
                    model = new ResultSetTableModel(rs);
                    // 为 TableModel 添加监听器，监听用户的修改
                    model.addTableModelListener(evt -> {
                        int row = evt.getFirstRow();
                        int column = evt.getColumn();
                        changeMsg.append("修改的列:" + column
                            + ",修改的行:" + row + "修改后的值:"
                            + model.getValueAt(row , column));
                    });
                    // 使用 TableModel 创建 JTable，并将对应表格添加到窗口中
                    JTable table = new JTable(model);
                    scrollPane = new JScrollPane(table);
                    jf.add(scrollPane, BorderLayout.CENTER);
                    jf.validate();
                }
                catch (SQLException e)
                {
                    e.printStackTrace();
                }
        });
        JPanel p = new JPanel();
        p.add(tableNames);
        jf.add(p, BorderLayout.NORTH);
        jf.add(new JScrollPane(changeMsg), BorderLayout.SOUTH);
        try
        {
            // 获取数据库连接
            conn = getConnection();
            // 获取数据库的 MetaData 对象
            DatabaseMetaData meta = conn.getMetaData();
            // 创建 Statement
            stmt = conn.createStatement(ResultSet.TYPE_SCROLL_INSENSITIVE
                , ResultSet.CONCUR_UPDATABLE);
            // 查询当前数据库的全部数据表
            ResultSet tables = meta.getTables(null, null, null
                , new String[] { "TABLE" });
            // 将全部数据表添加到 JComboBox 中
            while (tables.next())
            {
                tableNames.addItem(tables.getString(3));
            }
            tables.close();
        }
        catch (IOException e)
        {
            e.printStackTrace();
        }
        catch (Exception e)
        {
            e.printStackTrace();
        }
        jf.addWindowListener(new WindowAdapter()
        {
            public void windowClosing(WindowEvent event)
            {
                try
                {
                    if (conn != null) conn.close();
                }
                catch (SQLException e)
                {
```

```java
                    e.printStackTrace();
                }
            }
        });
        jf.pack();
        jf.setDefaultCloseOperation(JFrame.EXIT_ON_CLOSE);
        jf.setVisible(true);
    }
    private static Connection getConnection()
        throws SQLException, IOException , ClassNotFoundException
    {
        // 通过加载conn.ini文件来获取数据库连接的详细信息
        Properties props = new Properties();
        FileInputStream in = new FileInputStream("conn.ini");
        props.load(in);
        in.close();
        String drivers = props.getProperty("jdbc.drivers");
        String url = props.getProperty("jdbc.url");
        String username = props.getProperty("jdbc.username");
        String password = props.getProperty("jdbc.password");
        // 加载数据库驱动
        Class.forName(drivers);
        // 取得数据库连接
        return DriverManager.getConnection(url, username, password);
    }
    public static void main(String[] args)
    {
        new TableModelTest().init();
    }
}
// 扩展AbstractTableModel，用于将一个ResultSet包装成TableModel
class ResultSetTableModel extends AbstractTableModel     // ①
{
    private ResultSet rs;
    private ResultSetMetaData rsmd;
    // 构造器，初始化rs和rsmd两个属性
    public ResultSetTableModel(ResultSet aResultSet)
    {
        rs = aResultSet;
        try
        {
            rsmd = rs.getMetaData();
        }
        catch (SQLException e)
        {
            e.printStackTrace();
        }
    }
    // 重写getColumnName方法，用于为该TableModel设置列名
    public String getColumnName(int c)
    {
        try
        {
            return rsmd.getColumnName(c + 1);
        }
        catch (SQLException e)
        {
            e.printStackTrace();
            return "";
        }
    }
    // 重写getColumnCount方法，用于设置该TableModel的列数
    public int getColumnCount()
    {
        try
        {
            return rsmd.getColumnCount();
        }
        catch (SQLException e)
        {
```

```java
            e.printStackTrace();
            return 0;
        }
    }
    // 重写getValueAt方法,用于设置该TableModel指定单元格的值
    public Object getValueAt(int r, int c)
    {
        try
        {
            rs.absolute(r + 1);
            return rs.getObject(c + 1);
        }
        catch(SQLException e)
        {
            e.printStackTrace();
            return null;
        }
    }
    // 重写getRowCount方法,用于设置该TableModel的行数
    public int getRowCount()
    {
        try
        {
            rs.last();
            return rs.getRow();
        }
        catch(SQLException e)
        {
            e.printStackTrace();
            return 0;
        }
    }
    // 重写isCellEditable返回true,让每个单元格可编辑
    public boolean isCellEditable(int rowIndex, int columnIndex)
    {
        return true;
    }
    // 重写setValueAt()方法,当用户编辑单元格时,将会触发该方法
    public void setValueAt(Object aValue , int row,int column)
    {
        try
        {
            // 结果集定位到对应的行数
            rs.absolute(row + 1);
            // 修改单元格对应的值
            rs.updateObject(column + 1 , aValue);
            // 提交修改
            rs.updateRow();
            // 触发单元格的修改事件
            fireTableCellUpdated(row, column);
        }
        catch (SQLException evt)
        {
            evt.printStackTrace();
        }
    }
}
```

上面程序的关键在于①号粗体字代码所扩展的 ResultSetTableModel 类,该类继承了 AbstractTableModel 父类,根据其 ResultSet 来重写 getColumnCount()、getRowCount()和 getValueAt()三个方法,从而允许该表格可以将该 ResultSet 里的所有记录显示出来。除此之外,该扩展类还重写了 isCellEditable()和 setValueAt()两个方法——重写前一个方法实现允许用户编辑单元格的功能,重写后一个方法实现当用户编辑单元格时将所做的修改同步到数据库的功能。

程序中的粗体字代码使用 ResultSet 创建了一个 TableModel 对象,并为该 TableModel 添加事件监听器,然后把该 TableModel 使用 JTable 显示出来。当用户修改该 JTable 对应表格里单元格的内容时,该监听器会检测到这种修改,并将这种修改信息通过下面的文本域显示出来。

> **提示：**
> 上面程序大量使用了 JDBC 编程中的 JDBC 连接数据库、获取可更新的结果集、ResultSetMetaData、DatabaseMetaData 等知识，读者可能一时难以读懂，可以参考本书第 13 章的内容来阅读本程序。该程序的运行需要底层数据库的支持，所以读者应按第 13 章的内容正常安装 MySQL 数据库，并将 codes\12\12.11\路径下的 mysql.sql 脚本导入数据库，修改 conn.ini 文件中的数据库连接信息才可运行该程序。使用 JDBC 连接数据库还需要加载 JDBC 驱动，所以本章为运行该程序提供了一个 run.cmd 批处理文件，读者可以通过该文件来运行该程序。不要直接运行该程序，否则可能出现 java.lang.ClassNotFoundException: com.mysql.jdbc.Driver 异常。

运行上面程序，会看到如图 12.50 所示的界面。

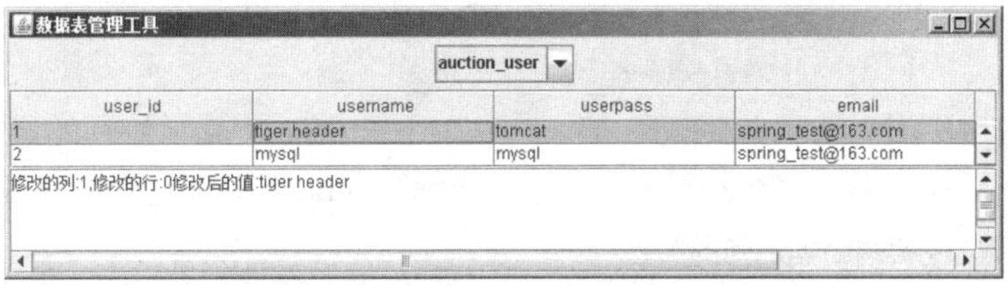

图 12.50 使用 JTable 管理数据表记录

从图 12.50 中可以看出，当修改指定单元格的记录时，添加在 TableModel 上的监听器就会被触发。当修改 JTable 单元格里的内容时，底层数据表里的记录也会做出相应的改变。

不仅用户可以扩展 AbstractTableModel 抽象类，Swing 本身也为 AbstractTableModel 提供了一个 DefaultTableModel 实现类，程序可以通过使用 DefaultTableModel 实现类来创建 JTable 对象。通过 DefaultTableModel 对象创建 JTable 对象后，就可以调用它提供的方法来添加数据行、插入数据行、删除数据行和移动数据行。DefaultTableModel 提供了如下几个方法来控制数据行操作。

- addColumn()：该方法用于为 TableModel 增加一列，该方法有三个重载的版本，实际上该方法只是将原来隐藏的数据列显示出来。
- addRow()：该方法用于为 TableModel 增加一行，该方法有两个重载的版本。
- insertRow()：该方法用于在 TableModel 的指定位置插入一行，该方法有两个重载的版本。
- removeRow(int row)：该方法用于删除 TableModel 中的指定行。
- moveRow(int start, int end, int to)：该方法用于移动 TableModel 中指定范围的数据行。

通过 DefaultTableModel 提供的这样几个方法，程序就可以动态地改变表格里的数据行。

> **提示：**
> Swing 为 TableModel 提供了两个实现类，其中一个是 DefaultTableModel，另一个是 JTable 的匿名内部类。如果直接使用二维数组来创建 JTable 对象，维护该 JTable 状态信息的 model 对象就是 JTable 匿名内部类的实例；当使用 Vector 来创建 JTable 对象时，维护该 JTable 状态信息的 model 对象就是 DefaultTableModel 实例。

12.11.3 TableColumnModel 和监听器

JTable 使用 TableColumnModel 来保存该表格所有数据列的状态数据，如果程序需要访问 JTable 的所有列状态信息，则可以通过获取该 JTable 的 TableColumnModel 来实现。TableColumnModel 提供了如下几个方法来增加、删除和移动数据列。

- addColumn(TableColumn aColumn)：该方法用于为 TableModel 添加一列。该方法主要用于将原来隐藏的数据列显示出来。
- moveColumn(int columnIndex, int newIndex)：该方法用于将指定列移动到其他位置。

➢ removeColumn(TableColumn column): 该方法用于从 TableModel 中删除指定列。实际上，该方法并未真正删除指定列，只是将该列在 TableColumnModel 中隐藏起来，使之不可见。

> **注意：** 当调用 removeColumn()删除指定列之后，调用 TableColumnModel 的 getColumnCount()方法也会看到返回的列数减少了，看起来很像真正删除了该列。但使用 setValueAt()方法为该列设置值时，依然可以设置成功，这表明这些列依然是存在的。

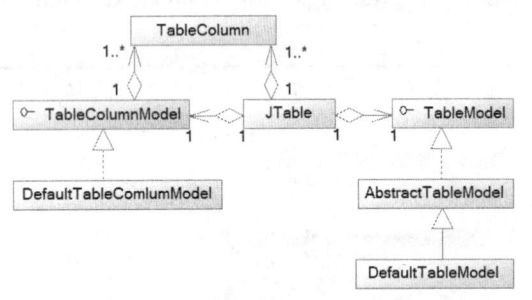

图 12.51　JTable 及其主要辅助类之间的关系

实际上，JTable 也提供了对应的方法来增加、删除和移动数据列，不过 JTable 的这些方法实际上还是需要委托给它所对应的 TableColumnModel 来完成。图 12.51 显示了 JTable 及其主要辅助类之间的关系。

下面程序示范了如何通过 DefaultTableModel 和 TableColumnModel 动态地改变表格的行、列。

程序清单：codes\12\12.11\DefaultTableModelTest.java

```java
public class DefaultTableModelTest
{
    JFrame mainWin = new JFrame("管理数据行、数据列");
    final int COLUMN_COUNT = 5;
    DefaultTableModel model;
    JTable table;
    // 用于保存被隐藏列的 List 集合
    ArrayList<TableColumn> hiddenColumns = new ArrayList<>();
    public void init()
    {
        model = new DefaultTableModel(COLUMN_COUNT ,COLUMN_COUNT);
        for (int i = 0; i < COLUMN_COUNT ; i++ )
        {
            for (int j = 0; j < COLUMN_COUNT ; j++ )
            {
                model.setValueAt("老单元格值 " + i + " " + j , i , j);
            }
        }
        table = new JTable(model);
        mainWin.add(new JScrollPane(table), BorderLayout.CENTER);
        // 为窗口安装菜单
        JMenuBar menuBar = new JMenuBar();
        mainWin.setJMenuBar(menuBar);
        JMenu tableMenu = new JMenu("管理");
        menuBar.add(tableMenu);
        JMenuItem hideColumnsItem = new JMenuItem("隐藏选中列");
        hideColumnsItem.addActionListener(event -> {
            // 获取所有选中列的索引
            int[] selected = table.getSelectedColumns();
            TableColumnModel columnModel = table.getColumnModel();
            // 依次把每一个选中的列隐藏起来，并使用 List 保存这些列
            for (int i = selected.length - 1; i >= 0; i--)
            {
                TableColumn column = columnModel.getColumn(selected[i]);
                // 隐藏指定列
                table.removeColumn(column);
                // 把隐藏的列保存起来，确保以后可以显示出来
                hiddenColumns.add(column);
            }
        });
        tableMenu.add(hideColumnsItem);
        JMenuItem showColumnsItem = new JMenuItem("显示隐藏列");
        showColumnsItem.addActionListener(event -> {
            // 把所有隐藏的列依次显示出来
```

```java
            for (TableColumn tc : hiddenColumns)
            {
                // 依次把所有隐藏的列显示出来
                table.addColumn(tc);
            }
            // 清空保存隐藏列的 List 集合
            hiddenColumns.clear();
        });
        tableMenu.add(showColumnsItem);
        JMenuItem addColumnItem = new JMenuItem("插入选中列");
        addColumnItem.addActionListener(event -> {
            // 获取所有选中列的索引
            int[] selected = table.getSelectedColumns();
            TableColumnModel columnModel = table.getColumnModel();
            // 依次把选中的列添加到 JTable 之后
            for (int i = selected.length - 1; i >= 0; i--)
            {
                TableColumn column = columnModel
                    .getColumn(selected[i]);
                table.addColumn(column);
            }
        });
        tableMenu.add(addColumnItem);
        JMenuItem addRowItem = new JMenuItem("增加行");
        addRowItem.addActionListener(event -> {
            // 创建一个 String 数组作为新增行的内容
            String[] newCells = new String[COLUMN_COUNT];
            for (int i = 0; i < newCells.length; i++)
            {
                newCells[i] = "新单元格值 " + model.getRowCount()
                    + " " + i;
            }
            // 向 TableModel 中新增一行
            model.addRow(newCells);
        });
        tableMenu.add(addRowItem);
        JMenuItem removeRowsItem = new  JMenuItem("删除选中行");
        removeRowsItem.addActionListener(event -> {
            // 获取所有选中行
            int[] selected = table.getSelectedRows();
            // 依次删除所有选中行
            for (int i = selected.length - 1; i >= 0; i--)
            {
                model.removeRow(selected[i]);
            }
        });
        tableMenu.add(removeRowsItem);
        mainWin.pack();
        mainWin.setDefaultCloseOperation(JFrame.EXIT_ON_CLOSE);
        mainWin.setVisible(true);
    }
    public static void main(String[] args)
    {
        new DefaultTableModelTest().init();
    }
}
```

上面程序中的粗体字代码部分就是程序控制隐藏列、显示隐藏列、增加数据行和删除数据行的代码。除此之外，程序还实现了一个功能：当用户选中某个数据列之后，还可以将该数据列添加到该表格的后面——但不要忘记了 add()方法的功能，它只是将已有的数据列显示出来，并不是真正添加数据列。运行上面程序，会看到如图 12.52 所示的界面。

从图 12.52 中可以看出，虽然程序新增了一列，但新增列的列名依然是 B，如果修改新增列内的单元格的值时，看到原来的 B 列的值也随之改变，由此可见，addColumn()方法只是将原有的列显示出来而已。程序还允许新增数据行，当执行 addRows()方法时需要传入数组或 Vector 参数，该参数里包含的多个数值将作为新增行的数据。

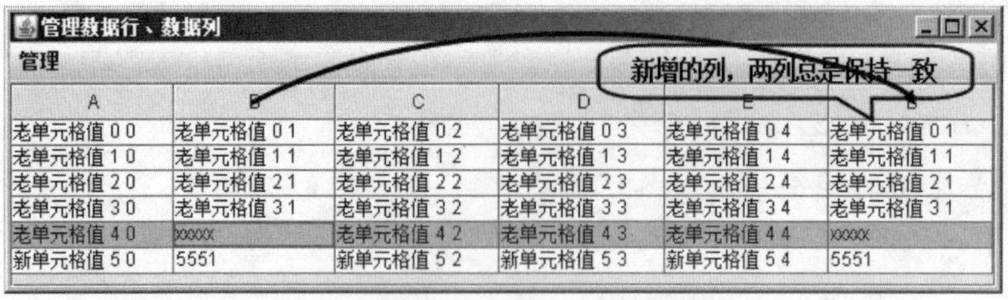

图 12.52 新增数据行、数据列的效果

如果程序需要监听 JTable 里列状态的改变，例如监听列的增加、删除、移动等改变，则必须使用该 JTable 所对应的 TableColumnModel 对象，该对象提供了一个 addColumnModelListener()方法来添加监听器，该监听器接口里包含如下几个方法。

- columnAdded(TableColumnModelEvent e)：当向 TableColumnModel 里添加数据列时将会触发该方法。
- columnMarginChanged(ChangeEvent e)：当由于页面距（Margin）的改变引起列状态改变时将会触发该方法。
- columnMoved(TableColumnModelEvent e)：当移动 TableColumnModel 里的数据列时将会触发该方法。
- columnRemoved(TableColumnModelEvent e)：当删除 TableColumnModel 里的数据列时将会触发该方法。
- columnSelectionChanged(ListSelectionEvent e)：当改变表格的选择模式时将会触发该方法。

但表格的数据列通常需要程序来控制增加、删除，用户操作通常无法直接为表格增加、删除数据列，所以使用监听器来监听 TableColumnModel 改变的情况比较少见。

▶▶ 12.11.4 实现排序

使用 JTable 实现的表格并没有实现根据指定列排序的功能，但开发者可以利用 AbstractTableModel 类来实现该功能。由于 TableModel 不强制要求保存表格里的数据，只要 TableModel 实现了 getValueAt()、getColumnCount()和 getRowCount()三个方法，JTable 就可以根据该 TableModel 生成表格。因此可以创建一个 SortableTableModel 实现类，它可以将原 TableModel 包装起来，并实现根据指定列排序的功能。

程序创建的 SortableTableModel 实现类会对原 TableModel 进行包装，但它实际上并不保存任何数据，它会把所有的方法实现委托给原 TableModel 完成。SortableTableModel 仅保存原 TableModel 里每行的行索引，当程序对 SortableTableModel 的指定列排序时，实际上仅仅对 SortableTableModel 里的行索引进行排序——这样造成的结果是：SortableTableModel 里的数据行的行索引与原 TableModel 里数据行的行索引不一致，所以对于 TableModel 的那些涉及行索引的方法都需要进行相应的转换。下面程序实现了 SortableTableModel 类，并使用该类来实现对表格根据指定列排序的功能。

程序清单：codes\12\12.11\SortTable.java

```
public class SortTable
{
    JFrame jf = new JFrame("可按列排序的表格");
    // 定义二维数组作为表格数据
    Object[][] tableData =
    {
        new Object[]{"李清照" , 29 , "女"},
        new Object[]{"苏格拉底", 56 , "男"},
        new Object[]{"李白", 35 , "男"},
        new Object[]{"弄玉", 18 , "女"},
        new Object[]{"虎头" , 2 , "男"}
    };
    // 定义一维数组作为列标题
    Object[] columnTitle = {"姓名" , "年龄" , "性别"};
    // 以二维数组和一维数组来创建一个 JTable 对象
    JTable table = new JTable(tableData , columnTitle);
```

```java
        // 将原表格里的model包装成新的SortTableModel对象
        SortableTableModel sorterModel = new SortableTableModel(
            table.getModel());
    public void init()
    {
        // 使用包装后的SortableTableModel对象作为JTable的model对象
        table.setModel(sorterModel);
        // 为每列的列头增加鼠标监听器
        table.getTableHeader().addMouseListener(new MouseAdapter()
        {
            public void mouseClicked(MouseEvent event)    // ①
            {
                // 如果单击次数小于2，即不是双击，直接返回
                if (event.getClickCount() < 2)
                {
                    return;
                }
                // 找出鼠标双击事件所在的列索引
                int tableColumn = table.columnAtPoint(event.getPoint());
                // 将JTable中的列索引转换成对应TableModel中的列索引
                int modelColumn = table.convertColumnIndexToModel(tableColumn);
                // 根据指定列进行排序
                sorterModel.sort(modelColumn);
            }
        });
        // 将JTable对象放在JScrollPane中，并将该JScrollPane显示出来
        jf.add(new JScrollPane(table));
        jf.pack();
        jf.setDefaultCloseOperation(JFrame.EXIT_ON_CLOSE);
        jf.setVisible(true);
    }
    public static void main(String[] args)
    {
        new SortTable().init();
    }
}
class SortableTableModel extends AbstractTableModel
{
    private TableModel model;
    private int sortColumn;
    private Row[] rows;
    // 将一个已经存在的TableModel对象包装成SortableTableModel对象
    public SortableTableModel(TableModel m)
    {
        // 将被封装的TableModel传入
        model = m;
        rows = new Row[model.getRowCount()];
        // 将原TableModel中每行记录的索引使用Row数组保存起来
        for (int i = 0; i < rows.length; i++)
        {
            rows[i] = new Row(i);
        }
    }
    // 实现根据指定列进行排序
    public void sort(int c)
    {
        sortColumn = c;
        java.util.Arrays.sort(rows);
        fireTableDataChanged();
    }
    // 下面三个方法需要访问model中的数据，所以涉及本model中数据
    // 和被包装model数据中的索引转换，程序使用rows数组完成这种转换
    public Object getValueAt(int r, int c)
    {
        return model.getValueAt(rows[r].index, c);
    }
    public boolean isCellEditable(int r, int c)
    {
        return model.isCellEditable(rows[r].index, c);
    }
```

```java
    public void setValueAt(Object aValue, int r, int c)
    {
        model.setValueAt(aValue, rows[r].index, c);
    }
    // 下面方法的实现把该 model 的方法委托给原封装的 model 来实现
    public int getRowCount()
    {
        return model.getRowCount();
    }
    public int getColumnCount()
    {
        return model.getColumnCount();
    }
    public String getColumnName(int c)
    {
        return model.getColumnName(c);
    }
    public Class getColumnClass(int c)
    {
        return model.getColumnClass(c);
    }
    // 定义一个 Row 类,该类用于封装 JTable 中的一行
    // 实际上它并不封装行数据,它只封装行索引
    private class Row implements Comparable<Row>
    {
        // 该 index 保存着被封装 Model 里每行记录的行索引
        public int index;
        public Row(int index)
        {
            this.index = index;
        }
        // 实现两行之间的大小比较
        public int compareTo(Row other)
        {
            Object a = model.getValueAt(index, sortColumn);
            Object b = model.getValueAt(other.index, sortColumn);
            if (a instanceof Comparable)
            {
                return ((Comparable)a).compareTo(b);
            }
            else
            {
                return a.toString().compareTo(b.toString());
            }
        }
    }
}
```

上面程序是在 SimpleTable 程序的基础上改变而来的,改变的部分就是增加了两行粗体字代码和①号粗体字代码块。其中粗体字代码负责把原 JTable 的 model 对象包装成 SortableTableModel 实例,并设置原 JTable 使用 SortableTableModel 实例作为对应的 model 对象;而①号粗体字代码部分则用于为该表格的列头增加鼠标监听器:当用鼠标双击指定列时,SortableTableModel 对象根据指定列进行排序。

> **注意:**
> 程序中还使用了 convertColumnIndexToModel()方法把 JTable 中的列索引转换成 TableModel 中的列索引。这是因为 JTable 中的列允许用户随意拖动,因此可能造成 JTable 中的列索引与 TableModel 中的列索引不一致。

运行上面程序,并双击"年龄"列头,将看到如图 12.53 所示的排序效果。

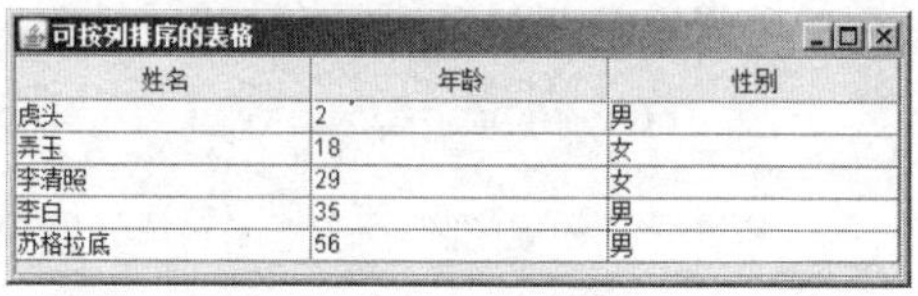

实际上,上面程序的关键在于 SortableTableModel 类,该类使用 rows[]数组来保存原 TableModel 里的行索引。

图 12.53 根据"年龄"列排序的效果

为了让程序可以对 rows[]数组元素根据指定列排序，程序使用了 Row 类来封装行索引，并实现了 compareTo()方法，该方法实现了根据指定列来比较两行大小的功能，从而允许程序根据指定列对 rows[] 数组元素进行排序。

▶▶ 12.11.5 绘制单元格内容

前面看到的所有表格的单元格内容都是字符串，实际上表格的单元格内容也可以是更复杂的内容。JTable 使用 TableCellRenderer 绘制单元格，Swing 为该接口提供了一个实现类：DefaultTableCellRenderer，该单元格绘制器可以绘制如下三种类型的单元格值（根据其 TableModel 的 getColumnClass()方法来决定该单元格值的类型）。

- ➢ Icon：默认的单元格绘制器会把该类型的单元格值绘制成该 Icon 对象所代表的图标。
- ➢ Boolean：默认的单元格绘制器会把该类型的单元格值绘制成复选按钮。
- ➢ Object：默认的单元格绘制器在单元格内绘制出该对象的 toString()方法返回的字符串。

在默认情况下，如果程序直接使用二维数组或 Vector 来创建 JTable，程序将会使用 JTable 的匿名内部类或 DefaultTableModel 充当该表格的 model 对象，这两个 TableModel 的 getColumnClass()方法的返回值都是 Object。这意味着，即使该二维数组里值的类型是 Icon，但由于两个默认的 TableModel 实现类的 getColumnClass()方法总是返回 Object，这将导致默认的单元格绘制器把 Icon 值当成 Object 值处理——只是绘制出其 toString()方法返回的字符串。

为了让默认的单元格绘制器可以将 Icon 类型的值绘制成图标，把 Boolean 类型的值绘制成复选框，创建 JTable 时所使用的 TableModel 绝不能采用默认的 TableModel，必须采用扩展后的 TableModel 类，如下所示。

```
// 定义一个 DefaultTableModel 类的子类
class ExtendedTableModel extends DefaultTableModel
{
    ...
    // 重写 getColumnClass 方法，根据每列的第一个值来返回每列真实的数据类型
    public Class getColumnClass(int c)
    {
        return getValueAt(0 , c).getClass();
    }
}
```

提供了上面的 ExtendedTableModel 类之后，程序应该先创建 ExtendedTableModel 对象，再利用该对象来创建 JTable，这样就可以保证 JTable 的 model 对象的 getColumnClass()方法会返回每列真实的数据类型，默认的单元格绘制器就会将 Icon 类型的单元格值绘制成图标，将 Boolean 类型的单元格值绘制成复选框。

如果希望程序采用自己定制的单元格绘制器，则必须实现自己的单元格绘制器，单元格绘制器必须实现 TableCellRenderer 接口。与前面的 TreeCellRenderer 接口完全相似，该接口里也只包含一个 getTableCellRendererComponent()方法，该方法返回的 Component 将会作为指定单元格绘制的组件。

提示： Swing 提供了一致的编程模型，不管是 JList、JTree 还是 JTable，它们所使用的单元格绘制器都有一致的编程模型，分别需要扩展 ListCellRenderer、TreeCellRenderer 或 TableCellRenderer，扩展这三个基类时都需要重写 getXxxCellRendererComponent()方法，该方法的返回值将作为被绘制的组件。

一旦实现了自己的单元格绘制器之后，还必须将该单元格绘制器安装到指定的 JTable 对象上，为指定的 JTable 对象安装单元格绘制器有如下两种方式。

- ➢ 局部方式（列级）：调用 TableColumn 的 setCellRenderer()方法为指定列安装指定的单元格绘制器。
- ➢ 全局方式（表级）：调用 JTable 的 setDefaultRenderer()方法为指定的 JTable 对象安装单元格绘制器。setDefaultRenderer()方法需要传入两个参数，即列类型和单元格绘制器，表明指定类型的数

据列才会使用该单元格绘制器。

> **注意：**
> 当某一列既符合全局绘制器的规则，又符合局部绘制器的规则时，局部绘制器将会负责绘制该单元格，全局绘制器不会产生任何作用。除此之外，TableColumn 还包含了一个 setHeaderRenderer()方法，该方法可以为指定列的列头安装单元格绘制器。

下面程序提供了一个 ExtendedTableModel 类，该类扩展了 DefaultTableModel，重写了父类的 getColumnClass()方法，该方法根据每列的第一个值来决定该列的数据类型；下面程序还提供了一个定制的单元格绘制器，它使用图标来形象地表明每个好友的性别。

程序清单：codes\12\12.11\TableCellRendererTest.java

```java
public class TableCellRendererTest
{
    JFrame jf = new JFrame("使用单元格绘制器");
    JTable table;
    // 定义二维数组作为表格数据
    Object[][] tableData =
    {
        new Object[]{"李清照" , 29 , "女"
            , new ImageIcon("icon/3.gif") , true},
        new Object[]{"苏格拉底", 56 , "男"
            , new ImageIcon("icon/1.gif") , false},
        new Object[]{"李白", 35 , "男"
            , new ImageIcon("icon/4.gif") , true},
        new Object[]{"弄玉", 18 , "女"
            , new ImageIcon("icon/2.gif") , true},
        new Object[]{"虎头" , 2 , "男"
            , new ImageIcon("icon/5.gif") , false}
    };
    // 定义一维数据作为列标题
    String[] columnTitle = {"姓名" , "年龄" , "性别"
        , "主头像" , "是否中国人"};
    public void init()
    {
        // 以二维数组和一维数组来创建一个 ExtendedTableModel 对象
        ExtendedTableModel model = new ExtendedTableModel(columnTitle
            , tableData);
        // 以 ExtendedTableModel 来创建 JTable
        table = new JTable( model);
        table.setRowSelectionAllowed(false);
        table.setRowHeight(40);
        // 获取第三列
        TableColumn lastColumn = table.getColumnModel().getColumn(2);
        // 对第三列采用自定义的单元格绘制器
        lastColumn.setCellRenderer(new GenderTableCellRenderer());
        // 将 JTable 对象放在 JScrollPane 中，并将该 JScrollPane 显示出来
        jf.add(new JScrollPane(table));
        jf.pack();
        jf.setDefaultCloseOperation(JFrame.EXIT_ON_CLOSE);
        jf.setVisible(true);
    }
    public static void main(String[] args)
    {
        new TableCellRendererTest().init();
    }
}
class ExtendedTableModel extends DefaultTableModel
{
    // 重新提供一个构造器，该构造器的实现委托给 DefaultTableModel 父类
    public ExtendedTableModel(String[] columnNames , Object[][] cells)
    {
        super(cells , columnNames);
    }
```

```java
        // 重写getColumnClass方法,根据每列的第一个值来返回其真实的数据类型
        public Class getColumnClass(int c)
        {
            return getValueAt(0 , c).getClass();
        }
}
// 定义自定义的单元格绘制器
class GenderTableCellRenderer extends JPanel
    implements TableCellRenderer
{
    private String cellValue;
    // 定义图标的宽度和高度
    final int ICON_WIDTH = 23;
    final int ICON_HEIGHT = 21;
    public Component getTableCellRendererComponent(JTable table
        , Object value , boolean isSelected , boolean hasFocus
        , int row , int column)
    {
        cellValue = (String)value;
        // 设置选中状态下绘制边框
        if (hasFocus)
        {
            setBorder(UIManager.getBorder("Table.focusCellHighlightBorder"));
        }
        else
        {
            setBorder(null);
        }
        return this;
    }
    // 重写paint()方法,负责绘制该单元格内容
    public void paint(Graphics g)
    {
        // 如果表格值为"男"或"male",则绘制一个男性图标
        if (cellValue.equalsIgnoreCase("男")
            || cellValue.equalsIgnoreCase("male"))
        {
            drawImage(g , new ImageIcon("icon/male.gif").getImage());
        }
        // 如果表格值为"女"或"female",则绘制一个女性图标
        if (cellValue.equalsIgnoreCase("女")
            || cellValue.equalsIgnoreCase("female"))
        {
            drawImage(g , new ImageIcon("icon/female.gif").getImage());
        }
    }
    // 绘制图标的方法
    private void drawImage(Graphics g , Image image)
    {
        g.drawImage(image, (getWidth() - ICON_WIDTH ) / 2
            , (getHeight() - ICON_HEIGHT) / 2 , null);
    }
}
```

上面程序中没有直接使用二维数组和一维数组来创建 JTable 对象,而是采用 ExtendedTableModel 对象来创建 JTable 对象(如第一段粗体字代码所示)。ExtendedTableModel 类重写了父类的 getColumnClass()方法,该方法将会根据每列实际的值来返回该列的类型(如第二段粗体字代码所示)。

程序提供了一个 GenderTableCellRenderer 类,该类实现了 TableCellRenderer 接口,可以作为单元格绘制器使用。该类继承了 JPanel 容器,重写 getTableCellRendererComponent()方法时返回 this,这表明它会使用 JPanel 对象作为单元格绘制器。

> **提示:** 读者可以将 ExtendedTableModel 补充得更加完整——主要是将 DefaultTableModel 中的几个构造器重新暴露出来,以后程序中可以使用 ExtendedTableModel 类作为 JTable 的 model 类,这样创建的 JTable 就可以将 Icon 列、Boolean 列绘制成图标和复选框。

运行上面程序，会看到如图 12.54 所示的效果。

▶▶ 12.11.6 编辑单元格内容

如果用户双击 JTable 表格的指定单元格，系统将会开始编辑该单元格的内容。在默认情况下，系统会使用文本框来编辑该单元格的内容，包括如图 12.54 所示表格的图标单元格。与此类似的是，如果用户双击 JTree 的节点，默认也会采用文本框来编辑节点的内容。

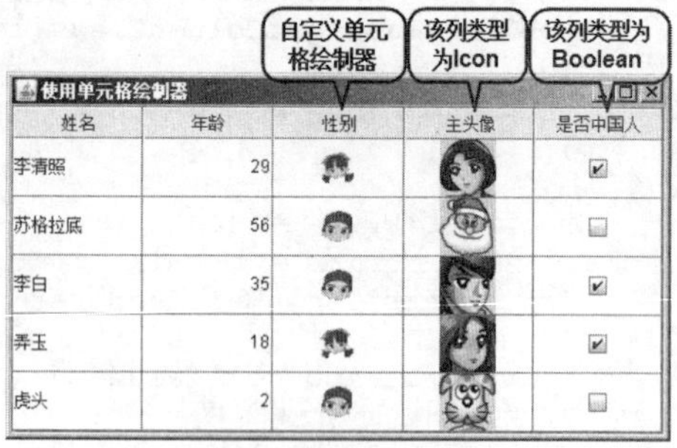

但如果单元格内容不是文字内容，而是如图 12.54 所示的图形类型时，用户当然不希望使用文本编辑器来编辑该单元格的内容，因为这种编辑方式非常不直观，用户体验相当差。为了避免这种情况，可以实现自己的单元格编辑器，从而可以给用户提供更好的操作界面。

图 12.54 重写 getColumnClass()方法和定制单元格绘制器

实现 JTable 的单元格编辑器应该实现 TableCellEditor 接口，实现 JTree 的节点编辑器需要实现 TreeCellEditor 接口，这两个接口有非常紧密的联系。它们有一个共同的父接口：CellEditor；而且它们有一个共同的实现类：DefaultCellEditor。关于 TableCellEditor 和 TreeCellEditor 两个接口及其实现类之间的关系如图 12.55 所示。

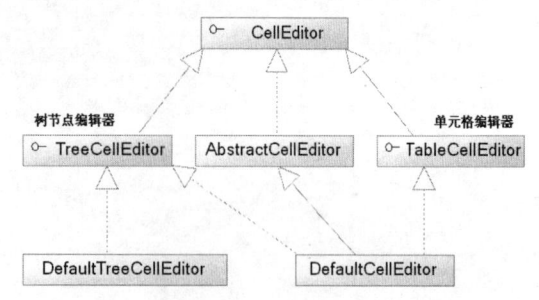

图 12.55 TableCellEditor 和 TreeCellEditor 的关系

从图 12.55 中可以看出，Swing 为 TableCellEditor 提供了 DefaultCellEditor 实现类（也可作为 TreeCellEditor 的实现类），DefaultCellEditor 类有三个构造器，它们分别使用文本框、复选框和 JComboBox 作为单元格编辑器，其中使用文本框编辑器是最常见的情形，如果单元格的值是 Boolean 类型，则系统默认使用复选框编辑器（如图 12.54 中最右边一列所示），这两种情形都是前面见过的情形。如果想指定某列使用 JComboBox 作为单元格编辑器，则需要显式创建 JComboBox 实例，然后以此实例来创建 DefaultCellEditor 编辑器。

实现 TableCellEditor 接口可以开发自己的单元格编辑器，但这种做法比较烦琐；通常会使用扩展 DefaultCellEditor 类的方式，这种方式比较简单。TableCellEditor 接口定义了一个 getTableCellEditorComponent()方法，该方法返回一个 Component 对象，该对象就是该单元格的编辑器。

一旦实现了自己的单元格编辑器，就可以为 JTable 对象安装该单元格编辑器，与安装单元格绘制器类似，安装单元格编辑器也有两种方式。

➢ 局部方式（列级）：为特定列指定单元格编辑器，通过调用 TableColumn 的 setCellEditor()方法为该列安装单元格编辑器。
➢ 全局方式（表级）：调用 JTable 的 setDefaultEditor()方法为该表格安装默认的单元格编辑器。该方法需要两个参数，即列类型和单元格编辑器，这两个参数表明对于指定类型的数据列使用该单元格编辑器。

与单元格绘制器相似的是，如果有一列同时满足列级单元格编辑器和表级单元格编辑器的要求，系统将采用列级单元格编辑器。

下面程序实现了一个 ImageCellEditor 编辑器，该编辑器由一个不可直接编辑的文本框和一个按钮组成，当用户单击该按钮时，该编辑器弹出一个文件选择器，方便用户选择图标文件。除此之外，下面程序还创建了一个基于 JComboBox 的 DefaultCellEditor 类，该编辑器允许用户通过下拉列表来选择图标。

程序清单：codes\12\12.11\TableCellEditorTest.java

```
public class TableCellEditorTest
{
    JFrame jf = new JFrame("使用单元格编辑器");
```

```java
    JTable table;
    // 定义二维数组作为表格数据
    Object[][] tableData =
    {
        new Object[]{"李清照" , 29 , "女" , new ImageIcon("icon/3.gif")
            , new ImageIcon("icon/3.gif") , true},
        new Object[]{"苏格拉底", 56 , "男" , new ImageIcon("icon/1.gif")
            , new ImageIcon("icon/1.gif") , false},
        new Object[]{"李白", 35 , "男" , new ImageIcon("icon/4.gif")
            , new ImageIcon("icon/4.gif") , true},
        new Object[]{"弄玉", 18 , "女" , new ImageIcon("icon/2.gif")
            , new ImageIcon("icon/2.gif") , true},
        new Object[]{"虎头" , 2 , "男" , new ImageIcon("icon/5.gif")
            , new ImageIcon("icon/5.gif") , false}
    };
    // 定义一维数据作为列标题
    String[] columnTitle = {"姓名" , "年龄" , "性别" , "主头像"
        , "次头像", "是否中国人"};
    public void init()
    {
        // 以二维数组和一维数组来创建一个 ExtendedTableModel 对象
        ExtendedTableModel model = new ExtendedTableModel(
            columnTitle , tableData);
        // 以 ExtendedTableModel 来创建 JTable
        table = new JTable(model);
        table.setRowSelectionAllowed(false);
        table.setRowHeight(40);
        // 为该表格指定默认的编辑器
        table.setDefaultEditor(ImageIcon.class, new ImageCellEditor());
        // 获取第 5 列
        TableColumn lastColumn = table.getColumnModel().getColumn(4);
        // 创建 JComboBox 对象,并添加多个图标列表项
        JComboBox<ImageIcon> editCombo = new JComboBox<>();
        for (int i = 1; i <= 10; i++)
        {
            editCombo.addItem(new ImageIcon("icon/" + i + ".gif"));
        }
        // 设置第 5 列使用基于 JComboBox 的 DefaultCellEditor
        lastColumn.setCellEditor(new DefaultCellEditor(editCombo));
        // 将 JTable 对象放在 JScrollPane 中,并将该 JScrollPane 放在窗口中显示出来
        jf.add(new JScrollPane(table));
        jf.pack();
        jf.setDefaultCloseOperation(JFrame.EXIT_ON_CLOSE);
        jf.setVisible(true);
    }
    public static void main(String[] args)
    {
        new TableCellEditorTest().init();
    }
}
class ExtendedTableModel extends DefaultTableModel
{
    // 重新提供一个构造器,该构造器的实现委托给 DefaultTableModel 父类
    public ExtendedTableModel(String[] columnNames , Object[][] cells)
    {
        super(cells , columnNames);
    }
    // 重写 getColumnClass 方法,根据每列的第一个值返回该列真实的数据类型
    public Class getColumnClass(int c)
    {
        return getValueAt(0 , c).getClass();
    }
}
// 扩展 DefaultCellEditor 来实现 TableCellEditor 类
class ImageCellEditor extends DefaultCellEditor
{
    // 定义文件选择器
    private JFileChooser fDialog = new JFileChooser(); ;
    private JTextField field = new JTextField(15);
    private JButton button = new JButton("...");
```

```java
public ImageCellEditor()
{
    // 因为 DefaultCellEditor 没有无参数的构造器
    // 所以这里显式调用父类有参数的构造器
    super(new JTextField());
    initEditor();
}
private void initEditor()
{
    field.setEditable(false);
    // 为按钮添加监听器，当用户单击该按钮时
    // 系统将出现一个文件选择器让用户选择图标文件
    button.addActionListener(e -> browse());
    // 为文件选择器安装文件过滤器
    fDialog.addChoosableFileFilter(new FileFilter()
    {
        public boolean accept(File f)
        {
            if (f.isDirectory())
            {
                return true;
            }
            String extension = Utils.getExtension(f);
            if (extension != null)
            {
                if (extension.equals(Utils.tiff)
                    || extension.equals(Utils.tif)
                    || extension.equals(Utils.gif)
                    || extension.equals(Utils.jpeg)
                    || extension.equals(Utils.jpg)
                    || extension.equals(Utils.png))
                {
                    return true;
                }
                else
                {
                    return false;
                }
            }
            return false;
        }
        public String getDescription()
        {
            return "有效的图片文件";
        }
    });
    fDialog.setAcceptAllFileFilterUsed(false);
}
// 重写 TableCellEditor 接口的 getTableCellEditorComponent 方法
// 该方法返回单元格编辑器，该编辑器是一个 JPanel
// 该容器包含一个文本框和一个按钮
public Component getTableCellEditorComponent(JTable table
    , Object value , boolean isSelected , int row , int column)    // ①
{
    this.button.setPreferredSize(new Dimension(20, 20));
    JPanel panel = new JPanel();
    panel.setLayout(new BorderLayout());
    field.setText(value.toString());
    panel.add(this.field, BorderLayout.CENTER);
    panel.add(this.button, BorderLayout.EAST);
    return panel;
}
public Object getCellEditorValue()
{
    return new ImageIcon(field.getText());
}
private void browse()
{
    // 设置、打开文件选择器
    fDialog.setCurrentDirectory(new File("icon"));
```

```
            int result = fDialog.showOpenDialog(null);
            // 如果单击了文件选择器的"取消"按钮
            if (result == JFileChooser.CANCEL_OPTION)
            {
                // 取消编辑
                super.cancelCellEditing();
                return;
            }
            // 如果单击了文件选择器的"确定"按钮
            else
            {
                // 设置field的内容
                field.setText("icon/" + fDialog.getSelectedFile().getName());
            }
        }
    }
}
class Utils
{
    public final static String jpeg = "jpeg";
    public final static String jpg = "jpg";
    public final static String gif = "gif";
    public final static String tiff = "tiff";
    public final static String tif = "tif";
    public final static String png = "png";
    // 获取文件扩展名的方法
    public static String getExtension(File f)
    {
        String ext = null;
        String s = f.getName();
        int i = s.lastIndexOf('.');
        if (i > 0 &&  i < s.length() - 1)
        {
            ext = s.substring(i + 1).toLowerCase();
        }
        return ext;
    }
}
```

上面程序中实现了一个 ImageCellEditor 编辑器，程序中的粗体字代码将该单元格编辑器注册成 ImageIcon 类型的单元格编辑器，如果某一列的数据类型是 ImageIcon，则默认使用该单元格编辑器。ImageCellEditor 扩展了 DefaultCellEditor 基类，重写 getTableCellEditorComponent()方法返回一个 JPanel，该 JPanel 里包含一个文本框和一个按钮。

除此之外，程序中的粗体字代码还为最后一列安装了一个基于 JComboBox 的 DefaultCellEditor。运行上面程序，双击倒数第 3 列的任意单元格，开始编辑该单元格，将看到如图 12.56 所示的窗口。双击第 5 列的任意单元格，开始编辑该单元格，将看到如图 12.57 所示的窗口。

图 12.56　自定义单元格编辑器 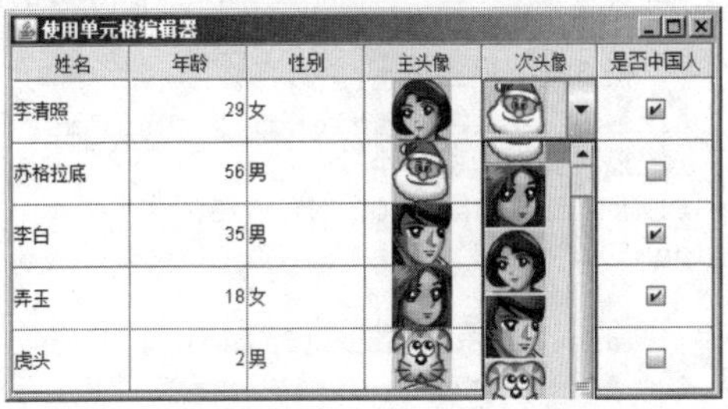　　　　图 12.57　基于 JComboBox 的 DefaultCellEditor

通过图 12.56 和图 12.57 可以看出，如果单元格的值需要从多个枚举值之中选择，则使用 DefaultCellEditor 即可。使用自定义的单元格编辑器则非常灵活，可以取得单元格编辑器的全部控制权。

12.12　使用 JFormattedTextField 和 JTextPane 创建格式文本

Swing 使用 JTextComponent 作为所有文本输入组件的父类，从图 12.1 中可以看出，Swing 为该类提供了三个子类：JTextArea、JTextField 和 JEditorPane，并为 JEditorPane 提供了一个 JTextPane 子类，

JEditorPane 和 JTextPane 是两个典型的格式文本编辑器，也是本节介绍的重点。JTextArea 和 JTextField 是两个常见的文本组件，比较简单，本节不会再次介绍它们。

JTextField 派生了两个子类：JPasswordField 和 JFormattedTextField，它们代表密码输入框和格式化文本输入框。

与其他的 Swing 组件类似，所有的文本输入组件也遵循了 MVC 的设计模式，即每个文本输入组件都有对应的 model 来保存其状态数据；与其他的 Swing 组件不同的是，文本输入组件的 model 接口不是 XxxModel 接口，而是 Document 接口，Document 既包括有格式的文本，也包括无格式的文本。不同的文本输入组件对应的 Document 不同。

▶▶ 12.12.1 监听 Document 的变化

如果希望检测到任何文本输入组件里所输入内容的变化，则可以通过监听该组件对应的 Document 来实现。JTextComponent 类里提供了一个 getDocument()方法，该方法用于获取所有文本输入组件对应的 Document 对象。

Document 提供了一个 addDocumentListener()方法来为 Document 添加监听器，该监听器必须实现 DocumentListener 接口，该接口里提供了如下三个方法。

> changedUpdate(DocumentEvent e)：当 Document 里的属性或属性集发生了变化时触发该方法。
> insertUpdate(DocumentEvent e)：当向 Document 中插入文本时触发该方法。
> removeUpdate(DocumentEvent e)：当从 Document 中删除文本时触发该方法。

对于上面的三个方法而言，如果仅需要检测文本的变化，则无须实现第一个方法。但 Swing 并没有为 DocumentListener 接口提供适配器（难道是 Oracle 的疏忽），所以程序依然要为第一个方法提供空实现。

除此之外，还可以为文件输入组件添加一个撤销监听器，这样就允许用户撤销以前的修改。添加撤销监听器的方法是 addUndoableEditListener()，该方法需要接收一个 UndoableEditListener 监听器，该监听器里包含了 undoableEditHappened()方法，当文档里发生了可撤销的编辑操作时将会触发该方法。

下面程序示范了如何为一个普通文本域的 Document 添加监听器，当用户在目标文本域里输入、删除文本时，程序会显示出用户所做的修改。该文本域还支持撤销操作，当用户按"Ctrl+Z"键时，该文本域会撤销用户刚刚输入的内容。

程序清单：codes\12\12.12\MonitorText.java

```java
public class MonitorText
{
    JFrame mainWin = new JFrame("监听 Document 对象");
    JTextArea target = new JTextArea(4, 35);
    JTextArea msg = new JTextArea(5, 35);
    JLabel label = new JLabel("文本域的修改信息");
    Document doc = target.getDocument();
    // 保存撤销操作的 List 对象
    LinkedList<UndoableEdit> undoList = new LinkedList<>();
    // 最多允许撤销多少次
    final int UNDO_COUNT = 20;
    public void init()
    {
        msg.setEditable(false);
        // 添加 DocumentListener
        doc.addDocumentListener(new DocumentListener()
        {
            // 当 Document 的属性或属性集发生了变化时触发该方法
            public void changedUpdate(DocumentEvent e){}
            // 当向 Document 中插入文本时触发该方法
            public void insertUpdate(DocumentEvent e)
            {
                int offset = e.getOffset();
                int len = e.getLength();
                // 取得插入事件的位置
                msg.append("插入文本的长度：" + len + "\n");
```

```java
                msg.append("插入文本的起始位置：" + offset + "\n");
                try
                {
                    msg.append("插入文本内容："
                        + doc.getText(offset, len) + "\n");
                }
                catch (BadLocationException evt)
                {
                    evt.printStackTrace();
                }
            }
            // 当从 Document 中删除文本时触发该方法
            public void removeUpdate(DocumentEvent e)
            {
                int offset = e.getOffset();
                int len = e.getLength();
                // 取得插入事件的位置
                msg.append("删除文本的长度：" + len + "\n");
                msg.append("删除文本的起始位置：" + offset + "\n");
            }
        });
        // 添加可撤销操作的监听器
        doc.addUndoableEditListener(e -> {
            // 每次发生可撤销操作时都会触发该代码块        // ①
            UndoableEdit edit = e.getEdit();
            if (edit.canUndo() && undoList.size() < UNDO_COUNT)
            {
                // 将撤销操作装入 List 内
                undoList.add(edit);
            }
            // 已经达到了最大撤销次数
            else if (edit.canUndo() && undoList.size() >= UNDO_COUNT)
            {
                // 弹出第一个撤销操作
                undoList.pop();
                // 将撤销操作装入 List 内
                undoList.add(edit);
            }
        });
        // 为 "Ctrl+Z" 按键添加监听器
        target.addKeyListener(new KeyAdapter()
        {
            public void keyTyped(KeyEvent e)        // ②
            {
                // 如果按键是 "Ctrl + Z"
                if (e.getKeyChar() == 26)
                {
                    if (undoList.size() > 0)
                    {
                        // 移出最后一个可撤销操作，并取消该操作
                        undoList.removeLast().undo();
                    }
                }
            }
        });
        Box box = new Box(BoxLayout.Y_AXIS);
        box.add(new JScrollPane(target));
        JPanel panel = new JPanel();
        panel.add(label);
        box.add(panel);
        box.add(new JScrollPane(msg));
        mainWin.add(box);
        mainWin.pack();
        mainWin.setDefaultCloseOperation(JFrame.EXIT_ON_CLOSE);
        mainWin.setVisible(true);
    }
    public static void main(String[] args) throws Exception
    {
```

```
        new MonitorText().init();
    }
}
```

上面程序中的两段粗体字代码实现了 Document 中插入文本、删除文本的事件处理器，当用户向 Document 中插入文本、删除文本时，程序将会把这些修改信息添加到下面的一个文本域里。

程序中①号粗体字代码是可撤销操作的事件处理器，当用户在该文本域内进行可撤销操作时，这段代码将会被触发，这段代码把用户刚刚进行的可撤销操作以 List 保存起来，以便在合适的时候撤销用户所做的修改。

程序中②号粗体字代码主要用于为"Ctrl+Z"按键添加按键监听器，当用户按下"Ctrl+Z"键时，程序从保存可撤销操作的 List 中取出最后一个可撤销操作，并撤销该操作的修改。

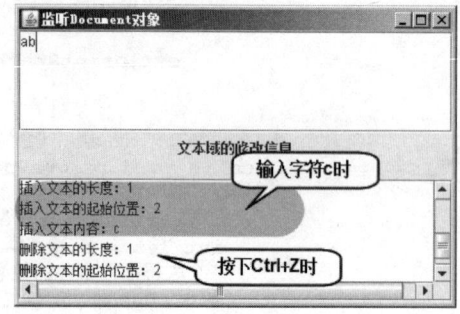

图 12.58 为 Document 添加监听器

运行上面程序，会看到如图 12.58 所示的运行结果。

▶▶ 12.12.2 使用 JPasswordField

JPasswordField 是 JTextField 的一个子类，它是 Swing 的 MVC 设计的产品——JPasswordField 和 JTextField 的各种特征几乎完全一样，只是当用户向 JPasswordField 输入内容时，JPasswordField 并不会显示出用户输入的内容，而是以 echo 字符（通常是星号和黑点）来代替用户输入的所有字符。

JPasswordField 和 JTextField 的用法几乎完全一样，连构造器的个数和参数都完全一样。但是 JPasswordField 多了一个 setEchoChar(Char ch)方法，该方法用于设置该密码框的 echo 字符——当用户在密码输入框内输入时，每个字符都会使用该 echo 字符代替。

除此之外，JPasswordField 重写了 JTextComponent 的 getText()方法，并且不再推荐使用 getText()方法返回字符串密码框的字符串，因为 getText()方法所返回的字符串会一直停留在虚拟机中，直到垃圾回收，这可能导致存在一些安全隐患，所以 JPasswordField 提供了一个 getPassword()方法，该方法返回一个字符数组，而不是返回字符串，从而提供了更好的安全机制。

> 当程序使用完 getPassword()方法返回的字符数组后，应该立即清空该字符数组的内容，以防该数组泄露密码信息。

▶▶ 12.12.3 使用 JFormattedTextField

在有些情况下，程序不希望用户在输入框内随意地输入，例如，程序需要用户输入一个有效的时间，或者需要用户输入一个有效的物品价格，如果用户输入不合理，程序应该阻止用户输入。对于这种需求，通常的做法是为该文本框添加失去焦点的监听器，再添加回车按键的监听器，当该文本框失去焦点时，或者该用户在该文本框内按回车键时，就检测用户输入是否合法。这种做法基本可以解决该问题，但编程比较烦琐！Swing 提供的 JFormattedTextField 可以更优雅地解决该问题。

使用 JFormattedTextField 与使用普通文本行有一个区别——它需要指定一个文本格式，只有当用户的输入满足该格式时，JFormattedTextField 才会接收用户输入。JFormattedTextField 可以使用如下两种类型的格式。

- ➢ JFormattedTextField.AbstractFormatter：该内部类有一个子类 DefaultFormatter，而 DefaultFormatter 又有一个非常实用的 MaskFormatter 子类，允许程序以掩码的形式指定文本格式。
- ➢ Format：主要由 DateFormat 和 NumberFormat 两个格式器组成，这两个格式器可以指定 JFormattedTextField 所能接收的格式字符串。

创建 JFormattedTextField 对象时可以传入上面任意一个格式器，成功地创建了 JFormattedTextField

对象之后，JFormattedTextField 对象的用法和普通 TextField 的用法基本相似，一样可以调用 setColumns() 来设置该文本框的宽度，调用 setFont()来设置该文本框内的字体等。除此之外，JFormattedTextField 还包含如下三个特殊方法。

- Object getValue()：获取该格式化文本框里的值。
- void setValue(Object obj)：设置该格式化文本框的初始值。
- void setFocusLostBehavior(int behavior)：设置该格式化文本框失去焦点时的行为，该方法可以接收如下 4 个值。
  - JFormattedTextField.COMMIT：如果用户输入的内容满足格式器的要求，则该格式化文本框显示的文本变成用户输入的内容，调用 getValue()方法返回的是该文本框内显示的内容；如果用户输入的内容不满足格式器的要求，则该格式化文本框显示的依然是用户输入的内容，但调用 getValue()方法返回的不是该文本框内显示的内容，而是上一个满足要求的值。
  - JFormattedTextField.COMMIT_OR_REVERT：这是默认值。如果用户输入的内容满足格式器的要求，则该格式化文本框显示的文本、getValue()方法返回的都是用户输入的内容；如果用户输入的内容不满足格式器的要求，则该格式化文本框显示的文本、getValue()方法返回的都是上一个满足要求的值。
  - JFormattedTextField.PERSIST：不管用户输入的内容是否满足格式器的要求，该格式化文本框都显示用户输入的内容，getValue()方法返回的都是上一个满足要求的值。
  - JFormattedTextField.REVERT：不管用户输入的内容是否满足格式器的要求，该格式化文本框显示的内容、getValue()方法返回的都是上一个满足要求的值。在这种情况下，不管用户输入什么内容对该文本框都没有任何影响。

上面三个方法中获取格式化文本框内容的方法返回 Object 类型，而不是返回 String 类型；与之对应的是，设置格式化文本框初始值的方法需要传入 Object 类型参数，而不是 String 类型参数，这都是因为格式化文本框会将文本框内容转换成指定格式对应的对象，而不再是普通字符串。

DefaultFormatter 是一个功能非常强大的格式器，它可以格式化任何类的实例，只要该类包含一个带一个字符串参数的构造器，并提供对应的 toString()方法（该方法的返回值就是传入给构造器字符串参数的值）即可。

例如，URL 类包含一个 URL(String spec)构造器，且 URL 对象的 toString()方法恰好返回刚刚传入的 spec 参数，因此可以使用 DefaultFormatter 来格式化 URL 对象。当格式化文本框失去焦点时，该格式器就会调用带一个字符串参数的构造器来创建新的对象，如果构造器抛出了异常，即表明用户输入无效。

DefaultFormatter 格式器默认采用改写方式来处理用户输入，即当用户在格式化文本框内输入时，每输入一个字符就会替换文本框内原来的一个字符。如果想关闭这种改写方式，采用插入方式，则可通过调用它的 setOverwriteMode(false)方法来实现。

MaskFormatter 格式器的功能有点类似于正则表达式，它要求用户在格式化文本框内输入的内容必须匹配一定的掩码格式。例如，若要匹配广州地区的电话号码，则可采用 020-########的格式，这个掩码字符串和正则表达式有一定的区别，因为该掩码字符串只支持如下通配符。

- #：代表任何有效数字。
- '：转义字符，用于转义具有特殊格式的字符。例如，若想匹配#，则应该写成'#。
- U：任何字符，将所有小写字母映射为大写。
- L：任何字符，将所有大写字母映射为小写。
- A：任何字符或数字。
- ?：任何字符。

- *：可以匹配任何内容。
- H：任何十六进制字符（0~9、a~f 或 A~F）。

值得指出的是，格式化文本框内的字符串总是和掩码具有相同的格式，连长度也完全相同。如果用户删除了格式化文本框内的字符，这些被删除的字符将由占位符替代。默认使用空格作为占位符，当然也可以调用 MaskFormatter 的 setPlaceholderCharacter() 方法来设置该格式器的占位符。例如如下代码：

```
formatter.setPlaceholderCharacter('□');
```

下面程序示范了关于 JFormattedTextField 的简单用法。

程序清单：codes\12\12.12\JFormattedTextFieldTest.java

```java
public class JFormattedTextFieldTest
{
    private JFrame mainWin = new JFrame("测试格式化文本框");
    private JButton okButton = new JButton("确定");
    // 定义用于添加格式化文本框的容器
    private JPanel mainPanel = new JPanel();
    JFormattedTextField[] fields = new JFormattedTextField[6];
    String[] behaviorLabels = new String[]
    {
        "COMMIT",
        "COMMIT_OR_REVERT",
        "PERSIST",
        "REVERT"
    };
    int[] behaviors = new int[]
    {
        JFormattedTextField.COMMIT,
        JFormattedTextField.COMMIT_OR_REVERT,
        JFormattedTextField.PERSIST,
        JFormattedTextField.REVERT
    };
    ButtonGroup bg = new ButtonGroup();
    public void init()
    {
        // 添加按钮
        JPanel buttonPanel = new JPanel();
        buttonPanel.add(okButton);
        mainPanel.setLayout(new GridLayout(0, 3));
        mainWin.add(mainPanel, BorderLayout.CENTER);
        // 使用 NumberFormat 的 integerInstance 创建一个 JformattedTextField 对象
        fields[0] = new JFormattedTextField(NumberFormat
            .getIntegerInstance());
        // 设置初始值
        fields[0].setValue(100);
        addRow("整数格式文本框 :", fields[0]);
        // 使用 NumberFormat 的 currencyInstance 创建一个 JFormattedTextField 对象
        fields[1] = new JFormattedTextField(NumberFormat
            .getCurrencyInstance());
        fields[1].setValue(100.0);
        addRow("货币格式文本框:", fields[1]);
        // 使用默认的日期格式创建一个 JFormattedTextField 对象
        fields[2] = new JFormattedTextField(DateFormat.getDateInstance());
        fields[2].setValue(new Date());
        addRow("默认的日期格式器:", fields[2]);
        // 使用 SHORT 类型的日期格式创建一个 JFormattedTextField 对象
        // 且要求采用严格日期格式
        DateFormat format = DateFormat.getDateInstance(DateFormat.SHORT);
        // 要求采用严格的日期格式语法
        format.setLenient(false);
        fields[3] = new JFormattedTextField(format);
        fields[3].setValue(new Date());
        addRow("SHORT 类型的日期格式器（语法严格）:", fields[3]);
        try
        {
            // 创建默认的 DefaultFormatter 对象
            DefaultFormatter formatter = new DefaultFormatter();
```

```java
            // 关闭overwrite状态
            formatter.setOverwriteMode(false);
            fields[4] = new JFormattedTextField(formatter);
            // 使用DefaultFormatter来格式化URL
            fields[4].setValue(new URL("http://www.crazyit.org"));
            addRow("URL:", fields[4]);
        }
        catch (MalformedURLException e)
        {
            e.printStackTrace();
        }
        try
        {
            MaskFormatter formatter = new MaskFormatter("020-########");
            // 设置占位符
            formatter.setPlaceholderCharacter('□');
            fields[5] = new JFormattedTextField(formatter);
            // 设置初始值
            fields[5].setValue("020-28309378");
            addRow("电话号码: ", fields[5]);
        }
        catch (ParseException ex)
        {
            ex.printStackTrace();
        }

        JPanel focusLostPanel = new JPanel();
        // 采用循环方式加入失去焦点行为的单选按钮
        for (int i = 0; i < behaviorLabels.length ; i++ )
        {
            final int index = i;
            final JRadioButton radio = new JRadioButton(behaviorLabels[i]);
            // 默认选中第二个单选按钮
            if (i == 1)
            {
                radio.setSelected(true);
            }
            focusLostPanel.add(radio);
            bg.add(radio);
            // 为所有的单选按钮添加事件监听器
            radio.addActionListener(e -> {
                // 如果当前该单选按钮处于选中状态
                if (radio.isSelected())
                {
                    // 设置所有的格式化文本框失去焦点的行为
                    for (int j = 0 ; j < fields.length ; j++)
                    {
                        fields[j].setFocusLostBehavior(behaviors[index]);
                    }
                }
            });
        }
        focusLostPanel.setBorder(new TitledBorder(new EtchedBorder(),
            "请选择焦点失去后的行为"));
        JPanel p = new JPanel();
        p.setLayout(new BorderLayout());
        p.add(focusLostPanel , BorderLayout.NORTH);
        p.add(buttonPanel , BorderLayout.SOUTH);

        mainWin.add(p , BorderLayout.SOUTH);
        mainWin.pack();
        mainWin.setDefaultCloseOperation(JFrame.EXIT_ON_CLOSE);
        mainWin.setVisible(true);
    }
    // 定义添加一行格式化文本框的方法
    private void addRow(String labelText, final JFormattedTextField field)
    {
        mainPanel.add(new JLabel(labelText));
        mainPanel.add(field);
        final JLabel valueLabel = new JLabel();
```

```
            mainPanel.add(valueLabel);
            // 为"确定"按钮添加事件监听器
            // 当用户单击"确定"按钮时,文本框后显示文本框的值
            okButton.addActionListener(event -> {
                Object value = field.getValue();
                // 输出格式化文本框的值
                valueLabel.setText(value.toString());
            });
    }
    public static void main(String[] args)
    {
        new JFormattedTextFieldTest().init();
    }
}
```

上面程序添加了 6 个格式化文本框,其中两个是基于 NumberFormat 生成的整数格式器、货币格式器,两个是基于 DateFormat 生成的日期格式器,一个是使用 DefaultFormatter 创建的 URL 格式器,最后一个是使用 MaskFormatter 创建的掩码格式器,程序中的粗体字代码是创建这些格式器的关键代码。

除此之外,程序还添加了 4 个单选按钮,用于控制这些格式化文本框失去焦点后的行为。运行上面程序,并选中"COMMIT"行为,将看到如图 12.59 所示的界面。

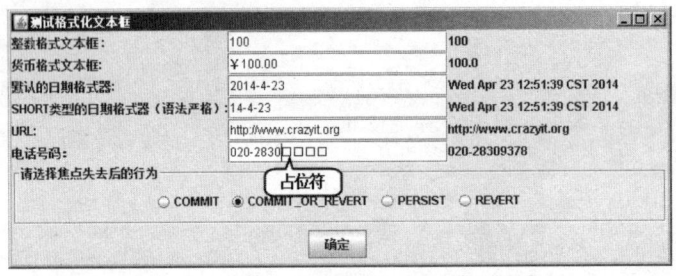

图 12.59　COMMIT 行为下的格式化文本框

从图 12.59 中可以看出,虽然用户向格式化文本框内输入的内容与该文本框所要求的格式不符,但该文本框依然显示了用户输入的内容,只是后面显示该文本框的 getValue()方法返回值时看到的依然是 100,即上一个符合格式的值。

大部分时候,使用基于 Format 的格式器、DefaultFormatter 和 MaskFormatter 已经能满足绝大部分要求;但对于一些特殊的要求,则可以采用扩展 DefaultFormatter 的方式来定义自己的格式器。定义自己的格式器通常需要重写如下两个方法。

➢ Object stringToValue(String string):根据格式化文本框内的字符串来创建符合指定格式的对象。
➢ String valueToString(Object value):将符合格式的对象转换成文本框中显示的字符串。

例如,若需要创建一个只能接收 IP 地址的格式化文本框,则可以创建一个自定义的格式化文本框,因为 IP 地址是由 4 个 0~255 之间的整数表示的,所以程序采用长度为 4 的 byte[]数组来保存 IP 地址。程序可以采用如下方法将用户输入的字符串转换成 byte[]数组。

```
public Object stringToValue(String text) throws ParseException
{
    // 将格式化文本框内的字符串以点号(.)分成 4 节
    String[] nums = text.split("\\.");
    if (nums.length != 4)
    {
        throw new ParseException("IP 地址必须是 4 个整数", 0);
    }
    byte[] a = new byte[4];
    for (int i = 0; i < 4; i++)
    {
        int b = 0;
        try
        {
            b = Integer.parseInt(nums[i]);
        }
        catch (NumberFormatException e)
```

```
            throw new ParseException("IP 地址必须是整数", 0);
        }
        if (b < 0 || b >= 256)
        {
            throw new ParseException("IP 地址值只能在 0~255 之间", 0);
        }
        a[i] = (byte) b;
    }
    return a;
}
```

除此之外，Swing 还提供了如下两种机制来保证用户输入的有效性。
- 输入过滤：输入过滤机制允许程序拦截用户的插入、替换、删除等操作，并改变用户所做的修改。
- 输入校验：输入验证机制允许用户离开输入组件时，验证机制自动触发——如果用户输入不符合要求，校验器强制用户重新输入。

输入过滤器需要继承 DocumentFilter 类，程序可以重写该类的如下三个方法来拦截用户的插入、删除和替换等操作。
- insertString(DocumentFilter.FilterBypass fb, int offset, String string, AttributeSet attr)：该方法会拦截用户向文档中插入字符串的操作。
- remove(DocumentFilter.FilterBypass fb, int offset, int length)：该方法会拦截用户从文档中删除字符串的操作。
- replace(DocumentFilter.FilterBypass fb, int offset, int length, String text, AttributeSet attrs)：该方法会拦截用户替换文档中字符串的操作。

为了创建自己的输入校验器，可以通过扩展 InputVerifier 类来实现。实际上，InputVerifier 输入校验器可以绑定到任何输入组件，InputVerifier 类里包含了一个 verify(JComponent component)方法，当用户在该输入组件内输入完成，且该组件失去焦点时，该方法被调用——如果该方法返回 false，即表明用户输入无效，该输入组件将自动得到焦点。也就是说，如果某个输入组件绑定了 InputVerifier，则用户必须为该组件输入有效内容，否则用户无法离开该组件。

> **注意：**
> 有一种情况例外，如果输入焦点离开了带 InputVerifier 输入校验器的组件后，立即单击某个按钮，则该按钮的事件监听器将会在焦点重新回到原组件之前被触发。

下面程序示范了如何为格式化文本框添加输入过滤器、输入校验器，程序还自定义了一个 IP 地址格式器，该 IP 地址格式器扩展了 DefaultFormatter 格式器。

程序清单：codes\12\12.12\JFormattedTextFieldTest2.java
```java
public class JFormattedTextFieldTest2
{
    private JFrame mainWin = new JFrame("测试格式化文本框");
    private JButton okButton = new JButton("确定");
    // 定义用于添加格式化文本框的容器
    private JPanel mainPanel = new JPanel();
    public void init()
    {
        // 添加按钮
        JPanel buttonPanel = new JPanel();
        buttonPanel.add(okButton);
        mainPanel.setLayout(new GridLayout(0, 3));
        mainWin.add(mainPanel, BorderLayout.CENTER);
        JFormattedTextField intField0 = new JFormattedTextField(
            new InternationalFormatter(NumberFormat.getIntegerInstance())
            {
                protected DocumentFilter getDocumentFilter()
                {
                    return new NumberFilter();
```

```java
            }
        });
        intField0.setValue(100);
        addRow("只接受数字的文本框", intField0);
        JFormattedTextField intField1 = new JFormattedTextField
            (NumberFormat.getIntegerInstance());
        intField1.setValue(100);
        // 添加输入校验器
        intField1.setInputVerifier(new FormattedTextFieldVerifier());
        addRow("带输入校验器的文本框", intField1);
        // 创建自定义格式器对象
        IPAddressFormatter ipFormatter = new IPAddressFormatter();
        ipFormatter.setOverwriteMode(false);
        // 以自定义格式器对象创建格式化文本框
        JFormattedTextField ipField = new JFormattedTextField(ipFormatter);
        ipField.setValue(new byte[]{(byte)192, (byte)168, 4, 1});
        addRow("IP 地址格式", ipField);
        mainWin.add(buttonPanel , BorderLayout.SOUTH);
        mainWin.pack();
        mainWin.setDefaultCloseOperation(JFrame.EXIT_ON_CLOSE);
        mainWin.setVisible(true);
    }
    // 定义添加一行格式化文本框的方法
    private void addRow(String labelText, final JFormattedTextField field)
    {
        mainPanel.add(new JLabel(labelText));
        mainPanel.add(field);
        final JLabel valueLabel = new JLabel();
        mainPanel.add(valueLabel);
        // 为"确定"按钮添加事件监听器
        // 当用户单击"确定"按钮时,文本框后显示文本框内的值
        okButton.addActionListener(event -> {
            Object value = field.getValue();
            // 如果该值是数组,则使用 Arrays 的 toString()方法输出数组
            if (value.getClass().isArray())
            {
                StringBuilder builder = new StringBuilder();
                builder.append('{');
                for (int i = 0; i < Array.getLength(value); i++)
                {
                    if (i > 0)
                        builder.append(',');
                    builder.append(Array.get(value, i).toString());
                }
                builder.append('}');
                valueLabel.setText(builder.toString());
            }
            else
            {
                // 输出格式化文本框的值
                valueLabel.setText(value.toString());
            }
        });
    }
    public static void main(String[] args)
    {
        new JFormattedTextFieldTest2().init();
    }
}
// 输入校验器
class FormattedTextFieldVerifier extends InputVerifier
{
    // 当输入组件失去焦点时,该方法被触发
    public boolean verify(JComponent component)
    {
        JFormattedTextField field = (JFormattedTextField)component;
        // 返回用户输入是否有效
        return field.isEditValid();
    }
}
```

```java
// 数字过滤器
class NumberFilter extends DocumentFilter
{
    public void insertString(FilterBypass fb , int offset
        , String string , AttributeSet attr)throws BadLocationException
    {
        StringBuilder builder = new StringBuilder(string);
        // 过滤用户输入的所有字符
        filterInt(builder);
        super.insertString(fb, offset, builder.toString(), attr);
    }
    public void replace(FilterBypass fb , int offset , int length
        , String string , AttributeSet attr)throws BadLocationException
    {
        if (string != null)
        {
            StringBuilder builder = new StringBuilder(string);
            // 过滤用户替换的所有字符
            filterInt(builder);
            string = builder.toString();
        }
        super.replace(fb, offset, length, string, attr);
    }
    // 过滤整数字符，把所有非 0~9 的字符全部删除
    private void filterInt(StringBuilder builder)
    {
        for (int i = builder.length() - 1; i >= 0; i--)
        {
            int cp = builder.codePointAt(i);
            if (cp > '9' || cp < '0')
            {
                builder.deleteCharAt(i);
            }
        }
    }
}
class IPAddressFormatter extends DefaultFormatter
{
    public String valueToString(Object value)
        throws ParseException
    {
        if (!(value instanceof byte[]))
        {
            throw new ParseException("该 IP 地址的值只能是字节数组", 0);
        }
        byte[] a = (byte[])value;
        if (a.length != 4)
        {
            throw new ParseException("IP 地址必须是 4 个整数", 0);
        }
        StringBuilder builder = new StringBuilder();
        for (int i = 0; i < 4; i++)
        {
            int b = a[i];
            if (b < 0) b += 256;
            builder.append(String.valueOf(b));
            if (i < 3) builder.append('.');
        }
        return builder.toString();
    }
    public Object stringToValue(String text) throws ParseException
    {
        // 将格式化文本框内的字符串以点号（.）分成 4 节
        String[] nums = text.split("\\.");
        if (nums.length != 4)
        {
            throw new ParseException("IP 地址必须是 4 个整数", 0);
        }
        byte[] a = new byte[4];
        for (int i = 0; i < 4; i++)
```

```
            {
                int b = 0;
                try
                {
                    b = Integer.parseInt(nums[i]);
                }
                catch (NumberFormatException e)
                {
                    throw new ParseException("IP 地址必须是整数", 0);
                }
                if (b < 0 || b >= 256)
                {
                    throw new ParseException("IP 地址值只能在 0~255 之间", 0);
                }
                a[i] = (byte) b;
            }
            return a;
        }
}
```

运行上面程序，会看到窗口中出现三个格式化文本框，其中第一个格式化文本框只能输入数字，其他字符无法输入到该文本框内；第二个格式化文本框有输入校验器，只有当用户输入的内容符合该文本框的要求时，用户才可以离开该文本框；第三个格式化文本框的格式器是自定义的格式器，它要求用户输入的内容是一个合法的 IP 地址。

▶▶ 12.12.4　使用 JEditorPane

Swing 提供了一个 JEditorPane 类，该类可以编辑各种文本内容，包括有格式的文本。在默认情况下，JEditorPane 支持如下三种文本内容。

- ➢ text/plain：纯文本，当 JEditorPane 无法识别给定内容的类型时，使用这种文本格式。在这种模式下，文本框的内容是带换行符的无格式文本。
- ➢ text/html：HTML 文本格式。该文本组件仅支持 HTML 3.2 格式，因此对互联网上复杂的网页支持非常有限。
- ➢ text/rtf：RTF（富文本格式）文本格式。实际上，它对 RTF 的支持非常有限。

通过上面介绍不难看出，其实 JEditorPane 类的用途非常有限，使用 JEditorPane 作为纯文本的编辑器，还不如使用 JTextArea；如果使用 JEditorPane 来支持 RTF 文本格式，但它对这种文本格式的支持又相当有限；JEditorPane 唯一可能的用途就是显示自己的 HTML 文档，前提是这份 HTML 文档比较简单，只包含 HTML 3.2 或更早的元素。

JEditorPane 组件支持三种方法来加载文本内容。

- ➢ 使用 setText()方法直接设置 JEditorPane 的文本内容。
- ➢ 使用 read()方法从输入流中读取 JEditorPane 的文本内容。
- ➢ 使用 setPage()方法来设置 JEditorPane 从哪个 URL 处读取文本内容。在这种情况下，将根据该 URL 来确定内容类型。

在默认状态下，使用 JEditorPane 装载的文本内容是可编辑的，即使装载互联网上的网页也是如此，可以使用 JEditorPane 的 setEditable(false)方法阻止用户编辑该 JEditorPane 里的内容。

当使用 JEditorPane 打开 HTML 页面时，该页面的超链接是活动的，用户可以单击超链接。如果程序想监听用户单击超链接的事件，则必须使用 addHyperlinkListener()方法为 JEditorPane 添加一个 HyperlinkListener 监听器。

从目前的功能来看，JEditorPane 确实没有太大的实用价值，所以本书不打算给出此类的用法示例，有兴趣的读者可以参考光盘 codes\12\12.12\路径下的 JEditorPaneTest.java 来学习该类的用法。相比之下，该类的子类 JTextPane 则功能丰富多了，下面详细介绍 JTextPane 类的用法。

▶▶ 12.12.5　使用 JTextPane

使用 EditPlus、Eclipse 等工具时会发现，当在这些工具中输入代码时，如果输入的单词是程序关键字、类名等，则这些关键字将会自动变色。使用 JTextPane 组件，就可以开发出这种带有语法高亮的编辑器。

JTextPane 使用 StyledDocument 作为它的 model 对象，而 StyleDocument 允许对文档的不同段落分别设置不同的颜色、字体属性。Document 使用 Element 来表示文档中的组成部分，Element 可以表示章（chapter）、段落（paragraph）等，在普通文档中，Element 也可以表示一行。为了设置 StyledDocument 中文字的字体、颜色，Swing 提供了 AttributeSet 接口来表示文档字体、颜色等属性。

Swing 为 StyledDocument 提供了 DefaultStyledDocument 实现类，该实现类就是 JTextPane 的 model 实现类；为 AttributeSet 接口提供了 MutableAttributeSet 子接口，并为该接口提供了 SimpleAttributeSet 实现类，程序通过这些接口和实现类就可以很好地控制 JTextPane 中文字的字体和颜色。

StyledDocument 提供了如下一个方法来设置文档中局部文字的字体、颜色。

> setParagraphAttributes(int offset, int length, AttributeSet s, boolean replace)：设置文档中从 offset 开始，长度为 length 处的文字使用 s 属性（控制字体、颜色等），最后一个参数控制新属性是替换原有属性，还是将新属性累加到原有属性上。

AttributeSet 的常用实现类是 MutableAttributeSet，为了给 MutableAttributeSet 对象设置字体、颜色等属性，Swing 提供了 StyleConstants 工具类，该工具类里大致包含了如下常用的静态方法来设置 MutableAttributeSet 里的字体、颜色等。

> setAlignment(MutableAttributeSet a, int align)：设置文本对齐方式。
> setBackground(MutableAttributeSet a, Color fg)：设置背景色。
> setBold(MutableAttributeSet a, boolean b)：设置是否使用粗体字。
> setFirstLineIndent(MutableAttributeSet a, float i)：设置首行缩进的大小。
> setFontFamily(MutableAttributeSet a, String fam)：设置字体。
> setFontSize(MutableAttributeSet a, int s)：设置字体大小。
> setForeground(MutableAttributeSet a, Color fg)：设置字体前景色。
> setItalic(MutableAttributeSet a, boolean b)：设置是否采用斜体字。
> setLeftIndent(MutableAttributeSet a, float i)：设置左边缩进大小。
> setLineSpacing(MutableAttributeSet a, float i)：设置行间距。
> setRightIndent(MutableAttributeSet a, float i)：设置右边缩进大小。
> setStrikeThrough(MutableAttributeSet a, boolean b)：设置是否为文字添加删除线。
> setSubscript(MutableAttributeSet a, boolean b)：设置将指定文字设置成下标。
> setSuperscript(MutableAttributeSet a, boolean b)：设置将指定文字设置成上标。
> setUnderline(MutableAttributeSet a, boolean b)：设置是否为文字添加下画线。

提示： 上面这些方法用于控制文档中文字的外观样式，如果读者对这些外观样式不是太熟悉，则可以参考 Word 里设置"字体"属性的设置效果。

图 12.60 显示了 Document 及其相关实现类，以及相关辅助类的类关系图。

下面程序简单地定义了三个 SimpleAttributeSet 对象，并为这三个对象设置了对应的文字、颜色、字体等属性，并使用三个 SimpleAttributeSet 对象设置文档中三段文字的外观。

程序清单：codes\12\12.12\JTextPaneTest.java

```
public class JTextPaneTest
{
    JFrame mainWin = new JFrame("测试 JTextPane");
    JTextPane txt = new JTextPane();
    StyledDocument doc = txt.getStyledDocument();
    // 定义 3 SimpleAttributeSet 对象
    SimpleAttributeSet android = new SimpleAttributeSet();
```

```java
    SimpleAttributeSet java = new SimpleAttributeSet();
    SimpleAttributeSet javaee = new SimpleAttributeSet();
    public void init()
    {
        // 为android属性集设置颜色、字体大小、字体和下画线
        StyleConstants.setForeground(android, Color.RED);
        StyleConstants.setFontSize(android, 24);
        StyleConstants.setFontFamily(android, "Dialog");
        StyleConstants.setUnderline(android, true);
        // 为java属性集设置颜色、字体大小、字体和粗体字
        StyleConstants.setForeground(java, Color.BLUE);
        StyleConstants.setFontSize(java, 30);
        StyleConstants.setFontFamily(java, "Arial Black");
        StyleConstants.setBold(java, true);
        // 为javaee属性集设置颜色、字体大小、斜体字
        StyleConstants.setForeground(javaee, Color.GREEN);
        StyleConstants.setFontSize(javaee, 32);
        StyleConstants.setItalic(javaee, true);
        // 设置不允许编辑
        txt.setEditable(false);
        txt.setText("疯狂 Android 讲义\n"
            + "疯狂 Java 讲义\n" + "轻量级 Java EE 企业应用实战\n");
        // 分别为文档中 3 段文字设置不同的外观样式
        doc.setCharacterAttributes(0  , 12 , android, true);
        doc.setCharacterAttributes(12 , 12 , java, true);
        doc.setCharacterAttributes(24 , 30 , javaee, true);
        mainWin.add(new JScrollPane(txt), BorderLayout.CENTER);
        // 获取屏幕尺寸
        Dimension screenSize = Toolkit.getDefaultToolkit().getScreenSize();
        int inset = 100;
        // 设置主窗口的大小
        mainWin.setBounds(inset, inset, screenSize.width - inset * 2
            , screenSize.height - inset * 2);
        mainWin.setDefaultCloseOperation(JFrame.EXIT_ON_CLOSE);
        mainWin.setVisible(true);
    }
    public static void main(String[] args)
    {
        new JTextPaneTest().init();
    }
}
```

上面程序其实很简单，程序中的第一段粗体字代码为三个 SimpleAttributeSet 对象设置了字体、字体大小、颜色等外观样式，第二段粗体字代码使用前面的三个 SimpleAttributeSet 对象来控制文档中三段文字的外观样式。运行上面程序，将看到如图 12.61 所示的界面。

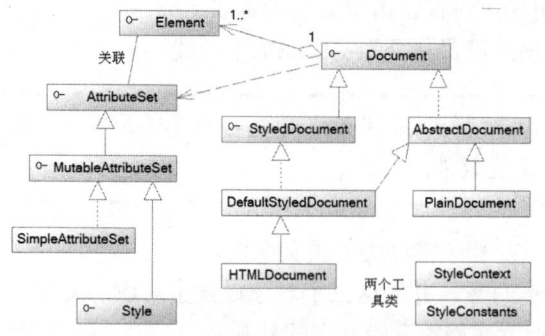

图 12.60　Document 及其相关实现类，以及相关辅助类的类关系图

图 12.61　使用 JTextPane 的效果

从图 12.61 中可以看出，窗口中文字具有丰富的外观，而且还可以选中这些文字，表明它们依然是文字，而不是直接绘制上去的图形。

如果希望开发出类似于 EditPlus、Eclipse 等的代码编辑窗口，程序可以扩展 JTextPane 的子类，为该对象添加按键监听器和文档监听器。当文档内容被修改时，或者用户在该文档内进行击键动作时，程序负责分析该文档的内容，对特殊关键字设置字体颜色。

为了保证具有较好的性能,程序并不总是分析文档中的所有内容,而是只分析文档中被改变的部分,这个要求看似简单,只为文档添加文档监听器即可——当文档内容改变时分析被改变部分,并设置其中关键字的颜色。问题是：DocumentListener 监听器里的三个方法不能改变文档本身,所以程序还是必须通过监听按键事件来启动语法分析,DocumentListener 监听器中仅仅记录文档改变部分的位置和长度。

除此之外,程序还提供了一个 SyntaxFormatter 类根据语法文件来设置文档中的文字颜色。

程序清单：codes\12\12.12\MyTextPane.java

```java
public class MyTextPane extends JTextPane
{
    protected StyledDocument doc;
    protected SyntaxFormatter formatter = new SyntaxFormatter("my.stx");
    // 定义该文档的普通文本的外观属性
    private SimpleAttributeSet normalAttr =
        formatter.getNormalAttributeSet();
    private SimpleAttributeSet quotAttr = new SimpleAttributeSet();
    // 保存文档改变的开始位置
    private int docChangeStart = 0;
    // 保存文档改变的长度
    private int docChangeLength = 0;
    public MyTextPane()
    {
        StyleConstants.setForeground(quotAttr
            , new Color(255, 0 , 255));
        StyleConstants.setFontSize(quotAttr, 16);
        this.doc = super.getStyledDocument();
        // 设置该文档的页边距
        this.setMargin(new Insets(3, 40, 0, 0));
        // 添加按键监听器,当按键松开时进行语法分析
        this.addKeyListener(new KeyAdapter()
        {
            public void keyReleased(KeyEvent ke)
            {
                syntaxParse();
            }
        });
        // 添加文档监听器
        doc.addDocumentListener(new DocumentListener()
        {
            // 当 Document 的属性或属性集发生了变化时触发该方法
            public void changedUpdate(DocumentEvent e){}
            // 当向 Document 中插入文本时触发该方法
            public void insertUpdate(DocumentEvent e)
            {
                docChangeStart = e.getOffset();
                docChangeLength = e.getLength();
            }
            // 当从 Document 中删除文本时触发该方法
            public void removeUpdate(DocumentEvent e){}
        });
    }
    public void syntaxParse()
    {
        try
        {
            // 获取文档的根元素,即文档内的全部内容
            Element root = doc.getDefaultRootElement();
            // 获取文档中光标插入符的位置
            int cursorPos = this.getCaretPosition();
            int line = root.getElementIndex(cursorPos);
            // 获取光标所在位置的行
            Element para = root.getElement(line);
            // 定义光标所在行的行头在文档中的位置
            int start = para.getStartOffset();
            // 让 start 等于 start 与 docChangeStart 中的较小值
            start = start > docChangeStart ? docChangeStart :start;
```

```java
            // 定义被修改部分的长度
            int length = para.getEndOffset() - start;
            length = length < docChangeLength ? docChangeLength + 1
                : length;
            // 取出所有可能被修改的字符串
            String s = doc.getText(start, length);
            // 以空格、点号等作为分隔符
            String[] tokens = s.split("\\s+|\\.|\\(|\\)|\\{|\\}|\\[|\\]");
            // 定义当前分析单词在 s 字符串中的开始位置
            int curStart = 0;
            // 定义单词是否处于引号内
            boolean isQuot = false;
            for (String token : tokens)
            {
                // 找出当前分析单词在 s 字符串中的位置
                int tokenPos = s.indexOf(token , curStart);
                if (isQuot && (token.endsWith("\"") || token.endsWith("\'")))
                {
                    doc.setCharacterAttributes(start + tokenPos
                        , token.length(), quotAttr, false);
                    isQuot = false;
                }
                else if (isQuot && !(token.endsWith("\"")
                    || token.endsWith("\'")))
                {
                    doc.setCharacterAttributes(start + tokenPos
                        , token.length(), quotAttr, false);
                }
                else if ((token.startsWith("\"") || token.startsWith("\'"))
                    && (token.endsWith("\"") || token.endsWith("\'")))
                {
                    doc.setCharacterAttributes(start + tokenPos
                        , token.length(), quotAttr, false);
                }
                else if ((token.startsWith("\"") || token.startsWith("\'"))
                    && !(token.endsWith("\"") || token.endsWith("\'")))
                {
                    doc.setCharacterAttributes(start + tokenPos
                        , token.length(), quotAttr, false);
                    isQuot = true;
                }
                else
                {
                    // 使用格式器对当前单词设置颜色
                    formatter.setHighLight(doc , token , start + tokenPos
                        , token.length());
                }
                // 开始分析下一个单词
                curStart = tokenPos + token.length();
            }
        }
        catch (Exception ex)
        {
            ex.printStackTrace();
        }
    }
    // 重画该组件，设置行号
    public void paint(Graphics g)
    {
        super.paint(g);
        Element root = doc.getDefaultRootElement();
        // 获得行号
        int line = root.getElementIndex(doc.getLength());
        // 设置颜色
        g.setColor(new Color(230, 230, 230));
        // 绘制显示行数的矩形框
        g.fillRect(0 , 0 , this.getMargin().left - 10 , getSize().height);
        // 设置行号的颜色
        g.setColor(new Color(40, 40, 40));
        // 每行绘制一个行号
```

```java
            for (int count = 0, j = 1; count <= line; count++, j++)
            {
                g.drawString(String.valueOf(j), 3, (int)((count + 1)
                    * 1.535 * StyleConstants.getFontSize(normalAttr)));
            }
        }
        public static void main(String[] args)
        {
            JFrame frame = new JFrame("文本编辑器");
            // 使用 MyTextPane
            frame.getContentPane().add(new JScrollPane(new MyTextPane()));
            frame.setDefaultCloseOperation(JFrame.EXIT_ON_CLOSE);
            final int inset = 50;
            Dimension screenSize = Toolkit.getDefaultToolkit().getScreenSize();
            frame.setBounds(inset, inset, screenSize.width - inset*2
                , screenSize.height - inset * 2);
            frame.setVisible(true);
        }
}
// 定义语法格式器
class SyntaxFormatter
{
    // 以一个 Map 保存关键字和颜色的对应关系
    private Map<SimpleAttributeSet , ArrayList<String>> attMap
        = new HashMap<>();
    // 定义文档的正常文本的外观属性
    SimpleAttributeSet normalAttr = new SimpleAttributeSet();
    public SyntaxFormatter(String syntaxFile)
    {
        // 设置正常文本的颜色、大小
        StyleConstants.setForeground(normalAttr, Color.BLACK);
        StyleConstants.setFontSize(normalAttr, 16);
        // 创建一个 Scanner 对象，负责根据语法文件加载颜色信息
        Scanner scaner = null;
        try
        {
            scaner = new Scanner(new File(syntaxFile));
        }
        catch (FileNotFoundException e)
        {
            throw new RuntimeException("丢失语法文件："
                + e.getMessage());
        }
        int color = -1;
        ArrayList<String> keywords = new ArrayList<>();
        // 不断读取语法文件的内容行
        while(scaner.hasNextLine())
        {
            String line = scaner.nextLine();
            // 如果当前行以#开头
            if (line.startsWith("#"))
            {
                if (keywords.size() > 0 && color > -1)
                {
                    // 取出当前行的颜色值，并封装成 SimpleAttributeSet 对象
                    SimpleAttributeSet att = new SimpleAttributeSet();
                    StyleConstants.setForeground(att, new Color(color));
                    StyleConstants.setFontSize(att, 16);
                    // 将当前颜色和关键字 List 对应起来
                    attMap.put(att , keywords);
                }
                // 重新创建新的关键字 List，为下一个语法格式做准备
                keywords = new ArrayList<>();
                color = Integer.parseInt(line.substring(1) , 16);
            }
            else
            {
                // 对于普通行，将每行内容添加到关键字 List 里
```

```java
            if (line.trim().length() > 0)
            {
                keywords.add(line.trim());
            }
        }
    }
    // 把所有的关键字和颜色对应起来
    if (keywords.size() > 0 && color > -1)
    {
        SimpleAttributeSet att = new SimpleAttributeSet();
        StyleConstants.setForeground(att, new Color(color));
        StyleConstants.setFontSize(att, 16);
        attMap.put(att , keywords);
    }
}
// 返回该格式器里正常文本的外观属性
public SimpleAttributeSet getNormalAttributeSet()
{
    return normalAttr;
}
// 设置语法高亮
public void setHighLight(StyledDocument doc , String token
    , int start , int length)
{
    // 保存当前单词对应的外观属性
    SimpleAttributeSet currentAttributeSet = null;
    outer :
    for (SimpleAttributeSet att : attMap.keySet())
    {
        // 取出当前颜色对应的所有关键字
        ArrayList<String> keywords = attMap.get(att);
        // 遍历所有关键字
        for (String keyword : keywords)
        {
            // 如果该关键字与当前单词相同
            if (keyword.equals(token))
            {
                // 跳出循环，并设置当前单词对应的外观属性
                currentAttributeSet = att;
                break outer;
            }
        }
    }
    // 如果当前单词对应的外观属性不为空
    if (currentAttributeSet != null)
    {
        // 设置当前单词的颜色
        doc.setCharacterAttributes(start , length
            , currentAttributeSet , false);
    }
    // 否则使用普通外观来设置该单词
    else
    {
        doc.setCharacterAttributes(start , length , normalAttr , false);
    }
}
```

上面程序中的粗体字代码负责分析当前单词与哪种颜色关键字匹配，并为这段文字设置字体颜色。其实这段程序为文档中的单词设置颜色并不难，难点在于找出每个单词与哪种关键字匹配，并要标识出该单词在文档中的位置，然后才可以为该单词设置颜色。

运行上面程序，会看到如图 12.62 所示的带语法高亮的文本编辑器。

上面程序已经完成了对不同类型的单词进行着色，所以会看到如图 12.62 示的运行界面。如果进行改进，则可以为上面的编辑器增加括号配对、代码折叠等功能，这些都可以通过 JTextPane 组件来完成。对于此文本编辑器，只要传入不同的语法文件，程序就可以为不同的源代码显示语法高亮。

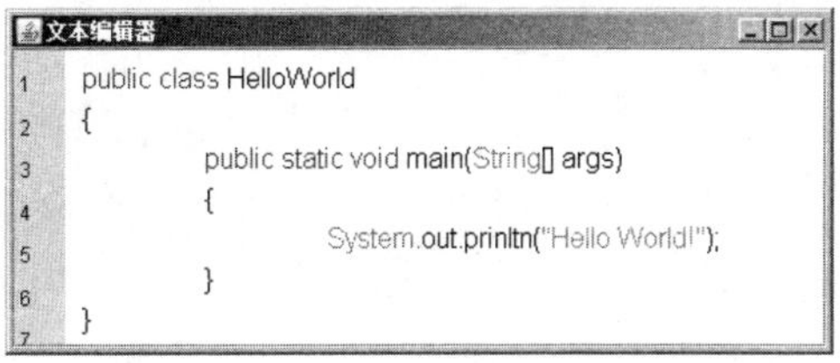

图 12.62　带语法高亮的文本编辑器

12.13　本章小结

本章与前一章内容的结合性非常强，本章主要介绍了以 AWT 为基础的 Swing 编程知识。本章简要介绍了 Swing 基本组件如对话框、按钮的用法，还详细介绍了 Swing 所提供的特殊容器。除此之外，本章重点介绍了 Swing 提供的特殊控件：JList、JComboBox、JSpinner、JSlider、JTable、JTree 等，介绍 JTable、JTree 时深入介绍了 Swing 的 MVC 实现机制，并通过提供自定义的 Render 来改变页面 JTable、JTree 的外观效果。

▶▶ **本章练习**

1．设计俄罗斯方块游戏。

2．设计仿 ACDSee 的看图程序。

3．结合 JTree、JList、JSplitPane、JDesktopPane、JInternalFrame、JTextPane 等组件，开发仿 EditPlus 的文字编辑程序界面，可以暂时不提供文字保存、文字打开等功能。

CHAPTER 13

第 13 章
MySQL 数据库与 JDBC 编程

本章要点

- 关系数据库和 SQL 语句
- DML 语句的语法
- DDL 语句的语法
- 简单查询语句的语法
- 多表连接查询
- 子查询
- JDBC 数据库编程步骤
- 执行 SQL 语句的三种方法
- 使用 PreparedStatement 执行 SQL 语句
- 使用 CallableStatement 调用存储过程
- 使用 ResultSetMetaData 分析结果集元数据
- 理解并掌握 RowSet、RowSetFactory
- 离线 RowSet
- 使用 RowSet 控制分页
- 使用 DatabaseMetaData 分析数据库元数据
- 事务的基础知识
- SQL 语句中的事务控制
- JDBC 编程中的事务控制

通过使用 JDBC，Java 程序可以非常方便地操作各种主流数据库，这是 Java 语言的巨大魅力所在。由于 Java 语言的跨平台特性，所以使用 JDBC 编写的程序不仅可以实现跨数据库，还可以跨平台，具有非常优秀的可移植性。

程序使用 JDBC API 以统一的方式来连接不同的数据库，然后通过 Statement 对象来执行标准的 SQL 语句，并可以获得 SQL 语句访问数据库的结果，因此掌握标准的 SQL 语句是学习 JDBC 编程的基础。本章将会简要介绍关系数据库理论基础，并以 MySQL 数据库为例来讲解标准的 SQL 语句的语法细节，包括基本查询语句、多表连接查询和子查询等。

本章将重点介绍 JDBC 连接数据库的详细步骤，并讲解使用 JDBC 执行 SQL 语句的各种方式，包括使用 CallableStatement 调用存储过程等。本章还会介绍 ResultSetMetaData、DatabaseMetaData 两个接口的用法。事务也是数据库编程中的重要概念，本章不仅会介绍标准 SQL 语句中的事务控制语句，而且会讲解如何利用 JDBC API 进行事务控制。

13.1 JDBC 基础

JDBC 的全称是 Java Database Connectivity，即 Java 数据库连接，它是一种可以执行 SQL 语句的 Java API。程序可通过 JDBC API 连接到关系数据库，并使用结构化查询语言（SQL，数据库标准的查询语言）来完成对数据库的查询、更新。

与其他数据库编程环境相比，JDBC 为数据库开发提供了标准的 API，所以使用 JDBC 开发的数据库应用可以跨平台运行，而且可以跨数据库（如果全部使用标准的 SQL）。也就是说，如果使用 JDBC 开发一个数据库应用，则该应用既可以在 Windows 平台上运行，也可以在 UNIX 等其他平台上运行；既可以使用 MySQL 数据库，也可以使用 Oracle 等数据库，而程序无须进行任何修改。

13.1.1 JDBC 简介

通过使用 JDBC，就可以使用同一种 API 访问不同的数据库系统。换言之，有了 JDBC API，就不必为访问 Oracle 数据库学习一组 API，为访问 DB2 数据库又学习一组 API……开发人员面向 JDBC API 编写应用程序，然后根据不同的数据库，使用不同的数据库驱动程序即可。

> **提示：** 最早的时候，Sun 公司希望自己开发一组 Java API，程序员通过这组 Java API 即可操作所有的数据库系统，但后来 Sun 发现这个目标具有不可实现性——因为数据库系统太多了，而且各数据库系统的内部特性又各不相同。后来 Sun 就制定了一组标准的 API，它们只是接口，没有提供实现类——这些实现类由各数据库厂商提供实现，这些实现类就是驱动程序。而程序员使用 JDBC 时只要面向标准的 JDBC API 编程即可，当需要在数据库之间切换时，只要更换不同的实现类（即更换数据库驱动程序）就行，这是面向接口编程的典型应用。

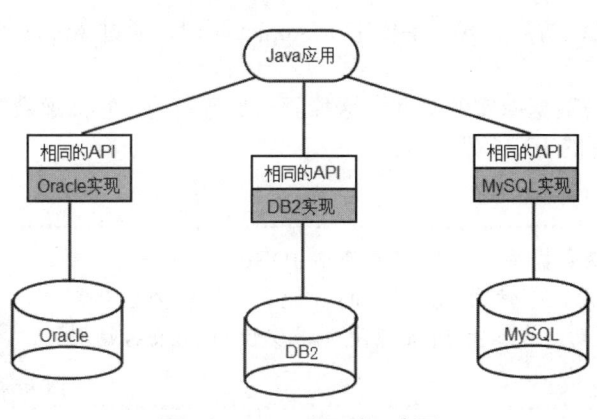

图 13.1 JDBC 驱动示意图

Java 语言的各种跨平台特性，都采用相似的结构，因为它们都需要让相同的程序在不同的平台上运行，所以都需要中间的转换程序（为了实现 Java 程序的跨平台性，Java 为不同的操作系统提供了不同的虚拟机）。同样，为了使 JDBC 程序可以跨平台，则需要不同的数据库厂商提供相应的驱动程序。图 13.1 显示了 JDBC 驱动示意图。

正是通过 JDBC 驱动的转换，才使得使用相同 JDBC API 编写的程序，在不同的数据库系统上运行良好。Sun 提供的 JDBC 可以完成以下三个基本工作。

➢ 建立与数据库的连接。
➢ 执行 SQL 语句。
➢ 获得 SQL 语句的执行结果。
通过 JDBC 的这三个功能，应用程序即可访问、操作数据库系统。

▶▶ 13.1.2 JDBC 驱动程序

数据库驱动程序是 JDBC 程序和数据库之间的转换层，数据库驱动程序负责将 JDBC 调用映射成特定的数据库调用。图 13.2 显示了 JDBC 示意图。

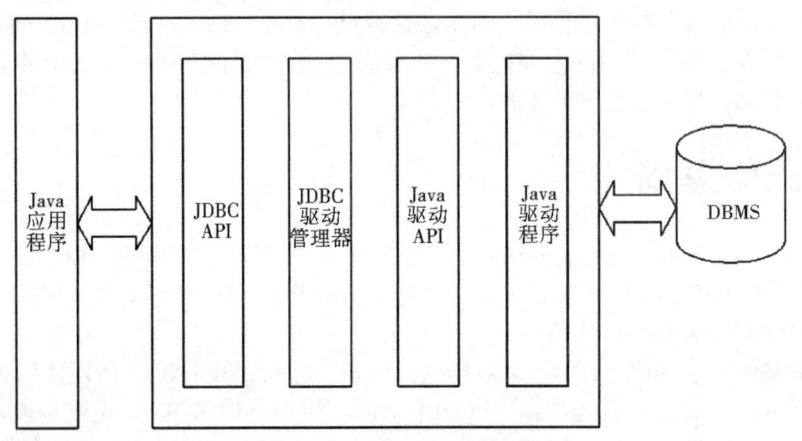

图 13.2　JDBC 访问示意图

大部分数据库系统，例如 Oracle 和 Sybase 等，都有相应的 JDBC 驱动程序，当需要连接某个特定的数据库时，必须有相应的数据库驱动程序。

> **提示：**
> 还有一种名为 ODBC 的技术，其全称是 Open Database Connectivity，即开放数据库连接。ODBC 和 JDBC 很像，严格来说，应该是 JDBC 模仿了 ODBC 的设计。ODBC 也允许应用程序通过一组通用的 API 访问不同的数据库管理系统，从而使得基于 ODBC 的应用程序可以在不同的数据库之间切换。同样，ODBC 也需要各数据库厂商提供相应的驱动程序，而 ODBC 则负责管理这些驱动程序。

JDBC 驱动通常有如下 4 种类型。

- ➢ 第 1 种 JDBC 驱动：称为 JDBC-ODBC 桥，这种驱动是最早实现的 JDBC 驱动程序，主要目的是为了快速推广 JDBC。这种驱动将 JDBC API 映射到 ODBC API。这种方式在 Java 8 中已经被删除了。
- ➢ 第 2 种 JDBC 驱动：直接将 JDBC API 映射成数据库特定的客户端 API。这种驱动包含特定数据库的本地代码，用于访问特定数据库的客户端。
- ➢ 第 3 种 JDBC 驱动：支持三层结构的 JDBC 访问方式，主要用于 Applet 阶段，通过 Applet 访问数据库。
- ➢ 第 4 种 JDBC 驱动：是纯 Java 的，直接与数据库实例交互。这种驱动是智能的，它知道数据库使用的底层协议。这种驱动是目前最流行的 JDBC 驱动。

> **注意：**
> 早期为了让 Java 程序操作 Access 这种伪数据库，可能需要使用 JDBC-ODBC 桥，但 JDBC-ODBC 桥不适合在并发访问数据库的情况下使用，其固有的性能和扩展能力也非常有限，因此 Java 8 删除了 JDBC-ODBC 桥驱动。基本上 Java 应用也很少使用 Access 这种伪数据库。

通常建议选择第 4 种 JDBC 驱动，这种驱动避开了本地代码，减少了应用开发的复杂性，也减少了产生冲突和出错的可能。如果对性能有严格的要求，则可以考虑使用第 2 种 JDBC 驱动，但使用这种驱动，则势必增加编码和维护的困难。

相对于 ODBC 而言，JDBC 更加简单。总结起来，JDBC 比 ODBC 多了如下几个优势。
- ODBC 更复杂，ODBC 中有几个命令需要配置很多复杂的选项，而 JDBC 则采用简单、直观的方式来管理数据库连接。
- JDBC 比 ODBC 安全性更高，更易部署。

13.2 SQL 语法

SQL 语句是对所有关系数据库都通用的命令语句，而 JDBC API 只是执行 SQL 语句的工具，JDBC 允许对不同的平台、不同的数据库采用相同的编程接口来执行 SQL 语句。在开始 JDBC 编程之前必须掌握基本的 SQL 知识，本节将以 MySQL 数据库为例详细介绍 SQL 语法知识。

> **提示：** 除标准的 SQL 语句之外，所有的数据库都会在标准 SQL 语句基础上进行扩展，增加一些额外的功能，这些额外的功能属于特定的数据库系统，不能在所有的数据库系统上都通用。因此，如果想让数据库应用程序可以跨数据库运行，则应该尽量少用这些属于特定数据库的扩展。

▶▶ 13.2.1 安装数据库

对于基于 JDBC 的应用程序，如果使用标准的 SQL 语句进行数据库操作，则应用程序可以在所有的数据库之间切换，只要为程序提供不同的数据库驱动程序即可。从这个角度来看，我们可以使用任何一种数据库来学习 JDBC 编程。本章将以 MySQL 为例来介绍 JDBC 编程，因为 MySQL 数据库非常小巧，而且使用相当简单。

> **提示：** 对初学者不推荐使用 Microsoft 的 SQL Server 作为 JDBC 应用的数据库，因为 Microsoft 为 SQL Server 提供的 JDBC 驱动偶尔会出现未知异常，这些异常会影响初学者学习的心情。

安装 MySQL 数据库与安装普通程序并没有太大的区别，关键是配置 MySQL 数据库时需要注意选择支持中文的编码集。下面简要介绍在 Windows 平台上下载和安装 MySQL 数据库系统的步骤。

① 登录 http://dev.mysql.com/downloads/mysql/ 站点，下载 MySQL 数据库的最新版本。本书成书之时，MySQL 数据库的最新稳定版本是 MySQL 5.7.19，建议下载该版本的 MySQL 安装文件。读者可根据自己所用的 Windows 平台选择下载相应的 MSI Installer 安装文件。

② 下载完成后，得到一个 mysql-installer-community-5.7.19.0.msi 文件，双击该文件，开始安装 MySQL 数据库系统，安装 MySQL 数据库系统与安装普通的 Windows 软件没有太大差别。

③ 开始安装 MySQL 后，在出现的对话框中单击"Install MySQL Products"按钮，然后看到"License Agreement"界面，该界面要求用户必须接受该协议才能安装 MySQL 数据库系统。勾选该界面下方的"I accept the license terms"复选框，然后单击"Next"按钮。

④ 显示如图 13.3 所示的安装选项对话框，勾选"Custom"单选钮，然后单击"Next"按钮。在该界面可以选择安装 MySQL 所需的组件和选择 MySQL 数据库及数据文件的安装路径，本书选择将 MySQL 数据库和数据文件都安装在 D 盘下。单击"Next"按钮，将显示选择安装组件对话框，选择安装 MySQL 服务器和文档，如图 13.4 所示。

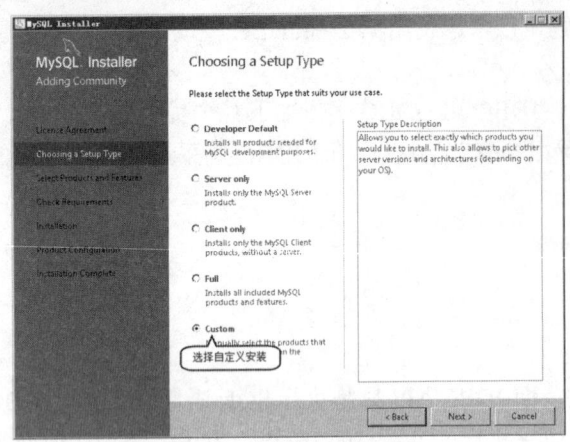
图 13.3　选择自定义安装

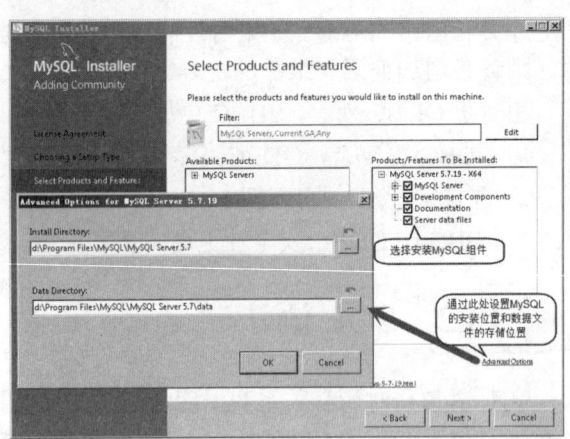
图 13.4　只安装 MySQL 服务器和文档并设置数据库和数据文件的安装位置

⑤ 单击"Next"按钮，MySQL Installer 会检查系统环境是否满足安装 MySQL 的要求。如果满足要求，则可以直接单击"Next"按钮开始安装；如果不符合条件，请根据 MySQL 提示先安装相应的系统组件，然后再重新安装 MySQL。开始安装 MySQL 数据库系统。

⑥ 成功安装 MySQL 数据库系统后，会看到如图 13.5 所示的成功安装对话框。

> **注意：**
> MySQL 需要 Visual Studio 2013 Redistributable，而且不管你的操作系统是 32 位还是 64 位的，它始终需要 32 位的 Visual Studio 2013 Redistributable，否则会安装失败。

⑦ MySQL 数据库程序安装成功后，系统还要求配置 MySQL 数据库。单击如图 13.5 所示对话框中下方的"Next"按钮，开始配置 MySQL 数据库。在如图 13.6 所示的对话框中，勾选"Standalone MySQL Server/Classic MySQL Replication"复选框，这样即可进行更详细的配置。

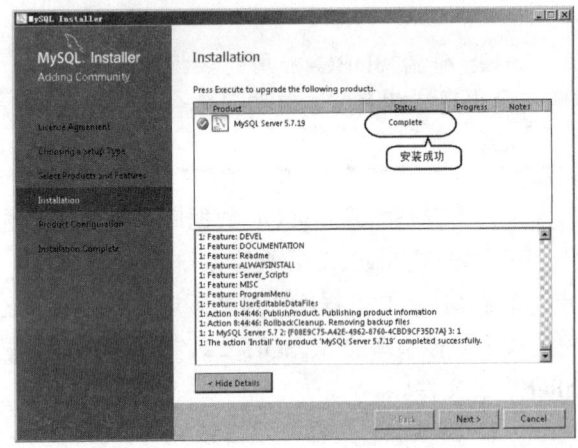
图 13.5　成功安装 MySQL 数据库

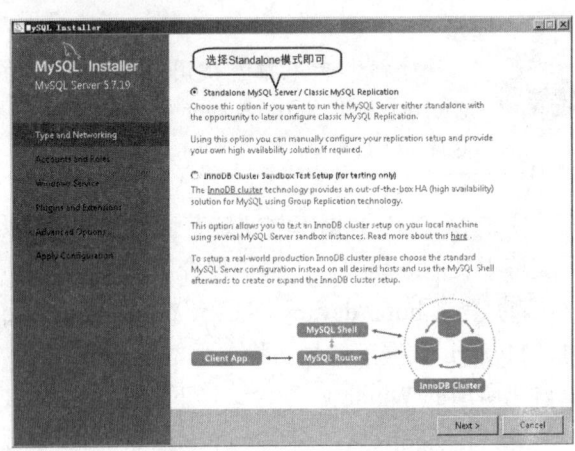
图 13.6　选择进行详细配置

⑧ 单击"Next"按钮，将出现如图 13.7 所示的对话框，允许用户设置 MySQL 的 root 账户密码，也允许添加更多的用户。

⑨ 如果需要为 MySQL 数据库添加更多的用户，则可单击"Add User"按钮进行添加。设置完成后单击"Next"按钮，在配置中将依次出现一系列对话框，但这些对话框对配置影响不大，直接单击"Next"按钮直至 MySQL 配置成功。

MySQL 可通过命令行客户端来管理 MySQL 数据库及数据库里的数据。经过上面 9 个步骤之后，应该在 Windows 的"开始"菜单中看到"MySQL"→"MySQL Server 5.7"→"MySQL 5.7 Command Line

Client - Unicode"菜单项，单击该菜单项将启动 MySQL 的命令行客户端窗口，进入该窗口将会提示输入 root 账户密码。

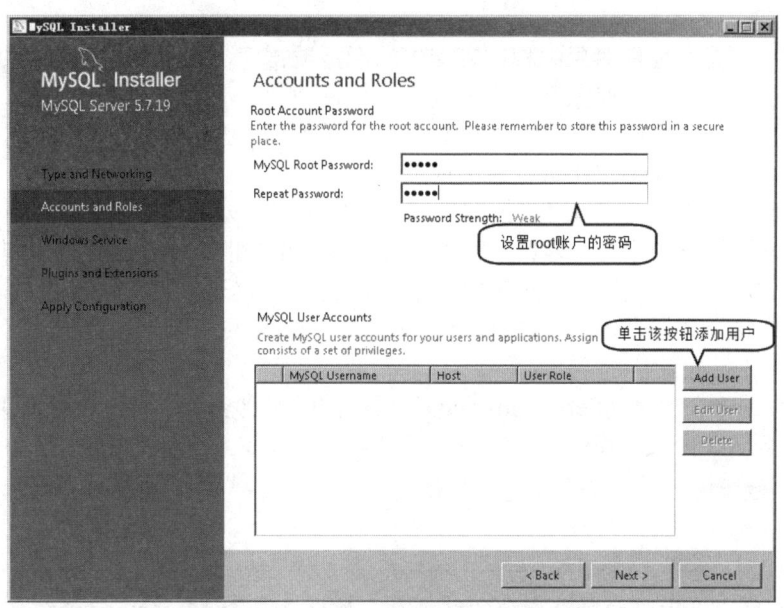

图 13.7　设置 root 账户密码和添加新用户

> **提示**：
> 由于 MySQL 默认使用 UTF-8 字符串，因此应该通过"MySQL 5.7 Command Line Client - Unicode"菜单项启动命令行工具，该工具将会使用 UTF-8 字符集。

> **提示**：
> 市面上有一个名为 SQLyog 的工具程序提供了较好的图形用户界面来管理 MySQL 数据库的数据。除此之外，MySQL 也提供了 MySQLAdministrator 工具来管理 MySQL 数据库。读者可以自行下载这两个工具，并使用这两个工具来管理 MySQL 数据库。但本书依然推荐读者使用命令行窗口，因为这种"恶劣"的工具会强制读者记住 SQL 命令的详细用法。

在命令行客户端工具中输入在如图 13.7 所示对话框中为 root 账户设定的密码，系统进入 MySQL 数据库系统，通过执行 SQL 命令就可以管理 MySQL 数据库系统了。

▶▶ 13.2.2　关系数据库基本概念和 MySQL 基本命令

严格来说，数据库（Database）仅仅是存放用户数据的地方。当用户访问、操作数据库中的数据时，就需要数据库管理系统的帮助。数据库管理系统的全称是 Database Management System，简称 DBMS。习惯上常常把数据库和数据库管理系统笼统地称为数据库，通常所说的数据库既包括存储用户数据的部分，也包括管理数据库的管理系统。

DBMS 是所有数据的知识库，它负责管理数据的存储、安全、一致性、并发、恢复和访问等操作。DBMS 有一个数据字典（有时也被称为系统表），用于存储它拥有的每个事务的相关信息，例如名字、结构、位置和类型，这种关于数据的数据也被称为元数据（metadata）。

在数据库发展历史中，按时间顺序主要出现了如下几种类型的数据库系统。

➢ 网状型数据库
➢ 层次型数据库
➢ 关系数据库
➢ 面向对象数据库

在上面 4 种数据库系统中，关系数据库是理论最成熟、应用最广泛的数据库。从 20 世纪 70 年代末开始，关系数据库理论逐渐成熟，随之涌现出大量商用的关系数据库。关系数据库理论经过30多年的发展已经相当完善，在大量数据的查找、排序操作上非常成熟且快速，并对数据库系统的并发、隔离有非常完善的解决方案。

面向对象数据库则是由面向对象编程语言催生的新型数据库，目前有些数据库系统如Oracle 11g等开始增加面向对象特性，但面向对象数据库还没有大规模地商业应用。

对于关系数据库而言，最基本的数据存储单元就是数据表，因此可以简单地把数据库想象成大量数据表的集合（当然，数据库绝不仅由数据表组成）。

数据表是存储数据的逻辑单元，可以把数据表想象成由行和列组成的表格，其中每一行也被称为一条记录，每一列也被称为一个字段。为数据库建表时，通常需要指定该表包含多少列，每列的数据类型信息，无须指定该数据表包含多少行——因为数据库表的行是动态改变的，每行用于保存一条用户数据。除此之外，还应该为每个数据表指定一个特殊列，该特殊列的值可以唯一地标识此行的记录，则该特殊列被称为主键列。

MySQL数据库的一个实例（Server Instance）可以同时包含多个数据库，MySQL使用如下命令来查看当前实例下包含多少个数据库：

```
show databases;
```

> **注意：**
> MySQL 默认以分号作为每条命令的结束符，所以在每条 MySQL 命令结束后都应该输一个英文分号（;）。

如果用户需要创建新的数据库，则可以使用如下命令：

```
create database [IF NOT EXISTS] 数据库名;
```

如果用户需要删除指定数据库，则可以使用如下命令：

```
drop database 数据库名;
```

建立了数据库之后，如果想操作该数据库（例如为该数据库建表，在该数据库中执行查询等操作），则需要进入该数据库。进入指定数据库可以使用如下命令：

```
use 数据库名;
```

进入指定数据库后，如果需要查询该数据库下包含多少个数据表，则可以使用如下命令：

```
show tables;
```

如果想查看指定数据表的表结构（查看该表有多少列，每列的数据类型等信息），则可以使用如下命令：

```
desc 表名
```

图13.8显示了使用MySQL命令行客户端执行这些命令的效果。

正如在图13.8中看到的，MySQL的命令行客户端依次执行了show databases;、drop database abc;等命令，如果将多条MySQL命令写在一份SQL脚本文件里，然后将这份SQL脚本的内容一次复制到该窗口里，将可以看到该命令行客户端一次性执行所有SQL命令的效果——这种一次性执行多条SQL命令的方式也被称为导入SQL脚本。

> **提示：**
> 本章的大量程序需要相应数据库的支持，因为本章的大部分程序都会提供对应的SQL脚本，因此运行这些程序之前，应该先向MySQL数据库中导入这些SQL脚本。

MySQL数据库安装成功后，在其安装目录下有一个bin路径（本书中该路径为D:\Program Files\MySQL\MySQL Server 5.7\bin），该路径下包含一个mysql命令，该命令用于启动MySQL命令行客户端。执行mysql命令的语法如下：

```
mysql -p 密码 -u 用户名 -h 主机名 --default-character-set=utf8
```

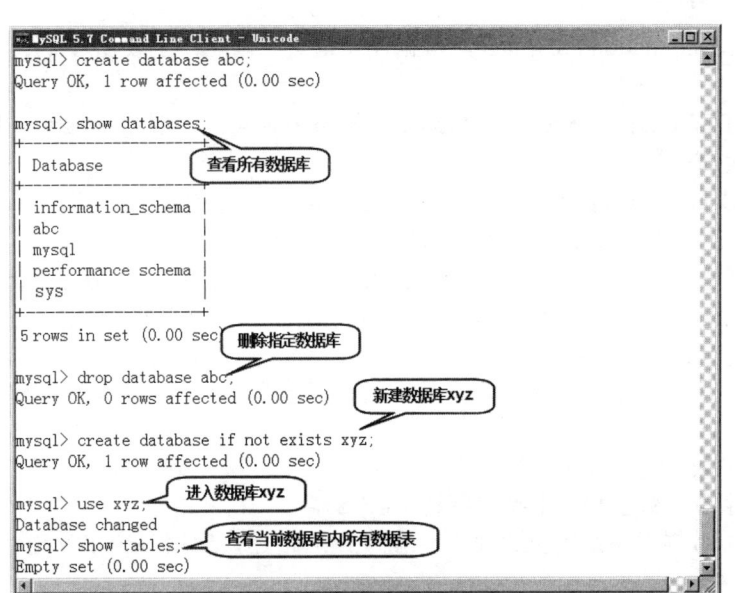

图 13.8 执行 MySQL 常用命令

执行上面命令可以连接远程主机的 MySQL 服务。为了保证有较好的安全性，执行上面命令时可以省略-p 后面的密码，执行该命令后系统会提示输入密码。

> **提示：**
> 为了更方便地使用该命令，可以将该 MySQL 安装路径下的 bin 目录添加到系统 PATH 环境变量中。实际上，"开始"菜单中的"MySQL 5.7 Command Line Client - Unicode"菜单项就是一条 mysql 命令。

MySQL 数据库通常支持如下两种存储机制。

- MyISAM：这是 MySQL 早期默认的存储机制，对事务支持不够好。
- InnoDB：InnoDB 提供事务安全的存储机制。InnoDB 通过建立行级锁来保证事务完整性，并以 Oracle 风格的共享锁来处理 Select 语句。系统默认启动 InnoDB 存储机制，如果不想使用 InnoDB 表，则可以使用 skip-innodb 选项。

对比两种存储机制，不难发现 InnoDB 比 MyISAM 多了事务支持的功能，而事务支持是 Java EE 最重要的特性，因此通常推荐使用 InnoDB 存储机制。如果使用 5.0 以上版本的 MySQL 数据库系统，通常无须指定数据表的存储机制，因为系统默认使用 InnoDB 存储机制。如果需要在建表时显式指定存储机制，则可在标准建表语法的后面添加下面任意一句。

- ENGINE=MyISAM——强制使用 MyISAM 存储机制。
- ENGINE=InnoDB——强制使用 InnoDB 存储机制。

▶▶ 13.2.3 SQL 语句基础

SQL 的全称是 Structured Query Language，也就是结构化查询语言。SQL 是操作和检索关系数据库的标准语言，标准的 SQL 语句可用于操作任何关系数据库。

使用 SQL 语句，程序员和数据库管理员（DBA）可以完成如下任务。

- 在数据库中检索信息。
- 对数据库的信息进行更新。
- 改变数据库的结构。
- 更改系统的安全设置。
- 增加或回收用户对数据库、表的许可权限。

在上面 5 个任务中，一般程序员可以管理前 3 个任务，后面 2 个任务通常由 DBA 来完成。
标准的 SQL 语句通常可分为如下几种类型。

- 查询语句：主要由 select 关键字完成，查询语句是 SQL 语句中最复杂、功能最丰富的语句。

- ➢ DML（Data Manipulation Language，数据操作语言）语句：主要由 insert、update 和 delete 三个关键字完成。
- ➢ DDL（Data Definition Language，数据定义语言）语句：主要由 create、alter、drop 和 truncate 四个关键字完成。
- ➢ DCL（Data Control Language，数据控制语言）语句：主要由 grant 和 revoke 两个关键字完成。
- ➢ 事务控制语句：主要由 commit、rollback 和 savepoint 三个关键字完成。

SQL 语句的关键字不区分大小写，也就是说，create 和 CREATE 的作用完全一样。在上面 5 种 SQL 语句中，DCL 语句用于为数据库用户授权，或者回收指定用户的权限，通常无须程序员操作，所以本节不打算介绍任何关于 DCL 的知识。

在 SQL 命令中也可能需要使用标识符，标识符可用于定义表名、列名，也可用于定义变量等。这些标识符的命名规则如下。

- ➢ 标识符通常必须以字母开头。
- ➢ 标识符包括字母、数字和三个特殊字符（# _ $）。
- ➢ 不要使用当前数据库系统的关键字、保留字，通常建议使用多个单词连缀而成，单词之间以_分隔。
- ➢ 同一个模式下的对象不应该同名，这里的模式指的是外模式。

掌握了 SQL 的这些基础知识后，下面将分类介绍各种 SQL 语句。

> **注意：**
> truncate 是一个特殊的 DDL 语句，truncate 在很多数据库中都被归类为 DDL，它相当于先删除指定的数据表，然后再重建该数据表。如果使用 MySQL 的普通存储机制，truncate 确实是这样的。但如果使用 InnoDB 存储机制，则比较复杂，在 MySQL 5.0.3 之前，truncate 和 delete 完全一样；在 5.0.3 之后，truncate table 比 delete 效率高，但如果该表被外键约束所参照，则依然被映射成 delete 操作。当使用快速 truncate 时，该操作会重设自动增长计数器。在 5.0.13 之后，快速 truncate 总是可用，即比 delete 性能要好。关于 truncate 的用法，请参考本章后面内容。

13.2.4 DDL 语句

DDL 语句是操作数据库对象的语句，包括创建（create）、删除（drop）和修改（alter）数据库对象。

前面已经介绍过，最基本的数据库对象是数据表，数据表是存储数据的逻辑单元。但数据库里绝不仅包括数据表，数据库里可包含如表 13.1 所示的几种常见的数据库对象。

表 13.1 常见的数据库对象

对象名称	对应关键字	描述
表	table	表是存储数据的逻辑单元，以行和列的形式存在；列就是字段，行就是记录
数据字典		就是系统表，存放数据库相关信息的表。系统表里的数据通常由数据库系统维护，程序员通常不应该手动修改系统表及系统表数据，只可查看系统表数据
约束	constraint	执行数据校验的规则，用于保证数据完整性的规则
视图	view	一个或者多个数据表里数据的逻辑显示。视图并不存储数据
索引	index	用于提高查询性能，相当于书的目录
函数	function	用于完成一次特定的计算，具有一个返回值
存储过程	procedure	用于完成一次完整的业务处理，没有返回值，但可通过传出参数将多个值传给调用环境
触发器	trigger	相当于一个事件监听器，当数据库发生特定事件后，触发器被触发，完成相应的处理

因为存在上面几种数据库对象，所以 create 后可以紧跟不同的关键字。例如，建表应使用 create table，建索引应使用 create index，建视图应使用 create view……drop 和 alter 后也需要添加类似的关键字来表示删除、修改哪种数据库对象。

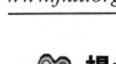
> **提示:**
> 因为函数、存储过程和触发器属于数据库编程内容,而且需要大量使用数据库特性,这已经超出了本书的介绍范围,故本章不打算介绍函数、存储过程和触发器编程。

1. 创建表的语法

标准的建表语句的语法如下:

```
create table [模式名.]表名
(
    # 可以有多个列定义
    columnName1 datatype [default expr] ,
    ...
)
```

上面语法中圆括号里可以包含多个列定义,每个列定义之间以英文逗号(,)隔开,最后一个列定义不需要使用英文逗号,而是直接以括号结束。

前面已经讲过,建立数据表只是建立表结构,就是指定该数据表有多少列,每列的数据类型,所以建表语句的重点就是圆括号里的列定义,列定义由列名、列类型和可选的默认值组成。

列定义有点类似于 Java 里的变量定义,与变量定义不同的是,列定义时将列名放在前面,列类型放在后面。如果要指定列的默认值,则使用 default 关键字,而不是使用等号(=)。

例如下面的建表语句:

```
create table test
(
    # 整型通常用 int
    test_id int,
    # 小数点数
    test_price decimal,
    # 普通长度文本,使用 default 指定默认值
    test_name varchar(255) default 'xxx',
    # 大文本类型
    test_desc text,
    # 图片
    test_img blob,
    test_date datetime
);
```

建表时需要指定每列的数据类型,不同数据库所支持的列类型不同,这需要查阅不同数据库的相关文档。MySQL 支持如表 13.2 所示的几种列类型。

表 13.2 MySQL 支持的列类型

列 类 型	说 明
tinyint/smallint/mediumint int(integer)/bigint	1 字节/2 字节/3 字节/4 字节/8 字节整数,又可分为有符号和无符号两种。这些整数类型的区别仅仅是表数范围不同
float/double	单精度、双精度浮点类型
decimal(dec)	精确小数类型,相对于 float 和 double 不会产生精度丢失的问题
date	日期类型,不能保存时间。把 java.util.Date 对象保存进 date 列时,时间部分将会丢失
time	时间类型,不能保存日期。把 java.util.Date 对象保存进 time 列时,日期部分将会丢失
datetime	日期、时间类型
timestamp	时间戳类型
year	年类型,仅仅保存时间的年份
char	定长字符串类型
varchar	可变长度字符串类型
binary	定长二进制字符串类型,它以二进制形式保存字符串

续表

列 类 型	说 明
varbinary	可变长度的二进制字符串类型，它以二进制形式保存字符串
tinyblob/blob mediumblob/longblob	1字节/2字节/3字节/4字节的二进制大对象，可用于存储图片、音乐等二进制数据，分别可存储：255B/64KB/16MB/4GB 的大小
tinytext/text mediumtext/longtext	1字节/2字节/3字节/4字节的文本对象，可用于存储超长长度的字符串，分别可存储：255B/64KB/16MB/4GB 大小的文本
enum('value1','value2',...)	枚举类型，该列的值只能是 enum 后括号里多个值的其中之一
set('value1','value2',...)	集合类型，该列的值可以是 set 后括号里多个值的其中几个

上面是比较常见的建表语句，这种建表语句只是创建一个空表，该表里没有任何数据。如果使用子查询建表语句，则可以在建表的同时插入数据。子查询建表语句的语法如下：

```
create table [模式名.]表名 [column[, column...]]
as subquery;
```

上面语法中新表的字段列表必须与子查询中的字段列表数量匹配，创建新表时的字段列表可以省略，如果省略了该字段列表，则新表的列名与选择结果完全相同。下面语句使用子查询来建表。

```
# 创建 hehe 数据表，该数据表和 user_inf 完全相同，数据也完全相同
create table hehe
as
select * from user_inf;
```

因为上面语句是利用子查询来建立数据表，所以执行该 SQL 语句要求数据库中已存在 user_inf 数据表（读者可向 test 数据库中导入 codes\13\13.2 目录下的 user_inf.sql 脚本后执行上面命令），否则程序将出现错误。

> **提示：**
> 当数据表创建成功后，MySQL 使用 information_schema 数据库里的 TABLES 表来保存该数据库实例中的所有数据表，用户可通过查询 TABLES 表来获取该数据库的表信息。

2. 修改表结构的语法

修改表结构使用 alter table，修改表结构包括增加列定义、修改列定义、删除列、重命名列等操作。增加列定义的语法如下：

```
alter table 表名
add
(
    # 可以有多个列定义
    column_name1 datatype [default expr] ,
    ...
);
```

上面的语法格式中圆括号部分与建表语法的圆括号部分完全相同，只是此时圆括号里的列定义是追加到已有表的列定义后面。还有一点需要指出，如果只是新增一列，则可以省略圆括号，仅在 add 后紧跟一个列定义即可。为数据表增加字段的 SQL 语句如下：

```
# 为 hehe 数据表增加一个 hehe_id 字段，该字段的类型为 int
alter table hehe
add hehe_id int;
# 为 hehe 数据表增加 aaa、bbb 字段，两个字段的类型都为 varchar(255)
alter table hehe
add
(
    aaa varchar(255) default 'xxx',
    bbb varchar(255)
);
```

上面第二条 SQL 语句增加 aaa 字段时，为该字段指定默认值为'xxx'。值得指出的是，SQL 语句中

的字符串值不是用双引号引起,而是用单引号引起的。

增加字段时需要注意:如果数据表中已有数据记录,除非给新增的列指定了默认值,否则新增的数据列不可指定非空约束,因为那些已有的记录在新增列上肯定是空(实际上,修改表结构很容易失败,只要新增的约束与已有数据冲突,修改就会失败)。

修改列定义的语法如下:

```
alter table 表名
modify column_name datatype [default expr] [first|after col_name];
```

上面语法中 first 或者 after col_name 指定需要将目标修改到指定位置。

从上面修改语法中可以看出,该修改语句每次只能修改一个列定义,如下代码所示:

```
# 将 hehe 表的 hehe_id 列修改成 varchar(255) 类型
alter table hehe
modify hehe_id varchar(255);
# 将 hehe 表的 bbb 列修改成 int 类型
alter table hehe
modify bbb int;
```

从上面代码中不难看出,使用 SQL 修改数据表里列定义的语法和为数据表只增加一个列定义的语法几乎完全一样,关键是增加列定义使用 add 关键字,而修改列定义使用 modify 关键字。还有一点需要指出,add 新增的列名必须是原表中不存在的,而 modify 修改的列名必须是原表中已存在的。

> **注意:** 虽然 MySQL 的一个 modify 命令不支持一次修改多个列定义,但其他数据库如 Oracle 支持一个 modify 命令修改多个列定义,一个 modify 命令修改多个列定义的语法和一个 add 命令增加多个列定义的语法非常相似,也需要使用圆括号把多个列定义括起来。如果需要让 MySQL 支持一次修改多个列定义,则可在 alter table 后使用多个 modify 命令。

如果数据表里已有数据记录,则修改列定义非常容易失败,因为有可能修改的列定义规则与原有的数据记录不符合。如果修改数据列的默认值,则只会对以后的插入操作有作用,对以前已经存在的数据不会有任何影响。

从数据表中删除列的语法比较简单:

```
alter table 表名
drop column_name
```

删除列只要在 drop 后紧跟需要删除的列名即可。例如:

```
# 删除 hehe 表中的 aaa 字段
alter table hehe
drop aaa;
```

从数据表中删除列定义通常总是可以成功,删除列定义时将从每行中删除该列的数据,并释放该列在数据块中占用的空间。所以删除大表中的字段时需要比较长的时间,因为还需要回收空间。

上面介绍的这些增加列、修改列和删除列的语法是标准的 SQL 语法,对所有的数据库都通用。除此之外,MySQL 还提供了两种特殊的语法:重命名数据表和完全改变列定义。

重命名数据表的语法格式如下:

```
alter table 表名
rename to 新表名
```

如下 SQL 语句用于将 hehe 表命名为 wawa:

```
# 将 hehe 数据表重命名为 wawa
alter table hehe
rename to wawa;
```

MySQL 为 alter table 提供了 change 选项,该选项可以改变列名。change 选项的语法如下:

```
alter table 表名
```

```
change old_column_name new_column_name type [default expr] [first|after col_name]
```

对比 change 和 modify 两个选项，不难发现：change 选项比 modify 选项多了一个列名，因为 change 选项可以改变列名，所以它需要两个列名。一般而言，如果不需要改变列名，使用 alter table 的 modify 选项即可，只有当需要修改列名时才会使用 change 选项。如下语句所示：

```
# 将 wawa 数据表的 bbb 字段重命名为 ddd
alter table wawa
change bbb ddd int;
```

3. 删除表的语法

删除表的语法格式如下：

```
drop table 表名;
```

如下 SQL 语句将会把数据库中已有的 wawa 数据表删除：

```
# 删除数据表
drop table wawa;
```

删除数据表的效果如下。
- ➢ 表结构被删除，表对象不再存在。
- ➢ 表里的所有数据也被删除。
- ➢ 该表所有相关的索引、约束也被删除。

4. truncate 表

对于大部分数据库而言，truncate 都被当成 DDL 处理，truncate 被称为"截断"某个表——它的作用是删除该表里的全部数据，但保留表结构。相对于 DML 里的 delete 命令而言，truncate 的速度要快得多，而且 truncate 不像 delete 可以删除指定的记录，truncate 只能一次性删除整个表的全部记录。truncate 命令的语法如下：

```
truncate 表名
```

MySQL 对 truncate 的处理比较特殊——如果使用非 InnoDB 存储机制，truncate 比 delete 速度要快；如果使用 InnoDB 存储机制，在 MySQL 5.0.3 之前，truncate 和 delete 完全一样，在 5.0.3 之后，truncate table 比 delete 效率高，但如果该表被外键约束所参照，truncate 又变为 delete 操作。在 5.0.13 之后，快速 truncate 总是可用，即比 delete 性能要好。

▶▶ 13.2.5 数据库约束

前面创建的数据表仅仅指定了一些列定义，这仅仅是数据表的基本功能。除此之外，所有的关系数据库都支持对数据表使用约束，通过约束可以更好地保证数据表里数据的完整性。约束是在表上强制执行的数据校验规则，约束主要用于保证数据库里数据的完整性。除此之外，当表中数据存在相互依赖性时，可以保护相关的数据不被删除。

大部分数据库支持下面 5 种完整性约束。
- ➢ NOT NULL：非空约束，指定某列不能为空。
- ➢ UNIQUE：唯一约束，指定某列或者几列组合不能重复。
- ➢ PRIMARY KEY：主键，指定该列的值可以唯一地标识该条记录。
- ➢ FOREIGN KEY：外键，指定该行记录从属于主表中的一条记录，主要用于保证参照完整性。
- ➢ CHECK：检查，指定一个布尔表达式，用于指定对应列的值必须满足该表达式。

虽然大部分数据库都支持上面 5 种约束，但 MySQL 不支持 CHECK 约束，虽然 MySQL 的 SQL 语句也可以使用 CHECK 约束，但这个 CHECK 约束不会有任何作用。

虽然约束的作用只是用于保证数据表里数据的完整性，但约束也是数据库对象，并被存储在系统表中，也拥有自己的名字。根据约束对数据列的限制，约束分为如下两类。
- ➢ 单列约束：每个约束只约束一列。
- ➢ 多列约束：每个约束可以约束多个数据列。

为数据表指定约束有如下两个时机。

- 建表的同时为相应的数据列指定约束。
- 建表后创建，以修改表的方式来增加约束。

大部分约束都可以采用列级约束语法或者表级约束语法。下面依次介绍 5 种约束的建立和删除（约束通常无法修改）。

> **提示：**
> MySQL 使用 information_schema 数据库里的 TABLE_CONSTRAINTS 表来保存该数据库实例中所有的约束信息，用户可以通过查询 TABLE_CONSTRAINTS 表来获取该数据库的约束信息。

1. NOT NULL 约束

非空约束用于确保指定列不允许为空，非空约束是比较特殊的约束，它只能作为列级约束使用，只能使用列级约束语法定义。这里要介绍一下 SQL 中的 null 值，SQL 中的 null 不区分大小写。SQL 中的 null 具有如下特征。

- 所有数据类型的值都可以是 null，包括 int、float、boolean 等数据类型。
- 与 Java 类似的是，空字符串不等于 null，0 也不等于 null。

如果需要在建表时为指定列指定非空约束，只要在列定义后增加 not null 即可。建表语句如下：

```
create table hehe
(
    # 建立了非空约束，这意味着 hehe_id 不可以为 null
    hehe_id int not null,
    # MySQL 的非空约束不能指定名字
    hehe_name varchar(255) default 'xyz' not null,
    # 下面列可以为空，默认就是可以为空
    hehe_gender varchar(2) null
);
```

除此之外，也可以在使用 alter table 修改表时增加或者删除非空约束，SQL 命令如下：

```
# 增加非空约束
alter table hehe
modify hehe_gender varchar(2) not null;
# 取消非空约束
alter table hehe
modify hehe_name varchar(2) null;
# 取消非空约束，并指定默认值
alter table hehe
modify hehe_name varchar(255) default 'abc' null;
```

2. UNIQUE 约束

唯一约束用于保证指定列或指定列组合不允许出现重复值。虽然唯一约束的列不可以出现重复值，但可以出现多个 null 值（因为在数据库中 null 不等于 null）。

同一个表内可建多个唯一约束，唯一约束也可由多列组合而成。当为某列创建唯一约束时，MySQL 会为该列相应地创建唯一索引。如果不给唯一约束起名，该唯一约束默认与列名相同。

唯一约束既可以使用列级约束语法建立，也可以使用表级约束语法建立。如果需要为多列建组合约束，或者需要为唯一约束指定约束名，则只能用表级约束语法。

当建立唯一约束时，MySQL 在唯一约束所在列或列组合上建立对应的唯一索引。

使用列级约束语法建立唯一约束非常简单，只要简单地在列定义后增加 unique 关键字即可。SQL 语句如下：

```
# 建表时创建唯一约束，使用列级约束语法建立约束
create table unique_test
(
    # 建立了非空约束，这意味着 test_id 不可以为 null
    test_id int not null,
```

```
# unique 就是唯一约束，使用列级约束语法建立唯一约束
test_name varchar(255) unique
);
```

如果需要为多列组合建立唯一约束，或者想自行指定约束名，则需要使用表级约束语法。表级约束语法格式如下：

```
[constraint 约束名] 约束定义
```

上面的表级约束语法格式既可放在 create table 语句中与列定义并列，也可放在 alter table 语句中使用 add 关键字来添加约束。SQL 语句如下：

```
# 建表时创建唯一约束，使用表级约束语法建立约束
create table unique_test2
(
    # 建立了非空约束，这意味着 test_id 不可以为 null
    test_id int not null,
    test_name varchar(255),
    test_pass varchar(255),
    # 使用表级约束语法建立唯一约束
    unique (test_name),
    # 使用表级约束语法建立唯一约束，而且指定约束名
    constraint test2_uk unique(test_pass)
);
```

上面的建表语句为 test_name、test_pass 分别建立了唯一约束，这意味着这两列都不能出现重复值。除此之外，还可以为这两列组合建立唯一约束，SQL 语句如下：

```
# 建表时创建唯一约束，使用表级约束语法建立约束
create table unique_test3
(
    # 建立了非空约束，这意味着 test_id 不可以为 null
    test_id int not null,
    test_name varchar(255),
    test_pass varchar(255),
    # 使用表级约束语法建立唯一约束，指定两列组合不允许重复
    constraint test3_uk unique(test_name,test_pass)
);
```

对于上面的 unique_test2 和 unique_test3 两个表，都是对 test_name、test_pass 建立唯一约束，其中 unique_test2 要求 test_name、test_pass 都不能出现重复值，而 unique_test3 只要求 test_name、test_pass 两列值的组合不能重复。

也可以在修改表结构时使用 add 关键字来增加唯一约束，SQL 语句如下：

```
# 增加唯一约束
alter table unique_test3
add unique(test_name, test_pass);
```

还可以在修改表时使用 modify 关键字，为单列采用列级约束语法来增加唯一约束，代码如下：

```
# 为 unique_test3 表的 test_name 列增加唯一约束
alter table unique_test3
modify test_name varchar(255) unique;
```

对于大部分数据库而言，删除约束都是在 alter table 语句后使用"drop constraint 约束名"语法来完成的，但 MySQL 并不使用这种方式，而是使用"drop index 约束名"的方式来删除约束。例如如下 SQL 语句：

```
# 删除 unique_test3 表上的 test3_uk 唯一约束
alter table unique_test3
drop index test3_uk;
```

3. PRIMARY KEY 约束

主键约束相当于非空约束和唯一约束，即主键约束的列既不允许出现重复值，也不允许出现 null 值；如果对多列组合建立主键约束，则多列里包含的每一列都不能为空，但只要求这些列组合不能重复。

主键列的值可用于唯一地标识表中的一条记录。

每一个表中最多允许有一个主键，但这个主键约束可由多个数据列组合而成，主键是表中能唯一确定一行记录的字段或字段组合。

建立主键约束时既可使用列级约束语法，也可使用表级约束语法。如果需要对多个字段建立组合主键约束，则只能使用表级约束语法。使用表级约束语法来建立约束时，可以为该约束指定约束名。但不管用户是否为该主键约束指定约束名，MySQL 总是将所有的主键约束命名为 PRIMARY。

> **提示：**
> MySQL 允许在建立主键约束时为该约束命名，但这个名字没有任何作用，这是为了保持与标准 SQL 的兼容性。大部分数据库都允许自行指定主键约束的名字，而且一旦指定了主键约束名，则该约束名就是用户指定的名字。

当创建主键约束时，MySQL 在主键约束所在列或列组合上建立对应的唯一索引。

创建主键约束的语法和创建唯一约束的语法非常像，一样允许使用列级约束语法为单独的数据列创建主键，如果需要为多列组合建立主键约束或者需要为主键约束命名，则应该使用表级约束语法来建立主键约束。与建立唯一约束不同的是，建立主键约束使用 primary key。

建表时创建主键约束，使用列级约束语法：

```sql
create table primary_test
(
    # 建立了主键约束
    test_id int primary key,
    test_name varchar(255)
);
```

建表时创建主键约束，使用表级约束语法：

```sql
create table primary_test2
(
    test_id int not null,
    test_name varchar(255),
    test_pass varchar(255),
    # 指定主键约束名为 test2_pk，对大部分数据库有效，但对 MySQL 无效
    # MySQL 数据库中该主键约束名依然是 PRIMARY
    constraint test2_pk primary key(test_id)
);
```

建表时创建主键约束，以多列建立组合主键，只能使用表级约束语法：

```sql
create table primary_test3
(
    test_name varchar(255),
    test_pass varchar(255),
    # 建立多列组合的主键约束
    primary key(test_name, test_pass)
);
```

如果需要删除指定表的主键约束，则在 alter table 语句后使用 drop primary key 子句即可。SQL 语句如下：

```sql
# 删除主键约束
alter table primary_test3
drop primary key;
```

如果需要为指定表增加主键约束，既可通过 modify 修改列定义来增加主键约束，这将采用列级约束语法来增加主键约束；也可通过 add 来增加主键约束，这将采用表级约束语法来增加主键约束。SQL 语句如下：

```sql
# 使用表级约束语法增加主键约束
alter table primary_test3
add primary key(test_name,test_pass);
```

如果只是为单独的数据列增加主键约束，则可使用 modify 修改列定义来实现，如下 SQL 语句所示：

```
# 使用列级约束语法增加主键约束
alter table primary_test3
modify test_name varchar(255) primary key;
```

> **注意：** 不要连续执行上面两条 SQL 语句，因为上面两条 SQL 语句都是为 primary_test3 增加主键约束，而同一个表里最多只能有一个主键约束，所以连续执行上面两条 SQL 语句肯定出现错误。为了避免这个问题，可以在成功执行了第一条增加主键约束的 SQL 语句之后，先将 primary_test3 里的主键约束删除后再执行第二条增加主键约束的 SQL 语句。

很多数据库对主键列都支持一种自增长的特性——如果某个数据列的类型是整型，而且该列作为主键列，则可指定该列具有自增长功能。指定自增长功能通常用于设置逻辑主键列——该列的值没有任何物理意义，仅仅用于标识每行记录。MySQL 使用 auto_increment 来设置自增长，SQL 语句如下：

```
create table primary_test4
(
    # 建立主键约束，使用自增长
    test_id int auto_increment primary key,
    test_name varchar(255),
    test_pass varchar(255)
);
```

一旦指定了某列具有自增长特性，则向该表插入记录时可不为该列指定值，该列的值由数据库系统自动生成。

4. FOREIGN KEY 约束

外键约束主要用于保证一个或两个数据表之间的参照完整性，外键是构建于一个表的两个字段或者两个表的两个字段之间的参照关系。外键确保了相关的两个字段的参照关系：子（从）表外键列的值必须在主表被参照列的值范围之内，或者为空（也可以通过非空约束来约束外键列不允许为空）。

当主表的记录被从表记录参照时，主表记录不允许被删除，必须先把从表里参照该记录的所有记录全部删除后，才可以删除主表的该记录。还有一种方式，删除主表记录时级联删除从表中所有参照该记录的从表记录。

从表外键参照的只能是主表主键列或者唯一键列，这样才可保证从表记录可以准确定位到被参照的主表记录。同一个表内可以拥有多个外键。

建立外键约束时，MySQL 也会为该列建立索引。

外键约束通常用于定义两个实体之间的一对多、一对一的关联关系。对于一对多的关联关系，通常在多的一端增加外键列，例如老师－学生（假设一个老师对应多个学生，但每个学生只有一个老师，这是典型的一对多的关联关系）。为了建立他们之间的关联关系，可以在学生表中增加一个外键列，该列中保存此条学生记录对应老师的主键。对于一对一的关联关系，则可选择任意一方来增加外键列，增加外键列的表被称为从表，只要为外键列增加唯一约束就可表示一对一的关联关系了。对于多对多的关联关系，则需要额外增加一个连接表来记录它们的关联关系。

建立外键约束同样可以采用列级约束语法和表级约束语法。如果仅对单独的数据列建立外键约束，则使用列级约束语法即可；如果需要对多列组合创建外键约束，或者需要为外键约束指定名字，则必须使用表级约束语法。

采用列级约束语法建立外键约束直接使用 references 关键字，references 指定该列参照哪个主表，以及参照主表的哪一列。如下 SQL 语句所示：

```
# 为了保证从表参照的主表存在，通常应该先建主表
create table teacher_table
(
    # auto_increment：代表数据库的自动编号策略，通常用作数据表的逻辑主键
    teacher_id int auto_increment,
    teacher_name varchar(255),
    primary key(teacher_id)
);
```

第13章 MySQL 数据库与 JDBC 编程

```
create table student_table
(
    # 为本表建立主键约束
    student_id int auto_increment primary key,
    student_name varchar(255),
    # 指定java_teacher参照到teacher_table的teacher_id列
    java_teacher int references teacher_table(teacher_id)
);
```

值得指出的是，虽然 MySQL 支持使用列级约束语法来建立外键约束，但这种列级约束语法建立的外键约束不会生效，MySQL 提供这种列级约束语法仅仅是为了和标准 SQL 保持良好的兼容性。因此，如果要使 MySQL 中的外键约束生效，则应使用表级约束语法。

```
# 为了保证从表参照的主表存在，通常应该先建主表
create table teacher_table1
(
    # auto_increment: 代表数据库的自动编号策略，通常用作数据表的逻辑主键
    teacher_id int auto_increment,
    teacher_name varchar(255),
    primary key(teacher_id)
);
create table student_table1
(
    # 为本表建立主键约束
    student_id int auto_increment primary key,
    student_name varchar(255),
    # 指定java_teacher参照到teacher_table1的teacher_id列
    java_teacher int,
    foreign key(java_teacher) references teacher_table1(teacher_id)
);
```

如果使用表级约束语法，则需要使用 foreign key 来指定本表的外键列，并使用 references 来指定参照哪个主表，以及参照到主表的哪个数据列。使用表级约束语法可以为外键约束指定约束名，如果创建外键约束时没有指定约束名，则 MySQL 会为该外键约束命名为 table_name_ibfk_n，其中 table_name 是从表的表名，而 n 是从 1 开始的整数。

如果需要显式指定外键约束的名字，则可使用 constraint 来指定名字。如下 SQL 语句所示：

```
# 为了保证从表参照的主表存在，通常应该先建主表
create table teacher_table2
(
    # auto_increment: 代表数据库的自动编号策略，通常用作数据表的逻辑主键
    teacher_id int auto_increment,
    teacher_name varchar(255),
    primary key(teacher_id)
);
create table student_table2
(
    # 为本表建立主键约束
    student_id int auto_increment primary key,
    student_name varchar(255),
    java_teacher int,
    # 使用表级约束语法建立外键约束，指定外键约束的约束名为student_teacher_fk
    constraint student_teacher_fk foreign key(java_teacher) references
        teacher_table2(teacher_id)
);
```

如果需要建立多列组合的外键约束，则必须使用表级约束语法，如下 SQL 语句所示：

```
# 为了保证从表参照的主表存在，通常应该先建主表
create table teacher_table3
(
    teacher_name varchar(255),
    teacher_pass varchar(255),
    # 以两列建立组合主键
    primary key(teacher_name , teacher_pass)
);
create table student_table3
```

```
(
    # 为本表建立主键约束
    student_id int auto_increment primary key,
    student_name varchar(255),
    java_teacher_name varchar(255),
    java_teacher_pass varchar(255),
    # 使用表级约束语法建立外键约束，指定两列的联合外键
    foreign key(java_teacher_name , java_teacher_pass)
        references teacher_table3(teacher_name , teacher_pass)
);
```

删除外键约束的语法很简单，在 alter table 后增加"drop foreign key 约束名"子句即可。如下代码所示：

```
# 删除 student_table3 表上名为 student_table3_ibfk_1 的外键约束
alter table student_table3
drop foreign key student_table3_ibfk_1;
```

增加外键约束通常使用 add foreign key 命令。如下 SQL 语句所示：

```
# 修改 student_table3 数据表，增加外键约束
alter table student_table3
add foreign key(java_teacher_name , java_teacher_pass)
    references teacher_table3(teacher_name , teacher_pass);
```

值得指出的是，外键约束不仅可以参照其他表，而且可以参照自身，这种参照自身的情况通常被称为自关联。例如，使用一个表保存某个公司的所有员工记录，员工之间有部门经理和普通员工之分，部门经理和普通员工之间存在一对多的关联关系，但他们都是保存在同一个数据表里的记录，这就是典型的自关联。下面的 SQL 语句用于建立自关联的外键约束。

```
# 使用表级约束语法建立外约束键，且直接参照自身
create table foreign_test
(
    foreign_id int auto_increment primary key,
    foreign_name varchar(255),
    # 使用该表的 refer_id 参照到本表的 foreign_id 列
    refer_id int,
    foreign key(refer_id) references foreign_test(foreign_id)
);
```

如果想定义当删除主表记录时，从表记录也会随之删除，则需要在建立外键约束后添加 on delete cascade 或添加 on delete set null，第一种是删除主表记录时，把参照该主表记录的从表记录全部级联删除；第二种是指定当删除主表记录时，把参照该主表记录的从表记录的外键设为 null。如下 SQL 语句所示：

```
# 为了保证从表参照的主表存在，通常应该先建主表
create table teacher_table4
(
    # auto_increment：代表数据库的自动编号策略，通常用作数据表的逻辑主键
    teacher_id int auto_increment,
    teacher_name varchar(255),
    primary key(teacher_id)
);
create table student_table4
(
    # 为本表建立主键约束
    student_id int auto_increment primary key,
    student_name varchar(255),
    java_teacher int,
    # 使用表级约束语法建立外键约束，定义级联删除
    foreign key(java_teacher) references teacher_table4(teacher_id)
        on delete cascade # 也可用 on delete set null
);
```

5. CHECK 约束

当前版本的 MySQL 支持建表时指定 CHECK 约束，但这个 CHECK 约束不会有任何作用。建立 CHECK 约束的语法很简单，只要在建表的列定义后增加 check（逻辑表达式）即可。如下 SQL 语句所示：

```
create table check_test
(
    emp_id int auto_increment,
    emp_name varchar(255),
    emp_salary decimal,
    primary key(emp_id),
    # 建立 CHECK 约束
    check(emp_salary>0)
);
```

虽然上面的 SQL 语句建立的 check_test 表中有 CHECK 约束，CHECK 约束要求 emp_salary 大于 0，但这个要求实际上并不会起作用。

> **提示：**
> MySQL 作为一个开源、免费的数据库系统，对有些功能的支持确实不太好。如果读者确实希望 MySQL 创建的数据表有 CHECK 约束，甚至有更复杂的完整性约束，则可借助于 MySQL 的触发器机制。本书不会介绍 MySQL 的触发器内容，读者可参考其他相关书籍。

▶▶ 13.2.6 索引

索引是存放在模式（schema）中的一个数据库对象，虽然索引总是从属于数据表，但它也和数据表一样属于数据库对象。创建索引的唯一作用就是加速对表的查询，索引通过使用快速路径访问方法来快速定位数据，从而减少了磁盘的 I/O。

索引作为数据库对象，在数据字典中独立存放，但不能独立存在，必须属于某个表。

> **提示：**
> MySQL 使用 information_schema 数据库里的 STATISTICS 表来保存该数据库实例中的所有索引信息，用户可通过查询该表来获取该数据库的索引信息。

创建索引有两种方式。
- 自动：当在表上定义主键约束、唯一约束和外键约束时，系统会为该数据列自动创建对应的索引。
- 手动：用户可以通过 create index...语句来创建索引。

删除索引也有两种方式。
- 自动：数据表被删除时，该表上的索引自动被删除。
- 手动：用户可以通过 drop index...语句来删除指定数据表上的指定索引。

索引的作用类似于书的目录，几乎没有一本书没有目录，因此几乎没有一个表没有索引。一个表中可以有多个索引列，每个索引都可用于加速该列的查询速度。

正如书的目录总是根据书的知识点来建立一样——因为读者经常要根据知识点来查阅一本书。类似的，通常为经常需要查询的数据列建立索引，可以在一列或者多列上创建索引。创建索引的语法格式如下：

```
create index index_name
on table_name (column[, column]...);
```

下面的索引将会提高对 employees 表基于 last_name 字段的查询速度。

```
create index emp_last_name_idx
on employees(last_name);
```

也可同时对多列建立索引，如下 SQL 语句所示：

```
# 下面语句为 employees 的 first_name 和 last_name 两列同时建立索引
create index emp_last_name_idx2
```

```
on employees(first_name, last_name);
```

MySQL 中删除索引需要指定表，采用如下语法格式：

```
drop index 索引名 on 表名
```

如下 SQL 语句删除了 employees 表上的 emp_last_name_idx2 索引：

```
drop index emp_last_name_idx2
on employees
```

有些数据库删除索引时无须指定表名，因为它们要求建立索引时每个索引都有唯一的名字，所以无须指定表名，例如 Oracle 就采用这种策略。但 MySQL 只要求同一个表内的索引不能同名，所以删除索引时必须指定表名。

索引的好处是可以加速查询。但索引也有如下两个坏处。

> 与书的目录类似，当数据表中的记录被添加、删除、修改时，数据库系统需要维护索引，因此有一定的系统开销。
> 存储索引信息需要一定的磁盘空间。

▶▶ 13.2.7 视图

视图看上去非常像一个数据表，但它不是数据表，因为它并不能存储数据。视图只是一个或多个数据表中数据的逻辑显示。使用视图有如下几个好处。

> 可以限制对数据的访问。
> 可以使复杂的查询变得简单。
> 提供了数据的独立性。
> 提供了对相同数据的不同显示。

因为视图只是数据表中数据的逻辑显示——也就是一个查询结果，所以创建视图就是建立视图名和查询语句的关联。创建视图的语法如下：

```
create or replace view 视图名
as
subquery
```

从上面的语法可以看出，创建、修改视图都可使用上面语法。上面语法的含义是，如果该视图不存在，则创建视图；如果指定视图名的视图已经存在，则使用新视图替换原有视图。后面的 subquery 就是一个查询语句，这个查询可以非常复杂。

> **注意：**
> 通过建立视图的语法规则不难看出，所谓视图的本质，其实就是一条被命名的 SQL 查询语句。

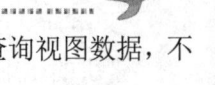

一旦建立了视图以后，使用该视图与使用数据表就没有什么区别了，但通常只是查询视图数据，不会修改视图里的数据，因为视图本身没有存储数据。

如下 SQL 语句就创建了一个简单的视图：

```
create or replace view view_test
as
select teacher_name , teacher_pass from teacher_table;
```

通常不推荐直接改变视图的数据，因为视图并不存储数据，它只是相当于一条命名的查询语句而已。为了强制不允许改变视图的数据，MySQL 允许在创建视图时使用 with check option 子句，使用该子句创建的视图不允许修改，如下所示：

```
create or replace view view_test
as
select teacher_name from teacher_table
# 指定不允许修改该视图的数据
with check option;
```

> **注意:**
> 大部分数据库都采用 with check option 来强制不允许修改视图的数据,但 Oracle 采用 with read only 来强制不允许修改视图的数据。

删除视图使用如下语句:
```
drop view 视图名
```

如下 SQL 语句删除了前面刚刚创建的视图:
```
drop view view_test;
```

▶▶ 13.2.8 DML 语句语法

与 DDL 操作数据库对象不同,DML 主要操作数据表里的数据,使用 DML 可以完成如下三个任务。
- ➢ 插入新数据。
- ➢ 修改已有数据。
- ➢ 删除不需要的数据。

DML 语句由 insert into、update 和 delete from 三个命令组成。

1. insert into 语句

insert into 用于向指定数据表中插入记录。对于标准的 SQL 语句而言,每次只能插入一条记录。insert into 语句的语法格式如下:
```
insert into table_name [(column [, column...])]
values(value [, value...]);
```

执行插入操作时,表名后可以用括号列出所有需要插入值的列名,而 values 后用括号列出对应需要插入的值。

如果省略了表名后面的括号及括号里的列名列表,默认将为所有列都插入值,则需要为每一列都指定一个值。如果既不想在表名后列出列名,又不想为所有列都指定值,则可以为那些无法确定值的列分配 null。下面的 SQL 语句示范了如何向数据表中插入记录。

> **注意:**
> 只有在数据库中已经成功创建了数据表之后,才可以向数据表中插入记录。下面的 SQL 语句以前面介绍外键约束时所创建的 teacher_table2 和 student_table2 为例来介绍数据插入操作。

在表名后使用括号列出所有需要插入值的列:
```
insert into teacher_table2(teacher_name)
values('xyz');
```

如果不想在表后用括号列出所有列,则需要为所有列指定值;如果某列的值不能确定,则为该列分配一个 null 值。

```
insert into teacher_table2
# 使用 null 代替主键列的值
values(null , 'abc');
```

经过两条插入语句后,可以看到 teacher_table2 表中的数据如图 13.9 所示。

从图 13.9 中看到 abc 记录的主键列的值是 2,而不是 SQL 语句插入的 null,因为该主键列是自增长的,系统会自动为该列分配值。

根据前面介绍的外键约束规则:外键列里的值必须是被参照列里已有的值,所以向从表中插入记录之前,通常应该先向主表中插入记录,

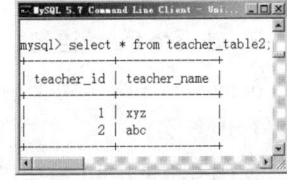

图 13.9 插入 2 条记录

否则从表记录的外键列只能为 null。现在主表 teacher_table2 中已有了 2 条记录，现在可以向从表 student_table2 中插入记录了，如下 SQL 语句所示：

```
insert into student_table2
# 当向外键列里插值时，外键列的值必须是被参照列里已有的值
values(null , '张三' , 2);
```

注意：

外键约束保证被参照的记录必须存在，但并不保证必须有被参照记录，即外键列可以为 null。如果想保证每条从表记录必须存在对应的主表记录，则应使用非空、外键两个约束。

在一些特别的情况下，可以使用带子查询的插入语句，带子查询的插入语句可以一次插入多条记录，如下 SQL 语句所示：

```
insert into student_table2(student_name)
# 使用子查询的值来插入
select teacher_name from teacher_table2;
```

正如上面的 SQL 语句所示，带子查询的插入语句甚至不要求查询数据的源表和插入数据的目的表是同一个表，它只要求选择出来的数据列和插入目的表的数据列个数相等、数据类型匹配即可。

MySQL 甚至提供了一种扩展的语法，通过这种扩展的语法也可以一次插入多条记录。MySQL 允许在 values 后使用多个括号包含多条记录，表示多条记录的多个括号之间以英文逗号（,）隔开。如下 SQL 语句所示：

```
insert into teacher_table2
# 同时插入多个值
values(null , "Yeeku"),
(null , "Sharfly");
```

2. update 语句

update 语句用于修改数据表的记录，每次可以修改多条记录，通过使用 where 子句限定修改哪些记录。where 子句是一个条件表达式，该条件表达式类似于 Java 语言的 if，只有符合该条件的记录才会被修改。没有 where 子句则意味着 where 表达式的值总是 true，即该表的所有记录都会被修改。update 语句的语法格式如下：

```
update table_name
set column1= value1[, column2 = value2] …
[WHERE condition];
```

使用 update 语句不仅可以一次修改多条记录，也可以一次修改多列。修改多列都是通过在 set 关键字后使用 column1=value1,column2=value2…来实现的，修改多列的值之间以英文逗号（,）隔开。

下面的 SQL 语句将会把 teacher_table2 表中所有记录的 teacher_name 列的值都改为'孙悟空'。

```
update teacher_table2
set teacher_name = '孙悟空';
```

也可以通过添加 where 条件来指定只修改特定记录，如下 SQL 语句所示：

```
# 只修改 teacher_id 大于 1 的记录
update teacher_table2
set teacher_name = '猪八戒'
where teacher_id > 1;
```

3. delete from 语句

delete from 语句用于删除指定数据表的记录。使用 delete from 语句删除时不需要指定列名，因为总是整行地删除。

使用 delete from 语句可以一次删除多行，删除哪些行采用 where 子句限定，只删除满足 where 条件的记录。没有 where 子句限定将会把表里的全部记录删除。

delete from 语句的语法格式如下：

```
delete from table_name
[WHERE condition];
```

如下 SQL 语句将会把 student_table2 表中的记录全部删除：

```
delete from student_table2;
```

也可以使用 where 条件来限定只删除指定记录，如下 SQL 语句所示：

```
delete from teacher_table2
where teacher_id > 2;
```

> **注意：**
> 当主表记录被从表记录参照时，主表记录不能被删除，只有先将从表中参照主表记录的所有记录全部删除后，才可删除主表记录。还有一种情况，定义外键约束时定义了主表记录和从表记录之间的级联删除 on delete cascade，或者使用 on delete set null 用于指定当主表记录被删除时，从表中参照该记录的从表记录把外键列的值设为 null。

13.2.9 单表查询

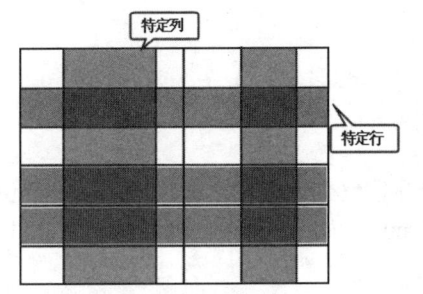

图 13.10 select 语句选择特定行、特定列的示意图

select 语句的功能就是查询数据。select 语句也是 SQL 语句中功能最丰富的语句，select 语句不仅可以执行单表查询，而且可以执行多表连接查询，还可以进行子查询，select 语句用于从一个或多个数据表中选出特定行、特定列的交集。select 语句最简单的功能如图 13.10 所示。

单表查询的 select 语句的语法格式如下：

```
select column1, column2 ...
from 数据源
[where condition]
```

上面语法格式中的数据源可以是表、视图等。从上面的语法格式中可以看出，select 后的列表用于确定选择哪些列，where 条件用于确定选择哪些行，只有满足 where 条件的记录才会被选择出来；如果没有 where 条件，则默认选出所有行。如果想选择出所有列，则可使用星号（*）代表所有列。

下面的 SQL 语句将会选择出 teacher_table 表中的所有行、所有列的数据。

```
select *
from teacher_table;
```

 **提示：**
为了能看到查询的效果，必须准备数据表，并向数据表中插入一些数据，因此在运行本节的 select 语句之前，请先导入 codes\13\13.2\select_data.sql 文件中的 SQL 语句。

如果增加 where 条件，则只选择出符合 where 条件的记录。如下 SQL 语句将选择出 student_table 表中 java_teacher 值大于 3 的记录的 student_name 列的值。

```
select student_name
from student_table
where java_teacher > 3;
```

当使用 select 语句进行查询时，还可以在 select 语句中使用算术运算符（+、-、*、/），从而形成算术表达式。使用算术表达式的规则如下。

- 对数值型数据列、变量、常量可以使用算术运算符（+、-、*、/）创建表达式；
- 对日期型数据列、变量、常量可以使用部分算术运算符（+、-）创建表达式，两个日期之间可以进行减法运算，日期和数值之间可以进行加、减运算；
- 运算符不仅可以在列和常量、变量之间进行运算，也可以在两列之间进行运算。

不论从哪个角度来看，数据列都很像一个变量，只是这个变量的值具有指定的范围——逐行计算表中的每条记录时，数据列的值依次变化。因此能使用变量的地方，基本上都可以使用数据列。

下面的 select 语句中使用了算术运算符。

```
# 数据列实际上可当成一个变量
select teacher_id + 5
from teacher_table;
# 查询出 teacher_table 表中 teacher_id * 3 大于 4 的记录
select *
from teacher_table
where teacher_id * 3 > 4;
```

需要指出的是，select 后的不仅可以是数据列，也可以是表达式，还可以是变量、常量等。例如，如下语句也是正确的。

```
# 数据列实际上可当成一个变量
select 3*5, 20
from teacher_table;
```

SQL 语句中算术运算符的优先级与 Java 语言中的运算符优先级完全相同，乘法和除法的优先级高于加法和减法，同级运算的顺序是从左到右，表达式中使用括号可强行改变优先级的运算顺序。

MySQL 中没有提供字符串连接运算符，即无法使用加号（+）将字符串常量、字符串变量或字符串列连接起来。MySQL 使用 concat 函数来进行字符串连接运算。

如下 SQL 语句所示：

```
# 选择出 teacher_name 和 'xx' 字符串连接后的结果
select concat(teacher_name ,'xx')
from teacher_table;
```

对于 MySQL 而言，如果在算术表达式中使用 null，将会导致整个算术表达式的返回值为 null；如果在字符串连接运算中出现 null，将会导致连接后的结果也是 null。如下 SQL 语句将会返回 null。

```
select concat(teacher_name , null)
from teacher_table;
```

对某些数据库而言，如果让字符串和 null 进行连接运算，它会把 null 当成空字符串处理。

如果不希望直接使用列名作为列标题，则可以为数据列或表达式起一个别名，为数据列或表达式起别名时，别名紧跟数据列，中间以空格隔开，或者使用 as 关键字隔开。如下 SQL 语句所示：

```
select teacher_id + 5 as MY_ID
from teacher_table;
```

执行此条 SQL 语句的效果如图 13.11 所示。

从图 13.11 中可以看出，为列起别名，可以改变列的标题头，用于表示计算结果的具体含义。如果列别名中使用特殊字符（例如空格），或者需要强制大小写敏感，都可以通过为别名添加双引号来实现。如下 SQL 语句所示：

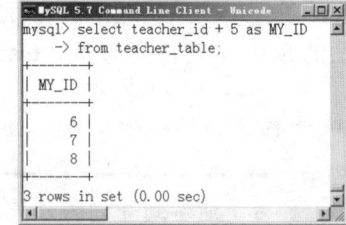

图 13.11　为数据列起别名

```
# 可以为选出的列起别名，别名中包括单引号字符，所以把别名用双引号引起来
select teacher_id + 5  "MY'id"
from teacher_table;
```

如果需要选择多列，并为多列起别名，则列与列之间以逗号隔开，但列和列别名之间以空格隔开。如下 SQL 语句所示：

```
select teacher_id + 5 MY_ID , teacher_name 老师名
from teacher_table;
```

不仅可以为列或表达式起别名，也可以为表起别名，为表起别名的语法和为列或表达式起别名的语法完全一样，如下 SQL 语句所示：

```
select teacher_id + 5 MY_ID , teacher_name 老师名
# 为 teacher_table 起别名 t
from teacher_table t
```

前面已经提到，列名可以当成变量处理，所以运算符也可以在多列之间进行运算，如下 SQL 语句所示：

```
select teacher_id + 5 MY_ID , concat(teacher_name , teacher_id) teacher_name
from teacher_table
where teacher_id * 2 > 3;
```

甚至可以在 select、where 子句中都不出现列名，如下 SQL 语句所示：

```
select 5 + 4
from teacher_table
where 2 < 9;
```

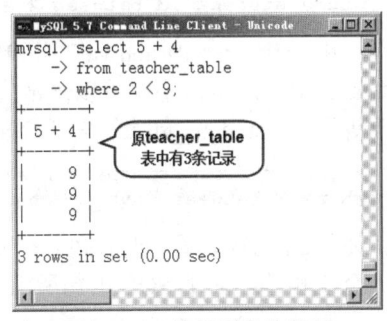

图 13.12　选择常量的结果

这种情况比较特殊：where 语句后的条件表达式总是 true，所以会把 teacher_table 表中的每条记录都选择出来——但 SQL 语句没有选择任何列，仅仅选择了一个常量，所以 SQL 会把该常量当成一列，teacher_table 表中有多少条记录，该常量就出现多少次。运行上面的 SQL 语句，结果如图 13.12 所示。

对于选择常量的情形，指定数据表可能没有太大的意义，所以 MySQL 提供了一种扩展语法，允许 select 语句后没有 from 子句，即可写成如下形式：

```
select 5 + 4;
```

上面这种语句并不是标准 SQL 语句。例如，Oracle 就提供了一个名为 dual 的虚表（最新的 MySQL 数据库也支持 dual 虚表），它没有任何意义，仅仅相当于 from 后的占位符。如果选择常量，则可使用如下语句：

```
select 5+4 from dual;
```

select 默认会把所有符合条件的记录全部选出来，即使两行记录完全一样。如果想去除重复行，则可以使用 distinct 关键字从查询结果中清除重复行。比较下面两条 SQL 语句的执行结果：

```
# 选出所有记录，包括重复行
select student_name,java_teacher
from student_table;

# 去除重复行
select distinct student_name,java_teacher
from student_table;
```

> **注意：**
> 使用 distinct 去除重复行时，distinct 紧跟 select 关键字。它的作用是去除后面字段组合的重复值，而不管对应记录在数据库里是否重复。例如，(1 ,'a', 'b')和(2 ,'a', 'b')两条记录在数据库里是不重复的，但如果仅选择后面两列，则 distinct 会认为两条记录重复。

前面已经看到了 where 子句的作用——可以控制只选择指定的行。因为 where 子句里包含的是一个条件表达式，所以可以使用>、>=、<、<=、=和<>等基本的比较运算符。SQL 中的比较运算符不仅可以比较数值之间的大小，也可以比较字符串、日期之间的大小。

> **注意：**
> SQL 中判断两个值是否相等的比较运算符是单等号，判断不相等的运算符是<>；SQL 中的赋值运算符不是等号，而是冒号等号（:=）。

除此之外，SQL 还支持如表 13.3 所示的特殊的比较运算符。

表 13.3 特殊的比较运算符

运 算 符	含 义
expr1 between expr2 and expr3	要求 expr1 >= expr2 并且 expr2<=expr3
expr1 in(expr2 , expr3 , expr4 , ...)	要求 expr1 等于后面括号里任意一个表达式的值
like	字符串匹配，like 后的字符串支持通配符
is null	要求指定值等于 null

下面的 SQL 语句选出 student_id 大于等于 2，且小于等于 4 的所有记录。

```
select * from student_table
where student_id between 2 and 4;
```

使用 between val1 and val2 必须保证 val1 小于 val2，否则将选不出任何记录。除此之外，between val1 and val2 中的两个值不仅可以是常量，也可以是变量，或者是列名也行。如下 SQL 语句选出 java_teacher 小于等于 2，student_id 大于等于 2 的所有记录。

```
select * from student_table
where 2 between java_teacher and student_id;
```

使用 in 比较运算符时，必须在 in 后的括号里列出一个或多个值，它要求指定列必须与 in 括号里任意一个值相等。如下 SQL 语句所示：

```
# 选出 student_id 为 2 或 4 的所有记录
select * from student_table
where student_id in(2, 4);
```

与之类似的是，in 括号里的值既可以是常量，也可以是变量或者列名，如下 SQL 语句所示：

```
# 选出 student_id、java_teacher 列的值为 2 的所有记录
select * from student_table
where 2 in(student_id, java_teacher);
```

like 运算符主要用于进行模糊查询，例如，若要查询名字以"孙"开头的所有记录，这就需要用到模糊查询，在模糊查询中需要使用 like 关键字。SQL 语句中可以使用两个通配符：下画线（_）和百分号（%），其中下画线可以代表一个任意的字符，百分号可以代表任意多个字符。如下 SQL 语句将查询出所有学生中名字以"孙"开头的学生。

```
select * from student_table
where student_name like '孙%';
```

下面的 SQL 语句将查询出名字为两个字符的所有学生。

```
select * from student_table
# 下面使用两个下画线代表两个字符
where student_name like '__';
```

在某些特殊的情况下，查询的条件里需要使用下画线或百分号，不希望 SQL 把下画线和百分号当成通配符使用，这就需要使用转义字符，MySQL 使用反斜线（\）作为转义字符，如下 SQL 语句所示：

```
# 选出所有名字以下画线开头的学生
select * from student_table
where student_name like '\_%';
```

标准 SQL 语句并没有提供反斜线（\）的转义字符，而是使用 escape 关键字显式进行转义。例如，为了实现上面功能需要使用如下 SQL 语句：

```
#在标准的 SQL 中选出所有名字以下画线开头的学生
select * from student_table
where student_name like '\_%' escape '\';
```

is null 用于判断某些值是否为空，判断是否为空不要用=null 来判断，因为 SQL 中 null=null 返回 null。如下 SQL 语句将选择出 student_table 表中 student_name 为 null 的所有记录。

```
select * from student_table
where student_name is null;
```

如果 where 子句后有多个条件需要组合，SQL 提供了 and 和 or 逻辑运算符来组合两个条件，并提供了 not 来对逻辑表达式求否。如下 SQL 语句将选出学生名字为 2 个字符，且 student_id 大于 3 的所有记录。

```
select * from student_table
# 使用 and 来组合多个条件
where student_name like '__' and student_id > 3;
```

下面的 SQL 语句将选出 student_table 表中姓名不以下画线开头的所有记录。

```
select * from student_table
# 使用 not 对 where 条件取否
where not student_name like '\_%';
```

当使用比较运算符、逻辑运算符来连接表达式时，必须注意这些运算符的优先级。SQL 中比较运算符、逻辑运算符的优先级如表 13.4 所示。

表 13.4　SQL 中比较运算符、逻辑运算符的优先级

运算符	优先级（优先级小的优先）
所有的比较运算符	1
not	2
and	3
or	4

如果 SQL 代码需要改变优先级的默认顺序，则可以使用括号，括号的优先级比所有的运算符高。如下 SQL 语句使用括号来改变逻辑运算符的优先级。

```
select * from student_table
# 使用括号强制先计算 or 运算
where (student_id > 3 or student_name > '张')
    and java_teacher > 1;
```

执行查询后的查询结果默认按插入顺序排列；如果需要查询结果按某列值的大小进行排序，则可以使用 order by 子句。order by 子句的语法格式如下：

```
order by column_name1 [desc] , column_name2 …
```

进行排序时默认按升序排列，如果强制按降序排列，则需要在列后使用 desc 关键字（与之对应的是 asc 关键字，用不用该关键字的效果完全一样，因为默认是按升序排列）。

上面语法中设定排序列时可采用列名、列序号和列别名。如下 SQL 语句选出 student_table 表中的所有记录，选出后按 java_teacher 列的升序排列。

```
select * from student_table
order by java_teacher;
```

如果需要按多列排序，则每列的 asc、desc 必须单独设定。如果指定了多个排序列，则第一个排序列是首要排序列，只有当第一列中存在多个相同的值时，第二个排序列才会起作用。如下 SQL 语句先按 java_teacher 列的降序排列，当 java_teacher 列的值相同时按 student_name 列的升序排列。

```
select * from student_table
order by java_teacher desc , student_name;
```

▶▶ 13.2.10　数据库函数

正如前面看到的连接字符串使用的 concat 函数，每个数据库都会在标准的 SQL 基础上扩展一些函数，这些函数用于进行数据处理或复杂计算，它们通过对一组数据进行计算，得到最终需要的输出结果。函数一般都会有一个或者多个输入，这些输入被称为函数的参数，函数内部会对这些参数进行判断和计算，最终只有一个值作为返回值。函数可以出现在 SQL 语句的各个位置，比较常用的位置是 select 之后和 where 子句中。

根据函数对多行数据的处理方式，函数被分为单行函数和多行函数，单行函数对每行输入值单独计算，每行得到一个计算结果返回给用户；多行函数对多行输入值整体计算，最后只会得到一个结果。单

行函数和多行函数的示意图如图 13.13 所示。

SQL 中的函数和 Java 语言中的方法有点相似，但 SQL 中的函数是独立的程序单元，也就是说，调用函数时无须使用任何类、对象作为调用者，而是直接执行函数。执行函数的语法如下：

```
function_name(arg1, arg2 ...)
```

多行函数也称为聚集函数、分组函数，主要用于完成一些统计功能，在大部分数据库中基本相同。但不同数据库中的单行函数差别非常大，MySQL 中的单行函数具有如下特征。

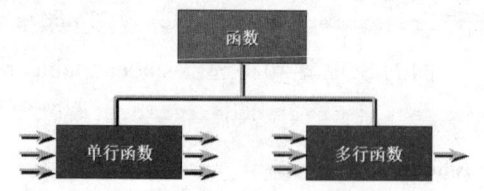

图 13.13　单行函数和多行函数的示意图

➢ 单行函数的参数可以是变量、常量或数据列。单行函数可以接收多个参数，但只返回一个值。
➢ 单行函数会对每行单独起作用，每行（可能包含多个参数）返回一个结果。
➢ 使用单行函数可以改变参数的数据类型。单行函数支持嵌套使用，即内层函数的返回值是外层函数的参数。

MySQL 的单行函数分类如图 13.14 所示。

MySQL 数据库的数据类型大致分为数值型、字符型和日期时间型，所以 MySQL 分别提供了对应的函数。转换函数主要负责完成类型转换，其他函数又大致分为如下几类。

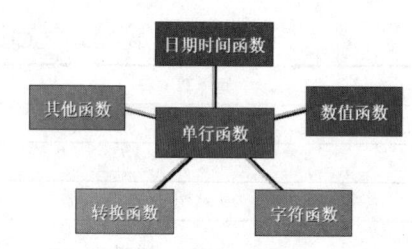

图 13.14　MySQL 的单行函数分类

➢ 位函数
➢ 流程控制函数
➢ 加密解密函数
➢ 信息函数

每个数据库都包含了大量的单行函数，这些函数的用法也存在一些差异，但有一点是相同的——每个数据库都会为一些常用的计算功能提供相应的函数，这些函数的函数名可能不同，用法可能有差异，但所有数据库提供的函数库所能完成的功能大致相似，读者可以参考各数据库系统的参考文档来学习这些函数的用法。下面通过一些例子来介绍 MySQL 单行函数的用法。

```
# 选出 teacher_table 表中 teacher_name 列的字符长度
select char_length(teacher_name)
from teacher_table;
# 计算 teacher_name 列的字符长度的 sin 值
select sin(char_length(teacher_name))
from teacher_table;
# 计算 1.57 的 sin 值，约等于 1
select sin(1.57);
# 为指定日期添加一定的时间
# 在这种用法下 interval 是关键字，需要一个数值，还需要一个单位
SELECT DATE_ADD('1998-01-02', interval 2 MONTH);
# 这种用法更简单
select ADDDATE('1998-01-02',3);
# 获取当前日期
select CURDATE();
# 获取当前时间
select curtime();
# 下面的 MD5 是 MD5 加密函数
select MD5('testing');
```

MySQL 提供了如下几个处理 null 的函数。

➢ ifnull(expr1,expr2)：如果 expr1 为 null，则返回 expr2，否则返回 expr1。
➢ nullif(expr1,expr2)：如果 erpr1 和 expr2 相等，则返回 null，否则返回 expr1。
➢ if(expr1,expr2,expr3)：有点类似于 ? : 三目运算符，如果 expr1 为 true，不等于 0，且不等于 null，

则返回 expr2,否则返回 expr3。
> isnull(expr1):判断 expr1 是否为 null,如果为 null 则返回 true,否则返回 false。

```
# 如果 student_name 列为 null, 则返回 '没有名字'
select ifnull(student_name,'没有名字')
from student_table;
# 如果 student_name 列等于 '张三', 则返回 null
select nullif(student_name,'张三')
from student_table;
# 如果 student_name 列为 null, 则返回 '没有名字', 否则返回 '有名字'
select if(isnull(student_name),'没有名字', '有名字')
from student_table;
```

MySQL 还提供了一个 case 函数,该函数是一个流程控制函数。case 函数有两个用法,case 函数第一个用法的语法格式如下:

```
case value
when compare_value1 then result1
when compare_value2 then result2
...
else result
end
```

case 函数用 value 和后面的 compare_value1、compare_value2、…依次进行比较,如果 value 和指定的 compare_value1 相等,则返回对应的 result1,否则返回 else 后的 result。例如如下 SQL 语句:

```
# 如果 java_teacher 为 1, 则返回 'Java 老师', 为 2 返回 'Ruby 老师', 否则返回 '其他老师'
select student_name , case java_teacher
when 1 then 'Java 老师'
when 2 then 'Ruby 老师'
else '其他老师'
end
from student_table;
```

case 函数第二个用法的语法格式如下:

```
case
when condition1 then result1
when condition2 then result2
...
else result
end
```

在第二个用法中,condition1、condition2 都是一个返回 boolean 值的条件表达式,因此这种用法更加灵活。例如如下 SQL 语句:

```
# id 小于 3 的为初级班, 3~6 的为中级班, 其他的为高级班
select student_name,case
when student_id<=3 then '初级班'
when student_id<=6 then '中级班'
else '高级班'
end
from student_table;
```

虽然此处介绍了一些 MySQL 常用函数的简单用法,但通常不推荐在 Java 程序中使用特定数据库的函数,因为这将导致程序代码与特定数据库耦合;如果需要把该程序移植到其他数据库系统上时,可能需要打开源程序,重新修改 SQL 语句。

13.2.11 分组和组函数

组函数也就是前面提到的多行函数,组函数将一组记录作为整体计算,每组记录返回一个结果,而不是每条记录返回一个结果。常用的组函数有如下 5 个。

> avg([distinct|all]expr):计算多行 expr 的平均值,其中,expr 可以是变量、常量或数据列,但其数据类型必须是数值型。还可以在变量、列前使用 distinct 或 all 关键字,如果使用 distinct,则表明不计算重复值;all 用和不用的效果完全一样,表明需要计算重复值。

- count({ *|[distinct|all]expr})：计算多行 expr 的总条数，其中，expr 可以是变量、常量或数据列，其数据类型可以是任意类型；用星号（*）表示统计该表内的记录行数；distinct 表示不计算重复值。
- max(expr)：计算多行 expr 的最大值，其中 expr 可以是变量、常量或数据列，其数据类型可以是任意类型。
- min(expr)：计算多行 expr 的最小值，其中 expr 可以是变量、常量或数据列，其数据类型可以是任意类型。
- sum([distinct|all]expr)：计算多行 expr 的总和，其中，expr 可以是变量、常量或数据列，但其数据类型必须是数值型；distinct 表示不计算重复值。

```sql
# 计算 student_table 表中的记录条数
select count(*)
from student_table;
# 计算 java_teacher 列总共有多少个值
select count(distinct java_teacher)
from student_table;
# 统计所有 student_id 的总和
select sum(student_id)
from student_table;
# 计算的结果是 20 * 记录的行数
select sum(20)
from student_table;
# 选出 student_table 表中 student_id 最大的值
select max(student_id)
from student_table;
# 选出 teacher_table 表中 teacher_id 最小的值
select min(teacher_id)
from teacher_table;
# 因为 sum 里的 expr 是常量 34，所以每行的值都相同
# 使用 distinct 强制不计算重复值，所以下面计算结果为 34
select sum(distinct 34)
from student_table;
# 使用 count 统计记录行数时，null 不会被计算在内
select count(student_name)
from student_table;
```

对于可能出现 null 的列，可以使用 ifnull 函数来处理该列。

```sql
# 计算 java_teacher 列所有记录的平均值
select avg(ifnull(java_teacher , 0))
from student_table;
```

值得指出的是，distinct 和*不同时使用，如下 SQL 语句有错误。

```sql
select count(distinct *)
from student_table;
```

在默认情况下，组函数会把所有记录当成一组，为了对记录进行显式分组，可以在 select 语句后使用 group by 子句，group by 子句后通常跟一个或多个列名，表明查询结果根据一列或多列进行分组——当一列或多列组合的值完全相同时，系统会把这些记录当成一组。如下 SQL 语句所示：

```sql
# count(*)将会对每组得到一个结果
select count(*)
from student_table
# 将 java_teacher 列值相同的记录当成一组
group by java_teacher;
```

如果对多列进行分组，则要求多列的值完全相同才会被当成一组。如下 SQL 语句所示：

```sql
select count(*)
from student_table
# 当 java_teacher、student_name 两列的值完全相同时才会被当成一组
group by java_teacher , student_name;
```

对于很多数据库而言，分组计算时有严格的规则——如果查询列表中使用了组函数，或者 select 语句中使用了 group by 分组子句，则要求出现在 select 列表中的字段，要么使用组函数包起来，要么必须

出现在 group by 子句中。这条规则很容易理解，因为一旦使用了组函数或使用了 group by 子句，都将导致多条记录只有一条输出，系统无法确定输出多条记录中的哪一条记录。

对于 MySQL 来说，并没有上面的规则要求，如果某个数据列既没有出现在 group by 之后，也没有使用组函数包起来，则 MySQL 会输出该列的第一条记录的值。图 13.15 显示了 MySQL 的处理结果。

如果需要对分组进行过滤，则应该使用 having 子句，having 子句后面也是一个条件表达式，只有满足该条件表达式的分组才会被选出来。having 子句和 where 子句非常容易混淆，它们都有过滤功能，但它们有如下区别。

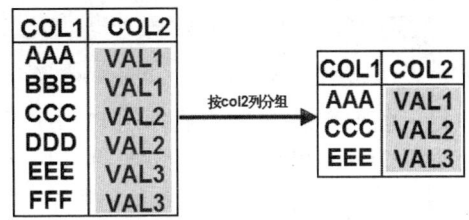

图 13.15　MySQL 处理不在 group by、组函数中的列

- 不能在 where 子句中过滤组，where 子句仅用于过滤行。过滤组必须使用 having 子句。
- 不能在 where 子句中使用组函数，having 子句才可使用组函数。

如下 SQL 语句所示：

```
select *
from student_table
group by java_teacher
# 对组进行过滤
having count(*) > 2;
```

▶▶ 13.2.12　多表连接查询

很多时候，需要选择的数据并不是来自一个表，而是来自多个数据表，这就需要使用多表连接查询。例如，对于上面的 student_table 和 teacher_table 两个数据表，如果希望查询出所有学生以及他的老师名字，这就需要从两个表中取数据。

多表连接查询有两种规范，较早的 SQL 92 规范支持如下几种多表连接查询。

- 等值连接。
- 非等值连接。
- 外连接。
- 广义笛卡儿积。

SQL 99 规范提供了可读性更好的多表连接语法，并提供了更多类型的连接查询。SQL 99 支持如下几种多表连接查询。

- 交叉连接。
- 自然连接。
- 使用 using 子句的连接。
- 使用 on 子句的连接。
- 全外连接或者左、右外连接。

1. SQL 92 的连接查询

SQL 92 的多表连接语法比较简洁，这种语法把多个数据表都放在 from 之后，多个表之间以逗号隔开；连接条件放在 where 之后，与查询条件之间用 and 逻辑运算符连接。如果连接条件要求两列值相等，则称为等值连接，否则称为非等值连接；如果没有任何连接条件，则称为广义笛卡儿积。SQL 92 中多表连接查询的语法格式如下：

```
select column1 , column2 ...
from table1, table2 ...
[where join_condition]
```

多表连接查询中可能出现两个或多个数据列具有相同的列名，则需要在这些同名列之间使用表名前缀或表别名前缀作为限制，避免系统混淆。

实际上，所有的列都可以增加表名前缀或表别名前缀。只是进行单表查询时，绝不可能出现同名列，所以系统不可能混淆，因此通常省略表名前缀。

如下 SQL 语句查询出所有学生的资料以及对应的老师姓名。

```
select s.* , teacher_name
# 指定多个数据表，并指定表别名
from student_table s , teacher_table t
# 使用 where 指定连接条件
where s.java_teacher = t.teacher_id;
```

执行上面查询语句，将看到如图 13.16 所示的结果。

上面的查询结果正好满足要求，可以看到每个学生以及他对应的老师的名字。实际上，多表查询的过程可理解成一个嵌套循环，这个嵌套循环的伪码如下：

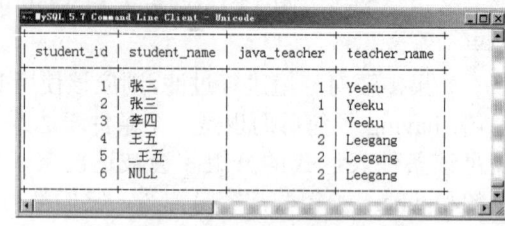

图 13.16　等值连接查询的结果

```
// 依次遍历 teacher_table 表中的每条记录
for t in teacher_table
{
    // 遍历 student_table 表中的每条记录
    for s in student_table
    {
        // 当满足连接条件时，输出两个表连接后的结果
        if (s.java_teacher = t.teacher_id)
            output s + t
    }
}
```

理解了上面的伪码之后，接下来即可很轻易地理解多表连接查询的运行机制。如果求广义笛卡儿积，则 where 子句后没有任何连接条件，相当于没有上面的 if 语句，广义笛卡儿积的结果会有 $n×m$ 条记录。只要把 where 后的连接条件去掉，就可以得到广义笛卡儿积，如下 SQL 语句所示：

```
# 不使用连接条件，得到广义笛卡儿积
select s.* , teacher_name
# 指定多个数据表，并指定表别名
from student_table s , teacher_table t;
```

与此类似的是，非等值连接的执行结果可以使用上面的嵌套循环来计算，如下 SQL 语句所示：

```
select s.* , teacher_name
# 指定多个数据表，并指定表别名
from student_table s , teacher_table t
# 使用 where 指定连接条件，非等值连接
where s.java_teacher > t.teacher_id;
```

上面 SQL 语句的执行结果相当于 if 条件换成了 s.java_teacher > t.teacher_id。

如果还需要对记录进行过滤，则将过滤条件和连接条件使用 and 连接起来，如下 SQL 语句所示：

```
select s.* , teacher_name
# 指定多个数据表，并指定表别名
from student_table s , teacher_table t
# 使用 where 指定连接条件，并指定 student_name 列不能为 null
where s.java_teacher = t.teacher_id and student_name is not null;
```

虽然 MySQL 不支持 SQL 92 中的左外连接、右外连接，但本书还是有必要了解一下 SQL 92 中的左外连接和右外连接。SQL 92 中的外连接就是在连接条件的列名后增加括号包起来的外连接符（+或*，不同的数据库有一定的区别），当外连接符出现在左边时称为左外连接，出现在右边时则称为右外连接。如下 SQL 语句所示：

```
select s.* , teacher_name
from student_table s , teacher_table t
# 右外连接
where s.java_teacher = t.teacher_id(*);
```

外连接就是在外连接符所在的表中增加一个"万能行"，这行记录的所有数据都是 null，而且该行可以与另一个表中所有不满足条件的记录进行匹配，通过这种方式就可以把另一个表中的所有记录选出来，不管这些记录是否满足连接条件。

除此之外，还有一种自连接，正如前面介绍外键约束时提到的自关联，如果同一个表中的不同记录

之间存在主、外键约束关联，例如把员工、经理保存在同一个表里，则需要使用自连接查询。

> **注意：** 自连接只是连接的一种用法，并不是一种连接类型，不管是 SQL 92 还是 SQL 99 都可以使用自连接查询。自连接的本质就是把一个表当成两个表来用。

下面的 SQL 语句建立了一个自关联的数据表，并向表中插入了 4 条数据。

```
create table emp_table
(
    emp_id int auto_increment primary key,
    emp_name varchar(255),
    manager_id int,
    foreign key(manager_id) references emp_table(emp_id)
);
insert into emp_table
values(null , '唐僧' , null),
(null , '孙悟空' , 1),
(null , '猪八戒' , 1),
(null , '沙僧' , 1);
```

如果需要查询该数据表中的所有员工名，以及每个员工对应的经理名，则必须使用自连接查询。所谓自连接就是把一个表当成两个表来用，这就需要为一个表起两个别名，而且查询中用的所有数据列都要加表别名前缀，因为两个表的数据列完全一样。下面的自连接查询可以查询出所有的员工名，以及对应的经理名。

```
select emp.emp_id,emp.emp_name 员工名,mgr.emp_name 经理名
from emp_table emp,emp_table mgr
where emp.manager_id = mgr.emp_id;
```

2. SQL 99 的连接查询

SQL 99 的连接查询与 SQL 92 的连接查询原理基本相似，不同的是 SQL 99 连接查询的可读性更强——查询用的多个数据表显式使用 xxx join 连接，而不是直接依次排列在 from 之后，from 后只需要放一个数据表；连接条件不再放在 where 之后，而是提供了专门的连接条件子句。

- **交叉连接（cross join）**：交叉连接效果就是 SQL 92 中的广义笛卡儿积，所以交叉连接无须任何连接条件，如下 SQL 语句所示：

```
select s.* , teacher_name
# SQL 99 多表连接查询的 from 后只有一个表名
from student_table s
# cross join 交叉连接,相当于广义笛卡儿积
cross join teacher_table t;
```

- **自然连接（natural join）**：自然连接表面上看起来也无须指定连接条件，但自然连接是有连接条件的，自然连接会以两个表中的同名列作为连接条件；如果两个表中没有同名列，则自然连接与交叉连接效果完全一样——因为没有连接条件。如下 SQL 语句所示：

```
select s.* , teacher_name
# SQL 99 多表连接查询的 from 后只有一个表名
from student_table s
# natural join 自然连接使用两个表中的同名列作为连接条件
natural join teacher_table t;
```

- **using 子句连接**：using 子句可以指定一列或多列，用于显式指定两个表中的同名列作为连接条件。假设两个表中有超过一列的同名列，如果使用 natural join，则会把所有的同名列当成连接条件；使用 using 子句，就可显式指定使用哪些同名列作为连接条件。如下 SQL 语句所示：

```
select s.* , teacher_name
# SQL 99 多表连接查询的 from 后只有一个表名
from student_table s
# join 连接另一个表
```

```
join teacher_table t
using(teacher_id);
```

运行上面语句将出现一个错误,因为 student_table 表中并不存在名为 teacher_id 的列。也就是说,如果使用 using 子句来指定连接条件,则两个表中必须有同名列,否则就会出现错误。

➤ **on 子句连接**:这是最常用的连接方式,SQL 99 语法的连接条件放在 on 子句中指定,而且每个 on 子句只指定一个连接条件。这意味着:如果需要进行 N 表连接,则需要有 N-1 个 join...on 对。如下 SQL 语句所示:

```
select s.* , teacher_name
# SQL 99 多表连接查询的 from 后只有一个表名
from student_table s
# join 连接另一个表
join teacher_table t
# 使用 on 来指定连接条件
on s.java_teacher = t.teacher_id;
```

使用 on 子句的连接完全可以代替 SQL 92 中的等值连接、非等值连接,因为 on 子句的连接条件除等值条件之外,也可以是非等值条件。如下 SQL 语句就是 SQL 99 中的非等值连接。

```
select s.* , teacher_name
# SQL 99 多表连接查询的 from 后只有一个表名
from student_table s
# join 连接另一个表
join teacher_table t
# 使用 on 来指定连接条件:非等值连接
on s.java_teacher > t.teacher_id;
```

➤ **左、右、全外连接**:这三种外连接分别使用 left [outer] join、right [outer] join 和 full [outer] join,这三种外连接的连接条件一样通过 on 子句来指定,既可以是等值连接条件,也可以是非等值连接条件。

下面使用右外连接,连接条件是非等值连接。

```
select s.* , teacher_name
# SQL 99 多表连接查询的 from 后只有一个表名
from student_table s
# right join 右外连接另一个表
right join teacher_table t
# 使用 on 来指定连接条件,使用非等值连接
on s.java_teacher < t.teacher_id;
```

下面使用左外连接,连接条件是非等值连接。

```
select s.* , teacher_name
# SQL 99 多表连接查询的 from 后只有一个表名
from student_table s
# left join 左外连接另一个表
left join teacher_table t
# 使用 on 来指定连接条件,使用非等值连接
on s.java_teacher > t.teacher_id;
```

运行上面两条外连接语句并查看它们的运行结果,不难发现 SQL 99 外连接与 SQL 92 外连接恰好相反,SQL99 左外连接将会把左边表中所有不满足连接条件的记录全部列出;SQL 99 右外连接将会把右边表中所有不满足连接条件的记录全部列出。

下面的 SQL 语句使用全外连接,连接条件是等值连接。

```
select s.* , teacher_name
# SQL 99 多表连接查询的 from 后只有一个表名
from student_table s
# full join 全外连接另一个表
full join teacher_table t
# 使用 on 来指定连接条件,使用等值连接
on s.java_teacher = t.teacher_id;
```

SQL 99 的全外连接将会把两个表中所有不满足连接条件的记录全部列出。

> **注意：**
> 运行上面查询语句时会出现错误，这是因为 MySQL 并不是全外连接。

▶▶ 13.2.13 子查询

子查询就是指在查询语句中嵌套另一个查询，子查询可以支持多层嵌套。对于一个普通的查询语句而言，子查询可以出现在两个位置。

- 出现在 from 语句后当成数据表，这种用法也被称为行内视图，因为该子查询的实质就是一个临时视图。
- 出现在 where 条件后作为过滤条件的值。

使用子查询时要注意如下几点。

- 子查询要用括号括起来。
- 把子查询当成数据表时（出现在 from 之后），可以为该子查询起别名，尤其是作为前缀来限定数据列时，必须给子查询起别名。
- 把子查询当成过滤条件时，将子查询放在比较运算符的右边，这样可以增强查询的可读性。
- 把子查询当成过滤条件时，单行子查询使用单行运算符，多行子查询使用多行运算符。

对于把子查询当成数据表是完全把子查询当做数据表来用，只是把之前的表名变成子查询（也可为子查询起别名），其他部分与普通查询没有任何区别。下面的 SQL 语句示范了把子查询当成数据表的用法。

```
select *
# 把子查询当成数据表
from (select * from student_table) t
where t.java_teacher > 1;
```

把子查询当成数据表的用法更准确地说是当成视图，可以把上面的 SQL 语句理解成在执行查询时创建了一个临时视图，该视图名为 t，所以这种临时创建的视图也被称为行内视图。理解了这种子查询的实质后，不难知道这种子查询可以完全代替查询语句中的数据表，包括在多表连接查询中使用这种子查询。

还有一种情形：把子查询当成 where 条件中的值，如果子查询返回单行、单列值，则被当成一个标量值使用，也就可以使用单行记录比较运算符。例如如下 SQL 语句：

```
select *
from student_table
where java_teacher >
# 返回单行、单列的子查询可以当成标量值使用
(select teacher_id
from teacher_table
where teacher_name='Yeeku');
```

上面查询语句中的子查询（粗体字部分）将返回一个单行、单列值（该值就是 1），如果把上面查询语句的括号部分换成 1，那么这条语句就再简单不过了——实际上，这就是这种子查询的实质，单行、单列子查询的返回值被当成标量值处理。

如果子查询返回多个值，则需要使用 in、any 和 all 等关键字，in 可以单独使用，与前面介绍比较运算符时所讲的 in 完全一样，此时可以把子查询返回的多个值当成一个值列表。如下 SQL 语句所示：

```
select *
from student_table
where student_id in
(select teacher_id
from teacher_table);
```

上面查询语句中的子查询（粗体字部分）将返回多个值，这多个值将被当成一个值列表，只要 student_id 与该值列表中的任意一个值相等，就可以选出这条记录。

any 和 all 可以与>、>=、<、<=、<>、=等运算符结合使用，与 any 结合使用分别表示大于、大于等于、小于、小于等于、不等于、等于其中任意一个值；与 all 结合使用分别表示大于、大于等于、小

于、小于等于、不等于、等于全部值。从上面介绍中可以看出，=any 的作用与 in 的作用相同。如下 SQL 语句使用=any 来代替上面的 in。

```sql
select *
from student_table
where student_id =
any(select teacher_id
 from teacher_table);
```

<ANY 只要小于值列表中的最大值即可，>ANY 只要大于值列表中的最小值即可。<All 要求小于值列表中的最小值，>All 要求大于值列表中的最大值。

下面的 SQL 语句选出 student_table 表中 student_id 大于 teacher_table 表中所有 teacher_id 的记录。

```sql
select *
from student_table
where student_id >
all(select teacher_id
 from teacher_table);
```

还有一种子查询可以返回多行、多列，此时 where 子句中应该有对应的数据列，并使用圆括号将多个数据列组合起来。如下 SQL 语句所示：

```sql
select *
from student_table
where (student_id,student_name)
=any(select teacher_id, teacher_name
 from teacher_table);
```

▶▶ 13.2.14 集合运算

select 语句查询的结果是一个包含多条数据的结果集，类似于数学里的集合，可以进行交（intersect）、并（union）和差（minus）运算，select 查询得到的结果集也可能需要进行这三种运算。

为了对两个结果集进行集合运算，这两个结果集必须满足如下条件。

- ➢ 两个结果集所包含的数据列的数量必须相等。
- ➢ 两个结果集所包含的数据列的数据类型也必须一一对应。

1. union 运算

union 运算的语法格式如下：

```
select 语句 union select 语句
```

下面的 SQL 语句查询出所有教师的信息和主键小于 4 的学生信息。

```sql
# 查询结果集包含两列，第一列为 int 类型，第二列为 varchar 类型
select * from teacher_table
union
# 这个结果集的数据列必须与前一个结果集的数据列一一对应
select student_id , student_name from student_table;
```

2. minus 运算

minus 运算的语法格式如下：

```
select 语句 minus select 语句
```

上面的语法格式十分简单，不过很遗憾，MySQL 并不支持使用 minus 运算符，因此只能借助于子查询来"曲线"实现上面的 minus 运算。

假如想从所有学生记录中"减去"与老师记录的 ID 相同、姓名相同的记录，则可进行如下的 minus 运算：

```sql
select student_id , student_name from student_table
minus
# 两个结果集的数据列的数量相等，数据类型一一对应，可以进行 minus 运算
select teacher_id , teacher_name from teacher_table;
```

不过，MySQL 并不支持这种运算。但可以通过如下子查询来实现上面运算。

```
select student_id , student_name from student_table
where(student_id , student_name)
not in
(select teacher_id , teacher_name from teacher_table);
```

3. intersect 运算

intersect 运算的语法格式如下：

```
select 语句 intersect select 语句
```

上面的语法格式十分简单，不过很遗憾，MySQL 并不支持使用 intersect 运算符，因此只能借助于多表连接查询来"曲线"实现上面的 intersect 运算。

假如想找出学生记录中与老师记录中的 ID 相同、姓名相同的记录，则可进行如下的 intersect 运算：

```
select student_id , student_name from student_table
intersect
# 两个结果集的数据列的数量相等，数据类型一一对应，可以进行 intersect 运算
select teacher_id , teacher_name from teacher_table;
```

不过，MySQL 并不支持这种运算。但可以通过如下多表连接查询来实现上面运算。

```
select student_id , student_name from student_table
join
teacher_table
on(student_id=teacher_id and student_name=teacher_name);
```

需要指出的是，如果进行 intersect 运算的两个 select 子句中都包括了 where 条件，那么将 intersect 运算改写成多表连接查询后还需要将两个 where 条件进行 and 运算。假如有如下 intersect 运算的 SQL 语句：

```
select student_id , student_name from student_table where student_id<4
intersect
# 两个结果集的数据列的数量相等，数据类型一一对应，可以进行 intersect 运算
select teacher_id , teacher_name from teacher_table where teacher_name like '李%';
```

上面语句改写如下：

```
select student_id , student_name from student_table
join
teacher_table
on(student_id=teacher_id and student_name=teacher_name)
where student_id<4 and teacher_name like '李%';
```

13.3 JDBC 的典型用法

掌握了标准的 SQL 命令语法之后，就可以开始使用 JDBC 开发数据库应用了。

13.3.1 JDBC 4.2 常用接口和类简介

Java 8 支持 JDBC 4.2 标准，JDBC 4.2 在原有 JDBC 标准上增加了一些新特性。下面介绍这些 JDBC API 时会提到 Java 8 新增的功能。

- **DriverManager**：用于管理 JDBC 驱动的服务类。程序中使用该类的主要功能是获取 Connection 对象，该类包含如下方法。
  - public static synchronized Connection getConnection(String url, String user, String pass) throws SQLException：该方法获得 url 对应数据库的连接。
- **Connection**：代表数据库连接对象，每个 Connection 代表一个物理连接会话。要想访问数据库，必须先获得数据库连接。该接口的常用方法如下。
  - Statement createStatement() throws SQLExcetpion：该方法返回一个 Statement 对象。

- PreparedStatement prepareStatement(String sql) throws SQLExcetpion：该方法返回预编译的 Statement 对象，即将 SQL 语句提交到数据库进行预编译。
- CallableStatement prepareCall(String sql) throws SQLExcetpion：该方法返回 CallableStatement 对象，该对象用于调用存储过程。

上面三个方法都返回用于执行 SQL 语句的 Statement 对象，PreparedStatement、CallableStatement 是 Statement 的子类，只有获得了 Statement 之后才可执行 SQL 语句。

除此之外，Connection 还有如下几个用于控制事务的方法。

➢ Savepoint setSavepoint()：创建一个保存点。
➢ Savepoint setSavepoint(String name)：以指定名字来创建一个保存点。
➢ void setTransactionIsolation(int level)：设置事务的隔离级别。
➢ void rollback()：回滚事务。
➢ void rollback(Savepoint savepoint)：将事务回滚到指定的保存点。
➢ void setAutoCommit(boolean autoCommit)：关闭自动提交，打开事务。
➢ void commit()：提交事务。

Java 7 为 Connection 新增了 setSchema(String schema)、getSchema()两个方法，这两个方法用于控制该 Connection 访问的数据库 Schema。Java 7 还为 Connection 新增了 setNetworkTimeout(Executor executor, int milliseconds)、getNetworkTimeout()两个方法来控制数据库连接的超时行为。

➢ **Statement**：用于执行 SQL 语句的工具接口。该对象既可用于执行 DDL、DCL 语句，也可用于执行 DML 语句，还可用于执行 SQL 查询。当执行 SQL 查询时，返回查询到的结果集。它的常用方法如下。
  - ResultSet executeQuery(String sql)throws SQLException：该方法用于执行查询语句，并返回查询结果对应的 ResultSet 对象。该方法只能用于执行查询语句。
  - int executeUpdate(String sql)throws SQLExcetion：该方法用于执行 DML 语句，并返回受影响的行数；该方法也可用于执行 DDL 语句，执行 DDL 语句将返回 0。
  - boolean execute(String sql)throws SQLException：该方法可执行任何 SQL 语句。如果执行后第一个结果为 ResultSet 对象，则返回 true；如果执行后第一个结果为受影响的行数或没有任何结果，则返回 false。

Java 7 为 Statement 新增了 closeOnCompletion()方法，如果 Statement 执行了该方法，则当所有依赖于该 Statement 的 ResultSet 关闭时，该 Statement 会自动关闭。Java 7 还为 Statement 提供了一个 isCloseOnCompletion()方法，该方法用于判断该 Statement 是否打开了"closeOnCompletion"。

Java 8 为 Statement 新增了多个重载的 executeLargeUpdate()方法，这些方法相当于增强版的 executeUpdate()方法，返回值类型为 long——也就是说，当 DML 语句影响的记录条数超过 Integer.MAX_VALUE 时，就应该使用 executeLargeUpdate()方法。

提示：
考虑到目前应用程序所处理的数据量越来越大，使用 executeLargeUpdate()方法具有更好的适应性。但遗憾的是，目前最新的 MySQL 驱动暂不支持该方法。

➢ **PreparedStatement**：预编译的 Statement 对象。PreparedStatement 是 Statement 的子接口，它允许数据库预编译 SQL 语句（这些 SQL 语句通常带有参数），以后每次只改变 SQL 命令的参数，避免数据库每次都需要编译 SQL 语句，因此性能更好。相对于 Statement 而言，使用 PreparedStatement 执行 SQL 语句时，无须再传入 SQL 语句，只要为预编译的 SQL 语句传入参数值即可。所以它比 Statement 多了如下方法。
  - void setXxx(int parameterIndex,Xxx value)：该方法根据传入参数值的类型不同，需要使用不同的方法。传入的值根据索引传给 SQL 语句中指定位置的参数。

> **注意：**
> PreparedStatement 同样有 executeUpdate()、executeQuery()和 execute()三个方法，只是这三个方法无须接收 SQL 字符串，因为 PreparedStatement 对象已经预编译了 SQL 命令，只要为这些命令传入参数即可。Java 8 还为 PreparedStatement 增加了不带参数的 executeLargeUpdate()方法——执行 DML 语句影响的记录条数可能超过 Integer.MAX_VALUE 时，就应该使用 executeLargeUpdate()方法。

- **ResultSet**：结果集对象。该对象包含访问查询结果的方法，ResultSet 可以通过列索引或列名获得列数据。它包含了如下常用方法来移动记录指针。
  - void close()：释放 ResultSet 对象。
  - boolean absolute(int row)：将结果集的记录指针移动到第 row 行，如果 row 是负数，则移动到倒数第 row 行。如果移动后的记录指针指向一条有效记录，则该方法返回 true。
  - void beforeFirst()：将 ResultSet 的记录指针定位到首行之前，这是 ResultSet 结果集记录指针的初始状态——记录指针的起始位置位于第一行之前。
  - boolean first()：将 ResultSet 的记录指针定位到首行。如果移动后的记录指针指向一条有效记录，则该方法返回 true。
  - boolean previous()：将 ResultSet 的记录指针定位到上一行。如果移动后的记录指针指向一条有效记录，则该方法返回 true。
  - boolean next()：将 ResultSet 的记录指针定位到下一行。如果移动后的记录指针指向一条有效记录，则该方法返回 true。
  - boolean last()：将 ResultSet 的记录指针定位到最后一行，如果移动后的记录指针指向一条有效记录，则该方法返回 true。
  - void afterLast()：将 ResultSet 的记录指针定位到最后一行之后。

> **注意：**
> 在 JDK 1.4 以前，采用默认方法创建的 Statement 所查询得到的 ResultSet 不支持 absolute()、previous()等移动记录指针的方法，它只支持 next()这个移动记录指针的方法，即 ResultSet 的记录指针只能向下移动，而且每次只能移动一格。从 Java 5.0 以后就避免了这个问题，程序采用默认方法创建的Statement所查询得到的ResultSet也支持absolute()、previous()等方法。

当把记录指针移动到指定行之后，ResultSet 可通过 getXxx(int columnIndex)或 getXxx(String columnLabel)方法来获取当前行、指定列的值，前者根据列索引获取值，后者根据列名获取值。Java 7 新增了<T> T getObject(int columnIndex, Class<T> type)和<T> T getObject(String columnLabel, Class<T> type)两个泛型方法，它们可以获取任意类型的值。

▶▶ 13.3.2 JDBC 编程步骤

大致了解了 JDBC API 的相关接口和类之后，下面就可以进行 JDBC 编程了，JDBC 编程大致按如下步骤进行。

① 加载数据库驱动。通常使用 Class 类的 forName()静态方法来加载驱动。例如如下代码：

```
// 加载驱动
Class.forName(driverClass)
```

> **提示：**
> 最新的 JDBC 驱动已经可以通过 SPI 自动注册驱动类了，在 JDBC 驱动 JAR 包的 META-INF\services 路径下会包含一个 java.sql.Driver 文件，该文件指定了 JDBC 驱动类。因此，如果使用这种最新的驱动 JAR 包，第 1 步其实可以省略。

上面代码中的 driverClass 就是数据库驱动类所对应的字符串。例如，加载 MySQL 的驱动采用如下代码：

```
// 加载 MySQL 的驱动
Class.forName("com.mysql.jdbc.Driver");
```

而加载 Oracle 的驱动则采用如下代码：

```
// 加载 Oracle 的驱动
Class.forName("oracle.jdbc.driver.OracleDriver");
```

从上面代码中可以看出，加载驱动时并不是真正使用数据库的驱动类，只是使用数据库驱动类名的字符串而已。

  学生提问：前面给出的仅仅是 MySQL 和 Oracle 两种数据库的驱动，我看不出驱动类字符串有什么规律啊。如果我希望使用其他数据库，那怎么找到其他数据库的驱动类呢？

 答：不同数据库的驱动类确实没有什么规律，也无须记住这些驱动类。因为每个数据库厂商在提供数据库驱动（通常是一个 JAR 文件）时，总会提供相应的文档，其中会有关于驱动类的介绍。不仅如此，文档中还会提供数据库 URL 写法，以及连接数据库的范例代码。当然，作为一个 Java 程序员，代码写得多了，常见数据库的驱动类、URL 写法还是能记住的——无须刻意去记忆，自然而然就会记住了。

② 通过 DriverManager 获取数据库连接。DriverManager 提供了如下方法：

```
// 获取数据库连接
DriverManager.getConnection(String url,String user,String pass);
```

当使用 DriverManager 获取数据库连接时，通常需要传入三个参数：数据库 URL、登录数据库的用户名和密码。这三个参数中用户名和密码通常由 DBA（数据库管理员）分配，而且该用户还应该具有相应的权限，才可以执行相应的 SQL 语句。

数据库 URL 通常遵循如下写法：

```
jdbc:subprotocol:other stuff
```

上面 URL 写法中的 jdbc 是固定的，而 subprotocol 指定连接到特定数据库的驱动，而后面的 other 和 stuff 也是不固定的——也没有较强的规律，不同数据库的 URL 写法可能存在较大差异。例如，MySQL 数据库的 URL 写法如下：

```
jdbc:mysql://hostname:port/databasename
```

Oracle 数据库的 URL 写法如下：

```
jdbc:oracle:thin:@hostname:port:databasename
```

 提示：
如果想了解特定数据库的 URL 写法，请查阅该数据库 JDBC 驱动的文档。

③ 通过 Connection 对象创建 Statement 对象。Connection 创建 Statement 的方法有如下三个。
- createStatement()：创建基本的 Statement 对象。
- prepareStatement(String sql)：根据传入的 SQL 语句创建预编译的 Statement 对象。
- prepareCall(String sql)：根据传入的 SQL 语句创建 CallableStatement 对象。

④ 使用 Statement 执行 SQL 语句。所有的 Statement 都有如下三个方法来执行 SQL 语句。
- execute()：可以执行任何 SQL 语句，但比较麻烦。
- executeUpdate()：主要用于执行 DML 和 DDL 语句。执行 DML 语句返回受 SQL 语句影响的行数，执行 DDL 语句返回 0。
- executeQuery()：只能执行查询语句，执行后返回代表查询结果的 ResultSet 对象。

⑤ 操作结果集。如果执行的 SQL 语句是查询语句，则执行结果将返回一个 ResultSet 对象，该对象里保存了 SQL 语句查询的结果。程序可以通过操作该 ResultSet 对象来取出查询结果。ResultSet 对象主要提供了如下两类方法。
- next()、previous()、first()、last()、beforeFirst()、afterLast()、absolute()等移动记录指针的方法。
- getXxx()方法获取记录指针指向行、特定列的值。该方法既可使用列索引作为参数，也可使用列名作为参数。使用列索引作为参数性能更好，使用列名作为参数可读性更好。

ResultSet 实质是一个查询结果集，在逻辑结构上非常类似于一个表。图 13.17 显示了 ResultSet 的逻辑结构，以及操作 ResultSet 结果集并获取值的方法示意图。

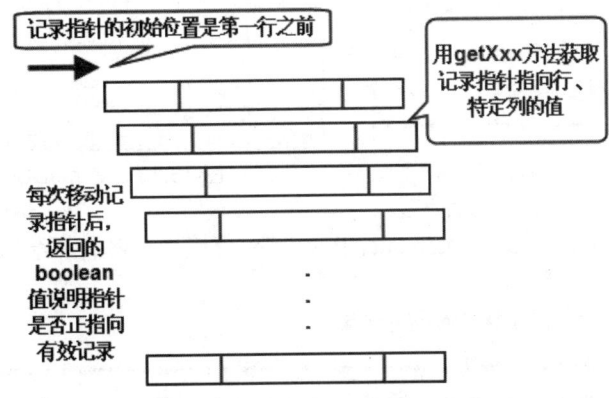

图 13.17 ResultSet 结果集示意图

⑥ 回收数据库资源，包括关闭 ResultSet、Statement 和 Connection 等资源。

下面程序简单示范了 JDBC 编程，并通过 ResultSet 获得结果集的过程。

程序清单：codes\13\13.3\ConnMySql.java

```java
public class ConnMySql
{
    public static void main(String[] args) throws Exception
    {
        // 1.加载驱动，使用反射知识，现在记住这么写
        Class.forName("com.mysql.jdbc.Driver");
        try(
            // 2.使用 DriverManager 获取数据库连接
            // 其中返回的 Connection 就代表了 Java 程序和数据库的连接
            // 不同数据库的 URL 写法需要查驱动文档，用户名、密码由 DBA 分配
            Connection conn = DriverManager.getConnection(
                "jdbc:mysql://127.0.0.1:3306/select_test?useSSL=true"
                , "root" , "32147");
            // 3.使用 Connection 来创建一个 Statement 对象
            Statement stmt = conn.createStatement();
            // 4.执行 SQL 语句
            /*
            Statement 有三种执行 SQL 语句的方法：
            1. execute()可执行任何 SQL 语句—返回一个 boolean 值
                如果执行后第一个结果是 ResultSet，则返回 true，否则返回 false
            2. executeQuery()执行 select 语句 — 返回查询到的结果集
            3. executeUpdate()用于执行 DML 语句— 返回一个整数
                代表被 SQL 语句影响的记录条数
            */
            ResultSet rs = stmt.executeQuery("select s.* , teacher_name"
                + " from student_table s , teacher_table t"
                + " where t.teacher_id = s.java_teacher"))
        {
            // ResultSet 有一系列的 getXxx(列索引 | 列名)方法，用于获取记录指针
            // 指向行、特定列的值，不断地使用 next()将记录指针下移一行
```

```
            // 如果移动之后记录指针依然指向有效行，则 next()方法返回 true
            while(rs.next())
            {
                System.out.println(rs.getInt(1) + "\t"
                    + rs.getString(2) + "\t"
                    + rs.getString(3) + "\t"
                    + rs.getString(4));
            }
        }
    }
}
```

上面程序严格按 JDBC 访问数据库的步骤执行了一条多表连接查询语句，这条连接查询语句就是前面介绍 SQL 92 连接时所讲的连接查询语句。

提示：目前最新的 MySQL 驱动推荐使用 SSL 连接（安全的网络连接，这样可以保证更好的数据安全性）。

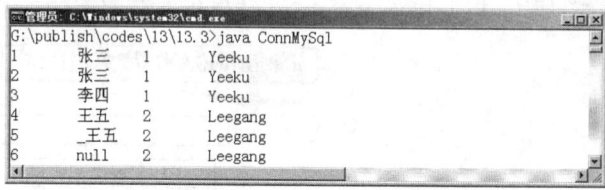

图 13.18　使用 JDBC 执行查询的结果

与前面介绍的步骤略有区别的是，本程序采用了自动关闭资源的 try 语句来关闭各种数据库资源，Java 7 改写了 Connection、Statement、ResultSet 等接口，它们都继承了 AutoCloseable 接口，因此它们都可以由 try 语句来关闭。

运行上面程序，会看到如图 13.18 所示的结果。

提示：上面的运行结果也是基于前面所使用的 select_test 数据库，所以运行该程序之前应该先导入 codes\13\13.2 路径下的 select_data.sql 文件。除此之外，运行本程序时需要使用 MySQL 数据库驱动，该驱动 JAR 文件就是 codes\13\mysql-connector-java-5.1.44-bin.jar 文件，读者应该把该文件添加到系统的 CLASSPATH 环境变量里，或者直接使用 codes\13\13.3\路径下的 runConnMySql.cmd 来运行该程序，本章所有的程序都会提供这样一个对应的 cmd 批处理文件。

13.4　执行 SQL 语句的方式

前面介绍了 JDBC 执行查询等示例程序，实际上，JDBC 不仅可以执行查询，也可以执行 DDL、DML 等 SQL 语句，从而允许通过 JDBC 最大限度地控制数据库。

▶▶ 13.4.1　使用 Java 8 新增的 executeLargeUpdate 方法执行 DDL 和 DML 语句

Statement 提供了三个方法来执行 SQL 语句，前面已经介绍了使用 executeQuery()来执行查询语句，下面将介绍使用 executeLargeUpdate()（或 executeUpdate()）来执行 DDL 和 DML 语句。使用 Statement 执行 DDL 和 DML 语句的步骤与执行普通查询语句的步骤基本相似，区别在于执行了 DDL 语句后返回值为 0，执行了 DML 语句后返回值为受影响的记录条数。

下面程序示范了使用 executeUpdate()方法（此处暂未使用 executeLargeUpdate()方法是因为 MySQL 驱动暂不支持）创建数据表。该示例并没有直接把数据库连接信息写在程序里，而是使用一个 mysql.ini 文件（就是一个 properties 文件）来保存数据库连接信息，这是比较成熟的做法——当需要把应用程序从开发环境移植到生产环境时，无须修改源代码，只需要修改 mysql.ini 配置文件即可。

程序清单：codes\13\13.4\ExecuteDDL.java

```
public class ExecuteDDL
{
    private String driver;
    private String url;
    private String user;
    private String pass;
```

```java
public void initParam(String paramFile)
    throws Exception
{
    // 使用 Properties 类来加载属性文件
    Properties props = new Properties();
    props.load(new FileInputStream(paramFile));
    driver = props.getProperty("driver");
    url = props.getProperty("url");
    user = props.getProperty("user");
    pass = props.getProperty("pass");
}
public void createTable(String sql)throws Exception
{
    // 加载驱动
    Class.forName(driver);
    try(
    // 获取数据库连接
    Connection conn = DriverManager.getConnection(url , user , pass);
    // 使用 Connection 来创建一个 Statement 对象
    Statement stmt = conn.createStatement())
    {
        // 执行 DDL 语句,创建数据表
        stmt.executeUpdate(sql);
    }
}
public static void main(String[] args) throws Exception
{
    ExecuteDDL ed = new ExecuteDDL();
    ed.initParam("mysql.ini");
    ed.createTable("create table jdbc_test "
        + "( jdbc_id int auto_increment primary key, "
        + "jdbc_name varchar(255), "
        + "jdbc_desc text);");
    System.out.println("-----建表成功-----");
}
}
```

运行上面程序,执行成功后会看到 select_test 数据库中添加了一个 jdbc_test 数据表,这表明 JDBC 执行 DDL 语句成功。

使用 executeUpdate()执行 DML 语句与执行 DDL 语句基本相似,区别是 executeUpdate()执行 DDL 语句后返回 0,而执行 DML 语句后返回受影响的记录条数。下面程序将会执行一条 insert 语句,这条 insert 语句会向刚刚建立的 jdbc_test 数据表中插入几条记录。因为使用了带子查询的 insert 语句,所以可以一次插入多条语句。

程序清单:codes\13\13.4\ExecuteDML.java

```java
public class ExecuteDML
{
    private String driver;
    private String url;
    private String user;
    private String pass;
    public void initParam(String paramFile)
        throws Exception
    {
        // 使用 Properties 类来加载属性文件
        Properties props = new Properties();
        props.load(new FileInputStream(paramFile));
        driver = props.getProperty("driver");
        url = props.getProperty("url");
        user = props.getProperty("user");
        pass = props.getProperty("pass");
    }
    public int insertData(String sql)throws Exception
    {
        // 加载驱动
        Class.forName(driver);
```

```
            try
            {
                // 获取数据库连接
                Connection conn = DriverManager.getConnection(url
                    , user , pass);
                // 使用Connection来创建一个Statement对象
                Statement stmt = conn.createStatement())
            {
                // 执行DML语句,返回受影响的记录条数
                return stmt.executeUpdate(sql);
            }
        }
    public static void main(String[] args)throws Exception
    {
        ExecuteDML ed = new ExecuteDML();
        ed.initParam("mysql.ini");
        int result = ed.insertData("insert into jdbc_test(jdbc_name,jdbc_desc)"
            + "select s.student_name , t.teacher_name "
            + "from student_table s , teacher_table t "
            + "where s.java_teacher = t.teacher_id;");
        System.out.println("--系统中共有" + result + "条记录受影响--");
    }
}
```

运行上面程序,执行成功将会看到 jdbc_test 数据表中多了几条记录,而且在程序控制台会看到输出有几条记录受影响的信息。

▶▶ 13.4.2 使用 execute 方法执行 SQL 语句

Statement 的 execute()方法几乎可以执行任何 SQL 语句,但它执行 SQL 语句时比较麻烦,通常没有必要使用 execute()方法来执行 SQL 语句,使用 executeQuery()或 executeUpdate()方法更简单。但如果不清楚 SQL 语句的类型,则只能使用 execute()方法来执行该 SQL 语句了。

使用 execute()方法执行 SQL 语句的返回值只是 boolean 值,它表明执行该 SQL 语句是否返回了 ResultSet 对象。那么如何来获取执行 SQL 语句后得到的 ResultSet 对象呢?Statement 提供了如下两个方法来获取执行结果。

➢ getResultSet(): 获取该 Statement 执行查询语句所返回的 ResultSet 对象。
➢ getUpdateCount(): 获取该 Statement()执行 DML 语句所影响的记录行数。

下面程序示范了使用 Statement 的 execute()方法来执行任意的 SQL 语句,执行不同的 SQL 语句时产生不同的输出。

程序清单: codes\13\13.4\ExecuteSQL.java

```
public class ExecuteSQL
{
    private String driver;
    private String url;
    private String user;
    private String pass;
    public void initParam(String paramFile)throws Exception
    {
        // 使用Properties类来加载属性文件
        Properties props = new Properties();
        props.load(new FileInputStream(paramFile));
        driver = props.getProperty("driver");
        url = props.getProperty("url");
        user = props.getProperty("user");
        pass = props.getProperty("pass");
    }
    public void executeSql(String sql)throws Exception
    {
        // 加载驱动
        Class.forName(driver);
        try(
            // 获取数据库连接
            Connection conn = DriverManager.getConnection(url
                , user , pass);
```

```java
        // 使用 Connection 来创建一个 Statement 对象
        Statement stmt = conn.createStatement())
    {
        // 执行 SQL 语句，返回 boolean 值表示是否包含 ResultSet
        boolean hasResultSet = stmt.execute(sql);
        //如果执行后有 ResultSet 结果集
        if (hasResultSet)
        {
            try(
                // 获取结果集
                ResultSet rs = stmt.getResultSet())
            {
                // ResultSetMetaData 是用于分析结果集的元数据接口
                ResultSetMetaData rsmd = rs.getMetaData();
                int columnCount = rsmd.getColumnCount();
                // 迭代输出 ResultSet 对象
                while (rs.next())
                {
                    // 依次输出每列的值
                    for (int i = 0 ; i < columnCount ; i++ )
                    {
                        System.out.print(rs.getString(i + 1) + "\t");
                    }
                    System.out.print("\n");
                }
            }
        }
        else
        {
            System.out.println("该 SQL 语句影响的记录有"
                + stmt.getUpdateCount() + "条");
        }
    }
}
public static void main(String[] args) throws Exception
{
    ExecuteSQL es = new ExecuteSQL();
    es.initParam("mysql.ini");
    System.out.println("------执行删除表的 DDL 语句-----");
    es.executeSql("drop table if exists my_test");
    System.out.println("------执行建表的 DDL 语句-----");
    es.executeSql("create table my_test"
        + "(test_id int auto_increment primary key, "
        + "test_name varchar(255))");
    System.out.println("------执行插入数据的 DML 语句-----");
    es.executeSql("insert into my_test(test_name) "
        + "select student_name from student_table");
    System.out.println("------执行查询数据的查询语句-----");
    es.executeSql("select * from my_test");
}
```

运行上面程序，会看到使用 Statement 的不同方法执行不同 SQL 语句的效果。执行 DDL 语句显示受影响的记录条数为 0；执行 DML 语句显示插入、修改或删除的记录条数；执行查询语句则可以输出查询结果。

> **提示：** 上面程序获得 SQL 执行结果时没有根据各列的数据类型调用相应的 getXxx()方法，而是直接使用 getString()方法来取得值，这是可以的。ResultSet 的 getString()方法几乎可以获取除 Blob 之外的任意类型列的值，因为所有的数据类型都可以自动转换成字符串类型。

▶▶ 13.4.3 使用 PreparedStatement 执行 SQL 语句

如果经常需要反复执行一条结构相似的 SQL 语句，例如如下两条 SQL 语句：

```
insert into student_table values(null,'张三',1);
insert into student_table values(null,'李四',2);
```

对于这两条 SQL 语句而言,它们的结构基本相似,只是执行插入时插入的值不同而已。对于这种情况,可以使用带占位符(?)参数的 SQL 语句来代替它:

```
insert into student_table values(null,?,?);
```

但 Statement 执行 SQL 语句时不允许使用问号占位符参数,而且这个问号占位符参数必须获得值后才可以执行。为了满足这种功能,JDBC 提供了 PreparedStatement 接口,它是 Statement 接口的子接口,它可以预编译 SQL 语句,预编译后的 SQL 语句被存储在 PreparedStatement 对象中,然后可以使用该对象多次高效地执行该语句。简而言之,使用 PreparedStatement 比使用 Statement 的效率要高。

创建 PreparedStatement 对象使用 Connection 的 prepareStatement()方法,该方法需要传入一个 SQL 字符串,该 SQL 字符串可以包含占位符参数。如下代码所示:

```
// 创建一个 PreparedStatement 对象
pstmt = conn.prepareStatement("insert into student_table values(null,?,1)");
```

PreparedStatement 也提供了 execute()、executeUpdate()、executeQuery()三个方法来执行 SQL 语句,不过这三个方法无须参数,因为 PreparedStatement 已存储了预编译的 SQL 语句。

使用 PreparedStatement 预编译 SQL 语句时,该 SQL 语句可以带占位符参数,因此在执行 SQL 语句之前必须为这些参数传入参数值,PreparedStatement 提供了一系列的 setXxx(int index , Xxx value)方法来传入参数值。

> **提示:**
> 如果程序很清楚 PreparedStatement 预编译 SQL 语句中各参数的类型,则使用相应的 setXxx()方法来传入参数即可;如果程序不清楚预编译 SQL 语句中各参数的类型,则可以使用 setObject()方法来传入参数,由 PreparedStatement 来负责类型转换。

下面程序示范了使用 Statement 和 PreparedStatement 分别插入 100 条记录的对比。使用 Statement 需要传入 100 条 SQL 语句,但使用 PreparedStatement 则只需要传入 1 条预编译的 SQL 语句,然后 100 次为该 PreparedStatement 的参数设值即可。

程序清单:codes\13\13.4\PreparedStatementTest.java

```java
public class PreparedStatementTest
{
    private String driver;
    private String url;
    private String user;
    private String pass;
    public void initParam(String paramFile)throws Exception
    {
        // 使用 Properties 类来加载属性文件
        Properties props = new Properties();
        props.load(new FileInputStream(paramFile));
        driver = props.getProperty("driver");
        url = props.getProperty("url");
        user = props.getProperty("user");
        pass = props.getProperty("pass");
        // 加载驱动
        Class.forName(driver);
    }
    public void insertUseStatement()throws Exception
    {
        long start = System.currentTimeMillis();
        try(
            // 获取数据库连接
            Connection conn = DriverManager.getConnection(url
                , user , pass);
            // 使用 Connection 来创建一个 Statement 对象
            Statement stmt = conn.createStatement())
        {
```

```
            // 需要使用 100 条 SQL 语句来插入 100 条记录
            for (int i = 0; i < 100 ; i++ )
            {
                stmt.executeUpdate("insert into student_table values("
                    + " null ,'姓名" + i + "' , 1)");
                System.out.println("使用 Statement 费时:"
                    + (System.currentTimeMillis() - start));
            }
    }
    public void insertUsePrepare()throws Exception
    {
        long start = System.currentTimeMillis();
        try(
            // 获取数据库连接
            Connection conn = DriverManager.getConnection(url
                , user , pass);
            // 使用 Connection 来创建一个 PreparedStatement 对象
            PreparedStatement pstmt = conn.prepareStatement(
                "insert into student_table values(null,?,1)"))
        {
            // 100 次为 PreparedStatement 的参数设值，就可以插入 100 条记录
            for (int i = 0; i < 100 ; i++ )
            {
                pstmt.setString(1 , "姓名" + i);
                pstmt.executeUpdate();
            }
            System.out.println("使用 PreparedStatement 费时:"
                + (System.currentTimeMillis() - start));
        }
    }
    public static void main(String[] args) throws Exception
    {
        PreparedStatementTest pt = new PreparedStatementTest();
        pt.initParam("mysql.ini");
        pt.insertUseStatement();
        pt.insertUsePrepare();
    }
}
```

多次运行上面程序，可以发现使用 PreparedStatement 插入 100 条记录所用的时间比使用 Statement 插入 100 条记录所用的时间少，这表明 PreparedStatement 的执行效率比 Statement 的执行效率高。

除此之外，使用 PreparedStatement 还有一个优势——当 SQL 语句中要使用参数时，无须"拼接" SQL 字符串。而使用 Statement 则要"拼接" SQL 字符串，如上程序中粗体字代码所示，这是相当容易出现错误的——注意粗体字代码中的单引号，这是因为 SQL 语句中的字符串必须用单引号引起来。尤其是当 SQL 语句中有多个字符串参数时，"拼接"这条 SQL 语句时就更容易出错了。使用 PreparedStatement 则只需要使用问号占位符来代替这些参数即可，降低了编程复杂度。

使用 PreparedStatement 还有一个很好的作用——用于防止 SQL 注入。

> **提示：**
> SQL 注入是一个较常见的 Cracker 入侵方式，它利用 SQL 语句的漏洞来入侵。

下面以一个简单的登录窗口为例来介绍这种 SQL 注入的结果。下面登录窗口包含两个文本框，一个用于输入用户名，一个用于输入密码，系统根据用户输入与 jdbc_test 表里的记录进行匹配，如果找到相应记录则提示登录成功。

程序清单：codes\13\13.4\LoginFrame.java

```java
public class LoginFrame
{
    private final String PROP_FILE = "mysql.ini";
    private String driver;
    // url 是数据库的服务地址
    private String url;
```

```java
    private String user;
    private String pass;
    // 登录界面的 GUI 组件
    private JFrame jf = new JFrame("登录");
    private JTextField userField = new JTextField(20);
    private JTextField passField = new JTextField(20);
    private JButton loginButton = new JButton("登录");
    public void init()throws Exception
    {
        Properties connProp = new Properties();
        connProp.load(new FileInputStream(PROP_FILE));
        driver = connProp.getProperty("driver");
        url = connProp.getProperty("url");
        user = connProp.getProperty("user");
        pass = connProp.getProperty("pass");
        // 加载驱动
        Class.forName(driver);
        // 为登录按钮添加事件监听器
        loginButton.addActionListener(e -> {
            // 登录成功则显示"登录成功"
            if (validate(userField.getText(), passField.getText()))
            {
                JOptionPane.showMessageDialog(jf, "登录成功");
            }
            // 否则显示"登录失败"
            else
            {
                JOptionPane.showMessageDialog(jf, "登录失败");
            }
        });
        jf.add(userField , BorderLayout.NORTH);
        jf.add(passField);
        jf.add(loginButton , BorderLayout.SOUTH);
        jf.pack();
        jf.setVisible(true);
    }
    private boolean validate(String userName, String userPass)
    {
        // 执行查询的 SQL 语句
        String sql = "select * from jdbc_test "
            + "where jdbc_name='" + userName
            + "' and jdbc_desc='" + userPass + "'";
        System.out.println(sql);
        try(
            Connection conn = DriverManager.getConnection(url , user ,pass);
            Statement stmt = conn.createStatement();
            ResultSet rs = stmt.executeQuery(sql))
        {
            // 如果查询的 ResultSet 里有超过一条的记录，则登录成功
            if (rs.next())
            {
                return true;
            }
        }
        catch(Exception e)
        {
            e.printStackTrace();
        }
        return false;
    }
    public static void main(String[] args) throws Exception
    {
        new LoginFrame().init();
    }
}
```

运行上面程序，如果用户正常输入其用户名、密码当然没有问题，输入正确可以正常登录，输入错误将提示输入失败。但如果这个用户是一个 Cracker，他可以按图 13.19 所示来输入。

图 13.19 所示的输入明显不正确，但当单击"登录"按钮后也会显示"登录成功"对话框。可以在程序运行的后台看到如下 SQL 语句：

```
# 利用 SQL 注入后生成的 SQL 语句
select * from jdbc_test where jdbc_name='' or true or '' and jdbc_desc=''
```

图 13.19　利用 SQL 注入

看到这条 SQL 语句，读者应该不难明白为什么这样输入也可以显示"正常登录"对话框了，因为 Cracker 直接输入了 true，而 SQL 把这个 true 当成了直接量。

> **提示：** JDBC 编程本身并没有提供图形界面功能，它仅仅提供了数据库访问支持。如果希望 JDBC 程序有较好的图形用户界面，则需要结合前面介绍的 AWT 或 Swing 编程才可以做到。在 Web 编程中，数据库访问也是非常重要的基础知识。

如果把上面的 validate()方法换成使用 PreparedStatement 来执行验证，而不是直接使用 Statement。程序如下：

```java
private boolean validate(String userName, String userPass)
{
    try(
        Connection conn = DriverManager.getConnection(url
            , user ,pass);
        PreparedStatement pstmt = conn.prepareStatement(
            "select * from jdbc_test where jdbc_name=? and jdbc_desc=?"))
    {
        pstmt.setString(1, userName);
        pstmt.setString(2, userPass);
        try(
            ResultSet rs = pstmt.executeQuery())
        {
            // 如果查询的 ResultSet 里有超过一条的记录，则登录成功
            if (rs.next())
            {
                return true;
            }
        }
    }
    catch(Exception e)
    {
        e.printStackTrace();
    }
    return false;
}
```

将上面的 validate()方法改为使用 PrepareStatement 来执行 SQL 语句之后，即使用户按图 13.19 所示输入，系统一样会显示"登录失败"对话框。

总体来看，使用 PreparedStatement 比使用 Statement 多了如下三个好处。

➢ PreparedStatement 预编译 SQL 语句，性能更好。
➢ PreparedStatement 无须"拼接"SQL 语句，编程更简单。
➢ PreparedStatement 可以防止 SQL 注入，安全性更好。

基于以上三点，通常推荐避免使用 Statement 来执行 SQL 语句，改为使用 PreparedStatement 执行 SQL 语句。

> **注意：** 使用 PreparedStatement 执行带占位符参数的 SQL 语句时，SQL 语句中的占位符参数只能代替普通值，不要使用占位符参数代替表名、列名等数据库对象，更不要用占位符参数数来代替 SQL 语句中的 insert、select 等关键字。

625

13.4.4 使用 CallableStatement 调用存储过程

下面的 SQL 语句可以在 MySQL 数据库中创建一个简单的存储过程。

```
delimiter //
create procedure add_pro(a int , b int, out sum int)
begin
set sum = a + b;
end;
//
```

上面的 SQL 语句将 MySQL 的语句结束符改为双斜线（//），这样就可以在创建存储过程中使用分号作为分隔符（MySQL 默认使用分号作为语句结束符）。上面程序创建了名为 add_pro 的存储过程，该存储过程包含三个参数：a、b 是传入参数，而 sum 使用 out 修饰，是传出参数。

> **提示：** 关于存储过程的介绍请读者自行查阅相关书籍，本书仅介绍如何使用 JDBC 调用存储过程，并不会介绍创建存储过程的知识。

调用存储过程使用 CallableStatement，可以通过 Connection 的 prepareCall() 方法来创建 CallableStatement 对象，创建该对象时需要传入调用存储过程的 SQL 语句。调用存储过程的 SQL 语句总是这种格式：{call 过程名(?,?,?...)}，其中的问号作为存储过程参数的占位符。例如，如下代码就创建了调用上面存储过程的 CallableStatement 对象。

```
// 使用 Connection 来创建一个 CallableStatement 对象
cstmt = conn.prepareCall("{call add_pro(?,?,?)}");
```

存储过程的参数既有传入参数，也有传出参数。所谓传入参数就是 Java 程序必须为这些参数传入值，可以通过 CallableStatement 的 setXxx() 方法为传入参数设置值；所谓传出参数就是 Java 程序可以通过该参数获取存储过程里的值，CallableStatement 需要调用 registerOutParameter() 方法来注册该参数。如下代码所示：

```
// 注册 CallableStatement 的第三个参数是 int 类型
cstmt.registerOutParameter(3, Types.INTEGER);
```

经过上面步骤之后，就可以调用 CallableStatement 的 execute() 方法来执行存储过程了，执行结束后通过 CallableStatement 对象的 getXxx(int index) 方法来获取指定传出参数的值。下面程序示范了如何来调用该存储过程。

程序清单：codes\13\13.4\CallableStatementTest.java

```java
public class CallableStatementTest
{
    private String driver;
    private String url;
    private String user;
    private String pass;
    public void initParam(String paramFile)throws Exception
    {
        // 使用 Properties 类来加载属性文件
        Properties props = new Properties();
        props.load(new FileInputStream(paramFile));
        driver = props.getProperty("driver");
        url = props.getProperty("url");
        user = props.getProperty("user");
        pass = props.getProperty("pass");
    }
    public void callProcedure()throws Exception
    {
        // 加载驱动
        Class.forName(driver);
        try(
            // 获取数据库连接
            Connection conn = DriverManager.getConnection(url
```

```
            , user , pass);
        // 使用 Connection 来创建一个 CallableStatement 对象
        CallableStatement cstmt = conn.prepareCall(
            "{call add_pro(?,?,?)}"))
    {
        cstmt.setInt(1, 4);
        cstmt.setInt(2, 5);
        // 注册 CallableStatement 的第三个参数是 int 类型
        cstmt.registerOutParameter(3, Types.INTEGER);
        // 执行存储过程
        cstmt.execute();
        // 获取并输出存储过程传出参数的值
        System.out.println("执行结果是: " + cstmt.getInt(3));
    }
}
public static void main(String[] args) throws Exception
{
    CallableStatementTest ct = new CallableStatementTest();
    ct.initParam("mysql.ini");
    ct.callProcedure();
}
```

上面程序中的粗体字代码就是执行存储过程的关键代码,运行上面程序将会看到这个简单存储过程的执行结果,传入参数分别是 4、5，执行加法后传出总和 9。

13.5 管理结果集

JDBC 使用 ResultSet 来封装执行查询得到的查询结果，然后通过移动 ResultSet 的记录指针来取出结果集的内容。除此之外，JDBC 还允许通过 ResultSet 来更新记录，并提供了 ResultSetMetaData 来获得 ResultSet 对象的相关信息。

▶▶ 13.5.1 可滚动、可更新的结果集

前面提到，ResultSet 定位记录指针的方法有 absolute()、previous()等方法，但前面程序自始至终都只用了 next()方法来移动记录指针，实际上也可以使用 absolute()、previous()、last()等方法来移动记录指针。可以使用 absolute()、previous()、afterLast()等方法自由移动记录指针的 ResultSet 被称为可滚动的结果集。

提示：在 JDK 1.4 以前，默认打开的 ResultSet 是不可滚动的，必须在创建 Statement 或 PreparedStatement 时传入额外的参数。从 Java 5.0 以后，默认打开的 ResultSet 就是可滚动的，无须传入额外的参数。

以默认方式打开的 ResultSet 是不可更新的，如果希望创建可更新的 ResultSet，则必须在创建 Statement 或 PreparedStatement 时传入额外的参数。Connection 在创建 Statement 或 PreparedStatement 时还可额外传入如下两个参数。

- resultSetType：控制 ResultSet 的类型，该参数可以取如下三个值。
  - ResultSet.TYPE_FORWARD_ONLY：该常量控制记录指针只能向前移动。这是 JDK 1.4 以前的默认值。
  - ResultSet.TYPE_SCROLL_INSENSITIVE：该常量控制记录指针可以自由移动（可滚动结果集），但底层数据的改变不会影响 ResultSet 的内容。
  - ResultSet.TYPE_SCROLL_SENSITIVE：该常量控制记录指针可以自由移动（可滚动结果集），而且底层数据的改变会影响 ResultSet 的内容。

> **注意**：TYPE_SCROLL_INSENSITIVE、TYPE_SCROLL_SENSITIVE 两个常量的作用需要底层数据库驱动的支持，对于有些数据库驱动来说，这两个常量并没有太大的区别。

- resultSetConcurrency：控制 ResultSet 的并发类型，该参数可以接收如下两个值。
  - ResultSet.CONCUR_READ_ONLY：该常量指示 ResultSet 是只读的并发模式（默认）。
  - ResultSet.CONCUR_UPDATABLE：该常量指示 ResultSet 是可更新的并发模式。

下面代码通过这两个参数创建了一个 PreparedStatement 对象，由该对象生成的 ResultSet 对象将是可滚动、可更新的结果集。

```
// 使用 Connection 创建一个 PreparedStatement 对象
// 传入控制结果集可滚动、可更新的参数
pstmt = conn.prepareStatement(sql , ResultSet.TYPE_SCROLL_INSENSITIVE
    , ResultSet.CONCUR_UPDATABLE);
```

需要指出的是，可更新的结果集还需要满足如下两个条件。

- 所有数据都应该来自一个表。
- 选出的数据集必须包含主键列。

通过该 PreparedStatement 创建的 ResultSet 就是可滚动、可更新的，程序可调用 ResultSet 的 updateXxx(int columnIndex , Xxx value)方法来修改记录指针所指记录、特定列的值，最后调用 ResultSet 的 updateRow()方法来提交修改。

Java 8 为 ResultSet 添加了 updateObject(String columnLabel, Object x, SQLType targetSqlType)和 updateObject(int columnIndex, Object x, SQLType targetSqlType)两个默认方法，这两个方法可以直接用 Object 来修改记录指针所指记录、特定列的值，其中 SQLType 用于指定该数据列的类型。但目前最新的 MySQL 驱动暂不支持该方法。

下面程序示范了这种创建可滚动、可更新的结果集的方法。

程序清单：codes\13\13.5\ResultSetTest.java

```java
public class ResultSetTest
{
    private String driver;
    private String url;
    private String user;
    private String pass;
    public void initParam(String paramFile)throws Exception
    {
        // 使用 Properties 类来加载属性文件
        Properties props = new Properties();
        props.load(new FileInputStream(paramFile));
        driver = props.getProperty("driver");
        url = props.getProperty("url");
        user = props.getProperty("user");
        pass = props.getProperty("pass");
    }
    public void query(String sql)throws Exception
    {
        // 加载驱动
        Class.forName(driver);
        try(
            // 获取数据库连接
            Connection conn = DriverManager.getConnection(url, user , pass);
            // 使用 Connection 来创建一个 PreparedStatement 对象
            // 传入控制结果集可滚动、可更新的参数
            PreparedStatement pstmt = conn.prepareStatement(sql
                , ResultSet.TYPE_SCROLL_INSENSITIVE
                , ResultSet.CONCUR_UPDATABLE);
            ResultSet rs = pstmt.executeQuery())
        {
            rs.last();
```

```
            int rowCount = rs.getRow();
            for (int i = rowCount; i > 0 ; i-- )
            {
                rs.absolute(i);
                System.out.println(rs.getString(1) + "\t"
                    + rs.getString(2) + "\t" + rs.getString(3));
                // 修改记录指针所指记录、第 2 列的值
                rs.updateString(2 , "学生名" + i);
                // 提交修改
                rs.updateRow();
            }
        }
    }
    public static void main(String[] args) throws Exception
    {
        ResultSetTest rt = new ResultSetTest();
        rt.initParam("mysql.ini");
        rt.query("select * from student_table");
    }
}
```

上面程序中的粗体字代码示范了如何自由移动记录指针并更新记录指针所指的记录。运行上面程序，将会看到 student_table 表中的记录被倒过来输出了，因为是从最大记录行开始输出的。而且当程序运行结束后，student_table 表中所有记录的 student_name 列的值都被修改了。

> **注意：**
> 如果要创建可更新的结果集，则使用查询语句查询的数据通常只能来自于一个数据表，而且查询结果集中的数据列必须包含主键列，否则将会引起更新失败。

▶▶ 13.5.2 处理 Blob 类型数据

Blob（Binary Long Object）是二进制长对象的意思，Blob 列通常用于存储大文件，典型的 Blob 内容是一张图片或一个声音文件，由于它们的特殊性，必须使用特殊的方式来存储。使用 Blob 列可以把图片、声音等文件的二进制数据保存在数据库里，并可以从数据库里恢复指定文件。

如果需要将图片插入数据库，显然不能直接通过普通的 SQL 语句来完成，因为有一个关键的问题——Blob 常量无法表示。所以将 Blob 数据插入数据库需要使用 PreparedStatement，该对象有一个方法：setBinaryStream(int parameterIndex, InputStream x)，该方法可以为指定参数传入二进制输入流，从而可以实现将 Blob 数据保存到数据库的功能。

当需要从 ResultSet 里取出 Blob 数据时，可以调用 ResultSet 的 getBlob(int columnIndex)方法，该方法将返回一个 Blob 对象，Blob 对象提供了 getBinaryStream()方法来获取该 Blob 数据的输入流，也可以使用 Blob 对象提供的 getBytes()方法直接取出该 Blob 对象封装的二进制数据。

为了把图片放入数据库，本程序先使用如下 SQL 语句来建立一个数据表。

```
create table img_table
(
    img_id int auto_increment primary key,
    img_name varchar(255),
    # 创建一个 mediumblob 类型的数据列，用于保存图片数据
    img_data mediumblob
);
```

> **提示：**
> 上面 SQL 语句中的 img_data 列使用 mediumblob 类型，而不是 blob 类型。因为 MySQL 数据库里的 blob 类型最多只能存储 64KB 内容，这可能不够满足实际用途。所以使用 mediumblob 类型，该类型的数据列可以存储 16MB 内容。

下面程序可以实现图片"上传"——实际上就是将图片保存到数据库，并在右边的列表框中显示图片的名字，当用户双击列表框中的图片名时，左边窗口将显示该图片——实质就是根据选中的 ID 从数

据库里查找图片，并将其显示出来。

程序清单：codes\13\13.5\BlobTest.java

```java
public class BlobTest
{
    JFrame jf = new JFrame("图片管理程序");
    private static Connection conn;
    private static PreparedStatement insert;
    private static PreparedStatement query;
    private static PreparedStatement queryAll;
    // 定义一个DefaultListModel对象
    private DefaultListModel<ImageHolder> imageModel
        = new DefaultListModel<>();
    private JList<ImageHolder> imageList = new JList<>(imageModel);
    private JTextField filePath = new JTextField(26);
    private JButton browserBn = new JButton("...");
    private JButton uploadBn = new JButton("上传");
    private JLabel imageLabel = new JLabel();
    // 以当前路径创建文件选择器
    JFileChooser chooser = new JFileChooser(".");
    // 创建文件过滤器
    ExtensionFileFilter filter = new ExtensionFileFilter();
    static
    {
        try
        {
            Properties props = new Properties();
            props.load(new FileInputStream("mysql.ini"));
            String driver = props.getProperty("driver");
            String url = props.getProperty("url");
            String user = props.getProperty("user");
            String pass = props.getProperty("pass");
            Class.forName(driver);
            // 获取数据库连接
            conn = DriverManager.getConnection(url , user , pass);
            // 创建执行插入的PreparedStatement对象
            // 该对象执行插入后可以返回自动生成的主键
            insert = conn.prepareStatement("insert into img_table"
                + " values(null,?,?)" , Statement.RETURN_GENERATED_KEYS);
            // 创建两个PreparedStatement对象，用于查询指定图片，查询所有图片
            query = conn.prepareStatement("select img_data from img_table"
                + " where img_id=?");
            queryAll = conn.prepareStatement("select img_id, "
                + " img_name from img_table");
        }
        catch (Exception e)
        {
            e.printStackTrace();
        }
    }
    public void init()throws SQLException
    {
        // -------初始化文件选择器--------
        filter.addExtension("jpg");
        filter.addExtension("jpeg");
        filter.addExtension("gif");
        filter.addExtension("png");
        filter.setDescription("图片文件(*.jpg,*.jpeg,*.gif,*.png)");
        chooser.addChoosableFileFilter(filter);
        // 禁止"文件类型"下拉列表中显示"所有文件"选项
        chooser.setAcceptAllFileFilterUsed(false);
        // ---------初始化程序界面---------
        fillListModel();
        filePath.setEditable(false);
        // 只能单选
        imageList.setSelectionMode(ListSelectionModel.SINGLE_SELECTION);
        JPanel jp = new JPanel();
        jp.add(filePath);
```

```java
        jp.add(browserBn);
        browserBn.addActionListener(event -> {
            // 显示文件对话框
            int result = chooser.showDialog(jf , "浏览图片文件上传");
            // 如果用户选择了APPROVE（赞同）按钮，即打开，保存等效按钮
            if(result == JFileChooser.APPROVE_OPTION)
            {
                filePath.setText(chooser.getSelectedFile().getPath());
            }
        });
        jp.add(uploadBn);
        uploadBn.addActionListener(avt -> {
            // 如果上传文件的文本框有内容
            if (filePath.getText().trim().length() > 0)
            {
                // 将指定文件保存到数据库
                upload(filePath.getText());
                // 清空文本框内容
                filePath.setText("");
            }
        });
        JPanel left = new JPanel();
        left.setLayout(new BorderLayout());
        left.add(new JScrollPane(imageLabel) , BorderLayout.CENTER);
        left.add(jp , BorderLayout.SOUTH);
        jf.add(left);
        imageList.setFixedCellWidth(160);
        jf.add(new JScrollPane(imageList) , BorderLayout.EAST);
        imageList.addMouseListener(new MouseAdapter()
        {
            public void mouseClicked(MouseEvent e)
            {
                // 如果鼠标双击
                if (e.getClickCount() >= 2)
                {
                    // 取出选中的List项
                    ImageHolder cur = (ImageHolder)imageList.
                        getSelectedValue();
                    try
                    {
                        // 显示选中项对应的Image
                        showImage(cur.getId());
                    }
                    catch (SQLException sqle)
                    {
                        sqle.printStackTrace();
                    }
                }
            }
        });
        jf.setSize(620, 400);
        jf.setDefaultCloseOperation(JFrame.EXIT_ON_CLOSE);
        jf.setVisible(true);
    }
    // ----------查找img_table填充ListModel----------
    public void fillListModel()throws SQLException
    {
        try(
            // 执行查询
            ResultSet rs = queryAll.executeQuery())
        {
            // 先清除所有元素
            imageModel.clear();
            // 把查询的全部记录添加到ListModel中
            while (rs.next())
            {
                imageModel.addElement(new ImageHolder(rs.getInt(1)
                    ,rs.getString(2)));
```

```java
        }
    }
    // ---------将指定图片放入数据库---------
    public void upload(String fileName)
    {
        // 截取文件名
        String imageName = fileName.substring(fileName.lastIndexOf('\\')
            + 1 , fileName.lastIndexOf('.'));
        File f = new File(fileName);
        try(
            InputStream is = new FileInputStream(f))
        {
            // 设置图片名参数
            insert.setString(1, imageName);
            // 设置二进制流参数
            insert.setBinaryStream(2, is , (int)f.length());
            int affect = insert.executeUpdate();
            if (affect == 1)
            {
                // 重新更新 ListModel，将会让 JList 显示最新的图片列表
                fillListModel();
            }
        }
        catch (Exception e)
        {
            e.printStackTrace();
        }
    }
    // ---------根据图片 ID 来显示图片----------
    public void showImage(int id)throws SQLException
    {
        // 设置参数
        query.setInt(1, id);
        try(
            // 执行查询
            ResultSet rs = query.executeQuery())
        {
            if (rs.next())
            {
                // 取出 Blob 列
                Blob imgBlob = rs.getBlob(1);
                // 取出 Blob 列里的数据
                ImageIcon icon=new ImageIcon(imgBlob.getBytes(1L
                    ,(int)imgBlob.length()));
                imageLabel.setIcon(icon);
            }
        }
    }
    public static void main(String[] args)throws SQLException
    {
        new BlobTest().init();
    }
}
// 创建 FileFilter 的子类，用以实现文件过滤功能
class ExtensionFileFilter extends FileFilter
{
    private String description = "";
    private ArrayList<String> extensions = new ArrayList<>();
    // 自定义方法，用于添加文件扩展名
    public void addExtension(String extension)
    {
        if (!extension.startsWith("."))
        {
            extension = "." + extension;
            extensions.add(extension.toLowerCase());
        }
    }
    // 用于设置该文件过滤器的描述文本
```

```java
    public void setDescription(String aDescription)
    {
        description = aDescription;
    }
    // 继承FileFilter类必须实现的抽象方法，返回该文件过滤器的描述文本
    public String getDescription()
    {
        return description;
    }
    // 继承FileFilter类必须实现的抽象方法，判断该文件过滤器是否接受该文件
    public boolean accept(File f)
    {
        // 如果该文件是路径，接受该文件
        if (f.isDirectory()) return true;
        // 将文件名转为小写（全部转为小写后比较，用于忽略文件名大小写）
        String name = f.getName().toLowerCase();
        // 遍历所有可接受的扩展名，如果扩展名相同，该文件就可接受
        for (String extension : extensions)
        {
            if (name.endsWith(extension))
            {
                return true;
            }
        }
        return false;
    }
}
// 创建一个ImageHolder类，用于封装图片名、图片ID
class ImageHolder
{
    // 封装图片的ID
    private int id;
    // 封装图片的名字
    private String name;
    public ImageHolder(){}
    public ImageHolder(int id , String name)
    {
        this.id = id;
        this.name = name;
    }
    // id的setter和getter方法
    public void setId(int id)
    {
        this.id = id;
    }
    public int getId()
    {
        return this.id;
    }
    // name的setter和getter方法
    public void setName(String name)
    {
        this.name = name;
    }
    public String getName()
    {
        return this.name;
    }
    // 重写toString()方法，返回图片名
    public String toString()
    {
        return name;
    }
}
```

上面程序中的第一段粗体字代码用于控制将一个图片文件保存到数据库，第二段粗体字代码用于控制将数据库里的图片数据显示出来。运行上面程序，并上传一些图片，会看到如图13.20所示的界面。

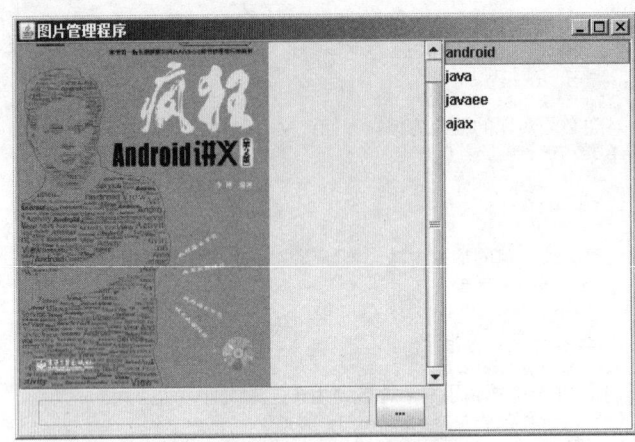

图 13.20　使用 Blob 保存图片

13.5.3　使用 ResultSetMetaData 分析结果集

当执行 SQL 查询后可以通过移动记录指针来遍历 ResultSet 的每条记录，但程序可能不清楚该 ResultSet 里包含哪些数据列，以及每个数据列的数据类型，那么可以通过 ResultSetMetaData 来获取关于 ResultSet 的描述信息。

> **提示：**
> MetaData 的意思是元数据，即描述其他数据的数据，因此 ResultSetMetaData 封装了描述 ResultSet 对象的数据；后面还要介绍的 DatabaseMetaData 则封装了描述 Database 的数据。

ResultSet 里包含一个 getMetaData() 方法，该方法返回该 ResultSet 对应的 ResultSetMetaData 对象。一旦获得了 ResultSetMetaData 对象，就可通过 ResultSetMetaData 提供的大量方法来返回 ResultSet 的描述信息。常用的方法有如下三个。

- ➢ int getColumnCount()：返回该 ResultSet 的列数量。
- ➢ String getColumnName(int column)：返回指定索引的列名。
- ➢ int getColumnType(int column)：返回指定索引的列类型。

下面是一个简单的查询执行器，当用户在文本框内输入合法的查询语句并执行成功后，下面的表格将会显示查询结果。

程序清单：codes\13\13.5\QueryExecutor.java

```java
public class QueryExecutor
{
    JFrame jf = new JFrame("查询执行器");
    private JScrollPane scrollPane;
    private JButton execBn = new JButton("查询");
    // 用于输入查询语句的文本框
    private JTextField sqlField = new JTextField(45);
    private static Connection conn;
    private static Statement stmt;
    // 采用静态初始化块来初始化 Connection、Statement 对象
    static
    {
        try
        {
            Properties props = new Properties();
            props.load(new FileInputStream("mysql.ini"));
            String drivers = props.getProperty("driver");
            String url = props.getProperty("url");
            String username = props.getProperty("user");
            String password = props.getProperty("pass");
```

```java
            // 加载数据库驱动
            Class.forName(drivers);
            // 取得数据库连接
            conn = DriverManager.getConnection(url, username, password);
            stmt = conn.createStatement();
        }
        catch (Exception e)
        {
            e.printStackTrace();
        }
    }
    // --------初始化界面的方法---------
    public void init()
    {
        JPanel top = new JPanel();
        top.add(new JLabel("输入查询语句："));
        top.add(sqlField);
        top.add(execBn);
        // 为执行按钮、单行文本框添加事件监听器
        execBn.addActionListener(new ExceListener());
        sqlField.addActionListener(new ExceListener());
        jf.add(top , BorderLayout.NORTH);
        jf.setSize(680, 480);
        jf.setDefaultCloseOperation(JFrame.EXIT_ON_CLOSE);
        jf.setVisible(true);
    }
    // 定义监听器
    class ExceListener implements ActionListener
    {
        public void actionPerformed(ActionEvent evt)
        {
            // 删除原来的 JTable(JTable 使用 scrollPane 来包装)
            if (scrollPane != null)
            {
                jf.remove(scrollPane);
            }
            try(
                // 根据用户输入的 SQL 执行查询
                ResultSet rs = stmt.executeQuery(sqlField.getText()))
            {
                // 取出 ResultSet 的 MetaData
                ResultSetMetaData rsmd = rs.getMetaData();
                Vector<String> columnNames = new Vector<>();
                Vector<Vector<String>> data = new Vector<>();
                // 把 ResultSet 的所有列名添加到 Vector 里
                for (int i = 0 ; i < rsmd.getColumnCount(); i++ )
                {
                    columnNames.add(rsmd.getColumnName(i + 1));
                }
                // 把 ResultSet 的所有记录添加到 Vector 里
                while (rs.next())
                {
                    Vector<String> v = new Vector<>();
                    for (int i = 0 ; i < rsmd.getColumnCount(); i++ )
                    {
                        v.add(rs.getString(i + 1));
                    }
                    data.add(v);
                }
                // 创建新的 JTable
                JTable table = new JTable(data , columnNames);
                scrollPane = new JScrollPane(table);
```

```
            // 添加新的 Table
            jf.add(scrollPane);
            // 更新主窗口
            jf.validate();
        }
        catch (Exception e)
        {
            e.printStackTrace();
        }
    }
}
public static void main(String[] args)
{
    new QueryExecutor().init();
}
```

上面程序中的粗体字代码就是根据 ResultSetMetaData 分析 ResultSet 的关键代码，使用 ResultSetMetaData 查询 ResultSet 包含多少列，并把所有数据列的列名添加到一个 Vector 里，然后把 ResultSet 里的所有数据添加到 Vector 里，并使用这两个 Vector 来创建新的 TableModel，再利用该 TableModel 生成一个新的 JTable，最后将该 JTable 显示出来。运行上面程序，会看到如图 13.21 所示的窗口。

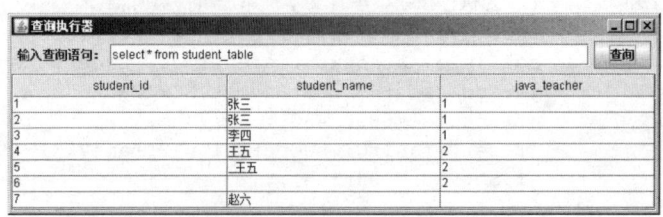

图 13.21 使用 ResultSetMetaData 分析 ResultSet

> 虽然 ResultSetMetaData 可以准确地分析出 ResultSet 里包含多少列，以及每列的列名、数据类型等，但使用 ResultSetMetaData 需要一定的系统开销，因此如果在编程过程中已经知道 ResultSet 里包含多少列，以及每列的列名、类型等信息，就没有必要使用 ResultSetMetaData 来分析该 ResultSet 对象了。

13.6 Javar 的 RowSet

RowSet 接口继承了 ResultSet 接口，RowSet 接口下包含 JdbcRowSet、CachedRowSet、FilteredRowSet、JoinRowSet 和 WebRowSet 常用子接口。除 JdbcRowSet 需要保持与数据库的连接之外，其余 4 个子接口都是离线的 RowSet，无须保持与数据库的连接。

与 ResultSet 相比，RowSet 默认是可滚动、可更新、可序列化的结果集，而且作为 JavaBean 使用，因此能方便地在网络上传输，用于同步两端的数据。对于离线 RowSet 而言，程序在创建 RowSet 时已把数据从底层数据库读取到了内存，因此可以充分利用计算机的内存，从而降低数据库服务器的负载，提高程序性能。

> **提示：**
> 当年 C#提供了 DataSet，它可以把底层的数据读取到内存中进行离线操作，操作完成后再同步到底层数据源。Java 则提供了与此功能类似的 RowSet。

图 13.22 显示了 RowSet 规范的接口类图。

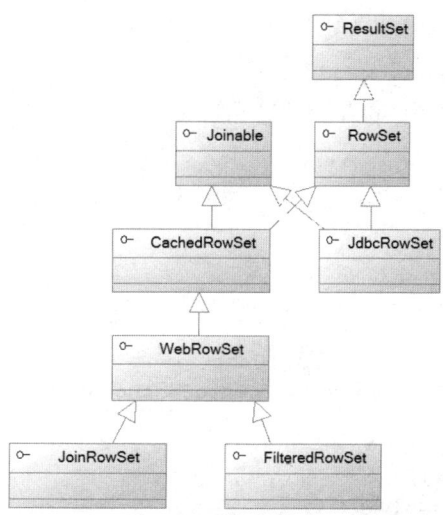

图 13.22 RowSet 规范的接口类图

在图 13.22 所示的各种接口中，CachedRowSet 及其子接口都代表了离线 RowSet，它们都不需要底层数据库连接。

13.6.1 Java 7 新增的 RowSetFactory 与 RowSet

Java 7 新增了 RowSetProvider 类和 RowSetFactory 接口，其中 RowSetProvider 负责创建 RowSetFactory，而 RowSetFactory 则提供了如下方法来创建 RowSet 实例。

- CachedRowSet createCachedRowSet()：创建一个默认的 CachedRowSet。
- FilteredRowSet createFilteredRowSet()：创建一个默认的 FilteredRowSet。
- JdbcRowSet createJdbcRowSet()：创建一个默认的 JdbcRowSet。
- JoinRowSet createJoinRowSet()：创建一个默认的 JoinRowSet。
- WebRowSet createWebRowSet()：创建一个默认的 WebRowSet。

通过使用 RowSetFactory，就可以把应用程序与 RowSet 实现类分离开，避免直接使用 JdbcRow SetImpl 等非公开的 API，也更有利于后期的升级、扩展。

通过 RowSetFactory 的几个工厂方法不难看出，使用 RowSetFactory 创建的 RowSet 其实并没有装填数据。

为了让 RowSet 能抓取到数据库的数据，需要为 RowSet 设置数据库的 URL、用户名、密码等连接信息。因此，RowSet 接口中定义了如下常用方法。

- setUrl(String url)：设置该 RowSet 要访问的数据库的 URL。
- setUsername(String name)：设置该 RowSet 要访问的数据库的用户名。
- setPassword(String password)：设置该 RowSet 要访问的数据库的密码。
- setCommand(String sql)：设置使用该 sql 语句的查询结果来装填该 RowSet。
- execute()：执行查询。

下面程序通过 RowSetFactory 示范了使用 JdbcRowSet 的可滚动、可修改特性。

程序清单：codes\13\13.6\RowSetFactoryTest.java

```java
public class RowSetFactoryTest
{
    private String driver;
    private String url;
    private String user;
    private String pass;
    public void initParam(String paramFile)throws Exception
    {
        // 使用 Properties 类来加载属性文件
        Properties props = new Properties();
        props.load(new FileInputStream(paramFile));
```

```java
            driver = props.getProperty("driver");
            url = props.getProperty("url");
            user = props.getProperty("user");
            pass = props.getProperty("pass");
        }
        public void update(String sql)throws Exception
        {
            // 加载驱动
            Class.forName(driver);
            // 使用 RowSetProvider 创建 RowSetFactory
            RowSetFactory factory = RowSetProvider.newFactory();
            try(
                // 使用 RowSetFactory 创建默认的 JdbcRowSet 实例
                JdbcRowSet jdbcRs = factory.createJdbcRowSet())
            {
                // 设置必要的连接信息
                jdbcRs.setUrl(url);
                jdbcRs.setUsername(user);
                jdbcRs.setPassword(pass);
                // 设置 SQL 查询语句
                jdbcRs.setCommand(sql);
                // 执行查询
                jdbcRs.execute();
                jdbcRs.afterLast();
                // 向前滚动结果集
                while (jdbcRs.previous())
                {
                    System.out.println(jdbcRs.getString(1)
                        + "\t" + jdbcRs.getString(2)
                        + "\t" + jdbcRs.getString(3));
                    if (jdbcRs.getInt("student_id") == 3)
                    {
                        // 修改指定记录行
                        jdbcRs.updateString("student_name", "孙悟空");
                        jdbcRs.updateRow();
                    }
                }
            }
        }
        public static void main(String[] args)throws Exception
        {
            RowSetFactoryTest jt = new RowSetFactoryTest();
            jt.initParam("mysql.ini");
            jt.update("select * from student_table");
        }
    }
```

上面程序中的粗体字代码使用了 RowSetFactory 来创建 JdbcRowSet 对象，这就避免了与 JdbcRowSetImpl 实现类耦合。由于通过这种方式创建的 JdbcRowSet 还没有传入 Connection 参数，因此程序还需调用 setUrl()、setUsername()、setPassword()等方法来设置数据库连接信息。

编译、运行该程序，一切正常。JdbcRowSet 是一个可滚动、可修改的结果集，因此底层数据表中相应的记录也被修改了。

提示： 这个程序在 Java 9 上运行会提示 "No suitable driver" 异常，这可能和 Java 9 的版本升级有关。

▶▶ 13.6.2 离线 RowSet

在使用 ResultSet 的时代，程序查询得到 ResultSet 之后必须立即读取或处理它对应的记录，否则一旦 Connection 关闭，再去通过 ResultSet 读取记录就会引发异常。在这种模式下，JDBC 编程十分痛苦——假设应用程序架构被分为两层：数据访问层和视图显示层，当应用程序在数据访问层查询得到

ResultSet 之后，对 ResultSet 的处理有如下两种常见方式。

> 使用迭代访问 ResultSet 里的记录，并将这些记录转换成 Java Bean，再将多个 Java Bean 封装成一个 List 集合，也就是完成"ResultSet→Java Bean 集合"的转换。转换完成后可以关闭 Connection 等资源，然后将 Java Bean 集合传到视图显示层，视图显示层可以显示查询得到的数据。
> 直接将 ResultSet 传到视图显示层——这要求当视图显示层显示数据时，底层 Connection 必须一直处于打开状态，否则 ResultSet 无法读取记录。

第一种方式比较安全，但编程十分烦琐；第二种方式则需要 Connection 一直处于打开状态，这不仅不安全，而且对程序性能也有较大的影响。

通过使用离线 RowSet 可以十分"优雅"地处理上面的问题，离线 RowSet 会直接将底层数据读入内存中，封装成 RowSet 对象，而 RowSet 对象则完全可以当成 Java Bean 来使用。因此不仅安全，而且编程十分简单。CachedRowSet 是所有离线 RowSet 的父接口，因此下面以 CachedRowSet 为例进行介绍。看下面程序。

程序清单：codes\13\13.6\CachedRowSetTest.java

```java
public class CachedRowSetTest
{
    private static String driver;
    private static String url;
    private static String user;
    private static String pass;
    public void initParam(String paramFile)throws Exception
    {
        // 使用Properties类来加载属性文件
        Properties props = new Properties();
        props.load(new FileInputStream(paramFile));
        driver = props.getProperty("driver");
        url = props.getProperty("url");
        user = props.getProperty("user");
        pass = props.getProperty("pass");
    }
    public CachedRowSet query(String sql)throws Exception
    {
        // 加载驱动
        Class.forName(driver);
        // 获取数据库连接
        Connection conn = DriverManager.getConnection(url , user , pass);
        Statement stmt = conn.createStatement();
        ResultSet rs = stmt.executeQuery(sql);
        // 使用RowSetProvider创建RowSetFactory
        RowSetFactory factory = RowSetProvider.newFactory();
        // 创建默认的CachedRowSet实例
        CachedRowSet cachedRs = factory.createCachedRowSet();
        // 使用ResultSet装填RowSet
        cachedRs.populate(rs);      // ①
        // 关闭资源
        rs.close();
        stmt.close();
        conn.close();
        return cachedRs;
    }
    public static void main(String[] args)throws Exception
    {
        CachedRowSetTest ct = new CachedRowSetTest();
        ct.initParam("mysql.ini");
        CachedRowSet rs = ct.query("select * from student_table");
        rs.afterLast();
        // 向前滚动结果集
        while (rs.previous())
        {
            System.out.println(rs.getString(1)
                + "\t" + rs.getString(2)
                + "\t" + rs.getString(3));
```

```
            if (rs.getInt("student_id") == 3)
            {
                // 修改指定记录行
                rs.updateString("student_name", "孙悟空");
                rs.updateRow();
            }
        }
        // 重新获取数据库连接
        Connection conn = DriverManager.getConnection(url
            , user , pass);
        conn.setAutoCommit(false);
        // 把对 RowSet 所做的修改同步到底层数据库
        rs.acceptChanges(conn);
    }
}
```

上面程序中的①号粗体字代码调用了 RowSet 的 populate(ResultSet rs)方法来包装给定的 ResultSet，接下来的粗体字代码关闭了 ResultSet、Statement、Connection 等数据库资源。如果程序直接返回 ResultSet，那么这个 ResultSet 无法使用——因为底层的 Connection 已经关闭；但程序返回的是 CachedRowSet，它是一个离线 RowSet，因此程序依然可以读取、修改 RowSet 中的记录。

运行该程序，可以看到在 Connection 关闭的情况下，程序依然可以读取、修改 RowSet 里的记录。为了将程序对离线 RowSet 所做的修改同步到底层数据库，程序在调用 RowSet 的 acceptChanges()方法时必须传入 Connection。

> **提示：**
> 上面程序没有使用自动关闭资源的 try 语句来关闭 Connection 等数据库资源，这只是为了让读者更明确地看到 Connection 已被关闭。在实际项目中还是推荐使用自动关闭资源的 try 语句。

▶▶ 13.6.3 离线 RowSet 的查询分页

由于 CachedRowSet 会将数据记录直接装载到内存中，因此如果 SQL 查询返回的记录过大，CachedRowSet 将会占用大量的内存，在某些极端的情况下，它甚至会直接导致内存溢出。

为了解决该问题，CachedRowSet 提供了分页功能。所谓分页功能就是一次只装载 ResultSet 里的某几条记录，这样就可以避免 CachedRowSet 占用内存过大的问题。

CachedRowSet 提供了如下方法来控制分页。

➢ populate(ResultSet rs, int startRow)：使用给定的 ResultSet 装填 RowSet，从 ResultSet 的第 startRow 条记录开始装填。
➢ setPageSize(int pageSize)：设置 CachedRowSet 每次返回多少条记录。
➢ previousPage()：在底层 ResultSet 可用的情况下，让 CachedRowSet 读取上一页记录。
➢ nextPage()：在底层 ResultSet 可用的情况下，让 CachedRowSet 读取下一页记录。

下面程序示范了 CachedRowSet 的分页支持。

程序清单：codes\13\13.6\CachedRowSetPage.java
```
public class CachedRowSetPage
{
    private String driver;
    private String url;
    private String user;
    private String pass;
    public void initParam(String paramFile)throws Exception
    {
        // 使用 Properties 类来加载属性文件
        Properties props = new Properties();
        props.load(new FileInputStream(paramFile));
        driver = props.getProperty("driver");
        url = props.getProperty("url");
        user = props.getProperty("user");
        pass = props.getProperty("pass");
```

```java
    }
    public CachedRowSet query(String sql , int pageSize
        , int page)throws Exception
    {
        // 加载驱动
        Class.forName(driver);
        try(
            // 获取数据库连接
            Connection conn = DriverManager.getConnection(url , user , pass);
            Statement stmt = conn.createStatement();
            ResultSet rs = stmt.executeQuery(sql))
        {
            // 使用RowSetProvider创建RowSetFactory
            RowSetFactory factory = RowSetProvider.newFactory();
            // 创建默认的CachedRowSet实例
            CachedRowSet cachedRs = factory.createCachedRowSet();
            // 设置每页显示pageSize条记录
            cachedRs.setPageSize(pageSize);
            // 使用ResultSet装填RowSet，设置从第几条记录开始
            cachedRs.populate(rs , (page - 1) * pageSize + 1);
            return cachedRs;
        }
    }
    public static void main(String[] args)throws Exception
    {
        CachedRowSetPage cp = new CachedRowSetPage();
        cp.initParam("mysql.ini");
        CachedRowSet rs = cp.query("select * from student_table" , 3 , 2);   // ①
        // 向后滚动结果集
        while (rs.next())
        {
            System.out.println(rs.getString(1)
                + "\t" + rs.getString(2)
                + "\t" + rs.getString(3));
        }
    }
}
```

上面两行粗体字代码就是使用 CachedRowSet 实现分页的关键代码。程序中①号代码显示要查询第 2 页的记录，每页显示 3 条记录。运行上面程序，可以看到程序只会显示从第 4 行到第 6 行的记录，这就实现了分页。

13.7 事务处理

对于任何数据库应用而言，事务都是非常重要的，事务是保证底层数据完整的重要手段，没有事务支持的数据库应用，那将非常脆弱。

▶▶ 13.7.1 事务的概念和 MySQL 事务支持

事务是由一步或几步数据库操作序列组成的逻辑执行单元，这系列操作要么全部执行，要么全部放弃执行。程序和事务是两个不同的概念。一般而言，一段程序中可能包含多个事务。

事务具备 4 个特性：原子性（Atomicity）、一致性（Consistency）、隔离性（Isolation）和持续性（Durability）。这 4 个特性也简称为 ACID 性。

- 原子性（Atomicity）：事务是应用中最小的执行单位，就如原子是自然界的最小颗粒，具有不可再分的特征一样，事务是应用中不可再分的最小逻辑执行体。
- 一致性（Consistency）：事务执行的结果，必须使数据库从一个一致性状态，变到另一个一致性状态。当数据库只包含事务成功提交的结果时，数据库处于一致性状态。如果系统运行发生中断，某个事务尚未完成而被迫中断，而该未完成的事务对数据库所做的修改已被写入数据库，此时，数据库就处于一种不正确的状态。比如银行在两个账户之间转账：从 A 账户向 B 账户转入 1000 元，系统先减少 A 账户的 1000 元，然后再为 B 账户增加 1000 元。如果全部执行成功，

数据库处于一致性状态；如果仅执行完 A 账户金额的修改，而没有增加 B 账户的金额，则数据库就处于不一致性状态；因此，一致性是通过原子性来保证的。

- 隔离性（Isolation）：各个事务的执行互不干扰，任意一个事务的内部操作对其他并发的事务都是隔离的。也就是说，并发执行的事务之间不能看到对方的中间状态，并发执行的事务之间不能互相影响。
- 持续性（Durability）：持续性也称为持久性（Persistence），指事务一旦提交，对数据所做的任何改变都要记录到永久存储器中，通常就是保存进物理数据库。

数据库的事务由下列语句组成。

- 一组 DML 语句，经过这组 DML 语句修改后的数据将保持较好的一致性。
- 一条 DDL 语句。
- 一条 DCL 语句。

DDL 和 DCL 语句最多只能有一条，因为 DDL 和 DCL 语句都会导致事务立即提交。

当事务所包含的全部数据库操作都成功执行后，应该提交（commit）事务，使这些修改永久生效。事务提交有两种方式：显式提交和自动提交。

- 显式提交：使用 commit。
- 自动提交：执行 DDL 或 DCL 语句，或者程序正常退出。

当事务所包含的任意一个数据库操作执行失败后，应该回滚（rollback）事务，使该事务中所做的修改全部失效。事务回滚有两种方式：显式回滚和自动回滚。

- 显式回滚：使用 rollback。
- 自动回滚：系统错误或者强行退出。

MySQL 默认关闭事务（即打开自动提交），在默认情况下，用户在 MySQL 控制台输入一条 DML 语句，这条 DML 语句将会立即保存到数据库里。为了开启 MySQL 的事务支持，可以显式调用如下命令：

```
SET AUTOCOMMIT = {0 | 1} 0为关闭自动提交，即开启事务
```

提示：
自动提交和开启事务恰好相反，如果开启自动提交就是关闭事务；关闭自动提交就是开启事务。

一旦在 MySQL 的命令行窗口中输入 set autocommit=0 开启了事务，该命令行窗口里的所有 DML 语句都不会立即生效，上一个事务结束后第一条 DML 语句将开始一个新的事务,而后续执行的所有 SQL 语句都处于该事务中，除非显式使用 commit 来提交事务，或者正常退出，或者运行 DDL、DCL 语句导致事务隐式提交。当然，也可以使用 rollback 回滚来结束事务，使用 rollback 结束事务将导致本次事务中 DML 语句所做的修改全部失效。

提示：
一个 MySQL 命令行窗口代表一次连接 Session，在该窗口里设置 set autocommit=0，相当于关闭了该连接 Session 的自动提交，对其他连接不会有任何影响，也就是对其他 MySQL 命令行窗口不会有任何影响。

除此之外，如果不想关闭整个命令行窗口的自动提交，而只是想临时性地开始事务，则可以使用 MySQL 提供的 start transaction 或 begin 两个命令，它们都表示临时性地开始一次事务，处于 start transaction 或 begin 后的 DML 语句不会立即生效，除非使用 commit 显式提交事务，或者执行 DDL、DCL 语者来隐式提交事务。如下 SQL 代码将不会对数据库有任何影响。

```
# 临时开始事务
begin;
# 向student_table表中插入3条记录
insert into student_table
values(null , 'xx' , 1);
insert into student_table
```

```
values(null , 'yy' , 1);
insert into student_table
values(null , 'zz' , 1);
# 查询 student_table 表的记录
select * from student_table;        # ①
# 回滚事务
rollback;
# 再次查询
select * from student_table;        # ②
```

执行上面 SQL 语句中的第①条查询语句将会看到刚刚插入的 3 条记录，如果打开 MySQL 的其他命令行窗口将看不到这 3 条记录——这正体现了事务的隔离性。接着程序 rollback 了事务中的全部修改，执行第②条查询语句时将看到数据库又恢复到事务开始前的状态。

提交，不管是显式提交还是隐式提交，都会结束当前事务；回滚，不管是显式回滚还是隐式回滚，都会结束当前事务。

除此之外，MySQL 还提供了 savepoint 来设置事务的中间点，通过使用 savepoint 设置事务的中间点可以让事务回滚到指定中间点，而不是回滚全部事务。如下 SQL 语句设置了一个中间点：

```
savepoint a;
```

一旦设置了中间点后，就可以使用 rollback 回滚到指定中间点，回滚到指定中间点的代码如下：

```
rollback to a;
```

> 普通的提交、回滚都会结束当前事务，但回滚到指定中间点因为依然处于事务之中，所以不会结束当前事务。

▶▶ 13.7.2 JDBC 的事务支持

JDBC 连接也提供了事务支持，JDBC 连接的事务支持由 Connection 提供，Connection 默认打开自动提交，即关闭事务，在这种情况下，每条 SQL 语句一旦执行，便会立即提交到数据库，永久生效，无法对其进行回滚操作。

可以调用 Connection 的 setAutoCommit() 方法来关闭自动提交，开启事务，如下代码所示：

```
// 关闭自动提交，开启事务
conn.setAutoCommit(false);
```

程序中还可调用 Connection 提供的 getAutoCommit() 方法来返回该连接的自动提交模式。

一旦事务开始之后，程序可以像平常一样创建 Statement 对象，创建了 Statement 对象之后，可以执行任意多条 DML 语句，如下代码所示：

```
stmt.executeUpdate(...);
stmt.executeUpdate(...);
stmt.executeUpdate(...);
```

上面这些 SQL 语句虽然被执行了，但这些 SQL 语句所做的修改不会生效，因为事务还没有结束。如果所有的 SQL 语句都执行成功，程序可以调用 Connection 的 commit() 方法来提交事务，如下代码所示：

```
// 提交事务
conn.commit();
```

如果任意一条 SQL 语句执行失败，则应该用 Connection 的 rollback() 方法来回滚事务，如下代码所示：

```
// 回滚事务
conn.rollback();
```

> 提示：实际上，当 Connection 遇到一个未处理的 SQLException 异常时，系统将会非正常退出，事务也会自动回滚。但如果程序捕获了该异常，则需要在异常处理块中显式地回滚事务。

下面程序示范了当程序出现未处理的 SQLException 异常时，系统将自动回滚事务。

程序清单：codes\13\13.7\TransactionTest.java

```java
public class TransactionTest
{
    private String driver;
    private String url;
    private String user;
    private String pass;
    public void initParam(String paramFile)throws Exception
    {
        // 使用 Properties 类来加载属性文件
        Properties props = new Properties();
        props.load(new FileInputStream(paramFile));
        driver = props.getProperty("driver");
        url = props.getProperty("url");
        user = props.getProperty("user");
        pass = props.getProperty("pass");
    }
    public void insertInTransaction(String[] sqls) throws Exception
    {
        // 加载驱动
        Class.forName(driver);
        try(
            Connection conn = DriverManager.getConnection(url , user , pass))
        {
            // 关闭自动提交，开启事务
            conn.setAutoCommit(false);
            try(
                // 使用 Connection 来创建一个 Statement 对象
                Statement stmt = conn.createStatement())
            {
                // 循环多次执行 SQL 语句
                for (String sql : sqls)
                {
                    stmt.executeUpdate(sql);
                }
            }
            // 提交事务
            conn.commit();
        }
    }
    public static void main(String[] args) throws Exception
    {
        TransactionTest tt = new TransactionTest();
        tt.initParam("mysql.ini");
        String[] sqls = new String[]{
            "insert into student_table values(null , 'aaa' ,1)",
            "insert into student_table values(null , 'bbb' ,1)",
            "insert into student_table values(null , 'ccc' ,1)",
            // 下面这条 SQL 语句将会违反外键约束
            // 因为 teacher_table 表中没有 ID 为 5 的记录。
            "insert into student_table values(null , 'ccc' ,5)" //①
        };
        tt.insertInTransaction(sqls);
    }
}
```

上面程序中的粗体字代码只是开启事务、提交事务的代码，并没有回滚事务的代码。但当程序执行到第 4 条 SQL 语句（①处代码）时，这条语句将会引起外键约束异常，该异常没有得到处理，引起程序非正常结束，所以事务自动回滚。

Connection 也提供了设置中间点的方法：setSavepoint()，Connection 提供了两个方法来设置中间点。

➢ Savepoint setSavepoint()：在当前事务中创建一个未命名的中间点，并返回代表该中间点的 Savepoint 对象。

➢ Savepoint setSavepoint(String name)：在当前事务中创建一个具有指定名称的中间点，并返回代表该中间点的 Savepoint 对象。

通常来说，设置中间点时没有太大的必要指定名称，因为 Connection 回滚到指定中间点时，并不是根据名字回滚的，而是根据中间点对象回滚的，Connection 提供了 rollback(Savepoint savepoint)方法回滚到指定中间点。

▶▶ 13.7.3 Java 8 增强的批量更新

JDBC 还提供了一个批量更新的功能，使用批量更新时，多条 SQL 语句将被作为一批操作被同时收集，并同时提交。

> **提示：**
> 批量更新必须得到底层数据库的支持，可以通过调用 DatabaseMetaData 的 supportsBatchUpdates()方法来查看底层数据库是否支持批量更新。

使用批量更新也需要先创建一个 Statement 对象，然后利用该对象的 addBatch()方法将多条 SQL 语句同时收集起来，最后调用 Java 8 为 Statement 对象新增的 executeLargeBatch()（或原有的 executeBatch()）方法同时执行这些 SQL 语句。只要批量操作中任何一条 SQL 语句影响的记录条数可能超过 Integer.MAX_VALUE，就应该使用 executeLargeBatch()方法，而不是 executeBatch()方法。

如下代码片段示范了如何执行批量更新。

```
Statement stmt = conn.createStatement();
// 使用 Statement 同时收集多条 SQL 语句
stmt.addBatch(sql1);
stmt.addBatch(sql2);
stmt.addBatch(sql3);
...
// 同时执行所有的 SQL 语句
stmt.executeLargeBatch();
```

执行 executeLargeBatch()方法将返回一个 long[]数组，因为使用 Statement 执行 DDL、DML 语句都将返回一个 long 值，而执行多条 DDL、DML 语句将会返回多个 long 值，多个 long 值就组成了这个 long[]数组。如果在批量更新的 addBatch()方法中添加了 select 查询语句，程序将直接出现错误。

为了让批量操作可以正确地处理错误，必须把批量执行的操作视为单个事务，如果批量更新在执行过程中失败，则让事务回滚到批量操作开始之前的状态。为了达到这种效果，程序应该在开始批量操作之前先关闭自动提交，然后开始收集更新语句，当批量操作执行结束后，提交事务，并恢复之前的自动提交模式。如下代码示范了如何使用 JDBC 的批量更新。

```
public class BatchTest
{
    private String driver;
    private String url;
    private String user;
    private String pass;
    public void initParam(String paramFile)throws Exception
    {
        // 省略使用 Properties 类来加载属性文件
        ...
    }
    public void insertBatch(String[] sqls) throws Exception
    {
        // 加载驱动
        Class.forName(driver);
        try(
            Connection conn = DriverManager.getConnection(url , user , pass))
        {
            // 关闭自动提交,开启事务
            conn.setAutoCommit(false);
            // 保存当前的自动提交模式
            boolean autoCommit = conn.getAutoCommit();
            // 关闭自动提交
```

```java
            conn.setAutoCommit(false);
            try(
                // 使用 Connection 来创建一个 Statement 对象
                Statement stmt = conn.createStatement())
            {
                // 循环多次执行 SQL 语句
                for (String sql : sqls)
                {
                    stmt.addBatch(sql);
                }
                // 同时提交所有的 SQL 语句
                stmt.executeLargeBatch();
                // 提交修改
                conn.commit();
                // 恢复原有的自动提交模式
                conn.setAutoCommit(autoCommit);
            }
            // 提交事务
            conn.commit();
        }
    }
    public static void main(String[] args) throws Exception
    {
        TransactionTest tt = new TransactionTest();
        tt.initParam("mysql.ini");
        String[] sqls = new String[]{
            "insert into student_table values(null , 'aaa' ,1)",
            "insert into student_table values(null , 'bbb' ,1)",
            "insert into student_table values(null , 'ccc' ,1)",
        };
        tt.insertInTransaction(sqls);
    }
}
```

13.8 分析数据库信息

大部分时候，只需要对指定数据表进行插入（C）、查询（R）、修改（U）、删除（D）等 CRUD 操作；但在某些时候，程序需要动态地获取数据库的相关信息，例如数据库里的数据表信息、列信息。除此之外，如果希望在程序中动态地利用底层数据库所提供的特殊功能，则都需要动态分析数据库相关信息。

▶▶ 13.8.1 使用 DatabaseMetaData 分析数据库信息

JDBC 提供了 DatabaseMetaData 来封装数据库连接对应数据库的信息，通过 Connection 提供的 getMetaData()方法就可以获取数据库对应的 DatabaseMetaData 对象。

DatabaseMetaData 接口通常由驱动程序供应商提供实现，其目的是让用户了解底层数据库的相关信息。使用该接口的目的是发现如何处理底层数据库，尤其是对于试图与多个数据库一起使用的应用程序——因为应用程序需要在多个数据库之间切换，所以必须利用该接口来找出底层数据库的功能，例如，调用 supportsCorrelatedSubqueries()方法查看是否可以使用关联子查询，或者调用 supportsBatchUpdates()方法查看是否可以使用批量更新。

许多 DatabaseMetaData 方法以 ResultSet 对象的形式返回查询信息，然后使用 ResultSet 的常规方法（如 getString()和 getInt()）即可从这些 ResultSet 对象中获取数据。如果查询的信息不可用，则将返回一个空 ResultSet 对象。

DatabaseMetaData 的很多方法都需要传入一个 xxxPattern 模式字符串，这里的 xxxPattern 不是正则表达式，而是 SQL 里的模式字符串，即用百分号（%）代表任意多个字符，使用下画线（_）代表一个字符。在通常情况下，如果把该模式字符串的参数值设置为 null，即表明该参数不作为过滤条件。

下面程序通过 DatabaseMetaData 分析了当前 Connection 连接对应数据库的一些基本信息，包括当前数据库包含多少数据表，存储过程，student_table 表的数据列、主键、外键等信息。

程序清单：codes\13\13.8\DatabaseMetaDataTest.java

```java
public class DatabaseMetaDataTest
{
    private String driver;
    private String url;
    private String user;
    private String pass;
    public void initParam(String paramFile)throws Exception
    {
        // 使用Properties类来加载属性文件
        Properties props = new Properties();
        props.load(new FileInputStream(paramFile));
        driver = props.getProperty("driver");
        url = props.getProperty("url");
        user = props.getProperty("user");
        pass = props.getProperty("pass");
    }
    public void info() throws Exception
    {
        // 加载驱动
        Class.forName(driver);
        try(
            // 获取数据库连接
            Connection conn = DriverManager.getConnection(url
                , user , pass))
        {
            // 获取DatabaseMetaData对象
            DatabaseMetaData dbmd = conn.getMetaData();
            // 获取MySQL支持的所有表类型
            ResultSet rs = dbmd.getTableTypes();
            System.out.println("--MySQL支持的表类型信息--");
            printResultSet(rs);
            // 获取当前数据库的全部数据表
            rs = dbmd.getTables(null,null, "%" , new String[]{"TABLE"});
            System.out.println("--当前数据库里的数据表信息--");
            printResultSet(rs);
            // 获取student_table表的主键
            rs = dbmd.getPrimaryKeys(null , null, "student_table");
            System.out.println("--student_table表的主键信息--");
            printResultSet(rs);
            // 获取当前数据库的全部存储过程
            rs = dbmd.getProcedures(null , null, "%");
            System.out.println("--当前数据库里的存储过程信息--");
            printResultSet(rs);
            // 获取teacher_table表和student_table表之间的外键约束
            rs = dbmd.getCrossReference(null,null, "teacher_table"
                , null, null, "student_table");
            System.out.println("--teacher_table表和student_table表之间"
                + "的外键约束--");
            printResultSet(rs);
            // 获取student_table表的全部数据列
            rs = dbmd.getColumns(null, null, "student_table", "%");
            System.out.println("--student_table表的全部数据列--");
            printResultSet(rs);
        }
    }
    public void printResultSet(ResultSet rs)throws SQLException
    {
        ResultSetMetaData rsmd = rs.getMetaData();
        // 打印ResultSet的所有列标题
        for (int i = 0 ; i < rsmd.getColumnCount() ; i++ )
        {
            System.out.print(rsmd.getColumnName(i + 1) + "\t");
        }
        System.out.print("\n");
        // 打印ResultSet里的全部数据
        while (rs.next())
```

```
            {
                for (int i = 0; i < rsmd.getColumnCount() ; i++ )
                {
                    System.out.print(rs.getString(i + 1) + "\t");
                }
                System.out.print("\n");
            }
            rs.close();
    }
    public static void main(String[] args)
        throws Exception
    {
        DatabaseMetaDataTest dt = new DatabaseMetaDataTest();
        dt.initParam("mysql.ini");
        dt.info();
    }
}
```

上面程序中的粗体字代码就是使用 DatabaseMetaData 分析数据库信息的示例代码。运行上面程序，将可以看到通过 DatabaseMetaData 分析数据库信息的结果。

▶▶ 13.8.2 使用系统表分析数据库信息

除可以使用 DatabaseMetaData 来分析底层数据库信息之外，如果已经确定应用程序所使用的数据库系统，则可以通过数据库的系统表来分析数据库信息。前面已经提到，系统表又称为数据字典，数据字典的数据通常由数据库系统负责维护，用户通常只能查询数据字典，而不能修改数据字典的内容。

> **提示：**
> 几乎所有的数据库都会提供系统表供用户查询，用户可以通过查询系统表来获得数据库的相关信息。对于像 MySQL 和 SQL Server 这样的数据库，它们还提供一个系统数据库来存储这些系统表。系统表相当于视图，用户只能查看系统表的数据，不能直接修改系统表中的数据。

MySQL 数据库使用 information_schema 数据库来保存系统表，在该数据库里包含了大量系统表，常用系统表的简单介绍如下。

- ➤ tables：存放数据库里所有数据表的信息。
- ➤ schemata：存放数据库里所有数据库（与 MySQL 的 Schema 对应）的信息。
- ➤ views：存放数据库里所有视图的信息。
- ➤ columns：存放数据库里所有列的信息。
- ➤ triggers：存放数据库里所有触发器的信息。
- ➤ routines：存放数据库里所有存储过程和函数的信息。
- ➤ key_column_usage：存放数据库里所有具有约束的键信息。
- ➤ table_constraints：存放数据库里全部约束的表信息。
- ➤ statistics：存放数据库里全部索引的信息。

从这些系统表中取得的数据库信息会更加准确，例如，若要查询当前 MySQL 数据库中包含多少数据库及其详细信息，则可以查询 schemata 系统表；如果需要查询指定数据库中的全部数据表，则可以查询 tables 系统表；如果需要查询指定数据表的全部数据列，就可以查询 columns 系统表。图 13.23 显示了通过系统表查询所有的数据库、select_test 数据库的全部数据表、student_table 表的所有数据列的 SQL 语句及执行效果。

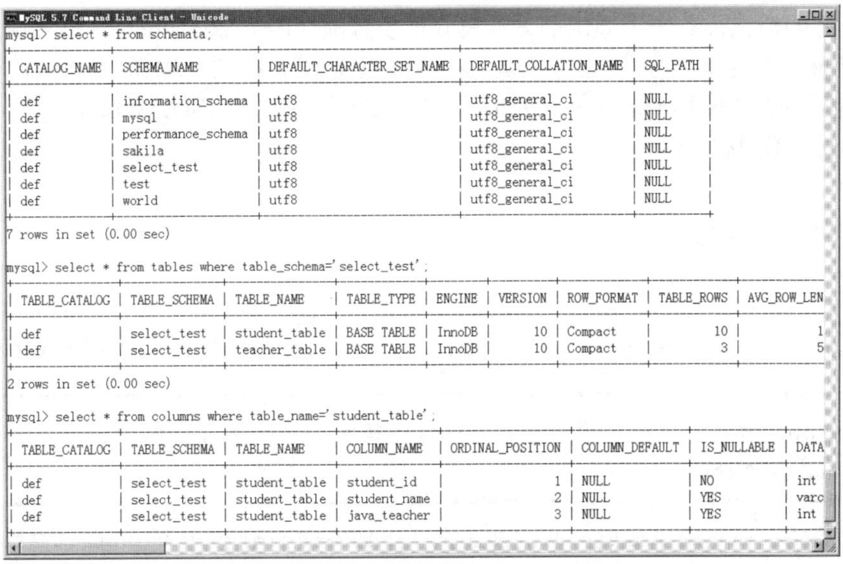

```
mysql> select * from schemata;
+--------------+--------------------+----------------------------+------------------------+----------+
| CATALOG_NAME | SCHEMA_NAME        | DEFAULT_CHARACTER_SET_NAME | DEFAULT_COLLATION_NAME | SQL_PATH |
+--------------+--------------------+----------------------------+------------------------+----------+
| def          | information_schema | utf8                       | utf8_general_ci        | NULL     |
| def          | mysql              | utf8                       | utf8_general_ci        | NULL     |
| def          | performance_schema | utf8                       | utf8_general_ci        | NULL     |
| def          | sakila             | utf8                       | utf8_general_ci        | NULL     |
| def          | select_test        | utf8                       | utf8_general_ci        | NULL     |
| def          | test               | utf8                       | utf8_general_ci        | NULL     |
| def          | world              | utf8                       | utf8_general_ci        | NULL     |
+--------------+--------------------+----------------------------+------------------------+----------+
7 rows in set (0.00 sec)

mysql> select * from tables where table_schema='select_test';
| TABLE_CATALOG | TABLE_SCHEMA | TABLE_NAME    | TABLE_TYPE | ENGINE | VERSION | ROW_FORMAT | TABLE_ROWS | AVG_ROW_LEN
| def           | select_test  | student_table | BASE TABLE | InnoDB |      10 | Compact    |         10 |           1
| def           | select_test  | teacher_table | BASE TABLE | InnoDB |      10 | Compact    |          3 |           5
2 rows in set (0.00 sec)

mysql> select * from columns where table_name='student_table';
| TABLE_CATALOG | TABLE_SCHEMA | TABLE_NAME    | COLUMN_NAME  | ORDINAL_POSITION | COLUMN_DEFAULT | IS_NULLABLE | DATA
| def           | select_test  | student_table | student_id   |                1 | NULL           | NO          | int
| def           | select_test  | student_table | student_name |                2 | NULL           | YES         | varc
| def           | select_test  | student_table | java_teacher |                3 | NULL           | YES         | int
```

图 13.23　使用系统表分析数据库信息

13.8.3　选择合适的分析方式

本章后面的练习需要完成一个仿 SQLyog 应用程序，这个应用程序需要根据数据库、表、列等信息创建一棵树，这就需要利用 DatabaseMetaData 来分析数据库信息，或者利用 MySQL 系统表来分析数据库信息。

通常而言，如果使用 DatabaseMetaData 来分析数据库信息，则具有更好的跨数据库特性，应用程序可以做到数据库无关；但可能无法准确获得数据库的更多细节。

使用数据库系统表来分析数据库系统信息会更加准确，但使用系统表也有坏处——这种方式与底层数据库耦合严重，采用这种方式将会导致程序只能运行于特定的数据库之上。

通常来说，如果需要获得数据库信息，包括该数据库驱动提供了哪些功能，则应该利用 DatabaseMetaData 来了解该数据库支持哪些功能。完全可能出现这样一种情况：对于底层数据库支持的功能，但数据库驱动没有提供该功能，程序还是不能使用该功能。使用 DatabaseMetaData 则不会出现这种问题。

如果需要纯粹地分析数据库的静态对象，例如分析数据库系统里包含多少数据库、数据表、视图、索引等信息，则利用系统表会更加合适。

提示：

如果希望利用系统表时具有更好的通用性，程序可以通过 DatabaseMetaData 的 getDatabaseProductName()、getDatabaseProductVersion()方法来获取底层数据库的产品名、产品版本号，还可以通过 DatabaseMetaData 的 getDriverName()和 getDriverVersion()方法获取驱动程序名和驱动程序版本号。

13.9　使用连接池管理连接

数据库连接的建立及关闭是极耗费系统资源的操作，在多层结构的应用环境中，这种资源的耗费对系统性能影响尤为明显。通过前面介绍的方式（通过 DriverManager 获取连接）获得的数据库连接，一个数据库连接对象均对应一个物理数据库连接，每次操作都打开一个物理连接，使用完后立即关闭连接。频繁地打开、关闭连接将造成系统性能低下。

数据库连接池的解决方案是：当应用程序启动时，系统主动建立足够的数据库连接，并将这些连接组成一个连接池。每次应用程序请求数据库连接时，无须重新打开连接，而是从连接池中取出已有的连接使用，使用完后不再关闭数据库连接，而是直接将连接归还给连接池。通过使用连接池，将大大提高程序的运行效率。

对于共享资源的情况,有一个通用的设计模式:资源池(Resource Pool),用于解决资源的频繁请求、释放所造成的性能下降。为了解决数据库连接的频繁请求、释放,JDBC 2.0 规范引入了数据库连接池技术。数据库连接池是 Connection 对象的工厂。数据库连接池的常用参数如下。

➢ 数据库的初始连接数。
➢ 连接池的最大连接数。
➢ 连接池的最小连接数。
➢ 连接池每次增加的容量。

JDBC 的数据库连接池使用 javax.sql.DataSource 来表示,DataSource 只是一个接口,该接口通常由商用服务器(如 WebLogic、WebSphere)等提供实现,也有一些开源组织提供实现(如 DBCP 和 C3P0 等)。

> **提示:**
> DataSource 通常被称为数据源,它包含连接池和连接池管理两个部分,但习惯上也经常把 DataSource 称为连接池。

本节不打算介绍任何商用服务器的数据源实现,主要介绍 DBCP 和 C3P0 两种开源的数据源实现。

▶▶ 13.9.1 DBCP 数据源

DBCP 是 Apache 软件基金组织下的开源连接池实现,该连接池依赖该组织下的另一个开源系统:common-pool。如果需要使用该连接池实现,则应在系统中增加如下两个 jar 文件。

➢ commons-dbcp.jar:连接池的实现。
➢ commons-pool.jar:连接池实现的依赖库。

登录 http://commons.apache.org/ 站点即可下载 commons-pool.zip 和 commons-dbcp.zip 两个压缩文件,解压缩这两个文件即可得到上面提到的两个 JAR 文件。为了在程序中使用这两个 JAR 文件,应该把它们添加到系统的类加载路径中(比如添加到 CLASSPATH 环境变量中)。

Tomcat 的连接池正是采用该连接池实现的。数据库连接池既可以与应用服务器整合使用,也可以由应用程序独立使用。下面的代码片段示范了使用 DBCP 来获得数据库连接的方式。

```
// 创建数据源对象
BasicDataSource ds = new BasicDataSource();
// 设置连接池所需的驱动
ds.setDriverClassName("com.mysql.jdbc.Driver");
// 设置连接数据库的 URL
ds.setUrl("jdbc:mysql://localhost:3306/javaee");
// 设置连接数据库的用户名
ds.setUsername("root");
// 设置连接数据库的密码
ds.setPassword("pass");
// 设置连接池的初始连接数
ds.setInitialSize(5);
// 设置连接池最多可有多少个活动连接数
ds.setMaxActive(20);
// 设置连接池中最少有 2 个空闲的连接
ds.setMinIdle(2)
```

数据源和数据库连接不同,数据源无须创建多个,它是产生数据库连接的工厂,因此整个应用只需要一个数据源即可。也就是说,对于一个应用,上面代码只要执行一次即可。建议把上面程序中的 ds 设置成 static 成员变量,并且在应用开始时立即初始化数据源对象,程序中所有需要获取数据库连接的地方直接访问该 ds 对象,并获取数据库连接即可。通过 DataSource 获取数据库连接的代码示例如下:

```
// 通过数据源获取数据库连接
Connection conn = ds.getConnection();
```

当数据库访问结束后,程序还是像以前一样关闭数据库连接,如下代码所示:

```
// 释放数据库连接
conn.close();
```

但上面代码并没有关闭数据库的物理连接,它仅仅把数据库连接释放,归还给连接池,让其他客户端可以使用该连接。

▶▶ 13.9.2 C3P0 数据源

相比之下,C3P0 数据源性能更胜一筹,Hibernate 就推荐使用该连接池。C3P0 连接池不仅可以自动清理不再使用的 Connection,还可以自动清理 Statement 和 ResultSet。C3P0 连接池需要版本为 1.3 以上的 JRE,推荐使用 1.4 以上的 JRE。如果需要使用 C3P0 连接池,则应在系统中增加如下 JAR 文件。

> c3p0-0.9.1.2.jar:C3P0 连接池的实现。

登录 http://sourceforge.net/projects/c3p0/站点即可下载 C3P0 数据源的最新版本,下载后得到一个 c3p0-0.9.1.2.bin.zip 文件(版本号可能有区别),解压缩该文件,即可得到上面提到的 JAR 文件。

下面代码通过 C3P0 连接池获得数据库连接。

```
// 创建连接池实例
ComboPooledDataSource ds = new ComboPooledDataSource();
// 设置连接池连接数据库所需的驱动
ds.setDriverClass("com.mysql.jdbc.Driver");
// 设置连接数据库的 URL
ds.setJdbcUrl("jdbc:mysql://localhost:3306/javaee");
// 设置连接数据库的用户名
ds.setUser("root");
// 设置连接数据库的密码
ds.setPassword("32147");
// 设置连接池的最大连接数
ds.setMaxPoolSize(40);
// 设置连接池的最小连接数
ds.setMinPoolSize(2);
// 设置连接池的初始连接数
ds.setInitialPoolSize(10);
// 设置连接池的缓存 Statement 的最大数
ds.setMaxStatements(180);
```

在程序中创建 C3P0 连接池的方法与前面介绍的创建 DBCP 连接池的方法基本类似,此处不再解释。一旦获取了 C3P0 连接池之后,程序同样可以通过如下代码来获取数据库连接。

```
// 获得数据库连接
Connection conn = ds.getConnection();
```

13.10 本章小结

本章从标准的 SQL 语句讲起,简单介绍了关系数据库的基本理论及标准的 SQL 语句的相关语法,包括 DDL、DML、简单查询语句、多表连接查询和子查询语句。本章重点讲解了 JDBC 数据库访问的详细步骤,包括加载数据库驱动,获取数据库连接,执行 SQL 语句,处理执行结果等。

本章在介绍 JDBC 数据库访问时详细讲解了 Statement、PreparedStatement、CallableStatement 的区别和联系,并介绍了如何处理数据表的 Blob 列。本章还介绍了事务相关知识,包括如何在标准的 SQL 语句中进行事务控制和在 JDBC 编程中进行事务控制。本章最后介绍了如何利用 DatabaseMetaData、系统表来分析数据库信息,并讲解了数据源的原理和作用,示范了两个开源数据源实现的用法。

▶▶ 本章练习

1. 设计一个数据表用于保存图书信息,需要保存图书的书名、价格、作者、出版社、封面(图片)等信息。开发一个带界面的程序,用户可向该数据表中添加记录、删除记录,也可修改已有的图书记录,并可根据书名、价格、作者等条件查询图书。

2. 开发 C/S 结构的图书销售管理系统,要求实现两个模块:① 后台管理,包括管理种类、管理图书库存(可以上传图书封面图片)、出版社管理;② 销售前台,包括查询图书资料(根据种类、书名、出版社)、销售图书(会影响库存),并记录每条销售信息,统计每天、每月的销售情况。

3. 开发 MySQL 企业管理器,功能类似于 SQLyog。

CHAPTER 14

第14章
注解（Annotation）

本章要点

- 注解的概念和作用
- @Override 注解的功能和用法
- @Deprecated 注解的功能和用法
- @SuppressWarnings 注解的功能和用法
- @Retention 注解的功能和用法
- @Target 注解的功能和用法
- @Documented 注解的功能和用法
- @Inherited 注解的功能和用法
- 自定义注解
- 提取注解信息
- 重复注解
- 类型注解
- 使用 APT 工具

从 JDK 5 开始,Java 增加了对元数据(MetaData)的支持,也就是 Annotation(即注解,也被翻译为注释),这种注解与第 3 章所介绍的注释有一定的区别。本章所介绍的注解,其实是代码里的特殊标记,这些标记可以在编译、类加载、运行时被读取,并执行相应的处理。通过使用注解,程序开发人员可以在不改变原有逻辑的情况下,在源文件中嵌入一些补充的信息。代码分析工具、开发工具和部署工具可以通过这些补充信息进行验证或者进行部署。

注解提供了一种为程序元素设置元数据的方法,从某些方面来看,注解就像修饰符一样,可用于修饰包、类、构造器、方法、成员变量、参数、局部变量的声明,这些信息被存储在注解的"name=value"对中。

> **注意:** 注解是一个接口,程序可以通过反射来获取指定程序元素的 java.lang.annotation.Annotation 对象,然后通过 java.lang.annotation.Annotation 对象来取得注解里的元数据。

注解能被用来为程序元素(类、方法、成员变量等)设置元数据。值得指出的是,注解不影响程序代码的执行,无论增加、删除注解,代码都始终如一地执行。如果希望让程序中的注解在运行时起一定的作用,只有通过某种配套的工具对注解中的信息进行访问和处理,访问和处理注解的工具统称 APT(Annotation Processing Tool)。

 14.1 基本注解

注解必须使用工具来处理,工具负责提取注解里包含的元数据,工具还会根据这些元数据增加额外的功能。在系统学习新的注解语法之前,先看一下 Java 提供的 5 个基本注解的用法——使用注解时要在其前面增加@符号,并把该注解当成一个修饰符使用,用于修饰它支持的程序元素。

5 个基本的注解如下:
- @Override
- @Deprecated
- @SuppressWarnings
- @SafeVarargs
- @FunctionalInterface

上面 5 个基本注解中的@SafeVarargs 是 Java 7 新增的、@FunctionalInterface 是 Java 8 新增的。这 5 个基本的注解都定义在 java.lang 包下,读者可以通过查阅它们的 API 文档来了解关于它们的更多细节。

14.1.1 限定重写父类方法:@Override

@Override 就是用来指定方法覆载的,它可以强制一个子类必须覆盖父类的方法。如下程序中使用@Override 指定子类 Apple 的 info()方法必须重写父类方法。

程序清单:codes\14\14.1\Fruit.java

```java
public class Fruit
{
    public void info()
    {
        System.out.println("水果的info方法...");
    }
}
class Apple extends Fruit
{
    // 使用@Override 指定下面方法必须重写父类方法
    @Override
    public void info()
    {
        System.out.println("苹果重写水果的info方法...");
    }
}
```

编译上面程序，可能丝毫看不出程.序中的@Override有何作用，因为@Override的作用是告诉编译器检查这个方法，保证父类要包含一个被该方法重写的方法，否则就会编译出错。@Override 主要是帮助程序员避免一些低级错误，例如把上面 Apple 类中的 info 方法不小心写成了 inf0,这样的"低级错误"可能会成为后期排错时的巨大障碍。

> **提示：**
> 疯狂软件教育中心在讲解 Struts 2.x 框架过程中会告诉学员定义 Action 的方法：需要继承系统的 Action 基类，并重写 execute()方法，但由于 Struts Action 基类里包含的 execute()方法比较复杂，经常有学员出现重写 execute()方法时方法签名写错的错误——这种错误在编译、运行时都没有任何提示，只是运行时不出现所期望的结果，这种没有任何错误提示的错误才是最难调试的错误。如果在重写 execute()方法时使用了@Override 修饰，就可以轻松避免这个问题。

如果把 Apple 类中的 info 方法误写成 inf0，编译程序时将出现如下错误提示：

```
Fruit.java:23: 错误: 方法不会覆盖或实现超类型的方法
    @Override
    ^
1 个错误
```

> **注意：**
> @Override 只能修饰方法，不能修饰其他程序元素。

14.1.2 Java 9 增强的@Deprecated

@Deprecated 用于表示某个程序元素（类、方法等）已过时，当其他程序使用已过时的类、方法时，编译器将会给出警告。如下程序指定 Apple 类中的 info()方法已过时，其他程序中使用 Apple 类的 info()方法时编译器将会给出警告。

Java 9 为@Deprecated 注解增加了如下两个属性。
➢ forRemoval：该 boolean 类型的属性指定该 API 在将来是否会被删除。
➢ since：该 String 类型的属性指定该 API 从哪个版本被标记为过时。

程序清单：codes\14\14.1\DeprecatedTest.java

```
class Apple
{
    // 定义info方法已过时
    // since 属性指定从哪个版本开始，forRemoval 指定该API 将来会被删除
    @Deprecated(since="9", forRemoval=true)    public void info()
    {
        System.out.println("Apple的info方法");
    }
}
public class DeprecatedTest
{
    public static void main(String[] args)
    {
        // 下面使用info()方法时将会被编译器警告
        new Apple().info();
    }
}
```

上面程序中的粗体字代码使用了 Apple 的 info()方法，而 Apple 类中定义 info()方法时使用了@Deprecated 修饰，表明该方法已过时，所以将会引起编译器警告。

> **注意：**
> @Deprecated 的作用与文档注释中的@deprecated 标记的作用基本相同，但它们的用法不同，前者是 JDK 5 才支持的注解，无须放在文档注释语法（/**...*/部分）中，而是直接用于修饰程序中的程序单元，如方法、类、接口等。

14.1.3 抑制编译器警告：@SuppressWarnings

@SuppressWarnings 指示被该注解修饰的程序元素（以及该程序元素中的所有子元素）取消显示指定的编译器警告。@SuppressWarnings 会一直作用于该程序元素的所有子元素，例如，使用 @SuppressWarnings 修饰某个类取消显示某个编译器警告，同时又修饰该类里的某个方法取消显示另一个编译器警告，那么该方法将会同时取消显示这两个编译器警告。

在通常情况下，如果程序中使用没有泛型限制的集合将会引起编译器警告，为了避免这种编译器警告，可以使用@SuppressWarnings 修饰。下面程序取消了没有使用泛型的编译器警告。

程序清单：codes\14\14.1\SuppressWarningsTest.java

```java
// 关闭整个类里的编译器警告
@SuppressWarnings(value="unchecked")
public class SuppressWarningsTest
{
    public static void main(String[] args)
    {
        List<String> myList = new ArrayList();    // ①
    }
}
```

程序中的粗体字代码使用@SuppressWarnings 来关闭 SuppressWarningsTest 类里的所有编译器警告，编译上面程序时将不会看到任何编译器警告。如果删除程序中的粗体字代码，将会在程序的①处看到编译器警告。

正如从程序中粗体字代码所看到的，当使用@SuppressWarnings 注解来关闭编译器警告时，一定要在括号里使用 name=value 的形式为该注解的成员变量设置值。关于如何为注解添加成员变量请看下一节介绍。

14.1.4 "堆污染"警告与 Java 9 增强的@SafeVarargs

前面介绍泛型擦除时，介绍了如下代码可能导致运行时异常。

```java
List list = new ArrayList<Integer>();
list.add(20);            // 添加元素时引发 unchecked 异常
// 下面代码引起"未经检查的转换"的警告，编译、运行时完全正常
List<String> ls = list;    // ①
// 但只要访问 ls 里的元素，如下代码就会引起运行时异常
System.out.println(ls.get(0));
```

Java 把引发这种错误的原因称为"堆污染"（Heap pollution），当把一个不带泛型的对象赋给一个带泛型的变量时，往往就会发生这种"堆污染"，如上①号粗体字代码所示。

对于形参个数可变的方法，该形参的类型又是泛型，这将更容易导致"堆污染"。例如如下工具类。

程序清单：codes\14\14.1\ErrorUtils.java

```java
public class ErrorUtils
{
    public static void faultyMethod(List<String>... listStrArray)
    {
        // Java 语言不允许创建泛型数组，因此 listArray 只能被当成 List[]处理
        // 此时相当于把 List<String>赋给了 List，已经发生了"堆污染"
        List[] listArray = listStrArray;
        List<Integer> myList = new ArrayList<Integer>();
        myList.add(new Random().nextInt(100));
        // 把 listArray 的第一个元素赋为 myArray
        listArray[0] = myList;
        String s = listStrArray[0].get(0);
    }
}
```

上面程序中的粗体字代码已经发生了"堆污染"。由于该方法有个形参是 List<String>...类型，个数可变的形参相当于数组，但 Java 又不支持泛型数组，因此程序只能把 List<String>...当成 List[]处理，这

655

里就发生了"堆污染"。

在 Java 6 以及更早的版本中，Java 编译器认为 faultyMethod() 方法完全没有问题，既不会提示错误，也没有提示警告。

等到使用该方法时，例如如下程序。

程序清单：codes\14\14.1\ErrorUtilsTest.java

```
public class ErrorUtilsTest
{
    public static void main(String[] args)
    {
        ErrorUtils.faultyMethod(Arrays.asList("Hello!")
            , Arrays.asList("World!"));         // ①
    }
}
```

编译该程序将会在①号代码处引发一个 unchecked 警告。这个 unchecked 警告出现得比较"突兀"：定义 faultyMethod() 方法时没有任何警告，调用该方法时却引发了一个"警告"。

> **注意：**
> 上面程序故意利用了"堆污染"，因此程序运行时也会在①号代码处引发 ClassCastException 异常。

从 Java 7 开始，Java 编译器将会进行更严格的检查，Java 编译器在编译 ErrorUtils 时就会发出一个如下所示的警告。

```
ErrorUtils.java:15: 警告: [unchecked] 参数化 vararg 类型 List<String>的堆可能已受污染
    public static void faultyMethod(List<String>... listStrArray)
                                                 ^
1 个警告
```

由此可见，Java 7 会在定义该方法时就发出"堆污染"警告，这样保证开发者"更早"地注意到程序中可能存在的"漏洞"。

但在有些时候，开发者不希望看到这个警告，则可以使用如下三种方式来"抑制"这个警告。

> 使用@SafeVarargs 修饰引发该警告的方法或构造器。Java 9 增强了该注解，允许使用该注解修饰私有实例方法。
> 使用@SuppressWarnings("unchecked")修饰。
> 编译时使用-Xlint:varargs 选项。

很明显，第三种方式一般比较少用，通常可以选择第一种或第二种方式，尤其是使用@SafeVarargs 修饰引发该警告的方法或构造器，它是 Java 7 专门为抑制"堆污染"警告提供的。

如果程序使用@SafeVarargs 修饰 ErrorUtils 类中的 faultyMethod() 方法，则编译上面两个程序时都不会发出任何警告。

▶▶ 14.1.5 Java 8 的函数式接口与@FunctionalInterface

前面已经提到，Java 8 规定：如果接口中只有一个抽象方法（可以包含多个默认方法或多个 static 方法），该接口就是函数式接口。@FunctionalInterface 就是用来指定某个接口必须是函数式接口。例如，如下程序使用@FunctionalInterface 修饰了函数式接口。

> **提示：**
> 函数式接口就是为 Java 8 的 Lambda 表达式准备的，Java 8 允许使用 Lambda 表达式创建函数式接口的实例，因此 Java 8 专门增加了@FunctionalInterface。

程序清单：codes\14\14.1\FunInterface.java

```
@FunctionalInterface
public interface FunInterface
```

656

```
    {
    static void foo()
    {
        System.out.println("foo 类方法");
    }
    default void bar()
    {
        System.out.println("bar 默认方法");
    }
    void test();  // 只定义一个抽象方法
}
```

编译上面程序,可能丝毫看不出程序中的@FunctionalInterface 有何作用,因为@FunctionalInterface 只是告诉编译器检查这个接口,保证该接口只能包含一个抽象方法,否则就会编译出错。@FunctionalInterface 主要是帮助程序员避免一些低级错误,例如,在上面的 FunInterface 接口中再增加一个抽象方法 abc(),编译程序时将出现如下错误提示:

```
FunInterface.java:13: 错误: 意外的 @FunctionalInterface 注释
@FunctionalInterface
^
  FunInterface 不是函数式接口
    在 接口 FunInterface 中找到多个非覆盖抽象方法
1 个错误
```

@FunInterface 只能修饰接口,不能修饰其他程序元素。

14.2 JDK 的元注解

JDK 除在 java.lang 下提供了 5 个基本的注解之外,还在 java.lang.annotation 包下提供了 6 个 Meta 注解(元注解),其中有 5 个元注解都用于修饰其他的注解定义。其中@Repeatable 专门用于定义 Java 8 新增的重复注解,本章后面会重点介绍相关内容。此处先介绍常用的 4 个元注解。

▶▶ 14.2.1 使用@Retention

@Retention 只能用于修饰注解定义,用于指定被修饰的注解可以保留多长时间,@Retention 包含一个 RetentionPolicy 类型的 value 成员变量,所以使用@Retention 时必须为该 value 成员变量指定值。

value 成员变量的值只能是如下三个。

- ➤ RetentionPolicy.CLASS:编译器将把注解记录在 class 文件中。当运行 Java 程序时,JVM 不可获取注解信息。这是默认值。
- ➤ RetentionPolicy.RUNTIME:编译器将把注解记录在 class 文件中。当运行 Java 程序时,JVM 也可获取注解信息,程序可以通过反射获取该注解信息。
- ➤ RetentionPolicy.SOURCE:注解只保留在源代码中,编译器直接丢弃这种注解。

如果需要通过反射获取注解信息,就需要使用 value 属性值为 RetentionPolicy.RUNTIME 的@Retention。使用@Retention 元注解可采用如下代码为 value 指定值。

```
// 定义下面的@Testable 注解保留到运行时
@Retention(value= RetentionPolicy.RUNTIME)
public @interface Testable{}
```

也可采用如下代码来为 value 指定值。

```
// 定义下面的@Testable 注解将被编译器直接丢弃
@Retention(RetentionPolicy.SOURCE)
public @interface Testable{}
```

上面代码中使用@Retention 元注解时,并未通过 value=RetentionPolicy.SOURCE 的方式来为该成员变量指定值，这是因为当注解的成员变量名为 value 时，程序中可以直接在注解后的括号里指定该成员变量的值，无须使用 name=value 的形式。

> **提示：** 如果使用注解时只需要为 value 成员变量指定值，则使用该注解时可以直接在该注解后的括号里指定 value 成员变量的值，无须使用 "value=变量值" 的形式。

▶▶ 14.2.2 使用@Target

@Target 也只能修饰注解定义，它用于指定被修饰的注解能用于修饰哪些程序单元。@Target 元注解也包含一个名为 value 的成员变量，该成员变量的值只能是如下几个。

- ➢ ElementType.ANNOTATION_TYPE：指定该策略的注解只能修饰注解。
- ➢ ElementType.CONSTRUCTOR：指定该策略的注解只能修饰构造器。
- ➢ ElementType.FIELD：指定该策略的注解只能修饰成员变量。
- ➢ ElementType.LOCAL_VARIABLE：指定该策略的注解只能修饰局部变量。
- ➢ ElementType.METHOD：指定该策略的注解只能修饰方法定义。
- ➢ ElementType.PACKAGE：指定该策略的注解只能修饰包定义。
- ➢ ElementType.PARAMETER：指定该策略的注解可以修饰参数。
- ➢ ElementType.TYPE：指定该策略的注解可以修饰类、接口（包括注解类型）或枚举定义。

与使用@Retention 类似的是，使用@Target 也可以直接在括号里指定 value 值，而无须使用 name=value 的形式。如下代码指定@ActionListenerFor 注解只能修饰成员变量。

```
@Target(ElementType.FIELD)
public @interface ActionListenerFor{}
```

如下代码片段指定@Testable 注解只能修饰方法。

```
@Target(ElementType.METHOD)
public @interface Testable { }
```

▶▶ 14.2.3 使用@Documented

@Documented 用于指定被该元注解修饰的注解类将被 javadoc 工具提取成文档，如果定义注解类时使用了@Documented 修饰，则所有使用该注解修饰的程序元素的 API 文档中将会包含该注解说明。

下面代码定义了一个 Testable 注解，程序使用@Documented 来修饰@Testable 注解定义，所以该注解将被 javadoc 工具所提取。

程序清单：codes\14\14.2\Testable.java

```
@Retention(RetentionPolicy.RUNTIME)
@Target(ElementType.METHOD)
// 定义 Testable 注解将被 javadoc 工具提取
@Documented
public @interface Testable
{
}
```

上面代码中的粗体字代码指定了 javadoc 工具生成的 API 文档将提取@Testable 的使用信息。

下面代码定义了一个 MyTest 类，该类中的 info()方法使用了@Testable 修饰。

程序清单：codes\14\14.2\MyTest.java

```
public class MyTest
{
    // 使用@Testable 修饰 info()方法
    @Testable
    public void info()
    {
        System.out.println("info方法...");
    }
}
```

使用 javadoc 工具为 Testable.java、MyTest.java 文件生成 API 文档后的效果如图 14.1 所示。

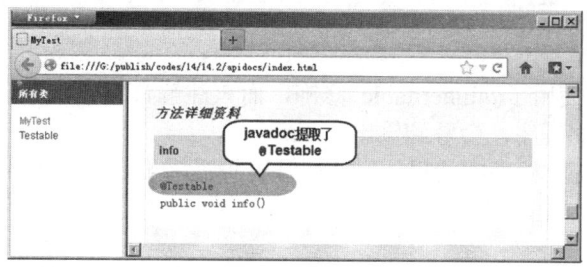

图 14.1　javadoc 提取了有@Documented 修饰的注解

如果把上面 Testable.java 程序中的粗体字代码删除或注释掉，再次使用 javadoc 工具生成的 API 文档如图 14.2 所示。

图 14.2　javadoc 不提取没有@Documented 修饰的注解

对比图 14.1 和 14.2 所示两份 API 文档中灰色区域覆盖的 info 方法说明，图 14.1 中的 info 方法说明里包含了@Testable 的信息，这就是使用@Documented 元 Annotatiom 的作用。

▶▶ 14.2.4　使用@Inherited

@Inherited 元注解指定被它修饰的注解将具有继承性——如果某个类使用了@Xxx 注解（定义该注解时使用了@Inherited 修饰）修饰，则其子类将自动被@Xxx 修饰。

下面使用@Inherited 元注解修饰@Inheritable 定义，则该注解将具有继承性。

程序清单：codes\14\14.2\Inheritable.java

```
@Target(ElementType.TYPE)
@Retention(RetentionPolicy.RUNTIME)
@Inherited
public @interface Inheritable
{
}
```

上面程序中的粗体字代码表明@Inheritable 具有继承性，如果某个类使用了@Inheritable 修饰，则该类的子类将自动使用@Inheritable 修饰。

下面程序中定义了一个 Base 基类，该基类使用了@Inheritable 修饰，则 Base 类的子类将会默认使用@Inheritable 修饰。

程序清单：codes\14\14.2\InheritableTest.java

```
// 使用@Inheritable 修饰的 Base 类
@Inheritable
class Base
{
}
// InheritableTest 类只是继承了 Base 类
// 并未直接使用@Inheritable Annotation 修饰
public class InheritableTest extends Base
{
    public static void main(String[] args)
    {
        // 打印 InheritableTest 类是否有@Inheritable 修饰
```

```
        System.out.println(InheritableTest.class
            .isAnnotationPresent(Inheritable.class));
    }
}
```

上面程序中的 Base 类使用了@Inheritable 修饰，而该注解具有继承性，所以其子类也将自动使用 @Inheritable 修饰。运行上面程序，会看到输出：true。

如果将 InheritableTest.java 程序中的粗体字代码注释掉或者删除，将会导致@Inheritable 不具有继承性。运行上面程序，将看到输出：false。

14.3 自定义注解

前面已经介绍了如何使用 java.lang 包下的 4 个基本的注解，下面介绍如何自定义注解，并利用注解来完成一些实际的功能。

14.3.1 定义注解

定义新的注解类型使用@interface 关键字（在原有的 interface 关键字前增加@符号）定义一个新的注解类型与定义一个接口非常像，如下代码可定义一个简单的注解类型。

```
// 定义一个简单的注解类型
public @interface Test
{
}
```

定义了该注解之后，就可以在程序的任何地方使用该注解，使用注解的语法非常类似于 public、final 这样的修饰符，通常可用于修饰程序中的类、方法、变量、接口等定义。通常会把注解放在所有修饰符之前，而且由于使用注解时可能还需要为成员变量指定值，因而注解的长度可能较长，所以通常把注解另放一行，如下程序所示。

```
// 使用@Test 修饰类定义
@Test
public class MyClass
{
    ...
}
```

在默认情况下，注解可用于修饰任何程序元素，包括类、接口、方法等，如下程序使用@Test 来修饰方法。

```
public class MyClass
{
    // 使用@Test 注解修饰方法
    @Test
    public void info()
    {
        ...
    }
    ...
}
```

注解不仅可以是这种简单的注解，还可以带成员变量，成员变量在注解定义中以无形参的方法形式来声明，其方法名和返回值定义了该成员变量的名字和类型。如下代码可以定义一个有成员变量的注解。

```
public @interface MyTag
{
    // 定义带两个成员变量的注解
    // 注解中的成员变量以方法的形式来定义
    String name();
    int age();
}
```

可能有读者会看出，上面定义注解的代码与定义接口的语法非常像，只是 MyTag 使用@interface 关键字来定义，而接口使用 interface 来定义。

> **注意：**
> 使用 @interface 定义的注解的确非常像定义了一个注解接口，这个注解接口继承了 java.lang.annotation.Annotation 接口，这一点可以通过反射看到 MyTag 接口里包含了 java.lang.annotation.Annotation 接口里的方法。

一旦在注解里定义了成员变量之后，使用该注解时就应该为它的成员变量指定值，如下代码所示。

```
public class Test
{
    // 使用带成员变量的注解时，需要为成员变量赋值
    @MyTag(name="xx", age=6)
    public void info()
    {
        ...
    }
    ...
}
```

也可以在定义注解的成员变量时为其指定初始值（默认值），指定成员变量的初始值可使用 default 关键字。如下代码定义了@MyTag 注解，该注解里包含了两个成员变量：name 和 age，这两个成员变量使用 default 指定了初始值。

```
public @interface MyTag
{
    // 定义了两个成员变量的注解
    // 使用 default 为两个成员变量指定初始值
    String name() default "yeeku";
    int age() default 32;
}
```

如果为注解的成员变量指定了默认值，使用该注解时则可以不为这些成员变量指定值，而是直接使用默认值。

```
public class Test
{
    // 使用带成员变量的注解
    // 因为它的成员变量有默认值，所以可以不为它的成员变量指定值
    @MyTag
    public void info()
    {
        ...
    }
    ...
}
```

当然也可以在使用 MyTag 注解时为成员变量指定值，如果为 MyTag 的成员变量指定了值，则默认值不会起作用。

根据注解是否可以包含成员变量，可以把注解分为如下两类。

> 标记注解：没有定义成员变量的注解类型被称为标记。这种注解仅利用自身的存在与否来提供信息，如前面介绍的@Override、@Test 等注解。
> 元数据注解：包含成员变量的注解，因为它们可以接受更多的元数据，所以也被称为元数据注解。

▶▶ 14.3.2 提取注解信息

使用注解修饰了类、方法、成员变量等成员之后，这些注解不会自己生效，必须由开发者提供相应的工具来提取并处理注解信息。

Java 使用 java.lang.annotation.Annotation 接口来代表程序元素前面的注解，该接口是所有注解的父接口。Java 5 在 java.lang.reflect 包下新增了 AnnotatedElement 接口，该接口代表程序中可以接受注解的程序元素。该接口主要有如下几个实现类。

- Class：类定义。
- Constructor：构造器定义。
- Field：类的成员变量定义。
- Method：类的方法定义。
- Package：类的包定义。

java.lang.reflect 包下主要包含一些实现反射功能的工具类，从 Java 5 开始，java.lang.reflect 包所提供的反射 API 增加了读取运行时注解的能力。只有当定义注解时使用了 @Retention(RetentionPolicy.RUNTIME)修饰，该注解才会在运行时可见，JVM 才会在装载*.class 文件时读取保存在 class 文件中的注解信息。

AnnotatedElement 接口是所有程序元素（如 Class、Method、Constructor 等）的父接口，所以程序通过反射获取了某个类的 AnnotatedElement 对象（如 Class、Method、Constructor 等）之后，程序就可以调用该对象的如下几个方法来访问注解信息。

- <A extends Annotation> A getAnnotation(Class<A> annotationClass)：返回该程序元素上存在的、指定类型的注解，如果该类型的注解不存在，则返回 null。
- <A extends Annotation> A getDeclaredAnnotation(Class<A> annotationClass)：这是 Java 8 新增的方法，该方法尝试获取直接修饰该程序元素、指定类型的注解。如果该类型的注解不存在，则返回 null。
- Annotation[] getAnnotations()：返回该程序元素上存在的所有注解。
- Annotation[] getDeclaredAnnotations()：返回直接修饰该程序元素的所有注解。
- boolean isAnnotationPresent(Class<? extends Annotation> annotationClass)：判断该程序元素上是否存在指定类型的注解，如果存在则返回 true，否则返回 false。
- <A extends Annotation> A[] getAnnotationsByType(Class<A> annotationClass)：该方法的功能与前面介绍的 getAnnotation()方法基本相似。但由于 Java 8 增加了重复注解功能，因此需要使用该方法获取修饰该程序元素、指定类型的多个注解。
- <A extends Annotation> A[] getDeclaredAnnotationsByType(Class<A> annotationClass)：该方法的功能与前面介绍的 getDeclaredAnnotations()方法基本相似。但由于 Java 8 增加了重复注解功能，因此需要使用该方法获取直接修饰该程序元素、指定类型的多个注解。

> **注意：**
> 为了获得程序中的程序元素（如 Class、Method 等），必须使用反射知识，如果读者需要获得关于反射的更详细内容，可以参考本书第 18 章的介绍。

下面程序片段用于获取 Test 类的 info 方法里的所有注解，并将这些注解打印出来。

```
// 获取 Test 类的 info 方法的所有注解
Annotation[] aArray = Class.forName("Test").getMethod("info").getAnnotations();
// 遍历所有注解
for (Annotation an : aArray )
{
    System.out.println(an);
}
```

如果需要获取某个注解里的元数据，则可以将注解强制类型转换成所需的注解类型，然后通过注解对象的抽象方法来访问这些元数据。如下代码片段所示。

```
// 获取 tt 对象的 info 方法所包含的所有注解
Annotation[] annotation = tt.getClass().getMethod("info").getAnnotations();
// 遍历每个注解对象
for (Annotation tag :annotation)
{
    // 如果 tag 注解是 MyTag1 类型
    if (tag instanceof MyTag1)
    {
```

```java
        System.out.println("Tag is: " + tag);
        // 将 tag 强制类型转换为 MyTag1
        // 输出 tag 对象的 method1 和 method2 两个成员变量的值
        System.out.println("tag.name(): " + ((MyTag1)tag).method1());
        System.out.println("tag.age(): " + ((MyTag1)(tag)).method2());
    }
    // 如果 tag 注解是 MyTag2 类型
    if (tag instanceof MyTag2)
    {
        System.out.println("Tag is: " + tag);
        // 将 tag 强制类型转换为 MyTag2
        // 输出 tag 对象的 method1 和 method2 两个成员变量的值
        System.out.println("tag.name(): " + ((MyTag2)tag).method1());
        System.out.println("tag.age(): " + ((MyTag2)(tag)).method2());
    }
}
```

▶▶ 14.3.3 使用注解的示例

下面分别介绍两个使用注解的例子，第一个注解@Testable 没有任何成员变量，仅是一个标记注解，它的作用是标记哪些方法是可测试的。

程序清单：codes\14\14.3\01\Testable.java

```java
// 使用@Retention 指定注解的保留到运行时
@Retention(RetentionPolicy.RUNTIME)
// 使用@Target 指定被修饰的注解可用于修饰方法
@Target(ElementType.METHOD)
// 定义一个标记注解，不包含任何成员变量，即不可传入元数据
public @interface Testable
{
}
```

上面程序定义了一个@Testable 注解，定义该注解时使用了@Retention 和@Target 两个 JDK 的元注解，其中@Retention 注解指定 Testable 注解可以保留到运行时（JVM 可以提取到该注解的信息），而@Target 注解指定@Testable 只能修饰方法。

> **提示：** 上面的@Testable 用于标记哪些方法是可测试的，该注解可以作为 JUnit 测试框架的补充，在 JUnit 框架中它要求测试用例的测试方法必须以 test 开头。如果使用@Testable 注解，则可把任何方法标记为可测试的。

如下 MyTest 测试用例中定义了 8 个方法，这 8 个方法没有太大的区别，其中 4 个方法使用@Testable 注解来标记这些方法是可测试的。

程序清单：codes\14\14.3\01\MyTest.java

```java
public class MyTest
{
    // 使用@Testable 注解指定该方法是可测试的
    @Testable
    public static void m1()
    {
    }
    public static void m2()
    {
    }
    // 使用@Testable 注解指定该方法是可测试的
    @Testable
    public static void m3()
    {
        throw new IllegalArgumentException("参数出错了！");
    }
    public static void m4()
    {
```

```java
    }
    // 使用@Testable注解指定该方法是可测试的
    @Testable
    public static void m5()
    {
    }
    public static void m6()
    {
    }
    // 使用@Testable注解指定该方法是可测试的
    @Testable
    public static void m7()
    {
        throw new RuntimeException("程序业务出现异常!");
    }
    public static void m8()
    {
    }
}
```

正如前面提到的，仅仅使用注解来标记程序元素对程序是不会有任何影响的，这也是 Java 注解的一条重要原则。为了让程序中的这些注解起作用，接下来必须为这些注解提供一个注解处理工具。

下面的注解处理工具会分析目标类，如果目标类中的方法使用了@Testable 注解修饰，则通过反射来运行该测试方法。

程序清单：codes\14\14.3\01\ProcessorTest.java

```java
public class ProcessorTest
{
    public static void process(String clazz)
        throws ClassNotFoundException
    {
        int passed = 0;
        int failed = 0;
        // 遍历 clazz 对应的类里的所有方法
        for (Method m : Class.forName(clazz).getMethods())
        {
            // 如果该方法使用了@Testable 修饰
            if (m.isAnnotationPresent(Testable.class))
            {
                try
                {
                    // 调用m方法
                    m.invoke(null);
                    // 测试成功,passed 计数器加1
                    passed++;
                }
                catch (Exception ex)
                {
                    System.out.println("方法" + m + "运行失败,异常: "
                        + ex.getCause());
                    // 测试出现异常,failed 计数器加1
                    failed++;
                }
            }
        }
        // 统计测试结果
        System.out.println("共运行了:" + (passed + failed)
            + "个方法,其中: \n" + "失败了:" + failed + "个, \n"
            + "成功了:" + passed + "个! ");
    }
}
```

ProcessorTest 类里只包含一个 process(String clazz)方法，该方法可接收一个字符串参数，该方法将会分析 clazz 参数所代表的类，并运行该类里使用@Testable 修饰的方法。

该程序的主类非常简单，提供主方法，使用 ProcessorTest 来分析目标类即可。

程序清单：codes\14\14.3\01\RunTests.java

```java
public class RunTests
{
    public static void main(String[] args)
        throws Exception
    {
        // 处理 MyTest 类
        ProcessorTest.process("MyTest");
    }
}
```

运行上面程序，会看到如下运行结果：

方法public static void MyTest.m3()运行失败，异常：java.lang.IllegalArgumentException: 参数出错了！
方法public static void MyTest.m7()运行失败，异常：java.lang.RuntimeException: 程序业务出现异常！
共运行了:4 个方法，其中：
失败了:2 个,
成功了:2 个!

通过这个运行结果可以看出，程序中的@Testable 起作用了，MyTest 类里以@Testable 注解修饰的方法都被测试了。

通过上面例子读者不难看出，其实注解十分简单，它是对源代码增加的一些特殊标记，这些特殊标记可通过反射获取，当程序获取这些特殊标记后，程序可以做出相应的处理（当然也可以完全忽略这些注解）。

前面介绍的只是一个标记注解，程序通过判断该注解存在与否来决定是否运行指定方法。下面程序通过使用注解来简化事件编程，在传统的事件编程中总是需要通过 addActionListener()方法来为事件源绑定事件监听器，本示例程序中则通过@ActionListenerFor 来为程序中的按钮绑定事件监听器。

程序清单：codes\14\14.3\02\ActionListenerFor.java

```java
@Target(ElementType.FIELD)
@Retention(RetentionPolicy.RUNTIME)
public @interface ActionListenerFor
{
    // 定义一个成员变量，用于设置元数据
    // 该listener 成员变量用于保存监听器实现类
    Class<? extends ActionListener> listener();
}
```

定义了这个@ActionListenerFor 之后，使用该注解时需要指定一个 listener 成员变量，该成员变量用于指定监听器的实现类。下面程序使用@ActionListenerFor 注解来为两个按钮绑定事件监听器。

程序清单：codes\14\14.3\02\AnnotationTest.java

```java
public class AnnotationTest
{
    private JFrame mainWin = new JFrame("使用注解绑定事件监听器");
    // 使用@ActionListenerFor 注解为ok 按钮绑定事件监听器
    @ActionListenerFor(listener=OkListener.class)
    private JButton ok = new JButton("确定");
    // 使用@ActionListenerFor 注解为cancel 按钮绑定事件监听器
    @ActionListenerFor(listener=CancelListener.class)
    private JButton cancel = new JButton("取消");
    public void init()
    {
        // 初始化界面的方法
        JPanel jp = new JPanel();
        jp.add(ok);
        jp.add(cancel);
        mainWin.add(jp);
```

```java
            ActionListenerInstaller.processAnnotations(this);        // ①
            mainWin.setDefaultCloseOperation(JFrame.EXIT_ON_CLOSE);
            mainWin.pack();
            mainWin.setVisible(true);
        }
        public static void main(String[] args)
        {
            new AnnotationTest().init();
        }
    }
    // 定义ok按钮的事件监听器实现类
    class OkListener implements ActionListener
    {
        public void actionPerformed(ActionEvent evt)
        {
            JOptionPane.showMessageDialog(null , "单击了确认按钮");
        }
    }
    // 定义cancel按钮的事件监听器实现类
    class CancelListener implements ActionListener
    {
        public void actionPerformed(ActionEvent evt)
        {
            JOptionPane.showMessageDialog(null , "单击了取消按钮");
        }
    }
```

上面程序中的粗体字代码定义了两个 JButton 按钮，并使用@ActionListenerFor 注解为这两个按钮绑定了事件监听器，使用@ActionListenerFor 注解时传入了 listener 元数据，该数据用于设定每个按钮的监听器实现类。

正如前面提到的，如果仅在程序中使用注解是不会起任何作用的，必须使用注解处理工具来处理程序中的注解。程序中①处代码使用了 ActionListenerInstaller 类来处理本程序中的注解，该处理器分析目标对象中的所有成员变量，如果该成员变量前使用了@ActionListenerFor 修饰，则取出该注解中的 listener 元数据，并根据该数据来绑定事件监听器。

程序清单：codes\14\14.3\02\ActionListenerInstaller.java

```java
public class ActionListenerInstaller
{
    // 处理注解的方法，其中obj是包含注解的对象
    public static void processAnnotations(Object obj)
    {
        try
        {
            // 获取obj对象的类
            Class cl = obj.getClass();
            // 获取指定obj对象的所有成员变量，并遍历每个成员变量
            for (Field f : cl.getDeclaredFields())
            {
                // 将该成员变量设置成可自由访问
                f.setAccessible(true);
                // 获取该成员变量上 ActionListenerFor 类型的注解
                ActionListenerFor a = f.getAnnotation(ActionListenerFor.class);
                // 获取成员变量f的值
                Object fObj = f.get(obj);
                // 如果f是AbstractButton的实例，且a不为null
                if (a != null && fObj != null
                    && fObj instanceof AbstractButton)
                {
                    // 获取a注解里的listener元数据（它是一个监听器类）
                    Class<? extends ActionListener> listenerClazz = a.listener();
                    // 使用反射来创建listener类的对象
                    ActionListener al = listenerClazz.newInstance();
                    AbstractButton ab = (AbstractButton)fObj;
                    // 为ab按钮添加事件监听器
```

```
                ab.addActionListener(al);
            }
        }
    }
    catch (Exception e)
    {
        e.printStackTrace();
    }
}
```

上面程序中的两行粗体字代码根据@ActionListenerFor 注解的元数据取得了监听器实现类，然后通过反射来创建监听器对象，接下来将监听器对象绑定到指定的按钮（按钮由被@ActionListenerFor 修饰的 Field 表示）。

运行上面的 AnnotationTest 程序，会看到如图 14.3 所示的窗口。

单击 "确定" 按钮，将会弹出如图 14.4 所示的 "单击了确认按钮" 对话框，这表明使用该注解成功地为 ok、cancel 两个按钮绑定了事件监听器。

图 14.3　使用注解绑定事件监听器

图 14.4　使用注解成功地绑定了事件监听器

14.3.4　Java 8 新增的重复注解

在 Java 8 以前，同一个程序元素前最多只能使用一个相同类型的注解；如果需要在同一个元素前使用多个相同类型的注解，则必须使用注解 "容器"。例如在 Struts 2 开发中，有时需要在 Action 类上使用多个@Result 注解。在 Java 8 以前只能写成如下形式：

```
@Results({@Result(name="failure", location="failed.jsp"),
@Result(name="success", location="succ.jsp")})
public Acton FooAction{ ... }
```

上面代码中使用了两个@Result 注解，但由于传统 Java 语法不允许多次使用@Result 修饰同一个类，因此程序必须使用@Results 注解作为两个@Result 的容器——实质是，@Results 注解只包含一个名字为 value、类型为 Result[]的成员变量，程序指定的多个@Result 将作为@Results 的 value 属性（数组类型）的数组元素。

从 Java 8 开始，上面语法可以得到简化：Java 8 允许使用多个相同类型的注解来修饰同一个类，因此上面代码可能（之所以说可能，是因为重复注解还需要对原来的注解进行改造）可简化为如下形式：

```
@Result(name="failure", location="failed.jsp")
@Result(name="success", location="succ.jsp")
public Acton FooAction{ ... }
```

> **提示：** 读者暂时无须理会 Struts 2 Action 的功能和用法，此处只是介绍如何在 Action 类前使用多个@Result 注解。在传统语法下，必须使用@Results 来包含多个@Result；在 Java 8 语法规范下，即可直接使用多个@Result 修饰 Action 类。

开发重复注解需要使用@Repeatable 修饰，下面通过示例来示范如何开发重复注解。首先定义一个 FKTag 注解。

程序清单：codes\14\14.3\FkTag.java

```
// 指定该注解信息会保留到运行时
@Retention(RetentionPolicy.RUNTIME)
@Target(ElementType.TYPE)
public @interface FkTag
{
    // 为该注解定义 2 个成员变量
    String name() default "疯狂软件";
```

```
    int age();
}
```

上面定义了 FKTag 注解,该注解包含两个成员变量。但该注解默认不能作为重复注解使用,如果使用两个以上的该注解修饰同一个类,编译器会报错。

为了将该注解改造成重复注解,需要使用@Repeatable 修饰该注解,使用@Repeatable 时必须为 value 成员变量指定值,该成员变量的值应该是一个"容器"注解——该"容器"注解可包含多个@FkTag,因此还需要定义如下的"容器"注解。

程序清单:codes\14\14.3\FkTags.java

```
// 指定该注解信息会保留到运行时
@Retention(RetentionPolicy.RUNTIME)
@Target(ElementType.TYPE)
public @interface FkTags
{
    // 定义 value 成员变量,该成员变量可接受多个@FkTag 注解
    FkTag[] value();
}
```

留意定义@FkTags 注解的两行粗体字代码,先看第二行粗体字代码,该代码定义了一个 FkTag[]类型的 value 成员变量,这意味着@FkTags 注解的 value 成员变量可接受多个@FkTag 注解,因此@FkTags 注解可作为@FkTag 的容器。

定义@FkTags 注解的第一行粗体字代码指定@FKTags 注解信息也可保留到运行时,这是必需的,因为:@FKTag 注解信息需要保留到运行时,如果@FkTags 注解只能保留到源代码级别 (RetentionPolicy.SOURCE)或类文件(RetentionPolicy.CLASS),将会导致@FkTags 的保留期小于@FkTag 的保留期,如果程序将多个@FkTag 注解放入@FkTags 中,若 JVM 丢弃了@FKTags 注解,自然也就丢弃了@FkTag 的信息——而我们希望@FkTag 注解可以保留到运行时,这就矛盾了。

> "容器"注解的保留期必须比它所包含的注解的保留期更长,否则编译器会报错。

接下来程序可在定义@FkTag 注解时添加如下修饰代码:

```
@Repeatable(FkTags.class)
```

经过上面步骤,就成功地定义了一个重复注解:@FkTag。读者可能已经发现,实际上@FkTag 依然有"容器"注解,因此依然可用传统代码来使用该注解:

```
@FkTags({@FkTag(age=5),
    @FkTag(name="疯狂 Java" , age=9)})
```

又由于@FkTag 是重复注解,因此可直接使用两个@FkTag 注解,如下代码所示。

```
@FkTag(age=5)
@FkTag(name="疯狂 Java" , age=9)
```

实际上,第二种用法只是一个简化写法,系统依然将两个@FkTag 注解作为@FkTags 的 value 成员变量的数组元素。如下程序演示了重复注解的本质。

程序清单:codes\14\14.3\FkTagTest.java

```
@FkTag(age=5)
@FkTag(name="疯狂 Java" , age=9)
public class FkTagTest
{
    public static void main(String[] args)
    {
        Class<FkTagTest> clazz = FkTagTest.class;
        /* 使用 Java 8 新增的 getDeclaredAnnotationsByType()方法获取
            修饰 FkTagTest 类的多个@FkTag 注解 */
        FkTag[] tags = clazz.getDeclaredAnnotationsByType(FkTag.class);
        // 遍历修饰 FkTagTest 类的多个@FkTag 注解
```

```
        for(FkTag tag : tags)
        {
            System.out.println(tag.name() + "-->" + tag.age());
        }
        /* 使用传统的 getDeclaredAnnotation()方法获取
           修饰 FkTagTest 类的@FkTags 注解 */
        FkTags container = clazz.getDeclaredAnnotation(FkTags.class);
        System.out.println(container);
    }
}
```

上面程序中第一行粗体字代码获取修饰 FkTagTest 类的多个@FkTag 注解,此行代码使用的是 Java 8 新增的 getDeclaredAnnotationsByType()方法,该方法的功能与传统的 getDeclaredAnnotation()方法相同,只不过 getDeclaredAnnotationsByType()方法相当于功能增强版,它可以获取多个重复注解,而 getDeclaredAnnotation()方法则只能获取一个(在 Java 8 以前,不允许出现重复注解)。

上面程序中第二行粗体字代码尝试获取修饰 FkTagTest 类的@FkTags 注解,虽然上面源代码中并未显式使用@FkTags 注解,但由于程序使用了两个@FkTag 注解修饰该类,因此系统会自动将两个@FkTag 注解作为@FkTags 的 value 成员变量的数组元素处理。因此,第二行粗体字代码将可以成功地获取到@FkTags 注解。

编译、运行程序,可以看到如下输出:

```
疯狂软件-->5
疯狂 Java-->9
@FkTags(value=[@FkTag(name=疯狂软件, age=5), @FkTag(name=疯狂 Java, age=9)])
```

> **注意** ： 重复注解只是一种简化写法,这种简化写法是一种假象：多个重复注解其实会被作为"容器"注解的 value 成员变量的数组元素。例如上面的重复的@FkTag 注解其实会被作为@FkTags 注解的 value 成员变量的数组元素处理。

▶▶ 14.3.5 Java 8 新增的类型注解

Java 8 为 ElementType 枚举增加了 TYPE_PARAMETER、TYPE_USE 两个枚举值,这样就允许定义枚举时使用@Target(ElementType.TYPE_USE)修饰,这种注解被称为类型注解(Type Annotation),类型注解可用于修饰在任何地方出现的类型。

在 Java 8 以前,只能在定义各种程序元素(定义类、定义接口、定义方法、定义成员变量……)时使用注解。从 Java 8 开始,类型注解可以修饰在任何地方出现的类型。比如,允许在如下位置使用类型注解。

➢ 创建对象(用 new 关键字创建)。
➢ 类型转换。
➢ 使用 implements 实现接口。
➢ 使用 throws 声明抛出异常。

上面这些情形都会用到类型,因此都可以使用类型注解来修饰。

下面程序将会定义一个简单的类型注解,然后就可在任何用到类型的地方使用类型注解了,读者可通过该示例了解类型注解无处不在的神奇魔力。

程序清单：codes\14\14.3\TypeAnnotationTest.java

```
// 定义一个简单的类型注解,不带任何成员变量
@Target(ElementType.TYPE_USE)
@interface NotNull{}
// 定义类时使用类型注解
@NotNull
public class TypeAnnotationTest
    implements @NotNull /* implements 时使用类型注解 */ Serializable
{
    // 方法形参中使用类型注解
```

```
    public static void main(@NotNull String[] args)
        // throws 时使用类型注解
        throws @NotNull FileNotFoundException
    {
        Object obj = "fkjava.org";
        // 强制类型转换时使用类型注解
        String str = (@NotNull String)obj;
        // 创建对象时使用类型注解
        Object win = new @NotNull JFrame("疯狂软件");
    }
    // 泛型中使用类型注解
    public void foo(List<@NotNull String> info){}
}
```

上面的粗体字代码都是可正常使用类型注解的例子，从这个示例可以看到，Java 程序到处"写满"了类型注解，这种"无处不在"的类型注解可以让编译器执行更严格的代码检查，从而提高程序的健壮性。

需要指出的是，上面程序虽然大量使用了@NotNull 注解，但这些注解暂时不会起任何作用——因为并没有为这些注解提供处理工具。而且 Java 8 本身并没有提供对类型注解执行检查的框架，因此如果需要让这些类型注解发挥作用，开发者需要自己实现类型注解检查框架。

幸运的是，Java 8 提供了类型注解之后，第三方组织在发布他们的框架时，可能会随着框架一起发布类型注解检查工具，这样普通开发者即可直接使用第三方框架提供的类型注解，从而让编译器执行更严格的检查，保证代码更加健壮。

14.4 编译时处理注解

APT（Annotation Processing Tool）是一种注解处理工具，它对源代码文件进行检测，并找出源文件所包含的注解信息，然后针对注解信息进行额外的处理。

使用 APT 工具处理注解时可以根据源文件中的注解生成额外的源文件和其他的文件（文件的具体内容由注解处理器的编写者决定），APT 还会编译生成的源代码文件和原来的源文件，将它们一起生成 class 文件。

使用 APT 的主要目的是简化开发者的工作量，因为 APT 可以在编译程序源代码的同时生成一些附属文件（比如源文件、类文件、程序发布描述文件等），这些附属文件的内容也都与源代码相关。换句话说，使用 APT 可以代替传统的对代码信息和附属文件的维护工作。

了解过 Hibernate 早期版本的读者都知道：每写一个 Java 类文件，还必须额外地维护一个 Hibernate 映射文件（名为*.hbm.xml 的文件，也有一些工具可以自动生成）。下面将使用注解来简化这步操作。

> 提示：不了解 Hibernate 的读者也无须担心，你只需要明白此处要做什么即可——通过注解可以在 Java 源文件中放置一些注解，然后使用 APT 工具就可以根据该注解生成另一份 XML 文件，这就是注解的作用。

Java 提供的 javac.exe 工具有一个-processor 选项，该选项可指定一个注解处理器，如果在编译 Java 源文件时通过该选项指定了注解处理器，那么这个注解处理器将会在编译时提取并处理 Java 源文件中的注解。

每个注解处理器都需要实现 javax.annotation.processing 包下的 Processor 接口。不过实现该接口必须实现它里面所有的方法，因此通常会采用继承 AbstractProcessor 的方式来实现注解处理器。一个注解处理器可以处理一种或者多种注解类型。

为了示范使用 APT 根据源文件中的注解来生成额外的文件，下面将定义 3 种注解类型，分别用于修饰持久化类、标识属性和普通成员属性。

程序清单：codes\14\14.4\Persistent.java

```
@Target(ElementType.TYPE)
```

```
@Retention(RetentionPolicy.SOURCE)
@Documented
public @interface Persistent
{
    String table();
}
```

这是一个非常简单的注解,它能修饰类、接口等类型声明,这个注解使用了@Retention 元注解指定它仅在 Java 源文件中保留,运行时不能通过反射来读取该注解信息。

下面是修饰标识属性的@Id 注解。

程序清单:codes\14\14.4\Id.java

```
@Target(ElementType.FIELD)
@Retention(RetentionPolicy.SOURCE)
@Documented
public @interface Id
{
    String column();
    String type();
    String generator();
}
```

这个@Id 与前一个@Persistent 的结构基本相似,只是多了两个成员变量而已。下面还有一个用于修饰普通成员属性的注解。

程序清单:codes\14\14.4\Property.java

```
@Target(ElementType.FIELD)
@Retention(RetentionPolicy.SOURCE)
@Documented
public @interface Property
{
    String column();
    String type();
}
```

定义了这三个注解之后,下面提供一个简单的 Java 类文件,这个 Java 类文件使用这三个注解来修饰。

程序清单:codes\14\14.4\Person.java

```
@Persistent(table="person_inf")
public class Person
{
    @Id(column="person_id",type="integer",generator="identity")
    private int id;
    @Property(column="person_name",type="string")
    private String name;
    @Property(column="person_age",type="integer")
    private int age;
    // 无参数的构造器
    public Person()
    {
    }
    // 初始化全部成员变量的构造器
    public Person(int id , String name , int age)
    {
        this.id = id;
        this.name = name;
        this.age = age;
    }
    // 下面省略所有成员变量的 setter 和 getter 方法
    ...
}
```

上面的 Person 类是一个非常普通的 Java 类,但这个普通的 Java 类中使用了@Persistent、@Id 和@Property 三个注解进行修饰。下面为这三个注解提供一个 APT 工具,该工具的功能是根据注解来生成一个 Hibernate 映射文件(不懂 Hibernate 也没有关系,读者只需要明白可以根据这些注解来生成另一份

XML 文件即可）。

程序清单：codes\14\14.4\HibernateAnnotationProcessor.java

```java
@SupportedSourceVersion(SourceVersion.RELEASE_8)
// 指定可处理@Persistent、@Id、@Property 三个注解
@SupportedAnnotationTypes({"Persistent" , "Id" , "Property"})
public class HibernateAnnotationProcessor
    extends AbstractProcessor
{
    // 循环处理每个需要处理的程序对象
    public boolean process(Set<? extends TypeElement> annotations
        , RoundEnvironment roundEnv)
    {
        // 定义一个文件输出流，用于生成额外的文件
        PrintStream ps = null;
        try
        {
            // 遍历每个被@Persistent 修饰的 class 文件
            for (Element t : roundEnv.getElementsAnnotatedWith(Persistent.class))
            {
                // 获取正在处理的类名
                Name clazzName = t.getSimpleName();
                // 获取类定义前的@Persistent 注解
                Persistent per = t.getAnnotation(Persistent.class);
                // 创建文件输出流
                ps = new PrintStream(new FileOutputStream(clazzName
                    + ".hbm.xml"));
                // 执行输出
                ps.println("<?xml version=\"1.0\"?>");
                ps.println("<!DOCTYPE hibernate-mapping PUBLIC");
                ps.println("    \"-//Hibernate/Hibernate "
                    + "Mapping DTD 3.0//EN\"");
                ps.println("    \"http://www.hibernate.org/dtd/"
                    + "hibernate-mapping-3.0.dtd\">");
                ps.println("<hibernate-mapping>");
                ps.print("    <class name=\"" + t);
                // 输出 per 的 table()的值
                ps.println("\" table=\"" + per.table() + "\">");
                for (Element f : t.getEnclosedElements())
                {
                    // 只处理成员变量上的注解
                    if (f.getKind() == ElementKind.FIELD)    // ①
                    {
                        // 获取成员变量定义前的@Id 注解
                        Id id = f.getAnnotation(Id.class);        // ②
                        // 当@Id 注解存在时输出<id.../>元素
                        if(id != null)
                        {
                            ps.println("        <id name=\""
                                + f.getSimpleName()
                                + "\" column=\"" + id.column()
                                + "\" type=\"" + id.type()
                                + "\">");
                            ps.println("            <generator class=\""
                                + id.generator() + "\"/>");
                            ps.println("        </id>");
                        }
                        // 获取成员变量定义前的@Property 注解
                        Property p = f.getAnnotation(Property.class);    // ③
                        // 当@Property 注解存在时输出<property.../>元素
                        if (p != null)
                        {
                            ps.println("        <property name=\""
                                + f.getSimpleName()
                                + "\" column=\"" + p.column()
                                + "\" type=\"" + p.type()
                                + "\"/>");
```

```
                    }
                }
                ps.println("    </class>");
                ps.println("</hibernate-mapping>");
            }
        }
        catch (Exception ex)
        {
            ex.printStackTrace();
        }
        finally
        {
            if (ps != null)
            {
                try
                {
                    ps.close();
                }
                catch (Exception ex)
                {
                    ex.printStackTrace();
                }
            }
        }
        return true;
    }
}
```

上面的注解处理器其实非常简单，与前面通过反射来获取注解信息不同的是，这个注解处理器使用 RoundEnvironment 来获取注解信息，RoundEnvironment 里包含了一个 getElementsAnnotatedWith()方法，可根据注解获取需要处理的程序单元，这个程序单元由 Element 代表。Element 里包含一个 getKind()方法，该方法返回 Element 所代表的程序单元，返回值可以是 ElementKind.CLASS（类）、ElementKind.FIELD（成员变量）……

除此之外，Element 还包含一个 getEnclosedElements()方法，该方法可用于获取该 Element 里定义的所有程序单元，包括成员变量、方法、构造器、内部类等。

接下来程序只处理成员变量前面的注解，因此程序先判断这个 Element 必须是 ElementKind.FIELD（如上程序中①号粗体字代码所示）。

再接下来程序调用了 Element 提供的 getAnnotation(Class clazz)方法来获取修饰该 Element 的注解，如上程序中②③号粗体字部分就是获取成员变量上注解对象的代码。获取到成员变量上的@Id、@Property 注解之后，接下来就根据它们提供的信息执行输出。

> **提示：** 上面程序中大量使用了 IO 流来执行输出，关于 IO 流的知识请参考本书第 15 章的介绍。

提供了上面的注解处理器类之后，接下来就可使用带-processor 选项的 javac.exe 命令来编译 Person.java 了。例如如下命令：

```
rem 使用 HibernateAnnotationProcessor 作为 APT 处理 Person.java 中的注解
javac -processor HibernateAnnotationProcessor Person.java
```

> **提示：** 上面命令被保存在 codes\14\14.4\run.cmd 文件中，读者可以直接双击该批处理文件来运行上面的命令。

通过上面的命令编译 Person.java 后，将可以看到在相同路径下生成了一个 Person.hbm.xml 文件，该文件就是根据 Person.java 里的注解生成的。该文件的内容如下：

```
<?xml version="1.0"?>
<!DOCTYPE hibernate-mapping PUBLIC
```

```
        "-//Hibernate/Hibernate Mapping DTD 3.0//EN"
        "http://www.hibernate.org/dtd/hibernate-mapping-3.0.dtd">
<hibernate-mapping>
    <class name="Person" table="person_inf">
        <id name="id" column="person_id" type="integer">
        <generator class="identity"/>
        </id>
        <property name="name" column="person_name" type="string"/>
        <property name="age" column="person_age" type="integer"/>
    </class>
</hibernate-mapping>
```

对比上面 XML 文件中的粗体字部分与 Person.java 中的注解部分，它们是完全对应的，这即表明这份 XML 文件是根据 Person.java 中的注解生成的。从生成的这份 XML 文件可以看出，通过使用 APT 工具确实可以简化程序开发，程序员只需把一些关键信息通过注解写在程序中，然后使用 APT 工具就可生成额外的文件。

14.5 本章小结

本章主要介绍了 Java 的注解支持，通过使用注解可以为程序提供一些元数据，这些元数据可以在编译、运行时被读取，从而提供更多额外的处理信息。本章详细介绍了 JDK 提供的 5 个基本注解的用法，也详细讲解了 JDK 提供的 4 个用于修饰注解的元注解的用法。除此之外，本章也介绍了如何自定义并使用注解，最后还介绍了使用 APT 工具来处理注解。

▶▶ **本章练习**

1. 定义一个简单的@Foo 注解，该注解只能修饰类、方法，该注解只在源代码阶段有效。
2. 定义一个@Bar 注解，并为该注解提供 name 和 price 两个属性，该注解只能修饰方法、成员变量。
3. 定义@Getter 和@Setter 注解，它们只能修饰成员变量。为这两个注解编写 APT 工具，APT 工具会为它们修饰的成员变量对应地添加 getter、setter 方法。

CHAPTER 15

第15章
输入/输出

本章要点

- 使用 File 类访问本地文件系统
- 使用文件过滤器
- 理解 IO 流的模型和处理方式
- 使用 IO 流执行输入、输出操作
- 使用转换流将字节流转换为字符流
- 推回流的功能和用法
- 重定向标准输入、输出
- 访问其他进程的输入、输出
- RandomAccessFile 的功能和用法
- 对象序列化机制和作用
- 通过实现 Serializable 接口实现序列化
- 实现定制的序列化
- 通过实现 Externalizable 接口实现序列化
- Java 新 IO 的概念和作用
- 使用 Buffer 和 Channel 完成输入、输出
- Charset 的功能和用法
- FileLock 的功能和用法
- NIO.2 的文件 IO 和文件系统
- 通过 NIO.2 监控文件变化
- 通过 NIO.2 访问、修改文件属性

IO（输入/输出）是比较乏味的事情，因为看不到明显的运行效果，但输入/输出是所有程序都必需的部分——使用输入机制，允许程序读取外部数据（包括来自磁盘、光盘等存储设备的数据）、用户输入数据；使用输出机制，允许程序记录运行状态，将程序数据输出到磁盘、光盘等存储设备中。

Java 的 IO 通过 java.io 包下的类和接口来支持，在 java.io 包下主要包括输入、输出两种 IO 流，每种输入、输出流又可分为字节流和字符流两大类。其中字节流以字节为单位来处理输入、输出操作，而字符流则以字符来处理输入、输出操作。除此之外，Java 的 IO 流使用了一种装饰器设计模式，它将 IO 流分成底层节点流和上层处理流，其中节点流用于和底层的物理存储节点直接关联——不同的物理节点获取节点流的方式可能存在一定的差异，但程序可以把不同的物理节点流包装成统一的处理流，从而允许程序使用统一的输入、输出代码来读取不同的物理存储节点的资源。

Java 7 在 java.nio 及其子包下提供了一系列全新的 API，这些 API 是对原有新 IO 的升级，因此也被称为 NIO 2，通过这些 NIO 2，程序可以更高效地进行输入、输出操作。本章也会介绍 Java 7 所提供的 NIO 2。

除此之外，本章还会介绍 Java 对象的序列化机制，使用序列化机制可以把内存中的 Java 对象转换成二进制字节流，这样就可以把 Java 对象存储到磁盘里，或者在网络上传输 Java 对象。这也是 Java 提供分布式编程的重要基础。

15.1 File 类

File 类是 java.io 包下代表与平台无关的文件和目录，也就是说，如果希望在程序中操作文件和目录，都可以通过 File 类来完成。值得指出的是，不管是文件还是目录都是使用 File 来操作的，File 能新建、删除、重命名文件和目录，File 不能访问文件内容本身。如果需要访问文件内容本身，则需要使用输入/输出流。

15.1.1 访问文件和目录

File 类可以使用文件路径字符串来创建 File 实例，该文件路径字符串既可以是绝对路径，也可以是相对路径。在默认情况下，系统总是依据用户的工作路径来解释相对路径，这个路径由系统属性"user.dir"指定，通常也就是运行 Java 虚拟机时所在的路径。

一旦创建了 File 对象后，就可以调用 File 对象的方法来访问，File 类提供了很多方法来操作文件和目录，下面列出一些比较常用的方法。

1. **访问文件名相关的方法**
   - String getName()：返回此 File 对象所表示的文件名或路径名（如果是路径，则返回最后一级子路径名）。
   - String getPath()：返回此 File 对象所对应的路径名。
   - File getAbsoluteFile()：返回此 File 对象的绝对路径。
   - String getAbsolutePath()：返回此 File 对象所对应的绝对路径名。
   - String getParent()：返回此 File 对象所对应目录（最后一级子目录）的父目录名。
   - boolean renameTo(File newName)：重命名此 File 对象所对应的文件或目录，如果重命名成功，则返回 true；否则返回 false。

2. **文件检测相关的方法**
   - boolean exists()：判断 File 对象所对应的文件或目录是否存在。
   - boolean canWrite()：判断 File 对象所对应的文件和目录是否可写。
   - boolean canRead()：判断 File 对象所对应的文件和目录是否可读。
   - boolean isFile()：判断 File 对象所对应的是否是文件，而不是目录。
   - boolean isDirectory()：判断 File 对象所对应的是否是目录，而不是文件。
   - boolean isAbsolute()：判断 File 对象所对应的文件或目录是否是绝对路径。该方法消除了不同平台的差异，可以直接判断 File 对象是否为绝对路径。在 UNIX/Linux/BSD 等系统上，如果路径名开头是一条斜线（/），则表明该 File 对象对应一个绝对路径；在 Windows 等系统上，如果路径开头是盘符，则说明它是一个绝对路径。

3．获取常规文件信息
- long lastModified()：返回文件的最后修改时间。
- long length()：返回文件内容的长度。

4．文件操作相关的方法
- boolean createNewFile()：当此 File 对象所对应的文件不存在时，该方法将新建一个该 File 对象所指定的新文件，如果创建成功则返回 true；否则返回 false。
- boolean delete()：删除 File 对象所对应的文件或路径。
- static File createTempFile(String prefix, String suffix)：在默认的临时文件目录中创建一个临时的空文件，使用给定前缀、系统生成的随机数和给定后缀作为文件名。这是一个静态方法，可以直接通过 File 类来调用。prefix 参数必须至少是 3 字节长。建议前缀使用一个短的、有意义的字符串，比如 "hjb" 或 "mail"。suffix 参数可以为 null，在这种情况下，将使用默认的后缀 ".tmp"。
- static File createTempFile(String prefix, String suffix, File directory)：在 directory 所指定的目录中创建一个临时的空文件，使用给定前缀、系统生成的随机数和给定后缀作为文件名。这是一个静态方法，可以直接通过 File 类来调用。
- void deleteOnExit()：注册一个删除钩子，指定当 Java 虚拟机退出时，删除 File 对象所对应的文件和目录。

5．目录操作相关的方法
- boolean mkdir()：试图创建一个 File 对象所对应的目录，如果创建成功，则返回 true；否则返回 false。调用该方法时 File 对象必须对应一个路径，而不是一个文件。
- String[] list()：列出 File 对象的所有子文件名和路径名，返回 String 数组。
- File[] listFiles()：列出 File 对象的所有子文件和路径，返回 File 数组。
- static File[] listRoots()：列出系统所有的根路径。这是一个静态方法，可以直接通过 File 类来调用。

上面详细列出了 File 类的常用方法，下面程序以几个简单方法来测试一下 File 类的功能。

程序清单：codes\15\15.1\FileTest.java

```java
public class FileTest
{
    public static void main(String[] args)
        throws IOException
    {
        // 以当前路径来创建一个 File 对象
        File file = new File(".");
        // 直接获取文件名，输出一点
        System.out.println(file.getName());
        // 获取相对路径的父路径可能出错，下面代码输出 null
        System.out.println(file.getParent());
        // 获取绝对路径
        System.out.println(file.getAbsoluteFile());
        // 获取上一级路径
        System.out.println(file.getAbsoluteFile().getParent());
        // 在当前路径下创建一个临时文件
        File tmpFile = File.createTempFile("aaa", ".txt", file);
        // 指定当 JVM 退出时删除该文件
        tmpFile.deleteOnExit();
        // 以系统当前时间作为新文件名来创建新文件
        File newFile = new File(System.currentTimeMillis() + "");
        System.out.println("newFile 对象是否存在：" + newFile.exists());
        // 以指定 newFile 对象来创建一个文件
```

```
            newFile.createNewFile();
            // 以 newFile 对象来创建一个目录, 因为 newFile 已经存在
            // 所以下面方法返回 false, 即无法创建该目录
            newFile.mkdir();
            // 使用 list()方法列出当前路径下的所有文件和路径
            String[] fileList = file.list();
            System.out.println("====当前路径下所有文件和路径如下====");
            for (String fileName : fileList)
            {
                System.out.println(fileName);
            }
            // listRoots()静态方法列出所有的磁盘根路径
            File[] roots = File.listRoots();
            System.out.println("====系统所有根路径如下====");
            for (File root : roots)
            {
                System.out.println(root);
            }
    }
}
```

运行上面程序,可以看到程序列出当前路径的所有文件和路径时,列出了程序创建的临时文件,但程序运行结束后,aaa.txt 临时文件并不存在,因为程序指定虚拟机退出时自动删除该文件。

上面程序还有一点需要注意,当使用相对路径的 File 对象来获取父路径时可能引起错误,因为该方法返回将 File 对象所对应的目录名、文件名里最后一个子目录名、子文件名删除后的结果,如上面程序中的粗体字代码所示。

> **注意**：
> Windows 的路径分隔符使用反斜线 (\), 而 Java 程序中的反斜线表示转义字符, 所以如果需要在 Windows 的路径下包括反斜线,则应该使用两条反斜线,如 F:\\abc\\test.txt,或者直接使用斜线 (/) 也可以, Java 程序支持将斜线当成平台无关的路径分隔符。

▶▶ 15.1.2 文件过滤器

在 File 类的 list()方法中可以接收一个 FilenameFilter 参数,通过该参数可以只列出符合条件的文件。这里的 FilenameFilter 接口和 javax.swing.filechooser 包下的 FileFilter 抽象类的功能非常相似,可以把 FileFilter 当成 FilenameFilter 的实现类,但可能 Sun 在设计它们时产生了一些小小遗漏,所以没有让 FileFilter 实现 FilenameFilter 接口。

FilenameFilter 接口里包含了一个 accept(File dir, String name)方法,该方法将依次对指定 File 的所有子目录或者文件进行迭代,如果该方法返回 true,则 list()方法会列出该子目录或者文件。

程序清单：codes\15\15.1\FilenameFilterTest.java

```java
public class FilenameFilterTest
{
    public static void main(String[] args)
    {
        File file = new File(".");
        // 使用 Lambda 表达式 (目标类型为 FilenameFilter) 实现文件过滤器
        // 如果文件名以.java 结尾, 或者文件对应一个路径, 则返回 true
        String[] nameList = file.list((dir, name) -> name.endsWith(".java")
            || new File(name).isDirectory());
        for(String name : nameList)
        {
            System.out.println(name);
        }
    }
}
```

上面程序中的粗体字代码部分实现了 accept()方法, 实现 accept()方法就是指定自己的规则,指定哪些文件应该由 list()方法列出。

运行上面程序，将看到当前路径下所有的*.java 文件以及文件夹被列出。

> **提示:**
> FilenameFilter 接口内只有一个抽象方法，因此该接口也是一个函数式接口，可使用 Lambda 表达式创建实现该接口的对象。

15.2 理解 Java 的 IO 流

Java 的 IO 流是实现输入/输出的基础，它可以方便地实现数据的输入/输出操作，在 Java 中把不同的输入/输出源（键盘、文件、网络连接等）抽象表述为"流"（stream），通过流的方式允许 Java 程序使用相同的方式来访问不同的输入/输出源。stream 是从起源（source）到接收（sink）的有序数据。

Java 把所有传统的流类型（类或抽象类）都放在 java.io 包中，用以实现输入/输出功能。

> **提示:**
> 因为 Java 提供了这种 IO 流的抽象，所以开发者可以使用一致的 IO 代码去读写不同的 IO 流节点。

▶▶ 15.2.1 流的分类

按照不同的分类方式，可以将流分为不同的类型，下面从不同的角度来对流进行分类，它们在概念上可能存在重叠的地方。

1．输入流和输出流

按照流的流向来分，可以分为输入流和输出流。
- 输入流：只能从中读取数据，而不能向其写入数据。
- 输出流：只能向其写入数据，而不能从中读取数据。

此处的输入、输出涉及一个方向问题，对于如图 15.1 所示的数据流向，数据从内存到硬盘，通常称为输出流——也就是说，这里的输入、输出都是从程序运行所在内存的角度来划分的。

> **提示:**
> 如果从硬盘的角度来考虑，如图 15.1 所示的数据流应该是输入流才对；但划分输入/输出流时是从程序运行所在内存的角度来考虑的，因此如图 15.1 所的流是输出流，而不是输入流。

对于如图 15.2 所示的数据流向，数据从服务器通过网络流向客户端，在这种情况下，Server 端的内存负责将数据输出到网络里，因此 Server 端的程序使用输出流；Client 端的内存负责从网络里读取数据，因此 Client 端的程序应该使用输入流。

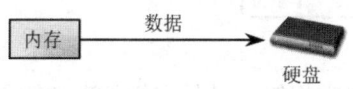

图 15.1 数据从内存到硬盘

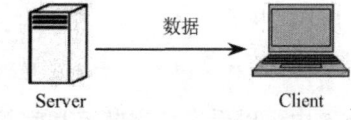

图 15.2 数据从服务器到客户端

Java 的输入流主要由 InputStream 和 Reader 作为基类，而输出流则主要由 OutputStream 和 Writer 作为基类。它们都是一些抽象基类，无法直接创建实例。

2．字节流和字符流

字节流和字符流的用法几乎完全一样，区别在于字节流和字符流所操作的数据单元不同——字节流操作的数据单元是 8 位的字节，而字符流操作的数据单元是 16 位的字符。

字节流主要由 InputStream 和 OutputStream 作为基类，而字符流则主要由 Reader 和 Writer 作为基类。

3．节点流和处理流

按照流的角色来分，可以分为节点流和处理流。

可以从/向一个特定的 IO 设备（如磁盘、网络）读/写数据的流，称为节点流，节点流也被称为低级流（Low Level Stream）。图 15.3 显示了节点流示意图。

从图 15.3 中可以看出，当使用节点流进行输入/输出时，程序直接连接到实际的数据源，和实际的输入/输出节点连接。

处理流则用于对一个已存在的流进行连接或封装，通过封装后的流来实现数据读/写功能。处理流也被称为高级流。图 15.4 显示了处理流示意图。

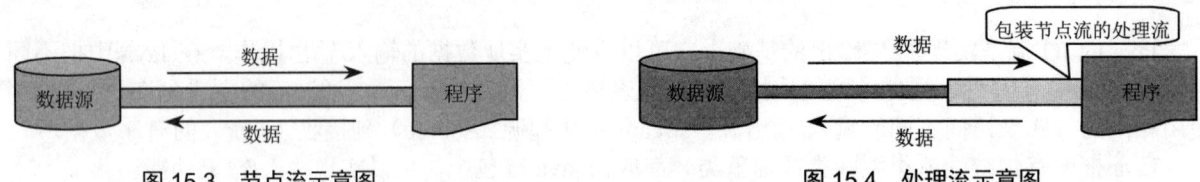

图 15.3　节点流示意图　　　　　　　　　　图 15.4　处理流示意图

从图 15.4 中可以看出，当使用处理流进行输入/输出时，程序并不会直接连接到实际的数据源，没有和实际的输入/输出节点连接。使用处理流的一个明显好处是，只要使用相同的处理流，程序就可以采用完全相同的输入/输出代码来访问不同的数据源，随着处理流所包装节点流的变化，程序实际所访问的数据源也相应地发生变化。

> **提示：** 实际上，Java 使用处理流来包装节点流是一种典型的装饰器设计模式，通过使用处理流来包装不同的节点流，既可以消除不同节点流的实现差异，也可以提供更方便的方法来完成输入/输出功能。因此处理流也被称为包装流。

▶▶ 15.2.2　流的概念模型

Java 把所有设备里的有序数据抽象成流模型，简化了输入/输出处理，理解了流的概念模型也就了解了 Java IO。

Java 的 IO 流共涉及 40 多个类，这些类看上去芜杂而凌乱，但实际上非常规则，而且彼此之间存在非常紧密的联系。Java 的 IO 流的 40 多个类都是从如下 4 个抽象基类派生的。

➢ InputStream/Reader：所有输入流的基类，前者是字节输入流，后者是字符输入流。
➢ OutputStream/Writer：所有输出流的基类，前者是字节输出流，后者是字符输出流。

对于 InputStream 和 Reader 而言，它们把输入设备抽象成一个"水管"，这个水管里的每个"水滴"依次排列，如图 15.5 所示。

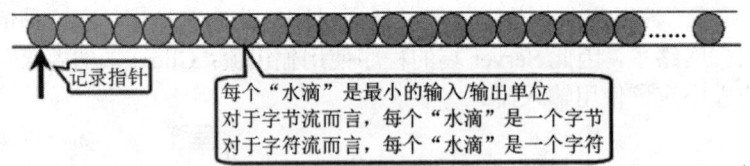

图 15.5　输入流模型图

从图 15.5 中可以看出，字节流和字符流的处理方式其实非常相似，只是它们处理的输入/输出单位不同而已。输入流使用隐式的记录指针来表示当前正准备从哪个"水滴"开始读取，每当程序从 InputStream 或 Reader 里取出一个或多个"水滴"后，记录指针自动向后移动；除此之外，InputStream 和 Reader 里都提供一些方法来控制记录指针的移动。

对于 OutputStream 和 Writer 而言，它们同样把输出设备抽象成一个"水管"，只是这个水管里没有任何水滴，如图 15.6 所示。

正如图 15.6 所示，当执行输出时，程序相当于依次把"水滴"放入到输出流的水管中，输出流同样采用隐式的记录指针来标识当前水滴即将放入的位置，每当程序向 OutputStream 或 Writer 里输出一个或多个水滴后，记录指针自动向后移动。

图 15.5 和图 15.6 显示了 Java IO 流的基本概念模型，除此之外，Java 的处理流模型则体现了 Java 输入/输出流设计的灵活性。处理流的功能主要体现在以下两个方面。

- 性能的提高：主要以增加缓冲的方式来提高输入/输出的效率。
- 操作的便捷：处理流可能提供了一系列便捷的方法来一次输入/输出大批量的内容，而不是输入/输出一个或多个"水滴"。

处理流可以"嫁接"在任何已存在的流的基础之上，这就允许 Java 应用程序采用相同的代码、透明的方式来访问不同的输入/输出设备的数据流。图 15.7 显示了处理流的模型。

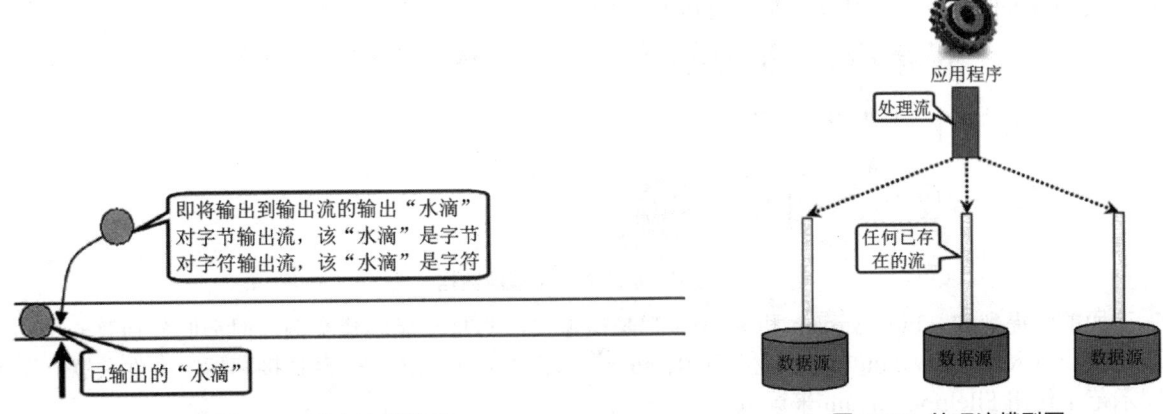

图 15.6　输出流模型图　　　　　图 15.7　处理流模型图

通过使用处理流，Java 程序无须理会输入/输出节点是磁盘、网络还是其他的输入/输出设备，程序只要将这些节点流包装成处理流，就可以使用相同的输入/输出代码来读写不同的输入/输出设备的数据。

15.3　字节流和字符流

本书会把字节流和字符流放在一起讲解，因为它们的操作方式几乎完全一样，区别只是操作的数据单元不同而已——字节流操作的数据单元是字节，字符流操作的数据单元是字符。

▶▶ 15.3.1　InputStream 和 Reader

InputStream 和 Reader 是所有输入流的抽象基类，本身并不能创建实例来执行输入，但它们将成为所有输入流的模板，所以它们的方法是所有输入流都可使用的方法。

在 InputStream 里包含如下三个方法。

- int read()：从输入流中读取单个字节（相当于从图 15.5 所示的水管中取出一滴水），返回所读取的字节数据（字节数据可直接转换为 int 类型）。
- int read(byte[] b)：从输入流中最多读取 b.length 个字节的数据，并将其存储在字节数组 b 中，返回实际读取的字节数。
- int read(byte[] b, int off, int len)：从输入流中最多读取 len 个字节的数据，并将其存储在数组 b 中，放入数组 b 中时，并不是从数组起点开始，而是从 off 位置开始，返回实际读取的字节数。

在 Reader 里包含如下三个方法。

- int read()：从输入流中读取单个字符（相当于从图 15.5 所示的水管中取出一滴水），返回所读取的字符数据（字符数据可直接转换为 int 类型）。
- int read(char[] cbuf)：从输入流中最多读取 cbuf.length 个字符的数据，并将其存储在字符数组 cbuf 中，返回实际读取的字符数。
- int read(char[] cbuf, int off, int len)：从输入流中最多读取 len 个字符的数据，并将其存储在字符数组 cbuf 中，放入数组 cbuf 中时，并不是从数组起点开始，而是从 off 位置开始，返回实际读取的字符数。

对比 InputStream 和 Reader 所提供的方法，就不难发现这两个基类的功能基本是一样的。InputStream 和 Reader 都是将输入数据抽象成如图 15.5 所示的水管，所以程序既可以通过 read()方法每次读取一个

"水滴",也可以通过 read(char[] cbuf)或 read(byte[] b)方法来读取多个"水滴"。当使用数组作为 read()方法的参数时,可以理解为使用一个"竹筒"到如图 15.5 所示的水管中取水,如图 15.8 所示。read(char[] cbuf)方法中的数组可理解成一个"竹筒",程序每次调用输入流的 read(char[] cbuf)或 read(byte[] b)方法,就相当于用"竹筒"从输入流中取出一筒"水滴",程序得到"竹筒"里的"水滴"后,转换成相应的数据即可;程序多次重复这个"取水"过程,直到最后。程序如何判断取水取到了最后呢?直到 read(char[] cbuf)或 read(byte[] b)方法返回-1,即表明到了输入流的结束点。

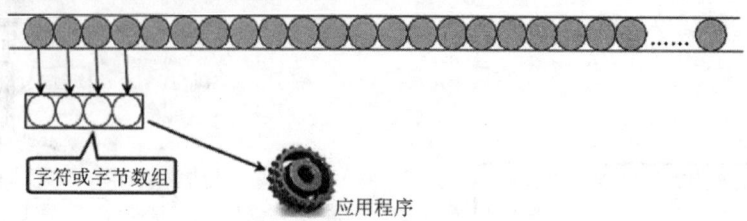

图 15.8 从输入流中读取数据

正如前面提到的,InputStream 和 Reader 都是抽象类,本身不能创建实例,但它们分别有一个用于读取文件的输入流:FileInputStream 和 FileReader,它们都是节点流——会直接和指定文件关联。下面程序示范了使用 FileInputStream 来读取自身的效果。

程序清单:codes\15\15.3\FileInputStreamTest.java

```java
public class FileInputStreamTest
{
    public static void main(String[] args) throws IOException
    {
        // 创建字节输入流
        FileInputStream fis = new FileInputStream(
            "FileInputStreamTest.java");
        // 创建一个长度为 1024 的"竹筒"
        byte[] bbuf = new byte[1024];
        // 用于保存实际读取的字节数
        int hasRead = 0;
        // 使用循环来重复"取水"过程
        while ((hasRead = fis.read(bbuf)) > 0 )
        {
            // 取出"竹筒"中的水滴(字节),将字节数组转换成字符串输入
            System.out.print(new String(bbuf , 0 , hasRead ));
        }
        // 关闭文件输入流,放在 finally 块里更安全
        fis.close();
    }
}
```

上面程序中的粗体字代码是使用 FileInputStream 循环"取水"的过程,运行上面程序,将会输出上面程序的源代码。

> **注意:**
> 上面程序创建了一个长度为 1024 的字节数组来读取该文件,实际上该 Java 源文件的长度还不到 1024 字节,也就是说,程序只需要执行一次 read()方法即可读取全部内容。但如果创建较小长度的字节数组,程序运行时在输出中文注释时就可能出现乱码——这是因为本文件保存时采用的是 GBK 编码方式,在这种方式下,每个中文字符占 2 字节,如果 read()方法读取时只读到了半个中文字符,这将导致乱码。

上面程序最后使用了 fis.close()来关闭该文件输入流,与 JDBC 编程一样,程序里打开的文件 IO 资源不属于内存里的资源,垃圾回收机制无法回收该资源,所以应该显式关闭文件 IO 资源。Java 7 改写了所有的 IO 资源类,它们都实现了 AutoCloseable 接口,因此都可通过自动关闭资源的 try 语句来关闭这些 IO 流。下面程序使用 FileReader 来读取文件本身。

程序清单：codes\15\15.3\FileReaderTest.java

```java
public class FileReaderTest
{
    public static void main(String[] args) throws IOException
    {
        try(
            // 创建字符输入流
            FileReader fr = new FileReader("FileReaderTest.java"))
        {
            // 创建一个长度为 32 的"竹筒"
            char[] cbuf = new char[32];
            // 用于保存实际读取的字符数
            int hasRead = 0;
            // 使用循环来重复"取水"过程
            while ((hasRead = fr.read(cbuf)) > 0 )
            {
                // 取出"竹筒"中的水滴（字符），将字符数组转换成字符串输入！
                System.out.print(new String(cbuf , 0 , hasRead));
            }
        }
        catch (IOException ex)
        {
            ex.printStackTrace();
        }
    }
}
```

上面的 FileReaderTest.java 程序与前面的 FileInputStreamTest.java 并没有太大的不同，程序只是将字符数组的长度改为 32，这意味着程序需要多次调用 read() 方法才可以完全读取输入流的全部数据。程序最后使用了自动关闭资源的 try 语句来关闭文件输入流，这样可以保证输入流一定会被关闭。

除此之外，InputStream 和 Reader 还支持如下几个方法来移动记录指针。

➢ void mark(int readAheadLimit)：在记录指针当前位置记录一个标记（mark）。
➢ boolean markSupported()：判断此输入流是否支持 mark() 操作，即是否支持记录标记。
➢ void reset()：将此流的记录指针重新定位到上一次记录标记（mark）的位置。
➢ long skip(long n)：记录指针向前移动 n 个字节/字符。

▶▶ 15.3.2 OutputStream 和 Writer

OutputStream 和 Writer 也非常相似，它们采用如图 15.6 所示的模型来执行输出，两个流都提供了如下三个方法。

➢ void write(int c)：将指定的字节/字符输出到输出流中，其中 c 既可以代表字节，也可以代表字符。
➢ void write(byte[]/char[] buf)：将字节数组/字符数组中的数据输出到指定输出流中。
➢ void write(byte[]/char[] buf, int off, int len)：将字节数组/字符数组中从 off 位置开始，长度为 len 的字节/字符输出到输出流中。

因为字符流直接以字符作为操作单位，所以 Writer 可以用字符串来代替字符数组，即以 String 对象作为参数。Writer 里还包含如下两个方法。

➢ void write(String str)：将 str 字符串里包含的字符输出到指定输出流中。
➢ void write(String str, int off, int len)：将 str 字符串里从 off 位置开始，长度为 len 的字符输出到指定输出流中。

下面程序使用 FileInputStream 来执行输入，并使用 FileOutputStream 来执行输出，用以实现复制 FileOutputStreamTest.java 文件的功能。

程序清单：codes\15\15.3\FileOutputStreamTest.java

```java
public class FileOutputStreamTest
{
    public static void main(String[] args)
    {
```

```java
        try(
            // 创建字节输入流
            FileInputStream fis = new FileInputStream(
                "FileOutputStreamTest.java");
            // 创建字节输出流
            FileOutputStream fos = new FileOutputStream("newFile.txt"))
        {
            byte[] bbuf = new byte[32];
            int hasRead = 0;
            // 循环从输入流中取出数据
            while ((hasRead = fis.read(bbuf)) > 0 )
            {
                // 每读取一次,即写入文件输出流,读了多少,就写多少
                fos.write(bbuf , 0 , hasRead);
            }
        }
        catch (IOException ioe)
        {
            ioe.printStackTrace();
        }
    }
}
```

运行上面程序,将看到系统当前路径下多了一个文件:newFile.txt,该文件的内容和 FileOutputStreamTest.java 文件的内容完全相同。

> **注意:**
> 使用 Java 的 IO 流执行输出时,不要忘记关闭输出流,关闭输出流除可以保证流的物理资源被回收之外,可能还可以将输出流缓冲区中的数据 flush 到物理节点里(因为在执行 close()方法之前,自动执行输出流的 flush()方法)。Java 的很多输出流默认都提供了缓冲功能,其实没有必要刻意去记忆哪些流有缓冲功能、哪些流没有,只要正常关闭所有的输出流即可保证程序正常。

如果希望直接输出字符串内容,则使用 Writer 会有更好的效果,如下程序所示。

程序清单:codes\15\15.3\FileWriterTest.java

```java
public class FileWriterTest
{
    public static void main(String[] args)
    {
        try(
            FileWriter fw = new FileWriter("poem.txt"))
        {
            fw.write("锦瑟 - 李商隐\r\n");
            fw.write("锦瑟无端五十弦,一弦一柱思华年。\r\n");
            fw.write("庄生晓梦迷蝴蝶,望帝春心托杜鹃。\r\n");
            fw.write("沧海月明珠有泪,蓝田日暖玉生烟。\r\n");
            fw.write("此情可待成追忆,只是当时已惘然。\r\n");
        }
        catch (IOException ioe)
        {
            ioe.printStackTrace();
        }
    }
}
```

运行上面程序,将会在当前目录下输出一个 poem.txt 文件,文件内容就是程序中输出的内容。

上面程序在输出字符串内容时,字符串内容的最后是\r\n,这是 Windows 平台的换行符,通过这种方式就可以让输出内容换行;如果是 UNIX/Linux/BSD 等平台,则使用\n 就作为换行符。

15.4 输入/输出流体系

上一节介绍了输入/输出流的 4 个抽象基类，并介绍了 4 个访问文件的节点流的用法。通过上面示例程序不难发现，4 个基类使用起来有些烦琐。如果希望简化编程，这就需要借助于处理流了。

15.4.1 处理流的用法

图 15.7 显示了处理流的功能，它可以隐藏底层设备上节点流的差异，并对外提供更加方便的输入/输出方法，让程序员只需关心高级流的操作。

使用处理流时的典型思路是，使用处理流来包装节点流，程序通过处理流来执行输入/输出功能，让节点流与底层的 I/O 设备、文件交互。

实际识别处理流非常简单，只要流的构造器参数不是一个物理节点，而是已经存在的流，那么这种流就一定是处理流；而所有节点流都是直接以物理 IO 节点作为构造器参数的。

> **提示：** 关于使用处理流的优势，归纳起来就是两点：①对开发人员来说，使用处理流进行输入/输出操作更简单；②使用处理流的执行效率更高。

下面程序使用 PrintStream 处理流来包装 OutputStream，使用处理流后的输出流在输出时将更加方便。

程序清单：codes\15\15.4\PrintStreamTest.java

```java
public class PrintStreamTest
{
    public static void main(String[] args)
    {
        try(
            FileOutputStream fos = new FileOutputStream("test.txt");
            PrintStream ps = new PrintStream(fos))
        {
            // 使用 PrintStream 执行输出
            ps.println("普通字符串");
            // 直接使用 PrintStream 输出对象
            ps.println(new PrintStreamTest());
        }
        catch (IOException ioe)
        {
            ioe.printStackTrace();
        }
    }
}
```

上面程序中的两行粗体字代码先定义了一个节点输出流 FileOutputStream，然后程序使用 PrintStream 包装了该节点输出流，最后使用 PrintStream 输出字符串、输出对象……PrintStream 的输出功能非常强大，前面程序中一直使用的标准输出 System.out 的类型就是 PrintStream。

> **提示：** 由于 PrintStream 类的输出功能非常强大，通常如果需要输出文本内容，都应该将输出流包装成 PrintStream 后进行输出。

从前面的代码可以看出，程序使用处理流非常简单，通常只需要在创建处理流时传入一个节点流作为构造器参数即可，这样创建的处理流就是包装了该节点流的处理流。

> 在使用处理流包装了底层节点流之后，关闭输入/输出流资源时，只要关闭最上层的处理流即可。关闭最上层的处理流时，系统会自动关闭被该处理流包装的节点流。

15.4.2 输入/输出流体系

Java 的输入/输出流体系提供了近 40 个类，这些类看上去杂乱而没有规律，但如果将其按功能进行分类，则不难发现其是非常规律的。表 15.1 显示了 Java 输入/输出流体系中常用的流分类。

从表 15.1 中可以看出，Java 的输入/输出流体系之所以如此复杂，主要是因为 Java 为了实现更好的设计，它把 IO 流按功能分成了许多类，而每类中又分别提供了字节流和字符流（当然有些流无法提供字节流，有些流无法提供字符流），字节流和字符流里又分别提供了输入流和输出流两大类，所以导致整个输入/输出流体系格外复杂。

表 15.1 Java 输入/输出流体系中常用的流分类

分类	字节输入流	字节输出流	字符输入流	字符输出流
抽象基类	*InputStream*	*OutputStream*	*Reader*	*Writer*
访问文件	**FileInputStream**	**FileOutputStream**	**FileReader**	**FileWriter**
访问数组	**ByteArrayInputStream**	**ByteArrayOutputStream**	**CharArrayReader**	**CharArrayWriter**
访问管道	**PipedInputStream**	**PipedOutputStream**	**PipedReader**	**PipedWriter**
访问字符串			**StringReader**	**StringWriter**
缓冲流	BufferedInputStream	BufferedOutputStream	BufferedReader	BufferedWriter
转换流			InputStreamReader	OutputStreamWriter
对象流	ObjectInputStream	ObjectOutputStream		
抽象基类	*FilterInputStream*	*FilterOutputStream*	*FilterReader*	*FilterWriter*
打印流		PrintStream		PrintWriter
推回输入流	PushbackInputStream		PushbackReader	
特殊流	DataInputStream	DataOutputStream		

注：表 15.1 中的粗体字标出的类代表节点流，必须直接与指定的物理节点关联；斜体字标出的类代表抽象基类，无法直接创建实例。

通常来说，字节流的功能比字符流的功能强大，因为计算机里所有的数据都是二进制的，而字节流可以处理所有的二进制文件——但问题是，如果使用字节流来处理文本文件，则需要使用合适的方式把这些字节转换成字符，这就增加了编程的复杂度。所以通常有一个规则：如果进行输入/输出的内容是文本内容，则应该考虑使用字符流；如果进行输入/输出的内容是二进制内容，则应该考虑使用字节流。

> **提示**：
> 计算机的文件常被分为文本文件和二进制文件两大类——所有能用记事本打开并看到其中字符内容的文件称为文本文件，反之则称为二进制文件。但实质是，计算机里的所有文件都是二进制文件，文本文件只是二进制文件的一种特例，当二进制文件里的内容恰好能被正常解析成字符时，则该二进制文件就变成了文本文件。更甚至于，即使是正常的文本文件，如果打开该文件时强制使用了"错误"的字符集，例如使用 EditPlus 打开刚刚生成的 poem.txt 文件时指定使用 UTF-8 字符集，如图 15.9 所示，则将看到打开的 poem.txt 文件内容变成了乱码。因此，如果希望看到正常的文本文件内容，则必须在打开文件时与保存文件时使用相同的字符集（Windows 下简体中文默认使用 GBK 字符集，而 Linux 下简体中文默认使用 UTF-8 字符集）。

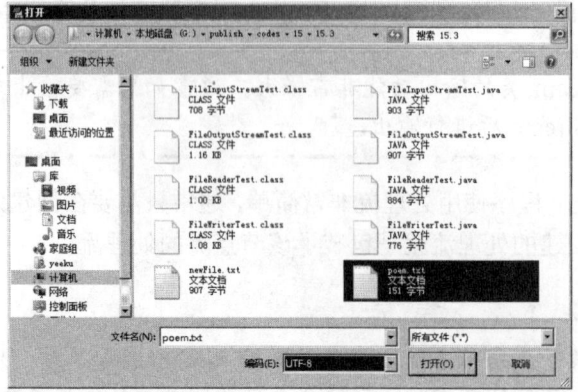

图 15.9 选择错误的字符集将导致文本文件变成"乱码"

表 15.1 仅仅总结了输入/输出流体系中位于 java.io 包下的流，还有一些诸如 AudioInputStream、CipherInputStream、DeflaterInputStream、ZipInputStream 等具有访问音频文件、加密/解密、压缩/解压等功能的字节流，它们具有特殊的功能，位于 JDK 的其他包下，本书不打算介绍这些特殊的 IO 流。

表 15.1 中还列出了一种以数组为物理节点的节点流，字节流以字节数组为节点，字符流以字符数组为节点；这种以数组为物理节点的节点流除在创建节点流对象时需要传入一个字节数组或者字符数组之外，用法上与文件节点流完全相似。与此类似的是，字符流还可以使用字符串作为物理节点，用于实现从字符串读取内容，或将内容写入字符串（用 StringBuffer 充当字符串）的功能。下面程序示范了使用字符串作为物理节点的字符输入/输出流的用法。

程序清单：codes\15\15.4\StringNodeTest.java

```java
public class StringNodeTest
{
    public static void main(String[] args)
    {
        String src = "从明天起，做一个幸福的人\n"
            + "喂马，劈柴，周游世界\n"
            + "从明天起，关心粮食和蔬菜\n"
            + "我有一所房子，面朝大海，春暖花开\n"
            + "从明天起，和每一个亲人通信\n"
            + "告诉他们我的幸福\n";
        char[] buffer = new char[32];
        int hasRead = 0;
        try(
            StringReader sr = new StringReader(src))
        {
            // 采用循环读取的方式读取字符串
            while((hasRead = sr.read(buffer)) > 0)
            {
                System.out.print(new String(buffer ,0 , hasRead));
            }
        }
        catch (IOException ioe)
        {
            ioe.printStackTrace();
        }
        try(
            // 创建StringWriter时，实际上以一个StringBuffer作为输出节点
            // 下面指定的20 就是StringBuffer 的初始长度
            StringWriter sw = new StringWriter(20))
        {
            // 调用StringWriter 的方法执行输出
            sw.write("有一个美丽的新世界，\n");
            sw.write("她在远方等我,\n");
            sw.write("那里有天真的孩子，\n");
            sw.write("还有姑娘的酒窝\n");
            System.out.println("----下面是sw字符串节点里的内容----");
            // 使用toString()方法返回StringWriter 字符串节点的内容
            System.out.println(sw.toString());
        }
        catch (IOException ex)
        {
            ex.printStackTrace();
        }
    }
}
```

上面程序与前面使用 FileReader 和 FileWriter 的程序基本相似，只是在创建 StringReader 和 StringWriter 对象时传入的是字符串节点，而不是文件节点。由于 String 是不可变的字符串对象，所以 StringWriter 使用 StringBuffer 作为输出节点。

表 15.1 中列出了 4 个访问管道的流：PipedInputStream、PipedOutputStream、PipedReader、PipedWriter，它们都是用于实现进程之间通信功能的，分别是字节输入流、字节输出流、字符输入流和字符输出流。本书将在第 16 章介绍这 4 个流的用法。

表 15.1 中的 4 个缓冲流则增加了缓冲功能，增加缓冲功能可以提高输入、输出的效率，增加缓冲功能后需要使用 flush()才可以将缓冲区的内容写入实际的物理节点。

表 15.1 中的对象流主要用于实现对象的序列化，本章的 15.8 节将系统介绍对象序列化。

15.4.3 转换流

输入/输出流体系中还提供了两个转换流，这两个转换流用于实现将字节流转换成字符流，其中 InputStreamReader 将字节输入流转换成字符输入流，OutputStreamWriter 将字节输出流转换成字符输出流。

学生提问：怎么没有把字符流转换成字节流的转换流呢？

答：你这个问题很"聪明"，似乎一语指出了Java设计的遗漏之处。想一想字符流和字节流的差别：字节流比字符流的使用范围更广，但字符流比字节流操作方便。如果有一个流已经是字符流了，也就是说，是一个用起来更方便的流，为什么要转换成字节流呢？反之，如果现在有一个字节流，但可以确定这个字节流的内容都是文本内容，那么把它转换成字符流来处理就会更方便一些，所以 Java 只提供了将字节流转换成字符流的转换流，没有提供将字符流转换成字节流的转换流。

下面以获取键盘输入为例来介绍转换流的用法。Java 使用 System.in 代表标准输入，即键盘输入，但这个标准输入流是 InputStream 类的实例，使用不太方便，而且键盘输入内容都是文本内容，所以可以使用 InputStreamReader 将其转换成字符输入流，普通的 Reader 读取输入内容时依然不太方便，可以将普通的 Reader 再次包装成 BufferedReader，利用 BufferedReader 的 readLine()方法可以一次读取一行内容。如下程序所示。

程序清单：codes\15\15.4\KeyinTest.java

```java
public class KeyinTest
{
    public static void main(String[] args)
    {
        try(
            // 将 Sytem.in 对象转换成 Reader 对象
            InputStreamReader reader = new InputStreamReader(System.in);
            // 将普通的 Reader 包装成 BufferedReader
            BufferedReader br = new BufferedReader(reader))
        {
            String line = null;
            // 采用循环方式来逐行地读取
            while ((line = br.readLine()) != null)
            {
                // 如果读取的字符串为"exit"，则程序退出
                if (line.equals("exit"))
                {
                    System.exit(1);
                }
                // 打印读取的内容
                System.out.println("输入内容为:" + line);
            }
        }
        catch (IOException ioe)
        {
            ioe.printStackTrace();
        }
    }
}
```

上面程序中的粗体字代码负责将 System.in 包装成 BufferedReader，BufferedReader 流具有缓冲功能，它可以一次读取一行文本——以换行符为标志，如果它没有读到换行符，则程序阻塞，等到读到换行符

为止。运行上面程序可以发现这个特征，在控制台执行输入时，只有按下回车键，程序才会打印出刚刚输入的内容。

> **提示**：由于 BufferedReader 具有一个 readLine()方法，可以非常方便地一次读入一行内容，所以经常把读取文本内容的输入流包装成 BufferedReader，用来方便地读取输入流的文本内容。

▶▶ 15.4.4 推回输入流

在输入/输出流体系中，有两个特殊的流与众不同，就是 PushbackInputStream 和 PushbackReader，它们都提供了如下三个方法。

- ➢ void unread(byte[]/char[] buf)：将一个字节/字符数组内容推回到推回缓冲区里，从而允许重复读取刚刚读取的内容。
- ➢ void unread(byte[]/char[] b, int off, int len)：将一个字节/字符数组里从 off 开始，长度为 len 字节/字符的内容推回到推回缓冲区里，从而允许重复读取刚刚读取的内容。
- ➢ void unread(int b)：将一个字节/字符推回到推回缓冲区里，从而允许重复读取刚刚读取的内容。

细心的读者可能已经发现了这三个方法与 InputStream 和 Reader 中的三个 read()方法一一对应，没错，这三个方法就是 PushbackInputStream 和 PushbackReader 的奥秘所在。

这两个推回输入流都带有一个推回缓冲区，当程序调用这两个推回输入流的 unread()方法时，系统将会把指定数组的内容推回到该缓冲区里，而推回输入流每次调用 read()方法时总是先从推回缓冲区读取，只有完全读取了推回缓冲区的内容后，但还没有装满 read()所需的数组时才会从原输入流中读取。图 15.10 显示了这种推回输入流的处理示意图。

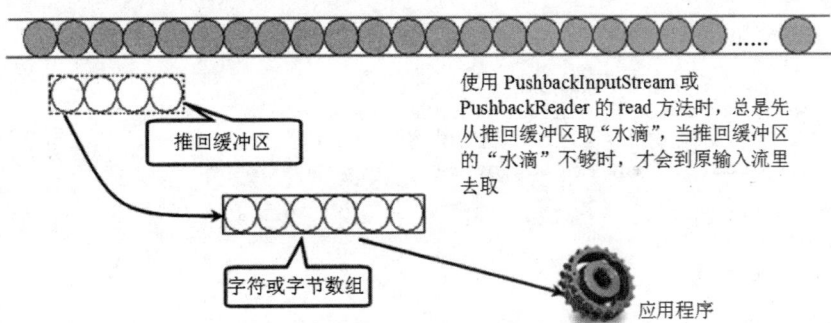

图 15.10 推回输入流的处理示意图

根据上面的介绍可以知道，当程序创建一个 PushbackInputStream 和 PushbackReader 时需要指定推回缓冲区的大小，默认的推回缓冲区的长度为 1。如果程序中推回到推回缓冲区的内容超出了推回缓冲区的大小，将会引发 Pushback buffer overflow 的 IOException 异常。

>  **注意**：虽然图 15.10 中的推回缓冲区的长度看似比 read()方法的数组参数的长度小，但实际上，推回缓冲区的长度与 read()方法的数组参数的长度没有任何关系，完全可以更大。

下面程序试图找出程序中的"new PushbackReader"字符串，当找到该字符串后，程序只是打印出目标字符串之前的内容。

程序清单：codes\15\15.4\PushbackTest.java

```
public class PushbackTest
{
    public static void main(String[] args)
    {
        try(
            // 创建一个 PushbackReader 对象，指定推回缓冲区的长度为 64
```

```java
            PushbackReader pr = new PushbackReader(new FileReader(
                "PushbackTest.java") , 64))
        {
            char[] buf = new char[32];
            // 用以保存上次读取的字符串内容
            String lastContent = "";
            int hasRead = 0;
            // 循环读取文件内容
            while ((hasRead = pr.read(buf)) > 0)
            {
                // 将读取的内容转换成字符串
                String content = new String(buf , 0 , hasRead);
                int targetIndex = 0;
                // 将上次读取的字符串和本次读取的字符串拼起来
                // 查看是否包含目标字符串，如果包含目标字符串
                if ((targetIndex = (lastContent + content)
                    .indexOf("new PushbackReader")) > 0)
                {
                    // 将本次内容和上次内容一起推回缓冲区
                    pr.unread((lastContent + content).toCharArray());
                    // 重新定义一个长度为targetIndex的char数组
                    if(targetIndex > 32)
                    {
                        buf = new char[targetIndex];
                    }
                    // 再次读取指定长度的内容（就是目标字符串之前的内容）
                    pr.read(buf , 0 , targetIndex);
                    // 打印读取的内容
                    System.out.print(new String(buf , 0 , targetIndex));
                    System.exit(0);
                }
                else
                {
                    // 打印上次读取的内容
                    System.out.print(lastContent);
                    // 将本次内容设为上次读取的内容
                    lastContent = content;
                }
            }
        }
        catch (IOException ioe)
        {
            ioe.printStackTrace();
        }
    }
}
```

上面程序中的粗体字代码实现了将指定内容推回到推回缓冲区，于是当程序再次调用read()方法时，实际上只是读取了推回缓冲区的部分内容，从而实现了只打印目标字符串前面内容的功能。

15.5 重定向标准输入/输出

第 7 章介绍过，Java 的标准输入/输出分别通过 System.in 和 System.out 来代表，在默认情况下它们分别代表键盘和显示器，当程序通过 System.in 来获取输入时，实际上是从键盘读取输入；当程序试图通过 System.out 执行输出时，程序总是输出到屏幕。

在 System 类里提供了如下三个重定向标准输入/输出的方法。

➢ static void setErr(PrintStream err)：重定向"标准"错误输出流。
➢ static void setIn(InputStream in)：重定向"标准"输入流。
➢ static void setOut(PrintStream out)：重定向"标准"输出流。

下面程序通过重定向标准输出流，将 System.out 的输出重定向到文件输出，而不是在屏幕上输出。

程序清单：codes\15\15.5\RedirectOut.java
```java
public class RedirectOut
{
    public static void main(String[] args)
    {
        try(
            // 一次性创建 PrintStream 输出流
            PrintStream ps = new PrintStream(new FileOutputStream("out.txt")))
        {
            // 将标准输出重定向到 ps 输出流
            System.setOut(ps);
            // 向标准输出输出一个字符串
            System.out.println("普通字符串");
            // 向标准输出输出一个对象
            System.out.println(new RedirectOut());
        }
        catch (IOException ex)
        {
            ex.printStackTrace();
        }
    }
}
```

上面程序中的粗体字代码创建了一个 PrintStream 输出流，并将系统的标准输出重定向到该 PrintStream 输出流。运行上面程序时将看不到任何输出——这意味着标准输出不再输出到屏幕，而是输出到 out.txt 文件，运行结束后，打开系统当前路径下的 out.txt 文件，即可看到文件里的内容，正好与程序中的输出一致。

下面程序重定向标准输入，从而可以将 System.in 重定向到指定文件，而不是键盘输入。

程序清单：codes\15\15.5\RedirectIn.java
```java
public class RedirectIn
{
    public static void main(String[] args)
    {
        try(
            FileInputStream fis = new FileInputStream("RedirectIn.java"))
        {
            // 将标准输入重定向到 fis 输入流
            System.setIn(fis);
            // 使用 System.in 创建 Scanner 对象，用于获取标准输入
            Scanner sc = new Scanner(System.in);
            // 增加下面一行只把回车作为分隔符
            sc.useDelimiter("\n");
            // 判断是否还有下一个输入项
            while(sc.hasNext())
            {
                // 输出输入项
                System.out.println("键盘输入的内容是：" + sc.next());
            }
        }
        catch (IOException ex)
        {
            ex.printStackTrace();
        }
    }
}
```

上面程序中的粗体字代码创建了一个 FileInputStream 输入流，并使用 System 的 setIn()方法将系统标准输入重定向到该文件输入流。运行上面程序，程序不会等待用户输入，而是直接输出了 RedirectIn.java 文件的内容，这表明程序不再使用键盘作为标准输入，而是使用 RedirectIn.java 文件作为标准输入源。

15.6 Java 虚拟机读写其他进程的数据

在第 7 章已经介绍过，使用 Runtime 对象的 exec()方法可以运行平台上的其他程序，该方法产生一

个 Process 对象，Process 对象代表由该 Java 程序启动的子进程。Process 类提供了如下三个方法，用于让程序和其子进程进行通信。

> InputStream getErrorStream()：获取子进程的错误流。
> InputStream getInputStream()：获取子进程的输入流。
> OutputStream getOutputStream()：获取子进程的输出流。

> **注意：**
> 此处的输入流、输出流非常容易混淆，如果试图让子进程读取程序中的数据，那么应该用输入流还是输出流？不是输入流，而是输出流。要站在 Java 程序的角度来看问题，子进程读取 Java 程序的数据，就是让 Java 程序把数据输出到子进程中（就像把数据输出到文件中一样，只是现在由子进程节点代替了文件节点），所以应该使用输出流。

下面程序示范了读取其他进程的输出信息。

程序清单：codes\15\15.6\ReadFromProcess.java

```java
public class ReadFromProcess
{
    public static void main(String[] args)
        throws IOException
    {
        // 运行 javac 命令，返回运行该命令的子进程
        Process p = Runtime.getRuntime().exec("javac");
        try(
            // 以 p 进程的错误流创建 BufferedReader 对象
            // 这个错误流对本程序是输入流，对 p 进程则是输出流
            BufferedReader br = new BufferedReader(new
                InputStreamReader(p.getInputStream())))
        {
            String buff = null;
            // 采取循环方式来读取 p 进程的错误输出
            while((buff = br.readLine()) != null)
            {
                System.out.println(buff);
            }
        }
    }
}
```

上面程序中的第一行粗体字代码使用 Runtime 启动了 javac 程序，获得了运行该程序对应的子进程；第二行粗体字代码以 p 进程的错误输入流创建了 BufferedReader，这个输入流的流向如图 15.11 所示。

如图 15.11 所示的数据流对 p 进程（javac 进程）而言，它是输出流；但对本程序（ReadFromProcess）而言，它是输入流——衡量输入、输出时总是站在运行本程序所在内存的角度，所以该数据流应该是输入流。运行上面程序，会看到如图 15.12 所示的运行窗口。

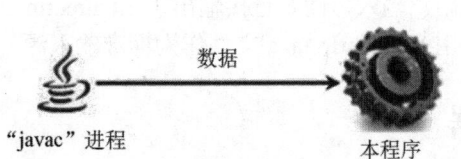

图 15.11　数据从 p 进程流向本程序所在的内存　　　　图 15.12　Java 程序获得 javac 命令的错误输出

不仅如此,也可以通过 Process 的 getOutputStream()方法获得向进程输入数据的流(该流对 Java 程序是输出流,对子进程则是输入流),如下程序实现了在 Java 程序中启动 Java 虚拟机运行另一个 Java 程序,并向另一个 Java 程序中输入数据。

程序清单:codes\15\15.6\WriteToProcess.java

```java
public class WriteToProcess
{
    public static void main(String[] args)
        throws IOException
    {
        // 运行 java ReadStandard 命令,返回运行该命令的子进程
        Process p = Runtime.getRuntime().exec("java ReadStandard");
        try(
            // 以 p 进程的输出流创建 PrintStream 对象
            // 这个输出流对本程序是输出流,对 p 进程则是输入流
            PrintStream ps = new PrintStream(p.getOutputStream()))
        {
            // 向 ReadStandard 程序写入内容,这些内容将被 ReadStandard 读取
            ps.println("普通字符串");
            ps.println(new WriteToProcess());
        }
    }
}
// 定义一个 ReadStandard 类,该类可以接收标准输入
// 并将标准输入写入 out.txt 文件
class ReadStandard
{
    public static void main(String[] args)
    {
        try(
            // 使用 System.in 创建 Scanner 对象,用于获取标准输入
            Scanner sc = new Scanner(System.in);
            PrintStream ps = new PrintStream(
                new FileOutputStream("out.txt")))
        {
            // 增加下面一行只把回车作为分隔符
            sc.useDelimiter("\n");
            // 判断是否还有下一个输入项
            while(sc.hasNext())
            {
                // 输出输入项
                ps.println("键盘输入的内容是:" + sc.next());
            }
        }
        catch(IOException ioe)
        {
            ioe.printStackTrace();
        }
    }
}
```

上面程序中的 ReadStandard 是一个使用 Scanner 获取标准输入的类,该类提供了 main()方法,可以被运行——但此处不打算直接运行该类,而是由 WriteToProcess 类来运行 ReadStandard 类。在程序的第一行粗体字代码中,程序使用 Runtime 的 exec()方法运行了 java ReadStandard 命令,该命令将运行 ReadStandard 类,并返回运行该程序的子进程;程序的第二行粗体字代码获得进程 p 的输出流——该输出流对进程 p 是输入流,只是对本程序是输出流,程序通过该输出流向进程 p(也就是 ReadStandard 程序)输出数据,这些数据将被 ReadStandard 类读到。

运行上面的 WriteToProcess 类,程序运行结束将看到产生了一个 out.txt 文件,该文件由 ReadStandard 类产生,该文件的内容由 WriteToProcess 类写入 ReadStandard 进程里,并由 ReadStandard 读取这些数据,并将这些数据保存到 out.txt 文件中。

15.7　RandomAccessFile

RandomAccessFile 是 Java 输入/输出流体系中功能最丰富的文件内容访问类，它提供了众多的方法来访问文件内容，它既可以读取文件内容，也可以向文件输出数据。与普通的输入/输出流不同的是，RandomAccessFile 支持"随机访问"的方式，程序可以直接跳转到文件的任意地方来读写数据。

由于 RandomAccessFile 可以自由访问文件的任意位置，所以如果只需要访问文件部分内容，而不是把文件从头读到尾，使用 RandomAccessFile 将是更好的选择。

与 OutputStream、Writer 等输出流不同的是，RandomAccessFile 允许自由定位文件记录指针，RandomAccessFile 可以不从开始的地方开始输出，因此 RandomAccessFile 可以向已存在的文件后追加内容。如果程序需要向已存在的文件后追加内容，则应该使用 RandomAccessFile。

RandomAccessFile 的方法虽然多，但它有一个最大的局限，就是只能读写文件，不能读写其他 IO 节点。

RandomAccessFile 对象也包含了一个记录指针，用以标识当前读写处的位置，当程序新创建一个 RandomAccessFile 对象时，该对象的文件记录指针位于文件头（也就是 0 处），当读/写了 n 个字节后，文件记录指针将会向后移动 n 个字节。除此之外，RandomAccessFile 可以自由移动该记录指针，既可以向前移动，也可以向后移动。RandomAccessFile 包含了如下两个方法来操作文件记录指针。

- ➢ long getFilePointer()：返回文件记录指针的当前位置。
- ➢ void seek(long pos)：将文件记录指针定位到 pos 位置。

RandomAccessFile 既可以读文件，也可以写，所以它既包含了完全类似于 InputStream 的三个 read() 方法，其用法和 InputStream 的三个 read() 方法完全一样；也包含了完全类似于 OutputStream 的三个 write() 方法，其用法和 OutputStream 的三个 write() 方法完全一样。除此之外，RandomAccessFile 还包含了一系列的 readXxx() 和 writeXxx() 方法来完成输入、输出。

> **提示：**
> 计算机里的"随机访问"是一个很奇怪的词，对于汉语而言，随机访问是具有不确定性的——具有一会儿访问这里，一会儿访问那里的意思，如果按这种方式来理解"随机访问"，那么就会对所谓的"随机访问"方式感到十分迷惑，这也是十多年前我刚接触 RAM（Random Access Memory，即内存）感到万分迷惑的地方。实际上，"随机访问"是由 Random Access 两个单词翻译而来，而 Random 在英语里不仅有随机的意思，还有任意的意思——如果能这样理解 Random，就可以更好地理解 Random Access 了——应该是任意访问，而不是随机访问，也就是说，RAM 是可以自由访问任意存储点的存储器（与磁盘、磁带等需要寻道、倒带才可访问指定存储点等存储器相区分）；而 RandomAccessFile 的含义是可以自由访问文件的任意地方（与 InputStream、Reader 需要依次向后读取相区分），所以 RandomAccessFile 的含义决不是"随机访问"，而应该是"任意访问"。在后来的日子里，我无数次发现一些计算机专业术语翻译得如此让人深恶痛绝，于是造成了很多人觉得 IT 行业较难的后果；再后来，我决定尽量少看被翻译后的 IT 技术文章，要么看原版 IT 技术文章，要么就直接看国内的 IT 技术文章。

RandomAccessFile 类有两个构造器，其实这两个构造器基本相同，只是指定文件的形式不同而已——一个使用 String 参数来指定文件名，一个使用 File 参数来指定文件本身。除此之外，创建 RandomAccessFile 对象时还需要指定一个 mode 参数，该参数指定 RandomAccessFile 的访问模式，该参数有如下 4 个值。

- ➢ "r"：以只读方式打开指定文件。如果试图对该 RandomAccessFile 执行写入方法，都将抛出 IOException 异常。
- ➢ "rw"：以读、写方式打开指定文件。如果该文件尚不存在，则尝试创建该文件。
- ➢ "rws"：以读、写方式打开指定文件。相对于"rw"模式，还要求对文件的内容或元数据的每个更新都同步写入到底层存储设备。

> "rwd"：以读、写方式打开指定文件。相对于"rw"模式，还要求对文件内容的每个更新都同步写入到底层存储设备。

下面程序使用了 RandomAccessFile 来访问指定的中间部分数据。

程序清单：codes\15\15.7\RandomAccessFileTest.java

```java
public class RandomAccessFileTest
{
    public static void main(String[] args)
    {
        try(
            RandomAccessFile raf = new RandomAccessFile(
                "RandomAccessFileTest.java" , "r"))
        {
            // 获取 RandomAccessFile 对象文件指针的位置，初始位置是 0
            System.out.println("RandomAccessFile 的文件指针的初始位置："
                + raf.getFilePointer());
            // 移动 raf 的文件记录指针的位置
            raf.seek(300);
            byte[] bbuf = new byte[1024];
            // 用于保存实际读取的字节数
            int hasRead = 0;
            // 使用循环来重复"取水"过程
            while ((hasRead = raf.read(bbuf)) > 0 )
            {
                // 取出"竹筒"中的水滴（字节），将字节数组转换成字符串输入
                System.out.print(new String(bbuf , 0 , hasRead ));
            }
        }
        catch (IOException ex)
        {
            ex.printStackTrace();
        }
    }
}
```

上面程序中的第一行粗体代码创建了一个 RandomAccessFile 对象，该对象以只读方式打开了 RandomAccessFileTest.java 文件，这意味着该 RandomAccessFile 对象只能读取文件内容，不能执行写入。

程序中第二行粗体字代码将文件记录指针定位到 300 处，也就是说，程序将从 300 字节处开始读、写，程序接下来的部分与使用 InputStream 读取并没有太大的区别。运行上面程序，将看到程序只读取后面部分的效果。

下面程序示范了如何向指定文件后追加内容，为了追加内容，程序应该先将记录指针移动到文件最后，然后开始向文件中输出内容。

程序清单：codes\15\15.7\AppendContent.java

```java
public class AppendContent
{
    public static void main(String[] args)
    {
        try(
            // 以读、写方式打开一个 RandomAccessFile 对象
            RandomAccessFile raf = new RandomAccessFile("out.txt" , "rw"))
        {
            // 将记录指针移动到 out.txt 文件的最后
            raf.seek(raf.length());
            raf.write("追加的内容！\r\n".getBytes());
        }
        catch (IOException ex)
        {
            ex.printStackTrace();
        }
    }
}
```

上面程序中的第一行粗体字代码先以读、写方式创建了一个 RandomAccessFile 对象，第二行粗体

字代码将 RandomAccessFile 对象的记录指针移动到最后；接下来使用 RandomAccessFile 执行输出，与使用 OutputStream 或 Writer 执行输出并没有太大区别。

每运行上面程序一次，都可以看到 out.txt 文件中多一行"追加的内容！"字符串，程序在该字符串后使用"\r\n"是为了控制换行。

> **注意：**
> RandomAccessFile 依然不能向文件的指定位置插入内容，如果直接将文件记录指针移动到中间某位置后开始输出，则新输出的内容会覆盖文件中原有的内容。如果需要向指定位置插入内容，程序需要先把插入点后面的内容读入缓冲区，等把需要插入的数据写入文件后，再将缓冲区的内容追加到文件后面。

下面程序实现了向指定文件、指定位置插入内容的功能。

程序清单：codes\15\15.7\InsertContent.java

```java
public class InsertContent
{
    public static void insert(String fileName , long pos
        , String insertContent) throws IOException
    {
        File tmp = File.createTempFile("tmp" , null);
        tmp.deleteOnExit();
        try(
            RandomAccessFile raf = new RandomAccessFile(fileName , "rw");
            // 使用临时文件来保存插入点后的数据
            FileOutputStream tmpOut = new FileOutputStream(tmp);
            FileInputStream tmpIn = new FileInputStream(tmp))
        {
            raf.seek(pos);
            // ------下面代码将插入点后的内容读入临时文件中保存------
            byte[] bbuf = new byte[64];
            // 用于保存实际读取的字节数
            int hasRead = 0;
            // 使用循环方式读取插入点后的数据
            while ((hasRead = raf.read(bbuf)) > 0 )
            {
                // 将读取的数据写入临时文件
                tmpOut.write(bbuf , 0 , hasRead);
            }
            // ----------下面代码用于插入内容----------
            // 把文件记录指针重新定位到 pos 位置
            raf.seek(pos);
            // 追加需要插入的内容
            raf.write(insertContent.getBytes());
            // 追加临时文件中的内容
            while ((hasRead = tmpIn.read(bbuf)) > 0 )
            {
                raf.write(bbuf , 0 , hasRead);
            }
        }
    }
    public static void main(String[] args)
        throws IOException
    {
        insert("InsertContent.java" , 45 , "插入的内容\r\n");
    }
}
```

上面程序中使用 File 的 createTempFile(String prefix, String suffix)方法创建了一个临时文件（该临时文件将在 JVM 退出时被删除），用以保存被插入文件的插入点后面的内容。程序先将文件中插入点后的内容读入临时文件中，然后重新定位到插入点，将需要插入的内容添加到文件后面，最后将临时文件的内容添加到文件后面，通过这个过程就可以向指定文件、指定位置插入内容。

每次运行上面程序，都会看到向 InsertContent.java 中插入了一行字符串。

提示：

多线程断点的网络下载工具（如 FlashGet 等）就可通过 RandomAccessFile 类来实现，所有的下载工具在下载开始时都会建立两个文件：一个是与被下载文件大小相同的空文件，一个是记录文件指针的位置文件，下载工具用多条线程启动输入流来读取网络数据，并使用 RandomAccessFile 将从网络上读取的数据写入前面建立的空文件中，每写一些数据后，记录文件指针的文件就分别记下每个 RandomAccessFile 当前的文件指针位置——网络断开后，再次开始下载时，每个 RandomAccessFile 都根据记录文件指针的文件中记录的位置继续向下写数据。本书将会在介绍多线程和网络知识之后，更加详细地介绍如何开发类似于 FlashGet 的多线程断点传输工具。

15.8 Java 9 改进的对象序列化

对象序列化的目标是将对象保存到磁盘中，或允许在网络中直接传输对象。对象序列化机制允许把内存中的 Java 对象转换成平台无关的二进制流，从而允许把这种二进制流持久地保存在磁盘上，通过网络将这种二进制流传输到另一个网络节点。其他程序一旦获得了这种二进制流（无论是从磁盘中获取的，还是通过网络获取的），都可以将这种二进制流恢复成原来的 Java 对象。

▶▶ 15.8.1 序列化的含义和意义

序列化机制允许将实现序列化的 Java 对象转换成字节序列，这些字节序列可以保存在磁盘上，或通过网络传输，以备以后重新恢复成原来的对象。序列化机制使得对象可以脱离程序的运行而独立存在。

对象的序列化（Serialize）指将一个 Java 对象写入 IO 流中，与此对应的是，对象的反序列化（Deserialize）则指从 IO 流中恢复该 Java 对象。

Java 9 增强了对象序列化机制，它允许对读入的序列化数据进行过滤，这种过滤可在反序列化之前对数据执行校验，从而提高安全性和健壮性。

如果需要让某个对象支持序列化机制，则必须让它的类是可序列化的（serializable）。为了让某个类是可序列化的，该类必须实现如下两个接口之一。

➢ Serializable
➢ Externalizable

Java 的很多类已经实现了 Serializable，该接口是一个标记接口，实现该接口无须实现任何方法，它只是表明该类的实例是可序列化的。

所有可能在网络上传输的对象的类都应该是可序列化的，否则程序将会出现异常，比如 RMI（Remote Method Invoke，即远程方法调用，是 Java EE 的基础）过程中的参数和返回值；所有需要保存到磁盘里的对象的类都必须可序列化，比如 Web 应用中需要保存到 HttpSession 或 ServletContext 属性的 Java 对象。

因为序列化是 RMI 过程的参数和返回值都必须实现的机制，而 RMI 又是 Java EE 技术的基础——所有的分布式应用常常需要跨平台、跨网络，所以要求所有传递的参数、返回值必须实现序列化。因此序列化机制是 Java EE 平台的基础。通常建议：程序创建的每个 JavaBean 类都实现 Serializable。

▶▶ 15.8.2 使用对象流实现序列化

如果需要将某个对象保存到磁盘上或者通过网络传输，那么这个类应该实现 Serializable 接口或者 Externalizable 接口之一。关于这两个接口的区别和联系，后面将有更详细的介绍，读者先不去理会 Externalizable 接口。

使用 Serializable 来实现序列化非常简单，主要让目标类实现 Serializable 标记接口即可，无须实现任何方法。

一旦某个类实现了 Serializable 接口，该类的对象就是可序列化的，程序可以通过如下两个步骤来序列化该对象。

① 创建一个 ObjectOutputStream，这个输出流是一个处理流，所以必须建立在其他节点流的基础之上。如下代码所示。

```java
// 创建个ObjectOutputStream输出流
ObjectOutputStream oos = new ObjectOutputStream(
    new FileOutputStream("object.txt"));
```

② 调用 ObjectOutputStream 对象的 writeObject()方法输出可序列化对象，如下代码所示。

```java
// 将一个Person对象输出到输出流中
oos.writeObject(per);
```

下面程序定义了一个 Person 类，这个 Person 类就是一个普通的 Java 类，只是实现了 Serializable 接口，该接口标识该类的对象是可序列化的。

程序清单：codes\15\15.8\Person.java

```java
public class Person
    implements java.io.Serializable
{
    private String name;
    private int age;
    // 注意此处没有提供无参数的构造器
    public Person(String name , int age)
    {
        System.out.println("有参数的构造器");
        this.name = name;
        this.age = age;
    }
    // 省略name与age的setter和getter方法
    ...
}
```

下面程序使用 ObjectOutputStream 将一个 Person 对象写入磁盘文件。

程序清单：codes\15\15.8\WriteObject.java

```java
public class WriteObject
{
    public static void main(String[] args)
    {
        try(
            // 创建一个ObjectOutputStream输出流
            ObjectOutputStream oos = new ObjectOutputStream(
                new FileOutputStream("object.txt")))
        {
            Person per = new Person("孙悟空", 500);
            // 将per对象写入输出流
            oos.writeObject(per);
        }
        catch (IOException ex)
        {
            ex.printStackTrace();
        }
    }
}
```

上面程序中的第一行粗体字代码创建了一个 ObjectOutputStream 输出流，这个 ObjectOutputStream 输出流建立在一个文件输出流的基础之上；程序第二行粗体字代码使用 writeObject()方法将一个 Person 对象写入输出流。运行上面程序，将会看到生成了一个 object.txt 文件，该文件的内容就是 Person 对象。

如果希望从二进制流中恢复 Java 对象，则需要使用反序列化。反序列化的步骤如下。

① 创建一个 ObjectInputStream 输入流，这个输入流是一个处理流，所以必须建立在其他节点流的基础之上。如下代码所示。

```java
// 创建一个ObjectInputStream输入流
ObjectInputStream ois = new ObjectInputStream(
    new FileInputStream("object.txt"));
```

② 调用 ObjectInputStream 对象的 readObject()方法读取流中的对象，该方法返回一个 Object 类型的 Java 对象，如果程序知道该 Java 对象的类型，则可以将该对象强制类型转换成其真实的类型。如下代码所示。

```
// 从输入流中读取一个Java对象，并将其强制类型转换为Person类
Person p = (Person)ois.readObject();
```

下面程序示范了从刚刚生成的 object.txt 文件中读取 Person 对象的步骤。

程序清单：codes\15\15.8\ReadObject.java

```java
public class ReadObject
{
    public static void main(String[] args)
    {
        try(
            // 创建一个ObjectInputStream输入流
            ObjectInputStream ois = new ObjectInputStream(
                new FileInputStream("object.txt")))
        {
            // 从输入流中读取一个Java对象，并将其强制类型转换为Person类
            Person p = (Person)ois.readObject();
            System.out.println("名字为: " + p.getName()
                + "\n年龄为: " + p.getAge());
        }
        catch (Exception ex)
        {
            ex.printStackTrace();
        }
    }
}
```

上面程序中第一行粗体字代码将一个文件输入流包装成 ObjectInputStream 输入流，第二行粗体字代码使用 readObject()读取了文件中的 Java 对象，这就完成了反序列化过程。

必须指出的是，反序列化读取的仅仅是 Java 对象的数据，而不是 Java 类，因此采用反序列化恢复 Java 对象时，必须提供该 Java 对象所属类的 class 文件，否则将会引发 ClassNotFoundException 异常。

还有一点需要指出：Person 类只有一个有参数的构造器，没有无参数的构造器，而且该构造器内有一个普通的打印语句。当反序列化读取 Java 对象时，并没有看到程序调用该构造器，这表明反序列化机制无须通过构造器来初始化 Java 对象。

> **提示**：在 ObjectInputStream 输入流中的 readObject()方法声明抛出了 ClassNotFoundException 异常，也就是说，当反序列化时找不到对应的 Java 类时将会引发该异常。

如果使用序列化机制向文件中写入了多个 Java 对象，使用反序列化机制恢复对象时必须按实际写入的顺序读取。

当一个可序列化类有多个父类时（包括直接父类和间接父类），这些父类要么有无参数的构造器，要么也是可序列化的——否则反序列化时将抛出 InvalidClassException 异常。如果父类是不可序列化的，只是带有无参数的构造器，则该父类中定义的成员变量值不会序列化到二进制流中。

▶▶ 15.8.3 对象引用的序列化

前面介绍的 Person 类的两个成员变量分别是 String 类型和 int 类型，如果某个类的成员变量的类型不是基本类型或 String 类型，而是另一个引用类型，那么这个引用类必须是可序列化的，否则拥有该类型成员变量的类也是不可序列化的。

如下 Teacher 类持有一个 Person 类的引用，只有 Person 类是可序列化的，Teacher 类才是可序列化的。如果 Person 类不可序列化，则无论 Teacher 类是否实现 Serilizable、Externalizable 接口，则 Teacher 类都是不可序列化的。

程序清单：codes\15\15.8\Teacher.java

```java
public class Teacher
    implements java.io.Serializable
{
    private String name;
    private Person student;
    public Teacher(String name , Person student)
    {
        this.name = name;
        this.student = student;
    }
    // 此处省略了 name 与 student 的 setter 和 getter 方法
    ...
}
```

> **注意：**
> 当程序序列化一个 Teacher 对象时，如果该 Teacher 对象持有一个 Person 对象的引用，为了在反序列化时可以正常恢复该 Teacher 对象，程序会顺带将该 Person 对象也进行序列化，所以 Person 类也必须是可序列化的，否则 Teacher 类将不可序列化。

现在假设有如下一种特殊情形：程序中有两个 Teacher 对象，它们的 student 实例变量都引用到同一个 Person 对象，而且该 Person 对象还有一个引用变量引用它。如下代码所示。

```java
Person per = new Person("孙悟空", 500);
Teacher t1 = new Teacher("唐僧" , per);
Teacher t2 = new Teacher("菩提祖师" , per);
```

上面代码创建了两个 Teacher 对象和一个 Person 对象，这三个对象在内存中的存储示意图如图 15.13 所示。

这里产生了一个问题——如果先序列化 t1 对象，则系统将该 t1 对象所引用的 Person 对象一起序列化；如果程序再序列化 t2 对象，系统将一样会序列化该 t2 对象，并且将再次序列化该 t2 对象所引用的 Person 对象；如果程序再显式序列化 per 对象，系统将再次序列化该 Person 对象。这个过程似乎会向输出流中输出三个 Person 对象。

如果系统向输出流中写入了三个 Person 对象，那么后果是当程序从输入流中反序列化这些对象时，将会得到三个 Person 对象，从而引起 t1 和 t2 所引用的 Person 对象不是同一个对象，这显然与图 15.13 所示的效果不一致——这也就违背了 Java 序列化机制的初衷。

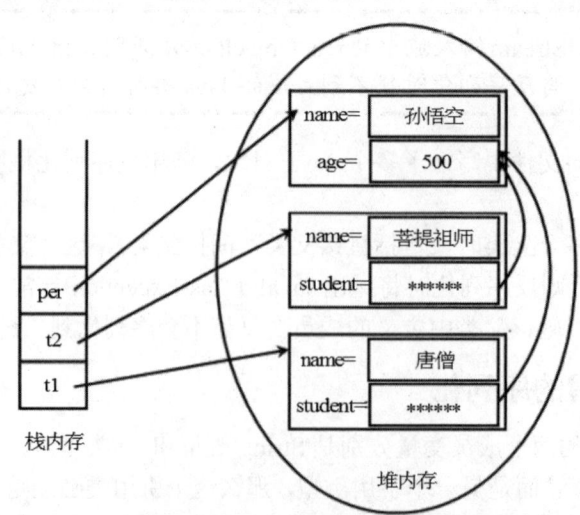

图 15.13　两个 Teacher 对象的 Student 实例变量都引用到同一个 Person 对象

所以，Java 序列化机制采用了一种特殊的序列化算法，其算法内容如下。

➢ 所有保存到磁盘中的对象都有一个序列化编号。

➤ 当程序试图序列化一个对象时,程序将先检查该对象是否已经被序列化过,只有该对象从未(在本次虚拟机中)被序列化过,系统才会将该对象转换成字节序列并输出。
➤ 如果某个对象已经序列化过,程序将只是直接输出一个序列化编号,而不是再次重新序列化该对象。

根据上面的序列化算法,可以得到一个结论——当第二次、第三次序列化 Person 对象时,程序不会再次将 Person 对象转换成字节序列并输出,而是仅仅输出一个序列化编号。假设有如下顺序的序列化代码:

```
oos.writeObject(t1);
oos.writeObject(t2);
oos.writeObject(per);
```

上面代码依次序列化了 t1、t2 和 per 对象,序列化后磁盘文件的存储示意图如图 15.14 所示。

通过图 15.14 可以很好地理解 Java 序列化的底层机制,通过该机制不难看出,当多次调用 writeObject()方法输出同一个对象时,只有第一次调用 writeObject()方法时才会将该对象转换成字节序列并输出。

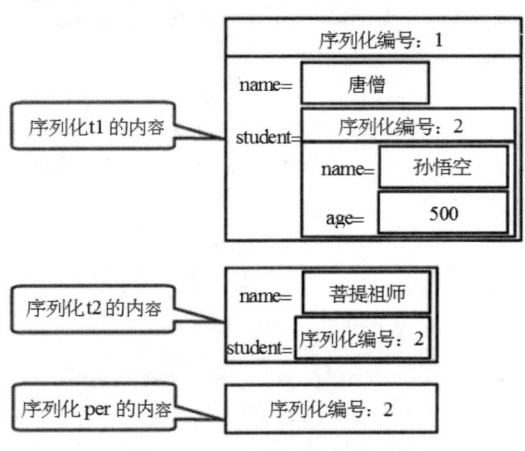

图 15.14 序列化机制示意图

下面程序序列化了两个 Teacher 对象,两个 Teacher 对象都持有一个引用到同一个 Person 对象的引用,而且程序两次调用 writeObject()方法输出同一个 Teacher 对象。

程序清单:codes\15\15.8\WriteTeacher.java

```java
public class WriteTeacher
{
    public static void main(String[] args)
    {
        try(
            // 创建一个ObjectOutputStream输出流
            ObjectOutputStream oos = new ObjectOutputStream(
                new FileOutputStream("teacher.txt")))
        {
            Person per = new Person("孙悟空", 500);
            Teacher t1 = new Teacher("唐僧" , per);
            Teacher t2 = new Teacher("菩提祖师" , per);
            // 依次将4个对象写入输出流
            oos.writeObject(t1);
            oos.writeObject(t2);
            oos.writeObject(per);
            oos.writeObject(t2);
        }
        catch (IOException ex)
        {
            ex.printStackTrace();
        }
    }
}
```

上面程序中的粗体字代码 4 次调用了 writeObject()方法来输出对象,实际上只序列化了三个对象,而且序列的两个 Teacher 对象的 student 引用实际是同一个 Person 对象。下面程序读取序列化文件中的对象即可证明这一点。

程序清单:codes\15\15.8\ReadTeacher.java

```java
public class ReadTeacher
{
    public static void main(String[] args)
    {
        try(
            // 创建一个ObjectInputStream输入流
```

```java
            ObjectInputStream ois = new ObjectInputStream(
                new FileInputStream("teacher.txt")))
        {
            // 依次读取ObjectInputStream输入流中的4个对象
            Teacher t1 = (Teacher)ois.readObject();
            Teacher t2 = (Teacher)ois.readObject();
            Person p = (Person)ois.readObject();
            Teacher t3 = (Teacher)ois.readObject();
            // 输出true
            System.out.println("t1 的 student 引用和 p 是否相同: "
                + (t1.getStudent() == p));
            // 输出true
            System.out.println("t2 的 student 引用和 p 是否相同: "
                + (t2.getStudent() == p));
            // 输出true
            System.out.println("t2 和 t3 是否是同一个对象: "
                + (t2 == t3));
        }
        catch (Exception ex)
        {
            ex.printStackTrace();
        }
    }
}
```

上面程序中的粗体字代码依次读取了序列化文件中的 4 个 Java 对象，但通过后面比较判断，不难发现 t2 和 t3 是同一个 Java 对象，t1 的 student 引用的、t2 的 student 引用的和 p 引用变量引用的也是同一个 Java 对象——这证明了图 15.14 所示的序列化机制。

由于 Java 序列化机制使然：如果多次序列化同一个 Java 对象时，只有第一次序列化时才会把该 Java 对象转换成字节序列并输出，这样可能引起一个潜在的问题——当程序序列化一个可变对象时，只有第一次使用 writeObject() 方法输出时才会将该对象转换成字节序列并输出，当程序再次调用 writeObject() 方法时，程序只是输出前面的序列化编号，即使后面该对象的实例变量值已被改变，改变的实例变量值也不会被输出。如下程序所示。

程序清单：codes\15\15.8\SerializeMutable.java

```java
public class SerializeMutable
{
    public static void main(String[] args)
    {
        try(
            // 创建一个ObjectOutputStream输出流
            ObjectOutputStream oos = new ObjectOutputStream(
                new FileOutputStream("mutable.txt"));
            // 创建一个ObjectInputStream输入流
            ObjectInputStream ois = new ObjectInputStream(
                new FileInputStream("mutable.txt")))
        {
            Person per = new Person("孙悟空", 500);
            // 系统将per对象转换成字节序列并输出
            oos.writeObject(per);
            // 改变per对象的name实例变量的值
            per.setName("猪八戒");
            // 系统只是输出序列化编号，所以改变后的name不会被序列化
            oos.writeObject(per);
            Person p1 = (Person)ois.readObject();     // ①
            Person p2 = (Person)ois.readObject();     // ②
            // 下面输出true，即反序列化后p1等于p2
            System.out.println(p1 == p2);
            // 下面依然看到输出"孙悟空"，即改变后的实例变量没有被序列化
            System.out.println(p2.getName());
        }
        catch (Exception ex)
        {
```

```
            ex.printStackTrace();
        }
    }
}
```

程序中第一段粗体字代码先使用 writeObject()方法写入了一个 Person 对象,接着程序改变了 Person 对象的 name 实例变量值,然后程序再次输出 Person 对象,但这次的输出已经不会将 Person 对象转换成字节序列并输出了,而是仅仅输出了一个序列化编号。

程序中①②号粗体字代码两次调用 readObject()方法读取了序列化文件中的 Java 对象,比较两次读取的 Java 对象将完全相同,程序输出第二次读取的 Person 对象的 name 实例变量的值依然是"孙悟空",表明改变后的 Person 对象并没有被写入——这与 Java 序列化机制相符。

> **注意:** 当使用 Java 序列化机制序列化可变对象时一定要注意,只有第一次调用 wirteObject() 方法来输出对象时才会将对象转换成字节序列,并写入到 ObjectOutputStream;在后面程序中即使该对象的实例变量发生了改变,再次调用 writeObject()方法输出该对象时,改变后的实例变量也不会被输出。

15.8.4 Java 9 增加的过滤功能

Java 9 为 ObjectInputStream 增加了 setObjectInputFilter()、getObjectInputFilter()两个方法,其中第一个方法用于为对象输入流设置过滤器。当程序通过 ObjectInputStream 反序列化对象时,过滤器的 checkInput()方法会被自动激发,用于检查序列化数据是否有效。

使用 checkInput()方法检查序列化数据时有 3 种返回值。

- Status.REJECTED:拒绝恢复。
- Status.ALLOWED:允许恢复。
- Status.UNDECIDED:未决定状态,程序继续执行检查。

ObjectInputStream 将会根据 ObjectInputFilter 的检查结果来决定是否执行反序列化,如果 checkInput() 方法返回 Status.REJECTED,反序列化将会被阻止;如果 checkInput()方法返回 Status.ALLOWED,程序将可执行反序列化。

下面程序对前的 ReadObject.java 程序进行改进,该程序将会在反序列化之前对数据执行检查。

程序清单:codes\15\15.8\FilterTest.java

```java
public class FilterTest
{
    public static void main(String[] args)
    {
        try(
            // 创建一个ObjectInputStream输入流
            ObjectInputStream ois = new ObjectInputStream(
                new FileInputStream("object.txt")))
        {
            ois.setObjectInputFilter((info) -> {
                System.out.println("===执行数据过滤===");
                ObjectInputFilter serialFilter =
                    ObjectInputFilter.Config.getSerialFilter();
                if (serialFilter != null) {
                    // 首先使用ObjectInputFilter执行默认的检查
                    ObjectInputFilter.Status status =
                        serialFilter.checkInput(info);
                    // 如果默认检查的结果不是 Status.UNDECIDED
                    if (status != ObjectInputFilter.Status.UNDECIDED) {
                        // 直接返回检查结果
                        return status;
                    }
                }
                // 如果要恢复的对象不是1个
                if(info.references() != 1)
```

```java
                        {
                            // 不允许恢复对象
                            return ObjectInputFilter.Status.REJECTED;
                        }
                        if (info.serialClass() != null &&
                            // 如果恢复的不是 Person 类
                            info.serialClass() != Person.class)
                        {
                            // 不允许恢复对象
                            return ObjectInputFilter.Status.REJECTED;
                        }
                        return ObjectInputFilter.Status.UNDECIDED;
                });
                // 从输入流中读取一个 Java 对象，并将其强制类型转换为 Person 类
                Person p = (Person)ois.readObject();
                System.out.println("名字为: " + p.getName()
                    + "\n 年龄为: " + p.getAge());
        }
        catch (Exception ex)
        {
            ex.printStackTrace();
        }
    }
}
```

上面程序中的粗体字代码为 ObjectInputStream 设置了 ObjectInputFilter 过滤器（程序使用 Lambda 表达式创建过滤器），程序重写了 checkInput()方法。

重写 checkInput()方法时先使用默认的 ObjectInputFilter 执行检查，如果检查结果不是 Status.UNDECIDED，程序直接返回检查结果。接下来程序通过 FilterInfo 检验序列化数据，如果序列化数据中的对象不唯一（数据已被污染），程序拒绝执行反序列化；如果序列化数据中的对象不是 Person 对象（数据被污染），程序拒绝执行反序列化。通过这种检查，程序可以保证反序列化出来的是唯一的 Person 对象，这样就让反序列化更加安全、健壮。

▶▶ 15.8.5 自定义序列化

在一些特殊的场景下，如果一个类里包含的某些实例变量是敏感信息，例如银行账户信息等，这时不希望系统将该实例变量值进行序列化；或者某个实例变量的类型是不可序列化的，因此不希望对该实例变量进行递归序列化，以避免引发 java.io.NotSerializableException 异常。

> 提示：当对某个对象进行序列化时，系统会自动把该对象的所有实例变量依次进行序列化，如果某个实例变量引用到另一个对象，则被引用的对象也会被序列化；如果被引用的对象的实例变量也引用了其他对象，则被引用的对象也会被序列化，这种情况被称为递归序列化。

通过在实例变量前面使用 transient 关键字修饰，可以指定 Java 序列化时无须理会该实例变量。如下 Person 类与前面的 Person 类几乎完全一样，只是它的 age 使用了 transient 关键字修饰。

程序清单：codes\15\15.8\transient\Person.java

```java
public class Person
    implements java.io.Serializable
{
    private String name;
    private transient int age;
    // 注意此处没有提供无参数的构造器
    public Person(String name , int age)
    {
        System.out.println("有参数的构造器");
        this.name = name;
        this.age = age;
    }
    // 省略 name 与 age 的 setter 和 getter 方法
    ...
}
```

> **提示**：transient 关键字只能用于修饰实例变量，不可修饰 Java 程序中的其他成分。

下面程序先序列化一个 Person 对象，然后再反序列化该 Person 对象，得到反序列化的 Person 对象后程序输出该对象的 age 实例变量值。

程序清单：codes\15\15.8\transient\TransientTest.java

```java
public class TransientTest
{
    public static void main(String[] args)
    {
        try(
            // 创建一个 ObjectOutputStream 输出流
            ObjectOutputStream oos = new ObjectOutputStream(
                new FileOutputStream("transient.txt"));
            // 创建一个 ObjectInputStream 输入流
            ObjectInputStream ois = new ObjectInputStream(
                new FileInputStream("transient.txt")))
        {
            Person per = new Person("孙悟空", 500);
            // 系统将 per 对象转换成字节序列并输出
            oos.writeObject(per);
            Person p = (Person)ois.readObject();
            System.out.println(p.getAge());
        }
        catch (Exception ex)
        {
            ex.printStackTrace();
        }
    }
}
```

上面程序中的第一行粗体字代码创建了一个 Person 对象，并为它的 name、age 两个实例变量指定了值；第二行粗体字代码将该 Person 对象序列化后输出；第三行粗体字代码从序列化文件中读取该 Person 对象；第四行粗体字代码输出该 Person 对象的 age 实例变量值。由于本程序中的 Person 类的 age 实例变量使用 transient 关键字修饰，所以程序第四行粗体字代码将输出 0。

使用 transient 关键字修饰实例变量虽然简单、方便，但被 transient 修饰的实例变量将被完全隔离在序列化机制之外，这样导致在反序列化恢复 Java 对象时无法取得该实例变量值。Java 还提供了一种自定义序列化机制，通过这种自定义序列化机制可以让程序控制如何序列化各实例变量，甚至完全不序列化某些实例变量（与使用 transient 关键字的效果相同）。

在序列化和反序列化过程中需要特殊处理的类应该提供如下特殊签名的方法，这些特殊的方法用以实现自定义序列化。

➢ private void writeObject(java.io.ObjectOutputStream out)throws IOException
➢ private void readObject(java.io.ObjectInputStream in)throws IOException, ClassNotFoundException;
➢ private void readObjectNoData()throws ObjectStreamException;

writeObject()方法负责写入特定类的实例状态，以便相应的 readObject()方法可以恢复它。通过重写该方法，程序员可以完全获得对序列化机制的控制，可以自主决定哪些实例变量需要序列化，需要怎样序列化。在默认情况下，该方法会调用 out.defaultWriteObject 来保存 Java 对象的各实例变量，从而可以实现序列化 Java 对象状态的目的。

readObject()方法负责从流中读取并恢复对象实例变量，通过重写该方法，程序员可以完全获得对反序列化机制的控制，可以自主决定需要反序列化哪些实例变量，以及如何进行反序列化。在默认情况下，该方法会调用 in.defaultReadObject 来恢复 Java 对象的非瞬态实例变量。在通常情况下，readObject()方法与 writeObject()方法对应，如果 writeObject()方法中对 Java 对象的实例变量进行了一些处理，则应该在 readObject()方法中对其实例变量进行相应的反处理，以便正确恢复该对象。

当序列化流不完整时，readObjectNoData()方法可以用来正确地初始化反序列化的对象。例如，接收方使用的反序列化类的版本不同于发送方，或者接收方版本扩展的类不是发送方版本扩展的类，或者序列化流被篡改时,系统都会调用readObjectNoData()方法来初始化反序列化的对象。

下面的Person类提供了writeObject()和readObject()两个方法,其中writeObject()方法在保存Person对象时将其name实例变量包装成StringBuffer,并将其字符序列反转后写入;在readObject()方法中处理name的策略与此对应——先将读取的数据强制类型转换成StringBuffer,再将其反转后赋给name实例变量。

程序清单:codes\15\15.8\custom\Person.java

```java
public class Person
    implements java.io.Serializable
{
    private String name;
    private int age;
    // 注意此处没有提供无参数的构造器
    public Person(String name , int age)
    {
        System.out.println("有参数的构造器");
        this.name = name;
        this.age = age;
    }
    // 省略name与age的setter和getter方法
    ...
    private void writeObject(java.io.ObjectOutputStream out)
        throws IOException
    {
        // 将name实例变量值反转后写入二进制流
        out.writeObject(new StringBuffer(name).reverse());
        out.writeInt(age);
    }
    private void readObject(java.io.ObjectInputStream in)
        throws IOException, ClassNotFoundException
    {
        // 将读取的字符串反转后赋给name实例变量
        this.name = ((StringBuffer)in.readObject()).reverse()
            .toString();
        this.age = in.readInt();
    }
}
```

上面程序中用粗体字标出的方法用以实现自定义序列化,对于这个Person类而言,序列化、反序列化Person实例并没有任何区别——区别在于序列化后的对象流,即使有Cracker截获到Person对象流,他看到的name也是加密后的name值,这样就提高了序列化的安全性。

> **注意:**
> writeObject()方法存储实例变量的顺序应该和readObject()方法中恢复实例变量的顺序一致,否则将不能正常恢复该Java对象。

对Person对象进行序列化和反序列化的程序与前面程序没有任何区别,故此处不再赘述。

还有一种更彻底的自定义机制,它甚至可以在序列化对象时将该对象替换成其他对象。如果需要实现序列化某个对象时替换该对象,则应为序列化类提供如下特殊方法。

```
ANY-ACCESS-MODIFIER Object writeReplace() throws ObjectStreamException;
```

此writeReplace()方法将由序列化机制调用,只要该方法存在。因为该方法可以拥有私有(private)、受保护的(protected)和包私有(package-private)等访问权限,所以其子类有可能获得该方法。例如,下面的Person类提供了writeReplace()方法,这样可以在写入Person对象时将该对象替换成ArrayList。

程序清单:codes\15\15.8\replace\Person.java

```java
public class Person
    implements java.io.Serializable
{
    private String name;
    private int age;
```

```java
    // 注意此处没有提供无参数的构造器
    public Person(String name , int age)
    {
        System.out.println("有参数的构造器");
        this.name = name;
        this.age = age;
    }
    // 省略 name 与 age 的 setter 和 getter 方法
    ...
    // 重写 writeReplace 方法，程序在序列化该对象之前，先调用该方法
    private Object writeReplace() throws ObjectStreamException
    {
        ArrayList<Object> list = new ArrayList<Object>();
        list.add(name);
        list.add(age);
        return list;
    }
}
```

Java 的序列化机制保证在序列化某个对象之前，先调用该对象的 writeReplace()方法，如果该方法返回另一个 Java 对象，则系统转为序列化另一个对象。如下程序表面上是序列化 Person 对象，但实际上序列化的是 ArrayList。

程序清单：codes\15\15.8\replace\ReplaceTest.java

```java
public class ReplaceTest
{
    public static void main(String[] args)
    {
        try(
            // 创建一个 ObjectOutputStream 输出流
            ObjectOutputStream oos = new ObjectOutputStream(
                new FileOutputStream("replace.txt"));
            // 创建一个 ObjectInputStream 输入流
            ObjectInputStream ois = new ObjectInputStream(
                new FileInputStream("replace.txt")))
        {
            Person per = new Person("孙悟空", 500);
            // 系统将 per 对象转换成字节序列并输出
            oos.writeObject(per);
            // 反序列化读取得到的是 ArrayList
            ArrayList list = (ArrayList)ois.readObject();
            System.out.println(list);
        }
        catch (Exception ex)
        {
            ex.printStackTrace();
        }
    }
}
```

上面程序中第一行粗体字代码使用 writeObject()写入了一个 Person 对象，但第二行粗体字代码使用 readObject()方法返回的实际上是一个 ArrayList 对象，这是因为 Person 类的 writeReplace()方法返回了一个 ArrayList 对象，所以序列化机制在序列化 Person 对象时，实际上是转为序列化 ArrayList 对象。

根据上面的介绍，可以知道系统在序列化某个对象之前，会先调用该对象的 writeReplace()和 writeObject()两个方法，系统总是先调用被序列化对象的 writeReplace()方法，如果该方法返回另一个对象，系统将再次调用另一个对象的 writeReplace()方法……直到该方法不再返回另一个对象为止，程序最后将调用该对象的 writeObject()方法来保存该对象的状态。

与 writeReplace()方法相对的是，序列化机制里还有一个特殊的方法，它可以实现保护性复制整个对象。这个方法就是：

```
ANY-ACCESS-MODIFIER Object readResolve() throws ObjectStreamException;
```

这个方法会紧接着 readObject()之后被调用，该方法的返回值将会代替原来反序列化的对象，而原来 readObject()反序列化的对象将会被立即丢弃。

readResolve()方法在序列化单例类、枚举类时尤其有用。当然，如果使用 Java 5 提供的 enum 来定义枚举类，则完全不用担心，程序没有任何问题。但如果应用中有早期遗留下来的枚举类，例如下面的 Orientation 类就是一个枚举类。

程序清单：codes\15\15.8\resolve\Orientation.java

```java
public class Orientation
{
    public static final Orientation HORIZONTAL = new Orientation(1);
    public static final Orientation VERTICAL = new Orientation(2);
    private int value;
    private Orientation(int value)
    {
        this.value = value;
    }
}
```

在 Java 5 以前，这种代码是很常见的。Orientation 类的构造器私有，程序只有两个 Orientation 对象，分别通过 Orientation 的 HORIZONTAL 和 VERTICAL 两个常量来引用。但如果让该类实现 Serializable 接口，则会引发一个问题，如果将一个 Orientation.HORIZONTAL 值序列化后再读出，如下代码片段所示。

```java
oos = new ObjectOutputStream(
    new FileOutputStream("transient.txt"));
// 写入 Orientation.HORIZONTAL 值
oos.writeObject(Orientation.HORIZONTAL);
// 创建一个 ObjectInputStream 输入流
ois = new ObjectInputStream(
    new FileInputStream("transient.txt"));
// 读取刚刚序列化的值
Orientation ori = (Orientation)ois.readObject();
```

如果立即拿 ori 和 Orientation.HORIZONTAL 值进行比较，将会发现返回 false。也就是说，ori 是一个新的 Orientation 对象，而不等于 Orientation 类中的任何枚举值——虽然 Orientation 的构造器是 private 的，但反序列化依然可以创建 Orientation 对象。

> **提示：** 前面已经指出，反序列化机制在恢复 Java 对象时无须调用构造器来初始化 Java 对象。从这个意义上来看，序列化机制可以用来"克隆"对象。

在这种情况下，可以通过为 Orientation 类提供一个 readResolve()方法来解决该问题，readResolve()方法的返回值将会代替原来反序列化的对象，也就是让反序列化得到的 Orientation 对象被直接丢弃。下面是为 Orientation 类提供的 readResolve()方法（程序清单同上）。

```java
// 为枚举类增加 readResolve()方法
private Object readResolve()throws ObjectStreamException
{
    if (value == 1)
    {
        return HORIZONTAL;
    }
    if (value == 2)
    {
        return VERTICAL;
    }
    return null;
}
```

通过重写 readResolve()方法可以保证反序列化得到的依然是 Orientation 的 HORIZONTAL 或 VERTICAL 两个枚举值之一。

> **提示：** 所有的单例类、枚举类在实现序列化时都应该提供 readResolve()方法，这样才可以保证反序列化的对象依然正常。关于上面示例程序的完整代码，请参考随书光盘中 codes\15\15.8\resolve 路径下的程序。

与 writeReplace()方法类似的是，readResolve()方法也可以使用任意的访问控制符，因此父类的 readResolve()方法可能被其子类继承。这样利用 readResolve()方法时就会存在一个明显的缺点，就是当父类已经实现了 readResolve()方法后，子类将变得无从下手。如果父类包含一个 protected 或 public 的 readResolve()方法，而且子类也没有重写该方法，将会使得子类反序列化时得到一个父类的对象——这显然不是程序要的结果，而且也不容易发现这种错误。总是让子类重写 readResolve()方法无疑是一个负担，因此对于要被作为父类继承的类而言，实现 readResolve()方法可能有一些潜在的危险。

通常的建议是，对于 final 类重写 readResolve()方法不会有任何问题；否则，重写 readResolve()方法时应尽量使用 private 修饰该方法。

▶▶ 15.8.6 另一种自定义序列化机制

Java 还提供了另一种序列化机制，这种序列化方式完全由程序员决定存储和恢复对象数据。要实现该目标，Java 类必须实现 Externalizable 接口，该接口里定义了如下两个方法。

- ➢ void readExternal(ObjectInput in)：需要序列化的类实现 readExternal()方法来实现反序列化。该方法调用 DataInput（它是 ObjectInput 的父接口）的方法来恢复基本类型的实例变量值，调用 ObjectInput 的 readObject()方法来恢复引用类型的实例变量值。
- ➢ void writeExternal(ObjectOutput out)：需要序列化的类实现 writeExternal()方法来保存对象的状态。该方法调用 DataOutput（它是 ObjectOutput 的父接口）的方法来保存基本类型的实例变量值，调用 ObjectOutput 的 writeObject()方法来保存引用类型的实例变量值。

实际上，采用实现 Externalizable 接口方式的序列化与前面介绍的自定义序列化非常相似，只是 Externalizable 接口强制自定义序列化。下面的 Person 类实现了 Externalizable 接口，并且实现了该接口里提供的两个方法，用以实现自定义序列化。

程序清单：codes\15\15.8\externalizable\Person.java

```java
public class Person
    implements java.io.Externalizable
{
    private String name;
    private int age;
    // 注意必须提供无参数的构造器，否则反序列化时会失败
    public Person(){}
    public Person(String name , int age)
    {
        System.out.println("有参数的构造器");
        this.name = name;
        this.age = age;
    }
    // 省略 name 与 age 的 setter 和 getter 方法
    ...
    public void writeExternal(java.io.ObjectOutput out)
        throws IOException
    {
        // 将 name 实例变量值反转后写入二进制流
        out.writeObject(new StringBuffer(name).reverse());
        out.writeInt(age);
    }
    public void readExternal(java.io.ObjectInput in)
        throws IOException, ClassNotFoundException
    {
        // 将读取的字符串反转后赋给 name 实例变量
        this.name = ((StringBuffer)in.readObject()).reverse().toString();
        this.age = in.readInt();
    }
}
```

上面程序中的 Person 类实现了 java.io.Externalizable 接口（如程序中第一行粗体字代码所示），该 Person 类还实现了 readExternal()、writeExternal()两个方法，这两个方法除方法签名和 readObject()、writeObject()两个方法的方法签名不同之外，其方法体完全一样。

如果程序需要序列化实现 Externalizable 接口的对象，一样调用 ObjectOutputStream 的 writeObject()

方法输出该对象即可；反序列化该对象，则调用 ObjectInputStream 的 readObject()方法，此处不再赘述。

需要指出的是，当使用 Externalizable 机制反序列化对象时，程序会先使用 public 的无参数构造器创建实例，然后才执行 readExternal()方法进行反序列化，因此实现 Externalizable 的序列化类必须提供 public 的无参数构造器。

关于两种序列化机制的对比如表 15.2 所示。

表 15.2 两种序列化机制的对比

实现 Serializable 接口	实现 Externalizable 接口
系统自动存储必要信息	程序员决定存储哪些信息
Java 内建支持，易于实现，只需实现该接口即可，无须任何代码支持	仅仅提供两个空方法，实现该接口必须为两个空方法提供实现
性能略差	性能略好

虽然实现 Externalizable 接口能带来一定的性能提升，但由于实现 Externalizable 接口导致了编程复杂度的增加，所以大部分时候都是采用实现 Serializable 接口方式来实现序列化。

关于对象序列化，还有如下几点需要注意。

- 对象的类名、实例变量（包括基本类型、数组、对其他对象的引用）都会被序列化；方法、类变量（即 static 修饰的成员变量）、transient 实例变量（也被称为瞬态实例变量）都不会被序列化。
- 实现 Serializable 接口的类如果需要让某个实例变量不被序列化，则可在该实例变量前加 transient 修饰符，而不是加 static 关键字。虽然 static 关键字也可达到这个效果，但 static 关键字不能这样用。
- 保证序列化对象的实例变量类型也是可序列化的，否则需要使用 transient 关键字来修饰该实例变量，要不然，该类是不可序列化的。
- 反序列化对象时必须有序列化对象的 class 文件。
- 当通过文件、网络来读取序列化后的对象时，必须按实际写入的顺序读取。

15.8.7 版本

根据前面的介绍可以知道，反序列化 Java 对象时必须提供该对象的 class 文件，现在的问题是，随着项目的升级，系统的 class 文件也会升级，Java 如何保证两个 class 文件的兼容性？

Java 序列化机制允许为序列化类提供一个 private static final 的 serialVersionUID 值，该类变量的值用于标识该 Java 类的序列化版本，也就是说，如果一个类升级后，只要它的 serialVersionUID 类变量值保持不变，序列化机制也会把它们当成同一个序列化版本。

分配 serialVersionUID 类变量的值非常简单，例如下面代码片段：

```
pubic class Test
{
    // 为该类指定一个 serialVersionUID 类变量值
    private static final long serialVersionUID = 512L;
    ...
}
```

为了在反序列化时确保序列化版本的兼容性，最好在每个要序列化的类中加入 private static final long serialVersionUID 这个类变量，具体数值自己定义。这样，即使在某个对象被序列化之后，它所对应的类被修改了，该对象也依然可以被正确地反序列化。

如果不显式定义 serialVersionUID 类变量的值，该类变量的值将由 JVM 根据类的相关信息计算，而修改后的类的计算结果与修改前的类的计算结果往往不同，从而造成对象的反序列化因为类版本不兼容而失败。

可以通过 JDK 安装路径的 bin 目录下的 serialver.exe 工具来获得该类的 serialVersionUID 类变量的值，如下命令所示。

```
serialver Person
```

运行该命令，输出结果如下：

```
Person: static final long serialVersionUID = -2595800114629327570L;
```

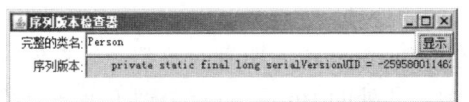

图 15.15　使用 serialver 查看类的 serialVersionUI 类变量

上面的 3069227031912694124L 就是系统为该 Person 类生成的 serialVersionUID 类变量的值。如果在运行 serialver 命令时指定 -show 选项（不要跟类名参数），即可启动如图 15.15 所示的图形用户界面。

不显式指定 serialVersionUID 类变量的值的另一个坏处是，不利于程序在不同的 JVM 之间移植。因为不同的编译器对该类变量的计算策略可能不同，从而造成虽然类完全没有改变，但是因为 JVM 不同，也会出现序列化版本不兼容而无法正确反序列化的现象。

如果类的修改确实会导致该类反序列化失败，则应该为该类的 serialVersionUID 类变量重新分配值。那么对类的哪些修改可能导致该类实例的反序列化失败呢？下面分三种情况来具体讨论。

> 如果修改类时仅仅修改了方法，则反序列化不受任何影响，类定义无须修改 serialVersionUID 类变量的值。
> 如果修改类时仅仅修改了静态变量或瞬态实例变量，则反序列化不受任何影响，类定义无须修改 serialVersionUID 类变量的值。
> 如果修改类时修改了非瞬态的实例变量，则可能导致序列化版本不兼容。如果对象流中的对象和新类中包含同名的实例变量，而实例变量类型不同，则反序列化失败，类定义应该更新 serialVersionUID 类变量的值。如果对象流中的对象比新类中包含更多的实例变量，则多出的实例变量值被忽略，序列化版本可以兼容，类定义可以不更新 serialVersionUID 类变量的值；如果新类比对象流中的对象包含更多的实例变量，则序列化版本也可以兼容，类定义可以不更新 serialVersionUID 类变量的值；但反序列化得到的新对象中多出的实例变量值都是 null（引用类型实例变量）或 0（基本类型实例变量）。

15.9　NIO

前面介绍 BufferedReader 时提到它的一个特征——当 BufferedReader 读取输入流中的数据时，如果没有读到有效数据，程序将在此处阻塞该线程的执行（使用 InputStream 的 read() 方法从流中读取数据时，如果数据源中没有数据，它也会阻塞该线程），也就是前面介绍的输入流、输出流都是阻塞式的输入、输出。不仅如此，传统的输入流、输出流都是通过字节的移动来处理的（即使不直接去处理字节流，但底层的实现还是依赖于字节处理），也就是说，面向流的输入/输出系统一次只能处理一个字节，因此面向流的输入/输出系统通常效率不高。

从 JDK 1.4 开始，Java 提供了一系列改进的输入/输出处理的新功能，这些功能被统称为新 IO（New IO，简称 NIO），新增了许多用于处理输入/输出的类，这些类都被放在 java.nio 包以及子包下，并且对原 java.io 包中的很多类都以 NIO 为基础进行了改写，新增了满足 NIO 的功能。

15.9.1　Java 新 IO 概述

新 IO 和传统的 IO 有相同的目的，都是用于进行输入/输出，但新 IO 使用了不同的方式来处理输入/输出，新 IO 采用内存映射文件的方式来处理输入/输出，新 IO 将文件或文件的一段区域映射到内存中，这样就可以像访问内存一样来访问文件了（这种方式模拟了操作系统上的虚拟内存的概念），通过这种方式来进行输入/输出比传统的输入/输出要快得多。

Java 中与新 IO 相关的包如下。
> java.nio 包：主要包含各种与 Buffer 相关的类。
> java.nio.channels 包：主要包含与 Channel 和 Selector 相关的类。
> java.nio.charset 包：主要包含与字符集相关的类。
> java.nio.channels.spi 包：主要包含与 Channel 相关的服务提供者编程接口。
> java.nio.charset.spi 包：包含与字符集相关的服务提供者编程接口。

Channel（通道）和 Buffer（缓冲）是新 IO 中的两个核心对象，Channel 是对传统的输入/输出系统的模拟，在新 IO 系统中所有的数据都需要通过通道传输；Channel 与传统的 InputStream、OutputStream 最大的区别在于它提供了一个 map() 方法，通过该 map() 方法可以直接将"一块数据"映射到内存中。

如果说传统的输入/输出系统是面向流的处理，则新 IO 则是面向块的处理。

Buffer 可以被理解成一个容器，它的本质是一个数组，发送到 Channel 中的所有对象都必须首先放到 Buffer 中，而从 Channel 中读取的数据也必须先放到 Buffer 中。此处的 Buffer 有点类似于前面介绍的"竹筒"，但该 Buffer 既可以像"竹筒"那样一次次去 Channel 中取水，也允许使用 Channel 直接将文件的某块数据映射成 Buffer。

除 Channel 和 Buffer 之外，新 IO 还提供了用于将 Unicode 字符串映射成字节序列以及逆映射操作的 Charset 类，也提供了用于支持非阻塞式输入/输出的 Selector 类。

▶▶ 15.9.2 使用 Buffer

从内部结构上来看，Buffer 就像一个数组，它可以保存多个类型相同的数据。Buffer 是一个抽象类，其最常用的子类是 ByteBuffer，它可以在底层字节数组上进行 get/set 操作。除 ByteBuffer 之外，对应于其他基本数据类型（boolean 除外）都有相应的 Buffer 类：CharBuffer、ShortBuffer、IntBuffer、LongBuffer、FloatBuffer、DoubleBuffer。

上面这些 Buffer 类，除 ByteBuffer 之外，它们都采用相同或相似的方法来管理数据，只是各自管理的数据类型不同而已。这些 Buffer 类都没有提供构造器，通过使用如下方法来得到一个 Buffer 对象。

➢ static XxxBuffer allocate(int capacity)：创建一个容量为 capacity 的 XxxBuffer 对象。

但实际使用较多的是 ByteBuffer 和 CharBuffer，其他 Buffer 子类则较少用到。其中 ByteBuffer 类还有一个子类：MappedByteBuffer，它用于表示 Channel 将磁盘文件的部分或全部内容映射到内存中后得到的结果，通常 MappedByteBuffer 对象由 Channel 的 map() 方法返回。

在 Buffer 中有三个重要的概念：容量（capacity）、界限（limit）和位置（position）。

➢ 容量（capacity）：缓冲区的容量（capacity）表示该 Buffer 的最大数据容量，即最多可以存储多少数据。缓冲区的容量不可能为负值，创建后不能改变。

➢ 界限（limit）：第一个不应该被读出或者写入的缓冲区位置索引。也就是说，位于 limit 后的数据既不可被读，也不可被写。

➢ 位置（position）：用于指明下一个可以被读出的或者写入的缓冲区位置索引（类似于 IO 流中的记录指针）。当使用 Buffer 从 Channel 中读取数据时，position 的值恰好等于已经读到了多少数据。当刚刚新建一个 Buffer 对象时，其 position 为 0；如果从 Channel 中读取了 2 个数据到该 Buffer 中，则 position 为 2，指向 Buffer 中第 3 个（第 1 个位置的索引为 0）位置。

除此之外，Buffer 里还支持一个可选的标记（mark，类似于传统 IO 流中的 mark），Buffer 允许直接将 position 定位到该 mark 处。这些值满足如下关系：

```
0≤mark≤position≤limit≤capacity
```

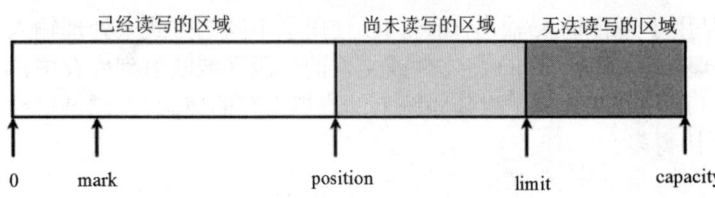

图 15.16 Buffer 读入数据后的示意图

图 15.16 显示了某个 Buffer 读入了一些数据后的示意图。

Buffer 的主要作用就是装入数据，然后输出数据（其作用类似于前面介绍的取水的"竹筒"），开始时 Buffer 的 position 为 0，limit 为 capacity，程序可通过 put() 方法向 Buffer 中放入一些数据（或者从 Channel 中获取一些数据），每放入一些数据，Buffer 的 position 相应地向后移动一些位置。

当 Buffer 装入数据结束后，调用 Buffer 的 flip() 方法，该方法将 limit 设置为 position 所在位置，并将 position 设为 0，这就使得 Buffer 的读写指针又移到了开始位置。也就是说，Buffer 调用 flip() 方法之后，Buffer 为输出数据做好准备；当 Buffer 输出数据结束后，Buffer 调用 clear() 方法，clear() 方法不是清空 Buffer 的数据，它仅仅将 position 置为 0，将 limit 置为 capacity，这样为再次向 Buffer 中装入数据做好准备。

第15章 输入/输出

提示： Buffer 中包含两个重要的方法，即 flip() 和 clear()，flip() 为从 Buffer 中取出数据做好准备，而 clear() 为再次向 Buffer 中装入数据做好准备。

除此之外，Buffer 还包含如下一些常用的方法。

- int capacity()：返回 Buffer 的 capacity 大小。
- boolean hasRemaining()：判断当前位置（position）和界限（limit）之间是否还有元素可供处理。
- int limit()：返回 Buffer 的界限（limit）的位置。
- Buffer limit(int newLt)：重新设置界限（limit）的值，并返回一个具有新的 limit 的缓冲区对象。
- Buffer mark()：设置 Buffer 的 mark 位置，它只能在 0 和位置（position）之间做 mark。
- int position()：返回 Buffer 中的 position 值。
- Buffer position(int newPs)：设置 Buffer 的 position，并返回 position 被修改后的 Buffer 对象。
- int remaining()：返回当前位置和界限（limit）之间的元素个数。
- Buffer reset()：将位置（position）转到 mark 所在的位置。
- Buffer rewind()：将位置（position）设置成 0，取消设置的 mark。

除这些移动 position、limit、mark 的方法之外，Buffer 的所有子类还提供了两个重要的方法：put() 和 get() 方法，用于向 Buffer 中放入数据和从 Buffer 中取出数据。当使用 put() 和 get() 方法放入、取出数据时，Buffer 既支持对单个数据的访问，也支持对批量数据的访问（以数组作为参数）。

当使用 put() 和 get() 来访问 Buffer 中的数据时，分为相对和绝对两种。

- 相对（Relative）：从 Buffer 的当前 position 处开始读取或写入数据，然后将位置（position）的值按处理元素的个数增加。
- 绝对（Absolute）：直接根据索引向 Buffer 中读取或写入数据，使用绝对方式访问 Buffer 里的数据时，并不会影响位置（position）的值。

下面程序示范了 Buffer 的一些常规操作。

程序清单：codes\15\15.9\BufferTest.java

```java
public class BufferTest
{
    public static void main(String[] args)
    {
        // 创建 Buffer
        CharBuffer buff = CharBuffer.allocate(8);      // ①
        System.out.println("capacity: " + buff.capacity());
        System.out.println("limit: " + buff.limit());
        System.out.println("position: " + buff.position());
        // 放入元素
        buff.put('a');
        buff.put('b');
        buff.put('c');        // ②
        System.out.println("加入三个元素后，position = "
            + buff.position());
        // 调用 flip() 方法
        buff.flip();        // ③
        System.out.println("执行 flip()后，limit = " + buff.limit());
        System.out.println("position = " + buff.position());
        // 取出第一个元素
        System.out.println("第一个元素(position=0): " + buff.get());    // ④
        System.out.println("取出一个元素后，position = "
            + buff.position());
        // 调用 clear() 方法
        buff.clear();        // ⑤
        System.out.println("执行 clear()后，limit = " + buff.limit());
        System.out.println("执行 clear()后，position = "
            + buff.position());
        System.out.println("执行 clear()后，缓冲区内容并没有被清除："
            + "第三个元素为：" + buff.get(2));        // ⑥
```

```
            System.out.println("执行绝对读取后, position = "
                + buff.position());
        }
    }
```

在上面程序的①号代码处,通过 CharBuffer 的一个静态方法 allocate()创建了一个 capacity 为 8 的 CharBuffer,此时该 Buffer 的 limit 和 capacity 为 8,position 为 0,如图 15.17 所示。

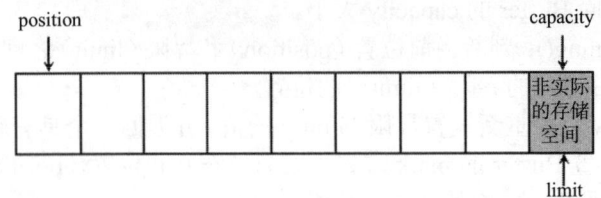

图 15.17 新分配的 CharBuffer 对象

接下来程序执行到②号代码处,程序向 CharBuffer 中放入 3 个数值,放入 3 个数值后的 CharBuffer 效果如图 15.18 所示。

程序执行到③号代码处,调用了 Buffer 的 flip()方法,该方法将把 limit 设为 position 处,把 position 设为 0,如图 15.19 所示。

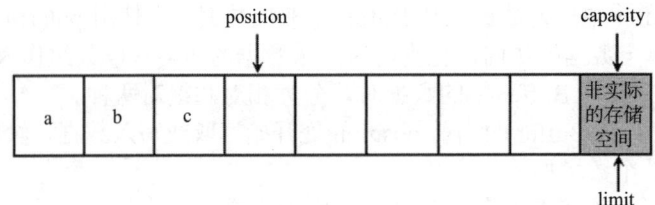

图 15.18 向 Buffer 中放入 3 个对象后的示意图

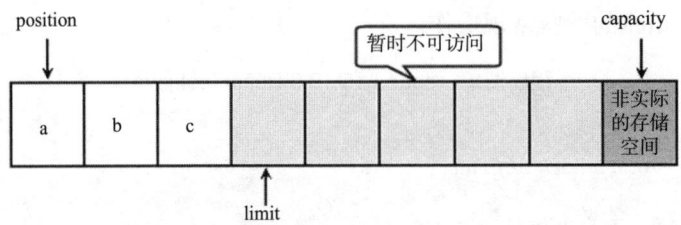

图 15.19 执行 Buffer 的 flip()方法后的示意图

从图 15.19 中可以看出,当 Buffer 调用了 flip()方法之后,limit 就移到了原来 position 所在位置,这样相当于把 Buffer 中没有数据的存储空间"封印"起来,从而避免读取 Buffer 数据时读到 null 值。

接下来程序在④号代码处取出一个元素,取出一个元素后 position 向后移动一位,也就是该 Buffer 的 position 等于 1。程序执行到⑤号代码处,Buffer 调用 clear()方法将 position 设为 0,将 limit 设为与 capacity 相等。执行 clear()方法后的 Buffer 示意图如图 15.20 所示。

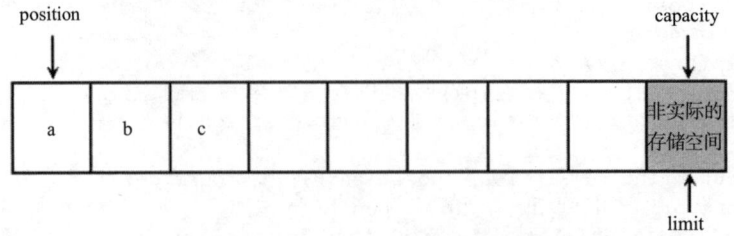

图 15.20 执行 clear()后的 Buffer 示意图

从图 15.20 中可以看出,对 Buffer 执行 clear()方法后,该 Buffer 对象里的数据依然存在,所以程序在⑥号代码处依然可以取出位置为 2 的值,也就是字符 c。因为⑥号代码采用的是根据索引来取值的方式,所以该方法不会影响 Buffer 的 position。

通过 allocate()方法创建的 Buffer 对象是普通 Buffer,ByteBuffer 还提供了一个 allocateDirect()方法来

创建直接 Buffer。直接 Buffer 的创建成本比普通 Buffer 的创建成本高，但直接 Buffer 的读取效率更高。

> **提示：** 由于直接 Buffer 的创建成本很高，所以直接 Buffer 只适用于长生存期的 Buffer，而不适用于短生存期、一次用完就丢弃的 Buffer。而且只有 ByteBuffer 才提供了 allocateDirect() 方法，所以只能在 ByteBuffer 级别上创建直接 Buffer。如果希望使用其他类型，则应该将该 Buffer 转换成其他类型的 Buffer。

直接 Buffer 在编程上的用法与普通 Buffer 并没有太大的区别，故此处不再赘述。

▶▶ 15.9.3 使用 Channel

Channel 类似于传统的流对象，但与传统的流对象有两个主要区别。

- Channel 可以直接将指定文件的部分或全部直接映射成 Buffer。
- 程序不能直接访问 Channel 中的数据，包括读取、写入都不行，Channel 只能与 Buffer 进行交互。也就是说，如果要从 Channel 中取得数据，必须先用 Buffer 从 Channel 中取出一些数据，然后让程序从 Buffer 中取出这些数据；如果要将程序中的数据写入 Channel，一样先让程序将数据放入 Buffer 中，程序再将 Buffer 里的数据写入 Channel 中。

Java 为 Channel 接口提供了 DatagramChannel、FileChannel、Pipe.SinkChannel、Pipe.SourceChannel、SelectableChannel、ServerSocketChannel、SocketChannel 等实现类，本节主要介绍 FileChannel 的用法。根据这些 Channel 的名字不难发现，新 IO 里的 Channel 是按功能来划分的，例如 Pipe.SinkChannel、Pipe.SourceChannel 是用于支持线程之间通信的管道 Channel；ServerSocketChannel、SocketChannel 是用于支持 TCP 网络通信的 Channel；而 DatagramChannel 则是用于支持 UDP 网络通信的 Channel。

> **提示：** 本书将会在第 17 章介绍网络通信编程的详细内容，如果需要掌握 ServerSocketChannel、SocketChannel 等 Channel 的用法，可以参考本书第 17 章。

所有的 Channel 都不应该通过构造器来直接创建，而是通过传统的节点 InputStream、OutputStream 的 getChannel() 方法来返回对应的 Channel，不同的节点流获得的 Channel 不一样。例如，FileInputStream、FileOutputStream 的 getChannel() 返回的是 FileChannel，而 PipedInputStream 和 PipedOutputStream 的 getChannel() 返回的是 Pipe.SinkChannel、Pipe.SourceChannel。

Channel 中最常用的三类方法是 map()、read() 和 write()，其中 map() 方法用于将 Channel 对应的部分或全部数据映射成 ByteBuffer；而 read() 或 write() 方法都有一系列重载形式，这些方法用于从 Buffer 中读取数据或向 Buffer 中写入数据。

map() 方法的方法签名为：MappedByteBuffer map(FileChannel.MapMode mode, long position, long size)，第一个参数执行映射时的模式，分别有只读、读写等模式；而第二个、第三个参数用于控制将 Channel 的哪些数据映射成 ByteBuffer。

下面程序示范了直接将 FileChannel 的全部数据映射成 ByteBuffer 的效果。

程序清单：codes\15\15.9\FileChannelTest.java

```java
public class FileChannelTest
{
    public static void main(String[] args)
    {
        File f = new File("FileChannelTest.java");
        try(
            // 创建 FileInputStream，以该文件输入流创建 FileChannel
            FileChannel inChannel = new FileInputStream(f).getChannel();
            // 以文件输出流创建 FileChannel，用以控制输出
            FileChannel outChannel = new FileOutputStream("a.txt")
                .getChannel())
        {
            // 将 FileChannel 里的全部数据映射成 ByteBuffer
            MappedByteBuffer buffer = inChannel.map(FileChannel
```

```java
                .MapMode.READ_ONLY , 0 , f.length());     // ①
            // 使用 GBK 的字符集来创建解码器
            Charset charset = Charset.forName("GBK");
            // 直接将 buffer 里的数据全部输出
            outChannel.write(buffer);        // ②
            // 再次调用 buffer 的 clear() 方法，复原 limit、position 的位置
            buffer.clear();
            // 创建解码器（CharsetDecoder）对象
            CharsetDecoder decoder = charset.newDecoder();
            // 使用解码器将 ByteBuffer 转换成 CharBuffer
            CharBuffer charBuffer = decoder.decode(buffer);
            // CharBuffer 的 toString 方法可以获取对应的字符串
            System.out.println(charBuffer);
        }
        catch (IOException ex)
        {
            ex.printStackTrace();
        }
    }
}
```

上面程序中的两行粗体字代码分别使用 FileInputStream、FileOutputStream 来获取 FileChannel，虽然 FileChannel 既可以读取也可以写入，但 FileInputStream 获取的 FileChannel 只能读，而 FileOutputStream 获取的 FileChannel 只能写。程序中①号代码处直接将指定 Channel 中的全部数据映射成 ByteBuffer，然后程序中②号代码处直接将整个 ByteBuffer 的全部数据写入一个输出 FileChannel 中，这就完成了文件的复制。

程序后面部分为了能将 FileChannelTest.java 文件里的内容打印出来，使用了 Charset 类和 CharsetDecoder 类将 ByteBuffer 转换成 CharBuffer。关于 Charset 和 CharsetDecoder 下一节将会有更详细的介绍。

不仅 InputStream、OutputStream 包含了 getChannel() 方法，在 RandomAccessFile 中也包含了一个 getChannel() 方法，RandomAccessFile 返回的 FileChannel() 是只读的还是读写的，则取决于 RandomAccessFile 打开文件的模式。例如，下面程序将会对 a.txt 文件的内容进行复制，追加在该文件后面。

程序清单：codes\15\15.9\RandomFileChannelTest.java

```java
public class RandomFileChannelTest
{
    public static void main(String[] args)
        throws IOException
    {
        File f = new File("a.txt");
        try(
            // 创建一个 RandomAccessFile 对象
            RandomAccessFile raf = new RandomAccessFile(f, "rw");
            // 获取 RandomAccessFile 对应的 Channel
            FileChannel randomChannel = raf.getChannel())
        {
            // 将 Channel 中的所有数据映射成 ByteBuffer
            ByteBuffer buffer = randomChannel.map(FileChannel
                .MapMode.READ_ONLY, 0 , f.length());
            // 把 Channel 的记录指针移动到最后
            randomChannel.position(f.length());
            // 将 buffer 中的所有数据输出
            randomChannel.write(buffer);
        }
    }
}
```

上面程序中的粗体字代码可以将 Channel 的记录指针移动到该 Channel 的最后，从而可以让程序将指定 ByteBuffer 的数据追加到该 Channel 的后面。每次运行上面程序，都会把 a.txt 文件的内容复制一份，并将全部内容追加到该文件的后面。

如果读者习惯了传统 IO 的"用竹筒多次重复取水"的过程，或者担心 Channel 对应的文件过大，

使用map()方法一次将所有的文件内容映射到内存中引起性能下降,也可以使用Channel和Buffer传统的"用竹筒多次重复取水"的方式。如下程序所示。

程序清单:codes\15\15.9\ReadFile.java

```java
public class ReadFile
{
    public static void main(String[] args)
        throws IOException
    {
        try(
            // 创建文件输入流
            FileInputStream fis = new FileInputStream("ReadFile.java");
            // 创建一个 FileChannel
            FileChannel fcin = fis.getChannel())
        {
            // 定义一个 ByteBuffer 对象,用于重复取水
            ByteBuffer bbuff = ByteBuffer.allocate(256);
            // 将 FileChannel 中的数据放入 ByteBuffer 中
            while(fcin.read(bbuff) != -1 )
            {
                // 锁定 Buffer 的空白区
                bbuff.flip();
                // 创建 Charset 对象
                Charset charset = Charset.forName("GBK");
                // 创建解码器(CharsetDecoder)对象
                CharsetDecoder decoder = charset.newDecoder();
                // 将 ByteBuffer 的内容转码
                CharBuffer cbuff = decoder.decode(bbuff);
                System.out.print(cbuff);
                // 将 Buffer 初始化,为下一次读取数据做准备
                bbuff.clear();
            }
        }
    }
}
```

上面代码虽然使用 FileChannel 和 Buffer 来读取文件,但处理方式和使用 InputStream、byte[]来读取文件的方式几乎一样,都是采用"用竹筒多次重复取水"的方式。但因为 Buffer 提供了 flip()和 clear()两个方法,所以程序处理起来比较方便,每次读取数据后调用 flip()方法将没有数据的区域"封印"起来,避免程序从 Buffer 中取出 null 值;数据取出后立即调用 clear()方法将 Buffer 的 position 设 0,为下一次读取数据做准备。

▶▶ 15.9.4 字符集和 Charset

前面已经提到:计算机里的文件、数据、图片文件只是一种表面现象,所有文件在底层都是二进制文件,即全部都是字节码。图片、音乐文件暂时先不说,对于文本文件而言,之所以可以看到一个个的字符,这完全是因为系统将底层的二进制序列转换成字符的缘故。在这个过程中涉及两个概念:编码(Encode)和解码(Decode),通常而言,把明文的字符序列转换成计算机理解的二进制序列(普通人看不懂)称为编码,把二进制序列转换成普通人能看懂的明文字符串称为解码,如图 15.21 所示。

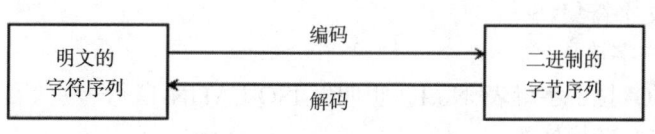

图 15.21 编码/解码示意图

> **提示:**
> Encode 和 Decode 两个专业术语来自于早期的电报、情报等,当把明文的消息转换成普通人看不懂的电码(或密码)的过程就是 Encode,而将电码(或密码)翻译成明文的消息则被称为 Decode。后来计算机也采用了这两个概念,其作用已经发生了变化。

计算机底层是没有文本文件、图片文件之分的，它只是忠实地记录每个文件的二进制序列而已。当需要保存文本文件时，程序必须先把文件中的每个字符翻译成二进制序列；当需要读取文本文件时，程序必须把二进制序列转换为一个个的字符。

Java 默认使用 Unicode 字符集，但很多操作系统并不使用 Unicode 字符集，那么当从系统中读取数据到 Java 程序中时，就可能出现乱码等问题。

JDK 1.4 提供了 Charset 来处理字节序列和字符序列（字符串）之间的转换关系，该类包含了用于创建解码器和编码器的方法，还提供了获取 Charset 所支持字符集的方法，Charset 类是不可变的。

Charset 类提供了一个 availableCharsets()静态方法来获取当前 JDK 所支持的所有字符集。所以程序可以使用如下程序来获取该 JDK 所支持的全部字符集。

学生提问：二进制序列与字符之间如何对应呢？

答：为了解决二进制序列与字符之间的对应关系，这就需要字符集了。关于字符集的介绍，太多书籍介绍得"云里雾里"了。其实很简单，所谓字符集，就是为每个字符编个号码而已。不存在任何的技术难度！任何人都可制定自己独有的字符集，只要为每个字符编个号码即可。比如将"刚"字编号为 65，这样"刚"字就转换成 01000001；反过来，01000001 也可被恢复成"刚"字。当然，如果每个人都制定自己独有的字符集，那程序就没法交流了——A 程序使用 A 字符集（A 字符集中"刚"字编号为 65），A 程序保存"刚"字时保存的是 01000001；B 程序使用 B 字符集（B 字符集中编号为 65 的可能是其他字符，或者根本没有字符编号为 65），那么 B 程序读取 01000001 后，再按 B 字符集恢复出来自然就得到不了"刚"字了。因此还是应该使用大家都认同的字符集。

程序清单：codes\15\15.9\CharsetTest.java

```java
public class CharsetTest
{
    public static void main(String[] args)
    {
        // 获取 Java 支持的全部字符集
        SortedMap<String,Charset> map = Charset.availableCharsets();
        for (String alias : map.keySet())
        {
            // 输出字符集的别名和对应的 Charset 对象
            System.out.println(alias + "----->"
                + map.get(alias));
        }
    }
}
```

上面程序中的粗体字代码获取了当前 Java 所支持的全部字符集，并使用遍历方式打印了所有字符集的别名（字符集的字符串名称）和 Charset 对象。从上面程序可以看出，每个字符集都有一个字符串名称，也被称为字符串别名。对于中国的程序员而言，下面几个字符串别名是常用的。

➢ GBK：简体中文字符集。
➢ BIG5：繁体中文字符集。
➢ ISO-8859-1：ISO 拉丁字母表 No.1，也叫做 ISO-LATIN-1。
➢ UTF-8：8 位 UCS 转换格式。
➢ UTF-16BE：16 位 UCS 转换格式，Big-endian（最低地址存放高位字节）字节顺序。
➢ UTF-16LE：16 位 UCS 转换格式，Little-endian（最高地址存放低位字节）字节顺序。
➢ UTF-16：16 位 UCS 转换格式，字节顺序由可选的字节顺序标记来标识。

> **提示:**
> 可以使用 System 类的 getProperties()方法来访问本地系统的文件编码格式,文件编码格式的属性名为 file.encoding。例如,9.2 节介绍 System 类时得到的 a.txt 文件中包含 file.encoding=GBK 行,这表明编写本书用的操作系统使用 GBK 编码方式。

一旦知道了字符集的别名之后,程序就可以调用 Charset 的 forName()方法来创建对应的 Charset 对象,forName()方法的参数就是相应字符集的别名。例如如下代码:

```
Charset cs = Charset.forName("ISO-8859-1");
Charset csCn = Charset.forName("GBK");
```

获得了 Charset 对象之后,就可以通过该对象的 newDecoder()、newEncoder()这两个方法分别返回 CharsetDecoder 和 CharsetEncoder 对象,代表该 Charset 的解码器和编码器。调用 CharsetDecoder 的 decode() 方法就可以将 ByteBuffer(字节序列)转换成 CharBuffer(字符序列),调用 CharsetEncoder 的 encode() 方法就可以将 CharBuffer 或 String(字符序列)转换成 ByteBuffer(字节序列)。如下程序使用了 CharsetEncoder 和 CharsetDecoder 完成了 ByteBuffer 和 CharBuffer 之间的转换。

> Java 7 新增了一个 StandardCharsets 类,该类里包含了 ISO_8859_1、UTF_8、UTF_16 等类变量,这些类变量代表了最常用的字符集对应的 Charset 对象。

程序清单:codes\15\15.9\CharsetTransform.java

```java
public class CharsetTransform
{
    public static void main(String[] args)
        throws Exception
    {
        // 创建简体中文对应的 Charset
        Charset cn = Charset.forName("GBK");
        // 获取 cn 对象对应的编码器和解码器
        CharsetEncoder cnEncoder = cn.newEncoder();
        CharsetDecoder cnDecoder = cn.newDecoder();
        // 创建一个 CharBuffer 对象
        CharBuffer cbuff = CharBuffer.allocate(8);
        cbuff.put('孙');
        cbuff.put('悟');
        cbuff.put('空');
        cbuff.flip();
        // 将 CharBuffer 中的字符序列转换成字节序列
        ByteBuffer bbuff = cnEncoder.encode(cbuff);
        // 循环访问 ByteBuffer 中的每个字节
        for (int i = 0; i < bbuff.capacity() ; i++)
        {
            System.out.print(bbuff.get(i) + " ");
        }
        // 将 ByteBuffer 的数据解码成字符序列
        System.out.println("\n" + cnDecoder.decode(bbuff));
    }
}
```

上面程序中的两行粗体字代码分别实现了将 CharBuffer 转换成 ByteBuffer,将 ByteBuffer 转换成 CharBuffer 的功能。实际上,Charset 类也提供了如下三个方法。

➢ CharBuffer decode(ByteBuffer bb):将 ByteBuffer 中的字节序列转换成字符序列的便捷方法。
➢ ByteBuffer encode(CharBuffer cb):将 CharBuffer 中的字符序列转换成字节序列的便捷方法。
➢ ByteBuffer encode(String str):将 String 中的字符序列转换成字节序列的便捷方法。

也就是说,获取了 Charset 对象后,如果仅仅需要进行简单的编码、解码操作,其实无须创建 CharsetEncoder 和 CharsetDecoder 对象,直接调用 Charset 的 encode()和 decode()方法进行编码、解码即可。

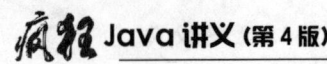
> **提示：** 在 String 类里也提供了一个 getBytes(String charset)方法，该方法返回 byte[]，该方法也是使用指定的字符集将字符串转换成字节序列。

▶▶ 15.9.5 文件锁

文件锁在操作系统中是很平常的事情，如果多个运行的程序需要并发修改同一个文件时，程序之间需要某种机制来进行通信，使用文件锁可以有效地阻止多个进程并发修改同一个文件，所以现在的大部分操作系统都提供了文件锁的功能。

文件锁控制文件的全部或部分字节的访问，但文件锁在不同的操作系统中差别较大，所以早期的 JDK 版本并未提供文件锁的支持。从 JDK 1.4 的 NIO 开始，Java 开始提供文件锁的支持。

在 NIO 中，Java 提供了 FileLock 来支持文件锁定功能，在 FileChannel 中提供的 lock()/tryLock()方法可以获得文件锁 FileLock 对象，从而锁定文件。lock()和 tryLock()方法存在区别：当 lock()试图锁定某个文件时，如果无法得到文件锁，程序将一直阻塞；而 tryLock()是尝试锁定文件，它将直接返回而不是阻塞，如果获得了文件锁，该方法则返回该文件锁，否则将返回 null。

如果 FileChannel 只想锁定文件的部分内容，而不是锁定全部内容，则可以使用如下的 lock()或 tryLock()方法。

- ➤ lock(long position, long size, boolean shared)：对文件从 position 开始，长度为 size 的内容加锁，该方法是阻塞式的。
- ➤ tryLock(long position, long size, boolean shared)：非阻塞式的加锁方法。参数的作用与上一个方法类似。

当参数 shared 为 true 时，表明该锁是一个共享锁，它将允许多个进程来读取该文件，但阻止其他进程获得对该文件的排他锁。当 shared 为 false 时，表明该锁是一个排他锁，它将锁住对该文件的读写。程序可以通过调用 FileLock 的 isShared 来判断它获得的锁是否为共享锁。

> **注意：** 直接使用 lock()或 tryLock()方法获取的文件锁是排他锁。

处理完文件后通过 FileLock 的 release()方法释放文件锁。下面程序示范了使用 FileLock 锁定文件的示例。

程序清单：codes\15\15.9\FileLockTest.java

```java
public class FileLockTest
{
    public static void main(String[] args)
        throws Exception
    {
        try(
            // 使用 FileOutputStream 获取 FileChannel
            FileChannel channel = new FileOutputStream("a.txt")
                .getChannel())
        {
            // 使用非阻塞式方式对指定文件加锁
            FileLock lock = channel.tryLock();
            // 程序暂停 10s
            Thread.sleep(10000);
            // 释放锁
            lock.release();
        }
    }
}
```

上面程序中的第一行粗体字代码用于对指定文件加锁，接着程序调用 Thread.sleep(10000)暂停了 10 秒后才释放文件锁（如程序中第二行粗体字代码所示），因此在这 10 秒之内，其他程序无法对 a.txt 文件进行修改。

> **注意**：文件锁虽然可以用于控制并发访问，但对于高并发访问的情形，还是推荐使用数据库来保存程序信息，而不是使用文件。

关于文件锁还需要指出如下几点。
- 在某些平台上，文件锁仅仅是建议性的，并不是强制性的。这意味着即使一个程序不能获得文件锁，它也可以对该文件进行读写。
- 在某些平台上，不能同步地锁定一个文件并把它映射到内存中。
- 文件锁是由 Java 虚拟机所持有的，如果两个 Java 程序使用同一个 Java 虚拟机运行，则它们不能对同一个文件进行加锁。
- 在某些平台上关闭 FileChannel 时，会释放 Java 虚拟机在该文件上的所有锁，因此应该避免对同一个被锁定的文件打开多个 FileChannel。

15.10 Java 7 的 NIO.2

Java 7 对原有的 NIO 进行了重大改进，改进主要包括如下两方面的内容。
- 提供了全面的文件 IO 和文件系统访问支持。
- 基于异步 Channel 的 IO。

第一个改进表现为 Java 7 新增的 java.nio.file 包及各个子包；第二个改进表现为 Java 7 在 java.nio.channels 包下增加了多个以 Asynchronous 开头的 Channel 接口和类。Java 7 把这种改进称为 NIO.2，本章先详细介绍 NIO 的第二个改进。

15.10.1 Path、Paths 和 Files 核心 API

早期的 Java 只提供了一个 File 类来访问文件系统，但 File 类的功能比较有限，它不能利用特定文件系统的特性，File 所提供的方法的性能也不高。而且，其大多数方法在出错时仅返回失败，并不会提供异常信息。

NIO.2 为了弥补这种不足，引入了一个 Path 接口，Path 接口代表一个平台无关的平台路径。除此之外，NIO.2 还提供了 Files、Paths 两个工具类，其中 Files 包含了大量静态的工具方法来操作文件；Paths 则包含了两个返回 Path 的静态工厂方法。

> **提示**：Files 和 Paths 两个工具类非常符合 Java 一贯的命名风格，比如前面介绍的操作数组的工具类为 Arrays，操作集合的工具类为 Collections，这种一致的命名风格可以让读者快速了解这些工具类的用途。

下面程序简单示范了 Path 接口的功能和用法。

程序清单：codes\15\15.10\PathTest.java

```java
public class PathTest
{
    public static void main(String[] args)
        throws Exception
    {
        // 以当前路径来创建 Path 对象
        Path path = Paths.get(".");
        System.out.println("path 里包含的路径数量: "
            + path.getNameCount());
        System.out.println("path 的根路径: " + path.getRoot());
        // 获取 path 对应的绝对路径
        Path absolutePath = path.toAbsolutePath();
        System.out.println(absolutePath);
```

```java
            // 获取绝对路径的根路径
            System.out.println("absolutePath 的根路径: "
                + absolutePath.getRoot());
            // 获取绝对路径所包含的路径数量
            System.out.println("absolutePath 里包含的路径数量: "
                + absolutePath.getNameCount());
            System.out.println(absolutePath.getName(3));
            // 以多个 String 来构建 Path 对象
            Path path2 = Paths.get("g:" , "publish" , "codes");
            System.out.println(path2);
    }
}
```

从上面程序可以看出，Paths 提供了 get(String first, String... more)方法来获取 Path 对象，Paths 会将给定的多个字符串连缀成路径，比如 Paths.get("g:" , "publish" , "codes")就返回 g:\publish\codes 路径。

上面程序中的粗体字代码示范了 Path 接口的常用方法，读者可能对 getNameCount()方法感到有点困惑，此处简要说明一下：它会返回 Path 路径所包含的路径名的数量，例如 g:\publish\codes 调用该方法就会返回 3。

Files 是一个操作文件的工具类，它提供了大量便捷的工具方法，下面程序简单示范了 Files 类的用法。

程序清单：codes\15\15.10\FilesTest.java

```java
public class FilesTest
{
    public static void main(String[] args)
        throws Exception
    {
        // 复制文件
        Files.copy(Paths.get("FilesTest.java")
            , new FileOutputStream("a.txt"));
        // 判断 FilesTest.java 文件是否为隐藏文件
        System.out.println("FilesTest.java 是否为隐藏文件: "
            + Files.isHidden(Paths.get("FilesTest.java")));
        // 一次性读取 FilesTest.java 文件的所有行
        List<String> lines = Files.readAllLines(Paths
            .get("FilesTest.java"), Charset.forName("gbk"));
        System.out.println(lines);
        // 判断指定文件的大小
        System.out.println("FilesTest.java 的大小为: "
            + Files.size(Paths.get("FilesTest.java")));
        List<String> poem = new ArrayList<>();
        poem.add("水晶潭底银鱼跃");
        poem.add("清徐风中碧竿横");
        // 直接将多个字符串内容写入指定文件中
        Files.write(Paths.get("pome.txt") , poem
            , Charset.forName("gbk"));
        // 使用 Java 8 新增的 Stream API 列出当前目录下所有文件和子目录
        Files.list(Paths.get(".")).forEach(path->System.out.println(path));  // ①
        // 使用 Java 8 新增的 Stream API 读取文件内容
        Files.lines(Paths.get("FilesTest.java") , Charset.forName("gbk"))
            .forEach(line -> System.out.println(line));        // ②
        FileStore cStore = Files.getFileStore(Paths.get("C:"));
        // 判断 C 盘的总空间、可用空间
        System.out.println("C:共有空间: " + cStore.getTotalSpace());
        System.out.println("C:可用空间: " + cStore.getUsableSpace());
    }
}
```

上面程序中的粗体字代码简单示范了 Files 工具类的用法。从上面程序不难看出，Files 类是一个高度封装的工具类，它提供了大量的工具方法来完成文件复制、读取文件内容、写入文件内容等功能——这些原本需要程序员通过 IO 操作才能完成的功能，现在 Files 类只要一个工具方法即可。

Java 8 进一步增强了 Files 工具类的功能，允许开发者使用 Stream API 来操作文件目录和文件内容，上面示例程序中①号代码使用 Stream API 列出了指定路径下的所有文件和目录；②号代码则使用了

Stream API 读取文件内容。

> **提示:** 读者应该熟练掌握 Files 工具类的用法,它所包含的工具方法可以大大地简化文件 IO。

▶▶ 15.10.2 使用 FileVisitor 遍历文件和目录

在以前的 Java 版本中,如果程序要遍历指定目录下的所有文件和子目录,则只能使用递归进行遍历,但这种方式不仅复杂,而且灵活性也不高。

有了 Files 工具类的帮助,现在可以用更优雅的方式来遍历文件和子目录。Files 类提供了如下两个方法来遍历文件和子目录。

- ➢ walkFileTree(Path start, FileVisitor<? super Path> visitor):遍历 start 路径下的所有文件和子目录。
- ➢ walkFileTree(Path start, Set<FileVisitOption> options, int maxDepth, FileVisitor<? super Path> visitor):与上一个方法的功能类似。该方法最多遍历 maxDepth 深度的文件。

上面两个方法都需要 FileVisitor 参数,FileVisitor 代表一个文件访问器,walkFileTree()方法会自动遍历 start 路径下的所有文件和子目录,遍历文件和子目录都会"触发"FileVisitor 中相应的方法。FileVisitor 中定义了如下 4 个方法。

- ➢ FileVisitResult postVisitDirectory(T dir, IOException exc):访问子目录之后触发该方法。
- ➢ FileVisitResult preVisitDirectory(T dir, BasicFileAttributes attrs):访问子目录之前触发该方法。
- ➢ FileVisitResult visitFile(T file, BasicFileAttributes attrs):访问 file 文件时触发该方法。
- ➢ FileVisitResult visitFileFailed(T file, IOException exc):访问 file 文件失败时触发该方法。

上面 4 个方法都返回一个 FileVisitResult 对象,它是一个枚举类,代表了访问之后的后续行为。FileVisitResult 定义了如下几种后续行为。

- ➢ CONTINUE:代表"继续访问"的后续行为。
- ➢ SKIP_SIBLINGS:代表"继续访问"的后续行为,但不访问该文件或目录的兄弟文件或目录。
- ➢ SKIP_SUBTREE:代表"继续访问"的后续行为,但不访问该文件或目录的子目录树。
- ➢ TERMINATE:代表"中止访问"的后续行为。

实际编程时没必要为 FileVisitor 的 4 个方法都提供实现,可以通过继承 SimpleFileVisitor(FileVisitor 的实现类)来实现自己的"文件访问器",这样就根据需要、选择性地重写指定方法了。

如下程序示范了使用 FileVisitor 来遍历文件和子目录。

程序清单:codes\15\15.10\FileVisitorTest.java

```
public class FileVisitorTest
{
    public static void main(String[] args)
        throws Exception
    {
        // 遍历 g:\publish\codes\15 目录下的所有文件和子目录
        Files.walkFileTree(Paths.get("g:", "publish" , "codes" , "15")
            , new SimpleFileVisitor<Path>()
        {
            // 访问文件时触发该方法
            @Override
            public FileVisitResult visitFile(Path file
                , BasicFileAttributes attrs) throws IOException
            {
                System.out.println("正在访问" + file + "文件");
                // 找到了 FileVisitorTest.java 文件
                if (file.endsWith("FileVisitorTest.java"))
                {
                    System.out.println("--已经找到目标文件--");
                    return FileVisitResult.TERMINATE;
                }
                return FileVisitResult.CONTINUE;
            }
            // 开始访问目录时触发该方法
            @Override
```

```
            public FileVisitResult preVisitDirectory(Path dir
                , BasicFileAttributes attrs) throws IOException
            {
                System.out.println("正在访问:" + dir + " 路径");
                return FileVisitResult.CONTINUE;
            }
        });
    }
}
```

上面程序中使用了 Files 工具类的 walkFileTree()方法来遍历 g:\publish\codes\15 目录下的所有文件和子目录，如果找到的文件以 "FileVisitorTest.java" 结尾，则程序停止遍历——这就实现了对指定目录进行搜索，直到找到指定文件为止。

▶▶ 15.10.3 使用 WatchService 监控文件变化

在以前的 Java 版本中，如果程序需要监控文件的变化，则可以考虑启动一条后台线程，这条后台线程每隔一段时间去"遍历"一次指定目录的文件，如果发现此次遍历结果与上次遍历结果不同，则认为文件发生了变化。但这种方式不仅十分烦琐，而且性能也不好。

NIO.2 的 Path 类提供了如下一个方法来监听文件系统的变化。

- ➢ register(WatchService watcher, WatchEvent.Kind<?>... events)：用 watcher 监听该 path 代表的目录下的文件变化。events 参数指定要监听哪些类型的事件。

在这个方法中 WatchService 代表一个文件系统监听服务，它负责监听 path 代表的目录下的文件变化。一旦使用 register()方法完成注册之后，接下来就可调用 WatchService 的如下三个方法来获取被监听目录的文件变化事件。

- ➢ WatchKey poll()：获取下一个 WatchKey，如果没有 WatchKey 发生就立即返回 null。
- ➢ WatchKey poll(long timeout, TimeUnit unit)：尝试等待 timeout 时间去获取下一个 WatchKey。
- ➢ WatchKey take()：获取下一个 WatchKey，如果没有 WatchKey 发生就一直等待。

如果程序需要一直监控，则应该选择使用 take()方法；如果程序只需要监控指定时间，则可考虑使用 poll()方法。下面程序示范了使用 WatchService 来监控 C:盘根路径下文件的变化。

程序清单：codes\15\15.10\WatchServiceTest.java

```
public class WatchServiceTest
{
    public static void main(String[] args)
        throws Exception
    {
        // 获取文件系统的 WatchService 对象
        WatchService watchService = FileSystems.getDefault()
            .newWatchService();
        // 为 C:盘根路径注册监听
        Paths.get("C:/").register(watchService
            , StandardWatchEventKinds.ENTRY_CREATE
            , StandardWatchEventKinds.ENTRY_MODIFY
            , StandardWatchEventKinds.ENTRY_DELETE);
        while(true)
        {
            // 获取下一个文件变化事件
            WatchKey key = watchService.take();     // ①
            for (WatchEvent<?> event : key.pollEvents())
            {
                System.out.println(event.context() +" 文件发生了 "
                    + event.kind()+ "事件！");
            }
            // 重设 WatchKey
            boolean valid = key.reset();
            // 如果重设失败，退出监听
            if (!valid)
            {
```

```
                break;
        }
    }
}
```

上面程序使用了一个死循环重复获取 C:盘根路径下文件的变化,程序在①号代码处试图获取下一个 WatchKey,如果没有发生就等待。因此 C:盘根路径下每次文件的变化都会被该程序监听到。

图 15.22 监控文件的变化

运行该程序,然后在 C:盘下新建一个文件,再删除该文件,将看到如图 15.22 所示的输出。

从图 15.22 不难看出,通过使用 WatchService 可以非常优雅地监控指定目录下文件的变化,至于文件发生变化后,程序应该进行哪些处理,这就取决于程序的业务需要了。

▶▶ 15.10.4 访问文件属性

早期的 Java 提供的 File 类可以访问一些简单的文件属性,比如文件大小、修改时间、文件是否隐藏、是文件还是目录等。如果程序需要获取或修改更多的文件属性,则必须利用运行所在平台的特定代码来实现,这是一件非常困难的事情。

Java 7 的 NIO.2 在 java.nio.file.attribute 包下提供了大量的工具类,通过这些工具类,开发者可以非常简单地读取、修改文件属性。这些工具类主要分为如下两类。

➢ XxxAttributeView:代表某种文件属性的"视图"。
➢ XxxAttributes:代表某种文件属性的"集合",程序一般通过 XxxAttributeView 对象来获取 XxxAttributes。

在这些工具类中,FileAttributeView 是其他 XxxAttributeView 的父接口,下面简单介绍一下这些 XxxAttributeView。

AclFileAttributeView:通过 AclFileAttributeView,开发者可以为特定文件设置 ACL(Access Control List)及文件所有者属性。它的 getAcl()方法返回 List<AclEntry>对象,该返回值代表了该文件的权限集。通过 setAcl(List)方法可以修改该文件的 ACL。

BasicFileAttributeView:它可以获取或修改文件的基本属性,包括文件的最后修改时间、最后访问时间、创建时间、大小、是否为目录、是否为符号链接等。它的 readAttributes()方法返回一个 BasicFileAttributes 对象,对文件夹基本属性的修改是通过 BasicFileAttributes 对象完成的。

DosFileAttributeView:它主要用于获取或修改文件 DOS 相关属性,比如文件是否只读、是否隐藏、是否为系统文件、是否是存档文件等。它的 readAttributes()方法返回一个 DosFileAttributes 对象,对这些属性的修改其实是由 DosFileAttributes 对象来完成的。

FileOwnerAttributeView:它主要用于获取或修改文件的所有者。它的 getOwner()方法返回一个 UserPrincipal 对象来代表文件所有者;也可调用 setOwner(UserPrincipal owner)方法来改变文件的所有者。

PosixFileAttributeView:它主要用于获取或修改 POSIX(Portable Operating System Interface of INIX)属性,它的 readAttributes()方法返回一个 PosixFileAttributes 对象,该对象可用于获取或修改文件的所有者、组所有者、访问权限信息(就是 UNIX 的 chmod 命令负责干的事情)。这个 View 只在 UNIX、Linux 等系统上有用。

UserDefinedFileAttributeView:它可以让开发者为文件设置一些自定义属性。

下面程序示范了如何读取、修改文件的属性。

程序清单:codes\15\15.10\AttributeViewTest.java

```java
public class AttributeViewTest
{
    public static void main(String[] args)
        throws Exception
    {
        // 获取将要操作的文件
        Path testPath = Paths.get("AttributeViewTest.java");
        // 获取访问基本属性的 BasicFileAttributeView
        BasicFileAttributeView basicView = Files.getFileAttributeView(
```

```java
            testPath , BasicFileAttributeView.class);
        // 获取访问基本属性的 BasicFileAttributes
        BasicFileAttributes basicAttribs = basicView.readAttributes();
        // 访问文件的基本属性
        System.out.println("创建时间: " + new Date(basicAttribs
            .creationTime().toMillis()));
        System.out.println("最后访问时间: " + new Date(basicAttribs
            .lastAccessTime().toMillis()));
        System.out.println("最后修改时间: " + new Date(basicAttribs
            .lastModifiedTime().toMillis()));
        System.out.println("文件大小: " + basicAttribs.size());
        // 获取访问文件属主信息的 FileOwnerAttributeView
        FileOwnerAttributeView ownerView = Files.getFileAttributeView(
            testPath, FileOwnerAttributeView.class);
        // 获取该文件所属的用户
        System.out.println(ownerView.getOwner());
        // 获取系统中 guest 对应的用户
        UserPrincipal user = FileSystems.getDefault()
            .getUserPrincipalLookupService()
            .lookupPrincipalByName("guest");
        // 修改用户
        ownerView.setOwner(user);
        // 获取访问自定义属性的 FileOwnerAttributeView
        UserDefinedFileAttributeView userView = Files.getFileAttributeView(
            testPath, UserDefinedFileAttributeView.class);
        List<String> attrNames = userView.list();
        // 遍历所有的自定义属性
        for (String name : attrNames)
        {
            ByteBuffer buf = ByteBuffer.allocate(userView.size(name));
            userView.read(name, buf);
            buf.flip();
            String value = Charset.defaultCharset().decode(buf).toString();
            System.out.println(name + "--->" + value) ;
        }
        // 添加一个自定义属性
        userView.write("发行者", Charset.defaultCharset()
            .encode("疯狂 Java 联盟"));
        // 获取访问 DOS 属性的 DosFileAttributeView
        DosFileAttributeView dosView = Files.getFileAttributeView(testPath
            , DosFileAttributeView.class);
        // 将文件设置隐藏、只读
        dosView.setHidden(true);
        dosView.setReadOnly(true);
    }
}
```

上面程序中的 4 段粗体字代码分别访问了 4 种不同类型的文件属性，关于读取、修改文件属性的说明，程序中的代码已有详细说明，因此不再过多地解释。第二次运行该程序（记住第一次运行后 AttributeViewTest.java 文件变成隐藏、只读文件，因此第二次运行之前一定要先取消只读属性），将看到如图 15.23 所示的输出。

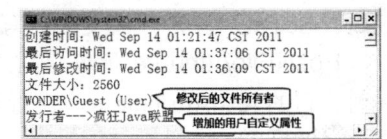

图 15.23 读取、修改文件属性

15.11 本章小结

本章主要介绍了 Java 输入/输出体系的相关知识。本章介绍了如何使用 File 来访问本地文件系统，以及 Java IO 流的三种分类方式。本章重点讲解了 IO 流的处理模型，以及如何使用 IO 流来读取物理存储节点中的数据，归纳了 Java 不同 IO 流的功能，并介绍了几种典型 IO 流的用法。本章也介绍了 RandomAccessFile 类的用法，通过 RandomAccessFile 允许程序自由地移动文件指针，任意访问文件的指定位置。

本章也介绍了 Java 对象序列化的相关知识，程序通过序列化把 Java 对象转换成二进制字节流，然后就可以把二进制字节流写入网络或者永久存储器。本章还介绍了 Java 提供的新 IO 支持，使用新 IO 能以更高效的方式来进行输入、输出操作。本章最后介绍了 Java 7 提供的 NIO.2 的文件 IO 和文件系统访问支持，NIO.2 极大地增强了 Java IO 的功能。

▶▶ 本章练习

1. 定义一个工具类，该类要求用户运行该程序时输入一个路径。该工具类会将该路径下（及其子目录下）的所有文件列出来。
2. 定义一个工具类，该类要求用户运行该程序时输入一个路径。该工具类会将该路径下的文件、文件夹的数量统计出来。
3. 定义一个工具类，该工具类可实现 copy 功能（不允许使用 Files 类）。如果被 copy 的对象是文件，程序将指定文件复制到指定目录下；如果被 copy 的对象是目录，程序应该将该目录及其目录下的所有文件复制到指定目录下。
4. 编写仿 Windows 记事本的小程序。
5. 编写一个命令行工具，这个命令行工具就像 Windows 提供的 cmd 命令一样，可以执行各种常见的命令，如 dir、md、copy、move 等。
6. 完善第 12 章的仿 EditPlus 的编辑器，提供文件的打开、保存等功能。

第 16 章
多线程

本章要点

- 线程的基础知识
- 理解线程和进程的区别与联系
- 三种创建线程的方式
- 线程的 run() 方法和 start() 方法的区别与联系
- 线程的生命周期
- 线程死亡的几种情况
- 控制线程的常用方法
- 线程同步的概念和必要性
- 使用 synchronized 控制线程同步
- 使用 Lock 对象控制线程同步
- 使用 Object 提供的方法实现线程通信
- 使用条件变量实现线程通信
- 使用阻塞队列实现线程通信
- 线程组的功能和用法
- 线程池的功能和用法
- Java 8 增强的 ForkJoinPool
- ThreadLocal 类的功能和用法
- 使用线程安全的集合类
- Java 9 新增的发布-订阅框架

前面大部分程序，都只是在做单线程的编程，前面所有程序（除第 11 章、第 12 章的程序之外，它们有内建的多线程支持）都只有一条顺序执行流——程序从 main()方法开始执行，依次向下执行每行代码，如果程序执行某行代码时遇到了阻塞，则程序将会停滞在该处。如果使用 IDE 工具的单步调试功能，就可以非常清楚地看出这一点。

但实际的情况是，单线程的程序往往功能非常有限，例如开发一个简单的服务器程序，这个服务器程序需要向不同的客户端提供服务时，不同的客户端之间应该互不干扰，否则会让客户端感觉非常沮丧。多线程听上去是非常专业的概念，其实非常简单——单线程的程序（前面介绍的绝大部分程序）只有一个顺序执行流，多线程的程序则可以包括多个顺序执行流，多个顺序流之间互不干扰。可以这样理解：单线程的程序如同只雇佣一个服务员的餐厅，他必须做完一件事情后才可以做下一件事情；多线程的程序则如同雇佣多个服务员的餐厅，他们可以同时做多件事情。

Java 语言提供了非常优秀的多线程支持，程序可以通过非常简单的方式来启动多线程。本章将会详细介绍 Java 多线程编程的相关方面，包括创建、启动线程、控制线程，以及多线程的同步操作，并会介绍如何利用 Java 内建支持的线程池来提高多线程性能。

16.1 线程概述

几乎所有的操作系统都支持同时运行多个任务，一个任务通常就是一个程序，每个运行中的程序就是一个进程。当一个程序运行时，内部可能包含了多个顺序执行流，每个顺序执行流就是一个线程。

▶▶ 16.1.1 线程和进程

几乎所有的操作系统都支持进程的概念，所有运行中的任务通常对应一个进程（Process）。当一个程序进入内存运行时，即变成一个进程。进程是处于运行过程中的程序，并且具有一定的独立功能，进程是系统进行资源分配和调度的一个独立单位。

一般而言，进程包含如下三个特征。

- ➢ 独立性：进程是系统中独立存在的实体，它可以拥有自己独立的资源，每一个进程都拥有自己私有的地址空间。在没有经过进程本身允许的情况下，一个用户进程不可以直接访问其他进程的地址空间。
- ➢ 动态性：进程与程序的区别在于，程序只是一个静态的指令集合，而进程是一个正在系统中活动的指令集合。在进程中加入了时间的概念。进程具有自己的生命周期和各种不同的状态，这些概念在程序中都是不具备的。
- ➢ 并发性：多个进程可以在单个处理器上并发执行，多个进程之间不会互相影响。

> 并发性（concurrency）和并行性（parallel）是两个概念，并行指在同一时刻，有多条指令在多个处理器上同时执行；并发指在同一时刻只能有一条指令执行，但多个进程指令被快速轮换执行，使得在宏观上具有多个进程同时执行的效果。

大部分操作系统都支持多进程并发运行，现代的操作系统几乎都支持同时运行多个任务。例如，程序员一边开着开发工具在写程序，一边开着参考手册备查，同时还使用电脑播放音乐……除此之外，每台电脑运行时还有大量底层的支撑性程序在运行……这些进程看上去像是在同时工作。

但事实的真相是，对于一个 CPU 而言，它在某个时间点只能执行一个程序，也就是说，只能运行一个进程，CPU 不断地在这些进程之间轮换执行。那为什么用户感觉不到任何中断现象呢？这是因为 CPU 的执行速度相对人的感觉来说实在是太快了（如果启动的程序足够多，用户依然可以感觉到程序的运行速度下降），所以虽然 CPU 在多个进程之间轮换执行，但用户感觉到好像有多个进程在同时执行。

现代的操作系统都支持多进程的并发，但在具体的实现细节上可能因为硬件和操作系统的不同而采用不同的策略。比较常用的方式有：共用式的多任务操作策略，例如 Windows 3.1 和 Mac OS 9；目前操作系统大多采用效率更高的抢占式多任务操作策略，例如 Windows NT、Windows 2000 以及 UNIX/Linux 等操作系统。

多线程则扩展了多进程的概念，使得同一个进程可以同时并发处理多个任务。线程（Thread）也被称作轻量级进程（Lightweight Process），线程是进程的执行单元。就像进程在操作系统中的地位一样，线程在程序中是独立的、并发的执行流。当进程被初始化后，主线程就被创建了。对于绝大多数的应用程序来说，通常仅要求有一个主线程，但也可以在该进程内创建多条顺序执行流，这些顺序执行流就是线程，每个线程也是互相独立的。

线程是进程的组成部分，一个进程可以拥有多个线程，一个线程必须有一个父进程。线程可以拥有自己的堆栈、自己的程序计数器和自己的局部变量，但不拥有系统资源，它与父进程的其他线程共享该进程所拥有的全部资源。因为多个线程共享父进程里的全部资源，因此编程更加方便；但必须更加小心，因为需要确保线程不会妨碍同一进程里的其他线程。

线程可以完成一定的任务，可以与其他线程共享父进程中的共享变量及部分环境，相互之间协同来完成进程所要完成的任务。

线程是独立运行的，它并不知道进程中是否还有其他线程存在。线程的执行是抢占式的，也就是说，当前运行的线程在任何时候都可能被挂起，以便另外一个线程可以运行。

一个线程可以创建和撤销另一个线程，同一个进程中的多个线程之间可以并发执行。

从逻辑角度来看，多线程存在于一个应用程序中，让一个应用程序中可以有多个执行部分同时执行，但操作系统无须将多个线程看作多个独立的应用，对多线程实现调度和管理以及资源分配。线程的调度和管理由进程本身负责完成。

简而言之，一个程序运行后至少有一个进程，一个进程里可以包含多个线程，但至少要包含一个线程。

> **提示：** 归纳起来可以这样说：操作系统可以同时执行多个任务，每个任务就是进程；进程可以同时执行多个任务，每个任务就是线程。

▶▶ 16.1.2 多线程的优势

线程在程序中是独立的、并发的执行流，与分隔的进程相比，进程中线程之间的隔离程度要小。它们共享内存、文件句柄和其他每个进程应有的状态。

因为线程的划分尺度小于进程，使得多线程程序的并发性高。进程在执行过程中拥有独立的内存单元，而多个线程共享内存，从而极大地提高了程序的运行效率。

线程比进程具有更高的性能，这是由于同一个进程中的线程都有共性——多个线程共享同一个进程虚拟空间。线程共享的环境包括：进程代码段、进程的公有数据等。利用这些共享的数据，线程很容易实现相互之间的通信。

当操作系统创建一个进程时，必须为该进程分配独立的内存空间，并分配大量的相关资源；但创建一个线程则简单得多，因此使用多线程来实现并发比使用多进程实现并发的性能要高得多。

总结起来，使用多线程编程具有如下几个优点。

➤ 进程之间不能共享内存，但线程之间共享内存非常容易。
➤ 系统创建进程时需要为该进程重新分配系统资源，但创建线程则代价小得多，因此使用多线程来实现多任务并发比多进程的效率高。
➤ Java 语言内置了多线程功能支持，而不是单纯地作为底层操作系统的调度方式，从而简化了 Java 的多线程编程。

在实际应用中，多线程是非常有用的，一个浏览器必须能同时下载多个图片；一个 Web 服务器必须能同时响应多个用户请求；Java 虚拟机本身就在后台提供了一个超级线程来进行垃圾回收；图形用户界面（GUI）应用也需要启动单独的线程从主机环境收集用户界面事件……总之，多线程在实际编程中的应用是非常广泛的。

16.2 线程的创建和启动

Java 使用 Thread 类代表线程，所有的线程对象都必须是 Thread 类或其子类的实例。每个线程的作用是完成一定的任务，实际上就是执行一段程序流（一段顺序执行的代码）。Java 使用线程执行体来代表这段程序流。

16.2.1 继承 Thread 类创建线程类

通过继承 Thread 类来创建并启动多线程的步骤如下。

① 定义 Thread 类的子类，并重写该类的 run() 方法，该 run() 方法的方法体就代表了线程需要完成的任务。因此把 run() 方法称为线程执行体。

② 创建 Thread 子类的实例，即创建了线程对象。

③ 调用线程对象的 start() 方法来启动该线程。

下面程序示范了通过继承 Thread 类来创建并启动多线程。

程序清单：codes\16\16.2\FirstThread.java

```java
// 通过继承 Thread 类来创建线程类
public class FirstThread extends Thread
{
    private int i ;
    // 重写 run() 方法，run() 方法的方法体就是线程执行体
    public void run()
    {
        for ( ; i < 100 ; i++ )
        {
            // 当线程类继承 Thread 类时，直接使用 this 即可获取当前线程
            // Thread 对象的 getName() 返回当前线程的名字
            // 因此可以直接调用 getName() 方法返回当前线程的名字
            System.out.println(getName() + " " + i);
        }
    }
    public static void main(String[] args)
    {
        for (int i = 0; i < 100; i++)
        {
            // 调用 Thread 的 currentThread() 方法获取当前线程
            System.out.println(Thread.currentThread().getName()
                + " " + i);
            if (i == 20)
            {
                // 创建并启动第一个线程
                new FirstThread().start();
                // 创建并启动第二个线程
                new FirstThread().start();
            }
        }
    }
}
```

上面程序中的 FirstThread 类继承了 Thread 类，并实现了 run() 方法，如程序中第一段粗体字代码所示，该 run() 方法里的代码执行流就是该线程所需要完成的任务。程序的主方法中也包含了一个循环，当循环变量 i 等于 20 时创建并启动两个新线程。运行上面程序，会看到如图 16.1 所示的界面。

虽然上面程序只显式地创建并启动了 2 个线程，但实际上程序有 3 个线程，即程序显式创建的 2 个子线程和主线程。前面已经提到，当 Java 程序开始运行后，程序至少会创建一个主线程，主线程的线程执

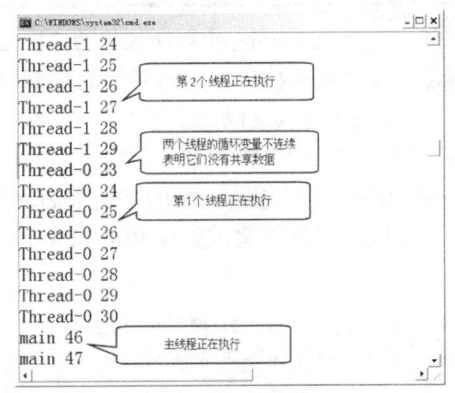

图 16.1 多线程运行的效果

行体不是由 run()方法确定的,而是由 main()方法确定的——main()方法的方法体代表主线程的线程执行体。

> **注意:** 进行多线程编程时不要忘记了 Java 程序运行时默认的主线程,main()方法的方法体就是主线程的线程执行体。

除此之外,上面程序还用到了线程的如下两个方法。
- ➢ Thread.currentThread():currentThread()是 Thread 类的静态方法,该方法总是返回当前正在执行的线程对象。
- ➢ getName():该方法是 Thread 类的实例方法,该方法返回调用该方法的线程名字。

> **提示:** 程序可以通过 setName(String name)方法为线程设置名字,也可以通过 getName()方法返回指定线程的名字。在默认情况下,主线程的名字为 main,用户启动的多个线程的名字依次为 Thread-0、Thread-1、Thread-2、…、Thread-n 等。

从图 16.1 中的灰色覆盖区域可以看出,Thread-0 和 Thread-1 两个线程输出的 i 变量不连续——注意:i 变量是 FirstThread 的实例变量,而不是局部变量,但因为程序每次创建线程对象时都需要创建一个 FirstThread 对象,所以 Thread-0 和 Thread-1 不能共享该实例变量。

> **注意:** 使用继承 Thread 类的方法来创建线程类时,多个线程之间无法共享线程类的实例变量。

16.2.2 实现 Runnable 接口创建线程类

实现 Runnable 接口来创建并启动多线程的步骤如下。

① 定义 Runnable 接口的实现类,并重写该接口的 run()方法,该 run()方法的方法体同样是该线程的线程执行体。

② 创建 Runnable 实现类的实例,并以此实例作为 Thread 的 target 来创建 Thread 对象,该 Thread 对象才是真正的线程对象。代码如下所示。

```
// 创建 Runnable 实现类的对象
SecondThread st = new SecondThread();
// 以 Runnable 实现类的对象作为 Thread 的 target 来创建 Thread 对象,即线程对象
new Thread(st);
```

也可以在创建 Thread 对象时为该 Thread 对象指定一个名字,代码如下所示。

```
// 创建 Thread 对象时指定 target 和新线程的名字
new Thread(st , "新线程1");
```

> **提示:** Runnable 对象仅仅作为 Thread 对象的 target,Runnable 实现类里包含的 run()方法仅作为线程执行体。而实际的线程对象依然是 Thread 实例,只是该 Thread 线程负责执行其 target 的 run()方法。

③ 调用线程对象的 start()方法来启动该线程。
下面程序示范了通过实现 Runnable 接口来创建并启动多线程。

程序清单:codes\16\16.2\SecondThread.java

```
// 通过实现 Runnable 接口来创建线程类
public class SecondThread implements Runnable
{
    private int i ;
    // run()方法同样是线程执行体
```

```java
    public void run()
    {
        for ( ; i < 100 ; i++ )
        {
            // 当线程类实现 Runnable 接口时
            // 如果想获取当前线程，只能用 Thread.currentThread()方法
            System.out.println(Thread.currentThread().getName()
                + " " + i);
        }
    }
    public static void main(String[] args)
    {
        for (int i = 0; i < 100;  i++)
        {
            System.out.println(Thread.currentThread().getName()
                + " " + i);
            if (i == 20)
            {
                SecondThread st = new SecondThread();      // ①
                // 通过new Thread(target , name)方法创建新线程
                new Thread(st , "新线程1").start();
                new Thread(st , "新线程2").start();
            }
        }
    }
}
```

上面程序中的粗体字代码部分实现了 run()方法，也就是定义了该线程的线程执行体。对比 FirstThread 中的 run()方法体和 SecondThread 中的 run()方法体不难发现，通过继承 Thread 类来获得当前线程对象比较简单，直接使用 this 就可以了；但通过实现 Runnable 接口来获得当前线程对象，则必须使用 Thread.currentThread()方法。

> **提示：** Runnable 接口中只包含一个抽象方法，从 Java 8 开始，Runnable 接口使用了 @FunctionalInterface 修饰。也就是说，Runnable 接口是函数式接口，可使用 Lambda 表达式创建 Runnable 对象。接下来介绍的 Callable 接口也是函数式接口。

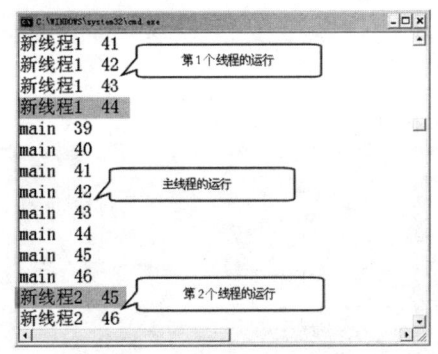

图 16.2　实现 Runnable 接口创建的多线程

除此之外，上面程序中的粗体字代码创建了两个 Thread 对象，并调用 start()方法来启动这两个线程。在 FirstThread 和 SecondThread 中创建线程对象的方式有所区别：前者直接创建的 Thread 子类即可代表线程对象；后者创建的 Runnable 对象只能作为线程对象的 target。

运行上面程序，会看到如图 16.2 所示的界面。

从图 16.2 中的两个灰色覆盖区域可以看出，两个子线程的 i 变量是连续的，也就是采用 Runnable 接口的方式创建的多个线程可以共享线程类的实例变量。这是因为在这种方式下，程序所创建的 Runnable 对象只是线程的 target，而多个线程可以共享同一个 target，所以多个线程可以共享同一个线程类（实际上应该是线程的 target 类）的实例变量。

▶▶ 16.2.3　使用 Callable 和 Future 创建线程

前面已经指出，通过实现 Runnable 接口创建多线程时，Thread 类的作用就是把 run()方法包装成线程执行体。那么是否可以直接把任意方法都包装成线程执行体呢？Java 目前不行！但 Java 的模仿者 C#可以（C#可以把任意方法包装成线程执行体，包括有返回值的方法）。

也许受此启发，从 Java 5 开始，Java 提供了 Callable 接口，该接口怎么看都像是 Runnable 接口的增强版，Callable 接口提供了一个 call()方法可以作为线程执行体，但 call()方法比 run()方法功能更强大。

➤ call()方法可以有返回值。

➢ call()方法可以声明抛出异常。

因此完全可以提供一个 Callable 对象作为 Thread 的 target，而该线程的线程执行体就是该 Callable 对象的 call()方法。问题是：Callable 接口是 Java 5 新增的接口，而且它不是 Runnable 接口的子接口，所以 Callable 对象不能直接作为 Thread 的 target。而且 call()方法还有一个返回值——call()方法并不是直接调用，它是作为线程执行体被调用的。那么如何获取 call()方法的返回值呢？

Java 5 提供了 Future 接口来代表 Callable 接口里 call()方法的返回值，并为 Future 接口提供了一个 FutureTask 实现类，该实现类实现了 Future 接口，并实现了 Runnable 接口——可以作为 Thread 类的 target。

在 Future 接口里定义了如下几个公共方法来控制它关联的 Callable 任务。

➢ boolean cancel(boolean mayInterruptIfRunning)：试图取消该 Future 里关联的 Callable 任务。
➢ V get()：返回 Callable 任务里 call()方法的返回值。调用该方法将导致程序阻塞，必须等到子线程结束后才会得到返回值。
➢ V get(long timeout, TimeUnit unit)：返回 Callable 任务里 call()方法的返回值。该方法让程序最多阻塞 timeout 和 unit 指定的时间，如果经过指定时间后 Callable 任务依然没有返回值，将会抛出 TimeoutException 异常。
➢ boolean isCancelled()：如果在 Callable 任务正常完成前被取消，则返回 true。
➢ boolean isDone()：如果 Callable 任务已完成，则返回 true。

注意：
Callable 接口有泛型限制，Callable 接口里的泛型形参类型与 call()方法返回值类型相同。而且 Callable 接口是函数式接口，因此可使用 Lambda 表达式创建 Callable 对象。

创建并启动有返回值的线程的步骤如下。

① 创建 Callable 接口的实现类，并实现 call()方法，该 call()方法将作为线程执行体，且该 call()方法有返回值，再创建 Callable 实现类的实例。从 Java 8 开始，可以直接使用 Lambda 表达式创建 Callable 对象。

② 使用 FutureTask 类来包装 Callable 对象，该 FutureTask 对象封装了该 Callable 对象的 call()方法的返回值。

③ 使用 FutureTask 对象作为 Thread 对象的 target 创建并启动新线程。

④ 调用 FutureTask 对象的 get()方法来获得子线程执行结束后的返回值。

下面程序通过实现 Callable 接口来实现线程类，并启动该线程。

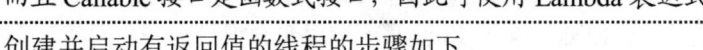
程序清单：codes\16\16.2\ThirdThread.java

```java
public class ThirdThread
{
    public static void main(String[] args)
    {
        // 创建 Callable 对象
        ThirdThread rt = new ThirdThread();
        // 先使用 Lambda 表达式创建 Callable<Integer>对象
        // 使用 FutureTask 来包装 Callable 对象
        FutureTask<Integer> task = new FutureTask<Integer>((Callable<Integer>)()->{
            int i = 0;
            for ( ; i < 100 ; i++ )
            {
                System.out.println(Thread.currentThread().getName()
                    + " 的循环变量 i 的值：" + i);
            }
            // call()方法可以有返回值
            return i;
        });
        for (int i = 0 ; i < 100 ; i++)
        {
            System.out.println(Thread.currentThread().getName()
                + " 的循环变量 i 的值：" + i);
            if (i == 20)
            {
```

```
                // 实质还是以 Callable 对象来创建并启动线程的
                new Thread(task , "有返回值的线程").start();
            }
        }
        try
        {
            // 获取线程返回值
            System.out.println("子线程的返回值: " + task.get());
        }
        catch (Exception ex)
        {
            ex.printStackTrace();
        }
    }
}
```

上面程序中使用 Lambda 表达式直接创建了 Callable 对象，这样就无须先创建 Callable 实现类，再创建 Callable 对象了。实现 Callable 接口与实现 Runnable 接口并没有太大的差别，只是 Callable 的 call() 方法允许声明抛出异常，而且允许带返回值。

上面程序中的粗体字代码是以 Callable 对象来启动线程的关键代码。程序先使用 Lambda 表达式创建一个 Callable 对象，然后将该实例包装成一个 FutureTask 对象。主线程中当循环变量 i 等于 20 时，程序启动以 FutureTask 对象为 target 的线程。程序最后调用 FutureTask 对象的 get() 方法来返回 call() 方法的返回值——该方法将导致主线程被阻塞，直到 call() 方法结束并返回为止。

运行上面程序，将看到主线程和 call() 方法所代表的线程交替执行的情形，程序最后还会输出 call() 方法的返回值。

▶▶ 16.2.4 创建线程的三种方式对比

通过继承 Thread 类或实现 Runnable、Callable 接口都可以实现多线程，不过实现 Runnable 接口与实现 Callable 接口的方式基本相同，只是 Callable 接口里定义的方法有返回值，可以声明抛出异常而已。因此可以将实现 Runnable 接口和实现 Callable 接口归为一种方式。这种方式与继承 Thread 方式之间的主要差别如下。

采用实现 Runnable、Callable 接口的方式创建多线程的优缺点：
- 线程类只是实现了 Runnable 接口或 Callable 接口，还可以继承其他类。
- 在这种方式下，多个线程可以共享同一个 target 对象，所以非常适合多个相同线程来处理同一份资源的情况，从而可以将 CPU、代码和数据分开，形成清晰的模型，较好地体现了面向对象的思想。
- 劣势是，编程稍稍复杂，如果需要访问当前线程，则必须使用 Thread.currentThread() 方法。

采用继承 Thread 类的方式创建多线程的优缺点：
- 劣势是，因为线程类已经继承了 Thread 类，所以不能再继承其他父类。
- 优势是，编写简单，如果需要访问当前线程，则无须使用 Thread.currentThread() 方法，直接使用 this 即可获得当前线程。

鉴于上面分析，因此一般推荐采用实现 Runnable 接口、Callable 接口的方式来创建多线程。

📁 16.3 线程的生命周期

当线程被创建并启动以后，它既不是一启动就进入了执行状态，也不是一直处于执行状态，在线程的生命周期中，它要经过新建（New）、就绪（Ready）、运行（Running）、阻塞（Blocked）和死亡（Dead）5 种状态。尤其是当线程启动以后，它不可能一直"霸占"着 CPU 独自运行，所以 CPU 需要在多条线程之间切换，于是线程状态也会多次在运行、就绪之间切换。

▶▶ 16.3.1 新建和就绪状态

当程序使用 new 关键字创建了一个线程之后，该线程就处于新建状态，此时它和其他的 Java 对象一样，仅仅由 Java 虚拟机为其分配内存，并初始化其成员变量的值。此时的线程对象没有表现出任何线程的动态特征，程序也不会执行线程的线程执行体。

当线程对象调用了 start()方法之后，该线程处于就绪状态，Java 虚拟机会为其创建方法调用栈和程序计数器，处于这个状态中的线程并没有开始运行，只是表示该线程可以运行了。至于该线程何时开始运行，取决于 JVM 里线程调度器的调度。

> **注意：**
> 启动线程使用 start()方法，而不是 run()方法！永远不要调用线程对象的 run()方法！调用 start()方法来启动线程，系统会把该 run()方法当成线程执行体来处理；但如果直接调用线程对象的 run()方法，则 run()方法立即就会被执行，而且在 run()方法返回之前其他线程无法并发执行——也就是说，如果直接调用线程对象的 run()方法，系统把线程对象当成一个普通对象，而 run()方法也是一个普通方法，而不是线程执行体。

程序清单：codes\16\16.3\InvokeRun.java

```java
public class InvokeRun extends Thread
{
    private int i ;
    // 重写run()方法，run()方法的方法体就是线程执行体
    public void run()
    {
        for ( ; i < 100 ; i++ )
        {
            // 直接调用run()方法时，Thread 的 this.getName()返回的是该对象的名字
            // 而不是当前线程的名字
            // 使用 Thread.currentThread().getName()总是获取当前线程的名字
            System.out.println(Thread.currentThread().getName()
                + " " + i);   // ①
        }
    }
    public static void main(String[] args)
    {
        for (int i = 0; i < 100;  i++)
        {
            // 调用Thread 的 currentThread()方法获取当前线程
            System.out.println(Thread.currentThread().getName()
                + " " + i);
            if (i == 20)
            {
                // 直接调用线程对象的run()方法
                // 系统会把线程对象当成普通对象，把run()方法当成普通方法
                // 所以下面两行代码并不会启动两个线程，而是依次执行两个run()方法
                new InvokeRun().run();
                new InvokeRun().run();
            }
        }
    }
}
```

上面程序创建线程对象后直接调用了线程对象的 run()方法（如粗体字代码所示），程序运行的结果是整个程序只有一个线程：主线程。还有一点需要指出，如果直接调用线程对象的 run()方法，则 run()方法里不能直接通过 getName()方法来获得当前执行线程的名字，而是需要使用 Thread.currentThread()方法先获得当前线程，再调用线程对象的 getName()方法来获得线程的名字。

通过上面程序不难看出，启动线程的正确方法是调用 Thread 对象的 start()方法，而不是直接调用 run()方法，否则就变成单线程程序了。

需要指出的是，调用了线程的 run()方法之后，该线程已经不再处于新建状态，不要再次调用线程对象的 start()方法。

★ 注意：

只能对处于新建状态的线程调用 start()方法，否则将引发 IllegalThreadStateException 异常。

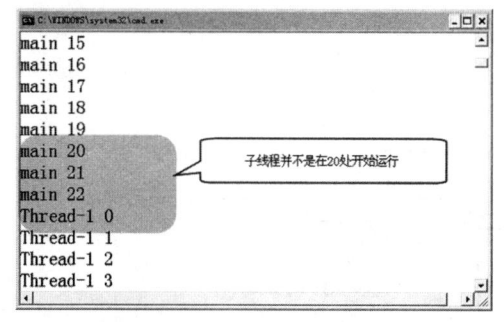

图 16.3 调用 start()方法后的线程并没有立即运行

调用线程对象的 start()方法之后，该线程立即进入就绪状态——就绪状态相当于"等待执行"，但该线程并未真正进入运行状态。这一点可以通过再次运行 16.2 节中的 FirstThread 或 SecondThread 来证明。再次运行该程序，会看到如图 16.3 所示的输出。

从图 16.3 中可以看出，主线程在 i 等于 20 时调用了子线程的 start()方法来启动当前线程，但当前线程并没有立即执行，而是等到 i 为 22 时才看到子线程开始执行（读者运行时不一定是 22 时切换，这种切换由底层平台控制，具有一定的随机性）。

提示：

如果希望调用子线程的 start()方法后子线程立即开始执行，程序可以使用 Thread.sleep(1) 来让当前运行的线程（主线程）睡眠 1 毫秒——1 毫秒就够了，因为在这 1 毫秒内 CPU 不会空闲，它会去执行另一个处于就绪状态的线程，这样就可以让子线程立即开始执行。

▶▶ 16.3.2 运行和阻塞状态

如果处于就绪状态的线程获得了 CPU，开始执行 run()方法的线程执行体，则该线程处于运行状态，如果计算机只有一个 CPU，那么在任何时刻只有一个线程处于运行状态。当然，在一个多处理器的机器上，将会有多个线程并行（注意是并行：parallel）执行；当线程数大于处理器数时，依然会存在多个线程在同一个 CPU 上轮换的现象。

当一个线程开始运行后，它不可能一直处于运行状态（除非它的线程执行体足够短，瞬间就执行结束了），线程在运行过程中需要被中断，目的是使其他线程获得执行的机会，线程调度的细节取决于底层平台所采用的策略。对于采用抢占式策略的系统而言，系统会给每个可执行的线程一个小时间段来处理任务；当该时间段用完后，系统就会剥夺该线程所占用的资源，让其他线程获得执行的机会。在选择下一个线程时，系统会考虑线程的优先级。

所有现代的桌面和服务器操作系统都采用抢占式调度策略，但一些小型设备如手机则可能采用协作式调度策略，在这样的系统中，只有当一个线程调用了它的 sleep()或 yield()方法后才会放弃所占用的资源——也就是必须由该线程主动放弃所占用的资源。

当发生如下情况时，线程将会进入阻塞状态。

- ➢ 线程调用 sleep()方法主动放弃所占用的处理器资源。
- ➢ 线程调用了一个阻塞式 IO 方法，在该方法返回之前，该线程被阻塞。
- ➢ 线程试图获得一个同步监视器，但该同步监视器正被其他线程所持有。关于同步监视器的知识、后面将有更深入的介绍。
- ➢ 线程在等待某个通知（notify）。
- ➢ 程序调用了线程的 suspend()方法将该线程挂起。但这个方法容易导致死锁，所以应该尽量避免使用该方法。

当前正在执行的线程被阻塞之后，其他线程就可以获得执行的机会。被阻塞的线程会在合适的时候重新进入就绪状态，注意是就绪状态而不是运行状态。也就是说，被阻塞线程的阻塞解除后，必须重新等待线程调度器再次调度它。

针对上面几种情况，当发生如下特定的情况时可以解除上面的阻塞，让该线程重新进入就绪状态。

- ➢ 调用 sleep()方法的线程经过了指定时间。
- ➢ 线程调用的阻塞式 IO 方法已经返回。

➢ 线程成功地获得了试图取得的同步监视器。
➢ 线程正在等待某个通知时，其他线程发出了一个通知。
➢ 处于挂起状态的线程被调用了 resume()恢复方法。

图 16.4 显示了线程状态转换图。

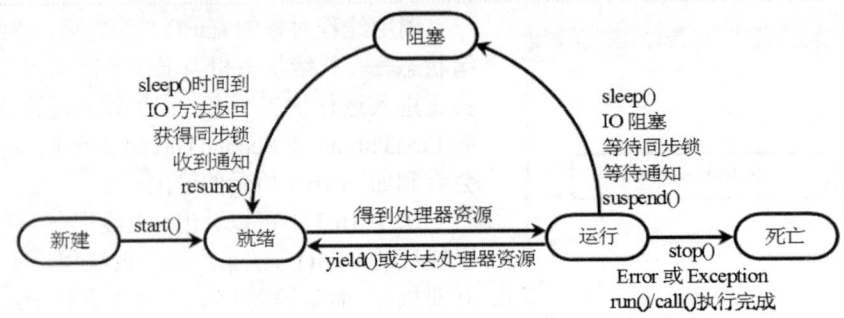

图 16.4 线程状态转换图

从图 16.4 中可以看出，线程从阻塞状态只能进入就绪状态，无法直接进入运行状态。而就绪和运行状态之间的转换通常不受程序控制，而是由系统线程调度所决定，当处于就绪状态的线程获得处理器资源时，该线程进入运行状态；当处于运行状态的线程失去处理器资源时，该线程进入就绪状态。但有一个方法例外，调用 yield()方法可以让运行状态的线程转入就绪状态。关于 yield()方法后面有更详细的介绍。

▶▶ 16.3.3 线程死亡

线程会以如下三种方式结束，结束后就处于死亡状态。
➢ run()或 call()方法执行完成，线程正常结束。
➢ 线程抛出一个未捕获的 Exception 或 Error。
➢ 直接调用该线程的 stop()方法来结束该线程——该方法容易导致死锁，通常不推荐使用。

> 当主线程结束时,其他线程不受任何影响,并不会随之结束。一旦子线程启动起来后，它就拥有和主线程相同的地位，它不会受主线程的影响。

为了测试某个线程是否已经死亡，可以调用线程对象的 isAlive()方法，当线程处于就绪、运行、阻塞三种状态时，该方法将返回 true；当线程处于新建、死亡两种状态时，该方法将返回 false。

> 不要试图对一个已经死亡的线程调用 start()方法使它重新启动，死亡就是死亡，该线程将不可再次作为线程执行。

下面程序尝试对处于死亡状态的线程再次调用 start()方法。

程序清单：codes\16\16.3\StartDead.java

```java
public class StartDead extends Thread
{
    private int i ;
    // 重写 run()方法, run()方法的方法体就是线程执行体
    public void run()
    {
        for ( ; i < 100 ; i++ )
        {
            System.out.println(getName() + " " + i);
        }
    }
    public static void main(String[] args)
```

```java
    // 创建线程对象
    StartDead sd = new StartDead();
    for (int i = 0; i < 300;  i++)
    {
        // 调用 Thread 的 currentThread()方法获取当前线程
        System.out.println(Thread.currentThread().getName()
            + " " + i);
        if (i == 20)
        {
            // 启动线程
            sd.start();
            // 判断启动后线程的 isAlive()值，输出 true
            System.out.println(sd.isAlive());
        }
        // 当线程处于新建、死亡两种状态时, isAlive()方法返回 false
        // 当 i > 20 时，该线程肯定已经启动过了, 如果 sd.isAlive()为假时
        // 那就是死亡状态了
        if (i > 20 && !sd.isAlive())
        {
            // 试图再次启动该线程
            sd.start();
        }
    }
}
```

上面程序中的粗体字代码试图在线程已死亡的情况下再次调用 start()方法来启动该线程。运行上面程序，将引发 IllegalThreadStateException 异常，这表明处于死亡状态的线程无法再次运行了。

> **注意：** 不要对处于死亡状态的线程调用 start()方法，程序只能对新建状态的线程调用 start()方法，对新建状态的线程两次调用 start()方法也是错误的。这都会引发 IllegalThreadState Exception 异常。

16.4 控制线程

Java 的线程支持提供了一些便捷的工具方法，通过这些便捷的工具方法可以很好地控制线程的执行。

16.4.1 join 线程

Thread 提供了让一个线程等待另一个线程完成的方法——join()方法。当在某个程序执行流中调用其他线程的 join()方法时，调用线程将被阻塞，直到被 join()方法加入的 join 线程执行完为止。

join()方法通常由使用线程的程序调用，以将大问题划分成许多小问题，每个小问题分配一个线程。当所有的小问题都得到处理后，再调用主线程来进一步操作。

程序清单：codes\16\16.4\JoinThread.java

```java
public class JoinThread extends Thread
{
    // 提供一个有参数的构造器, 用于设置该线程的名字
    public JoinThread(String name)
    {
        super(name);
    }
    // 重写 run()方法, 定义线程执行体
    public void run()
    {
        for (int i = 0; i < 100 ; i++ )
        {
            System.out.println(getName() + " " + i);
        }
```

```java
    }
    public static void main(String[] args)throws Exception
    {
        // 启动子线程
        new JoinThread("新线程").start();
        for (int i = 0; i < 100 ; i++ )
        {
            if (i == 20)
            {
                JoinThread jt = new JoinThread("被Join的线程");
                jt.start();
                // main 线程调用了 jt 线程的 join()方法，main 线程
                // 必须等 jt 执行结束才会向下执行
                jt.join();
            }
            System.out.println(Thread.currentThread().getName()
                + " " + i);
        }
    }
}
```

上面程序中一共有 3 个线程，主方法开始时就启动了名为"新线程"的子线程，该子线程将会和 main 线程并发执行。当主线程的循环变量 i 等于 20 时，启动了名为"被 Join 的线程"的线程，该线程不会和 main 线程并发执行，main 线程必须等该线程执行结束后才可以向下执行。在名为"被 Join 的线程"的线程执行时，实际上只有 2 个子线程并发执行，而主线程处于等待状态。运行上面程序，会看到如图 16.5 所示的运行效果。

从图 16.5 中可以看出，主线程执行到 i == 20 时，程序启动并 join 了名为"被 Join 的线程"的线程，所以主线程将一直处于阻塞状态，直到名为"被 Join 的线程"的线程执行完成。

join()方法有如下三种重载形式。

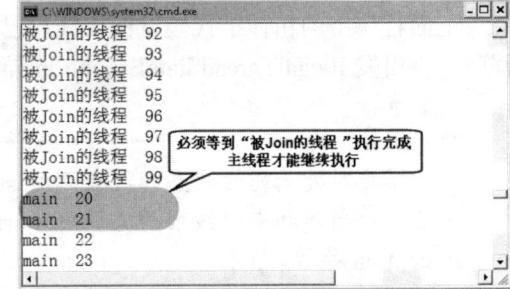

图 16.5　主线程等待 join 线程的效果

- join()：等待被 join 的线程执行完成。
- join(long millis)：等待被 join 的线程的时间最长为 millis 毫秒。如果在 millis 毫秒内被 join 的线程还没有执行结束，则不再等待。
- join(long millis, int nanos)：等待被 join 的线程的时间最长为 millis 毫秒加 nanos 毫微秒。

> **提示：**
> 通常很少使用第三种形式，原因有两个：程序对时间的精度无须精确到毫微秒；计算机硬件、操作系统本身也无法精确到毫微秒。

▶▶ 16.4.2　后台线程

有一种线程，它是在后台运行的，它的任务是为其他的线程提供服务，这种线程被称为"后台线程（Daemon Thread）"，又称为"守护线程"或"精灵线程"。JVM 的垃圾回收线程就是典型的后台线程。

后台线程有个特征：如果所有的前台线程都死亡，后台线程会自动死亡。

调用 Thread 对象的 setDaemon(true)方法可将指定线程设置成后台线程。下面程序将执行线程设置成后台线程，可以看到当所有的前台线程死亡时，后台线程随之死亡。当整个虚拟机中只剩下后台线程时，程序就没有继续运行的必要了，所以虚拟机也就退出了。

程序清单：codes\16\16.4\DaemonThread.java

```java
public class DaemonThread extends Thread
{
    // 定义后台线程的线程执行体与普通线程没有任何区别
    public void run()
    {
        for (int i = 0; i < 1000 ; i++ )
```

```
            {
                System.out.println(getName() + " " + i);
            }
        }
        public static void main(String[] args)
        {
            DaemonThread t = new DaemonThread();
            // 将此线程设置成后台线程
            t.setDaemon(true);
            // 启动后台线程
            t.start();
            for (int i = 0 ; i < 10 ; i++ )
            {
                System.out.println(Thread.currentThread().getName()
                    + " " + i);
            }
            // -----程序执行到此处，前台线程（main 线程）结束------
            // 后台线程也应该随之结束
        }
    }
```

上面程序中的粗体字代码先将 t 线程设置成后台线程，然后启动该线程，本来该线程应该执行到 i 等于 999 时才会结束，但运行程序时不难发现该后台线程无法运行到 999，因为当主线程也就是程序中唯一的前台线程运行结束后，JVM 会主动退出，因而后台线程也就被结束了。

Thread 类还提供了一个 isDaemon()方法，用于判断指定线程是否为后台线程。

从上面程序可以看出，主线程默认是前台线程，t 线程默认也是前台线程。并不是所有的线程默认都是前台线程，有些线程默认就是后台线程——前台线程创建的子线程默认是前台线程，后台线程创建的子线程默认是后台线程。

> **注意：**
> 前台线程死亡后，JVM 会通知后台线程死亡，但从它接收指令到做出响应，需要一定时间。而且要将某个线程设置为后台线程，必须在该线程启动之前设置，也就是说，setDaemon(true)必须在 start()方法之前调用，否则会引发 IllegalThreadStateException 异常。

▶▶ 16.4.3　线程睡眠：sleep

如果需要让当前正在执行的线程暂停一段时间，并进入阻塞状态，则可以通过调用 Thread 类的静态 sleep()方法来实现。sleep()方法有两种重载形式。

- static void sleep(long millis)：让当前正在执行的线程暂停 millis 毫秒，并进入阻塞状态，该方法受到系统计时器和线程调度器的精度与准确度的影响。
- static void sleep(long millis, int nanos)：让当前正在执行的线程暂停 millis 毫秒加 nanos 毫微秒，并进入阻塞状态，该方法受到系统计时器和线程调度器的精度与准确度的影响。

与前面类似的是，程序很少调用第二种形式的 sleep()方法。

当当前线程调用 sleep()方法进入阻塞状态后，在其睡眠时间段内，该线程不会获得执行的机会，即使系统中没有其他可执行的线程，处于 sleep()中的线程也不会执行，因此 sleep()方法常用来暂停程序的执行。

下面程序调用 sleep()方法来暂停主线程的执行，因为该程序只有一个主线程，当主线程进入睡眠后，系统没有可执行的线程，所以可以看到程序在 sleep()方法处暂停。

程序清单：codes\16\16.4\SleepTest.java

```
public class SleepTest
{
    public static void main(String[] args)
        throws Exception
    {
        for (int i = 0; i < 10 ; i++ )
        {
```

```
            System.out.println("当前时间: " + new Date());
            // 调用sleep()方法让当前线程暂停1s
            Thread.sleep(1000);
        }
    }
}
```

上面程序中的粗体字代码将当前执行的线程暂停 1 秒，运行上面程序，看到程序依次输出 10 条字符串，输出 2 条字符串之间的时间间隔为 1 秒。

此外，Thread 还提供了一个与 sleep()方法有点相似的 yield()静态方法，它也可以让当前正在执行的线程暂停，但它不会阻塞该线程，它只是将该线程转入就绪状态。yield()只是让当前线程暂停一下，让系统的线程调度器重新调度一次，完全可能的情况是：当某个线程调用了 yield()方法暂停之后，线程调度器又将其调度出来重新执行。

实际上，当某个线程调用了 yield()方法暂停之后，只有优先级与当前线程相同，或者优先级比当前线程更高的处于就绪状态的线程才会获得执行的机会。

关于 sleep()方法和 yield()方法的区别如下。

> sleep()方法暂停当前线程后，会给其他线程执行机会，不会理会其他线程的优先级；但 yield()方法只会给优先级相同，或优先级更高的线程执行机会。
> sleep()方法会将线程转入阻塞状态，直到经过阻塞时间才会转入就绪状态；而 yield()不会将线程转入阻塞状态，它只是强制当前线程进入就绪状态。因此完全有可能某个线程被 yield()方法暂停之后，立即再次获得处理器资源被执行。
> sleep()方法声明抛出了 InterruptedException 异常，所以调用 sleep()方法时要么捕捉该异常，要么显式声明抛出该异常；而 yield()方法则没有声明抛出任何异常。
> sleep()方法比 yield()方法有更好的可移植性，通常不建议使用 yield()方法来控制并发线程的执行。

▶▶ 16.4.4 改变线程优先级

每个线程执行时都具有一定的优先级，优先级高的线程获得较多的执行机会，而优先级低的线程则获得较少的执行机会。

每个线程默认的优先级都与创建它的父线程的优先级相同，在默认情况下，main 线程具有普通优先级，由 main 线程创建的子线程也具有普通优先级。

Thread 类提供了 setPriority(int newPriority)、getPriority()方法来设置和返回指定线程的优先级，其中 setPriority()方法的参数可以是一个整数，范围是 1~10 之间，也可以使用 Thread 类的如下三个静态常量。

> MAX_PRIORITY：其值是 10。
> MIN_PRIORITY：其值是 1。
> NORM_PRIORITY：其值是 5。

下面程序使用了 setPriority()方法来改变主线程的优先级，并使用该方法改变了两个线程的优先级，从而可以看到高优先级的线程将会获得更多的执行机会。

程序清单：codes\16\16.4\PriorityTest.java

```java
public class PriorityTest extends Thread
{
    // 定义一个有参数的构造器，用于创建线程时指定name
    public PriorityTest(String name)
    {
        super(name);
    }
    public void run()
    {
        for (int i = 0 ; i < 50 ; i++ )
        {
            System.out.println(getName() + ",其优先级是: "
                + getPriority() + ",循环变量的值为:" + i);
```

```java
        }
        public static void main(String[] args)
        {
            // 改变主线程的优先级
            Thread.currentThread().setPriority(6);
            for (int i = 0 ; i < 30 ; i++ )
            {
                if (i == 10)
                {
                    PriorityTest low  = new PriorityTest("低级");
                    low.start();
                    System.out.println("创建之初的优先级:"
                        + low.getPriority());
                    // 设置该线程为最低优先级
                    low.setPriority(Thread.MIN_PRIORITY);
                }
                if (i == 20)
                {
                    PriorityTest high = new PriorityTest("高级");
                    high.start();
                    System.out.println("创建之初的优先级:"
                        + high.getPriority());
                    // 设置该线程为最高优先级
                    high.setPriority(Thread.MAX_PRIORITY);
                }
            }
        }
    }
```

上面程序中的第一行粗体字代码改变了主线程的优先级为 6，这样由 main 线程所创建的子线程的优先级默认都是 6，所以程序直接输出 low、high 两个线程的优先级时应该看到 6。接着程序将 low 线程的优先级设为 Priority.MIN_PRIORITY，将 high 线程的优先级设置为 Priority.MAX_PRIORITY。

运行上面程序，会看到如图 16.6 所示的效果。

值得指出的是，虽然 Java 提供了 10 个优先级级别，但这些优先级级别需要操作系统的支持。遗憾的是，不同操作系统上的优先级并不相同，而且也不能很好地和 Java 的 10 个优先级对应，例如

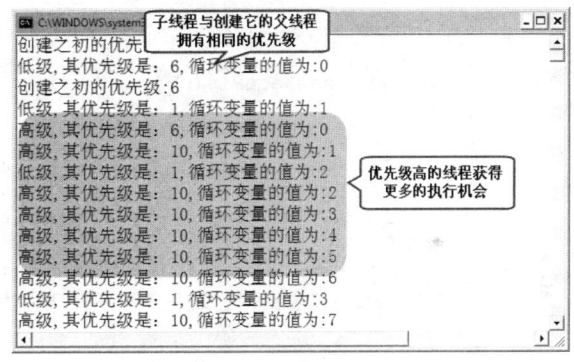

图 16.6 改变线程优先级的效果

Windows 2000 仅提供了 7 个优先级。因此应该尽量避免直接为线程指定优先级，而应该使用 MAX_PRIORITY、MIN_PRIORITY 和 NORM_PRIORITY 三个静态常量来设置优先级，这样才可以保证程序具有最好的可移植性。

16.5 线程同步

多线程编程是有趣的事情，它很容易突然出现"错误情况"，这是由系统的线程调度具有一定的随机性造成的，不过即使程序偶然出现问题，那也是由于编程不当引起的。当使用多个线程来访问同一个数据时，很容易"偶然"出现线程安全问题。

▶▶ 16.5.1 线程安全问题

关于线程安全问题，有一个经典的问题——银行取钱的问题。银行取钱的基本流程基本上可以分为如下几个步骤。

① 用户输入账户、密码，系统判断用户的账户、密码是否匹配。
② 用户输入取款金额。

③ 系统判断账户余额是否大于取款金额。
④ 如果余额大于取款金额，则取款成功；如果余额小于取款金额，则取款失败。

乍一看上去，这个流程确实就是日常生活中的取款流程，这个流程没有任何问题。但一旦将这个流程放在多线程并发的场景下，就有可能出现问题。注意此处说的是有可能，并不是说一定。也许你的程序运行了一百万次都没有出现问题，但没有出现问题并不等于没有问题！

按上面的流程去编写取款程序，并使用两个线程来模拟取钱操作，模拟两个人使用同一个账户并发取钱的问题。此处忽略检查账户和密码的操作，仅仅模拟后面三步操作。下面先定义一个账户类，该账户类封装了账户编号和余额两个实例变量。

程序清单：codes\16\16.5\Account.java

```java
public class Account
{
    // 封装账户编号、账户余额的两个成员变量
    private String accountNo;
    private double balance;
    public Account(){}
    // 构造器
    public Account(String accountNo , double balance)
    {
        this.accountNo = accountNo;
        this.balance = balance;
    }
    // 此处省略了 accountNo 与 balance 的 setter 和 getter 方法
    ...
    // 下面两个方法根据 accountNo 来重写 hashCode()和 equals()方法
    public int hashCode()
    {
        return accountNo.hashCode();
    }
    public boolean equals(Object obj)
    {
        if(this == obj)
            return true;
        if (obj !=null
            && obj.getClass() == Account.class)
        {
            Account target = (Account)obj;
            return target.getAccountNo().equals(accountNo);
        }
        return false;
    }
}
```

接下来提供一个取钱的线程类，该线程类根据执行账户、取钱数量进行取钱操作，取钱的逻辑是当其余额不足时无法提取现金，当余额足够时系统吐出钞票，余额减少。

程序清单：codes\16\16.5\DrawThread.java

```java
public class DrawThread extends Thread
{
    // 模拟用户账户
    private Account account;
    // 当前取钱线程所希望取的钱数
    private double drawAmount;
    public DrawThread(String name , Account account
        , double drawAmount)
    {
        super(name);
        this.account = account;
        this.drawAmount = drawAmount;
    }
    // 当多个线程修改同一个共享数据时，将涉及数据安全问题
    public void run()
    {
        // 账户余额大于取钱数目
```

```
        if (account.getBalance() >= drawAmount)
        {
            // 吐出钞票
            System.out.println(getName()
                + "取钱成功！吐出钞票:" + drawAmount);
            /*
            try
            {
                Thread.sleep(1);
            }
            catch (InterruptedException ex)
            {
                ex.printStackTrace();
            }
            */
            // 修改余额
            account.setBalance(account.getBalance() - drawAmount);
            System.out.println("\t余额为: " + account.getBalance());
        }
        else
        {
            System.out.println(getName() + "取钱失败！余额不足！");
        }
    }
}
```

读者先不要管程序中那段被注释掉的粗体字代码，上面程序是一个非常简单的取钱逻辑，这个取钱逻辑与实际的取钱操作也很相似。程序的主程序非常简单，仅仅是创建一个账户，并启动两个线程从该账户中取钱。程序如下。

程序清单：codes\16\16.5\DrawTest.java

```
public class DrawTest
{
    public static void main(String[] args)
    {
        // 创建一个账户
        Account acct = new Account("1234567" , 1000);
        // 模拟两个线程对同一个账户取钱
        new DrawThread("甲" , acct , 800).start();
        new DrawThread("乙" , acct , 800).start();
    }
}
```

多次运行上面程序，很有可能都会看到如图 16.7 所示的错误结果。

如图 16.7 所示的运行结果并不是银行所期望的结果（不过有可能看到运行正确的效果），这正是多线程编程突然出现的"偶然"错误——因为线程调度的不确定性。假设系统线程调度器在粗体字代码处暂停，让另一个线程执行——为了强制暂停，只要取消上面程序中粗体字代码的注释即可。取消注释后再次编译 DrawThread.java，并再次运行 DrawTest 类，将总可以看到如图 16.7 所示的错误结果。

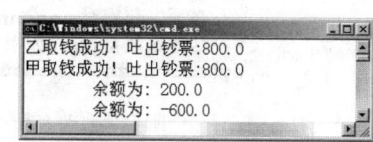

图 16.7　线程同步的问题

问题出现了：账户余额只有 1000 时取出了 1600，而且账户余额出现了负值，这不是银行希望的结果。虽然上面程序是人为地使用 Thread.sleep(1)来强制线程调度切换，但这种切换也是完全可能发生的——100000 次操作只要有 1 次出现了错误，那就是编程错误引起的。

▶▶ 16.5.2　同步代码块

之所以出现如图 16.7 所示的结果，是因为 run()方法的方法体不具有同步安全性——程序中有两个并发线程在修改 Account 对象；而且系统恰好在粗体字代码处执行线程切换，切换给另一个修改 Account 对象的线程，所以就出现了问题。

> **提示：** 就像前面介绍的文件并发访问，当有两个进程并发修改同一个文件时就有可能造成异常。

为了解决这个问题，Java 的多线程支持引入了同步监视器来解决这个问题，使用同步监视器的通用方法就是同步代码块。同步代码块的语法格式如下：

```
synchronized(obj)
{
    ...
    // 此处的代码就是同步代码块
}
```

上面语法格式中 synchronized 后括号里的 obj 就是同步监视器，上面代码的含义是：线程开始执行同步代码块之前，必须先获得对同步监视器的锁定。

> **注意：** 任何时刻只能有一个线程可以获得对同步监视器的锁定，当同步代码块执行完成后，该线程会释放对该同步监视器的锁定。

虽然 Java 程序允许使用任何对象作为同步监视器，但想一下同步监视器的目的：阻止两个线程对同一个共享资源进行并发访问，因此通常推荐使用可能被并发访问的共享资源充当同步监视器。对于上面的取钱模拟程序，应该考虑使用账户（account）作为同步监视器，把程序修改成如下形式。

程序清单：codes\16\16.5\synchronizedBlock\DrawThread.java

```java
public class DrawThread extends Thread
{
    // 模拟用户账户
    private Account account;
    // 当前取钱线程所希望取的钱数
    private double drawAmount;
    public DrawThread(String name , Account account
        , double drawAmount)
    {
        super(name);
        this.account = account;
        this.drawAmount = drawAmount;
    }
    // 当多个线程修改同一个共享数据时，将涉及数据安全问题
    public void run()
    {
        // 使用 account 作为同步监视器，任何线程进入下面同步代码块之前
        // 必须先获得对 account 账户的锁定——其他线程无法获得锁，也就无法修改它
        // 这种做法符合："加锁 → 修改 → 释放锁"的逻辑
        synchronized (account)
        {
            // 账户余额大于取钱数目
            if (account.getBalance() >= drawAmount)
            {
                // 吐出钞票
                System.out.println(getName()
                    + "取钱成功！吐出钞票:" + drawAmount);
                try
                {
                    Thread.sleep(1);
                }
                catch (InterruptedException ex)
                {
                    ex.printStackTrace();
                }
                // 修改余额
                account.setBalance(account.getBalance() - drawAmount);
                System.out.println("\t余额为: " + account.getBalance());
            }
```

```
            else
            {
                System.out.println(getName() + "取钱失败!余额不足!");
            }
        }
        // 同步代码块结束,该线程释放同步锁
    }
}
```

上面程序使用 synchronized 将 run()方法里的方法体修改成同步代码块,该同步代码块的同步监视器是 account 对象,这样的做法符合"加锁→修改→释放锁"的逻辑,任何线程在修改指定资源之前,首先对该资源加锁,在加锁期间其他线程无法修改该资源,当该线程修改完成后,该线程释放对该资源的锁定。通过这种方式就可以保证并发线程在任一时刻只有一个线程可以进入修改共享资源的代码区(也被称为临界区),所以同一时刻最多只有一个线程处于临界区内,从而保证了线程的安全性。

将 DrawThread 修改为上面所示的情形之后,多次运行该程序,总可以看到如图 16.8 所示的正确结果。

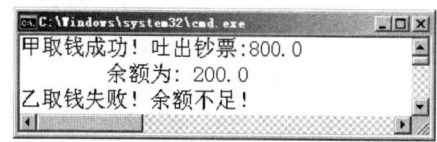

图 16.8 使用线程同步来保证线程安全

▶▶ 16.5.3 同步方法

与同步代码块对应,Java 的多线程安全支持还提供了同步方法,同步方法就是使用 synchronized 关键字来修饰某个方法,则该方法称为同步方法。对于 synchronized 修饰的实例方法(非 static 方法)而言,无须显式指定同步监视器,同步方法的同步监视器是 this,也就是调用该方法的对象。

通过使用同步方法可以非常方便地实现线程安全的类,线程安全的类具有如下特征。

- ➤ 该类的对象可以被多个线程安全地访问。
- ➤ 每个线程调用该对象的任意方法之后都将得到正确结果。
- ➤ 每个线程调用该对象的任意方法之后,该对象状态依然保持合理状态。

前面介绍了可变类和不可变类,其中不可变类总是线程安全的,因为它的对象状态不可改变;但可变对象需要额外的方法来保证其线程安全。例如上面的 Account 就是一个可变类,它的 accountNo 和 balance 两个成员变量都可以被改变,当两个线程同时修改 Account 对象的 balance 成员变量的值时,程序就出现了异常。下面将 Account 类对 balance 的访问设置成线程安全的,那么只要把修改 balance 的方法变成同步方法即可。程序如下所示。

程序清单:codes\16\16.5\synchronizedMethod\Account.java

```java
public class Account
{
    // 封装账户编号、账户余额的两个成员变量
    private String accountNo;
    private double balance;
    public Account(){}
    // 构造器
    public Account(String accountNo , double balance)
    {
        this.accountNo = accountNo;
        this.balance = balance;
    }
    // 省略 accountNo 的 setter 和 getter 方法
    ...
    // 因为账户余额不允许随便修改,所以只为 balance 提供 getter 方法
    public double getBalance()
    {
        return this.balance;
    }
    // 提供一个线程安全的 draw()方法来完成取钱操作
    public synchronized void draw(double drawAmount)
    {
        // 账户余额大于取钱数目
        if (balance >= drawAmount)
        {
```

```java
                // 吐出钞票
                System.out.println(Thread.currentThread().getName()
                    + "取钱成功! 吐出钞票:" + drawAmount);
                try
                {
                    Thread.sleep(1);
                }
                catch (InterruptedException ex)
                {
                    ex.printStackTrace();
                }
                // 修改余额
                balance -= drawAmount;
                System.out.println("\t余额为: " + balance);
            }
            else
            {
                System.out.println(Thread.currentThread().getName()
                    + "取钱失败! 余额不足! ");
            }
        }
        // 省略hashCode()和equals()方法
        ...
}
```

上面程序中增加了一个代表取钱的 draw()方法，并使用了 synchronized 关键字修饰该方法，把该方法变成同步方法，该同步方法的同步监视器是 this，因此对于同一个 Account 账户而言，任意时刻只能有一个线程获得对 Account 对象的锁定，然后进入 draw ()方法执行取钱操作——这样也可以保证多个线程并发取钱的线程安全。

因为 Account 类中已经提供了 draw()方法，而且取消了 setBalance()方法，DrawThread 线程类需要改写，该线程类的 run()方法只要调用 Account 对象的 draw()方法即可执行取钱操作。run()方法代码片段如下。

synchronized 关键字可以修饰方法，可以修饰代码块，但不能修饰构造器、成员变量等。

程序清单：codes\16\16.5\synchronizedMethod\DrawThread.java

```java
public void run()
{
    // 直接调用account对象的draw()方法来执行取钱操作
    // 同步方法的同步监视器是this, this代表调用draw()方法的对象
    // 也就是说，线程进入draw()方法之前，必须先对account对象加锁
    account.draw(drawAmount);
}
```

上面的 DrawThread 类无须自己实现取钱操作，而是直接调用 account 的 draw()方法来执行取钱操作。由于已经使用 synchronized 关键字修饰了 draw()方法，同步方法的同步监视器是 this，而 this 总代表调用该方法的对象——在上面示例中，调用 draw()方法的对象是 account，因此多个线程并发修改同一份 account 之前，必须先对 account 对象加锁。这也符合了"加锁 → 修改 → 释放锁"的逻辑。

> **提示：**
> 在 Account 里定义 draw()方法，而不是直接在 run()方法中实现取钱逻辑，这种做法更符合面向对象规则。在面向对象里有一种流行的设计方式: Domain Driven Design（领域驱动设计，DDD），这种方式认为每个类都应该是完备的领域对象，例如 Account 代表用户账户，应该提供用户账户的相关方法；通过 draw()方法来执行取钱操作（实际上还应该提供 transfer()等方法来完成转账等操作），而不是直接将 setBalance()方法暴露出来任人操作，这样才可以更好地保证 Account 对象的完整性和一致性。

可变类的线程安全是以降低程序的运行效率作为代价的，为了减少线程安全所带来的负面影响，程序可以采用如下策略。
- 不要对线程安全类的所有方法都进行同步，只对那些会改变竞争资源（竞争资源也就是共享资源）的方法进行同步。例如上面 Account 类中的 accountNo 实例变量就无须同步，所以程序只对 draw() 方法进行了同步控制。
- 如果可变类有两种运行环境：单线程环境和多线程环境，则应该为该可变类提供两种版本，即线程不安全版本和线程安全版本。在单线程环境中使用线程不安全版本以保证性能，在多线程环境中使用线程安全版本。

> **提示：**
> JDK 所提供的 StringBuilder、StringBuffer 就是为了照顾单线程环境和多线程环境所提供的类，在单线程环境下应该使用 StringBuilder 来保证较好的性能；当需要保证多线程安全时，就应该使用 StringBuffer。

▶▶ 16.5.4 释放同步监视器的锁定

任何线程进入同步代码块、同步方法之前，必须先获得对同步监视器的锁定，那么何时会释放对同步监视器的锁定呢？程序无法显式释放对同步监视器的锁定，线程会在如下几种情况下释放对同步监视器的锁定。
- 当前线程的同步方法、同步代码块执行结束，当前线程即释放同步监视器。
- 当前线程在同步代码块、同步方法中遇到 break、return 终止了该代码块、该方法的继续执行，当前线程将会释放同步监视器。
- 当前线程在同步代码块、同步方法中出现了未处理的 Error 或 Exception，导致了该代码块、该方法异常结束时，当前线程将会释放同步监视器。
- 当前线程执行同步代码块或同步方法时，程序执行了同步监视器对象的 wait() 方法，则当前线程暂停，并释放同步监视器。

在如下所示的情况下，线程不会释放同步监视器。
- 线程执行同步代码块或同步方法时，程序调用 Thread.sleep()、Thread.yield() 方法来暂停当前线程的执行，当前线程不会释放同步监视器。
- 线程执行同步代码块时，其他线程调用了该线程的 suspend() 方法将该线程挂起，该线程不会释放同步监视器。当然，程序应该尽量避免使用 suspend() 和 resume() 方法来控制线程。

▶▶ 16.5.5 同步锁（Lock）

从 Java 5 开始，Java 提供了一种功能更强大的线程同步机制——通过显式定义同步锁对象来实现同步，在这种机制下，同步锁由 Lock 对象充当。

Lock 提供了比 synchronized 方法和 synchronized 代码块更广泛的锁定操作，Lock 允许实现更灵活的结构，可以具有差别很大的属性，并且支持多个相关的 Condition 对象。

Lock 是控制多个线程对共享资源进行访问的工具。通常，锁提供了对共享资源的独占访问，每次只能有一个线程对 Lock 对象加锁，线程开始访问共享资源之前应先获得 Lock 对象。

某些锁可能允许对共享资源并发访问，如 ReadWriteLock（读写锁），Lock、ReadWriteLock 是 Java 5 提供的两个根接口，并为 Lock 提供了 ReentrantLock（可重入锁）实现类，为 ReadWriteLock 提供了 ReentrantReadWriteLock 实现类。

Java 8 新增了新型的 StampedLock 类，在大多数场景中它可以替代传统的 ReentrantReadWriteLock。ReentrantReadWriteLock 为读写操作提供了三种锁模式：Writing、ReadingOptimistic、Reading。

在实现线程安全的控制中，比较常用的是 ReentrantLock（可重入锁）。使用该 Lock 对象可以显式地加锁、释放锁，通常使用 ReentrantLock 的代码格式如下：

```
class X
{
    // 定义锁对象
    private final ReentrantLock lock = new ReentrantLock();
    // ...
```

```java
// 定义需要保证线程安全的方法
public void m()
{
    // 加锁
    lock.lock();
    try
    {
        // 需要保证线程安全的代码
        // ... method body
    }
    // 使用finally块来保证释放锁
    finally
    {
        lock.unlock();
    }
}
```

使用 ReentrantLock 对象来进行同步，加锁和释放锁出现在不同的作用范围内时，通常建议使用 finally 块来确保在必要时释放锁。通过使用 ReentrantLock 对象，可以把 Account 类改为如下形式，它依然是线程安全的。

程序清单：codes\16\16.5\Lock\Account.java

```java
public class Account
{
    // 定义锁对象
    private final ReentrantLock lock = new ReentrantLock();
    // 封装账户编号、账户余额的两个成员变量
    private String accountNo;
    private double balance;
    public Account(){}
    // 构造器
    public Account(String accountNo , double balance)
    {
        this.accountNo = accountNo;
        this.balance = balance;
    }
    // 省略accountNo的setter和getter方法
    ...
    // 因为账户余额不允许随便修改，所以只为balance提供getter方法
    public double getBalance()
    {
        return this.balance;
    }
    // 提供一个线程安全的draw()方法来完成取钱操作
    public void draw(double drawAmount)
    {
        // 加锁
        lock.lock();
        try
        {
            // 账户余额大于取钱数目
            if (balance >= drawAmount)
            {
                // 吐出钞票
                System.out.println(Thread.currentThread().getName()
                    + "取钱成功！吐出钞票:" + drawAmount);
                try
                {
                    Thread.sleep(1);
                }
                catch (InterruptedException ex)
                {
                    ex.printStackTrace();
                }
                // 修改余额
                balance -= drawAmount;
                System.out.println("\t余额为: " + balance);
```

```
            else
            {
                System.out.println(Thread.currentThread().getName()
                    + "取钱失败！余额不足！");
            }
        }
        finally
        {
            // 修改完成，释放锁
            lock.unlock();
        }
    }
    // 省略 hashCode()和 equals()方法
    ...
}
```

上面程序中的第一行粗体字代码定义了一个 ReentrantLock 对象，程序中实现 draw()方法时，进入方法开始执行后立即请求对 ReentrantLock 对象进行加锁，当执行完 draw()方法的取钱逻辑之后，程序使用 finally 块来确保释放锁。

> **提示：** 使用 Lock 与使用同步方法有点相似，只是使用 Lock 时显式使用 Lock 对象作为同步锁，而使用同步方法时系统隐式使用当前对象作为同步监视器，同样都符合"加锁→修改→释放锁"的操作模式，而且使用 Lock 对象时每个 Lock 对象对应一个 Account 对象，一样可以保证对于同一个 Account 对象，同一时刻只能有一个线程能进入临界区。

同步方法或同步代码块使用与竞争资源相关的、隐式的同步监视器，并且强制要求加锁和释放锁要出现在一个块结构中，而且当获取了多个锁时，它们必须以相反的顺序释放，且必须在与所有锁被获取时相同的范围内释放所有锁。

虽然同步方法和同步代码块的范围机制使得多线程安全编程非常方便，而且还可以避免很多涉及锁的常见编程错误，但有时也需要以更为灵活的方式使用锁。Lock 提供了同步方法和同步代码块所没有的其他功能，包括用于非块结构的 tryLock()方法，以及试图获取可中断锁的 lockInterruptibly()方法，还有获取超时失效锁的 tryLock(long, TimeUnit)方法。

ReentrantLock 锁具有可重入性，也就是说，一个线程可以对已被加锁的 ReentrantLock 锁再次加锁，ReentrantLock 对象会维持一个计数器来追踪 lock()方法的嵌套调用，线程在每次调用 lock()加锁后，必须显式调用 unlock()来释放锁，所以一段被锁保护的代码可以调用另一个被相同锁保护的方法。

▶▶ 16.5.6 死锁

当两个线程相互等待对方释放同步监视器时就会发生死锁，Java 虚拟机没有监测，也没有采取措施来处理死锁情况，所以多线程编程时应该采取措施避免死锁出现。一旦出现死锁，整个程序既不会发生任何异常，也不会给出任何提示，只是所有线程处于阻塞状态，无法继续。

死锁是很容易发生的，尤其在系统中出现多个同步监视器的情况下，如下程序将会出现死锁。

程序清单：codes\16\16.5\DeadLock.java

```
class A
{
    public synchronized void foo( B b )
    {
        System.out.println("当前线程名: " + Thread.currentThread().getName()
            + " 进入了 A 实例的 foo()方法" );        // ①
        try
        {
            Thread.sleep(200);
        }
        catch (InterruptedException ex)
        {
            ex.printStackTrace();
        }
```

```java
            System.out.println("当前线程名: " + Thread.currentThread().getName()
                + " 企图调用B实例的last()方法");      // ③
            b.last();
    }
    public synchronized void last()
    {
        System.out.println("进入了A类的last()方法内部");
    }
}
class B
{
    public synchronized void bar( A a )
    {
        System.out.println("当前线程名: " + Thread.currentThread().getName()
            + " 进入了B实例的bar()方法" );      // ②
        try
        {
            Thread.sleep(200);
        }
        catch (InterruptedException ex)
        {
            ex.printStackTrace();
        }
        System.out.println("当前线程名: " + Thread.currentThread().getName()
            + " 企图调用A实例的last()方法");      // ④
        a.last();
    }
    public synchronized void last()
    {
        System.out.println("进入了B类的last()方法内部");
    }
}
public class DeadLock implements Runnable
{
    A a = new A();
    B b = new B();
    public void init()
    {
        Thread.currentThread().setName("主线程");
        // 调用a对象的foo()方法
        a.foo(b);
        System.out.println("进入了主线程之后");
    }
    public void run()
    {
        Thread.currentThread().setName("副线程");
        // 调用b对象的bar()方法
        b.bar(a);
        System.out.println("进入了副线程之后");
    }
    public static void main(String[] args)
    {
        DeadLock dl = new DeadLock();
        // 以dl为target启动新线程
        new Thread(dl).start();
        // 调用init()方法
        dl.init();
    }
}
```

运行上面程序，将会看到如图16.9所示的效果。

从图16.9中可以看出，程序既无法向下执行，也不会抛出任何异常，就一直"僵持"着。究其原因，是因为：上面程序中A对象和B对象的方法都是同步方法，也就是A对象和B对象都是同步锁。程序中两个线程执行，副线程的线程执行体是DeadLock类的run()方法，主线程

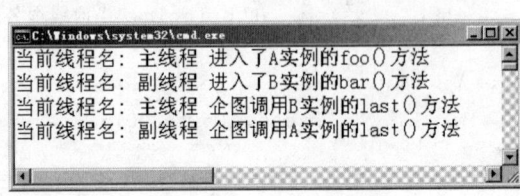

图16.9 死锁效果

的线程执行体是 DeadLock 的 main()方法(主线程调用了 init()方法)。其中 run()方法中让 B 对象调用 bar()方法，而 init()方法让 A 对象调用 foo()方法。图 16.9 显示 init()方法先执行，调用了 A 对象的 foo()方法，进入 foo()方法之前，该线程对 A 对象加锁——当程序执行到①号代码时，主线程暂停 200ms；CPU 切换到执行另一个线程，让 B 对象执行 bar()方法，所以看到副线程开始执行 B 实例的 bar()方法，进入 bar()方法之前，该线程对 B 对象加锁——当程序执行到②号代码时，副线程也暂停 200ms；接下来主线程会先醒过来，继续向下执行，直到③号代码处希望调用 B 对象的 last()方法——执行该方法之前必须先对 B 对象加锁，但此时副线程正保持着 B 对象的锁，所以主线程阻塞；接下来副线程应该也醒过来了，继续向下执行，直到④号代码处希望调用 A 对象的 last()方法——执行该方法之前必须先对 A 对象加锁，但此时主线程没有释放对 A 对象的锁——至此，就出现了主线程保持着 A 对象的锁，等待对 B 对象加锁，而副线程保持着 B 对象的锁，等待对 A 对象加锁，两个线程互相等待对方先释放，所以就出现了死锁。

> **注意：**
> 由于 Thread 类的 suspend()方法也很容易导致死锁，所以 Java 不再推荐使用该方法来暂停线程的执行。

16.6 线程通信

当线程在系统内运行时，线程的调度具有一定的透明性，程序通常无法准确控制线程的轮换执行，但 Java 也提供了一些机制来保证线程协调运行。

16.6.1 传统的线程通信

假设现在系统中有两个线程，这两个线程分别代表存款者和取钱者——现在假设系统有一种特殊的要求，系统要求存款者和取钱者不断地重复存款、取钱的动作，而且要求每当存款者将钱存入指定账户后，取钱者就立即取出该笔钱。不允许存款者连续两次存钱，也不允许取钱者连续两次取钱。

为了实现这种功能，可以借助于 Object 类提供的 wait()、notify()和 notifyAll()三个方法，这三个方法并不属于 Thread 类，而是属于 Object 类。但这三个方法必须由同步监视器对象来调用，这可分成以下两种情况。

> 对于使用 synchronized 修饰的同步方法，因为该类的默认实例（this）就是同步监视器，所以可以在同步方法中直接调用这三个方法。
> 对于使用 synchronized 修饰的同步代码块，同步监视器是 synchronized 后括号里的对象，所以必须使用该对象调用这三个方法。

关于这三个方法的解释如下。

> wait()：导致当前线程等待，直到其他线程调用该同步监视器的 notify()方法或 notifyAll()方法来唤醒该线程。该 wait()方法有三种形式——无时间参数的 wait（一直等待，直到其他线程通知）、带毫秒参数的 wait()和带毫秒、毫微秒参数的 wait()（这两种方法都是等待指定时间后自动苏醒）。调用 wait()方法的当前线程会释放对该同步监视器的锁定。
> notify()：唤醒在此同步监视器上等待的单个线程。如果所有线程都在此同步监视器上等待，则会选择唤醒其中一个线程。选择是任意性的。只有当前线程放弃对该同步监视器的锁定后（使用 wait()方法），才可以执行被唤醒的线程。
> notifyAll()：唤醒在此同步监视器上等待的所有线程。只有当前线程放弃对该同步监视器的锁定后，才可以执行被唤醒的线程。

程序中可以通过一个旗标来标识账户中是否已有存款，当旗标为 false 时，表明账户中没有存款，存款者线程可以向下执行，当存款者把钱存入账户后，将旗标设为 true，并调用 notify()或 notifyAll()方法来唤醒其他线程；当存款者线程进入线程体后，如果旗标为 true 就调用 wait()方法让该线程等待。

当旗标为 true 时，表明账户中已经存入了存款，则取钱者线程可以向下执行，当取钱者把钱从账户中取出后,将旗标设为 false,并调用 notify()或 notifyAll()方法来唤醒其他线程;当取钱者线程进入线程体后,如果旗标为 false 就调用 wait()方法让该线程等待。

本程序为 Account 类提供 draw()和 deposit()两个方法,分别对应该账户的取钱、存款等操作,因为这两个方法可能需要并发修改 Account 类的 balance 成员变量的值,所以这两个方法都使用 synchronized 修饰成同步方法。除此之外,这两个方法还使用了 wait()、notifyAll()来控制线程的协作。

程序清单:codes\16\16.6\synchronized\Account.java

```java
public class Account
{
    // 封装账户编号、账户余额的两个成员变量
    private String accountNo;
    private double balance;
    // 标识账户中是否已有存款的旗标
    private boolean flag = false;
    public Account(){}
    // 构造器
    public Account(String accountNo , double balance)
    {
        this.accountNo = accountNo;
        this.balance = balance;
    }
    // 省略 accountNo 的 setter 和 getter 方法
    ...
    // 因为账户余额不允许随便修改,所以只为 balance 提供 getter 方法
    public double getBalance()
    {
        return this.balance;
    }
    public synchronized void draw(double drawAmount)
    {
        try
        {
            // 如果 flag 为假,表明账户中还没有人存钱进去,取钱方法阻塞
            if (!flag)
            {
                wait();
            }
            else
            {
                // 执行取钱操作
                System.out.println(Thread.currentThread().getName()
                    + " 取钱:" + drawAmount);
                balance -= drawAmount;
                System.out.println("账户余额为:" + balance);
                // 将标识账户是否已有存款的旗标设为 false
                flag = false;
                // 唤醒其他线程
                notifyAll();
            }
        }
        catch (InterruptedException ex)
        {
            ex.printStackTrace();
        }
    }
    public synchronized void deposit(double depositAmount)
    {
        try
        {
            // 如果 flag 为真,表明账户中已有人存钱进去,存钱方法阻塞
            if (flag)           // ①
            {
                wait();
            }
            else
            {
                // 执行存款操作
```

```
            System.out.println(Thread.currentThread().getName()
                + " 存款:" + depositAmount);
            balance += depositAmount;
            System.out.println("账户余额为: " + balance);
            // 将表示账户是否已有存款的旗标设为 true
            flag = true;
            // 唤醒其他线程
            notifyAll();
        }
    }
    catch (InterruptedException ex)
    {
        ex.printStackTrace();
    }
}
// 省略 hashCode()和 equals()方法
...
}
```

上面程序中的粗体字代码使用 wait()和 notifyAll()进行了控制,对存款者线程而言,当程序进入 deposit()方法后,如果 flag 为 true,则表明账户中已有存款,程序调用 wait()方法阻塞;否则程序向下执行存款操作,当存款操作执行完成后,系统将 flag 设为 true,然后调用 notifyAll()来唤醒其他被阻塞的线程——如果系统中有存款者线程,存款者线程也会被唤醒,但该存款者线程执行到①号代码处时再次进入阻塞状态,只有执行 draw()方法的取钱者线程才可以向下执行。同理,取钱者线程的运行流程也是如此。

程序中的存款者线程循环 100 次重复存款,而取钱者线程则循环 100 次重复取钱,存款者线程和取钱者线程分别调用 Account 对象的 deposit()、draw()方法来实现。

程序清单:codes\16\16.6\synchronized\DrawThread.java
```java
public class DrawThread extends Thread
{
    // 模拟用户账户
    private Account account;
    // 当前取钱线程所希望取的钱数
    private double drawAmount;
    public DrawThread(String name , Account account
        , double drawAmount)
    {
        super(name);
        this.account = account;
        this.drawAmount = drawAmount;
    }
    // 重复 100 次执行取钱操作
    public void run()
    {
        for (int i = 0 ; i < 100 ; i++ )
        {
            account.draw(drawAmount);
        }
    }
}
```

程序清单:codes\16\16.6\synchronized\DepositThread.java
```java
public class DepositThread extends Thread
{
    // 模拟用户账户
    private Account account;
    // 当前存款线程所希望存的钱数
    private double depositAmount;
    public DepositThread(String name , Account account
        , double depositAmount)
    {
        super(name);
        this.account = account;
        this.depositAmount = depositAmount;
    }
```

```
    // 重复100次执行存款操作
    public void run()
    {
        for (int i = 0 ; i < 100 ; i++ )
        {
            account.deposit(depositAmount);
        }
    }
}
```

主程序可以启动任意多个存款线程和取钱线程,可以看到所有的取钱线程必须等存款线程存钱后才可以向下执行,而存款线程也必须等取钱线程取钱后才可以向下执行。主程序代码如下。

程序清单:codes\16\16.6\synchronized\DrawTest.java
```
public class DrawTest
{
    public static void main(String[] args)
    {
        // 创建一个账户
        Account acct = new Account("1234567" , 0);
        new DrawThread("取钱者" , acct , 800).start();
        new DepositThread("存款者甲" , acct , 800).start();
        new DepositThread("存款者乙" , acct , 800).start();
        new DepositThread("存款者丙" , acct , 800).start();
    }
}
```

运行该程序,可以看到存款者线程、取钱者线程交替执行的情形,每当存款者向账户中存入800元之后,取钱者线程立即从账户中取出这笔钱。存款完成后账户余额总是800元,取钱结束后账户余额总是0元。运行该程序,会看到如图16.10所示的结果。

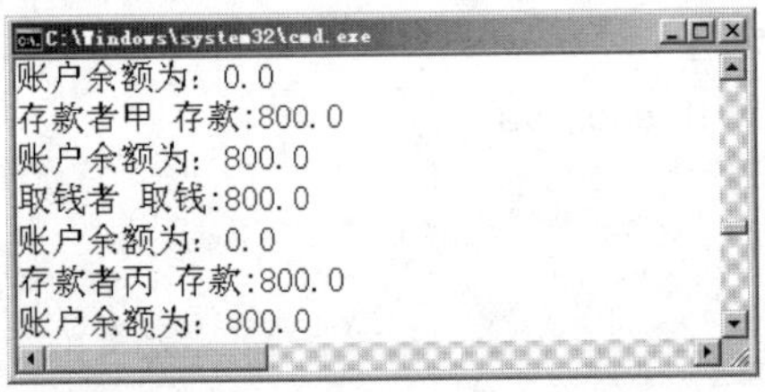

从图16.10中可以看出,3个存款者线程随机地向账户中存款,只有1个取钱者线程执行取钱操作。只有当取钱者取钱后,存款者才可以存款;同理,只有等存款者存款后,取钱者线程才可以取钱。

图 16.10 线程协调运行的结果

图 16.10 显示程序最后被阻塞无法继续向下执行,这是因为3个存款者线程共有300次尝试存款操作,但1个取钱者线程只有100次尝试取钱操作,所以程序最后被阻塞!

> **注意:**
> 如图16.10所示的阻塞并不是死锁,对于这种情况,取钱者线程已经执行结束,而存款者线程只是在等待其他线程来取钱而已,并不是等待其他线程释放同步监视器。不要把死锁和程序阻塞等同起来。

▶▶ 16.6.2 使用 Condition 控制线程通信

如果程序不使用 synchronized 关键字来保证同步,而是直接使用 Lock 对象来保证同步,则系统中不存在隐式的同步监视器,也就不能使用 wait()、notify()、notifyAll()方法进行线程通信了。

当使用 Lock 对象来保证同步时,Java 提供了一个 Condition 类来保持协调,使用 Condition 可以让那些已经得到 Lock 对象却无法继续执行的线程释放 Lock 对象,Condition 对象也可以唤醒其他处于等待的线程。

Condition 将同步监视器方法(wait()、notify() 和 notifyAll())分解成截然不同的对象,以便通过将这些对象与 Lock 对象组合使用,为每个对象提供多个等待集(wait-set)。在这种情况下,Lock 替代了同步方法或同步代码块,Condition 替代了同步监视器的功能。

Condition 实例被绑定在一个 Lock 对象上。要获得特定 Lock 实例的 Condition 实例,调用 Lock 对象的 newCondition()方法即可。Condition 类提供了如下三个方法。

- await(): 类似于隐式同步监视器上的 wait() 方法，导致当前线程等待，直到其他线程调用该 Condition 的 signal() 方法或 signalAll() 方法来唤醒该线程。该 await() 方法有更多变体，如 long awaitNanos(long nanosTimeout)、void awaitUninterruptibly()、awaitUntil(Date deadline)等，可以完成更丰富的等待操作。
- signal(): 唤醒在此 Lock 对象上等待的单个线程。如果所有线程都在该 Lock 对象上等待，则会选择唤醒其中一个线程。选择是任意性的。只有当前线程放弃对该 Lock 对象的锁定后（使用 await()方法），才可以执行被唤醒的线程。
- signalAll(): 唤醒在此 Lock 对象上等待的所有线程。只有当前线程放弃对该 Lock 对象的锁定后，才可以执行被唤醒的线程。

下面程序中 Account 使用 Lock 对象来控制同步，并使用 Condition 对象来控制线程的协调运行。

程序清单：codes\16\16.6\condition\Account.java

```java
public class Account
{
    // 显式定义 Lock 对象
    private final Lock lock = new ReentrantLock();
    // 获得指定 Lock 对象对应的 Condition
    private final Condition cond  = lock.newCondition();
    // 封装账户编号、账户余额的两个成员变量
    private String accountNo;
    private double balance;
    // 标识账户中是否已有存款的旗标
    private boolean flag = false;
    public Account(){}
    // 构造器
    public Account(String accountNo , double balance)
    {
        this.accountNo = accountNo;
        this.balance = balance;
    }
    // 省略 accountNo 的 setter 和 getter 方法
    ...
    // 因为账户余额不允许随便修改，所以只为 balance 提供 getter 方法
    public double getBalance()
    {
        return this.balance;
    }
    public void draw(double drawAmount)
    {
        // 加锁
        lock.lock();
        try
        {
            // 如果 flag 为假，表明账户中还没有人存钱进去，取钱方法阻塞
            if (!flag)
            {
                cond.await();
            }
            else
            {
                // 执行取钱操作
                System.out.println(Thread.currentThread().getName()
                    + " 取钱:" + drawAmount);
                balance -= drawAmount;
                System.out.println("账户余额为: " + balance);
                // 将标识账户是否已有存款的旗标设为 false
                flag = false;
                // 唤醒其他线程
                cond.signalAll();
            }
        }
        catch (InterruptedException ex)
        {
            ex.printStackTrace();
```

```
            }
            // 使用finally块来释放锁
            finally
            {
                lock.unlock();
            }
        }
        public void deposit(double depositAmount)
        {
            lock.lock();
            try
            {
                // 如果flag为真，表明账户中已有人存钱进去，存钱方法阻塞
                if (flag)                  // ①
                {
                    cond.await();
                }
                else
                {
                    // 执行存款操作
                    System.out.println(Thread.currentThread().getName()
                        + " 存款:" + depositAmount);
                    balance += depositAmount;
                    System.out.println("账户余额为: " + balance);
                    // 将表示账户是否已有存款的旗标设为true
                    flag = true;
                    // 唤醒其他线程
                    cond.signalAll();
                }
            }
            catch (InterruptedException ex)
            {
                ex.printStackTrace();
            }
            // 使用finally块来释放锁
            finally
            {
                lock.unlock();
            }
        }
        // 此处省略了hashCode()和equals()方法
        ...
    }
```

用该程序与 codes\16\16.6\synchronized 路径下的 Account.java 进行对比，不难发现这两个程序的逻辑基本相似，只是现在显式地使用 Lock 对象来充当同步监视器，则需要使用 Condition 对象来暂停、唤醒指定线程。

该示例程序的其他类与前一个示例程序的其他类完全一样，读者可以参考光盘 codes\16\16.6\condition 路径下的代码。运行该程序的效果与前一个示例程序的运行效果完全一样，此处不再赘述。

> **提示：**
> 本书第1版还介绍了一种使用管道流进行线程通信的情形，但实际上由于两个线程属于同一个进程，它们可以非常方便地共享数据，因此很少需要使用管道流进行通信，故此处不再介绍那种烦琐的方式。

▶▶ 16.6.3 使用阻塞队列（BlockingQueue）控制线程通信

Java 5 提供了一个 BlockingQueue 接口，虽然 BlockingQueue 也是 Queue 的子接口，但它的主要用途并不是作为容器，而是作为线程同步的工具。BlockingQueue 具有一个特征：当生产者线程试图向 BlockingQueue 中放入元素时，如果该队列已满，则该线程被阻塞；当消费者线程试图从 BlockingQueue 中取出元素时，如果该队列已空，则该线程被阻塞。

程序的两个线程通过交替向 BlockingQueue 中放入元素、取出元素，即可很好地控制线程的通信。

BlockingQueue 提供如下两个支持阻塞的方法。

- put(E e)：尝试把 E 元素放入 BlockingQueue 中，如果该队列的元素已满，则阻塞该线程。
- take()：尝试从 BlockingQueue 的头部取出元素，如果该队列的元素已空，则阻塞该线程。

BlockingQueue 继承了 Queue 接口，当然也可使用 Queue 接口中的方法。这些方法归纳起来可分为如下三组。

- 在队列尾部插入元素。包括 add(E e)、offer(E e)和 put(E e)方法，当该队列已满时，这三个方法分别会抛出异常、返回 false、阻塞队列。
- 在队列头部删除并返回删除的元素。包括 remove()、poll()和 take()方法。当该队列已空时，这三个方法分别会抛出异常、返回 false、阻塞队列。
- 在队列头部取出但不删除元素。包括 element()和 peek()方法，当队列已空时，这两个方法分别抛出异常、返回 false。

BlockingQueue 包含的方法之间的对应关系如表 16.1 所示。

表 16.1　BlockingQueue 包含的方法之间的对应关系

	抛出异常	不同返回值	阻塞线程	指定超时时长
队尾插入元素	add(e)	offer(e)	put(e)	offer(e, time, unit)
队头删除元素	remove()	poll()	take()	poll(time ,unit)
获取、不删除元素	element()	peek()	无	无

BlockingQueue 与其实现类之间的类图如图 16.11 所示。

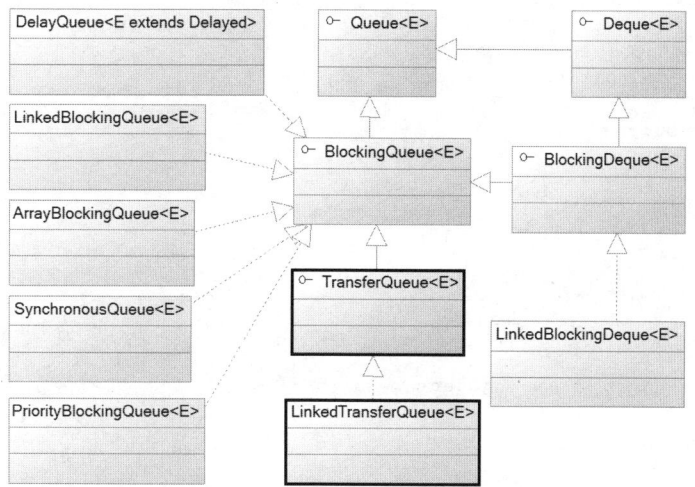

图 16.11　BlocKingQueue 与其实现类之间的类图

图 16.11 中以黑色方框框出的都是 Java 7 新增的阻塞队列。从图 16.11 可以看到，BlockingQueue 包含如下 5 个实现类。

- ArrayBlockingQueue：基于数组实现的 BlockingQueue 队列。
- LinkedBlockingQueue：基于链表实现的 BlockingQueue 队列。
- PriorityBlockingQueue：它并不是标准的阻塞队列。与前面介绍的 PriorityQueue 类似，该队列调用 remove()、poll()、take()等方法取出元素时，并不是取出队列中存在时间最长的元素，而是队列中最小的元素。PriorityBlockingQueue 判断元素的大小即可根据元素（实现 Comparable 接口）的本身大小来自然排序，也可使用 Comparator 进行定制排序。
- SynchronousQueue：同步队列。对该队列的存、取操作必须交替进行。
- DelayQueue：它是一个特殊的 BlockingQueue，底层基于 PriorityBlockingQueue 实现。不过，DelayQueue 要求集合元素都实现 Delay 接口（该接口里只有一个 long getDelay()方法），DelayQueue 根据集合元素的 getDalay()方法的返回值进行排序。

下面以 ArrayBlockingQueue 为例介绍阻塞队列的功能和用法。下面先用一个最简单的程序来测试 BlockingQueue 的 put()方法。

程序清单：codes\16\16.6\BlockingQueueTest.java

```java
public class BlockingQueueTest
{
    public static void main(String[] args)
        throws Exception
    {
        // 定义一个长度为 2 的阻塞队列
        BlockingQueue<String> bq = new ArrayBlockingQueue<>(2);
        bq.put("Java"); // 与 bq.add("Java")、bq.offer("Java")相同
        bq.put("Java"); // 与 bq.add("Java")、bq.offer("Java")相同
        bq.put("Java"); // ① 阻塞线程
    }
}
```

上面程序先定义一个大小为 2 的 BlockingQueue，程序先向该队列中放入两个元素，此时队列还没有满，两个元素都可以放入，因此使用 put()、add()和 offer()方法效果完全一样。当程序试图放入第三个元素时，如果使用 put()方法尝试放入元素将会阻塞线程，如上面程序①号代码所示。如果使用 add()方法尝试放入元素将会引发异常；如果使用 offer()方法尝试放入元素则会返回 false，元素不会被放入。

与此类似的是，在 BlockingQueue 已空的情况下，程序使用 take()方法尝试取出元素将会阻塞线程；使用 remove()方法尝试取出元素将引发异常；使用 poll()方法尝试取出元素将返回 false,元素不会被删除。

掌握了 BlockingQueue 阻塞队列的特性之后，下面程序就可以利用 BlockingQueue 来实现线程通信了。

程序清单：codes\16\16.6\BlockingQueueTest2.java

```java
class Producer extends Thread
{
    private BlockingQueue<String> bq;
    public Producer(BlockingQueue<String> bq)
    {
        this.bq = bq;
    }
    public void run()
    {
        String[] strArr = new String[]
        {
            "Java",
            "Struts",
            "Spring"
        };
        for (int i = 0 ; i < 999999999 ; i++ )
        {
            System.out.println(getName() + "生产者准备生产集合元素！");
            try
            {
                Thread.sleep(200);
                // 尝试放入元素，如果队列已满，则线程被阻塞
                bq.put(strArr[i % 3]);
            }
            catch (Exception ex){ex.printStackTrace();}
            System.out.println(getName() + "生产完成:" + bq);
        }
    }
}
class Consumer extends Thread
{
    private BlockingQueue<String> bq;
    public Consumer(BlockingQueue<String> bq)
    {
        this.bq = bq;
    }
    public void run()
    {
        while(true)
        {
            System.out.println(getName() + "消费者准备消费集合元素！");
            try
            {
```

```
                Thread.sleep(200);
                // 尝试取出元素，如果队列已空，则线程被阻塞
                bq.take();
            }
            catch (Exception ex){ex.printStackTrace();}
            System.out.println(getName() + "消费完成: " + bq);
        }
    }
}
public class BlockingQueueTest2
{
    public static void main(String[] args)
    {
        // 创建一个容量为1的BlockingQueue
        BlockingQueue<String> bq = new ArrayBlockingQueue<>(1);
        // 启动3个生产者线程
        new Producer(bq).start();
        new Producer(bq).start();
        new Producer(bq).start();
        // 启动一个消费者线程
        new Consumer(bq).start();
    }
}
```

上面程序启动了 3 个生产者线程向 BlockingQueue 集合放入元素，启动了 1 个消费者线程从 BlockingQueue 集合取出元素。本程序的 BlockingQueue 集合容量为 1，因此 3 个生产者线程无法连续放入元素，必须等待消费者线程取出一个元素后，3 个生产者线程的其中之一才能放入一个元素。运行该程序，会看到如图 16.12 所示的结果。

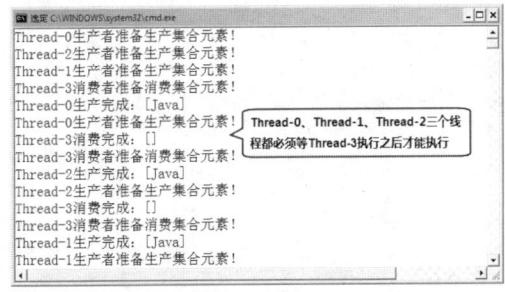

图 16.12　使用 BlockingQueue 控制线程通信

从图 16.12 可以看出，3 个生产者线程都想向 BlockingQueue 中放入元素，但只要其中一个线程向该队列中放入元素之后，其他生产者线程就必须等待，等待消费者线程取出 BlockingQueue 队列里的元素。

16.7　线程组和未处理的异常

Java 使用 ThreadGroup 来表示线程组，它可以对一批线程进行分类管理，Java 允许程序直接对线程组进行控制。对线程组的控制相当于同时控制这批线程。用户创建的所有线程都属于指定线程组，如果程序没有显式指定线程属于哪个线程组，则该线程属于默认线程组。在默认情况下，子线程和创建它的父线程处于同一个线程组内，例如 A 线程创建了 B 线程，并且没有指定 B 线程的线程组，则 B 线程属于 A 线程所在的线程组。

一旦某个线程加入了指定线程组之后，该线程将一直属于该线程组，直到该线程死亡，线程运行中途不能改变它所属的线程组。

Thread 类提供了如下几个构造器来设置新创建的线程属于哪个线程组。

➢ Thread(ThreadGroup group, Runnable target)：以 target 的 run()方法作为线程执行体创建新线程，属于 group 线程组。

➢ Thread(ThreadGroup group, Runnable target, String name)：以 target 的 run()方法作为线程执行体创建新线程，该线程属于 group 线程组，且线程名为 name。

➢ Thread(ThreadGroup group, String name)：创建新线程，新线程名为 name，属于 group 线程组。

因为中途不可改变线程所属的线程组，所以 Thread 类没有提供 setThreadGroup()方法来改变线程所属的线程组，但提供了一个 getThreadGroup()方法来返回该线程所属的线程组，getThreadGroup()方法的返回值是 ThreadGroup 对象，表示一个线程组。ThreadGroup 类提供了如下两个简单的构造器来创建实例。

- ThreadGroup(String name)：以指定的线程组名字来创建新的线程组。
- ThreadGroup(ThreadGroup parent, String name)：以指定的名字、指定的父线程组创建一个新线程组。

上面两个构造器在创建线程组实例时都必须为其指定一个名字，也就是说，线程组总会具有一个字符串类型的名字，该名字可通过调用 ThreadGroup 的 getName()方法来获取,但不允许改变线程组的名字。

ThreadGroup 类提供了如下几个常用的方法来操作整个线程组里的所有线程。

- int activeCount()：返回此线程组中活动线程的数目。
- interrupt()：中断此线程组中的所有线程。
- isDaemon()：判断该线程组是否是后台线程组。
- setDaemon(boolean daemon)：把该线程组设置成后台线程组。后台线程组具有一个特征——当后台线程组的最后一个线程执行结束或最后一个线程被销毁后，后台线程组将自动销毁。
- setMaxPriority(int pri)：设置线程组的最高优先级。

下面程序创建了几个线程，它们分别属于不同的线程组，程序还将一个线程组设置成后台线程组。

程序清单：codes\16\16.7\ThreadGroupTest.java

```java
class MyThread extends Thread
{
    // 提供指定线程名的构造器
    public MyThread(String name)
    {
        super(name);
    }
    // 提供指定线程名、线程组的构造器
    public MyThread(ThreadGroup group , String name)
    {
        super(group, name);
    }
    public void run()
    {
        for (int i = 0; i < 20 ; i++ )
        {
            System.out.println(getName() + " 线程的 i 变量" + i);
        }
    }
}
public class ThreadGroupTest
{
    public static void main(String[] args)
    {
        // 获取主线程所在的线程组，这是所有线程默认的线程组
        ThreadGroup mainGroup = Thread.currentThread().getThreadGroup();
        System.out.println("主线程组的名字："
            + mainGroup.getName());
        System.out.println("主线程组是否是后台线程组："
            + mainGroup.isDaemon());
        new MyThread("主线程组的线程").start();
        ThreadGroup tg = new ThreadGroup("新线程组");
        tg.setDaemon(true);
        System.out.println("tg 线程组是否是后台线程组："
            + tg.isDaemon());
        MyThread tt = new MyThread(tg , "tg 组的线程甲");
        tt.start();
        new MyThread(tg , "tg 组的线程乙").start();
    }
}
```

上面程序中的第一段粗体字代码用于获取主线程所属的线程组，并访问该线程组的相关属性；第二段粗体字代码创建了一个新线程组，并将该线程组设置为后台线程组。

ThreadGroup 内还定义了一个很有用的方法：void uncaughtException(Thread t, Throwable e)，该方法可以处理该线程组内的任意线程所抛出的未处理异常。

从 Java 5 开始，Java 加强了线程的异常处理，如果线程执行过程中抛出了一个未处理异常，JVM 在结束该线程之前会自动查找是否有对应的 Thread.UncaughtExceptionHandler 对象，如果找到该处理器对象，则会调用该对象的 uncaughtException(Thread t, Throwable e)方法来处理该异常。

Thread.UncaughtExceptionHandler 是 Thread 类的一个静态内部接口，该接口内只有一个方法：void uncaughtException(Thread t, Throwable e)，该方法中的 t 代表出现异常的线程，而 e 代表该线程抛出的异常。

Thread 类提供了如下两个方法来设置异常处理器。

- static setDefaultUncaughtExceptionHandler(Thread.UncaughtExceptionHandler eh)：为该线程类的所有线程实例设置默认的异常处理器。
- setUncaughtExceptionHandler(Thread.UncaughtExceptionHandler eh)：为指定的线程实例设置异常处理器。

ThreadGroup 类实现了 Thread.UncaughtExceptionHandler 接口，所以每个线程所属的线程组将会作为默认的异常处理器。当一个线程抛出未处理异常时，JVM 会首先查找该异常对应的异常处理器（setUncaughtExceptionHandler()方法设置的异常处理器），如果找到该异常处理器，则将调用该异常处理器处理该异常；否则，JVM 将会调用该线程所属的线程组对象的 uncaughtException()方法来处理该异常。线程组处理异常的默认流程如下。

① 如果该线程组有父线程组，则调用父线程组的 uncaughtException()方法来处理该异常。

② 如果该线程实例所属的线程类有默认的异常处理器（由 setDefaultUncaughtExceptionHandler()方法设置的异常处理器），那么就调用该异常处理器来处理该异常。

③ 如果该异常对象是 ThreadDeath 的对象，则不做任何处理；否则，将异常跟踪栈的信息打印到 System.err 错误输出流，并结束该线程。

下面程序为主线程设置了异常处理器，当主线程运行抛出未处理异常时，该异常处理器将会起作用。

程序清单：codes\16\16.7\ExHandler.java

```java
// 定义自己的异常处理器
class MyExHandler implements Thread.UncaughtExceptionHandler
{
    // 实现 uncaughtException()方法，该方法将处理线程的未处理异常
    public void uncaughtException(Thread t, Throwable e)
    {
        System.out.println(t + " 线程出现了异常: " + e);
    }
}
public class ExHandler
{
    public static void main(String[] args)
    {
        // 设置主线程的异常处理器
        Thread.currentThread().setUncaughtExceptionHandler
            (new MyExHandler());
        int a = 5 / 0;          // ①
        System.out.println("程序正常结束！");
    }
}
```

上面程序的主方法中粗体字代码为主线程设置了异常处理器，而①号代码处将引发一个未处理异常，则该异常处理器会负责处理该异常。运行该程序，会看到如下输出：

Thread[main,5,main] 线程出现了异常: java.lang.ArithmeticException: / by zero

从上面程序的执行结果来看，虽然程序中粗体字代码指定了异常处理器对未捕获的异常进行处理，而且该异常处理器也确实起作用了，但程序依然不会正常结束。这说明异常处理器与通过 catch 捕获异

常是不同的——当使用 catch 捕获异常时，异常不会向上传播给上一级调用者；但使用异常处理器对异常进行处理之后，异常依然会传播给上一级调用者。

16.8 线程池

系统启动一个新线程的成本是比较高的，因为它涉及与操作系统交互。在这种情形下，使用线程池可以很好地提高性能，尤其是当程序中需要创建大量生存期很短暂的线程时，更应该考虑使用线程池。

与数据库连接池类似的是，线程池在系统启动时即创建大量空闲的线程，程序将一个 Runnable 对象或 Callable 对象传给线程池，线程池就会启动一个空闲的线程来执行它们的 run() 或 call() 方法，当 run() 或 call() 方法执行结束后，该线程并不会死亡，而是再次返回线程池中成为空闲状态，等待执行下一个 Runnable 对象的 run() 或 call() 方法。

> 提示：
> 关于池的概念，读者可以参考本书 13.9 节的介绍。

除此之外，使用线程池可以有效地控制系统中并发线程的数量，当系统中包含大量并发线程时，会导致系统性能剧烈下降，甚至导致 JVM 崩溃，而线程池的最大线程数参数可以控制系统中并发线程数不超过此数。

16.8.1 Java 8 改进的线程池

在 Java 5 以前，开发者必须手动实现自己的线程池；从 Java 5 开始，Java 内建支持线程池。Java 5 新增了一个 Executors 工厂类来产生线程池，该工厂类包含如下几个静态工厂方法来创建线程池。

- newCachedThreadPool()：创建一个具有缓存功能的线程池，系统根据需要创建线程，这些线程将会被缓存在线程池中。
- newFixedThreadPool(int nThreads)：创建一个可重用的、具有固定线程数的线程池。
- newSingleThreadExecutor()：创建一个只有单线程的线程池，它相当于调用 newFixedThread Pool() 方法时传入参数为 1。
- newScheduledThreadPool(int corePoolSize)：创建具有指定线程数的线程池，它可以在指定延迟后执行线程任务。corePoolSize 指池中所保存的线程数，即使线程是空闲的也被保存在线程池内。
- newSingleThreadScheduledExecutor()：创建只有一个线程的线程池，它可以在指定延迟后执行线程任务。
- ExccutorScrvicc ncwWorkStcalingPool(int parallelism)：创建持有足够的线程的线程池来支持给定的并行级别，该方法还会使用多个队列来减少竞争。
- ExecutorService newWorkStealingPool()：该方法是前一个方法的简化版本。如果当前机器有 4 个 CPU，则目标并行级别被设置为 4，也就是相当于为前一个方法传入 4 作为参数。

上面 7 个方法中的前三个方法返回一个 ExecutorService 对象，该对象代表一个线程池，它可以执行 Runnable 对象或 Callable 对象所代表的线程；而中间两个方法返回一个 ScheduledExecutorService 线程池，它是 ExecutorService 的子类，它可以在指定延迟后执行线程任务；最后两个方法则是 Java 8 新增的，这两个方法可充分利用多 CPU 并行的能力。这两个方法生成的 work stealing 池，都相当于后台线程池，如果所有的前台线程都死亡了，work stealing 池中的线程会自动死亡。

由于目前计算机硬件的发展日新月异，即使普通用户使用的电脑通常也都是多核 CPU，因此 Java 8 在线程支持上也增加了利用多 CPU 并行的能力，这样可以更好地发挥底层硬件的性能。

ExecutorService 代表尽快执行线程的线程池（只要线程池中有空闲线程，就立即执行线程任务），程序只要将一个 Runnable 对象或 Callable 对象（代表线程任务）提交给该线程池，该线程池就会尽快执行该任务。ExecutorService 里提供了如下三个方法。

- Future<?> submit(Runnable task)：将一个 Runnable 对象提交给指定的线程池，线程池将在有空闲线程时执行 Runnable 对象代表的任务。其中 Future 对象代表 Runnable 任务的返回值——但 run() 方法没有返回值，所以 Future 对象将在 run() 方法执行结束后返回 null。但可以调用 Future

的 isDone()、isCancelled()方法来获得 Runnable 对象的执行状态。
- ➢ <T> Future<T> submit(Runnable task, T result)：将一个 Runnable 对象提交给指定的线程池，线程池将在有空闲线程时执行 Runnable 对象代表的任务。其中 result 显式指定线程执行结束后的返回值，所以 Future 对象将在 run()方法执行结束后返回 result。
- ➢ <T> Future<T> submit(Callable<T> task)：将一个 Callable 对象提交给指定的线程池，线程池将在有空闲线程时执行 Callable 对象代表的任务。其中 Future 代表 Callable 对象里 call()方法的返回值。

ScheduledExecutorService 代表可在指定延迟后或周期性地执行线程任务的线程池，它提供了如下 4 个方法。

- ➢ ScheduledFuture<V> schedule(Callable<V> callable, long delay, TimeUnit unit)：指定 callable 任务将在 delay 延迟后执行。
- ➢ ScheduledFuture<?> schedule(Runnable command, long delay, TimeUnit unit)：指定 command 任务将在 delay 延迟后执行。
- ➢ ScheduledFuture<?> scheduleAtFixedRate(Runnable command, long initialDelay, long period, TimeUnit unit)：指定 command 任务将在 delay 延迟后执行，而且以设定频率重复执行。也就是说，在 initialDelay 后开始执行，依次在 initialDelay+period、initialDelay+2*period…处重复执行，依此类推。
- ➢ ScheduledFuture<?> scheduleWithFixedDelay(Runnable command, long initialDelay, long delay, TimeUnit unit)：创建并执行一个在给定初始延迟后首次启用的定期操作，随后在每一次执行终止和下一次执行开始之间都存在给定的延迟。如果任务在任一次执行时遇到异常，就会取消后续执行；否则，只能通过程序来显式取消或终止该任务。

用完一个线程池后，应该调用该线程池的 shutdown()方法，该方法将启动线程池的关闭序列，调用 shutdown()方法后的线程池不再接收新任务，但会将以前所有已提交任务执行完成。当线程池中的所有任务都执行完成后，池中的所有线程都会死亡；另外也可以调用线程池的 shutdownNow()方法来关闭线程池，该方法试图停止所有正在执行的活动任务，暂停处理正在等待的任务，并返回等待执行的任务列表。

使用线程池来执行线程任务的步骤如下。
① 调用 Executors 类的静态工厂方法创建一个 ExecutorService 对象，该对象代表一个线程池。
② 创建 Runnable 实现类或 Callable 实现类的实例，作为线程执行任务。
③ 调用 ExecutorService 对象的 submit()方法来提交 Runnable 实例或 Callable 实例。
④ 当不想提交任何任务时，调用 ExecutorService 对象的 shutdown()方法来关闭线程池。

下面程序使用线程池来执行指定 Runnable 对象所代表的任务。

程序清单：codes\16\16.8\ThreadPoolTest.java

```java
public class ThreadPoolTest
{
    public static void main(String[] args)
        throws Exception
    {
        // 创建一个具有固定线程数（6）的线程池
        ExecutorService pool = Executors.newFixedThreadPool(6);
        // 使用 Lambda 表达式创建 Runnable 对象
        Runnable target = () -> {
            for (int i = 0; i < 100 ; i++ )
            {
                System.out.println(Thread.currentThread().getName()
                    + "的 i 值为:" + i);
            }
        };
        // 向线程池中提交两个线程
        pool.submit(target);
        pool.submit(target);
        // 关闭线程池
        pool.shutdown();
    }
}
```

上面程序中创建 Runnable 实现类与最开始创建线程池并没有太大差别，创建了 Runnable 实现类之后程序没有直接创建线程、启动线程来执行该 Runnable 任务，而是通过线程池来执行该任务，使用线程池来执行 Runnable 任务的代码如程序中粗体字代码所示。运行上面程序，将看到两个线程交替执行的效果，如图 16.13 所示。

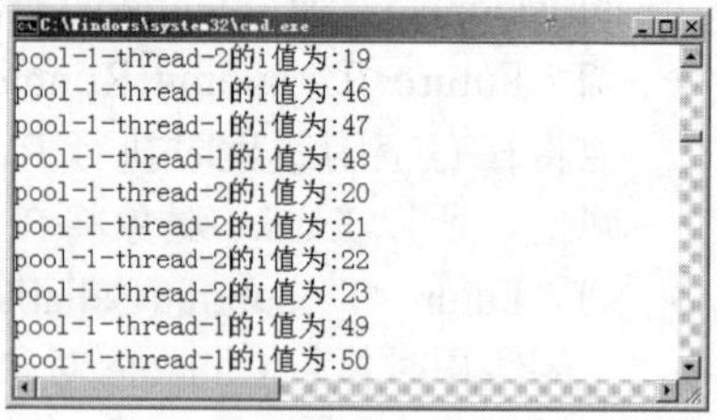

图 16.13　使用线程池并发执行两个任务

▶▶ 16.8.2　Java 8 增强的 ForkJoinPool

现在计算机大多已向多 CPU 方向发展，即使普通 PC，甚至小型智能设备（如手机）、多核处理器也已被广泛应用。在未来的日子里，处理器的核心数将会发展到更多。

虽然硬件上的多核 CPU 已经十分成熟，但很多应用程序并未为这种多核 CPU 做好准备，因此并不能很好地利用多核 CPU 的性能优势。

为了充分利用多 CPU、多核 CPU 的性能优势，计算机软件系统应该可以充分"挖掘"每个 CPU 的计算能力，绝不能让某个 CPU 处于"空闲"状态。为了充分利用多 CPU、多核 CPU 的优势，可以考虑把一个任务拆分成多个"小任务"，把多个"小任务"放到多个处理器核心上并行执行；当多个"小任务"执行完成之后，再将这些执行结果合并起来即可。

Java 7 提供了 ForkJoinPool 来支持将一个任务拆分成多个"小任务"并行计算，再把多个"小任务"的结果合并成总的计算结果。ForkJoinPool 是 ExecutorService 的实现类，因此是一种特殊的线程池。ForkJoinPool 提供了如下两个常用的构造器。

➢ ForkJoinPool(int parallelism)：创建一个包含 parallelism 个并行线程的 ForkJoinPool。
➢ ForkJoinPool()：以 Runtime.availableProcessors() 方法的返回值作为 parallelism 参数来创建 ForkJoinPool。

Java 8 进一步扩展了 ForkJoinPool 的功能，Java 8 为 ForkJoinPool 增加了通用池功能。ForkJoinPool 类通过如下两个静态方法提供通用池功能。

➢ ForkJoinPool commonPool()：该方法返回一个通用池，通用池的运行状态不会受 shutdown() 或 shutdownNow() 方法的影响。当然，如果程序直接执行 System.exit(0); 来终止虚拟机，通用池以及通用池中正在执行的任务都会被自动终止。
➢ int getCommonPoolParallelism()：该方法返回通用池的并行级别。

创建了 ForkJoinPool 实例之后，就可调用 ForkJoinPool 的 submit(ForkJoinTask task) 或 invoke(ForkJoinTask task) 方法来执行指定任务了。其中 ForkJoinTask 代表一个可以并行、合并的任务。ForkJoinTask 是一个抽象类，它还有两个抽象子类：RecursiveAction 和 RecursiveTask。其中 RecursiveTask 代表有返回值的任务，而 RecursiveAction 代表没有返回值的任务。

图 16.14 显示了 ForkJoinPool、ForkJoinTask 等类的类图。

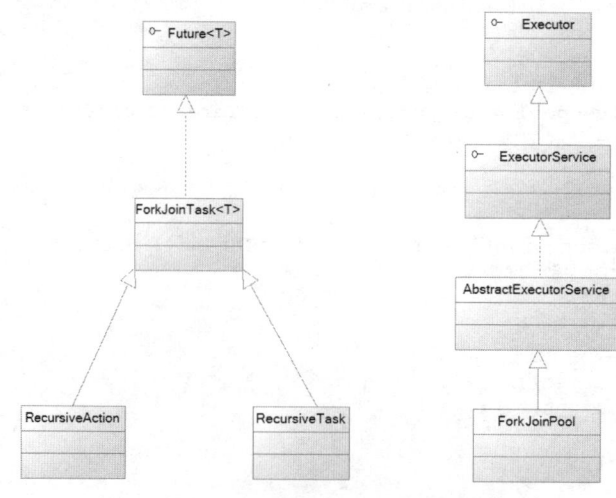

图 16.14　线程池工具类的类图

下面以执行没有返回值的"大任务"（简单地打印 0~300 的数值）为例，程序将一个"大任务"拆分成多个"小任务"，并将任务交给 ForkJoinPool 来执行。

程序清单：codes\16\16.8\ForkJoinPoolTest.java

```java
// 继承 RecursiveAction 来实现"可分解"的任务
class PrintTask extends RecursiveAction
{
    // 每个"小任务"最多只打印 50 个数
    private static final int THRESHOLD = 50;
    private int start;
    private int end;
    // 打印从 start 到 end 的任务
    public PrintTask(int start, int end)
    {
        this.start = start;
        this.end = end;
    }
    @Override
    protected void compute()
    {
        // 当 end 与 start 之间的差小于 THRESHOLD 时，开始打印
        if(end - start < THRESHOLD)
        {
            for (int i = start ; i < end ; i++ )
            {
                System.out.println(Thread.currentThread().getName()
                    + "的i值: " + i);
            }
        }
        else
        {
            // 当 end 与 start 之间的差大于 THRESHOLD，即要打印的数超过 50 个时
            // 将大任务分解成两个"小任务"
            int middle = (start + end) / 2;
            PrintTask left = new PrintTask(start, middle);
            PrintTask right = new PrintTask(middle, end);
            // 并行执行两个"小任务"
            left.fork();
            right.fork();
        }
    }
}
public class ForkJoinPoolTest
{
    public static void main(String[] args)
        throws Exception
    {
        ForkJoinPool pool = new ForkJoinPool();
        // 提交可分解的 PrintTask 任务
        pool.submit(new PrintTask(0 , 300));
        pool.awaitTermination(2, TimeUnit.SECONDS);
        // 关闭线程池
        pool.shutdown();
    }
}
```

上面程序中的粗体字代码实现了对指定打印任务的分解，分解后的任务分别调用 fork()方法开始并行执行。运行上面程序，可以看到如图 16.15 所示的结果。

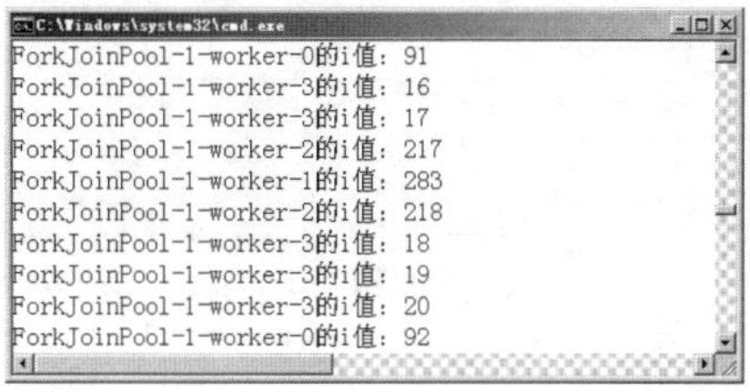

从如图 16.15 所示的执行结果来看，ForkJoinPool 启动了 4 个线程来执行这个打印任务——这是因为测试计算机的 CPU 是 4 核的。不仅如此，读者可以看到程序虽然打印了 0~299 这 300 个数字，但并不是连续打印的，

图 16.15　使用 ForkJoinPool 的示例结果

这是因为程序将这个打印任务进行了分解,分解后的任务会并行执行,所以不会按顺序从 0 打印到 299。

上面定义的任务是一个没有返回值的打印任务，如果大任务是有返回值的任务，则可以让任务继承 RecursiveTask<T>，其中泛型参数 T 就代表了该任务的返回值类型。下面程序示范了使用 Recursive Task 对一个长度为 100 的数组的元素值进行累加。

程序清单：codes\16\16.8\Sum.java

```java
// 继承 RecursiveTask 来实现"可分解"的任务
class CalTask extends RecursiveTask<Integer>
{
    // 每个"小任务"最多只累加 20 个数
    private static final int THRESHOLD = 20;
    private int arr[];
    private int start;
    private int end;
    // 累加从 start 到 end 的数组元素
    public CalTask(int[] arr , int start, int end)
    {
        this.arr = arr;
        this.start = start;
        this.end = end;
    }
    @Override
    protected Integer compute()
    {
        int sum = 0;
        // 当 end 与 start 之间的差小于 THRESHOLD 时，开始进行实际累加
        if(end - start < THRESHOLD)
        {
            for (int i = start ; i < end ; i++ )
            {
                sum += arr[i];
            }
            return sum;
        }
        else
        {
            // 当 end 与 start 之间的差大于 THRESHOLD，即要累加的数超过 20 个时
            // 将大任务分解成两个"小任务"
            int middle = (start + end) /2;
            CalTask left = new CalTask(arr , start, middle);
            CalTask right = new CalTask(arr , middle, end);
            // 并行执行两个"小任务"
            left.fork();
            right.fork();
            // 把两个"小任务"累加的结果合并起来
            return left.join() + right.join();          // ①
        }
    }
}
public class Sum
{
    public static void main(String[] args)
        throws Exception
    {
        int[] arr = new int[100];
        Random rand = new Random();
        int total = 0;
        // 初始化 100 个数字元素
        for (int i = 0 , len = arr.length; i < len ; i++ )
        {
            int tmp = rand.nextInt(20);
            // 对数组元素赋值，并将数组元素的值添加到 sum 总和中
            total += (arr[i] = tmp);
        }
        System.out.println(total);
        // 创建一个通用池
        ForkJoinPool pool = ForkJoinPool.commonPool();
        // 提交可分解的 CaltTask 任务
```

```
            Future<Integer> future = pool.submit(new CalTask(arr , 0 , arr.length));
            System.out.println(future.get());
            // 关闭线程池
            pool.shutdown();
    }
}
```

上面程序与前一个程序基本相似，同样是将任务进行了分解，并调用分解后的任务的 fork() 方法使它们并行执行。与前一个程序不同的是，现在任务是带返回值的，因此程序还在①号代码处将两个分解后的"小任务"的返回值进行了合并。

运行上面程序，将可以看到程序通过 CalTask 计算出来的总和，与初始化数组元素时统计出来的总和总是相等，这表明程序一切正常。

> **提示：**
> Java 的确是一门非常优秀的编程语言，在多 CPU、多核 CPU 时代来到时，Java 语言的多线程已经为多核 CPU 做好了准备。

16.9 线程相关类

Java 还为线程安全提供了一些工具类，如 ThreadLocal 类，它代表一个线程局部变量，通过把数据放在 ThreadLocal 中就可以让每个线程创建一个该变量的副本，从而避免并发访问的线程安全问题。除此之外，Java 5 还新增了大量的线程安全类。

▶▶ 16.9.1　ThreadLocal 类

早在 JDK 1.2 推出之时，Java 就为多线程编程提供了一个 ThreadLocal 类；从 Java 5.0 以后，Java 引入了泛型支持，Java 为该 ThreadLocal 类增加了泛型支持，即：ThreadLocal<T>。通过使用 ThreadLocal 类可以简化多线程编程时的并发访问，使用这个工具类可以很简捷地隔离多线程程序的竞争资源。

ThreadLocal，是 Thread Local Variable（线程局部变量）的意思，也许将它命名为 ThreadLocalVar 更加合适。线程局部变量（ThreadLocal）的功用其实非常简单，就是为每一个使用该变量的线程都提供一个变量值的副本，使每一个线程都可以独立地改变自己的副本，而不会和其他线程的副本冲突。从线程的角度看，就好像每一个线程都完全拥有该变量一样。

ThreadLocal 类的用法非常简单，它只提供了如下三个 public 方法。
- T get()：返回此线程局部变量中当前线程副本中的值。
- void remove()：删除此线程局部变量中当前线程的值。
- void set(T value)：设置此线程局部变量中当前线程副本中的值。

下面程序将向读者证明 ThreadLocal 的作用。

程序清单：codes\16\16.9\ThreadLocalTest.java
```java
class Account
{
    /* 定义一个 ThreadLocal 类型的变量，该变量将是一个线程局部变量
       每个线程都会保留该变量的一个副本 */
    private ThreadLocal<String> name = new ThreadLocal<>();
    // 定义一个初始化 name 成员变量的构造器
    public Account(String str)
    {
        this.name.set(str);
        // 下面代码用于访问当前线程的 name 副本的值
        System.out.println("---" + this.name.get());
    }
    // name 的 setter 和 getter 方法
    public String getName()
    {
        return name.get();
    }
    public void setName(String str)
    {
        this.name.set(str);
    }
}
```

```java
}
class MyTest extends Thread
{
    // 定义一个 Account 类型的成员变量
    private Account account;
    public MyTest(Account account, String name)
    {
        super(name);
        this.account = account;
    }
    public void run()
    {
        // 循环10次
        for (int i = 0 ; i < 10 ; i++)
        {
            // 当i == 6时输出将账户名替换成当前线程名
            if (i == 6)
            {
                account.setName(getName());
            }
            // 输出同一个账户的账户名和循环变量
            System.out.println(account.getName()
                + " 账户的i值: " + i);
        }
    }
}
public class ThreadLocalTest
{
    public static void main(String[] args)
    {
        // 启动两个线程，两个线程共享同一个Account
        Account at = new Account("初始名");
        /*
        虽然两个线程共享同一个账户，即只有一个账户名
        但由于账户名是 ThreadLocal 类型的，所以每个线程
        都完全拥有各自的账户名副本，因此在 i == 6 之后，将看到两个
        线程访问同一个账户时出现不同的账户名
        */
        new MyTest(at , "线程甲").start();
        new MyTest(at , "线程乙").start ();
    }
}
```

上面 Account 类中的三行粗体字代码分别完成了创建 ThreadLocal 对象、从 ThreadLocal 中取出线程局部变量、修改线程局部变量的操作。由于程序中的账户名是一个 ThreadLocal 变量，所以虽然程序中只有一个 Account 对象，但两个子线程将会产生两个账户名（主线程也持有一个账户名的副本）。两个线程进行循环时都会在 i == 6 时将账户名改为与线程名相同，这样就可以看到两个线程拥有两个账户名的情形，如图 16.16 所示。

从上面程序可以看出，实际上账户名有三个副本，主线程一个，另外启动的两个线程各一个，它们的值互不干扰，每个线程完全拥有自己的 ThreadLocal 变量，这就是 ThreadLocal 的用途。

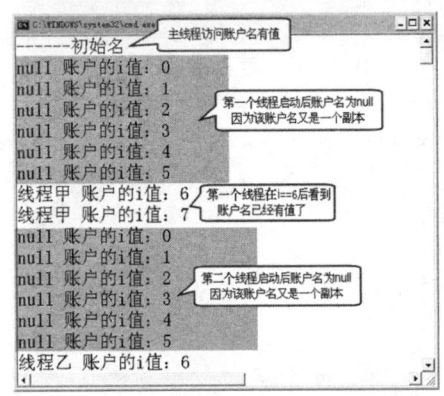

图 16.16 线程局部变量互不干扰的情形

ThreadLocal 和其他所有的同步机制一样，都是为了解决多线程中对同一变量的访问冲突，在普通的同步机制中，是通过对象加锁来实现多个线程对同一变量的安全访问的。该变量是多个线程共享的，所以要使用这种同步机制，需要很细致地分析在什么时候对变量进行读写，什么时候需要锁定某个对象，什么时候释放该对象的锁等。在这种情况下，系统并没有将这份资源复制多份，只是采用了安全机制来控制对这份资源的访问而已。

ThreadLocal 从另一个角度来解决多线程的并发访问，ThreadLocal 将需要并发访问的资源复制多份，每个线程拥有一份资源，每个线程都拥有自己的资源副本，从而也就没有必要对该变量进行同步了。

ThreadLocal 提供了线程安全的共享对象，在编写多线程代码时，可以把不安全的整个变量封装进 ThreadLocal，或者把该对象与线程相关的状态使用 ThreadLocal 保存。

ThreadLocal 并不能替代同步机制，两者面向的问题领域不同。同步机制是为了同步多个线程对相同资源的并发访问，是多个线程之间进行通信的有效方式；而 ThreadLocal 是为了隔离多个线程的数据共享，从根本上避免多个线程之间对共享资源（变量）的竞争，也就不需要对多个线程进行同步了。

通常建议：如果多个线程之间需要共享资源，以达到线程之间的通信功能，就使用同步机制；如果仅仅需要隔离多个线程之间的共享冲突，则可以使用 ThreadLocal。

▶▶ 16.9.2 包装线程不安全的集合

前面介绍 Java 集合时所讲的 ArrayList、LinkedList、HashSet、TreeSet、HashMap、TreeMap 等都是线程不安全的，也就是说，当多个并发线程向这些集合中存、取元素时，就可能会破坏这些集合的数据完整性。

如果程序中有多个线程可能访问以上这些集合，就可以使用 Collections 提供的类方法把这些集合包装成线程安全的集合。Collections 提供了如下几个静态方法。

- ➢ `<T> Collection<T> synchronizedCollection(Collection<T> c)`：返回指定 collection 对应的线程安全的 collection。
- ➢ `static <T> List<T> synchronizedList(List<T> list)`：返回指定 List 对象对应的线程安全的 List 对象。
- ➢ `static <K,V> Map<K,V> synchronizedMap(Map<K,V> m)`：返回指定 Map 对象对应的线程安全的 Map 对象。
- ➢ `static <T> Set<T> synchronizedSet(Set<T> s)`：返回指定 Set 对象对应的线程安全的 Set 对象。
- ➢ `static <K,V> SortedMap<K,V> synchronizedSortedMap(SortedMap<K,V> m)`：返回指定 SortedMap 对象对应的线程安全的 SortedMap 对象。
- ➢ `static <T> SortedSet<T> synchronizedSortedSet(SortedSet<T> s)`：返回指定 SortedSet 对象对应的线程安全的 SortedSet 对象。

例如需要在多线程中使用线程安全的 HashMap 对象，则可以采用如下代码：

```
// 使用 Collections 的 synchronizedMap 方法将一个普通的 HashMap 包装成线程安全的类
HashMap m = Collections.synchronizedMap(new HashMap());
```

> **注意**：如果需要把某个集合包装成线程安全的集合，则应该在创建之后立即包装，如上程序所示——当 HashMap 对象创建后立即被包装成线程安全的 HashMap 对象。

▶▶ 16.9.3 线程安全的集合类

实际上从 Java 5 开始，在 java.util.concurrent 包下提供了大量支持高效并发访问的集合接口和实现类，如图 16.17 所示。

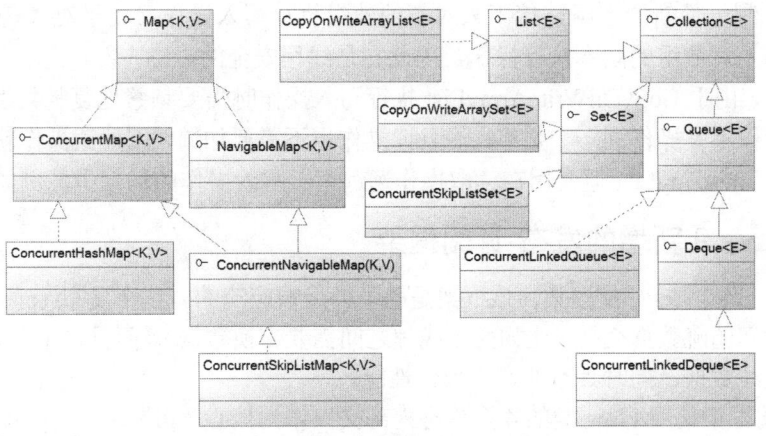

图 16.17 线程安全的集合类

从图 16.17 所示的类图可以看出，这些线程安全的集合类可分为如下两类。

> 以 Concurrent 开头的集合类，如 ConcurrentHashMap、ConcurrentSkipListMap、ConcurrentSkip ListSet、ConcurrentLinkedQueue 和 ConcurrentLinkedDeque。
> 以 CopyOnWrite 开头的集合类，如 CopyOnWriteArrayList、CopyOnWriteArraySet。

其中以 Concurrent 开头的集合类代表了支持并发访问的集合，它们可以支持多个线程并发写入访问，这些写入线程的所有操作都是线程安全的，但读取操作不必锁定。以 Concurrent 开头的集合类采用了更复杂的算法来保证永远不会锁住整个集合，因此在并发写入时有较好的性能。

当多个线程共享访问一个公共集合时，ConcurrentLinkedQueue 是一个恰当的选择。ConcurrentLinkedQueue 不允许使用 null 元素。ConcurrentLinkedQueue 实现了多线程的高效访问，多个线程访问 ConcurrentLinkedQueue 集合时无须等待。

在默认情况下，ConcurrentHashMap 支持 16 个线程并发写入，当有超过 16 个线程并发向该 Map 中写入数据时，可能有一些线程需要等待。实际上，程序通过设置 concurrencyLevel 构造参数（默认值为 16）来支持更多的并发写入线程。

与前面介绍的 HashMap 和普通集合不同的是，因为 ConcurrentLinkedQueue 和 ConcurrentHashMap 支持多线程并发访问，所以当使用迭代器来遍历集合元素时，该迭代器可能不能反映出创建迭代器之后所做的修改，但程序不会抛出任何异常。

Java 8 扩展了 ConcurrentHashMap 的功能，Java 8 为该类新增了 30 多个新方法，这些方法可借助于 Stream 和 Lambda 表达式支持执行聚集操作。ConcurrentHashMap 新增的方法大致可分为如下三类。

> forEach 系列（forEach,forEachKey, forEachValue, forEachEntry）
> search 系列（search, searchKeys, searchValues, searchEntries）
> reduce 系列（reduce, reduceToDouble, reduceToLong, reduceKeys, reduceValues）

除此之外，ConcurrentHashMap 还新增了 mappingCount()、newKeySet() 等方法，增强后的 ConcurrentHashMap 更适合作为缓存实现类使用。

> **注意：**
> 使用 java.util 包下的 Collection 作为集合对象时，如果该集合对象创建迭代器后集合元素发生改变，则会引发 ConcurrentModificationException 异常。

由于 CopyOnWriteArraySet 的底层封装了 CopyOnWriteArrayList，因此它的实现机制完全类似于 CopyOnWriteArrayList 集合。

对于 CopyOnWriteArrayList 集合，正如它的名字所暗示的，它采用复制底层数组的方式来实现写操作。

当线程对 CopyOnWriteArrayList 集合执行读取操作时，线程将会直接读取集合本身，无须加锁与阻塞。当线程对 CopyOnWriteArrayList 集合执行写入操作时（包括调用 add()、remove()、set() 等方法），该集合会在底层复制一份新的数组，接下来对新的数组执行写入操作。由于对 CopyOnWriteArrayList 集合的写入操作都是对数组的副本执行操作，因此它是线程安全的。

需要指出的是，由于 CopyOnWriteArrayList 执行写入操作时需要频繁地复制数组，性能比较差，但由于读操作与写操作不是操作同一个数组，而且读操作也不需要加锁，因此读操作就很快、很安全。由此可见，CopyOnWriteArrayList 适合用在读取操作远远大于写入操作的场景中，例如缓存等。

▶▶ 16.9.4 Java 9 新增的发布-订阅框架

Java 9 新增了一个发布-订阅框架，该框架是基于异步响应流的。这个发布-订阅框架可以非常方便地处理异步线程之间的流数据交换（比如两个线程之间需要交换数据）。而且这个发布-订阅框架不需要使用数据中心来缓冲数据，同时具有非常高效的性能。

这个发布-订阅框架使用 Flow 类的 4 个静态内部接口作为核心 API。

> Flow.Publisher：代表数据发布者、生产者。

- Flow.Subscriber：代表数据订阅者、消费者。
- Flow.Subscription：代表发布者和订阅者之间的链接纽带。订阅者既可通过调用该对象的 request() 方法来获取数据项，也可通过调用对象的 cancel() 方法来取消订阅。
- Flow.Processor：数据处理器，它可同时作为发布者和订阅者使用。

Flow.Publisher 发布者作为生产者，负责发布数据项，并注册订阅者。Flow.Publisher 接口定义了如下方法来注册订阅者。

- void subscribe(Flow.Subscriber<? super T> subscriber)：程序调用此方法注册订阅者时，会触发订阅者的 onSubscribe() 方法，而 Flow.Subscription 对象作为参数传给该方法；如果注册失败，将会触发订阅者的 onError() 方法。

Flow.Subscriber 接口定义了如下方法。

- void onSubscribe(Flow.Subscription subscription)：订阅者注册时自动触发该方法。
- void onComplete()：当订阅结束时触发该方法。
- void onError(Throwable throwable)：当订阅失败时触发该方法。
- void onNext(T item)：订阅者从发布者处获取数据项时触发该方法，订阅者可通过该方法获取数据项。

为了处理一些通用发布者的场景，Java 9 为 Flow.Publisher 提供了一个 SubmissionPublisher 实现类，它可向当前订阅者异步提交非空的数据项，直到它被关闭。每个订阅者都能以相同的顺序接收到新提交的数据项。

程序创建 SubmissionPublisher 对象时，需要传入一个线程池作为底层支撑；该类也提供了一个无参数的构造器，该构造器使用 ForkJoinPool.commonPool() 方法来提交发布者，以此实现发布者向订阅者提供数据项的异步特性。

下面程序示范了使用 SubmissionPublisher 作为发布者的用法。

```java
public class PubSubTest
{
    public static void main(String[] args)
    {
        // 创建一个SubmissionPublisher作为发布者
        SubmissionPublisher<String> publisher = new SubmissionPublisher<>();
        // 创建订阅者
        MySubscriber<String> subscriber = new MySubscriber<>();
        // 注册订阅者
        publisher.subscribe(subscriber);
        // 发布几个数据项
        System.out.println("开发发布数据...");
        List.of("Java", "Kotlin", "Go", "Erlang", "Swift", "Lua")
            .forEach(im -> {
                // 提交数据
                publisher.submit(im);
                try
                {
                    Thread.sleep(500);
                }
                catch (Exception ex){}
            });
        // 发布结束
        publisher.close();
        // 发布结束后，为了让发布者线程不会死亡，暂停线程
        synchronized("fkjava")
        {
            try
            {
                "fkjava".wait();
            }
            catch (Exception ex){}
        }
    }
}
```

```java
}
// 创建订阅者
class MySubscriber<T> implements Subscriber<T>
{
    // 发布者与订阅者之间的纽带
    private Subscription subscription;
    @Override  // 订阅时触发该方法
    public void onSubscribe(Subscription subscription)
    {
        this.subscription = subscription;
        // 开始请求数据
        subscription.request(1);
    }
    @Override  // 接收到数据时触发该方法
    public void onNext(T item)
    {
        System.out.println("获取到数据: " + item);
        // 请求下一条数据
        subscription.request(1);
    }
    @Override  // 订阅出错时触发该方法
    public void onError(Throwable t)
    {
        t.printStackTrace();
        synchronized("fkjava")
        {
            "fkjava".notifyAll();
        }
    }
    @Override  // 订阅结束时触发该方法
    public void onComplete()
    {
        System.out.println("订阅结束");
        synchronized("fkjava")
        {
            "fkjava".notifyAll();
        }
    }
}
```

上面程序中第一行粗体字代码用于创建 SubmissionPublisher 对象，该对象可作为发布者；第二行粗体字代码用于创建订阅者对象，该订阅者类是一个自定义类；第三行粗体字代码用于注册订阅者。

完成上面步骤之后，程序即可调用 SubmissionPublisher 对象的 submit() 方法来发布数据项，发布者通过该方法发布数据项。

上面程序实现了一个自定义的订阅者，该订阅者实现了 Subscriber 接口的 4 个方法，重点就是实现 onNext() 方法——当订阅者获取到数据时就会触发该方法，订阅者通过该方法接收数据。至于订阅者接收到数据项之后的处理，则取决于程序的业务需求。

运行该程序，可以看到订阅者逐项获得数据的过程。

16.10 本章小结

本章主要介绍了 Java 的多线程编程支持；简要介绍了线程的基本概念，并讲解了线程和进程之间的区别与联系。本章详细讲解了如何创建、启动多线程，并对比了三种创建多线程方式之间的优势和劣势，也详细介绍了线程的生命周期。本章通过示例程序示范了控制线程的几个方法，还详细讲解了线程同步的意义和必要性，并介绍了三种不同的线程同步方法：同步方法、同步代码块和显式使用 Lock 控制线程同步。本章也介绍了三种实现线程通信的方式：使用同步监视器的方法实现通信、显式使用 Condition 对象实现线程通信和使用阻塞队列实现线程通信。

此外，本章还介绍了线程组和线程池，由于线程属于创建成本较大的对象，因此程序应该考虑复用线程，线程池是在实际开发中不错的选择。

本章最后介绍了线程相关的工具类，比如 ThreadLocal、线程安全的集合类，以及如何使用 Collections 包装线程不安全的集合类。

▶▶ 本章练习

1. 写 2 个线程，其中一个线程打印 1~52，另一个线程打印 A~Z，打印顺序应该是 12A34B56C…5152Z。该习题需要利用多线程通信的知识。

2. 假设车库有 3 个车位（可以用 boolean[]数组来表示车库）可以停车，写一个程序模拟多个用户开车离开、停车入库的效果。注意：车位有车时不能停车。

CHAPTER 17

第 17 章
网络编程

本章要点

- 计算机网络基础
- IP 地址和端口
- 使用 InetAddress 包装 IP 地址
- 使用 URLEncoder 和 URLDecoder 工具类
- 使用 URLConnection 访问远程资源
- TCP 协议基础
- 使用 ServerSocket 和 Socket
- 使用 NIO 实现非阻塞式网络通信
- 使用 AIO 实现异步网络通信
- UDP 协议基础
- 使用 DatagramSocket 发送/接收数据报（DatagramPacket）
- 使用 MulticastSocket 实现多点广播
- 通过 Proxy 使用代理服务器
- 通过 ProxySelector 使用代理服务器

本章将主要介绍 Java 网络通信的支持，通过这些网络支持类，Java 程序可以非常方便地访问互联网上的 HTTP 服务、FTP 服务等，并可以直接取得互联网上的远程资源，还可以向远程资源发送 GET、POST 请求。

本章先简要介绍计算机网络的基础知识，包括 IP 地址和端口等概念，这些知识是网络编程的基础。本章会详细介绍 InetAddress、URLDecoder、URLEncoder、URL 和 URLConnection 等网络工具类，并会深入介绍通过 URLConnection 发送请求、访问远程资源等操作。

本章将重点介绍 Java 提供的 TCP 网络通信支持，包括如何利用 ServerSocket 建立 TCP 服务器，利用 Socket 建立 TCP 客户端。实际上 Java 的网络通信非常简单，服务器端通过 ServerSocket 建立监听，客户端通过 Socket 连接到指定服务器后，通信双方就可以通过 IO 流进行通信。本章将以采用逐步迭代的方式开发一个 C/S 结构多人网络聊天工具为例，向读者介绍基于 TCP 协议的网络编程。

本章还将重点介绍 Java 提供的 UDP 网络通信支持，主要介绍如何使用 DatagramSocket 来发送、接收数据报（DatagramPacket），并讲解如何使用 MulticastSocket 来实现多点广播通信。本章也将以开发局域网通信程序为例来介绍 MulticastSocket 和 DatagramSocket 的实际用法。

本章最后还会介绍利用 Proxy 和 ProxySelector 在 Java 程序中通过代理服务器访问远程资源。

17.1 网络编程的基础知识

时至今日，计算机网络缩短了人们之间的距离，把"地球村"变成现实，网络应用已经成为计算机领域最广泛的应用。

17.1.1 网络基础知识

所谓计算机网络，就是把分布在不同地理区域的计算机与专门的外部设备用通信线路互连成一个规模大、功能强的网络系统，从而使众多的计算机可以方便地互相传递信息，共享硬件、软件、数据信息等资源。

计算机网络是现代通信技术与计算机技术相结合的产物，计算机网络可以提供以下一些主要功能。

- ➢ 资源共享。
- ➢ 信息传输与集中处理。
- ➢ 均衡负荷与分布处理。
- ➢ 综合信息服务。

通过计算机网络可以向全社会提供各种经济信息、科研情报和咨询服务。其中，国际互联网 Internet 上的全球信息网（WWW，World Wide Web）服务就是一个最典型也是最成功的例子。实际上，今天的网络承载绝大部分大型企业的运转，一个大型的、全球性的企业或组织的日常工作流程都是建立在互联网基础之上的。

计算机网络的品种很多，根据各种不同的分类原则，可以得到各种不同类型的计算机网络。计算机网络通常是按照规模大小和延伸范围来分类的，常见的划分为：局域网（LAN）、城域网（MAN）、广域网（WAN）。Internet 可以视为世界上最大的广域网。

如果按照网络的拓扑结构来划分，可以分为星型网络、总线型网络、环型网络、树型网络、星型环型网络等；如果按照网络的传输介质来划分，可以分为双绞线网、同轴电缆网、光纤网和卫星网等。

计算机网络中实现通信必须有一些约定，这些约定被称为通信协议。通信协议负责对传输速率、传输代码、代码结构、传输控制步骤、出错控制等制定处理标准。为了让两个节点之间能进行对话，必须在它们之间建立通信工具，使彼此之间能进行信息交换。

通信协议通常由三部分组成：一是语义部分，用于决定双方对话的类型；二是语法部分，用于决定双方对话的格式；三是变换规则，用于决定通信双方的应答关系。

国际标准化组织 ISO 于 1978 年提出"开放系统互连参考模型"，即著名的 OSI（Open System Interconnection）。

开放系统互连参考模型力求将网络简化，并以模块化的方式来设计网络。

开放系统互连参考模型把计算机网络分成物理层、数据链路层、网络层、传输层、会话层、表示层、应用层七层，受到计算机界和通信业的极大关注。通过十多年的发展和推进，OSI 模式已成为各种计算机网络结构的参考标准。

图 17.1 显示了 OSI 参考模型的推荐分层。

前面介绍过通信协议是网络通信的基础，IP 协议则是一种非常重要的通信协议。IP（Internet Protocol）协议又称互联网协议，是支持网间互联的数据报协议。它提供网间连接的完善功能，包括 IP 数据报规定互联网络范围内的地址格式。

经常与 IP 协议放在一起的还有 TCP（Transmission Control Protocol）协议，即传输控制协议，它规定一种可靠的数据信息传递服务。虽然 IP 和 TCP 这两个协议功能不尽相同，也可以分开单独使用，但它们是在同一个时期作为一个协议来设计的，并且在功能上也是互补的。因此实际使用中常常把这两个协议统称为 TCP/IP 协议，TCP/IP 协议最早出现在 UNIX 操作系统中，现在几乎所有的操作系统都支持 TCP/IP 协议，因此 TCP/IP 协议也是 Internet 中最常用的基础协议。

按 TCP/IP 协议模型，网络通常被分为一个四层模型，这个四层模型和前面的 OSI 七层模型有大致的对应关系，图 17.2 显示了 TCP/IP 分层模型和 OSI 分层模型之间的对应关系。

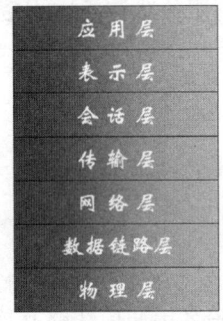

图 17.1　OSI 参考模型的推荐分层

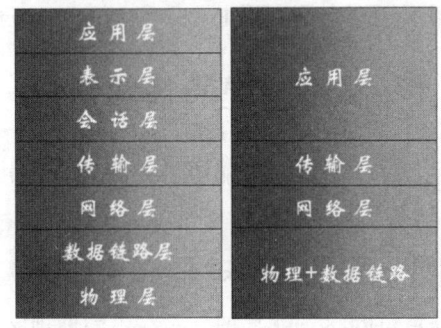

图 17.2　OSI 分层模型和 TCP/IP 分层模型的对应关系

▶▶ 17.1.2　IP 地址和端口号

IP 地址用于唯一地标识网络中的一个通信实体，这个通信实体既可以是一台主机，也可以是一台打印机，或者是路由器的某一个端口。而在基于 IP 协议网络中传输的数据包，都必须使用 IP 地址来进行标识。

就像写一封信，要标明收信人的通信地址和发信人的地址，而邮政工作人员则通过该地址来决定邮件的去向。类似的过程也发生在计算机网络里，每个被传输的数据包也要包括一个源 IP 地址和一个目的 IP 地址，当该数据包在网络中进行传输时，这两个地址要保持不变，以确保网络设备总能根据确定的 IP 地址，将数据包从源通信实体送往指定的目的通信实体。

IP 地址是数字型的，IP 地址是一个 32 位（32bit）整数，但通常为了便于记忆，通常把它分成 4 个 8 位的二进制数，每 8 位之间用圆点隔开，每个 8 位整数可以转换成一个 0~255 的十进制整数，因此日常看到的 IP 地址常常是这种形式：202.9.128.88。

NIC（Internet Network Information Center）统一负责全球 Internet IP 地址的规划、管理，而 Inter NIC、APNIC、RIPE 三大网络信息中心具体负责美国及其他地区的 IP 地址分配。其中 APNIC 负责亚太地区的 IP 管理，我国申请 IP 地址也要通过 APNIC，APNIC 的总部设在日本东京大学。

IP 地址被分成了 A、B、C、D、E 五类，每个类别的网络标识和主机标识各有规则。

➢ A 类：10.0.0.0~10.255.255.255
➢ B 类：172.16.0.0~172.31.255.255
➢ C 类：192.168.0.0~192.168.255.255

IP 地址用于唯一地标识网络上的一个通信实体，但一个通信实体可以有多个通信程序同时提供网络服务，此时还需要使用端口。

端口是一个 16 位的整数，用于表示数据交给哪个通信程序处理。因此，端口就是应用程序与外界交流的出入口，它是一种抽象的软件结构，包括一些数据结构和 I/O（基本输入/输出）缓冲区。

不同的应用程序处理不同端口上的数据，同一台机器上不能有两个程序使用同一个端口，端口号可以从 0 到 65535，通常将它分为如下三类。

> ➢ 公认端口（Well Known Ports）：从 0 到 1023，它们紧密绑定（Binding）一些特定的服务。
> ➢ 注册端口（Registered Ports）：从 1024 到 49151，它们松散地绑定一些服务。应用程序通常应该使用这个范围内的端口。
> ➢ 动态和/或私有端口（Dynamic and/or Private Ports）：从 49152 到 65535，这些端口是应用程序使用的动态端口，应用程序一般不会主动使用这些端口。

如果把 IP 地址理解为某个人所在地方的地址（包括街道和门牌号），但仅有地址还是找不到这个人，还需要知道他所在的房号才可以找到这个人。因此如果把应用程序当作人，把计算机网络当作类似邮递员的角色，当一个程序需要发送数据时，需要指定目的地的 IP 地址和端口，如果指定了正确的 IP 地址和端口号，计算机网络就可以将数据送给该 IP 地址和端口所对应的程序。

17.2 Java 的基本网络支持

Java 为网络支持提供了 java.net 包，该包下的 URL 和 URLConnection 等类提供了以编程方式访问 Web 服务的功能，而 URLDecoder 和 URLEncoder 则提供了普通字符串和 application/x-www-form-urlencoded MIME 字符串相互转换的静态方法。

▶▶ 17.2.1 使用 InetAddress

Java 提供了 InetAddress 类来代表 IP 地址，InetAddress 下还有两个子类：Inet4Address、Inet6Address，它们分别代表 Internet Protocol version 4（IPv4）地址和 Internet Protocol version 6（IPv6）地址。

InetAddress 类没有提供构造器，而是提供了如下两个静态方法来获取 InetAddress 实例。

> ➢ getByName(String host)：根据主机获取对应的 InetAddress 对象。
> ➢ getByAddress(byte[] addr)：根据原始 IP 地址来获取对应的 InetAddress 对象。

InetAddress 还提供了如下三个方法来获取 InetAddress 实例对应的 IP 地址和主机名。

> ➢ String getCanonicalHostName()：获取此 IP 地址的全限定域名。
> ➢ String getHostAddress()：返回该 InetAddress 实例对应的 IP 地址字符串（以字符串形式）。
> ➢ String getHostName()：获取此 IP 地址的主机名。

除此之外，InetAddress 类还提供了一个 getLocalHost()方法来获取本机 IP 地址对应的 InetAddress 实例。

InetAddress 类还提供了一个 isReachable()方法，用于测试是否可以到达该地址。该方法将尽最大努力试图到达主机，但防火墙和服务器配置可能阻塞请求，使得它在访问某些特定的端口时处于不可达状态。如果可以获得权限，典型的实现将使用 ICMP ECHO REQUEST；否则它将试图在目标主机的端口 7（Echo）上建立 TCP 连接。下面程序测试了 InetAddress 类的简单用法。

程序清单：codes\17\17.2\InetAddressTest.java

```java
public class InetAddressTest
{
    public static void main(String[] args)
        throws Exception
    {
        // 根据主机名来获取对应的 InetAddress 实例
        InetAddress ip = InetAddress.getByName("www.crazyit.org");
        // 判断是否可达
        System.out.println("crazyit 是否可达: " + ip.isReachable(2000));
        // 获取该 InetAddress 实例的 IP 字符串
        System.out.println(ip.getHostAddress());
        // 根据原始 IP 地址来获取对应的 InetAddress 实例
        InetAddress local = InetAddress.getByAddress(
            new byte[]{127,0,0,1});
        System.out.println("本机是否可达: " + local.isReachable(5000));
        // 获取该 InetAddress 实例对应的全限定域名
        System.out.println(local.getCanonicalHostName());
    }
}
```

上面程序简单地示范了 InetAddress 类的几个方法的用法，InetAddress 类本身并没有提供太多功能，它代表一个 IP 地址对象，是网络通信的基础，在后面介绍中将大量使用该类。

▶▶ 17.2.2 使用 URLDecoder 和 URLEncoder

URLDecoder 和 URLEncoder 用于完成普通字符串和 application/x-www-form-urlencoded MIME 字符串之间的相互转换。可能有读者觉得后一个字符串非常专业，以为又是什么特别高深的知识，其实不是。

在介绍 application/x-www-form-urlencoded MIME 字符串之前，先使用 www.google.com.hk 搜索关键字"疯狂 java"，将看到如图 17.3 所示的界面。

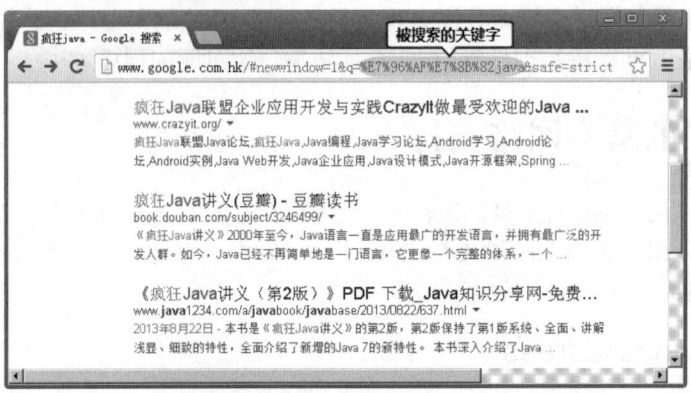

图 17.3 搜索关键字包含中文

从图 17.3 中可以看出，当关键字包含中文时，这些关键字就会变成如图 17.3 所示的"乱码"——实际上这不是乱码，这就是所谓的 application/x-www-form-urlencoded MIME 字符串。

当 URL 地址里包含非西欧字符的字符串时，系统会将这些非西欧字符串转换成如图 17.3 所示的特殊字符串。编程过程中可能涉及普通字符串和这种特殊字符串的相关转换，这就需要使用 URLDecoder 和 URLEncoder 类。

- ➢ URLDecoder 类包含一个 decode(String s,String enc)静态方法，它可以将看上去是乱码的特殊字符串转换成普通字符串。
- ➢ URLEncoder 类包含一个 encode(String s,String enc)静态方法，它可以将普通字符串转换成 application/x-www-form-urlencoded MIME 字符串。

下面程序示范了如何将图 17.3 所示地址栏中的"乱码"转换成普通字符串，并示范了如何将普通字符串转换成 application/x-www-form-urlencoded MIME 字符串。

程序清单：codes\17\17.2\URLDecoderTest.java

```java
public class URLDecoderTest
{
    public static void main(String[] args)
        throws Exception
    {
        // 将 application/x-www-form-urlencoded 字符串
        // 转换成普通字符串
        // 其中的字符串直接从图 17.3 所示的窗口中复制过来
        String keyWord = URLDecoder.decode(
            "%E7%96%AF%E7%8B%82java", "utf-8");
        System.out.println(keyWord);
        // 将普通字符串转换成
        // application/x-www-form-urlencoded 字符串
        String urlStr = URLEncoder.encode(
            "疯狂 Android 讲义" , "GBK");
        System.out.println(urlStr);
    }
}
```

上面程序中的粗体字代码用于完成普通字符串和 application/x-www-form-urlencoded MIME 字符串之间的转换。运行上面程序，将看到如下输出：

```
疯狂java
%B7%E8%BF%F1Android%BD%B2%D2%E5
```

> **提示：**
> 仅包含西欧字符的普通字符串和application/x-www-form-urlencoded MIME字符串无须转换，而包含中文字符的普通字符串则需要转换，转换方法是每个中文字符占两个字节，每个字节可以转换成两个十六进制的数字，所以每个中文字符将转换成"%XX%XX"的形式。当然，采用不同的字符集时，每个中文字符对应的字节数并不完全相同，所以使用URLEncoder和URLDecoder进行转换时也需要指定字符集。

▶▶ 17.2.3 URL、URLConnection 和 URLPermission

URL（Uniform Resource Locator）对象代表统一资源定位器，它是指向互联网"资源"的指针。资源可以是简单的文件或目录，也可以是对更为复杂对象的引用，例如对数据库或搜索引擎的查询。在通常情况下，URL可以由协议名、主机、端口和资源组成，即满足如下格式：

```
protocol://host:port/resourceName
```

例如如下的 URL 地址：

```
http://www.crazyit.org/index.php
```

> **提示：**
> JDK 中还提供了一个 URI（Uniform Resource Identifiers）类，其实例代表一个统一资源标识符，Java 的 URI 不能用于定位任何资源，它的唯一作用就是解析。与此对应的是，URL 则包含一个可打开到达该资源的输入流，可以将 URL 理解成 URI 的特例。

URL 类提供了多个构造器用于创建 URL 对象，一旦获得了 URL 对象之后，就可以调用如下方法来访问该 URL 对应的资源。

- String getFile()：获取该 URL 的资源名。
- String getHost()：获取该 URL 的主机名。
- String getPath()：获取该 URL 的路径部分。
- int getPort()：获取该 URL 的端口号。
- String getProtocol()：获取该 URL 的协议名称。
- String getQuery()：获取该 URL 的查询字符串部分。
- URLConnection openConnection()：返回一个 URLConnection 对象，它代表了与 URL 所引用的远程对象的连接。
- InputStream openStream()：打开与此 URL 的连接，并返回一个用于读取该 URL 资源的 InputStream。

URL 对象中的前面几个方法都非常容易理解，而该对象提供的 openStream() 方法可以读取该 URL 资源的 InputStream，通过该方法可以非常方便地读取远程资源——甚至实现多线程下载。如下程序实现了一个多线程下载工具类。

程序清单：codes\17\17.2\DownUtil.java

```java
public class DownUtil
{
    // 定义下载资源的路径
    private String path;
    // 指定所下载的文件的保存位置
    private String targetFile;
    // 定义需要使用多少个线程下载资源
    private int threadNum;
    // 定义下载的线程对象
    private DownThread[] threads;
    // 定义下载的文件的总大小
    private int fileSize;

    public DownUtil(String path, String targetFile, int threadNum)
    {
        this.path = path;
```

```java
        this.threadNum = threadNum;
        // 初始化 threads 数组
        threads = new DownThread[threadNum];
        this.targetFile = targetFile;
    }
    public void download() throws Exception
    {
        URL url = new URL(path);
        HttpURLConnection conn = (HttpURLConnection) url.openConnection();
        conn.setConnectTimeout(5 * 1000);
        conn.setRequestMethod("GET");
        conn.setRequestProperty(
            "Accept",
            "image/gif, image/jpeg, image/pjpeg, image/pjpeg, "
            + "application/x-shockwave-flash, application/xaml+xml, "
            + "application/vnd.ms-xpsdocument, application/x-ms-xbap, "
            + "application/x-ms-application, application/vnd.ms-excel, "
            + "application/vnd.ms-powerpoint, application/msword, */*");
        conn.setRequestProperty("Accept-Language", "zh-CN");
        conn.setRequestProperty("Charset", "UTF-8");
        conn.setRequestProperty("Connection", "Keep-Alive");
        // 得到文件大小
        fileSize = conn.getContentLength();
        conn.disconnect();
        int currentPartSize = fileSize / threadNum + 1;
        RandomAccessFile file = new RandomAccessFile(targetFile, "rw");
        // 设置本地文件的大小
        file.setLength(fileSize);
        file.close();
        for (int i = 0; i < threadNum; i++)
        {
            // 计算每个线程下载的开始位置
            int startPos = i * currentPartSize;
            // 每个线程使用一个 RandomAccessFile 进行下载
            RandomAccessFile currentPart = new RandomAccessFile(targetFile,
                "rw");
            // 定位该线程的下载位置
            currentPart.seek(startPos);
            // 创建下载线程
            threads[i] = new DownThread(startPos, currentPartSize,
                currentPart);
            // 启动下载线程
            threads[i].start();
        }
    }
    // 获取下载的完成百分比
    public double getCompleteRate()
    {
        // 统计多个线程已经下载的总大小
        int sumSize = 0;
        for (int i = 0; i < threadNum; i++)
        {
            sumSize += threads[i].length;
        }
        // 返回已经完成的百分比
        return sumSize * 1.0 / fileSize;
    }
    private class DownThread extends Thread
    {
        // 当前线程的下载位置
        private int startPos;
        // 定义当前线程负责下载的文件大小
        private int currentPartSize;
        // 当前线程需要下载的文件块
        private RandomAccessFile currentPart;
        // 定义该线程已下载的字节数
        public int length;
        public DownThread(int startPos, int currentPartSize,
            RandomAccessFile currentPart)
        {
```

```java
            this.startPos = startPos;
            this.currentPartSize = currentPartSize;
            this.currentPart = currentPart;
        }
        public void run()
        {
            try
            {
                URL url = new URL(path);
                HttpURLConnection conn = (HttpURLConnection)url
                    .openConnection();
                conn.setConnectTimeout(5 * 1000);
                conn.setRequestMethod("GET");
                conn.setRequestProperty(
                    "Accept",
                    "image/gif, image/jpeg, image/pjpeg, image/pjpeg, "
                    + "application/x-shockwave-flash, application/xaml+xml, "
                    + "application/vnd.ms-xpsdocument, application/x-ms-xbap, "
                    + "application/x-ms-application, application/vnd.ms-excel, "
                    + "application/vnd.ms-powerpoint, application/msword, */*");
                conn.setRequestProperty("Accept-Language", "zh-CN");
                conn.setRequestProperty("Charset", "UTF-8");
                InputStream inStream = conn.getInputStream();
                // 跳过 startPos 个字节，表明该线程只下载自己负责的那部分文件
                inStream.skip(this.startPos);
                byte[] buffer = new byte[1024];
                int hasRead = 0;
                // 读取网络数据，并写入本地文件
                while (length < currentPartSize
                    && (hasRead = inStream.read(buffer)) != -1)
                {
                    currentPart.write(buffer, 0, hasRead);
                    // 累计该线程下载的总大小
                    length += hasRead;
                }
                currentPart.close();
                inStream.close();
            }
            catch (Exception e)
            {
                e.printStackTrace();
            }
        }
    }
}
```

上面程序中定义了 DownThread 线程类，该线程负责读取从 startPos 开始，长度为 currentPartSize 的所有字节数据，并写入 RandomAccessFile 对象。这个 DownThread 线程类的 run()方法就是一个简单的输入、输出实现。

程序中 DownUtils 类中的 download()方法负责按如下步骤来实现多线程下载。

① 创建 URL 对象。

② 获取指定 URL 对象所指向资源的大小（通过 getContentLength()方法获得），此处用到了 URLConnection 类，该类代表 Java 应用程序和 URL 之间的通信链接。后面还有关于 URLConnection 更详细的介绍。

③ 在本地磁盘上创建一个与网络资源具有相同大小的空文件。

④ 计算每个线程应该下载网络资源的哪个部分（从哪个字节开始，到哪个字节结束）。

⑤ 依次创建、启动多个线程来下载网络资源的指定部分。

> **提示：** 上面程序已经实现了多线程下载的核心代码，如果要实现断点下载，则需要额外增加一个配置文件（读者可以发现，所有的断点下载工具都会在下载开始时生成两个文件：一个是与网络资源具有相同大小的空文件，一个是配置文件），该配置文件分别记录每个线程已经下载到哪个字节，当网络断开后再次开始下载时，每个线程根据配置文件里记录的位置向后下载即可。

有了上面的 DownUtil 工具类之后，接下来就可以在主程序中调用该工具类的 download()方法执行下载，如下程序所示。

程序清单：codes\17\17.2\MultiThreadDown.java
```java
public class MultiThreadDown
{
    public static void main(String[] args) throws Exception
    {
        // 初始化 DownUtil 对象
        final DownUtil downUtil = new DownUtil("http://www.crazyit.org/"
            + "attachments/month_1403/1403202355ff6cc9a4fbf6f14a.png"
            , "ios.png", 4);
        // 开始下载
        downUtil.download();
        new Thread(() -> {
                while(downUtil.getCompleteRate() < 1)
                {
                    // 每隔 0.1 秒查询一次任务的完成进度
                    // GUI 程序中可根据该进度来绘制进度条
                    System.out.println("已完成: "
                        + downUtil.getCompleteRate());
                    try
                    {
                        Thread.sleep(100);
                    }
                    catch (Exception ex){}
                }
        }).start();
    }
}
```

运行上面程序，即可看到程序从 www.crazyit.org 下载得到一份名为 ios.png 的图片文件。

上面程序还用到 URLConnection 和 HttpURLConnection 对象，其中前者表示应用程序和 URL 之间的通信连接，后者表示与 URL 之间的 HTTP 连接。程序可以通过 URLConnection 实例向该 URL 发送请求、读取 URL 引用的资源。

Java 8 新增了一个 URLPermission 工具类，用于管理 HttpURLConnection 的权限问题，如果在 HttpURLConnection 安装了安全管理器，通过该对象打开连接时就需要先获得权限。

通常创建一个和 URL 的连接，并发送请求、读取此 URL 引用的资源需要如下几个步骤。

① 通过调用 URL 对象的 openConnection()方法来创建 URLConnection 对象。
② 设置 URLConnection 的参数和普通请求属性。
③ 如果只是发送 GET 方式请求，则使用 connect()方法建立和远程资源之间的实际连接即可；如果需要发送 POST 方式的请求，则需要获取 URLConnection 实例对应的输出流来发送请求参数。
④ 远程资源变为可用，程序可以访问远程资源的头字段或通过输入流读取远程资源的数据。

在建立和远程资源的实际连接之前，程序可以通过如下方法来设置请求头字段。

➢ setAllowUserInteraction()：设置该 URLConnection 的 allowUserInteraction 请求头字段的值。
➢ setDoInput()：设置该 URLConnection 的 doInput 请求头字段的值。
➢ setDoOutput()：设置该 URLConnection 的 doOutput 请求头字段的值。
➢ setIfModifiedSince()：设置该 URLConnection 的 ifModifiedSince 请求头字段的值。
➢ setUseCaches()：设置该 URLConnection 的 useCaches 请求头字段的值。

除此之外，还可以使用如下方法来设置或增加通用头字段。

➢ setRequestProperty(String key, String value)：设置该 URLConnection 的 key 请求头字段的值为 value。如下代码所示：

```
conn.setRequestProperty("accept" , "*/*")
```

➢ addRequestProperty(String key, String value)：为该 URLConnection 的 key 请求头字段增加 value 值，该方法并不会覆盖原请求头字段的值，而是将新值追加到原请求头字段中。

当远程资源可用之后，程序可以使用以下方法来访问头字段和内容。

- Object getContent()：获取该 URLConnection 的内容。
- String getHeaderField(String name)：获取指定响应头字段的值。
- getInputStream()：返回该 URLConnection 对应的输入流，用于获取 URLConnection 响应的内容。
- getOutputStream()：返回该 URLConnection 对应的输出流，用于向 URLConnection 发送请求参数。

getHeaderField()方法用于根据响应头字段来返回对应的值。而某些头字段由于经常需要访问，所以 Java 提供了以下方法来访问特定响应头字段的值。

- getContentEncoding()：获取 content-encoding 响应头字段的值。
- getContentLength()：获取 content-length 响应头字段的值。
- getContentType()：获取 content-type 响应头字段的值。
- getDate()：获取 date 响应头字段的值。
- getExpiration()：获取 expires 响应头字段的值。
- getLastModified()：获取 last-modified 响应头字段的值。

> 如果既要使用输入流读取 URLConnection 响应的内容，又要使用输出流发送请求参数，则一定要先使用输出流，再使用输入流。

下面程序示范了如何向 Web 站点发送 GET 请求、POST 请求，并从 Web 站点取得响应。

程序清单：codes\17\17.2\GetPostTest.java

```java
public class GetPostTest
{
    /**
     * 向指定 URL 发送 GET 方式的请求
     * @param url 发送请求的 URL
     * @param param 请求参数，格式满足 name1=value1&name2=value2 的形式
     * @return URL 代表远程资源的响应
     */
    public static String sendGet(String url , String param)
    {
        String result = "";
        String urlName = url + "?" + param;
        try
        {
            URL realUrl = new URL(urlName);
            // 打开和 URL 之间的连接
            URLConnection conn = realUrl.openConnection();
            // 设置通用的请求属性
            conn.setRequestProperty("accept", "*/*");
            conn.setRequestProperty("connection", "Keep-Alive");
            conn.setRequestProperty("user-agent"
                , "Mozilla/4.0 (compatible; MSIE 6.0; Windows NT 5.1; SV1)");
            // 建立实际的连接
            conn.connect();
            // 获取所有的响应头字段
            Map<String, List<String>> map = conn.getHeaderFields();
            // 遍历所有的响应头字段
            for (String key : map.keySet())
            {
                System.out.println(key + "--->" + map.get(key));
            }
            try(
                // 定义 BufferedReader 输入流来读取 URL 的响应
                BufferedReader in = new BufferedReader(
                    new InputStreamReader(conn.getInputStream() , "utf-8")))
            {
                String line;
                while ((line = in.readLine())!= null)
                {
```

```java
                    result += "\n" + line;
                }
            }
        }
        catch(Exception e)
        {
            System.out.println("发送GET请求出现异常！" + e);
            e.printStackTrace();
        }
        return result;
    }
    /**
     * 向指定URL发送POST方式的请求
     * @param url 发送请求的URL
     * @param param 请求参数，格式应该满足name1=value1&name2=value2的形式
     * @return URL 代表远程资源的响应
     */
    public static String sendPost(String url , String param)
    {
        String result = "";
        try
        {
            URL realUrl = new URL(url);
            // 打开和URL之间的连接
            URLConnection conn = realUrl.openConnection();
            // 设置通用的请求属性
            conn.setRequestProperty("accept", "*/*");
            conn.setRequestProperty("connection", "Keep-Alive");
            conn.setRequestProperty("user-agent",
                "Mozilla/4.0 (compatible; MSIE 6.0; Windows NT 5.1; SV1)");
            // 发送POST请求必须设置如下两行
            conn.setDoOutput(true);
            conn.setDoInput(true);
            try(
                // 获取URLConnection对象对应的输出流
                PrintWriter out = new PrintWriter(conn.getOutputStream()))
            {
                // 发送请求参数
                out.print(param);
                // flush输出流的缓冲
                out.flush();
            }
            try(
                // 定义BufferedReader输入流来读取URL的响应
                BufferedReader in = new BufferedReader(new InputStreamReader(
                    conn.getInputStream() , "utf-8")))
            {
                String line;
                while ((line = in.readLine())!= null)
                {
                    result += "\n" + line;
                }
            }
        }
        catch(Exception e)
        {
            System.out.println("发送POST请求出现异常！" + e);
            e.printStackTrace();
        }
        return result;
    }
    // 提供主方法，测试发送GET请求和POST请求
    public static void main(String args[])
    {
        // 发送GET请求
        String s = GetPostTest.sendGet("http://localhost:8888/abc/a.jsp"
            , null);
        System.out.println(s);
```

```
        // 发送 POST 请求
        String s1 = GetPostTest.sendPost("http://localhost:8888/abc/login.jsp"
            , "name=crazyit.org&pass=leegang");
        System.out.println(s1);
    }
}
```

上面程序中发送 GET 请求时只需将请求参数放在 URL 字符串之后，以?隔开，程序直接调用 URLConnection 对象的 connect()方法即可，如 sendGet()方法中粗体字代码所示；如果程序要发送 POST 请求，则需要先设置 doIn 和 doOut 两个请求头字段的值，再使用 URLConnection 对应的输出流来发送请求参数，如 sendPost()方法中粗体字代码所示。

不管是发送 GET 请求，还是发送 POST 请求，程序获取 URLConnection 响应的方式完全一样——如果程序可以确定远程响应是字符流，则可以使用字符流来读取；如果程序无法确定远程响应是字符流，则使用字节流读取即可。

> 上面程序中发送请求的两个 URL 是部署在本机的 Web 应用（该应用位于 codes\17\17.2\abc 目录中），关于如何创建 Web 应用、编写 JSP 页面请参考疯狂 Java 体系的《轻量级 Java EE 企业应用实战》。由于程序可以使用这种方式向服务器发送请求——相当于提交 Web 应用中的登录表单页，这样就可以让程序不断地变换用户名、密码来提交登录请求，直到返回登录成功，这就是所谓的暴力破解。

17.3 基于 TCP 协议的网络编程

TCP/IP 通信协议是一种可靠的网络协议，它在通信的两端各建立一个 Socket，从而在通信的两端之间形成网络虚拟链路。一旦建立了虚拟的网络链路，两端的程序就可以通过虚拟链路进行通信。Java 对基于 TCP 协议的网络通信提供了良好的封装，Java 使用 Socket 对象来代表两端的通信端口，并通过 Socket 产生 IO 流来进行网络通信。

17.3.1 TCP 协议基础

IP 协议是 Internet 上使用的一个关键协议，它的全称是 Internet Protocol，即 Internet 协议，通常简称 IP 协议。通过使用 IP 协议，从而使 Internet 成为一个允许连接不同类型的计算机和不同操作系统的网络。

要使两台计算机彼此能进行通信，必须使两台计算机使用同一种"语言"，IP 协议只保证计算机能发送和接收分组数据。IP 协议负责将消息从一个主机传送到另一个主机，消息在传送的过程中被分割成一个个的小包。

尽管计算机通过安装 IP 软件，保证了计算机之间可以发送和接收数据，但 IP 协议还不能解决数据分组在传输过程中可能出现的问题。因此，若要解决可能出现的问题，连上 Internet 的计算机还需要安装 TCP 协议来提供可靠并且无差错的通信服务。

TCP 协议被称作一种端对端协议。这是因为它对两台计算机之间的连接起了重要作用——当一台计算机需要与另一台远程计算机连接时，TCP 协议会让它们建立一个连接：用于发送和接收数据的虚拟链路。

TCP 协议负责收集这些信息包，并将其按适当的次序放好传送，接收端收到后再将其正确地还原。TCP 协议保证了数据包在传送中准确无误。TCP 协议使用重发机制——当一个通信实体发送一个消息给另一个通信实体后，需要收到另一个通信实体的确认信息，如果没有收到另一个通信实体的确认信息，则会再次重发刚才发送的信息。

通过这种重发机制，TCP 协议向应用程序提供了可靠的通信连接，使它能够自动适应网上的各种变化。即使在 Internet 暂时出现堵塞的情况下，TCP 也能够保证通信的可靠性。

图 17.4 显示了 TCP 协议控制两个通信实体互相通信的示意图。

综上所述，虽然 IP 和 TCP 这两个协议的功能不尽相同，也可以分开单独使用，但它们是在同一时期作为一个协议来设计的，并且在功能上也是互补的。只有两者结合起来，才能保证 Internet 在复杂的环境下正常运行。凡是要连接到 Internet 的计算机，都必须同时安装和使用这两个协议，因此在实际中常把这两个协议统称为 TCP/IP 协议。

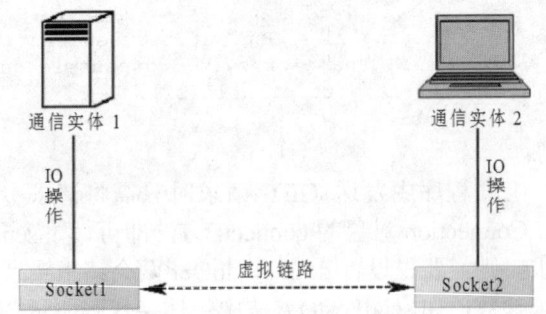

图 17.4　TCP 协议控制两个通信实体互相通信的示意图

▶▶ 17.3.2　使用 ServerSocket 创建 TCP 服务器端

看图 17.4，并没有看出 TCP 通信的两个通信实体之间有服务器端、客户端之分，这是因为此图是两个通信实体已经建立虚拟链路之后的示意图。在两个通信实体没有建立虚拟链路之前，必须有一个通信实体先做出"主动姿态"，主动接收来自其他通信实体的连接请求。

Java 中能接收其他通信实体连接请求的类是 ServerSocket，ServerSocket 对象用于监听来自客户端的 Socket 连接，如果没有连接，它将一直处于等待状态。ServerSocket 包含一个监听来自客户端连接请求的方法。

- Socket accept()：如果接收到一个客户端 Socket 的连接请求，该方法将返回一个与客户端 Socket 对应的 Socket（如图 17.4 所示，每个 TCP 连接有两个 Socket）；否则该方法将一直处于等待状态，线程也被阻塞。

为了创建 ServerSocket 对象，ServerSocket 类提供了如下几个构造器。

- ServerSocket(int port)：用指定的端口 port 来创建一个 ServerSocket。该端口应该有一个有效的端口整数值，即 0~65535。
- ServerSocket(int port,int backlog)：增加一个用来改变连接队列长度的参数 backlog。
- ServerSocket(int port,int backlog,InetAddress localAddr)：在机器存在多个 IP 地址的情况下，允许通过 localAddr 参数来指定将 ServerSocket 绑定到指定的 IP 地址。

当 ServerSocket 使用完毕后，应使用 ServerSocket 的 close()方法来关闭该 ServerSocket。在通常情况下，服务器不应该只接收一个客户端请求，而应该不断地接收来自客户端的所有请求，所以 Java 程序通常会通过循环不断地调用 ServerSocket 的 accept()方法。如下代码片段所示。

```
// 创建一个ServerSocket，用于监听客户端Socket的连接请求
ServerSocket ss = new ServerSocket(30000);
// 采用循环不断地接收来自客户端的请求
while (true)
{
    // 每当接收到客户端Socket的请求时，服务器端也对应产生一个Socket
    Socket s = ss.accept();
    // 下面就可以使用Socket进行通信了
    ...
}
```

> **提示：**
> 上面程序中创建 ServerSocket 没有指定 IP 地址，则该 ServerSocket 将会绑定到本机默认的 IP 地址。程序中使用 30000 作为该 ServerSocket 的端口号，通常推荐使用 1024 以上的端口，主要是为了避免与其他应用程序的通用端口冲突。

▶▶ 17.3.3　使用 Socket 进行通信

客户端通常可以使用 Socket 的构造器来连接到指定服务器，Socket 通常可以使用如下两个构造器。

- Socket(InetAddress/String remoteAddress, int port)：创建连接到指定远程主机、远程端口的 Socket，该构造器没有指定本地地址、本地端口，默认使用本地主机的默认 IP 地址，默认使用系统动态分配的端口。
- Socket(InetAddress/String remoteAddress, int port, InetAddress localAddr, int localPort)：创建连接到

指定远程主机、远程端口的 Socket，并指定本地 IP 地址和本地端口，适用于本地主机有多个 IP 地址的情形。

上面两个构造器中指定远程主机时既可使用 InetAddress 来指定，也可直接使用 String 对象来指定，但程序通常使用 String 对象（如 192.168.2.23）来指定远程 IP 地址。当本地主机只有一个 IP 地址时，使用第一个方法更为简单。如下代码所示。

```
// 创建连接到本机、30000 端口的 Socket
Socket s = new Socket("127.0.0.1" , 30000);
// 下面就可以使用 Socket 进行通信了
...
```

当程序执行上面代码中的粗体字代码时，该代码将会连接到指定服务器，让服务器端的 ServerSocket 的 accept() 方法向下执行，于是服务器端和客户端就产生一对互相连接的 Socket。

> **提示**：上面程序连接到"远程主机"的 IP 地址使用的是 127.0.0.1，这个 IP 地址是一个特殊的地址，它总是代表本机的 IP 地址。因为本书的示例程序的服务器端、客户端都是在本机运行的，所以 Socket 连接的远程主机的 IP 地址使用 127.0.0.1。

当客户端、服务器端产生了对应的 Socket 之后，就得到了如图 17.4 所示的通信示意图，程序无须再区分服务器端、客户端，而是通过各自的 Socket 进行通信。Socket 提供了如下两个方法来获取输入流和输出流。

- InputStream getInputStream()：返回该 Socket 对象对应的输入流，让程序通过该输入流从 Socket 中取出数据。
- OutputStream getOutputStream()：返回该 Socket 对象对应的输出流，让程序通过该输出流向 Socket 中输出数据。

看到这两个方法返回的 InputStream 和 OutputStream，读者应该可以明白 Java 在设计 IO 体系上的苦心了——不管底层的 IO 流是怎样的节点流：文件流也好，网络 Socket 产生的流也好，程序都可以将其包装成处理流，从而提供更多方便的处理。下面以一个最简单的网络通信程序为例来介绍基于 TCP 协议的网络通信。

下面的服务器端程序非常简单，它仅仅建立 ServerSocket 监听，并使用 Socket 获取输出流输出。

程序清单：codes\17\17.3\Server.java

```java
public class Server
{
    public static void main(String[] args)
        throws IOException
    {
        // 创建一个 ServerSocket，用于监听客户端 Socket 的连接请求
        ServerSocket ss = new ServerSocket(30000);
        // 采用循环不断地接收来自客户端的请求
        while (true)
        {
            // 每当接收到客户端 Socket 的请求时，服务器端也对应产生一个 Socket
            Socket s = ss.accept();
            // 将 Socket 对应的输出流包装成 PrintStream
            PrintStream ps = new PrintStream(s.getOutputStream());
            // 进行普通 IO 操作
            ps.println("您好，您收到了服务器的新年祝福！");
            // 关闭输出流，关闭 Socket
            ps.close();
            s.close();
        }
    }
}
```

下面的客户端程序也非常简单，它仅仅使用 Socket 建立与指定 IP 地址、指定端口的连接，并使用 Socket 获取输入流读取数据。

程序清单：codes\17\17.3\Client.java

```
public class Client
{
    public static void main(String[] args)
        throws IOException
    {
        Socket socket = new Socket("127.0.0.1" , 30000);    // ①
        // 将Socket对应的输入流包装成BufferedReader
        BufferedReader br = new BufferedReader(
            new InputStreamReader(socket.getInputStream()));
        // 进行普通IO操作
        String line = br.readLine();
        System.out.println("来自服务器的数据：" + line);
        // 关闭输入流，关闭Socket
        br.close();
        socket.close();
    }
}
```

上面程序中①号粗体字代码是使用 ServerSocket 和 Socket 建立网络连接的代码，接下来的粗体字代码是通过 Socket 获取输入流、输出流进行通信的代码。通过程序不难看出，一旦使用 ServerSocket、Socket 建立网络连接之后，程序通过网络通信与普通 IO 并没有太大的区别。

先运行程序中的 Server 类，将看到服务器一直处于等待状态，因为服务器使用了死循环来接收来自客户端的请求；再运行 Client 类，将看到程序输出："来自服务器的数据：您好，您收到了服务器的新年祝福！"，这表明客户端和服务器端通信成功。

> **注意：**
> 上面程序为了突出通过 ServerSocket 和 Socket 建立连接，并通过底层 IO 流进行通信的主题，程序没有进行异常处理，也没有使用 finally 块来关闭资源。

在实际应用中，程序可能不想让执行网络连接、读取服务器数据的进程一直阻塞，而是希望当网络连接、读取操作超过合理时间之后，系统自动认为该操作失败，这个合理时间就是超时时长。Socket 对象提供了一个 setSoTimeout(int timeout)方法来设置超时时长。如下代码片段所示。

```
Socket s = new Socket("127.0.0.1" , 30000);
//设置10秒之后即认为超时
s.setSoTimeout(10000);
```

为 Socket 对象指定了超时时长之后，如果在使用 Socket 进行读、写操作完成之前超出了该时间限制，那么这些方法就会抛出 SocketTimeoutException 异常，程序可以对该异常进行捕获，并进行适当处理。如下代码所示。

```
try
{
    // 使用Scanner来读取网络输入流中的数据
    Scanner scan = new Scanner(s.getInputStream())
    // 读取一行字符
    String line = scan.nextLine()
    ...
}
// 捕获SocketTimeoutException异常
catch(SocketTimeoutException ex)
{
    // 对异常进行处理
    ...
}
```

假设程序需要为 Socket 连接服务器时指定超时时长，即经过指定时间后，如果该 Socket 还未连接到远程服务器，则系统认为该 Socket 连接超时。但 Socket 的所有构造器里都没有提供指定超时时长的参数，所以程序应该先创建一个无连接的 Socket，再调用 Socket 的 connect()方法来连接远程服务器，而 connect()方法就可以接收一个超时时长参数。如下代码所示。

```
// 创建一个无连接的Socket
Socket s = new Socket();
// 让该Socket连接到远程服务器,如果经过10秒还没有连接上,则认为连接超时
s.connect(new InetSocketAddress (host, port) ,10000);
```

▶▶ 17.3.4 加入多线程

前面 Server 和 Client 只是进行了简单的通信操作：服务器端接收到客户端连接之后，服务器端向客户端输出一个字符串，而客户端也只是读取服务器端的字符串后就退出了。实际应用中的客户端则可能需要和服务器端保持长时间通信，即服务器端需要不断地读取客户端数据，并向客户端写入数据；客户端也需要不断地读取服务器端数据，并向服务器端写入数据。

在使用传统 BufferedReader 的 readLine()方法读取数据时，在该方法成功返回之前，线程被阻塞，程序无法继续执行。考虑到这个原因，服务器端应该为每个 Socket 单独启动一个线程，每个线程负责与一个客户端进行通信。

客户端读取服务器端数据的线程同样会被阻塞，所以系统应该单独启动一个线程，该线程专门负责读取服务器端数据。

现在考虑实现一个命令行界面的 C/S 聊天室应用，服务器端应该包含多个线程，每个 Socket 对应一个线程，该线程负责读取 Socket 对应输入流的数据（从客户端发送过来的数据），并将读到的数据向每个 Socket 输出流发送一次（将一个客户端发送的数据"广播"给其他客户端），因此需要在服务器端使用 List 来保存所有的 Socket。

下面是服务器端的实现代码，程序为服务器端提供了两个类，一个是创建 ServerSocket 监听的主类，一个是负责处理每个 Socket 通信的线程类。

程序清单：codes\17\17.3\MultiThread\server\MyServer.java

```
public class MyServer
{
    // 定义保存所有Socket的ArrayList,并将其包装为线程安全的
    public static List<Socket> socketList
        = Collections.synchronizedList(new ArrayList<>());
    public static void main(String[] args)
        throws IOException
    {
        ServerSocket ss = new ServerSocket(30000);
        while(true)
        {
            // 此行代码会阻塞,将一直等待别人的连接
            Socket s = ss.accept();
            socketList.add(s);
            // 每当客户端连接后启动一个ServerThread线程为该客户端服务
            new Thread(new ServerThread(s)).start();
        }
    }
}
```

上面程序实现了服务器端只负责接收客户端 Socket 的连接请求，每当客户端 Socket 连接到该 ServerSocket 之后，程序将对应 Socket 加入 socketList 集合中保存，并为该 Socket 启动一个线程，该线程负责处理该 Socket 所有的通信任务，如程序中 4 行粗体字代码所示。服务器端线程类的代码如下。

程序清单：codes\17\17.3\MultiThread\server\ServerThread.java

```
// 负责处理每个线程通信的线程类
public class ServerThread implements Runnable
{
    // 定义当前线程所处理的Socket
    Socket s = null;
    // 该线程所处理的Socket对应的输入流
    BufferedReader br = null;
    public ServerThread(Socket s)
        throws IOException
    {
        this.s = s;
        // 初始化该Socket对应的输入流
```

```java
            br = new BufferedReader(new InputStreamReader(s.getInputStream()));
    }
    public void run()
    {
        try
        {
            String content = null;
            // 采用循环不断地从Socket中读取客户端发送过来的数据
            while ((content = readFromClient()) != null)
            {
                // 遍历socketList中的每个Socket
                // 将读到的内容向每个Socket发送一次
                for (Socket s : MyServer.socketList)
                {
                    PrintStream ps = new PrintStream(s.getOutputStream());
                    ps.println(content);
                }
            }
        }
        catch (IOException e)
        {
            e.printStackTrace();
        }
    }
    // 定义读取客户端数据的方法
    private String readFromClient()
    {
        try
        {
            return br.readLine();
        }
        // 如果捕获到异常,则表明该Socket对应的客户端已经关闭
        catch (IOException e)
        {
            // 删除该Socket
            MyServer.socketList.remove(s);       // ①
        }
        return null;
    }
}
```

上面的服务器端线程类不断地读取客户端数据,程序使用readFromClient()方法来读取客户端数据,如果读取数据过程中捕获到IOException异常,则表明该Socket对应的客户端Socket出现了问题(到底什么问题不用深究,反正不正常),程序就将该Socket从socketList集合中删除,如readFromClient()方法中①号代码所示。

当服务器端线程读到客户端数据之后,程序遍历socketList集合,并将该数据向socketList集合中的每个Socket发送一次——该服务器端线程把从Socket中读到的数据向socketList集合中的每个Socket转发一次,如run()线程执行体中的粗体字代码所示。

每个客户端应该包含两个线程,一个负责读取用户的键盘输入,并将用户输入的数据写入Socket对应的输出流中;一个负责读取Socket对应输入流中的数据(从服务器端发送过来的数据),并将这些数据打印输出。其中负责读取用户键盘输入的线程由MyClient负责,也就是由程序的主线程负责。客户端主程序代码如下。

程序清单:codes\17\17.3\MultiThread\client\MyClient.java

```java
public class MyClient
{
    public static void main(String[] args)throws Exception
    {
        Socket s = new Socket("127.0.0.1" , 30000);
        // 客户端启动ClientThread线程不断地读取来自服务器的数据
        new Thread(new ClientThread(s)).start();     // ①
        // 获取该Socket对应的输出流
        PrintStream ps = new PrintStream(s.getOutputStream());
        String line = null;
```

```java
        // 不断地读取键盘输入
        BufferedReader br = new BufferedReader(
            new InputStreamReader(System.in));
        while ((line = br.readLine()) != null)
        {
            // 将用户的键盘输入内容写入Socket对应的输出流
            ps.println(line);
        }
    }
}
```

上面程序中获取键盘输入的代码在第 15 章中已有详细解释，此处不再赘述。当该线程读到用户键盘输入的内容后，将用户键盘输入的内容写入该 Socket 对应的输出流。

除此之外，当主线程使用 Socket 连接到服务器之后，启动了 ClientThread 来处理该线程的 Socket 通信，如程序中①号代码所示。ClientThread 线程负责读取 Socket 输入流中的内容，并将这些内容在控制台打印出来。

程序清单：codes\17\17.3\MultiThread\client\ClientThread.java

```java
public class ClientThread implements Runnable
{
    // 该线程负责处理的Socket
    private Socket s;
    // 该线程所处理的Socket对应的输入流
    BufferedReader br = null;
    public ClientThread(Socket s)
        throws IOException
    {
        this.s = s;
        br = new BufferedReader(
            new InputStreamReader(s.getInputStream()));
    }
    public void run()
    {
        try
        {
            String content = null;
            // 不断地读取Socket输入流中的内容，并将这些内容打印输出
            while ((content = br.readLine()) != null)
            {
                System.out.println(content);
            }
        }
        catch (Exception e)
        {
            e.printStackTrace();
        }
    }
}
```

上面线程的功能也非常简单，它只是不断地获取 Socket 输入流中的内容，当获取到 Socket 输入流中的内容后，直接将这些内容打印在控制台，如上面程序中粗体字代码所示。

先运行上面程序中的 MyServer 类，该类运行后只是作为服务器，看不到任何输出。再运行多个 MyClient——相当于启动多个聊天室客户端登录该服务器，然后可以在任何一个客户端通过键盘输入一些内容后按回车键，即可在所有客户端（包括自己）的控制台上收到刚刚输入的内容，这就粗略地实现了一个 C/S 结构聊天室的功能。

▶▶ 17.3.5 记录用户信息

上面程序虽然已经完成了粗略的通信功能，每个客户端可以看到其他客户端发送的信息，但无法知道是哪个客户端发送的信息，这是因为服务器端从未记录过用户信息，当客户端使用 Socket 连接到服务器端之后，程序只是使用 socketList 集合保存了服务器端对应生成的 Socket，并没有保存该 Socket 关联的客户信息。

下面程序将考虑使用 Map 来保存用户状态信息，因为本程序将考虑实现私聊功能，也就是说，一个客户端可以将信息发送给另一个指定客户端。实际上，所有客户端只与服务器端连接，客户端之间并没有互相连接，也就是说，当一个客户端信息发送到服务器端之后，服务器端必须可以判断该信息到底是向所有用户发送，还是向指定用户发送，并需要知道向哪个用户发送。这里需要解决如下两个问题。

➢ 客户端发送来的信息必须有特殊的标识——让服务器端可以判断是公聊信息，还是私聊信息。
➢ 如果是私聊信息，客户端会发送该消息的目的用户（私聊对象）给服务器端，服务器端如何将该信息发送给该私聊对象。

为了解决第一个问题，可以让客户端在发送不同信息之前，先对这些信息进行适当处理，比如在内容前后添加一些特殊字符——这种特殊字符被称为协议字符。本例提供了一个 CrazyitProtocol 接口，该接口专门用于定义协议字符。

程序清单：codes\17\17.3\Senior\server\CrazyitProtocol.java

```java
public interface CrazyitProtocol
{
    // 定义协议字符串的长度
    int PROTOCOL_LEN = 2;
    // 下面是一些协议字符串，服务器端和客户端交换的信息都应该在前、后添加这种特殊字符串
    String MSG_ROUND = "§γ";
    String USER_ROUND = "ΠΣ";
    String LOGIN_SUCCESS = "1";
    String NAME_REP = "-1";
    String PRIVATE_ROUND = "★【";
    String SPLIT_SIGN = "※";
}
```

实际上，由于服务器端和客户端都需要使用这些协议字符串，所以程序需要在客户端和服务器端同时保留该接口对应的 class 文件。

为了解决第二个问题，可以考虑使用一个 Map 来保存聊天室所有用户和对应 Socket 之间的映射关系——这样服务器端就可以根据用户名来找到对应的 Socket。但实际上本程序并未这么做，程序仅仅是用 Map 保存了聊天室所有用户名和对应输出流之间的映射关系，因为服务器端只要获取该用户名对应的输出流即可。服务器端提供了一个 HashMap 的子类，该类不允许 value 重复，并提供了根据 value 获取 key，根据 value 删除 key 等方法。

程序清单：codes\17\17.3\Senior\server\CrazyitMap.java

```java
// 通过组合 HashMap 对象来实现 CrazyitMap，CrazyitMap 要求 value 也不可重复
public class CrazyitMap<K,V>
{
    // 创建一个线程安全的 HashMap
    public Map<K ,V> map = Collections.synchronizedMap(new HashMap<K,V>());
    // 根据 value 来删除指定项
    public synchronized void removeByValue(Object value)
    {
        for (Object key : map.keySet())
        {
            if (map.get(key) == value)
            {
                map.remove(key);
                break;
            }
        }
    }
    // 获取所有 value 组成的 Set 集合
    public synchronized Set<V> valueSet()
    {
        Set<V> result = new HashSet<V>();
        // 将 map 中的所有 value 添加到 result 集合中
        map.forEach((key , value) -> result.add(value));
        return result;
    }
    // 根据 value 查找 key
```

```java
    public synchronized K getKeyByValue(V val)
    {
        // 遍历所有 key 组成的集合
        for (K key : map.keySet())
        {
            // 如果指定 key 对应的 value 与被搜索的 value 相同，则返回对应的 key
            if (map.get(key) == val || map.get(key).equals(val))
            {
                return key;
            }
        }
        return null;
    }
    // 实现 put()方法，该方法不允许 value 重复
    public synchronized V put(K key,V value)
    {
        // 遍历所有 value 组成的集合
        for (V val : valueSet() )
        {
            // 如果某个 value 与试图放入集合的 value 相同
            // 则抛出一个 RuntimeException 异常
            if (val.equals(value)
                && val.hashCode()== value.hashCode())
            {
                throw new RuntimeException("MyMap 实例中不允许有重复 value!");
            }
        }
        return map.put(key , value);
    }
}
```

严格来讲，CrazyitMap 已经不是一个标准的 Map 结构了，但程序需要这样一个数据结构来保存用户名和对应输出流之间的映射关系，这样既可以通过用户名找到对应的输出流，也可以根据输出流找到对应的用户名。

服务器端的主类一样只是建立 ServerSocket 来监听来自客户端 Socket 的连接请求，但该程序增加了一些异常处理，可能看上去比上一节的程序稍微复杂一点。

程序清单：codes\17\17.3\Senior\server\Server.java

```java
public class Server
{
    private static final int SERVER_PORT = 30000;
    // 使用 CrazyitMap 对象来保存每个客户名字和对应输出流之间的对应关系
    public static CrazyitMap<String , PrintStream> clients
        = new CrazyitMap<>();
    public void init()
    {
        try(
            // 建立监听的 ServerSocket
            ServerSocket ss = new ServerSocket(SERVER_PORT))
        {
            // 采用死循环来不断地接收来自客户端的请求
            while(true)
            {
                Socket socket = ss.accept();
                new ServerThread(socket).start();
            }
        }
        // 如果抛出异常
        catch (IOException ex)
        {
            System.out.println("服务器启动失败，是否端口"
                + SERVER_PORT + "已被占用？");
        }
    }
    public static void main(String[] args)
    {
        Server server = new Server();
```

```
            server.init();
        }
    }
```

该程序的关键代码依然只有三行，如程序中粗体字代码所示。它们依然是完成建立 ServerSocket，监听客户端 Socket 连接请求，并为已连接的 Socket 启动单独的线程。

服务器端线程类比上一节的程序要复杂一点，因为该线程类要分别处理公聊、私聊两类聊天信息。除此之外，还需要处理用户名是否重复的问题。服务器端线程类的代码如下。

程序清单：codes\17\17.3\Senior\server\ServerThread.java

```java
public class ServerThread extends Thread
{
    private Socket socket;
    BufferedReader br = null;
    PrintStream ps = null;
    // 定义一个构造器，用于接收一个 Socket 来创建 ServerThread 线程
    public ServerThread(Socket socket)
    {
        this.socket = socket;
    }
    public void run()
    {
        try
        {
            // 获取该 Socket 对应的输入流
            br = new BufferedReader(new InputStreamReader(socket
                .getInputStream()));
            // 获取该 Socket 对应的输出流
            ps = new PrintStream(socket.getOutputStream());
            String line = null;
            while((line = br.readLine())!= null)
            {
                // 如果读到的行以 CrazyitProtocol.USER_ROUND 开始，并以其结束
                // 则可以确定读到的是用户登录的用户名
                if (line.startsWith(CrazyitProtocol.USER_ROUND)
                    && line.endsWith(CrazyitProtocol.USER_ROUND))
                {
                    // 得到真实消息
                    String userName = getRealMsg(line);
                    // 如果用户名重复
                    if (Server.clients.map.containsKey(userName))
                    {
                        System.out.println("重复");
                        ps.println(CrazyitProtocol.NAME_REP);
                    }
                    else
                    {
                        System.out.println("成功");
                        ps.println(CrazyitProtocol.LOGIN_SUCCESS);
                        Server.clients.put(userName , ps);
                    }
                }
                // 如果读到的行以 CrazyitProtocol.PRIVATE_ROUND 开始，并以其结束
                // 则可以确定是私聊信息，私聊信息只向特定的输出流发送
                else if (line.startsWith(CrazyitProtocol.PRIVATE_ROUND)
                    && line.endsWith(CrazyitProtocol.PRIVATE_ROUND))
                {
                    // 得到真实消息
                    String userAndMsg = getRealMsg(line);
                    // 以 SPLIT_SIGN 分割字符串，前半是私聊用户，后半是聊天信息
                    String user = userAndMsg.split(CrazyitProtocol.SPLIT_SIGN)[0];
                    String msg = userAndMsg.split(CrazyitProtocol.SPLIT_SIGN)[1];
                    // 获取私聊用户对应的输出流，并发送私聊信息
                    Server.clients.map.get(user).println(Server.clients
                        .getKeyByValue(ps) + "悄悄地对你说：" + msg);
                }
                // 公聊要向每个 Socket 发送
                else
```

```
                {
                    // 得到真实消息
                    String msg = getRealMsg(line);
                    // 遍历clients中的每个输出流
                    for (PrintStream clientPs : Server.clients.valueSet())
                    {
                        clientPs.println(Server.clients.getKeyByValue(ps)
                            + "说: " + msg);
                    }
                }
            }
        }
        // 捕获到异常后，表明该Socket对应的客户端已经出现了问题
        // 所以程序将其对应的输出流从Map中删除
        catch (IOException e)
        {
            Server.clients.removeByValue(ps);
            System.out.println(Server.clients.map.size());
            // 关闭网络、IO资源
            try
            {
                if (br != null)
                {
                    br.close();
                }
                if (ps != null)
                {
                    ps.close();
                }
                if (socket != null)
                {
                    socket.close();
                }
            }
            catch (IOException ex)
            {
                ex.printStackTrace();
            }
        }
    }
    // 将读到的内容去掉前后的协议字符，恢复成真实数据
    private String getRealMsg(String line)
    {
        return line.substring(CrazyitProtocol.PROTOCOL_LEN
            , line.length() - CrazyitProtocol.PROTOCOL_LEN);
    }
}
```

上面程序比前一节的程序除增加了异常处理之外，主要增加了对读取数据的判断，如程序中两行粗体字代码所示。程序读取到客户端发送过来的内容之后，会根据该内容前后的协议字符串对该内容进行相应的处理。

客户端主类增加了让用户输入用户名的代码，并且不允许用户名重复。除此之外，还可以根据用户的键盘输入来判断用户是否想发送私聊信息。客户端主类的代码如下。

程序清单：codes\17\17.3\Senior\client\Client.java

```
public class Client
{
    private static final int SERVER_PORT = 30000;
    private Socket socket;
    private PrintStream ps;
    private BufferedReader brServer;
    private BufferedReader keyIn;
    public void init()
    {
        try
        {
            // 初始化代表键盘的输入流
```

```java
            keyIn = new BufferedReader(
                new InputStreamReader(System.in));
            // 连接到服务器端
            socket = new Socket("127.0.0.1", SERVER_PORT);
            // 获取该Socket对应的输入流和输出流
            ps = new PrintStream(socket.getOutputStream());
            brServer = new BufferedReader(
                new InputStreamReader(socket.getInputStream()));
            String tip = "";
            // 采用循环不断地弹出对话框要求输入用户名
            while(true)
            {
                String userName = JOptionPane.showInputDialog(tip
                    + "输入用户名");    // ①
                // 在用户输入的用户名前后增加协议字符串后发送
                ps.println(CrazyitProtocol.USER_ROUND + userName
                    + CrazyitProtocol.USER_ROUND);
                // 读取服务器端的响应
                String result = brServer.readLine();
                // 如果用户名重复,则开始下次循环
                if (result.equals(CrazyitProtocol.NAME_REP))
                {
                    tip = "用户名重复!请重新";
                    continue;
                }
                // 如果服务器端返回登录成功,则结束循环
                if (result.equals(CrazyitProtocol.LOGIN_SUCCESS))
                {
                    break;
                }
            }
        }
        // 捕获到异常,关闭网络资源,并退出该程序
        catch (UnknownHostException ex)
        {
            System.out.println("找不到远程服务器,请确定服务器已经启动!");
            closeRs();
            System.exit(1);
        }
        catch (IOException ex)
        {
            System.out.println("网络异常!请重新登录!");
            closeRs();
            System.exit(1);
        }
        // 以该Socket对应的输入流启动ClientThread线程
        new ClientThread(brServer).start();
    }
    // 定义一个读取键盘输出,并向网络发送的方法
    private void readAndSend()
    {
        try
        {
            // 不断地读取键盘输入
            String line = null;
            while((line = keyIn.readLine()) != null)
            {
                // 如果发送的信息中有冒号,且以//开头,则认为想发送私聊信息
                if (line.indexOf(":") > 0 && line.startsWith("//"))
                {
                    line = line.substring(2);
                    ps.println(CrazyitProtocol.PRIVATE_ROUND +
                        line.split(":")[0] + CrazyitProtocol.SPLIT_SIGN
                        + line.split(":")[1] + CrazyitProtocol.PRIVATE_ROUND);
                }
                else
                {
                    ps.println(CrazyitProtocol.MSG_ROUND + line
                        + CrazyitProtocol.MSG_ROUND);
                }
```

```
            }
            // 捕获到异常,关闭网络资源,并退出该程序
            catch (IOException ex)
            {
                System.out.println("网络通信异常!请重新登录!");
                closeRs();
                System.exit(1);
            }
        }
        // 关闭Socket、输入流、输出流的方法
        private void closeRs()
        {
            try
            {
                if (keyIn != null)
                {
                    ps.close();
                }
                if (brServer != null)
                {
                    ps.close();
                }
                if (ps != null)
                {
                    ps.close();
                }
                if (socket != null)
                {
                    keyIn.close();
                }
            }
            catch (IOException ex)
            {
                ex.printStackTrace();
            }
        }
        public static void main(String[] args)
        {
            Client client = new Client();
            client.init();
            client.readAndSend();
        }
    }
```

上面程序使用 JOptionPane 弹出一个输入对话框让用户输入用户名,如程序 init()方法中的①号粗体字代码所示。然后程序立即将用户输入的用户名发送给服务器端,服务器端会返回该用户名是否重复的提示,程序又立即读取服务器端提示,并根据服务器端提示判断是否需要继续让用户输入用户名。

与前一节的客户端主类程序相比,该程序还增加了对用户输入信息的判断——程序判断用户输入的内容是否以斜线(/)开头,并包含冒号(:),如果满足该特征,系统认为该用户想发送私聊信息,就会将冒号(:)之前的部分当成私聊用户名,冒号(:)之后的部分当成聊天信息,如 readAndSend()方法中粗体字代码所示。

本程序中客户端线程类几乎没有太大的改变,仅仅添加了异常处理部分的代码。

程序清单:codes\17\17.3\Senior\client\ClientThread.java

```
public class ClientThread extends Thread
{
    // 该客户端线程负责处理的输入流
    BufferedReader br = null;
    // 使用一个网络输入流来创建客户端线程
    public ClientThread(BufferedReader br)
    {
        this.br = br;
    }
    public void run()
    {
```

```
        try
        {
            String line = null;
            // 不断地从输入流中读取数据，并将这些数据打印输出
            while((line = br.readLine())!= null)
            {
                System.out.println(line);
                /*
                本例仅打印了从服务器端读到的内容。实际上，此处的情况可以更复杂：如
                果希望客户端能看到聊天室的用户列表，则可以让服务器端在每次有用户登
                录、用户退出时，将所有的用户列表信息都向客户端发送一遍。为了区分服
                务器端发送的是聊天信息，还是用户列表，服务器端也应该在要发送的信息
                前、后都添加一定的协议字符串，客户端则根据协议字符串的不同而进行不
                同的处理！
                更复杂的情况：
                如果两端进行游戏，则还有可能发送游戏信息，例如两端进行五子棋游戏，
                则需要发送下棋坐标信息等，服务器端同样在这些下棋坐标信息前、后添加
                协议字符串后再发送，客户端就可以根据该信息知道对手的下棋坐标。
                */
            }
        }
        catch (IOException ex)
        {
            ex.printStackTrace();
        }
        // 使用 finally 块来关闭该线程对应的输入流
        finally
        {
            try
            {
                if (br != null)
                {
                    br.close();
                }
            }
            catch (IOException ex)
            {
                ex.printStackTrace();
            }
        }
    }
}
```

虽然上面程序非常简单，但正如程序注释中所指出的，如果服务器端可以返回更多丰富类型的数据，则该线程类的处理将会更复杂，那么该程序可以扩展到非常强大。

先运行上面的 Server 类，启动服务器；再多次运行 Client 类启动多个客户端，并输入不同的用户名，登录服务器后的聊天界面如图 17.5 所示。

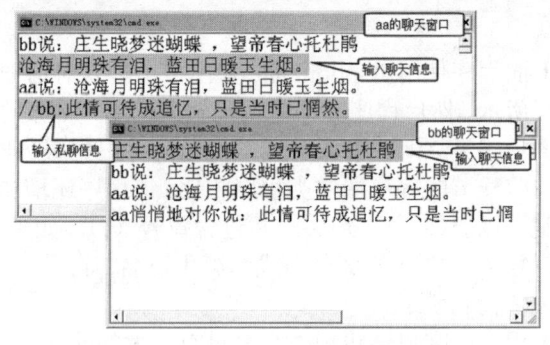

图 17.5 两个客户端的聊天界面

> **提示：** 本程序没有提供 GUI 界面部分，直接使用 DOS 窗口进行聊天——因为增加 GUI 界面会让程序代码更多，从而引起读者的畏难心理。如果读者理解了本程序之后，相信读者一定乐意为该程序添加界面部分，因为整个程序的所有核心功能都已经实现了。不仅如此，读者完全可以在本程序的基础上扩展成一个仿 QQ 游戏大厅的网络程序——疯狂软件教育中心的很多学生都可以做到这一点。

17.3.6 半关闭的 Socket

前面介绍服务器端和客户端通信时，总是以行作为通信的最小数据单位，在每行内容的前后分别添加特殊的协议字符串，服务器端处理信息时也是逐行进行处理的。在另一些协议里，通信的数据单位可能是多行的，例如前面介绍的通过 URLConnection 来获取远程主机的数据，远程主机响应的内容就包含很多数据——在这种情况下，需要解决一个问题：Socket 的输出流如何表示输出数据已经结束？

在第 15 章介绍 IO 时提到，如果要表示输出已经结束，则可以通过关闭输出流来实现。但在网络通信中则不能通过关闭输出流来表示输出已经结束，因为当关闭输出流时，该输出流对应的 Socket 也将随之关闭，这样导致程序无法再从该 Socket 的输入流中读取数据了。

在这种情况下，Socket 提供了如下两个半关闭的方法，只关闭 Socket 的输入流或者输出流，用以表示输出数据已经发送完成。

- shutdownInput()：关闭该 Socket 的输入流，程序还可通过该 Socket 的输出流输出数据。
- shutdownOutput()：关闭该 Socket 的输出流，程序还可通过该 Socket 的输入流读取数据。

当调用 shutdownInput()或 shutdownOutput()方法关闭 Socket 的输入流或输出流之后，该 Socket 处于"半关闭"状态，Socket 可通过 isInputShutdown()方法判断该 Socket 是否处于半读状态（read-half），通过 isOutputShutdown()方法判断该 Socket 是否处于半写状态（write-half）。

>
> 即使同一个 Socket 实例先后调用 shutdownInput()、shutdownOutput()方法，该 Socket 实例依然没有被关闭，只是该 Socket 既不能输出数据，也不能读取数据而已。

下面程序示范了半关闭方法的用法。在该程序中服务器端先向客户端发送多条数据，数据发送完成后，该 Socket 对象调用 shutdownOutput()方法来关闭输出流，表明数据发送结束——关闭输出流之后，依然可以从 Socket 中读取数据。

程序清单：codes\17\17.3\HalfClose\Server.java

```java
public class Server
{
    public static void main(String[] args)
        throws Exception
    {
        ServerSocket ss = new ServerSocket(30000);
        Socket socket = ss.accept();
        PrintStream ps = new PrintStream(socket.getOutputStream());
        ps.println("服务器的第一行数据");
        ps.println("服务器的第二行数据");
        // 关闭 socket 的输出流，表明输出数据已经结束
        socket.shutdownOutput();
        // 下面语句将输出 false，表明 socket 还未关闭
        System.out.println(socket.isClosed());
        Scanner scan = new Scanner(socket.getInputStream());
        while (scan.hasNextLine())
        {
            System.out.println(scan.nextLine());
        }
        scan.close();
        socket.close();
        ss.close();
    }
}
```

上面程序中的第一行粗体字代码关闭了 Socket 的输出流之后，程序判断该 Socket 是否处于关闭状态，将可看到该代码输出 false。反之，如果将第一行粗体字代码换成 ps.close()——关闭输出流，将可看到第二行粗体字代码输出 true，这表明关闭输出流导致 Socket 也随之关闭。

本程序的客户端代码比较普通，只是先读取服务器端返回的数据，再向服务器端输出一些内容。客户端代码比较简单，故此处不再赘述，读者可参考 codes\17\17.3\HalfClose\Client.java 程序来查看该代码。

当调用 Socket 的 shutdownOutput()或 shutdownInput()方法关闭了输出流或输入流之后，该 Socket 无法再次打开输出流或输入流，因此这种做法通常不适合保持持久通信状态的交互式应用，只适用于一站式的通信协议，例如 HTTP 协议——客户端连接到服务器端后，开始发送请求数据，发送完成后无须再次发送数据，只需要读取服务器端响应数据即可，当读取响应完成后，该 Socket 连接也被关闭了。

▶▶ 17.3.7　使用 NIO 实现非阻塞 Socket 通信

从 JDK 1.4 开始，Java 提供了 NIO API 来开发高性能的网络服务器，前面介绍的网络通信程序是基于阻塞式 API 的——即当程序执行输入、输出操作后，在这些操作返回之前会一直阻塞该线程，所以服务器端必须为每个客户端都提供一个独立线程进行处理，当服务器端需要同时处理大量客户端时，这种做法会导致性能下降。使用 NIO API 则可以让服务器端使用一个或有限几个线程来同时处理连接到服务器端的所有客户端。

> **提示：**
> 如果读者忘记了 NIO 里 Channel、Buffer、Charset 等 API 的概念和用法，可以再次阅读本书第 15 章关于新 IO 的内容。

Java 的 NIO 为非阻塞式 Socket 通信提供了如下几个特殊类。

- Selector：它是 SelectableChannel 对象的多路复用器，所有希望采用非阻塞方式进行通信的 Channel 都应该注册到 Selector 对象。可以通过调用此类的 open()静态方法来创建 Selector 实例，该方法将使用系统默认的 Selector 来返回新的 Selector。

Selector 可以同时监控多个 SelectableChannel 的 IO 状况，是非阻塞 IO 的核心。一个 Selector 实例有三个 SelectionKey 集合。

- 所有的 SelectionKey 集合：代表了注册在该 Selector 上的 Channel，这个集合可以通过 keys()方法返回。
- 被选择的 SelectionKey 集合：代表了所有可通过 select()方法获取的、需要进行 IO 处理的 Channel，这个集合可以通过 selectedKeys()返回。
- 被取消的 SelectionKey 集合：代表了所有被取消注册关系的 Channel，在下一次执行 select()方法时，这些 Channel 对应的 SelectionKey 会被彻底删除，程序通常无须直接访问该集合。

除此之外，Selector 还提供了一系列和 select()相关的方法，如下所示。

- int select()：监控所有注册的 Channel，当它们中间有需要处理的 IO 操作时，该方法返回，并将对应的 SelectionKey 加入被选择的 SelectionKey 集合中，该方法返回这些 Channel 的数量。
- int select(long timeout)：可以设置超时时长的 select()操作。
- int selectNow()：执行一个立即返回的 select()操作，相对于无参数的 select()方法而言，该方法不会阻塞线程。
- Selector wakeup()：使一个还未返回的 select()方法立刻返回。
- SelectableChannel：它代表可以支持非阻塞 IO 操作的 Channel 对象，它可被注册到 Selector 上，这种注册关系由 SelectionKey 实例表示。Selector 对象提供了一个 select()方法，该方法允许应用程序同时监控多个 IO Channel。

应用程序可调用 SelectableChannel 的 register()方法将其注册到指定 Selector 上，当该 Selector 上的某些 SelectableChannel 上有需要处理的 IO 操作时，程序可以调用 Selector 实例的 select()方法获取它们的数量，并可以通过 selectedKeys()方法返回它们对应的 SelectionKey 集合——通过该集合就可以获取所有需要进行 IO 处理的 SelectableChannel 集。

SelectableChannel 对象支持阻塞和非阻塞两种模式（所有的 Channel 默认都是阻塞模式），必须使用非阻塞模式才可以利用非阻塞 IO 操作。SelectableChannel 提供了如下两个方法来设置和返回该 Channel 的模式状态。

- SelectableChannel configureBlocking(boolean block)：设置是否采用阻塞模式。
- boolean isBlocking()：返回该 Channel 是否是阻塞模式。

不同的 SelectableChannel 所支持的操作不一样，例如 ServerSocketChannel 代表一个 ServerSocket，它就只支持 OP_ACCEPT 操作。SelectableChannel 提供了如下方法来返回它支持的所有操作。
- int validOps()：返回一个整数值，表示这个 Channel 所支持的 IO 操作。

> **提示**：在 SelectionKey 中，用静态常量定义了 4 种 IO 操作：OP_READ（1）、OP_WRITE（4）、OP_CONNECT（8）、OP_ACCEPT（16），这个值任意 2 个、3 个、4 个进行按位或的结果和相加的结果相等，而且它们任意 2 个、3 个、4 个相加的结果总是互不相同，所以系统可以根据 validOps() 方法的返回值确定该 SelectableChannel 支持的操作。例如返回 5，即可知道它支持读（1）和写（4）。

除此之外，SelectableChannel 还提供了如下几个方法来获取它的注册状态。
- boolean isRegistered()：返回该 Channel 是否已注册在一个或多个 Selector 上。
- SelectionKey keyFor(Selector sel)：返回该 Channel 和 sel Selector 之间的注册关系，如果不存在注册关系，则返回 null。
- SelectionKey：该对象代表 SelectableChannel 和 Selector 之间的注册关系。
- ServerSocketChannel：支持非阻塞操作，对应于 java.net.ServerSocket 这个类，只支持 OP_ACCEPT 操作。该类也提供了 accept() 方法，功能相当于 ServerSocket 提供的 accept() 方法。
- SocketChannel：支持非阻塞操作，对应于 java.net.Socket 这个类，支持 OP_CONNECT、OP_READ 和 OP_WRITE 操作。这个类还实现了 ByteChannel 接口、ScatteringByteChannel 接口和 GatheringByteChannel 接口，所以可以直接通过 SocketChannel 来读写 ByteBuffer 对象。

图 17.6 显示了 NIO 的非阻塞式服务器示意图。

从图 17.6 中可以看出，服务器上的所有 Channel（包括 ServerSocketChannel 和 SocketChannel）都需要向 Selector 注册，而该 Selector 则负责监视这些 Socket 的 IO 状态，当其中任意一个或多个 Channel 具有可用的 IO 操作时，该 Selector 的 select() 方法将会返回大于 0 的整数，该整数值就表示该 Selector 上有多少个 Channel 具有可用的 IO 操作，并提供了 selectedKeys() 方法来返回这些 Channel 对应的 SelectionKey 集合。正是通过 Selector，使得服务器端只需要不断地调用 Selector 实例的 select() 方法，即可知道当前的所有 Channel 是否有需要

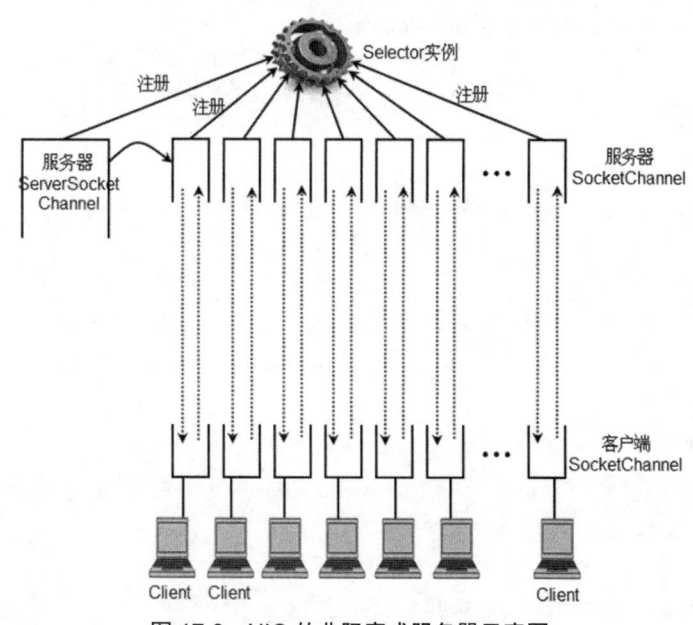

图 17.6　NIO 的非阻塞式服务器示意图

处理的 IO 操作。

> **提示**：当 Selector 上注册的所有 Channel 都没有需要处理的 IO 操作时，select() 方法将被阻塞，调用该方法的线程被阻塞。

本示例程序使用 NIO 实现了多人聊天室的功能，服务器端使用循环不断地获取 Selector 的 select() 方法返回值，当该返回值大于 0 时就处理该 Selector 上被选择的 SelectionKey 所对应的 Channel。

服务器端需要使用 ServerSocket Channel 来监听客户端的连接请求，Java 对该类的设计比较难用：它不像 ServerSocket 可以直接指定监听某个端口；而且不能使用已有的 ServerSocket 的 getChannel() 方法

来获取 ServerSocketChannel 实例。程序必须先调用它的 open()静态方法返回一个 ServerSocketChannel 实例，再使用它的 bind()方法指定它在某个端口监听。创建一个可用的 Server SocketChannel 需要采用如下代码片段：

```java
// 通过 open 方法来打开一个未绑定的 ServerSocketChannel 实例
ServerSocketChannel server = ServerSocketChannel.open();
InetSocketAddress isa = new InetSocketAddress("127.0.0.1", 30000);
// 将该 ServerSocketChannel 绑定到指定 IP 地址
server.bind(isa);
```

> **提示：** 在 Java 7 以前，ServerSocketChannel 的设计更糟糕——要让 ServerSocketChannel 监听指定端口，必须先调用它的 socket()方法获取它关联的 ServerSocket 对象，再调用 ServerSocket 的 bind()方法去监听指定端口。Java 7 为 ServerSocketChannel 新增了 bind()方法，因此稍微简单了一些。

如果需要使用非阻塞方式来处理该 ServerSocketChannel，还应该设置它的非阻塞模式，并将其注册到指定的 Selector。如下代码片段所示。

```java
// 设置 ServerSocket 以非阻塞方式工作
server.configureBlocking(false);
// 将 server 注册到指定的 Selector 对象
server.register(selector, SelectionKey.OP_ACCEPT);
```

经过上面步骤后，该 ServerSocketChannel 可以接收客户端的连接请求，还需要调用 Selector 的 select()方法来监听所有 Channel 上的 IO 操作。

程序清单：codes\17\17.3\NoBlock\NServer.java

```java
public class NServer
{
    // 用于检测所有 Channel 状态的 Selector
    private Selector selector = null;
    static final int PORT = 30000;
    // 定义实现编码、解码的字符集对象
    private Charset charset = Charset.forName("UTF-8");
    public void init()throws IOException
    {
        selector = Selector.open();
        // 通过 open 方法来打开一个未绑定的 ServerSocketChannel 实例
        ServerSocketChannel server = ServerSocketChannel.open();
        InetSocketAddress isa = new InetSocketAddress("127.0.0.1", PORT);
        // 将该 ServerSocketChannel 绑定到指定 IP 地址
        server.bind(isa);
        // 设置 ServerSocket 以非阻塞方式工作
        server.configureBlocking(false);
        // 将 server 注册到指定的 Selector 对象
        server.register(selector, SelectionKey.OP_ACCEPT);
        while (selector.select() > 0)
        {
            // 依次处理 selector 上的每个已选择的 SelectionKey
            for (SelectionKey sk : selector.selectedKeys())
            {
                // 从 selector 上的已选择 Key 集中删除正在处理的 SelectionKey
                selector.selectedKeys().remove(sk);          // ①
                // 如果 sk 对应的 Channel 包含客户端的连接请求
                if (sk.isAcceptable())             // ②
                {
                    // 调用 accept 方法接受连接，产生服务器端的 SocketChannel
                    SocketChannel sc = server.accept();
                    // 设置采用非阻塞模式
                    sc.configureBlocking(false);
                    //将该 SocketChannel 也注册到 selector
                    sc.register(selector, SelectionKey.OP_READ);
                    // 将 sk 对应的 Channel 设置成准备接收其他请求
                    sk.interestOps(SelectionKey.OP_ACCEPT);
```

```java
                    }
                    // 如果sk对应的Channel有数据需要读取
                    if (sk.isReadable())      // ③
                    {
                        // 获取该SelectionKey对应的Channel，该Channel中有可读的数据
                        SocketChannel sc = (SocketChannel)sk.channel();
                        // 定义准备执行读取数据的ByteBuffer
                        ByteBuffer buff = ByteBuffer.allocate(1024);
                        String content = "";
                        // 开始读取数据
                        try
                        {
                            while(sc.read(buff) > 0)
                            {
                                buff.flip();
                                content += charset.decode(buff);
                            }
                            // 打印从该sk对应的Channel里读取到的数据
                            System.out.println("读取的数据： " + content);
                            // 将sk对应的Channel设置成准备下一次读取
                            sk.interestOps(SelectionKey.OP_READ);
                        }
                        // 如果捕获到该sk对应的Channel出现了异常，即表明该Channel
                        // 对应的Client出现了问题，所以从Selector中取消sk的注册
                        catch (IOException ex)
                        {
                            // 从Selector中删除指定的SelectionKey
                            sk.cancel();
                            if (sk.channel() != null)
                            {
                                sk.channel().close();
                            }
                        }
                        // 如果content的长度大于0，即聊天信息不为空
                        if (content.length() > 0)
                        {
                            // 遍历该selector里注册的所有SelectionKey
                            for (SelectionKey key : selector.keys())
                            {
                                // 获取该key对应的Channel
                                Channel targetChannel = key.channel();
                                // 如果该Channel是SocketChannel对象
                                if (targetChannel instanceof SocketChannel)
                                {
                                    // 将读到的内容写入该Channel中
                                    SocketChannel dest = (SocketChannel)targetChannel;
                                    dest.write(charset.encode(content));
                                }
                            }
                        }
                    }
                }
            }
        }
    }
    public static void main(String[] args)
        throws IOException
    {
        new NServer().init();
    }
}
```

上面程序启动时即建立了一个可监听连接请求的ServerSocketChannel，并将该Channel注册到指定的Selector，接着程序直接采用循环不断地监控Selector对象的select()方法返回值，当该返回值大于0时，处理该Selector上所有被选择的SelectionKey。

开始处理指定的SelectionKey之后，立即从该Selector上被选择的SelectionKey集合中删除该SelectionKey，如程序中①号代码所示。

服务器端的Selector仅需要监听两种操作：连接和读数据，所以程序中分别处理了这两种操作，如

程序中②和③代码所示——处理连接操作时，系统只需将连接完成后产生的 SocketChannel 注册到指定的 Selector 对象即可；处理读数据操作时，系统先从该 Socket 中读取数据，再将数据写入 Selector 上注册的所有 Channel 中。

本示例程序的客户端程序需要两个线程，一个线程负责读取用户的键盘输入，并将输入的内容写入 SocketChannel 中；另一个线程则不断地查询 Selector 对象的 select()方法的返回值，如果该方法的返回值大于 0，那就说明程序需要对相应的 Channel 执行 IO 处理。

> **提示：** 使用 NIO 来实现服务器端时，无须使用 List 来保存服务器端所有的 SocketChannel，因为所有的 SocketChannel 都已注册到指定的 Selector 对象。除此之外，当客户端关闭时会导致服务器端对应的 Channel 也抛出异常，而且本程序只有一个线程，如果该异常得不到处理将会导致整个服务器端退出，所以程序捕获了这种异常，并在处理异常时从 Selector 中删除异常 Channel 的注册，如程序中粗体字代码所示。

程序清单：codes\17\17.3\NoBlock\NClient.java

```java
public class NClient
{
    // 定义检测 SocketChannel 的 Selector 对象
    private Selector selector = null;
    static final int PORT = 30000;
    // 定义处理编码和解码的字符集
    private Charset charset = Charset.forName("UTF-8");
    // 客户端 SocketChannel
    private SocketChannel sc = null;
    public void init()throws IOException
    {
        selector = Selector.open();
        InetSocketAddress isa = new InetSocketAddress("127.0.0.1", PORT);
        // 调用 open 静态方法创建连接到指定主机的 SocketChannel
        sc = SocketChannel.open(isa);
        // 设置该 sc 以非阻塞方式工作
        sc.configureBlocking(false);
        // 将 SocketChannel 对象注册到指定的 Selector
        sc.register(selector, SelectionKey.OP_READ);
        // 启动读取服务器端数据的线程
        new ClientThread().start();
        // 创建键盘输入流
        Scanner scan = new Scanner(System.in);
        while (scan.hasNextLine())
        {
            // 读取键盘输入
            String line = scan.nextLine();
            // 将键盘输入的内容输出到 SocketChannel 中
            sc.write(charset.encode(line));
        }
    }
    // 定义读取服务器端数据的线程
    private class ClientThread extends Thread
    {
        public void run()
        {
            try
            {
                while (selector.select() > 0)      // ①
                {
                    // 遍历每个有可用 IO 操作的 Channel 对应的 SelectionKey
                    for (SelectionKey sk : selector.selectedKeys())
                    {
                        // 删除正在处理的 SelectionKey
                        selector.selectedKeys().remove(sk);
                        // 如果该 SelectionKey 对应的 Channel 中有可读的数据
                        if (sk.isReadable())
                        {
```

```
                    // 使用 NIO 读取 Channel 中的数据
                    SocketChannel sc = (SocketChannel)sk.channel();
                    ByteBuffer buff = ByteBuffer.allocate(1024);
                    String content = "";
                    while(sc.read(buff) > 0)
                    {
                        buff.flip();
                        content += charset.decode(buff);
                    }
                    // 打印输出读取的内容
                    System.out.println("聊天信息: " + content);
                    // 为下一次读取做准备
                    sk.interestOps(SelectionKey.OP_READ);
                }
            }
        }
        catch (IOException ex)
        {
            ex.printStackTrace();
        }
    }
    public static void main(String[] args)
        throws IOException
    {
        new NClient().init();
    }
}
```

相比之下，客户端程序比服务器端程序要简单多了，客户端只有一个 SocketChannel，将该 SocketChannel 注册到指定的 Selector 后，程序启动另一个线程来监听该 Selector 即可。如果程序监听到该 Selector 的 select()方法返回值大于 0（如上面程序中①号粗体字代码所示），就表明该 Selector 上有需要进行 IO 处理的 Channel，接着程序取出该 Channel，并使用 NIO 读取该 Channel 中的数据，如上面程序中粗体字代码段所示。

▶▶ 17.3.8 使用 Java 7 的 AIO 实现非阻塞通信

Java 7 的 NIO.2 提供了异步 Channel 支持，这种异步 Channel 可以提供更高效的 IO，这种基于异步 Channel 的 IO 机制也被称为异步 IO（Asynchronous IO）。

> **提示：**
> 如果按 POSIX 的标准来划分 IO，可以把 IO 分为两类：同步 IO 和异步 IO。对于 IO 操作可以分成两步：①程序发出 IO 请求；②完成实际的 IO 操作。前面两节所介绍的阻塞 IO、非阻塞 IO 都是针对第一步来划分的，如果发出 IO 请求会阻塞线程，就是阻塞 IO；如果发出 IO 请求没有阻塞线程，就是非阻塞 IO；但同步 IO 与异步 IO 的区别在第二步——如果实际的 IO 操作由操作系统完成,再将结果返回给应用程序,这就是异步 IO；如果实际的 IO 需要应用程序本身去执行，会阻塞线程，那就是同步 IO。前面介绍的传统 IO、基于 Channel 的非阻塞 IO 其实都是同步 IO。

NIO.2 提供了一系列以 Asynchronous 开头的 Channel 接口和类,图 17.7 显示了 AIO 的接口和实现类。

从图 17.7 可以看出，NIO.2 为 AIO 提供了两个接口和三个实现类，其中 AsynchronousSocketChannel、AsynchronousServerSocketChannel 是支持 TCP 通信的异步 Channel，这也是本节要重点介绍的两个实现类。

AsynchronousServerSocketChannel 是一个负责监听的 Channel，与 ServerSocketChannel 相似，创建可用的 AsynchronousServerSocketChannel 需要如下两步。

① 调用它的 open()静态方法创建一个未监听端口的 AsynchronousServerSocketChannel。
② 调用 AsynchronousServerSocketChannel 的 bind()方法指定该 Channel 在指定地址、指定端口监听。

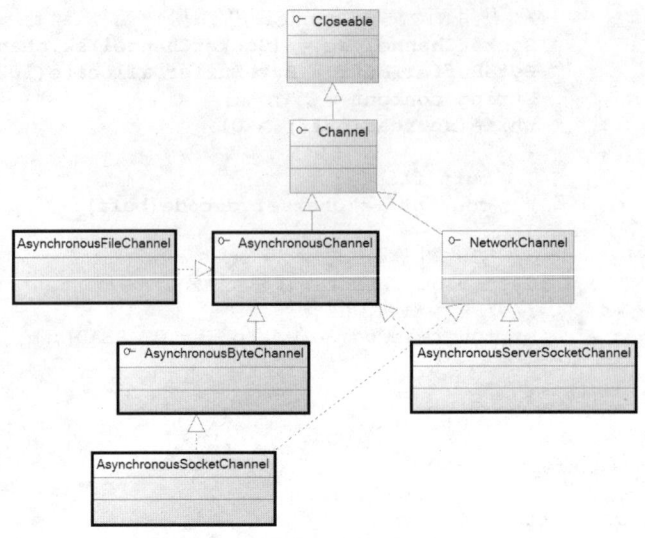

图 17.7　AIO 的接口和实现类

AsynchronousServerSocketChannel 的 open()方法有以下两个版本。
- ➢ open()：创建一个默认的 AsynchronousServerSocketChannel。
- ➢ open(AsynchronousChannelGroup group)：使用指定的 AsynchronousChannelGroup 来创建 AsynchronousServerSocketChannel。

上面方法中的 AsynchronousChannelGroup 是异步 Channel 的分组管理器，它可以实现资源共享。创建 AsynchronousChannelGroup 时需要传入一个 ExecutorService，也就是说，它会绑定一个线程池，该线程池负责两个任务：处理 IO 事件和触发 CompletionHandler。

> 提示：
> AIO 的 AsynchronousServerSocketChannel、AsynchronousSocketChannel 都允许使用线程池进行管理，因此创建 AsynchronousSocketChannel 时也可以传入 AsynchronousChannelGroup 对象进行分组管理。

直接创建 AsynchronousServerSocketChannel 的代码片段如下：

```
// 以指定线程池来创建一个AsynchronousServerSocketChannel
serverChannel = AsynchronousServerSocketChannel
    .open().bind(new InetSocketAddress(PORT));
```

使用 AsynchronousChannelGroup 创建 AsynchronousServerSocketChannel 的代码片段如下：

```
// 创建一个线程池
ExecutorService executor = Executors.newFixedThreadPool(80);
// 以指定线程池来创建一个AsynchronousChannelGroup
AsynchronousChannelGroup channelGroup = AsynchronousChannelGroup
    .withThreadPool(executor);
// 以指定线程池来创建一个AsynchronousServerSocketChannel
serverChannel = AsynchronousServerSocketChannel
    .open(channelGroup)
    .bind(new InetSocketAddress(PORT));
```

AsynchronousServerSocketChannel 创建成功之后，接下来可调用它的 accept()方法来接受来自客户端的连接，由于异步 IO 的实际 IO 操作是交给操作系统来完成的，因此程序并不清楚异步 IO 操作什么时候完成——也就是说，程序调用 AsynchronousServerSocketChannel 的 accept()方法之后，当前线程不会阻塞，而程序也不知道 accept()方法什么时候会接收到客户端的请求。为了解决这个异步问题，AIO 为 accept()方法提供了如下两个版本。

- ➢ Future<AsynchronousSocketChannel> accept()：接受客户端的请求。如果程序需要获得连接成功后返回的 AsynchronousSocketChannel，则应该调用该方法返回的 Future 对象的 get()方法——但

get()方法会阻塞线程，因此这种方式依然会阻塞当前线程。
- ➢ <A> void accept(A attachment, CompletionHandler<AsynchronousSocketChannel,? super A> handler)：接受来自客户端的请求，连接成功或连接失败都会触发 CompletionHandler 对象里相应的方法。其中 AsynchronousSocketChannel 就代表连接成功后返回的 AsynchronousSocketChannel。

CompletionHandler 是一个接口，该接口中定义了如下两个方法。
- ➢ completed(V result, A attachment)：当 IO 操作完成时触发该方法。该方法的第一个参数代表 IO 操作所返回的对象；第二个参数代表发起 IO 操作时传入的附加参数。
- ➢ failed(Throwable exc, A attachment)：当 IO 操作失败时触发该方法。该方法的第一个参数代表 IO 操作失败引发的异常或错误；第二个参数代表发起 IO 操作时传入的附加参数。

> **提示：**
> 如果读者学习过疯狂 Java 体系的《疯狂 Ajax 讲义》，那么对 Ajax 技术应该有一定印象。Ajax 的关键在于异步请求：浏览器使用 JavaScript 发送异步请求——但异步请求的响应何时到来，程序无从知晓，因此程序会使用监听器来监听服务器端响应的到来。类似的，异步 Channel 发起 IO 操作后，IO 操作由操作系统执行，IO 操作何时完成，程序无从知晓，因此程序使用 CompletionHandler 对象来监听 IO 操作的完成。实际上，不仅 AsynchronousServerSocketChannel 的 accept()方法可以接受 CompletionHandler 监听器；AsynchronousSocketChannel 的 read()、write()方法都有两个版本，其中一个版本需要接受 CompletionHandler 监听器。

通过上面介绍不难看出，使用 AsynchronousServerSocketChannel 只要三步。
① 调用 open()静态方法创建 AsynchronousServerSocketChannel。
② 调用 AsynchronousServerSocketChannel 的 bind()方法让它在指定 IP 地址、端口监听。
③ 调用 AsynchronousServerSocketChannel 的 accept()方法接受连接请求。

下面使用最简单、最少的步骤来实现一个基于 AsynchronousServerSocketChannel 的服务器端。

程序清单：codes\17\17.3\SimpleAIO\SimpleAIOServer.java

```java
public class SimpleAIOServer
{
    static final int PORT = 30000;
    public static void main(String[] args)
        throws Exception
    {
        try(
            // ①创建 AsynchronousServerSocketChannel 对象
            AsynchronousServerSocketChannel serverChannel =
                AsynchronousServerSocketChannel.open())
        {
            // ②指定在指定地址、端口监听
            serverChannel.bind(new InetSocketAddress(PORT));
            while (true)
            {
                // ③采用循环接受来自客户端的连接
                Future<AsynchronousSocketChannel> future
                    = serverChannel.accept();
                // 获取连接完成后返回的 AsynchronousSocketChannel
                AsynchronousSocketChannel socketChannel = future.get();
                // 执行输出
                socketChannel.write(ByteBuffer.wrap("欢迎你来到AIO的世界！"
                    .getBytes("UTF-8"))).get();
            }
        }
    }
}
```

上面程序中①②③号代码就代表了使用 AsynchronousServerSocketChannel 的三个基本步骤，由于该程序力求简单，因此程序并未使用 CompletionHandler 监听器。当程序接收到来自客户端的连接之后，服务器端产生了一个与客户端对应的 AsynchronousSocketChannel，它就可以执行实际的 IO 操作了。

上面程序中粗体字代码是使用 AsynchronousSocketChannel 写入数据的代码，下面详细介绍该类的功能和用法。

AsynchronousSocketChannel 的用法也可分为三步。

① 调用 open()静态方法创建 AsynchronousSocketChannel。调用 open()方法时同样可指定一个 AsynchronousChannelGroup 作为分组管理器。

② 调用 AsynchronousSocketChannel 的 connect()方法连接到指定 IP 地址、指定端口的服务器。

③ 调用 AsynchronousSocketChannel 的 read()、write()方法进行读写。

AsynchronousSocketChannel 的 connect()、read()、write()方法都有两个版本：一个返回 Future 对象的版本，一个需要传入 CompletionHandler 参数的版本。对于返回 Future 对象的版本，必须等到 Future 对象的 get()方法返回时 IO 操作才真正完成；对于需要传入 CompletionHandler 参数的版本，则可通过 CompletionHandler 在 IO 操作完成时触发相应的方法。

下面先用返回 Future 对象的 read()方法来读取服务器端响应数据。

程序清单：codes\17\17.3\SimpleAIO\SimpleAIOClient.java

```java
public class SimpleAIOClient
{
    static final int PORT = 30000;
    public static void main(String[] args)
        throws Exception
    {
        // 用于读取数据的 ByteBuffer
        ByteBuffer buff = ByteBuffer.allocate(1024);
        Charset utf = Charset.forName("utf-8");
        try(
            // ①创建 AsynchronousSocketChannel 对象
            AsynchronousSocketChannel clientChannel
                = AsynchronousSocketChannel.open())
        {
            // ②连接远程服务器
            clientChannel.connect(new InetSocketAddress("127.0.0.1"
                , PORT)).get();       // ④
            buff.clear();
            // ③从 clientChannel 中读取数据
            clientChannel.read(buff).get();       // ⑤
            buff.flip();
            // 将 buff 中的内容转换为字符串
            String content = utf.decode(buff).toString();
            System.out.println("服务器信息：" + content);
        }
    }
}
```

上面程序中①②③号代码就代表了使用 AsynchronousSocketChannel 的三个基本步骤，当程序获得连接好的 AsynchronousSocketChannel 之后，就可通过它来执行实际的 IO 操作了。

学生提问：上面程序中好像没用到④⑤号代码的get()方法的返回值，这两个地方不调用 get()方法行吗？

答：程序确实没用到④⑤号代码的get()方法的返回值，但这两个地方必须调用get()方法！因为程序在连接远程服务器、读取服务器端数据时，都没有传入 CompletionHandler——因此程序无法通过该监听器在 IO 操作完成时触发特定的动作，程序必须调用 Future 返回值的 get()方法，并等到 get()方法完成才能确定异步 IO 操作已经执行完成。

先运行上面程序的服务器端，再运行客户端，将可以看到每个客户端都可以接收到来自于服务器端的欢迎信息。

上面基于 AIO 的应用程序十分简单,还没有充分利用 Java AIO 的优势,如果要充分挖掘 Java AIO 的优势,则应该考虑使用线程池来管理异步 Channel,并使用 CompletionHandler 来监听异步 IO 操作。

下面程序用于开发一个更完善的 AIO 多人聊天工具。服务器端程序代码如下。

程序清单:codes\17\17.3\AIO\AIOServer.java

```java
public class AIOServer
{
    static final int PORT = 30000;
    final static String UTF_8 = "utf-8";
    static List<AsynchronousSocketChannel> channelList
        = new ArrayList<>();
    public void startListen() throws InterruptedException,
        Exception
    {
        // 创建一个线程池
        ExecutorService executor = Executors.newFixedThreadPool(20);
        // 以指定线程池来创建一个 AsynchronousChannelGroup
        AsynchronousChannelGroup channelGroup = AsynchronousChannelGroup
            .withThreadPool(executor);
        // 以指定线程池来创建一个 AsynchronousServerSocketChannel
        AsynchronousServerSocketChannel serverChannel
            = AsynchronousServerSocketChannel.open(channelGroup)
            // 指定监听本机的 PORT 端口
            .bind(new InetSocketAddress(PORT));
        // 使用 CompletionHandler 接收来自客户端的连接请求
        serverChannel.accept(null, new AcceptHandler(serverChannel));   // ①
    }
    public static void main(String[] args)
        throws Exception
    {
        AIOServer server = new AIOServer();
        server.startListen();
    }
}
// 实现自己的 CompletionHandler 类
class AcceptHandler implements
    CompletionHandler<AsynchronousSocketChannel, Object>
{
    private AsynchronousServerSocketChannel serverChannel;
    public AcceptHandler(AsynchronousServerSocketChannel sc)
    {
        this.serverChannel = sc;
    }
    // 定义一个 ByteBuffer 准备读取数据
    ByteBuffer buff = ByteBuffer.allocate(1024);
    // 当实际 IO 操作完成时触发该方法
    @Override
    public void completed(final AsynchronousSocketChannel sc
        , Object attachment)
    {
        // 记录新连接进来的 Channel
        AIOServer.channelList.add(sc);
        // 准备接收客户端的下一次连接
        serverChannel.accept(null , this);
        sc.read(buff , null
            , new CompletionHandler<Integer,Object>()    // ②
        {
            @Override
            public void completed(Integer result
                , Object attachment)
            {
                buff.flip();
                // 将 buff 中的内容转换为字符串
                String content = StandardCharsets.UTF_8
                    .decode(buff).toString();
                // 遍历每个 Channel,将收到的信息写入各 Channel 中
                for(AsynchronousSocketChannel c : AIOServer.channelList)
```

```java
                {
                    try
                    {
                        c.write(ByteBuffer.wrap(content.getBytes(
                            AIOServer.UTF_8))).get();
                    }
                    catch (Exception ex)
                    {
                        ex.printStackTrace();
                    }
                }
                buff.clear();
                // 读取下一次数据
                sc.read(buff , null , this);
            }
            @Override
            public void failed(Throwable ex, Object attachment)
            {
                System.out.println("读取数据失败: " + ex);
                // 从该 Channel 中读取数据失败，就将该 Channel 删除
                AIOServer.channelList.remove(sc);
            }
        });
    }
    @Override
    public void failed(Throwable ex, Object attachment)
    {
        System.out.println("连接失败: " + ex);
    }
}
```

上面程序与前一个服务器端程序的编程步骤大致相似，但这个程序使用了 CompletionHandler 监听来自客户端的连接，如程序中①号粗体字代码所示；当连接成功后，系统会自动触发该监听器的 completed() 方法——在该方法中，程序再次使用了 CompletionHandler 去读取来自客户端的数据，如程序中②号粗体字代码所示。这个程序一共用到了两个 CompletionHandler，这两个 Handler 类也是该程序的关键。

本程序的客户端提供一个简单的 GUI 界面，允许用户通过该 GUI 界面向服务器端发送信息，并显示其他用户的聊天信息。客户程序代码如下。

程序清单：codes\17\17.3\AIO\AIOClient.java

```java
public class AIOClient
{
    final static String UTF_8 = "utf-8";
    final static int PORT = 30000;
    // 与服务器端通信的异步 Channel
    AsynchronousSocketChannel clientChannel;
    JFrame mainWin = new JFrame("多人聊天");
    JTextArea jta = new JTextArea(16 , 48);
    JTextField jtf = new JTextField(40);
    JButton sendBn = new JButton("发送");
    public void init()
    {
        mainWin.setLayout(new BorderLayout());
        jta.setEditable(false);
        mainWin.add(new JScrollPane(jta), BorderLayout.CENTER);
        JPanel jp = new JPanel();
        jp.add(jtf);
        jp.add(sendBn);
        // 发送消息的 Action, Action 是 ActionListener 的子接口
        Action sendAction = new AbstractAction()
        {
            public void actionPerformed(ActionEvent e)
            {
                String content = jtf.getText();
                if (content.trim().length() > 0)
                {
                    try
                    {
```

```java
                // 将 content 内容写入 Channel 中
                clientChannel.write(ByteBuffer.wrap(content
                    .trim().getBytes(UTF_8))).get();         // ①
            }
            catch (Exception ex)
            {
                ex.printStackTrace();
            }
        }
        // 清空输入框
        jtf.setText("");
    }
};
sendBn.addActionListener(sendAction);
// 将"Ctrl+Enter"键和"send"关联
jtf.getInputMap().put(KeyStroke.getKeyStroke('\n'
    , java.awt.event.InputEvent.CTRL_DOWN_MASK) , "send");
// 将"send"和 sendAction 关联
jtf.getActionMap().put("send", sendAction);
mainWin.setDefaultCloseOperation(JFrame.EXIT_ON_CLOSE);
mainWin.add(jp , BorderLayout.SOUTH);
mainWin.pack();
mainWin.setVisible(true);
}
public void connect()
    throws Exception
{
    // 定义一个 ByteBuffer 准备读取数据
    final ByteBuffer buff = ByteBuffer.allocate(1024);
    // 创建一个线程池
    ExecutorService executor = Executors.newFixedThreadPool(80);
    // 以指定线程池来创建一个 AsynchronousChannelGroup
    AsynchronousChannelGroup channelGroup =
        AsynchronousChannelGroup.withThreadPool(executor);
    // 以 channelGroup 作为组管理器来创建 AsynchronousSocketChannel
    clientChannel = AsynchronousSocketChannel.open(channelGroup);
    // 让 AsynchronousSocketChannel 连接到指定 IP 地址、指定端口
    clientChannel.connect(new InetSocketAddress("127.0.0.1"
        , PORT)).get();
    jta.append("---与服务器连接成功---\n");
    buff.clear();
    clientChannel.read(buff, null
        , new CompletionHandler<Integer,Object>()      // ②
    {
        @Override
        public void completed(Integer result, Object attachment)
        {
            buff.flip();
            // 将 buff 中的内容转换为字符串
            String content = StandardCharsets.UTF_8
                .decode(buff).toString();
            // 显示从服务器端读取的数据
            jta.append("某人说: " + content + "\n");
            buff.clear();
            clientChannel.read(buff , null , this);
        }
        @Override
        public void failed(Throwable ex, Object attachment)
        {
            System.out.println("读取数据失败: " + ex);
        }
    });
}
public static void main(String[] args)
    throws Exception
{
    AIOClient client = new AIOClient();
    client.init();
```

```
            client.connect();
    }
}
```

上面程序同样使用了 CompletionHandler 来读取服务器端数据，如程序中②号粗体字代码所示。上面程序使用了 Swing 的键盘驱动，因此当用户在 JTextField 组件中按下"Ctrl+Enter"键时即可向服务器端发送消息，向服务器端发送消息的代码如程序中①号粗体字代码所示。

17.4 基于 UDP 协议的网络编程

UDP 协议是一种不可靠的网络协议，它在通信实例的两端各建立一个 Socket，但这两个 Socket 之间并没有虚拟链路，这两个 Socket 只是发送、接收数据报的对象。Java 提供了 DatagramSocket 对象作为基于 UDP 协议的 Socket，使用 DatagramPacket 代表 DatagramSocket 发送、接收的数据报。

17.4.1 UDP 协议基础

UDP 协议是英文 User Datagram Protocol 的缩写，即用户数据报协议，主要用来支持那些需要在计算机之间传输数据的网络连接。UDP 协议从问世至今已经被使用了很多年，虽然 UDP 协议目前应用不如 TCP 协议广泛，但 UDP 协议依然是一个非常实用和可行的网络传输层协议。尤其是在一些实时性很强的应用场景中，比如网络游戏、视频会议等，UDP 协议的快速更具有独特的魅力。

UDP 协议是一种面向非连接的协议，面向非连接指的是在正式通信前不必与对方先建立连接，不管对方状态就直接发送。至于对方是否可以接收到这些数据内容，UDP 协议无法控制，因此说 UDP 协议是一种不可靠的协议。UDP 协议适用于一次只传送少量数据、对可靠性要求不高的应用环境。

与前面介绍的 TCP 协议一样，UDP 协议直接位于 IP 协议之上。实际上，IP 协议属于 OSI 参考模型的网络层协议，而 UDP 协议和 TCP 协议都属于传输层协议。

因为 UDP 协议是面向非连接的协议，没有建立连接的过程，因此它的通信效率很高；但也正因为如此，它的可靠性不如 TCP 协议。

UDP 协议的主要作用是完成网络数据流和数据报之间的转换——在信息的发送端，UDP 协议将网络数据流封装成数据报，然后将数据报发送出去；在信息的接收端，UDP 协议将数据报转换成实际数据内容。

> **提示：** 可以认为 UDP 协议的 Socket 类似于码头，数据报则类似于集装箱；码头的作用就是负责发送、接收集装箱，而 DatagramSocket 的作用则是发送、接收数据报。因此对于基于 UDP 协议的通信双方而言，没有所谓的客户端和服务器端的概念。

UDP 协议和 TCP 协议简单对比如下。

> TCP 协议：可靠，传输大小无限制，但是需要连接建立时间，差错控制开销大。
> UDP 协议：不可靠，差错控制开销较小，传输大小限制在 64KB 以下，不需要建立连接。

17.4.2 使用 DatagramSocket 发送、接收数据

Java 使用 DatagramSocket 代表 UDP 协议的 Socket，DatagramSocket 本身只是码头，不维护状态，不能产生 IO 流，它的唯一作用就是接收和发送数据报，Java 使用 DatagramPacket 来代表数据报，DatagramSocket 接收和发送的数据都是通过 DatagramPacket 对象完成的。

先看一下 DatagramSocket 的构造器。

> DatagramSocket()：创建一个 DatagramSocket 实例，并将该对象绑定到本机默认 IP 地址、本机所有可用端口中随机选择的某个端口。
> DatagramSocket(int prot)：创建一个 DatagramSocket 实例，并将该对象绑定到本机默认 IP 地址、指定端口。
> DatagramSocket(int port, InetAddress laddr)：创建一个 DatagramSocket 实例，并将该对象绑定到

指定 IP 地址、指定端口。

通过上面三个构造器中的任意一个构造器即可创建一个 DatagramSocket 实例，通常在创建服务器时，创建指定端口的 DatagramSocket 实例——这样保证其他客户端可以将数据发送到该服务器。一旦得到了 DatagramSocket 实例之后，就可以通过如下两个方法来接收和发送数据。

- receive(DatagramPacket p)：从该 DatagramSocket 中接收数据报。
- send(DatagramPacket p)：以该 DatagramSocket 对象向外发送数据报。

从上面两个方法可以看出，使用 DatagramSocket 发送数据报时，DatagramSocket 并不知道将该数据报发送到哪里，而是由 DatagramPacket 自身决定数据报的目的地。就像码头并不知道每个集装箱的目的地，码头只是将这些集装箱发送出去，而集装箱本身包含了该集装箱的目的地。

下面看一下 DatagramPacket 的构造器。

- DatagramPacket(byte[] buf,int length)：以一个空数组来创建 DatagramPacket 对象，该对象的作用是接收 DatagramSocket 中的数据。
- DatagramPacket(byte[] buf, int length, InetAddress addr, int port)：以一个包含数据的数组来创建 DatagramPacket 对象，创建该 DatagramPacket 对象时还指定了 IP 地址和端口——这就决定了该数据报的目的地。
- DatagramPacket(byte[] buf, int offset, int length)：以一个空数组来创建 DatagramPacket 对象，并指定接收到的数据放入 buf 数组中时从 offset 开始，最多放 length 个字节。
- DatagramPacket(byte[] buf, int offset, int length, InetAddress address, int port)：创建一个用于发送的 DatagramPacket 对象，指定发送 buf 数组中从 offset 开始，总共 length 个字节。

> **提示：**
> 当 Client/Server 程序使用 UDP 协议时，实际上并没有明显的服务器端和客户端，因为两方都需要先建立一个 DatagramSocket 对象，用来接收或发送数据报，然后使用 DatagramPacket 对象作为传输数据的载体。通常固定 IP 地址、固定端口的 DatagramSocket 对象所在的程序被称为服务器，因为该 DatagramSocket 可以主动接收客户端数据。

在接收数据之前，应该采用上面的第一个或第三个构造器生成一个 DatagramPacket 对象，给出接收数据的字节数组及其长度。然后调用 DatagramSocket 的 receive()方法等待数据报的到来，receive()将一直等待（该方法会阻塞调用该方法的线程），直到收到一个数据报为止。如下代码所示。

```
// 创建一个接收数据的 DatagramPacket 对象
DatagramPacket packet=new DatagramPacket(buf, 256);
// 接收数据报
socket.receive(packet);
```

在发送数据之前，调用第二个或第四个构造器创建 DatagramPacket 对象，此时的字节数组里存放了想发送的数据。除此之外，还要给出完整的目的地址，包括 IP 地址和端口号。发送数据是通过 DatagramSocket 的 send()方法实现的，send()方法根据数据报的目的地址来寻径以传送数据报。如下代码所示。

```
// 创建一个发送数据的 DatagramPacket 对象
DatagramPacket packet = new DatagramPacket(buf, length, address, port);
// 发送数据报
socket.send(packet);
```

> **提示：**
> 使用 DatagramPacket 接收数据时，会感觉 DatagramPacket 设计得过于烦琐。开发者只关心该 DatagramPacket 能放多少数据，而 DatagramPacket 是否采用字节数组来存储数据完全不想关心。但 Java 要求创建接收数据用的 DatagramPacket 时，必须传入一个空的字节数组，该数组的长度决定了该 DatagramPacket 能放多少数据，这实际上暴露了 DatagramPacket 的实现细节。接着 DatagramPacket 又提供了一个 getData()方法，该方法又可以返回 Datagram Packet 对象里封装的字节数组，该方法更显得有些多余——如果程序需要获取 DatagramPacket 里封装的字节数组，直接访问传给 DatagramPacket 构造器的字节数组实参即可，无须调用该方法。

当服务器端（也可以是客户端）接收到一个 DatagramPacket 对象后，如果想向该数据报的发送者"反馈"一些信息，但由于 UDP 协议是面向非连接的，所以接收者并不知道每个数据报由谁发送过来，但程序可以调用 DatagramPacket 的如下三个方法来获取发送者的 IP 地址和端口。

- InetAddress getAddress()：当程序准备发送此数据报时，该方法返回此数据报的目标机器的 IP 地址；当程序刚接收到一个数据报时，该方法返回该数据报的发送主机的 IP 地址。
- int getPort()：当程序准备发送此数据报时，该方法返回此数据报的目标机器的端口；当程序刚接收到一个数据报时，该方法返回该数据报的发送主机的端口。
- SocketAddress getSocketAddress()：当程序准备发送此数据报时，该方法返回此数据报的目标 SocketAddress；当程序刚接收到一个数据报时，该方法返回该数据报的发送主机的 SocketAddress。

> **提示：** getSocketAddress()方法的返回值是一个 SocketAddress 对象，该对象实际上就是一个 IP 地址和一个端口号。也就是说，SocketAddress 对象封装了一个 InetAddress 对象和一个代表端口的整数，所以使用 SocketAddress 对象可以同时代表 IP 地址和端口。

下面程序使用 DatagramSocket 实现了 Server/Client 结构的网络通信。本程序的服务器端使用循环 1000 次来读取 DatagramSocket 中的数据报，每当读取到内容之后便向该数据报的发送者送回一条信息。服务器端程序代码如下。

程序清单：codes\17\17.4\UdpServer.java

```java
public class UdpServer
{
    public static final int PORT = 30000;
    // 定义每个数据报的大小最大为4KB
    private static final int DATA_LEN = 4096;
    // 定义接收网络数据的字节数组
    byte[] inBuff = new byte[DATA_LEN];
    // 以指定字节数组创建准备接收数据的DatagramPacket对象
    private DatagramPacket inPacket =
        new DatagramPacket(inBuff , inBuff.length);
    // 定义一个用于发送的DatagramPacket对象
    private DatagramPacket outPacket;
    // 定义一个字符串数组，服务器端发送该数组的元素
    String[] books = new String[]
    {
        "疯狂Java讲义",
        "轻量级Java EE企业应用实战",
        "疯狂Android讲义",
        "疯狂Ajax讲义"
    };
    public void init()throws IOException
    {
        try(
            // 创建DatagramSocket对象
            DatagramSocket socket = new DatagramSocket(PORT))
        {
            // 采用循环接收数据
            for (int i = 0; i < 1000 ; i++ )
            {
                // 读取Socket中的数据，读到的数据放入inPacket封装的数组里
                socket.receive(inPacket);
                // 判断inPacket.getData()和inBuff是否是同一个数组
                System.out.println(inBuff == inPacket.getData());
                // 将接收到的内容转换成字符串后输出
                System.out.println(new String(inBuff
                    , 0 , inPacket.getLength()));
                // 从字符串数组中取出一个元素作为发送数据
                byte[] sendData = books[i % 4].getBytes();
                // 以指定的字节数组作为发送数据，以刚接收到的DatagramPacket的
                // 源SocketAddress作为目标SocketAddress创建DatagramPacket
```

```
            outPacket = new DatagramPacket(sendData
                , sendData.length , inPacket.getSocketAddress());
            // 发送数据
            socket.send(outPacket);
        }
    }
    public static void main(String[] args)
        throws IOException
    {
        new UdpServer().init();
    }
}
```

上面程序中的粗体字代码就是使用 DatagramSocket 发送、接收 DatagramPacket 的关键代码,该程序可以接收 1000 个客户端发送过来的数据。

客户端程序代码也与此类似,客户端采用循环不断地读取用户键盘输入,每当读取到用户输入的内容后就将该内容封装成 DatagramPacket 数据报,再将该数据报发送出去;接着把 DatagramSocket 中的数据读入接收用的 DatagramPacket 中(实际上是读入该 DatagramPacket 所封装的字节数组中)。客户端程序代码如下。

程序清单:codes\17\17.4\UdpClient.java

```
public class UdpClient
{
    // 定义发送数据报的目的地
    public static final int DEST_PORT = 30000;
    public static final String DEST_IP = "127.0.0.1";
    // 定义每个数据报的大小最大为 4KB
    private static final int DATA_LEN = 4096;
    // 定义接收网络数据的字节数组
    byte[] inBuff = new byte[DATA_LEN];
    // 以指定的字节数组创建准备接收数据的 DatagramPacket 对象
    private DatagramPacket inPacket =
        new DatagramPacket(inBuff , inBuff.length);
    // 定义一个用于发送的 DatagramPacket 对象
    private DatagramPacket outPacket = null;
    public void init()throws IOException
    {
        try(
            // 创建一个客户端 DatagramSocket,使用随机端口
            DatagramSocket socket = new DatagramSocket())
        {
            // 初始化发送用的 DatagramSocket,它包含一个长度为 0 的字节数组
            outPacket = new DatagramPacket(new byte[0] , 0
                , InetAddress.getByName(DEST_IP) , DEST_PORT);
            // 创建键盘输入流
            Scanner scan = new Scanner(System.in);
            // 不断地读取键盘输入
            while(scan.hasNextLine())
            {
                // 将键盘输入的一行字符串转换成字节数组
                byte[] buff = scan.nextLine().getBytes();
                // 设置发送用的 DatagramPacket 中的字节数据
                outPacket.setData(buff);
                // 发送数据报
                socket.send(outPacket);
                // 读取 Socket 中的数据,读到的数据放在 inPacket 所封装的字节数组中
                socket.receive(inPacket);
                System.out.println(new String(inBuff , 0
                    , inPacket.getLength()));
            }
        }
    }
    public static void main(String[] args)
        throws IOException
    {
```

```
        new UdpClient().init();
    }
}
```

上面程序中的粗体字代码同样也是使用 DatagramSocket 发送、接收 DatagramPacket 的关键代码，这些代码与服务器端代码基本相似。而客户端与服务器端的唯一区别在于：服务器端的 IP 地址、端口是固定的，所以客户端可以直接将该数据报发送给服务器端，而服务器端则需要根据接收到的数据报来决定"反馈"数据报的目的地。

读者可能会发现，使用 DatagramSocket 进行网络通信时，服务器端无须也无法保存每个客户端的状态，客户端把数据报发送到服务器端后，完全有可能立即退出。但不管客户端是否退出，服务器端都无法知道客户端的状态。

当使用 UDP 协议时，如果想让一个客户端发送的聊天信息被转发到其他所有的客户端则比较困难，可以考虑在服务器端使用 Set 集合来保存所有的客户端信息，每当接收到一个客户端的数据报之后，程序检查该数据报的源 SocketAddress 是否在 Set 集合中，如果不在就将该 SocketAddress 添加到该 Set 集合中。这样又涉及一个问题：可能有些客户端发送一个数据报之后永久性地退出了程序，但服务器端还将该客户端的 SocketAddress 保存在 Set 集合中……总之，这种方式需要处理的问题比较多，编程比较烦琐。幸好 Java 为 UDP 协议提供了 MulticastSocket 类，通过该类可以轻松地实现多点广播。

▶▶ 17.4.3 使用 MulticastSocket 实现多点广播

DatagramSocket 只允许数据报发送给指定的目标地址，而 MulticastSocket 可以将数据报以广播方式发送到多个客户端。

若要使用多点广播，则需要让一个数据报标有一组目标主机地址，当数据报发出后，整个组的所有主机都能收到该数据报。IP 多点广播（或多点发送）实现了将单一信息发送到多个接收者的广播，其思想是设置一组特殊网络地址作为多点广播地址，每一个多点广播地址都被看做一个组，当客户端需要发送、接收广播信息时，加入到该组即可。

IP 协议为多点广播提供了这批特殊的 IP 地址，这些 IP 地址的范围是 224.0.0.0 至 239.255.255.255。多点广播示意图如图 17.8 所示。

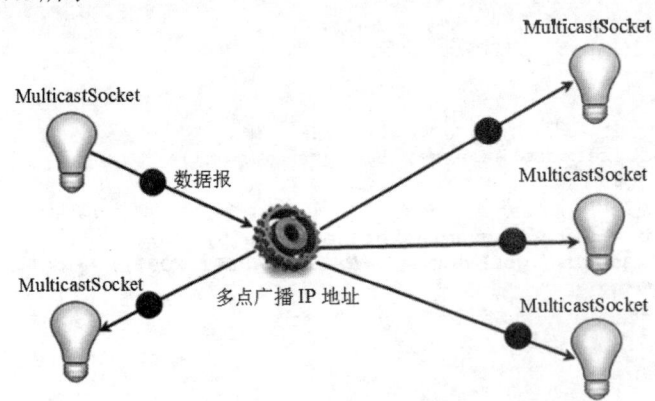

图 17.8 多点广播示意图

从图 17.8 中可以看出，MulticastSocket 类是实现多点广播的关键，当 MulticastSocket 把一个 DatagramPacket 发送到多点广播 IP 地址时，该数据报将被自动广播到加入该地址的所有 Multicast Socket。MulticastSocket 既可以将数据报发送到多点广播地址，也可以接收其他主机的广播信息。

MulticastSocket 有点像 DatagramSocket，事实上 MulticastSocket 是 DatagramSocket 的一个子类，也就是说，MulticastSocket 是特殊的 DatagramSocket。当要发送一个数据报时，可以使用随机端口创建 MulticastSocket，也可以在指定端口创建 MulticastSocket。MulticastSocket 提供了如下三个构造器。

- ➢ public MulticastSocket()：使用本机默认地址、随机端口来创建 MulticastSocket 对象。
- ➢ public MulticastSocket(int portNumber)：使用本机默认地址、指定端口来创建 MulticastSocket 对象。
- ➢ public MulticastSocket(SocketAddress bindaddr)：使用本机指定 IP 地址、指定端口来创建

MulticastSocket 对象。

创建 MulticastSocket 对象后，还需要将该 MulticastSocket 加入到指定的多点广播地址，MulticastSocket 使用 joinGroup()方法加入指定组；使用 leaveGroup()方法脱离一个组。

> joinGroup(InetAddress multicastAddr)：将该 MulticastSocket 加入指定的多点广播地址。
> leaveGroup(InetAddress multicastAddr)：让该 MulticastSocket 离开指定的多点广播地址。

在某些系统中，可能有多个网络接口。这可能会给多点广播带来问题，这时候程序需要在一个指定的网络接口上监听，通过调用 setInterface()方法可以强制 MulticastSocket 使用指定的网络接口；也可以使用 getInterface()方法查询 MulticastSocket 监听的网络接口。

> **提示：** 如果创建仅用于发送数据报的 MulticastSocket 对象，则使用默认地址、随机端口即可。但如果创建接收用的 MulticastSocket 对象，则该 MulticastSocket 对象必须具有指定端口，否则发送方无法确定发送数据报的目标端口。

MulticastSocket 用于发送、接收数据报的方法与 DatagramSocket 完全一样。但 MulticastSocket 比 DatagramSocket 多了一个 setTimeToLive(int ttl)方法，该 ttl 参数用于设置数据报最多可以跨过多少个网络，当 ttl 的值为 0 时，指定数据报应停留在本地主机；当 ttl 的值为 1 时，指定数据报发送到本地局域网；当 ttl 的值为 32 时，意味着只能发送到本站点的网络上；当 ttl 的值为 64 时，意味着数据报应保留在本地区；当 ttl 的值为 128 时，意味着数据报应保留在本大洲；当 ttl 的值为 255 时，意味着数据报可发送到所有地方；在默认情况下，该 ttl 的值为 1。

从图 17.8 中可以看出，使用 MulticastSocket 进行多点广播时所有的通信实体都是平等的，它们都将自己的数据报发送到多点广播 IP 地址，并使用 MulticastSocket 接收其他人发送的广播数据报。下面程序使用 MulticastSocket 实现了一个基于广播的多人聊天室。程序只需要一个 MulticastSocket，两个线程，其中 MulticastSocket 既用于发送，也用于接收；一个线程负责接收用户键盘输入，并向 MulticastSocket 发送数据，另一个线程则负责从 MulticastSocket 中读取数据。

程序清单：codes\17\17.4\MulticastSocketTest.java

```java
// 让该类实现 Runnable 接口，该类的实例可作为线程的 target
public class MulticastSocketTest implements Runnable
{
    // 使用常量作为本程序的多点广播 IP 地址
    private static final String BROADCAST_IP
        = "230.0.0.1";
    // 使用常量作为本程序的多点广播目的地端口
    public static final int BROADCAST_PORT = 30000;
    // 定义每个数据报的大小最大为 4KB
    private static final int DATA_LEN = 4096;
    // 定义本程序的 MulticastSocket 实例
    private MulticastSocket socket = null;
    private InetAddress broadcastAddress = null;
    private Scanner scan = null;
    // 定义接收网络数据的字节数组
    byte[] inBuff = new byte[DATA_LEN];
    // 以指定字节数组创建准备接收数据的 DatagramPacket 对象
    private DatagramPacket inPacket
        = new DatagramPacket(inBuff , inBuff.length);
    // 定义一个用于发送的 DatagramPacket 对象
    private DatagramPacket outPacket = null;
    public void init()throws IOException
    {
        try(
            // 创建键盘输入流
            Scanner scan = new Scanner(System.in))
        {
            // 创建用于发送、接收数据的 MulticastSocket 对象
            // 由于该 MulticastSocket 对象需要接收数据，所以有指定端口
            socket = new MulticastSocket(BROADCAST_PORT);
            broadcastAddress = InetAddress.getByName(BROADCAST_IP);
```

```java
            // 将该 socket 加入指定的多点广播地址
            socket.joinGroup(broadcastAddress);
            // 设置本 MulticastSocket 发送的数据报会被回送到自身
            socket.setLoopbackMode(false);
            // 初始化发送用的 DatagramSocket，它包含一个长度为 0 的字节数组
            outPacket = new DatagramPacket(new byte[0]
                , 0 , broadcastAddress , BROADCAST_PORT);
            // 启动以本实例的 run() 方法作为线程执行体的线程
            new Thread(this).start();
            // 不断地读取键盘输入
            while(scan.hasNextLine())
            {
                // 将键盘输入的一行字符串转换成字节数组
                byte[] buff = scan.nextLine().getBytes();
                // 设置发送用的 DatagramPacket 里的字节数据
                outPacket.setData(buff);
                // 发送数据报
                socket.send(outPacket);
            }
        }
        finally
        {
            socket.close();
        }
    }
    public void run()
    {
        try
        {
            while(true)
            {
                // 读取 Socket 中的数据，读到的数据放在 inPacket 所封装的字节数组里
                socket.receive(inPacket);
                // 打印输出从 socket 中读取的内容
                System.out.println("聊天信息: " + new String(inBuff
                    , 0 , inPacket.getLength()));
            }
        }
        // 捕获异常
        catch (IOException ex)
        {
            ex.printStackTrace();
            try
            {
                if (socket != null)
                {
                    // 让该 Socket 离开该多点 IP 广播地址
                    socket.leaveGroup(broadcastAddress);
                    // 关闭该 Socket 对象
                    socket.close();
                }
                System.exit(1);
            }
            catch (IOException e)
            {
                e.printStackTrace();
            }
        }
    }
    public static void main(String[] args)
        throws IOException
    {
        new MulticastSocketTest().init();
    }
}
```

上面程序中 init() 方法里的第一行粗体字代码先创建了一个 MulticastSocket 对象，由于需要使用该对象接收数据报，所以为该 Socket 对象设置使用固定端口；第二行粗体字代码将该 Socket 对象添加到

指定的多点广播 IP 地址；第三行粗体字代码设置该 Socket 发送的数据报会被回送到自身（即该 Socket 可以接收到自己发送的数据报）。至于程序中使用 MulticastSocket 发送、接收数据报的代码，与使用 DatagramSocket 并没有区别，故此处不再赘述。

下面将结合 MulticastSocket 和 DatagramSocket 开发一个简单的局域网即时通信工具，局域网内每个用户启动该工具后，就可以看到该局域网内所有的在线用户，该用户也会被其他用户看到，即看到如图 17.9 所示的窗口。

在图 17.9 所示的用户列表中双击任意一个用户，即可启动一个如图 17.10 所示的交谈界面。

如果双击图 17.9 所示用户列表窗口中的"所有人"列表项，即可启动一个与图 17.10 相似的交谈界面，不同的是通过该窗口发送的消息将会被所有人看到。

该程序的实现思路是，每个用户都启动两个 Socket，即一个 MulticastSocket，一个 DatagramSocket。其中 MulticastSocket 会周期性地向 230.0.0.1 发送在线信息，且所有用户的 MulticastSocket 都会加入到 230.0.0.1 这个多点广播 IP 地址中，这样每个用户都可以收到其他用户广播的在线信息，如果系统经过一段时间没有收到某个用户广播的在线信息，则从用户列表中删除该用户。除此之外，该 MulticastSocket 还用于向所有用户发送广播信息。

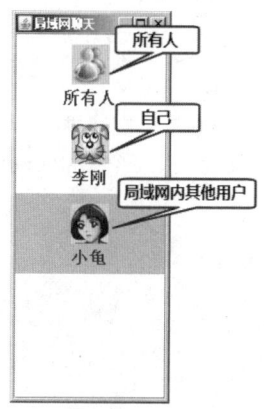

图 17.9　局域网聊天工具

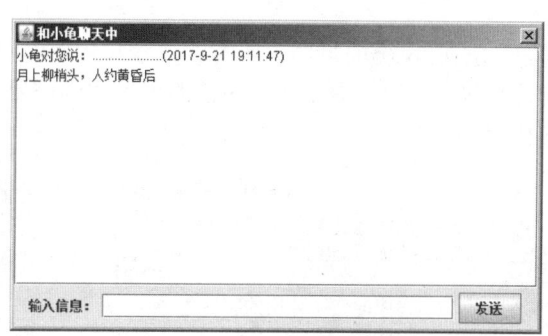

图 17.10　与特定用户交谈界面

DatagramSocket 主要用于发送私聊信息，当用户收到其他用户广播来的 DatagramPacket 时，即可获取该用户 MulticastSocket 对应的 SocketAddress，这个 SocketAddress 将作为发送私聊信息的重要依据——本程序让 MulticastSocket 在 30000 端口监听，而 DatagramSocket 在 30001 端口监听，这样程序就可以根据其他用户广播来的 DatagramPacket 得到他的 DatagramSocket 所在的地址。

本系统提供了一个 UserInfo 类，该类封装了用户名、图标、对应的 SocketAddress 以及该用户对应的交谈窗口、失去联系的次数等信息。该类的代码片段如下。

程序清单：codes\17\17.4\LanTalk\UserInfo.java

```java
public class UserInfo
{
    // 该用户的图标
    private String icon;
    // 该用户的名字
    private String name;
    // 该用户的 MulitcastSocket 所在的 IP 地址和端口
    private SocketAddress address;
    // 该用户失去联系的次数
    private int lost;
    // 该用户对应的交谈窗口
    private ChatFrame chatFrame;
    public UserInfo(){}
    // 有参数的构造器
    public UserInfo(String icon , String name
        , SocketAddress address , int lost)
    {
        this.icon = icon;
        this.name = name;
```

```java
        this.address = address;
        this.lost = lost;
    }
    // 省略所有成员变量的setter和getter方法
    ...
    // 使用address作为该用户的标识，所以根据address
    // 重写hashCode()和equals()方法
    public int hashCode()
    {
        return address.hashCode();
    }
    public boolean equals(Object obj)
    {
        if (obj != null && obj.getClass() == UserInfo.class)
        {
            UserInfo target = (UserInfo)obj;
            if (address != null)
            {
                return address.equals(target.getAddress());
            }
        }
        return false;
    }
}
```

通过 UserInfo 类的封装，所有客户端只需要维护该 UserInfo 类的列表，程序就可以实现广播、发送私聊信息等功能。本程序底层通信的工具类则需要一个 MulticastSocket 和一个 DatagramSocket，该工具类的代码如下。

程序清单：codes\17\17.4\LanTalk\ComUtil.java

```java
// 聊天交换信息的工具类
public class ComUtil
{
    // 定义本程序通信所使用的字符集
    public static final String CHARSET = "utf-8";
    // 使用常量作为本程序的多点广播IP地址
    private static final String BROADCAST_IP
        = "230.0.0.1";
    // 使用常量作为本程序的多点广播目的地端口
    // DatagramSocket所用的端口为该端口号+1
    public static final int BROADCAST_PORT = 30000;
    // 定义每个数据报的大小最大为4KB
    private static final int DATA_LEN = 4096;
    // 定义本程序的MulticastSocket实例
    private MulticastSocket socket = null;
    // 定义本程序私聊的Socket实例
    private DatagramSocket singleSocket = null;
    // 定义广播的IP地址
    private InetAddress broadcastAddress = null;
    // 定义接收网络数据的字节数组
    byte[] inBuff = new byte[DATA_LEN];
    // 以指定字节数组创建准备接收数据的DatagramPacket对象
    private DatagramPacket inPacket =
        new DatagramPacket(inBuff , inBuff.length);
    // 定义一个用于发送的DatagramPacket对象
    private DatagramPacket outPacket = null;
    // 聊天的主界面程序
    private LanTalk lanTalk;
    // 构造器，初始化资源
    public ComUtil(LanTalk lanTalk) throws Exception
    {
        this.lanTalk = lanTalk;
        // 创建用于发送、接收数据的MulticastSocket对象
        // 因为该MulticastSocket对象需要接收数据，所以有指定端口
        socket = new MulticastSocket(BROADCAST_PORT);
        // 创建私聊用的DatagramSocket对象
```

```java
            singleSocket = new DatagramSocket(BROADCAST_PORT + 1);
            broadcastAddress = InetAddress.getByName(BROADCAST_IP);
            // 将该 socket 加入指定的多点广播地址
            socket.joinGroup(broadcastAddress);
            // 设置本 MulticastSocket 发送的数据报被回送到自身
            socket.setLoopbackMode(false);
            // 初始化发送用的 DatagramSocket,它包含一个长度为 0 的字节数组
            outPacket = new DatagramPacket(new byte[0]
                , 0 , broadcastAddress , BROADCAST_PORT);
            // 启动两个读取网络数据的线程
            new ReadBroad().start();
            Thread.sleep(1);
            new ReadSingle().start();
    }
    // 广播消息的工具方法
    public void broadCast(String msg)
    {
        try
        {
            // 将 msg 字符串转换成字节数组
            byte[] buff = msg.getBytes(CHARSET);
            // 设置发送用的 DatagramPacket 里的字节数据
            outPacket.setData(buff);
            // 发送数据报
            socket.send(outPacket);
        }
        // 捕获异常
        catch (IOException ex)
        {
            ex.printStackTrace();
            if (socket != null)
            {
                // 关闭该 Socket 对象
                socket.close();
            }
            JOptionPane.showMessageDialog(null
                , "发送信息异常,请确认 30000 端口空闲,且网络连接正常!"
                , "网络异常", JOptionPane.ERROR_MESSAGE);
            System.exit(1);
        }
    }
    // 定义向单独用户发送消息的方法
    public void sendSingle(String msg , SocketAddress dest)
    {
        try
        {
            // 将 msg 字符串转换成字节数组
            byte[] buff = msg.getBytes(CHARSET);
            DatagramPacket packet = new DatagramPacket(buff
                , buff.length , dest);
            singleSocket.send(packet);
        }
        // 捕获异常
        catch (IOException ex)
        {
            ex.printStackTrace();
            if (singleSocket != null)
            {
                // 关闭该 Socket 对象
                singleSocket.close();
            }
            JOptionPane.showMessageDialog(null
                , "发送信息异常,请确认 30001 端口空闲,且网络连接正常!"
                , "网络异常", JOptionPane.ERROR_MESSAGE);
            System.exit(1);
        }
    }
    // 不断地从 DatagramSocket 中读取数据的线程
```

```java
class ReadSingle extends Thread
{
    // 定义接收网络数据的字节数组
    byte[] singleBuff = new byte[DATA_LEN];
    private DatagramPacket singlePacket =
        new DatagramPacket(singleBuff , singleBuff.length);
    public void run()
    {
        while (true)
        {
            try
            {
                // 读取 Socket 中的数据
                singleSocket.receive(singlePacket);
                // 处理读到的信息
                lanTalk.processMsg(singlePacket , true);
            }
            // 捕获异常
            catch (IOException ex)
            {
                ex.printStackTrace();
                if (singleSocket != null)
                {
                    // 关闭该 Socket 对象
                    singleSocket.close();
                }
                JOptionPane.showMessageDialog(null
                    , "接收信息异常,请确认 30001 端口空闲,且网络连接正常!"
                    , "网络异常", JOptionPane.ERROR_MESSAGE);
                System.exit(1);
            }
        }
    }
}
// 持续读取 MulticastSocket 的线程
class ReadBroad extends Thread
{
    public void run()
    {
        while (true)
        {
            try
            {
                // 读取 Socket 中的数据
                socket.receive(inPacket);
                // 打印输出从 Socket 中读取的内容
                String msg = new String(inBuff , 0
                    , inPacket.getLength() , CHARSET);
                // 读到的内容是在线信息
                if (msg.startsWith(YeekuProtocol.PRESENCE)
                    && msg.endsWith(YeekuProtocol.PRESENCE))
                {
                    String userMsg = msg.substring(2
                        , msg.length() - 2);
                    String[] userInfo = userMsg.split(YeekuProtocol
                        .SPLITTER);
                    UserInfo user = new UserInfo(userInfo[1]
                        , userInfo[0] , inPacket.getSocketAddress(), 0);
                    // 控制是否需要添加该用户的旗标
                    boolean addFlag = true;
                    ArrayList<Integer> delList = new ArrayList<>();
                    // 遍历系统中已有的所有用户,该循环必须循环完成
                    for (int i = 1 ; i < lanTalk.getUserNum() ; i++ )
                    {
                        UserInfo current = lanTalk.getUser(i);
                        // 将所有用户失去联系的次数加 1
                        current.setLost(current.getLost() + 1);
                        // 如果该信息由指定用户发送
```

```
                    if (current.equals(user))
                    {
                        current.setLost(0);
                        // 设置该用户无须添加
                        addFlag = false;
                    }
                    if (current.getLost() > 2)
                    {
                        delList.add(i);
                    }
                }
                // 删除 delList 中的所有索引对应的用户
                for (int i = 0; i < delList.size() ; i++)
                {
                    lanTalk.removeUser(delList.get(i));
                }
                if (addFlag)
                {
                    // 添加新用户
                    lanTalk.addUser(user);
                }
            }
            // 读到的内容是公聊信息
            else
            {
                // 处理读到的信息
                lanTalk.processMsg(inPacket , false);
            }
        }
        // 捕获异常
        catch (IOException ex)
        {
            ex.printStackTrace();
            if (socket != null)
            {
                // 关闭该 Socket 对象
                socket.close();
            }
            JOptionPane.showMessageDialog(null
                , "接收信息异常,请确认 30000 端口空闲,且网络连接正常!"
                , "网络异常", JOptionPane.ERROR_MESSAGE);
            System.exit(1);
        }
    }
}
```

该类主要实现底层的网络通信功能,在该类中提供了一个 broadCast()方法,该方法使用 MulticastSocket 将指定字符串广播到所有客户端;还提供了 sendSingle()方法,该方法使用 DatagramSocket 将指定字符串发送到指定 SocketAddress,如程序中前两行粗体字代码所示。除此之外,该类还提供了两个内部线程类:ReadSingle 和 ReadBroad,这两个线程类采用循环不断地读取 DatagramSocket 和 MulticastSocket 中的数据,如果读到的信息是广播来的在线信息,则保持该用户在线;如果读到的是用户的聊天信息,则直接将该信息显示出来。

在该类中用到了本程序的一个主类:LanTalk,该类使用 DefaultListModel 来维护用户列表,该类里的每个列表项就是一个 UserInfo。该类还提供了一个 ImageCellRenderer,该类用于将列表项绘制出用户图标和用户名字。

程序清单:codes\17\17.4\LanTalk\LanTalk.java

```
public class LanTalk extends JFrame
{
    private DefaultListModel<UserInfo> listModel
        = new DefaultListModel<>();
    // 定义一个 JList 对象
    private JList<UserInfo> friendsList = new JList<>(listModel);
```

```java
// 定义一个用于格式化日期的格式器
private DateFormat formatter = DateFormat.getDateTimeInstance();
public LanTalk()
{
    super("局域网聊天");
    // 设置该JList 使用 ImageCellRenderer 作为单元格绘制器
    friendsList.setCellRenderer(new ImageCellRenderer());
    listModel.addElement(new UserInfo("all" , "所有人"
        , null , -2000));
    friendsList.addMouseListener(new ChangeMusicListener());
    add(new JScrollPane(friendsList));
    setDefaultCloseOperation(JFrame.EXIT_ON_CLOSE);
    setBounds(2, 2, 160 , 600);
}
// 根据地址来查询用户
public UserInfo getUserBySocketAddress(SocketAddress address)
{
    for (int i = 1 ; i < getUserNum() ; i++)
    {
        UserInfo user = getUser(i);
        if (user.getAddress() != null
            && user.getAddress().equals(address))
        {
            return user;
        }
    }
    return null;
}
// ------下面四个方法是对 ListModel 的包装------
// 向用户列表中添加用户
public void addUser(UserInfo user)
{
    listModel.addElement(user);
}
// 从用户列表中删除用户
public void removeUser(int pos)
{
    listModel.removeElementAt(pos);
}
// 获取该聊天窗口的用户数量
public int getUserNum()
{
    return listModel.size();
}
// 获取指定位置的用户
public UserInfo getUser(int pos)
{
    return listModel.elementAt(pos);
}
// 实现JList 上的鼠标双击事件监听器
class ChangeMusicListener extends MouseAdapter
{
    public void mouseClicked(MouseEvent e)
    {
        // 如果鼠标的击键次数大于2
        if (e.getClickCount() >= 2)
        {
            // 取出鼠标双击时选中的列表项
            UserInfo user = (UserInfo)friendsList.getSelectedValue();
            // 如果该列表项对应用户的交谈窗口为null
            if (user.getChatFrame() == null)
            {
                // 为该用户创建一个交谈窗口,并让该用户引用该窗口
                user.setChatFrame(new ChatFrame(null , user));
            }
            // 如果该用户的窗口没有显示,则让该用户的窗口显示出来
            if (!user.getChatFrame().isShowing())
            {
```

```java
                    user.getChatFrame().setVisible(true);
                }
            }
        }
        /**
        * 处理网络数据报,该方法将根据聊天信息得到聊天者
        * 并将信息显示在聊天对话框中
        * @param packet 需要处理的数据报
        * @param single 该信息是否为私聊信息
        */
        public void processMsg(DatagramPacket packet , boolean single)
        {
            // 获取发送该数据报的SocketAddress
            InetSocketAddress srcAddress = (InetSocketAddress)
                packet.getSocketAddress();
            // 如果是私聊信息,则该Packet获取的是DatagramSocket的地址
            // 将端口号减1才是对应的MulticastSocket的地址
            if (single)
            {
                srcAddress = new InetSocketAddress(srcAddress.getHostName()
                    , srcAddress.getPort() - 1);
            }
            UserInfo srcUser = getUserBySocketAddress(srcAddress);
            if (srcUser != null)
            {
                // 确定消息将要显示到哪个用户对应的窗口中
                UserInfo alertUser = single ? srcUser : getUser(0);
                // 如果该用户对应的窗口为空,则显示该窗口
                if (alertUser.getChatFrame() == null)
                {
                    alertUser.setChatFrame(new ChatFrame(null , alertUser));
                }
                // 定义添加的提示信息
                String tipMsg = single ? "对您说: " : "对大家说: ";
                try{
                    // 显示提示信息
                    alertUser.getChatFrame().addString(srcUser.getName()
                        + tipMsg + "....................("
                        + formatter.format(new Date()) + ")\n"
                        + new String(packet.getData() , 0 , packet.getLength()
                        , ComUtil.CHARSET)) + "\n");
                }
                catch (Exception ex) { ex.printStackTrace(); }
                if (!alertUser.getChatFrame().isShowing())
                {
                    alertUser.getChatFrame().setVisible(true);
                }
            }
        }
        // 主方法,程序的入口
        public static void main(String[] args)
        {
            LanTalk lanTalk = new LanTalk();
            new LoginFrame(lanTalk , "请输入用户名、头像后登录");
        }
    }
    // 定义用于改变JList列表项外观的类
    class ImageCellRenderer extends JPanel
        implements ListCellRenderer<UserInfo>
    {
        private ImageIcon icon;
        private String name;
        // 定义绘制单元格时的背景色
        private Color background;
        // 定义绘制单元格时的前景色
        private Color foreground;
        @Override
```

```java
    public Component getListCellRendererComponent(JList list
        , UserInfo userInfo , int index
        , boolean isSelected , boolean cellHasFocus)
    {
        // 设置图标
        icon = new ImageIcon("ico/" + userInfo.getIcon() + ".gif");
        name = userInfo.getName();
        // 设置背景色、前景色
        background = isSelected ? list.getSelectionBackground()
            : list.getBackground();
        foreground = isSelected ? list.getSelectionForeground()
            : list.getForeground();
        // 返回该 JPanel 对象作为单元格绘制器
        return this;
    }
    // 重写 paintComponent 方法，改变 JPanel 的外观
    public void paintComponent(Graphics g)
    {
        int imageWidth = icon.getImage().getWidth(null);
        int imageHeight = icon.getImage().getHeight(null);
        g.setColor(background);
        g.fillRect(0, 0, getWidth(), getHeight());
        g.setColor(foreground);
        // 绘制好友图标
        g.drawImage(icon.getImage() , getWidth() / 2 - imageWidth / 2
            , 10 , null);
        g.setFont(new Font("SansSerif" , Font.BOLD , 18));
        // 绘制好友用户名
        g.drawString(name, getWidth() / 2 - name.length() * 10
            , imageHeight + 30 );
    }
    // 通过该方法来设置该 ImageCellRenderer 的最佳大小
    public Dimension getPreferredSize()
    {
        return new Dimension(60, 80);
    }
}
```

上面类中提供的 addUser() 和 removeUser() 方法暴露给通信类 ComUtil 使用，用于向用户列表中添加、删除用户。除此之外，该类还提供了一个 processMsg() 方法，该方法用于处理网络中读取的数据报，将数据报中的内容取出，并显示在特定的窗口中。

> **提示:**
> 上面讲解的只是本程序的关键类，本程序还涉及 YeekuProtocol、ChatFrame、LoginFrame 等类，由于篇幅关系，此处不再给出这些类的源代码，读者可以参考 codes\17\17.4\LanTalk 路径下的源代码。

17.5 使用代理服务器

从 Java 5 开始，Java 在 java.net 包下提供了 Proxy 和 ProxySelector 两个类，其中 Proxy 代表一个代理服务器，可以在打开 URLConnection 连接时指定 Proxy，创建 Socket 连接时也可以指定 Proxy；而 ProxySelector 代表一个代理选择器，它提供了对代理服务器更加灵活的控制，它可以对 HTTP、HTTPS、FTP、SOCKS 等进行分别设置，而且还可以设置不需要通过代理服务器的主机和地址。通过使用 ProxySelector，可以实现像在 Internet Explorer、Firefox 等软件中设置代理服务器类似的效果。

> **提示:**
> 代理服务器的功能就是代理用户去取得网络信息。当使用浏览器直接连接其他 Internet 站点取得网络信息时，通常需要先发送请求，然后等响应到来。代理服务器是介于浏览器和服务器之间的一台服务器，设置了代理服务器之后，浏览器不是直接向 Web 服务器发送请求，而是向代理服务器发送请求，浏览器请求被先送到代理服务器，由代理服务器向真正的 Web 服务器发送请求，并取回浏览器所需要的信息，再送回给浏览器。由于大部

> 分代理服务器都具有缓冲功能,它会不断地将新取得的数据存储到代理服务器的本地存储器上,如果浏览器所请求的数据在它本机的存储器上已经存在而且是最新的,那么它就无须从 Web 服务器取数据,而直接将本地存储器上的数据送回浏览器,这样能显著提高浏览速度。归纳起来,代理服务器主要提供如下两个功能。
> - 突破自身 IP 限制,对外隐藏自身 IP 地址。突破 IP 限制包括访问国外受限站点,访问国内特定单位、团体的内部资源。
> - 提高访问速度,代理服务器提供的缓冲功能可以避免每个用户都直接访问远程主机,从而提高客户端访问速度。

▶▶ 17.5.1 直接使用 Proxy 创建连接

Proxy 有一个构造器:Proxy(Proxy.Type type, SocketAddress sa),用于创建表示代理服务器的 Proxy 对象。其中 sa 参数指定代理服务器的地址,type 表示该代理服务器的类型,该服务器类型有如下三种。

- ➤ Proxy.Type.DIRECT:表示直接连接,不使用代理。
- ➤ Proxy.Type.HTTP:表示支持高级协议代理,如 HTTP 或 FTP。
- ➤ Proxy.Type.SOCKS:表示 SOCKS(V4 或 V5)代理。

一旦创建了 Proxy 对象之后,程序就可以在使用 URLConnection 打开连接时,或者创建 Socket 连接时传入一个 Proxy 对象,作为本次连接所使用的代理服务器。

其中 URL 包含了一个 URLConnection openConnection(Proxy proxy)方法,该方法使用指定的代理服务器来打开连接;而 Socket 则提供了一个 Socket(Proxy proxy)构造器,该构造器使用指定的代理服务器创建一个没有连接的 Socket 对象。

下面以 URLConnection 为例来介绍如何在 URLConnection 中使用代理服务器。

程序清单:codes\17\17.5\ProxyTest.java

```java
public class ProxyTest
{
    // 下面是代理服务器的地址和端口
    // 换成实际有效的代理服务器的地址和端口
    final String PROXY_ADDR = "129.82.12.188";
    final int PROXY_PORT = 3124;
    // 定义需要访问的网站地址
    String urlStr = "http://www.crazyit.org";
    public void init()
        throws IOException , MalformedURLException
    {
        URL url = new URL(urlStr);
        // 创建一个代理服务器对象
        Proxy proxy = new Proxy(Proxy.Type.HTTP
            , new InetSocketAddress(PROXY_ADDR , PROXY_PORT));
        // 使用指定的代理服务器打开连接
        URLConnection conn = url.openConnection(proxy);
        // 设置超时时长
        conn.setConnectTimeout(3000);
        try(
            // 通过代理服务器读取数据的 Scanner
            Scanner scan = new Scanner(conn.getInputStream());
            PrintStream ps = new PrintStream("index.htm"))
        {
            while (scan.hasNextLine())
            {
                String line = scan.nextLine();
                // 在控制台输出网页资源内容
                System.out.println(line);
                // 将网页资源内容输出到指定输出流
                ps.println(line);
            }
        }
    }
    public static void main(String[] args)
```

```
            throws IOException , MalformedURLException
    {
        new ProxyTest().init();
    }
}
```

上面程序中第一行粗体字代码创建了一个 Proxy 对象，第二行粗体字代码就是用 Proxy 对象来打开 URLConnection 连接。接下来程序使用 URLConnection 读取了一份网络资源，此时的 URLConnection 并不是直接连接到 www.crazyit.org，而是通过代理服务器去访问该网站。

17.5.2 使用 ProxySelector 自动选择代理服务器

前面介绍的直接使用 Proxy 对象可以在打开 URLConnection 或 Socket 时指定代理服务器，但使用这种方式每次打开连接时都需要显式地设置代理服务器，比较麻烦。如果希望每次打开连接时总是具有默认的代理服务器，则可以借助于 ProxySelector 来实现。

ProxySelector 代表一个代理选择器，它本身是一个抽象类，程序无法创建它的实例，开发者可以考虑继承 ProxySelector 来实现自己的代理选择器。实现 ProxySelector 的步骤非常简单，程序只要定义一个继承 ProxySelector 的类，并让该类实现如下两个抽象方法。

- List<Proxy> select(URI uri)：根据业务需要返回代理服务器列表，如果该方法返回的集合中只包含一个 Proxy，该 Proxy 将会作为默认的代理服务器。
- connectFailed(URI uri, SocketAddress sa, IOException ioe)：连接代理服务器失败时回调该方法。

> **提示：** 系统默认的代理服务器选择器也重写了 connectFailed 方法，它重写该方法的处理策略是：当系统设置的代理服务器失败时，默认代理选择器将会采用直连的方式连接远程资源，所以当运行上面程序等待了足够长时间时，程序依然可以打印出该远程资源的所有内容。

实现了自己的 ProxySelector 类之后，调用 ProxySelector 的 setDefault(ProxySelector ps)静态方法来注册该代理选择器即可。

下面程序示范了如何让自定义的 ProxySelector 来自动选择代理服务器。

程序清单：codes\17\17.5\ProxySelectorTest.java

```java
public class ProxySelectorTest
{
    // 下面是代理服务器的地址和端口
    // 随便一个代理服务器的地址和端口
    final String PROXY_ADDR = "139.82.12.188";
    final int PROXY_PORT = 3124;
    // 定义需要访问的网站地址
    String urlStr = "http://www.crazyit.org";
    public void init()
        throws IOException , MalformedURLException
    {
        // 注册默认的代理选择器
        ProxySelector.setDefault(new ProxySelector()
        {
            @Override
            public void connectFailed(URI uri
                , SocketAddress sa, IOException ioe)
            {
                System.out.println("无法连接到指定代理服务器！");
            }
            // 根据业务需要返回特定的对应的代理服务器
            @Override
            public List<Proxy> select(URI uri)
            {
                // 本程序总是返回某个固定的代理服务器
                List<Proxy> result = new ArrayList<>();
                result.add(new Proxy(Proxy.Type.HTTP
                    , new InetSocketAddress(PROXY_ADDR , PROXY_PORT)));
                return result;
```

```
        });
        URL url = new URL(urlStr);
        // 没有指定代理服务器,直接打开连接
        URLConnection conn = url.openConnection();      // ①
        ...
    }
}
```

上面程序的关键是粗体字代码部分采用匿名内部类实现了一个 ProxySelector,这个 ProxySelector 的 select()方法总是返回一个固定的代理服务器,也就是说,程序默认总会使用该代理服务器。因此程序在①号代码处打开连接时虽然没有指定代理服务器,但实际上程序依然会使用代理服务器——如果用户设置一个无效的代理服务器,系统将会在连接失败时回调 ProxySelector 的 connectFailed()方法,这可以说明代理选择器起作用了。

除此之外,Java 为 ProxySelector 提供了一个实现类:sun.net.spi.DefaultProxySelector(这是一个未公开 API,应尽量避免直接使用该 API),系统已经将 DefaultProxySelector 注册成默认的代理选择器,因此程序可调用 ProxySelector.getDefault()方法来获取 DefaultProxySelector 实例。

DefaultProxySelector 继承了 ProxySelector,当然也实现了两个抽象方法,它的实现策略如下。

- connectFailed():如果连接失败,DefaultProxySelector 将会尝试不使用代理服务器,直接连接远程资源。
- select():DefaultProxySelector 会根据系统属性来决定使用哪个代理服务器。ProxySelector 会检测系统属性与 URL 之间的匹配,然后决定使用相应的属性值作为代理服务器。关于代理服务器常用的属性名有如下三个。
  - http.proxyHost:设置 HTTP 访问所使用的代理服务器的主机地址。该属性名的前缀可以改为 https、ftp 等,分别用于设置 HTTPS 访问和 FTP 访问所用的代理服务器的主机地址。
  - http.proxyPort:设置 HTTP 访问所使用的代理服务器的端口。该属性名的前缀可以改为 https、ftp 等,分别用于设置 HTTPS 访问和 FTP 访问所用的代理服务器的端口。
  - http.nonProxyHosts:设置 HTTP 访问中不需要使用代理服务器的主机,支持使用*通配符;支持指定多个地址,多个地址之间用竖线(|)分隔。

下面程序示范了通过改变系统属性来改变默认的代理服务器。

程序清单:codes\17\17.5\DefaultProxySelectorTest.java

```java
public class DefaultProxySelectorTest
{
    // 定义需要访问的网站地址
    static String urlStr = "http://www.crazyit.org";
    public static void main(String[] args) throws Exception
    {
        // 获取系统的默认属性
        Properties props = System.getProperties();
        // 通过系统属性设置 HTTP 访问所用的代理服务器的主机地址、端口
        props.setProperty("http.proxyHost", "192.168.10.96");
        props.setProperty("http.proxyPort", "8080");
        // 通过系统属性设置 HTTP 访问无须使用代理服务器的主机
        // 可以使用*通配符,多个地址用|分隔
        props.setProperty("http.nonProxyHosts", "localhost|192.168.10.*");
        // 通过系统属性设置 HTTPS 访问所用的代理服务器的主机地址、端口
        props.setProperty("https.proxyHost", "192.168.10.96");
        props.setProperty("https.proxyPort", "443");
        /* DefaultProxySelector 不支持 https.nonProxyHosts 属性
         DefaultProxySelector 直接按 http.nonProxyHosts 的设置规则处理 */
        // 通过系统属性设置 FTP 访问所用的代理服务器的主机地址、端口
        props.setProperty("ftp.proxyHost", "192.168.10.96");
        props.setProperty("ftp.proxyPort", "2121");
        // 通过系统属性设置 FTP 访问无须使用代理服务器的主机
        props.setProperty("ftp.nonProxyHosts", "localhost|192.168.10.*");
        // 通过系统属性设置 SOCKS 代理服务器的主机地址、端口
        props.setProperty("socks.ProxyHost", "192.168.10.96");
        props.setProperty("socks.ProxyPort", "1080");
```

```java
            // 获取系统默认的代理选择器
            ProxySelector selector = ProxySelector.getDefault();    // ①
            System.out.println("系统默认的代理选择器: " + selector);
            // 根据URI 动态决定所使用的代理服务器
            System.out.println("系统为 ftp://www.crazyit.org 选择的代理服务器为: "
                +ProxySelector.getDefault().select(new URI("ftp://www.crazyit.org")));// ②
            URL url = new URL(urlStr);
            // 直接打开连接，默认的代理选择器会使用 http.proxyHost、http.proxyPort 系统属性
            // 设置的代理服务器
            // 如果无法连接代理服务器，则默认的代理选择器会尝试直接连接
            URLConnection conn = url.openConnection();    // ③
            // 设置超时时长
            conn.setConnectTimeout(3000);
            try(
                Scanner scan = new Scanner(conn.getInputStream() , "utf-8"))
            {
                // 读取远程主机的内容
                while(scan.hasNextLine())
                {
                    System.out.println(scan.nextLine());
                }
            }
        }
    }
```

上面程序中①号粗体字代码返回了系统默认注册的 ProxySelector，并返回 DefaultProxySelector 实例。程序中三行粗体字代码设置 HTTP 访问的代理服务器属性，其中前两行代码设置代理服务器的地址和端口，第三行代码设置 HTTP 访问哪些主机时不需要使用代理服务器。上面程序中③号代码处直接打开一个 URLConnection，系统会在打开该 URLConnection 时使用代理服务器。程序在②号代码处让默认的 ProxySelector 为 ftp://www.crazyit.org 选择代理服务器，它将使用 ftp.proxyHost 属性设置的代理服务器。

运行上面程序，由于 192.168.0.96 通常并不是有效的代理服务器（如果读者运行的机器恰好可以使用 192.168.10.96:8080 的代理服务器，则另当别论），因此程序将会等待几秒钟——无法连接到指定的代理服务器——默认的代理选择器的 connectFailed()方法被回调，该方法会尝试不使用代理服务器，直接连接远程资源。

17.6 本章小结

本章重点介绍了 Java 网络编程的相关知识。本章先简要介绍了计算机网络的相关知识，并介绍了 IP 地址和端口的概念，这是进行网络编程的基础。本章还介绍了 Java 提供的 InetAddress、URLEncoder、URLDecoder、URLConnection 等工具类的使用，并通过一个多线程下载工具详细介绍了如何使用 URLConnection 访问远程资源。

本章详细介绍了 ServerSocket 和 Socket 两个类，程序可以通过这两个类实现 TCP 服务器、TCP 客户端。本章除介绍 Java 传统的网络编程知识外，也介绍了 Java NIO 提供的非阻塞网络通信，并详细介绍了 Java 7 提供的 AIO 网络通信。本章还介绍了 Java 提供的 UDP 通信支持类：DatagramSocket、DatagramPacket 和 MulticastSocket，并通过一个局域网通信工具示范了如何利用它们开发实际的应用。本章最后介绍了如何利用 Proxy 和 ProxySelector 在程序中使用代理服务器。

▶▶ 本章练习

1. 开发仿 FlashGet 的断点续传、多线程下载工具。
2. 开发基于 C/S 结构的游戏大厅。
3. 扩展 LanTalk 开发局域网内的即时通信、数据传输工具。

CHAPTER 18

第 18 章
类加载机制与反射

本章要点

- 类加载
- 类连接的过程
- 类初始化的过程
- 类加载器以及实现机制
- 继承 ClassLoader 实现自定义类加载器
- 使用 URLClassLoader
- 使用 Class 对象
- Java 8 新增的方法参数反射
- 动态创建 Java 对象
- 动态调用方法
- 访问并修改 Java 对象的属性值
- 使用反射操作数组
- 使用 Proxy 和 InvocationHandler 创建动态代理
- AOP 入门
- Class 类的泛型
- 通过反射获取泛型类型

本章将会深入介绍 Java 类的加载、连接和初始化知识，并重点介绍 Java 反射的相关内容。读者在阅读本章的类加载、连接及初始化知识时，可能会感觉这些知识比较底层，但掌握这些底层的运行原理会让读者对 Java 程序的运行有更好的把握。而且 Java 类加载器除了根类加载器之外，其他类加载器都是使用 Java 语言编写的，所以程序员完全可以开发自己的类加载器，通过使用自定义类加载器，可以完成一些特定的功能。

本章将重点介绍 java.lang.reflect 包下的接口和类，包括 Class、Method、Field、Constructor 和 Array 等，这些类分别代表类、方法、成员变量、构造器和数组，Java 程序可以使用这些类动态地获取某个对象、某个类的运行时信息，并可以动态地创建 Java 对象，动态地调用 Java 方法，访问并修改指定对象的成员变量值。本章还将介绍该包下的 Type 和 ParameterizedType 两个接口，其中 Type 是 Class 类所实现的接口，而 ParameterizedType 则代表一个带泛型参数的类型。

本章将介绍使用 Proxy 和 InvocationHandler 来创建 JDK 动态代理，并会通过 JDK 动态代理向读者介绍高层次解耦的方法，还会讲解 JDK 动态代理和 AOP（Aspect Orient Programming，面向切面编程）之间的内在关系。

18.1 类的加载、连接和初始化

系统可能在第一次使用某个类时加载该类，也可能采用预加载机制来加载某个类。本节将会详细介绍类加载、连接和初始化过程中的每个细节。

18.1.1 JVM 和类

当调用 java 命令运行某个 Java 程序时，该命令将会启动一个 Java 虚拟机进程，不管该 Java 程序有多么复杂，该程序启动了多少个线程，它们都处于该 Java 虚拟机进程里。正如前面介绍的，同一个 JVM 的所有线程、所有变量都处于同一个进程里，它们都使用该 JVM 进程的内存区。当系统出现以下几种情况时，JVM 进程将被终止。

➢ 程序运行到最后正常结束。
➢ 程序运行到使用 System.exit() 或 Runtime.getRuntime().exit() 代码处结束程序。
➢ 程序执行过程中遇到未捕获的异常或错误而结束。
➢ 程序所在平台强制结束了 JVM 进程。

从上面的介绍可以看出，当 Java 程序运行结束时，JVM 进程结束，该进程在内存中的状态将会丢失。下面以类的类变量来说明这个问题。下面程序先定义了一个包含类变量的类。

程序清单：codes\18\18.1\A.java

```java
public class A
{
    // 定义该类的类变量
    public static int a = 6;
}
```

上面程序中的粗体字代码定义了一个类变量 a，接下来定义一个类创建 A 类的实例，并访问 A 对象的类变量 a。

程序清单：codes\18\18.1\ATest1.java

```java
public class ATest1
{
    public static void main(String[] args)
    {
        // 创建 A 类的实例
        A a = new A();
        // 让 a 实例的类变量 a 的值自加
        a.a ++;
        System.out.println(a.a);
    }
}
```

下面程序也创建 A 对象,并访问其类变量 a 的值。

程序清单:codes\18\18.1\ATest2.java

```java
public class ATest2
{
    public static void main(String[] args)
    {
        // 创建 A 类的实例
        A b = new A();
        // 输出 b 实例的类变量 a 的值
        System.out.println(b.a);
    }
}
```

在 ATest1.java 程序中创建了 A 类的实例,并让该实例的类变量 a 的值自加,程序输出该实例的类变量 a 的值将看到 7,相信读者对这个答案没有疑问。关键是运行第二个程序 ATest2 时,程序再次创建了 A 对象,并输出 A 对象类变量的 a 的值,此时 a 的值是多少呢?结果依然是 6,并不是 7。这是因为运行 ATest1 和 ATest2 是两次运行 JVM 进程,第一次运行 JVM 结束后,它对 A 类所做的修改将全部丢失——第二次运行 JVM 时将再次初始化 A 类。

> 提示:
> 在疯狂软件教育中心见过一些学员,他们在回答这个问题时会毫不犹豫地说 7。他们认为 A 类里的 a 成员变量是静态变量(即类变量),同一个类的所有实例的静态变量共享同一块内存区,因为第一次运行时改变了第一个 A 实例的 a 变量,所以第二次运行时第二个 A 实例的 a 变量也将受到影响。实际上他们忘记了两次运行 Java 程序处于两个不同的 JVM 进程中,两个 JVM 之间并不会共享数据。

▶▶ 18.1.2 类的加载

当程序主动使用某个类时,如果该类还未被加载到内存中,则系统会通过加载、连接、初始化三个步骤来对该类进行初始化。如果没有意外,JVM 将会连续完成这三个步骤,所以有时也把这三个步骤统称为类加载或类初始化。

类加载指的是将类的 class 文件读入内存,并为之创建一个 java.lang.Class 对象,也就是说,当程序中使用任何类时,系统都会为之建立一个 java.lang.Class 对象。

> 提示:
> 前面介绍面向对象时提到:类是某一类对象的抽象,类是概念层次的东西。但不知道读者有没有想过:类也是一种对象。就像平常说概念主要用于定义、描述其他事物,但概念本身也是一种事物,那么概念本身也需要被描述——这有点像一个哲学命题。但事实就是这样,每个类是一批具有相同特征的对象的抽象(或者说概念),而系统中所有的类实际上也是实例,它们都是 java.lang.Class 的实例。

类的加载由类加载器完成,类加载器通常由 JVM 提供,这些类加载器也是前面所有程序运行的基础,JVM 提供的这些类加载器通常被称为系统类加载器。除此之外,开发者可以通过继承 ClassLoader 基类来创建自己的类加载器。

通过使用不同的类加载器,可以从不同来源加载类的二进制数据,通常有如下几种来源。

- ➢ 从本地文件系统加载 class 文件,这是前面绝大部分示例程序的类加载方式。
- ➢ 从 JAR 包加载 class 文件,这种方式也是很常见的,前面介绍 JDBC 编程时用到的数据库驱动类就放在 JAR 文件中,JVM 可以从 JAR 文件中直接加载该 class 文件。
- ➢ 通过网络加载 class 文件。
- ➢ 把一个 Java 源文件动态编译,并执行加载。

类加载器通常无须等到"首次使用"该类时才加载该类,Java 虚拟机规范允许系统预先加载某些类。

18.1.3 类的连接

当类被加载之后,系统为之生成一个对应的 Class 对象,接着将会进入连接阶段,连接阶段负责把类的二进制数据合并到 JRE 中。类连接又可分为如下三个阶段。
(1)验证:验证阶段用于检验被加载的类是否有正确的内部结构,并和其他类协调一致。
(2)准备:类准备阶段则负责为类的类变量分配内存,并设置默认初始值。
(3)解析:将类的二进制数据中的符号引用替换成直接引用。

18.1.4 类的初始化

在类的初始化阶段,虚拟机负责对类进行初始化,主要就是对类变量进行初始化。在 Java 类中对类变量指定初始值有两种方式:① 声明类变量时指定初始值;② 使用静态初始化块为类变量指定初始值。例如下面代码片段。

```java
public class Test
{
    // 声明变量 a 时指定初始值
    static int a = 5;
    static int b;
    static int c;
    static
    {
        // 使用静态初始化块为变量 b 指定初始值
        b = 6;
    }
    ...
}
```

对于上面代码,程序为类变量 a、b 都显式指定了初始值,所以这两个类变量的值分别为 5、6,但类变量 c 则没有指定初始值,它将采用默认初始值 0。

声明变量时指定初始值,静态初始化块都将被当成类的初始化语句,JVM 会按这些语句在程序中的排列顺序依次执行它们,例如下面的类。

程序清单:codes\18\18.1\Test.java
```java
public class Test
{
    static
    {
        // 使用静态初始化块为变量 b 指定初始值
        b = 6;
        System.out.println("----------");
    }
    // 声明变量 a 时指定初始值
    static int a = 5;
    static int b = 9;        // ①
    static int c;
    public static void main(String[] args)
    {
        System.out.println(Test.b);
    }
}
```

上面代码先在静态初始化块中为 b 变量赋值,此时类变量 b 的值为 6;接着程序向下执行,执行到①号代码处,这行代码也属于该类的初始化语句,所以程序再次为类变量 b 赋值。也就是说,当 Test 类初始化结束后,该类的类变量 b 的值为 9。

JVM 初始化一个类包含如下几个步骤。

❶ 假如这个类还没有被加载和连接,则程序先加载并连接该类。
❷ 假如该类的直接父类还没有被初始化,则先初始化其直接父类。
❸ 假如类中有初始化语句,则系统依次执行这些初始化语句。

当执行第 2 个步骤时,系统对直接父类的初始化步骤也遵循此步骤 1~3;如果该直接父类又有直接父类，则系统再次重复这三个步骤来先初始化这个父类……依此类推，所以 JVM 最先初始化的总是 java.lang.Object 类。当程序主动使用任何一个类时，系统会保证该类以及所有父类（包括直接父类和间接父类）都会被初始化。关于这一点请参考 5.9.3 节的内容。

▶▶ 18.1.5 类初始化的时机

当 Java 程序首次通过下面 6 种方式来使用某个类或接口时，系统就会初始化该类或接口。
- 创建类的实例。为某个类创建实例的方式包括：使用 new 操作符来创建实例，通过反射来创建实例，通过反序列化的方式来创建实例。
- 调用某个类的类方法（静态方法）。
- 访问某个类或接口的类变量，或为该类变量赋值。
- 使用反射方式来强制创建某个类或接口对应的 java.lang.Class 对象。例如代码：Class.forName("Person")，如果系统还未初始化 Person 类，则这行代码将会导致该 Person 类被初始化，并返回 Person 类对应的 java.lang.Class 对象。关于 Class 的 forName 方法请参考 18.3 节。
- 初始化某个类的子类。当初始化某个类的子类时，该子类的所有父类都会被初始化。
- 直接使用 java.exe 命令来运行某个主类。当运行某个主类时，程序会先初始化该主类。

除此之外，下面的几种情形需要特别指出。

对于一个 final 型的类变量，如果该类变量的值在编译时就可以确定下来，那么这个类变量相当于"宏变量"。Java 编译器会在编译时直接把这个类变量出现的地方替换成它的值，因此即使程序使用该静态类变量，也不会导致该类的初始化。例如下面示例程序的结果。

程序清单：codes\18\18.1\CompileConstantTest.java

```java
class MyTest
{
    static
    {
        System.out.println("静态初始化块...");
    }
    // 使用一个字符串直接量为 static final 的类变量赋值
    static final String compileConstant = "疯狂Java讲义";
}
public class CompileConstantTest
{
    public static void main(String[] args)
    {
        // 访问、输出 MyTest 中的 compileConstant 类变量
        System.out.println(MyTest.compileConstant);    // ①
    }
}
```

上面程序的 MyTest 类中有一个 compileConstant 的类变量，该类变量使用了 final 修饰，而且它的值可以在编译时确定下来，因此 compileConstant 会被当成"宏变量"处理。程序中所有使用 compileConstant 的地方都会在编译时被直接替换成它的值——也就是说，上面程序中①处的粗体字代码在编译时就会被替换成"疯狂Java讲义"，所以①行代码不会导致初始化 MyTest 类。

> **提示：** 当某个类变量（也叫静态变量）使用了 final 修饰，而且它的值可以在编译时就确定下来，那么程序其他地方使用该类变量时，实际上并没有使用该类变量，而是相当于使用常量。

反之，如果 final 修饰的类变量的值不能在编译时确定下来，则必须等到运行时才可以确定该类变量的值，如果通过该类来访问它的类变量，则会导致该类被初始化。例如将上面程序中定义 compileConstant 的代码改为如下：

```java
// 采用系统当前时间为 static final 类变量赋值
static final String compileConstant =
    System.currentTimeMillis() + "";
```

因为上面定义的 compileConstant 类变量的值必须在运行时才可以确定，所以①处的粗体字代码必须保留为对 MyTest 类的类变量的引用，这行代码就变成了使用 MyTest 的类变量，这将导致 MyTest 类被初始化。

当使用 ClassLoader 类的 loadClass()方法来加载某个类时，该方法只是加载该类，并不会执行该类的初始化。使用 Class 的 forName()静态方法才会导致强制初始化该类。例如如下代码。

程序清单：codes\18\18.1\ClassLoaderTest.java

```java
class Tester
{
    static
    {
        System.out.println("Tester 类的静态初始化块...");
    }
}
public class ClassLoaderTest
{
    public static void main(String[] args)
        throws ClassNotFoundException
    {
        ClassLoader cl = ClassLoader.getSystemClassLoader();
        // 下面语句仅仅是加载 Tester 类
        cl.loadClass("Tester");
        System.out.println("系统加载 Tester 类");
        // 下面语句才会初始化 Tester 类
        Class.forName("Tester");
    }
}
```

上面程序中的两行粗体字代码都用到了 Tester 类，但第一行粗体字代码只是加载 Tester 类，并不会初始化 Tester 类。运行上面程序，会看到如下运行结果：

```
系统加载 Tester 类
Tester 类的静态初始化块...
```

从上面运行结果可以看出，必须等到执行 Class.forName("Tester")时才完成对 Tester 类的初始化。

18.2 类加载器

类加载器负责将.class 文件（可能在磁盘上，也可能在网络上）加载到内存中，并为之生成对应的 java.lang.Class 对象。尽管在 Java 开发中无须过分关心类加载机制，但所有的编程人员都应该了解其工作机制，明白如何做才能让其更好地满足我们的需要。

18.2.1 类加载机制

类加载器负责加载所有的类，系统为所有被载入内存中的类生成一个 java.lang.Class 实例。一旦一个类被载入 JVM 中，同一个类就不会被再次载入了。现在的问题是，怎么样才算"同一个类"？

正如一个对象有一个唯一的标识一样，一个载入 JVM 中的类也有一个唯一的标识。在 Java 中，一个类用其全限定类名（包括包名和类名）作为标识；但在 JVM 中，一个类用其全限定类名和其类加载器作为唯一标识。例如，如果在 pg 的包中有一个名为 Person 的类，被类加载器 ClassLoader 的实例 kl 负责加载，则该 Person 类对应的 Class 对象在 JVM 中表示为（Person、pg、kl）。这意味着两个类加载器加载的同名类：（Person、pg、kl）和（Person、pg、kl2）是不同的，它们所加载的类也是完全不同、互不兼容的。

当 JVM 启动时，会形成由三个类加载器组成的初始类加载器层次结构。

- ➢ Bootstrap ClassLoader：根类加载器。
- ➢ Extension ClassLoader：扩展类加载器。
- ➢ System ClassLoader：系统类加载器。

Bootstrap ClassLoader 被称为引导（也称为原始或根）类加载器，它负责加载 Java 的核心类。在 Sun 的 JVM 中，当执行 java.exe 命令时，使用-Xbootclasspath 或-D 选项指定 sun.boot.class.path 系统属性值

可以指定加载附加的类。

JVM 的类加载机制主要有如下三种。

- 全盘负责。所谓全盘负责，就是当一个类加载器负责加载某个 Class 时，该 Class 所依赖的和引用的其他 Class 也将由该类加载器负责载入，除非显式使用另外一个类加载器来载入。
- 父类委托。所谓父类委托，则是先让 parent（父）类加载器试图加载该 Class，只有在父类加载器无法加载该类时才尝试从自己的类路径中加载该类。
- 缓存机制。缓存机制将会保证所有加载过的 Class 都会被缓存,当程序中需要使用某个 Class 时，类加载器先从缓存区中搜寻该 Class，只有当缓存区中不存在该 Class 对象时，系统才会读取该类对应的二进制数据，并将其转换成 Class 对象，存入缓存区中。这就是为什么修改了 Class 后，必须重新启动 JVM，程序所做的修改才会生效的原因。

> **注意：** 类加载器之间的父子关系并不是类继承上的父子关系，这里的父子关系是类加载器实例之间的关系。

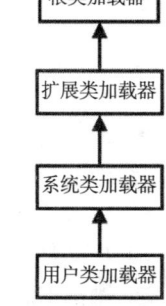

除了可以使用 Java 提供的类加载器之外，开发者也可以实现自己的类加载器，自定义的类加载器通过继承 ClassLoader 来实现。JVM 中这 4 种类加载器的层次结构如图 18.1 所示。

下面程序示范了访问 JVM 的类加载器。

程序清单：codes\18\18.2\ClassLoaderPropTest.java

图 18.1　JVM 中 4 种类加载器的层次结构

```java
public class ClassLoaderPropTest
{
    public static void main(String[] args)
        throws IOException
    {
        // 获取系统类加载器
        ClassLoader systemLoader = ClassLoader.getSystemClassLoader();
        System.out.println("系统类加载器: " + systemLoader);
        /*
        获取系统类加载器的加载路径——通常由 CLASSPATH 环境变量指定
        如果操作系统没有指定 CLASSPATH 环境变量，则默认以当前路径作为
        系统类加载器的加载路径
        */
        Enumeration<URL> em1 = systemLoader.getResources("");
        while(em1.hasMoreElements())
        {
            System.out.println(em1.nextElement());
        }
        // 获取系统类加载器的父类加载器，得到扩展类加载器
        ClassLoader extensionLader = systemLoader.getParent();
        System.out.println("扩展类加载器: " + extensionLader);
        System.out.println("扩展类加载器的加载路径: "
            + System.getProperty("java.ext.dirs"));
        System.out.println("扩展类加载器的 parent: "
            + extensionLader.getParent());
    }
}
```

运行上面程序，会看到如下运行结果：

```
系统类加载器: jdk.internal.loader.ClassLoaders$AppClassLoader@726f3b58
ile:/G:/publish/codes/18/18.2/
扩展类加载器: jdk.internal.loader.ClassLoaders$PlatformClassLoader@e6ea0c6
扩展类加载器的加载路径: null
扩展类加载器的 parent: null
```

从上面运行结果可以看出，系统类加载器的加载路径是程序运行的当前路径，扩展类加载器的加载路径是 null（与 Java 8 有区别），但此处看到扩展类加载器的父加载器是 null，并不是根类加载器。这

是因为根类加载器并没有继承 ClassLoader 抽象类，所以扩展类加载器的 getParent()方法返回 null。但实际上，扩展类加载器的父类加载器是根类加载器，只是根类加载器并不是 Java 实现的。

从运行结果可以看出，系统类加载器是 AppClassLoader 的实例，扩展类加载器 PlatformClassLoader 的实例。实际上，这两个类都是 URLClassLoader 类的实例。

> **注意：**
> JVM 的根类加载器并不是 Java 实现的，而且由于程序通常无须访问根类加载器，因此访问扩展类加载器的父类加载器时返回 null。

类加载器加载 Class 大致要经过如下 8 个步骤。

① 检测此 Class 是否载入过（即在缓存区中是否有此 Class），如果有则直接进入第 8 步，否则接着执行第 2 步。

② 如果父类加载器不存在（如果没有父类加载器，则要么 parent 一定是根类加载器，要么本身就是根类加载器），则跳到第 4 步执行；如果父类加载器存在，则接着执行第 3 步。

③ 请求使用父类加载器去载入目标类，如果成功载入则跳到第 8 步，否则接着执行第 5 步。

④ 请求使用根类加载器来载入目标类，如果成功载入则跳到第 8 步，否则跳到第 7 步。

⑤ 当前类加载器尝试寻找 Class 文件（从与此 ClassLoader 相关的类路径中寻找），如果找到则执行第 6 步，如果找不到则跳到第 7 步。

⑥ 从文件中载入 Class，成功载入后跳到第 8 步。

⑦ 抛出 ClassNotFoundException 异常。

⑧ 返回对应的 java.lang.Class 对象。

其中，第 5、6 步允许重写 ClassLoader 的 findClass()方法来实现自己的载入策略，甚至重写 loadClass()方法来实现自己的载入过程。

▶▶ 18.2.2 创建并使用自定义的类加载器

JVM 中除根类加载器之外的所有类加载器都是 ClassLoader 子类的实例，开发者可以通过扩展 ClassLoader 的子类，并重写该 ClassLoader 所包含的方法来实现自定义的类加载器。查阅 API 文档中关于 ClassLoader 的方法不难发现，ClassLoader 中包含了大量的 protected 方法——这些方法都可被子类重写。

ClassLoader 类有如下两个关键方法。

➢ loadClass(String name, boolean resolve)：该方法为 ClassLoader 的入口点，根据指定名称来加载类，系统就是调用 ClassLoader 的该方法来获取指定类对应的 Class 对象。

➢ findClass(String name)：根据指定名称来查找类。

如果需要实现自定义的 ClassLoader，则可以通过重写以上两个方法来实现，通常推荐重写 findClass()方法，而不是重写 loadClass()方法。loadClass()方法的执行步骤如下。

① 用 findLoadedClass(String) 来检查是否已经加载类，如果已经加载则直接返回。

② 在父类加载器上调用 loadClass()方法。如果父类加载器为 null，则使用根类加载器来加载。

③ 调用 findClass(String)方法查找类。

从上面步骤中可以看出，重写 findClass()方法可以避免覆盖默认类加载器的父类委托、缓冲机制两种策略；如果重写 loadClass()方法，则实现逻辑更为复杂。

在 ClassLoader 里还有一个核心方法：Class defineClass(String name, byte[] b, int off, int len)，该方法负责将指定类的字节码文件（即 Class 文件，如 Hello.class）读入字节数组 byte[] b 内，并把它转换为 Class 对象，该字节码文件可以来源于文件、网络等。

defineClass()方法管理 JVM 的许多复杂的实现，它负责将字节码分析成运行时数据结构，并校验有效性等。不过不用担心，程序员无须重写该方法。实际上该方法是 final 的，即使想重写也没有机会。

除此之外，ClassLoader 里还包含如下一些普通方法。

➢ findSystemClass(String name)：从本地文件系统装入文件。它在本地文件系统中寻找类文件，如果存在，就使用 defineClass()方法将原始字节转换成 Class 对象，以将该文件转换成类。
- ➤ static getSystemClassLoader()：这是一个静态方法，用于返回系统类加载器。
- ➤ getParent()：获取该类加载器的父类加载器。
- ➤ resolveClass(Class<?> c)：链接指定的类。类加载器可以使用此方法来链接类 c。读者无须理会关于此方法的太多细节。
- ➤ findLoadedClass(String name)：如果此 Java 虚拟机已加载了名为 name 的类，则直接返回该类对应的 Class 实例，否则返回 null。该方法是 Java 类加载缓存机制的体现。

下面程序开发了一个自定义的 ClassLoader，该 ClassLoader 通过重写 findClass()方法来实现自定义的类加载机制。这个 ClassLoader 可以在加载类之前先编译该类的源文件，从而实现运行 Java 之前先编译该程序的目标，这样即可通过该 ClassLoader 直接运行 Java 源文件。

程序清单：codes\18\18.2\CompileClassLoader.java

```java
public class CompileClassLoader extends ClassLoader
{
    // 读取一个文件的内容
    private byte[] getBytes(String filename)
        throws IOException
    {
        File file = new File(filename);
        long len = file.length();
        byte[] raw = new byte[(int)len];
        try(
            FileInputStream fin = new FileInputStream(file))
        {
            // 一次读取 Class 文件的全部二进制数据
            int r = fin.read(raw);
            if(r != len)
                throw new IOException("无法读取全部文件: "
                    + r + " != " + len);
            return raw;
        }
    }
    // 定义编译指定 Java 文件的方法
    private boolean compile(String javaFile)
        throws IOException
    {
        System.out.println("CompileClassLoader:正在编译 "
            + javaFile + "...");
        // 调用系统的 javac 命令
        Process p = Runtime.getRuntime().exec("javac " + javaFile);
        try
        {
            // 其他线程都等待这个线程完成
            p.waitFor();
        }
        catch(InterruptedException ie)
        {
            System.out.println(ie);
        }
        // 获取 javac 线程的退出值
        int ret = p.exitValue();
        // 返回编译是否成功
        return ret == 0;
    }
    // 重写 ClassLoader 的 findClass 方法
    protected Class<?> findClass(String name)
        throws ClassNotFoundException
    {
        Class clazz = null;
        // 将包路径中的点（.）替换成斜线（/）
        String fileStub = name.replace("." , "/");
        String javaFilename = fileStub + ".java";
        String classFilename = fileStub + ".class";
```

```java
            File javaFile = new File(javaFilename);
            File classFile = new File(classFilename);
            // 当指定 Java 源文件存在，且 Class 文件不存在，或者 Java 源文件
            // 的修改时间比 Class 文件的修改时间更晚时，重新编译
            if(javaFile.exists() && (!classFile.exists()
                || javaFile.lastModified() > classFile.lastModified()))
            {
                try
                {
                    // 如果编译失败，或者该 Class 文件不存在
                    if(!compile(javaFilename) || !classFile.exists())
                    {
                        throw new ClassNotFoundException(
                            "ClassNotFoundExcetpion:" + javaFilename);
                    }
                }
                catch (IOException ex)
                {
                    ex.printStackTrace();
                }
            }
            // 如果 Class 文件存在，系统负责将该文件转换成 Class 对象
            if (classFile.exists())
            {
                try
                {
                    // 将 Class 文件的二进制数据读入数组
                    byte[] raw = getBytes(classFilename);
                    // 调用 ClassLoader 的 defineClass 方法将二进制数据转换成 Class 对象
                    clazz = defineClass(name,raw,0,raw.length);
                }
                catch(IOException ie)
                {
                    ie.printStackTrace();
                }
            }
            // 如果 clazz 为 null，表明加载失败，则抛出异常
            if(clazz == null)
            {
                throw new ClassNotFoundException(name);
            }
            return clazz;
    }
    // 定义一个主方法
    public static void main(String[] args) throws Exception
    {
        // 如果运行该程序时没有参数，即没有目标类
        if (args.length < 1)
        {
            System.out.println("缺少目标类，请按如下格式运行 Java 源文件：");
            System.out.println("java CompileClassLoader ClassName");
        }
        // 第一个参数是需要运行的类
        String progClass = args[0];
        // 剩下的参数将作为运行目标类时的参数
        // 将这些参数复制到一个新数组中
        String[] progArgs = new String[args.length-1];
        System.arraycopy(args , 1 , progArgs
            , 0 , progArgs.length);
        CompileClassLoader ccl = new CompileClassLoader();
        // 加载需要运行的类
        Class<?> clazz = ccl.loadClass(progClass);
        // 获取需要运行的类的主方法
        Method main = clazz.getMethod("main" , (new String[0]).getClass());
        Object argsArray[] = {progArgs};
        main.invoke(null,argsArray);
    }
}
```

上面程序中的粗体字代码重写了 findClass() 方法，通过重写该方法就可以实现自定义的类加载机制。在本类的 findClass() 方法中先检查需要加载类的 Class 文件是否存在，如果不存在则先编译源文件，再调用 ClassLoader 的 defineClass() 方法来加载这个 Class 文件，并生成相应的 Class 对象。

提示：上面程序的 main() 方法中的粗体字代码使用了反射来调用方法，关于使用反射调用方法的内容请参考本章 18.4 节的内容。

接下来可以随意提供一个简单的主类，该主类无须编译就可以使用上面的 CompileClass Loader 来运行它。

程序清单：codes\18\18.2\Hello.java

```java
public class Hello
{
    public static void main(String[] args)
    {
        for (String arg : args)
        {
            System.out.println("运行 Hello 的参数: " + arg);
        }
    }
}
```

无须编译该 Hello.java，可以直接使用如下命令来运行该 Hello.java 程序。

```
java CompileClassLoader Hello 疯狂Java讲义
```

运行结果如下：

```
CompileClassLoader:正在编译 Hello.java...
运行 Hello 的参数：疯狂 Java 讲义
```

本示例程序提供的类加载器功能比较简单，仅仅提供了在运行之前先编译 Java 源文件的功能。实际上，使用自定义的类加载器，可以实现如下常见功能。

- 执行代码前自动验证数字签名。
- 根据用户提供的密码解密代码，从而可以实现代码混淆器来避免反编译*.class 文件。
- 根据用户需求来动态地加载类。
- 根据应用需求把其他数据以字节码的形式加载到应用中。

▶▶ 18.2.3 URLClassLoader 类

Java 为 ClassLoader 提供了一个 URLClassLoader 实现类，该类也是系统类加载器和扩展类加载器的父类（此处的父类，就是指类与类之间的继承关系）。URLClassLoader 功能比较强大，它既可以从本地文件系统获取二进制文件来加载类，也可以从远程主机获取二进制文件来加载类。

在应用程序中可以直接使用 URLClassLoader 加载类，URLClassLoader 类提供了如下两个构造器。

- URLClassLoader(URL[] urls)：使用默认的父类加载器创建一个 ClassLoader 对象，该对象将从 urls 所指定的系列路径来查询并加载类。
- URLClassLoader(URL[] urls, ClassLoader parent)：使用指定的父类加载器创建一个 ClassLoader 对象，其他功能与前一个构造器相同。

一旦得到了 URLClassLoader 对象之后，就可以调用该对象的 loadClass() 方法来加载指定类。下面程序示范了如何直接从文件系统中加载 MySQL 驱动，并使用该驱动来获取数据库连接。通过这种方式来获取数据库连接，可以无须将 MySQL 驱动添加到 CLASSPATH 环境变量中。

程序清单：codes\18\18.2\URLClassLoaderTest.java

```java
public class URLClassLoaderTest
{
    private static Connection conn;
    // 定义一个获取数据库连接的方法
```

```java
public static Connection getConn(String url ,
    String user , String pass) throws Exception
{
    if (conn == null)
    {
        // 创建一个 URL 数组
        URL[] urls = {new URL(
            "file:mysql-connector-java-5.1.30-bin.jar")};
        // 以默认的 ClassLoader 作为父 ClassLoader，创建 URLClassLoader
        URLClassLoader myClassLoader = new URLClassLoader(urls);
        // 加载 MySQL 的 JDBC 驱动，并创建默认实例
        Driver driver = (Driver)myClassLoader.
            loadClass("com.mysql.jdbc.Driver").getConstructor().newInstance();
        // 创建一个设置 JDBC 连接属性的 Properties 对象
        Properties props = new Properties();
        // 至少需要为该对象传入 user 和 password 两个属性
        props.setProperty("user" , user);
        props.setProperty("password" , pass);
        // 调用 Driver 对象的 connect 方法来取得数据库连接
        conn = driver.connect(url , props);
    }
    return conn;
}
public static void main(String[] args)throws Exception
{
    System.out.println(getConn("jdbc:mysql://localhost:3306/mysql"
        , "root" , "32147"));
}
```

上面程序中的前两行粗体字代码创建了一个 URLClassLoader 对象，该对象使用默认的父类加载器，该类加载器的类加载路径是当前路径下的 mysql-connector-java-5.1.30-bin.jar 文件，将 MySQL 驱动复制到该路径下，这样保证该 ClassLoader 可以正常加载到 com.mysql.jdbc.Driver 类。

程序的第三行粗体字代码使用 ClassLoader 的 loadClass()加载指定类，并调用 Class 对象的 newInstance()方法创建了一个该类的默认实例——也就是得到 com.mysql.jdbc.Driver 类的对象，当然该对象的实现类实现了 java.sql.Driver 接口，所以程序将其强制类型转换为 Driver。程序的最后一行粗体字代码通过 Driver 而不是 DriverManager 来获取数据库连接，关于 Driver 接口的用法读者可以自行查阅 API 文档。

正如前面所看到的，创建 URLClassLoader 时传入了一个 URL 数组参数，该 ClassLoader 就可以从这系列 URL 指定的资源中加载指定类，这里的 URL 可以以 file:为前缀，表明从本地文件系统加载；可以以 http:为前缀，表明从互联网通过 HTTP 访问来加载；也可以以 ftp:为前缀，表明从互联网通过 FTP 访问来加载……功能非常强大。

18.3 通过反射查看类信息

Java 程序中的许多对象在运行时都会出现两种类型：编译时类型和运行时类型，例如代码：Person p = new Student();，这行代码将会生成一个 p 变量，该变量的编译时类型为 Person，运行时类型为 Student；除此之外，还有更极端的情形，程序在运行时接收到外部传入的一个对象，该对象的编译时类型是 Object，但程序又需要调用该对象运行时类型的方法。

为了解决这些问题，程序需要在运行时发现对象和类的真实信息。解决该问题有以下两种做法。

➤ 第一种做法是假设在编译时和运行时都完全知道类型的具体信息，在这种情况下，可以先使用 instanceof 运算符进行判断，再利用强制类型转换将其转换成其运行时类型的变量即可。关于这种方式请参考 5.7 节的内容。

➤ 第二种做法是编译时根本无法预知该对象和类可能属于哪些类，程序只依靠运行时信息来发现该对象和类的真实信息，这就必须使用反射。

18.3.1 获得 Class 对象

前面已经介绍过了，每个类被加载之后，系统就会为该类生成一个对应的 Class 对象，通过该 Class 对象就可以访问到 JVM 中的这个类。在 Java 程序中获得 Class 对象通常有如下三种方式。

- 使用 Class 类的 forName(String clazzName) 静态方法。该方法需要传入字符串参数，该字符串参数的值是某个类的全限定类名（必须添加完整包名）。
- 调用某个类的 class 属性来获取该类对应的 Class 对象。例如，Person.class 将会返回 Person 类对应的 Class 对象。
- 调用某个对象的 getClass() 方法。该方法是 java.lang.Object 类中的一个方法，所以所有的 Java 对象都可以调用该方法，该方法将会返回该对象所属类对应的 Class 对象。

对于第一种方式和第二种方式都是直接根据类来取得该类的 Class 对象，相比之下，第二种方式有如下两种优势。

- 代码更安全。程序在编译阶段就可以检查需要访问的 Class 对象是否存在。
- 程序性能更好。因为这种方式无须调用方法，所以性能更好。

也就是说，大部分时候都应该使用第二种方式来获取指定类的 Class 对象。但如果程序只能获得一个字符串，例如"java.lang.String"，若需要获取该字符串对应的 Class 对象，则只能使用第一种方式，使用 Class 的 forName(String clazzName) 方法获取 Class 对象时，该方法可能抛出一个 ClassNotFoundException 异常。

一旦获得了某个类所对应的 Class 对象之后，程序就可以调用 Class 对象的方法来获得该对象和该类的真实信息了。

18.3.2 从 Class 中获取信息

Class 类提供了大量的实例方法来获取该 Class 对象所对应类的详细信息，Class 类大致包含如下方法，下面每个方法都可能包括多个重载的版本，读者应该查阅 API 文档来掌握它们。

下面 4 个方法用于获取 Class 对应类所包含的构造器。

- Connstructor<T> getConstructor(Class<?>... parameterTypes)：返回此 Class 对象对应类的、带指定形参列表的 public 构造器。
- Constructor<?>[] getConstructors()：返回此 Class 对象对应类的所有 public 构造器。
- Constructor<T> getDeclaredConstructor(Class<?>... parameterTypes)：返回此 Class 对象对应类的、带指定形参列表的构造器，与构造器的访问权限无关。
- Constructor<?>[] getDeclaredConstructors()：返回此 Class 对象对应类的所有构造器，与构造器的访问权限无关。

下面 4 个方法用于获取 Class 对应类所包含的方法。

- Method getMethod(String name, Class<?>... parameterTypes)：返回此 Class 对象对应类的、带指定形参列表的 public 方法。
- Method[] getMethods()：返回此 Class 对象所表示的类的所有 public 方法。
- Method getDeclaredMethod(String name, Class<?>... parameterTypes)：返回此 Class 对象对应类的、带指定形参列表的方法，与方法的访问权限无关。
- Method[] getDeclaredMethods()：返回此 Class 对象对应类的全部方法，与方法的访问权限无关。

如下 4 个方法用于访问 Class 对应类所包含的成员变量。

- Field getField(String name)：返回此 Class 对象对应类的、指定名称的 public 成员变量。
- Field[] getFields()：返回此 Class 对象对应类的所有 public 成员变量。
- Field getDeclaredField(String name)：返回此 Class 对象对应类的、指定名称的成员变量，与成员变量的访问权限无关。
- Field[] getDeclaredFields()：返回此 Class 对象对应类的全部成员变量，与成员变量的访问权限无关。

如下几个方法用于访问 Class 对应类上所包含的 Annotation。

- \<A extends Annotation\> A getAnnotation(Class\<A\> annotationClass)：尝试获取该 Class 对象对应类上存在的、指定类型的 Annotation；如果该类型的注解不存在，则返回 null。
- \<A extends Annotation\> A getDeclaredAnnotation(Class\<A\> annotationClass)：这是 Java 8 新增的方法，该方法尝试获取直接修饰该 Class 对象对应类的、指定类型的 Annotation；如果该类型的注解不存在，则返回 null。
- Annotation[] getAnnotations()：返回修饰该 Class 对象对应类上存在的所有 Annotation。
- Annotation[] getDeclaredAnnotations()：返回直接修饰该 Class 对应类的所有 Annotation。
- \<A extends Annotation\> A[] getAnnotationsByType(Class\<A\> annotationClass)：该方法的功能与前面介绍的 getAnnotation()方法基本相似。但由于 Java 8 增加了重复注解功能，因此需要使用该方法获取修饰该类的、指定类型的多个 Annotation。
- \<A extends Annotation\> A[] getDeclaredAnnotationsByType(Class\<A\> annotationClass)：该方法的功能与前面介绍的 getDeclaredAnnotations ()方法基本相似。但由于 Java 8 增加了重复注解功能，因此需要使用该方法获取直接修饰该类的、指定类型的多个 Annotation。

如下方法用于访问该 Class 对象对应类包含的内部类。
- Class\<?\>[] getDeclaredClasses()：返回该 Class 对象对应类里包含的全部内部类。

如下方法用于访问该 Class 对象对应类所在的外部类。
- Class\<?\> getDeclaringClass()：返回该 Class 对象对应类所在的外部类。

如下方法用于访问该 Class 对象对应类所实现的接口。
- Class\<?\>[] getInterfaces()：返回该 Class 对象对应类所实现的全部接口。

如下几个方法用于访问该 Class 对象对应类所继承的父类。
- Class\<? super T\> getSuperclass()：返回该 Class 对象对应类的超类的 Class 对象。

如下方法用于获取 Class 对象对应类的修饰符、所在包、类名等基本信息。
- int getModifiers()：返回此类或接口的所有修饰符。修饰符由 public、protected、private、final、static、abstract 等对应的常量组成，返回的整数应使用 Modifier 工具类的方法来解码，才可以获取真实的修饰符。
- Package getPackage()：获取此类的包。
- String getName()：以字符串形式返回此 Class 对象所表示的类的名称。
- String getSimpleName()：以字符串形式返回此 Class 对象所表示的类的简称。

除此之外，Class 对象还可调用如下几个判断方法来判断该类是否为接口、枚举、注解类型等。
- boolean isAnnotation()：返回此 Class 对象是否表示一个注解类型（由@interface 定义）。
- boolean isAnnotationPresent(Class\<? extends Annotation\> annotationClass)：判断此 Class 对象是否使用了 Annotation 修饰。
- boolean isAnonymousClass()：返回此 Class 对象是否是一个匿名类。
- boolean isArray()：返回此 Class 对象是否表示一个数组类。
- boolean isEnum()：返回此 Class 对象是否表示一个枚举（由 enum 关键字定义）。
- boolean isInterface()：返回此 Class 对象是否表示一个接口（使用 interface 定义）。
- boolean isInstance(Object obj)：判断 obj 是否是此 Class 对象的实例，该方法可以完全代替 instanceof 操作符。

上面的多个 getMethod()方法和 getConstructor()方法中，都需要传入多个类型为 Class\<?\>的参数，用于获取指定的方法或指定的构造器。关于这个参数的作用，假设某个类内包含如下三个 info 方法签名：
- public void info()
- public void info(String str)
- public void info(String str , Integer num)

这三个同名方法属于重载，它们的方法名相同，但参数列表不同。在 Java 语言中要确定一个方法光有方法名是不行的，如果仅仅只指定 info 方法——实际上可以是上面三个方法中的任意一个！如果需要确定一个方法，则应该由方法名和形参列表来确定，但形参名没有任何实际意义，所以只能由形参类型来确定。例如想指定第二个 info 方法，则必须指定方法名为 info，形参列表为 String.class——因此在程序中获取该方法使用如下代码：

```java
// 前一个参数指定方法名，后面的个数可变的 Class 参数指定形参类型列表
clazz.getMethod("info" , String.class)
```

如果需要获取第三个 info 方法，则使用如下代码：

```java
// 前一个参数指定方法名，后面的个数可变的 Class 参数指定形参类型列表
clazz.getMethod("info" , String.class, Integer.class)
```

获取构造器时无须传入构造器名——同一个类的所有构造器的名字都是相同的，所以要确定一个构造器只要指定形参列表即可。

下面程序示范了如何通过该 Class 对象来获取对应类的详细信息。

程序清单：codes\18\18.3\ClassTest.java

```java
// 定义可重复注解
@Repeatable(Annos.class)
@interface Anno {}
@Retention(value=RetentionPolicy.RUNTIME)
@interface Annos {
    Anno[] value();
}
// 使用 4 个注解修饰该类
@SuppressWarnings(value="unchecked")
@Deprecated
// 使用重复注解修饰该类
@Anno
@Anno
public class ClassTest
{
    // 为该类定义一个私有的构造器
    private ClassTest()
    {
    }
    // 定义一个有参数的构造器
    public ClassTest(String name)
    {
        System.out.println("执行有参数的构造器");
    }
    // 定义一个无参数的 info 方法
    public void info()
    {
        System.out.println("执行无参数的 info 方法");
    }
    // 定义一个有参数的 info 方法
    public void info(String str)
    {
        System.out.println("执行有参数的 info 方法"
            + ", 其 str 参数值: " + str);
    }
    // 定义一个测试用的内部类
    class Inner
    {
    }
    public static void main(String[] args)
        throws Exception
    {
        // 下面代码可以获取 ClassTest 对应的 Class
        Class<ClassTest> clazz = ClassTest.class;
        // 获取该 Class 对象所对应类的全部构造器
        Constructor[] ctors = clazz.getDeclaredConstructors();
        System.out.println("ClassTest 的全部构造器如下: ");
        for (Constructor c : ctors)
        {
            System.out.println(c);
        }
        // 获取该 Class 对象所对应类的全部 public 构造器
        Constructor[] publicCtors = clazz.getConstructors();
        System.out.println("ClassTest 的全部 public 构造器如下: ");
```

```java
    for (Constructor c : publicCtors)
    {
        System.out.println(c);
    }
    // 获取该 Class 对象所对应类的全部 public 方法
    Method[] mtds = clazz.getMethods();
    System.out.println("ClassTest 的全部 public 方法如下: ");
    for (Method md : mtds)
    {
        System.out.println(md);
    }
    // 获取该 Class 对象所对应类的指定方法
    System.out.println("ClassTest 里带一个字符串参数的 info 方法为: "
        + clazz.getMethod("info" , String.class));
    // 获取该 Class 对象所对应类的全部注解
    Annotation[] anns = clazz.getAnnotations();
    System.out.println("ClassTest 的全部 Annotation 如下: ");
    for (Annotation an : anns)
    {
        System.out.println(an);
    }
    System.out.println("该 Class 元素上的@SuppressWarnings 注解为: "
        + Arrays.toString(clazz.getAnnotationsByType(SuppressWarnings.class)));
    System.out.println("该 Class 元素上的@Anno 注解为: "
        + Arrays.toString(clazz.getAnnotationsByType(Anno.class)));
    // 获取该 Class 对象所对应类的全部内部类
    Class<?>[] inners = clazz.getDeclaredClasses();
    System.out.println("ClassTest 的全部内部类如下: ");
    for (Class c : inners)
    {
        System.out.println(c);
    }
    // 使用 Class.forName()方法加载 ClassTest 的 Inner 内部类
    Class inClazz = Class.forName("ClassTest$Inner");
    // 通过 getDeclaringClass()访问该类所在的外部类
    System.out.println("inClazz 对应类的外部类为: " +
        inClazz.getDeclaringClass());
    System.out.println("ClassTest 的包为: " + clazz.getPackage());
    System.out.println("ClassTest 的父类为: " + clazz.getSuperclass());
    }
}
```

上面程序无须过多解释，程序获取了 ClassTest 类对应的 Class 对象后，通过调用该 Class 对象的不同方法来得到该 Class 对象的详细信息。运行该程序，会看到如图 18.2 所示的运行结果。

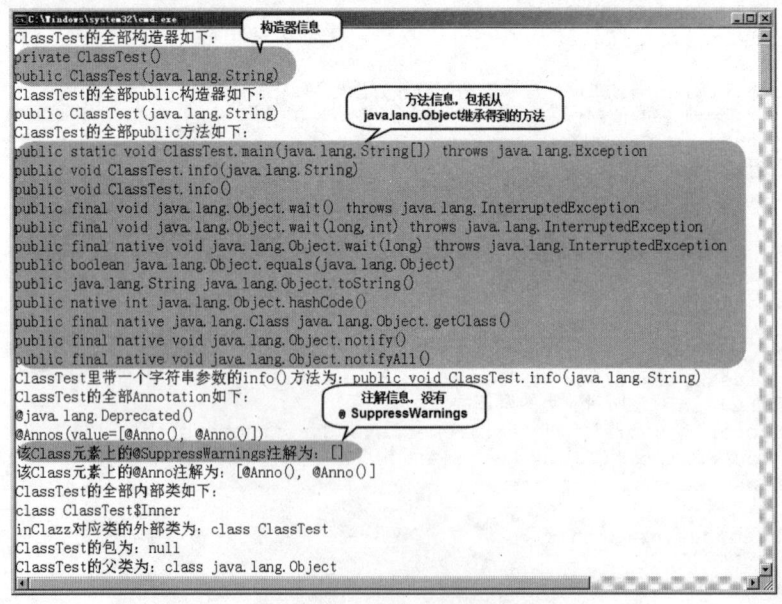

图 18.2 使用 Class 对象查看该类的内部信息

从图 18.2 所示的运行结果来看，Class 提供的功能非常丰富，它可以获取该类里包含的构造器、方法、内部类、注解等信息，也可以获取该类所包括的成员变量（Field）信息——通过 getFields()或 getField(String name)方法即可。

值得指出的是，虽然定义 ClassTest 类时使用了@SuppressWarnings 注解，但程序运行时无法分析出该类里包含的该注解，这是因为@SuppressWarnings 使用了@Retention(value=SOURCE)修饰，这表明@SuppressWarnings 只能保存在源代码级别上，而通过 ClassTest.class 获取该类的运行时 Class 对象，所以程序无法访问到@SuppressWarnings 注解。

> **注意：**
> 对于只能在源代码上保留的注解，使用运行时获得的 Class 对象无法访问到该注解对象。

通过 Class 对象可以得到大量的 Method、Constructor、Field 等对象，这些对象分别代表该类所包括的方法、构造器和成员变量等，程序还可以通过这些对象来执行实际的功能，例如调用方法、创建实例。

18.3.3 Java 8 新增的方法参数反射

Java 8 在 java.lang.reflect 包下新增了一个 Executable 抽象基类，该对象代表可执行的类成员，该类派生了 Constructor、Method 两个子类。

Executable 基类提供了大量方法来获取修饰该方法或构造器的注解信息；还提供了 isVarArgs()方法用于判断该方法或构造器是否包含数量可变的形参，以及通过 getModifiers()方法来获取该方法或构造器的修饰符。除此之外，Executable 提供了如下两个方法来获取该方法或参数的形参个数及形参名。

- int getParameterCount()：获取该构造器或方法的形参个数。
- Parameter[] getParameters()：获取该构造器或方法的所有形参。

上面第二个方法返回了一个 Parameter[]数组，Parameter 也是 Java 8 新增的 API，每个 Parameter 对象代表方法或构造器的一个参数。Parameter 也提供了大量方法来获取声明该参数的泛型信息，还提供了如下常用方法来获取参数信息。

- getModifiers()：获取修饰该形参的修饰符。
- String getName()：获取形参名。
- Type getParameterizedType()：获取带泛型的形参类型。
- Class<?> getType()：获取形参类型。
- boolean isNamePresent()：该方法返回该类的 class 文件中是否包含了方法的形参名信息。
- boolean isVarArgs()：该方法用于判断该参数是否为个数可变的形参。

需要指出的是，使用 javac 命令编译 Java 源文件时，默认生成的 class 文件并不包含方法的形参名信息，因此调用 isNamePresent()方法将会返回 false，调用 getName()方法也不能得到该参数的形参名。如果希望 javac 命令编译 Java 源文件时可以保留形参信息，则需要为该命令指定-parameters 选项。

如下程序示范了 Java 8 的方法参数反射功能。

程序清单：codes\18\18.3\MethodParameterTest.java

```
class Test
{
    public void replace(String str, List<String> list){}
}
public class MethodParameterTest
{
    public static void main(String[] args)throws Exception
    {
        // 获取 String 的类
        Class<Test> clazz = Test.class;
        // 获取 String 类的带两个参数的 replace()方法
        Method replace = clazz.getMethod("replace"
            , String.class, List.class);
```

```java
        // 获取指定方法的参数个数
        System.out.println("replace 方法参数个数: " + replace.getParameterCount());
        // 获取 replace 的所有参数信息
        Parameter[] parameters = replace.getParameters();
        int index = 1;
        // 遍历所有参数
        for (Parameter p : parameters)
        {
            if (p.isNamePresent())
            {
                System.out.println("---第" + index++ + "个参数信息---");
                System.out.println("参数名: " + p.getName());
                System.out.println("形参类型: " + p.getType());
                System.out.println("泛型类型: " + p.getParameterizedType());
            }
        }
    }
}
```

上面程序先定义了一个包含简单的 Test 类，该类中包含一个 replace(String str, List<String> list)方法，程序中第一行粗体字代码获取了该方法，接下来程序中三行粗体字代码分别用于获取该方法的形参名、形参类型和泛型信息。

由于上面程序中三行粗体字代码位于 p.isNamePresent()条件为 true 的执行体内，也就是只有当该类的 class 文件中包含形参名信息时，程序才会执行条件体内的三行粗体字代码。因此需要使用如下命令来编译该程序：

```
javac -parameters -d . MethodParameterTest.java
```

上面命令中-parameters 选项用于控制 javac 命令保留方法形参名信息。

运行该程序，即可看到如下输出：

```
replace 方法参数个数: 2
---第 1 个参数信息---
参数名: str
形参类型: class java.lang.String
泛型类型: class java.lang.String
---第 2 个参数信息---
参数名: list
形参类型: interface java.util.List
泛型类型: java.util.List<java.lang.String>
```

18.4 使用反射生成并操作对象

Class 对象可以获得该类里的方法（由 Method 对象表示）、构造器（由 Constructor 对象表示）、成员变量（由 Field 对象表示），这三个类都位于 java.lang.reflect 包下，并实现了 java.lang.reflect.Member 接口。程序可以通过 Method 对象来执行对应的方法，通过 Constructor 对象来调用对应的构造器创建实例，能通过 Field 对象直接访问并修改对象的成员变量值。

▶▶ 18.4.1 创建对象

通过反射来生成对象需要先使用 Class 对象获取指定的 Constructor 对象，再调用 Constructor 对象的 newInstance()方法来创建该 Class 对象对应类的实例。通过这种方式可以选择使用指定的构造器来创建实例。

在很多 Java EE 框架中都需要根据配置文件信息来创建 Java 对象，从配置文件读取的只是某个类的字符串类名，程序需要根据该字符串来创建对应的实例，就必须使用反射。

下面程序就实现了一个简单的对象池，该对象池会根据配置文件读取 key-value 对，然后创建这些对象，并将这些对象放入一个 HashMap 中。

程序清单：codes\18\18.4\ObjectPoolFactory.java

```java
public class ObjectPoolFactory
{
```

```java
    // 定义一个对象池，前面是对象名，后面是实际对象
    private Map<String ,Object> objectPool = new HashMap<>();
    // 定义一个创建对象的方法
    // 该方法只要传入一个字符串类名，程序可以根据该类名生成Java对象
    private Object createObject(String clazzName)
        throws Exception
        , IllegalAccessException , ClassNotFoundException
    {
        // 根据字符串来获取对应的Class对象
        Class<?> clazz = Class.forName(clazzName);
        // 使用clazz对应类的默认构造器创建实例
        return clazz.getConstructor().newInstance();
    }
    // 该方法根据指定文件来初始化对象池
    // 它会根据配置文件来创建对象
    public void initPool(String fileName)
        throws InstantiationException
        , IllegalAccessException ,ClassNotFoundException
    {
        try(
            FileInputStream fis = new FileInputStream(fileName))
        {
            Properties props = new Properties();
            props.load(fis);
            for (String name : props.stringPropertyNames())
            {
                // 每取出一对key-value对，就根据value创建一个对象
                // 调用createObject()创建对象，并将对象添加到对象池中
                objectPool.put(name ,
                    createObject(props.getProperty(name)));
            }
        }
        catch (Exception ex)
        {
            System.out.println("读取" + fileName + "异常");
        }
    }
    public Object getObject(String name)
    {
        // 从objectPool中取出指定name对应的对象
        return objectPool.get(name);
    }
    public static void main(String[] args)
        throws Exception
    {
        ObjectPoolFactory pf = new ObjectPoolFactory();
        pf.initPool("obj.txt");
        System.out.println(pf.getObject("a"));       // ①
        System.out.println(pf.getObject("b"));       // ②
    }
}
```

上面程序中 createObject() 方法里的两行粗体字代码就是根据字符串来创建 Java 对象的关键代码，程序调用 Class 对象的 newInstance() 方法即可创建一个 Java 对象。程序中的 initPool() 方法会读取属性文件，对属性文件中每个 key-value 对创建一个 Java 对象，其中 value 是该 Java 对象的实现类，而 key 是该 Java 对象放入对象池中的名字。为该程序提供如下属性配置文件。

程序清单：codes\18\18.4\obj.txt

```
a=java.util.Date
b=javax.swing.JFrame
```

编译、运行上面的 ObjectPoolFactory 程序，执行到 main 方法中的①号代码处，将看到输出系统当前时间——这表明对象池中已经有了一个名为 a 的对象，该对象是一个 java.util.Date 对象。执行到②号代码处，将看到输出一个 JFrame 对象。

> **提示：**
> 这种使用配置文件来配置对象，然后由程序根据配置文件来创建对象的方式非常有用，大名鼎鼎的 Spring 框架就采用这种方式大大简化了 Java EE 应用的开发。当然，Spring 采用的是 XML 配置文件——毕竟属性文件能配置的信息太有限了，而 XML 配置文件能配置的信息就丰富多了。

如果不想利用默认构造器来创建 Java 对象，而想利用指定的构造器来创建 Java 对象，则需要利用 Constructor 对象，每个 Constructor 对应一个构造器。为了利用指定的构造器来创建 Java 对象，需要如下三个步骤。

① 获取该类的 Class 对象。
② 利用 Class 对象的 getConstructor()方法来获取指定的构造器。
③ 调用 Constructor 的 newInstance()方法来创建 Java 对象。

下面程序利用反射来创建一个 JFrame 对象，而且使用指定的构造器。

程序清单：codes\18\18.4\CreateJFrame.java

```java
public class CreateJFrame
{
    public static void main(String[] args)
        throws Exception
    {
        // 获取 JFrame 对应的 Class 对象
        Class<?> jframeClazz = Class.forName("javax.swing.JFrame");
        // 获取 JFrame 中带一个字符串参数的构造器
        Constructor ctor = jframeClazz
            .getConstructor(String.class);
        // 调用 Constructor 的 newInstance 方法创建对象
        Object obj = ctor.newInstance("测试窗口");
        // 输出 JFrame 对象
        System.out.println(obj);
    }
}
```

上面程序中第一行粗体字代码用于获取 JFrame 类的指定构造器，前面已经提到：如果要唯一地确定某类中的构造器，只要指定构造器的形参列表即可。第一行粗体字代码获取构造器时传入了一个 String 类型，即表明想获取只有一个字符串参数的构造器。

程序中第二行粗体字代码使用指定构造器的 newInstance()方法来创建一个 Java 对象，当调用 Constructor 对象的 newInstance()方法时通常需要传入参数，因为调用 Constructor 的 newInstance()方法实际上等于调用它对应的构造器，传给 newInstance()方法的参数将作为对应构造器的参数。

对于上面的 CreateFrame.java 中已知 java.swing.JFrame 类的情形，通常没有必要使用反射来创建该对象，毕竟通过反射创建对象时性能要稍低一些。实际上，只有当程序需要动态创建某个类的对象时才会考虑使用反射，通常在开发通用性比较广的框架、基础平台时可能会大量使用反射。

▶▶ 18.4.2 调用方法

当获得某个类对应的 Class 对象后，就可以通过该 Class 对象的 getMethods()方法或者 getMethod()方法来获取全部方法或指定方法——这两个方法的返回值是 Method 数组，或者 Method 对象。

每个 Method 对象对应一个方法，获得 Method 对象后，程序就可通过该 Method 来调用它对应的方法。在 Method 里包含一个 invoke()方法，该方法的签名如下。

➤ Object invoke(Object obj, Object... args)：该方法中的 obj 是执行该方法的主调，后面的 args 是执行该方法时传入该方法的实参。

下面程序对前面的对象池工厂进行加强，允许在配置文件中增加配置对象的成员变量的值，对象池工厂会读取为该对象配置的成员变量值，并利用该对象对应的 setter 方法设置成员变量的值。

程序清单：codes\18\18.4\ExtendedObjectPoolFactory.java

```java
public class ExtendedObjectPoolFactory
```

```java
{
    // 定义一个对象池，前面是对象名，后面是实际对象
    private Map<String ,Object> objectPool = new HashMap<>();
    private Properties config = new Properties();
    // 从指定属性文件中初始化 Properties 对象
    public void init(String fileName)
    {
        try(
            FileInputStream fis = new FileInputStream(fileName))
        {
            config.load(fis);
        }
        catch (IOException ex)
        {
            System.out.println("读取" + fileName + "异常");
        }
    }
    // 定义一个创建对象的方法
    // 该方法只要传入一个字符串类名，程序可以根据该类名生成 Java 对象
    private Object createObject(String clazzName)
        throws Exception
    {
        // 根据字符串来获取对应的 Class 对象
        Class<?> clazz =Class.forName(clazzName);
        // 使用 clazz 对应类的默认构造器创建实例
        return clazz.getConstructor().newInstance();
    }
    // 该方法根据指定文件来初始化对象池
    // 它会根据配置文件来创建对象
    public void initPool()throws Exception
    {
        for (String name : config.stringPropertyNames())
        {
            // 每取出一个 key-value 对，如果 key 中不包含百分号（%）
            // 这就表明是根据 value 来创建一个对象
            // 调用 createObject 创建对象，并将对象添加到对象池中
            if (!name.contains("%"))
            {
                objectPool.put(name ,
                    createObject(config.getProperty(name)));
            }
        }
    }
    // 该方法将会根据属性文件来调用指定对象的 setter 方法
    public void initProperty()throws InvocationTargetException
        ,IllegalAccessException,NoSuchMethodException
    {
        for (String name : config.stringPropertyNames())
        {
            // 每取出一对 key-value 对，如果 key 中包含百分号（%）
            // 即可认为该 key 用于控制调用对象的 setter 方法设置值
            // %前半为对象名字，后半控制 setter 方法名
            if (name.contains("%"))
            {
                // 将配置文件中的 key 按%分割
                String[] objAndProp = name.split("%");
                // 取出调用 setter 方法的参数值
                Object target = getObject(objAndProp[0]);
                // 获取 setter 方法名:set + "首字母大写" + 剩下部分
                String mtdName = "set" +
                    objAndProp[1].substring(0 , 1).toUpperCase()
                    + objAndProp[1].substring(1);
                // 通过 target 的 getClass()获取它的实现类所对应的 Class 对象
                Class<?> targetClass = target.getClass();
                // 获取希望调用的 setter 方法
                Method mtd = targetClass.getMethod(mtdName , String.class);
                // 通过 Method 的 invoke 方法执行 setter 方法
```

```
                // 将config.getProperty(name)的值作为调用setter方法的参数
                mtd.invoke(target , config.getProperty(name));
            }
        }
    }
    public Object getObject(String name)
    {
        // 从objectPool中取出指定name对应的对象
        return objectPool.get(name);
    }
    public static void main(String[] args)
        throws Exception
    {
        ExtendedObjectPoolFactory epf = new ExtendedObjectPoolFactory();
        epf.init("extObj.txt");
        epf.initPool();
        epf.initProperty();
        System.out.println(epf.getObject("a"));
    }
}
```

上面程序中 initProperty()方法里的第一行粗体字代码获取目标类中包含一个 String 参数的 setter 方法，第二行粗体字代码通过调用 Method 的 invoke()方法来执行该 setter 方法，该方法执行完成后，就相当于执行了目标对象的 setter 方法。为上面程序提供如下配置文件。

程序清单：codes\18\18.4\extObj.text

```
a=javax.swing.JFrame
b=javax.swing.JLabel
#set the title of a
a%title=Test Title
```

上面配置文件中的 a%title 行表明希望调用 a 对象的 setTitle()方法，调用该方法的参数值为 Test Title。编译、运行上面的 ExtendedObjectPoolFactory.java 程序，可以看到输出一个 JFrame 窗口，该窗口的标题为 Test Title。

> **提示**：
> Spring 框架就是通过这种方式将成员变量值以及依赖对象等都放在配置文件中进行管理的，从而实现了较好的解耦。这也是 Spring 框架的 IoC 的秘密。

当通过 Method 的 invoke()方法来调用对应的方法时，Java 会要求程序必须有调用该方法的权限。如果程序确实需要调用某个对象的 private 方法，则可以先调用 Method 对象的如下方法。

➢ setAccessible(boolean flag)：将 Method 对象的 accessible 设置为指定的布尔值。值为 true，指示该 Method 在使用时应该取消 Java 语言的访问权限检查；值为 false，则指示该 Method 在使用时要实施 Java 语言的访问权限检查。

> **注意**：
> 实际上，setAccessible()方法并不属于 Method，而是属于它的父类 AccessibleObject。因此 Method、Constructor、Field 都可调用该方法，从而实现通过反射来调用 private 方法、private 构造器和 private 成员变量，下一节将会让读者看到这种示例。也就是说，它们可以通过调用该方法来取消访问权限检查，通过反射即可访问 private 成员。

▶▶ 18.4.3 访问成员变量值

通过 Class 对象的 getFields()或 getField()方法可以获取该类所包括的全部成员变量或指定成员变量。Field 提供了如下两组方法来读取或设置成员变量值。

➢ getXxx(Object obj)：获取 obj 对象的该成员变量的值。此处的 Xxx 对应 8 种基本类型，如果该成员变量的类型是引用类型，则取消 get 后面的 Xxx。

➢ setXxx(Object obj , Xxx val)：将 obj 对象的该成员变量设置成 val 值。此处的 Xxx 对应 8 种基本

类型，如果该成员变量的类型是引用类型，则取消 set 后面的 Xxx。

使用这两个方法可以随意地访问指定对象的所有成员变量，包括 private 修饰的成员变量。

程序清单：codes\18\18.4\FieldTest.java

```java
class Person
{
    private String name;
    private int age;
    public String toString()
    {
        return "Person[name:" + name +
    " , age:" + age + " ]";
    }
}
public class FieldTest
{
    public static void main(String[] args)
        throws Exception
    {
        // 创建一个 Person 对象
        Person p = new Person();
        // 获取 Person 类对应的 Class 对象
        Class<Person> personClazz = Person.class;
        // 获取 Person 的名为 name 的成员变量
        // 使用 getDeclaredField()方法表明可获取各种访问控制符的成员变量
        Field nameField = personClazz.getDeclaredField("name");
        // 设置通过反射访问该成员变量时取消访问权限检查
        nameField.setAccessible(true);
        // 调用 set()方法为 p 对象的 name 成员变量设置值
        nameField.set(p , "Yeeku.H.Lee");
        // 获取 Person 类名为 age 的成员变量
        Field ageField = personClazz.getDeclaredField("age");
        // 设置通过反射访问该成员变量时取消访问权限检查
        ageField.setAccessible(true);
        // 调用 setInt()方法为 p 对象的 age 成员变量设置值
        ageField.setInt(p , 30);
        System.out.println(p);
    }
}
```

上面程序中先定义了一个 Person 类，该类里包含两个 private 成员变量：name 和 age，在通常情况下，这两个成员变量只能在 Person 类里访问。但本程序 FieldTest 的 main()方法中 6 行粗体字代码通过反射修改了 Person 对象的 name、age 两个成员变量的值。

第一行粗体字代码使用 getDeclaredField()方法获取了名为 name 的成员变量，注意此处不是使用 getField()方法，因为 getField()方法只能获取 public 访问控制的成员变量，而 getDeclaredField()方法则可以获取所有的成员变量；第二行粗体字代码则通过反射访问该成员变量时不受访问权限的控制；第三行粗体字代码修改了 Person 对象的 name 成员变量的值。修改 Person 对象的 age 成员变量的值的方式与此完全相同。

编译、运行上面程序，会看到如下输出：

```
Person [ name:Yeeku.H.Lee , age:30 ]
```

▶▶ 18.4.4 操作数组

在 java.lang.reflect 包下还提供了一个 Array 类，Array 对象可以代表所有的数组。程序可以通过使用 Array 来动态地创建数组，操作数组元素等。

Array 提供了如下几类方法。

- ➢ static Object newInstance(Class<?> componentType, int... length)：创建一个具有指定的元素类型、指定维度的新数组。
- ➢ static xxx getXxx(Object array, int index)：返回 array 数组中第 index 个元素。其中 xxx 是各种基

本数据类型，如果数组元素是引用类型，则该方法变为 get(Object array, int index)。
- static void setXxx(Object array, int index, xxx val)：将 array 数组中第 index 个元素的值设为 val。其中 xxx 是各种基本数据类型，如果数组元素是引用类型，则该方法变成 set(Object array, int index, Object val)。

下面程序示范了如何使用 Array 来生成数组，为指定数组元素赋值，并获取指定数组元素的方式。

程序清单：codes\18\18.4\ArrayTest1.java

```java
public class ArrayTest1
{
    public static void main(String args[])
    {
        try
        {
            // 创建一个元素类型为 String, 长度为 10 的数组
            Object arr = Array.newInstance(String.class, 10);
            // 依次为 arr 数组中 index 为 5、6 的元素赋值
            Array.set(arr, 5, "疯狂 Java 讲义");
            Array.set(arr, 6, "轻量级 Java EE 企业应用实战");
            // 依次取出 arr 数组中 index 为 5、6 的元素的值
            Object book1 = Array.get(arr , 5);
            Object book2 = Array.get(arr , 6);
            // 输出 arr 数组中 index 为 5、6 的元素
            System.out.println(book1);
            System.out.println(book2);
        }
        catch (Throwable e)
        {
            System.err.println(e);
        }
    }
}
```

上面程序中三行粗体字代码分别是通过 Array 创建数组，为数组元素设置值，访问数组元素的值的示例代码，程序通过使用 Array 就可以动态地创建并操作数组。

下面程序比上面程序稍微复杂一点，下面程序使用 Array 类创建了一个三维数组。

程序清单：codes\18\18.4\ArrayTest2.java

```java
public class ArrayTest2
{
    public static void main(String args[])
    {
        /*
            创建一个三维数组
            根据前面介绍数组时讲的：三维数组也是一维数组
            是数组元素是二维数组的一维数组
            因此可以认为 arr 是长度为 3 的一维数组
        */
        Object arr = Array.newInstance(String.class, 3, 4, 10);
        // 获取 arr 数组中 index 为 2 的元素，该元素应该是二维数组
        Object arrObj = Array.get(arr, 2);
        // 使用 Array 为二维数组的数组元素赋值，二维数组的数组元素是一维数组
        // 所以传入 Array 的 set() 方法的第三个参数是一维数组
        Array.set(arrObj , 2 , new String[]
        {
            "疯狂 Java 讲义",
            "轻量级 Java EE 企业应用实战"
        });
        // 获取 arrObj 数组中 index 为 3 的元素，该元素应该是一维数组
        Object anArr = Array.get(arrObj, 3);
        Array.set(anArr , 8 , "疯狂 Android 讲义");
        // 将 arr 强制类型转换为三维数组
        String[][][] cast = (String[][][])arr;
```

```
        // 获取cast三维数组中指定元素的值
        System.out.println(cast[2][3][8]);
        System.out.println(cast[2][2][0]);
        System.out.println(cast[2][2][1]);
    }
}
```

上面程序的第一行粗体字代码使用 Array 创建了一个三维数组，程序中较难理解的地方是第二段粗体字代码部分，使用 Array 为 arrObj 的指定元素赋值，相当于为二维数组的元素赋值。由于二维数组的元素是一维数组，所以程序传入的参数是一个一维数组对象。

运行上面程序，将看到 cast[2][3][8]、cast[2][2][0]、cast[2][2][1]元素都有值，这些值就是刚才程序通过反射传入的数组元素值。

18.5 使用反射生成 JDK 动态代理

在 Java 的 java.lang.reflect 包下提供了一个 Proxy 类和一个 InvocationHandler 接口，通过使用这个类和接口可以生成 JDK 动态代理类或动态代理对象。

18.5.1 使用 Proxy 和 InvocationHandler 创建动态代理

Proxy 提供了用于创建动态代理类和代理对象的静态方法，它也是所有动态代理类的父类。如果在程序中为一个或多个接口动态地生成实现类，就可以使用 Proxy 来创建动态代理类；如果需要为一个或多个接口动态地创建实例，也可以使用 Proxy 来创建动态代理实例。

Proxy 提供了如下两个方法来创建动态代理类和动态代理实例。

> - static Class<?> getProxyClass(ClassLoader loader, Class<?>... interfaces)：创建一个动态代理类所对应的 Class 对象，该代理类将实现 interfaces 所指定的多个接口。第一个 ClassLoader 参数指定生成动态代理类的类加载器。
> - static Object newProxyInstance(ClassLoader loader,Class<?>[] interfaces, InvocationHandler h)：直接创建一个动态代理对象，该代理对象的实现类实现了 interfaces 指定的系列接口，执行代理对象的每个方法时都会被替换执行 InvocationHandler 对象的 invoke 方法。

实际上，即使采用第一个方法生成动态代理类之后，如果程序需要通过该代理类来创建对象，依然需要传入一个 InvocationHandler 对象。也就是说，系统生成的每个代理对象都有一个与之关联的 InvocationHandler 对象。

提示:
　　计算机是很"蠢"的，当程序使用反射方式为指定接口生成系列动态代理对象时，这些动态代理对象的实现类实现了一个或多个接口。动态代理对象就需要实现一个或多个接口里定义的所有方法，但问题是：系统怎么知道如何实现这些方法？这个时候就轮到 InvocationHandler 对象登场了——当执行动态代理对象里的方法时，实际上会替换成调用 InvocationHandler 对象的 invoke 方法。

程序中可以采用先生成一个动态代理类,然后通过动态代理类来创建代理对象的方式生成一个动态代理对象。代码片段如下：

```
// 创建一个InvocationHandler对象
InvocationHandler handler = new MyInvocationHandler(...);
// 使用Proxy生成一个动态代理类proxyClass
Class proxyClass = Proxy.getProxyClass(Foo.class.getClassLoader()
    , new Class[] { Foo.class });
// 获取proxyClass类中带一个InvocationHandler参数的构造器
Constructor ctor = proxyClass.getConstructor(new Class[]
    { InvocationHandler.class });
// 调用ctor的newInstance方法来创建动态实例
Foo f = (Foo)ctor.newInstance(new Object[]{handler});
```

上面代码也可以简化成如下代码：

```java
// 创建一个 InvocationHandler 对象
InvocationHandler handler = new MyInvocationHandler(...);
// 使用 Proxy 直接生成一个动态代理对象
Foo f = (Foo)Proxy.newProxyInstance(Foo.class.getClassLoader()
    , new Class[]{Foo.class} , handler);
```

下面程序示范了使用 Proxy 和 InvocationHandler 来生成动态代理对象。

程序清单：codes\18\18.5\ProxyTest.java

```java
interface Person
{
    void walk();
    void sayHello(String name);
}
class MyInvokationHandler implements InvocationHandler
{
    /*
    执行动态代理对象的所有方法时，都会被替换成执行如下的invoke方法
    其中：
    proxy: 代表动态代理对象
    method: 代表正在执行的方法
    args: 代表调用目标方法时传入的实参
    */
    public Object invoke(Object proxy, Method method, Object[] args)
    {
        System.out.println("----正在执行的方法:" + method);
        if (args != null)
        {
            System.out.println("下面是执行该方法时传入的实参为：");
            for (Object val : args)
            {
                System.out.println(val);
            }
        }
        else
        {
            System.out.println("调用该方法没有实参！");
        }
        return null;
    }
}
public class ProxyTest
{
    public static void main(String[] args)
        throws Exception
    {
        // 创建一个 InvocationHandler 对象
        InvocationHandler handler = new MyInvokationHandler();
        // 使用指定的 InvocationHandler 来生成一个动态代理对象
        Person p = (Person)Proxy.newProxyInstance(Person.class.getClassLoader()
            , new Class[]{Person.class}, handler);
        // 调用动态代理对象的 walk() 和 sayHello() 方法
        p.walk();
        p.sayHello("孙悟空");
    }
}
```

上面程序首先提供了一个 Person 接口，该接口中包含了 walk() 和 sayHello() 两个抽象方法，接着定义了一个简单的 InvocationHandler 实现类，定义该实现类时需要重写 invoke() 方法——调用代理对象的所有方法时都会被替换成调用该 invoke() 方法。该 invoke() 方法中的三个参数解释如下。

➢ proxy：代表动态代理对象。
➢ method：代表正在执行的方法。
➢ args：代表调用目标方法时传入的实参。

上面程序中第一行粗体字代码创建了一个 InvocationHandler 对象，第二行粗体字代码根据 InvocationHandler 对象创建了一个动态代理对象。运行上面程序，会看到如图 18.3 所示的运行效果。

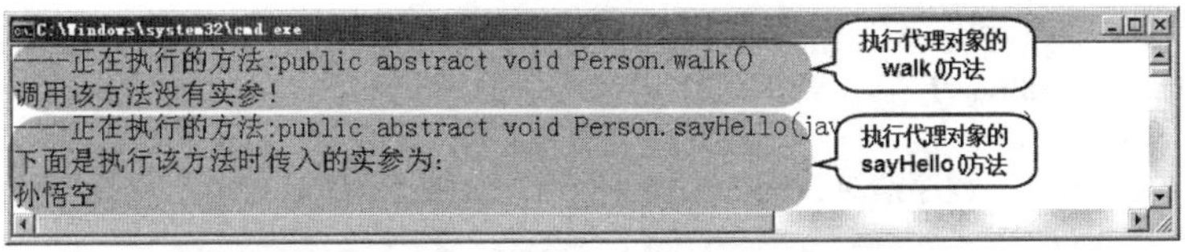

图 18.3　调用动态代理对象的方法效果

从图 18.3 可以看出,不管程序是执行代理对象的 walk()方法,还是执行代理对象的 sayHello()方法,实际上都是执行 InvocationHandler 对象的 invoke()方法。

看完了上面的示例程序,可能有读者会觉得这个程序没有太大的实用价值,难以理解 Java 动态代理的魅力。实际上,在普通编程过程中,确实无须使用动态代理,但在编写框架或底层基础代码时,动态代理的作用就非常大。

▶▶ 18.5.2　动态代理和 AOP

根据前面介绍的 Proxy 和 InvocationHandler,实在很难看出这种动态代理的优势。下面介绍一种更实用的动态代理机制。

开发实际应用的软件系统时,通常会存在相同代码段重复出现的情况,在这种情况下,对于许多刚开始从事软件开发的人而言,他们的做法是:选中那些代码,一路"复制"、"粘贴",立即实现了系统功能,如果仅仅从软件功能上来看,他们确实已经完成了软件开发。

通过这种"复制"、"粘贴"方式开发出来的软件如图 18.4 所示。

采用图 18.4 所示结构实现的软件系统,在软件开发期间可能会觉得无所谓,但如果有一天需要修改程序的深色代码的实现,则意味着打开三份源代码进行修改。如果 100 个地方甚至 1000 个地方使用了这段深色代码段,那么修改、维护这段代码的工作量将变成噩梦。

在这种情况下,大部分稍有经验的开发者都会将这段深色代码段定义成一个方法,然后让另外三段代码段直接调用该方法即可。在这种方式下,软件系统的结构如图 18.5 所示。

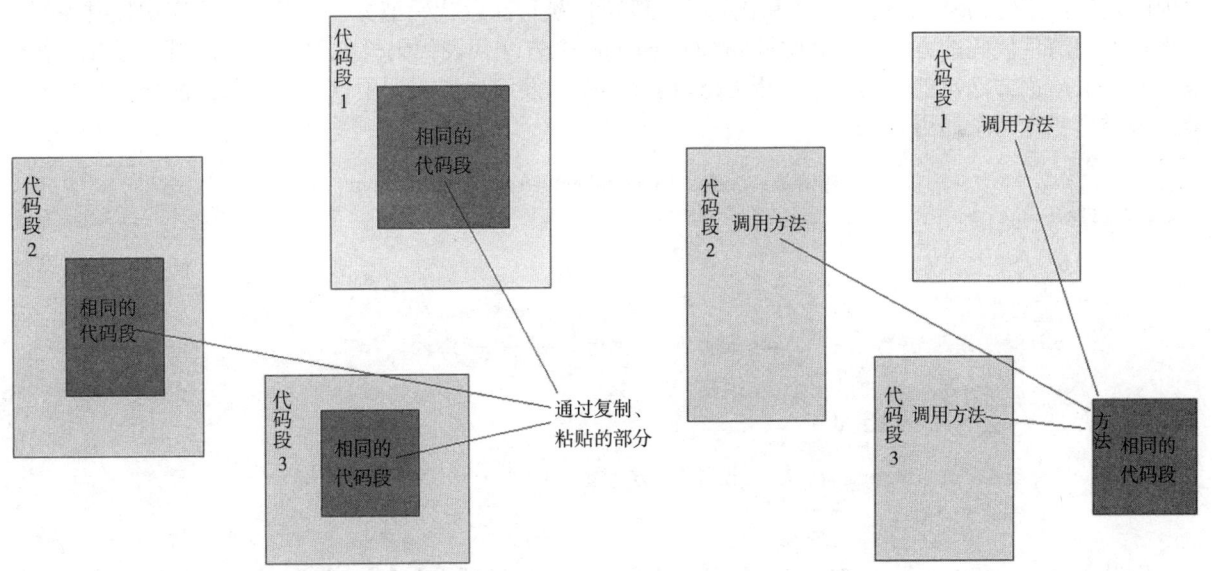

图 18.4　多个地方包含相同代码的软件　　　　图 18.5　通过方法调用实现代码复用

对于如图 18.5 所示的软件系统,如果需要修改深色部分的代码,则只要修改一个地方即可,而调用该方法的代码段,不管有多少个地方调用了该方法,都完全无须任何修改,只要被调用方法被修改了,所有调用该方法的地方就会自然改变——通过这种方式,大大降低了软件后期维护的复杂度。

但采用这种方式来实现代码复用依然产生一个重要问题:代码段 1、代码段 2、代码段 3 和深色代码段分离开了,但代码段 1、代码段 2 和代码段 3 又和一个特定方法耦合了!最理想的效果是:代码块1、代码块 2 和代码块 3 既可以执行深色代码部分,又无须在程序中以硬编码方式直接调用深色代码的方法,这时就可以通过动态代理来达到这种效果。

由于 JDK 动态代理只能为接口创建动态代理，所以下面先提供一个 Dog 接口，该接口代码非常简单，仅仅在该接口里定义了两个方法。

程序清单：codes\18\18.5\DynaProxy\Dog.java

```java
public interface Dog
{
    // info()方法声明
    void info();
    // run()方法声明
    void run();
}
```

上面接口里只是简单地定义了两个方法，并未提供方法实现。如果直接使用 Proxy 为该接口创建动态代理对象，则动态代理对象的所有方法的执行效果又将完全一样。实际情况通常是，软件系统会为该 Dog 接口提供一个或多个实现类。此处先提供一个简单的实现类：GunDog。

程序清单：codes\18\18.5\DynaProxy\GunDog.java

```java
public class GunDog implements Dog
{
    // 实现info()方法，仅仅打印一个字符串
    public void info()
    {
        System.out.println("我是一只猎狗");
    }
    // 实现run()方法，仅仅打印一个字符串
    public void run()
    {
        System.out.println("我奔跑迅速");
    }
}
```

上面代码没有丝毫的特别之处，该 Dog 的实现类仅仅为每个方法提供了一个简单实现。再看需要实现的功能：让代码段 1、代码段 2 和代码段 3 既可以执行深色代码部分，又无须在程序中以硬编码方式直接调用深色代码的方法。此处假设 info()、run()两个方法代表代码段 1、代码段 2，那么要求：程序执行 info()、run()方法时能调用某个通用方法，但又不想以硬编码方式调用该方法。下面提供一个 DogUtil 类，该类里包含两个通用方法。

程序清单：codes\18\18.5\DynaProxy\DogUtil.java

```java
public class DogUtil
{
    // 第一个拦截器方法
    public void method1()
    {
        System.out.println("=====模拟第一个通用方法=====");
    }
    // 第二个拦截器方法
    public void method2()
    {
        System.out.println("=====模拟通用方法二=====");
    }
}
```

借助于 Proxy 和 InvocationHandler 就可以实现——当程序调用 info()方法和 run()方法时，系统可以"自动"将 method1()和 method2()两个通用方法插入 info()和 run()方法中执行。

这个程序的关键在于下面的 MyInvokationHandler 类，该类是一个 InvocationHandler 实现类，该实现类的 invoke()方法将会作为代理对象的方法实现。

程序清单：codes\18\18.5\DynaProxy\MyInvokationHandler.java

```java
public class MyInvokationHandler implements InvocationHandler
{
    // 需要被代理的对象
    private Object target;
    public void setTarget(Object target)
```

```
        this.target = target;
    }
    // 执行动态代理对象的所有方法时，都会被替换成执行如下的invoke方法
    public Object invoke(Object proxy, Method method, Object[] args)
        throws Exception
    {
        DogUtil du = new DogUtil();
        // 执行DogUtil对象中的method1方法
        du.method1();
        // 以target作为主调来执行method方法
        Object result = method.invoke(target , args);
        // 执行DogUtil对象中的method2方法
        du.method2();
        return result;
    }
}
```

上面程序实现 invoke()方法时包含了一行关键代码（以粗体字标出），这行代码通过反射以 target 作为主调来执行 method 方法，这就是回调了 target 对象的原有方法。在粗体字代码之前调用 DogUtil 对象的 method1()方法，在粗体字代码之后调用 DogUtil 对象的 method2()方法。

下面再为程序提供一个 MyProxyFactory 类，该对象专为指定的 target 生成动态代理实例。

程序清单：codes\18\18.5\DynaProxy\MyProxyFactory.java

```
public class MyProxyFactory
{
    // 为指定的target生成动态代理对象
    public static Object getProxy(Object target)
        throws Exception
    {
        // 创建一个MyInvokationHandler对象
        MyInvokationHandler handler =
            new MyInvokationHandler();
        // 为MyInvokationHandler设置target对象
        handler.setTarget(target);
        // 创建并返回一个动态代理
        return Proxy.newProxyInstance(target.getClass().getClassLoader()
            , target.getClass().getInterfaces() , handler);
    }
}
```

上面的动态代理工厂类提供了一个 getProxy()方法，该方法为 target 对象生成一个动态代理对象，这个动态代理对象与 target 实现了相同的接口，所以具有相同的 public 方法——从这个意义上来看，动态代理对象可以当成 target 对象使用。当程序调用动态代理对象的指定方法时，实际上将变为执行 MyInvokationHandler 对象的 invoke()方法。例如，调用动态代理对象的 info()方法，程序将开始执行 invoke()方法，其执行步骤如下。

① 创建 DogUtil 实例。
② 执行 DogUtil 实例的 method1()方法。
③ 使用反射以 target 作为调用者执行 info()方法。
④ 执行 DogUtil 实例的 method2()方法。

看到上面的执行过程，读者应该已经发现：当使用动态代理对象来代替 target 对象时，代理对象的方法就实现了前面的要求——程序执行 info()、run()方法时既能"插入"method1()、method2()通用方法，但 GunDog 的方法中又没有以硬编码方式调用 method1()和 method2()方法。

下面提供一个主程序来测试这种动态代理的效果。

程序清单：codes\18\18.5\DynaProxy\Test.java

```
public class Test
{
    public static void main(String[] args)
        throws Exception
    {
        // 创建一个原始的GunDog对象，作为target
```

```
        Dog target = new GunDog();
        // 以指定的 target 来创建动态代理对象
        Dog dog = (Dog)MyProxyFactory.getProxy(target);
        dog.info();
        dog.run();
    }
}
```

上面程序中的 dog 对象实际上是动态代理对象,只是该动态代理对象也实现了 Dog 接口,所以也可以当成 Dog 对象使用。程序执行 dog 的 info()和 run()方法时,实际上会先执行 DogUtil 的 method1()方法,再执行 target 对象的 info()和 run()方法,最后执行 DogUtil 的 method2()方法。运行上面程序,会看到如图 18.6 所示的运行结果。

通过图 18.6 所示的运行结果来看,不难发现采用动态代理可以非常灵活地实现解耦。通常而言,使用 Proxy 生成一个动态代理时,往往并不会凭空产生一个动态代理,这样没有太大的实际意义。通常都是为指定的目标对象生成动态代理。

这种动态代理在 AOP(Aspect Orient Programming,面向切面编程)中被称为 AOP 代理,AOP 代理可代替目标对象,AOP 代理包含了目标对象的全部方法。但 AOP 代理中的方法与目标对象的方法存在差异:AOP 代理里的方法可以在执行目标方法之前、之后插入一些通用处理。

AOP 代理包含的方法与目标对象包含的方法示意图如图 18.7 所示。

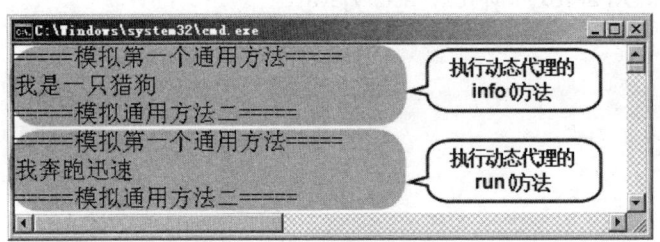

图 18.6 动态代理效果

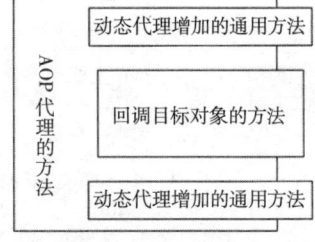

图 18.7 AOP 代理的方法与目标对象的方法示意图

> **提示:** 关于 AOP 更详细的介绍,读者可以在有一定的 Java 编程经验后参考疯狂 Java 体系的《轻量级 Java EE 企业应用实战》,书中有关于 AOP 编程更详细、更深入的内容。

18.6 反射和泛型

从 JDK 5 以后,Java 的 Class 类增加了泛型功能,从而允许使用泛型来限制 Class 类,例如,String.class 的类型实际上是 Class\<String\>。如果 Class 对应的类暂时未知,则使用 Class\<?\>。通过在反射中使用泛型,可以避免使用反射生成的对象需要强制类型转换。

▶▶ 18.6.1 泛型和 Class 类

使用 Class\<T\>泛型可以避免强制类型转换。例如,下面提供一个简单的对象工厂,该对象工厂可以根据指定类来提供该类的实例。

程序清单:codes\18\18.6\CrazyitObjectFactory.java

```
public class CrazyitObjectFactory
{
    public static Object getInstance(String clsName)
    {
        try
        {
            // 创建指定类对应的 Class 对象
            Class cls = Class.forName(clsName);
            // 返回使用该 Class 对象创建的实例
            return cls.newInstance();
        }
        catch(Exception e)
```

```
            {
                e.printStackTrace();
                return null;
            }
        }
    }
```

上面程序中两行粗体字代码根据指定的字符串类型创建了一个新对象，但这个对象的类型是Object，因此当需要使用CrazyitObjectFactory的getInstance()方法来创建对象时，将会看到如下代码：

```
// 获取实例后需要强制类型转换
Date d = (Date)Crazyit.getInstance("java.util.Date");
```

甚至出现如下代码：

```
JFrame f = (JFrame)Crazyit.getInstance("java.util.Date");
```

上面代码在编译时不会有任何问题，但运行时将抛出ClassCastException异常，因为程序试图将一个Date对象转换成JFrame对象。

如果将上面的CrazyitObjectFactory工厂类改写成使用泛型后的Class，就可以避免这种情况。

程序清单：codes\18\18.6\CrazyitObjectFactory2.java

```
public class CrazyitObjectFactory2
{
    public static <T> T getInstance(Class<T> cls)
    {
        try
        {
            return cls.newInstance();
        }
        catch(Exception e)
        {
            e.printStackTrace();
            return null;
        }
    }
    public static void main(String[] args)
    {
        // 获取实例后无须类型转换
        Date d = CrazyitObjectFactory2.getInstance(Date.class);
        JFrame f = CrazyitObjectFactory2.getInstance(JFrame.class);
    }
}
```

在上面程序的getInstance()方法中传入一个Class<T>参数，这是一个泛型化的Class对象，调用该Class对象的newInstance()方法将返回一个T对象，如程序中粗体字代码所示。接下来当使用CrazyitObjectFactory2工厂类的getInstance()方法来产生对象时，无须使用强制类型转换，系统会执行更严格的检查，不会出现ClassCastException运行时异常。

前面介绍使用Array类来创建数组时，曾经看到如下代码：

```
// 使用Array的newInstance方法来创建一个数组
Object arr = Array.newInstance(String.class, 10);
```

对于上面的代码其实使用并不是非常方便，因为newInstance()方法返回的确实是一个String[]数组，而不是简单的Object对象。如果需要将arr对象当成String[]数组使用，则必须使用强制类型转换——这是不安全的操作。

提示：奇怪的是，Array的newInstance()方法签名为如下形式：

```
public static Object newInstance(Class<?> componentType, int... dimensions)
```

在这个方法签名中使用了Class<?>泛型，但并没有真正利用这个泛型；如果将该方法签名改为如下形式：

```
public static <T> T[] newInstance(Class<T> componentType, int length)
```

> 这样就可以在调用该方法后无须强制类型转换了。不过,这个方法暂时只能创建一维数组,也就不能利用可变个数的参数优势了。

为了示范泛型的优势,可以对 Array 的 newInstance()方法进行包装。

程序清单：codes\18\18.6\CrazyitArray.java

```java
public class CrazyitArray
{
    // 对 Array 的 newInstance 方法进行包装
    @SuppressWarnings("unchecked")
    public static <T> T[] newInstance(Class<T> componentType, int length)
    {
        return (T[])Array.newInstance(componentType , length);  // ①
    }
    public static void main(String[] args)
    {
        // 使用 CrazyitArray 的 newInstance()创建一维数组
        String[] arr = CrazyitArray.newInstance(String.class , 10);
        // 使用 CrazyitArray 的 newInstance()创建二维数组
        // 在这种情况下,只要设置数组元素的类型是 int[]即可
        int[][] intArr = CrazyitArray.newInstance(int[].class , 5);
        arr[5] = "疯狂 Java 讲义";
        // intArr 是二维数组,初始化该数组的第二个数组元素
        // 二维数组的元素必须是一维数组
        intArr[1] = new int[]{23, 12};
        System.out.println(arr[5]);
        System.out.println(intArr[1][1]);
    }
}
```

上面程序中粗体字代码定义的 newInstance()方法对 Array 类提供的 newInstance()方法进行了包装,将方法签名改成了 public static <T> T[] newInstance(Class<T> componentType, int length),这就保证程序通过该 newInstance()方法创建数组时的返回值就是数组对象,而不是 Object 对象,从而避免了强制类型转换。

> **提示:** 程序在①行代码处将会有一个 unchecked 编译警告,所以程序使用了 @SuppressWarnings 来抑制这个警告信息。

▶▶ 18.6.2 使用反射来获取泛型信息

通过指定类对应的 Class 对象,可以获得该类里包含的所有成员变量,不管该成员变量是使用 private 修饰,还是使用 public 修饰。获得了成员变量对应的 Field 对象后,就可以很容易地获得该成员变量的数据类型,即使用如下代码即可获得指定成员变量的类型。

```java
// 获取成员变量 f 的类型
Class<?> a = f.getType();
```

但这种方式只对普通类型的成员变量有效。如果该成员变量的类型是有泛型类型的类型,如 Map<String , Integer>类型,则不能准确地得到该成员变量的泛型参数。

为了获得指定成员变量的泛型类型,应先使用如下方法来获取该成员变量的泛型类型。

```java
// 获得成员变量 f 的泛型类型
Type gType = f.getGenericType();
```

然后将 Type 对象强制类型转换为 ParameterizedType 对象,ParameterizedType 代表被参数化的类型,也就是增加了泛型限制的类型。ParameterizedType 类提供了如下两个方法。

- getRawType():返回没有泛型信息的原始类型。
- getActualTypeArguments():返回泛型参数的类型。

下面是一个获取泛型类型的完整程序。

程序清单：codes\18\18.6\GenericTest.java

```java
public class GenericTest
{
    private Map<String , Integer> score;
    public static void main(String[] args)
        throws Exception
    {
        Class<GenericTest> clazz = GenericTest.class;
        Field f = clazz.getDeclaredField("score");
        // 直接使用 getType()取出类型只对普通类型的成员变量有效
        Class<?> a = f.getType();
        // 下面将看到仅输出 java.util.Map
        System.out.println("score 的类型是:" + a);
        // 获得成员变量 f 的泛型类型
        Type gType = f.getGenericType();
        // 如果 gType 类型是 ParameterizedType 对象
        if(gType instanceof ParameterizedType)
        {
            // 强制类型转换
            ParameterizedType pType = (ParameterizedType)gType;
            // 获取原始类型
            Type rType = pType.getRawType();
            System.out.println("原始类型是: " + rType);
            // 取得泛型类型的泛型参数
            Type[] tArgs = pType.getActualTypeArguments();
            System.out.println("泛型信息是:");
            for (int i = 0; i < tArgs.length; i++)
            {
                System.out.println("第" + i + "个泛型类型是: " + tArgs[i]);
            }
        }
        else
        {
            System.out.println("获取泛型类型出错！");
        }
    }
}
```

上面程序中的粗体字代码就是取得泛型类型的关键代码。运行上面程序，将看到如下运行结果：

```
score 的类型是:interface java.util.Map
原始类型是: interface java.util.Map
泛型信息是:
第 0 个泛型类型是: class java.lang.String
第 1 个泛型类型是: class java.lang.Integer
```

从上面的运行结果可以看出，使用 getType()方法只能获取普通类型的成员变量的数据类型；对于增加了泛型的成员变量，应该使用 getGenericType()方法来取得其类型。

提示：
Type 也是 java.lang.reflect 包下的一个接口，该接口代表所有类型的公共高级接口，Class 是 Type 接口的实现类。Type 包括原始类型、参数化类型、数组类型、类型变量和基本类型等。

18.7 本章小结

本章详细介绍了 Java 反射的相关知识。本章内容对于普通的 Java 学习者而言，确实显得有点深入，并且会感觉不太实用。但随着知识的慢慢积累，当读者希望开发出更多基础的、适应性更广的、灵活性更强的代码时，就会想到使用反射知识了。本章从类的加载、初始化开始，深入介绍了 Java 类加载器的原理和机制。本章重点在于介绍 Class、Method、Field、Constructor、Type、ParameterizedType 等类和接口的用法，包括动态创建 Java 实例和动态调用 Java 对象的方法。本章介绍的两个对象工厂实际上就是 Spring 框架的核心，希望读者用心揣摩。

本章也介绍了利用 Proxy 和 InvocationHandler 来创建 JDK 动态代理，并详细介绍了 JDK 动态代理和 AOP 之间的关系，这也是 Java 灵活性的重要方面，对于提高系统解耦也十分重要，希望读者能用心掌握。

▶▶ 本章练习

1. 开发一个工具类，该工具类提供一个 eval()方法，实现 JavaScript 中 eval()函数的功能——可以动态运行一行或多行程序代码。例如 eval("System.out.println(\"aa\")")，将输出 aa。

2. 开发一个对象工厂池，这个对象工厂池不仅可以管理对象的 String 类型成员变量的值，还可以管理容器中对象的其他类型成员变量的值，甚至可以将对象的成员变量设置成引用到容器中其他对象（这就是 Spring 所提出的控制反转，即 IoC）。

附录 A　Java 9 的模块化系统

面世 20 多年的 Java，已经发展成为一门影响深远的编程语言，无数平台、系统都采用 Java 语言编写。但 Java 也越来越庞大，逐渐发展成一头"臃肿"的大象：无论是运行一个大型的系统平台，还是运行一个小小的工具软件，JVM 总要加载整个 Java 运行时环境，其中位于 JDK 安装目录下 jre\lib 下的 rt.jar 就超过 60MB，而位于 JDK 安装目录下 lib 目录下的 tools.jar 也达到 17.3MB。即使程序只需要使用 Java 的部分核心功能，JVM 也需要完整地加载数百 MB 的 JRE 环境。

为了给 Java "瘦身"，让 Java 实现轻量化，Java 9 正式推出了模块化系统（项目代号为 Jigsaw），Java 正式被拆分成 N 个模块，并允许 Java 程序可以根据需要选择只加载程序必需的 Java 模块，这样就可以让 Java 以轻量化的方式来运行。

> **提示：**
> Java 7 已经提出了模块化的概念，但由于其过于复杂，Java 7、Java 8 一直未能真正推出。Java 模块化直到 Java 9 才真正成熟。

对于 Java 而言，模块化系统是一次真正的自我革新，这种革新使"古老而庞大"的 Java 语言重新焕发年轻的活力。

A.1　理解模块化系统

在 Java 9 之前，一个 Java 程序通常会以 N 个包的形式进行组织，每个包下可包含 N 个 Java 类型（类、接口、枚举和注解），这种程序组织结构本身就存在以下问题。

- 包只是充当命名空间的角色，包中的公共类型可以在所有其他包中访问；包并没有真正充当访问权限的界定边界。
- Java 程序运行时只能看到程序加载系列 JAR 包，无法真正确定不同 JAR 包中是否包含多个相同类型的不同副本，而 Java 程序运行默认加载类路径中遇到的第一个 JAR 包所包含的 Java 类型。
- Java 程序运行时经常由于缺失某个 JAR 包而导致 ClassNotFoundException 异常。有时候也会因为包含错误的 JAR 版本而导致运行时错误。

另外，庞大而臃肿的 JRE 库也是一个问题，无论所运行的 Java 软件多么小，系统总需要下载、启动整个 JRE，这样既增加了系统开销，又降低了程序运行性能。

Java 9 的模块化系统致力于解决以上问题，模块化系统从两方面进行规范。

- 模块化系统将整个 JDK、JRE 本身分解成多个相对独立的模块，这样应用程序可根据需要只加载必需的模块。
- 应用程序、框架、库本身可以被分解成相对独立的模块，模块与模块相对独立，而且模块可作为访问权限的界定边界。

每个模块都有如图 A.1 所示的结构。

从图 A.1 可以看出，模块是一个比"包"更大的程序单元，一个模块可以包含多个包，

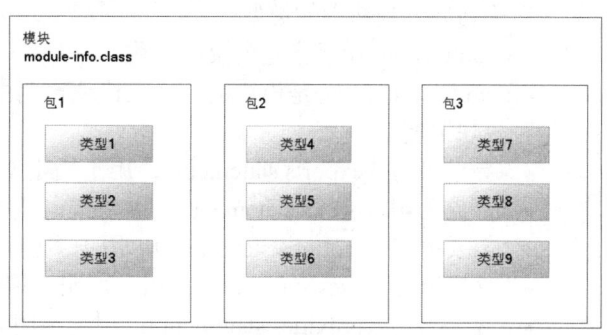

图 A.1　模块的结构

而每个包下又可包含 N 个 Java 类型（类、接口、枚举和注解）。

此外，模块也可作为访问权限的界定边界，模块可通过模块描述文件指定哪些包需要被暴露出来、哪些包需要被隐藏。对于被隐藏的包，即使它所包含的 Java 类型使用了 public 修饰，这些 Java 类型也依然不能被其他模块访问。

A.2 创建模块

Java 9 为 javac 命令添加了几个选项，允许它一次编译一个模块或多个模块。如果需要一次编译多个模块，则必须将每个模块的源代码保存在与模块名称相同的目录下。实际上，即使只有一个模块，最好也遵循此命名约定。

下面将会按此约定来示范开发一个模块。首先在当前工作目录下新建 3 个子目录。

- -src：用于保存源代码。
- -mods：用于保存所生成的字节码文件。
- -lib：用于保存模块生成的 JAR 包。

此处打算新建一个名为 org.cimodule 的模块，因此在 src 目录下新建一个名为 org.cimodule 的文件夹。

> **提示：** 模块名看上去与包名有点相似，模块名同样应该每个字母都小写。模块并不保存在对应的文件结构下，只要保存在与模块同名的目录下即可。比如 org.cimodule 模块，只要将源文件保存在名为 org.cimodule 的目录下即可，不需要保存在 org\cimodule 目录下。

接下来在 src\org.cimodule 目录下新建一个模块描述文件——一个名为 module-info.java 的 Java 文件（编译后会生成 module-info.class 文件），该文件专门定义模块名、访问权限、模块依赖等相关信息。

> **提示：** 这个模块描述文件其实就相当于一个 XML 配置文件，但 Java 9 没有打算采用其他文件格式，而是直接使用 Java 文件本身作为模块描述文件。

module-info.java 与前面介绍的 Java 源代码完全不同，它只是用于定义模块，不再定义任何 Java 类、接口、枚举或注解。module-info.java 文件的完整语法格式如下：

```
[open] module <modulename>
{
    <module-statement>;
    <module-statement>;
    ...
}
```

关于上面语法格式的解释如下：
- module 是一个关键字，表明此处正在定义模块。
- open 修饰符是可选的，它声明一个开放模块。开放模块导出所有的包，以便其他模块可通过反射来访问该模块中的类型。
- <modulename>用于指定模块的名称。
- <module-statement>是模块语句。在模块声明中可以包含 0~N 条模块语句。Java 9 共支持以下 5 种模块语句。
  - 导出语句（exports statement）：用于指定暴露该模块中哪些包。
  - 开放语句（opens statement）：用于指定开放该模块中哪些包。
  - 需要语句（requires statement）：用于声明该模块需要依赖的其他模块。
  - 使用语句（uses statement）：用于声明该模块可供使用的服务接口。
  - 提供语句（provides statement）：用于声明为服务接口提供实现。

> **注意：** 导出（exports）和开放（opens）看上去似乎差不多，但实际上有区别：模块中被导出的包所包含的类型可以被其他模块自由访问（如果访问权限允许）；但模块中被开放的包所包含的类型只能被其他模块通过反射访问。一旦模块声明使用 open 修饰符，就意味着该模块内所有的包都是开放的，因此不再需要在模块内定义开放语句。

下面定义本模块的 module-info.java 文件。由于这是我们的第一个模块，因此该模块描述文件非常简单：只是定义模块名。

程序清单：codes\a01\moduleExample\src\org.cimodule\module-info.java

```java
module org.cimodule
{
}
```

接下来程序为该模块定义两个 Java 源程序，并将这两个 Java 源程序单独放在不同的包下。第一个 User 类位于 org.crazyit.domain 包下，因此将该源程序保存在 org.cimodule\org\crazyit\domain 目录下，其中 org.cimodule 是模块名，org\crazyit\domain 是包名对应的文件结构。

程序清单：codes\a01\moduleExample\src\org.cimodule\org\crazyit\domain\User.java

```java
public class User
{
    public String sayHi(String name)
    {
        System.out.println("--执行 User 的 sayHi 方法--");
        return name + "您好！" + new java.util.Date();
    }
}
```

再定义一个 Hello 类，该类位于 org.crazyit.main 包下，因此将该源程序保存在 org.cimodule\org\crazyit\main 目录下。

程序清单：codes\a01\moduleExample\src\org.cimodule\org\crazyit\main\Hello.java

```java
public class Hello
{
    public void info()
    {
        System.out.println("Hello 的 info 方法");
    }
    public static void main(String[] args)
    {
        // 获取 Hello 类
        Class<Hello> cls = Hello.class;
        // 获取 Hello 类所在的模块
        Module mod = cls.getModule();
        // 输出模块名
        System.out.println(mod.getName());
        new Hello().info();
        // 创建 User 对象的实例，并调用它的方法
        System.out.println(new User().sayHi("孙悟空"));
    }
}
```

上面程序中粗体字代码可通过 Class 对象获取 Hello 类所在的模块。此外，上面两个 Java 类并没有太多特别的地方，故此处不做过多解释。

将该模块示例与 5.4 节所介绍的非模块项目进行对比，不难发现添加模块功能之后，项目的文件结构只需做以下两点改变。

> 增加一个与模块同名的目录，该模块所包含的包对应的文件结构应该保存在模块目录下；而 Java 源文件依然保存在各自包所对应的文件结构下。

➢ 在模块目录下增加一个 module-info.java 模块描述文件。

接下来即可使用 Java 9 增强的 javac 编译器来编译一个或多个模块。下面为 javac 使用的两个选项。

➢ --module-source-path：指定一个或多个模块的源路径。

➢ --module-version：指定模块的版本。

在 moduleExample 目录下执行如下命令：

```
javac -d mods --module-source-path src --module-version 1.0
src\org.cimodule\module-info.java src\org.cimodule\org\crazyit\main\Hello.java
```

上面命令同时编译两个 Java 文件，并指定将生成的模块字节码文件放在 mods 目录下。此外，--module-source-path 指定 javac 到 src 目录下搜索模块，因此在 src 目录下应保存与模块名同名的子文件夹（本例只包含一个 org.cimodule 模块，因此在 src 目录下包含了该文件夹）。

执行上面命令，将会在 mods 目录下根据 org.cimodule 模块建立一个同名的目录，并在该目录下为 Java 类的包生成对应的文件结构，将 class 文件放入该目录结构下。此时可以在 mods 目录下看到如下文件结构。

```
mods
    org.cimodule
        ├─module-info.class
        └─org
            └─crazyit
                ├─domain
                │   └─User.class
                └─main
                    └─Hello.class
```

上面 org.cimodule 目录代表了 org.cimodule 模块，module-info.class 就是模块描述文件。

为了运行模块中的 Java 类，Java 9 对 java 命令也进行了增强。java 命令多了如下用法。

```
java [options] -m <模块>[/<主类>] [args...]
```

或者

```
java [options] --module <模块>[/<主类>] [args...]
```

从上面命令可以看出，--module 和-m 的效果相同。

此外，Java 9 还为 java 命令增加了如下有关模块的选项。

➢ --module-path 或-p <模块路径>：用于指定模块的加载路径。

➢ --list-modules：列出模块。

➢ --d 或--describe-module <模块名称>：用于描述指定模块。

执行如下命令：

```
java --module-path mods --list-modules
```

上面 java 命令通过--module-path 选项告诉系统在 mods 目录下搜索模块；--list-modules 选项说明要列出当前模块。运行上面命令，可以看到如图 A.2 所示的输出。

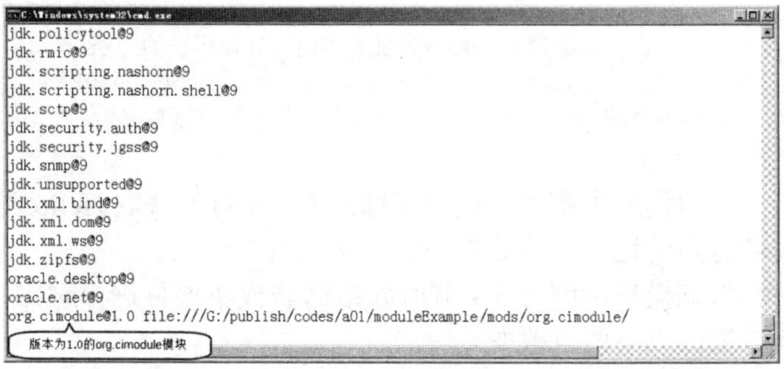

从图 A.2 可以看出，系统前面列出了 JDK 9 内置的各种模块，最后一行列出了版本为 1.0 的 org.cimodule 模块，即刚刚开发的放在 mods 目录下的 org.cimodule 模块。

接下来可使用如下命令来运行程序。

图 A.2　列出模块

```
java -p mods -m org.cimodule/org.crazyit.main.Hello
```

上面命令中的-p mods 指定 java 命令从 mods 目录下获取模块，-m 是 Java 9 增强的新用法，表明要运行模块中的 Java 类，该选项的值应该是<模块>[/<主类>]，如上命令所示。执行上面命令，可以看到如下输出：

```
org.cimodule
Hello 的 info 方法
--执行 User 的 sayHi 方法--
孙悟空您好！Wed Oct 25 18:34:38 CST 2017
```

上面第一行输出的就是 Hello 类所在的模块。

A.3 用 jar 命令打包模块

Java 9 同样增强了 jar 命令，开发者可通过 jar 命令打包模块。Java 9 为 jar 命令增加了如下与模块相关的选项。

> --module-version=VERSION：设置模块的版本。
> -p 或--module-path：设置模块的加载路径。

--module-version 选项用于设置模块的版本，此处设置的版本会覆盖 javac 命令中使用--module-version 选项指定的版本。例如，执行如下命令：

```
jar -c -v -f lib/org.cimodule-2.0.jar --module-version 2.0 -C mods/org.cimodule .
```

上面命令将会在 lib 目录下生成一个 org.cimodule-2.0.jar 文件，这就是一个模块化的 JAR 包，其中--module-version 2.0 指定该模块的版本是 2.0。

如果再次使用 java 的--list-modules 选项列出模块，将可以看到 org.cimodule 模块的版本变成了 2.0。也可使用 java 命令直接运行打包后的模块 JAR 包，例如如下命令：

```
java -p lib -m org.cimodule/org.crazyit.main.Hello
```

从上面命令可以看出，运行 JAR 包中的模块与运行目录下的模块基本一样。原来的模块没有打包，直接将模块放在 mods 目录下，因此为 java 命令指定-p mods 选项；现在模块被打包成 JAR 包，放在 lib 目录下，因此为 java 命令指定-p lib 选项，其他的完全一样。

A.4 管理模块的依赖

模块之间的可访问性指的是两个模块之间的双向协议——模块导出指定的包供其他模块调用；反过来，模块也要明确指定需要依赖哪个模块。

模块中的所有未导出的包都是模块私有的，它们不能在模块之外被访问；反过来，模块要访问其他模块，必须明确指定依赖哪些模块，未明确指定依赖的模块不能访问。

模块导出使用 exports 语句，exports 语句的完整语法如下：

```
exports <package>;
exports <package> to <module1>, <module2>...;
```

第一种语句用于将 package 导出给任意模块调用；第二种语句用于将 package 只导出给一个或多个模块，这种导出语句被称为"限定（qualified）导出"。

模块还支持 opens 语句，opens 语句的完整语法与 exports 相似，同样支持如下两种用法：

```
opens <package>;
opens <package> to <module1>, <module2>...;
```

第一种语句用于将 package 开放给任意模块调用；第二种语句用于将 package 只开放给一个或多个模块，这种开放语句被称为"限定（qualified）开放"。

导出与开放的区别在于：被导出的包是彻底暴露的，只要访问权限允许，其他模块中的类就完全可以自由访问被导出包中的类型（只要声明了依赖该模块）；被开放的包并不是彻底暴露的，其他模块中的类只能通过反射来访问被开放包中的类型（只要声明了依赖该模块）。

模块依赖使用 requires 语句，requires 语句的完整语法如下：

```
requires [transitive] [static] <module>;
```

requires 语句中的 static 修饰符表示该依赖模块在编译时是必需的，但在运行时则是可选的。比如在模块 P 中声明如下 requires 语句：

```
requires static Q;
```

它表明程序编译模块 P 时必须依赖模块 Q；但模块 P 在运行时，模块 Q 是可选的。

requires 语句中的 transitive 修饰符表明该依赖具有传递性。假如现在有三个模块：P、Q 和 R，模块 P 依赖模块 Q，而在模块 Q 中声明了如下语句：

```
requires transitive R;
```

这意味着模块 Q 对模块 R 的依赖具有传递性，既然模块 P 依赖模块 Q，那么模块 P 也依赖模块 R。

在 Java 9 模块化系统的表达中，以下三个术语的含义是相同的：需要（require）、读取（read）和依赖（depend）。对于 P、Q 两个模块，以下三个语句的含义是相同的：P 读取 Q，P 需要 Q，P 依赖 Q。

下面示例将会定义两个模块，其中第一个模块包含两个包，一个包被导出（exports），一个包只是被开放（opens）；另一个模块会声明依赖第一个模块，并通过合适方式来使用第一个模块的两个包中的类。

首先在当前工作目录（moduleDepend）下创建两个子目录。
- -src：用于保存源代码。
- -mods：用于保存所生成的字节码文件。

然后创建一个名为 org.cimodule 的模块，因此在 src 目录下新建一个名为 org.cimodule 的文件夹。接下来在 org.cimodule 目录下新建一个 module-info.java 文件，该文件内容如下。

程序清单：codes\a01\moduleDepend\src\org.cimodule\module-info.java

```
module org.cimodule
{
    exports org.crazyit.user;
    opens org.crazyit.shop;
}
```

上面第一行粗体字代码为该模块声明"导出"org.crazyit.user 包，这意味着该包中所有的类型都可以被其他模块自由访问（只要访问权限允许）；第二行粗体字代码为该模块声明"开放"org.crazyit.shop 包，这意味着该包中所有的类型都可以被其他模块通过反射访问（只要访问权限允许）。

也可将上面两行粗体字代码改为如下形式：

```
exports org.crazyit.user to org.fkmodule;
opens org.crazyit.shop to org.fkmodule;
```

上面两行代码分别代表"限定导出"和"限定开放"，其中第一行代码表明 org.crazyit.user 只"导出"给 org.fkmodule 模块，因此只有 org.fkmodule 模块中的类型可自由访问 org.crazyit.user 包中的类型，其他模块不行；第二行代码表明 org.crazyit.shop 只"开放"给 org.fkmodule 模块，因此只有 org.fkmodule 模块中的类型可通过反射访问 org.crazyit.shop 包中的类型，其他模块不行。

接下来在 org.cimodule 模块下添加两个类，即位于 org.crazyit.user 包下的 User 类和位于 org.crazyit.shop 包下的 Item 类。当然，这两个类的源文件也应该放在 src\org.cimodule 路径下对应的文件结构中。由于这两个类的代码比较简单，此处不再给出。

再创建一个名为 org.fkmodule 的模块，因此在 src 目录下新建一个名为 org.fkmodule 的文件夹。由于该模块中的 Main 类打算调用 org.cimodule 模块中的 User 类和 Item 类，因此 org.fkmodule 模块需要依赖 org.cimodule 模块。

在 org.cimodule 目录下新建一个 module-info.java 文件，通过该模块描述文件声明 org.fkmodule 模块

依赖 org.cimodule 模块。该模块描述文件的内容如下。

程序清单：codes\a01\moduleDepend\src\org.fkmodule\module-info.java

```
module org.fkmodule
{
    requires org.cimodule;
}
```

上面程序中粗体字代码声明了 org.fkmodule 模块需要依赖 org.cimodule 模块，这样 org.fkmodule 模块才可使用 org.cimodule 模块中的类型。

接下来在 org.fkmodule 模块下添加一个位于 org.crazyit.main 包下的 Main 类，该 Main 类的代码如下。

程序清单：codes\a01\moduleDepend\src\org.fkmodule\org\fkjava\main\Main.java

```
public class Main
{
    public static void main(String[] args)throws Exception
    {
        // org.crazyit.shop 包中的类只是声明为"导出（exports）"，
        // 因此可以自由访问 User 类
        User user = new User();
        System.out.println(user.addUser("yeeku"));
        // org.crazyit.shop 包中的类只是声明为"开放（opens）"，
        // 因此只能通过反射访问该包中的 Item 类
        Class<?> clazz = Class.forName("org.crazyit.shop.Item");
        Object im = clazz.getConstructor().newInstance();
        Method mtd = clazz.getMethod("showInfo");
        mtd.invoke(im);
    }
}
```

由于 org.fkmodule 模块声明了依赖 org.cimodule 模块，因此 org.fkmodule 模块中的类型可使用 org.cimodule 模块中的 User 类和 Item 类。但由于 User 类位于 org.crazyit.user 包下，而该包是被导出的，因此 Main 类可直接使用 User 类；而 Item 类位于 org.crazyit.shop 包下，而该包只是被"开放"，因此 Main 类只能通过反射来使用 Item 类。

执行如下命令编译两个模块：

```
javac -d mods --module-source-path src --module-version 1.0 src\org.cimodule\org\crazyit\shop\Item.java src\org.fkmodule\org\fkjava\main\Main.java
```

执行上面的编译命令时，程序会自动编译 Main.java 和 Item.java 源文件。由于 Main.java 用到了 User 类，因此编译器也会自动编译 User.java 源文件。

编译之后生成如下文件结构：

```
mods
    org.cimodule
    ├──module-info.class
    └─org
        └─crazyit
            ├──user
            │   └──User.class
            └─shop
                └──Item.class
    org.fkmodule
    ├──module-info.class
    └─org
        └─fkjava
            └─main
                └──Main.class
```

从上面的文件结构可以看出，此处在 mods 目录下包含了两个模块：org.cimodule 模块和 org.fkmodule 模块。

执行如下命令来运行 Main 类：

```
java -p mods --module org.fkmodule/org.fkjava.main.Main
```

执行上面命令，可以看到 org.fkmodule 模块中的 Main 类成功调用了 org.cimodule 模块中的 User 类和 Item 类。

根据上面介绍可以看出，Java 9 的模块化系统丰富了访问权限的功能。在 Java 8 中，使用 public 修饰的类型，意味着它是真正公共的，可以被任意类型自由调用；但在 Java 9 中，使用 public 修饰的类型，并不一定是真正公共的。public 类型可产生如下三种情形。

- public 类型所在的包被导出或开放，该 public 类型可被任意模块访问。
- public 类型所在的包被限定导出或开放给指定模块，该 public 类型只能被特定模块访问。
- public 类型所在的包没有被导出或开放，该 public 类型只能在当前模块中被访问。

如果程序在 Main 类的 import 部分添加如下导包语句：

```
import java.sql.*;
```

再次使用上面的 javac 命令编译两个模块，将可以看到如下错误提示：

```
src\org.fkmodule\org\fkjava\main\Main.java:6: 错误: 程序包 java.sql 不可见
import java.sql.*;
       ^
  (程序包 java.sql 已在模块 java.sql 中声明,但模块 org.fkmodule 未读取它)
1 个错误
```

从上面的错误提示可以看出，一旦开始使用 Java 9 的模块化系统，我们所开发的模块就不会自动加载整个 JRE，它只加载 JRE 的核心模块：java.base，这样该模块程序运行时就可以节省系统开销。

如果程序需要使用 java.sql 的功能，则需要在该模块的 module-info.java 文件中声明该模块需要依赖 java.sql 模块，这样该模块运行时会同时加载 java.base 模块和 java.sql 模块——依然不需要加载整个 JRE，运行该程序的系统开销同样比较小。

> **提示：**
> 所有 Java 模块在编译、运行时总会自动加载 java.base 模块。

在 org.fkmodule 模块的 module-info.java 文件中增加如下一行：

```
requires java.sql;
```

再次使用上面的 javac 命令来编译两个模块，将可以看到这两个模块都可以编译成功，这意味着当 org.fkmodule 编译和运行时都需要依赖 java.sql 模块。

某些时候，如果开发的模块确实需要使用整个 Java SE 的全部功能，则可直接声明依赖 java.se 模块。java.se 模块是一个不包含任何 Java 类型的模块，它只是负责收集并重新导出其他模块的内容。例如，java.se 模块的 module-info.java 文件的内容片段如下：

```
module java.se {
    requires transitive java.sql;
    requires transitive java.rmi;
    requires transitive java.desktop;
    requires transitive java.security.jgss;
    requires transitive java.security.sasl;
    requires transitive java.management;
    requires transitive java.logging;
    requires transitive java.xml;
    requires transitive java.scripting;
    requires transitive java.compiler;
    requires transitive java.naming;
    requires transitive java.instrument;
    requires transitive java.xml.crypto;
```

```
        requires transitive java.prefs;
        requires transitive java.sql.rowset;
        requires java.base;
        requires transitive java.datatransfer;
}
```

像 java.se 这样的模块被称为"聚合模块"。

实际上，开发者同样可以定义自己的"聚合模块"。假设项目中几个模块都依赖另外 9 个模块，此时就可将这 9 个模块创建成一个聚合模块，然后这些模块只要依赖这个"聚合模块"即可。

A.5 实现服务

从 Java SE 6 开始，Java 提供了一种服务机制，允许服务提供者和服务使用者之间完全解耦。简单来说，就是服务使用者只面向服务接口编程，但并不清楚服务提供者的实现类。

Java 9 的模块化系统则进一步简化了 Java 的服务机制。Java 9 允许将服务接口定义在一个模块中，并使用 uses 语句来声明该服务接口；然后针对该服务接口提供不同的服务实现类，这些服务实现类可分布在不同的模块中，服务实现模块则使用 provides 语句为服务接口指定实现类。

定义服务接口的模块与定义服务实现的模块是完全分离的，系统可根据需要任意添加、删除一个实现模块——代码无须任何修改，甚至配置文件都无须修改。而服务使用者则更彻底，它只需要面向服务接口编程，只依赖包含服务接口的模块，压根就不知道包含服务实现类的模块。图 A.3 显示了 Java 9 模块化系统的服务架构示意图。

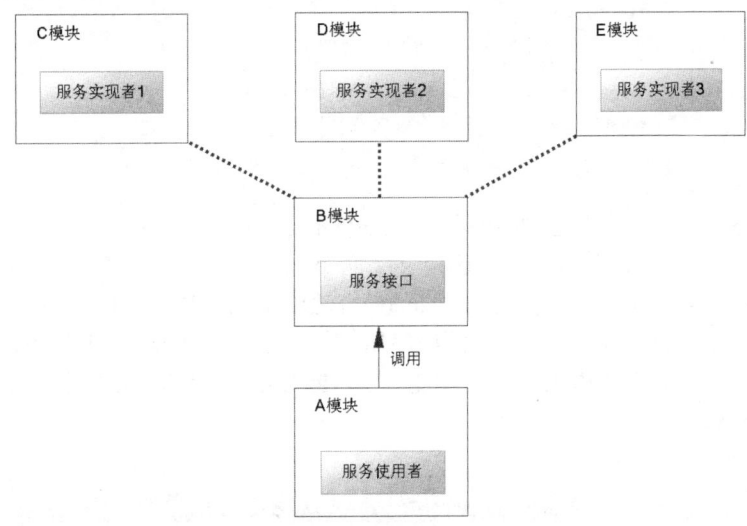

图 A.3 模块化系统的服务架构示意图

从图 A.3 可以看出，模块 A 是服务使用者，模块 B 包含服务接口（用 uses 语句声明可使用服务），因此模块 A 需要依赖、调用模块 B。模块 A 不需要依赖任何服务实现者所在的模块，也就是说，模块 A 与模块 C、模块 D、模块 E 之间没有任何关系。而且，模块 B 与模块 C、模块 D、模块 E 之间也没有任何关系，因此模块 C、模块 D、模块 E 完全可以随时添加或删除，这种操作对系统本身没有任何影响——只是服务接口增加或减少一个实现而已。

下面示例先定义一个包含 UserService 服务接口的 org.cimodule 模块——在 src 目录下创建 org.cimodule 文件夹，并在该文件夹下创建模块描述文件：module-info.java。该文件内容如下：

程序清单：codes\a01\moduleService\src\org.cimodule\module-info.java

```
module org.cimodule
{
    // 导出 org.crazyit.oa 包，以便其他包能使用该包下的服务接口
    exports org.crazyit.oa;
    // 声明该模块提供 UserService 服务接口
    uses org.crazyit.oa.UserService;
}
```

上面模块描述文件的第一行导出了 org.crazyit.oa 包，以便其他模块可使用该包下的 Java 类型。上面的粗体字代码使用 uses 语句声明该模块包含 UserService 服务接口。

接下来为 org.cimodule 模块定义 UserService 服务接口，该接口代码如下。

程序清单：codes\a01\moduleService\src\org.cimodule\org\crazyit\oa\UserService.java

```java
public interface UserService
{
    Integer addUser(String name);
    String getImplName();
    static UserService newInstance(){
        // 通过 ServiceLoader 加载所有服务实现者
        return ServiceLoader.load(UserService.class)
            // 返回第一个服务实现者
            .findFirst()
            .orElseThrow(() -> new IllegalArgumentException(
                "找不到默认的服务实现者！"));
    }
    static UserService newInstance(String providerName){
        // 通过 ServiceLoader 加载所有服务实现者
        ServiceLoader<UserService> sl = ServiceLoader.load(UserService.class);
        // 遍历所有服务实现者
        for (UserService us : sl)
        {
            if (us.getImplName().equalsIgnoreCase(providerName))
            {
                return us;
            }
        }
        throw new IllegalArgumentException("无法找到名为'"
            + providerName + "'的服务实现者！");
    }
}
```

上面 UserService 接口定义了 addUser()和 getImplName()两个抽象方法，这两个抽象方法将会由该接口的实现类负责实现。此外，在该接口中还定义了两个 newInstance()方法，其中第一个 newInstance()方法总是返回默认的服务实例；第二个 newInstance()方法将根据名称来返回服务实例。

为了实现上面的 newInstance()方法，上面程序用到一个 ServiceLoader 工具类，该工具类在 Java 6 中就已经提供，但 Java 9 增强了该工具类的功能，ServiceLoader 会读取系统各模块的 module-info.java 描述文件，获取服务接口的所有服务实现。

例如上面程序中的如下语句：

```
ServiceLoader<UserService> sl = ServiceLoader.load(UserService.class);
```

上面代码将会读取系统各模块为 UserService 提供所有实现类，ServiceLoader 本身实现了 Iterable 接口，因此程序可用 foreach 循环来迭代 ServiceLoader 所包含的全部服务实现类。

从上面代码可以看出，UserService 接口此时并不清楚系统到底包含多少个服务实现类。只要系统通过模块来提供服务实现者，ServiceLoader 的 load()方法就会自动加载它们。

接下来程序会为 UserService 服务接口提供实现，服务接口的实现类必须遵守如下要求。

➢ 服务实现类包含无参的构造器,ServiceLoader 将通过该无参的构造器来创建服务实现者的实例。在这种情况下，服务实现类必须实现服务接口。

➢ 服务实现类不包含无参的构造器，但服务实现类包含一个无参的、public static 修饰的 provider 方法，ServiceLoader 将通过该方法来创建服务实现者的实例，因此该方法返回的对象必须实现服务接口。

下面使用 org.cimodule.basic 模块为 UserService 接口提供第一个实现类。在 src 目录下创建 org.cimodule.basic 文件夹，并在该文件夹下创建模块描述文件：module-info.java。该文件内容如下。

程序清单：codes\a01\moduleService\src\org.cimodule.basic\module-info.java

```
import org.crazyit.oa.UserService;
```

```
import org.crazyit.oa.impl.UserServiceImpl;
module org.cimodule.basic
{
    // 指定依赖服务接口所在的模块
    requires org.cimodule;
    // 为 UserService 服务接口提供 UserServiceImpl 实现类
    provides UserService with UserServiceImpl;
}
```

上面模块描述文件的第一行指定该模块依赖 org.cimodule 模块，这样该模块即可使用 org.cimodule 模块下的 UserService 接口（实现类肯定要实现 UserService 接口）。上面的粗体字代码使用 provides 语句声明为 UserService 服务接口使用 UserServiceImpl 实现类——当系统包含该模块时，前面介绍的 ServiceLoader 类就会读取 module-info.java 中的此行声明，为 UserService 服务加载一个服务实现者。

UserServiceImpl 类非常简单，该类由系统自动生成一个无参的构造器，并实现 UserService 接口中的两个抽象方法。UserServiceImpl 类的代码如下。

程序清单：codes\a01\moduleService\src\org.cimodule.basic\org\crazyit\oa\impl\UserServiceImpl.java

```java
public class UserServiceImpl implements UserService
{
    static final String IMPL_NAME = "basic user service";
    public Integer addUser(String name)
    {
        System.out.println("普通的 UserService 实现添加用户：" + name);
        return 19;
    }
    @Override
    public String getImplName()
    {
        return IMPL_NAME;
    }
}
```

该 UserServiceImpl 提供了无参的构造器，ServiceLoader 将会使用该构造器创建服务实现者的实例，因此该 UserServiceImpl 必须实现 UserService 接口。

下面使用 org.cimodule.senior 模块为 UserService 接口提供第二个实现类。在 src 目录下创建 org.cimodule.senior 文件夹，并在该文件夹下创建模块描述文件：module-info.java。该文件内容如下。

程序清单：codes\a01\moduleService\src\org.cimodule.senior\module-info.java

```
import org.crazyit.oa.UserService;
import org.crazyit.oa.senior.UserServiceSenior;
module org.cimodule.senior
{
    // 指定依赖服务接口所在的模块
    requires org.cimodule;
    // 为 UserService 服务接口提供 UserServiceSenior 实现类
    provides UserService with UserServiceSenior;
}
```

与前面介绍的 org.cimodule.basic 模块类似，模块描述文件的第一行指定该模块依赖 org.cimodule 模块。上面的粗体字代码使用 provides 语句声明为 UserService 服务接口使用 UserServiceSenior 实现类——当系统包含该模块时，ServiceLoader 也会加载 UserServiceSenior 类作为 UserService 服务接口的实现。

该服务实现类 UserServiceSenior 不再提供无参的构造器，而是提供一个 public staic 修饰的、无参的 provider()方法。UserServiceSenior 类的代码如下。

程序清单：codes\a01\moduleService\src\org.cimodule.senior\org\crazyit\oa\senior\UserServiceSenior.java

```java
public class UserServiceSenior implements UserService
{
    static final String IMPL_NAME = "senior user service";
    // 构造器私有
    private UserServiceSenior(){}
    // 通过 static、无参的 provider 方法来返回服务实现者对象
    public static UserService provider()
```

```
    {
        return new UserServiceSenior();
    }
    public Integer addUser(String name)
    {
        System.out.println("===高级的UserService 实现添加用户: " + name);
        return 29;
    }
    @Override
    public String getImplName()
    {
        return IMPL_NAME;
    }
}
```

该 UserServiceSenior 并未提供无参的构造器,而是提供了 public static 修饰的、无参的 provider()方法,因此 ServiceLoader 将会使用该 provider()创建服务实现者的实例。由于 provider()方法直接返回 UserServiceSenior 的实例,因此 UserServiceSenior 也必须实现 UserService 接口。

下面使用 org.cimodule.best 模块为 UserService 接口提供第三个实现类。在 src 目录下创建 org.cimodule.best 文件夹,并在该文件夹下创建模块描述文件: module-info.java。该文件内容如下。

程序清单: codes\a01\moduleService\src\org.cimodule.best\module-info.java

```
import org.crazyit.oa.UserService;
import org.crazyit.oa.best.UserServiceBest;
module org.cimodule.best
{
    // 指定依赖服务接口所在的模块
    requires org.cimodule;
    // 为 UserService 服务接口提供 UserServiceBest 实现类
    provides UserService with UserServiceBest;
}
```

上面的模块描述文件与前面两个 module-info.java 文件大致相似,此处不再详细解释。

本服务实现类 UserServiceBest 也不提供无参的构造器,而是提供一个 public staic 修饰的、无参的 provider()方法。UserServiceBest 类的代码如下。

程序清单: codes\a01\moduleService\src\org.cimodule.best\org\crazyit\oa\best\UserServiceBest.java

```
public class UserServiceBest
{
    static final String IMPL_NAME = "best user service";
    // 通过 static、无参的 provider 方法来返回服务实现者对象
    public static UserService provider()
    {
        return new UserService(){
            public Integer addUser(String name)
            {
                System.out.println("======最好的UserService 实现添加用户: " + name);
                return 47;
            }
            @Override
            public String getImplName()
            {
                return IMPL_NAME;
            }
        };
    }
}
```

该 UserServiceBest 并未提供无参的构造器,而是提供了 public static 修饰的、无参的 provider()方法,因此 ServiceLoader 将会使用该 provider()创建服务实现者的实例。

此处程序在 provider()方法中使用匿名内部类创建了 UserService 实现类的实例,这也是允许的。在这种情况下,UserServiceBest 不需要实现 UserService 接口。

通过上面介绍不难看出,org.cimodule 模块负责提供服务接口,该模块的 module-info.java 文件使用

uses org.crazyit.oa.UserService 声明该模块的服务接口；而 org.cimodule.basic、org.cimodule.senior、org.cimodule.best 模块负责为服务接口提供实现，因此这三个模块的 module-info.java 文件都使用 provides 语句为服务接口提供实现类——而 ServiceLoader 则读取 module-info.java 中的 provides 语句，根据它们为服务接口加载实现类。

服务客户端只需依赖服务接口所在的模块，与服务实现者所在的模块没有任何关联。下面使用 org.fkmodule 模块作为服务客户端。在 src 目录下新建一个 org.fkmodule 文件夹，并在该文件夹下新建一个 module-info.java 模块描述文件。该文件内容如下。

程序清单：codes\a01\moduleService\src\org.fkmodule\module-info.java

```
module org.fkmodule
{
    // 指定依赖服务接口所在的模块
    requires org.cimodule;
}
```

从上面的粗体字代码可以看出，服务客户端只需要依赖服务接口所在的模块。服务客户端代码可通过 UserService 的 newInstance()方法来获取服务实现者实例。下面是服务客户端的代码。

程序清单：codes\a01\moduleService\src\org.fkmodule\org\fkjava\oa\client\Client.java

```
public class Client
{
    public static void main(String[] args)
    {
        // 使用默认的服务提供者，具体使用哪个不确定
        UserService us1 = UserService.newInstance();
        System.out.println(us1.addUser("yeeku"));
        // 获取"basic user service"服务实现者
        UserService us2 = UserService.newInstance("basic user service");
        System.out.println(us2.addUser("yeeku"));
        // 获取"senior user service"服务实现者
        UserService us3 = UserService.newInstance("senior user service");
        System.out.println(us3.addUser("yeeku"));
        // 获取"best user service"服务实现者
        UserService us4 = UserService.newInstance("best user service");
        System.out.println(us4.addUser("yeeku"));
    }
}
```

上面的 4 行粗体字代码分别用于获取不同的服务实现者实例，其中第一行粗体字代码获取 UserService 服务接口的"第一个"被找到的服务实现者，因此第一行粗体字代码所返回的服务实现者是不确定的。

使用如下命令来编译所有模块：

```
javac -d mods --module-source-path src
src\org.cimodule.basic\org\crazyit\oa\impl\UserServiceImpl.java
src\org.cimodule.senior\org\crazyit\oa\senior\UserServiceSenior.java
src\org.cimodule.best\org\crazyit\oa\best\UserServiceBest.java
src\org.fkmodule\org\fkjava\oa\client\Client.java
```

该命令将会编译该系统的 5 个模块（服务接口一个模块、三个服务实现类各自一个模块、服务客户端一个模块），此时系统为 UserService 服务接口提供了三个服务实现类，正如上面 Client 程序的后三行粗体字代码所对应的服务实现类。

在保证 5 个模块都在的情况下，通过如下命令执行服务客户端模块的 Client 程序。

```
java -p mods -m org.fkmodule/org.fkjava.oa.client.Client
```

程序将会产生如下输出：

```
===高级的 UserService 实现添加用户：yeeku
29
普通的 UserService 实现添加用户：yeeku
19
```

```
===高级的UserService 实现添加用户：yeeku
29
======最好的UserService 实现添加用户：yeeku
47
```

从上面第一行输出可以看到：UserService 的 newInstance()方法默认返回的 UserServiceSenior 实现类；后面输出则清楚地显示了三个模块分别为 UserService 接口提供的服务实现类。

读者可以试着删除 org.cimodule.basic、org.cimodule.senior、org.cimodule.best 三个模块的其中一个或多个，再次运行上面的 Client 程序，将会看到程序并不会受到太大的影响——只是 UserService 少了一个或多个服务实现者而已，因此只要把对应的 newInstance()代码删除即可。

由此可见，通过模块管理服务接口和服务实现者非常方便，服务接口与服务实现者实现了彻底解耦，服务客户端也与服务实现者实现了彻底解耦，因此系统可以随时根据需要添加或删除服务实现者模块。